武警水电第一总队

科技成果汇编

（2004—2015年）

优秀论文（上）

武警水电第一总队　编著

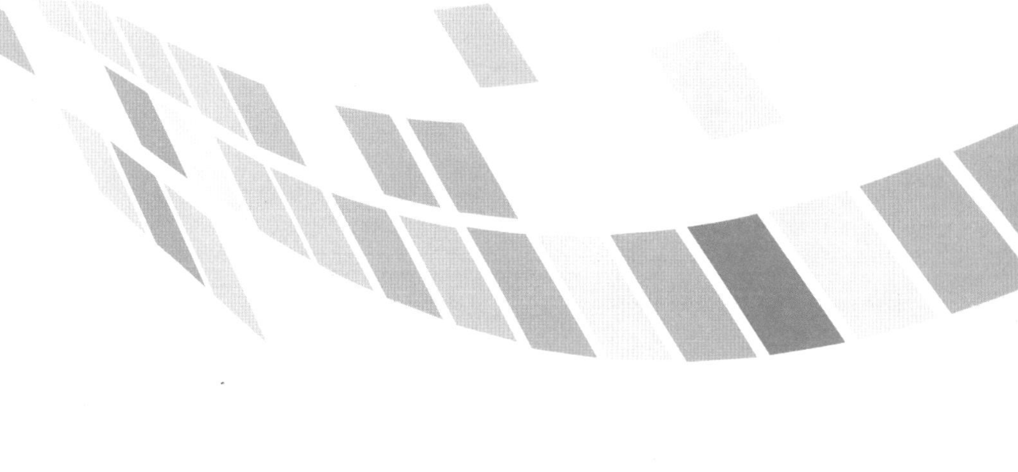

中国水利水电出版社
www.waterpub.com.cn

内 容 提 要

本书为2015年7月武警水电第一总队科技大会会议成果汇编，主要内容包括会议评选出的优秀科技论文、工法和专利。优秀科技论文选自2004年以来总队科技干部发表的学术论文，共111篇，内容涵盖堆石坝工程、混凝土工程、地下工程、基础处理工程、导截流工程、爆破工程、金属结构工程、检验与试验及新材料应用、经营与管理、抢险技术等工程领域。另外，本书收录武警水电第一总队已取得国家级、省部级工法26项，专利11项。本书汇编的科技成果来自施工生产和应急救援一线，供水利水电施工、应急救援技术人员学习交流。

图书在版编目（CIP）数据

武警水电第一总队科技成果汇编 : 2004～2015年 / 武警水电第一总队编著. -- 北京 : 中国水利水电出版社, 2016.1
ISBN 978-7-5170-4097-2

Ⅰ. ①武… Ⅱ. ①武… Ⅲ. ①水利水电工程－科技成果－汇编－中国 Ⅳ. ①TV

中国版本图书馆CIP数据核字(2016)第018652号

书　　名	武警水电第一总队科技成果汇编（2004—2015年）　优秀论文（上）
作　　者	武警水电第一总队　编著
出版发行	中国水利水电出版社 （北京市海淀区玉渊潭南路1号D座　100038） 网址：www.waterpub.com.cn E-mail：sales@waterpub.com.cn 电话：(010) 68367658（发行部）
经　　售	北京科水图书销售中心（零售） 电话：(010) 88383994、63202643、68545874 全国各地新华书店和相关出版物销售网点
排　　版	中国水利水电出版社微机排版中心
印　　刷	三河市鑫金马印装有限公司
规　　格	210mm×285mm　16开本　51.5印张（总）　1560千字（总）
版　　次	2016年1月第1版　2016年1月第1次印刷
印　　数	0001—1000册
总 定 价	**180.00**元（全3册）

凡购买我社图书，如有缺页、倒页、脱页的，本社发行部负责调换

编委会名单

前　言

2015年7月，武警水电第一总队（以下简称总队）调整转型后第一届科技大会在广西南宁胜利召开。大会总结回顾了总队自组建以来科技工作取得的成绩和经验，展示了先进技术成果，表彰了优秀科技工作者，并对下一阶段科技工作进行了研究部署，提出了以科技创新带动部队建设全面发展，实现能力水平整体提升，建设现代化国家专业应急救援部队的发展目标。本书为科技大会成果汇编，包括优秀科技论文2册，专利和工法1册。

武警水电第一总队是一支有着光辉战斗历程的英雄部队，在近50年的发展历程中，总队凭借专业技术优势，发扬攻坚克难、敢打必胜的铁军精神移山开江、凿石安澜，在国家能源建设战线上屡立奇功，在应急抢险征途上几度续写辉煌。2009年，部队正式纳入国家应急救援力量体系。2012年，根据国发43号文件精神，部队全面调整转型，中心任务由施工生产向应急救援转变，保障方式由自我保障向中央财政保障转变。目前，总队正向着打造“国内一流、国际领先、专业领域不可替代”的应急救援专业国家队建设目标奋勇前行。

本书旨在展示总队广大技术人员在生产、管理、应急抢险等领域取得的技术成果，进一步增强广大技术干部的创新意识，营造积极参与科技创新的良好氛围，不断提高科技创新水平、加强技术交流，促进应急救援科技人才快速成长，为先进施工技术成果向应急救援技战法转变打下坚实基础。丛书共收录科技大会评选出的优秀科技论文111篇，论文涵盖堆石坝工程、混凝土工程、地下工程、基础处理工程、导截流工程、爆破工程、金属结构工程、检验与试验及新材料应用、经营与管理、抢险技术10个领域的内容。同时，丛书汇编专利成果11项，国家级和省部级工法26项。

武警水电第一总队首长对本书出版给予极大支持，编委会成员为出版工作付出了辛勤汗水，在此一并致谢。

本书不当之处，恳请各位读者批评指正。

编委会

二〇一五年十一月

目　录

地 下 工 程

基础处理工程

堆石坝工程

洪家渡面板堆石坝填筑分期方案研析

黄锦波　王德军

【摘　要】：垫层料的开裂、面板的开裂和脱空与坝体的填筑分期、大坝的填筑速率密切相关，合理的填筑方案会避免或大大减小面板发生拉伸性裂缝和弯曲性裂缝的可能性。洪家渡面板堆石坝经过反复的方案比较、计算，在总结了天生桥面板堆石坝经验与教训的基础上，得出了合理的大坝填筑分期方案，预测出洪家渡面板堆石坝开裂问题较小。

【关键词】：分期填筑　沉降差　坝体徐变　拉伸性裂缝　弯曲性裂缝　沉陷期　面板开裂　面板脱空垫层料开裂

理论和实践证明，坝体的不均匀沉降和坝体的徐变是导致混凝土面板发生拉伸性裂缝和弯曲性裂缝的主要原因。从防止面板开裂的角度出发，客观上希望大坝填筑在坝体纵横方向上全断面均衡上升，上、下游及左、右岸不要分期为好，填筑面上升速度不要大起大落。这一点对于工程量不大的小型面板坝可能做得到，但对于像洪家渡这样的200m级高面板堆石坝来说很难做到。洪家渡面板堆石坝最大坝高179.5m，坝顶长度427.79m，坝体基础部位上下游方向最大宽度500m，总填筑量900万m^3，平均填筑强度30万m^3/月，在填筑期内90%的时间内是一条路上坝。因此，洪家渡面板堆石坝现场的客观条件决定了坝体填筑做不到全断面上升，只能分期填筑，分期挡水度汛。

1　洪家渡面板堆石坝填筑分期方案要解决的问题

填筑分期要满足工程节点工期的要求如下。

工程总进度要求：洪家渡水电站在2001年10月中旬截流后，要在第一个枯水期（2002年5月31日前）临时断面填至高程1025m，具备挡100年一遇洪水条件；要在2004年3月31日前完成二期面板（高程1031～1100m）混凝土浇筑；要在2005年7月31日前大坝工程全部完工。大坝填筑分期方案要满足上述节点工期的要求。

为减小面板混凝土浇筑后发生开裂或脱空的可能性，各期混凝土面板浇筑前，其相应的填筑体应有一定的沉陷期，且沉陷期越长越好，以使面板浇筑时，填筑体的施工期变形已经发生一部分。

为便于料源组织，合理配备大坝填筑的人力、物力，避免填筑工作面上升速率大起大落，大坝各期填筑强度应尽量均衡，不能过分离散。

借鉴以往类似工程的经验，大坝填筑分期方案，以有利于减小面板发生拉伸性开裂和弯曲性开裂的可能性为最优。

2　关于面板开裂机理的讨论

2.1　裂缝产生的原因

在天生桥面板坝之前，面板的危害性裂缝（$\delta \geqslant 0.3$mm）主要是指靠近趾板区域出现的裂缝，产生的原因是：①该区域基础面不平整；②填筑厚度突变；③周边缝区域碾压不密实。

经过若干座面板坝修建之后（坝高$H \leqslant 150$m），找到了解决问题的办法：①靠近趾板区域基础开挖成渐变；②通过混凝土回填提高基础平整度；③采用振动夯板压实靠近周边缝区域的细料，提高干密度；④靠近周边缝区域的面板设双层钢筋、双道止水，见图1和图2。

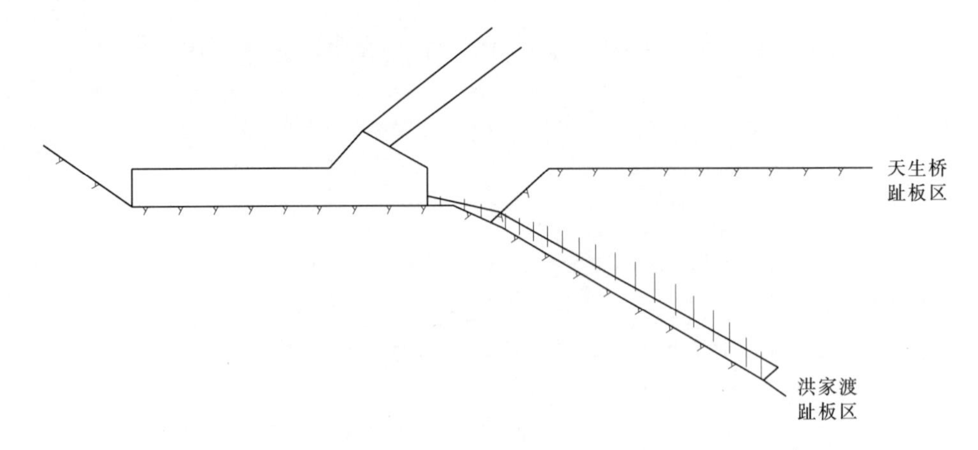

图1　天生桥、洪家渡面板坝趾板区基础对比

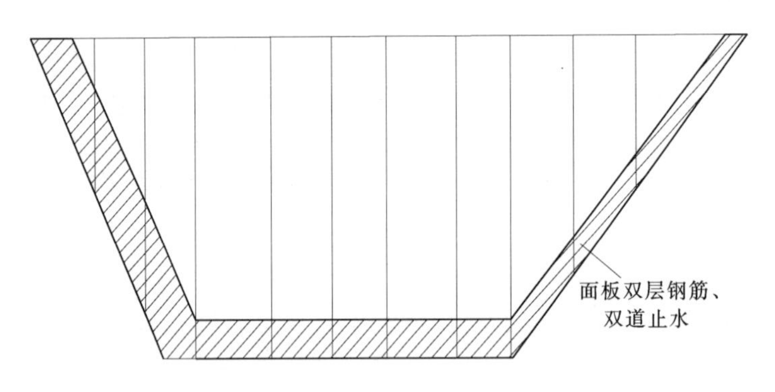

图2　周边缝区域面板特殊处理

除上述裂缝区之外，面板中间部位一般只产生混凝土温度裂缝（$\delta<0.3$mm）一般不需要处理。

2.2　两种裂缝

天生桥面板坝之后，由于200m级面板坝工程量很大，为满足分期施工、分期度汛的要求，往往在上、下游方向或左右岸要分期填筑，由此增加了面板的两种裂缝：拉伸性水平裂缝和弯曲性水平裂缝。

2.2.1　拉伸性水平裂缝

拉伸性裂缝产生原因见图3。

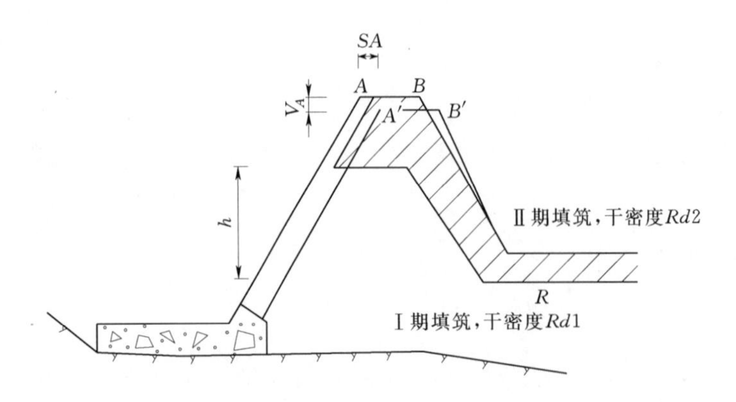

图3　拉伸性裂缝产生的原因

上述分期填筑造成：

（1）由于Ⅰ期填筑坝体的徐变（施工期沉降）提前于Ⅱ期发生，使得$Rd_1>Rd_2$（若Ⅱ期填筑位于次堆石区，设计的$Rd_1>Rd_2$，更是如此），造成上、下游沉降差：

$$V=a+b\lg(1+\beta T)$$ 天生桥坝沉降曲线$V_a>V_b$。

（2）由于填筑料间的“咬合”作用存在，既造成图3中虚线所示的坝体位移变形。且h越大，这种变形越大（可比喻为“橡皮块”现象）。

（3）拉伸性变形造成：①若尚未浇面板，当ΔS达到一定数值时，垫层料坡面开裂；②若已浇筑面板，当ΔS达到一定数值时，该数值超过了面板的弹性余度，面板开裂；③当ΔS继续增大，则面板脱空。而此时垫层料的开裂无法检查、处理。

（4）拉伸变形使天生桥面板坝一期中部面板脱空23块，最大脱空长度6.8m，最大开口15cm。由于Ⅰ期面板（高程613～680m）较短，面板的自重不足以使面板拉裂，故天生桥坝一期面板无危害性裂缝。

拉伸性变形造成天生桥Ⅱ期面板（高程660m～高程746m）在高程726m附近开裂，并造成45块面板脱空，最大开口10cm，最大脱长度4.7m；面板浇筑前垫层料坡面开裂，在高程748～768m开裂37条，最长（水平向）96m，宽5cm，深1.5m。

2.2.2 弯曲性水平裂缝

弯曲性坝体变形示意图见图4。

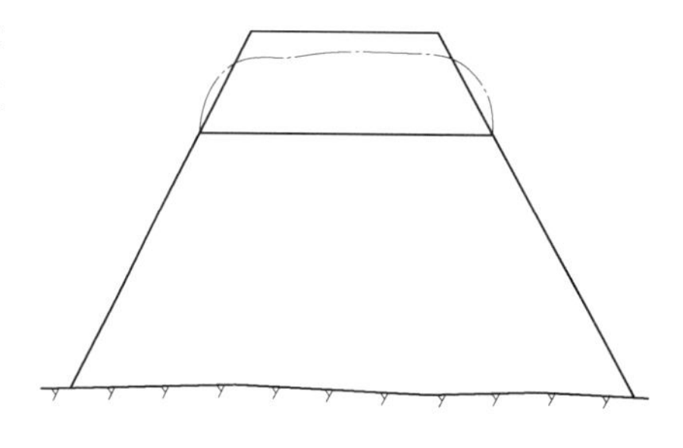

图4 弯曲性坝体变形示意图

高面板坝最后一期面板，其相应坝体一般为全断面填筑。全断面填筑后，堆石体发生如图4的徐变，造成垫层料坡面或面板发生弯曲性开裂。堆石体弯曲性变形造成天生桥Ⅲ期面板在高程780m附近开裂，并使36块面板脱空，长度最大10m，开口最大15cm。

3 洪家渡面板堆石坝坝体填筑分期方案

按照图5洪家渡坝体填筑分期方案，除满足合同结点工期外，平均填筑强度30万m^3/月，最高强度（第Ⅴ期）35万m^3/月，最低强度（第Ⅵ期）29.4万m^3/月，施工强度均衡，见表1。

表1 大坝分期填筑特性表

填筑分期	填筑高程/m	填筑量/万m^3	填筑时段/(年.月.日)	平均填筑强度/(万m^3·月$^{-1}$)
Ⅰ	968～1025	120.00	2002.1.16—2002.5.15	30.00
Ⅱ	984～1031	196.33	2002.5.16—2002.11.30	30.20
Ⅲ	1031～1055	112.00	2002.12.1—2003.3.15	32.00
Ⅳ	1031～1102	188.00	2003.3.16—2003.9.15	31.30
Ⅴ	1055～1102	132.70	2003.9.16—2004.1.5	35.00
Ⅵ	1102～1142.7	132.40	2004.4.1—2004.8.15	29.40
Ⅶ	968～1030	18.47	2003.3.1—2003.5.20	6.90
Ⅷ	1142.7～1146.6	2.66	2005.5.1—2005.5.31	2.66
总计		902.56		

4 洪家渡与天生桥面板坝填筑分期方案的比较（图5、图6）

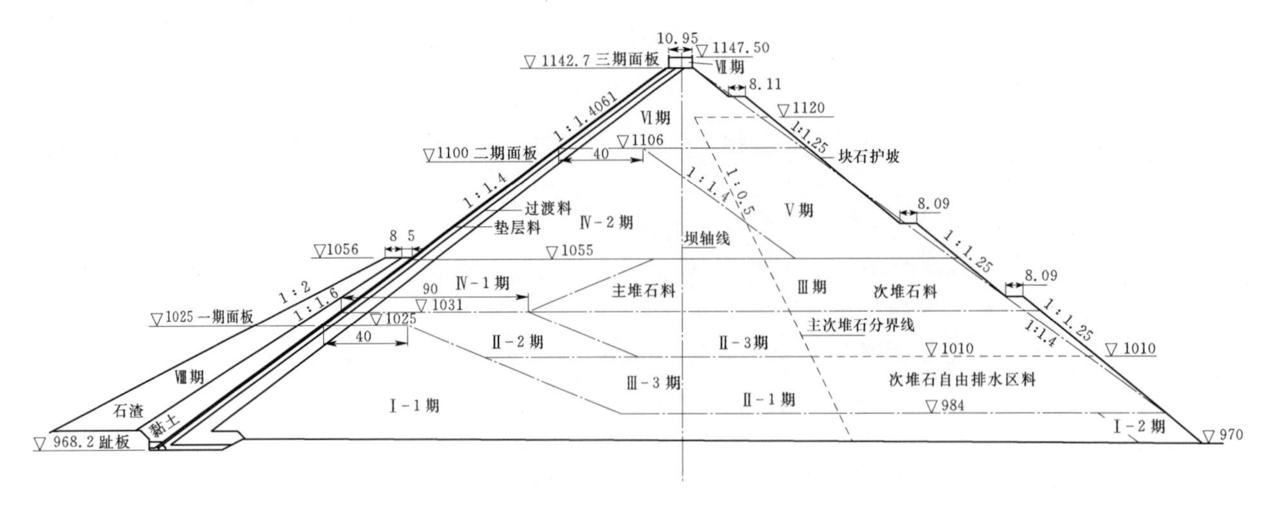

图5 洪家渡坝体填筑分期方案

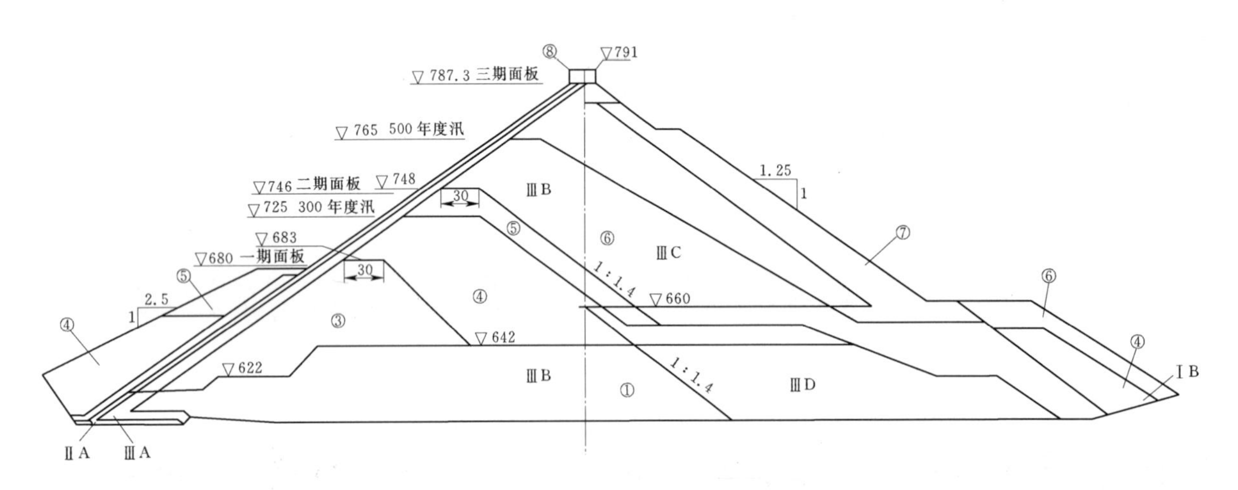

图6 天生桥面板坝坝体填筑分期图

（图中序号①～⑧表示填筑施工分期数）

4.1 一期面板比较

（1）临时断面顶部高程与尾部平台高差：天生桥高程642～683m，h=41m；高程1010～1031m，h=21m，此项拉伸性变形小于天生桥。

（2）临时断面后边坡坡度。

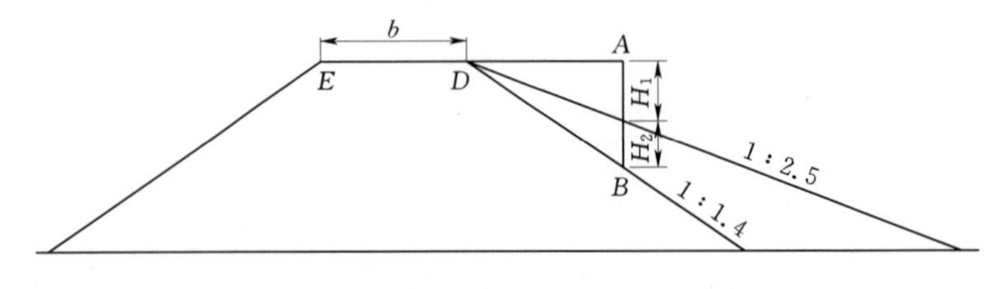

图7 后边坡坡度与沉降量关系

由图7，A点沉降量是A点到B点距离H的正向函数，即$V_A=f(H)$。天生桥后边坡1∶1.4，洪家渡后边坡1∶2.5，即天生桥$H=H_1+H_2$，洪家渡$H=H_1$。可见洪家渡上、下游沉降差小于天生桥，从而拉伸变形小。

（3）临时断面顶宽 b：由图 7，对于塑性体当 $b=\infty$ 时，D 点有水平位移而 E 点为 0，即 b 越大，E 点水平位移越小。天生桥 $b=30$m，洪家渡 $b=90$m，可见洪家渡防拉伸变形有利。

（4）面板浇筑前坝体变形时间：天生桥填至高程 682 后立即浇面板，沉降时间为 0；洪家渡一期面板 2002 年 12 月 26 日浇筑，Ⅰ期填筑体 2002 年 6 月 1 日—12 月 25 日有 7 个月的沉降期（Ⅱ-1、Ⅱ-2）2002 年 9 月 10 日—12 月 25 日，有 3.5 个月沉降期，洪家渡有利。

（5）天生桥一期面板浇筑总宽 400m，洪家渡宽 165m，洪家渡有利。

综上所述，基于天生桥一期面板未开裂的事实，可以大胆预测，洪家渡一期面板不会开裂。

4.2 二期面板比较

（1）沉降时间：天生桥临时断面填至高程 748m 后立即浇二期面板，沉降时间为 0，洪家渡Ⅳ期填筑计划于 2003 年 9 月 15 日完成，至 2004 年 1 月 1 日开始浇二期面板有 3.5 个月沉降期，洪家渡有利。

（2）洪家渡由于Ⅲ期先填筑完成，由Ⅳ期自身填筑体形，按前面理论分析，其拉伸变形朝向上游，为 $-\Delta B_1$。Ⅴ期于二期面板浇筑前填至高程 1102m，使拉伸变形 ΔB_2 朝向下游，则 $\Delta B=\Delta B_2-\Delta B_1$，正负抵消一部分，拉伸变形的终值减小。

综上所述，洪家渡二期面板的防拉伸性开裂优于天生桥坝，可能不开裂或较小开裂。

4.3 三期面板比较

（1）天生桥坝填至高程 787.3m 以后立即浇三面板，沉降时间为 0，洪家渡Ⅵ期填筑时段为 2004 年 4 月 1 日至 8 月 15 日，截至 2004 年 12 月 1 日开始浇三期面板，有 3.5 个月沉降期，优于天生桥。

（2）天生桥主堆石料设计干密度为 2.12，洪家渡为 2.181，坝体徐变量减小，对于减小弯曲性变形有利。

综上分析，洪家渡面板坝三期面板在防弯曲性开裂方面优于天生桥。但根据天生桥面板观测资料分析，对于 200m 级高面板坝，三期面板要做到不发生弯曲性开裂，其填筑体应有 8 个月以上的沉降期，洪家渡的 3.5 个月沉降期是不够的。

5 讨论和建议

（1）200m 级以上的高面板堆石坝，面板开裂除周边缝区域外，中间以上部位尚可能产生拉伸性和弯曲性开裂。

（2）大坝分期填筑是造成面板开裂的主要原因之一。从面板开裂的成因入手，合理的填筑分期方案可有效地避免或减小面板开裂的可能性，应慎重对待，认真研究。

（3）在可能的情况下，应尽量使填筑体在浇筑面板之前有一定的沉降时间。否则，一旦造成面板浇筑后再发生垫层料开裂的问题，垫层料的开裂情况便很难检查和处理，给大坝安全运行带来隐患。

（4）从减小填筑体拉伸变形考虑，临时断面的顶宽越大越好，临时断面的后坡坡度尽量放缓，上下高差不宜过大。

（5）为减小弯曲性变形，填筑体的设计干密度应适当放大，采用重型振动碾施工，以减少坝体徐变总量。

（6）在可能的情况下，面板浇筑前，使临时断面的下游侧超前上游侧填筑，造成坝体水平位移正负相抵，能有效地减小坝体拉伸变形。

盘石头水库混凝土面板堆石坝施工技术要点

张耀威　秦崇喜

【摘　要】：阐述了工程施工规划，总结施工技术，结合工程施工经验，提出面板坝施工技术发展趋势。

【关键词】：施工规划　技术总结　分析与思考　盘石头水库

1　概述

盘石头水库位于河南省鹤壁市西南约15km的卫河支流淇河中游盘石头村附近。是以防洪、工业及城市供水为主，兼顾农田灌溉、结合发电、养殖等综合利用的大型水利枢纽工程。水库总库容6.08亿m^3，属大（2）型水库，工程等级为2级，洪水标准按100年一遇洪水设计，设计洪水位270.7m，正常蓄水位为254.0m，按2000年一遇洪水校核，校核洪水位275.0m。

盘石头水库工程主要项目有：大坝、溢洪道、泄洪洞、输水洞和发电站5部分。大坝为混凝土面板坝，坝顶高程275.7m，坝顶长606m，最大坝高102.2m，面板面积7.3万m^2，坝体填筑量548万m^3，大坝结构上游到下游依次为垫层区、过渡区、上游灰岩堆石区、页岩堆石区、下游灰岩堆石区。

2　大坝施工规划

大坝填筑分区原设计为第1期全断面填筑至高程200m，填筑量125万m^3，坝面经保护汛期过流；第2期坝体断面填筑至245.0m高程，顶宽30m，一期面板高程173.5～234m，具备抵御100年一遇洪水；第3期坝体填筑至270.7m高程，二期面板高程234～270.7m；本工程2004年12月竣工。施工当中，截流推迟2个月，坝基开挖因地质原因耽误工期1.5个月，第一期大坝填筑仅有3个月时间，按原设计方案实施难以实现。经充分论证，第一期填筑采取左岸50m条带下游填至高程183m，预留125m宽缺口过流，右岸全断面填筑至190.0m高程，填筑量88万m^3，汛期右岸继续填筑至210.0m高程，填筑量76万m^3。第二期坝体断面填筑至245.0m高程，顶宽30m，并完成一期面板高程173.5～200m及上游195m高程以下铺盖保护，具备抵御100年一遇洪水，本期填筑量与一期填筑量累计为369万m^3。第三期填筑坝体全断面填筑至270.7m高程，填筑量为189万m^3，并在2003年汛后完成二期面板高程200～234m。2004年汛后完成三期面板234.0～270.7m。

3　施工技术要点

3.1　面板浇筑采用“补偿收缩”混凝土配比新技术

盘石头水库地区属于典型的季风气候区，气候特点温差大、风速高、蒸发量大，湿度小。恶劣的气候环境，如何防止面板薄壁结构混凝土凝缩、干缩和冷缩产生的裂缝是关键的技术问题。施工中从混凝土原材料质量控制、混凝土配合比设计及混凝土浇筑施工工艺等三方面采取措施。①抓住原材料这个龙头，与生产商保持紧密联系，监督、检查原材料生产过程质量控制，送达工地后，加大抽样检验率和密度。原材料除满足国标及规范要求外，同时强调水泥的稳定性，入罐温度小于60℃，人工砂细度模数控制在2.6～2.8之间，石粉含量小于12%，对生产系统进行了局部改造。②从如何提高混凝土自身的抗裂性能进行研究，通过常规混凝土、补偿收缩混凝土、聚丙烯纤维混凝土等方案比较分析，结合盘石头水库工程的特点，坝体高度为100m级，压实密度较高，估计坝体自身沉降变形量小，不会导致面板发生结构性裂缝。恶劣气候对混凝土产生裂缝为主要因素，最终决定采用“补偿收缩混凝土”的防裂技术路线，其原理是利用限制膨胀率来补偿限制混凝土收缩，从而减少或避免混凝土因收缩变形产生的裂缝。③从混凝土施工工艺方面采取相应有效的措施，如保证仓面混凝土塌落度不大于3cm，混凝土在初凝前进行二次压光抹面，并采用塑料布铺盖，达到防风、防晒、防蒸发、防雨的目的，避免混凝土产生凝缝、滑模拉裂缝、混凝土自身下坠拉缝。混凝土终凝后及时铺盖草帘洒水养护，避免混凝土产生干缩缝、冷缩缝及温差应力裂缝。一期面板浇筑共28块，每块长45m，混凝土平均厚度55cm，平均浇筑速度1.5m/h，混凝土现场卸料时抽检取样平均塌落度为4～5cm，仓面抽检取样平均塌落度小于3cm。浇筑气温平均值为25.9℃，入仓平均温度为28℃。浇筑后22h，混凝土内部温度平均值为38.6℃，内部温度与气温最大差值为30.6℃。混凝土抽检3d、7d、28d平均强度分别为31.2MPa、39.1MPa、59.4MPa。经检查未发现任何裂缝。

3.2 坝体填筑的施工

3.2.1 铺层厚度控制

各填筑单元采用方格网测量计算平均层厚及平整度，并在实际施工及时进行调整，保证铺层厚度满足经现场碾压试验后确定的层厚要求。

3.2.2 碾压质量控制

采用前进、后退错距碾压方法，错距值为振动碾钢轮宽度除以碾压遍数。碾压设备选型：上游垫层、过度料、主堆石料，采用BW225D－3型德国产25t自行振动碾碾压，达到高密度要求。下游次堆石区及页岩区，采用18t国产自行振动碾碾压。周边缝小区料及垫层区上游超填部分垫层料采用HS22000型美国产振动夯板夯实，该振动板净重998kg，安装在PC400反铲上，振动频率2100VPM，激振力10t，压实干密度均超过设计值，大于2.25g/cm^3。

3.2.3 特殊部位的处理

50m条带左、右两陡坡处理（坡度为1∶0.5），采用过渡料填筑，形成低压缩区；坝基断层破碎带处理，河床段采用垫层料及过渡料（厚度均为1.2m）进行封闭回填，两岸岸坡段坝基先浇筑混凝土然后采用垫层料、过度料回填。大坝纵、横断面分区填筑搭接坡面处理，坡度不陡于1∶1.4，最大高差不大于40m，每填筑升高10m，预留6m宽的搭接平台，并边填筑边进行削坡，将大块石及未碾压到位的松散料挖至已碾压好的填筑面；后填筑区在施工技术措施上采取减小层厚、增加碾压遍数、充分加水，提高坝体填筑压实干密度及压缩模量。减少或避免坝体本身产生不均匀沉降给混凝土面板及接缝结构带来危害。

3.2.4 料源含泥量控制

面板坝料源含泥量控制通常的做法是在料场开挖时将含泥量超标的料源挖除作为弃料。盘石头水库主料场，溢洪道工程在实际开挖时，由于裂隙发育，宽度大小不一，且不均匀分布黏性土，在料场开挖过程很难采用选择性剔除，最终采用坝上卸料、平料中配合人工拣泥团，减少含泥量，同时避免泥团填在坝体中形成大小不一的空腔，造成大坝运行安全。

3.2.5 坝料加水措施

众所周知堆石体加水将起到润滑剂的作用，在振动碾激振力或堆石体自身重量的作用下，堆石散粒体棱角易破坏，相互间移动，重新组合，提高压实干密度，加快自身沉降变形。盘石头水库坝体填筑前期采用坝体内布置管路洒水方法加水；后期采用在运输道路上设定点加水站在运输车上加水结合坝内管路洒水的方法。由于料场开挖料源含有泥团，定点加水站车上加水，泥团崩解，人工难以在坝上捡除，该方法一度停止使用，随着料场挖深，泥团含量减少，后来又恢复了定点加水。采用定点加水站加水方法对泥结碎石路面结构破坏较严重，管路洒水方法铺设管路较长、移动频繁、施工干扰大、需劳动力较多、操作比较困难，难以保证洒水均匀及洒水量。因此建议今后坝体填筑施工采用大吨位改装洒水车结合定点加水站进行填筑体加水是有效的途径。

3.3 挤压式边墙固坡施工新技术试验研究

3.3.1 试验研究内容

试验研究内容包括：确定贫混凝土边墙结构型式；贫混凝土配合比试验；贫混凝土边墙快速成型工艺研究；贫混凝土边墙在垫层料碾压时的变形观测；摸索贫混凝土边墙与垫层料填筑施工工艺流程；选择适合新技术施工的垫层料碾压设备等。

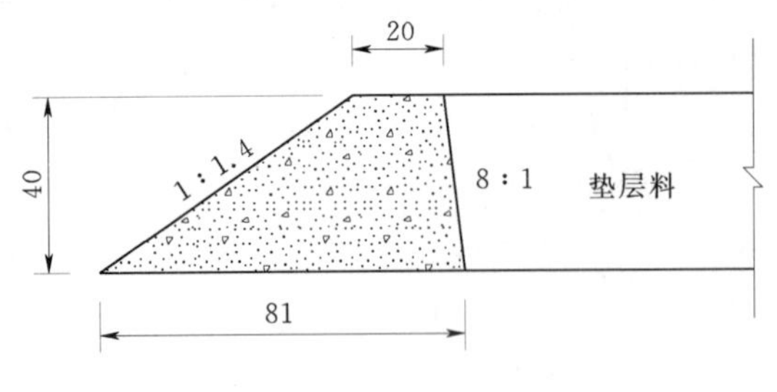

图 1 混凝土边墙结构图（单位：cm）

3.3.2 贫混凝土边墙结构体型

根据试验情况，最终确定贫混凝土边墙结构型式为：高 40cm，顶宽 20cm，上游坡 1∶1.4，下游坡 8∶1，底宽 81cm。垫层料上游边 30～50cm 宽采用大激振力振动夯板压实，斜墙顶宽可采用 10cm，见图 1。

3.3.3 贫混凝土配合比试验

经室内多组配合比试验及现场施工生产性试验，推荐贫混凝土配合比见表 1。

表 1 贫 混 凝 土 配 合 比

材料名称	胶凝材料 /(kg·m^{-3})	水 /(kg·m^{-3})	粗骨料 /(kg·m^{-3})	细骨料 /(kg·m^{-3})	外加剂 /%	强度 /MPa	
规格型号	425 号水泥 Ⅱ级粉煤灰石粉	天然河水	5～20mm	河砂或 机制砂	特制	3h	28d
数量	100～140	75～100	1350～1450	650～550	5～8	0.6	4.1～6.3

3.3.4 贫混凝土边墙成型工艺研究

现场试验采用了两种成型工艺，同时研制了移动式钢模成型机。

(1) 静碾削坡成型法。为开发研制挤压成型机，通过试验获取研制参数。试验中采用 4t 振动碾，静碾后即时拆模，然后上游坡人工削坡成型，该成型方法，工序复杂，速度较慢，可作为模拟挤压成型之用。

(2) 组立模板型法。即先组立模板，后浇筑混凝土，拆模后完成边墙施工。该方法工序多，模板材料及人工较多，施工干扰大，施工安全难以保证，成墙速度也难以满足垫层料填筑的进度，但可用于边角部位的施工。

(3) 移动式钢模成型机。采用固定长度移动式钢模，分段连续浇填成型。其施工方法为：测量放线→铺设轨道→钢模就位→模体下降校正→浇筑混凝土→模体上升（脱模）→拖动至下一段浇填混凝土。贫混凝土边墙浇筑施工工艺，采用组立模板成型，移动式钢模成型及挤压机成型都可行。采用移动式钢模成型其施工工艺、劳动力情况等较其他两种成型方法更符合中国国情，施工干扰小，保证施工安全。采用移动式钢模成型机施工预计成墙速度 30～40m/h。边角部位可采用组立模板成型，挤压成型机成型可实现机械化作业。

3.3.5 贫混凝土边墙与垫层料填筑施工程序

通过试验摸索贫混凝土边墙及垫层料填筑施工工艺流程，主要通过对垫层料摊铺、碾压时贫混凝土边墙的变形观测及观察其破坏情况，经过多次组合试验观测，最终确定贫混凝土边墙成型 30～40min 后，即可摊铺垫层料，1.5～2h 后可进行垫层料的碾压。

3.3.6 垫层料施工设备选择

试验表明，垫层料摊铺设备宜采用小型推土机或反铲，运输车 20t 以下。振动碾吨位，取决于垫层料的碾压密实度，同时又不会对边墙产生较大位移及破坏。试验中选择了4t和10.5t双光轮自行振动碾作对比试验。根据试验观测结果，用4t或10.5t振动碾压实垫层料时，混凝土墙体向上游方向水平位移在3～4mm，墙体位移极小。但采用4t振动碾碾压，垫层料压实干密度较低，采用10.5t振动碾碾压，垫层料压实干密度有较大提高，能满足设计要求的压实干密度。根据试验成果，采用贫混凝土边墙固坡技术，垫层料采用10.5双光轮自行式振动碾碾压，既能保证压实质量和施工安全，能保证边墙的稳定。若采用大吨位单光轮自行式振动碾碾压，为确保施工安全及避免斜墙破坏，靠近边墙30～50cm宽的垫层料采用激振力大于10t的振动夯板进行碾压。

3.4 采用硐室爆破开采大坝主石料

盘石头水库大坝填筑料源主要来自溢洪道和主料场，溢洪道灰岩主堆石料有限，主料场又因受地质、地形、地貌等诸多因素限制，难以形成规模开采的工作面，采用深孔梯级爆破开采主堆石料很难满足2003年汛前月填筑35万m^3的上坝强度。经大坝料源平衡分析，参建各方共同研究决定在主料场西侧开辟新的料场，新料场开采方法经过多种方案比较，最后决定采用硐室爆破开采方案，具体表现在以下几方面：①采用梯级爆破法，由于该料场两侧为深切冲沟，坡度近似垂直，山体高差达160m，自上而下开挖，出碴道路布置困难，需多次翻渣倒运开挖，施工成本加大，并且短期内难以形成规模开采条件；②爆区岩体为寒武系石灰岩，属可溶性岩石，节理裂纹发育，采用硐爆开采易获得级配良好的主堆石料；③爆区周边建筑物距爆心距离均大于500m，爆破震动及飞石距离经计算能保证安全。

3.4.1 爆破设计方案选择

采用条形药包布药，最小抵抗线按20m左右控制，层高按25m控制，共分6层，每层药室布置在2～3排药室，采用松动爆破，各排药室自外向内爆破作用指数n值分别为0.60、0.75、0.85，采用非电导爆管，微差起爆，网络准爆条件可靠，共分76段，单响最大药量为10t控制，总装药量为498t。实际施工当中，按专家审查意见及根据洞室掘进实际情况揭露地质情况，对最小抵抗线进行了认真细致的复核，对底部两层药包布置进行了调整，对装药结构及网络进行了再次调整，并最终确定爆破装药结构及爆破网络，单响最大药量仍按10t控制，原设计总装药量为498t，调整后设计总装药量为524t，实际总装药量为515.6t。

3.4.2 爆破设计

最小抵抗线W的确定：根据类似工程的石料开采经验，最小抵抗线按20m左右控制，本次爆破设计W/H值为0.85；药室排数及层数：爆区平均爆落高差H大于160m，大约为下层最小抵抗线的8倍，采深约100m，所以需分层、分排布置药室。根据高差及最小抵抗线分布，确定层高b为25m。高程310m以上共布置4层药室。顶层药室布置于高程385.0m，布置1排；上层药室布置于高程360.0m，布置2排；中层药室布置于高程335.0m，布置3排；下层药室布置于高程310.0m，布置3排。底部高程270～310m布置2层药室，上层布置在高程290.0m，布置1排，下层布置在高程270.0m高程，布置2排。根据河南鹤壁本地石灰岩的岩性特点，标准抛掷单耗K值取1.5kg/m^3。本次爆破设计为松动爆破，爆破作用指数n取0.60～0.85，前排取小值，后排取大值，上层取小值，下层取大值。本次爆破各药室抵抗线按20m左右控制，满足一般巷道布药要求，药室、导硐采用最小断面设计，硐室开挖成半圆拱型或城门拱形，断面轮廓尺寸：导硐断面：1.2m×1.7m，药室断面：1.2m×1.7m。

压缩圈半径的计算：　　$R_\gamma = 0.56\ (\mu q/\Delta)^{1/2}$（条形药包）

式中　Δ——装药密度，850kg/m^3；

　　μ——压缩系数，盘石头岩石较硬，μ取12；

　　q——线装药密度，kg/m。

下破裂半径　　$R = W(1+n^2)^{1/2}$

上破裂线半径 $R'=W(1+\beta n^2)^{1/2}$

式中 β——上向崩塌范围系数，对中硬岩石按 $\beta=1+0.04(\alpha/10)^3$ 计算，当原地形坡度 α 为 30°～65° 时，取为 2.1～12.0。根据地形条件及岩石性质上破裂线坡度大约是 70°。

装药量计算，条形药包药量计算采用下式：

$$Q=KW^2(0.4+0.6n^3)\ eL$$

式中 W——最小抵抗线，m；

e——炸药品种换算系数，e 等于 1.0 与 1.05 时，分别对应于 2 号岩石铵梯炸药和铵油炸药；

L——装药长度，m。

装药量计算成果见表 2。

表 2　　装药量计算成果表

药室 层数—排数	药室编号	最小抵抗线 W/m	装药长度 L/m	K /(kg·m^{-3})	n	线装药密度 /(kg·m^{-1})	药室药量 /kg	每层药量 /kg	总药量 /t
Ⅰ-1	A1-B1	20.1	115.5	1.5～1.6	0.61	339.4	39200.7	200292.51	524.002
Ⅰ-2	A2-B2	21.5	125.9	1.5～1.6	0.75	539.4	67910.5		
Ⅰ-3	A3-B3	22.5	126	1.5～1.6	0.85	634.7	79972.2		
辅助药包		20	120.7	1.5	0.75	411.5	13209.2		
Ⅱ-1	C1-D1	18.9	130.6	1.5	0.61	337.8	40772.3	144037.5	
Ⅱ-2	C2-D2	18.7	130.6	1.5	0.75	367.5	47989.2		
Ⅱ-3	C3-D3	22.5	126	1.5	0.85	423.2	55276.0		
Ⅲ-1	E1-F1	17.5	123.1	1.5	0.61	258.6	31837.0	84064.2	
Ⅲ-2	E2-F2	20.4	122	1.5	0.75	428.1	52227.2		
Ⅳ-1	G1-H1	12.7	65	1.5	0.61	136.2	8853.6	40674.6	
Ⅳ-2	G2-H2	16.5	122.5	1.6	0.7	259.8	31821.0		
山包-1	M1	18	43	1.5	0.75	333.3	14331.5	54933.2	
	M2	18	50	1.5	0.7	309.1	15457.0		
	集中 1	20.5		1.5	0.6		7186.0		
	集中 2	15.7		1.5	0.6		3228.0		
	集中 3	23.2		1.5	0.7		11914.4		
山包-2	N1	23.7	36.6	1.5	0.6	468.5	17147.7		

总药量为 524.002t，端部药室的线装药密度将根据实际情况酌增或酌减。各药室、导硐设计全部为平硐，为便于出渣和排水，导硐按 0.3%的顺坡设计。装药、堵塞、起爆网路设计：导硐硐口堵塞长度为 8m，药室与导硐交叉段横向堵塞 6m（主硐中心每侧 3m），纵向堵塞 6m，前排药室与主导硐交叉部位沿导硐出口方向堵塞 6m；起爆网路设计：采用非电导爆管起爆网路，各药室起爆体内使用的雷管段别有：Ms14、Ms15。接力雷管以 Ms5、Ms7 为主。各药室起爆雷管及接力雷管均采用 5 发并联联结形式。同一药室内部分段时差为 50ms，同一层排间药室以 Ms5 段间隔，上下层相邻药室用 Ms7 段间隔。本次起爆网路共分 76 段，总起爆延时约为 1s。

3.4.3 爆破后的评价

飞石安全距离设计采用 $R_f=20kf_n^2w$ 计算，计算值为 279m（对人）、186m（对机械）。爆破实际飞石距离小于 100m，小于设计计算值。

洞室爆破由于是内部松动爆破，空气冲击波及毒气影响很小，设计时未作重点要求，实际爆破时产生的空气冲击波很小，由于充分爆破，毒气也未产生。

爆破地震波的控制，针对爆区周围存在英雄渡槽、公路桥、拌和楼、建管局基地及弓家庄民居的情况，爆破震动在设计时均按规范要求的允许震动值进行了验算，经验算，爆破最大单响药量 20t，也能确保上述建筑物安全，为保险起见，爆破最大单响药量按 10t 控制，上述建筑物的安全系数更高。爆破实施时实际最大单响药量为 9359.5kg，小于 10t。爆破时在上述建筑物上布置了监测点，对爆破震动进行了监测，实测最大质点震速值为 0.3cm/s，小于设计计算值，更小于规范允许值（表 3）。

表 3　　盘石头水库洞室爆破周围建筑物震动情况表

位置	距离/m	规范允许震速值	设计计算值	实测值	结论
上弓家庄民居	>552	2.0	0.84	0.30	安全
拌和楼	>525	3.0	0.91	0.18	安全
渡槽	>529	3.0	0.89	0.25	安全
下弓家庄民居	>800	2.0	1.00	<0.03	安全
基地	>521	3.0	0.91	0.14	安全

4　分析与思考

（1）在面板堆石坝建设中，大力推广使用贫混凝挤压边墙固坡施工新技术。挤压边墙固施工新技术的应用，坝体填筑施工进度更快，主要体现在以下几个方面：①上游坡面施工工序简单，大坝在第一个汛期挡水度汛更可靠；②大坝最后一期填筑体料源级配，层厚可以适当放宽，加快填筑速度，二期面板（中、低坝）、三期面板（高坝）待第三层坝体沉降速率较小后开始浇筑，通过挤压边墙固坡体加强表面及周边缝部位防渗处理后挡水产生效益，既保证了面板质量，又可以提前发挥工程的效益。

（2）实践证明，填筑体洒水（特别是 U 型河谷坝体）采用坝内管路洒水很难保证洒水量，施工干扰大，直接影响工程质量和工期。目前，采用大吨位洒水车洒水（施工道路为混凝土路面）是成功的办法。运输道路结构为泥结碎石路面不宜采用定点加水站方法，因路面运行质量受到严重影响。

（3）盘石头水库料场由于前规划及地质勘探不足，导致施工当中弃料大大增加，纵横断层切割，难以形成规模开采的条件，大坝施工进度及度汛安全受到严重影响。经验教训告诉我们，在前期进行料场规划、地质勘探等工作，就必须加大投入，经多种方案比较，全面规划布置。采取增加勘探平硐、地质钻孔及地质雷达等的勘探手段，彻底摸清料场的地质情况。同时也必须充分考虑地形、地貌是否适合施工道路布置及开采强度的条件。

（4）盘石头水库主料场西侧山梁采用硐室爆破开采大主堆石料总体上是成功的，但也有以下几方面值得总结：地质条件裂隙发育，容易获取优良级配的主堆石料，但表层超径石偏多，且在抛掷作用下表超径石掺和在爆心料中，造成开挖难度增大；为确保周边建筑物的安全，表层及冲沟两侧垂直边坡设计抵抗线均大于 20m，是造成表面超径石较多的主要因素。经爆破震动实测成果及爆破飞石距离远远小于设计值，因此采用小抵抗线（12～15m），笔者认为同样能确保安全，且减少了超径石，开挖效率大大提高，加快开挖速度。

（5）经统计国内已建几座混凝土面板堆石坝面板采用“补偿收缩混凝土”新技术，面板裂缝均较少。但值得注意的是这几座坝坝高都在 80～130m，沉降量小于坝高的 1%，坝体填筑分区高差小于 40m，面板浇筑前坝体均采取了预沉降技术，预沉降期 2 个月以上，防止坝体变形过大导致面板发生结构性裂缝。因此，可以认为在以上条件具备的情况下，在气候恶劣地区修建面板堆石坝面板浇筑采用“补偿收缩”混凝土新技术，可以减少或避免面板混凝土裂缝的产生。

高混凝土面板堆石坝施工技术

吴桂耀　黄宗营　蒋建林

【摘　要】：武警水电部队作为高混凝土面板堆石坝施工的先导者，先后承建天生桥一级、洪家渡、水布垭等200m级高面板堆石坝。对高面板堆石坝的主要施工技术研究和应用取得了较大的成果，充分显示了水电部队娴熟的高面板坝施工技术，同时也展示了我国高面板坝施工技术已处于世界领先水平。

【关键词】：施工技术　高面板坝　水电部队

1　引言

面板堆石坝以其就地取材、经济、安全、施工速度快、施工受季节气候影响小等特点成为我国快速发展的新坝型，尤其高面板堆石坝更显示它特点的优越性。

水电部队最先建成天生桥一级高混凝土面板堆石坝后，又相继承担了贵州洪家渡大坝以及当今在建世界上坝高最高的湖北清江水布垭水电站大坝（233m）等200m级高坝，为我国高混凝土面板堆石坝施工技术的研究发展和应用发挥了积极作用。本文对高面板堆石坝施工的主要施工技术的研究和应用进行阐述。

2　主要工程概况

天生桥一级水电站是红水河梯级开发的第一级。大坝坝高178m，坝顶长1104m，坝体分半透水垫层料区（ⅡA及趾板附近小区料ⅡAA）、过渡料区（ⅢA）、主堆石区（ⅢB）、次堆石区（ⅢD、ⅢC）、下游截水墙（ⅡB料区和黏土料Ⅳ区）与下游铺盖（ⅠB）、上游铺盖（ⅠA、ⅠB）等填筑料区，坝体填筑施工于1996年元月10日开始，至1999年3月29日坝体填筑完成，坝体填筑总量1800万m³，见图1。

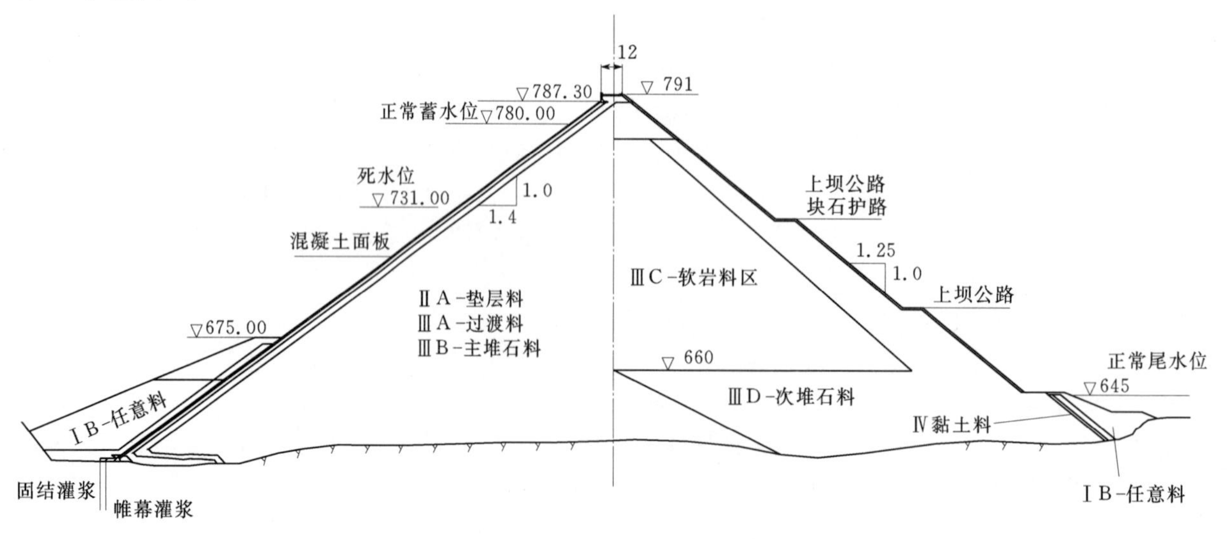

图1　天生桥一级大坝填筑料分区剖面图（单位：m）

洪家渡水电站是乌江梯级龙头电站最大坝高179.5m，坝顶长427.79m，坝顶宽10.95m，属狭窄河谷高面板堆石坝。大坝由特别垫层料、垫层料、过渡料、主堆石料、主堆石特别碾压区料、次堆石料、堆石排水区料等组成。大坝于2002年1月16日开始填筑，目前已全部施工完成。填筑总量920万m^3，见图2。

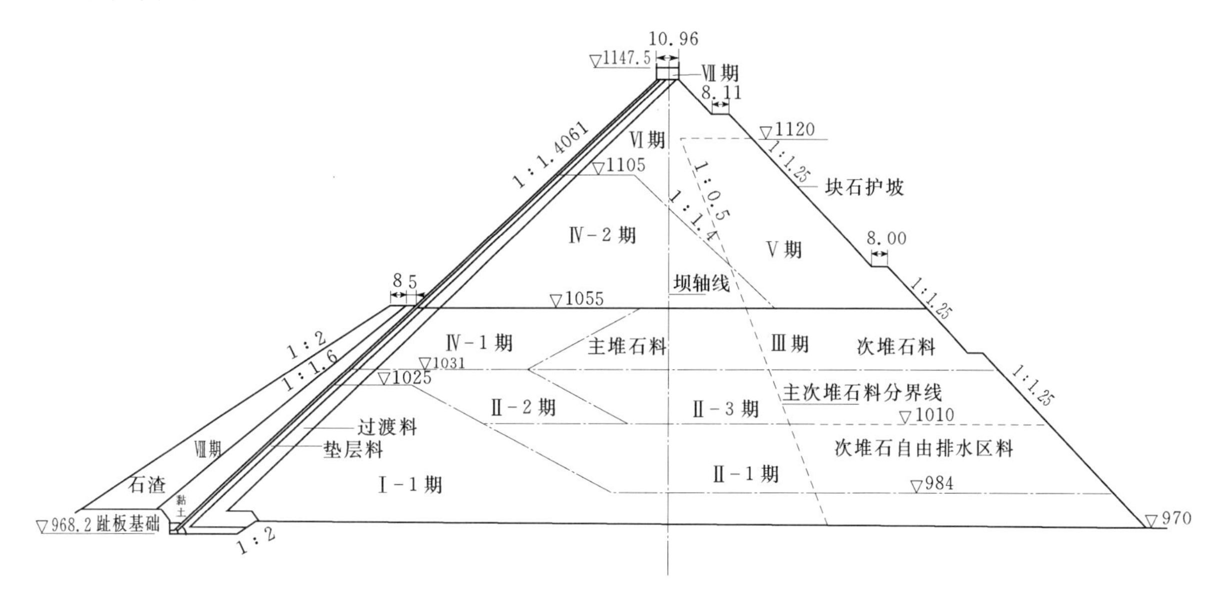

图2　洪家渡坝体填筑示意图（单位：m）

水布垭大坝是目前世界在建最高的面板堆石坝，最大坝高233m。坝体分ⅠA、ⅠB、ⅡA、ⅢA、ⅢB、ⅢC、ⅢD 7个填筑料区，总填筑量1660万m^3。大坝于2003年2月开始填筑，目前坝体填筑已基本完成，填筑总量1526万m^3，见图3。

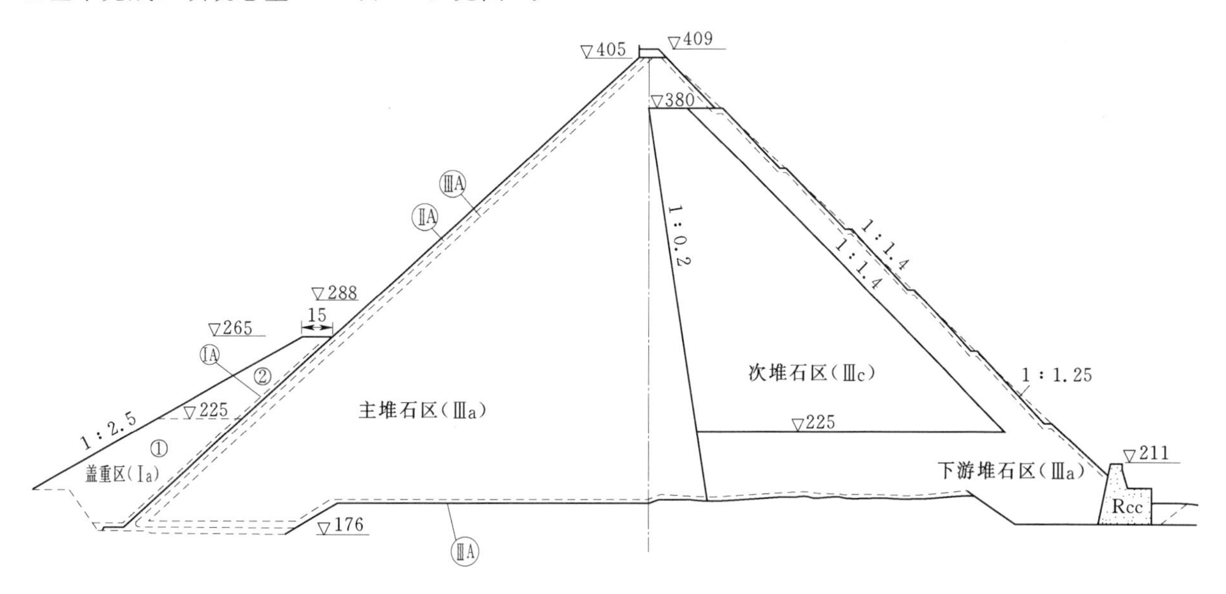

图3　水布垭大坝填筑料分区断面图（单位：m）

3　坝体填筑技术

3.1　坝体填筑分期

高面板堆石坝，坝体填筑必须分期进行，而且分期数较多。其主要目的是要满足坝体安全度汛、挡水发电等阶段的面貌要求。但坝体分期是导致坝体产生不均匀沉降、徐变等从而使混凝土面板发生拉伸性裂缝和弯曲性裂缝的现象。因此，高面板堆石坝合理进行分期填筑施工是关键。

天生桥一级大坝共分八期施工，其分期情况见图4。分期施工过程中，主要出现以下现象：①Ⅲ期填筑刚完成就进行一期面板的施工；②Ⅴ期填筑完成，立即进行二期面板施工；③Ⅶ期填筑完成后立即进行三期面板施工；二期、三期面板顶部仍出现垫层料与面板脱空现象；④二期面板运行过程中，出现较多裂缝，尤其在高程740.00m左右较为密集。

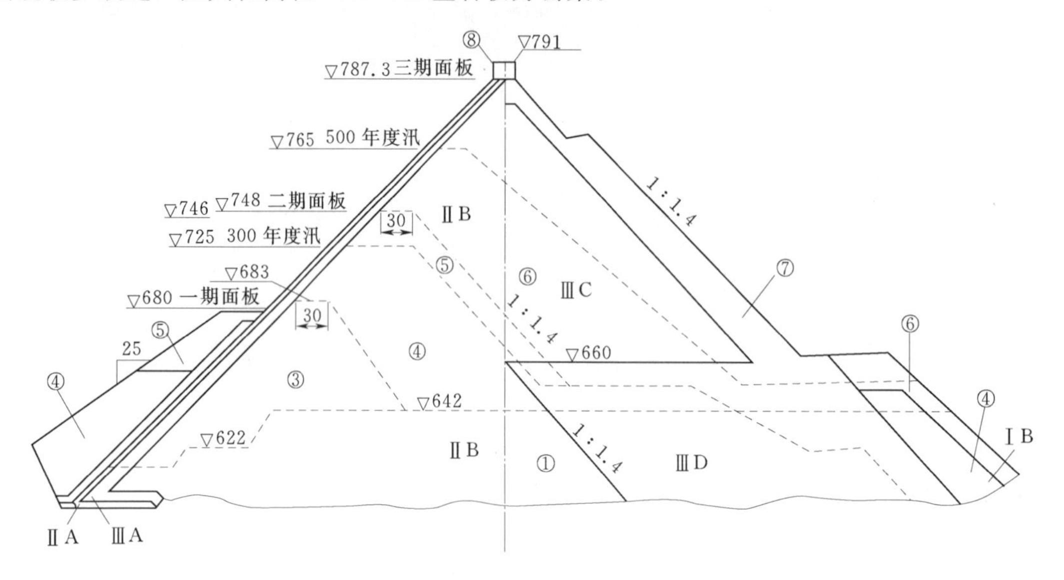

图4 天生桥一级大坝填筑分期施工图（单位：m）
（图中序号①～⑧表示填筑施工分期数）

针对天生桥一级大坝分期施工出现的弊端，洪家渡大坝和水布垭大坝填筑分期都吸取了经验并作了合理的调整。使每期面板施工前，其相应的填筑体都达到了3个月以上的施工沉降期。每期完成的临时坝体断面，其上下作业面的高差都不大于40m。洪家渡大坝填筑分期见图2。

3.2 坝料的开采和加工

（1）ⅡA垫层料加工。ⅡA垫层料在堆石混凝土面板坝中占有的重要地位。因此要求：①材质必是坚固、耐久、质地新鲜的石料；②垫层料的强度和变形均应满足坝坡的稳定和面板、过渡层、主堆石区的变形过渡要求；③施工时抗分离性强；④必须满足渗透和渗透稳定的要求。

天生桥一级大坝要求ⅡA料干密度为2.2t/m^3，渗透系数为$2\times10^{-3}\sim9\times10^{-3}$cm/s，系半透水性材料。天生桥一级首先采用对生产砂石骨料系统进行改造，生产出满足设计ⅡA料级配包络线的合格ⅡA料的技术。ⅡA料垫层料生产技术在洪家渡大坝和水布垭大坝得到了沿用，加快了高面板堆石坝的施工速度。

（2）ⅢA过渡料的生产。天生桥一级大坝ⅢA过渡料的生产，改变传统开采方法，采用直接爆破开采的方式。ⅢA料直接爆破开采技术获水利部科技进步奖。该项技术在洪家渡大坝和水布垭大坝的进一步实践应用，加快了高面板堆石坝的施工速度。

（3）主堆石料的开采。天生桥一级大坝主堆石料的开采按以往传统做法，采用深孔梯段爆破获得。

洪家渡和水布垭大坝石料开采，经过反复理论研究和多次现场试验，证明用散装铵油炸药开采上坝级配料技术上可行，经济上占优：①散装药可以做到完全耦合，料物细颗粒含量增加，级配料质量提高；②散装铵油炸药在运输、储存过程中是半成品，安全性高。该炸药自引入水电行业以来，从未发生过安全事故；③造价较低；④散装铵油炸药可采用机械装药，装药速度是普通炸药装药速度的两倍以上。

3.3 坝料的加水及洒水

上坝料洒水采用传统的两岸设水管，工作面设软管的方法存在的问题是：①施工干扰大，工作面上各种施工设备来往穿梭，水管经常被压坏；②面板坝填筑工作面点多面宽，水管移动困难；③各种干扰的存在，加之个别操作人员责任心问题，洒水点和洒水量很难达到设计要求。洪家渡大坝和水布垭大坝吸取了经验，采用坝外坝内相结合的洒水方式（图5）。

该方案的要点是：①在坝外上坝支线道路交汇处设置集中加水站，上坝运料车辆在加水站停留15～20s加水，加水量由专门的加水员通过水表控制；②坝面上辅以人工洒水，主要是针对平料过程补充洒水。实践证明，高面板堆石坝料的坝外加水方式值得推广。

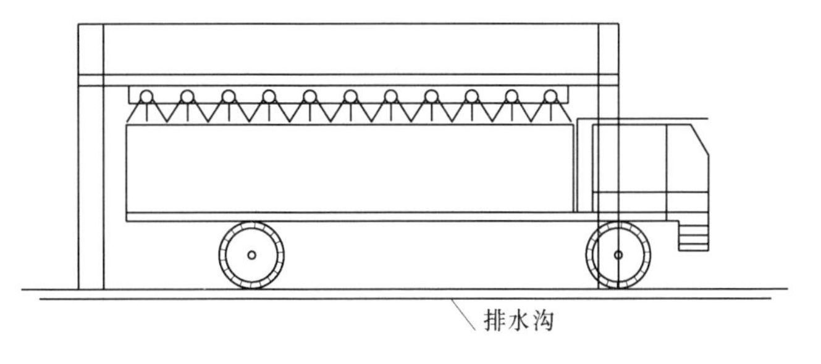

图5　坝外加水站示意图

3.4 坝体反向水压处理措施

天生桥大坝由于坝基河槽基岩面存在下游高于上游的反坡情况，将使面板或垫层承受反向水压力，影响其稳定性。天生桥面板堆石坝在趾板下游坝体中设集水井，并采用水平排水钢管与之相接自流排水和水泵抽水的方式，将坝体中的积水排往面板上游，以降低面板和垫层下游水位，控制上、下游的水位差，消除作用在垫层和面板上的反向水压力，保证了垫层和面板在施工期安全。在上游回填铺盖土料前，将集水井、排水管和为排水管穿过面板自流的孔口一并封堵，从而改写了施工规范。

洪家渡和水布垭大坝总结天生桥一级的经验，大坝取消了集水井，采用主堆石区前缘埋集水花管（外缠过滤网）连接排水钢管至坝外，自流排水，集水面积增加，排水效果好（图6）。坝内集水管使用结束后用一级配混凝土在坝外封堵，操作简单。

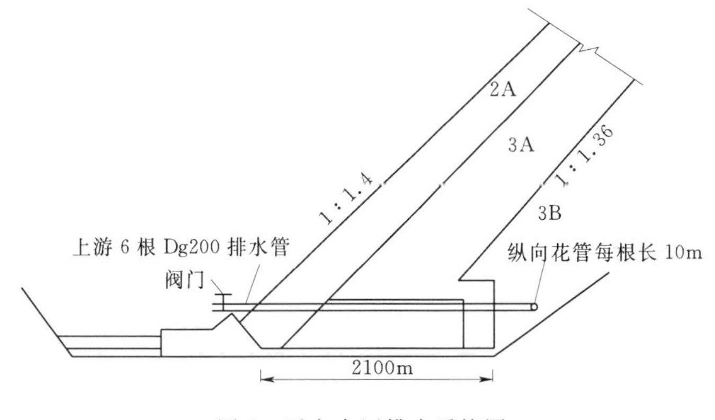

图6　反向水压排水系统图

3.5 激光导向长臂反铲修整垫层料坡面

作为混凝土面板垫层的ⅡA料填筑有较高的技术要求，除填料的材质、级配、压实度和厚度之外，上游坡面尺寸、平整度至关重要，它将直接影响到混凝土面板尺寸是否符合设计要求及ⅡA料的生产能力和效益。特别高面板堆石坝，垫层料修坡面积大、方量大。天生桥面板堆石坝施工中引进了美国制造XL4200型激光导向长臂反铲，用以修整垫层料上游坡面。即利用由发射器和显示系统组成的激光导向装置配合长臂反铲，按规定的角度（坡度）清除上游坡面设计线以外多余的坝料。由于此种设备定位准确，操作灵活，因而削坡质量有保证。该项技术当时在亚洲首次采用。洪家渡大坝应用该技术更加成熟。

3.6 超前考虑垫层料坡面沉降量

天生桥一级大坝施工的实践证明，垫层料坡面形成后，由于上、下游分期填筑及后期顶部荷载的作用，垫层料坡面法向将在一定时间内发生沉降，造成面板浇筑前的亏坡及面板浇筑后的脱空。因此坡面必须留有预留量。预留量目前国内外无准确计算公式，只能凭工程经验类比确定。洪家渡大坝在不同高程、不同区间预留沉降量（水平超宽）见图7。从洪家渡大坝垫层料超前考虑的沉降量值的经验证明，效果很好，可供今后200m级高面板堆石坝施工参考。

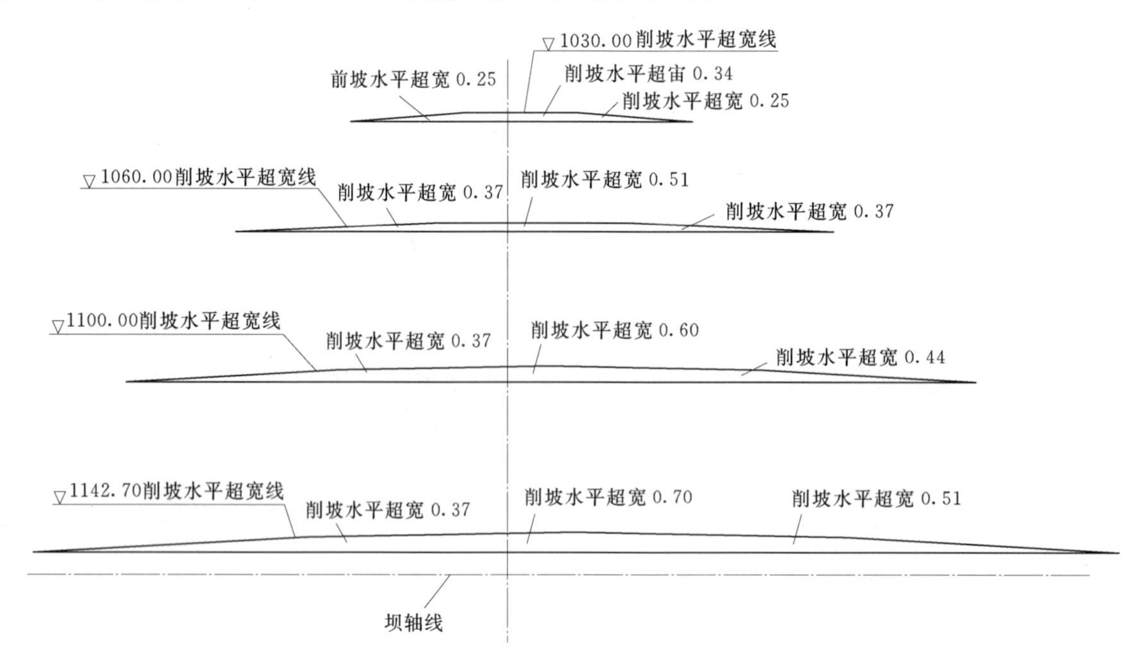

图7　洪家渡大坝面板垫层料坡面预留沉降量分布示意图（单位：m）

3.7　上游垫层料坡面固坡技术

1. 阳离子乳化沥青坡面保护技术的应用及改进

乳化沥青与人工砂的结合体是一种柔性材料，具有变形协调性好、不开裂不脱空、减少面板混凝土与垫层料的基础约束力，防渗性能好、亏盈坡处理相对容易、造价低等优点。天生桥面板堆石坝垫层上游坡面防护首先采用喷乳化沥青的方法代替传统的喷砂浆、喷混凝土或碾压砂浆的办法。洪家渡面板坝采用阳离子乳化沥青作为垫层料坡面保护方案，在总结天生桥大坝施工经验的基础上进行了改进：①研制了专用操作平台，平台由坝面上卷扬机牵引，喷射手在平台上操作，降低了劳动强度；②沥青喷洒均匀性、厚度得到了保证。

2. 挤压边墙混凝土固坡

混凝土挤压式边墙技术是混凝土面板堆石坝上游坡面保护施工的新方法。1999年巴西埃塔面板堆石坝建设中首先使用。这种技术因其能明显提高垫层料的压实质量，减少垫层料的浪费，并简便及时地提供上游坡面的防护等特点而得到坝工界的广泛关注。水布垭大坝是当今已建200m级最高坝首先采用了挤压混凝土边墙技术。

3.8　GPS技术的应用

GPS实时监控系统是全球卫星定位技术、无线数据通信技术、计算机技术和数据处理与分析技术的集成。水布垭大坝施工，实现了对振动碾压运行轨迹、速度和碾压遍数的实时、高精度、自动化监控。监控系统通过安装在振动碾上的流动站系统作为移动监测点，进行GPS移动观测；同时，在振动碾操作室机箱中有工控机显示屏，通过图表方式实时地显示碾压机械的运行参数，指导操作人员作业。采用该项技术有利于加快施工进度，确保施工质量。

4　趾板混凝土施工技术

趾板是面板的支撑基础，是一种承上启下的防渗结构，其作用是保证面板与坝基间不透水体连接和作为基础灌浆的盖板。趾板对面板堆石坝的防渗体系起着非常重要的连接作用，尤其是对200m高面板堆石坝更显示它的重要性。

4.1 滑模施工技术

天生桥一级大坝趾板设计总长1262.46m，最大坡度（沿X线）26.27°，最大宽度10m，最大厚度1.0m，混凝土总量约1.0万m^3。趾板直线段主要采用有轨滑模进行施工。采用该方法施工速度快，施工质量好，省工省力省材。该项技术在当时面板坝施工首次采用。洪家渡和水布垭等200m级高坝趾板施工相继引用了该技术，趾板采用滑模施工技术更加成熟。

4.2 趾板混凝土跳块施工改善防温度裂缝措施

天生桥一级大坝趾板混凝土一般连续浇筑，纵向不设变形缝，不设止水。当连续浇筑长度超过30m时由于长细比过大和混凝土的自身收缩，趾板混凝土有产生变形裂缝的现象。洪家渡和水布垭大坝吸取天生桥一级大坝趾板施工的经验，采用跳块浇筑，Ⅰ序块长度15～20m，Ⅱ序块长度1～2m（图8）。

Ⅰ序块浇完28d后，Ⅱ序块浇筑微膨胀混凝土。如果大坝填筑到相应位置时Ⅱ序块尚未浇筑，可用挡板隔离垫层料以不影响坝体上升。事实证明上述措施对防止趾板产生变形裂缝是行之有效的，在趾板灌浆之前进行检查，未发现任何裂缝。

水布垭大坝趾板施工也采用了该措施，有效地控制了趾板的变形裂缝的问题。

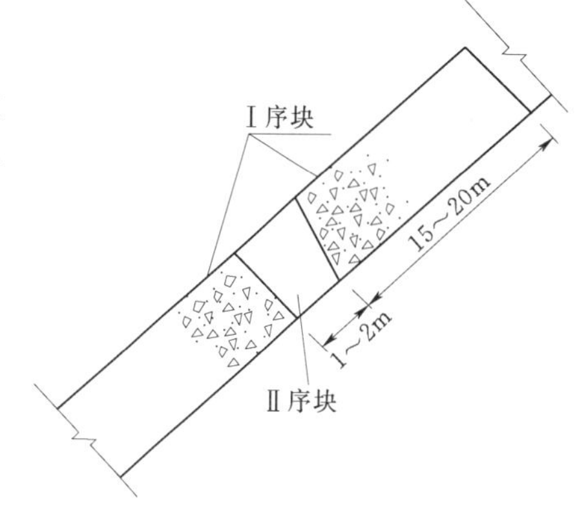

图8 趾板混凝土跳块浇筑示意图

4.3 趾板采用聚丙烯纤维混凝土浇筑

聚丙烯纤维加入混凝土后能显著改善混凝土早期的极限拉伸率、弹性模量、弯曲韧性、干缩等变形性能，提高混凝土的防裂、抗冲刷能力。水布垭大坝趾板混凝土也掺入聚丙烯纤维，很好地改善了混凝土质量，提高了混凝土早期抗裂性能，洪家渡大坝趾板聚丙烯纤维混凝土施工配合比见表1。

表1 洪家渡大坝趾板聚丙烯纤维混凝土施工配合比

编号	设计强度	砂率/%	水灰比	外加剂掺量/%			每方混凝土材料用量/(kg·m⁻³)									
				UNF-2C减水剂	AE引气剂	HE-U膨胀剂外掺	水	水泥	粉煤灰	砂子	小石	中石	聚丙烯纤维	UNF-2C减水剂	AE引气剂	HE-U膨胀剂
配比一	C30	38	0.45	0.7	0.007	8	148	263	66	731	656	536	0.9	2.303	0.023	26.5
配比二	C30	38	0.47	0.7	0.007	8	148	252	63	737	661	541	0.9	2.205	0.022	25.2

5 面板混凝土施工技术

面板是堆石坝的防渗主体，是大坝安全运行的重要结构物。对200m级高坝而言，大坝面板是超大型的薄板结构，如何防止和控制面板开裂、提高抗裂性能是一个技术难题。通过天生桥一级大坝、洪家渡大坝和水布垭大坝前后施工情况的对比，除注重坝体填筑施工质量，减少坝体变形外，面板的合理分期及合理安排各期填筑体的施工时间，混凝土配合比的改进等都是控制混凝土面板开裂和提高抗裂性能的措施。

面板混凝土主要采用滑模施工。天生桥一级大坝一期面板采用有轨滑模施工，二期、三期面板吸取了一期面板的施工经验改用了无轨滑模，解决了有轨滑模存在的局限性，同时减少了很多不必要的施工程序，加快了施工进度。

洪家渡大坝和水布垭大坝的各期面板都采用无轨滑模施工，无轨滑模施工技术在高面板堆石坝面板混凝土施工中更加成熟。

5.1 坝体分期填筑对面板裂缝产生的影响

天生桥一级大坝和洪家渡大坝面板均分三期施工。天生桥一级大坝各期面板施工完成后，都出现有裂缝，尤其二期、三期面板更甚。洪家渡和水布垭大坝吸取了天生桥的施工经验，对坝体填筑和面板分期及其施工时间作了合理的调整。洪家渡及天生桥大坝施工分期方案分别见图 2、图 4。各期面板分析比较情况如下：

1. 一期面板比较

天生桥一期面板施工完成后经检查发现有少数表面裂缝，其中缝宽大于 0.3mm 的只有一条，但顶部出现最大 10cm 的脱空现象；洪家渡大坝一期面板施工完成后没有出现裂缝和脱空现象。具体分析为：

临时断面顶部高程与尾部平台高差：天生桥高程 682.00～642.00m，h 为 40m；洪家渡高程 1010.00～1031.00m，h 为 21m，此项的拉伸性变形洪家渡小于天生桥。

临时断面后边坡坡度：

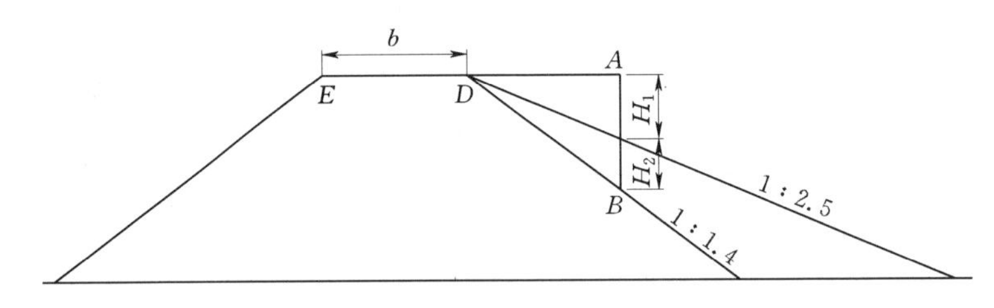

图 9　临时填筑体边坡坡度与沉降量关系图

由图 9，A 点沉降量是 A 点到 B 点距离 H 的正向函数，即 $VA=f(H)$。天生桥后边坡 1∶1.4，洪家渡后边坡 1∶2.5，即天生桥 $H=H_1+H_2$，洪家渡 $H=H_1$。可见洪家渡上、下游沉降差小于天生桥，从而拉伸变形小。

临时断面顶宽 b：由图 9，对于塑性体当 $b=\infty$时，D 点有水平位移而 E 点为 0，即 b 越大，E 点水平位移越小。天生桥 $b=30$m，洪家渡 $b=90$m，可见洪家渡防拉伸变形有利。

面板浇筑前坝体变形时间：天生桥填至高程 682.00 后立即浇面板，沉降时间为 0～15d；洪家渡一期面板 2002 年 12 月 26 日浇筑，Ⅰ期填筑体 2002 年 6 月 1 日至 12 月 25 日有 7 个月的沉降期，（Ⅱ-1、Ⅱ-2）2002 年 9 月 10 日至 12 月 25 日，有 3.5 个月沉降期，洪家渡有利。

天生桥一期面板浇筑总宽 400m，洪家渡宽 165m，洪家渡有利。

2. 二期、三期面板比较

天生桥二期、三期面板施工完成后，变形发展较快，裂缝和脱空的产生更明显于一期面板；而洪家渡二期、三期面板的变形量很小。主要分析为：

沉降时间：天生桥临时断面填至高程 748.00m 后立即浇二期面板，沉降时间为 0～10d，洪家渡Ⅳ期填筑于 2003 年 9 月 15 日完成，至 2004 年 1 月 1 日开始浇二期面板有 3.5 个月沉降期，洪家渡有利。

洪家渡由于Ⅲ期先填筑完成，由Ⅳ期自身填筑体形，其拉伸变形朝向上游，Ⅴ期于二期面板浇筑前填至高程 1102m，Ⅳ期的拉伸变形起约束作用。

天生桥三面板在坝填至高程 787.30m 以后立即浇，沉降时间为 0，洪家渡Ⅵ期填筑时段为 2004 年 4 月 1 日至 8 月 15 日，至 2004 年 12 月 1 日开始浇三期面板，有 3.5 个月沉降期，优于天生桥。

综上分析，洪家渡大坝分期填筑与面板分期施工安排是合理的，有效地防止面板弯曲性开裂和脱空现象。但根据天生桥面板后期观测资料分析，对于 200m 级高面板坝，三期面板要做到不发生弯曲性开裂，其填筑体应有6个月以上的沉降期，洪家渡的3.5个月沉降期也是不够的。

水布垭大坝施工吸取了洪家渡的经验，各期面板施工前，其相应的坝体沉降期至少达到3.5个月以上，面板弯曲性开裂的现象得到有效的遏止。

5.2 混凝土配合比改进

针对天生桥一级200m级面板堆石坝的面板特别二期、三期面板存在不同程度的裂缝，洪家渡大坝在总结天生桥一级面板混凝土配合比成果的同时，重点考虑其抗渗和防裂问题。经过大量的试验论证后，采用了在混凝土中掺加聚丙烯纤维和轻烧氧化镁的方法。试验结果表明，掺加聚丙烯纤维可以有效提高混凝土早期极限拉伸值，使混凝土具有较高的拉压比，降低弹性模量，从而增强其适应变形的能力，并在混凝土初裂以后，提高混凝土的断裂韧度，使混凝土具备一定的止裂能力；掺加轻烧氧化镁可以有效补偿混凝土收缩，减少混凝土干缩变形和线膨胀系数，使混凝土具有不裂或少裂的特性。这两项技术措施的采用有效地改善了洪家渡电站大坝面板的抗裂性能，取得了良好的效果。目前洪家渡大坝已完成并运行一年多的面板几乎没有发现缝宽大于0.3mm的裂缝。聚丙烯纤维和轻烧氧化镁双掺技术的应用，发挥了明显的作用。

水布垭大坝面板混凝土也掺加了聚丙烯纤维，取得了良好的效果。天生桥一级和洪家渡大坝面板混凝土施工配合比和参数表，以及每立方米混凝各材料用量分别见表2～表4。

表2　施工配合比参数表

编号	工程部位	水泥/(kg·m^{-3})	粉煤灰/(kg·m^{-3})	水灰比	用水量/(kg·m^{-3})	外加剂/%
配比一	一期面板	240	60	0.48	144	RC—1：0.2 AE：0.005
配比二	二期、三期面板	229	57	0.46	132	DH3—G：0.5

表3　面板混凝土施工配合比

编号	设计强度	设计坍落度/cm	设计含气量/%	粉煤灰掺量/%	砂率/%	水灰比	外加剂掺量/%		MgO外掺/%
							UNF-2C减水剂	AE引气剂	
配比一	C30	7～9	4～5	25	36.0	0.4	1.00	0.003	3.4
配比二	C30	7～9	4～5	25	35.5	0.4	0.75	0.004	3.4

表4　每立方米混凝土各材料用量

编号	水	水泥	粉煤灰	砂子	小石	中石	聚丙烯纤维	UNF-2C减水剂	AE引气剂	MgO
配比一	132	247	83	698	620	620	0.9	3.300	0.0099	11.2
配比二	140	262	88	678	616	616	0.9	2.625	0.0140	11.9

6 铜片止水加工制作技术

6.1 成型机的应用及改进

自铜片止水一次成形机在天生桥一级水电站首次运用后，洪家渡水电站在总结天生桥经验的基础上，做了如下两方面的改进：①由于异形铜止水左右侧呈不对称形（如F型止水），铜片在滚轮上轧制时，转折大的一侧拉伸变形比另一侧大，造成成品铜止水片沿纵向弯曲，通过调整上、下滚轮间隙得到解决；②洪家渡水电站铜片止水鼻梁高度8cm，是目前国内最大的（天生桥为5cm），鼻梁高度越大，轧制过程中越容易造成顶部拉裂。通过增加轧制滚轮的组数得到解决。

6.2 接头加工技术改进

天生桥一级大坝铜止水接头大多采用现场裁剪后焊接。洪家渡和水布垭在总结天生桥经验的基础上，全部采用整体冲压制作，确保接头的变形要求，确保了止水接头质量。

7 先进的监测仪器安装技术

7.1 坝内垂直、水平位移计安设技术

为测量坝体内部变形，天生桥一级在坝体最大断面较低部部布置了垂直、水平位移计。测量垂直位移采用水管式沉降仪，测量水平位移采用引张式铟钢丝水平位移计。由于坝高，断面大，从观测高程上游端（接近混凝土面板下游面）将水管和铟钢丝引至下游坝坡观测房的距离达350m，引导如此长的水管和铟钢丝的技术在国内外还是第一次。

洪家渡和水布垭大坝吸取天生桥一级的经验，使坝体垂直、水平位移计安装埋设技术更加成熟，安设的仪器全部完好，运行正常。

7.2 电平器（Electrolevels）测量混凝土面板的挠度

天生桥面板堆石坝采用电平器代替常规的测斜仪进行混凝土面板的测斜工作。电平器系利用在充有电解质溶液的密闭容器中，由铅垂线等分的悬浮气泡的位置变化为电阻变化的原理，测出面板各点的倾斜度，进而求得面板的挠度。其优点是安装和测读简易、快捷，读数精确可靠，价格适当。该项技术亚洲首次采用。

8 结束语

天生桥一级水电站大坝是当时国内已建成的最高混凝土面板堆石坝，是国内首座由100m级规模向200m级跨越的项目，坝高178m，坝体体积1800万m^3，面板面积17.3万m^2，在工程施工时埋设了大量的常规和新型监测仪器（如电平器、水管式沉降仪、铟钢丝型伸缩仪、脱空计等）。其中，电平器是亚洲首次采用监测面板变形的仪器。工程竣工安全鉴定书中，专家组的结论评语："天生桥一级水电站工程规模大，技术难度高，采用了混凝土面板堆石坝这一先进坝型，设计施工中开发和实施了许多先进技术，这些都是全社会的宝贵财富……"。大坝施工期间和蓄水运行以来，记录了多年的观测数据，通过观测资料分析，对大坝安全运行和今后该类型大坝建设提供了依据和经验。

洪家渡大坝在总结和引用天生桥一级成功经验和技术的同时，大胆采用新材料、新设备，引进新技术，成功地建成了又一200m级高混凝土面板堆石坝。成功的施工经验和技术为今后高面板堆石坝的设计和施工提供依据和指导作用。

水布垭面板堆石坝的施工过程既采用了国内外成熟的施工技术，又引进采用了先进的施工技术成果，同时，也依托本工程的施工实践，使得高面板坝的施工技术得以完善和发展。总之，水布垭面板堆石坝的施工是集国内外施工技术之大成，为世界面板堆石坝施工技术的发展作出了突出贡献。

随着天生桥一级、洪家渡、水布垭等200m高混凝土面板堆石坝的相继建成，标志着我国高面板堆石坝的快速发展。在工程建设中，新技术、新工艺和新设备不断改进和发展，如：坝体分区和压实控制、趾板滑模施工技术、反向渗水处理、激光反铲削坡、级配料开采控制爆破技术、垫层料坡面施工和保护技术，以及运行监测等，使200m级混凝土面板堆石坝的设计、施工理念和方法不断发展，更趋合理。

糯扎渡大坝心墙防渗土料开采施工工艺及方法

叶晓培　吴桂耀　黄宗营

【摘　要】：糯扎渡水电站工程属大（1）型一等工程，大坝为心墙堆石坝，坝体基本剖面为中央直立心墙形式，坝顶高程为821.50m，最大坝高为261.50m，坝体心墙区防渗土料包括接触黏土料、掺砾土料及混合土料，防渗土料从农场土料场开采，土料开采具有施工面积大、土层结构复杂、土料性状变化频繁、受气候影响大及施工持续时间长等特点。本文对大坝心墙区填筑所用土料开采的施工工艺及方法进行介绍。

【关键词】：糯扎渡大坝　土料开采　施工工艺　施工方法

1　概述

1.1　工程简况

糯扎渡水电站是澜沧江中下游河段梯级规划“二库八级”的第五级，枢纽位于云南省普洱市翠云区和澜沧县境内。电站装机容量为5850MW，最大坝高261.5m，总库容$237.03\times10^8m^3$。电站的拦河大坝为心墙堆石坝，心墙顶部高程为820.5m，顶宽为10m，上、下游坡度均为1：0.2。心墙分为两个区，以720m高程为界，以下采用掺砾土料，以上则采用不掺砾的混合土料。

大坝心墙填筑需防渗土料约465万m^3（土料场自然方，包括约12万m^3接触黏土料），大坝心墙填筑的防渗土料全部从距坝址约7.5km处的农场土料场开采。

1.2　土料场的地质条件

（1）农场土料场主采区东西向最宽约840m，最窄约170m，南北向长约1060m，分布高程930～1150m，总体上地形较完整，山坡坡度平缓，多小于15°，仅局部20°左右。地层由新到老为：坡积层（Q^{dl}）：在场地内分布广泛，为红褐色—黄褐色高液限黏土（CH）、含砂高液限黏土（CHS）和含砂低液限黏土（CLS）等，塑性为主；三叠系中统忙怀组下段第三层（T_{2m}^{1-3}）：分布于坡积层之下，岩性主要为紫红色泥岩、粉砂质泥岩、泥质粉砂岩、粉砂岩、细砂岩、中砂岩、粗砂岩和砂砾岩等。岩层呈单斜构造，顺山坡展布，产状多为N74°～85°E，NW∠8°～20°。

（2）选定的接触土料场位于土料场主采区下部东侧（设计称之为Ⅲ采区），高程为950～1000m，地形开阔平缓，坡度约10°。

2　施工规划

2.1　施工分区

（1）土料场开采分主采区和高塑性黏土采区，主采区开采掺砾土料及混合土料，高塑性黏土采区专门开采接触性黏土。

（2）依据大坝填筑施工分期，根据各分期需用土料量进行开采区域规划。

（3）大坝填筑共分六期施工，其中心墙区为五期，按照心墙区各期需要土料量的情况，主采区自下而上分为Ⅱb区、Ⅲb区、Ⅳb区、Ⅴb区及Ⅵ区。农场土料场施工分区布置见图1，农场土料场各区储量见表1。

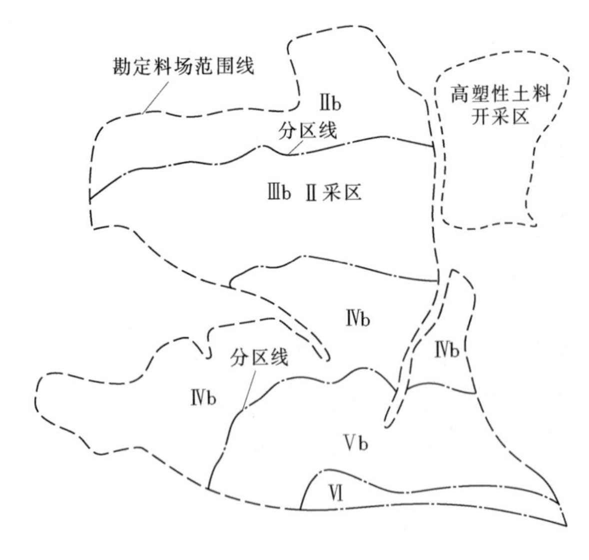

图1　农场土料场施工分区布置图

表1　农场土料场各区土料储量表（自然方）

序号	土料场分区	土料储量/万 m^3
1	Ⅱb	74
2	Ⅲb	175
3	Ⅳb	191
4	Ⅴb	138
5	Ⅵ	27
6	接触性黏土区	15
合计		620

（4）每区开采的具体范围根据现场含水量情况，优先开采含水量适中的范围，对高含水量部位通过采取措施满足开采要求后再进行开采。

2.2　截、排水布置

土料场开采前先修建临时施工道路，在土料场较大的冲沟上设置M7.5浆砌石拦渣坝，拦砂坝顶宽60cm，上游侧铅直，下游侧1∶0.5。拦砂坝断面见图2。

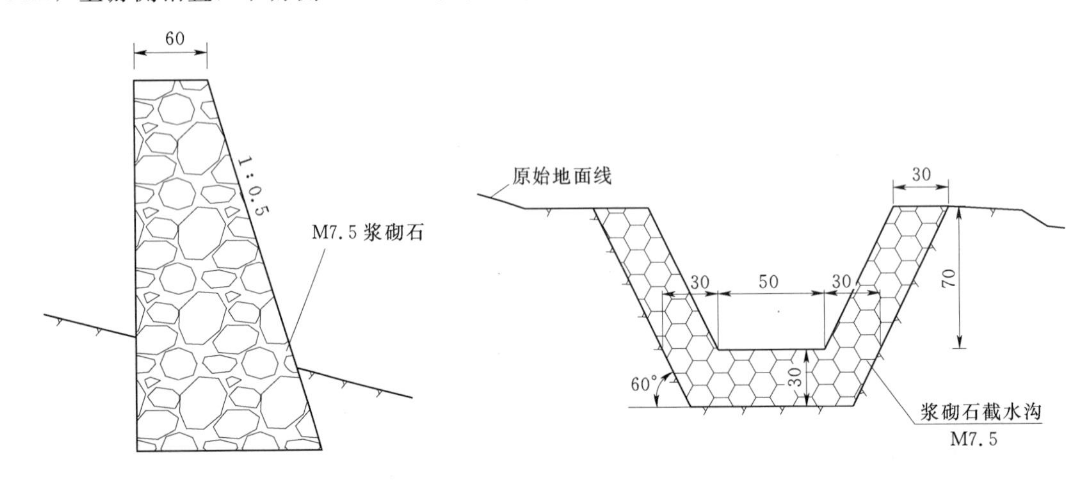

图2　拦砂坝断面图（单位：cm）　　图3　截水沟断面图（单位：cm）

在确定的开采区外周边及每一开采区顶部修建截水沟，将来水排入开挖区外天然冲沟里；截水沟采用反铲开挖形成，梯形断面，底宽50cm，深70cm。截水沟断面见图3。

2.3　施工工艺

农场土料场土料开采施工工艺流程见图4。

3　施工方法

3.1　土料开采

3.1.1　开采规划

单个工作面开采宽度为20m，根据料场复勘资料及有用料本身岩性，主采区土料厚度约8～10m，接触黏土料区厚度约为2～3m，土料开采不分层，一次性开采到底，自下而上、立采的方式进行开

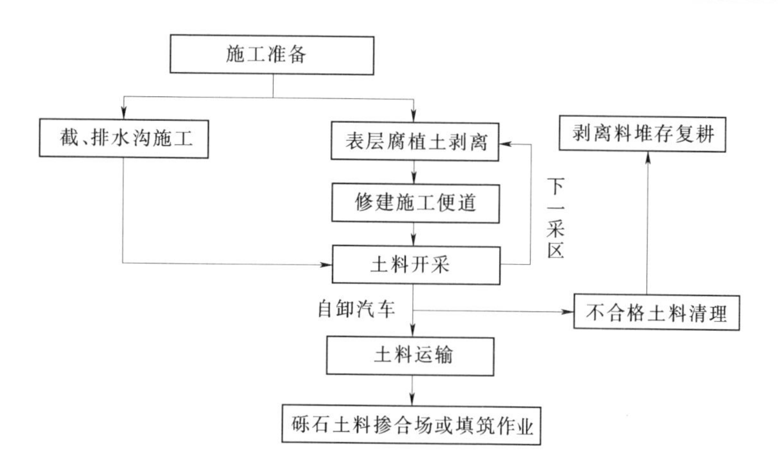

图4　土料开采施工工艺流程图

采。为减少土料有用料的浪费，根据地质资料，土料开采完毕后所留台阶坡比为1∶1.19。土料开采纵剖面见图5。

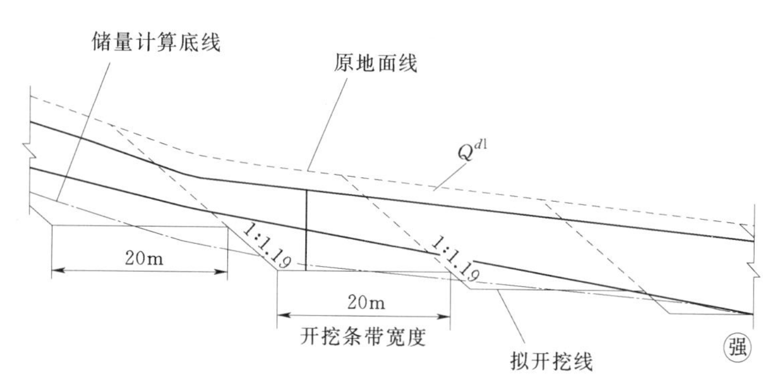

图5　土料开采纵剖面示意图

料场开采时，根据含水率取样检测结果，采取多个工作面轮换开采的方式，优先开采含水率合格的区域，以保证土料具有合适的含水率。

3.1.2　开采方法

(1) 土料以立采法开采，根据有用料开采深度，采用正铲、反铲结合施工。

(2) 各采区自下而上垂直坡面顺序立体开采。

(3) 料场开采初期，先以2.0m^3反铲后退法开挖为主，待形成立采工作面后，再以4.5m^3挖掘机立面挖料。

(4) 根据工作面道路布置情况，土料开采一次开采到底，避免有用料浪费。

(5) 土料采用正铲混合后装车，运输以20～32t自卸汽车为主。

(6) 开采区的边角和底部配备2.0m^3反铲进行清理挖装，并辅以165～240kW推土机集料及修路平整，确保作业面及路平整洁。

(7) 当土料开采深度不大于8m时，采用液压挖掘机立面开挖取料，开采工作面的平面、立面图见图6、图7。

(8) 当土料开采深度大于8m时，采用反铲扒料、正铲装料的方式开采，其立面见图8。

3.1.3　取样检测

土料开采前，根据前期进行的含水量检测，确定优先开采区域。

在土料开采过程中，土料场含水量检测，按20m×20m检测一点，检测立采混合后土料的含水量。根据土料在掺砾土料备料、掺拌及土料填筑过程中进行检测并确定土料开采合适的含水量。

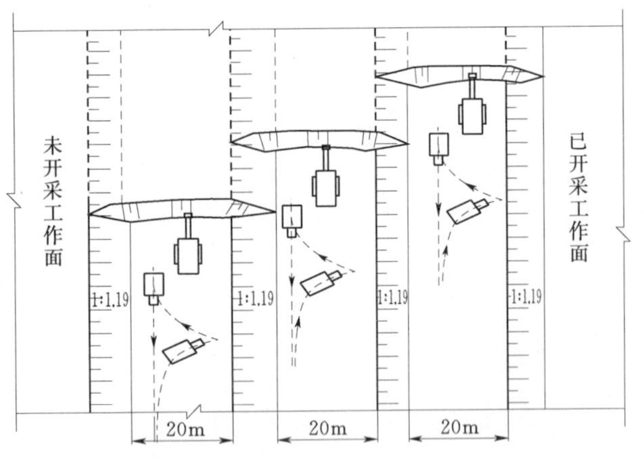

图6　土料开采工作面平面示意图

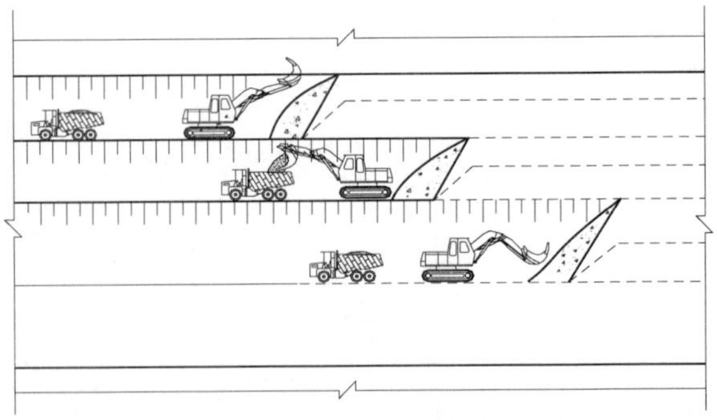

图7　土料开采工作面立面示意图（开采深度不大于8m）

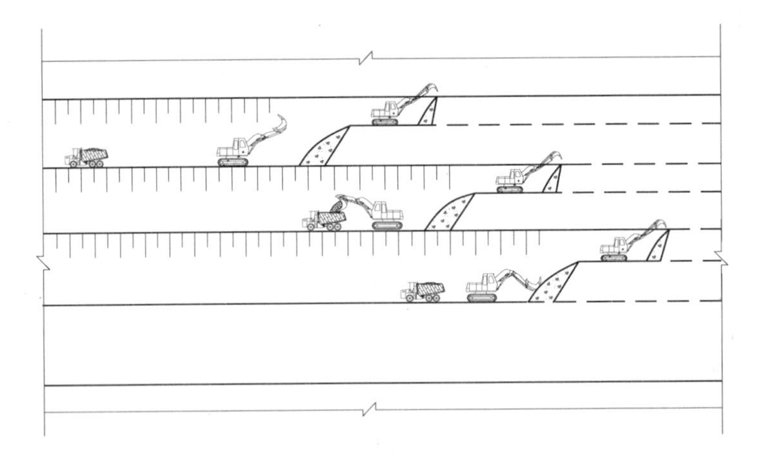

图8　土料开采工作面立面示意图（开采深度大于8m）

根据土料含水率、级配及物理力学性质等试验检测结果及时调整开采方式。

3.1.4　不合格料处理

（1）原则上不合格料作废料处理。

（2）对于土料中含砾超标的地层以及土料中含有超径砾石的地层，主要采取选择开采与清理。①土料中含砾石较多的地层，且砾石的粒径满足其骨料的要求，用2.0m³反铲分别在含黏较高的土层中和含砾石较多的地层中按一定比例进行混合挖装处理；②土料中含有超径砾石较多的地层，主要用2.0m³反铲配合进行分选清理；③对于超径砾石，装车前用反铲剔出，现场做到不合格料严禁装车。

3.1.5　排水布置

（1）保留区边坡采用人工配合2.0m³反铲进行边坡修整。

（2）开采时工作面微向外倾斜、坑洼处用土料填平，以防工作面积水。并确保开采边坡稳定。

（3）在有用料已开采完毕的作业面修建排水沟，使工作面积水及时排至开采区两侧的冲沟内。

3.2　土料含水量调整

3.2.1　土料含水量分布情况

依据料场复查情况，以天然含水量平均值为18%、23%为界（小于18%为低含水量区，18%～23%为一般含水量区，大于23%为高含水量区）把土料场分为A区（低含水量区）、B区（一般含水量区）、C区（高含水量区）。土料场天然含水量分区位置情况见图9。

依据不同含水量区域和碾压试验成果，确定适合的含水量。当土料含水量较低或过高时，采用在土料场加水或料场排水的措施。当土料含水量较高时，采用挖沟排水的方法，当土料含水量过低时，采用在土料场对土料加水的方法。

根据土料场含水量分布情况，做好区域划分，并设置明显标识。

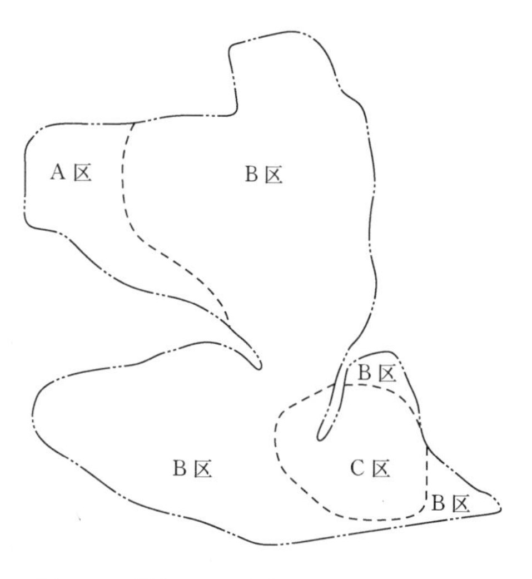

图9　土料场天然含水量分区位置示意图

3.2.2　土料加水及料场排水

（1）土料在开采之前，通过取样试验先行测定土料的最优含水量，土料在开采时的含水量一般比上坝控制含水量大2%～4%为最优，通过装车、卸车、运输等多道工序的含水量损失后，控制大坝填筑时的含水量在规定范围内，如由于下雨或地下水影响导致天然土料含水量超标，在料场先行对土料含水量进行调整，以减少土料在大坝的处理时间和工序。

（2）土料含水量调整工艺与天气情况（温度、风力、风向、湿度等）、土料性质、开采运输工艺等有关，其影响因素多。在实施前进行工艺试验，确定土料在不同天气情况、不同的开采运输等条件下上坝时的含水量损失大小，根据土料在大坝坝面铺平碾压的含水量损失状况来选择合适的含水量区域并调整工艺，以达到经济合理的目的。

（3）如天然含水量过低，则采取分段加水，分段开采，确保土料的含水量和湿润均匀，分段加水可在土料开采前48～72h进行。①混合土料加水：可在作业面的坡顶横向用人工按土料含水量不足的比例均匀喷洒，喷洒加水前，表层的覆盖层不得剥离，其覆盖层的剥离可在上坝料开采前剥离。②掺砾土料加水：除在土料场直接加水外，如在运输途中散失了水分，还可在掺混料场摊铺时用人工喷雾洒水补充。

（4）如表层含水量超过最优含水量不大，而其下部土料的含水量适中时，采取推土机顺层切土，采用上下土料混合调整含水量的方式来满足上坝要求。

（5）如料场地下水位过高，将导致土料含水量超标，在除了采取分段开采，给予土料充分晾晒外，还需在料场四周深挖排水沟，以降低地下水位线，降低土料含水量的方式。

（6）雨水是造成土料含水量变化的主要因素，除在采区外侧修建截水沟截断两侧山体来水外，在采区内要顺边线布置排水沟，开采时始终保持有排水沟一侧的底面略低，使采区内的雨水能很快汇流到排水沟内排出，并及时对采区内开挖的凹坑进行回填，防止雨水渗入土料深层。农场土料场开采分区排水平面、立面见图10、图11。

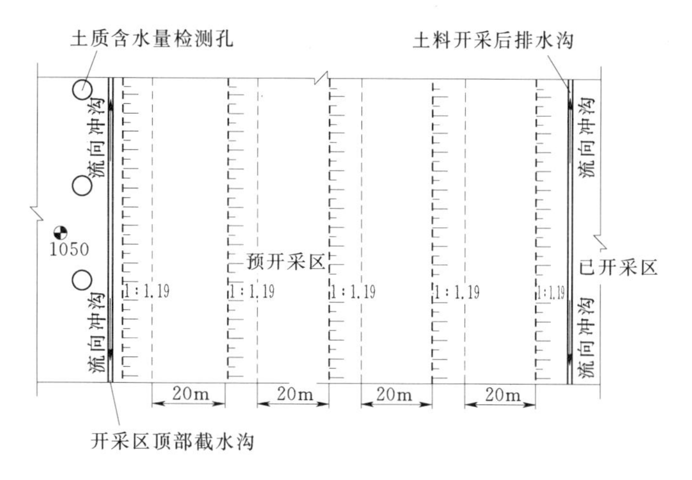

图10　土料场分区排水平面示意图

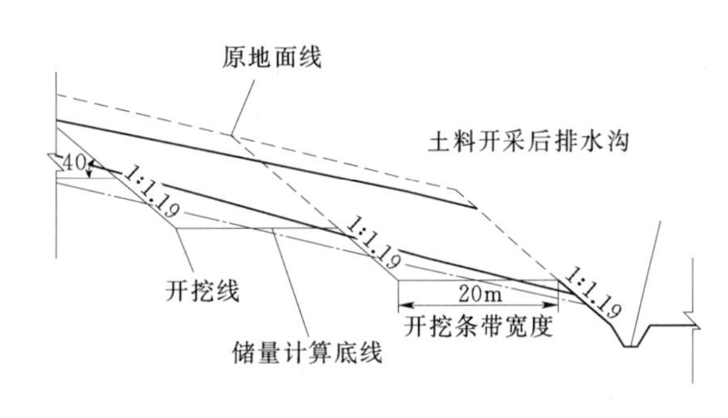

图 11　土料场分区排水立面示意图

（7）土料场开采过程中，定期进行含水量检测，并根据含水量变化情况对开采区域进行局部调整。

3.2.3　土料翻晒施工

前期土料开采根据含水量情况，有选择地开采含水量适合的区域，后期土料翻晒将作为在料场调整土料含水量的主要手段。土料翻晒施工工艺进行试验验证，在翻晒过程中，土料含水量损失值与天气情况、土料性质、翻晒工艺（铺土厚度、翻料遍数、晾晒时间）等影响因素有关，选择经济合理的翻晒工艺将有助于降低工程成本。

在土料开采中，土料中的含水量过大时，主要采取：①含水量少量超标的土料可通过翻晒处理；②含水量大量超标的土料可绕过该部位，也可随剥离料一并转运到下一层的场地上进行平整复耕。

1. 翻晒场地

（1）分段晾晒：在土料中含水量超标不大时，在土料场采取分段开采，分段晾晒，给予土料一定的脱水条件和时间，分段晾晒时间为72h以上。

（2）场地晾晒：当土料中含水量超标较大的情况下，则在土料场选择一个场地进行翻晒，翻晒场地一般选择在易于回采的相对平坦部位，翻晒场面积根据当时土料上坝强度要求来确定，以基本满足土料上坝强度为原则，翻晒场一般分两个区，使摊铺、翻晒、集料、装车可轮流作业。

2. 翻晒工艺

依据以往工程的经验，土料翻晒时铺土厚度一般为20～30cm，相应在摊铺后翻松两至三遍的情况下，含水量每小时降低0.25%～0.8%，按土料不同性质，翻晒周期1～3d。

根据本工程土料情况，初选土料翻晒参数见表2，实际施工时根据试验情况进行调整。

表2　　**土料翻晒参数表**

土料名称	摊铺厚度/cm	翻土遍数	翻晒周期/d	方　法
混合土料	30	2	1	机械翻土，推土机集土，装载机装车，汽车运输
黏土料	20	2	1.5	

3. 翻晒方法

土料开采后，自卸车运输到翻晒场，推土机进行摊铺，然后由推土机牵引松土器翻松土料，土料翻晒到合适的含水量后，由推土机集土，$3m^3$ 装载机装车，20t自卸车运输。后期混合土料施工时，掺和场用作翻晒场。

如集好的土料暂时不能转运上坝，对土堆进行集中并将表面压实抹光，并用塑料薄膜进行覆盖绑牢，防止下雨后土料含水量又有较大变化。

为保证雨停后，大坝高程720m以上能有土料施工，在晴天在掺和场储存7d的土料用量，并用塑料布遮盖严实，防止雨水淋湿及渗透。

3.3　含水率和颗分测试

土料挖运过程中应加强对土料含水率测试和混合土料的颗分测试，以便及时调整开采区域和优化开采方式。

3.4　含水率控制

土料开采尽量在旱季施工。

（1）土料含水量偏低时，可在料场采用压力水和压缩空气混合成雾状均匀喷洒补水，并检测控制在允许范围内方可运输上坝。

（2）运输车辆应设防晒棚，防止坝料含水量损失过快。

3.5 防雨、防晒措施

砾石土心墙坝施工受气候条件影响较大，特别是心墙高塑性黏土的开采施工。根据相关文件的水文气象资料综合分析，黏土料开采日降雨量小于 0.5mm 时，正常施工；日降雨量为 0.5～5mm 时，雨日停工；日降雨量为 5～10mm 时，雨日停工，雨后停工 0.5d；日降雨量为 10～30mm 时，雨日停工，雨后停工 1d；日降雨量大于 30mm 时，雨日停工，雨后停工 2d。

（1）对已满足含水量要求的土料，暂时不能转运上坝，对土堆进行集中并将表面压实平整，并用塑料薄膜进行覆盖压牢，雨天防雨、晴天防晒，避免土料含水量有较大变化。

（2）在有用料开采完毕的工作面及时修筑排水沟，以避免雨天工作面积水。

4 结束语

（1）土料开采不同于石料开采，土料颗粒级配要求决定了开采方法，而开采方法直接影响土料颗粒级配情况，结合土料场地形的不平整性和大坝填筑分期等客观因素，采用分期分区、一次开采到底立面开采的方式时合理的。

（2）由于防渗土料填筑质量受土料含水量影响较大，含水量过大、过小都易导致土料填筑不合格，所以在土料开采前及开采过程中，对土料的含水量进行检测和调整亦是至关重要的。

（3）目前，糯扎渡大坝工程心墙防渗土料已正常填筑，土料场土料开采量已达十多万立方米，施工中采用上述方法，心墙区防渗土料的填筑质量处于受控状态，各项指标均达到了设计标准，随着工程的进展，土料开采过程中遇到的问题可能还多，土料的开采方法将根据现场实际情况进一步完善，以便在今后类似工程中更广泛地推广和应用。

糯扎渡大坝坝料开采技术研究与应用

吴桂耀　黄宗营　王洪源

【摘　要】：糯扎渡水电站大坝为心墙堆石坝，心墙堆石坝坝高261.5m，为国内第一、世界第三，工程建设具有挑战性，将使高心墙堆石坝建设上一个新台阶，对高心墙堆石坝发展具有重大意义。坝体填筑总量为3268.42万m^3，坝体填筑施工周期长，强度高，上坝级配料的开采方法直接影响工程的施工进度、施工质量和经济效益。

【关键词】：糯扎渡水电站　坝料开采　爆破

1　工程与地质概况

1.1　工程概况

糯扎渡水电站心墙堆石坝由砾质土心墙区、上下游反滤料区、上下游细堆石料区、上下游粗堆石料区和上下游护坡块石等组成。坝顶中部高程为824.10m，心墙底面最低高程560.00m，设计最大坝高为264.5m，坝顶上游侧设置混凝土防浪墙，坝顶长630.06m，坝顶宽度为18m，大坝上游坝坡坡度为1∶1.9～1∶1.833，下游坝坡坡度为1∶1.8～1∶1.737。大坝下游设坝坡公路宽10m；上游坝坡高程750m以上和下游坝坡采用块石护坡。坝体填筑总量为3268.42万m^3。大坝填筑根据施工规划，除溢洪道消力塘及出口段740.00m高程以下开挖的部分粗堆石料转存上坝外，坝体填筑白莫箐细堆石料、粗堆石料和反滤料和掺砾土料碎石的加工料开采直接使用。坝体填筑堆石坝料开采，包括坝体填筑各种有用料的开采，其中包含坝Ⅰ料1245万m^3，坝Ⅱ料374万m^3，细堆石料205.16万m^3，反滤料和掺砾土料碎石的加工料235.24万m^3，护坡块石24万m^3，堆石坝料开采与坝体填筑基本对应，除反滤料和掺砾土料碎石的加工料外尽量减少转存量，堆石坝料开采最大月强度65万m^3。

1.2　地质概况

溢洪道消力塘及出口段740.00m高程以下工程为大坝填筑粗堆石料的主要料场，根据设计规划，提供320万m^3（自然方）作为坝体填筑Ⅱ区堆石料，850万m^3（自然方）作为坝体填筑Ⅰ区堆石料和加工混凝土骨料有用料。其地质概况如下。

1.2.1　基岩岩性为花岗岩

由于开挖深度大，建基面附近以弱风化下部和微风化——新鲜花岗岩体为主，RQD值一般大于70%，属块状、次块状结构。

1.2.2　消力塘开挖边坡工程地质条件

该地段地形总体为倾向澜沧江河谷的山坡，左侧开挖边坡规模较右侧大。

1. 左侧边坡

左侧边坡与挑流鼻坎段及下游冲刷区的边坡构成一整体边坡，边坡开挖规模大，最大开挖坡在糯扎沟至下游5号沟之间的山梁部位，约235m，向上、下游边坡高度逐渐降低，边坡顺水流长度最大达700余m。

根据开挖边坡地段的地质条件，总体上边坡的表浅部（垂直深度一般12～48m）以及上、下游侧的浅挖地段（冲沟及其两侧），基本上在全、强风化岩体及卸荷带岩体内。其余部位的边坡按岩性分布，可分为两部分：

(1) 上部沉积岩边坡：为 T2m1 - 1～T2m1 - 3 的中厚层状泥质粉砂岩（占沉积岩的比例为 19.4%）、粉砂质泥岩（占沉积岩的比例为 7.7%）、泥岩（占沉积岩的比例为 12.7%）、粉细砂岩及砂砾岩、角砾岩（占沉积岩的比例为 60.2%）等，在坡体内最大厚度约 135m，边坡均由弱风化及微新岩体构成。

(2) 下部花岗岩边坡：除上、下游侧外，大部分为弱风化下部和微风化～新鲜岩体，岩体完整，以块状结构为主；靠两侧开挖深度相对小，以弱风化的次块状结构或镶嵌碎裂结构岩体为主。

2. 右侧边坡

由于靠近澜沧江边，开挖边坡规模相对较小，高程 655.00m 以上山体均已清除，因此最大开挖坡高为 80m。

边坡均在花岗岩体内，根据该地段勘探成果，全、强风化岩体厚度一般 10～30m，其下在开挖深度范围内多为弱风化岩体，以镶嵌碎裂结构岩体为主，部分为碎裂结构和次块状结构，边坡底部有少量Ⅱ类岩体。

由于消力塘岩石性质和产状多变，又要提供满足设计级配料，给造孔爆破提出了很高的要求。

2 坝料施工技术要求

2.1 Ⅰ区粗堆石料

Ⅰ区堆石料采用明挖弱风化及微新的花岗岩、角砾岩。爆破后最大粒径 800mm，小于 5mm 的含量不超过 15%，小于 1mm 的含量不超过 5%，填筑碾压后孔隙率小于 22.5%、干密度小于 20.7kN/m^3，且应具有良好的级配。

2.2 Ⅱ区粗堆石料

Ⅱ区堆石料采用明挖强风化花岗岩岩层、弱风化及微新 T_{2m}岩层，其中弱风化及微新 T_{2m}岩层中泥岩、粉沙质泥岩总含量应不超过 25%。爆破后最大粒径 800mm，小于 5mm 的含量不超过 15%，小于 1mm 的含量不超过 5%，填筑碾压后孔隙率小于 20.5%、干密度小于 21.4kN/m^3，且应具有良好的级配。

2.3 细堆石料

细堆石料采用白莫箐石料场开挖的弱风化及微新花岗岩、角砾岩。爆破后最大粒径 400mm，级配连续，小于 2mm 的含量不超过 5%。填筑碾压后孔隙率 n=22%～25%。

3 坝料开采控制爆破设计思想

坝料开采爆破主要采取深孔梯段爆破，随着深孔设备和装运设备的不断改进，大量的堆石坝的坝壳料深孔梯段爆破技术的应用和爆破器材的日益完善，坝料开采深孔梯段爆破技术已日趋成熟，其优越性更加明显。其设计的基本要求有：①控制石料的最大粒径小于坝料设计的最大粒径，使爆破石料一次成型，避免和减少二次破碎；②满足堆石料的级配要求，增大坝料的不均匀系数，保证其连续性，以利于坝体填筑时堆石的压实；③扩大孔网面积，确定合理的钻爆参数和装药结构，提高钻孔的采爆率，降低成本，提高产量；④避免或减轻爆破的后冲破裂作用，保证爆破梯段边坡岩石的稳定，以保证下一次钻孔和施工安全；⑤减少爆破岩石的飞散，减少或避免损坏现场施工机械和设施。

在坝料开采中，考虑以上几项要求的控制爆破，其设计的基本思想主要是建立在充分利用梯段岩体的层理、节理及原生裂隙相互切割的基础上，对单个药包能量和总体爆破规模进行控制，使用炸药爆炸的能量合理地分布于爆破岩体中。对药包能量的控制，即确定合理的单耗药量、合理地分布药量和布置药包。从而使炸药能量充分地用于破碎岩石而做功，避免多余的能量使碎块飞扬，所以爆破开采石料的技术关键在于以下几点。

（1）利用梯段岩体的层理、节理相互切割以及原生裂隙构成的块状网，选定较佳的爆破方向和孔网参数。

（2）控制爆破规模和单耗药量。原生裂隙构成的块度一般较为均匀，若用药量爆破使岩体分离，则不利于岩石破碎，达不到开采级配石料的效果，但过量装药可能造成岩石强抛掷。

（3）合理地布置炮孔和药包，使炸药均匀地分布于被爆岩体之中，形成多点分散的布药方式，防止能量集中。

（4）利用微差爆破与挤压爆破技术，改善爆破石料块度，提高爆破质量，降低爆破后冲和震动效应，保证爆后岩体壁面的稳定和平整，而不致破坏或松动岩体壁面，以避免或削减地震波对环境的不利影响。

（5）根据开采料的用途选取爆破参数。如细堆石料开采，应尽量减少超径块的产生，施工时考虑有利于破碎的钻孔方式，即平面上等角分布并选用较高的爆破能量；粗堆石料开采，期望爆岩有较高的不均匀系数，采用较大的抵抗线和较小的间距比。

总之，在坝料开采中，爆破设计是在充分考虑地质条件的基础上，降低大块率和提供满足设计级配曲线要求是坝料开采的两项关键技术。

4 坝料开采控制爆破参数设计

4.1 孔网参数设计

1. 钻孔直径和梯段高度选择

根据钻孔设备及设计边坡台阶高度及料场开挖进度的要求，现场主要钻孔机械设备为 CM351 型钻机，孔径为 115mm。梯段高度与设计台阶高度相适应，同时考虑与挖装、钻孔设备相匹配，梯段高度为 15m，超钻深度超深 h 一般取台阶高度的 10%～15%，设计超深为 1.0m。

2. 间排距和抵抗线选择

在满足块度要求的条件下，应使每个炮孔所负担的面积最大，以提高经济效益。

（1）根据堆石坝的石料开采经验，进行孔距 a 和排距 b 选择。

$$a=m\cdot W_1$$

m 为炮孔密集系数，通常大于 1，在宽孔距爆破中取 2～5 或更大，第一排孔选较小密集系数。孔距与排距是一个相关的参数，与合理的钻孔负担面积 S 有关，即 $S=ab$，一般取 $a=1.25b$，可根据前述参数计算排距 b。

Ⅰ区堆石料选取 $a=6.0$m、$a=5.0$m，$b=4.0$m 做爆破试验；Ⅱ区堆石料选取 $a=6.0$m、$a=5.5$m，$b=4.0$m 做爆破试验；细堆石料选取 $a=3.0$m，$b=2.0$m 做爆破试验。

（2）底盘抵抗线。爆破底盘抵抗线 W_1 按炮孔直径计算：$W_1=nD$，式中 $n=20\sim40$。硬岩取小值，软岩取大值，同时考虑过大底盘抵抗线会造成根底多，大块率高，后冲作用大。

Ⅰ区堆石料选取 $n=35$，故 $W_1=3$m。

Ⅱ区堆石料选取 $n=35$，故 $W_1=4$m。

细堆石料选取 $n=35$，故 $W_1=3$m。

3. 堵塞长度和单孔药量设计

堵塞长度 L 按经验数据选取：$L=(20\sim30)D$ 堵塞长度为 2.0～2.5m

单孔装药量。每孔装药量 Q（kg）按下式计算：$Q=q\cdot a\cdot W_1\cdot H$，式中：$q$ 为单位耗药量 kg/m^3，经验选取Ⅰ区堆石料 0.4～0.45kg/m^3，Ⅱ区堆石料 0.35kg/m^3，细堆石料 0.7～0.85kg/m^3，终值由试验确定。排数以少于 5 排为宜，便于控制爆破规模、爆破效果、进行流水作业。

4. 爆破网络和单段药量

爆破网络采用 V 形网络，以提高爆破块石料的挤压破碎效果。

单段药量控制不大于500kg，靠近永久边坡60m范围内不大于300kg。

4.2 装药结构设计

装药结构主要考虑两方面的因素。

一方面，爆破粒径满足设计级配曲线要求；另一方面是尽可能便于操作，提高工效。装药结构对爆破岩石块度有直接影响，当爆落岩块有级配要求时，其影响显得更为重要，爆破岩块的细粒料主要由爆破产生的压缩圈部分的岩块获得，而耦合装药爆炸的强冲击荷载作用到孔壁产生较大的压缩圈，从而获得较多的细粒料。从级配料的组成上，不同粒径含量有一定的要求，不允许某一级配石料的含量过大，其他粒径含量很低，间隔装药是克服块度均匀性的有效措施，间隔的分段和块度的组成又有很大的关系。根据料源特性，以及当地爆破器材供应情况，选取90mm乳化炸药，根据设计单耗采取间隔或连续装药结构。

5 坝料开采控制爆破试验情况

5.1 Ⅰ区粗堆石料试验研究

5.1.1 试验爆破参数

（1）第一次爆破施工试验。桩号：溢0＋948.7～0＋975.04，高程725～710m，梯段高度15m，共计4排31孔，总计装药量3480.6kg，方量约8000m^3，该部位岩性为微新风化角砾岩，爆破施工试验时间是2008年7月16日，爆破参数见表1。

表1　　爆破试验参数表

爆破类型	孔径 D/mm	炮孔倾斜度 /(°)	超钻 H/m	孔深 L/m	底盘抵抗线 W_1/m	孔距 a/m	排距 b/m	单位耗药量 q/(kg·m^{-3})	堵塞长度 L_2/m
梯段爆破	115	90	1.5	16.5	4	5	4	0.43	2.5

（2）第二次爆破施工试验。桩号：溢1＋020～1＋075，高程710～695m，梯段高度15m，共计4排42孔，总计装药量5434kg，方量约12000m^3，该部位岩性为微新风化花岗岩，爆破施工试验时间是2008年10月12日，爆破参数见表2。

表2　　爆破试验参数表

爆破类型	孔径 D/mm	炮孔倾斜度 /(°)	超钻 H/m	孔深 L/m	底盘抵抗线 W_1/m	孔距 a/m	排距 b/m	单位耗药量 q/(kg·m^{-3})	堵塞长度 L_2/m
梯段爆破	115	90	1.5	16.5	4	5	4	0.44	2.5

5.1.2 试验结果

1. 爆破效果简述

第一场爆破试验：起爆时，目测飞石较少，因临空面较好，爆后检查爆堆基本集中，个别飞石距离50～100m，后冲向破坏1～2m，最小抵抗线方向的爆后石碴向前推出20m，表面少量超径石，用反铲挖出一断面后检查，爆堆面层的石料块度较均匀，爆堆内基本无超径石，目测感觉石料颗粒级配良好，爆破效果较好。

第二场爆破试验：爆后检查爆堆均匀，个别飞石距离50～100m，爆堆高度约16m，爆后石渣向前推进20m，表面少量超径石，用反铲挖出表面后检查，炮堆内基本无超径石，爆区内无岩埂，开挖高度达到设计爆破高程，经检测爆后对保留岩体有约1～2m拉裂破坏情况。

2. 取样筛分结果

爆破后，根据爆堆形态，由监理工程师现场指定取样的位置及取样的方法，每次爆破后取样，取样筛分的成果见图1～图2。

第一次爆破试验小于100mm以下在34.3%左右，200～800mm含量约38.9%，大于600块石较少，级配曲线高陡，与Ⅱ区料开采级配曲线相似，满足设计级配曲线要求。第二次爆破试验小于100mm以下在40.3%左右，200～800mm含量在29.5，靠近包络线上限，大于800mm块石无，满足设计级配曲线要求。

3. 颗粒分析级配曲线（图1、图2）

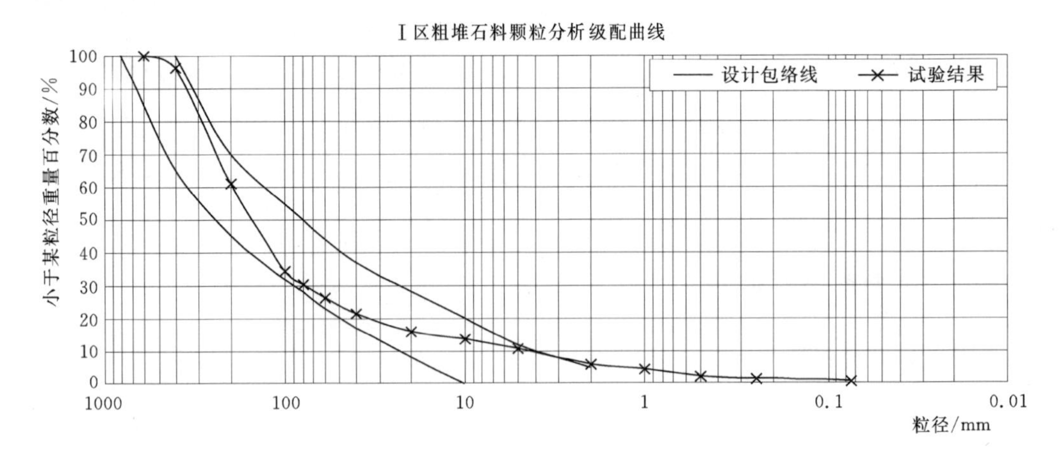

图1 第一次爆破试验颗粒分析级配曲线（编号：Ⅰ-005）

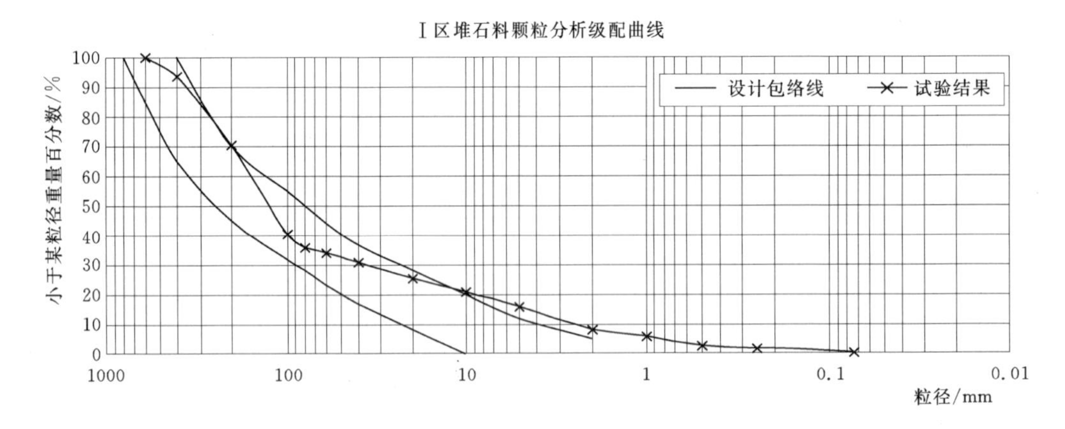

图2 第二次爆破试验颗粒分析级配曲线（编号：Ⅰ-006）

5.2 Ⅱ区粗堆石料试验研究

试验爆破参数见表3。

表3 **试验爆破参数**

项目 次数	钻孔角度/(°)	孔深/m	孔径/mm	间距/m	排距/m	堵塞长度/m	单位耗药量/(kg·m^{-3})	装药结构
第一次试验	90	12.5～15.8	115	6	4	2.8～3.0	0.35	连续耦合装药
第二次试验	90	15.0～16.5	115	5.5	4	2.8～3.0	0.35	间隔装药

说明：第一次试验位置：溢1+008～1+078m、中心距0－103.1～0－123.128m、高程740～725m，共计5排51孔，总计装药量4790.86kg，方量约14000m^3；第二次试验位置：溢1+024.4～1+063.3m、横中心距0－139.8～0－121.66m、高程725～740m，共计5排39孔，总计装药量4239kg，方量约12000m^3。

试验结果：

(1) 爆破效果简述第一场爆破试验。起爆时，目测飞石较少，爆后检查爆堆集中，个别飞石距离

50～100m，后冲向破坏1～2m，最小抵抗线方向的爆后石碴向前推出20m，表面少量超径石，用反铲挖出一断后检查，爆堆面层的石料块度较均匀，爆堆内基本无超径石，目测感觉石料颗粒级配良好，爆破效果较好。

第二场爆破试验：爆后检查爆堆均匀，个别飞石距离50～100m，爆堆高度15m，爆后石渣向前推进20m，表面少量超径石，用反铲挖出表面后检查，炮堆内基本无超径石，爆区内无岩根，开挖高度达到设计爆破高程，经检测爆后对保留岩体有约1～2m拉裂破坏情况。

（2）取样筛分结果。爆破后，根据爆堆形态，由监理工程师现场指定取样的位置及取样的方法，每次爆破后取样三组，取样筛分的成果见图3～图8。

第一次爆破试验小于20mm以下在11%左右，20～100mm含量在22%～27%，靠近包络线下限，200～800mm含量在32%～40%，靠近包络线上限，超过800mm的块石没有。第二次爆破试验小于20mm以下在12%左右，20～100mm含量在17%～25%，靠近包络线下限，200～800mm含量在36%～55%，基本位于上下包络线之间，通过调整爆破参数，级配曲线过陡的现象已有改善，表面大块率有所下降。

（3）颗粒分析级配曲线（图3～图8）。

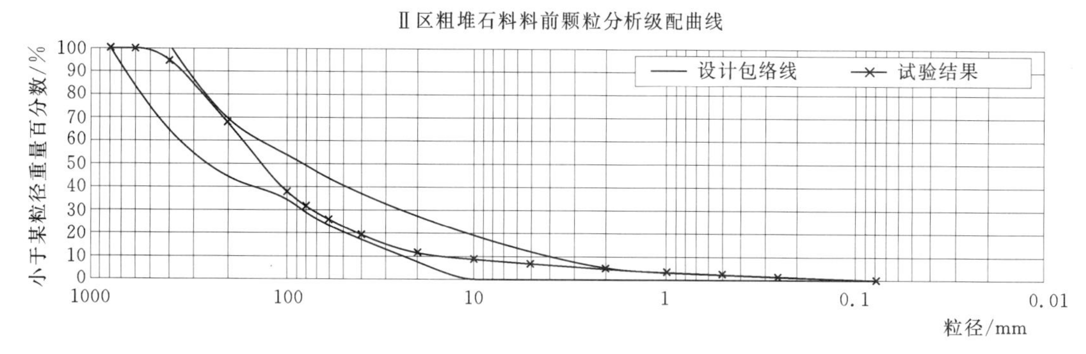

图3　第一次爆破试验颗粒分析级配曲线（编号：Ⅱ-003）

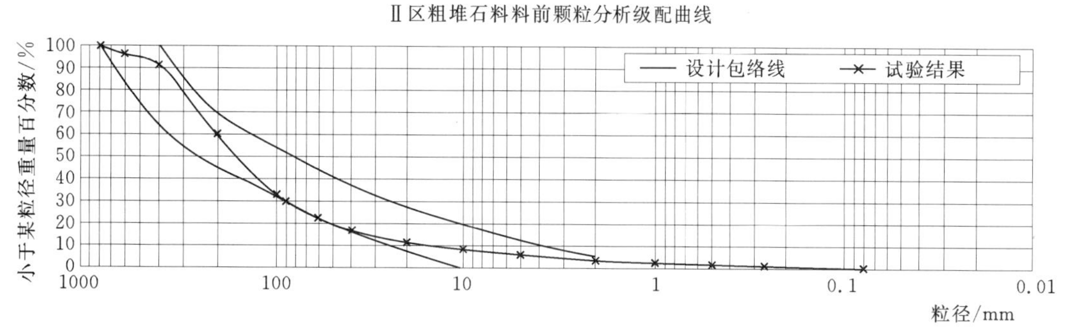

图4　第一次爆破试验颗粒分析级配曲线（编号：Ⅱ-004）

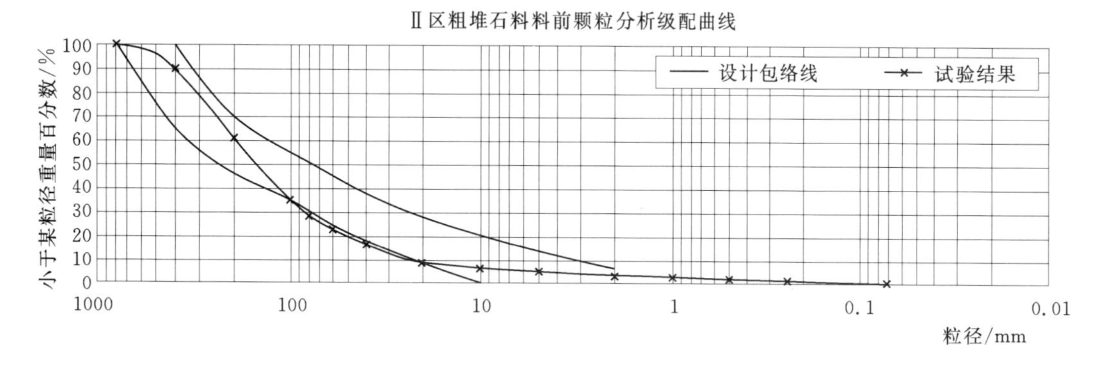

图5　第一次爆破试验颗粒分析级配曲线（编号：Ⅱ-005）

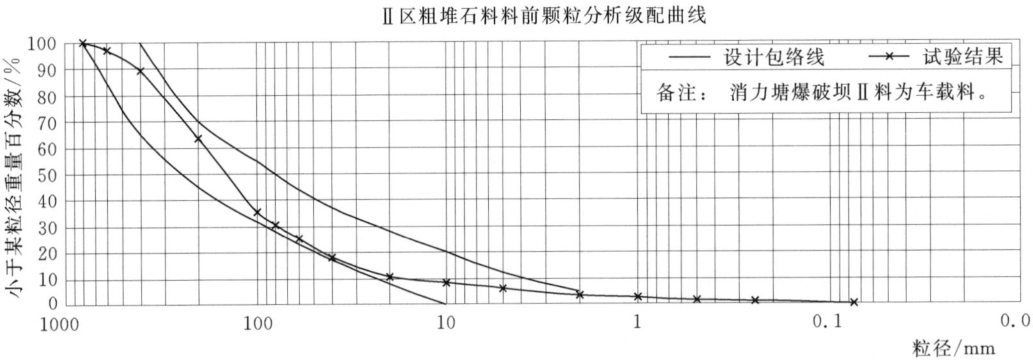

Ⅱ区粗堆石料料前颗粒分析级配曲线

图 6　第二次爆破试验颗粒分析级配曲线（编号：Ⅱ-023）

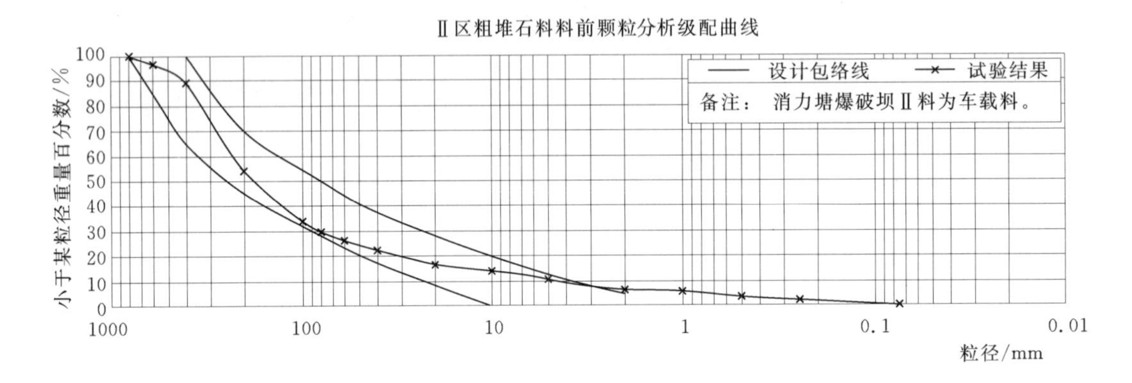

图 7　第二次爆破试验颗粒分析级配曲线（编号：Ⅱ-024）

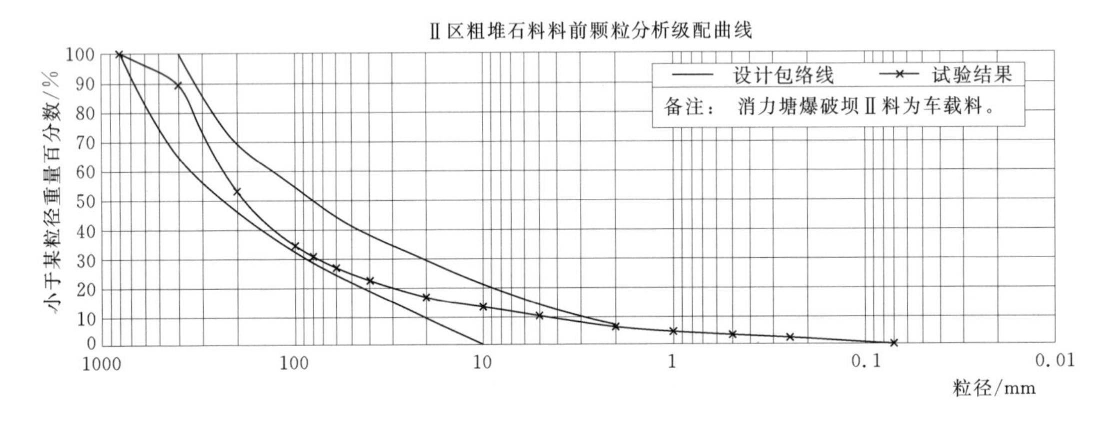

图 8　第二次爆破试验颗粒分析级配曲线（编号：Ⅱ-025）

5.3　细堆石料试验研究

5.3.1　试验爆破参数

爆破试验实施中，在现场有关技术人员的具体指导下，结合实际情况，认真实施。为取得合理的爆破参数和良好的爆破效果，提供大坝填筑合格的细堆石料料源，总计进行了五次爆破试验，对于白莫箐料场细堆石料的开采爆破参数进行了总结。为避免对料源的浪费，对于爆破产生的不合格料源做坝体填筑粗堆石料使用。5 次爆破试验参数见表 4。（前 3 次爆破试验不合格，下述不做说明）。

5.3.2　试验结果

1. 爆破效果简述

最后两次爆破试验爆破参数相同，岩性一致，二部位节理基本为水平构造，第五次爆破仅对第四

表 4　　爆破试验参数表

次数＼项目	孔深 L /m	孔径 D /mm	孔距 a /m	排距 b /m	堵塞长度 L_2 /m	单位耗药量 q /(kg·m^{-3})	底盘抵抗线 W_1 /m	炮孔倾斜度 /(°)
第 5～6 次试验	9～11	90	3.5	3	2	0.5	3	90
第 5～19 次试验	10～11	90	4	2	2.5	0.68	3	90
第 6～8 次试验	7～10	115	4	2	2.3～2.5	0.68	3	90
第 6～24 次试验	9.5～11	105	3	2	2～2.5	0.84	3	90
第 7～7 次试验	11～12	115	3	2	2～2.5	0.84	3	90

次爆破试验结果进行复核，二次爆破单耗、网络敷设形式一致，现场爆破效果一致，现场爆破效果简述如下：

（1）爆破块度。爆后爆堆表面有少量大块石，实现了总体块度在 40cm 以下的效果，适宜的堵塞长度实现了表层岩块基本翻动，装渣效率较高。

（2）爆堆高度。爆堆从四周向中间隆起，爆堆中部略高于保留岩体约 2m 以下，四周下降约 1m，爆堆适度集中。

（3）壁面平整度。主要受钻孔精度控制，基本无大体积垮塌或“贴膏药”现象。

（4）爆破裂隙。对保留岩体有约 1～1.5m 拉裂，底部浅层裂隙。通过控制钻孔深度及孔底适度装药实现了底面基本平整。

2. 取样筛分结果

爆破后，根据爆堆形态，由监理工程师现场指定取样的位置及取样的方法，每次爆破后取样三组，取样筛分的成果见图 9～图 12。

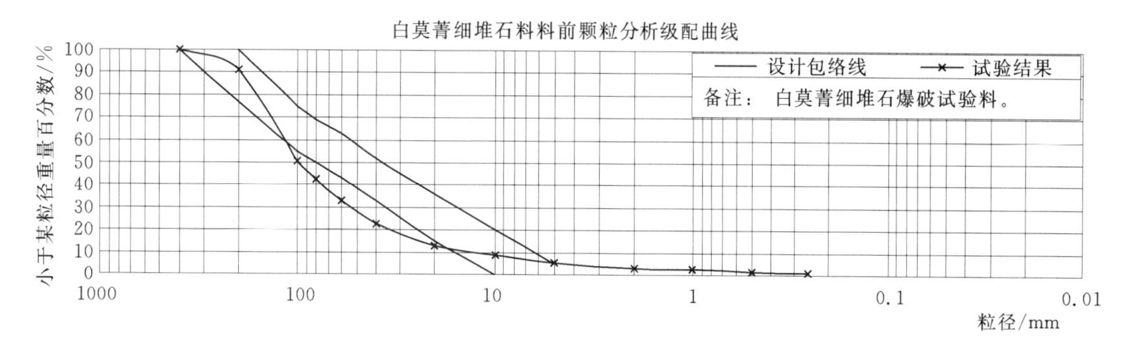

图 9　第四次爆破试验颗粒分析级配曲线（编号：细-008）

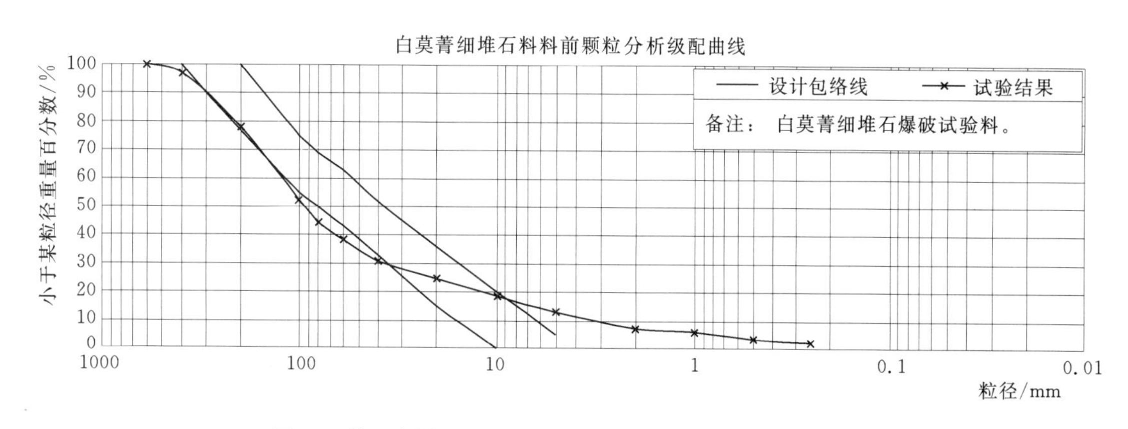

图 10　第四次爆破试验颗粒分析级配曲线（编号：细-009）

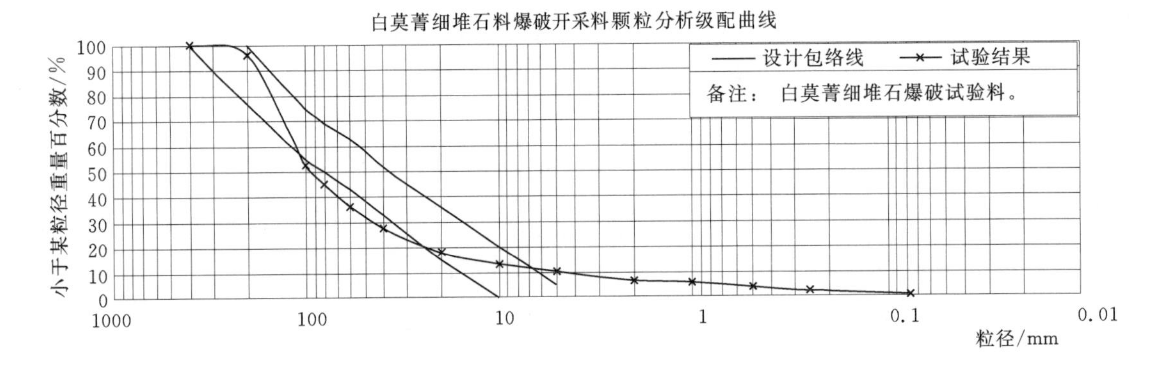

图 11　第五次爆破试验颗粒分析级配曲线（编号：细-012）

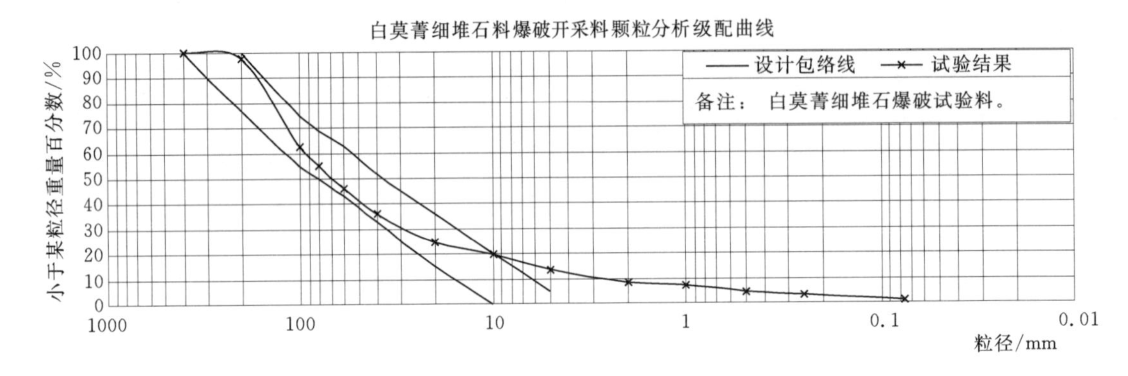

图 12　第五次爆破试验颗粒分析级配曲线（编号：细-013）

第四次爆破试验小于 20mm 平均在 18%左右，20～100mm 含量在 30%～40%，200mm 以上含量在 40%左右，靠近包络线上限。超过 400mm 粒径的块石较少，约占总量的 5%。

第五次爆破试验小于 20mm 平均在 20%左右，20～100mm 含量在 30%～40%，200mm 以上含量在 40%～50%，靠近包络线上限。超过 400mm 粒径的块石较少，约占总量的 5%。

3. 颗粒分析级配曲线（图 9～图 12）

6　坝料开采质量控制

6.1　不同类型坝料的开采

（1）根据现场地质条件所决定的有用料类型在石方开采施工前由施工单位会同监理人及相关部门进行料源界定，按照鉴定的结果和有用料开采的爆破试验参数进行规模的有用料开采。

（2）施工中根据钻孔岩粉情况以及已开挖面揭露的地质情况分梯段进行分段分层开采。尽量避免不同岩性和地质构造影响带的混采，避免有用料的浪费。

（3）爆破后的坝料，在挖装前会同监理工程师对其质量鉴定，并填写有用料签证纪录表及料源走向。

（4）开采作业面设置不同类型坝料种类标识牌，运输车辆悬挂与之对应的标识，避免混装。

（5）现场质量控制人员对开挖过程中意外情况进行处理，不合格料的剔除，调整挖装工作面。爆破弃料和超径石，在料场进行处理。

6.2　级配控制

（1）布孔钻孔质量控制：地表孔网开孔误差不应大于 20cm，垂直钻孔误差不大于 1°。

（2）装药质量控制：装药间隔误差不应大于 10cm，每个间隔段内必须装一发雷管。

（3）起爆网络联结质量控制：一样的布孔，不同的联结方式，则有不同的爆破效果，施工中，必须严格按爆破设计进行联网。

(4) 超径控制：由于地质条件的影响，石方爆破产生的少量超径石，挖装过程中剔除，集中后由手风钻进行浅孔爆破，爆破后与开挖过程中的同一类型的有用料进行混装。

6.3 复杂地质条件下的质量控制

坝料开采影响钻爆质量的地质条件主要是溶洞、溶槽及岩石裂隙。主要采取减少炮孔孔网参数，改变装药结构的措施来改善石料级配，布孔时通过观察自由面表露岩石情况，尽可能把炮孔布置于完整岩石中，并做好钻孔纪录，确定炮孔中硬岩、泥土、及溶洞位置，装药时药包置于硬岩中。采用间隔装药孔内微差起爆装药结构，延长下部爆炸压力作用时间，改善破碎质量。

7 结束语

(1) 截至2008年11月25日，糯扎渡水电站溢洪道消力塘及出口段高程740m以下共计完成细堆石料7万m^3，Ⅰ区粗堆石料开采85万m^3（其中直接上坝约14万m^3），Ⅱ区粗堆石料开采104万m^3。坝料开采过程中，上坝Ⅰ区粗堆石料取样11组，Ⅱ区粗堆石料取样21组，细堆石料取样5组，检测合格率100%，各种坝料级配曲线全部在设计包络线内，满足设计要求。消力塘开挖及大坝填筑形象面貌也按C3标合同阶段目标的要求如期实现，说明所选用的爆破参数，装药结构和起爆方式基本上是正确的。

(2) 施工中严格控制钻孔质量及装药质量是保证坝料开采质量的关键。

(3) V形起爆网络技术性较强，而且一次爆破规模越大则网络联结显得越复杂，加上非电网络的不可测性，施工中必须认真操作，以确保网络的安全可靠性质。同时根据本工程实际，细堆石料的开采规模宜控制在5000m^3左右，粗堆石料的开采宜控制在10000m^3左右。

(4) 坝料开采采用宽孔距、小抵抗线梯段微差爆破技术的台阶高度以10～15m为宜，台阶高度过小对坝料级配将产生不利影响。

(5) 坝料开采的试验检测应以存料场和坝上的检测结果为准，以现场取样检测为辅。

浅谈糯扎渡心墙堆石坝心墙掺砾土料填筑施工工艺及方法

黄宗营　吴桂耀　叶晓培

【摘　要】：糯扎渡大坝为心墙堆石坝，坝体基本剖面为中央直立心墙形式，最大坝高为261.5m，在同类坝中属国内第一、世界第三的高坝。针对坝体心墙掺砾土料施工工艺复杂，施工技术专业性强、受气候影响大、持续施工时间长等特点，通过合理备料，科学掺和，确保了大坝心墙掺砾土料填筑的施工质量。

【关键词】：糯扎渡水电站　心墙填筑　掺砾土料　掺和　填筑

1　概述

糯扎渡水电站是澜沧江中下游河段梯级规划“二库八级”的第五级，枢纽位于云南省普洱市翠云区和澜沧县境内。电站装机容量为5850MW，最大坝高261.5m，总库容237.03亿m^3。电站的拦河大坝为心墙堆石坝，心墙720m高程以下的土料为掺砾土料，填筑量约300万m^3。

掺砾土料由土料和砾石料掺和而成，土料由位于坝址上游约7.5km处的农场土料场主采区开采；砾石料由砾石料加工系统生产，其毛料由位于坝址上游约5.5km处的白莫箐沟石料场开采。

砾石土料掺和场布置于坝址上游约4km处右岸新建码头旁，设置4个料仓，保证两个储料、一个备料、一个开采。料仓总面积约3万m^2，储量约14万m^3。可满足最大上坝月强度约15d的用量。

2　主要施工工艺

大坝心墙掺砾土料在掺和场掺拌，掺拌均匀后回采上坝。掺砾土料由土料与砾石料按土料∶砾石料＝65∶35的质量比掺和而成。土料和砾石采用自卸汽车运输到掺和场分层铺料，165kW推土机平料，4～6m^3正铲混料挖装，20t自卸汽车运输上坝。砾石土料掺和工艺流程见图1。

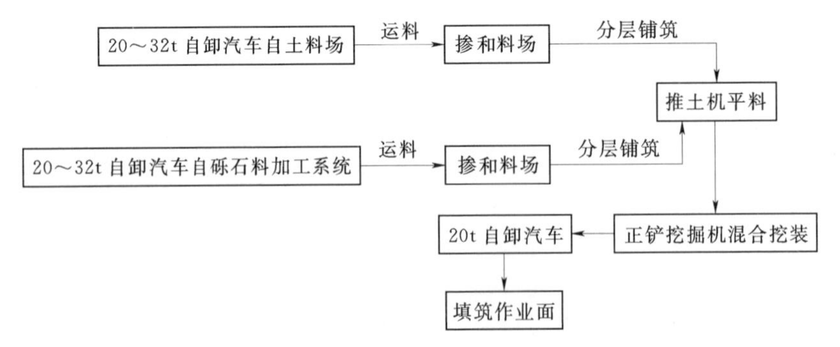

图1　砾石土料掺和工艺流程图

3　掺砾土料的备制

3.1　砾石料生产

根据反滤料及掺砾石料加工系统生产工艺，掺砾石料是由加工系统的中碎车间生产。生产的掺砾石料颗粒级配满足设计包络线范围要求，颗粒级配曲线见图2。

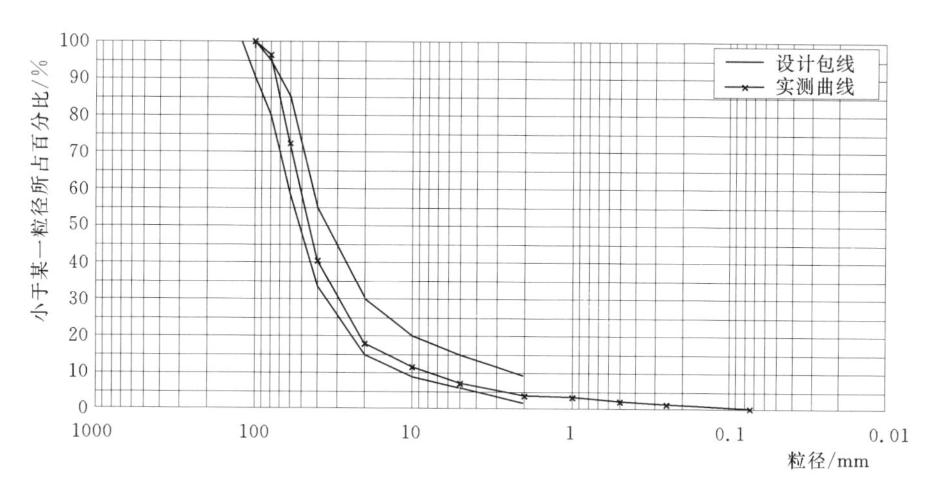

图 2　掺砾石料颗粒级配曲线

3.2　掺和场备料

3.2.1　料源来源

(1) 土料从农场土料场开采，砾石料从砾石料加工系统生产。

(2) 土料和砾石料在掺和料场摊铺及掺拌。

(3) 由于皮带机的掺砾石料成品料出口离地面较高，成品料进入料堆易出现料源分离现象，在装料时须用正铲或装载机将成品料掺拌均匀后方可装车。

3.2.2　料源的挖运及摊铺

(1) 土料与砾石料按 65∶35 的质量比铺料，换算成体积比后，铺料方法为：先铺一层 50cm 厚砾石料，再铺一层 120cm 土料，每个料仓铺料 3 互层。

(2) 料仓铺料时铺料顺序为：第 1 层铺砾石料，第 2 层铺土料，第 3 层铺砾石料，第 4 层铺土料。如此相间铺设 3 互层。

(3) 掺砾石料采用进占法卸料，并用湿地推土机及时平整。

(4) 土料采用后退法卸料，指挥卸料时，根据铺层厚度、运输车斗容的大小来确定卸料料堆之间的距离，以利湿地推土机平料。

(5) 铺筑土料时，仓面上运输车辆行走路线不停变换，防止料源过分碾压。

(6) 备料层略向外倾斜，坡比为 2%，以保证雨水从塑料薄膜上自然排出仓外。

(7) 料仓备完 3 个互层后，采用挖掘机将料仓外侧坡面平整、封闭，以防止料源含水量损失。

3.2.3　铺料层厚控制

铺料前，在料仓边墙用红油漆做好铺料厚度标记，掺和场基础要求按平整度为铺料厚度的 10% 控制；现场铺料、推料采用有明显层厚标志的标杆控制，每层铺料时及铺料完成后采用全站仪以 20m×20m 网格进行测量，以及时控制、调整铺料层厚。

3.3　料源掺拌、装运

(1) 每个料仓备料完成后，在挖装运输上坝前，必须用正铲混合掺拌均匀。掺拌方法为：正铲从底部自下而上装料，斗举到空中把料自然抛落，重复做 3 次。

(2) 掺拌合格的料采用 4～6m^3 的正铲装料，由 20t 自卸汽车运输至填筑作业面。

掺砾土料备料见图 3，砾石土料掺和工艺见图 4。

3.4　掺砾土料填筑

3.4.1　测量放线

基础面或填筑面经监理工程师验收合格后，在铺料前，由测量人员放出掺砾土料填筑区及其相邻

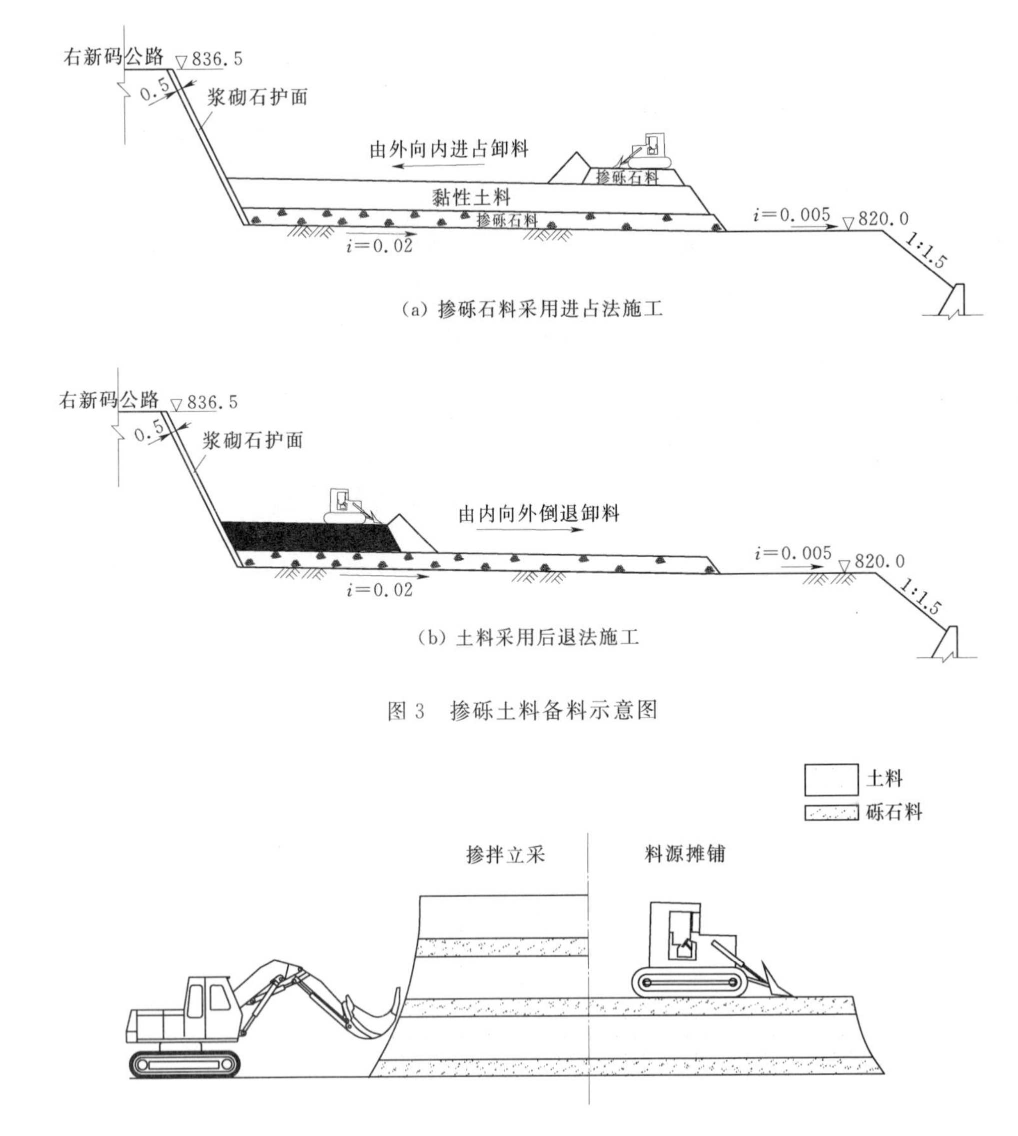

(a) 掺砾石料采用进占法施工

(b) 土料采用后退法施工

图 3　掺砾土料备料示意图

图 4　砾石土料掺和工艺图

料区的分界线，并洒白灰做出明显标志。

3.4.2　填筑

(1) 填筑时先填筑岸边接触黏土料，后填掺砾土料。

(2) 铺料时，人工剔除料径大于 150mm 的颗粒，并应避免粗料集中而形成土体架空。

(3) 掺砾土料铺料层厚为 30cm。

(4) 掺砾土料沿坝轴线方向进行铺料，采用进占法铺料，湿地推土机平料，载重运输车辆不允许在已压实的土料面上行驶，铺料应及时。

(5) 严格控制铺料层厚，不得超厚，铺料过程中采用 20m×20m 的网格定点测量控制层厚，发现超厚时，立即停止铺料并用推土机辅以人工铲除超厚部分。

(6) 填筑作业面应尽量平起，以免造成过多的接缝，由于施工需要进行分区填筑时，接缝坡度不得陡于 1∶3。

(7) 根据工作面实际情况，卸料口应及时变化，以确保已填筑料层不因车辆过分碾压而遭到破坏。

(8) 每层表面刨毛验收合格再铺下一层掺砾土料。采用平地机装配自制松土器或装载机装防滑链进行湿润刨毛。

3.4.3 碾压

（1）根据现场生产性试验成果，掺砾土料采用20t自行式振动凸块碾碾压，碾压10遍，振动碾行进速度不大于3km/h，激振力大于300kN。

（2）采用进退错距法碾压，20t自行式振动凸块碾碾宽200cm，错距200/10＝20cm。分段碾压碾迹搭接宽度应满足以下要求：①垂直碾压方向不小于0.3～0.5m；②顺碾压方向为1.0～1.5m。

（3）碾压机具行驶方向平行于坝轴线。

（4）压实土体严禁出现漏压、过压，若出现粗料集中及“弹簧土”应及时挖除，再进行补填碾压。

（5）心墙同上下游反滤料及部分坝壳料平起填筑，骑缝碾压。采用先填反滤料后填掺砾土料的填筑顺序。按照填二层掺砾土料，填一层反滤料的方式平起上升填筑。心墙掺砾土料与上下游反滤料填筑关系，见图5。

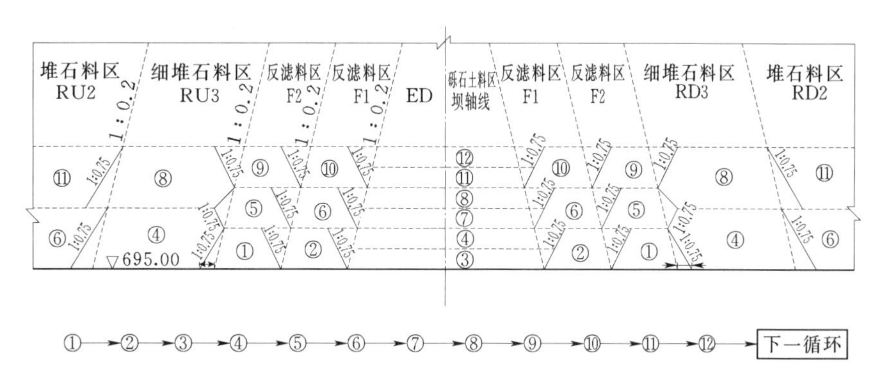

图5 坝体细堆石区、反滤料区、粗堆石料区填筑次序形象示意图
（图中①～⑫表示填筑顺序）

3.4.4 不连续施工处理

当填筑面不连续施工时，停工前，采用塑料薄膜对填筑层进行覆盖；填筑前，应对掺砾土料填筑层进行重新检查，需存在积水、污染的部位处理合格并经监理工程师验收合格后，方可进行下层施工。

3.5 施工质量控制

3.5.1 填筑面管理

（1）填筑面禁止出现烟头、纸屑、施工废弃物、混凝土浆液及超径石等。

（2）运输车辆、碾压设备及仪器埋设须专人负责指挥、管理，防止设备对填筑面过分碾压及埋设的仪器因填筑施工遭到损坏。

3.5.2 含水率和颗分检测

（1）备料过程中应进行掺砾土料的含水率测试和颗分检测。

（2）掺砾土料填筑的含水率应按最优含水率偏干1%至最优含水率偏湿3%标准控制，备料的含水率应尽量接近最优含水率。

（3）掺砾土料最大粒径不大于150mm，小于5mm颗粒含量48%～70%，小于0.074mm颗粒含量19%～50%。

（4）掺砾石料在备料前应进行充分掺和并进行颗分检测；掺砾土料在进行挖装运输前应进行含水率及颗分检测，当颗粒级配满足设计要求，含水率在可碾范围内时才能装运上坝，进行填筑。

3.5.3 含水率控制

（1）晴天，土料含水量偏低时，在料场采用压力水和压缩空气混合成雾状均匀喷洒补水，并检测控制在允许范围内方可挖运上坝。运输车辆应设防晒棚，防止坝料含水量损失过快。当风力或日照较强时，因运输距离较长，为保持水分不会过分蒸发，需采取坝面喷雾加水或在掺和场拌料时适当喷雾加水。

(2) 降雨前，采取光面振动碾碾压使掺砾土料填筑层表面封闭，同时采取覆盖塑料薄膜等其他保护措施，避免雨水浸入填筑面。

(3) 雨晴后坝面含水量较高时，应清理积水，同时采取晾晒、挖除浸泡软化部位的土料等措施，并进行表面刨毛处理，经监理工程师验收合格后才能恢复填筑施工。

3.5.4 不合格料源处理

对于不满足要求的料源应作弃料处理。

3.5.5 防雨、防晒措施

土料料源备料及掺砾土料填筑尽量在旱季施工，雨季不得进行掺砾土料填筑施工。雨季停工时，填筑层表面应铺设保护层，复工时予以清除。掺砾土料在降雨或低温下填筑施工停工标准见表1。

表1　掺砾土料填筑施工采取防护措施的停工标准

日降水量/mm				
0～0.5	0.5～5	5～10	10～30	>30
照常施工	照常施工	雨日停工	雨日停工，雨后停半日	雨日停工，雨后停1d
日平均气温/℃				
>5	5～0	0～−5	−5～−10	<−10
照常施工	照常施工	防护施工	防护施工	停工

在砾石土料掺和场，现场备有足够的塑料薄膜，对于已经备好的料源采用塑料薄膜遮盖，以做到晴天防晒、保湿，雨天防雨。防雨塑料薄膜应顺料堆顶面坡度方向横向依次铺设，已备好掺砾土料的料仓表面通过2%坡度将雨水排至料场外，排至料仓之间的雨水通过路面自然坡比流入路面排水沟内。

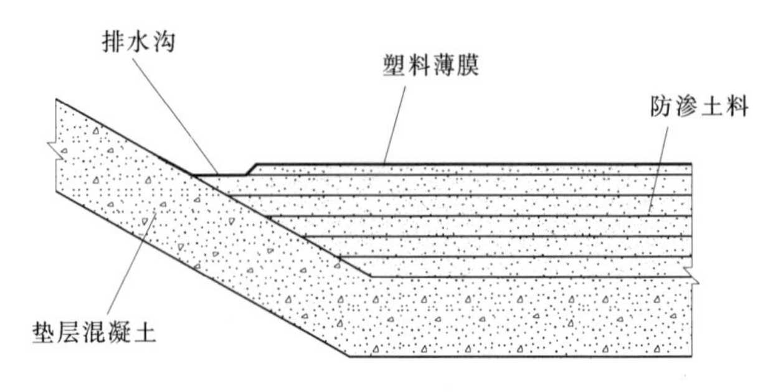

图6　心墙区填筑防雨保护示意图

在坝体填筑作业面上，根据当地气象预报信息，在降雨之前，填筑一层掺砾土料（厚15cm左右），使填筑区中部略高于四周，两侧岸坡预留排水沟，然后采用光面振动碾碾压使掺砾土料填筑层表面封闭，并采取覆盖塑料薄膜的保护措施，使雨水从两侧岸坡及掺砾土料填筑层表面汇集至两侧排水沟，通过反滤料层设置的流水缺口流出心墙区，避免雨水损坏填筑面。岸坡排水沟、填筑层及塑料薄膜覆盖见图6。

防雨薄膜幅幅之间搭接宽度不小于40cm，每幅周边及搭接界线采用编织袋装土料压重，间距不大于2m，每袋重不低于5kg。

4 结束语

(1) 糯扎渡大坝心墙区掺砾土料填筑施工于2008年12月上旬开始，目前已填筑上升约15m高，填筑量约2.5万m^3。按照上述的填筑施工工艺及方法，填筑整体质量处于受控状态，检测的各项指标均满足设计要求。今后心墙区掺砾土料、混合土料等防渗土料填筑的工程量更大，时间更长，施工中必将遇到很多问题，将在下一步工作中逐步总结和完善施工工艺及方法。为今后类似工程的设计和施工提供参考及推广应用。

(2) 根据土料含水量易损失、铺料过程易造成过分碾压及土料开采本身受天气影响较大等特性，备料过程中采用运输车辆设置防晒棚、料仓内车辆运输道路频繁变换以及充分掌握天气变化情况等有效措施，有利于保证备料时土料的质量。

(3) 根据掺砾土料砾石料和土料的掺和比例，备料时严格按试验确定的铺料层厚控制，能保证掺砾土料掺和后级配满足设计要求。

(4) 料仓备料完成后，其周边修整平顺，并立即采用塑料薄膜覆盖，能有效达到防雨、防晒及确保料源含水量处于受控状态的目的。

苏家河口水电站混凝土面板堆石坝挤压边墙施工技术

冯洪淼　刘　攀

【摘　要】：混凝土挤压式边墙技术是混凝土面板堆石坝上游坡面施工的新方法。因其替代传统工艺中垫层料的超填、削坡、修整、碾压、坡面防护等工序，加快了进度，施工质量得到了保证和提高。简化了施工序，加快了施工进度，提高了施工安全和施工质量，降低了施工成本。

【关键词】：混凝土面板堆石坝　混凝土挤压式边墙　挤压机

1　概述

苏家河口水电站坝型为混凝土面板堆石坝，坝顶高程1595m，河床部位建基面高程1465m，最大坝高130m，坝顶长度443.917m，坝顶宽度10.00m，坝顶设高为4.2m的钢筋混凝土防浪墙，坝体上游坡为1∶1.4，下游综合坝坡为1∶1.712。下游面设3台马道及坝后公路，道路间坝坡设干砌石护坡。

坝体由特殊垫层料（ⅡB)、垫层料（ⅡA)、过渡料（ⅢA)、主堆石料（ⅢB)、次堆石料（ⅢC)、反滤料、下游坡面干砌块石以及上游粉煤灰或粉细砂（ⅠA）铺盖和盖重碴料（ⅠB）等组成，填筑总量为617.26万m^3。最大横断面底宽约415m。

2　混凝土挤压边墙的特点

(1) 采用垫层料的水平碾压取代了传统工艺的垫层料斜坡碾压，提高了上游坡面垫层料的压实度，保证工程质量。

(2) 能及时提供一个抵御冲刷的上游坡面，从而使得导流、度汛能力大大提高。同时在施工过程中可防止雨季对上游坡面的冲蚀。

(3) 边墙有一定的抗压强度，对垫层料有侧限作用，提高了碾压设备的施工安全性。

(4) 取代了传统工艺需要的坡面平整和斜坡碾压，大为减少人工修整作业，加快了施工进度。

(5) 边墙可提供一个规则、平整的坡面，加之工序简化，有利于施工管理。

3　混凝土挤压墙挤压机械

本工程所采用的边墙挤压机是由陕西水电工程局集团公司制造的BJY－40型边墙挤压机，该设备设计原理是比较先进的，能够满足设计要求；但由于制造工艺的原因，在使用过程中其滚筒、搅龙的消耗量比厂家的设计大得多。边墙挤压机主要机械参数见表1。

表1　边墙挤压机主要机械参数

型号	工作方式	外形尺寸（长×宽×高）/(m×m)	自重/kg	功率/kW	工作速度/($m \cdot s^{-1}$)
BJY－40	液压	3.5×1×1	3500	45	40～80

3.1 挤压机工作原理

边墙挤压机运用“连续式压移原理”，液压泵将柴油机的机械能转换成液压能，一路通过低速大扭矩液压马达驱动搅龙旋转，将进入搅龙仓的混凝土拌和料输送到成型仓；另一路通过液压马达驱动振动器，使成型仓中的拌和料产生高频振动。成型仓内拌和料在搅龙仓挤压力和振动器激振力的综合作用下，充满成型仓，并达到设定的密实程度，在搅龙轴向推力的作用下，边墙挤压机以密实的混凝土为支撑向前移动，机后连续形成梯形断面形状的混凝土边墙。

拌和料均匀进入搅龙仓，边墙挤压机匀速前进，机后亦匀速形成设定密实度的混凝土边墙；拌和料断续进入料仓，边墙挤压机的前进速度为变值；当拌和料停止供给，边墙挤压机的前进速度为零。即边墙挤压机的前进速度为无控自动调节，调节的前提条件是成型腔内拌和料达到设定的密实程度。

混凝土边墙的密实程度可以按需要设定。边墙挤压机向前移动的前提条件是成型腔内密实拌和料的支反力等于机器前进的各种阻力之和，通过调整成型仓内配重数量和前轮的支撑高度可改变成型腔内拌和料与模板之间的摩擦阻力，摩擦阻力是前进总阻力的主要组成，总阻力减小，拌和料的密实程度降低；反之，拌和料的密实程度增加。

3.2 边墙挤压机基本结构

边墙挤压机的结构由后轮、成型仓、搅龙仓、动力仓、液压系统和前轮及转向机构六大部分组成。成型仓、搅龙仓、动力仓三段之间用螺栓联结成一体，成型腔两侧各有一个后轮；前轮及转向机构焊接在动力仓的前端，液压系统在动力仓内。

3.3 混凝土挤压边墙的施工

边墙混凝土应在混凝土系统统一拌制，并按配合比试验确定的掺量掺加减水剂。拌制好的混凝土由搅拌运输车运至施工作业面，现场测定的混凝土塌落度满足设计要求。边墙在每一层垫层料填筑之前施工，其施工工艺流程如下：

作业面平整→测量放样→边墙混凝土施工→垫层料摊铺→垫层料碾压→验收合格后进入下一层施工

1. 混凝土挤压边墙施工场地平整

垫层料摊铺碾压完成后，采用人工整修边墙施工作业层面，经测量放样检查后方可进行边墙施工，以保障挤压边墙成型平整、直顺。其场地平整工作主要有：

(1) 检查垫层料碾压后填筑层与边墙混凝土顶面的高差，使两者尽可能在同一平面上，如果存在高差，则用人工整平，以使混凝土边墙挤压施工时边墙机能够保持水平移动。

(2) 在大坝垫层料填筑施工时，因垫层料碾压、机动车辆行驶等造成碾压表面毁坏或不平整，混凝土边墙挤压施工前，必须将挤压机行走轨迹范围内垫层区整平，以免影响边墙挤压施工质量和边墙成型精度。

2. 边墙挤压机就位与定向

混凝土边墙挤压施工完毕，将进行下一层次的混凝土边墙挤压作业，采用汽车吊将边墙挤压机直接吊运至施工起点位置。边墙挤压机起点就位与定向对于整层混凝土边墙挤压施工质量和精度有重要作用，施工前需要检查以下几点。

(1) 保证机身处于水平状态。利用水准尺对挤压机进行机身调节。将水准尺置于料斗平台上，对其进行垂直方向和平行机身方向的水平调节。

(2) 挤压机高度控制。每层混凝土挤压边墙体的设计高度为0.4m，施工时混凝土边墙体高度由调节边墙机轮后轮高决定，因此施工前须对其进行高度校核。另外，为避免混凝土边墙挤压成型后其坡角出现松动现象，应将挤压机外坡刀片贴近下一层边墙坡顶，这同时也能满足混凝土边墙施工的要求。

(3) 混凝土边墙变形位移预留。混凝土边墙挤压成型后，将对其进行相应垫层区料填筑和碾压。

由于碾压后混凝土边墙体将会沿垂直坝轴方向向上游移动，为保证整个混凝土边墙体面部分的平整度达到要求，每层混凝土边墙挤压施工时须向内预留 2cm 左右，以抵消由于垫层料填筑碾压引起的混凝土边墙体变形位移，施工时根据生产性试验成果和实测位移情况确定预留值。

(4) 挤压机的行走方向。混凝土边墙挤压施工时，须有专人控制挤压机行驶方向，根据测量边线，控制挤压机行走方向，水平行走偏差控制在±2～3cm，速度控制在 40～50m/h。以保证边墙混凝土挤压成型后其直线度能达到设计要求。为了方便和准确控制挤压边墙的施工精度，须预先在边墙挤压施工场地上进行测量放线，并用白线标示以便于挤压机行走方向的控制，施工速度控制不超过 40～50m/h。

(5) 挤压边墙的起止段处理。挤压边墙的起止段采用人工立模施工，采用同种混凝土薄层人工夯实，混凝土掺入速凝剂，铺料厚度 10cm，分层采用夯锤击实。

3. 挤压边墙混凝土施工配合比

根据室内材料试验推荐配合比，经现场复核试验验证后确定，选定挤压边墙混凝土施工配合比为：水灰比 1.3～1.35，水泥 70kg，垫层料 2150kg 和其他外加剂。

4. 凝土挤压边墙施工质量控制及标准

挤压边墙混凝土的强度、渗透系数及弹性模量：每 $100m^2$/组取样进行强度检测，离差系数 C_v 不大于 0.2；每 $400m^2$/组取样进行渗透检测；每层取一组试样进行弹性模量检测。垫层料的铺料宜在混凝土边墙挤压作业完毕 1h 后进行，碾压施工宜在 4h 后进行碾压作业施工，碾压作业严格按生产性试验确定的工艺进行。

4 结束语

挤压式混凝土边墙技术与传统方法相比，在施工方面有明显的先进性，新工艺对工程质量的提高、进度加快有明显作用，在混凝土面板堆石坝的施工中，采用挤压墙护坡已经成为一种趋势坡面平整和碾压设备、沥青喷涂设备、水泥砂浆施工模具等被挤压机所取代，工人修整作业大为减少，同时避免了上游边坡滚石和斜坡碾压设备等危险作业。

糯扎渡心墙堆石坝填筑施工质量控制

朱自先　黄宗营　蒙　毅

【摘　要】：糯扎渡水电站大坝为中央直立掺砾质土心墙堆石坝，坝高261.5m，坝顶长630.06m，为目前在建和已建的同类坝型中属亚洲第一、世界第三的高坝。施工过程中采用了数字大坝监控系统和附加质量法等先进的质量控制技术，工程质量处于良好的受控状态。本文详细介绍了施工过程的质量控制方法及技术，为类似工程施工借鉴及参考。

【关键词】：质量控制　施工　心墙堆石坝　糯扎渡

1　工程简况

糯扎渡水电站大坝为掺砾石土心墙堆石坝，坝顶高程为821.5m，坝顶长630.06m，坝体基本剖面为中央直立心墙形式，即中央为砾质土直心墙，心墙两侧为反滤层，反滤层以外为堆石体坝壳。坝顶宽度为18m，大坝基础最低建基面高程为560.0m，设计最大坝高为261.5m，上游坝坡坡度为1∶1.9，下游坝坡坡度为1∶1.8。

掺砾石土心墙顶部高程为820.5m，顶宽为10m，上、下游坡度均为1∶0.2。在心墙的上、下游设置了Ⅰ、Ⅱ两层反滤，上游Ⅰ、Ⅱ两反滤层的宽度均为4m，下游Ⅰ、Ⅱ两反滤层的宽度均为6m，在反滤层与堆石料间设置10m宽的细堆石过渡料区，细堆石过渡料区以外为堆石体坝壳。其中上游堆石坝壳将615.0～750.0m高程范围内靠心墙侧内部区域设置为堆石料Ⅱ区，其外部为堆石料Ⅰ区；下游堆石坝壳将高程631.0～760.0m范围靠心墙侧内部区域设置为堆石料Ⅱ区，其外部为水平宽度22.6m的堆石料Ⅰ区；心墙分为两个区，以720.0m高程为界，以下采用掺砾土料，以上则采用不掺砾的混合土料。在上游坝坡高程750.0m以上采用新鲜花岗岩块石护坡。大坝填筑总量约3300万m^3。为目前在建和已建的同类坝型中亚洲第一、世界第三的高坝。

2　主要设计技术指标及质量控制标准

2.1　坝体各分区填筑料料源的技术要求

坝体各分区填筑料的料源及技术要求参见表1。

表1　各分区填筑料料源技术要求

序号	料物名称	料　源
1	混合土料	农场土料场坡积层、残积层及部分强风化层立采混合
2	掺砾土料	农场土料场混合土料掺35%白莫箐石料场开采加工的人工碎石
3	接触黏土料	农场土料场坡积层开挖料
4	Ⅰ区粗堆石料	尾水出口、溢洪道消力塘开挖的弱风化及微新花岗岩，白莫箐石料场开挖的弱风化及微新花岗岩、角砾岩
5	Ⅱ区粗堆石料	溢洪道、电站进水口、坝顶平台开挖的弱风化及微新T_{2m}岩层（要求泥岩、粉砂质泥岩总量不超过25%）
6	细堆石料	白莫箐石料场开挖的弱风化及微新花岗岩、角砾岩
7	反滤Ⅰ、反滤Ⅱ	白莫箐石料场开挖的弱风化及微新花岗岩、角砾岩加工料

2.2 坝体各分区填筑料主要技术指标

坝体各分区填筑料的颗粒级配要求参见表2。

表2 各分区填筑料颗粒级配技术要求

序号	料物名称	级配要求
1	掺砾土料	最大粒径不大于150mm，小于5mm颗粒含量48%～70%，小于0.074mm颗粒含量19%～50%
2	接触黏土料	最大粒径不大于10mm，大于5mm颗粒含量小于5%，小于0.074mm粒径含量不少于65%
3	Ⅰ区、Ⅱ区粗堆石料	级配连续，最大粒径800mm，小于5mm的含量不超过15%，小于1mm的含量不超过5%
4	细堆石料	级配连续，最大粒径400mm，小于2mm的含量不超过5%
5	反滤Ⅰ	级配连续，最大粒径20mm，*D*60特征粒径0.7～3.4mm，*D*15特征粒径0.13～0.7mm，小于0.1mm的含量不超过5%
6	反滤Ⅱ	级配连续，最大粒径100mm，*D*60特征粒径18～43mm，*D*15特征粒径3.5～8.4mm，小于2mm的含量不超过5%
7	土料掺砾碎石	级配连续，最大粒径120mm，小于5mm的含量不超过15%

2.3 坝体各分区料填筑质量控制标准

坝体各分区料填筑施工质量控制标准见表3、表4。

表3 堆石料施工质量控制标准

序号	压实要求及指标			
	料物名称	压实要求	压实干密度/($g\cdot cm^{-3}$)	渗透系数/($cm\cdot s^{-1}$)
1	Ⅰ区粗堆石料	孔隙率$n<22.5\%$	>2.07	$>1\times10^{-1}$
2	Ⅱ区粗堆石料（T_{2m}岩性/花岗岩）	孔隙率$n\leqslant21\%$	>2.21/2.14	$>5\times10^{-3}$
3	细堆石料	孔隙率$n=22.5\%\sim24.5\%$的保证率不小于90%，孔隙率$n=22\%\sim25\%$的保证率不小于100%。	2.03	$>5\times10^{-1}$

表4 掺砾土料、接触黏土及反滤料施工质量控制标准

序号	填筑料名称	压实控制标准	压实参考干密度/($g\cdot cm^{-3}$)	渗透系数/($cm\cdot s^{-1}$)
1	接触性黏土	$595kJ/m^3$，$Y_s\geqslant0.95$	平均1.72	$<1\times10^{-5}$
2	掺砾土	$2690kJ/m^3$，$Y_s\geqslant0.95$	平均1.96	$<1\times10^{-5}$
3	反滤料Ⅰ	相对密度$Dr\geqslant0.80$	1.80	$>5\times10^{-3}$
4	反滤料Ⅱ	相对密度$Dr\geqslant0.85$	1.89	$>5\times10^{-2}$

3 坝体填筑主要施工参数

坝体在填筑施工前，对各分区坝料进行现场生产性碾压试验，根据碾压试验成果确定大坝填筑的相关施工参数，在坝体填筑施工过程中，根据试验检测成果及专家咨询意见，对各分区料填筑施工参数做进一步调整和优化，坝体各分区填筑料施工参数见表5。

表 5　　心墙堆石坝填筑料施工参数表

序号	填筑料名称	碾压设备	施工参数				
			碾压方式	行驶速度/(km·h^{-1})	铺厚/cm	遍数	含水量/%
1	接触黏土料	(18t 装载机) 20t 自行凸块碾	静压振碾	<3	27	10	$\omega_{op}+1\sim\omega_{op}+3$
2	掺砾土料	20t 自行凸块碾	振碾	<3	27	10	$\omega_{op}-1\sim\omega_{op}+3$
3	反滤料Ⅰ、Ⅱ	20t 自行振动碾	静碾	<3	53	6	4～6
4	细堆石料	26t 自行振动碾	振碾	<3	105	6	5（加水量）
5	Ⅰ、Ⅱ区粗堆石料	26t 自行振动碾、20t 拖式振动碾	振碾	<3	105	8	5～10（加水量）

4　大坝施工各料区填筑铺料顺序流程

坝体各料区填筑铺料顺序流程见图 1。

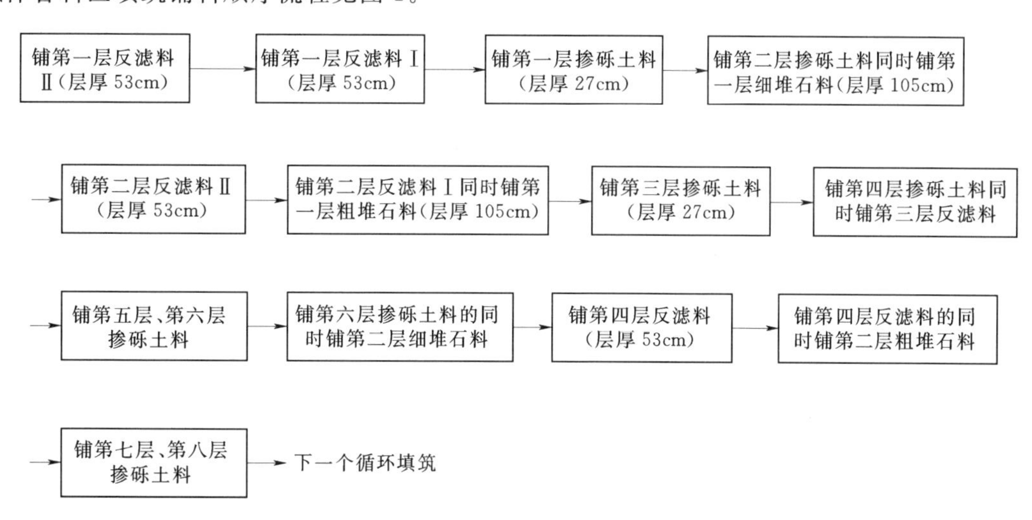

图 1　坝体各料区填筑铺料顺序流程图

5　坝体填筑施工质量控制

5.1　坝体填筑料料源质量控制

5.1.1　堆石料料源

(1) 坝体细堆石料和粗堆石料在石料场爆破开采前，先进行生产性爆破试验，根据爆破料筛分级配试验成果确定合适的爆破施工参数后，才能正式开采作业。在爆破开采过程中，严格按试验确定的施工参数实施，并根据现场岩性地质条件变化情况，适时优化合理的爆破施工参数，确保爆破开采料满足设计级配要求。

(2) 堆石坝料挖装过程中，各运输车必须标有料源标识牌，严格按料源鉴定结果装车，防止料源装卸错误。对超径石采用手风钻钻爆解小后方可装车。不允许有超径块石装车、块石集中装车现象。

5.1.2　反滤料及掺砾石料

反滤料及掺砾石料由人工加工系统生产。生产过程中由试验人员定期或不定期地进行抽检，发现产品异常，立即通知系统运行管理负责人对系统生产存在的问题整改，确保成品料质量满足设计要求。

5.1.3 接触黏土料及掺砾土料

（1）接触黏土料从土料场开采直接上坝，开采前，先剥离表层腐殖土，然后进行土料含水率和颗粒级配检测，试验成果满足设计指标要求后，才允许开采。挖装过程中，设专职质检和试验人员现场旁站，确保上坝料源质量。

（2）掺砾土料由土料场开采的混合土料与人工加工系统生产的砾石料按重量比掺和而成。砾石土料掺和在掺和备料仓内进行，根据试验确定砾石料和土料的铺层厚度，每个备料仓按互层铺料，铺三互层。即先铺一层砾石料，再铺一层土料，然后铺第二层砾石料，再铺第二层土料，如此相间铺设，每一个料仓铺 3 互层。砾石料层厚 50cm，土料层厚 110cm，层厚均采用测量仪器进行控制。掺砾石土料备料工艺参见图 2。

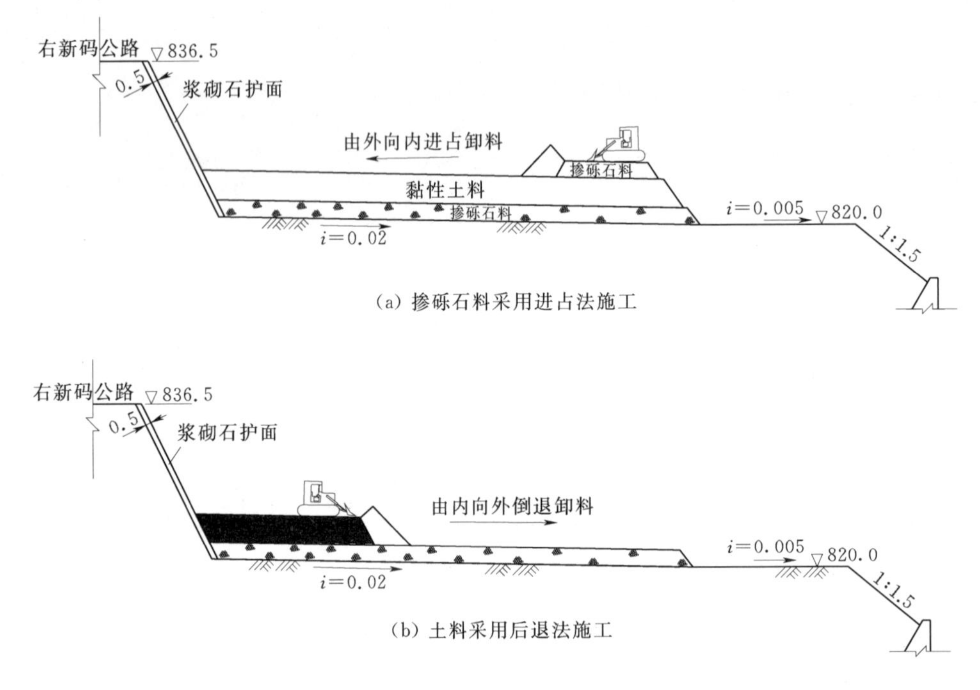

图 2　掺砾石土料备料示意图（单位：m）

（3）掺砾土料装车运输上坝前，必须掺和均匀。掺和方法为：正铲铲斗从料层底部自下而上挖装，并举到空中把料自然抛落，重复 3 次。砾石土料掺和工艺见图 3。

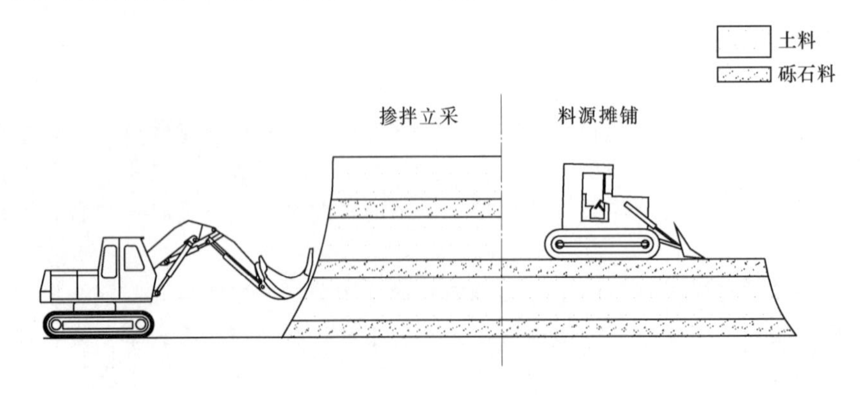

图 3　砾石土料掺和工艺图

（4）掺砾土料备料和掺和装车过程中，设专职质检和试验人员旁站，随时抽检取样试验，不合格料不得上坝，确保料源质量。

5.2 坝体填筑质量控制

5.2.1 坝料铺填

（1）堆石坝料主要采用大型推土机进占法铺料，岸坡及搭接界面采用后退法铺料，由反铲配合推土机平料。铺料过程中，在前进方向设置移动层厚标标尺便于推土机操作手控制平料厚度（每个作业面设移动标尺2～3个），并配专人随时检查铺填厚度、移动标尺；同时采用测量仪器随时检查铺料层厚，并按20m×20m的固定网格检测，厚度偏差控制在1%以内。出现超厚现象立即使用推土机做减薄处理，确保铺填层厚的质量。

（2）反滤料采用后退法铺料，由反铲配合推土机平料。铺料层厚采用测量仪器控制。

（3）心墙接触土料和掺砾土料采用进占法铺料，湿地推土机平料。靠岸坡部位配与人工平料。铺料过程中，配专人指挥推土机控制铺料层厚及平整度。并配置测量仪器随时跟踪检查，采用10m×10m固定网格检测层厚。

（4）坝料铺填过程中，设专人配合装载机剔除局部超径石，对被污染的料采用人工清除，以确保各坝料铺填质量。

5.2.2 堆石坝料加水

堆石坝料在运输至填筑作业面铺填前，需对坝料进行加水。在坝体填筑面上专门设置一台移动加水站给坝料加水。移动加水站配置专人负责加水，加水量满足含水率5%～10%要求，通过流量表控制，与数字大坝监控系统联网后由监控系统控制。移动加水站根据坝体填筑作业面布置情况适时移动，操作简单，利于施工。

5.2.3 坝料碾压

（1）坝料碾压主要采用进退错距法，局部采用搭接法碾压。错距法碾压时，错距宽度根据不同坝料碾压的遍数确定；搭接法碾压时搭接宽度不小于20cm。

（2）坝料碾压时，振动碾行走路线应尽量平行于坝轴线，行驶速度不大于3km/h。

（3）靠岸坡局部振动碾不能正常碾压的部位，采用手扶振动碾压，反滤料区局部采用手扶振动板压实。接触土料局部采用18t装载机轮胎碾压。

5.3 特殊部位处理

5.3.1 堆石坝体临时边坡的处理

堆石坝体临时断面边坡采用台阶收坡法施工。随着填筑层的上升，形成台阶状，台阶宽度不小于1.5m，平均坡度不小于1∶1.5。后续填筑面施工上升时，每层采用反铲清挖相应填筑层的台阶边的松散料，散开与该填筑层同时铺料、碾压。搭接处加强碾压不少于2遍，保证交接面接缝处的碾压质量。

5.3.2 心墙区填筑面的处理

（1）接触黏土铺料前，垫层混凝土表面须涂刷一层5mm厚浓泥浆，涂刷高度与铺料厚度相同，并做到随刷随填，防止泥浆干硬。

（2）每一填筑层面碾压验收合格后，在铺填上一层新土料前，应做刨毛处理。刨毛用推土机刀片把表面光面刮除、履带压痕的方法实现。推土机刨毛顺水流方向进行。

（3）晴天土料含水量偏低时，在料场采用压力水和压缩空气混合成雾状均匀喷洒补水，确保料源最优含水率。风力或日照较强时，填筑面失水较大，在进行下一道工序前（铺料或碾压），采用洒水车对其作业面洒水润湿，以保持表层土料合适的含水率。

（4）即将降雨前，立即用光面振动碾碾压新填筑层使其表面封闭，必要时采取覆盖塑料薄膜等其他保护措施，避免雨水冲刷填筑面。临近雨季施工时，将填筑面形成倾向上游的坡面，坡度为2%～3%，以利表面集水排泄。

（5）雨晴后，及时清除填筑面上积水，坝料含水量较高时，采用晾晒的方式降低含水率。局部浸泡软化严重的土料采用人工配合反铲挖除。当填筑面的土料含水率满足施工要求后，再进行表面刨毛处理恢复填筑施工。

（6）进入心墙区填筑面的行车道路错位布置，经常变换，并对路口段超压土料予以松散重碾压处理。

6 施工质量控制采用的先进技术和手段

6.1 数字大坝监控系统

糯扎渡心墙堆石坝填筑施工首次采用数字大坝监控系统先进技术，也属国内首次采用。利用该技术可以监控各分区坝料每一作业面上料情况、碾压情况及碾压设备的碾压击振力情况和堆石坝料上坝加水情况等，对大坝填筑的施工过程进行实时监测和反馈控制。

1. 车载 GPS 监控

所有运输坝料上坝的车辆上都安装车载 GPS，通过车载 GPS 发送车辆状态的信息，可实现施工车辆从料场到坝面的全程监控。该系统可以实现以下功能：①料场料源匹配动态监测及报警；②各分区不同来源的各种性质料源的上坝强度统计；③道路行车密度统计；④车辆空满载监视；⑤堆石坝料运输车辆满载加水量监测。

通过数字大坝监控系统，可随时监测到每一单元填筑上料质量情况，一旦出现混料即坝料运输车辆出现卸料区域错误，通过报警信息，立即对错卸料区域的坝料挖除，确保填筑坝料的质量。

2. 碾压质量 GPS 监控

所有碾压设备都安装高精度 GPS 移动终端，通过信息传送，可实现现场分控站对碾压设备施工过程实时监控。该系统可以实现以下功能：①实时监控碾压轨迹、行走速度；当行走速度超标时，通过监控终端及手机 PDA 短信自动报警；②监测碾压遍数；在每一单元碾压结束后计算碾压遍数，当碾压遍数不达标时，通过监控终端及手机 PDA 短信自动报警，及时补碾；③监测压实厚度，推算沉降率；④提供大坝施工质量过程控制的手段，实现大坝填筑质量“双控制”。

通过数字大坝监控系统，可随时监测到每一填筑单元振动碾运行的状态和碾压区域情况，一旦振动碾运行错误或碾压区域漏碾等现象，通过报警信息，现场质检员立即督促操作手纠正错误，确保每一单元的碾压质量。

6.2 采用附加质量法检测堆石体密度

附加质量法是近年来新兴的一种堆石体密度原位测定方法，该技术具有快速、准确、实时和无破坏性等特点，也为大坝填筑施工提供了一种便捷实用的重要检测手段。该技术通过实时测定堆石体密度，以便随施工碾压进度及时发现和揭露堆石体内部缺陷，达到控制大坝填筑碾压施工质量的目的。

堆石坝料填筑每一单元碾压完成后，即布点实施附加质量法检测，按每个单元面不少于 2 个测点布置。测点位置由现场监理工程师指定或由物探检测人员随机选取。每个测点测试约需 10min，比挖坑检测法大大地节省了时间。有利于加快施工进度。对测点测试成果存在疑问的情况，通过补碾后再测试，合格后才进入下一道工序。进一步保证了坝体填筑质量。

6.3 研发应用坝内移动加水站

以往堆石坝料填筑加水均采用坝内人工洒水（如天生桥一级）或坝外固定加水站加水（如洪家渡、水布垭）的方式，前者需用的人工较多，耗费管材量大，且满足不了高峰强度填筑的要求；后者，由于加水后的自卸车行驶距离较长且上坡路段较多，水会顺着货箱流出，一方面坝料加水，达不到预期效果，造成水的浪费，另一方面路面污染严重，污水横流，严重影响行车安全和文明施工。

为此，武警水电第一总队研究制造了坝内移动加水站用于堆石坝料加水。移动加水站是利用一台斯太尔自卸车，在其上安装进水管、阀门（包括气动管路、气动开关）和出水洒水管路并用桁架支撑，实现一侧上水、两侧均可同时给运料自卸车货箱上的石料均匀洒水的设备。移动加水站可移至填筑作业面较近的部位给运料车辆加水，并可随填筑作业面的变动而移动。移动灵活，操作简单，大大缩短加水后车辆行驶的距离，达到了坝料加水的目的。

移动加水站安装感应电磁阀后，与数字大坝监控系统信息联网，可监控每一辆堆石坝料运输车加水的情况，进一步确保了堆石坝料加水的质量。

7 结束语

（1）糯扎渡心墙堆石坝采用数字大坝监控系统先进技术对上坝料运输和填筑碾压质量实时监控，对坝料填筑、坝料碾压等施工过程中存在的质量问题做到及时报警、及时纠正，大大提高了施工质量保证率，有利于加快施工进度。该技术具有实时性、连续性、自动化、高精度等特点，对大坝填筑过程的各个环节能有效管理，大大确保了坝体填筑施工质量。该技术值得为同类型工程推广应用。

（2）附加质量法是近年来新兴的一种堆石体密度原位测定方法，该技术具有快速、准确、实时和无破坏性等特点，也为大坝填筑施工提供了一种便捷实用的重要检测手段。该技术通过实时测定堆石体密度，以便随施工碾压进度及时发现和揭露堆石体内部缺陷，达到控制大坝填筑碾压施工质量的目的。从糯扎渡大坝采用该技术情况看，检测的数据真实、可靠，操作简单、快速。建议其他类似工程推广应用。

（3）坝内移动加水站用于堆石坝料加水，可移至填筑作业面较近的部位给运料车辆加水，并可随填筑作业面的变动而移动，大大缩短加水后车辆行驶的距离，达到给坝料加水充分的目的。采用坝内移动加水站，移动灵活，操作简单，现场上坝道路的文明施工得到了全面的改善。该技术值得为其他类似工程推广应用。

（4）糯扎渡心墙堆石坝自2008年10月3日开始填筑施工，截至2009年11月底，坝体已填筑总量约950万m^3，坝体各填筑单元质量评定优良率均在93%以上。根据填筑单元验收评定情况、各种坝料取样试验成果和数字大坝监控系统监测的结果、附加质量法测试的成果等综合分析，质量总体处于良好受控状态。

挤压式混凝土边墙固坡技术在黄水河水库混凝土面板堆石坝施工中的应用

章新发　朱耀邦

【摘　要】：基于黄水河水库混凝土面板堆石坝的实际施工，总结了挤压式混凝土边墙固坡施工技术，阐述了其施工方法及其对上游垫层施工的影响，以供其他类似工程施工参考。

【关键词】：混凝土面板堆石坝　挤压式混凝土边墙　施工技术　黄水河水库

1　引言

混凝土面板堆石坝自1965年发展以来，上游垫层料坡面施工一直以"超填-削坡-斜坡碾压-坡面保护"等传统的施工工艺施工，这种方法不仅工序繁杂，相互干扰大，严重影响施工进度，若坡面保护不及时，还将造成坡面的雨蚀及雨水冲刷，而且削坡会产生局部超欠回填，造成面板厚度不均，对面板运行不利。在南美地区，普遍采用了混凝土边墙上游坝面保护的新方法，即在铺筑垫层料前先浇填混凝土边墙，边墙与垫层料同步上升，达到坡面保护的效果。黄水河水库面板堆石坝就采用了挤压式斜墙固坡技术，取得了一些数据，收到了良好的效果。

2　工程概况

黄水河水库工程位于云南省昭通市威信县境内。水库大坝为混凝土面板堆石坝，坝顶高程1279.8m，河床部位建基面高程1202m，最大坝高77.8m，最大坝底宽222.5m，坝顶宽度8m。坝体上、下游坡比均为1∶1.4。大坝填筑时，大坝上游面采用混凝土挤压式边墙护坡，挤压式边墙位于大坝上游高程1202～1276m的过渡料（ⅡA料）与混凝土面板之间，单层挤压边墙外侧边坡比1∶1.4、内侧边坡比8∶1、顶宽0.1m、底宽0.71m、高0.4m，断面呈梯形逐层上升，结构见图1。

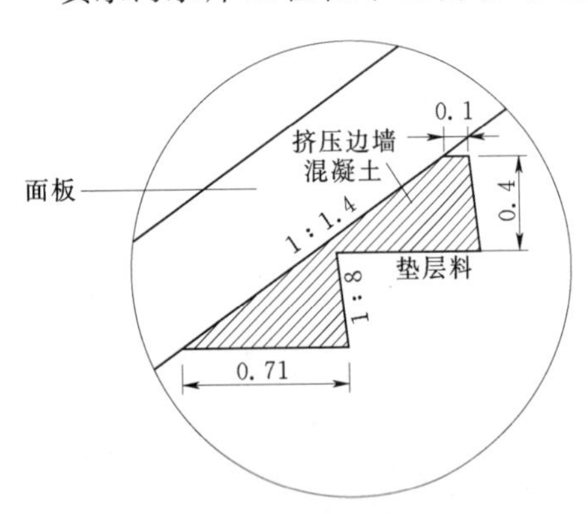

图1　混凝土挤压式边墙护坡结构（单位：m）

3　施工程序

第一层混凝土挤压边墙位于高程1202m，在沥青砂垫层安装完成后，采用人工组立散装钢模进行浇筑。成品混凝土采用拌和站定点拌制，20t斯太尔运输至浇筑地点。第二层在第一层混凝土挤压边墙顶面找平的基础上，采用挤压边墙机施工随大坝填筑上升逐层推进，使混凝土挤压边墙同步升高。单层混凝土挤压边墙在每一层垫层料（ⅡA料）填筑之前施工，其施工工艺流程：作业层面平整测量放样、边墙混凝土施工、垫层料摊铺、垫层料碾压回填、验收合格后进入下一层施工。

当挤压边墙施工到水平趾板高程以上后，在坝体中间按每隔3m布置一根普通钢管，管口向内埋于过渡料（ⅢA料）中，以排出坝体内的渗水。具体布置见图2～图4。

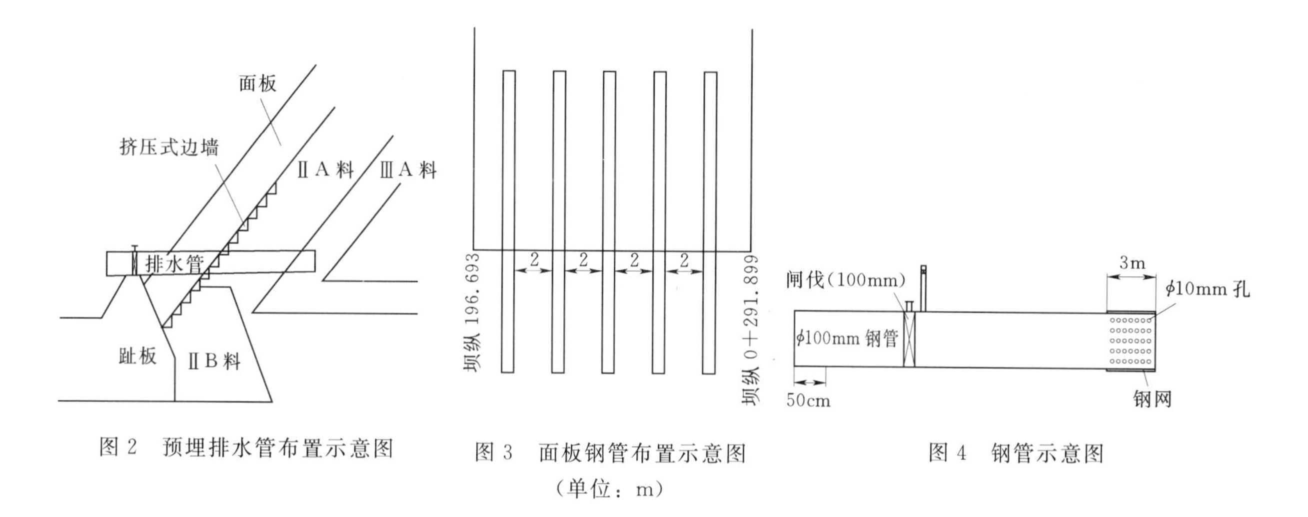

图2　预埋排水管布置示意图

图3　面板钢管布置示意图（单位：m）

图4　钢管示意图

4　施工方法

4.1　施工基本条件

（1）为保证成型边墙密实度均匀，垫层的密度必须均匀。

（2）为确保挤压边墙断面尺寸不变，垫层料需用20t振动碾碾压平整。

（3）挤压边墙混凝土骨料按照中石15％、小石35％、砂50％掺量进行配置。

（4）在已碾压好的垫层料上，先测量放线及人工安装模板，按照试验室提供配合比拌料进行工艺性试验，待工艺性试验满足设计要求再进行下一步施工。

4.2　挤压边墙施工技术要求

严格按照2007年2月中国水电顾问集团昆明勘测设计研究院编制的《混凝土挤压边墙施工技术要求》进行施工。

4.3　施工方法

（1）测量放线。对垫层料高程进行复核后，确定挤压墙的边线，并根据底层已成型的墙顶作适当调整，使坝体上游坡面水平方向保持水平。

（2）挤压机就位。本工程使用BJY-40型边墙挤压机，采用反铲吊运到指定位置，使其内侧外沿紧贴测量线位，操作人员调平内外侧调节螺栓，由测量查看水平尺，使其在同一高度；用钢尺量出挤压机出口高度，使其保持在40cm。挤压机就位时应注意：①调节挤压机垂直方向和平行机身方向，使其处于水平状态；②校核挤压机轮高，使挤压边墙墙体高度符合设计要求；③考虑到面板堆石坝施工期存在一定沉降变形的实际，边墙施工应按照技术文件要求，根据沉降变形规律要沿设计坡面要预留亏坡或盈坡的沉降量，以抵消坝体沉降变形的影响；④根据测量结果确定边墙的边线，在边线上分段挂线或用白灰标识出挤压机行走的路线，测量放线挤压机水平行走偏差控制在±（20～30）mm，满足挤压边墙的直线度要求。

（3）混凝土挤压边墙浇筑。采用斯太尔自卸运输车运至施工现场，待运输车就位后，开动挤压机，人工开始卸料，卸料速度须均匀连续，并将挤压机行走速度控制在50m/h以内。挤压机行走以前沿内侧靠线为准，并应根据后沿内侧靠线情况做适当调整，在卸料行走的同时，根据水平尺、测量校核挤压边墙结构的尺寸，不断调整内外侧调平螺栓，使上游坡比及挤压边墙高度满足设计要求。

（4）每一层挤压边墙施工完后将挤压机吊运至指定位置，人工清理挤压机中残余料，并对机械进行保养。

（5）两端挤压边墙与趾板接口处理。对于边墙两端靠趾板拐角点挤压边墙机不能达到的部位采用人工立模浇筑。

(6) 缺陷处理。对施工中出现的缺陷及时采用人工修平处理。边墙挤压施工时，应将前一层挤压边墙和垫层料填筑的施工缺陷处理完毕。挤压浇筑准备工作完成，并经监理人验收合格，签发开仓证后，才进行挤压浇筑。

(7) 垫层料的回填、碾压。边墙成型 1h 后，开始垫层料回填，4h 后进行垫层料碾压。碾压时先用 20t 自行振动碾静碾 2 遍，再振压 8 遍，钢轮距边墙保持 20cm 的安全距离（尽可能靠近边墙）。靠边墙侧 20cm 再采用液压振动夯板碾压。边角部位采用液压振动夯板压实，夯板压痕用小型手扶振动碾整平，对已碾压好的工作面，由测量放线保持大面水平，转入下一层施工。

4.4　检测

(1) 边墙变形位移检测。①及时观测碾压前后边墙水平位移状况，调整施工工艺；②在边墙坡面设置表面观测点，定期观察施工期边墙坡面变形情况。

(2) 强度检测。边墙混凝土每 500m/组取样进行精度检测；施工初期 1～2 层检查 1 次，离差系数 C_v 不大于 0.2。

(3) 弹性模量检测。边墙成型后，每 $500m^2$/组取样进行一组弹性模量检测。

挤压混凝土边墙固坡新技术是当代坝工新技术，具有开拓创新的意义。它简化了垫层坡面的施工程序，加快了施工进度，是一种简便、高效、安全、经济可行的施工新方法。随着与面板堆石坝一起施工应用，该施工技术已日趋成熟。

梨园水电站面板堆石坝坝体不同介质结合部填筑处理措施

杨玺成

【摘　要】：面板堆石坝坝体不同介质结合部填筑质量直接关系到大坝整体渗流稳定，因此，坝体不同介质结合部填筑质量控制非常关键，采取严格的处理措施，提高填筑施工质量，可以将渗流破坏的影响尽可能降低。梨园水电站面板堆石坝坝体不同介质结合部的填筑质量控制措施，可以为类似工程提供借鉴。

【关键词】：梨园水电站　不同介质结合部　填筑

1　工程简介

梨园水电站混凝土面板堆石坝坝顶高程1626.00m，坝基最低高程1471.00m，最大坝高155m。坝顶长525.328m，坝顶宽12m，坝底最大宽度455m，大坝上游坝坡1：1.4，下游坝坡在高程1594.00m以上采用1：1.7，高程1594.00～1544.00m采用1：1.5，以下采用1：1.4，并分别在变坡处设2.5m宽供人行检查的交通道路。下游坝坡用干砌块石、浆砌石砌筑。

坝体从上游向下游依次分为垫层区（2A）、过渡区（3A）、主堆石区（3B）、下游干燥堆石区（3C）、下游堆石排水区（3D），在周边缝下设特殊垫层区（2B）。在面板上游面下部设上游铺盖区1A及盖重区1B。坝体分区详见图1。

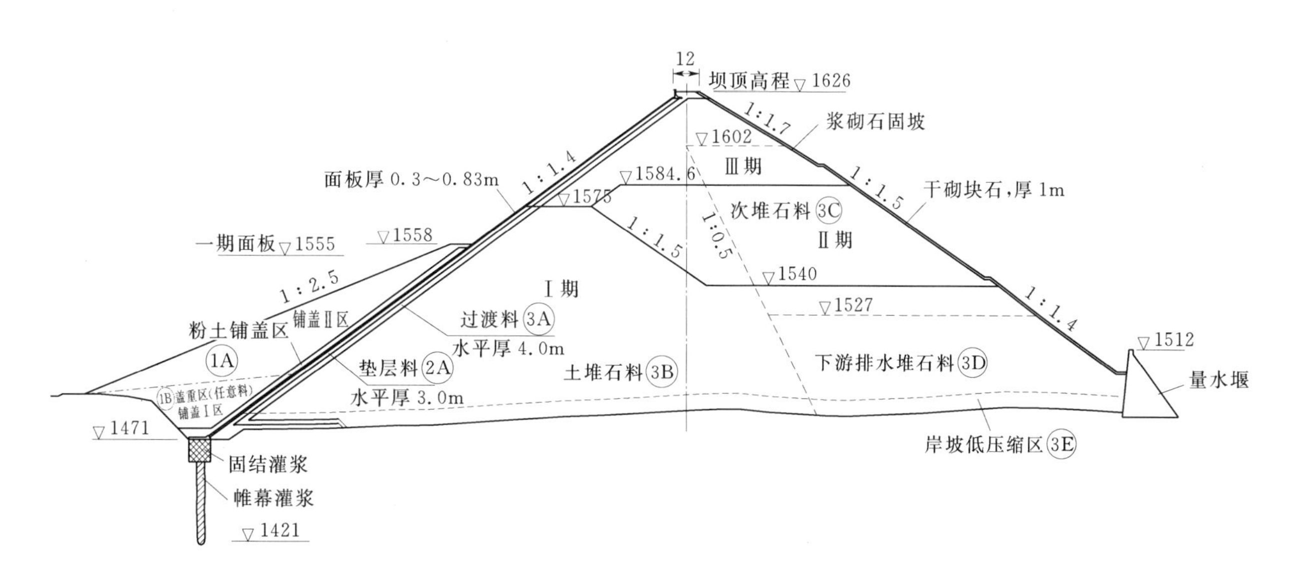

图1　大坝填筑分区示意图（单位：m）

梨园水电站大坝坝体高，控制大坝沉降变形要求高，为减少运行期坝体的沉降变形，保持渗流稳定，在大坝坝体不同介质结合部填筑质量方面的控制非常关键。

2　处理措施

2.1　坝体分区交界面处理

（1）2A区与3A区交界面的处理：2A区、3A区铺料时按测量放样线先铺填3A区料，用反铲与人工配合将3A区滚落的块石清除，然后再铺填2A区料。采用25t自行式振动碾，同时碾压2A与3A料。2A、3A区料必须与3B区一定范围平起上升。各料区最大高差为40cm。

（2）3A与3B区交界面的处理：先铺一层3A料，再铺一层3B料，然后铺一层3A料。在铺3A前，先将3B料上游侧坡面上大于30cm的块石清除到下游侧，使3A与3B有一个平顺的过渡。每上升一层3B料，上升二层3A料。第二层3A料与该层3B料同时碾压。

（3）3B、3D与3C区料交界面处理：由于3B、3D料可侵占3C区料，因此铺料时，先铺3A区料再铺3B、3D区料，然后再铺3C区料。

2.2　临时经济断面下游边坡的处理

对经济断面下游临时边坡采用台阶收坡法，即每上升一层填筑料，在其基础面的填筑层上预留0.4倍层厚宽度的台阶，随着填筑层的上升，形成台阶状，平均坡为1∶1.5。后续回填时采用反铲对相应填筑层的台阶松散料挖除及修整，待该层铺料碾压时，可进行搭接碾压，从而保证交接面的碾压质量，详见图2。

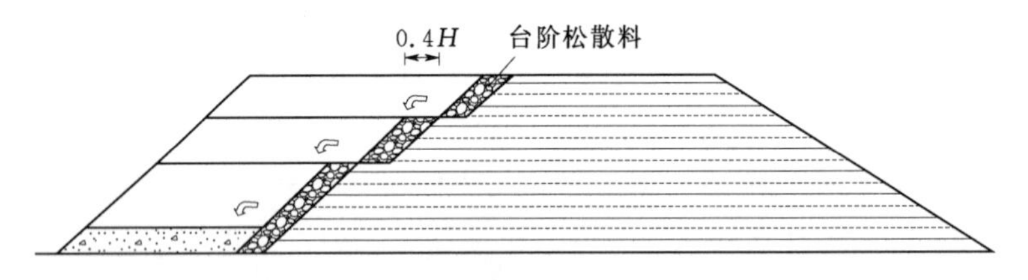

图2　界面处理示意图

2.3　上坝道路与坝体结合部

上坝道路与坝体接合部，坝区内采用坝体相同料区的石料进行分层填筑。填筑质量按相同区料的填筑要求控制。当坝体填筑上升覆盖该路段时，路两侧的松渣采用反铲分层挖除至相应填筑层，一起洒水平料碾压。坝区外下游侧路段与坝体接触部位，待该路段完成运输任务后，再采用反铲挖除，并清理松渣，按坝后干砌块石要求砌筑块石。

2.4　坝内斜坡道路

随着坝体临时经济断面上升，坝基下游必须形成临时斜坡运输道路。坝内斜坡道路按纵坡10%、路面宽度10m设置（弯道加宽）。道路填筑料采用相同坝区的石料，填筑质量按同品种料要求进行铺料和碾压。当坝体填筑上升覆盖坝内临时斜坡道时，采用反铲将斜坡道路两侧的松散石料挖除到同一层面上，与该层填筑料同时碾压。

2.5　坝体与岸坡接合部的填筑

坝体地基要求不能有“反坡”现象，因此对边坡的反坡部位先进行削坡或回填混凝土处理，坝料填筑时，岸坡接合部位易出现大块石集中现象，且碾压设备不容易到位，造成接合部位碾压不密实。因此在接合部位填筑时，采用过渡层料填筑，减薄填筑铺料厚度，清除所有的大块石。

在垫层料、小区料与基础和岸边的接触处填料时，不允许因颗粒分离而造成粗料集中和架空现象。主堆石区与岸坡等接触带回填过渡料。

2.6　坝体与溢洪道高趾墙相接部位处理

按设计要求铺填20m宽岸坡过渡区3A料，填筑过程中严格控铺料层厚，加足水量，在试验确定的碾压遍数的基础上多碾2遍，确保该部位的碾压效果。

3 施工质量控制

3.1 坝体与岸坡接合部

（1）反坡处理。岸坡局部出现反坡时，坝料不易填实，振动碾也无法靠近碾压。对此，应处理成顺坡后再填筑，用开挖方法不易处理的局部反坡，按设计和监理人的要求先填混凝土或浆砌修复成顺坡后，再进行坝料填筑。

（2）堆石体与岸坡或混凝土建筑物接合部，按设计要求填筑过渡料和岸坡低压缩区料，碾压时增加2遍，尽可能使振动碾沿岸坡方向碾压，振动碾难以碾压到的部位采用平板振动器夯实。

（3）岸坡夹层等处理。首先挖除其中的冲积杂物，然后用垫层料分层填筑，并用平板振动器夯实，再填4m宽的垫层料和5m宽过渡料，然后再进入堆石料填筑。

3.2 坝体分期、分段结合部处理

（1）坝体分期填筑接合部位。坝体新老填筑层和大坝料区交接缝结合是大坝填筑的薄弱环节，因此必须重点进行控制。施工中采取以下措施处理：①对因设计需要而分期填筑形成的先期块与后期块施工结合缝，先期填筑区块坡面采取台阶收坡方法施工；②先期填筑面碾压在保证安全的条件下，尽量碾压到边，使边坡上松散填筑料减小到最低限度；③后期填筑时，将先期填筑体坡面用反铲清除表面松散料，并和新填筑料混合然后一并碾压。

（2）坝体各种填料分段填筑接合部位。在坝体各种填料分段填筑结合部位，容易出现超径石和粗粒料集中及漏压、欠压等薄弱环节。采用反铲或装载机剔除结合部超径石，将集中的粗颗粒作分散处理，以改善结合处填筑料的质量；碾压时，进行骑缝加强碾压，增加2遍碾压遍数。

3.3 小区料铺筑

小区料位于周边缝处的面板以下，对面板周边起到均匀支承作用，为周边止水充当第二道防线。小区料对粉细砂具有反滤作用。小区料铺筑采用1.0m^3反铲铺料，人工整平。小区料碾压利用平板振动器或人工、小机具夯实。

3.4 坝前料的填筑

坝前铺盖在坝前趾板和面板浇完成，周边缝和垂直缝保护完成后，自卸汽车将任意料运至坝前各区。粉煤灰或粉细砂的铺筑由反铲配合人工进行，每层填筑厚度不大于30cm，由推土机平料碾压。任意料采用汽车卸料，推土机平整碾压。

3.5 上坝道路与坝体结合部

（1）上坝道路与坝体和坝肩结合部严格分层填筑施工，禁止用推土机直接无层次的送料与坝体接通；

（2）当通过上游混凝土趾板和垫层料坡面形成上坝道路时，必须保证坝体垫层料、过渡料、主堆石料分层施工，保证坡面削坡压实达到质量标准；

（3）上坝道路经过混凝土趾板与垫层料坡面时，应对其进行保护。采用编织袋装砂进行垫底隔离才能填路，路堤边坡采用袋装石料码砌保护；

（4）道路拆除时分层进行，机械拆除时在上述区域底部留一定的保护层，最后辅以人工作业方法清除，防止反铲作业对垫层料坡面和混凝土趾板产生破坏。

3.6 高趾墙部位岸坡低压缩区料

（1）卸料和铺料不允许颗粒分离，并形成近似水平面，各层压实厚度400mm。

（2）在清除3B区上游面所有大于300mm的已经分离的石料前，不得在其上铺过渡料；在清除过渡区上游面所有大于80mm的已分离的石料前不得在其上铺垫层料。

（3）两岸接坡料和高趾墙部位岸坡低压缩区料的高程和相邻的 3B 区顶部高程的高差应小于等于 400mm。

4 结束语

面板堆石坝坝体不同介质结合部施工处理近年来越来越受到重视。坝体整体渗流的稳定，与坝体不同介质结合部的渗流稳定有很大关系。梨园水电站面板堆石坝坝体填筑在不同介质结合部处理上严格按规程规范施工，注重细节，精益求精，尽可能将渗流破坏减到最低。

梨园水电站面板堆石坝趾板混凝土施工技术

卓战伟　李　洁

【摘　要】：介绍梨园水电站面板堆石坝趾板混凝土施工的一些具体方法，包括趾板混凝土浇筑方案、施工工艺流程、防裂措施等。

【关键词】：梨园水电站面板坝　趾板　施工　技术

1　工程概述

梨园水电站大坝为面板堆石坝，最大坝高155m，趾板呈折线布置，趾板总长约705.73m，其中水平段长52.04m，左岸岸坡段趾板长398.09m，右岸岸坡段趾板长255.61m，混凝土方量5412m³。趾板宽度、厚度沿高程变化，C型趾板为高程1510.0m以下，趾板宽为10.0m、厚1.0m；B型趾板为高程1540.0～1510.0m之间，趾板宽为8.0m、厚0.8m；其余为A型趾板，趾板宽为6.0m，厚0.6m。趾板设计为连续趾板，不设永久结构缝。

2　施工

2.1　施工方案

（1）趾板混凝土浇筑按照超前大坝填筑10.0m高程进行施工进度控制。

（2）混凝土水平运输采用9m³混凝土搅拌运输车；河床段趾板采用长臂反铲入仓，斜坡段趾板根据地形条件采用长臂反铲＋溜槽入仓或直接用溜槽入仓。

（3）河床段趾板采用组合钢模板施工；斜坡段趾板侧模采用组合钢模板，靠止水面（周边缝）采用钢木组合模板，斜坡段趾板平面采用简易滑模施工。

（4）趾板混凝土每仓长度不大于15m，每两仓中间预留1～2m的后浇带，待先期混凝土浇筑14d后，再用微膨胀混凝土对后浇带进行回填。施工缝面凿毛，钢筋过缝。

2.2　浇筑前准备工作

1. 趾板混凝土配合比

（1）趾板混凝土设计参数。趾板混凝土设计指标为二级配C25混凝土，抗渗等级W12，抗冻等级F100，水灰比0.40～0.45。

（2）趾板混凝土施工配合比。混凝土塌落度70～90mm，水泥采用42.5中热硅酸盐水泥，水灰比0.43，粉煤灰掺量20%，掺I级粉煤灰，每立方米混凝土掺入0.9kg聚丙烯纤维。后浇带混凝土掺入3%的氧化镁。施工配合比见表1。

表1　趾板混凝土施工配合比

材料用量/(kg·m⁻³)									
水	水泥（中热）	粉煤灰（Ⅰ级）	砂	小石	中石	纤维	减水剂	引气剂	氧化镁
134	249	62	742	553	676	0.9	2.022	0.012	9.3

（3）模板制作及钢筋。河床段趾板采用组合钢模板施工；斜坡段趾板侧模采用组合钢模板，靠止

水面（周边缝）采用钢木组合模板，斜坡段趾板平面采用简易无轨滑模。趾板钢筋在加工厂按设计要求加工制作并存放完好。

(4) 周边缝F形铜片止水制作。母材为铜片卷材，在现场采用止水成型机挤压轧制成型，每节16m。轧制成型后的铜片止水放置在设有垫板的木枋上，叠片不超过3片，派专人看管，防止损坏和污染，立模前由人工搬运至工作面。

2.3 施工工艺流程

1. 施工程序

趾板混凝土施工程序见图1。

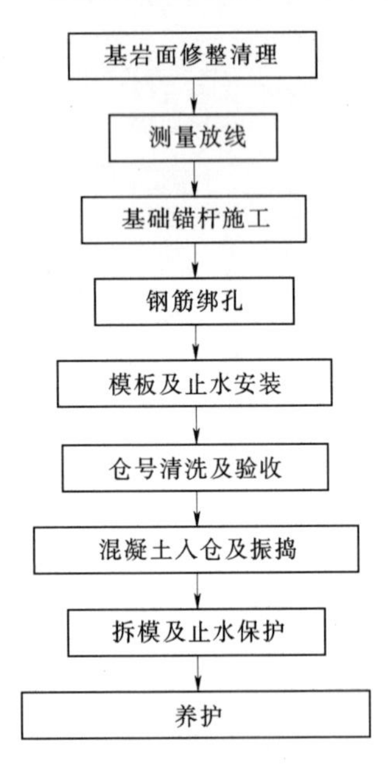

图1 趾板混凝土施工程序图

2. 基岩面清理及测量放线

趾板开挖完成后，对施工区段进行清理，清除基岩面的杂物、泥土、松动岩块等，用高压水将基岩面冲洗干净，并排除积水。若基岩有渗水，采取埋管引排至作业面外。并用撬、劈、凿等手段对夹层和断层带风化岩石、软岩或黏土予以清除，再回填C15混凝土。基岩面在浇混凝土前进行表面湿润。

测量人员利用全站仪测量放出趾板“X”线、外边线、顶面线、基础锚杆孔孔位等，并用红油漆标识在基岩面上。

3. 基础锚杆施工

在趾板基础上设有锚杆，A型趾板布置4排，B型趾板布置5排，C型趾板布置6排，间排距1.5m。施工采用手风钻钻孔；锚杆在钢筋场下料制作，用20t汽车运至现场，人工注浆并安插锚筋，锚筋上部设弯钩，与趾板上层钢筋焊接。

4. 钢筋制安

趾板钢筋共357.454t，钢筋在加工厂加工，20t汽车运至现场，人工转运到工作面进行绑扎。钢筋接头采用直螺纹连接，趾板锚杆兼作架立筋。

5. 模板安装

河床段趾板采用组合钢模板；斜坡段趾板侧模采用组合钢模板，周边缝部位采用钢木组合模板。趾板鼻坎顶部预留30cm缺口作为进料口，混凝土浇筑至此处时，对此处混凝土进行人工抹面处理。

模板安装时，严格按测量放样的设计边线及高程进行立模及加固，人工安装，模板安装采取内拉外撑的方法固定。模板表面平整、光洁、无变形，无孔洞。

斜坡段趾板平面采用简易滑模施工，滑模导轨采用Φ28钢筋，导轨用Φ25钢筋支撑，Φ25钢筋焊接在锚杆上或支撑在基岩上，间距1.5m，滑模用两台5t卷扬机牵引，上加配重水箱。

6. 周边缝止水制作安装

趾板周边缝设一道F形铜止水，止水铜片采用厂家已退火处理的整卷铜材，用自制的止水成型机连续压制成型，每节长16m，用15t加长运输车运至施工现场。止水片成品表面平整光滑，无裂纹、孔洞等损伤。

止水铜片的“鼻子”内填塞氯丁橡胶棒及聚氨酯泡沫，挤压密实，底部和端部采用塑料粘胶带进行密封，保证在混凝土浇筑或砂浆垫层施工时，水泥浆或水泥砂浆不进入止水片鼻子内。

铜止水片之间的连接采用双面搭接焊，搭接长度不小于20mm。焊接后滴煤油进行检查。

7. 混凝土浇筑

(1) 混凝土运输。混凝土由左岸拌和系统拌制，$9m^3$混凝土罐车运输，河床段趾板采用长臂反铲入仓，斜坡段趾板根据地形条件采用长臂反铲＋溜槽入仓或直接用溜槽入仓。

（2）混凝土浇筑振捣。趾板第一层混凝土浇筑前，在基岩面上先铺设一层不小于10cm厚的同强度等级一级配混凝土，随浇随铺。混凝土入仓后，人工及时平仓，每层厚度25～30cm，ϕ50mm插入式振捣器充分振捣密实，以混凝土表面无气泡、不明显下沉且表面泛浆为准，不漏振、不欠振、不过振。振捣器振捣时不得接触止水片，以免止水片位移过大，影响防渗效果。

（3）混凝土养护及表面保护。混凝土浇筑完毕后，表面用土工布覆盖，不间断洒水养护，养护至蓄水。日温差大于15℃或气温骤降期间，对龄期小于180d的混凝土暴露面覆盖保温被进行保护。

（4）趾板分缝分块。趾板混凝土每仓长度不大于15m，每两仓中间预留1～2m的后浇带，待先期混凝土浇筑14d后，再用微膨胀混凝土对后浇带进行回填。施工缝面凿毛，钢筋过缝。趾板为连续趾板，不设结构缝。

（5）止水保护。周边缝止水铜片在拆除模板后，采用角铁做骨架，外扣5cm硬质木板，做成方形保护罩，用膨胀螺栓固定在趾板混凝土上。直到面板混凝土浇筑时才允许拆除，并由专人负责检查保护装置的稳固性，损坏要及时修补。必要时，上部再覆盖装土编织袋保护。

3 趾板混凝土防裂措施

（1）优化趾板混凝土配合比。水泥使用发热量较低的中热硅酸盐水泥，并加入20％Ⅰ级粉煤灰，每方混凝土掺加0.9kg的聚丙烯纤维以提高抗裂性，将混凝土坍落度控制在90mm以内。

（2）采取温控措施。高温季节采用预冷混凝土浇筑，要求趾板混凝土浇筑温度不高于19℃，出机口温度不大于14℃。

（3）设后浇带。趾板混凝土每仓长度不大于15m，每两仓中间预留1～2m的后浇带，待先期混凝土浇筑14d后，再用微膨胀混凝土对后浇带进行回填。

（4）浇找平层。对趾板基础起伏较大部位先浇找平层，以减少对趾板混凝土的约束，找平层混凝土跟趾板混凝土同标号，找平层厚度至少30cm且不能侵占趾板混凝土设计线。

4 结束语

梨园水电站趾板混凝土施工采取上述防裂措施，发生的裂缝很少。趾板裂缝是趾板施工中的常见问题，本文对梨园电站趾板混凝土施工进行介绍，以期对类似工程的趾板混凝土施工起到参考作用。

混凝土工程

构皮滩水电站下游 RCC 围堰施工技术

帖军锋　邓有富

【摘　要】：构皮滩水电站是贵州省和乌江干流最大的水电电源点，下游 RCC 围堰顶部部分拆除后形成金包银结构的永久建筑物二道坝，工程结构复杂，质量要求高。在工期紧、任务重的情况下，通过优化道路布置、合理划分仓面、采取多种模板并用等多种措施，加快了施工进度，实现了度汛目标要求，保证了施工质量和安全。

【关键词】：下游 RCC 围堰　施工技术　构皮滩水电站

1　工程简介

构皮滩水电站位于贵州省余庆县构皮滩镇上游 1.5km 的乌江上，工程以发电为主，兼顾航运、防洪及其他综合利用。最大坝高 232.5m，总库容 64.51 亿 m^3，调节库容 31.45 亿 m^3，正常蓄水位 630m。电站装机容量 3000MW，年发电量 96.67 亿 kW・h，枢纽建筑物由双曲混凝土拱坝、泄洪消能建筑物、电站厂房、通航及导流建筑物等组成，是贵州省和乌江干流最大的水电电源点。

1.1　围堰基本结构

构皮滩水电站坝后设水垫塘和二道坝，二道坝由下游 RCC 围堰部分拆除形成，坝顶高程 444.5m，底部高程 417.0m，为金包银结构，上游面及下游迎水面为 2m 厚的常态混凝土，中间部分为碾压混凝土。下游 RCC 围堰堰顶高程 464.6m，顶宽 8m，最大堰高 47.4m，由 11 个坝段组成，其中左岸 1 号和右岸 11 坝段为常态混凝土。围堰上游面高程 456.5m 以上为直立面，高程 456.5m 以下为 1∶0.7 的斜坡面；下游面高程 441m 以上为直立面，高程 441 以下为 1∶0.2 的斜坡面，堰体内设有 2.5m×3.0m 的基础帷幕灌浆廊道，水平段底板高程 421，两侧沿坡面爬升，上下游方向设两条 2.5m×3m 的基础廊道与水垫塘基础廊道相连通。RCC 围堰混凝土后期进行部分爆破拆除，2～11 号坝段拆除至高程 442.5m，再浇筑 2m 厚混凝土加高至高程 444.5m 形成永久二道坝。

1.2　主要工程量

构皮滩水垫塘下游 RCC 围堰混凝土总量 13.28 万 m^3，其中碾压混凝土 12.68 万 m^3。2005 年 3 月 1 日开始浇筑第一方混凝土，2005 年 6 月 10 日围堰浇筑全部完成，碾压混凝土最高日浇筑强度 5062m^3。

2　本工程主要施工特点及应对措施

2.1　主要施工特点

（1）2005 年汛前围堰必须满足度汛目标要求。由于种种原因，前期围堰基坑开挖滞后，导致混凝土施工工期紧、强度高。如何组织围堰碾压混凝土的快速、高强度施工，成为本工程施工的重点和难点。

（2）下游 RCC 围堰部分拆除后形成永久结构二道坝，结构复杂，施工质量要求高。

（3）围堰既有常态混凝土又有碾压混凝土，并与水垫塘开挖同时进行，施工干扰大，现场调度及安全管理难度大。

（4）开挖与混凝土入仓手段的形成、施工道路修筑及施工道路占压的矛盾突出。

2.2 采取的应对措施

（1）结合现场实际，合理布置入仓道路：下游RCC围堰混凝土由左岸马鞍山混凝土系统和右岸黄金榜混凝土系统供应，充分利用下游土石围堰、左右岸基坑出渣施工支洞及辅助施工道路进行布置，主要施工道路如下：

1号施工路为由左岸马鞍山混凝土拌和楼经4号公路、2号导流洞、左岸基坑出渣施工支洞进入到下游RCC围堰的上游侧，碾压混凝土直接入仓浇筑。

2号施工路为右岸黄金榜混凝土拌和楼经1号公路进入E支洞的右岸基坑出渣施工支洞，由高程427m进入水垫塘基坑直至下游RCC围堰的上游侧，碾压混凝土经入仓口直接进入仓内。

3号和4号临时道路为当下游RCC围堰碾压到高程438.0m后，在下游土石围堰两端沿两岸坡向上游铺设的临时填筑道路，控制RCC围堰高程438.0～450.0m段的混凝土入仓。

5号施工路为左岸由4号公路进入2号公路高程462.0m，并到达下游RCC围堰左岸常态混凝土1号坝段顶高程464.6m平台的施工道路，此道路与6号施工路共同负责下游RCC围堰高程450.0m至坝顶的混凝土施工入仓道路。

6号路为右岸1号公路向下游直接到达下游RCC围堰右岸常态混凝土11号坝顶高程464.6m平台的施工道路。

通过优化施工道路，在围堰左右岸上下游工作面分别布置入仓道路，在上游施工道路运输的同时，对下游施工道路进行加高和改道；反之，则利用下游道路运输混凝土直接入仓，从而保证了下游RCC围堰施工连续进行，加快了施工进度。

（2）改进入仓方案：为满足混凝土浇筑的强度要求，下游RCC混凝土碾压混凝土采用20t斯太尔自卸汽车利用直接入仓，上下游面常态混凝土采用汽车运输，反铲配合入仓铺料；左右岸1号、11号坝段常态混凝土采用高程464.4m平台设溜槽入仓，满足了混凝土浇筑的强度要求。

（3）根据混凝土供应和运输入仓强度，合理分层分块。下游RCC围堰由原来的部分斜层碾压改为全部水平碾压，降低了施工难度，保证了碾压混凝土的质量。

（4）采用连续翻转上升可调悬臂模板与组合钢模板并用的方法，在围堰顶部仓面狭窄的情况下，成功地解决了碾压混凝土模板提升受仓面施工速度及仓面宽度限制，施工干扰大等难题。

3 主要施工机械及工艺参数（表1）

表1 **主要施工机械及工艺参数**

设备名称	规格型号	单位	数量	制造厂家
混凝土搅拌运输车	EA45-30A	台	3	日本
斯太尔自卸汽车	ZZ3262M3246	台	30	济南
平仓机	SD16L120kW	台	4	山东
振动碾	YZC12	台	4	洛阳
核子密度仪	NMD-100	台	2	北京核工业科技开发咨询公司
喷雾机	GCHJ50A	台	4	自制
切缝机		台	2	手扶式平板振动碾改装
冲毛机	GCHJ50A	台	4	宜昌葛洲坝科研所
仓面吊	8t/16t/20t/25t	台	各1	
反铲	CAT320B、EX1100	台	各1	美国卡特彼勒、日本日立

3.1 施工工艺流程

碾压混凝土施工工艺流程图见图 1。

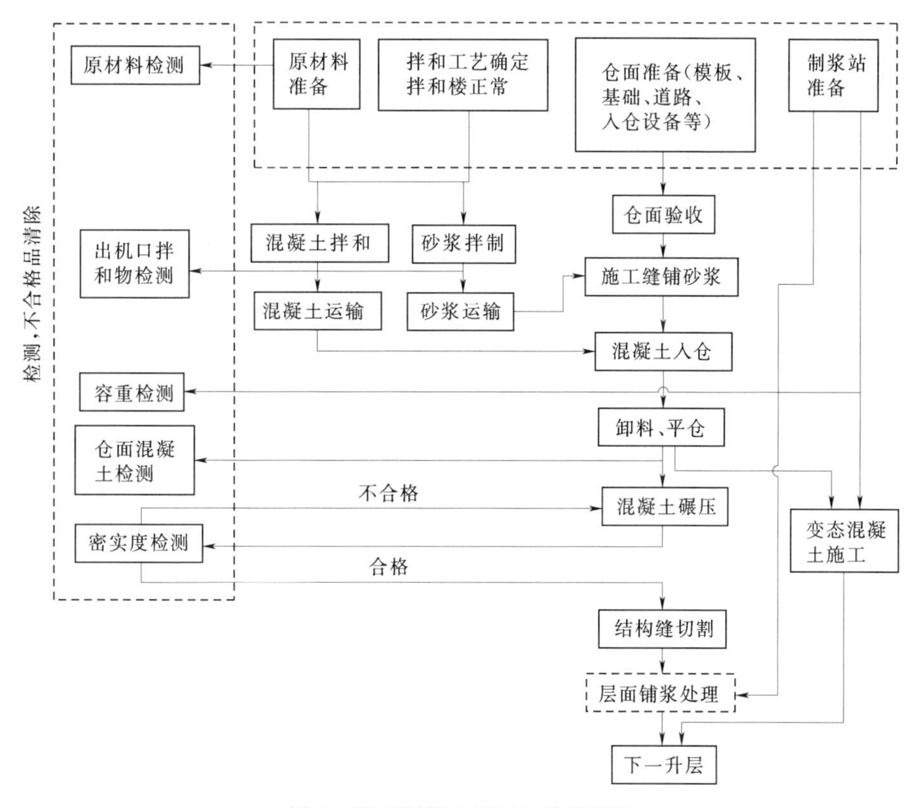

图 1　碾压混凝土施工工艺流程图

3.2 主要施工参数

(1) 浇筑分层、分块：按照基础常态混凝土 1m 分层要求，结合混凝土供应强度，下游 RCC 围堰高程 417.0～426.0m 按照 1m 分层薄层通仓碾压施工；高程 426.0～441.0m 按 3m 一层分 3 个仓面分层碾压；高程 441.0～464.6m 按 3m 一层分左右两个仓面分层碾压，为便于模板变坡组立，在上下游变坡高程 441.0m 及高程 456.6m 设分层。

(2) 卸料与摊铺：碾压混凝土卸料、铺料平行于围堰轴线方向，根据仓面宽度动态控制。高程 414.0～444.0m 段仓面宽度较大，设 3 个条带，条带宽度 8～12m；高程 444.0～450.0m 段按 2 个条带铺料；高程 450.0～464.6m 按 1～2 个条带铺料。

(3) 碾压及平仓层厚：碾压层厚度 30cm，经过碾压试验，平仓厚度控制在 35cm 左右，平仓方向与围堰轴线平行。

(4) 碾压速度：控制在不超过 1.5km/h 范围内。

(5) 碾压遍数：先无振 2 遍→有振 8 遍→无振 1～2 遍。

(6) 混凝土设计压实容重：2375kg/m^3。

(7) 混凝土压实度：98.2%。

(8) *VC* 值：5～7s。

(9) 层间间隙时间：3—4 月按 6h 控制，5—6 月按 4h 控制，高温天气适当缩短。

4 施工质量控制

4.1 高温天气温控措施

(1) 采用中、低热水泥和高效缓凝剂减水剂配制混凝土。

（2）降低碾压混凝土出机口温度。拌和系统骨料堆高保持在15m，采用冷水和片冰拌制混凝土料，将出机口碾压混凝土温度控制在12℃以内。

（3）通过试验建立混凝土出机口温度与现场浇筑温度之间的关系，采取相应措施严格控制混凝土出机口温度，控制碾压混凝土拌和物在存料斗中的存放时间。

（4）减少混凝土运输过程中的温度回升：在拌和楼处设置冲洗棚冲洗自卸车厢体，降低自卸汽车厢体温度；同时在运输混凝土的自卸汽车车厢上搭设活动遮阳棚，避免阳光对混凝土表面的直接照射，降低外界高气温与混凝土低温度的交换速率。

（5）仓面喷雾：采用冲毛机向空中喷雾方式对仓面进行增湿处理，达到了降低仓面小环境气温，增加仓面空气湿度，控制混凝土浇筑过程中的混凝土温度回升的目的。

（6）控制碾压混凝土层间间歇时间：3—4月按6h控制，5月按4h控制。

（7）加强混凝土表面养护，充分利用混凝土表面散热：混凝土收仓12～18h后及时洒水、覆盖养护。

4.2 雨天施工措施

碾压混凝土是干硬性混凝土，对用水量的增减非常敏感，为确保碾压混凝土施工质量，施工中采取了以下措施：

（1）降雨量小于3mm/h时：采取把碾压混凝土拌和物的*VC*值适当增大到上限值、在运输车上安置防雨棚的方法，继续碾压混凝土施工；如降雨持续时间长，将适当减小水灰比，卸料后，立即盖塑料布，迅速平仓和碾压；在两岸边坡设排水沟，使两岸边坡集水沿排水沟排除仓外。

（2）降雨量不小于3mm/h时：暂停施工，对已入仓的混凝土平仓碾压，用塑料布覆盖。

（3）遇大雨或暴雨时：用彩条布迅速覆盖已入仓的所有混凝土料堆，在仓号两端挖排水沟，把岸坡、仓面集水排出仓外。对受雨水冲洗后，面层混凝土砂石严重裸露的部位，采用铺水泥浆或砂浆进行处理；对大面积初凝无法恢复碾压施工的层面，按施工缝处理。

4.3 骨料分离及泌水处理措施

（1）骨料分离处理：碾压混凝土常见的骨料分离主要由汽车运输及卸料不当引起，主要采用人工将分离的大骨料再次拌制；对料堆集中较大的骨料分离，由平仓机并辅以人工将其摊铺到混凝土面上。

（2）泌水处理：对少部分泌水，采用人工排水办法排出仓外；对大面积泌水，除人工排水外，泌水处用振捣棒振捣的方法处理。

4.4 层间结合及层面处理

严格控制层间间隔时间，对超过层间允许间隔时间的部位，根据实际情况对层面进行处理。

（1）间歇时间在碾压混凝土初凝时间与终凝时间之间的处理：将层面的积水和松散物清理干净，在层面上铺一层1.5～2.0cm厚，标号比混凝土高一级的大流动度（坍落度为8～12cm）砂浆，然后再进行下一层碾压混凝土摊铺和碾压作业。砂浆由右岸拌和系统拌制，利用人工将砂浆均匀摊铺。

（2）间隔时间大于碾压混凝土终凝时间：按施工缝面进行处理，采用CM-45/160高压水枪对施工缝面冲毛，在碾压混凝土开仓后，先在施工缝面上铺一层1.5～2.0cm厚、标号比碾压混凝土高一级的大流动度砂浆，砂浆铺设与碾压混凝土摊铺同步连续进行。

（3）因降雨或其他原因造成施工中断的处理：停止铺筑的混凝土面碾压成不陡于1∶4的斜坡面，并将坡脚处厚度小于15cm的部分切除。重新具备施工条件时，根据中断时间采取相应的层缝面处理措施后继续施工。

4.5 变态混凝土施工措施

模板附近、常态混凝土与碾压混凝土结合等周边部位均采用变态混凝土。

（1）对围堰竖直段模板附近的变态混凝土，采用人工挖槽，面层加浆，振捣棒人工振捣密实。

（2）对竖直段以下常态混凝土与碾压混凝土结合部位的变态混凝土，采用人工挖槽，面层加水泥浆，人工振捣，YZC12 无振 1～2 遍碾压密实。

5 结束语

构皮滩水电站下游 RCC 围堰在工期紧、质量要求高的情况下，通过优化施工方案、加强现场组织指挥、加大资源投入等多种措施，圆满实现了工程度汛目标，为碾压混凝土施工积累了一定的经验。

贵州大花水水电站碾压混凝土拱坝施工工艺

李光隆　叶晓培

【摘　要】：贵州大花水水电站拦河大坝为抛物线碾压混凝土双曲拱坝＋左岸重力墩，最大坝高134.50m，是目前国内在建的最高碾压混凝土双曲拱坝，拱坝坝身高，体型小且结构较为复杂。本文对本工程施工布置情况，所采用的施工工艺及方法进行了简单介绍。

【关键词】：大花水水电站　抛物线双曲拱坝　碾压混凝土　施工工艺

1　概述

大花水水电站位于清水河中游，支流独木河河口2.5km的河段，为清水河干流水电梯级开发的第三级。拱坝体型为抛物线碾压双曲拱坝，拱坝坝顶高程873.00m，坝底高程738.50m，最大坝高134.50m。坝顶厚7.00m，坝底厚23.0m～25.0m（拱冠～拱端），厚高比0.186。最大中心角81.5289°，最小中心角59.4404°，中曲面拱冠处最大曲率半径110.50m，最小曲率半径50.00m，坝顶轴线弧长198.43m。拱冠梁最大倒悬度为1∶0.11，坝身最大倒悬度为1∶0.139。坝体呈不对称布置。坝轴线总长287.56m。坝体大体积混凝土为C20和C15三级配碾压混凝土，坝体上游面采用二级配碾压混凝土自身防渗。拱坝坝体混凝土约29万m^3。拱坝泄洪建筑物主要由3个溢流表孔＋2个泄洪中孔组成。溢流表孔沿拱坝中心线对称布置，单孔宽度13.5m。堰顶高程860m，采用WES曲线，后接半径为10m的反弧段，再与出口挑坎相连，出口鼻坎高程847.733m，挑角10.00°。坝内共布置高程755.00m基础灌浆排水廊道和中层灌浆廊道（左岸高程810.00m和右岸高程818.00m）两层廊道，各高程廊道分别与两岸灌浆隧洞相连，垂直交通采用竖井连接，结合泄洪中孔的布置，在中孔外悬部分布置两个井筒作为支撑，同时作为集水井和吊物井，形成中、下层廊道的竖向交通。拱坝坝体设置两条诱导缝，两岸设置周边短缝，拱坝体型结构复杂。

2　施工布置

2.1　混凝土生产系统布置

混凝土拌和系统布置在距左岸大坝下游侧500m与高程845.00m供料线公路交会处，高程875.00m，拌和站由一座HZ150－1S4000L型和一座HZ150－1Q4000拌和楼及相应的储料、配料及其他附属设施组成，设计常态混凝土生产能力为300m^3/h，碾压混凝土生产能力约为250m^3/h。根据以往的施工经验，投料顺序为：(中石＋小石)→砂→（水泥＋粉煤灰）→大石→（水＋外加剂）；拌和量为4m^3；纯拌和时间为50～60s。该系统规模按混凝土月高峰强度10万m^3设计，完全满足本标段工程的混凝土高峰浇筑强度，混凝土生产所需的砂石料全部由其他标段砂石加工系统供应，成品料通过胶带机直接运输到混凝土生产系统，混凝土生产所需水泥为散装水泥。

2.2　供料系统布置

大坝碾压混凝土主要采用胶带机和真空溜管输送，供料线共布置两条：一条布置在左岸高程845m公路上；另一条布置在左岸高程873.00m公路上；真空溜管共为4组5条真空溜管，具体为重力墩2组3条，即重力墩下游高程845.00m供料线出口布置一组2条真空溜管和在重力墩左岸高程

873.00供料线出口布置一组1条真空溜管；拱坝真空溜管分为前期和后期布置，前期真空溜管主要用来浇筑拱坝高程766.00～814.50m碾压混凝土，在左拱肩槽布置一组1条真空溜管（真空溜管起点高程高程840.0m），后期真空溜管用来浇筑拱坝高程814.50～873.00m高程碾压混凝土，也在左拱肩槽布置一组1条真空溜管（真空溜管起点高程高程873.00m）。

2.3 固定式缆机布置

固定式缆机由发包人提供，锚固点高程910.00m左右，跨度约350m，最大垂度22.75m，设计吊重20t，由于钢缆绳走索控制范围小，主要用于前期坝肩开挖时吊运右坝肩的开挖设备和辅助进行少量的混凝土浇筑，吊运钢筋、模板等材料。

3 主要施工工艺及方法

3.1 大坝混凝土分层分块

根据大坝结构和施工入仓需要大坝混凝土共分为8大部分：重力墩高程828.00m以下碾压混凝土、重力墩高程828m以上碾压混凝土、拱坝高程814.50m以下碾压混凝土（含集水井、吊物井）、拱坝高程814.50～846.00m碾压混凝土、拱坝高程846.00～873.00m以上碾压混凝土、中孔常态混凝土、表孔常态混凝土和引水隧洞和取水口混凝土。

3.2 混凝土入仓

根据大坝结构，拱坝混凝土入仓分为高程766.00m以下碾压混凝土、高程766.00～814.50m碾压混凝土、高程814.50～846.00m碾压混凝土、高程846.00～873.00m碾压混凝土、中孔常态混凝土和表孔常态混凝土几部分；重力墩碾压混凝土入仓分为基础垫层到高程828.00m和高程828.00～873.00m两部分；引水隧洞应分为进水口、坝内埋管段、坝外明管段和隧洞段。

拱坝高程755.00～766.00m碾压混凝土入仓采用自卸汽车直接入仓。

拱坝高程766.00～814.50m碾压混凝土入仓分为两部分，即高程766.00～803.00m和高程803.00～814.50m。

拱坝高程766.00～803.00m碾压混凝土施工采用全断面法，混凝土入仓主要采用左岸高程84.00m供料线和高程873.00m供料线的供料胶带机和左拱肩槽真空溜管入仓。

拱坝高程803.00～814.50m碾压混凝土施工，由于受中孔的影响，此部位碾压混凝土由两个中孔分为三大部分，即碾压混凝土施工仓面也相应被分为左、中、右三块。本部位碾压混凝土入仓和拱坝高程766.00～803.00m碾压混凝土入仓基本相同，只是在拱坝施工工作面内采用方式不同。拱坝左块施工仓面采用自卸汽车直接转料，拱坝中、右块施工仓面采用洛泰克胶带机配合自卸汽车转料入仓。

拱坝中孔常态混凝土入仓主要分为三部分，即中孔孔身、上游闸墩及下游导墙部分。混凝土供料系统主要布置在左岸，而拱坝中孔常态混凝土施工时段和重力墩高程828.00m以上碾压混凝土施工同时进行，采用高程845.00m供料线和辅助皮带机、洛泰克胶带机直接将混凝土输送到中孔施工工作面。

拱坝高程814.50m以上碾压混凝土入仓，根据大坝结构和受表孔的影响，拱坝高程814.50～873.00m碾压混凝土入仓应分为两部分进行施工，即为高程814.50～846.00m和高程846.00～873.00m。

拱坝高程814.50～846.00m为全断面碾压，混凝土由拌和站拌制好后经后期873供料线直接运料至布置在左拱肩槽的拱坝后期真空溜管受料斗内，再由拱坝后期真空溜管送料到施工仓面，在拱坝施工仓面内采用自卸汽车直接从拱坝后期真空溜管出料口接料运至各铺料点。拱坝高程84.06～873.00m碾压混凝土受表孔的影响，被分割为左右两个施工仓面。高程846.00～873.00m碾压混凝土入仓基本和拱坝高程814.50～846.00m碾压混凝土入仓基本相同，具体入仓方式为：左岸施工仓面直接采用自卸汽车从后期拱坝真空溜管出料口接料后运至各施工铺料点；拱坝高程846.00～873.00m右岸仓面碾压混凝土施工待表孔浇筑至高程873.00m且具备通车条件后，再进行此部位混凝土的施工。右岸仓面入仓方式为，混凝土由拌和站拌制好后经后期873混凝土供料线运至布置在拱坝坝顶的洛泰克胶带机接料斗内，再由洛泰克胶带机输料至布置在右表孔处的真空溜管或缓降器的受料斗内，最后经真空溜管或缓降器送料至施工仓面。

拱坝表孔常态混凝土入仓，拱坝表孔分为左、中、右三孔，施工顺序为从左至右逐块逐层施工。混凝土运输主要采用15t自卸汽车配合后期873混凝土供料胶带机运输入仓。表孔施工工作面内采用洛泰克胶带机输料到各施工仓面。

3.3 模板工程

碾压混凝土双曲拱坝的施工，模板的设计安装是关键。本工程主要采用如下几种型式：大坝上下游面采用自动交替上升悬臂大模板，廊道采取预制模板，诱导缝采用重力式混凝土预制模板。

单套大模板的外形尺寸为3.0m×5.4m（宽×高），单块模板的外形尺寸为3.0m×1.8m（宽×高），工作平台及栏杆采用角钢制作，大模板由8t汽车吊配以人工安装。廊道圆弧顶拱采用预制混凝土模板，在厂内制作，每节长0.5m，待预制混凝土模板的强度达到75%以上，再运至施工现场吊装就位。为便于吊装，每节廊道顶拱设吊装孔4个（ϕ50）。碾压混凝土拱坝设置两条诱导缝，诱导缝采用重力式混凝土预制模板，重力式诱导板构件尺寸为上部宽度10cm，下口宽度20cm，高度为30cm，长度为100cm，重量50kg左右，可满足人工安装的要求。每碾压2层埋一层诱导板，诱导板内设置接缝灌浆系统的进出浆管，并将管头引至坝的下游。埋设方法为：当埋设层的下一层碾压结束后，按诱导缝的准确位置放样，再按设计将准备好的成对重力式预制板安装在已碾压好的诱导缝上，诱导板的安设工作先于1～2个碾压条带进行，并将灌浆管逐步向下游延伸；当铺料条带在距诱导缝5～7m时，卸两车料后，用平仓机将碾压混凝土料小心缓慢推至诱导缝位置，将预制混凝土诱导板覆盖，并保证预制板的顶部有5cm左右的混凝土料，以不至于在碾压机碾压时直接压在预制的诱导板上，损伤诱导板，对诱导缝的止浆片和诱导腔部位，改用改性混凝土浇筑。

3.4 碾压混凝土施工工艺

3.4.1 碾压混凝土的碾压层厚及升层高度的确定

根据大坝碾压混凝土浇筑的入仓方式、拌和运输能力以及仓面面积、碾压混凝土的初凝时间等来综合考虑碾压混凝土施工中的碾压层厚度及升层高度。当仓面面积小于2000m^2，碾压层厚度为30cm；当仓面面积大于2000m^2，碾压层厚度为25cm。

3.4.2 铺料与平仓

混凝土料在仓面上采用自卸车两点叠压式卸料串链摊铺作业法，铺料条带从下游向上游平行于坝轴线方向铺摊，每4m宽一条带。对于卸料、平仓条带表面出现的局部骨料集中时辅以人工分散。与模板接触的条带采用人工铺料，反弹回来的粗骨料及时分散开，并在上下游大模板上刻划出层厚线，以做到条带平整、层厚均匀，平仓后的整个坝面略向上游倾斜。

3.4.3 碾压

仓面铺料完成后，立即进行碾压。采用大碾振动碾压时，碾压遍数为：先无振1遍，再有振6～8遍，最后无振1遍。碾压机作业行走速度为1～1.5km/h，平均为1.25km/h。靠近模板边或结构面边采用小型碾压机碾压，小碾压机BW75S的碾压遍数为：先无振2遍，再有振25～30遍，最后无振1～2遍，碾压机作业行走速度为1.6km/h。碾压机沿碾压条带行走方向平行于坝轴线，相邻碾压条带重叠15～20cm，同一条带分段碾压时，其接头部位应重叠碾压2～3m。在一般情况下不得顺水流方向碾压。

碾压混凝土从拌和至碾压完毕，要求在2h内完成。碾压作业完成后，用核子密度仪检测其压实容重，以压实容重达到规定要求为准，检测点控制范围为100～150m^2/点。

3.4.4 *VC* 值的控制

碾压混凝土的 *VC* 值对碾压质量影响极大，应随着气候条件变化而作相应的变动。沙牌工程使用的碾压混凝土仓面 *VC* 值 4～6s 最佳，根据本工程的试验成果，本工程 *VC* 值为 6～9s；遇雨天和夏天阳光照射，*VC* 值分别向规定范围的上限或下限靠近，经过碾压后，混凝土表面为一层薄薄的浆体（微泛浆），又略有些弹性，同时在初凝前铺摊碾压上一层，使上层混凝土碾压振动时，上下层浆体、骨料能相互渗透交错，形成整体。

3.4.5 改性混凝土的施工

根据设计，大坝与岩基面接触部为 1m 厚的常态（或改性）混凝土。高程处的廊道周边为 50cm 厚的常态混凝土，诱导缝的上游为常态混凝土塞。在施工中，对上述部位的常态混凝土，除廊道的底板外，均采用改性混凝土。其施工方法是碾压混凝土铺摊平仓后，人工抽槽后再注入适量的水泥煤灰净浆（通过试验确定及浆液的配合比），并用插入式振捣器从改性混凝土的边缘附近向碾压混凝土方向振捣。在岸坡改性混凝土与碾压混凝土的结合部，顺水流方向再碾压 1～2 次，其他部位的改性混凝土与碾压混凝土结合部位，用 BW575 小碾往返碾压数次，以保证其结合部不形成顺水流的渗水通道。

在大花水工程施工中，改性混凝土所用的水泥煤灰净浆水灰比比碾压混凝土水灰比略低，加浆量为 4%～6%（体积比）。

3.4.6 层间结合及缝面处理

对于碾压混凝土拱坝，层间结合的好坏直接关系到大坝建成后能否投入正常运行。大花水大坝采用通仓连续碾压施工工艺。大坝的防渗主要是以坝体自身二级配碾压混凝土作为大坝防渗材料，在拱坝的上游面从坝底到坝顶有 3～7m 厚的二级配富胶凝材料的碾压混凝土作为大坝防渗主体。

施工时，对于连续上升的层间缝，层间间隔不超过初凝时间的不做处理；同时对迎水面二级配防渗区，在每一条带摊铺碾压混凝土前，先喷洒 2～3mm 厚的水泥煤灰净浆，以增加层间结合的效果。所需的水泥粉煤灰净浆严格按照试验室提供的配料单配料，洒铺的水泥灰浆在条带卸料之前分段进行，不得长时间地暴露。

在每一大升层停碾的施工缝面上，均充分打毛，并用压力水冲洗干净；在上升时，全仓面铺一层 2～3cm 厚的水泥砂浆，以增强新老碾压混凝土的结合。

3.4.7 诱导缝、横缝的施工

（1）诱导缝施工。大花水碾压混凝土拱坝设置 4 条缝，其中两条诱导缝，两条周边缝。诱导缝采用重力式混凝土板结构，重力式诱导板构件尺寸为上部宽度为 10cm，下口宽度 20cm，高度为 30cm 或 25cm，长度为 100cm，重量 50kg 左右，可满足人工安装的要求。根据碾压层的厚度，每碾压 2 层埋一层诱导板，诱导板内设置自制的重复灌浆系统的进出浆管，并将管头引至坝的下游。埋设方法为：当埋设层的下一层碾压结束后，按诱导缝的准确位置放样，再按设计将准备好的成对重力式预制板安装在已碾压好的诱导缝上，诱导板的安设工作先于 1～2 个碾压条带进行，并将重复灌浆逐步向下游延伸；当铺料条带在距诱导缝 5～7m 时，卸两车料后，用平仓机将碾压混凝土料小心缓慢推至诱导缝位置，将预制混凝土诱导缝覆盖，并保证预制板的顶部有 5cm 左右厚度的混凝土的料，以避免在碾压时直接压在预制的诱导板上，损伤诱导板。对诱导缝的止浆片和诱导腔部位，采用改性混凝土浇筑。该重力式的诱导板对称设计，定位容易，安装方便。

（2）周边缝施工。大花水碾压混凝土拱坝设置两条周边缝。周边缝采用镀锌波纹铁皮形成，周边短缝每 15m 高设立一灌区，灌浆系统的进出浆管采用镀锌钢管，并将管头引至坝的下游，升浆管采用拔管法形成。为保证施工质量，周边短缝位置采用改性混凝土浇筑。

4 结束语

大花水水电站大坝工程结构复杂，碾压混凝土连续、快速上升的关键在于大坝混凝土的入仓措施、模板的快速拆立和施工过程中其他因素的干扰，对不同部位、高程的坝体采用了不同的入仓方式和不同形式的模板，从而达到大坝碾压混凝土快速上升的目的。

自开工以来，拱坝已浇筑碾压混凝土 91526.24m^3，常态混凝土 7623.41m^3，改性混凝土 8110.71m^3，吊物井混凝土浇筑至高程 766.00m，集水井混凝土浇筑至高程 781.00m，拱坝已浇筑至高程 790.00m。从已浇筑的混凝土来看，由于不同部位的混凝土采用不同的入仓措施和质量控制措施，使大坝碾压混凝土施工始终处于受控状态，确保了大坝的施工质量。

龙滩工程左岸大坝进水口异形模板设计与施工体会

余晓东　唐先奇

【摘　要】：龙滩水电站左岸大坝主体土建工程由江南水利水电工程公司（武警水电部队第一总队）承担施工，含 9 个进水口坝段和 2 个岸边挡水坝段。投标阶段，进水口喇叭口侧墙原计划采用散拼钢模施工，通气孔、胸墙、检修闸门槽与工作闸门槽之间的流道顶部采用钢筋混凝土预制模板。施工过程中，建设单位对大坝、进水口、拦污栅等混凝土施工质量提出了更高的质量目标，全面推进混凝土“免装修”“内实外光”质量工程。施工单位积极响应业主号召，从模板设计与施工方案入手，对原有模板方案进行修改和优化，将预制模板改为现浇混凝土，改散拼钢模为异形模板，虽增加成本投入，但取得了预期的效果。

【关键词】：异形模板　支撑系统　胸墙　喇叭口　通气孔　硬质聚氯乙烯　脱模剂双面胶

1　工程简介

龙滩水电站左岸大坝工程含 9 个进水口坝段和 2 个岸边挡水坝段，进水口采用坝式进水口，①～⑦号机坝段进水口底槛高程 305.00m，⑧、⑨号机坝段进水口底槛高程 315.0m，坝内布置有引水隧洞的事故闸门和检修闸门，闸门孔口尺寸均有 8m×12m（宽×高），进水口前缘布置直立的屏幕式拦污栅。进水口侧墙呈 1/4 椭圆形，胸墙为 1/4 圆柱面。图 1 是龙滩水电站左岸大坝进水口典型断面图，图 2 是进水口平剖图，图中圆括号内的数据是⑧、⑨机坝段的结构高程。

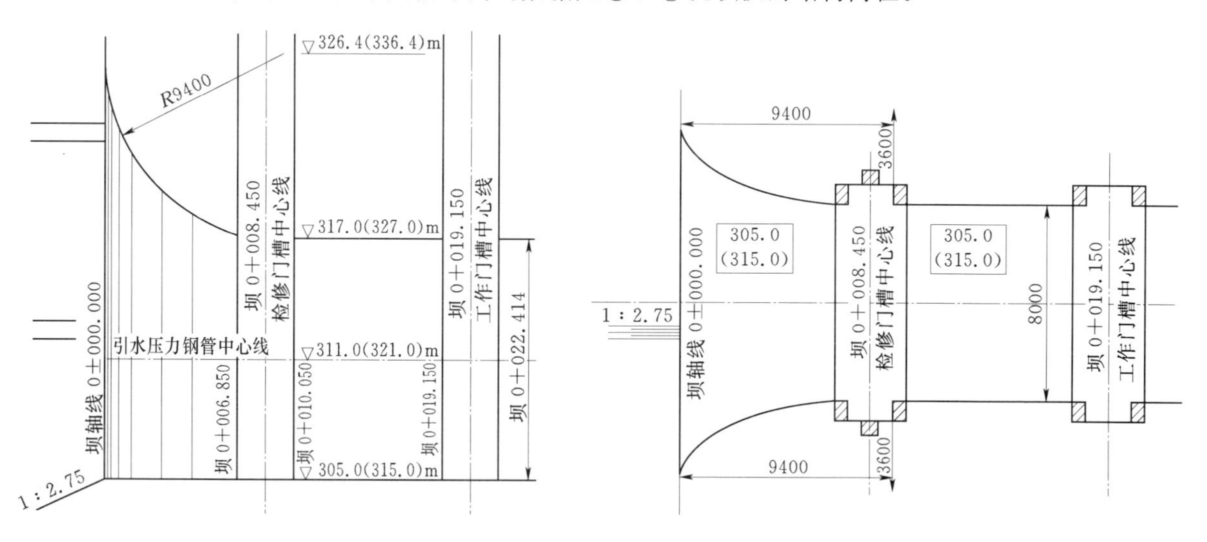

图 1　进水口结构断面图

图 2　进水口结构平剖图

投标阶段，进水口胸墙、通气孔计划采用预制钢筋混凝土倒“T”形梁，检修闸门、工作闸门之间流道顶板采用预制钢筋混凝土矩形梁，喇叭口两侧采用组合钢模。在工程施工过程中，建设方提出全面推进“内实外光”“免装修”工程，对胸墙、喇叭口边墙等过流面、外露面要求表面光洁平整，接缝严密。由于使用 1015 组合钢模拼成圆弧面或椭圆面会在建筑物表面产生细小的缝线，实物表面也不是严格的弧线，采用预制钢筋混凝土梁则存在加工和安装精度不易控制、与结构钢筋布置存在空间冲突、安装时需要动用门机和塔机等大型起重设备、占用混凝土浇筑时间等不足之处。在借鉴其他已建和在建工程成功案例的基础上，设计了适应本工程喇叭口、胸墙及通气等部位的异形模板。

2 喇叭口侧墙异形模板

2.1 侧墙模板结构设计

喇叭侧墙曲线是略小于 1/4 的椭圆柱面，椭圆长轴半径为 9.4m，短轴半径为 3.6m，弧线长 8.17m，因此在设计异形模板时将 8.17m 的弧线分成 3 段，第一段弧长为 2.17m，第二、三段弧长均为 3m，坝体混凝土浇筑升程为 3m，而喇叭口边墙与坝体同期上升，考虑到模板下部与老混凝土面搭接 5～10cm，上部高出混凝土浇筑仓面 5～10cm，模板高度控制在 3.1～3.2m。喇叭口侧墙与胸墙相交部分则根据实物体形区域和胸墙浇筑分层厚度另外制作三角形或梯形状异形模板。

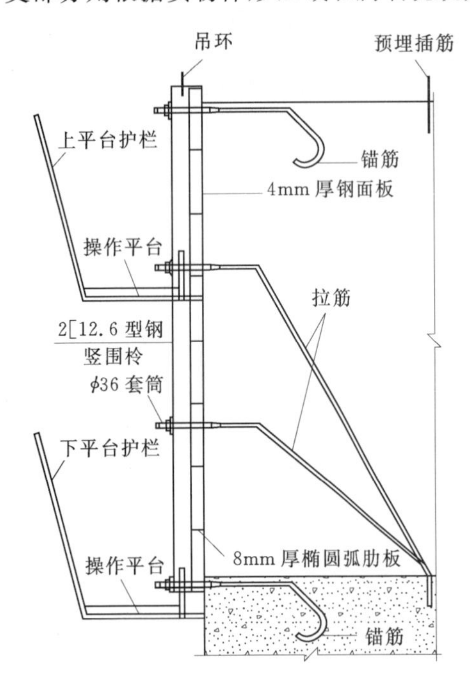

图 3 进水口喇叭口侧墙异形模板

在制作材料上，普通木材在干湿不均的自然气候条件下易变形、开裂，现场校正困难，型钢和钢板成了制作模板骨架与面板首选用材。在结构上，面板采用 4 厚的钢板，横向边框与肋板为 10mm 厚钢板，间距 40cm，竖向边框所用材料为 10mm 厚扁钢，竖向肋板则用角钢，模板背面只设竖向围柃，由 [12.6 槽钢两两相背构成 1 根竖围柃。施工安全防护设施方面，针对模板的外形设计了可拆卸的简易工作平台和防护栏，供拆除和安装模板时使用。

2.2 侧墙模板制作

由于异形钢模在下料、钻孔、切割、焊接、校正等方面加工精度要求较高，因此选择在设备齐全、钢结构制作技术水平较高的加工厂制作。面板先用卷板机卷成与曲面半径相近的圆柱面，横向边框与肋板则用人工切割成椭圆弧。边框、肋板在加工平台上焊接成形并经校正后，再将已卷成圆柱面的面板与骨架焊接成整体。槽钢竖围楞、钩头螺栓、套筒、锚筋、工作平台、防护栏等构件与模板分开加工，运到施工现场后与模板组装成整体见图 3。

2.3 侧墙模板安装与拆除

与大坝其他大型模板施工相同，喇叭口异形模板安装用 8t 汽车吊提升，施工人员在防护栏的保护下利用套筒、锚筋、拉筋等将模板固定锁紧。模板拆除时，人工利用扳手将套筒与锚筋分离，然后由汽车吊提升至上一浇筑层安装。

3 胸墙异形模板

3.1 胸墙模板结构设计

进水口胸墙圆弧面半径 9.4m，考虑到与喇叭口侧墙、流道顶板及坝体其他部位同仓浇筑，第一仓模板设计高度为 1.5m，第二层 2m，第三和第四层均为 3m，台阶状布置，如图 4 所示。桁架间排距为 40cm，选用型钢和钢板作为模板桁架的制作材料，其中 [8 为圆弧围柃，L5 角钢为桁架杆件，10mm 厚钢板为节点板，为避免大量的焊接造成桁架变形，影响模板的加工精度，桁架所有节点采用螺栓连接。面板使用双层材料，底层为 2cm 厚松木板，面层为 2mm 厚硬质聚氯乙烯塑料板。在设计圆弧围柃时，槽钢开口朝向圆心，槽内安装木条并用扁钢固定，再将松木面板用铁钉钉在木条上，解决了松木面板与钢构架固定的问题。

3.2 胸墙模板桁架制作

制作胸墙模板的关键在于控制围柃的圆弧精度，加工厂在焊接平台上使用了千斤顶、夹板等防变形措施，避免圆弧围柃在焊接节点板时发生较大幅度的变形。角钢、节点板按设计尺寸下料冲孔后，用M12螺栓连接形成桁架。

3.3 胸墙模板安装与拆除

胸墙模板安装之前，先安装模板的支撑系统、调节模板高低的顶托和支承桁架的槽钢，形成胸墙底模支撑平台。桁架运到工作面后，用仓面汽车吊辅助人工就位、安装、固定。安装面板之前，必须对桁架的高程、桩号等安装尺寸进行校核。面板所用的板块事先在模板加工厂裁直刨平，运到工作面后由木工固定在桁架圆弧围柃上形成圆弧面，然后在木板表面加贴一层2mm厚的硬质聚氯乙烯塑料板，以消除木纹并使胸墙外露面光洁平整和圆顺过渡。胸墙两端与喇叭口侧墙交汇处的相贯线，由经验丰富的木工根据侧墙异形模板曲线对胸墙面板进行现场加工。

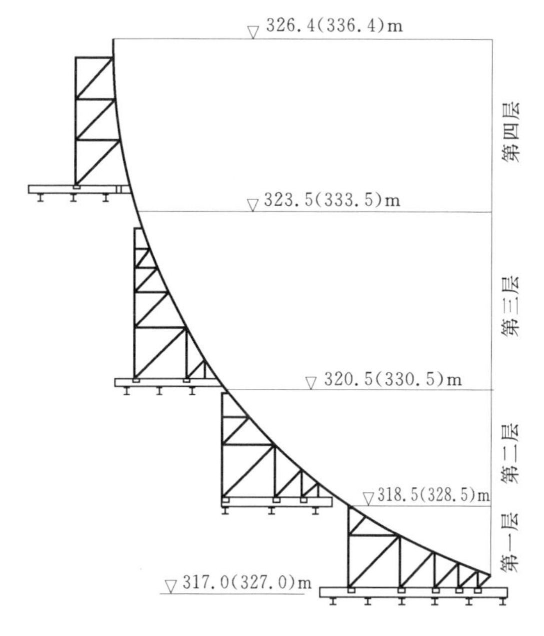

图4　进水口胸墙异形模板

拆除胸墙模板分台阶按自上而下的顺序进行，卸除圆弧围柃连接螺栓、松动顶托螺杆带动桁架支撑平台下降，在自重的作用下模板整体与混凝土面分离，轻敲面板使面板与桁架分离，然后将桁架和板块运出工作面，最后将扣件式脚手架拆除。

4　通气孔模板

本工程9个进水口坝段共18个通气孔，高程317.0～327.0m（327.0～337.0m）为钢衬段，327.0（337.0）～382.0m部分与坝段同期浇筑，通所孔直径2m，内壁设直径ϕ25间距30cm的钢筋爬梯。见图5。

在设计通气孔现浇模板时，需要考虑到：①模板安装与拆除简单易行，操作安全可靠；②模板高度与坝体混凝土浇筑高度相适应；③预埋钢筋爬梯部位不能影响模板的提升。从悬臂模板的构造出发，研制了适用于本工程的悬臂式圆弧钢模板。

由于钢筋爬梯在坝体浇筑时预埋在混凝土内，对该部分则用方木、木板以及硬质聚氯乙烯塑料板加工成组合木模，面板上按设计尺寸开孔以便安装预埋件。其他部分则沿中线做成两块悬臂式圆弧钢模板。模板厚54mm，其中面板为4mm厚钢板，横向肋板用6mm厚钢板切割成圆形，竖向肋板则使用6mm厚的扁钢，用［20a槽钢双背组成竖围柃，通过钩头螺栓将弧形面板固定在竖围柃上。模板总高度6m，面板高度3.1m，满足每次浇筑3m升程。见图5、图6。

安装通气孔模板时，用套筒将模板固定在下层混凝土表面上，转动竖向围柃底部手动千斤顶可调节模板的俯仰程度。模板安装和拆除与其他大型悬臂模板方法相同，均用汽车吊辅助人工完成。

5　结束语

混凝土外观质量的高低，模板施工质量是关键。近年来，各大工程在三峡工程带动下，对混凝土内在和外观质量方面相继提出了更高的要求。龙滩水电站工程参建各方顺应形势，在汲取三峡工程成功经验的基础上继续研究，大量新工艺、新技术、新材料在龙滩水电站工程得到推广和应用。大型异

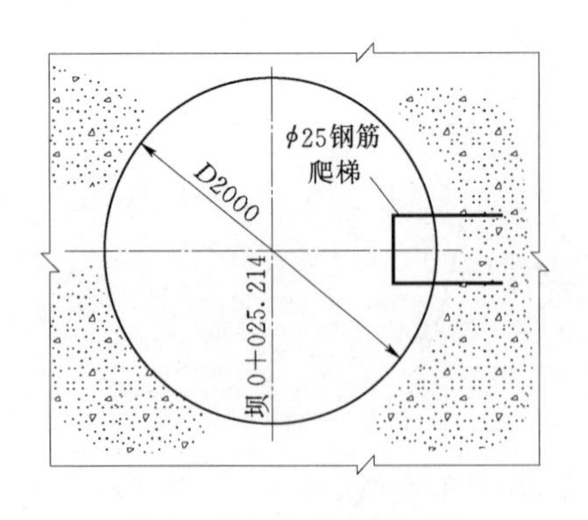

图5　通气孔结构平面图

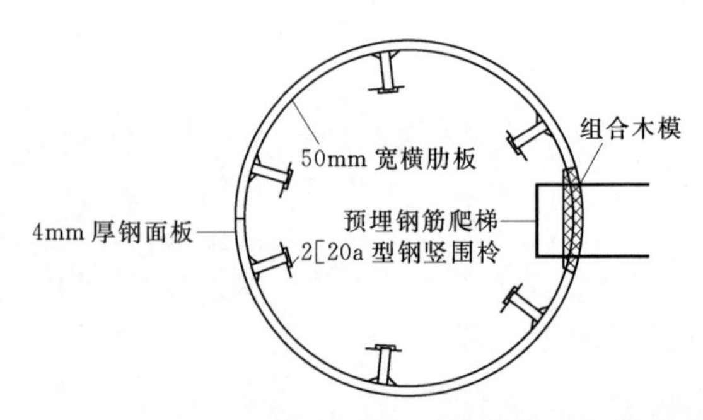

图6　通气孔圆弧模板平面图

形模板在龙滩水电站左岸大坝工程中广泛应用，进水口坝段外露面施工质量得到大幅度提升。综合来看，由于异形模板周转次数不高，虽增加了模板的制造成本，但使用整体式大型模板缩短了模板安装与拆除时间，加快模板施工进度，降低了模板工的劳动强度，减少了混凝土表面的缺陷处理工作量，大大减少了木材的消耗量，施工单位在经济效益与环保效益方面均可取得较好的综合效益。

龙滩大坝左岸坝级碾压混凝土施工技术综述

黄锦波　余晓东

【摘　要】：龙滩水电站拦河坝最大坝高216.5m，是目前世界在建工程中最高的碾压混凝土重力坝，工程规模巨大，坝体结构复杂，先进的施工设备和施工技术在龙滩坝工程中得到了成功运用与发展，为大坝的快速连续上升电提供了可靠的技术保证。

【关键词】：碾压混凝土　重力坝　施工技术　龙滩水电站

1　引言

龙滩水电站是红水河梯级开发中的骨干工程，工程以发电为主，兼有防洪、航运等综合效益，工程规模为大（1）型，电站装机容量6300MW。工程枢纽布置为：碾压混凝土重力坝、泄洪建筑物、地下引水发电系统、通航建筑物。大坝轴线长849.44m，坝顶高程406.5m，最大坝高216.5m，是当前世界上最高的碾压混凝土重力坝。混凝土总量为802.4万m^3，其中碾压混凝土540.8万m^3，占总量的67%。

2　配合比设计与工艺试验

由实验室根据设计技术要求参数、工地现场所使用的原材料及施工要求，对大坝混凝土配合比及各项性能进行了历时一年的室内试验，通过两次碾压混凝土铺筑现场工艺试验，以验证室内选定配合比拌和物的可碾性和合理性，确定了优化施工配合比（表1）和“无振碾压2遍＋有振碾压8遍＋无振碾压1遍”的碾压程序等工艺参数。

表1　　碾压混凝土优化施工配合比

强度等级	级配	配合比参数						胶材用量		骨料级配比例	VC值/s
		W/C+F	W	F/%	S/%	减水剂/%	引气剂/万	水泥/(kg·m^{-3})	粉煤灰/(kg·m^{-3})	小石：中石：大石	
RⅠC_{90}25W6F100	三	0.41	78	55	33	0.6	2	86	104	30：40：30	5～7
RⅡC_{90}20W6F100	三	0.45	76	60	33	0.6	2	68	102	30：40：30	5～7
RⅢC_{90}15W4F50	三	0.48	77	65	34	0.6	2	56	104	30：40：30	5～7
RⅣC_{90}25W12F150	二	0.40	87	55	38	0.6	2	99	121	50：50：00	5～7
变态浆液	—	0.40	497	50	—	0.4	—	621	621	—	—

3　碾压混凝土模板工程

3.1　悬臂翻转钢模板

根据工程的结构特点，大坝迎水面和横缝普遍采用300cm×300cm×10cm（长×高×厚）的悬臂翻转钢模板，下游1：0.73的斜坡坝面则采用300cm×375cm×10cm的专用模板以满足3m层厚的浇筑需要。架立第一仓模板时通常采用内拉内撑的方式固定，碾压混凝土浇筑后暂不拆除，再以第一层模板为基础继续架立第二仓模板，第二仓混凝土浇筑结束且达到一定强度后，将第一仓模板拆除并安装到第二仓模板之上，形成第三仓混凝土浇筑模板，如此循环直到最后一仓碾压混凝土施工结束。每套悬臂钢模板重量在1.5t左右，模板的安装和提升一般采用汽车吊辅以人工完成。

3.2 混凝土预制模板

混凝土预制模板广泛应用于大坝廊道施工中，纵向廊道采用全断面预制模板，横向廊道则采用半边法预制模板，预制模板厚10～12cm，段长1m，廊道预制模板上设有吊点和预留孔，以便于模板运输和安装。

4 碾压混凝土施工工艺

4.1 运输和入仓方式

龙滩大坝工程碾压混凝土施工以汽车运输直接入仓和高速皮带供料线运输塔式布料机的入仓方式为主，局部范围采用胎带机辅助入仓。

汽车入仓具有调度灵活、入仓强度大、运输便捷的优点，在可布置运输道路的前提下，上下游碾压混凝土围堰、基坑和两岸各施工区，均不同程度地采用了汽车入仓方式浇筑碾压混凝土。布置运输道路时遵循就近取料的原则，用坝基开挖石渣料填筑而成，根据施工工艺需要设置车辆冲洗台、轮胎脱水段、车辆交汇处、入仓口等功能性路段，满足施工质量方面对运输车辆去泥脱水和高强度连续入仓的要求，防止运输车辆携带污泥、污水等污染仓面。

采用高速皮带机运输塔式布料机入仓方式时，混凝土从拌和楼下料口出来后直接进入高速皮带机输送系统，再由塔式布料机在仓面上布料或由仓面汽车转料，入仓能力高达250m^3/h，满足了坝段通仓薄层铺筑碾压混凝土入仓强度要求。右岸大坝工程布置了三条高速皮带供料线，以满足6～21河床坝段的快速施工，其中1号供料线为覆盖16～21坝段的TC2400塔带机2号供料线为10～15坝段的MD2200顶带机输送混凝土，3号供料线为6～12坝段输送混凝土，仓内由自卸汽车转料。

4.2 卸料和平仓

采用汽车运输直接入仓或仓面转料时，采取端退法两点跌压式卸料，卸料之前先将混凝土铺料层端头推成斜坡，将拌和料分两次卸在已摊铺的斜坡面上并成梅花形布置，以减小料堆高度和减轻骨料分离现象。采用塔式布料机卸料时，塔机自行完成带状连续均匀布料。

铺筑碾压混凝土从下游向上游方向推进，开仓前人工在模板或基岩上用红油漆画出铺料分层线，以控制混凝土的摊铺厚度。混凝土摊铺主要采用平仓机完成，模板、止水、廊道等周边则主要由人工完成，摊铺厚度控制在33～35cm，以保证压实后混凝土厚度控制在30cm。

4.3 碾压

混凝土摊铺好后即开始碾压，采用德国宝马公司生产的BW202AD-2型和国产SD16L型振动碾为主要碾压设备。碾压程序按“无振2遍＋有振8遍＋无振1遍”控制，振动碾行驶速度控制在1.5km/h；采用条带搭接法碾压，条带长度30～40m，条带间搭接宽度15～20cm（条带端部搭接长度100cm）。混凝土料从拌和到碾压完毕时间控制在1.5h以内，碾压方向与水流方向垂直。多台振动碾间采用平行作业。碾压作业要求条带清楚，条带宽度同振动碾轮压宽度，走偏距离应控制在10cm范围内，碾压条带必须重叠15～20cm，同一条带分段碾压时，其接头部位应重叠碾压2.4～3.0m（碾压机车身长度）以避免漏碾。

4.4 压实度检测

每一层混凝土按规定的碾压工艺参数碾压完毕10min后，仓面质检员用核子密度仪检测混凝土的相对压实度，以仪器的测试结果作为压实容重判定依据。每铺筑100～200m^2碾压混凝土布置一个检测点，每一铺筑层仓面内布置至少3个以上检测点，压实度不低于98.5%。

4.5　施工缝面处理

碾压混凝土施工缝面处理方法与常态混凝土相同，采用高压冲毛枪清除混凝土表面浮浆，使细骨料微露成为毛面，然后将缝面清洗干净，在浇筑新混凝土之前保持洁净并处于湿润状态，仓面经验收合格后，根据碾压混凝土条带铺筑范围在老混凝土面上均匀摊铺一层1.5～2.0cm厚、强度等级比同部位的混凝土高一级的水泥粉煤灰砂浆垫层，然后铺筑碾压混凝土，并在砂浆初凝前将已摊铺的混凝土碾压完毕。

4.6　层间结合与层面处理

龙滩大坝碾压混凝土允许间隔时间常温季节为6h，高温季节为4h，正常铺筑过程中应在直接铺筑允许时间内完成上层混凝土的碾压覆盖。下雨、设备故障和供料不足等原因通常会造成施工暂停，浇筑条件恢复时应根据间隔时间的长短确定是否可以恢复浇筑。①间隔时长在直接铺筑允许时间以内的，仓面经整理后直接铺筑一层碾压混凝土继续施工；②间隔长超过直接铺筑允许时间但未超过混凝土初凝时间的，先在缝面上铺垫一层1.5～2.0cm厚的水泥粉煤灰砂浆，然后铺筑一层混凝土继续施工；③若间隔时长超过混凝土终凝时间的，按冷缝处理，用冲毛枪清除缝面乳浆及松动骨料，层面处理完成并清洗干净后，经验收合格，在缝面上先铺垫一层1.5～2.0cm厚的水泥粉煤灰砂浆，然后及时铺筑一层碾压混凝土继续施工。

4.7　切缝与成缝

大坝横缝采取先碾压后切缝的方式形成，即每一层混凝土碾压完毕后，通过测量仪器放样定出横缝所在位置，将绳索张紧后压在混凝土表面上形成印痕为切缝机指示位置，再用HP913－C型切缝机沿印痕连续切缝，缝宽通常为12mm，然后在缝内填塞闭孔泡沫塑料板形成坝体横缝。

4.8　变态混凝土施工

模板、廊道周边及基岩面等部位采用抽槽定量加浆振捣的办法实施变态混凝土的浇筑。在碾压混凝土开始铺筑的同时，根据监理工程师批准的配合比和制浆工艺现场制备水泥粉煤灰浆，通过压力管道送入仓内临时储浆桶内，再用小斗车将浆液送到变态混凝土施工工作面。浇筑变态混凝土时分两层铺料，每层铺料厚度控制在16cm左右，铺完第一层料后，人工在已摊铺混凝土上按规定尺寸和数量抽槽，用定量容器在规定长度的槽沟内均匀注入水泥粉煤灰浆液，然后进行第二层变态混凝土的铺料、抽槽和加浆，铺完两层料并加浆后振捣密实。在变态混凝土与碾压混凝土交接处骑缝碾压使两者交融密实。

4.9　混凝土养护与表面保护

碾压混凝土铺筑完毕终凝后，即进行混凝土养护，保持混凝土表面始终处于湿润状态，平面层的养护必须持续到开始铺筑上一层混凝土时，上下游坝面及长期暴露的混凝土面养护时间不少于28d。混凝土终凝前禁止人员和设备在混凝土表面通过，混凝土终凝后3d后方可允许设备在混凝土表面通过或作业。

5　斜层平推法施工

斜层平推法施工有以下3大特点，特别适用于高温多雨季节施工：①单层铺筑时间短，入仓和铺筑能力受限时仍可在允许间隔时间内快速覆盖上层混凝土，摆脱了平层通仓法对施工设备数量上的依赖；②缩短层面暴露时间，可最大限度减少外界环境引起的温度倒灌，仓面喷雾降温措施容易实施；③缓坡面利于排水，较小的铺筑面积降低了雨后处理工作量，缩小了降雨的影响范围。

龙滩水电站大坝高温时段部分仓面采用了斜层平推法施工。铺筑时开仓段设在下游，从下游向上游推进，依次形成开仓段、缓坡段和收仓段。向上游推进铺筑面时，斜层坡脚水平段先铺垫水泥粉煤灰砂浆再及时铺一层混凝土，使上层混凝土完全包裹下层混凝土，渐次形成倾向上游、坡度为1：10～

1∶20缓坡。收仓段成水平层状，设在大坝迎水面（通常也是二级配防渗区），与缓坡段斜层相交成折线状，随混凝土上升铺筑面积会越来越小，交替铺筑即可满足层间塑性结合要求。

采用斜层平推法施工时要把握好对“坡度、厚度和坡脚处理”3个要点的控制，缓坡坡度控制在1∶10～1∶20，铺料厚度控制在33～35cm，压实厚度控制在30cm，坡脚前缘尖角要求人工挖除，形成厚度不小于12～15cm的薄层。坡脚水平段碾压时，振动碾不能穿越坡脚线，以免压碎坡脚前缘骨料影响混凝土质量。其他工艺流程、质量指标与平层通仓法相同。

6 温控措施

6.1 控制混凝土水化热温升

在满足混凝土强度、抗冻、抗渗等技术指标的前提下，不断优化配合比，选用发热量较低的中热水泥，多掺粉煤灰，选用合适外加剂，减少水泥用量，以降低水泥水化热温升。

6.2 控制混凝土浇筑温度

每年11月至次年3月现场气温较低，一般采用自然水拌制混凝土，自然温度入仓。4—10月高温时段则通过二次骨料预冷、加冰、加冰水等措施生产13℃以下的低温混凝土，控制混凝土出机口温度；在混凝土运输车辆上安装遮阳棚，在供料线上设置防晒棚并通入冷气，控制混凝土入仓温度；仓内采取喷雾形成人工小气候，降低仓内气温，增大空气湿度，避免表层失水，及时用EPE保温被覆盖防止外界温度倒灌，控制混凝土浇筑温度。

7 雨季施工措施

龙滩水电站碾压混凝土施工持续时间长达3年，不可避免地要在雨季施工。降雨会使混凝土的含水量加大，在表面形成径流，带走层面灰浆、砂浆，加剧混凝土的不均匀性，形成薄弱夹层，影响混凝土质量。停仓后还要额外投入相当的人力物力处理层面，延缓施工进度。龙滩水电站碾压混凝土雨季施工的做法主要是，及时掌握现场气象预报，在施工现场准备足够覆盖浇筑仓面的防雨布，并安排专业小组负责覆盖和排水，当降雨强度超过规定值时，未开仓的仓号不得开仓，正在浇筑的仓号尽快完成已入仓碾压混凝土的摊铺和碾压作业，防雨专业小组及时覆盖并将雨水集中排到坝外，拌和系统停止拌料，现场发布暂停施工令，所有作业人员和设备原地待命，并做好随时复工的准备工作。

8 结束语

左岸大坝仓面碾压混凝土密实度检测数据的统计数据表明，二级配碾压混凝土密实度最小值98.3%，均值99.4%，三级配碾压混凝土密实度最小值98.5%，均值99.5%。2005年4—8月，在左岸大坝安装坝内压力钢管、仓面停浇混凝土时期，对坝体混凝土进行钻孔取水和压水试验等混凝土施工质量检查取得的数据成果表明，二级配区进行的147段压水试验中，仅有一试验段透水率为0.738Lu，略大于标准值0.5Lu，三级配区进行的35段压水试验中，透水率大于1Lu（三级配区标准值）的试验段数为0，钻孔取芯时更是取出了直径为250mm，长度分别为12.67m和9.88m的碾压混凝土长芯样，芯样表面光滑，骨料分布均匀致密，施工缝面结合良好。从不同的检测成果和统计数可得出这样的结论，龙滩大坝碾压混凝土施工质量控制成效显著，施工质量良好，各项指标完全满足设计质量要求。

三峡船闸薄衬砌墙混凝土施工技术

齐建飞　马玉增　晏正根

【摘　要】：针对船闸闸室衬砌墙的高直立、薄壁、仓内结构复杂、工序交叉作业干扰大、工期紧且观瞻性、质量要求高、安全隐患多等特点，成功研制并实施了单侧分离式滑模和单侧滑框倒模施工技术。实践证明，它具有速度快、安全性好、能保证混凝土内实外光等优点，填补了国内单侧滑模技术空白，均获得了国家新型实用专利。

【关键词】：三峡船闸　薄衬砌墙　滑模　混凝土施工

1　工程概况

三峡永久船闸为双线连续五级梯级船闸，闸室段结构形式主要为薄壁衬砌墙，墙体紧贴已开挖好的直立岩面，墙体通过伸出岩面约1.5m的高强锚杆与岩体共同受力。每级闸室分左、右侧共有42块衬砌墙，除闸室中部第一分流口的衬砌墙顺流向分块尺寸为24m外，其他衬砌墙顺流向分块尺寸均为12m。墙体最高达48m，下部衬砌厚度一般为1.5m，上部为2.1m，竖向按约15m设一水平缝。闸室迎水面每相距24m设一浮式系船柱槽，背水面设有纵横排水管网。闸墙设内、外双层钢筋网，分缝处设有铜止水片。

2　方案选择

本工程特点如下：①质量要求高。三峡永久船闸是航运旅游的风景线，属“观瞻性”工程，要求混凝土必须“内实外光”，设计允许垂直度误差为0.1%。②安全条件差。衬砌墙为高差达近60m的垂直高边坡，同时存在多工种立体交叉作业，施工干扰大，安全条件差，施工安全隐患多。③施工难度大。薄衬砌墙仓面狭小，且有岩面打毛清洗、钢筋绑扎、墙后排水管网、分缝模板和止水、止水检查槽、浮式系船柱、爬梯槽等施工，工序繁杂，工难度大。④混凝土入仓困难。墙背布置有间距2m×1.5m高强锚杆，其端头距迎水面仅5cm，混凝土入仓困难。方案比选从模板形式来考虑主要有多卡模板和滑模两种：①采用常规多卡模板施工比较合理，且风险少。但从解决入仓手段上考虑，不易找到最理想的解决办法，从在卧罐上设转角可调简易溜槽、在多卡模板上设临时溜槽、My-box管、外搭设脚手架设溜槽、门机吊卧罐等各种手段进行分析比较，对解决入仓问题均存在一定的弊端且不安全，同时工期较紧，多卡模板投入较大，只能作为一种辅助手段。②考虑滑模施工。滑模技术在水电行业已有几十年的历史，已经有比较成熟的施工经验，但薄壁衬砌墙单侧滑模还没有先例和经验直接参考。针对闸室薄衬砌墙特点，提出了两侧对称同时滑升、单侧整体式滑升和单侧分离式滑升三种方案进行了重点研究。对称滑升的缺点是，闸室底板门机不能全线通行以保证覆盖全部浇筑仓位，且准备工作量大，一旦一侧有问题将造成全部停仓；单侧整体滑升的弊端是混凝土下料时冲击力易造成模体的变形移位。因此，经权衡利弊，最终决定采用单侧分离式滑模，其难点和重点就是要解决模体侧向的变形位移控制，以抵消受混凝土向外的侧压力必须有足够的抵抗力，保证模板不变形。

3　单侧分离式滑模施工

3.1　模体结构

滑模由模体系统与操作平台系统两部分组成。模体系统由模板、支承导轨、液压控制系统及下吊式抹面平台组成。模板高度 120cm；支承导轨利用岩面的高强锚杆和在混凝土内预埋的套筒螺栓联合固定；操作平台分上下两层，均用普通钢管脚手架搭设，上层布置混凝土集料斗，下层布置液压控制系统，整个平台与模板分离。滑模采用液压爬升方式，选用 HY－36 型液压控制台和 GYD60 型千斤顶，支承杆采用 $\phi48$ 钢管，第一排布置在衬砌墙体内，与迎水面第一纵向排钢筋平行，第二排布置在模板外侧，紧靠混凝土面，另外平台设置三排支杆，共布置 24 个千斤顶。经结构设计计算，支承杆力、千斤顶承载力及混凝土侧压力产生的扰度满足设计要求。

3.2 施工工艺

具体步骤：施工准备（技术方案、模体制作、配合比确定）→脚手架搭设→基岩面清理→基础验收→排水管网安装→内层钢筋安装→浮式系船柱安装→拆脚手架→模体安装→验仓→浇筑。

（1）基岩面清理：沿闸室分段搭设钢管脚手架，设操作平台，按照从上到下清理顺序，利用撬棍、钢纤，高压冲毛机对欠挖岩面进行凿除，清除松动岩石及高强锚杆灌浆时留下的水泥浆等。

（2）排水管网安装：闸室衬砌墙岩面布设有纵横交错的墙后排水管网，水平向排水管网采用广式软管，安装时在水平管底部打设有 $\phi25$ 插筋作为支承进行定位，外包土工布，两翼用膨胀螺栓进行固定。竖向排水管网采用预制排水管，安装时用门机进行吊装，就位采用手动葫芦人工就位，预制件接头外采用砂浆勾缝，岩面超挖部分用砖砌补缝或用钢管网、土工布、油毛毡进行补缝。

（3）侧模安装：考虑到岩面不平整等因素，不宜与滑模体同时上升，应随模体上升预先安装完成。侧面模板采用钢、木模板混合安装，拉筋焊接在内侧钢筋根部及预埋的锚筋上，每段 2m 左右。

（4）钢筋施工：闸室衬砌墙布设有两层钢筋，内侧钢筋预先一次安装到顶，外侧钢筋随浇筑逐层安装，钢筋接头采用等强直螺纹连接技术。

（5）浮式系船柱安装：导轨、护角在内厂加工成每 4m 一节整体钢性结构，吊装就位，用法兰螺丝与预埋锚筋临时固定，脱钩后，利用法兰螺栓和千斤顶等进行精调，确保垂直中心线全高范围内累计偏差控制在 25mm 以内，局部偏差每米控制在 1/1000 以内。在混凝土浇筑过程中，注意保护，防止碰撞预埋件。每班进行检测，及时进行纠偏。

（6）止水片安装：水平止水利用内、外侧的钢筋网以 $\phi16$ 钢筋搭设支承架，再架立止水，按照施工缝留置方法处理。竖向止水利用分缝模板进行架立，并随混凝土的上升分节焊接安装。

（7）混凝土施工：混凝土标号 R_{28}250S6D150，其坍落度 3～5cm。混凝土由 15t 自卸车从拌和系统运送至各施工部位，门机吊料至操作平台的料槽中，经串筒入仓。经试验确定混凝土初凝时间在气温 2～7℃下，10～12h，其强度为 0.2～0.4MPa，滑模最佳滑升时间为初凝前 2h 左右（强度为0.1～0.2MPa）。实际滑升速度受气温影响较大，一般夏季为 15～20cm/h，冬季为 10～15cm/h。现场施工通常采用直观控制法，即用手指轻轻按压刚脱模的混凝土面，以表面湿润并没有明显凹坑时即可开始滑升。在滑模滑升过程中采取经纬仪和吊锤相结合的方法跟踪检查模体偏差。在模体背面设了 3 个 25kg 的吊锤，每滑升 20～30cm 高度即滑升一个行程检查一次，观测垂球对中情况；同时利用测量仪器每天早晚两次对模板进行校核，发现偏差及时调整，确保其精度。

3.3 质量控制

施工中质量控制的关键是模体精度的控制，要随时校正调整固定导向轨的精度保证模体不移位，同时加强监控，每提升一个行程及时调整精度；控制滑升速度，若滑升速度太快，易鼓肚皮（即搓衣板现象），滑升速度过慢则提升增加阻力，易因惯性造成模体移位。滑模试验块施工完成后，对滑模施工的混凝土进行了无损检测试验，用 ZC3－A 型回弹仪检测混凝土达到了设计强度；S1R－2 型彩色显示地质雷达检测衬砌墙混凝土与岩石面结合良好；SWS－1A 型面波仪检测混凝土的密实度及均匀性良好，证明闸室薄衬砌墙采用单侧分离式滑模施是成功的，混凝土质量满足设计要求。南线一、二闸室衬砌墙采用单侧分离式滑模施工，混凝土施工全部完成后，根据闸室段形体测量成果，南线一、二闸室共检测 4461 个点，其中 4084 个点形体偏差在±20mm，377 个点形体偏差在±（20～40）mm，形体偏差全部控制在设计允许范围内，形体符合设计要求。

4 单侧滑框倒模施工

4.1 模体结构

单侧滑框倒模结构由模板系统、液压系统、电气设备系统三大部分组成。模板系统由模板、滑道、围圈、提升架、导轨、操作平台、支承架等组成。模板高度为200cm，分5层，每层40cm，模板之间用U形卡扣接；滑道采用ϕ48×3.5mm钢管制作并固定在围圈上，滑道间距30cm，单侧滑框倒模提升时模板不随提升架滑动，只是滑道与模板之间相对滑动。液压系统控制台采用YKT-36型，千斤顶GYD-60型，4只千斤顶为一组，布置7组，共计28只。经结构设计计算，支承杆力、千斤顶承载力及混凝土侧压力产生的扰度满足设计要求。

4.2 施工工艺

单侧滑框倒模施工工艺与单侧分离式滑模施工基本相同，即基岩面清理、排水管网安装、内层钢筋安装、浮式系船柱安装均提前安装完成。

(1) 滑升：2m高模板浇筑到顶后，待第一层混凝土浇筑10～12h，先试滑3～5cm，如正常后即开始第一次滑框50cm，并将底层模板拆除；正常情况下按照“浇筑40cm→滑升40cm→底部拆模40cm→顶部立模40cm”的程序循环进行。其滑升速度与滑模基本一致。

(2) 垂直度和水平度的检测控制：在支承架上、下游两端和中间各设一个重锤，滑升前调好线锤，并固定好底面标记。每隔一段时间观察一次，当支承架上口偏差1cm时就进行一次调整。水平度检测采用水管法。在每根支承杆上设一刻度尺，并将水管尺绑附在刻度尺上，水管内充满有色水，在滑升前，将每一水管的水位都调在同一水平上，然后在滑升过程中，不断观测，当累计误差超过3～5cm就进行一次调平。纠偏可通过调节导轨、调平部分千斤顶等方法来实现。

4.3 质量控制

按滑框倒模施工工艺要求，在拆模时，混凝土强度表面必须达到0.5MPa以上。当最低一层混凝土已浇筑10～12h，强度已达到拆模要求，即可滑升拆模。模板每次立模前必须将脏物清理干净并刷脱模剂，并将顶层模板口上的砂浆清除干净，使接缝严密。同时加强模体的精度检测，加强监控，随时注意纠偏。北线一、二闸室衬砌墙采用单侧滑框倒模施工，混凝土施工全部完成后，根据闸室段形体测量成果，北线一、二闸室共检测12254个点，其中10170个点形体偏差在20mm，2084个点形体偏差在20～40mm，形体偏差全部控制在设计允许范围内，形体符合设计要求。

5 结束语

单侧分离式滑模施工具有精度高、速度快、安全性好等优点，同时，解决了混凝土入仓的难题，实践证明此项技术是成功的。滑框倒模是在滑模的基础上发展起来的新工法，它发挥滑模速度快的优势，又具有人工拆、翻模板不损伤混凝土表面，解决了普通滑模易扰动混凝土、表面强度会下降的关键问题。单侧分离式滑模和滑框倒模填补了国内单侧滑模技术空白，获得了国家新型实用专利，并得到了三峡工程质量检查专家组高度好评。2002年2月，船闸闸室段边墙混凝土浇筑全部完成，混凝土总体质量内实外光，满足设计要求。三峡永久船闸已于2003年6月建成并投入试运行，试运行期间船闸运行状况良好，各项技术指标符合设计要求，各项监测指标均在正常范围。2004年7月8日，三峡永久船闸通过了国务院三峡通航验收委员会主持的通航验收，按期实现了正式通航。

长洲船闸工程基础约束区混凝土高温季节施工温度控制

于　涛　范双柱

【摘　要】：在高温季节进行大体积基础约束区混凝土施工温度控制是关键，广西长洲水利枢纽工程1号船闸下闸首右闸墩基础约束区混凝土施工，通过采取综合控制措施，取得了良好效果。

【关键词】：长洲船闸工程　基础约束区混凝土　高温季节　施工　温度控制

1　工程概况

长洲水利枢纽位于西江水系干流浔江下游河段，其坝址坐落在梧州市上游12km处的长洲岛端部。枢纽坝轴线跨两岛三江，河段地势开阔，附近地区人烟稠密，为广西经济较发达地区之一。

长洲船闸工程由1号和2号双线船闸、两孔冲砂闸组成。其中1号船闸为2000t级，2号船闸为1000t级。

1号船闸下闸首右闸墩由于受到1号船闸扩容等影响，迫使基础约束区混凝土在7—8月高温季节施工。

1号船闸下闸首右闸墩基础约束区底部高程为－11m，顶部高程为0.05m，长×宽×高为50.00m×28.50m×11.05m，其中沿长度方向分为上、下游两个浇筑块，上游块平面尺寸为18.0m×28.5m，下游块平面尺寸为32.0m×28.5m，另外，在高程－6.65～－1.95m布置有一条宽为4.3m的输水廊道。基础约束区C20三级配混凝土总量为17241m^3。

2　混凝土施工技术要求

约束区是指距基面高度为最大浇筑块边长0.4倍的范围之内。由于基础弹性模量与混凝土弹性模量相差较大，混凝土收缩变形控制严格，所以，对基础约束区混凝土有较高的技术要求和限制，一般应避开高温季节浇筑。

本工程要求约束区混凝土浇筑温度严格控制在24℃以下，分层厚度1.5～2m，各浇筑层间施工确保连续，间歇期不超过28d，否则又形成新的约束层面会提高上层新混凝土的温控标准。

3　混凝土的温度控制

3.1　混凝土温度控制难点

本工程所在地属亚热带季风气候地区，历年极端最高气温39.7℃，6—8月白天气温一般均在32℃以上，另外，混凝土主要利用门机入仓，强度较低，混凝土运输等过程控制不好很容易造成浇筑温度超过允许温度，这样大大增加了高温季节混凝土浇筑及温控难度。

3.2　混凝土温度控制措施

3.2.1　结构控制措施

为了降低基础约束区内混凝土的温度应力，并且不影响混凝土施工进度，经过多方案讨论，最后确定在输水廊道底部设置后浇预留槽，并且冷却水管水平间距由1.5m改为1.0m。预留槽两侧先浇混凝土达到90d龄期以上，并强迫冷却至稳定或准稳定温度之后，才能进行预留槽混凝土回填施工。经过理论计算，设置预留槽后可大大降低混凝土内的温度应力，且能够保证施工进度不受影响，这样在结构措施上能确保建筑物安全。

3.2.2 混凝土拌和制冷与配合比控制措施

（1）为防止拌和混凝土的骨料因日晒升温，成品料场堆高保持在6.0m以上。采取在地弄取料，并在运输骨料的皮带机上方装遮阳篷，既可以起到防晒，又可以起到防雨的作用，以防止骨料运输过程温度升高。

（2）拌和混凝土的骨料预冷采用风冷，各种骨料冷至0℃左右，用4～6℃左右制冷水拌合，在高温季节的出机口温度控制不超过20℃。

（3）拌和混凝土用水泥要求：采用P.O42.5普通硅酸盐水泥，碱含量不超过0.6%；水泥细度为3%～6%（比表面积为250～300m^2/kg），以降低早期温升；氧化镁含量在3.5%～5.0%，以补偿混凝土收缩。

（4）粉煤灰：采用优质Ⅱ级粉煤灰，需水量比不大于100%，28d抗压强度比≥70%。

（5）混凝土中所用的水泥、粉煤灰和外加剂的总碱含量控制在3.0kg/m^3以下。

（6）三级配C20W6F50混凝土最大水灰比为0.5，混凝土坍落度为5～7cm，粉煤灰掺量为25%，最高水泥用量为159kg/m^3。

3.2.3 合理安排施工时间和施工进度措施

（1）基础约束区混凝土浇筑避开中午高温时段开仓，尽量安排在夜间开仓。

（2）基础约束区的仓号，集中力量做好备仓准备工作，开仓后保证各种资源的投入，以加快入仓速度。

（3）严格控制混凝土浇筑层厚及间歇时间，强约束区浇筑层厚控制在1.0～1.5m，弱约束区控制在2m以内，控制层面间歇时间不超过10d。

（4）混凝土施工安排上优先考虑重点部位、重点仓号，集中各种资源投入，以便尽快脱离约束区。

3.2.4 控制混凝土运输中温度回升和仓内保温措施

1. 运输环节温度回升控制

（1）对混凝土水平运输自卸汽车加设帆布遮阳和防雨篷，车厢两侧及底部改装增设铁皮隔热层，以控制混凝土运输中温度回升。

（2）做好水平运输车数量与混凝土垂直入仓设备的匹配，以减少运输车的等待时间，控制运输中混凝土温度回升。

2. 仓内保温措施

（1）在气温较高的时候，用喷雾机向仓位上部喷雾，适当控制水量形成水雾且不造成对浇筑仓面影响，形成“小气候”，可降低仓面环境温度6～8℃。

（2）浇筑仓面用塑料编织布设防阳篷，以防止太阳直晒，混凝土振捣后表面覆盖聚乙烯EPE保温被。

3.2.5 通水冷却措施

前期通水冷却作用主要是降低混凝土初期最高温升加快混凝土内部降温以减少基础约束温差和内外温差；后期通水冷却作用主要是强迫混凝土温度降至准稳定温度，以便进行预留槽混凝土的回填。

（1）冷却水管采用高密聚乙烯管，单根管长度一般不超过250m，水平间距为1.0m，在混凝土浇筑开始后4h内即进行通河水冷却，通水保持连续不中断，并每24h更换进出流向一次，通水流量为1.5～1.8m^3/h。

（2）前期冷却方法：前期冷却时间一般为40d，不间断通水冷却40d后，做闷管测温，闷管天数为3d，当闷管水温达到30℃以下时，则前期冷却通水任务即完成；否则，继续通水冷却，直至闷管水温在30℃以下为止。

（3）后期冷却方法：后期采用清洁河水连续通水冷却45d后，做闷管测温检查，当闷管水温在15～17℃准稳定温度时，即结束通水冷却任务，否则，继续通水冷却，直到达到准稳定温度为止。

3.2.6 表面养护措施

（1）广西气候炎热，混凝土易干缩，所以在高温季节，浇完一个浇筑层后的6h内，即对所有临空面进行连续洒水养护，时间一般不少于28d。

（2）已完浇筑块永久外露面采用塑料花管连续流水养护，保证混凝土面均有水养护。

（3）水平面和分缝处侧面由人工洒水养护，养护时间直至上一仓浇筑为止。

4 混凝土的施工质量

通过采取以上综合措施，确保了基础约束区混凝土在高温季节施工的质量，从各方面的检测资料分析，约束区混凝土内部温度控制较好，未发现较大的危害性裂缝。

（1）通过埋设在基础约束区内的温度计观测，高温季节基础约束区温度一般在26～35℃，均控制在设计允许最高温度之内。温度监测证明，温控措施是有效的。

（2）通过对基础约束区混凝土表面的观测，外露面有少量Ⅰ类裂缝，层间接触水平面有少量Ⅰ类和Ⅱ裂缝，未发现有危害建筑安全运行的Ⅲ类和Ⅳ类裂缝。

5 结束语

长洲船闸工程基础约束区混凝土施工方量较大，工期非常紧张，通过采取一系列行之有效的措施，保证了基础约束区混凝土的施工质量，为在高温季节约束区混凝土施工积累了经验。

构皮滩水电站下游RCC围堰碾压混凝土工艺试验

吴晓光　田栋芸

【摘　要】：构皮滩水电站下游围堰采用内部为碾压混凝土，外部为常态混凝土的形式进行施工，为了能够得到一个合理的施工参数，在施工前需要进行碾压混凝土工艺试验以确定碾压遍数、铺筑厚度、层间处理、变态混凝土加浆量等施工参数。本文介绍了构皮滩水电站下游围堰碾压混凝土工艺试验的过程与结果，该试验成果已成功应用到了施工生产当中，为构皮滩水电站下游RCC围堰优质高效的施工打下了坚实的基础。

【关键词】：碾压混凝土　工艺试验　*VC* 值　层间结合　变态混凝土

1　工程概述

构皮滩水电站是国家西电东输工程重点建设项目，位于乌江中游贵州省余庆县境内，电站大坝为双曲拱坝，其坝后设水垫塘和二道坝，二道坝由下游RCC围堰部分拆除形成。下游RCC围堰为Ⅳ级临时建筑物，堰顶高程为464.6m，顶宽为8m，最大堰高为11.6m，共有11个堰段组成，其中左岸1号和右岸11号堰段为现浇混凝土（实际浇筑时为了加快施工进度，两个坝段部分采用了碾压混凝土施工）。

碾压混凝土筑坝技术经20多年的发展，对混凝土自身的密实性，强度指标，抗渗指标已为工程界所肯定，但由于是一层一层压实在一起的，其层间结合的抗渗性、抗剪强度仍有所疑虑，以至担心整个坝体的层间抗滑稳定和安全。坝体现场钻孔取样和压水试验是评定碾压混凝土质量的最直接的综合方法，基于以上原则，在进行下游围堰碾压混凝土施工时，认真地进行了碾压混凝土工艺试验。

2　试验混凝土配合比

2.1　试验配合比

试验用碾压混凝土、砂浆、灰浆由马鞍山混凝土拌和系统生产提供，原材料为三峡P.MH42.5水泥、遵义Ⅱ级粉煤灰、JM－Ⅱ减水剂、FS引气剂和马鞍山人工骨料，试验用碾压混凝土、砂浆、灰浆配合比见表1。

表1　碾压混凝土、砂浆、灰浆配合比

混凝土种类	设计指标	骨料级配	JM－Ⅱ /%	FS /1×10^{-4}	Ⅱ级灰 /%	水胶比	砂率 /%	材料用量/(kg·m^{-3})						
								水	水泥	粉煤灰	砂	石	JM－Ⅱ	FS
碾压	$C_{90}15$	3:4:3	0.7	2.5	60	0.55	34	80	58	87	769	1497	1.02	0.036
	$C_{28}15$	3:4:3	0.7	2.5	50	0.46	34	75	82	81	768	1497	1.14	0.041
砂浆	$M_{90}20$	—	0.4	1.0	50	0.50	100	218	218	218	1526	0	1.74	0.044
	$M_{28}20$	—	0.4	1.0	50	0.45	100	220	245	245	1470	0	1.96	0.049
灰浆	$M_{90}20$	—	0.2	0	40	0.50	0	558	670	446	0	0	2.23	0
	$M_{28}20$	—	0.3	0	40	0.45	0	534	712	474	0	0	3.56	0

2.2 拌和参数

马鞍山混凝土拌和系统由一座 3.0×1.5m^3 自落式拌和楼和一座 2.0×1.5m^3 强制式拌和楼组成，其生产碾压混凝土的拌和参数已通过工艺试验和生产实践确定。其生产碾压混凝土适宜拌和容量为 1.2m^3，自落式拌和时间为 90s，强制式拌和时间为 60s，投料顺序均为：先同时加中石和小石，然后同时加水泥、粉煤灰、水、外加剂，最后同时加砂和大石。

3 主要设备

本试验选用的设备与下游围堰施工时的设备完全一致，以得到更有指导性的施工参数，其型号规格和性能见表 2。

表 2　试验用设备型号规格、性能

设备名称	型号	数量/台	有关性能
自卸车	EQ3141G	5	双桥带后厢门，车厢底部加装下料振动器，试验时载 9.6m^3 碾压混凝土，最大可载 10～12m^3 碾压混凝土
搅拌车	三菱	2	有效搅拌容积 6m^3
平仓机	SD16L	1	铲刀宽度 2.8m
振动碾	YZC12	1	自重 12t，滚筒宽度 2.1m，最大激振力 135×2kN
核子密度仪	K2030	1	内 137Csγ 光子放射源和 Am－Be 中子放射源，最大透射检测深度 30cm，密度检测范围 1200～2700kg/m^3
维勃仪	HVC－1	2	振动频率 50±3Hz，振幅 0.5±0.1mm

4 现场试验及检测

4.1 试验的前期准备

本试验场地选在位于左岸的马鞍山，与马鞍山拌和楼距离约 1km，场地长 26m，宽 7m，计划横向分成 2.8m 和 4.2m 两个条带，两侧分别留 30cm 用于浇筑变态混凝土；纵向最里端留 1m 的宽度未进行试验，其余 25m 由入仓口起分为 7m、6m、6m、6m 4 段。

试验前，在该场地浇筑 30cm 厚常态混凝土作为碾压混凝土的垫层；入仓前道路铺设 30m 大中石做脱水段；配备 4～6 台水枪，冲洗混凝土运输车，试验前经过测试，保证车辆在 5min 内冲洗干净，以减少 *VC* 值的增长幅度。

以上设施布置好后，即进行碾压混凝土的试验及检测。

4.2 碾压混凝土试验及检测

4.2.1 碾压试验

按拟定试验计划，试验块共铺筑了 3 层，每层铺筑厚度 33～35cm、压实厚度 30cm，第一条带铺筑 $C_{90}15$ 碾压混凝土，第二条带铺筑 $C_{28}15$ 碾压混凝土。两种碾压混凝土均仓面取样成型了抗压、抗劈、抗渗试件并测定凝结时间，每车碾压混凝土料均进行机口、仓面 *VC* 值检测，每层每条带均进行了碾压遍数与湿容重、密实度关系试验，试验数据统计汇总见表 3 和表 4。

表 3　碾压混凝土现场检测成果

碾压混凝土品种		VC 值/s				凝结时间/min
		组数	最大值	最小值	平均值	
$C_{90}15$	机口	9	9	3	5.9	755
	仓面	9	12	3	9.1	
$C_{28}15$	机口	13	9	5	6.8	680
	仓面	13	14	5	9.7	

表4 碾压混凝土湿容重、密实度检测成果

碾压混凝土品种	碾压遍数	检测点数	平均湿容重/(kg·m^{-3})	平均密实度/%
$C_{90}15$	无振2遍+有振4遍	3	2400	96.3
	无振2遍+有振6遍	7	2414	96.9
	无振2遍+有振8遍	7	2463	98.9
	无振2遍+有振10遍	7	2435	97.8
	无振2遍+有振12遍	5	2403	96.5
$C_{28}15$	无振2遍+有振4遍	2	2430	97.1
	无振2遍+有振6遍	6	2446	97.7
	无振2遍+有振8遍	6	2474	98.8
	无振2遍+有振10遍	6	2448	97.8

注 $C_{90}15$碾压混凝土基准湿容重2491kg/m^3，$C_{28}15$碾压混凝土基准湿容重2503kg/m^3。

4.2.2 层间结合试验

良好的层面结合是保证坝体稳定和抗渗性能的关键，而造成层面结合不好的原因主要有：①配合比中胶凝材料过少或骨料分离引起的粗骨料架空导致胶凝材料变少；②碾压混凝土由于施工仓面过大，拌和、运输能力不足，或高温、低温引起的冷缝；③施工缝处理不当引起上下层混凝土胶结不良。

根据本试验的特点，现场进行了层间结合试验，试验数据统计结果见表5。

表5 层间处理试验布置

<table>
<tr><th>层缝面</th><th colspan="2">试验区范围</th><th>混凝土种类</th><th>层间间隔时间/min</th><th>层间处理措施</th></tr>
<tr><td rowspan="2">第二层与第一层间</td><td colspan="2">第一条带</td><td>$C_{90}15$</td><td>1220</td><td>铺1.5cm厚$M_{90}20$砂浆</td></tr>
<tr><td colspan="2">第二条带</td><td>$C_{28}15$</td><td>1015</td><td>铺1.5cm厚$M_{28}20$灰浆</td></tr>
<tr><td rowspan="4">第三层与第二层间</td><td rowspan="2">第一条带</td><td>第1、第2段</td><td rowspan="2">$C_{90}15$</td><td rowspan="2">1260</td><td>铺1.5cm厚$M_{90}20$砂浆</td></tr>
<tr><td>第3、第4段</td><td>铺1.5cm厚$M_{90}20$灰浆</td></tr>
<tr><td rowspan="2">第二条带</td><td>第1、第2段</td><td rowspan="2">$C_{28}15$</td><td rowspan="2">1050</td><td>铺1.5cm厚$M_{28}20$砂浆</td></tr>
<tr><td>第3、第4段</td><td>铺1.5cm厚$M_{28}20$灰浆</td></tr>
</table>

注 混凝土初凝时间根据《水工碾压混凝土试验规程》(用灌入阻力计测定)。

4.2.3 关于变态混凝土施工

变态混凝土试验是通过在同种碾压混凝土拌和物中掺入不同掺量的灰浆，本试验的一项重要内容就是比较振捣密实后的变态混凝土性能，从而确定既经济又能满足技术要求的加浆量。

本次试验中，在每层的第一条带变态混凝土试验区，人工挖沟加入$M_{90}20$灰浆进行振捣密实，加浆量分别为第1段4%、第2段5%、第3段6%、第4段5.5%；在每层的第二条带变态混凝土试验区，挖沟加入M20灰浆进行人工振捣密实，加浆部位和加浆量与第一条带相同。

5 碾压工艺参数及施工方法

根据本试验，结合施工规范，确定了以下工艺参数以及施工方法。

(1) 两种碾压混凝土机口平均*VC*值均按计划控制在5~7s，表明马鞍山混凝土拌和系统碾压混凝土生产质量有效受控，试验所用碾压混凝土具有代表性，本次试验的成果有效、可信，对今后正式施工具有指导性。

(2) 用15t自卸汽车经15min运输、静停后，两种碾压混凝土仓面平均*VC*值均为9~10s，虽较机口平均*VC*值增大约3s，但其工作性能可满足施工要求。

(3) 铺料厚度为33~35cm，碾压相同遍数时，压实厚度基本在30cm左右，混凝土容重差别很小。摊铺作业是为使碾压混凝土仓面平整，便于碾压，用SD16L平仓机对RCC进行摊铺，并配合人工，可以改善和消除骨料的滚落集中分离现象。

（4）两种掺JM－Ⅱ减水剂的碾压混凝土拌和物凝结时间均大于11h，可满足碾压混凝土连续施工的要求。

（5）当入仓拌和物*VC*值在5～10s时，碾压混凝土湿容重、密实度均与碾压遍数呈曲线关系，两种碾压混凝土的最佳碾压遍数为“无振2遍＋有振8遍”，即此时碾压混凝土湿容重、密实度均最大，相对增加碾压遍数或减少碾压遍数都将使碾压混凝土湿容重、密实度相对降低；由此可确定正式施工时应控制碾压遍数为“无振2遍＋有振8遍”，以满足对密实度的技术要求。

（6）变态混凝土应随碾压层同时施工，变态施工区域一次铺筑成型，采用中部加浆的方法施工质量较好，加浆时专用容器称量，待碾压后人工铺洒灰浆，再用高频振捣器振捣，加浆在5%～5.5%之间为最佳。振捣器插点间距50cm，同时应落于模板与碾压混凝土中间。

（7）碾压之前需要铺筑高一等级砂浆，砂浆厚度1.0～1.5cm，且原则上砂浆应与混凝土的龄期相同，边铺边覆盖上层混凝土，层间铺筑须注意层间时间，严格按初终凝时间控制，施工缝面冲毛时间在规定时间内完成，冲毛以缝面无乳皮或松动骨料，露出骨料为准。

6 结束语

碾压混凝土筑坝技术近20年来在我国发展很快，在进行碾压混凝土施工前进行碾压混凝土试验，不仅确定了堰体碾压混凝土的施工碾压参数，而且对施工设计配合比、施工工艺流程、施工系统及施工设备的适应性进行了检查验证，及时发现不足并采取了相应整改措施。下游RCC围堰的施工从2005年3—6月，在短短3个月的时间内，完成碾压混凝土施工15万m^3，日最大浇筑强度4500m^3。通过现场检测，根据碾压混凝土工艺试验确定的工艺参数符合设计要求，试验取得了成功。

大花水碾压混凝土双曲薄拱坝施工技术及特点

蒋建林　何际勋

【摘　要】：大花水碾压混凝土双曲薄拱坝，最大坝高134.5m，且体型小、结构复杂，是目前国际已建成的同类坝型中最高的双曲薄拱坝。本文通过对工程施工特点的分析和在施工中充分利用当今施工技术，大胆创新，采用深槽式高速皮带机和垂直输送碾压混凝土的缓降器联合输送混凝土、碾压混凝土斜层铺筑法和可调式全悬臂翻升模板等先进技术，在提高工程质量的同时，加快了施工进度，取得了显著的经济效益，为今后同类坝型施工提供借鉴和指导。

【关键词】：大花水水电站　施工技术　双曲薄拱坝　碾压混凝土

1　工程概况

大花水水电站位于贵州清水河中游，为清水河干流水电梯级开发的第三级，总装机容量2×10万kW。大坝坝型为碾压混凝土双曲薄拱坝，坝体呈不对称布置，最大坝高134.5m，坝顶宽7m，坝底厚23～25m（拱冠—拱端），厚高比0.186；坝顶轴线弧长198.43m，拱冠梁最大倒悬度为1∶0.11，坝身最大倒悬度为1∶0.139；是目前国内乃至世界最高最薄且第一个采用坝体自身泄洪的碾压混凝土双曲拱坝。坝址位于高山峡谷区，边坡高度180余m，边坡坡度达68°～70°，坝区狭窄，不利于大型起吊设备布置；拱坝坝体大体积混凝土为C20三级配碾压混凝土，坝体上游面采用二级配碾压混凝土自身防渗。拱坝泄洪建筑物主要由3个溢流表孔加2个泄洪中孔组成；溢流表孔沿拱坝中心线对称布置，单孔宽度13.5m。

坝内共布置高程755m基础灌浆排水廊道和中层灌浆廊道（左岸高程810m和右岸高程818m）两层廊道，各高程廊道分别与两岸灌浆隧洞相连，垂直交通采用竖井连接，结合泄洪中孔的布置，在中孔外悬部分布置两个井筒作为支撑，同时作为集水井和吊物井，形成中、下层廊道的竖向交通。拱坝坝体设置两条诱导缝，两岸设置周边短缝，拱坝体型结构复杂。

大坝工程由中国水利水电第八工程局与武警水电一总队（即江南水利水电工程公司）联合中标承建。于2004年5月开工，至2006年12月完成。

2　工程施工的特点

（1）坝高且拱坝结构较为复杂。坝高134.5m，是在建最高碾压混凝土双曲薄拱坝，坝顶宽7m，坝底厚25m，厚高比0.186，坝体中间设2个泄洪中孔及3个溢流表孔、坝后接集水井和吊物井；为此，协调好拱坝混凝土浇筑的分层分块、混凝土浇筑顺序和解决好分块之间混凝土入仓是拱坝浇筑的关键。

（2）工期紧。在31个月的合同工期内完成土石方开挖88.9万m^3，大坝混凝土浇筑70.2万m^3以及1650t的金结、埋件安装工作。

（3）混凝土入仓难度大。坝址位于高山峡谷区，边坡高度180余m，坡度达68°～70°，坝区狭窄，坝高较高，两岸边坡较陡，混凝土入仓道路布置非常困难，无大型起吊设备布置，混凝土垂直运输的技术难度和运输成本是施工单位面临的又一大挑战。

（4）重力墩混凝土浇筑主要在高温季节施工，如何保证混凝土浇筑及后期温控是重力墩混凝土浇筑的又一特点。

(5) 采用斜面平推铺筑法浇筑碾压混凝土，既提高了碾压混凝土的施工质量，又大大加快了施工速度；用深槽式高速皮带机和缓降溜管联合输送系统进行大规模的混凝土运输，是运输手段的一大进步；变态混凝土的应用在保证施工质量的同时，简化了施工工艺，加快了碾压混凝土施工速度。

(6) 施工机械配套，单机性能优良，综合效率高，保证了碾压混凝土的施工速度和质量。

3 混凝土生产和运输

3.1 碾压混凝土生产设施

拱坝坝体混凝土量为29万m^3，由拌和系统生产提供。根据本工程碾压混凝土月浇筑强度大的特点，在距左岸大坝下游侧500m与高程845m供料线公路交会处的高程875m，拌设置两座拌和站，整个拌和系统由一座HZ150－1S4000L型和一座HZ150－1Q4000型拌和楼及相应的储料、配料及其他附属设施组成。拌和系统设计常态混凝土生产能力为300m^3/h，碾压混凝土生产能力约为260m^3/h，该系统规模按混凝土月高峰强度10万m^3设计，完全满足本标段工程的混凝土高峰浇筑强度的需要。混凝土生产所需的砂石料全部由其他标段砂石加工系统供应，成品料通过胶带机直接运输到混凝土生产系统，混凝土生产所需水泥为散装水泥。

3.2 碾压混凝土运输

3.2.1 高速皮带机的应用技术：

大花水水电站大坝工程主要布置了二条混凝土供料线。第一条供料线为高程845m混凝土供料线，主要供应高程840m以下重力墩及拱坝高程766m高程混凝土输送；高程845m供料线皮带宽800mm，带速每秒3m，设计生产率为280m^3/h，总长312m。

由于高程845m供料线设计生产力小于拌和楼生产力，且6号皮带倾角较大，不能满足大仓面混凝土浇筑和设计强度要求。同时，高程845m供料线在碾压混凝土及常态混凝土输送过程中，由于初次设计时的部分缺陷，致使漏浆现象较严重，不仅混凝土质量受到影响，而且造成了很大的浪费。

为了便于拱坝中孔及左岸护坡等部位混凝土浇筑并满足拼抢二枯工期的需要，联营体增加了一条高程873m混凝土供料线，重力墩浇筑至高程820m后，混凝土入仓主要采用高程873m供料线，原高程845m供料线主要承担拱坝中孔、左岸护坡等部位常态混凝土浇筑。

高程873m供料线设计生产率为400m^3/h，总长327m，皮带机沿重力墩左岸高程873m上坝公路外边沿布置，采用裤衩式料斗输送混凝土分别至高程845m皮带机、高程873m皮带机及自卸汽车。皮带机出口在重力墩坝顶部位，出口采用集料斗受料再由缓降溜管输送至仓面内。高程873m供料线设计时吸取了高程845m的经验，参考借鉴了龙滩工程的应用实例，在机头、机尾、清扫器设置等方面做了了很大的改进。高速皮带机在大花水的运行充分展示了其优越性，它不仅解决了高速皮带机在输送混凝土过程中出现的混凝土骨料分离、二次破碎、混凝土损失，以及皮带的使用寿命短等缺陷，而且保证了混凝土输送过程中的质量，降低了施工成本。

3.2.2 缓降器的应用技术

大花水水电站边坡高130余m以上，坡度达60°～70°，且受大坝地形限制，采用一般溜管或溜槽进行布置，则真空溜管布置后占据了拱坝的1/3面积，使这部分面积的碾压混凝土无法采用机械化施工，影响碾压混凝土的连续、快速上升，并且其成本投入较大，安装难度较大；同时，受大坝地形限制塔机、缆机吊运混凝土，施工强度满足不了要求，为了解决混凝土垂直运输难题，联营体创造性地将缓降溜管工艺应用于碾压混凝土筑坝施工，大大提高了工效，降低了成本。

缓降器适用于坡度大于70°高陡边坡的混凝土运输，坡度越大，运输效果越好。缓降器主要工作原理是利用混凝土的自重，在通过缓降器被分隔成螺旋状的通道时，混凝土下落速度减缓，混凝土层层分拌迭和，起到在运输过程中对混凝土进行再次搅拌的作用，从而达到改善混凝土的工作性能，有效地解决了高落差混凝土骨料分离的难题。在安装问题上，缓降器运输线采用钢丝绳固定，安装方便，无需搭设排架或立柱，成本低而且安装简单快捷。

新型混凝土缓降垂直运输系统技术关键内容是：确保使管内形成负压的特殊设施装置的设计研究，以确保管内能形成缓降垂直输送常态碾压混凝土，并有效避免骨料分离和管路堵塞，实现连续、高强度运输碾压混凝土的配套技术、保证混凝土的均匀性能和混凝土的施工性能等方面的关键技术研究。同时，混凝土的级配、浇筑方量选择适当的壁厚可节约成本、减少施工过程中修复工作量、减轻自重，减小安装难度。根据混凝土的级配及最大骨料粒径，合理选择缓降器的断面结构尺寸，可以有效防止施工过程中发生堵管，提高生产效率。合适的缓降器入口高宽比，能有效地减缓混凝土的下落速度，防止混凝土的骨料分离，一般入口高宽比为1：2。

根据大花水水电站左右岸施工地形，拱坝采用缓降器浇筑混凝土高差达70m，施工人员共安装长75m和35m的两套缓降溜管应用在碾压混凝土垂直运输中，工效提高了两倍以上，碾压混凝土输送到仓面后基本无骨料分离和二次破碎情况，仓面混凝土的可碾压性良好。

缓降溜管是用于竖井工程常态混凝土浇筑的一项新工艺，在三峡水电站、乌江等工地施工中得到应用。八江联营体的技术及施工管理人员经过反复试验研究，根据碾压混凝土垂直运输的需要对缓降器进行了改造，解决了混凝土堵管、骨料分离和高陡边坡运输混凝土的难题，具有广阔的应用前景。

4 大型模板施工

碾压混凝土双曲拱坝工程首先将多卡模板、悬臂钢模板推广应用到大坝混凝土施工中来，在进水口、闸门槽、过流面等重要部位施工时，又研制了大型异形钢模板。实践证明，由于大型模板具有加工精度高、刚度大、整体性好、接缝严密等特点，有利于提高混凝土工程的外观质量，加快施工进度。

4.1 悬臂翻转钢模板

根据工程特点，大坝上下游面采用自动交替上升悬臂大模板，单块模板的外形尺寸为3.0m×1.8m×0.1m（宽×高×厚）；架设第一仓模板时采用内拉内支撑的方式固定，碾压混凝土浇筑后暂不拆除，再以第一层模板为基础继续架立第二，待第二仓混凝土浇筑结束后且达到一定强度后，将第一仓模板拆除并安装到第二仓模板之上，形成第三仓混凝土模板，如此循环直到最后一仓混凝土施工结束。模板的安装和提升一般采用汽车吊配配以人工完成。

4.2 混凝土预制模板

混凝土预制模板广泛应用于大坝廊道施工中，纵向廊道采取全断面预制模板，横向廊道则采用半副预制模板，诱导缝采用重力式混凝土预制模板。预制模板厚12～15cm，段长1.0～1.5m，廊道预制模板上设有吊点和预留孔，以便运输和安装，且移位时的混凝土强度不低于设计强度的70%。

5 碾压混凝土浇筑

5.1 碾压混凝土入仓方案

根据大花水施工特点，拱坝碾压混凝土水平运输主要采用了自卸汽车和高速皮带机输送混凝土两种运输方案；垂直运输主要采用了真空溜管和缓降溜管两种垂直运输方案。拱坝高程738.5～755m高程碾压混凝土入仓采用自卸汽车直接入仓；拱坝高程755m以上碾压混凝土施工采用左岸高程873m的供料胶带机和重力墩供料胶带机通过左拱肩缓降溜管入仓，仓内主要采用自卸汽车转运，局部采用洛泰克胶带机转料入仓或装载机转运。

5.2 铺料与平仓

混凝土料在仓面上采用自卸车两点叠压式卸料串联摊铺作业法，铺料条带从下游向上游平行于坝轴线方向摊铺，每一条带4m宽。对于卸料、平仓条带表面出现的局部骨料集中采用人工分散。与模板接触的条带采用人工铺料，反弹回来的粗骨料及时分散开，并在上下游大模板上刻划出层厚线，以做到条带平整、层厚均匀，平仓后的整个坝面略向上游倾斜，碾压层厚度为25～30cm。

5.3 碾压

混凝土摊铺好后即开始采用碾压，采用宝马BW202AD-2和国产SD16L振动碾为主要碾压设备。碾压程序按“无振2遍+有振6～8遍+无振1遍”控制。碾压机作业行走速度为1～1.5km/h。采用条带搭接法碾压，碾压机沿碾压条带行走方向平行于坝轴线，相邻碾压条带重叠15～20cm，同一条带分段碾压时，其接头部位应重叠碾压2.4～3.0m。在一般情况下不得顺水流方向碾压。碾压混凝土从拌和至碾压完毕，要求在1.5h内完成。碾压作业完成后，用核子密度仪检测其压实容重，以压实容重达到规定要求为准，检测点控制范围为100～150m^2/点。

5.4 施工缝面处理

碾压混凝土施工缝面处理方法与常态混凝土相同，采用高压冲毛枪清除混凝土表面浮浆，使细骨料微露成为毛面，然后将缝面清洗干净。在浇筑新混凝土之前保持洁净并处于湿润状态，仓面经验收合格后，根据碾压混凝土条带铺筑范围在老混凝土面上均匀摊铺一层1.5～2cm厚强度等级比同部位的混凝土高一级的水泥粉煤灰砂浆垫层，然后铺筑碾压混凝土，并在砂浆初疑前将已摊铺的混凝土碾压完毕。

5.5 层间结合及缝面处理

对于碾压混凝土拱坝，层间结合的好坏直接关系到大坝建成后能否投入正常运行。大花水大坝主要采用通仓连续碾压施工工艺。大坝的防渗主要是以坝体自身二级配碾压混凝土作为大坝防渗材料，在拱坝的上游面从坝底到坝顶有3～7m厚的二级配富胶凝材料的碾压混凝土作为大坝防渗主体。

施工时，对于连续上升的层间缝，层间间隔不超过初凝时间的不做处理；同时对迎水面二级配防渗区，在每一条带摊铺碾压混凝土前，先喷洒2～3mm厚的水泥煤灰净浆，以增加层间结合的效果。所需的水泥粉煤灰净浆严格按照试验室提供的配料单配料，洒铺的水泥灰浆在条带卸料之前分段进行，不得长时间地暴露。

在每一大升层停碾的施工缝面上，均充分打毛，并用压力水冲洗干净；在上升时，全仓面铺一层2～3cm厚的水泥砂浆，以增强新老碾压混凝土的结合。

5.6 变态混凝土的施工

变态混凝土是我国创造的碾压混凝土细部结构施工新技术，并于1989年在岩滩碾压混凝土围堰施工中首次应用。其好处有：①拌和楼不必变换混凝土品种，可提高拌和楼的生产率；②不必另外安排运输工具，可提高运输生产率；③用变态混凝土代替常态混凝土，能做到全仓面同步上升，脱模后可获得混凝土表面光洁的效果，保证了施工质量，简化了施工工艺，减免了施工干扰，加快了碾压混凝土施工速度。

根据设计图纸，大坝与岩基面接触部为1m厚的改性混凝土。廊道周边为50cm厚的变态混凝土，诱导缝的上游为常态混凝土塞。在施工中，对上述部位的混凝土，除廊道的底板外，均采用变态混凝土。在施工中，对上述部位的常态混凝土，除廊道的底板外，均采用变态混凝土。其施工方法是碾压混凝土铺摊平仓后，人工抽槽后再注入适量的水泥煤灰净浆（通过试验确定及浆液的配合比），并用插入式振捣器从变态混凝土的边缘附近向碾压混凝土方向振捣。在岸坡变态混凝土与碾压混凝土的结合部，顺水流方向再碾压1～2次，其他部位的变态混凝土与碾压混凝土结合部位，用BW575小碾往返碾压数次，以保证其结合部不形成顺水流的渗水通道。

在大花水工程施工中，变态混凝土所用的水泥煤灰净浆水灰比比碾压混凝土水灰比略低，加浆量为4%～6%（体积比）。

6 诱导缝、横缝施工技术

6.1 诱导缝施工

大花水碾压混凝土拱坝设置4条缝，其中两条诱导缝，两条周边缝。诱导缝采用重力式混凝土板结构，重力式诱导板构件尺寸为上部宽度为10cm，下口宽度20cm，高度为30cm或25cm，长度为100cm，重量50kg左右，可满足人工安装的要求。根据碾压层的厚度，每碾压2层埋一层诱导板，诱导板内设置自制的重复灌浆系统的进出浆管，并将管头引至坝的下游。埋设方法为：当埋设层的下一层碾压结束后，按诱导缝的准确位置放样，再按设计将准备好的成对重力式预制板安装在已碾压好的诱导缝上，诱导板的安设工作先于1～2个碾压条带进行，并将重复灌浆逐步向下游延伸；当铺料条带在距诱导缝5～7m时，卸两车料后，用平仓机将碾压混凝土料小心缓慢推至诱导缝位置，将预制混凝土诱导缝覆盖，并保证预制板的顶部有5cm左右厚度的混凝土的料，以防于在碾压时直接压在预制的诱导板上，损伤诱导板。对诱导缝的止浆片和诱导腔部位，采用改性混凝土浇筑。该重力式的诱导板设计成对，定位容易，安装方便。

6.2 周边缝施工

大花水碾压混凝土拱坝设置两条周边缝。周边缝采用镀锌波纹铁皮形成，周边短缝每15m高设立一灌区，灌浆系统的进出浆管采用镀锌钢管，并将管头引至坝的下游，升浆管采用拔管法形成。为保证施工质量，周边短缝位置采用改性混凝土浇筑。

7 斜层平推法施工技术

传统的通仓薄层连续浇筑法（平层铺筑法）存在浇筑能力小与仓面面积大的矛盾，层间间隔时间很难大幅度缩短。分仓浇筑虽解决了这个矛盾，但降低了施工规模，增加了中间环节，施工效率受到了制约。而采用碾压混凝土施工新技术——斜层平推铺筑法，使质量、经济、效率三方面均得到兼顾。其特点有：①碾压层面与浇筑块的顶面和底面相交，操作工艺则和通仓薄层铺筑法基本相同；②单层铺筑时间短，入仓和铺筑能力受限时仍可在允许间隔时间内快速覆盖上层混凝土，摆脱了平仓法对施工设备数量上的依赖；③缩短了层面暴露时间，可以最大限度减少外界环境引起的温度倒灌，仓面喷雾降温措施容易实现；④在多雨地区，由于斜面便于排水，浇筑面积小便于处理，从而降低了降雨的影响范围和程度，故也适合在多雨天气施工。

在斜层平推铺筑法施工时，主要控制好3个参数：斜层坡度、升程高度和碾压层厚度，并通过选择合适的参数，达到层间间隔时间控制在碾压混凝土初凝时间之内的目的。在本工程高温施工中，左岸局部重力墩坝段采用斜层浇筑法，斜层平推的方向平行坝轴线，其碾压层的倾斜坡度在1∶10～1∶20，一次连续浇筑高度为3m，铺料厚度控制在33～35cm，压实厚度控制在30cm，坡脚前缘尖角要求人工挖除，形成厚度不小于12～15cm的薄层。

8 钢筋连接技术

大花水大坝工程结构复杂，钢筋用量大、布置密集，钢筋施工强度高，其施工进度直接影响大坝碾压混凝土施工总体进度要求，而且在进水口、闸门槽周边，大量使用28mm以上的螺纹钢筋，采用常规的手工焊接技术很难满足施工进度要求。在借鉴其他工程成功经验的基础上，引进了滚轧直螺纹套筒钢筋连接技术。实践证明，其与手工电弧焊接技术相比，它具有操作简单、连接速度快、性能优良、质量可靠、施工适应性好等优点，在保证钢筋接头的连接质量、加快施工速度等方面均有较好的表现。

9 混凝土温控措施

坝体混凝土基础允许温差：强约束区为14℃，弱约束区为17℃。脱离基础约束区后，按各月的允许最高内部温度控制。

(1) 减少混凝土水化热温升。对混凝土施工配合比优化设计，选择发热量较低的水泥、较优骨料级配和优质粉煤灰，优选复合外加剂（减水剂和引气剂），降低水泥用量，已减少混凝土水化热温升和延缓水化热发散速率。

(2) 混凝土浇筑过程温控措施。在基础约束区混凝土、表孔等重要结构部位施工时，做到连续均匀上升，不出现薄层长间歇；其余部位做到短间歇均匀上升。基础约束区混凝土安排在10月至次年4月低温季节浇筑，6—8月高温季节，利用晚间浇筑，避开白天高温时段。对骨料进行预冷，混凝土生产采用加冷水拌和，降低混凝土出机温度；加强仓面喷雾降温，严格控制混凝土运输时间和仓面浇筑坯覆盖前的暴露时间，加快混凝土入仓速度和覆盖速度，降低混凝土浇筑温度；对车辆和皮带机顶面、侧面设置遮阳保温设施，降低混凝土运输过程中的温度回升。

(3) 通水冷却。大花水电站采用了外径32mm，内径为28mm的高强度聚乙烯冷却水管，其热传导系数较大，接近于混凝土的导热系数，工程采用早期、中期、后期通水。坝内埋设的冷却水管以蛇形按1.5m（水管垂直间距）×1.5m（水管水平间距）布置，采用ϕ8圆钢制作的U形卡固定在碾压混凝土面上，冷却水管单根回路不宜大于250m。混凝土浇筑收仓后通入冷却水削减混凝土的水化温升，控制混凝土早期最高温度，通水持续时间15d。为减少高温季节浇筑的混凝土越冬期间的内外温差，10月开始通入20°左右的河水进行中期通水，持续时间月2～3个月。后期冷却在坝体混凝土有接触灌浆和接缝灌浆要求的部位采用10°～13°制冷水，一直持续到坝体温度达到接缝灌浆温度要求。

10 结束语

在大花水电站大坝施工中，工程技术人员突破传统模式的限制，大胆创新，在经过充分试验研究的基础上创造性地提出和采用新的施工技术，全面采用了可调式悬臂连续翻升模板、国产自制的高速胶带机、垂直运输碾压混凝土的缓降器及斜层平推法施工等先进技术，实现了碾压混凝土的连续、快速、经济的施工。工程质量与国内外同类型同规模工程相比，达到了先进水平；同时，在工期严重滞后近3个月的不利条件下，拱坝于2006年1月15日升至高程803.5m，不到半年的时间内大坝整体上升80余m，按期达到业主要求的节点工期，并创造了拱坝全断面连续上升33.5m的新纪录。

高速皮带机在大花水工程中的应用研究

蒋建林　高玉国

【摘　要】：大花水电站大坝为碾压混凝土拱坝，其施工场地狭窄、混凝土浇筑强度大，对混凝土运输设备的要求高，由于皮带机对地形适应性好、安装方便、效率高等特点，在大花水水电站工程中得到广泛的应用。大花水水电站先后布置二条皮带机输送系统，根据实际的运行情况，先后对皮带机进行了技术改进、设计优化，成功解决了输送混凝土时洒料、漏浆严重、混凝土料分离及二次破碎、输送速度等问题，保证了碾压混凝土的施工质量。

【关键词】：大花水水电站工程　碾压混凝土　高速皮带机　应用研究

1　工程概况

大花水水电站位于清水河中游，为清水河干流水电梯级开发的第三级。拦河大坝为抛物线双曲拱坝+重力墩，左岸为重力墩，右岸为双曲拱坝，大坝坝轴线总长287.56m。拱坝是目前国内最高的碾压混凝土双曲薄拱坝。坝体大体积混凝土为碾压混凝土，四周采用变态混凝土施工，拱坝靠碾压混凝土自身防渗。混凝土总量约68万m^3，其中：碾压混凝土55万m^3，常态混凝土约13万m^3。大花水电站混凝土施工强度大，碾压混凝土施工采用通仓不分纵缝的薄层连续上升浇筑方式，最大面积约5500m^2，最高月浇筑强度达到11万m^3。在左岸重力墩下游侧一号公路的高程875～900m之间布置了2台1×4的强制式拌和系统，设计生产能力为240～300m^3/h。

2　皮带机输送系统的布置方案

大花水电站坝趾河床狭窄，两岸山坡陡峭，左右岸均无上坝公路，加之无垂直入仓的起吊设备。如采用传统的汽车入仓，则要耗费很大的人力、物力、财力去修建公路，为此大花水电站在选用混凝土水平运输方案时首先考虑的是皮带机。根据实际情况，布置了两条混凝土供料线。

第一条供料线布置在高程845m，主要供应高程840m以下重力墩及拱坝高程766m以下混凝土，高程845m混凝土供料线皮带宽800mm，带速3m/s，设计生产率为280m^3/h，总长312m。845皮带机输送路线：

1号拌和楼→1号皮带机
　　　　　　　　　　　↘3号皮带机→4号皮带机→5号皮带机→6号皮带机→真空溜管
2号拌和楼→2号皮带机↗

第二条供料线布置（即873混凝土供料线）：

由于3～6号皮带机选用的带宽、带速与1号、2号皮带机相同，致使3～6号皮带机经常出现冒料、皮带被压死的现象，从而导致了1号、2号皮带机、拌和站产量严重下降。不能满足大仓面混凝土浇筑强度、设计强度要求。同时，由于机头设计上的缺陷，导致刮板布置困难，致使漏浆现象较为严重，既影响混凝土质量，又造成一定的浪费。

为便于拱坝中孔及左岸护坡等部位混凝土浇筑。重力墩浇筑至高程820m后，混凝土入仓主要采用高程873m混凝土供料线，原高程845m混凝土供料线主要承担拱坝中孔、左岸护坡等部位常态混凝土浇筑。

873 供料线设计生产率为 $400m^3/h$，总长 327m，皮带机沿重力墩左岸 873 上坝公路外边沿布置，皮带机进口设置在 1 号、2 号机头位置，采用裤衩式料斗输送混凝土分别至 845 皮带机、873 皮带机及自卸汽车。皮带机出口在重力墩坝顶部位，出口采用集料斗受料再由真空溜管输送至仓面内。873 皮带机输送路线：

1 和拌和楼→1 号皮带机
↘7 号皮带机→8 号皮带机→9 号皮带机→10 号皮带机→真空溜管
2 和拌和楼→2 号皮带机↗

3 皮带机的设计改进

3.1 供料线皮带机设计缺陷

（1）高程 845m 混凝土供料线皮带机头架驱动滚轮上皮面与第一组过渡托辊水平，机头下料点与过渡托辊处于同一平面内，混凝土在输送至机头位置时开始下料，混凝土料运动轨迹与下一节皮带集料斗前沿挡板斜交角度较小，基本平行于皮带，导致混凝土料飞沾、部分砂浆被压实而不能被抛掷，增加了刮板的工作负荷，使大量砂浆被皮带带走，沿输送线散落，造成一定浪费。根据输送混凝土工程量统计，损失量达 3%～5%。头架结构见图 1。

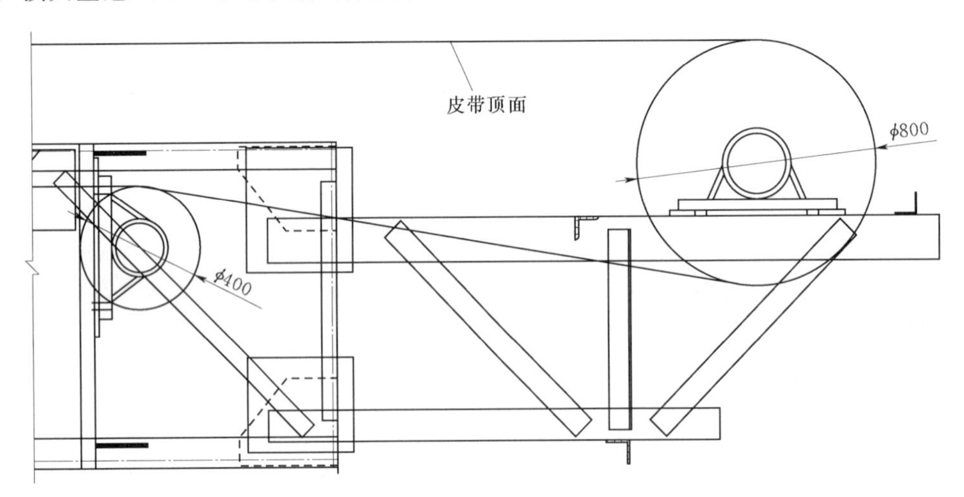

图 1 高程 845m 混凝土供料线皮带机头架立面图（单位：mm）

（2）在混凝土骨料分离、二次破碎问题上，在高程 845m 混凝土供料线中，混凝土料运动轨迹与下一节皮带集料斗前沿挡板斜交角度较小，机头下料过程中混凝土料较分散，混凝土骨料与下一节皮带集料斗前沿挡板碰撞冲击荷载较大，致使部分混凝土骨料二次分离，并使下一节皮带集料斗前沿挡板磨损面积较大，增加后期修补工作量。

（3）在刮板问题上，高程 845m 混凝土供料线刮板直接安设在机头滚筒位置，在刮板工作过程中，因滚筒部位皮带不能变位，当有混凝土骨料（如中石、小石）黏附在皮带上时，部分被强行带过刮板，部分将卡在刮板与皮带之间，这样对皮带损伤较大，很容易使皮带破损。

3.2 供料线皮带机设计缺陷改进措施

根据上述情况，在进行高程 873m 混凝土皮带机设计思路主要从解决混凝土输送过程中骨料二次破碎、混凝土输送过程中骨料分离、混凝土输送过程中混凝土浆体损失量、皮带使用寿命、皮带机集料斗磨损等方面进行考虑。

（1）在高程 873m 混凝土供料线中混凝土输送至机头部位时，使机头下垂，混凝土从过渡托辊开始抛掷，在集料斗前沿挡板位置，使混凝土料运动轨迹与之大角度（30°～45°）斜交，使混凝土料较为集中的落在下一节皮带机机尾集料斗内，使得混凝土料不飞沾、不分离，减少了混凝土输送过程中骨料分离情况和混凝土损失，同时减少了皮带机集料斗的磨损面积、减少了混凝土骨料二次破碎问题。

（2）在混凝土输送至机头部位时，由于机头下垂，混凝土从过渡托辊开始抛掷，皮带上下部压实混凝土开始变得松散，加上在驱动滚筒与改向滚筒之间设置两道刮板，将剩余砂浆刮净，该部位皮带在刮板工作过程中有一定的变位，大量减轻了刮板的工作度，提高了皮带的使用寿命和减少了混凝土损失。头架结构见图 2。

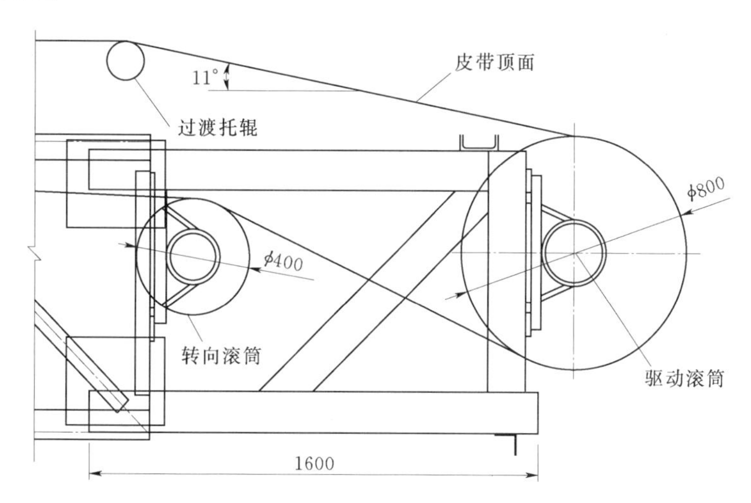

图 2　高程 873m 混凝土供料线皮带机头架立面图（单位：mm）

机头下垂还可减轻集料斗所受的冲击荷载，减少易损件的更换频率，从而降低了皮带机运行成本。

4　皮带机输送系统的主要技术特性

高程 873m 混凝土供料线皮带宽 1000mm，带速 3.5m/s，设计生产率为 400m³/h，总长 327m。皮带机支架采用桁架式结构，桁架跨度 12m，机架有头部节、尾部节、标准节和非标准节组成，皮带机两侧均安装检修通道，高程 873m 混凝土皮带机特性表见表 1。

皮带机选用的托辊组有槽形托辊组、过渡托辊组、缓冲托辊组、V 形下托辊组四类。槽形托辊组由三支外径为 133mm 的辊子组成，侧边托辊轴线与水平的夹角为 45°，与中间托辊线前倾 1°23′，相邻两组上托辊的间距为 1.5m；过渡托辊组设置在连接皮带机头部与第 1 组 45°槽形托辊之间，过渡托辊组槽角为 30°；缓冲托辊组采用 45°槽形橡皮缓冲托辊，相邻两组缓冲托辊组间距为 0.4m；下托辊组由两支托辊 V 形连接，相邻两组缓冲托辊组间距为 3m。V 形角 10°，前倾角 1°30′；所有托辊的外径为 133mm，均采用大游隙单列向心球轴承，冲压型轴承座，皮带机特性表见表 2。

表 1　　高程 873m 混凝土皮带机特性表

编号	数量/台	级配	宽度/mm	长度/m	倾角/(°)	输送速度/(m·s^{-1})	输送能力/(m^3·h^{-1})
1	1	二级、三级配	800	40	4.70	3.00	220
2	1	二级、三级配	800	35	5.42	3.00	220
7	1	二级、三级配	1000	20	3.16	3.15	400
8	1	二级、三级配	1000	130	1.28	3.15	400
9	1	二级、三级配	1000	106	1.39	3.15	400
10	1	二级、三级配	1000	71	0	3.15	400

表 2 皮带机特性表

皮带机高程/m	皮带机编号	带宽/mm	带速/(m·s^{-1})	输送能力/(m^3·h^{-1})
845	3号、4号、5号、6号	800	3.0	220
873	1号(2号)	800	3.0	220
	7号、8号、9号	1000	3.5	400
	10号	1000	4.2	400

5 技术经济比较

根据大花水水电站的特定实际，从技术方案的优化上寻找节约成本的途径已成为管理者的共识，通常大坝混凝土的浇筑采用自卸汽车作为水平运输工具，但大花水工程若采用汽车运输，存在运距远，入仓困难（河床狭窄且无上坝公路），势必增加工程成本，为此大花水工程水平运输采用皮带机，现将本工程采用高速皮带机的技术经济性作一比较。

5.1 高速皮带机与汽车运输的经济比较

根据大花水工程的实际情况，混凝土经真空溜管至重力墩仅需水平转运至左岸拱端的缓降溜管，汽车运输外包价格 2.5 元/m^3，高速皮带机为 0.84 元/m^3，经济性明显优于汽车运输。以汽车经下游桥至拱坝计算，全程运距 4.6km，汽车运价 11.85 元/m^3，加上填筑入仓道路、汽车轮胎冲洗、处理入仓等工序后，每方混凝土运输成本高达 30.48 元/m^3。由拌和楼至高速皮带机经真空溜管＋水平运输皮带机再经缓降溜管入仓后的运行单价为 8 元/m^3 左右，经济效益比较见表 3。

表 3 高速皮带机与汽车运输经济效益比较表 单位：元

运输工具	100m 费用	至拱坝费用	至重力墩费用
汽车运输	2.50	30.48	22.58
高速皮带机	0.84	8.00	6.50
汽车运输-高速皮带机	1.66	22.48	16.08
汽车运输/高速皮带机	2.98	3.81	3.47

由表 3 中可以看出，采用高速皮带机作为水平运输工具相对于汽车运输工具运输至拱坝为例每立方米节约 22.48 元，整个工程 25 万 m^3 混凝土，总共可节约成本 562 万元，以重力墩 30 万 m^3 碾压混凝土为例每方可节约 16.08 元，总共可节约 482 万元。由此可见采用高速皮带机作为水平运输工具带来的经济效益是相当可观的。

5.2 高速皮带机与汽车运输的技术比较

皮带机经过三峡、龙滩电站等工程的应用其技术已非常完善，但与汽车运输对混凝土质量的影响有一定差异。大花水大坝碾压混凝土采用汽车运输至拱坝的运距为 4.6km，运输时间需 25min，在运输途中 *VC* 值损失较大，夏天需防日照、防雨，冬天需保温，且入仓口混凝土的外观质量难以保证，需花费较多的人力、物力进行修补，而采用高速皮带机只需设置一个防雨篷，即可防雨、又可防晒，在很大程度上避免了汽车运输混凝土对质量带来的不利影响。结合大花水工程实际对两种运输方式的碾压混凝土进行了质量检测其成果见表 4。

从表 4 中可以看出，汽车运输在 *VC* 值损失，温度控制及含气量损失方面给碾压混凝土质量带来不利影响，但对碾压混凝土抗压强度基本无影响。

为了考察高速皮带机和汽车运输对碾压混凝土质量的影响，分别对其均匀性及各项性能进行了检测试验，其成果见表 5。

表 4　　汽车运输与高速皮带机技术比较

运输方式	至拱坝时间/min	至重力墩时间/min	至拱坝VC值损失/s		至拱坝温度损失/℃		含气量损失/%	至仓面抗压强度/MPa		
			冬季	夏季	冬季	夏季		R7	R28	R90
汽车运输	25	10	1～2	2～3	−1～2	1～2	1	14.5	22.7	32.4
高速皮带	4	3	0	0	−0.5	0.5	0	13.9	21.0	32.0

注　表中温度损失中“−”表示降低。

表 5　　碾压混凝土均匀性试验成果对比表

项目＼地点	拌和楼		汽车运输至仓面		皮带运输至仓面	
	机前混凝土	机后混凝土	车前混凝土	车后混凝土	皮带机前混凝土	皮带机后混凝土
砂含量/%	53.5	53.6	54.0	52.7	53.9	54.0
砂浆含量/%	46.0	46.0	45.5	46.7	45.8	45.6
*R*28/MPa	21.8	22.0	23.1	21.9	22.4	23.0
*R*90/MPa	31.9	32.4	33.0	32.1	31.8	32.9

由表 5 可知，拌和楼自身拌和的碾压混凝土均匀性是相当好的，经过汽车运输后，由于装料、卸料时骨料先下的缘故，均匀性有所下降，但总体均匀性还是不错，但经过皮带机运输后碾压混凝土的均匀性更加有所改善，主要是在运输途中多条皮带机倒运进一步均匀的结果。

表 6　　碾压混凝土碾压遍数与容重关系对比表

运输方式	*VC*值/s	有振 2 遍		有振 4 遍		有振 6 遍		有振 8 遍	
		容重/(kg·m^{-3})	密实度/%	容重/(kg·m^{-3})	密实度/%	容重/(kg·m^{-3})	密实度/%	容重/(kg·m^{-3})	密实度/%
汽车运输	3～7	2290～2325	91.9～93.4	2310～2400	92.8～96.4	2390～2450	95.6～97.9	2420～2480	97.2～99.5
皮带机运输	2～6	2380～2400	95.6～96.4	2390～2415	95.6～97	2400～2465	96.4～98.9	2440～2500	98.0～100.4

试验时先进行无振 2 遍，再加有振进行，从表 6 试验结果来看相同碾压遍数的条件下，采用皮带机运输的混凝土密实度平均比汽车运输的高 1%～2%，主要是因为皮带机运输的碾压混凝土经过多条皮带机倒运其均匀性更好、运输时间短 *VC* 值损失更小的原因。

6　两条皮带机的技术比较

高程 845m 皮带机由于设计中的不足，出现了皮带磨损严重，漏浆量大等现象，经过了技术改进后的高程 873m 皮带机带速达 3.5m/s，整个混凝土运输至大坝仅需 3min，皮带运行平稳，皮带机下基本无弃料，尤其在机头机尾的交汇处进行了多次模拟试验后，对混凝土的均匀性及骨料的二次破碎方面得到了很大改善，其有关技术指标对比成果见表 7、表 8。

表 7　　皮带机输送碾压混凝土运输技术指标对比表

皮带机高程	仓面混凝土		仓面砂浆含量/%	仓面抗压强度/MPa		仓面温度/℃		仓面碾压 8 遍时		仓面碾压 8 遍时		至仓面时骨料分离
	*VC*值/s	含气量/%		28d	90d	气温	混凝土温度	容重/(kg·m^{-3})	密实度/%	容重/(kg·m^{-3})	密实度/%	
845 皮带机	3.6	3.4	44.7	23.5	33.9	19	21.5	2445	98.2	2485	99.8	部分有
873 皮带机	3.5	3.6	46.3	22.1	32.9	19	21.6	2488	99.9	2480	99.6	基本没有

表 8　　皮带机输送常态混凝土运输技术指标对比表

皮带机高程	出机混凝土		仓面混凝土		面砂浆含量/%	机口抗压强度/MPa		仓面抗压强度/MPa	
	塌落度/cm	含气量/%	塌落度/cm	含气量/%		28d	90d	28d	90d
845 皮带机	5.7	3.8	5.2	3.1	36.5	28.1	34.5	29.6	36.1
873 皮带机	5.7	3.8	5.5	3.7	40.7	28.1	34.5	29.0	35.7

从表 7 来看，运输碾压混凝土时，845 皮带机的砂浆损失量为 1.8%，高程 873m 皮带机的砂浆损失量仅为 0.3%，其他各项指标影响均不大，从表 8 运输常态混凝土来看，845 皮带机的砂浆损失量为 4.7%，砂浆损失量较大，而高程 873m 皮带机的砂浆损失量则为 0.8%较小，同时因砂浆量的损失对混凝土含气量的影响也较大。

同时由现场运行情况来看，高程 845m 皮带机由于设计施工上的不足，整个供料线运输了 8 万 m^3 混凝土后，大多数皮带均已更换过，而 873 皮带机由于在设计施工上均作了较大改进，目前已运输混凝土近 30 万 m^3，而主要的皮带均未更换过这无疑降低了皮带机的运行成本及混凝土的单位造价。但从两条皮带机来看还有一大难题未解决，主要是运输砂浆时的漏浆量均较大。

7　结束语

（1）采用高速皮带机与传统的汽车运输相比具有输送能力大、单位成本低、*VC* 值、坍落度及温度损失小、质量可靠等优点。

（2）通过对输送混凝土的高速皮带机的改进和设计的优化，既降低了皮带机的单位造价，又延长了皮带的寿命。根据其在大花水水电站工程的运行情况，高程 873m 高速皮带机的运用非常成功，减少了高速皮带机在输送混凝土过程中出现的混凝土骨料分离、二次破碎、混凝土损失问题，以及皮带的使用寿命。保证了混凝土输送过程中的混凝土质量，降低了施工成本。

（3）通过对皮带在大花水工程的应用研究，使得皮带机的技术日趋成熟、成本明显下降、质量更有保证，从而为碾压混凝土的快速施工提供了强有力的保证，大花水工程运用皮带机施工曾创造了连续上升 33.5m、23.5m 和月浇筑强度达 8.7 万 m^3 的良好成绩，使得国产自制高速皮带机在大花水工程得到了成功应用。

仰拱滑模在锦屏二级水电站C3标工程中的应用

帖军锋　赵志旋

【摘　要】：锦屏二级水电站引水隧洞通过采用仰拱滑模施工技术，降低了模板成本，加快了施工进度，提高了混凝土施工质量、减轻了作业人员的劳动强度，仰拱滑模的成功应用，为国内大型隧洞底拱混凝土衬砌提供了有益的借鉴和参考。

【关键词】：隧洞施工　仰拱混凝土　滑模浇筑技术

1　工程概况

1.1　工程简介

锦屏二级水电站位于四川省雅砻江干流锦屏大河弯上，利用雅砻江下游河段长150km大河弯的天然落差，通过长引水隧洞，截弯取直，获得水头约310m。电站总装机容量4800MW，单机容量600MW。引水隧洞是本工程的关键项目。引水隧洞长16.67km，采用钻爆法及TBM开挖，TBM开挖段为圆形断面，开挖直径12.4m，衬后直径11.8m；钻爆法开挖断面为马蹄形，开挖洞径13～13.8m，衬砌后洞径11.8m，四条平行布置的隧洞中心间距60m，洞群上覆岩体一般埋深1500～2000m，最大埋深约为2525m，具有埋深大、洞线长、洞径大的特点。

1.2　武警水电第一总队C3标总体施工情况

武警水电第一总队承担西端3号、4号引水隧洞施工，鉴于隧洞洞径大，为加快施工进度、减少隧洞开挖后围岩暴露的时间、保证施工安全，在3号、4号引水隧洞间每隔500m左右设一横通洞，实现了隧洞开挖、支护及混凝土衬砌流水法平行作业。隧洞开挖：采用钻爆法施工，手风钻造孔，分上下两层开挖。隧洞支护：Ⅱ、Ⅲ类围岩洞段以锚杆、喷混凝土支护为主，Ⅳ、Ⅴ类围岩洞段采用超前锚杆、小导管并及时进行锚喷支护，部分洞段增设钢格栅拱架、钢支撑等加强支护。混凝土衬砌采用先仰拱、后3/4边顶拱的方法，混凝土浇筑分块长15m，底部仰拱采用液压滑模及针梁钢模台车衬砌，边顶拱采用中间可通车的整体式钢模台车衬砌。

2　滑模主要结构构成

锦屏二级水电站西端3号、4号引水隧洞采用的仰拱滑模系统主要由行走轨道、上部台架总成、滑动模板、电液驱动总成，抗浮滚轮、皮带机输送机组成。其中模板部分由下料段、振捣段、成形段、收光段组成。模板结构见图1。

（1）行走轨道固定在现浇混凝土轨道支撑墩上，桁架置于行走轨道上，滑动模板通过竖向丝杆及两侧斜向丝杆与桁架连接。

（2）滑动模板固定后，通过螺旋竖向丝杆及两侧斜向丝杆把模体调节至混凝土结构设计轮廓线。

（3）滑动模板在电液驱动总成的驱动下，沿着轨道纵向滑移。

（4）为防止浇筑过程中滑模上浮，在桁架上设置了抗浮滚轮装置。

（5）凝土入仓先通过皮带机输送至平台集料斗内，再通过分料皮带机往仓号中间及两侧入仓。

（6）工人对仓号内混凝土进行平仓、振捣，待混凝土料高出设计线5～10cm且振捣密实后，滑

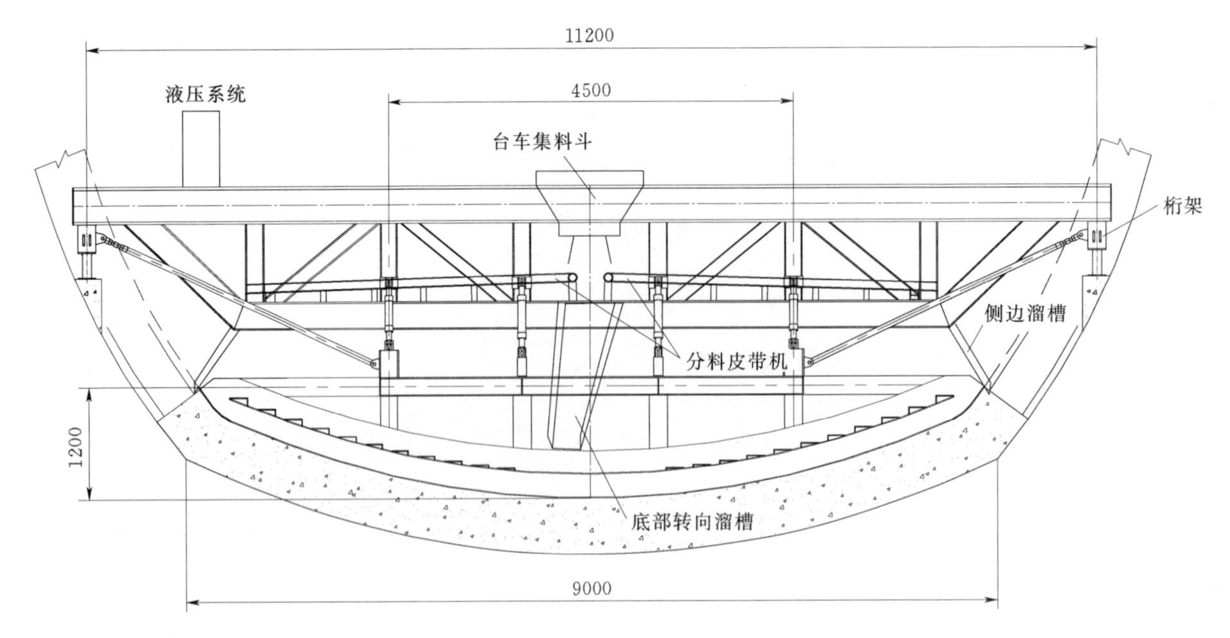

图1 仰拱滑模结构示意图（单位：mm）

模开始往前滑移。

（7）结构混凝土面外露后，人工对混凝土面进行原浆抹面，以达到设计要求的平整度。

（8）滑模施工中，钢筋绑扎采用边滑移边绑扎的平行作业方式施工，以达到滑模连续滑移浇筑的功能。

3 滑模施工及质量控制

3.1 施工技术参数

通过现场试验，锦屏二级仰拱滑模施工工艺最佳施工参数为：滑模滑移速度 1.5～1.8m/h，入仓强度 12～15m^3/h，现场坍落度在 9～11cm，混凝土温度 13～16℃，初凝时间 6～7h。

混凝土配合比见表1。

表1 C25W8 混凝土施工配合比

编码	强度等级	龄期/d	水胶比	砂率/%	材料用量/(kg·m^{-3})							
					水	水泥	粉煤灰	人工砂	减水剂	引气剂	人工碎石/mm	
											5～20	20～40
1	C25W8	7	0.47	36	172	329	37	720	2.19	0.03	768	512
2	C25W8	7	0.47	36	166.5	319	35	730	2.12	0.01	778	519
3	C25W8	28	0.50	37	166	300	33	758	1.99	0.01	775	516

3.2 施工工艺流程

施工工艺流程见图2。

3.3 施工要点

（1）施工准备。①基岩面清理：仰拱混凝土浇筑前，清除杂物，用高压风、水冲洗干净；②测量放线：用全站仪测放结构轮廓线、桩号线、高程等，以便立模、绑扎钢筋和埋件施工等，提供仓位验收所需数据；③垫层混凝土浇筑：基岩面清理完成后，对由于地质或其他原因造成的底板超挖进行找平，以方便车辆及皮带输送机顺利运行及滑模浇筑过程中快速冲洗仓号。

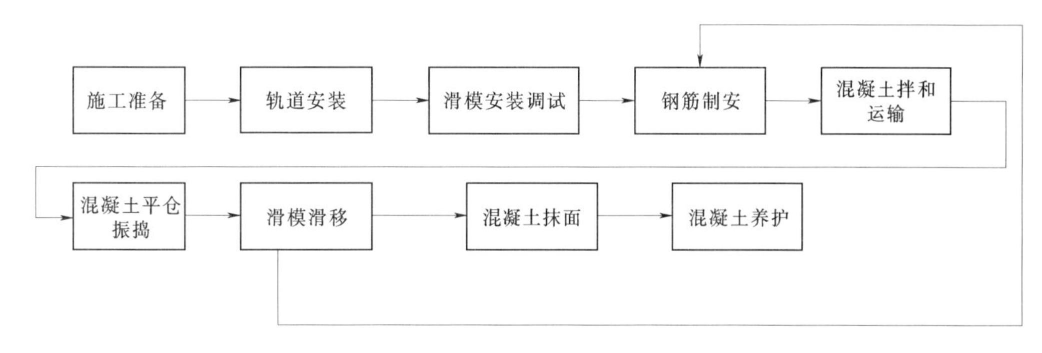

图2　施工工艺流程

（2）轨道安装。滑模轨道安装在支撑墩上，轨道支撑墩采用现浇混凝土结构并提前施工。滑模安装好后，轨道通过滑模自带的吊装设备，除滑模移动逐节向前安装。

（3）滑模安装调试。轨道安装完成后，开始安装滑模系统。安装顺序为：桁架→上部台架总成→滑模模板→电液驱动总成→抗浮滚轮→皮带机输送机→滑模系统运行调试。整个滑模系统安装完成后，检查并紧固各螺栓，利用竖向和斜向调节丝杆校对模板中心线，加注润滑油后，启动电液驱动系统，对滑模系统进行空载试运行。

（4）钢筋制安。钢筋在钢筋加工厂制作，采用载重汽车运输至工作面。钢筋安装前经测量放线控制高程和安装位置，钢筋间距、保护层及型号规格严格按设计图纸施工。受皮带输送机长度制约，现场钢筋安装15m后开始浇筑混凝土，后续钢筋随滑模的移动向前绑扎。

（5）混凝土拌和运输。混凝土由拌和系统集中拌制，采用$9m^3$搅拌运输车运输，皮带输送机入仓。混凝土坍落度控制在7～9cm范围。

（6）混凝土平仓振捣。混凝土浇筑采用人工平仓、台阶法施工。振捣设备采用插入式振捣器，振捣的重点部位为两侧边墙及滑模储料槽部位。混凝土振捣应遵守先平仓后振捣的规定，严禁以振捣代替平仓。振捣时间以混凝土粗骨料不再显著下沉，并开始泛浆为准。

（7）滑模滑移。油缸的行程设计为1m，每滑移1m，油缸进行换步。待仓号混凝土振捣完成且滑模储料槽达到设计高度后，开始滑移模板。初次滑移速度不宜过快，进入正常滑移时，滑移速度宜控制在30～40mm/min范围内，每次滑移隔间时间为1～1.5min。

（8）混凝土抹面。滑模滑过的混凝土面采用人工进行修整，当滑移2m后进行原浆抹面。

（9）混凝土养护。混凝土浇筑完成6～18h左右进行混凝土养护。主要采取喷水养护，覆盖麻袋或塑料薄膜，使混凝土面保持湿润状态。养护时间不小于28d。

3.4　质量控制水电站

锦屏二级引水隧洞为目前世界上规模最大的水工隧洞，业主、监理、设计对隧洞混凝土浇筑质量十分关注，专门设有试验段，以取得滑模的最佳施工参数。施工中不断总结分析并改进，主要从以下几个方面严格控制混凝土施工质量：

①建立健全质量管理体系并保持体系正常运转；②加强人员培训，提高现场管理及一线作业人员的施工技能；③认真做好技术交底，严格落实“三工”及“三检”制度，以施工技术要求、操作要点及相关规程规范为指南规范工艺流程及施工作业；④认真分析总结施工中发现的问题，及时整改；⑤针对滑模施工对混凝土要求较高的实际，从原材料质量抓起，积极优化混凝土配合比，并严格按签发的混凝土施工配料单进行配料，严禁擅自更改；⑥加强出机口及仓号内混凝土拌和物坍落度的检测，使混凝土坍落度控制在7～9cm；⑦滑模滑移过程中，加强滑模的测量控制，每滑移两个行程测量一次平台中心，发现中心偏移或扭转时，应及时纠偏纠扭。

通过坚持不懈的努力，锦屏二级水电站西端3号、4号引水隧洞混凝土衬砌质量达到了内实外光的目标，得到了工程建设各方的一致好评。

4 几点体会

4.1 应严格控制混凝土的坍落度

由于滑模的滑移速度较常规钢模台车脱模时间短，采用滑模浇筑对混凝土的坍落度要求较高，因此，应根据气候及原材料变化适时调整滑模混凝土的配合比，使得混凝土坍落度满足滑模施工要求，以加快滑模衬砌速度，保证混凝土施工质量。

4.2 应注重接缝部位边角混凝土浇筑质量

由于滑模滑移速度较快，为提高滑模与3/4钢模台车接触部位边角混凝土的浇筑质量，混凝土衬砌过程中，根据实际情况加长了滑模两侧的模板，相对降低了滑模滑移速度，提高了滑模两侧混凝土脱模时间，有效减小了滑模滑移后两侧边角混凝土坍落变形，从而保证了混凝土浇筑体型，提高了接缝部位边角混凝土质量。

4.3 混凝土密实度较其他衬砌方式有较大提升

利用滑模面板宽度窄的特点，混凝土振捣过程中更利于混凝土中气泡的排出，因此采用滑模浇筑的混凝土与常规钢模台车等衬砌方式相比，混凝土表面消除、密实度相对较高，同时由于滑模滑移后采用原浆人工抹面，故混凝土的表面质量亦较其他方式有一定提高。

5 结束语

锦屏二级水电站引水隧洞通过采用仰拱滑模浇筑技术，降低了模板成本、保证了施工质量、减轻了作业人员劳动强度，仰拱滑模的成功应用，为国内大型隧洞底拱混凝土衬砌提供了有益的借鉴和参考，随着应用的不断普及，滑模将在隧洞工程底拱衬砌中发挥更大的作用，其技术经济优势也将进一步显现。

观音岩水电站右岸明渠溢流坝段 RCC 温度场仿真分析

芦　冰　陈　林

【摘　要】：观音岩水电站右岸明渠溢流坝段是右岸大坝施工的关键部位，24 号、25 号溢流坝段碾压混凝土施工是本溢流坝段施工的主要项目。考虑到攀枝花地区气温日温差较大，故有必要在大坝碾压混凝土施工前对坝体进行温度场仿真分析研究，从而有效地预防坝体产生表面裂缝及贯穿性裂缝，并优化大坝碾压混凝土浇筑方案及温控方案，确保大坝实际施工的工程质量。

【关键词】：观音岩明渠溢流坝　碾压混凝土　温度场　仿真

1　引言

观音岩水电站地处攀枝花，位于横断山纵谷区。挡河大坝由左岸、河中碾压混凝土重力坝和右岸黏土心墙堆石坝组成为混合坝，坝顶总长 1158m，其中混凝土坝部分长 838.035m，心墙堆石坝部分长 319.965m。混凝土坝部分坝顶高程为 1139m，心墙堆石坝部分坝顶高程 1141m，两坝型间坝顶通过 5%的坡相连。碾压混凝土重力坝部分最大坝高为 159m，心墙堆石坝部分最大坝高 71m。

明渠溢流坝段 24 号、25 号坝段在导流明渠截流后进行施工，坝段施工的最低位置为高程 1015m，碾压混凝土顶高程 1112m。24 号、25 号坝段是大坝蓄水与否的关键部位，也是右岸大坝施工的重点和难点部位。施工最主要项目是坝体碾压混凝土施工，施工工期紧，受制约、受影响的因素多，结构复杂，施工进度紧张。

2　基于 ANSYS 的温度场仿真计算模型

采用三维有限元 ANSYS 计算软件模拟大坝浇筑过程，可以对研究混凝土浇筑过程中的水化热、弹性模量、徐变情况及稳定温度场、准稳定温度场和不稳定温度场进行分析。ANSYS 的温度场仿真计算模型具有功能完备的处理器、强大的图形工具，使用十分方便。

2.1　计算模型及材料参数确定

取单位宽度坝段进行有限元分析，坝体采用空间 8 结点混凝土单元。为了较好地分析坝体温度场，溢流坝段整个计算模型的单元总数为 33464，结点总数为 47836。右岸明渠溢流坝段碾压混凝土强度等级分为两个区，高程 1015～1063m 坝体为 C_{180}20W6F100 三级配碾压混凝土、高程 1063～1112m 坝体为 C_{90}15W6F100 三级配碾压混凝土、高程 1112m 以下上游面为 6m 二级配防渗区 C_{90}20W6F100混凝土和迎水面为 1m 厚 C_{90}20W6F100 变态混凝土。材料分区见图 1。

2.2　加载初始与边界条件

24 号、25 号明渠溢流坝段高程 1015～1062m 混凝土浇筑时间为第一年 12 月至第二年 5 月中下旬、坝段高程 1062～1112m 混凝土浇筑时间为第二年 11 月至第三年 2 月底，依据攀枝花市多年平均气温中载模型初始条件：①11 月至次年 2 月平均气温 14℃，坝体附近水位（水位高程约 1029m）的平均温度 8.8℃；②3—6 月平均最高气温 38℃，坝体附近水位的平均温度 16.8℃。模型的底部采用固定约束，两侧采用平行于 X 轴边界条件，温度场仿真按平面应变问题进行计算。

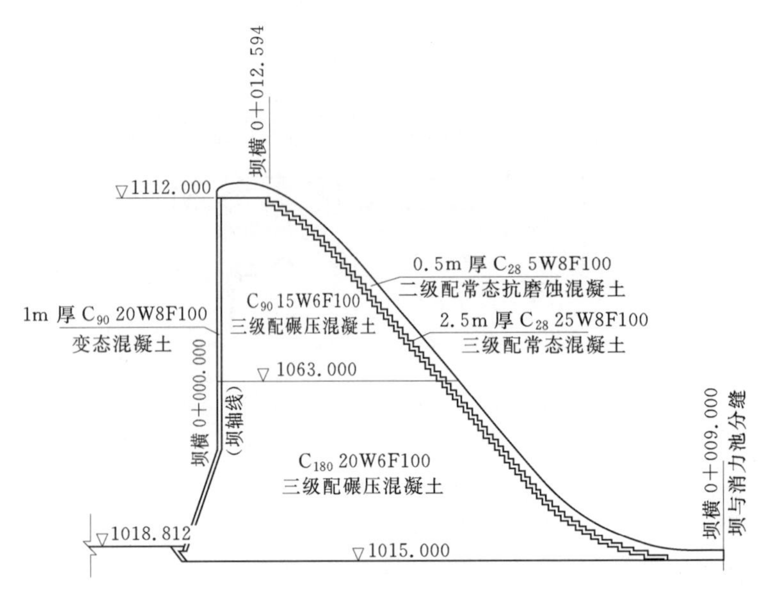

图 1　右岸明渠溢流坝段材料分区

2.3　观音岩右岸大坝 24 号、25 号溢流坝段碾压混凝土施工进度及施工方案

24 号、25 号溢流坝段碾压混凝土主要分为两个时期施工。第一个时期施工时段为 2012 年 12 月 1 日至 2013 年 5 月 25 日，浇筑高程从 1015～1062m，历时 5.3 个月，坝体上升共 47m（月平均上升 8.9m）。2 个坝段碾压混凝土作为 1 个碾压并仓施工采用薄层、均匀上升的方法，碾压混凝土压实层厚 0.3m，混凝土浇筑层厚 1.5m，层面间隔按混凝土初凝时间控制为 6h，层间间歇期为 5d；汛期停止施工，当上游来水超过右双泄中孔过流量时，作为溢流面过流通道；第二个时期施工时段为 2013 年 11 月 1 日至 2014 年 2 月 26 日，浇筑高程从 1062～1112m，历时 4 个月，坝体上升共 50m（月平均上升 12.5m）。碾压混凝土压实层厚 0.3m，混凝土浇筑层厚 3m，层间间歇期为 7d。

3　温度场仿真结果分析

3.1　施工期间在 11 月至次年 2 月 RCC 坝体温度场仿真分析

攀枝花地区在上述月份月平均气温都在 12.5～15.0℃。坝体不加任何温控措施，按照施工进度及施工方案进行。24 号、25 号碾压混凝土溢流坝段产生的温度场见图 2。

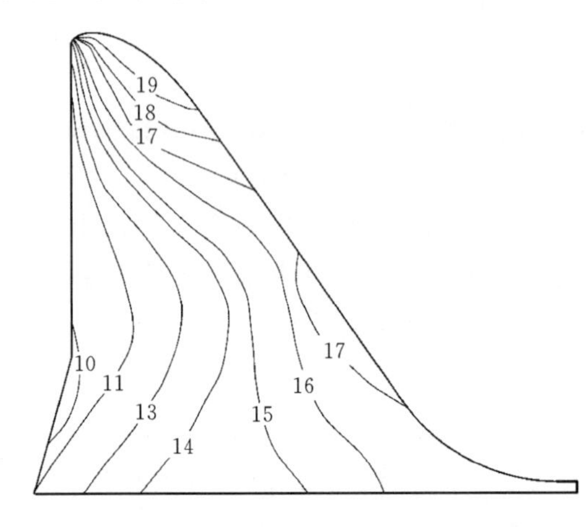

图 2　施工期 11 月至次年 2 月 RCC 坝体温度场

由图 2 可知：水位以下（高程 1029m 以下）的坝体温度趋于江水温度（加载的初始条件），水位以上的坝体由于光照等影响热量由外传递到坝体内，坝体最高温度为 19.2℃，最低温度 9.4℃，最大温度差为 9.8℃小于混凝土浇筑容许最小温差，故在此段时间内坝体碾压混凝土浇筑可以自然浇筑，不容易产生贯穿性裂缝。但在 12 月至次年 1 月该地区有时会出现突然降温，为防止坝体表面出现温度裂缝，则需要进行表面防护工程。

3.2　施工期间在 3—6 月 RCC 坝体温度场仿真分析

攀枝花地区在上述月份最高月平均气温达 38.6℃。坝体不加任何温控措施，按照施工进度及施工方案进行。24 号、25 号溢流坝段产生的温度场见图 3：坝体高温区最高温度为 44.3℃，最低温度为

18.9℃。坝体表面温度梯度大，内部梯度小，整个坝体温差较大，容易产生裂缝；且高程1015m以下碾压混凝土施工与本段碾压混凝土施工间歇时间较长，故在高程1015m处混凝土产生水化热较大，温度较高，如处理不当容易产生裂缝。

针对图3所示问题加以通水冷却，冷却水管垂直水流布置，水管为外径32mm、壁厚2mm的HDPE塑料，碾压混凝土冷却水管间距取1.5m（水平）×1.5m（垂直）布置，通水10℃。24号、25号溢流坝段产生的温度场见图4。由图4可知：这时的坝体等温线比不加任何温控时等温线分布均匀、坝体内部梯度也比图3所示坝体内部梯度小，且坝体高温区最高温度为31.2℃，最低温度为18.7℃。通水冷却后，坝体最高温度比不加任何温控措施降低了13.1℃，根据设计规范本坝段碾压混凝土允许最高32℃，满足设计要求，因此采用上述通水冷却方案较为合理。

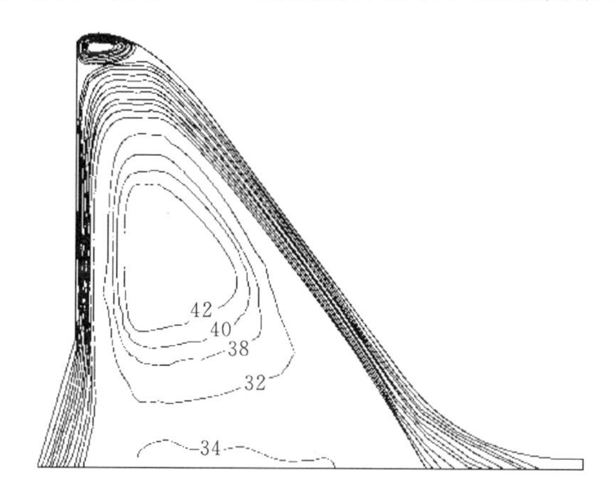

图3 高温施工期坝体不加温控措施的温度场（单位：℃）

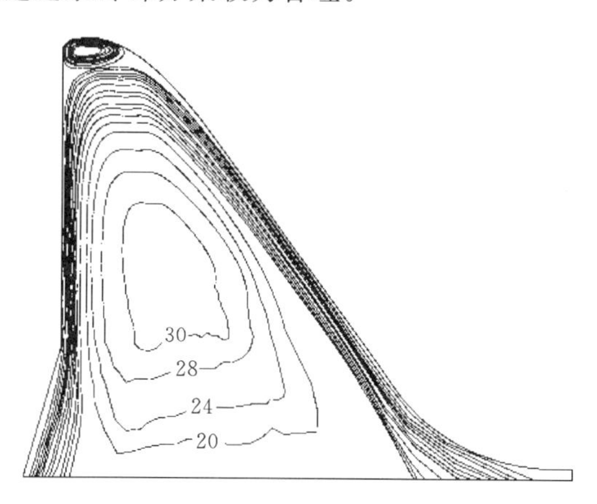

图4 高温施工期坝体通水冷却后的温度场（单位：℃）

4 24号、25号明渠溢流坝段温控措施探讨

4.1 24号、25号坝段碾压混凝土施工温度控制特点

24号、25号坝段共有碾压混凝土24.51万m^3，高温时段浇筑量10.3万m^3，大部分块体属大体积混凝土范畴，其温度控制特点有：碾压混凝土采用不分纵缝的大仓面通仓薄层、短间歇、均匀上升的施工工艺，浇筑仓面尺寸大，基岩对坝体的约束大；浇筑过程中出现薄弱环节的几率大，容易产生贯穿性裂缝；此外，混凝土坝体内最高温度维持时间长，内外温差引起的约束时间长，混凝土温度控制难度大；坝址区夏季气温较高，且持续时间长（5—6月平均最高气温均在39.3℃，平均月气温也达到25.4℃以上），高温季节的温度控制难度大；冬春季节还有寒潮降温的袭击，冬季要防止混凝土表面出现温度裂缝，要对外露面进行表面保护，温度控制工作量大、难度高、历时长，且大坝底部廊道布置较多，纵横交错，廊道内冷却水供水管布置难度大，供水管路长，分高程供水难度高。

4.2 24号、25号坝段碾压混凝土浇筑过程温度控制方案简述

坝段在11月至次年2月施工时，为防止气温骤降而引起的表层混凝土开裂，碾压完成后应立即覆盖保温被。由于24号、25号坝段高程1062～1112m混凝土浇筑与高程1015～1062m混凝土浇筑间隔约160d，在间歇期内间歇面附件将产生较大的拉应力，为防止此拉应力引起的坝体开裂，则应做好间歇面附近的温控措施，并严格控制好间歇面附近混凝土浇筑的允许温差。

坝段在3—6月施工时，浇筑混凝土采取措施方案：快速入仓、平仓、碾压，碾压混凝土从加水拌和到碾压完毕争取在1.5h以内完成，减少外界热量的倒灌。充分发挥现场调度和指挥能力，做到从拌和楼出机口取料到碾压完成控制在1.5h内。碾压完成后立即覆盖保温被，直到上一层料摊铺时再揭开；在混凝土的平仓摊铺和碾压过程中，进行仓面喷雾，形成人工小环境。本工程将考虑应用龙

滩工程中研制的一种新型仓面喷雾机，应用于仓面降温、保湿。喷量在 2.0mm/h 以内，喷雾时要保证成雾状，避免形成水滴落在混凝土面上。坝区地形有利于形成较好的小环境气候，喷雾机采用支架，架高 2～3m 并结合风向，使喷雾方向与风向一致。根据仓面大小选择喷雾机数量，保证喷雾降温效果；混凝土浇筑完毕后，及时进行养护。此段时期温度较高，采用自动喷水器对已浇混凝土进行不间断洒水养护并覆盖保温层，保持仓面潮湿，使混凝土充分散热，直到施工上层混凝土时为止。对侧面利用悬挂的多孔水管喷水养护，养护时间不小于 28d。为做好养护工作，建立专门养护队伍，责任落实到人，并加强检查，夏季高温季节保温被覆盖 24～36h 后，当混凝土温度高于气温时则揭开保温被散热，必要时采用混凝土表面流水养护。

5 结束语

本文主要对观音岩电站右岸明渠溢流坝段碾压混凝土进行温度场仿真分析，具体对坝段在 11 月至次年 5 月施工期内的温度场变化结果进行了模拟。按照施工进度及方案，11 月至次年 2 月，坝体碾压混凝土施工可以采用自然浇筑方式；施工期间在 3—6 月时坝体在实施了通水冷却方案后，坝体平均温度为 25.77℃，接近于攀枝花地区此段时间内月平均温度。针对以上仿真结果及 24 号、25 号坝段碾压混凝土施工温度控制特点，将根据图 4 所示结果继续优化溢流坝段碾压混凝土浇筑的温控方案。

锦屏二级水电站引水隧洞转弯段混凝土衬砌施工模拟与检验

宋东峰　冉瑞刚

【摘　要】：本文以锦屏二级水电站引水隧洞3号、4号引水隧洞工程转弯段混凝土浇筑中，利用“折线代曲线”的方法，借助简单的计算机制图软件进行预先模拟，提出利用常用的边顶拱钢模台车进行转弯段混凝土衬砌的施工方法，并通过实践证明其可行性，该方法对降低劳动强度和施工成本，缩短施工工期等具有明显优势，可供类似工程施工参考。

【关键词】：引水隧洞　转弯段　混凝土衬砌　模拟与实践　施工成本

1　引水隧洞转弯段设计

锦屏二级水电站引水隧洞设计分别在引（2）0＋158.607～0＋177.457，引（3）0＋241.975～0＋260.825，引（4）0＋158.607～0＋177.457为转弯段，R＝60m，α＝18°，外弧长约20.7m，内弧长约17.0m。转弯段开挖洞径13.0，衬砌混凝土设计厚度50～60cm。

3号、4号引水隧洞直线段边顶拱混凝土衬砌钢模台车长15（2×7.5）m。工作时，钢模台车高10.93m，最大宽度11.82m，不工作时模板回收，最大宽度为11.5m，采用轨道行走，行走轮为非自由转向式；底板混凝土衬砌采用滑模施工。

2　钢模台车通过转弯段的模拟计算

为了减少台车的安拆工作量，需要对15m台车能否全长通过及直接用于浇筑转弯段混凝土，需要进行事前模拟。经分析，台车通过转弯段为轴线圆周运动，因此，直接利用AutoCAD软件在平面上模拟转弯段钢模台车通过和浇筑过程。模拟顺序是先以钢模台车长15m检验，不能通过或能通过但不满足浇筑要求时，再模拟7.5m长台车的通过和浇筑过程。模拟过程见图1和图2。

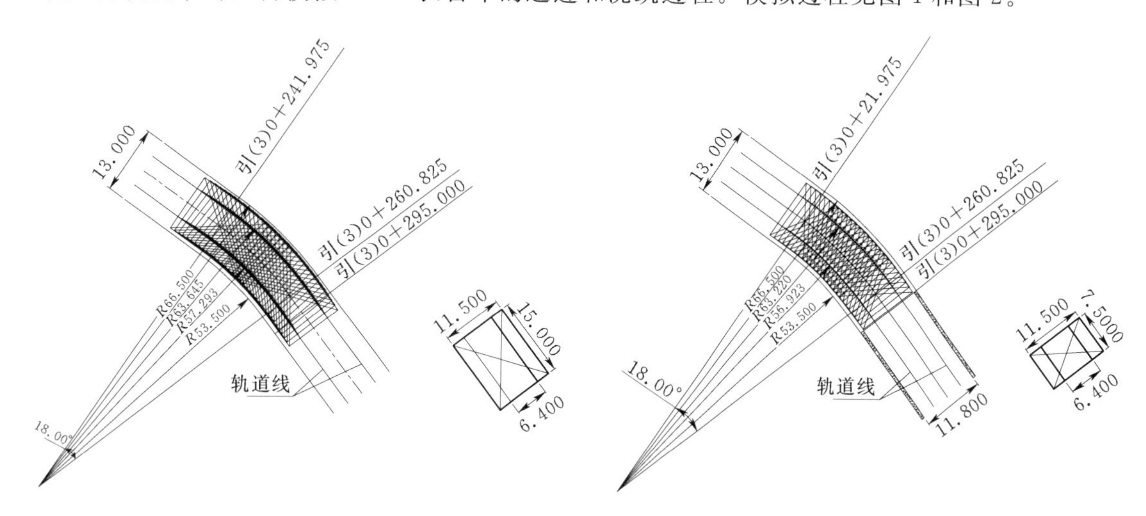

图1　15m台车通过轨迹模拟图（单位：m）　　图2　7.5m台车通过轨迹模拟图（单位：m）

通过上述模拟，钢模台车全长和分段均能够通过转弯段，但是由于台车底部行走轮为非自由转向式，因此须对行走轮转弯半径及台车长度进行联合分析计算。

钢模台车行走轮及钢轨断面见图 3 和图 4。

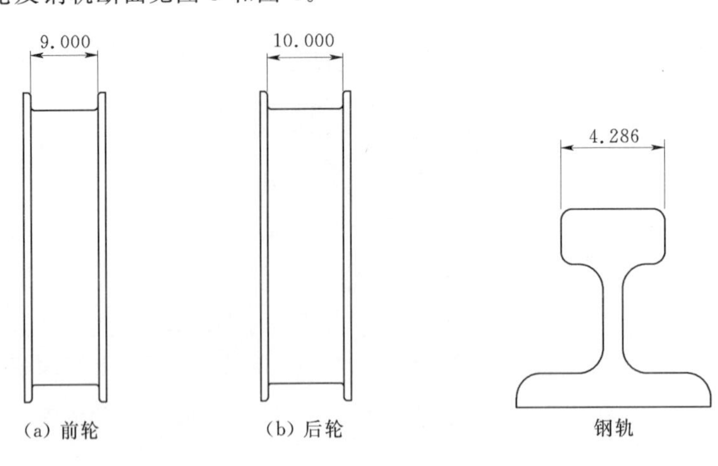

图 3 台车行走轮示意图（单位：m）　　图 4 钢轨断面图（单位：m）

对 15m 长，最大宽度为 11.5m 的钢模台车，由图 1 可知，钢轨的最小转弯半径 R＝57.293m。因此，需要根据钢模台车行走轮尺寸和前后轮的轴距估算出钢模台车的最小转弯半径。当钢轨轨道宽（头宽）为 70mm 时，最小转弯半径约为 296m，当钢轨头宽为 42.86mm 时，最小转弯半径约为 127m，均远远大于保证钢模台车通过时钢轨的最小转弯半径 57.293m，所以 15m 长，最大宽度为 11.5m 的钢模台车不能通过转弯段。

对 7.5m 长台车，最大宽度为 11.5m 的钢模台车，由图 2 可知，钢轨的最小转弯半径 R＝56.923m。重复上述模拟：当钢轨头宽为 70mm 时，最小转弯半径约为 146m，当钢轨头宽为 42.86mm 时，最小转弯半径约为 60m。前者远大于保证钢模台车通过时钢轨的最小转弯半径 57.293m。后者行走轮与轮道的自由间隙为 90－42.86＝47.14mm。因此，当 7.5m 长的台车采用窄轨时，可通过适当牵引使钢模台车顺利通过和完成转弯段浇筑。

通过分析可知，必须将 15m 长钢模台车模板拆开成两副，即长度变为 1m×7.5m，并使用头宽小于或等于 42.86mm 的窄轨，才能够通过及浇筑转弯段。

3 转弯段混凝土衬砌施工模拟

底板衬砌：由于转弯段的特殊性，滑模施工已经不再适用，因此采用散拼模板浇筑。

边顶拱因每次浇筑范围的不同而有不同的浇筑方案，主要的几种方案见图 5～图 8。

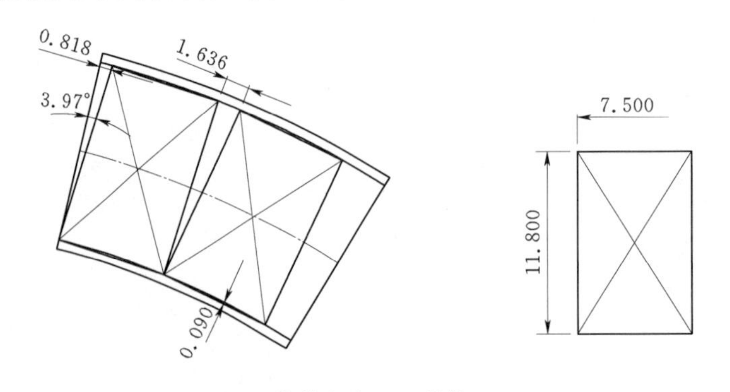

图 5 浇筑方案一（单位：m）

图 5 中方案一前两仓内外弧均浇筑 7.5m，这种方案有两个明显的不足：①不能完全浇筑，需另设模板；②内弧浇筑的实际轮廓与设计轮廓的最大距离达到了 9cm，超出了钢筋网的保护层设计厚度 8cm，不能满足设计要求。

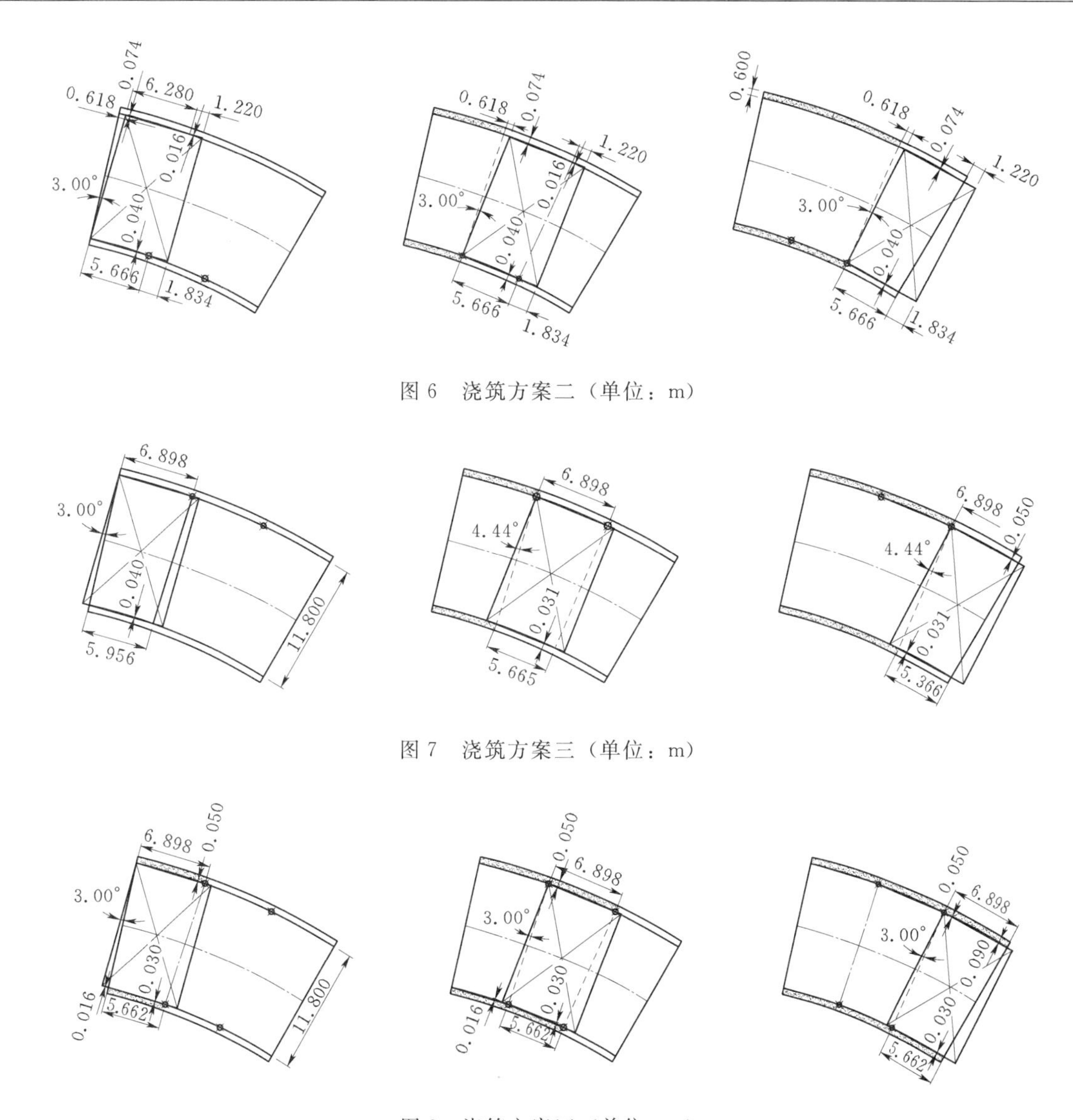

图 6　浇筑方案二（单位：m）

图 7　浇筑方案三（单位：m）

图 8　浇筑方案四（单位：m）

图 6 中方案二以内弧为基准三等分浇筑，这样能保证内弧完全浇筑，但是外弧同样不能完全浇筑，需另设模板。

图 7 中方案三以外弧为基准三等分浇筑，同时考虑内弧，这样能保证整个转弯段完全浇筑，且不需另设模板。但是第二、第三仓浇筑时均需要对搭接部位进行少量（约 1.6cm）需要打磨，增加了工程量。

图 8 中方案四同时以外弧为基准，均三等分浇筑，这样能保证不另设模板完全浇筑整个转弯段，且不需要对搭接部位进行打抹，内弧浇筑的实际轮廓与设计轮廓的最大距离小于 3cm，满足设计要求。

通过对以上几种可能的浇筑方案的分析对比，方案四具有明显的优势，即把内外弧三等分，且保证每一仓的内外弧都完全浇筑，浇筑工艺与直洞段相同，浇筑完成后对接缝附近范围进行适当的过渡处理，质量检查完全能够满足设计要求。

4　结束语

在转弯段的地下隧洞工程混凝土衬砌的工程中，通常会因为转弯段混凝土衬砌工量少却又很特殊，但采用散拼模板、异形模板等浇筑，混凝土浇筑质量和体型难以控制，施工过程复杂。在锦屏二级水电站3号、4号引水隧洞工程转弯段混凝土施工过程中，以“折线代曲线”的思想，借助简单的计算机辅助设计软件进行模拟计算，提出充分利用常用设备资源进行转弯段混凝土衬砌施工的方案，通过实践证明这种方案可行及方便易行，减少了机械牵引等繁琐的工作，且具有简化施工技术、避免资金重复投入、降低劳动强度、加快工期要求等优势，可供类似工程施工参考，其中台车长度和转弯段设计参数，是可以通过加工专用轨道而实现的主要数据，不同工程需要专门分析和计算，不能简单套用。

糯扎渡大坝心墙垫层混凝土温控施工技术

张礼宁　柴喜洲

【摘　要】：糯扎渡大坝心墙区垫层混凝土既是坝基灌浆的盖重，又是防止心墙防渗土料流失的屏障，因此，控制心墙垫层混凝土裂缝的产生就具有非常重要的现实意义。由于大坝心墙区垫层混凝土面积大，厚度小，可以归属为薄壁混凝土，再加上现场施工通道少，心墙两侧岸坡比较陡，模板安装、混凝土入仓困难，同时糯扎渡地区天气炎热，昼夜温差大，防裂难度高。本文将通过工程实际对垫层混凝土裂缝产生成因及施工防裂技术进行分析研究。

【关键词】：混凝土　防裂　温控

1　引言

糯扎渡水电站心墙垫层混凝土量约为14万m^3，顺水流方向最大宽度132.2m，左右岸展开长度约800m，共设置6条纵缝，划分为7个浇筑块，最大块长20m，厚度1.2～3.0m。

心墙垫层混凝土要求浇筑温度不得大于19℃，混凝土允许最高温度不大于38℃。

心墙垫层混凝土在心墙堆石坝里起着非常关键的作用，既作为灌浆的盖重，也是防止心墙防渗土料流失的屏障，如何防止垫层混凝土在浇筑后不产生或少产生裂缝，不仅关系自身浇筑质量，也是大坝运行安全的重要保证。

2　施工难点与主要施工手段

2.1　施工难点

（1）糯扎渡地区地处回归线以南，夏季气温高，紫外线强，冬季日温差大。

（2）垫层混凝土上下高差达260多m，特别是左岸，中间无通道，混凝土入仓困难。

（3）由于入仓困难，部分三级配混凝土采用泵送，泵送混凝土的水泥用量高，不利于控制温度。

（4）在保证良好的施工性能、抗裂性能的同时，要保证混凝土后期强度的稳定增长，保证抗渗等各项指标的要求。

（5）由于心墙固结灌浆压力最大达到3.0MPa，施工中要注意灌浆压力抬动造成已浇好混凝土形成新的裂缝。

2.2　主要施工手段

（1）混凝土水平运输主要采用6～9m^3的混凝土搅拌车，垂直入仓主要采用溜槽（筒），局部泵送。

（2）坡度缓于1∶1的采用滑模，陡于1∶1的采用翻模。

3　混凝土裂缝的危害

混凝土裂缝在施工中是一种常见的质量通病，混凝土结构或构件所出现的裂缝，有的破坏结构的整体性，降低构件的刚度，影响结构的承载能力；有的虽对承载能力无多大影响，但会影响钢筋锈蚀，降低结构的耐久性，或发生渗漏，影响建筑物的正常使用。垫层混凝土裂缝的主要危害为影响钢筋锈蚀，降低结构的耐久性，且会发生渗漏，带走防渗土料的细颗粒，进而危害防渗体的稳定，影响大坝运行安全。

混凝土的裂缝虽然是不可避免的，其微观裂缝更是混凝土本身的物理力学性质所决定的。但它的危害程度是可以控制的，危害程度的标准是根据使用条件所决定的。

4 混凝土裂缝的成因分析

心墙垫层混凝土浇筑过程中，产生裂缝的原因很多，有材料自身的因素，也有外部环境的因素，产生的原因很杂。虽然混凝土裂缝产生的机理非常复杂，但垫层薄壁混凝土裂缝产生的成因主要可归结以下几个方面。

4.1 基础不平整产生的应力集中

由于垫层混凝土最薄的只有1.2m厚，基础开挖面的平整程度对混凝土裂缝的产生有很大的影响，根据物理学原理，基础面的尖锐端，超挖的小坑等会使混凝土产生应力集中，易在这些部位产生裂缝。

4.2 内外温差

混凝土同其他材料一样，具有热胀冷缩的特性，在不受约束的情况下，混凝土可随温度变化而自由的伸缩，不会在内部产生温度应力，也就不会产生裂缝。但是混凝土结构物是受到各种约束作用的，在温度升高时，由于不能自由膨胀而产生温度内压应力；在温度降低时，由于不能自由收缩而产生温度内拉应力。又由于混凝土的抗拉强度很低，容易被较大温差所引起的温度应力所破坏，从而产生裂缝。水泥水化过程中会放出大量的水化热，从而使混凝土内部温度升高。特别是优质的硅酸盐水泥和普通水泥，其中C_3A、C_3S含量较高，比表面积较大，水化快，早期水化热高。如果在夏季施工时不采取降温措施，混凝土内部温度可达到60～70℃。水泥水化热在1～3d可放出热量的50%，同于热量的传递、积存，混凝土内部最高温度大约发生在浇筑后的3～5d。由于混凝土内部和表面散热条件不同，所以混凝土中心温度高，形成温度梯度，产生温度变形和温度应力。当温度应力超过混凝土的抗拉强度时，就会产生温度裂缝。这种裂缝的特征是裂缝出现在混凝土浇筑后的3～5d，最初裂缝很细，呈裂纹状，随着时间的延长而不断扩展，甚至达到贯穿裂缝。

4.3 混凝土塑性收缩引起的裂缝

塑性收缩是指混凝土在凝结之前，表面因失水较快而产生的收缩。塑性收缩裂缝一般在干热或大风天气出现，裂缝多呈中间宽两端细且长短不一，互不连贯状态。其产生的主要原因为：混凝土在终凝前几乎没有强度或强度很小，或者混凝土刚刚终凝而强度很小时，受高温或较大风力的影响，混凝土表面失水过快，造成毛细管中产生较大的负压而使混凝土体积急剧收缩，而此时混凝土的强度又无法抵抗其本身的收缩，因此产生龟裂。影响混凝土塑性收缩开裂的主要因素有水灰比、混凝土的凝结时间、环境温度、风速和相对湿度等。

4.4 混凝土干缩引起的裂缝

由于水泥混凝土养护不当，在风吹日晒下，水泥混凝土表面水分蒸发过快，体积迅速收缩，而内部温度变化小，收缩小，从而使表面的收缩变形受到内部水泥混凝土的约束，产生拉应力，引起水泥混凝土表面裂缝，这类裂缝的宽可大可小，小的细如发丝，大的可到毫米，其长度可由几厘米到几米，深度一般不超过5cm，分布的形状一般是规则的。

4.5 其他因素引起的裂缝

除了上述原因外，还有其他很多种引起混凝土开裂的原因，如砂、石含泥量过大，混进杂质；水泥受潮和过期；外加剂、掺和料选用不当，掺量不适宜；寒冷地区混凝土的冻胀；化学收缩；钢筋锈蚀以及施工方法不当等。

5 混凝土防裂技术

混凝土裂缝的预防主要是通过设计、材料、施工方面的综合措施，将裂缝控制在无害和最小范围内，本文主要论述在施工中采取的预防裂缝措施进行说明。

5.1 基础面不平整产生的应力集中

当基础面不平整时，把突出尖锐的岩石先撬除，对大面积的不平整或超挖比较严重的部位，先用同标号混凝土或砂浆填平。同时在分仓浇筑时，避免产生尖角，这样可以有效地避免应力集中的产生。

5.2 减小内外温差及控制绝对温度

5.2.1 减小初期水化热

减小初期水化热是控制混凝土最高温度的有效方法。减小混凝土初期水化热最有效的办法就是采用中热或低热水泥，再在配合比设计时，严格控制水泥用量、单位体积用水量等，可以明显降低水泥水化热。从本工程的实际施工来看，也是如此。前期采用了普通硅酸盐水泥，防裂效果不理想，后来采用中热水泥后，效果很明显。

5.2.2 通冷却水冷却

通冷却水是降低混凝土温升的有效手段，在混凝土浇筑前安装蛇形管进行通冷却水冷却，冷却用水在现场通过冷却机制备。

混凝土通水冷却参数为：水平间距 1.0m，垫层厚度 1.2m 埋设 1 层水管；垫层厚度 3.0m 埋设 2 层水管；进水水温 4—10 月为 15～18℃，11 月至次年 3 月为 12～15℃；参考通水流量前 7d 为 1.2～1.8m^3/h，7d 以后为 0.5～1.2m^3/h；最大降温速率前 7d 为不大于 1.0℃/d，7d 以后为不大于 0.5℃/d。

5.2.3 合理的施工组织

（1）合理安排仓位。原则是薄层、短间歇、连续均匀上升，重点为分层和仓位安排。跳仓浇筑，形成错落有致、井井有条的施工场面，各结构块均匀上升，形成良性循环。

（2）合理配置资源。加快混凝土入仓速度。根据仓面大小、初凝时间要求及浇筑温度要求合理配置资源，保证运输设备和混凝土振捣设备充足，同时加强协调，做好现场各环节衔接，提高入仓设备的效率，尽量做到不压车不等车，保证混凝土浇筑层面及时覆盖，入仓的混凝土及时振捣，振捣完成后及时覆盖保温被，防止温度倒灌。

（3）缩短交接班时间。严格现场交接班制度，每次交接班时间控制在 20min 之内，送饭到仓外或轮流吃饭，吃饭不停浇。

（4）尽量避开高温时段。夏季混凝土施工温控是施工的重点和难点，尤其 6—8 月，原则是：尽量避开中午最热时段，在早晚或阴天施工，安排仓位时，随时了解和跟踪天气预报，掌握天气变化的趋势走向，一有阴天或低温时间，就抓住时机，抢浇快浇。平时尽量避开中午 12：00—下午16：00 高温时段，在中班开仓，跨过零点班，早班 10：00 前争取收仓。与此相配套，在设备、人员等各个环节认真组织，加快浇筑速度，以减少温度影响。

5.2.4 保温保湿

（1）由于混凝土拌和楼与浇筑面最远距离达到 11km，为防止夏季高温季节混凝土在运输过程中升温过快，混凝土从出拌合楼开始就进行保温，混凝土搅拌运输车混凝土罐包裹保温被等隔热材料，并在上部搭设遮阳棚，防止太阳直晒。若等待时间过长，在施工现场进行洒水降温，并合理调配车辆，减少运输车辆等待卸料时间。

（2）对溜槽（筒）覆盖保温材料，降低混凝土入仓温升；在滑模顶部加盖彩条布遮阳棚，避免阳光直射新浇混凝土，降低混凝土入仓温度；浇筑前，仓面洒水并始终保持湿润，降低基础面温度；高温时段仓面布置喷雾机喷雾降温。

(3) 冬季由于昼夜温差大，在已浇好的混凝土面覆盖保温被、苯板等保温隔热材料，采用先贴塑料薄膜，加保温被，再加油布的保温处理方式，材料等效热交换系数 $\beta \leqslant 5\text{kJ}/(\text{m}^2 \cdot \text{h} \cdot ℃)$，保证了混凝土表面温度不会聚升聚降。

(4) 高温季节，新浇的混凝土表面采取24h不间断长流水进行保温保湿。保温保湿能减小因混凝土塑性收缩及干缩引起的裂缝。

5.2.5 其他措施

(1) 降低出机口温度。拌和系统对骨料采取风冷，采用冷水搅拌，确保出机口混凝土温度不大于14℃。

(2) 由于混凝土浇筑完成后，要进行固结灌浆，固结灌浆压力较大，稍不注意，灌浆抬动就会使混凝土产生新的裂缝，因此，在固结灌浆时，安装仪器进行混凝土抬动观测，在灌浆时注意控制灌浆压力，保证混凝土的抬动控制在不产生裂缝的范围内。

6 裂缝处理

对已产生的裂缝，根据裂缝宽度、长度规模采取化学灌浆、表面刻槽覆盖等方式处理。本工程裂缝处理要求为：①缝宽小于0.2mm且缝深小于0.3m缝长小于1.0m的混凝土裂缝不处理；②缝宽小于0.1mm的混凝土裂缝不处理；③除上述2条之外的裂缝按以下要求处理：凡与上游或下游结构缝贯通（无论在何深度与结构缝距离小于1.0m者均认为是贯通）的裂缝均按化学灌浆法进行处理。其余裂缝可按刻槽法处理。

7 结束语

通过基础面找平、选择中热水泥、通冷却水降温、合理的施工组织、浇筑过程中的保水养护、浇筑后的保温覆盖等诸多方式，可以有效地控制垫层混凝土的浇筑温度，把最高温升控制在一定范围内，使混凝土产生裂缝的几率大大降低，杜绝了危害性裂缝的产生，为大坝的安全保证打下了坚实的基础。

丙乳砂浆在南干渠工程二衬混凝土施工中的应用

付亚坤　李晓红

【摘　要】：采用全圆钢模台车进行混凝土浇筑，会存在外观质量缺陷的风险，通常存在的缺陷有气泡、麻面、错台等。根据丙乳砂浆的耐候性、耐久性、抗渗性、密实性和极高的黏结力以及极强的防水防腐的特性，使用恰当配合比的丙乳砂浆修补缺陷部位可达到实用和美观的效果。

【关键词】：丙乳砂浆　二衬混凝土　质量缺陷

1　工程简介

南干渠工程是北京市南水北调配套工程的重要组成部分，工程承担着为郭公庄水厂、黄村水厂、亦庄水厂、第十水厂和通州水厂等提供南水北调水源的任务。南干渠工程位于北京市南部地区，工程起点位于丰台区卢沟桥地区老庄子乡，沿五环路向南转向东，终点到亦庄水厂调节池，全场约27.2km。根据不同的工程规模和施工工法将工程分为上、下段，上、下段分界点在京沪高铁的东侧，上段为两孔内径3400mm的钢筋混凝土隧洞，一衬采用浅埋暗挖法施工（局部明挖）；下段为一孔内径4700mm的钢筋混凝土隧洞，一衬采用盾构法施工。南干渠的输水规模为上段设计流量30m³/s，加大流量35m³/s；下段设计流量27m³/s，加大流量32m³/s。工程等级Ⅰ等，建筑物级别1级，地震设防烈度8度。

2　丙乳砂浆的使用

2.1　丙乳砂浆简介

丙乳砂浆是丙烯酸酯共聚乳液水泥砂浆的简称，属于高分子聚合物乳液改性水泥砂浆。丙乳砂浆是一种新型混凝土建筑物的修补材料，具有优异的黏结、抗裂、防水、防氯离子渗透、耐磨、耐老化等性能，和树脂基修补材料相比具有成本低、耐老化、易操作、施工工艺简单及质量容易保证等优点。

丙乳砂浆与普通砂浆相比，具有极限拉伸率提高1～3倍，抗拉强度可提高1.35～1.5倍，抗拉弹模降低，收缩小，抗裂性显著提高，与混凝土面、老砂浆及钢板黏结强度提高4倍以上，2d吸水率降低10倍，抗渗性提高1.5倍，抗氯离子渗透能力提高8倍以上等优异性能，使用寿命基本相同，且具有基本无毒、施工方便、成本低以及密封性好的特点，能够达到防止老混凝土进一防水堵漏步碳化，延缓钢筋锈蚀速度，抵抗剥蚀破坏的目的。

丙乳水泥砂浆具有良好的耐候性，耐久性，抗渗性，密实性和极高的黏结力以及极强的防水防腐效果。可耐纯碱生产介质、尿素、硝铵、海水盐酸及酸碱性盐腐蚀。它与砂普通水泥和特种水泥配制成水泥砂浆，通过浇筑或喷涂、手工涂抹的方法在混凝土及表面形成坚固的防水防腐砂浆层，属刚韧性防水防腐材料，长期浸泡在水里寿命在50年以上。

2.2　丙乳砂浆配合比

聚合物水泥砂浆中水泥采用42.5级普通硅酸盐水泥，少量修补时砂子为3种不同目数的石英砂按照1：1：1的比例混合而成，大量修补采用天然砂时，通过清洗降低天然砂的含泥量。聚合物乳液为DOW公司的APR－968LO，每立方米用量69.7kg。为保证界面有良好接触和好的黏结性能，在新老混凝土结合面涂刷界面剂。外加剂的掺量均以水泥用量为基准计算，使用时将外加剂溶入拌和水中使用。

基于丙乳砂浆的特点，特别是长期浸泡仍然能够保证施工质量的优点，结合南干渠工程建成后的主要功能，经过中国水利水电科学研究院工程检测中心依据《聚合物改性水泥砂浆试验规程》（DL/T 5126—2001）对该砂浆抗压、抗拉强度的试验，决定采用该材料进行施工。

《聚合物水泥砂浆试验报告》中结果见表1和表2。

表1　聚合物水泥砂浆配比

水胶比	外加剂A掺量/%	外加剂B掺量/%	单方用料/kg			
			水	水泥	石英砂	聚合物乳液
0.35	0.7	0.1	207	697.1	1152	69.7

表2　界面剂配合比

水/kg	水泥/kg	聚合物乳液/kg	外加剂A掺量/%
33	100	10	0.7

2.3　丙乳砂浆对混凝土质量缺陷的处理

在混凝土结构拆模后，进行混凝土结构外观质量缺陷检查，主要的检查项目为：建筑物外部尺寸偏差、表面平整度、表面蜂窝、麻面、气泡、孔洞、缺损、挂帘、错台、钢筋头外露、管件头外露、冷缝、施工缝等。对于一般的外观质量缺陷，如气泡、蜂窝、麻面、错台、挂帘、漏筋、浅表裂缝等，采用聚合物水泥砂浆进行处理。

处理程序为：①基面处理；②聚合物净浆打底；③聚合物砂浆；④聚合物净浆刷面，共4个步骤。

2.3.1　基面处理

1. 蜂窝的处理

将缺陷部位松散混凝土凿除，直至密实混凝土。凿坑四周成方形、圆形或直条状，避免出现锐角的部位。凿除蜂窝时，凿铲应垂直混凝土表面施工，并控制周边修补厚度不小于1.0cm。凿挖过程中，避免造成周边混凝土表面脱皮，凿挖的深度视缺陷架空的深度而定，原则上不小于1cm；凿挖后，如钢筋出露，凿除深度控制至钢筋底面以下不小于5cm。

2. 麻面的处理

深度小于5mm的麻面，主要采用打磨的方式进行处理，麻面磨除深度不小于麻面深度，磨平后将打磨后的表面清洗洁净。打磨后将其内污垢清除后，再进行下一步工序。

深度大于等于5mm的麻面，先标定范围凿成四边形或多边形等规则面，麻面凿除深度应达到最凹处，周边至坚实混凝土基面，深度不小于5mm，并清洗洁净打磨后的表面。

3. 模板印痕处理

对凸出的模板印痕，采用打磨的方式进行处理，以保证打磨后混凝土面与周边混凝土平顺衔接；对于模板拼缝不严漏浆形成的砂线，将砂线内污垢清除后，采用聚合物水泥砂浆修补抹平。处理过程中形成的毛面，涂抹一道界面剂后，表面用聚合物水泥砂浆抹平。

4. 结构缝错台、挂帘处理

先铲除错台形成的漏浆挂帘，然后对形成错台的部位进行打磨处理。

处理错台过程中形成的毛面，涂抹一道界面剂后，表面用聚合物水泥砂浆抹平；错台形成的架空，进行凿槽处理，槽内采用聚合物水泥砂浆修补，表面10～15mm采用聚合物水泥砂浆修补抹平。

5. 混凝土表面脱皮、破损

混凝土表面脱皮，采用打磨的方式处理，打磨时注意与四周成型混凝土平顺过渡连接，磨至表面光滑平整。如局部形成浅坑，可在大面积磨光、磨平后，进行凿挖，深度不小于 2cm 为宜，然后用聚合物水泥砂浆抹光压实。

6. 浅表裂缝处理

裂缝处理根据裂缝宽度分为浅表裂缝和深层裂缝处理，对于宽度小于 0.1mm 的裂缝，沿裂缝 20mm 范围内，用钢丝刷刷毛，然后用丙酮清洗表面，涂一道界面剂进行密封处理即可；裂缝宽度在 0.1～0.2mm 区间时，顺裂缝发展方向，凿一条宽 80mm，深 15～30mm 的矩形槽，槽两端超出裂缝长度 30cm，然后采用聚合物水泥砂浆抹光压实。

7. 混凝土表面出露钢筋头和金属预埋件的处理

手持砂轮机紧贴混凝土面从两个方向打坡口切入将拉筋头割除，切割后的钢筋头应低于混凝土表面 2mm；预埋件尺寸较大，采用上述方法难以割除预埋件露头时，将四周混凝土凿除，混凝土凿除时尽量减少凿挖范围，以方便切割钢筋头和金属预埋件为准，可凿成圆形或方形，槽深 3～5cm。距混凝土面 2～3cm 处割断钢筋头或金属预埋件。

预埋件切割过程中，形成切槽时，槽内采用聚合物水泥砂浆修补，未形成切槽的部位，涂一道界面剂后，用聚合物水泥砂浆抹平。钢筋等露头割除时，周围混凝土受到损伤，按其损面大小凿除掉损伤的混凝土，四周凿成垂直深度不小于 10～20mm 的槽口，然后涂一道界面剂后，用聚合物水泥砂浆压实抹光。

8. 混凝土表面脱皮、破损

混凝土表面脱皮，采用打磨的方式处理，打磨时注意与四周成型混凝土平顺过渡连接，磨至表面光滑平整。如局部形成浅坑，可在大面积磨光、磨平后，进行凿挖，深度不小于 2cm 为宜，然后用聚合物水泥砂浆抹光压实。

2.3.2 丙乳砂浆的施工工艺

拌制丙乳聚合物砂浆时，首先将水泥和砂子按照配合比拌制均匀，再加入经试拌确定的水和聚合物乳液，充分拌和均匀，材料必须称量准确，尤其是水和聚合物，拌和过程中不能任意扩大水灰比。

所有处理过的基面必须用清水冲洗干净、湿润，施工前应保持混凝土表面处于面干饱和状态。在确定无明显渗水条件下，方可进行施工；否则，采取导水措施，并用喷灯烘烤后再进行施工。

首先在干净的基面涂抹丙乳净浆，然后在净浆未硬化时分层抹压聚合物砂浆，每层厚度控制在 5mm 左右。抹压时采用倒退法进行，即加压方向与砂浆流动方向相反。聚合物砂浆抹压约 4h（表面略干）后，采用喷雾器进行喷雾养护，或用薄膜覆盖，养护 1d 后再用毛刷在面层刷 1 次聚合物净浆，要求涂抹均匀封闭，待净浆终凝结硬后继续喷雾养护，使砂浆面层保持潮湿状态 7d。

2.3.3 丙乳砂浆的施工应注意的问题

在使用丙乳砂浆时应注意其施工温度必须保持在 5℃以上，用 42.5 以上等级的普通硅酸盐水泥，砂须过 2.5mm 筛。丙乳砂浆一次拌和不宜过多，每次拌制的丙乳砂浆，要求能在 30～45min 内使用完，一次拌和量以控制在 10kg 水泥为宜（人工抹压施工）。

2.3.4 检查与验收

检查验收标准为经批准的处理方案及设计、合同文件规定的质量标准。采用聚合物水泥砂浆填补完成 7d 后，用小锤轻击砂浆表面，声音清脆为合格，声音发哑者要凿除重补，修补过程与前次相同，实验结果见表 3。

表 3 聚合物水泥砂浆实验结果

试件编号	期龄/d	抗压强度/MPa	黏结抗拉强度/MPa
BTM-JY	28	61.1	2.15

3 结束语

在南干渠工程中使用丙乳砂浆对二次衬砌混凝土的缺陷处理，是对混凝土外观质量出现问题的一种补救措施。实际在混凝土衬砌施工过程中，应尽量控制混凝土塌落度和扩展度，掌握浇筑时间以及其他可能影响浇筑质量的可控因素，尽量减少可能出现的问题，使浇筑质量达到“内实外光”的效果。

枕头坝导流明渠纵向混凝土围堰碾压混凝土施工

张　伟　冯　勇　梁日新

【摘　要】：枕头坝一级水电站导流明渠纵向混凝土围堰为窄长型碾压混凝土围堰，其特点是碾压混凝土可碾性好、泛浆效果好、不出现泌水现象、表面光滑平整、不漏水，本文主要从母岩的研究、碾压混凝土配合比、碾压混凝土层厚与碾压遍数的关系、缝面处理、温度控制等进行论述，阐述围堰碾压混凝土施工过程和要点，为类似工程提供施工参考。

【关键词】：导流明渠　纵向混凝土围堰　碾压混凝土

1　工程概况

枕头坝一级水电站为大渡河干流水电梯级规划开发的第19个梯级，位于大渡河中下游乐山市金口河区的核桃坪河段上，工程为二等工程，电站采用混凝土堤坝式开发，最大坝高86m，电站装机容量720MW。电站枢纽由左岸非溢流坝段、河床厂房坝段、排污闸及泄洪闸坝段（前期为导流明渠）、右岸非溢流坝段组成。电站采用右岸开挖、混凝土浇筑形成明渠的导流方式。

右岸导流明渠长1130m，土石方开挖量为478万m^3，混凝土工程量为44万m^3；明渠右岸为贴坡混凝土，左岸为纵向混凝土围堰（导墙），纵向混凝土围堰坝轴线长650m，其中碾压混凝土轴线长632m，桩号0－060.25～0＋060.00段为闸坝段；上游段建基面高程为594～600m，下游段建基面高程为571.5～581.0m。

纵向混凝土围堰结合泄洪闸坝段的左边第四个闸墩布置，闸墩上游段及下游段为梯形断面，闸墩段为矩形断面。闸墩上游段顶高程612～613m，顶宽7.14～7.71m，两侧坡度分别为1∶0.42和1∶0.15，纵向围堰最大高度28m，最大底宽23.25m；闸墩下游段顶高程604～600m，顶宽6m，两侧坡度为1∶0.181和1∶0.336，最大高度32.5m，最大底宽23.9m，长度258.89m。闸墩段顶高程612m，宽18.5m，长度66.25m。

纵向混凝土围堰碾压混凝土为$C_{90}15$、三级配混凝土，基础找平混凝土为C20三级配，厚度为1m。

2　碾压混凝土母岩和砂石料加工

导流明渠纵向混凝土围堰碾压混凝土的母岩为玄武岩（$Pt_2\beta$），主要矿物成分为石英（SiO_2），外送试验实测含量50％～89％，为硅质玄武岩、部分为石英砂岩，岩石坚硬耐磨，天然状态下抗压强度高达343MPa，饱和抗压强度高达262MPa，满足不小于40MPa强度要求，岩石天然密度为2.82～2.90g/cm^3。

由于岩石坚硬耐磨，粗骨料的加工采用美卓矿机鄂破：粗碎→山特维克圆锥破：中碎和细碎的工艺流程；砂的加工，立轴破（贵州成智等）采用半干法生产，控制含水率，控制成品砂含水率≤5％，实测一般在3％～4％，最大值为4.5％。事实证明，由于玄武岩特性，湿法制砂，极容易堵塞筛网，且成品砂很不容易脱水；控制冲洗后中石小石进入制砂料仓的比例，半干法制砂，不堵塞筛网，有效、稳定控制了成品砂的含水率，这对拌和楼混凝土的拌制操作方便、控制质量、碾压过程不出现泌水现象起到至关重要的作用。

由于岩石石英含量高，岩石坚硬耐磨，耐磨件消耗量很大，生产出来的砂细度模数往往偏高，达不到设计值，只有通过调节砂率和粉煤灰用量，提高混凝土中细颗粒含量，从而经碾压提高混凝土的密实性。2011年度取样，砂的平均细度模为3.05，达不到原理论配合比要求的2.68，平均石粉含量为13.5%。

3 碾压混凝土配合比

针对所用水泥品种等原材料，经过多组配合比试验和优化，最终选定的碾压混凝土配合比见表1和表2。

表1　　碾压混凝土（C_{90}15、三）施工配合比（峨胜P.O42.5水泥）

粉煤灰品种掺量/%	外加剂		水胶比	砂率/%	设计VC/s
	减水剂掺量/%	引气剂掺量/‰			
犍为60	GK-4A0.8	G4-9A0.35	0.59	37	2～5

每立方米混凝土各种材料用量/kg								
水泥	粉煤灰	砂	小石	中石	大石	减水剂GK-4A	引气剂G4-9A	用水量
64	100	800	435	559	419	1.329	0.058	98

注　变态混凝配合比用量为1m³碾压混凝土体积加上8%浆液体积的材料用量。

表2　　碾压混凝土（C_{90}15、三）施工配合比（嘉华P.O42.5水泥）

粉煤灰品种掺量/%	外加剂		水胶比	砂率/%	设计VC/s
	减水剂掺量/%	引气剂掺量/‰			
犍为60	GK-4A0.8	G4-9A0.4	0.58	37	2～5

每立方米混凝土各种材料用量/kg								
水泥	粉煤灰	砂	小石	中石	大石	减水剂GK-4A	引气剂G4-9A	用水量
68	101	799	435	559	419	1.352	0.068	98

注　变态混凝配合比用量为1m³碾压混凝土体积加上8%浆液体积的材料用量。

4 碾压混凝土层厚与碾压遍数的关系

碾压机械一定时，当铺筑厚度为35cm压实厚为30cm时，要达到设计压实度时的碾压遍数。

4.1 碾压机械

导流明渠纵向混凝土围堰碾压混凝土碾压施工主要采用三一重工生产的YZC12C双钢轮压路机，整机质量12.5t，激振力130/85kN，振幅0.75/0.37mm，行驶速度低速0～6.5km/h，碾压施工行驶速度为1.0～1.5km/h。

4.2 砂石料检测

4.2.1 工人砂

人工砂物理性能试验成果见表3。

表3　　人工砂物理性能试验成果表

检验项目	饱和面干表观密度/(kg·m⁻³)	泥块含量	堆积密度/(kg·m⁻³)	空隙率/%	含水率/%	吸水率/%
检测结果	2680	0	1520	43.3	3.2	1.4
DL/T 5144—2001要求	≥2500	不允许	—	—	≤6	—

4.2.2 粗骨料

粗骨料物理性能试验成果见表4。

表4　粗骨料物理性能试验成果表

骨料粒径/mm	饱和面干表观密度/(kg·m^{-3})	含泥量/%	针片状含量/%	超径/%	逊径/%	吸水率/%
5～20	2790	0.1	2	3	9	0.6
20～40	2800	0.1	1	2	8	0.5
40～80	2820	0	1	0	9	0.2
DL/T 5144—2011 要求	≥2500	小、中石≤1.0 大石≤0.5	≤15	<5	<10	≤2.5

4.2.3 检测仪器

采用美国HUMBOLDT公司生产的HS-5001EZ型核子密度仪，全自动检测容重及含水率。最大检测深度30cm。

根据核子密度仪的最大检测深度，选择铺筑层厚35cm，压实后层厚30cm为1层，共铺4层，2层*VC*值为2s，2层*VC*值为5s，研究*VC*值在2s及5s的碾压遍数与压实度的关系。

碾压混凝土表观密度为2465kg/m^3，按98%的设计压实度。

4.2.4 碾压及检测方式

采用YZC12C双钢轮振动碾，碾压均先静碾2遍，动碾4遍，依次以2遍递增。具体结果见表5。

表5　粗骨料物理性能试验成果表

铺筑厚度/cm	*VC*值/s	碾压遍数	平均容重/(kg·m^{-3})	平均压实度/%	*VC*值/s	碾压遍数	平均容重/(kg·m^{-3})	平均压实度/%
35	2	2+4	2356	95.6	5	2+4	2322	94.2
		2+6	2419	98.1		2+6	2376	96.4
		2+8	2442	99.1		2+8	2418	98.1
		2+10	2445	98.9		2+10	2438	98.9
		2+12	2423	98.3		2+12	2423	98.3

4.2.5 推荐使用的碾压参数

机械：YZC12C双钢轮振动碾，*VC*值：2s，铺筑厚度：35cm，碾压遍数：2遍静碾+8遍振碾+2遍静碾。

5 碾压混凝土施工

5.1 模板和层高

采用3.0m×3.15m大型翻转模板，吊车起吊，人工安装。碾压混凝土层高一般为3m。

5.2 混凝土的拌和、运输和入仓

碾压混凝土采用容量为3.0m^{3}的强制式搅拌机拌和，带遮阳棚的自卸汽车运输，经轮胎冲洗、脱水后直接入仓卸料。

自卸汽车入仓方式采用先立模、浇变态混凝土形成入仓斜台，再用石渣回填形成进仓道路。这种入仓方式能有效保证混凝土表面的平整、光滑，施工方便，不足之处是成本增加。

5.3 混凝土的平仓、碾压和切缝

碾压混凝土采用大仓面薄层连续多层短间歇浇筑。铺筑方式采用平层通仓法。推土机平仓，局部

由人工或小型机械辅助，平仓铺筑厚度控制在 33～35cm 范围。

采用 YZC12C 双钢轮振动碾碾压，碾压遍数：2 遍静碾＋8 遍振碾＋2 遍静碾。

压实度检测，采用美国 HUMBOLDT 公司生产的 HS－5001EZ 型核子密度仪，全自动检测容重，达到 98％压实度时无振碾压收面。

纵向围堰碾压混凝土可碾性好，容易泛浆，20 万 m^3 混凝土施工碾压过程中没有出现泌水现象。

纵向围堰碾压混凝土的诱导缝采用切缝机切割，缝面位置按施工图纸要求；切缝机切缝宜先碾后切，缝宽、缝距、方向等满足施工图纸的规定，切缝的填缝材料采用彩条布，便于施工，减少扰动。

5.4 层面及缝面处理

施工缝及冷缝的层面采用高压水冲毛等方法清除混凝土表面的浮浆及松动骨料，处理合格后，均匀铺 1.0～1.5cm 厚的高流动度水泥粉煤灰砂浆，其强度比碾压混凝土等级高一级，在其上摊铺碾压混凝土后，在砂浆初凝前碾压完毕。

5.5 变态混凝土浇筑

变态混凝土随着碾压混凝土浇筑逐层施工，变态混凝土铺层厚度与平仓厚度相同。抽槽铺浆，灰浆洒在新铺碾压混凝土的底部和中部，100 型低频强力振捣器振捣。

5.6 碾压混凝土温度控制

“温控防裂”是碾压混凝土质量控制极其重要的一个环节。每年的 4—10 月，采用预冷混凝土入仓，每年的 11 月至次年 3 月，自然入仓。

5.6.1 拌和楼温度控制

对预冷混凝土，拌和楼采用风冷粗骨料、加冰加冷水的方式控制混凝土的出机口温度，并随时检测混凝土的温度。

5.6.2 运输温度控制

采用带遮阳棚的自卸汽车运输，并尽可能缩短从拌和楼到入仓卸料的时间，减少温升。

5.6.3 仓面喷雾

在 6—9 月高温季节，仓面还采用喷水雾的方式控制仓面温度。

5.6.4 冷却水管埋设及通冷水冷却

通冷水冷却混凝土是控制碾压混凝土温度在设计值范围内的最有效手段。

导流明渠碾压混凝土冷却水管采用高密聚乙烯塑料冷却管，管径 32mm，在 1h 内承受 1.2MPa 的液压环向应力不破坏、不渗漏；纵向回缩率不大于 3％。

冷却水管每 1.5m 埋设一层，每一层内蛇形水管的管距为 1.5m，埋设的误差不得大于 15cm，水管埋设在混凝土层面上。

每一个通水循环的管路最长不得超过 300m，管路中间不设接头。冷却水管引出堰体或坝体后，对管道按序排列，明确标识编号。

水管在铺设完毕和覆盖 30cm 混凝土后分别进行通水试验，检验是否漏水和水管是否通畅，检验合格后即可通河水、冷水进行冷却，水温宜在混凝土入仓温度正负两度范围内。检验水管通畅标准为：水压在 0.2MPa 时，流量大于 15L/min 为通畅，否则为不通畅，对不通畅的冷却水管必须采取措施使其恢复通畅。

冷却通水时间为 20d，专人负责，并做好记录。混凝土温度与水温之差，不宜超过 22℃，管中水的流速以 0.6m/s 为宜。水流方向每 24h 调换 1 次。

冷却水管使用完后，灌浆回填封堵。

5.6.5 混凝土温度监测

纵向混凝土围堰碾压混凝土施工的温度监测由长江勘测规划设计研究有限公司枕头坝水电站安全监测单位实施。2011 年 8 月 8 日上午，监测单位在围堰桩号 0＋93 和 0＋99、高程 588.1m（堰顶高程为 604m）处各埋设了一支弦式温度计，编号为 TZ—1、TZ—2，混凝土入仓时温度为 18℃，大气温度为 30.3℃，监测到混凝土的最高温度分别为 35.3℃、35.9℃，完全满足设计下发的《导流明渠混凝土工程施工技术要求》中碾压混凝土各部位温度控制标准要求。监测的温度曲线见图 1 和图 2。

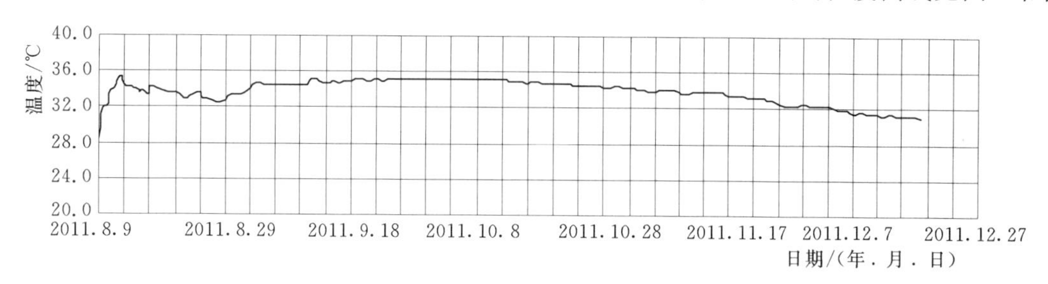

图 1　TZ—1 温度变化过程线

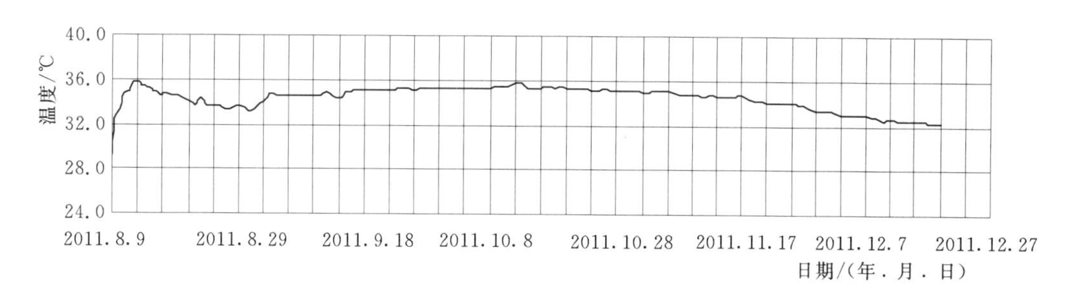

图 2　TZ—2 温度变化过程线

6　碾压混凝土质量检测

6.1　外观质量

使用大型翻转模板，使用熟练工人，注意混凝土的摊铺、加浆和振捣等工艺，长约 632m 碾压混凝土围堰两侧表面光滑、平整，“做到了象常态混凝土一样，非常不容易”；除了部分设计的诱导缝部位出现细小的表面裂缝外，其他部位没有出出裂缝；汛期明渠高水位运行时围堰外侧没有出现渗水现象。图 3 为 2011 年 7 月 6 日导流明渠过大洪水（洪水速度 6000m³/s）时碾压混凝土围堰消力池段外测图片。

图 3　2011 年 7 月 6 日明渠围堰图片

6.2 混凝土的抗压、抗渗、抗冻检测

纵向混凝土围堰工程混凝土抗压强度检测成果见表6。

表6 纵向混凝土围堰工程混凝土抗压强度检测成果表

强度等级	组数	最大值	最小值	平均值	标准差	概率系数	离差系数	保证率/%	备注
$C_{90}15$	291	27.8	16.5	20.0	2.50	2.000	0.125	97.7	机口取样
C20	88	35.8	21.0	26.1	2.80	2.179	0.107	97.7	机口取样
$C_{90}15$	2	19.6	18.7	19.1	—	—	—	—	芯样

纵向混凝土围堰工程混凝土抗渗性能检测成果见表7。

表7 混凝土（抗渗）性能检测成果表

强度等级	检测组数	设计抗渗等级	实测抗渗等级	合格率/%	备注
$C_{90}15$	4	W6	>W6	100	机口取样
C20	6	W6	>W6	100	机口取样
$C_{90}15$	2	W6	≥W6	100	芯样

纵向混凝土围堰工程混凝土抗冻性能检测成果见表8。

表8 混凝土（抗冻）性能检测成果表

强度等级	检测组数	设计抗冻等级	实测抗冻等级	合格率/%	备注
$C_{90}15$	4	F50	>F50	100	机口取样
C20	6	F100	>F100	100	机口取样
$C_{90}15$	2	F50	≥F50	100	芯样

纵向碾压混凝土围堰混凝土抗剪（断）强度（芯样）检测成果，见表9。

表9 碾压混凝土（抗剪，芯样）性能检测成果表

组数	f'	c'/MPa	f	C/MPa
1	1.19	2.28	1.00	2.04

6.3 碾压混凝土取芯

纵向碾压混凝土围堰的现场钻孔取芯检查施工于2012年6月8日开钻，至2012年7月1日完工，工期24d，主要在堰体导0−60m～0+165m范围内的RCC（三级配）、变态混凝土中进行，对多工艺浇筑质量及碾压层缝面结合情况进行综合检查。

钻孔取芯累计进尺96.9m，其中采取ϕ219mm钻具钻取ϕ200mm芯样进尺90.36m，芯样采取率、获得率99.38%，取得单根整长18.3m三级配芯样一根（见图4），进入全国18m以上整长芯样纪录先进行列，芯样表面光滑、致密、骨料分布均匀；采用ϕ171mm钻具钻取ϕ150mm芯样进尺6.54m，芯样采取率、获得率100%。

7 结束语

玄武岩制砂采用半干法非常合适，能很好地控制砂的含水率，导流明渠碾压混凝土没有出现泌水

图4　单根整长18.3m芯样

现象，砂的含水率很稳定是条件之一；通冷水冷却混凝土是控制碾压混凝土温度在设计值范围内的最有效手段。模板质量，工人的操作技能，混凝土的摊铺、加浆和振捣等工艺是控制碾压混凝土表面是否光滑、平整的关键因素。

观音岩水电站大坝碾压混凝土施工质量控制

彭克龙　张妍华

【摘　要】：观音岩水电站为金沙江中游河段规划的八个梯级电站最末一个梯级。本文主要介绍观音岩水电站右岸大坝碾压混凝土施工中采取的主要质量控制措施，使碾压混凝土质量始终处于有效控制，先后取出21.82m、23.15m的长岩芯，质量控制效果显著。

【关键词】：原材料　拌和　施工过程控制　检测

1　概述

观音岩水电站位于云南省丽江市华坪县与四川省攀枝花市交界的金沙江中游段，电站为Ⅰ等（1）型工程，水库正常蓄水位高程1134m，库容量约20.72亿m^3，电站装机容量3000（5×600）MW。

挡河大坝由左岸、河中碾压混凝土重力坝和右岸黏土心墙堆石坝组成的混合坝，坝顶总长1158m，其中混凝土坝部分长838.035m，心墙堆石坝部分长319.965m。碾压混凝土重力坝部分最大坝高为159m，坝顶高程为1139m。心墙堆石坝部分坝顶高程为1141m，心墙堆石坝部分最大坝高71m。本文主要以观音岩混凝土重力坝碾压混凝土施工为例，介绍碾压混凝土施工中的质量控制措施。

2　原材料管理

2.1　砂石料管理

砂石料进料过程中严格控制砂石骨料含水量，做到碾压混凝土用砂与常态混凝土用砂分罐进料；进砂时，严禁在皮带机上喷水；拌和楼坚持"先进先用、后进后用"的原则，进出料时间有详细的记录；砂仓地弄输送砂时如果出现砂起拱现象，严禁采用水冲方式处理；更换砂子，拌和楼必须提前通知试验室做相应的检测。

2.2　水泥、粉煤灰、外加剂

碾压混凝土所用原材料的品质符合现行国家标准、行业标准和合同文件的规定要求。大坝碾压混凝土、水泥粉煤灰浆、水泥净浆和水泥砂浆均使用P.O42.5中热水泥，粉煤灰为Ⅱ级及Ⅱ级以上分选粉煤灰，外加剂为缓凝高效减水剂和引气剂，其质量标准满足相关规范要求。不同品牌的水泥分罐储存，严禁混装。不同等级的粉煤灰装不同的罐，同等级不同品牌的粉煤灰尽量分罐储存。一个混凝土系统不能同时使用两种及两种以上的水泥或粉煤灰，物资装备科统一按计划需用量安排水泥或粉煤灰的入库及标识工作，试验室根据材料情况及时调整施工配合比。所有减水剂、引气剂、氧化镁等外加物需在保质期内使用，进场后按相应材料保质保存措施进行，严禁使用过期、失效的外加剂、添加物。对钢筋、止水和其他原材料按规范有关要求进行抽检。

3　碾压混凝土拌和

3.1　混凝土拌和温控措施

为控制碾压混凝土的出机口温度，在混凝土拌和生产中采取骨料预冷、加片冰或加冷水拌和混凝土，对骨料预冷采用二次风冷工艺，冷风温度控制在−3～1℃，经过二次风冷后，中石和大石温度控制在4～5℃，小石温度控制在5～7℃；拌和混凝土冷水水温控制在4℃左右。对于浇筑强度大、气温高时，出机口温度控制在12℃以内，并随浇筑强度和气温等情况调整出机口温度，确保浇筑温度满足设计要求。

3.2 混凝土拌和投料顺序及时间控制

拌和楼拌制碾压混凝土时，投料顺序和拌和时间必须按试验室报经监理工程师批准的参数进行。对于强制式拌和系统，根据现场碾压混凝土试验确定的投料顺序及拌和时间。见表1和表2。

表1　投料顺序试验安排表

序号	强度等级	级配	投料顺序
TS01	C_{90}15W6F100	三	（砂）→（小石、中石、大石）→（水泥、粉煤灰）→（水、外加剂）
TS02	C_{90}15W6F100	三	（小石、中石）→（砂）→（大石、煤灰、水泥）→（水、外加剂）
TS03	C_{90}15W6F100	三	（小石、中石、大石）→（砂）→（煤灰、水泥）→（水、外加剂）
TS04	C_{90}20W8F100	二	（砂）→（水泥、粉煤灰）→（水、外加剂）→（小石、中石）
TS05	C_{90}20W8F100	二	（砂）→（小石、中石）→（水泥、煤灰）→（水、外加剂）
TS06	C_{90}20W8F100	二	（小石、中石）→（砂）→（煤灰、水泥）→（水、外加剂）

表2　混凝土拌和物均匀性试验

投料顺序	强度等级	级配	VC值/s		含气量/%		混凝土密度/(kg·m^{-3})		28d抗压强度		抗压强度偏差率/%
			机前	机后	机前	机后	机前	机后	机前	机后	
TS01	C_{90}15W6F100	三	2.5	2.0	2.6	2.8	2480	2490	17.5	18.6	5.9
TS02	C_{90}15W6F100	三	3.0	2.5	2.7	2.7	2480	2480	16.6	17.5	5.1
TS03	C_{90}15W6F100	三	2.4	3.5	2.9	2.3	2490	2480	18.2	16.5	9.3
TS04	C_{90}20W8F100	二	3.0	2.3	2.7	2.6	2450	2450	22.5	23.3	3.4
TS05	C_{90}20W8F100	二	2.6	4.0	2.8	2.5	2450	2440	20.5	22.0	7.3
TS06	C_{90}20W8F100	二	3.1	2.0	2.6	2.8	2450	2450	20.2	23.6	14.4

通过混凝土拌和物性能及28d抗压强度偏差率可以看出，三级配TS01、TS02两种投料顺序生产的混凝土拌和物均匀性较好，考虑到TS02先下粗骨料对机械磨损较大，所以选择TS01先砂浆后骨料的投料顺序。二级配选择TS04。

即二级配碾压混凝土的投料顺序顺序为：（砂）→（水泥、煤灰）→（水、外加剂）→（小石、中石）；拌和时间为90s。

三级配碾压混凝土的投料顺序为：（砂）→（水泥、煤灰）→（水、外加剂）→（小石、中石、大石）；拌和时间为90s。

4 施工过程质量控制

4.1 混凝土入仓

混凝土入仓分为汽车入仓、皮带机入仓、负压溜管入仓、塔吊及缆机入仓。

1. 汽车入仓时混凝土运输过程中不得发生分离、漏浆、严重泌水等现象

在强烈阳光或大风天气，或气温大于等于25℃，汽车车厢顶部设遮盖，以减少运输途中混凝土温度回升。运送混凝土的汽车入仓前，必须冲洗轮胎和汽车底部所粘的泥土、污物，严禁将水冲到车

厢内的混凝土上，如发现立即处理。冲洗汽车时需走动1～2次，未冲洗干净，不得强行进仓。

2. 皮带机入仓

皮带机运行和维修人员，必须经专门技术培训，经考试合格后，持有效证件才能上岗。

开机前对皮带输送机全线进行认真检查，清除皮带机上积水及所有杂物。开机后先空载运行若干分钟，确认正常后方可加载。运行中，运行人员必须集中思想，提高警觉，坚守岗位。要经常沿线巡视，及时发现并排除皮带跑偏、打滑、绷跳等故障。

运行中利用交接班间隙，使用高压水冲洗刮刀装置、皮带、托辊及机架上混凝土，以保持机件的清洁。冲洗间隔时间原则上不超过混凝土初凝时间。禁止在皮带机运行时用三角扒、铁锹、木棒等进行清理。严禁敲打硬质合金刮刀。禁止冲洗电气设备，用抹布或其他工具清洗。

3. 负压溜管、塔机及缆机入仓

负压溜管、塔机及缆机入仓出料口距自卸车车厢内混凝土面的高度小于100cm。

负压溜管运输混凝土前检查槽身（衬板）及盖带的磨损情况，局部破损处要及时修补好，必要时及时更换；还要检查受料斗弧门运转是否正常，受料斗及真空溜管内的残渣是否清理干净，出料口处若有临时支撑要检查是否牢固，确认无误后方可投入使用。

负压溜管在运输混凝土过程中要加强巡视和维护，且一般不要将受料斗放空；只有来料间隔时间大于20min时才需要将受料斗放空。

4.2 仓面施工质量控制

4.2.1 卸料与平仓

施工中根据仓面特征，斜层法施工铺料倾斜方向分为向右岸倾斜、向左岸倾斜或下游向上游倾斜。采用斜层平铺推进法施工时，斜坡坡度1：10～1：15。平仓厚度由压实厚度决定，本工程碾压混凝土的压实厚度采用30cm，平仓厚度为33～35cm。混凝土施工缝面在铺砂浆前严格清除二次污染物，铺浆后立即覆盖碾压混凝土。为减少骨料分离，卸料平仓做到卸料后，料堆周边集中的大骨料用人工分散至料堆上，不允许继续在未处理的料堆附近卸料。平仓机推料宜采用先两侧后中间的方法，平仓机平仓过程中出现两侧的骨料集中，由人工分散于条带上。平仓后的混凝土料口保持斜面，让汽车能倒在新平仓的混凝土层面上卸料，避免直接卸在已碾压的层面上。卸料平仓宜采用串连链式作业方式，一般按下列顺序进行：每一条带起始，第一卸料位置距模板边7m，距边坡基岩7m，卸10～15m^3堆料后，平仓机分2～3次将混凝土摊铺至距边坡基岩1m，距模板面1.2m，达到平仓厚度；平仓机调头并退至新摊铺的混凝土面层后部；汽车驶上混凝土坡面卸料；汽车卸料后，平仓机随即开始按平仓厚度平仓推进混凝土，前部略低。

4.2.2 碾压

振动碾作业参数（碾遍数、行走速度、振频、振幅）按施工工艺试验成果确定。振动碾行走速度为1.0～1.5km/h，大型振动碾（三一重工）碾压作业采用程序按：无振2遍→有振8遍→无振2遍，碾压遍数与压实度关系检测成果汇总表见表3。

表3　碾压遍数与压实度关系检测成果汇总表

混凝土设计标号	碾压形式	碾压时VC值/s	碾压遍数	压实度			平均值
C_{90}20W8F100 二级配	平碾	4～10	2+6+2	99	98.5	98.8	98.8
	平碾	4～10	2+8+2	99.5	99.6	99.8	99.6
	平碾	4～10	2+10+2	99.5	99.6	99.6	99.6
C_{90}15W6F100 三级配	平碾	4～10	2+6+2	98.2	98.3	98.1	98.2
	平碾	4～10	2+8+2	99.5	98.9	99.8	99.4
	平碾	4～10	2+10+2	99.3	99.2	99.4	99.3

续表

混凝土设计标号	碾压形式	碾压时VC值/s	碾压遍数	压　实　度			平均值
C_{180}20W6F100三级配	平碾	4～10	2+6+2	98.8	98.2	98.5	98.5
	平碾	4～10	2+8+2	99.5	99.3	99.7	99.5
	平碾	4～10	2+10+2	99.4	99.4	99.6	99.5
	平碾	4～10	2+12+2	99.4	99.3	99.4	99.4

根据试验结果数据及碾压遍数与压实度关系曲线可知（图1），二级配在有振碾6遍时的压实度>98.5%（设计要求相对压实度不小于98.5%）；三级配在有振8遍时的压实度>98.5%，且在碾压10遍、12遍时的压实度变化不大。

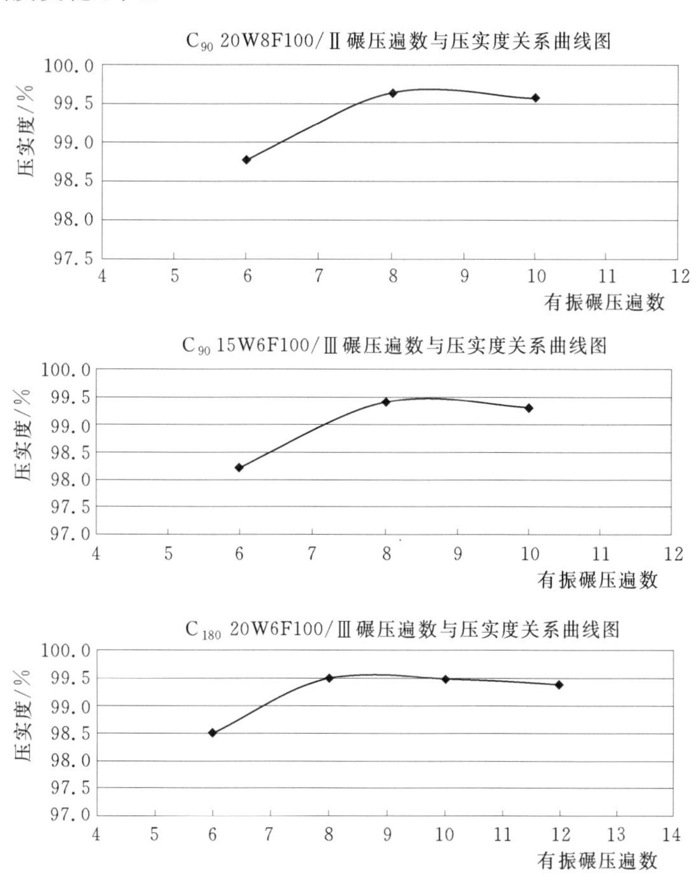

图1　碾压遍数与压实度关系曲线图

根据碾压遍数与压实度的关系，确定碾压遍数为：无振2遍→有振8遍→无振2遍。

4.2.3　层间结合与缝面处理

（1）连续上升铺筑的碾压混凝土，保证在层间允许间隔时间内碾压完成和层面允许停歇时间内完成混凝土覆盖；在高温和次高温季节内对已碾压完毕的混凝土用保温被进行覆盖。

（2）连续上升铺筑的碾压混凝土，层间间隔时间超过直接铺筑允许时间和层面允许停歇时间超过规定时间时，即层面停歇时间在高温季节（4—9月）大于6h且小于12h，次高温季节（3月、10月）大于8h且小于16h，低温季节（11月至次年2月）大于10h且小于24h时，对于三级配混凝土，将层面松散物及积水清除干净，铺一层厚度为1～1.5cm强度比混凝土高一级砂浆，并立即摊铺上一层碾压混凝土，并在砂浆初凝以前碾压完毕；对于防渗区二级配混凝土，将前述方法中的砂浆改为水泥、粉煤灰浆液，厚度为2mm。若层面停歇时间在高温季节（4—9月）大于12h，次高温季节（3

月、10 月）大于 16h，低温季节（11 月至次年 2 月）大于 24h 时，按施工缝处理。

（3）施工缝或冷缝的层面采用高压水冲毛等方法清除混凝土表面的浮浆及松动骨料，处理合格后，对于三级配混凝土，均匀铺 1～1.5cm 厚的砂浆或铺 3cm 厚的小级配常态混凝土，其强度比碾压混凝土等级高一级；对于二级配防渗区混凝土，将前述方法中的砂浆改为水泥、粉煤灰浆液，厚度为 2mm。在其上摊铺碾压混凝土后，须在砂浆或小级配常态混凝土初凝前碾压完毕。砂浆或小级配常态混凝土超前碾压混凝土 8～12m，运输车辆不得在已摊铺砂浆的层面上行走。

（4）坝身段上游防渗区（二级配碾压混凝土）内每个碾压层面，铺水泥煤灰净浆 2mm 厚，以提高层间结合及防渗能力。

（5）采用间歇上升的碾压混凝土浇筑仓，其间歇时间按设计要求 5～7d。

4.2.4 仓面施工质量检测与控制

碾压混凝土铺筑时，按表 4 的规定进行检测，并作好记录。

表 4　碾压混凝土铺筑现场检测项目和标准

检测项目	检测频率	控制标准
仓面实测 *VC* 值及外观评判	每一次	现场 *VC* 值允许偏差（4～8）s±3s
碾压遍数	全过程控制	无振 2 遍→有振 8 遍→无振 2 遍
抗压强度	相当于机口取样数量的 5%～10%	
相对密实度	每铺筑 100～200m² 碾压混凝土至少有一个检测点，每一铺筑层仓面内应有 3 个以上检测点	每个铺筑层测得的相对密实度不得小于 98%
骨料分离情况	全过程控制	不允许出现骨料集中现象
两个碾压层间隔时间	全过程控制	由试验确定不同气温条件下的层间允许间隔时间，并按其判定
混凝土加水拌和至碾压完毕时间	全过程控制	小于 2h
浇筑温度	2～4h 一次	

5 混凝土质量检验

钻孔取样是检验混凝土质量的综合方法，对评价混凝土的各项技术指标十分重要。由于碾压混凝土施工工艺决定混凝土中存在较多层面，其渗透特性是评这碾压混凝土质量的一个重要指标，如库水沿层缝面或薄弱部位进入坝体，则会增加坝体的孔隙水压力及扬压力，降低坝体的抗滑稳定性。再则，渗透水还会将混凝土结构中的 Ca（OH）和其他成分带走，影响混凝土强度和耐久性，而测定指标的方法在我国《水工碾压混凝土施工规范》中明确指出，现场钻孔压水试验是评定碾压混凝土大坝抗渗性的一种方法。

芯样外观描述：评定碾压混凝土的均质性和密实性，评定标准见表 5～表 7。

表 5　碾压混凝土芯样外观评定标准

级别	表面光滑程度	表面致密程度	骨料分布均匀性
优良	光滑	致密	均匀
一般	基本光滑	稍有孔	基本均匀
差	不光滑	有部分孔洞	不均匀

注　本表适用于金刚石钻头钻取的芯样。

坝体混凝土压水试验成果计算：

根据《水利水电工程钻孔压水试验规程》（SL 31—2006）其试段透水率按下列计算：

$$q=Q/L:1/P$$

式中 q——试段透水率，Lu；

L——压水段长，m；

Q——流量，L/mim；

P——试段压力值，MPa。

表 6　　观音岩电站右岸大坝碾压混凝土大坝 1 号压水试验检测成果表

（坝块：27　　孔号：2 号　　孔口高程：1087m）

试段编号	孔段高程/m		段长/m	压水			备注
	起	止		流量/(L·min^{-1})	压力/MPa	透水率/Lu	
一段	1086.5	1083.5	3	0.1288	0.3	0.1431	第一段 0.5～3.5m
二段	1083.5	1080.5	3	0.0351	0.3	0.0390	
三段	1080.5	1077.5	3	0.1030	0.3	0.1144	
四段	1077.5	1074.5	3	0.0280	0.3	0.0312	
五段	1074.5	1071.5	3	0.0289	0.3	0.0322	
六段	1071.5	1068.5	3	0.04508	0.3	0.05008	
七段	1068.5	1065.5	3	0.05796	0.3	0.0644	
八段	1065.5	1062.5	3	0.04180	0.3	0.0232	
九段	1062.5	1059.5	3	0.07084	0.3	0.07871	
十段	1059.5	1056.5	3	0.08372	0.3	0.04651	

表 7　　观音岩电站右岸大坝碾压混凝土大坝 2 号压水试验检测成果表

（坝块：27　　孔号：2 号　　孔口高程：1087m）

试段编号	孔段高程/m		段长/m	压水			备注
	起	止		流量/(L·min^{-1})	压力/MPa	透水率/Lu	
一段	1086.5	1083.5	3	0.0374	0.3	0.04160	第一段 0.5～3.5m
二段	1083.5	1080.5	3	0.0514	0.3	0.05720	
三段	1080.5	1077.5	3	0.05796	0.3	0.06440	
四段	1077.5	1074.5	3	0.03864	0.3	0.04293	
五段	1074.5	1071.5	3	0.0354	0.3	0.03930	
六段	1071.5	1068.5	3	0.0393	0.3	0.04360	
七段	1068.5	1065.5	3	0.02576	0.3	0.02862	
八段	1065.5	1062.5	3	0.08050	0.3	0.08944	
九段	1062.5	1059.5	3	0.04510	0.3	0.02500	
十段	1059.5	1056.5	3	0.0386	0.3	0.02140	

成果分析：由现场压水试验检测计算成果资料可知，共进行的 20 段次压水，最小透水率为 0.0214Lu，在 2 号孔高程 1059.5～1056.5m；最大透水为 0.1431Lu，在 1 号孔高程 1086.5～1083.5m。0～0.1Lu 之间共 18 段次：即 1 号孔中的第二、第四、第五、第六、第七、第八、第九、第十段和 2 号孔的第一、第二、第三、第四、第五、第六、第七、第八、第九、第十段。0.1～0.2Lu 之间共计 2 段次，即 1 号孔中的第一、第三段。

在右岸 26、27 坝段各布一个孔位即 1 号孔和 2 号孔，其中 1 号孔在高程 1087～1062m 之间为二级配 C_{15}W8F100 碾压混凝土，在 1062～1055 之间为二级配 C_{20}W8F100 碾压混凝土，实测透水率均小于设计要求的 0.5Lu，合格率为 100%；2 号孔在高程 1087～1062m 之间为三级配 C_{15}W6F100 碾压混凝土、高程 1062～1055m 之间为三级配 C_{20} W6F100 碾压混凝土，实测透水率均小于设计要求的 1Lu，合格率为 100%。

根据以上情况的检测结果，符合碾压混凝土技术要求的各项指标中分类标准的Ⅰ标准，20 段压水试验结果证明属混凝土Ⅰ类标准率 100%。

6 结束语

经过检验和试验，碾压混凝土的抗渗性能及层间结合优良，各项指标均满足设计和规范要求，质量控制效果显著。通过原材料、拌和、仓面施工过程控制形成质量优良的碾压混凝土重力坝。所得的技术成果，可供类似工程参考。

地下工程

高压固结灌浆在粉质黏土中的可灌性试验

范双柱　秦　铎　帖军锋

【摘　要】：通过对天生桥二级水电站3号主洞第六不良段灰黑色粉质黏土和黏土夹块石这两种介质的灌浆试验，证明这种地层介质具有很强的可灌性，高压固结灌浆可以改善这两种介质的物理力学性能，本灌浆试验的成功，为以后处理同类地层提供了科学依据和宝贵的经验。

【关键词】：高压固结灌浆　粉质黏土　灌浆试验

1　引言

南盘江天生桥二级水电站属引水式水电站，装机容量为132万kW，三条引水隧洞平均长约9.7km，内径8.7m、9.8m。本灌浆试验位于Ⅲ号主洞第六不良段2+870～2+930溶洞段，此洞段为最难处理的特殊洞段之一，为使本溶洞段高压固结灌浆取得良好的灌浆效果，要求在正式灌浆前进行高压固结灌浆试验。

2　地质条件

本溶洞段为一大型充填溶洞，溶洞发育于T_{2jj}混杂角砾岩与T_{1yn}^{2-2}中厚层白云岩交接部位，溶洞上游侧为T_{2jj}混杂角砾岩，溶洞下游侧及溶洞左洞壁底板为中厚层白云岩，右洞壁底板在孔深约47m以下为褐黄色强风化泥岩。溶洞影响段长75m，溶洞深度左壁8～36m，右壁47～95m。溶洞充填物在剖面上大致可分3层：第1层为灰黑色粉质黏土，局部夹有少量块石，呈可塑至硬塑状态，厚18～22m；第2层为黏土夹块石、大孤石，厚度约25～50m，块石含量25%～60%，黏土呈褐黄色，可塑状态；第3层为褐黄色黏土夹碎块石及砖红色砂质黏土，呈可塑状态，厚度10～35m，见图1。

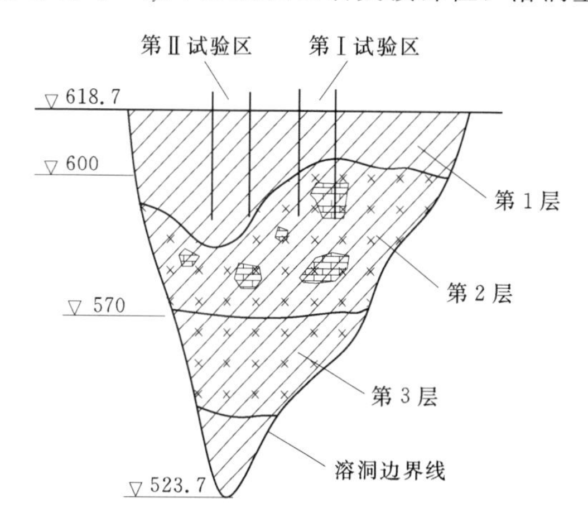

图1　溶洞右壁地质剖面图（单位：m）

3　灌浆试验孔布置

根据溶洞充填的地质介质情况，划分为两个试验区，并在两个区同时进行灌浆试验。Ⅰ试区桩号2+905～2+910.2，孔距1.4m，排距1.4m，孔数11个，梅花形布置。Ⅱ试区桩号2+890～2+895，孔距1.2m，排距1.2m，孔数14个，梅花形布置。为了解35m以下黏土夹块石层的可灌性，布置了新1～5号孔，孔口管镶至35m深处，灌浆从上往下灌两层8m；后为了缩短试验时间，布置了新6～9号孔（新6号孔—原10号孔，新7号孔—原14号孔，新8号孔—原5号孔，新9号孔—原11号孔），孔口管镶至11m深处，灌浆至上往下灌至17.5m孔深。两试区试验孔布置见图2。

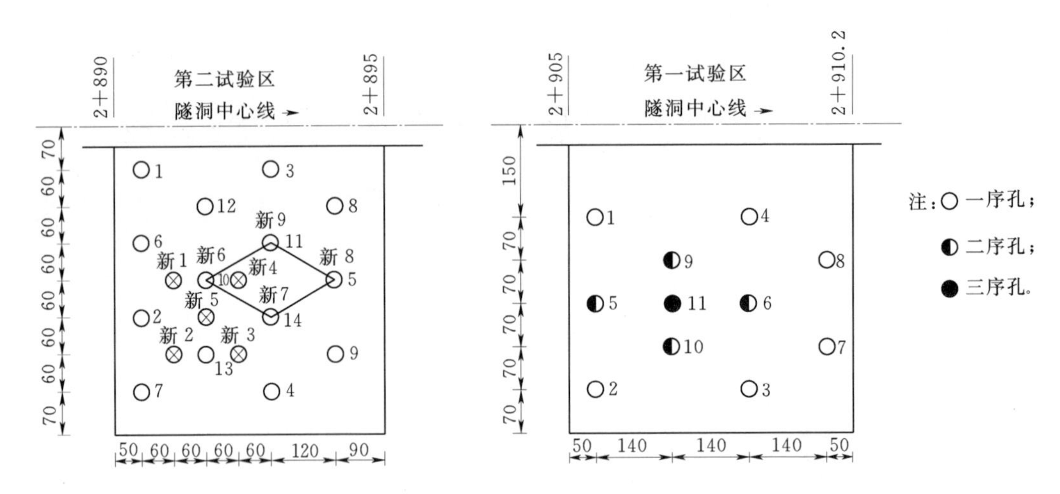

图 2 灌浆试验孔布置图（单位：mm）

4 灌浆试验施工工艺

4.1 施工程序

钻孔和灌浆分层分次序进行施工，即钻灌Ⅰ序孔第一层→钻灌Ⅱ序孔第一层→钻灌Ⅲ序孔第一层→钻灌Ⅰ序孔第二层→钻灌Ⅱ序孔第二层→钻灌Ⅲ序孔第二层，依次类推。

4.2 钻孔

开钻孔径为110mm，表层5.0m镶ϕ108mm孔口管。Ⅰ试区采用ϕ76mm金刚石钻头或ϕ75mm合金钻头进行少水钻孔；Ⅱ试区采用ϕ91mm硬质合金钻头进行无水钻孔。

4.3 灌浆方法

采用孔口封闭，自上而下，不待凝的分段灌浆法，Ⅱ试区和Ⅰ试区第一、第二、第三层（孔深5～11m）采用纯压式灌浆法，Ⅰ试区第四层（孔深11～17m）采用下射浆管至孔底0.5m的循环式灌浆法。灌浆过程由智能灌浆自动记录仪监控记录。

4.4 段长及灌浆压力

各试验区段长及灌浆压力见表1。

表1　　各试验区段长及灌浆压力表

试区	段位	段长/m	孔深/m	灌浆压力/MPa
Ⅰ试区、Ⅱ试区	第一段	1.0	5.0～6.0	1.0
	第二段	2.0	6.0～8.0	2.0
	第三段	3.0	8.0～11.0	2.5～3.0
	第四段及以下段	6.0	孔深增加6.0	4.0～6.0
Ⅱ试区新1～5号孔	第一段	2.0	35.0～37.0	4.0
	第二段	6.0	37.0～43.0	5.0～6.0
Ⅱ试区新6～9号孔	第一段	2.0	11.0～13.0	3.0～4.0
	第二段	3.0	13.0～16.0	3.0～4.0
	第三段	1.5	16.0～17.5	4.0～5.0

4.5　灌浆材料及浆液配比

灌浆用水泥采用普通硅酸盐525号水泥，浆液中加入15%～18%NE－F膨胀剂。水灰比开始采用1∶1、0.8∶1、0.6∶1、0.5∶1四个比级，后改为0.5∶1一个比级。

4.6　灌浆结束标准

灌浆结束标准须同时满足以下两个标准：①在设计压力下的灌浆时间不小于60min；②当吸浆量小于1.0L/min时，持续灌注时间不小于30min。

5　灌浆成果资料分析

5.1　水泥注入量分析

两试区共注入水泥960.63t，其中Ⅰ试区注入水泥426.35t，平均每米注入水泥4.74t；Ⅱ试区注入水泥534.28t，其中1～14号孔注入水泥243.69t，平均每米注入2.90t；新1～5号孔注入水泥84.12t，平均每米注入10.52t；新6～9号孔注入水泥206.46t，平均每米注入7.94t。两试区的平均每米注入量均较大，说明该地层具有很强的可灌性。

5.2　单位注入量和灌浆次序关系的分析

（1）Ⅰ试区：Ⅰ序孔单位注入量区间段数的频率分布较均一，主要在9%～27%区间内；Ⅱ序孔的分布主要集中在两端，单位注入量小于2t/m的段占72%，大于9t/m的段占28%；Ⅲ序孔单位注入量小于1t/m的段占58%，7～10t/m的段占34%，这表明Ⅱ序孔、Ⅲ序孔50%～70%段数的单位注入量小于2t/m，与Ⅰ序孔各段单位注入量相比有显著变化，说明各序次孔单位注入量有明显降低趋势。

（2）Ⅱ试区：1号14号孔只进行第一、第二、第三段（孔深5～11m）的灌注，第二、第三段（孔深6～11m）的灌浆在1.0～1.8MPa压力下形成一定的盖板后结束。新1号～5号孔当单位注入量大于10t/m后（未达到结束标准）停灌，表明此段地层介质具有良好的可灌性。新6号～9号孔Ⅰ序孔单位注入量在1～5t/m的段数占49%，大于9t/m的占39%，而Ⅱ序孔单位注入量在1～5t/m的段数占74%，大于9t/m的占26%。

以上分析表明：两个试区灌浆的单位注入量遵循随灌浆次序的增加而减少的规律，说明两种地质介质均具有可灌性。

5.3　各压力阶段水泥注入量的统计分析

（1）Ⅰ试区：在小于1.0MPa压力下的注入量占其总注入量的98.1%，且各序次间随着序次的增加注入量急剧减少。

（2）Ⅱ试区：1～14号孔在小于1.0MPa压力下的注入量占其总注入量的95.8%，Ⅰ序、Ⅱ序次孔每序注入量所占百分比均大于45%；新6～9号孔在小于1.0MPa压力下的注入量占总注入量的76.5%，在1.0～2.0MPa压力间的注入量占总注入量的18.4%，即在小于2.0MPa压力下的注入量占总注入量的95%以上。

以上充分说明两种地质介质均具有良好可灌性。

6　测试成果资料分析

6.1　灌浆前后室内土工试验成果分析

灌浆结束8d后取4组灰黑色粉质黏土层的芯样作土工试验，试验结果：①密度有增加，4组均大于灌前的1.97g/cm^3，为1.98～2.06g/cm^3；②状态由灌前的可塑变为灌后的硬塑状态；③c、f值灌后提高较大，c值提高3～4倍，f值提高3倍左右；④压缩系数和压缩模量变化较大，压缩系数降低 20%～40%，压缩模量提高 0.5～1 倍。由此说明，灌浆提高了灰黑色粉质黏土层的物理、力学参数，灌浆效果是明显的。

6.2 物探测试成果资料的分析

灌前：Ⅰ试区波速的最小值为 1027m/s，最大值为 3950m/s，平均值为 2459m/s，大于 2500m/s 的点占 38%；Ⅱ试区波速的最小值为 790m/s，最大值为 2200m/s，平均值为 1590m/s，大于 1650m/s 的点占 37%。

灌后：Ⅰ试区波速的最小值为 1216m/s，最大值为 3976m/s，平均值为 2860m/s，大于 2500m/s 的点占 85%；Ⅱ试区波速的最小值为 1480m/s，最大值为 2350m/s，平均值为 1910m/s，大于 1650m/s 的点占 85%。

分析表明，对于不同地质介质来说：黑色黏土介质地层的灌后波速平均值提高量为灌前的 10%～16%，而黏土夹碎石介质地层的灌后波速平均值提高量为灌前的 21.6%。

7 实际灌浆施工的效果

本不良地质段深孔高压固结灌浆在实际施工中共布置灌浆孔 230 个，注入水泥约 3944.88t，平均单位注灰量 339.7kg/m，可形成结石约 2960m^3，相当于待处理地层 34277m^3 的 8.6%。灌浆后地层介质波速较灌前各区间段均有较大提高，第一试验段内设计标准波速为 2500m/s，灌前小于设计标准的点占 29.6%，经灌浆后小于设计标准的点降至 7.5%，提高了 22.1%，且达到设计标准的点超过 90%。

8 结论

通过灌浆施工及其灌浆成果资料、测试成果资料的综合分析，说明灰黑色粉质黏土和黏土夹块石这两种介质具有很强的可灌性，高压固结灌浆对这两种介质的物理力学性能的提高是显著的，灌浆后地层介质得到了充分的压实，强度有了明显的提高。本灌浆试验工程的成功，为以后处理同类地层介质提供了科学依据和宝贵的经验。

大管棚技术在龙滩右岸导流洞施工中应用

张为通　唐思成

【摘　要】：龙滩右岸导流洞为亚洲最大导流洞。地质条件较差，断层和层间错动达400多组，在导流洞ER0＋690～ER0＋710四组断层切割交汇形成破碎带和1500t重的大楔形体的不良地质洞段的上层开挖中采用超前地质勘探和ϕ108mm，L＝10～24m壁厚6mm间距@50cm的无缝钢管的大管棚预灌浆超前支护有效地保护人员设备的安全，保证上层开挖支护施工的顺利进行。

【关键词】：右岸导流洞　大管棚　技术　应用

1　概述

龙滩右岸导流洞为亚洲最大导流洞，导流洞洞身段总长849.421m，洞身开挖断面为城门洞型，为特大型断面。下游开挖最大断面为（$H\times B$）26.15m×24.88m，面积596.4m^2；ER0＋684～ER0＋723断面为（$H\times B$）23.55m×18.7m，面积415m^2。

洞身段为泥板岩、灰岩互层，进出口为弱风化岩体，洞内分布有层间错动290组，断层117组。F_{29}、F_{30}、F_{31}、F_{48}、F_{50}、F_{60}、F_{89}等规模较大，断层影响破碎带宽一般0.5～10m，局部达20m影响带内岩体强风化，次生断裂发育，地下水发育。下游ER0＋690～ER0＋710地质条件很差，F_{29}、F_{30}、F_{31}四条大断层在顶拱上方围岩交叉切割形成巨大的三角楔体。

隧洞开挖遵循“长洞短打，大洞小打、分部开挖”的原则，总体程序上分上、中、下三层开挖。上层高8.0m，中层高8.0m，下层高6.0m，底部预留2.0m作保护层。上层开挖与支护到ER0＋690，采用地质钻机钻取岩芯，围岩地质状况很恶劣，为避免发生大规模塌方与施工安全，必须采用大管棚超前支护。

2　大管棚设计

下游ER0＋684～ER0＋723断面为（$H\times B$）23.55m×18.7m，为特大型断面不良地质洞段。F_{29}、F_{30}、F_{31}四条大断层在顶拱上方围岩交叉切割形成巨大的三角楔体。为避免发生大规模塌方与施工安全，如采用锚杆支护无法进行固结灌浆，为此采用大管棚预灌浆超前支护，横向形成钢性的拱圈，纵向形成梁。大管棚超前支护设计，见图1。

（1）从地质素描图知四条断层相切形成的楔体沿洞轴线最宽20m、短的长6m，管棚要穿越楔体深入相对较好围岩4m，因此管棚长度10～24m。

（2）经计算楔体重达1500多t，为此管棚管径选用ϕ108mm、管壁厚6mm的无缝钢管，间距50cm，单节长6m，节间采用螺纹套管连接，前端设锥形尖头，钻三排灌浆小孔ϕ10mm，间距d＝150mm，梅花布置，管棚前端1.0m，布设灌浆小孔。

（3）管棚外倾角3°～5°。

（4）在破碎带造孔时采用高岭土泥浆循环护壁，防止塌孔。

（5）利用管棚花孔对楔体和断层破碎带进行固结灌浆。

2.1　大管棚施工程序和施工方法

大管棚施工程序：

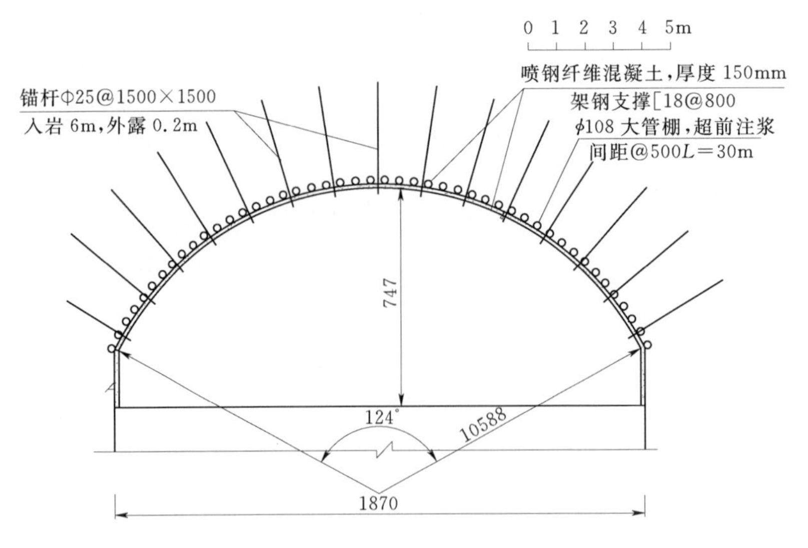

图 1　大管棚施工布置图

地质超前探测→设计管棚→钢管加工→洞壁扩挖、初期支护→搭设施工平台→测量放样→钻孔、安装钢管→固结灌浆→开挖支护。

2.2　大管棚施工方法

（1）地质超前探测：导流洞上层开挖至 ER0＋690，F_{29}已揭露出 3m，F_{30}刚出露，为更好指导施工，在左右两侧及顶拱采用地质钻机钻取岩芯进行超前探测，并绘制地质素描图。

（2）根据地质素描图的围岩状况进行管棚设计。

（3）钢管加工：购买合格的 ϕ108mm，管壁厚 6mm 的无缝钢管，根据管棚平面布置编排序号；根据每根管棚设计长度下料，在钻床上钻灌浆花孔，小孔排距间距误差小于 10mm；购买适合的套筒，钢管连接的端头车丝，一端正丝牙一端反丝牙；加工一个钻杆与钢管的连接套。

（4）洞壁扩挖、初期支护：ER0＋685～ER0＋690 洞壁扩挖加宽 30cm，并架钢支撑[18@80cm、打锚杆Φ25@1.5m，L＝6m、喷钢纤维混凝土厚 15cm，为使灌浆时不漏浆，开挖轮廓线内 2m 的撑子面也喷素混凝土厚 10cm。

（5）搭设施工平台：ER0＋683～ER0＋690 使用 ϕ48 钢管搭设满堂脚手架，横跨 1.5m 步跨 1.0m，在顶层铺竹跳板，在距掌子面 3.5m 处安装两台地质钻机，地质钻机前采用长 2m 开半 ϕ120 钢管设空心钻杆导向支座，固定在脚手架上。脚手架根据钻孔要求一层层往下降。

（6）测量放样：采用全站仪测出每根管棚中心点，在已喷混凝土面上用红油漆画圈并用水泥钢钉钉在中心点上并按顺序编号；管棚轴线控制：采用管棚轴线偏移 30cm 线控制，在掌子面上采用管棚中心点的方法标出该点外偏移 30cm 位置，和管棚轴线后延 6m 处外偏移 30cm 垂直位置点，如该点挂空无法标记则标在洞壁上，记录好如何找到该点有关数据。

（7）钻孔及泥浆护壁：采用两台地质钻机（GQ～60）由顶拱开始分别从左右两侧钻孔。钻机安装时钻杆中心线要和管棚设计中心线重叠，钻机与钻杆导向支座要固定好，在钻孔过程中经常用水平尺或测量放样时已定的管棚中心线外偏移 30cm 线校正钻孔倾角与中心线，如有偏差立即改正，每钻孔 6m 深就把钻杆套管取出用测斜仪测倾角。钻孔到断层及破碎部位要采用高岭土泥浆循环护壁，并及时加浆保持泥浆浓度，避免塌孔。

（8）安装钢管：每钻好一个孔就安装一个孔，先用人工推进接套管，一节节安装，人工无法推进时，采用反铲辅助推进，但钢管端头要保护好，或采用已加工好的一个钻杆与钢管的连接套连接钢管旋转推进，如多次努力不能安装则取出钢管重新打钻，再安装。安装完毕后再进入下一孔循环。

（9）固结灌浆：每钢管安装完毕后先将孔前端 1m 用高压水冲洗干净岩粉与泥浆，钢管与孔壁间缝用干海带堵塞前端宽 10cm，再用砂浆（加入早强剂）把后段堵塞；待砂浆强度达到 70%后，且钢管全部安装完毕，采用两台灌浆机由上而下分别从两侧按固结灌浆方法灌浆，并按要求质量检查合格。

（10）开挖支护：灌浆达到强度 70%后，开始开挖。采用“眼镜”法开挖，循环进尺 1.0m 左右，并及时采用打锚杆、架钢支撑与喷混凝土联合支护。

3 实施效果和推广应用

采取上述施工方案和施工措施精心组织施工，用时 8d 完成大管棚施工，用时 12d 时间完成开挖支护，共用 20d 时间安全地渡过如此特大断面、四条断层及破碎带切割形成的 20m 不良地质洞段，有效地保护人员设备的安全保证了上层开挖支护施工的顺利进行。

国内外一些大型地下洞室开挖支护往往只顾施工进度，盲目冒进结果在不良地质洞造成大规划塌方，甚至造成人员伤亡和机械设备损失。不良地质洞段（Ⅴ类以上）、洞口锁口、特别是由于环保需要不允许明挖破坏植被和地形的需在覆盖层上进洞的洞口采用超前地质勘探和在必要时采用大管棚预固结灌浆超前支护是行之有效的新方法，可在大型隧道以及地下厂房、大型地下洞室不良地质地段开挖中推广应用。

地下工程中基于人工神经网络的岩爆预测

张轩庄

【摘　要】：通过收集国内外多个地下工程实际岩爆资料，分析了影响岩爆发生的主要因素，运用人工神经网络方法，建立了岩爆预测的人工神经网络模型，并根据某地下工程的实测参数，验证了预测模型的可靠性。结果表明，所建立的模型具有较高的预测精度。

【关键词】：地下工程　人工神经网络　岩爆预测

1　引言

岩爆是高地应力条件下地下工程开挖过程中，硬脆性围岩因开挖卸荷导致洞壁应力分异，岩体内原先储存的弹性应变能突发性的急骤释放，因而产生爆裂松脱、剥落、弹射甚至抛掷现象的一种动力失稳地质灾害，这种岩体内储存的应变能是因久远的历史年代内由于地壳构造运动而积聚生成的。

岩爆是一种力学过程十分复杂的动力现象，从国内外发生岩爆的情况统计资料分析，它分布范围广，几乎在所有的地下工程如采掘业、核电、水电、铁路、公路交通等领域都出现过岩爆。其生成环境、发生地点、宏观和微观显现形态多种多样，它的显现程度和造成的破坏程度相差很大，岩爆作为地下工程的一大危害，直接威胁施工人员、设备的安全，影响工程进度，如何有效地减轻岩爆引起的灾害，已成为世界性的地下工程难题之一。

研究地下工程岩爆等非稳定性问题，目的在于对这种非稳定性问题进行预测，以便提前采取积极的措施，预防安全事故的发生。岩爆的预测可分为两个阶段或为两个层次：①岩爆的倾向性预测；②岩爆的短期预报。岩爆的倾向性预测主要是依据对岩体的力学性质、应力状态的研究结果预测未来地下工程施工过程中是否发生岩爆、发生岩爆的大致区域和强烈程度，不需要指明岩爆发生的确切时间，主要在勘察设计阶段进行。短期预报则实际上就是地下工程施工过程中掘进开挖工作面的日常预测，要求提供岩爆发生的地点、量级和确切的时间等信息。根据对已有的资料分析，国内外已开发了十几种岩爆预测预报方法，笔者认为这些方法往往具有一定的片面性，所采用的具体指标各有差异，因此，进行岩爆预测时带有判别者人为因素的影响。本文采用BP神经网络原理，建立了一种能够综合考虑多种因素、减少人为因素的更具客观性和通用性、预测精度更高的岩爆预测方法，为地下工程岩爆倾向性预测提供了一条新的途径。

2　BP人工神经网络基本原理

人工神经网络的研究在度过相对平静的20世纪70年代以后，近几年又在学术界引起广泛而浓厚的兴趣。这一领域东山再起的原因之一是找到了具有潜力的多层神经网络学习算法——所谓的反向传播学习算法。事实上，反向学习算法适用于任何前馈网络系统。图1表示一个三层神经网络模型，包括输入层、隐含层和输出层。隐含单元与输出单元之间，输出单元与隐含单元之间通过相应的传递权值 W_{ij} 和 W'_{ij} 逐个相互联结，用于模拟细胞间的相互联结，各输入信息加权加和后得到一称为net的量，该net信号经过一激发函数的处理得到 f（net），f 通常称为S型（Sigmoid）函数：

$$f(x)=\frac{1}{1+\exp(-x)} \tag{1}$$

当给定一个输入向量 $x=(x_1,x_2,\cdots,x_n)^T$ 后，网络依次向前计算出隐层的输出 $x'=(x'_1,\cdots,x'_{n1})^T$，以及网络的输出 $y=(y_1,\cdots,y_m)^T$，所采用的计算公式为：

$$x'_j=f(\sum_{i=1}^{n}W_{IJ}x_i-\theta_j) \tag{2}$$

$$y'_j=f(\sum_{i=1}^{n}W_{ij}x_i-\theta_j) \tag{3}$$

对于一个给定的输入-输出数据对 (x, d)，$x\in R_n$，$y\in R_m$。图 1 表示的三层神经网络的权值可用下面的反向传播算法来调整，这是一种迭代最速下降法，算法的目的在于使多层感知器的实际输出 y 和期望输出 d 之间的均方误差为最小。

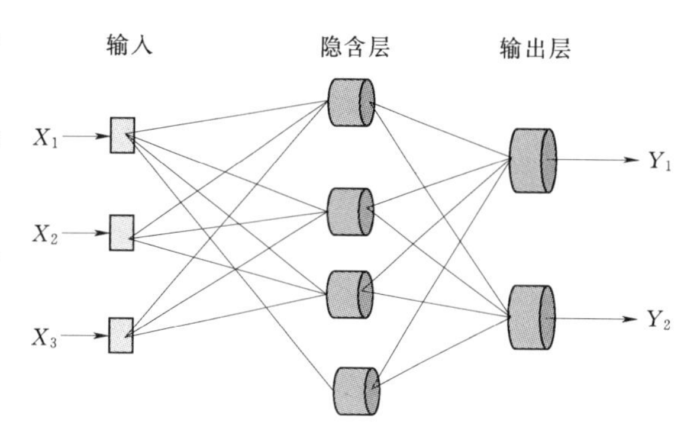

图 1　三层神经网络模型

BP 网络算法包含前馈计算阶段和反向调整权数阶段，运行是单向的，它是一个非线性映射系统，其运算过程如下。

(1) 初始权值和阀值。将所有权值和神经元阀值都设定为较小的随机数。

(2) 利用期望的（已知）输入-输出数据对。将一对期望的输入-输出数据对 (x, d) 中的 x 输入神经网络的输入层，并将网络的输出设定为期望输出 d。在这反向传播学习过程中每一对输入-输出数据均可循环利用直至权值稳定为止。

(3) 计算实际输出。利用式 (1) 的 S 型函数和式 (2)、式 (3) 就可求出网络的输出 $y=(y_1,\cdots,y_m)^T$。

(4) 调整权值采用一种从输出层开始，逆向计算返回隐层的逆推算法。调整权值的计算公式如下：

$$W_{ij}(k+1)=W_{ij}(k)+a\delta_j x'_i \tag{4}$$

式中　$W_{ij}(k)$——k 时刻隐层神经元 i 的权值，也可以是 K 时刻从某输入到神经元 i 的权值；

a——学习速率，对于学习精度要求较低的问题，可用较大的学习速率 a 值收敛，对于学习精度要求较高的问题，学习速率不宜取得过大，一般在 0.7 以下，否则振荡较大；

δ_j——神经元 j 的误差项。如果神经元 j 为一个输出神经元，则：

$$\delta_j=y_j(1-y_i)(d_j-y_j) \tag{5}$$

式中　d_j——神经元 j 的期望输出；

y_j——实际输出。

如果神经元 j 为一个内部隐神经元，则：

$$\delta_j=x'_j(1-x'_i)\sum_{l}\delta_l W_{jl} \tag{6}$$

式中 l 等于与神经元 j 处于同一层的全部神经 元的数目，内部神经元阀值可以用类似的方法来调整，但需假设这些阀值是与附加值定常输入有关的连接权值。

(5) 重复第 (2) 步。

3　基于人工神经网络的岩爆预测模型

为了解决单纯依靠单指标预测岩爆不可靠的问题，建立了一个基于人工神经网络的自适应模式识别系统，网络中的输入层、隐层和输出层分别由 3 个输入神经元、10 个隐单元和一个输出神经元组成。在输入层和隐层各设置一个特殊单元用作阀值单元，其值设为 1。

3.1　影响岩爆发生主要参数的确定

岩爆是在引起岩爆发生的内、外因素共同作用下的一种动力失稳现象。只有在具有发生岩爆固有属性的岩体中，同时又具备使该岩体发生岩爆的外部必要条件，岩爆才会发生。岩爆形成的内、外条件组合一起，形成了岩爆预测的充分必要条件，根据这一理论思想，选择如下几个影响岩爆发生的预测参数。

(1) 与岩爆发生的内部必要条件有关的预测参数包括：岩石的强度、变形特性和岩体结构特征等，可以用岩石的单轴抗压强度 σ_c，单轴抗拉强度 σ_t，弹形变性能指数 W_{ET}，岩体完整性系数 K_v 等指标来衡量。

(2) 与岩爆发生的外部必要条件有关的预测参数包括：原岩应力场大小，地下工程或矿体开挖后，洞室或采矿场周边围岩最大主应力 σ_θ。这是两个不同的物理量，但两者之间又有一定的联系。

根据对已有资料统计分析，岩爆的可能性与以上各参数间大致见表 1 的关系。

表 1　　岩爆烈度与各指标的关系

指　标	无岩爆	弱岩爆	中岩爆	强岩爆
σ_θ/R_c	<0.3	0.3～0.5	0.5～0.7	>0.7
R_c/R_t	>40	40～26.7	26.7～14.5	<14.5
W_{ET}	<2.0	2.0～3.5	3.5～5.0	>5.0

正如上文所述，由于岩爆与其影响因素之间存在非常复杂的非线性关系，表 1 所列的只是一个岩爆可能性与各参数间统计关系，不同的学者所提出的同一参数的分类值都有所不同，但一个共同的认识是表 1 中所列的 3 个参数 σ_θ/R_c、R_c/R_t、W_{ET} 作为岩爆预测参数是较为合适的，能较好地反映发生岩爆的内外两方面的条件。因此，选择以上 3 个指标作为影响岩爆发生主要参数。

3.2　岩爆 BP 神经网络的识别过程

系统的模式识别包括以下两个步骤：

(1) 积累岩爆特征参数与相对应的工程岩爆是否发生的原始资料，作为样本通过 BP 算法训网络，构造输入参数和岩爆是否发生之间的非线性映射。表 2 岩爆预测 BP 神经网络学习样本为国内外 20 多个地下工程的实际资料。

表 2　　岩爆预测 BP 神经网络学习样本

序号	工 程 名 称	岩爆参数			岩爆状况
		σ_θ/R_c	R_c/R_t	W_{ET}	
1	铜陵有色金属公司冬瓜山铜矿	0.44	11.11	3.99	有岩爆
2	西安—安康铁路秦岭隧道	0.49	13.40	6.53	有岩爆
3	天生桥二级水电站引水隧道	0.34	24.0	6.60	有岩爆
4	二滩水电站 2 号支洞	0.41	29.7	7.30	有岩爆
5	龙羊峡水电站地下洞室	0.106	31.2	7.40	无岩爆
6	鲁布革水电站地下洞室	0.227	27.8	7.8	无岩爆
7	鱼子溪水电站引水隧道	0.53	15.0	9.0	有岩爆
8	太平驿水电站地下洞室	0.38	17.6	9.0	有岩爆
9	李家峡水电站地下洞室	0.096	23.0	5.7	无岩爆
10	瀑布沟水电站地下洞室	0.36	20.5	5.0	有岩爆
11	锦屏二级水电站引水隧道	0.82	18.5	3.8	有岩爆
12	拉西瓦水电站地下厂室	0.315	24.1	9.3	有岩爆
13	挪威 Sima 水电站地下厂室	0.27	21.7	5.0	有岩爆
14	挪威 Heggura 公路隧道	0.357	24.1	5.0	有岩爆

续表

序号	工　程　名　称	岩爆参数			岩爆状况
		σ_θ/R_c	R_c/R_t	W_{ET}	
15	挪威 Sewage 隧道	0.42	21.7	5.0	有岩爆
16	瑞典 Vietas 水电站引水隧道	0.44	26.9	5.5	有岩爆
17	瑞典 Forsmark 核电站冷却水隧道	0.38	21.7	5.0	有岩爆
18	苏联 Rasvumchorr 矿井巷	0.317	21.7	5.0	有岩爆
19	苏联基洛夫矿	0.30	20.4	5.0	有岩爆
20	日本关越隧道	0.377	28.4	5.0	有岩爆
21	意大利 Raibl 铅硫化锌矿井巷	0.774	17.5	5.5	有岩爆

网络以收集到的样本特征变量经过归一化处理后作为输入，期望输出按以下方法给定：无岩爆发生时为（0，1），有岩爆发生时为（1，0）。

训练网络模型时，当所有样本在网络中输出节点的实际输出 y_i 与网络的期望输出 d_i 之间的最大误差 E_{max} 小于预先给定的精度 ε，即：

$$E_{max}=\max(y_i-d_i)\leqslant \varepsilon \quad i=1\sim n \tag{7}$$

式中　n——样本总数。

由上述步骤看出，学习结束时，该网络是在允许误差条件下的最佳映射。

（2）实测参数经过归一化处理后，输入训练好的网络模型，网络自动识别岩爆是否发生状态。识别的方法是首先输入待识别的样本参数 W（σ_θ/R_c、R_c/R_t、W_{ET}），经训练好的网络变换后输出 y_w，将其与各个模式的期望输出相比较来判断。

4　某地下工程岩爆预测

某地下工程埋深约 950m，据地应力测试资料，沿岩层走向方向的水平应力为 28MPa。在工程地质钻探过程中均发现不同程度的岩芯饼化现象，且在现场调查过程中，在隧道所处的灰色中厚层灰岩夹鲕状灰岩、白云质灰岩（C_{2w}）中发现侧帮岩体有较为典型的片状剥落现象，见图 2 和图 3。该岩层与岩爆有关的参数及 BP 人工神经网络的预测结果见表 3。

图 2　隧道开挖后右帮片状剥落

图 3　隧道开挖后右帮底部片状剥

表 3　隧道所处地层（C_{2w}）与岩爆有关的参数

参数	R_c	R_t	R_c/R_t	σ_θ/R_c	W_{ET}	预测结果
C_{2w}	54.23	2.49	21.78	0.31～0.47	3.17	有岩爆

σ_θ 为根据有限元计算结果得出的结果。

以上结果表明：该区域白云质灰岩（C_{2w}）岩层在已具有原岩应力作用下，确实存在岩爆可能性，岩爆 BP 神经网络模型预测结果与现场实际情况非常吻合。

5　结论

本文分析了影响岩爆发生的主要因素，采用 σ_θ/R_c、R_c/R_t、W_{ET} 3 个参数作为岩爆预测参数，建立了岩爆预测的神经网络模型，它能科学地利用以往的工程实测资料，避免了对于岩爆可能性预测时人为因素的影响；随着工程实测资料的丰富，将更能提高预测的精度，对施工过程中采用相应的支护措施以及加快施工进度、保证安全具有重要意义。

小导管注浆技术在南水北调暗涵工程中的应用

张尹耀　金良智

【摘　要】：南水北调中线北京段西四环暗涵为砂砾（卵）石地层，采取浅埋暗挖法施工。其中，小导管超前注浆至关重要，它不仅是控制施工进度的主要因素，还是保证施工安全的有效方法，既能起到超前勘探和超前锚杆的作用，又能加固土体，防掌子面坍塌。为此，对南水北调中线北京段西四环暗涵浅埋暗挖施工中小导管注浆技术进行总结，以为今后类似工程提供参考和借鉴。

【关键词】：暗涵　浅埋暗挖　小导管注浆　南水北调工程

1　工程概况

南水北调北京段西四环暗涵全12.64km，为双管输水，上部覆土为人工填土及砂砾（卵）石层，采用浅埋暗挖法修建，正台阶法开挖，复合式衬砌结构，初期支护为格栅钢架加30cm厚喷射混凝土，二衬为30cm厚C30模筑钢筋混凝土，初期支护与二衬之间铺设连续防水板，辅助施工措施为上半拱180°ϕ25mm超前小导管注浆预加固地层。

2　小导管预注浆施工方案

沿线暗涵主要埋置在砂砾（卵）石层中，周边环境极其复杂，暗涵所穿越的西四环路为北京市主干道，交通繁忙，往来车辆多，所穿越的河道、立交桥及地铁等重要城市设施上覆土体厚度和两涵间距较小，地面荷载复杂，地下管线、人防工程及古墓较密集，局部地层可能会有上层滞水，施工要求极高，施工难度较大，尤其是地表沉降须严格控制。因此，应采用超前小导管注浆支护措施，在超前小导管与注浆固结体形成的支护保护圈下进行开挖，以防止土体失稳坍塌，引起地层损失而造成地表沉降。同时，注浆范围必须得到有效控制；否则，注浆可能导致地表隆起，直接影响交通安全，因而可采用上拱180°范围小导管注浆来加固周围土体，使其在开挖外圈形成止水帷幕，以切断地层滞水与工作面土体的直接联通，保证开挖时掌子面前方土体稳定，并对掌子面进行小导管注浆加固。非桥区小导管长度170cm，外插角22°～25°，环向间距30cm，纵向间距50cm；掌子面小导管长度120cm，横向间距50～100cm，纵向间距100cm，水平打入，所注浆液全部为改性水玻璃。

2.1　小导管制作

小导管采用ϕ25mm无缝钢管制成，壁厚3.5mm，单根长度1.70～2.25m。加工时先将管口端20cm长部分用氧焊割成三瓣花叶状，再用铁锤将三瓣花叶状钢片向钢管轴心方向敲拢成为25°～30°的锥体，用电焊焊接锥体分缝部位，使其密封性良好。端头花管长1.20～1.75m，溢浆孔眼6～8mm，每排4孔，交叉排列，孔间距20mm。

2.2　封闭掌子面

由于砂砾（卵）石地层受震动或有外力作用时极易坍塌，因此注浆前必须封闭掌子面，采用喷C30混凝土5～10cm厚进行封闭掌子面，必要时局部挂网。待喷射混凝土达到一定强度后方可进行注浆施工，以防混凝土强度不够造成封闭止浆失效、漏浆而达不到固结土体的目的。

2.3　钻孔及小导管安设

小导管打设采用引孔顶入法，先用 YT－28 型气腿式手风钻或煤电钻按外插角 22°～25°引孔，或用吹管将砂石吹出成孔，吹管管径不得大于 50mm，然后用风镐将小导管顶入地层，小导管外露 10～20cm，小导管布设合格后用棉纱加塑胶泥将小导管周围封堵密实，以免注浆过程中沿小导管周围跑浆。小导管安设完毕后，其端部应焊接在格栅钢架上，与格栅钢架共同作用，达到最佳支护效果。

2.4　注浆施工

注浆采取纯压式注浆法，即利用止浆系统，直接向小导管内注浆，而不设回浆管路。通过注浆压力和溢浆孔，使浆液向周围扩散挤入地层。注浆顺序原则上逐渐缩小孔距，由低到高，先注无水孔，后注有水孔；或由拱脚向拱顶逐管注浆，如遇窜浆或跑浆，则间隔 1 个孔或几个孔注浆。这样有效地形成挤压、密实作用，达到注浆目的。注浆过程中要根据不同地层及掌子面含水情况，将胶凝时间调整在 30～120s，以防止浆液随地层流失过远而造成浆液的浪费和注浆效果不佳。单管注浆结束后应迅速用棉纱将孔口堵设，防止注入的浆液倒流，然后移至下一管继续灌注。

3　特殊地段注浆措施

3.1　过桥区注浆措施

在桥的基础前后各 3m 范围内采用全断面小导管注浆加固，导管选用 25mm、壁厚 3.5mm 的无缝钢管。拱顶、拱底和暗涵间的小导管长度 170cm，端头花管长 120cm，孔眼 6～8mm，每排 4 孔，交叉排列，孔间距 20cm，小导管间距 30cm。拱顶小导管外插角 10°～15°，开挖步距 50cm，开挖一步注浆一次。暗涵间小导管与洞线以水平夹角 45°打入，每开挖两步注浆一次。拱底小导管与洞线以水平夹角 15°打入，每开挖两步注浆一次。桥的基础两侧注浆小导管长度 225cm，端头花管长 175cm，以与洞线 45°水平夹角打入，每开挖两步注浆一次。

3.2　暗涵穿越地下管线的注浆措施

当暗涵穿越地下管线时，应从注浆压力、注浆量及小导管的外插角三方面进行控制，减小注浆对管线的集中侧压力，防止因注浆而引起管线破坏。过管线段时注浆压力不得大于 0.3MPa，并由专人负责控制，专人操作注浆泵。注浆泵出浆口设回浆闸阀，注入量严格按设计量进行控制。小导管锥头距管线的安全距离不得小于 1.0m，外插角偏差不得大于 5°。当管线距离暗涵拱顶较小时，缩短小导管长度，避免小导管注浆对管线造成破坏。

4　结束语

小导管注浆为南水北调北京段西四环暗涵施工中主要辅助施工措施，效果很好，不仅有效地控制了暗涵及地表沉陷，对预防暗涵坍塌也起到了关键性作用。但在砂砾（卵）石地层中，注浆施工仍有许多急待探讨和解决的问题。

（1）注浆过程中对注浆压力、注浆量及胶凝时间要求较高。而由于地层滞水，浆液的胶凝时间和固结将受到一定影响。因此，施工中应严格控制注浆压力、注浆量及混合液胶凝时间；同时，应尽量采取措施排除地层滞水，使小导管注浆在无水条件下作业。

（2）注浆过程是一个工艺控制过程，在满足设计要求的情况下，应适当调整局部注浆管，并保证两侧拱脚的注浆加固区域没有留下盲区。

（3）针对不同的施工地层，采取不同的施工工艺和注浆材料。中砂及粉细砂地层先打入小导管，合格后再喷混凝土和注浆；粗砂和砾石易塌方地层，则先预埋小导管，再喷混凝土封闭，然后打入小导管，合格后进行注浆作业；含水的砂砾石地层，则采用水泥-水玻璃双液浆进行灌注。

大型洞室的施工技术与管理

吴桂耀

【摘 要】：导流洞工程的施工是为水电站大坝创造条件，是大江截流的关键性工程，而大江截流是水电站的标志性里程碑，采用科学的施工技术与管理是洞挖工程的关键所在。如何保证项目工程目标的实现，通过精心计划、决策实施、反馈调整、求真务实，使施工项目的进度、质量、安全和成本处于受控状态，项目管理是关键。

【关键词】：龙滩水电站导流洞　施工技术　进度计划　质量安全管理

1　工程概况

龙滩水电站是红水河梯级开发中的骨干工程，位于广西天鹅县境内的红水河上，坝址距天鹅县上游15km，工程以发电为主，兼有防洪和航运的综合工程，是西电东送的骨干工程。工程枢纽布置为：碾压混凝土重力坝；泄洪建筑物布置在河床中段；引水发电导流布置在左岸，右岸布置500t级通行建筑物；正常蓄水位按高程400m设计，装机容量为9×60万kW；施工导流在左、右岸各设置一条导流洞。

龙滩右岸导流洞由武警水电第一总队为责任方的江桂联营体中标，水电第三支队承建；工程于2001年6月开工，2003年8月30日完工。验收单元2159个，单元工程合格率100%，优良率88.7%。洞内混凝土11万m^3，只有5条宽小于0.02mm，长小于0.5m不连续的裂缝，未发生质量缺陷级等级事故，比合同工期提前一个月完成，工程质量评为优良等级。

1.1　导流洞工程

右岸导流洞主要由进口明渠、洞身段和出口明渠组成，全长1314.7m，其中进口段326.5m，出口段138.77m，洞身段849.42m，全断面混凝土衬砌，进口混凝土底板高程215.0m，出口混凝土底板高程214.15m，洞身坡降0.1%。

进口明渠326.5m，土石方明挖58万m^3，正面坡166m，高程245.0m以下设29m长的闸室段，引渠护坡和底部均为混凝土衬砌。

洞身段849.42m，断面为城门洞型，衬砌断面高21m，宽16m，最大开挖断面高26.15m，宽24.88m，是目前亚洲最大断面的导流洞。导流洞洞挖37万m^3，衬砌混凝土近11万m^3，各类锚杆近3万根，喷混凝土7400m^3，钢筋制安5791t。

出口明渠长138.77m，土石方明挖13万m^3，混凝土衬砌1万m^3。

1.2　地质情况

进口段边坡主要地质为泥板岩、灰岩互层相间，夹少量粉砂岩，由于受泥化夹层切割，岩体多呈软硬相间的薄层状结构，完备性差，风化破碎严重。洞身段穿过地层有泥板岩、灰岩、砂岩和粉砂岩。洞身除层间断层F_2、F_{65}、F_{35}、F_5、F_8外，还有F_{60}、F_{89}、F_{30}等较大断层切割，断层影响为附近次生断裂发育，隧洞进出口及洞室与主断面交汇部位围岩稳定性差。F_{30}断层是右岸导流洞的最大断层，其最大破碎带宽达4m多，洞身段70%～80%为Ⅲ类、Ⅳ类围岩和少量Ⅴ类围岩，成洞条件差。

出口明渠主要是砂岩夹泥板岩和砂岩与泥板岩互层岩体，岩体风化深 7～14m，出口洞脸部有一较大楔形体。

1.3 施工图纸滞后，给项目开工造成盲目性

导流洞能否按期完成是能否实现工程截流的关键，合同签订后，业主对导流洞工程还在进行优化设计，开挖高程下降 5m，施工图纸滞后 2 个多月，给施工支洞的实施带来诸多不便，使一开始就面临工期滞后的危机；到 2001 年年底一度工期滞后 103d。

2 施工技术与管理

水利水电工程项目施工管理的有效方法，目前主要采用项目法施工。项目法施工是项目管理的核心，如何发挥项目施工与管理中的四大职能：①计划职能，即用动态计划协调控制各个项目，通过调整协调有序地达到预期指标；②组织职能，即通过职权划分和授权，运用各种规定制度等方式，建立一个高效率的组织体系，保证项目目标实现；③协调职能，即根据工程需要在不同阶段、不同部门和不同层次间进行协调沟通；④控制职能，即要通过计划，决策实施、反馈和调整对项目实行有效的控制，按合同的要求，使施工项目的工期、安全、质量和成本都处于受控状态，达到预期的目标。

2.1 进度控制与管理

根据隧洞开挖特点，结合地形。地质和边界条件，遵循洞挖特点，提出“大洞小打，长洞短打，尊重科学，加强支护”的施工方法。

1. 改变进、出口明挖程序，增加进、出口开挖工作面

受地质及水文控制影响原合同中规定只有一条支洞，两个工作面进行开挖，经分析进口段明挖提前进行，进口边坡从开口高程 380.0m 到底板高程 215.0m，高达 165m，开挖方量 58 万 m^3，必须等坝肩开挖从高程 575.0m 开挖至高程 380.0m 后才能进行，通过分析利用高程 260.0m 台地，分上、下段进行进口明渠开挖，为进口段创造进洞条件，使隧洞开挖由 2 个工作面变成 4 个工作面，加快隧洞开挖，改善通风条件，创造施工环境，提高工作效率，赶回部分洞挖工期，创造月最大洞挖量 6.8 万 m^3 的好成绩。

2. 技术先行，做好施工预案

隧洞不良地质地段，采用大洞小打，短进尺，弱爆破，强行支护，减少坍塌和掉块。

进出口工作面根据地质情况，靠山内侧地质条件较好，采用打半边导洞作为交通，当全线贯通之后，再从里向外进行扩挖；进口导洞承担 0＋000～0＋258 的上层开挖和支护，出口导洞承担 0＋849.42～0＋720、230m 上层开挖和支护，为中、下层开挖和处理 F_{30} 断层创造优良条件。

3. 优化中、下层洞挖程序，为洞内衬砌混凝土创造条件

通常上层开挖及一期支护必须完成后，才能进行中、下层的开挖，而上层的一期支护又关系到中、下层的进度和安全，因此必须策划出中层支洞口和上层支护的关系，当上层开挖斜坡道进入中层开挖，并与中层支洞连接形成良好的开挖支护循环条件时，分别在洞内开设两条通往中、下层的半边斜坡道。

在中、下层断面开挖地段，提前做边墙预裂，采用液压潜孔钻打孔放炮，加快开挖进度；来不及板墙预裂地段采用先锋槽开挖，两侧光面爆破的施工方法，为加快开挖创造条件。对于底板采用预留保护层，光面爆破的方法进行开挖，捡底 100m 后与浇筑底板和边墙同步进行，形成流水作业。

4. 加强监测手段，保证施工安全，加快施工进度

在洞内选择有代表的五个断面安装监测仪器。

(1) 监测洞内围岩变形情况，指导一期支护，当开挖后围岩变形净空水平收敛变化速率小于 0.2mm/d 时，顶拱下降速度小于 0.15mm/d 时，且变形速度有明显的减缓趋势，说明围岩的变形量已达到预定变形量的 80%以上，围岩变形已趋安全。

(2) 监测洞内爆破是否造成劣质岩石进一步劣化。

用控制质点震速 $C_v=4$cm/s 控制，通过试验求出中、下层两侧预裂爆破质点震速回归方程为：

$$V_{横向}=2.65(Q^{1/3}/R)^{0.68} \quad 相关系数\ r=0.81$$

$$V_{纵向}=8.09(Q^{1/3}/R)^{0.99} \quad 相关系数\ r=0.905$$

先锋槽开挖对拱角处质点震速的回归方程为：

$$V_A=42.04(Q^{1/3}/R)^{1.1} \quad 相关系数\ r=0.83$$

在洞内爆破中，全部采用微差起爆方式，从而降低震速，保证施工安全，加快施工进度。

2.2 安全、质量管理

隧洞工程施工，必须始终贯彻安全第一、质量第一、进度第一的原则。安全工作以预防为主，质量工作以产品质量形成的全过程，进行质量控制。

由于导流洞断面大，总体上分三层开挖，每层 8m，下层预留 2m 保护层，导流洞分层开挖见图 1。

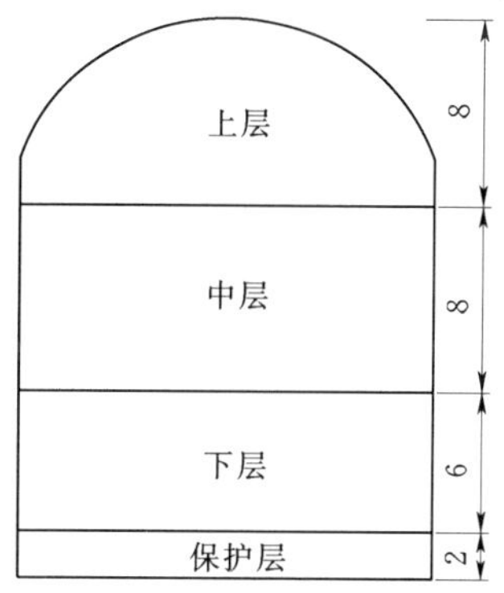

图 1　导流洞分层开挖（单位：m）

(1) 上层开挖是工期、安全控制的关键，必须根据不同的地质情况选择不同的施工方法，分别采用左、右导洞开挖及先中导洞后扩挖两侧边墙的施工方案。与设计轴廓线重合部分必须加强一期支护，扩挖部位应支护跟近，必须要加固钢支撑，上层开挖见图 2。

隧洞开挖要确保中心线和轮廓线在设计范围内，采用激光导向仪定出中心线，造孔前经测量人员在掌子面定出造孔位及轮廓线，依据施工图纸进行。造孔→装药→连线→再检查→出碴，第一次检查主要是孔位布置和角度、深度，第二次检查主要是安全和爆破效果。

(2) 中下层开挖，控制质量主要是在边墙预裂或先锋槽开挖后两侧光爆。根据边墙预裂效果多次调整爆破参数，得到一级较为满意的参数，见表 1、表 2。

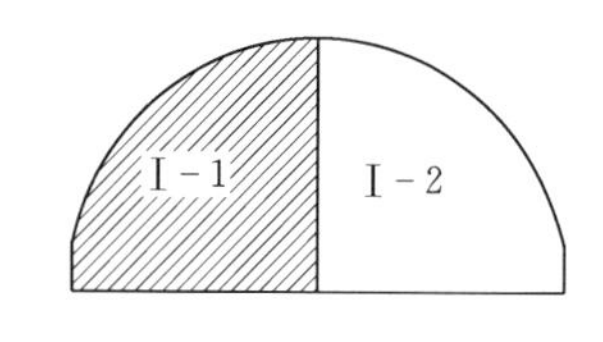

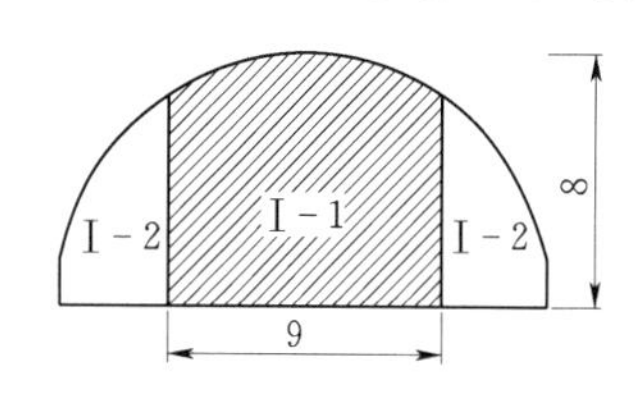

图 2　上层开挖（单位：m）

表 1　中、下层预爆破装药参数

围岩类别	堵塞长度/cm	加强长度/cm	线装药密度/(g·m⁻¹)
Ⅱ、Ⅲ	100	120	280～350
Ⅳ、Ⅴ	120	100	300～350

钻孔深 $h=8.5\sim6.5$m 孔间距 80～100cm，孔径 90mm，药径 32mm，不耦合数 2.8，最大单响药量 33kg/段，可 5～6 个孔中进起爆，用 3 段微差雷管作为段间接力雷管，若预裂孔与主爆孔同网起爆，预裂孔应超前 75ms 起爆。

表 2　中、下层梯段爆破参数

参数名称	中层		下层	
	缓冲孔	主爆孔	缓冲孔	主爆孔
钻孔直径/mm	90	90	90	90
钻孔间距/m	2.0	3.0	2.0	3.0
孔排距/m	1.2	2.5	1.2	2.5

续表

参数名称	中层		下层	
	缓冲孔	主爆孔	缓冲孔	主爆孔
孔超深/m	0.5	0.5	0.5	0.5
梯段高度/m	8	8	8	8
药卷直径/mm	45	70	45	70
不耦合数	2.0	1.3	2.0	1.3
单孔药量/kg	9	27	6	20
堵塞长度/m	1.2	2.5	1.2	2.5
最大单药量/kg		80		144
炸药单耗/($kg\cdot m^{-3}$)		0.45		0.45

先锋槽两侧光爆和底孔光爆，必须严格控制孔位、角度、深度和孔距，光爆孔孔径45mm，孔距30～50cm，装药结构采用ϕ25药卷，分成4段，装药密度为100～129g/m，爆破后残孔率达80%～90%。

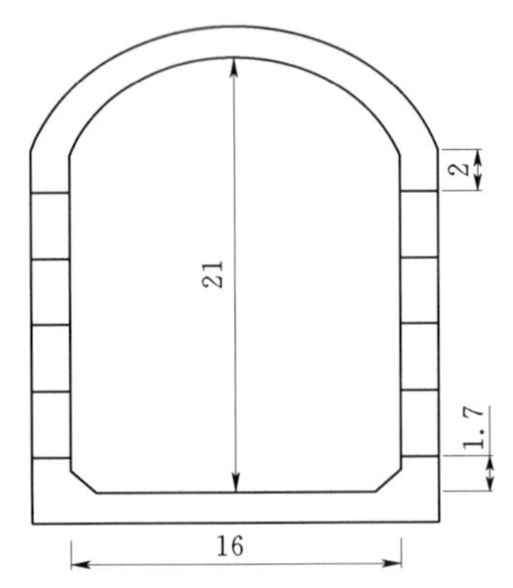

图3 隧洞衬砌混凝土（单位：m）

在隧洞衬砌混凝土施工中，始终保持捡底与浇筑相距50m以外，底板与边墙围转角，直墙与顶拱，两侧受力复杂部位必须一起浇筑（图3）。

边墙浇筑采用多卡模板，泵送混凝土上升速度在0.7～1.0m/h，顶拱采用12m长的钢模台车，上升速度控制在0.4～0.8m/h，确保边墙平衡上升，每浇筑一块顶拱环循时间为60h，进口闸室和渐变段，采用异型模板，变形，顶拱钢筋绑扎，采用7m长的钢模台车。850m隧洞采用2套钢模台车（钢筋台车，灌浆台车）既保证工期，又保证混凝土施工质量。

导流洞单元工程验收，共2159个，合格率100%，优良率88.7%。混凝土强度保证97%，强度标准差为3.1MPa，混凝土外观质量很好，表面平整，整个导流工程衬砌混凝土11万m^3，只有5条小于0.02mm、每条总长度小于50mm的不规则裂缝。经专家一次验收合格。

2.3 合理规划和布置

进度要上去，安全质量要保证，施工规划和布置必须留有充分的余地。

（1）道路布置要畅通，洞内、洞外明挖、运输道路必须保证畅通平顺。

（2）洞内施工通风环境应常抓不懈，整齐有序。

（3）风、水、电充分准备，有利于整体工程的施工进度和质量保证。

在洞口设有200m^3水池，保证洞内每小时53m^3/h。设有200m^3的固定空压机，高峰时空压机容量达340m^3。整个导流洞工程设5台变压器，容量达到3860kVA（洞内630kVA 1台，进口800kVA 1台，630kVA 1台，支洞口1000kVA 1台，800kVA 1台）。

2.4 要有驾驭复杂情况的应变能力

在卖方市场的今天，施工方能否以不变的工期来应对设计变更、地质复杂的变化，是企业成熟和诚信的标志。

（1）隧洞断面设计作了重大变化，由投标阶段的圆形变为城门形。

（2）导流进口下降5m，出口下降1.65m，相应支洞加长，进、出口明渠水下石方开挖增加。

（3）洞内地质条件，比较复杂，增加随机锚杆和一期混凝土支护工程量。

(4) 永久堵头段增加坝基帷幕灌浆。

(5) 出口洞边坡增加预应力锚杆，渠底增加钢筋桩。

(6) 进出口增加度汛的高水围堰，和进口临时钢闸门。

龙滩右岸导流洞工程，虽然设计增加了变更项目和地质情况发生变化，前期施工的准备工作也存在不足，使一度工期滞后103d，但始终能根据该项目的特点，全面掌握施工情况，随时调整、协调、管理，利用先进的管理方法和施工技术，使滞后的时间抢回来，使工程进度、工程质量处于受控之中，使工程进度比合同工期提前一个月，工程未发生质量缺陷及质量事故，工期进度满足合同要求，建筑物尺寸及材料及混凝土内外观等施工质量满足设计要求，工程项目总体质量优良。

通过龙滩水电站主体土建工程Ⅱ标的施工，对项目管理有了深刻的认识和提高，项目管理是项目实施的最高领导者，组织者和责任者，在施工管理中起决定性作用。

项目管理是协调各方关系的桥梁和纽带，对外是项目的全权代理人。对内是项目目标的责任人，沟通、协调、管理、解决各种矛盾。既要有专业心和责任心，又要不怕个人担风险，既要有组织指挥协调和控制能力，又要果断决策，捕捉机会，选择优化目标和作出实现目标的对策，既要有专业水平及管理知识，又要有领导及实践经验和技能，才能圆满完成合同的要求，让工程项目交上满意的答卷。

长隧洞施工关键技术

黄锦波　帖军锋　范双柱

【摘　要】：目前我国在长大隧洞施工中主要采用钻爆法和掘进机法，这两种施工技术都比较成熟，同时，我国的工程建设者在长大隧洞不良地质段的处理方面也积累了丰富的理论和实践经验，这都为我国长大隧洞的快速、高效施工奠定了坚实的基础。

【关键词】：长大隧洞　钻爆发　掘进机法　不良地质段

1　引言

随着我国经济和科学技术的不断进步发展和西部大开发战略的实施，西电东送、南水北调、西气东输等重大工程的启动，我国中长期铁路网规划、公路网发展规划的逐步实施，城市地铁的加快修建，铁路、公路、地铁、大中型水电站将建设大量的长大隧道。长大隧洞一般洞径10m左右，长度在几公里乃至几十公里，埋深在几十米到数千米，国内已经建成的有天生桥二级水电站引水隧洞，单洞平均长度9.6km；万家寨引黄一期工程南干线7号隧洞长达43.5km；秦岭隧道单洞长18.45km；乌鞘岭隧道长20.05km等。在建拟建的有锦屏二级水电站引水隧洞，单洞长约16.7km；南水北调西线中最长的引水隧洞长约73km；还有琼州海峡隧道长约30km；渤海海峡隧道长约57km；大火房水库输水隧洞长85.32km等。因此，长大隧洞的施工方法与研究越来越受到国人的关注。

2　隧洞开挖方法

在岩石隧道施工方面，目前主要有两种施工技术手段：一种为传统的钻爆法施工；另一种为采用TBM掘进机整体掘进法施工。两种施工方法相比较，钻爆法施工具有资金投入低、机动灵活、对各种地质结构的适应性强等优点。全断面TBM掘进施工方法具有优质、高效、环保、安全可靠、综合成本低等优点。

2.1　钻爆法施工

钻爆法的施工程序为钻孔、装药、爆破、出碴等工序。20世纪前半叶，隧道施工主要以手持式凿岩机为主。至20世纪70年代世界第一台实用的液压凿岩机诞生后，液压凿岩机在隧道施工中得到了迅速的发展与应用。近年来液压凿岩机不断更新换代，新产品、新型号不断涌现，出现了双臂、三臂凿岩台车，且大扭矩、大冲击能和高频率产品不断出现，如芬兰Tamrock公司研制推出的HL4000型系列液压凿岩机可钻凿孔径达170～230mm、深度达38m的炮眼。目前，由于液压凿岩技术的大力发展，形成了钻、装、运、支等机械化配套作业线，简化了工作面的作业设备，缩短了机械搬、调、运时间，提高了掘进工效和速度。

国内根据不同工程的不同特点，钻爆法施工多采用全液压凿岩机和手持式凿岩机相结合的施工方法。例如在天生桥二级隧洞钻爆法开挖中，Ⅱ类、Ⅲ类围岩洞段采用三臂钻造孔，全断面开挖，循环进尺2.5～3.5m，为方便施工，隧洞底部留0.7m厚的松渣暂时不出，作为施工交通道；Ⅳ、Ⅴ围岩洞段采用三臂钻配合手风钻造孔，进行分部开挖，实行弱爆破、短进尺、多循环、强支护的“新奥法”施工方法，开挖循环进尺1.0～1.5m，同时利用隧洞开挖后应力重分布的时间效应及围岩自身的承载力，及时进行锚喷挂网、架设钢支撑等支护措施，保证了施工安全和进度，减少了塌方发生。

采用钻爆法施工最主要的是解决交通和通风散烟的问题，对于单个掘进面，其所担负的掘进长度一般在2km左右。对于长隧道施工来说，可以采用打施工支洞的方法进行解决，形成“长洞短打”。对于靠近岸坡且平行岸坡布置的隧道来说，施工支洞的布置相对较容易；对于埋深较大且施工支洞布置较困难或费用较高时，通风散烟与洞内交通问题将会变得特别突出。

隧道采用钻爆法掘进时主要有全断面掘进法和分层掘进法。对于岩层较好、洞径相对较小的洞段，采用全断面掘进法是比较经济的；对于岩层较差、洞径相对较大的洞段，采用分层开挖法可保证安全。也有采用先导洞后扩挖的施工方法，对于Ⅱ类、Ⅲ类围岩，一般采用打下导洞的方法，因围岩相对较好，导洞的支护工作量会相应减少，这样就可以达到既经济又快速的目的。对于Ⅳ、Ⅴ围岩，因围岩较差，采用打上导洞的方法，根据围岩具体状况，可采用单导洞或双导洞（眼镜法），这样就可以对隧道顶部做到一次支护到位，待开挖隧道下部时安全就有了保障。

2.2 TBM掘进机法施工

TBM岩石掘进机施工原理是利用机械压力对岩石进行切削、破碎，具有开挖、输送、测量导向等多功能于一体的优势。已广泛用于交通、市政、水工隧道等工程。

我国于1963年开始研究试制TBM掘进机（主要为盾构机），并20世纪80年代研制出了SJ、EJ型系列掘进机，在水利水电、矿山等多个工程中应用。但是，我国掘进机与国外掘进机相比较，在技术性能和可靠性等方面还有较大的差距。

根据国内外工程实践实践证明：TBM掘进速率一般为常规钻爆法的3～10倍，当隧道长度大于6km，或隧道长度与直径之比大于600时，采用TBM进行隧道施工是比较经济的。但是，当隧道采用掘进机单头掘进长度超过20km时，在无条件增设支洞或竖井时，将会由于向洞外出渣运距加长，向洞内运送人员、物资时间增加等原因，而降低TBM的效率。同时万一洞内发生意外事故，增加人员的危险性。因此，通常在单条长隧道情况下，大约需要每隔10～15km设置一出口。

自1978年我国实行改革开放以来，已有天生桥二级水电站工程、山西省万家寨引黄工程和陕西省秦岭铁路隧道工程等项目引入国外大型TBM进行隧道施工，并取得了成功。以下就天生桥二级水电站的应用TBM掘进机的实例简要介绍掘进机的施工。

1. 工程概况

天生桥二级水电站为一低坝长隧洞大型引水式电站。主要建筑物由首部枢纽大坝、引水系统和发电厂房三部分组成，总装机容量132万kW。三条引水隧洞平行布置于河床右岸山体内，最大埋深800m，最小埋深150m，隧洞平均长度9603m，平均底坡0.314%，掘进机开挖直径10.8m。

2. 掘进机施工布置情况

本工程进口了两台美国罗宾斯公司的353-196型、直径10.8m的全断面掘进机，在Ⅰ号、Ⅱ号主洞各布置一台。1985年3月18日，第一台掘进机就位于2号支洞工作面进行试掘进，1986年12月进入Ⅰ号主洞向上游掘进，1991年7月30日到达4+144.8桩号，掘进长度4645.2m；第二台掘进机于1987年7月3日从Ⅱ号主洞7+759.4桩号向上游掘进，1992年4月11日到达4+453桩号，掘进长度3216.4m。

3. 掘进机主要性能参数

掘进机铭牌进尺1.08m/h，刀盘推动力1380t，作用于洞侧壁的水平推力每边3256t，刀盘功率2400hp，机器总重734t，最大重件（内刀盘）88.5t，电压等级480V，周波60Hz。

掘进机本机长16.6m，在机身后11m的空间之后由16节平台车、4节斜坡道车共同组成轨道式后配套拖车组工作平台，作装渣、调车、设置变压器及待接风管等之用。

掘进机刀盘上装有69把形滚刀，切削下来的岩块由刀盘上的12只铲斗铲起倾入料槽转42″宽皮带机，再装入平架上的转料皮带末端漏斗，卸入平台上的矿车运出。每辆矿车容积19.6m^3，每列车由6～8部出渣车组成。由日本富士重工产35L柴油机车牵引出洞。在支洞口设翻车机，矿车进入翻车机（可同时卸二辆）翻转180°将石渣卸入渣坑，由3.1m³装载机装20t自卸汽车运至弃渣场。

2.3 掘进机通过困难岩层的方法

掘进机通过比较困难或对其施工速度有较大影响的地层。这样地层的具体出现形式是软弱地层、断层破碎带、岩溶等。

1. 掘进机通过溶洞的施工技术

掘进机在Ⅰ号隧洞的施工中遇到一个天然大溶洞，溶洞下宽上窄，与隧洞轴线交角约15°，横向宽约5～7m，纵向宽约13～15m，顶部比掘进机头高约30m，溶洞底部为松散大块石，能看到的部分比掘进基础低约5～8m。处理方案是：先对溶洞底部松散岩体进行回填封堵和灌浆，再用素混凝土回填至隧洞底以下0.5m，用钢筋混凝土做掘进通过的基础，同时考虑到溶洞与隧洞轴线的交叉，掘进在一边无支撑、无法掘进的情况下，用素混凝土将溶洞回填至掘进以上5m，掘进机顺利通过此溶洞。

2. 掘进机通过软弱地基的施工技术

掘进机在Ⅰ号隧洞工程的施工中遇一溶洞横穿隧洞，沿洞线方向长20余m，高30余m，洞内堆积有泥夹石及泥砂质壤土，溶洞两端洞壁的上半部是泥加石混合物，下半部则是较完整的岩体。治理措施是：钢支撑加浇、喷混凝土构成联合支护。利用下半部岩体打入楔缝式锚杆作根基，用14号槽钢对焊成箱形梁固定在锚杆上作为支座，在此支座上焊接20号工字钢构成环向支撑，在环向支撑顶部焊接桁架并补喷混凝土。待混凝土达到一定强度，能承受起掘进机的横向支撑时，掘进机再通过。

3. 掘进机通过岩石破碎带时的施工技术

掘进机在Ⅰ号、Ⅱ号主洞掘进时遇到过多次区域性大断层极大范围的破碎带而被迫停机。对于这种情况，采用掌子面超前固结灌浆法对岩层进行加固，然后通过。

2.4 掘进机施工中应注重的问题

1. 超前地质探测

由于长隧道在施工前的地质勘查不可能做得十分详尽，因此常常在施工中出现一些不可预见的地质灾害，例如涌水、岩溶、断层、岩爆等。都会不同程度地影响掘进或停工。因此，掘进机在掘进过程中，必须有超前地质探测的保证。掘进机在掘进过程中，通常每天在停机维护的期间，用多方向支撑液压钻机进行超前钻探，预测可能影响掘进的问题或异常现象。但一般超前钻探约20～30m，掘进机掘进速率每天超过20～30m时，则不能满足预测的需要，需要其他物理方法进行地质超前预报。

2. 施工安全问题

掘进机在长隧道中施工中，万一发生事故，施工人员是难以迅速撤离出洞的。因此，掘进机必须配备可靠的安全保护系统，尤其是要防止火灾、触电、机械挤压和交通事故的发生。

3. 配件储备问题

掘进机在高效运行过程中，其一些零部件容易磨损，如刀片等需要经常更换，因此必须有一定数量的易损部件储备，否则会导致停机，延误工期，造成损失。同时要有良好的运输及通讯条件以及高效的管理人员。

掘进机在本工程施工中，在坚硬完整的围岩洞段，日最高掘进进尺22.4m，月最大进尺242m。由于掘进中遇到溶洞、暗河、岩溶涌水、断层、岩爆等不良地质情况，掘进机停机情况时有发生，使掘进机的优势未能得到充分发挥，但为我国长大隧道采用掘进机施工积累了丰富的经验。

3 施工通风

通风系统是隧洞施工的生命线，长大隧洞的通风尤其值得重视。通风方案必须与隧洞施工组织相协调，并采取“合理布局，优化匹配，防漏降阻，严格管理”的综合管理措施，为隧洞内工作人员创造一个适宜的作业环境，同时也为维持其他机械、电器设备的正常运行提供必要的条件。隧道通风一般有两种：一种是自然通风；另一种是机械通风。

（1）自然通风。对于长大隧道，在隧道没有贯通前，自然通风一般是通过相互连通的施工支洞形成，另外也可以通过打垂直通风井，即选择隧道所经部位地面合适的地形地貌处打垂直孔，再用反井钻机扩大形成通风竖井通风，通风竖井一般布置在隧道侧边，而不在隧道顶部位置，竖井通风的效果比支洞通风的效果相对较好。

（2）机械通风。机械通风有压入式通风、排出式通风和压排结合通风。压入式通风的优点是掘进工作面的空气状况改善较快，但隧道内的空气相对较污浊。排出式通风和压入式相反。采用何种通风布置要根据各工程特点进行设计和布置。

对于长大隧道，多采用大功率轴流风机通风，轴流风机从几十千瓦到上百千瓦，为了减少风压损失，风管多采用玻璃钢风管或金属风管。风机间距布置一般为300～500m。

4 主要地质问题及处理方法

隧道施工常见的地质问题有岩爆、涌水、溶洞、破碎带等，这些不良的地质问题处理将直接影响到工程的进度、质量和安全。

4.1 岩爆的处理

1. 岩爆产生的条件

（1）近代构造活动山体内地应力较高，岩体内储存着很大的应变能。

（2）围岩新鲜完整，裂隙极少或仅有隐裂隙，属坚硬脆性介质，能够储存能量，而其变形特性属于脆性破坏类型，应力解除后，回弹变形很小。

（3）具有足够的上覆岩体厚度，一般均远离沟谷切割的卸荷裂隙带，埋藏深度多大于200m。

（4）无地下水，岩体干燥。

2. 岩爆的特点

（1）在未发生前，并无明显的征兆，虽经过仔细寻找，并无空响声，一般认为不会掉落石块的地方，也会突然发生岩石爆裂声响，石块有时应声而下，有时暂不坠下。

（2）岩爆发生的地点多在新开挖的工作面附近，个别的也有距新开挖工作面较远，常见的岩爆部位以拱部或拱腰部位为多；岩爆在开挖后陆续出现，多在爆破后的2～3h，24h内最为明显，延续时间一般1～2个月，有的延长1年以上。

（3）岩爆时围岩破坏的规模，小者几厘米厚，大者可多达几十吨重。石块由母岩弹出，小者形状常呈中间厚、周边薄、不规则的片状脱落，脱落面多与岩壁平行。

（4）岩爆围岩的破坏过程，一般新鲜坚硬岩体均先产生声响，伴随片状剥落的裂隙出现，裂隙一旦贯通就产生剥落或弹出，属于表部岩爆；在强度较低的岩体，则在离隧洞掌子面以里一定距离产生，造成向洞内临空面冲击力量最大，这种岩爆属于深部冲击型。

3. 岩爆的现场预测预报

（1）地形地貌分析法及地质分析法。认真查看其地形地貌，对该区的地形情况有一个总体的认识，在高山峡谷地区，谷底为应力高度集中区，另外根据地质报告资料初步确定辅助洞施工期间可能遇到的地应力集中和地应力偏大的地段。依据地质理论，在地壳运动的活动区有较高的地应力，在地区上升剧烈，河谷深切，剥蚀作用很强的地区，自重应力也较大。

（2）声发射法。该方法主要利用岩石临近破坏前有声波发射现象这一结果，通过声波探测器对岩石内部的情况进行检测。这种预报方法是最直接的，也是最有效的。

（3）钻屑法（岩芯饼化法）。这种方法是通过对岩石钻孔进行，可在进行超前预报钻孔的同时，对钻出的岩屑和取出的岩芯进行分析；对强度较低的岩石，根据钻出岩屑体积大小与理论钻孔体积大小的比值来判断岩爆趋势。在钻孔过程中有时还可以获得如爆裂声、摩擦声和卡钻现象等辅助信息来判断岩爆发生的可能性。

（4）地温法。采用红外线测温仪，若地温接近正常埋深地温，说明地下水渗流弱，围岩干燥无水，则产生岩爆的可能性较大。

以上几种方法在实际施工过程中要综合应用，相辅相成互相印证，方能对岩爆的发生进行准确的预报。

4. 岩爆防治措施

（1）改善围岩应力。在洞身开挖爆破时，采用“短进尺、多循环”，采用光面爆破技术，尽量减少对围岩的扰动，改善围岩应力状态。选择合适的开挖断面形式，也可改善围岩应力状态。

（2）改善围岩性质。在施工过程中，可采取对工作面附近隧道岩壁喷水或钻孔注水来促进围岩软化，从而消除或减缓岩爆程度。但这种方法在隧道施工中一般对隧道围岩的稳定有一定的影响。

（3）对围岩进行加强支护和超前支护加固。这种方法可以改善掌子面及1～2倍洞径洞段内围岩的应力状态，由于支护的作用不但改变了应力大小的分布，而且还使洞壁从单维应力状态变为三维应力状态。

4.2　涌水的处理

4.2.1　涌水的类型

（1）根据涌水与时间的关系可分为稳定涌水和间歇涌水。稳定涌水一般有充足的水量补给源，一般发生时水压和水量都较大，随着时间的推移，水压和水量逐渐降低，最后形成稳定的涌水，稳定涌水一般水质较清。间歇型涌水一般主要为雨水，由与地表连通的岩溶管道形成，有明显的季节性和突发性，涌水量衰减较快，且与降雨强度有密切关系。

（2）根据涌水量的大小分有强涌水和弱涌水。强涌水发生时，涌水压力可达几个兆帕，出现射流，涌水量可达上百升乃至几千升每秒。此种涌水对隧道施工人员和设备危害极大，对于采用钻爆法施工的作业面，可能会直接造成人员伤亡和设备的损坏。

4.2.2　涌水规律

（1）当隧道开挖由弱可溶岩进入强可溶岩边界部位时，可能发生涌水。

（2）当黑色岩体进入白色岩体时，可能出现涌水。

（3）当隧道内由渗水、滴水进入线状滴水段时，前方可能出现涌水。

（4）当隧道开挖面温度呈降低趋势时，可能出现涌水。

4.2.3　涌水治理

（1）涌水量不大时，采用堵排结合的方法，即在混凝土衬砌厚度外设引水管引至隧洞外。

（2）对涌水现象较为严重地段，主要采取两种治理方案：①对较大的溶蚀管道采用回填混凝土封堵；②采用劈裂注浆固结法封堵。

4.3　溶洞的处理

我国碳酸盐岩的分布面积占整个国土面积的1/3，岩溶发育非常广泛，在长大隧道施工中，岩溶地质的处理将直接影响到工程的进度与安全。

1. 溶洞类型

按溶洞有无充填物可分为充填型溶洞和无充填物溶洞。在天生桥二级隧洞施工中，遇到跨度大于10m的溶洞23个，中小溶洞25个，大的溶洞跨度甚至达到60m，深度达到上百米。

2. 溶洞的处理措施

（1）对于无充填物溶洞，采取回填石碴、毛石混凝土或混凝土的处理方法处理溶洞底部，隧道部分采取明管型加厚混凝土衬砌。

（2）对于有充填物溶洞，开挖时可采取管棚法、超前灌浆法、锚杆钢支撑护壁等，对于溶洞底部充填物可采取桩基法、高压固结灌浆法、高压灌浆桩基结合法或架设桥梁法处理。例如，在天生桥Ⅲ号引水隧洞2+063洞段施工时揭露了大型充填型古溶洞，溶洞最大跨度47m，深度60～77m。原设计采用桩基桥跨过的方案，但在溶洞稳定性、施工环境等方面存在问题。最后改为拱桥跨越方案，拱桥全长 76m，宽 9m，净跨 63.3m。

4.4 破碎带的处理

破碎带一般位于断层地带，隧洞穿过断层地带时的施工难度取决于断层的性质、断层破碎带的宽度、填充物、含水性和断层活动性以及隧洞轴线和断层构造线方向的组合关系（正交、斜交或平行）。此外，与施工过程中对围岩的破坏程度、工序衔接的快慢、施工技术措施是否得当等，均有很大的关系。

1. 破碎带的处理措施

（1）当隧洞轴线接近于垂直构造线方向时，断层规模较小，破碎带不宽，且含水量较小时，条件比较有利，可随挖随撑。

（2）但当隧洞轴线斜交或者平行于构造方向时，则隧洞穿过破碎带的长度增大，并有强大侧压力，应加强混凝土衬砌，及时封闭。

（3）断层带内充填软塑状的断层泥、断层带特别破碎时，比照松散地层中的超前支护，如采用管棚法、超前小导管灌浆法、打自进式注浆锚杆法等。

（4）对于含水量较大的断层破碎带，近年来还出现了“水平冻结法”施工，2001 年广州地铁 2 号线施工中，成功运用这种方法穿过了 63m 长的断层破碎带。

2. 施工中注意事项

（1）如断层地下水是由地表水补给时，应在地表设置截排系统引排。对断层承压水，应在每个掘进循环中，向隧洞前进方向钻凿不少于 2 个超前钻孔，其深度宜在 4m 以上，以探明地下水的情况。

（2）随工作面的掘进挖好排水沟，准备足够的抽水设备，并安排适当的集水坑。

（3）通过断层带的各施工工序之间的距离应尽量缩短，并尽快全封闭衬砌，以减少围岩的暴露、松动和地压增大。

（4）在隧洞断层地段，对钻爆设计作特殊的交底。严格控制各炮眼特别是周边眼的数量、深度及装药量，原则上尽量减少爆破对围岩的扰动。

（5）在断层地带开挖后应立即进行初喷混凝土，并坚持“宁强勿弱”的原则，加强支护。

（6）紧跟开挖面进行现场监控量测，根据量测所反馈的信息及时调整初期支护的参数及掌握二次衬砌的最佳时间。

5 混凝土浇筑

5.1 钢模台车的选型

在长大隧道施工中，混凝土浇筑多采用钢模台车，采用钢模台车具有操作简单方便、施工进度快、安全可靠、混凝土质量高、成本低等优点。

（1）对于圆形隧道，隧洞混凝土衬砌一般采用针梁式钢模台车。在天生桥二级隧洞混凝土浇筑施工中，主要采用了 ϕ8.7m 及 ϕ9.8m 两种全断面针梁式钢模台车，衬砌分块长度为 12.0m 和 15.0m 两种。

（2）对于底部水平的城门洞型或马蹄型隧道，一般采用轨道式钢模台车。根据施工组织设计或进度要求，可选用顶拱钢模台车、边墙钢模台车或边顶拱钢模台车。

（3）对于隧道进口段或不良地质处理段，可根据需要选择钢拱架组合模板或木模。

5.2 混凝土施工

（1）隧道混凝土多采用泵送混凝土，选用合适的混凝土配合比将会对工程质量和经济效益产生巨大影响。天生桥二级隧洞衬砌混凝土通过优化配合比，胶凝材料降低到 280kg/m^3，其中粉煤灰掺量

56kg/m^3，水泥用量为224kg/m^3。既节约了成本，提高了混凝土的和易性和施工质量，又改善了混凝土的输送性能，加快了施工进度。

(2) 预应力混凝土。水工压力隧洞预应力混凝土衬砌技术，具有衬砌厚度小、节省钢材、显著提高围岩稳定性、提高围岩和混凝土衬砌的抗渗能力、简化施工工序和节约工时等优点，在国内外已获得成功。该项技术在天生桥二级电站长大引水隧洞的复杂地质条件下的施工中进行了试验应用。试验表明：隧洞围岩在Ⅳ类砂页岩条件下，经过回填灌浆和预应力灌浆可以形成预应力。灌浆后衬砌试验洞段内缘形成预应力值达到8.3MPa左右，预应力分布不均匀系数在0.3～0.4。闭浆后预应力无损失，并增加了1.4%～1.6%，10d内达到稳定。通过预应力灌浆后，围岩和衬砌混凝土应力指标得到明显的改善，围岩内部在灌浆孔深度范围内均受到压缩，声速提高到设计标准4000m/s以上，单位吸水量为0.001L/min，抗渗能力比设计标准提高10倍以上，隧洞的运行状态得到明显改善。

6 结束语

我国的工程建设者在近年来长大隧道施工中，不论是钻爆法还是TBM掘进机的应用，不论是施工组织还是不良地质情况的处理，都积累了丰富的施工经验。新材料、新设备、新工艺不断涌现，这都为我国今后长大隧洞的快速、高效施工奠定了坚实的基础，我国的长大隧洞施工将会迎来一个新时代。

全圆钢模台车施工技术在南水北调西四环暗涵工程中的应用

王长春　付亚坤

【摘　要】：水电部队在南水北调应急供水工程（北京段）西四环暗涵七标段 30cm 厚二衬混凝土施工中采用了液压自行式全圆针梁混凝土衬砌钢模台车施工工艺，既保证了工程质量，又加快了工程进度，但由于二衬混凝土为薄壁混凝土，洞内空间狭小，台车安装困难，混凝土产量低等因素，台车施工各项费用摊销到单位混凝土中，其模板摊销单价为 167.55 元/m^3，比散拼组合钢模板摊销费用单价高。

【关键词】：钢模台车　暗涵工程　混凝土衬砌　单价分析

1　概述

为使南水北调西四环暗涵工程输水隧洞二衬过流面混凝土浇筑达到“内实外光”的效果，武警水电部队在南水北调西四环暗涵工程二衬混凝土施工中，成功地运用了液压自行式全圆针梁混凝土衬砌钢模台车施工工艺。

1.1　与常规散拼组合钢模板相比，采用液压自行式全圆针梁混凝土衬砌钢模台车衬砌混凝土的主要优点如下

（1）施工速度快。钢模台车施工速度从仓位准备到施工完成 1 仓 10m 长衬砌混凝土，正常所需时间为 2.5～3d/仓，而采用常规散拼组合钢模板施工，从仓位准备到施工完成 1 仓 10m 长衬砌混凝土，正常所需时间为 5～6d/仓，施工速度采用钢模台车是采用散拼组合钢模板的 2 倍。

（2）施工质量得到了保证。采用液压自行式全圆针梁混凝土衬砌钢模台车施工大大减少了模板拼缝及错台等质量缺陷，达到了“内实外光”的效果。

1.2　液压自行式全圆针梁混凝土衬砌钢模台车施工的主要缺点是施工投入相对较大，主要原因如下

（1）仅在南水北调西四环暗涵七标二衬混凝土施工中，就一次性投入钢模台车设施 4 套，由于西四环暗涵工程输水隧洞洞径固定的特殊性，液压自行式全圆针梁混凝土衬砌钢模台车难以在其他工程中再重复使用，因此必须在西四环暗涵工程七标段二衬混凝土施工中一次摊销完毕，所以一次性设备费用投入大。

（2）台车从一个工作面转到另一个工作面需重新拆装，耽搁时间较长。因此台车无法通过急转弯段，对于有急转弯的部位，当施工完成一个分部工程以后，台车必须拆除，移到另一个分部后再行安装，将耽误约 25d。

2　液压自行式全圆针梁钢模台车简介

液压自行式全圆针梁钢模台车的主要结构形式如下：

1. 外形尺寸

台车模板直径为 4020mm，长度为 10.2m。针梁全长为 22.6m，框梁长度为 10.2m，有效衬砌长度 10.0m，单台台车总重量 50t。均能在一衬混凝土面前后空车行走，能通过 4.0m 已衬砌混凝土段。

2. 主要结构

(1) 针梁式模板衬砌台车主要由模板、针梁、框梁、卷扬牵引机构、抗浮装置、液压系统等组成。

(2) 模板环向分为4块，顶模、左右侧模、底模；纵向分为6节，合计单元板块24块。纵向中间4节，每节宽度为1.5m，两端每节宽度为2.1m。纵向用螺栓和销轴联结，顶模与侧模之间为了支拆模方便采用活铰接，底模与侧模采用定位板与螺栓联结。

(3) 针梁是模板台车的支撑梁和行走的轨道。针梁宽1.0m，高1.05m，为装配式桁架组合结构。针梁上、下有四条方钢轨道。为了运输和安装方便，纵向分为6节，每节最长为4m，节间连接采用高强螺栓固接，保证整体刚度。

(4) 框梁是模板的受力支撑平台。它的上部与顶模用螺栓连接，在框架上、下部安装有行走轮系，针梁从门框内穿过，门架与顶模上的横梁构成框架结构。

(5) 液压系统由6个底模油缸、6个侧模油缸、4个端座油缸、2个端座水平油缸和一套泵站组成。其中4个端座竖向油缸支撑针梁，是模板移动的受力支点，顶模拆除也是靠它的升降作用来完成。

(6) 电气系统主要对液压系统油泵电机的开关和卷扬机电机的正、反转进行控制，它采用380V三相五线制供电，供给油泵电机、卷扬机电机、变频机组用电等。

台车主要结构见图1～图4。

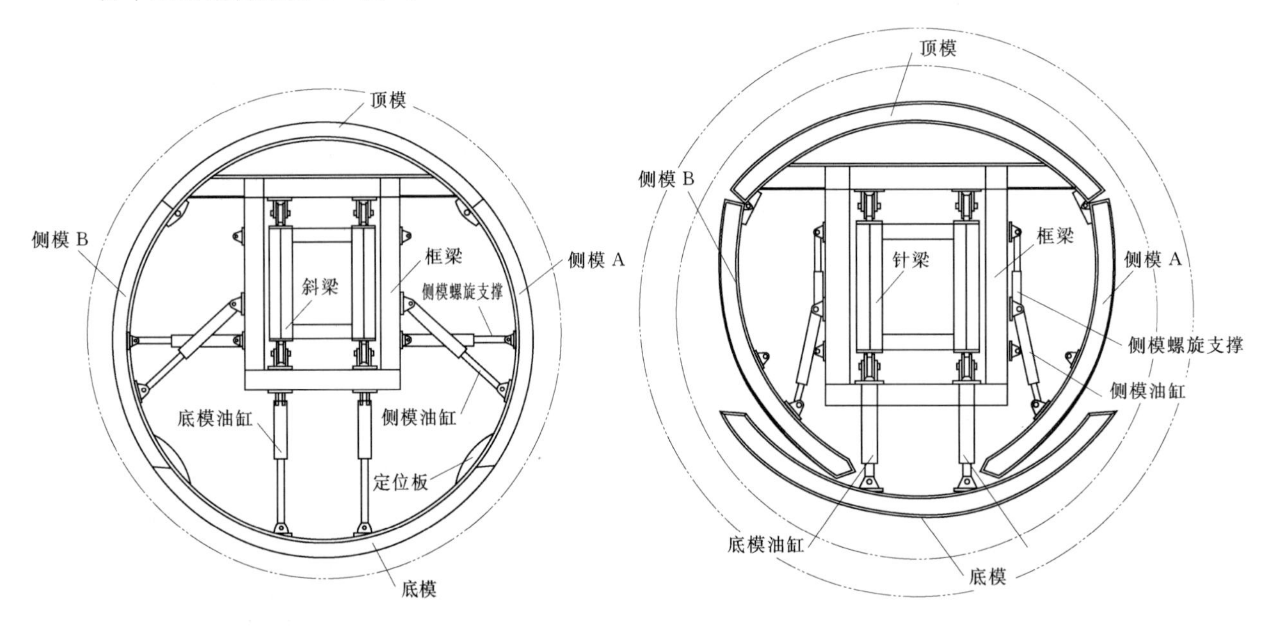

图1 模板台车支立示意图

图2 模板拆除示意图

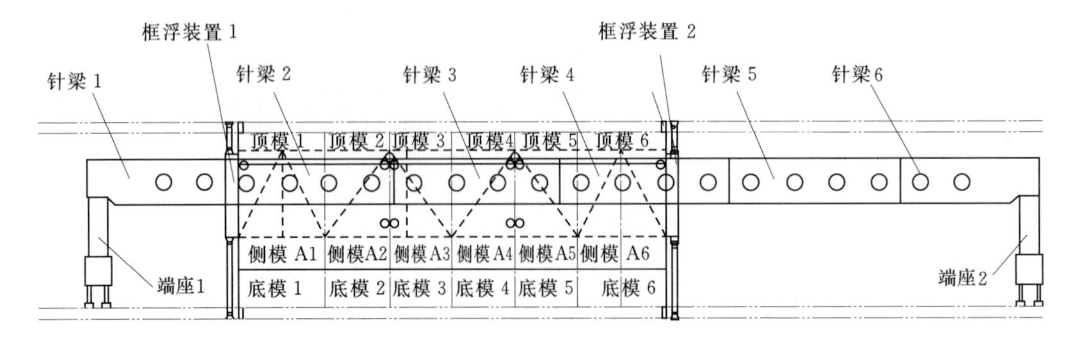

图3 模板台车纵截面示意图

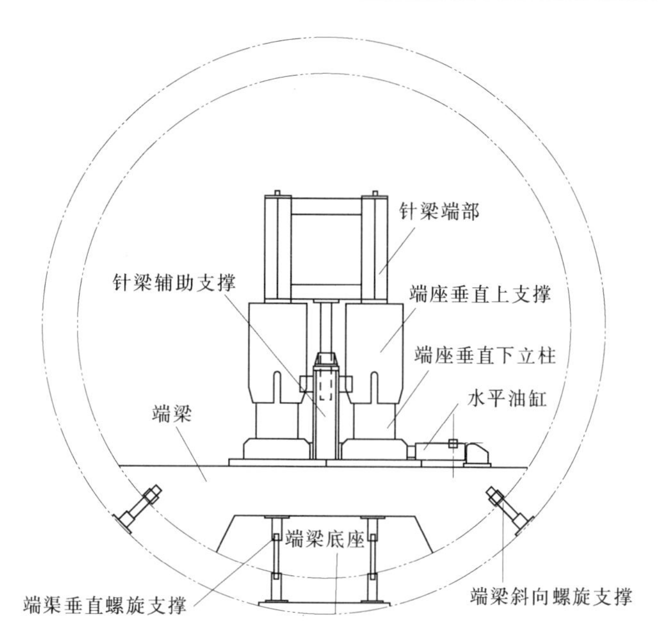

图4　针梁端座示意图

3. 主要技术性能指标

台车主要技术性能参数见表1

表1　台车主要技术性能参数

序号	项目名称	指标	序号	项目名称	指标
1	液压泵站功率	5.5kW	3	行走速度	3m/min
2	卷扬机功率	4kW			

4. 台车操作技术条件

(1) 一衬混凝土全部完成，并达到设计强度，能够承受针梁模板台车施工的全部荷载。

(2) 一衬混凝土结构面质量符合标准要求，不允许存在凹凸不平，以保证台车支撑点为均匀面受力，保证台车的平稳运行。

(3) 现场测量人员定出涵洞结构中心线和高程控制点，以保证模板支立准确。

(4) 相关人员的台车操作技术培训已完成。

(5) 防水层已验收完毕。

(6) 涵洞内有良好的通风和照明装置。

(7) 模板台车组装并经过质量验收。

5. 模板台车操作方法

(1) 在完全收模状态下进行空车行走。

(2) 将抗浮架左右抗浮支撑安装到抗浮架两侧，其下方支撑至一衬混凝土。

(3) 调整框梁两端抗浮架下部支撑，使其均稳固支撑在地面（支撑面）上，框梁两端等高。

(4) 将侧向丝杠（每侧各两个）安装在模板侧边框上，防止左右摇晃。

(5) 启动泵源，扳动前后台车操纵杆至“台车降”位置，使两端座梁同时离开地面约20～30cm，操纵杆至中位后关闭泵源。

(6) 按下行走控制开关盒“针梁行走”按钮，将针梁牵引至下一个工作位置，到位后自动停止，关闭行走控制开关。

(7) 启动泵源，扳动前后台车操纵杆至“台车升”位置，两端座梁离地面约3cm时，扳动前后台车操纵杆，使端座梁缓慢下降至支撑面，同时观察压力表，表压上升时，停止操作，将辅助支撑机构旋至需要位置，关闭泵源。

(8) 将模板侧向抗浮支撑旋离一衬混凝土，按下行走控制开关盒“模板行走”按钮，将模板牵引至预定工作位置，到位后自动停止；关闭行走控制开关。

(9) 启动泵源，扳动前后台车操纵杆至“台车升”位置，旋下辅助支撑机构，使两端座梁下降(点动)，使抗浮架下部支撑稳固支撑在地面（支撑面）上，框梁两端等高。

(10) 重复上述 (4) ～ (8)，将模板台车移至预定工作位置。

(11) 针梁行至预定位置时，必须将两端座梁调水平，使针梁支撑机构在垂直水平面的条件下工作。

3 施工过程技术经验

3.1 进行模板台车计算

模板台车制作加工虽然可以以采购形式从专业厂家定做，但加工前必须要求厂家提供台车计算书，主要计算内容如下：①面板计算保证模板强度满足要求，模板肋计算保证模板稳定性满足要求；②针梁荷载计算，针梁自重计算，抗弯计算，抗剪计算等，施工单位技术人员必须通过验算核实，对有疑义方面提出意见和建议，达到要求方可制作加工。

3.2 增设抗浮装置

模板台车由于为全圆一次成型，施工过程中混凝土入仓造成台车上浮力相当大，通过实测发现，施工过程中台车上浮力可达 40～150t，所以必须采取抗浮措施，才能保证台车的稳定性，避免出现浇筑出的混凝土保护层偏小或出现漏筋现象。解决方法，增设抗浮支撑，在框梁上方增加弧形抗浮支撑，使抗浮支撑与已完成一衬、二衬洞面有较大接触面，减少台车上浮。

3.3 避免台车模板与已浇筑混凝土搭接处发生压裂已浇混凝土

通过施工过程发现，由于台车为全圆一次成型，施工后一仓混凝土时，台车模板需与已浇筑完成混凝土有 10cm 搭接，由于前后仓位施工间隔时间仅为 2d，已浇筑混凝土强度低，导致在模板支撑过程中很容易压裂搭接处已浇筑混凝土。解决方法，台车加工确保模板两端头为等同圆，如果台车前后模板非等同圆，模板与已浇混凝土之间接触不均，局部受压将导致搭接处压裂；还可以采用适当增加模板与已浇混凝土搭接长度，使搭接长度在 20～30cm 能减少压裂；但增加搭接可能带来相临仓位接缝处出现夹层错台。

4 单位混凝土台车设施费用摊销

每套台车设施费用平均为 50 万元，因为台车为西四环暗涵工程输水隧洞二衬混凝土施工而设计加工，台车模板半径尺寸固定，难以在其他工程中再重复使用，因此必须在西四环暗涵工程七标段二衬混凝土施工中一次摊销完毕，按照工期内每台台车最大限度完成仓位数量统计，每套台车共能完成二衬混凝土浇筑 2835m^3，每套台车费用 50 万元摊销到单位混凝土中（扣减 5%残值）为 167.55 元/m^3。散拼组合钢模板市场采购价每套为 12 万～15 万元，按照钢模板正常周转次数 50 次计算，每套散拼组合钢模板可施工完成二衬混凝土浇筑 2025m^3，每套散拼组合钢模板费用摊销到单位混凝土中为 59.26～74.07 元/m^3，通过对比可看出，钢模台车施工模板摊销费用比组合钢模板要高得多。

5 结束语

在西四环暗涵工程输水隧洞二衬薄壁混凝土施工中，成功采用液压自行式全圆针梁混凝土衬砌钢模台车，对保证二衬衬砌混凝土施工质量，加快施工进度起到了重要作用。由于单位混凝土台车模板摊销费用较高，对于以后施工中采用钢模台车，应考虑工期因素最大限度增加产量来降低成本。

南水北调西四环暗涵工程特殊地层加固处理技术

金良智

【摘 要】：北京市西四环暗涵处于华北平原西北角，是应用浅埋暗挖法施工的地下隧道工程，地面为北京市主干道，交通繁忙，往来车辆多。为防止开挖面地层发生坍塌、流沙、液化等失稳，保证施工和交通道路的正常运行，西四环暗涵在开挖支护过程中遇到的特殊地层，应用双液浆进行堵漏和加固处理，处理结果表明所应用的工艺技术达到了预期的目的和效果。

【关键词】：南水北调 暗涵 浅埋暗挖 特殊地层 加固处理 双液浆

1 工程简介

西四环暗涵是穿越北京市城区的大型建筑物，采用浅埋暗挖法修建，正台阶法开挖，复合式衬砌结构，初期支护为格栅钢架＋30cm厚喷射混凝土，二衬为30cm厚C30模筑钢筋防水混凝土，初期支护与二衬之间铺设连续防水板，辅助施工措施为上半拱180° 25mm超前小导管注浆预加固地层。

在暗涵穿过的地层范围内，自上而下地层分布情况是：人工填土及第四系冲洪积壤土/砂壤土（厚2.0～4.0m）、冲洪积圆砾（卵）夹砂（厚4.0～7.0m）、圆砾夹壤土/砂壤土及细砂透镜体（厚4.0～8.0m）。地下水多数处于设计洞底高程之下，但局部地层可能会遇到上层滞水。为防止在施工过程中，开挖面上的细砂、圆砾层发生大面积坍塌、流沙、液化等失稳现象，有必要对特殊的地层进行加固处理。

2 加固方案

鉴于现有的道路运行状况和工程情况，拟选用的加固手段为钻孔注浆方法。该方法具有处理地层适应性强、施工灵活、早期加固效果好等特点。为最有效地达到预期的注浆效果，应选用合理的注浆参数（孔距）、注浆工艺和注浆材料。考虑到在地层加固处理后只要不渗不坍就进行混凝土喷护，注浆材料应在保证地层不失稳的前提下尽量采用低强度指标易破除的廉价材料，据此注浆材料拟选用水泥和水玻璃系列。该材料在一定的注浆工艺下较适合于渗水、圆卵（砾）地层的灌注，也是目前应用于这类地层加固的最廉价材料。

3 双液注浆的概念

将分别配制具有胶凝性和流动性的水泥浆和水玻璃浆按照一定的浆材配比，借用注浆泵施加压力，通过钻孔或预埋管，将孔口进行混合的浆液注入地层、岩体孔隙或裂隙，用以改善灌浆对象的物理力学性能，以适应地下工程开挖需要的一种施工工艺。具有凝结速度快、早期强度高等特点。

4 注浆原材料

4.1 水泥

新鲜的普通硅酸盐水泥，强度等级不低于32.5MPa。

4.2 水玻璃

因北京地下水含碱性较高，注浆一般采用酸性水玻璃，胶凝体的渗透系数为10cm/s，固结砂层的抗压强度一般可达 0.2～0.3MPa。施工中最常用的方法是将普通水玻璃用硫酸进行酸化处理。酸性水玻璃灌浆材料具有黏度低、可灌性好，能在中性或弱酸性范围内发生凝胶而不发生 SiO_2 的溶脱现象，从而大大提高了耐久性，碱溶出量极少不产生碱性污染的问题，而且价格低廉，是一种理想的灌浆材料。

施工中所用水玻璃浓度为 40Be′，模数 2.2～2.8，硫酸由浓度为 98%，比重 1.84kg/L 的工业硫酸稀释而成。灌浆时首先将硫酸稀释，然后边搅拌边加入稀释过的水玻璃，达到所需的 pH 值，再与配制好的水泥浆液在孔口混合，灌入地层中。从灌浆施工结果表明，所用配比材料性能稳定，操作方便，对地层有较好的灌入性，能起到止水和加固作用。

表达水玻璃的化学和物理性质主要有以下两项参数：

（1）模数：表示水玻璃含二氧化硅（SiO_2）与氧化钠（Na_2O）的摩尔比值。模数的高低对浆液的凝结时间和结石强度具有一定的影响，灌浆用水玻璃溶液的模数一般宜为 2.2～2.8。

（2）玻美度：表示水玻璃浓度，代号为 Be′，浓度表示方法与比重 d 之间的关系为 $d=145/145\text{Be}'$。

4.3　缓凝剂

缓凝剂为工业用磷酸氢二钠。

5　注浆施工

注浆开始前，正确连接管路非常重要，双液注浆管路见图 1。每隔 5min 或变更浆液配比时，要在孔口量测浆液凝结时间，并根据实际情况进行调整。凝结时间过快将会产生凝胶而堵塞管路，凝结时间太长浆液会随水流流出，又起不到止水加固的作用。

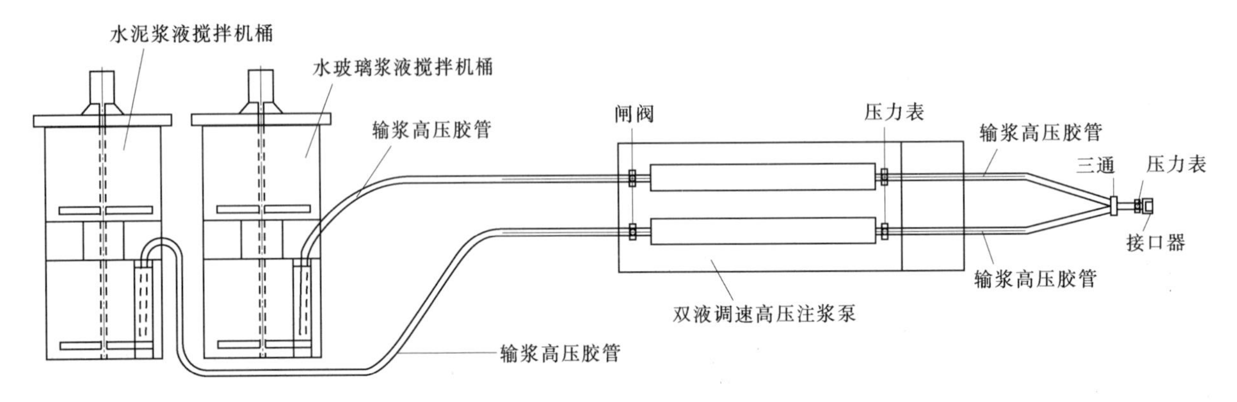

图 1　双液注浆工艺流程图

为避免浆液的渗入距离过远，造成材料浪费和成本增加，应缩短灌注时间，施工中采用定流量、定压力、边灌注边搅拌的灌浆工艺，灌浆泵采用双液注浆泵。

6　特殊地层双液注浆加固处理

6.1　上层滞水地层

经勘察，地下水埋深多处于设计洞底高程之下，但也不排除砂卵（砾）石层中有黏土夹层，因地表渗水，积水汇集于黏土夹层之上，造成开挖过程中发生地下水泄漏，给施工带来不便，一旦处理不当，势必造成洞室坍塌，不但引发人员伤亡事故，而且会造成西四环道路的交通中断。

列举工程事例：9 号竖井在开挖到 10.0m 区域范围内出现上层滞水，且全断面处于砂卵（砾）石层，地层极不稳定，采取超前小导管注浆效果不理想。为了保证施工安全，需要对该透水层（高程 43.95～44.45m）进行止水加固处理。拟采用沿竖井四周边墙外部放射型机钻超前钻孔，对竖井渗水面全断面注浆的方法进行止水加固处理。

注浆工艺采用地质钻机水平钻孔、孔口封闭灌注形式，同时在井壁和井底钻设排水孔降水。注浆范围为竖井井壁全断面外扩 3.0m，注浆孔的深度为 6.0m，孔距采用 1.0m，排距为 1.0m，平面布孔采用交联等边三角形布置，从上到下顺序逐孔进行灌注。

注浆材料为水泥水玻璃按 1∶1 比例配制而成的双浆液。注浆时，将根据现场实际情况适当调整配合比，并适当加入特种材料以增加可灌性。根据地质现状和地层的密实度，浆液的扩散能力与浆液灌注的压力大小密切相关，注浆压力小，达不到地层止水加固强度的要求，所以在保证基础不被抬动的前提下，提高注浆压力有助于提高可灌性和注浆效果，但压力过高，会造成道路结构的破坏，为此注浆压力控制在 0.3～0.5MPa。

6.2 卵砾石堆积地层

地层结构总体特征呈上部为人工填土及第四系冲洪积砂壤土、粉细砂、中粗砂、卵砾石层，其中含砾卵量达 50%～60%，含水量 10%～20%，最大砾径 200mm，同时有些部位完全由卵砾石堆积，地层自稳性较差。

卵砾石地层一般采用打设超前小导管，再灌注水泥水玻璃双液浆进行加固。小导管长度一般为 1.7m，头部削焊成锥体，管身四周布设溢浆孔，采用手风钻、风稿、气动矛等多种手段按设计的角度打入，然后在掌子面喷混凝土封闭，灌注双浆液，每开挖进尺 50cm 就注浆一次。为提高固化效果，一般采取不控制流量只控制压力的原则，注浆压力严格控制在 0.30MPa 以内，注浆结束标准为不吸浆后再灌注 5min 结束。

经过灌前试验，最终使用适用卵砾石地层的配合比如下。

(1) 水泥浆：水灰比 [(1.0～1.5)∶1]（重量比），缓凝剂掺量（1%～3%）（根据凝胶时间而定）。

(2) 水玻璃浆稀释为 35Be′。

(3) 双液浆配合比：水泥浆：水玻璃浆＝1∶1～1∶0.6。

7 小结

结合本工程的实际情况和效果检查，在渗水和卵砾石地层中采用了适宜的水平钻孔工艺、选用凝结时间可调节的水泥水玻璃双浆液，较好地对渗水地层进行了止水，对卵砾石地层进行了加固，开挖强度适中，在开挖过程中没有出现坍塌、流砂失稳等现象发生，没有出现安全事故或交通事故，保证了在开挖过程中掌子面的结构稳定和上部构筑物的稳定，顺利完成了暗涵初期开挖支护，达到了预期的加固效果。

长管棚施工技术在董箐电站特大隧洞的应用

蒋建林　王洪源　付于堂

【摘　要】：董箐水电站左岸导流洞出口地质条件差，出口洞段埋深浅，且穿过15m左右大断层，位于Ⅳ号滑坡堆积体，出口洞段开挖断面大，尺寸为18.30m×20.15m（宽×高），为保证洞挖安全和稳定，成功地采用27m长管棚超前施工技术，取得了预期效果。

【关键词】：长大管棚　施工技术　参数确定　机具选择　质量控制　成本分析

1　工程概况

董箐电站位于贵州省镇宁县与贞丰县交界的北盘江上，距河口102km。董箐水电站枢纽由下坝址混凝土面板堆石坝、左岸溢洪道、右岸地面厂房、右岸泄洪洞组成，混凝土面板堆石坝最大坝高149.5m，坝顶高程494.5m，坝顶全长662.92m。电站装机4台，单机容量为180MW机组，总装机容量为720MW。其左岸导流洞开挖断面为城门洞型，出口洞段设计开挖断面尺寸为18.30m×20.15m（宽×高），过水断面为15.00m×17.00m（宽×高）。

左岸导流洞出口段地形平缓，自然边坡20°～25°，大部分位于Ⅳ号滑坡堆积体和强风化岩体内，覆盖层以坡残积浅黄色黏土夹块碎石为主，表层边坡岩土松散，挂口边坡岩体稳定性较差，岩体较薄。出口洞段围岩类别多为Ⅳ类，局部岩体破碎带为Ⅴ类，且洞脸边坡开挖后，出口10～15m洞段埋深浅，约7～15m，并在距洞口14m处穿过12m左右大断层。洞身段穿越地层岩性均为T2b1中厚至厚层块状砂岩、粉砂岩夹黏土岩（泥页岩）。隧洞沿线大部分洞段岩层走向与洞轴线交角较小，且局部洞段层间挤压褶皱较发育，对围岩稳定有一定的不良影响。

2　管棚施工方案

根据本工程实际地质情况，若在导流洞出口段洞挖时采用常规的超前锚杆、喷混凝土支护，很难保证洞挖安全和稳定，特别是在洞挖穿过15m左右大断层时，成洞条件、安全问题尤为突出；又实际施工过程中，因导流洞出口坡上为贵州省省道，为确保其上部省道的运行安全，出口由原设计桩号0+912.42外移至0+918.6，为加快施工进度，确保施工安全，为此，经过现场多次勘测、研究决定采用27m长管棚对洞口段进行超前支护，穿越不良地质段。管棚采用沿隧道衬砌外缘一定距离打入一排纵向钢管，并且在插入钢管后，再往管内注浆以固结软弱围岩、充填钢管与孔壁之间的空隙，使管棚与围岩固结紧密，以提高钢管的强度。开挖后架设拱形钢架支撑，形成牢固的棚状支护结构。见图1。

3　管棚参数设计

设计前充分调查地质情况及周围环境条件，并根据隧道开挖形状、大小、埋深及开挖方法等条件，设计管棚的基本参数。

3.1　管棚配置

管棚是沿隧道衬砌外缘形成的棚架体系，根据围岩性质及本工程隧道出口开挖断面为城门洞型，管棚布设在导流洞的隧道拱部，起拱点下1m开始，管心与衬砌设计外廓线间距为40cm。

3.2 管棚长度

管棚长度首要满足钻机设备的工作参数要求，其次要穿过不良地质段一定长度。本工程出口洞段断层距出口洞脸约 14.5m，断层宽 11m，仰角 2°，并考虑穿过不良地质段一定长度 1.5m，算出管棚长度为：

$$L=[25.52+(25.5\tan 2°)\times 2]\times 0.5+1.5=27.06\text{m}$$

3.3 管棚直径和数量

钢管间距与许多因素有关，其最小间距，要根据施工精度和开挖过程中的受力特点、工程地质等来决定。一般多采用（2.5～7.5）D（D 为钢管直径）范围左右。本工程采用热轧无缝钢管 ϕ76mm，壁厚 6mm，节长 3m 和 6m。钢管环向间距为 60cm。

3.4 钢管上抬量

在实际施工中，水平钻孔难免有些弯曲，且总向隧道设计断面方向弯曲。为此，给以适当的上抬量，防止侵入断面。根据经验，上台量为 30～40cm。

3.5 机具选择

管棚钻孔采用宣化钻 YQ100－B 机型号钻孔，钻杆外径 80mm，钻头直径 120mm，钻杆长度 1.0m。

4 管棚施工技术

4.1 管棚管的加工制作

管棚采用节长 3m 和 6m，两节钢管之间采用反丝口连接，最底一节钢管前端 30～35cm 应加工成圆锥形并予以封焊严实，并在最底一节钢管距管底 100～150cm 范围内的管身及其他钢管设置若干溢浆孔，孔径为 8～12mm；孔距 20～30cm，按梅花形排列；最后一节钢管后端 1.5m 范围不设溢浆孔，各管尾设一加固环，并保持管身顺直的要求。管棚钢管纵剖面图见图 1。

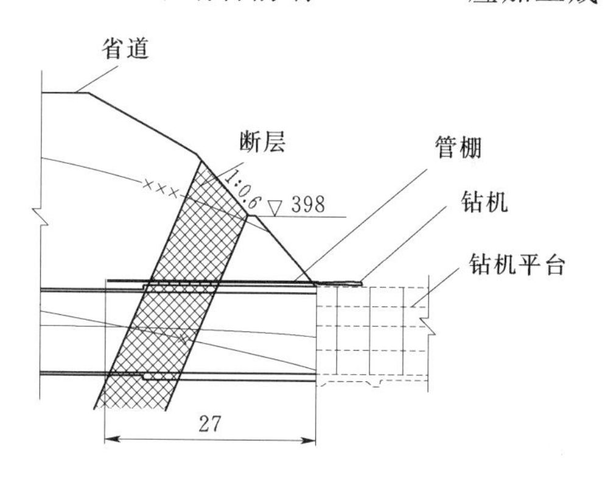

图 1　管棚钢管纵剖面图（单位：m）

4.2 施工工艺

管棚施工主要工序有：准备工作（包括开挖支护明洞边坡，钻机保养和运转，搭钻孔平台搭设，测量放样布孔和孔位插钎标记）、安装钻机；钻孔；清孔、验孔；安装管棚钢管；注浆。工序技术要求高，工艺复杂，施工工艺流程见图 2。

4.2.1 明洞边坡仰坡开挖支护

（1）明洞段开挖应在洞顶截水沟施工完成后进行，应尽量避开雨季施工。

（2）在管棚施工前，应首先完成洞洞边坡支护，及时施工明洞边坡的锚杆、挂设钢筋网、喷射混土，达到封闭坡面。

（3）对边坡渗水要及时排、引到坡面外，加强对坡面的防护。

4.2.2 搭钻孔平台安装钻机

（1）钻机平台可用枕木或钢管脚手架搭设，搭设平台应一次性搭好，既要满足钻孔要求，又要满足安装管棚钢管要求。

（2）平台支撑要着实地，连接必须牢固、稳定。防止在施钻时钻机产生不均匀下沉、摆动、位移等影响钻孔质量。

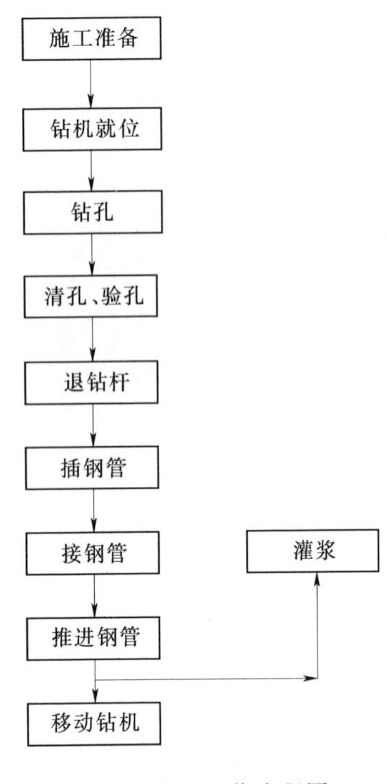

图 2 施工工艺流程图

(3) 钻机定位：钻机要求与已设定好的孔口管方向平行，必须精确核定钻机位置。用经纬仪、挂线、钻杆导向相结合的方法，反复调整，确保钻机钻杆轴线与孔口管轴线相吻合。

4.2.3 布孔

根据管棚的施工设计和开挖断面的尺寸进行放样。采用 TC-1102 全站仪现场放样，并以放样单的形式进行现场技术交底，现场施工员用油漆标出各钻孔位置，并以插钎作为标记控制管棚的间距，同时，立（挂）牌标明本循环的各种钻孔深度、角度、孔距、排距等参数，便于操作。导流洞出口锁口管棚布置见图 3。

4.2.4 钻孔

(1) 管棚采用宣化钻 YQ100-B 型号钻孔，为了便于安装钢管，钻头直径采用 120mm，钻孔由两台钻机由低孔位向高孔位对称进行，可缩短移动钻机与搭设平台时间，便于钻机定位。

(2) 钻孔开始前，要测定钻孔地点和钻机的中心，使两点一致，并测定外插角。为防止钻孔中心振动，钻机应用 U 形螺栓与钢管扣好，加以固定，以防止移动。

(3) 岩质较好的可以一次成孔；岩质差的钻进过程中产生坍孔、卡钻时，需补注浆后再钻进。

(4) 钻机开钻时，可低速低压，待成孔 10m 后可根据地质情况逐渐调整钻速及风压。

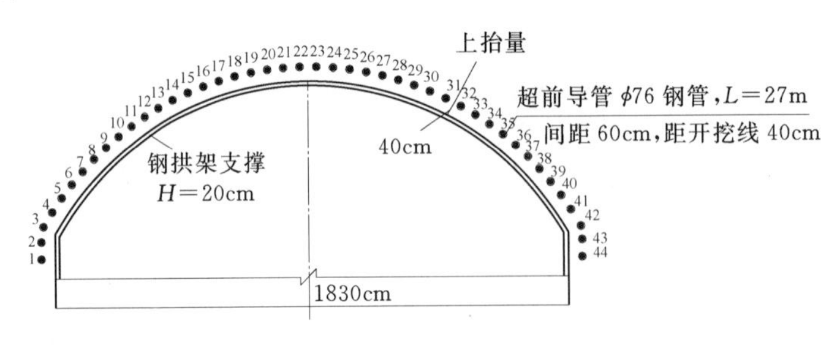

图 3 导流洞出口锁口管棚布置示意图

(5) 钻进过程中经常用测斜仪测定其位置，并根据钻机钻进的现象及时判断成孔质量，并及时处理钻进过程中出现的事故。

(6) 钻进过程中确保动力器，扶正器、合金钻头按同心圆钻进。

(7) 认真作好钻进过程的原始记录，及时对孔口岩屑进行地质判断、描述。作为开挖洞身的地质预探预报以及指导洞身开挖的依据。

4.2.5 清孔验孔

(1) 用钻杆配合钻头（ϕ120mm）进行来回扫孔，清除浮渣至孔底，确保孔径、孔深符合要求、防止堵孔。

(2) 用高压气从孔底向孔口清理钻渣。

(3) 用经纬仪、测斜仪等检测孔深，倾角，外插角。

4.2.6 安装管棚钢管

(1) 钢管应在专用的管床上加工好丝扣，棚管四周钻 ϕ8 出浆孔（靠掌子面 2～3m 的棚管不钻孔）；管头焊成圆锥形，便于入孔。

(2) 棚管顶进采用大孔引导的工艺，即先钻大于棚管直径的引导孔（ϕ120mm），然后可用 10t 以上卷扬机配合滑轮组反压顶进。

(3) 接长钢管应满足受力要求，相邻钢管的接头应前后错开。同一横断面内的接头数不大于50%，相邻钢管接头至少错开1m。

4.2.7 注浆

(1) 安装好有孔钢花管后即对孔内注浆。

(2) 注浆：采用固结灌浆的方法全段一次灌浆。采取分序单孔灌浆（分两序），Ⅰ序孔灌浆完成后再进行Ⅱ序孔灌浆，由拱脚向拱顶逐管注浆，若遇窜浆或跑浆，则间隔1～3个孔注浆。灌浆水灰比采用2、1、0.8、0.6四个比级，起灌水灰比为2∶1。

(3) 终压不小于0.7MPa，持压15min后停止注浆。注浆量一般为钻孔圆柱体的1.5倍，若注浆量超限，未达到压力要求，应调整浆液浓度继续注浆，直至符合注浆质量标准，确保钻孔周围岩体与钢管周围孔隙均为浆液充填，方可终止注浆。

(4) 单管注浆结束后及时用棉纱封孔，增强管棚的刚度和强度。

5 劳动力组织及进度情况

(1) 管棚施工工序多，工种杂、技术性强、要求技术工人具有各方面独立操作能力，又能处理管棚施工中一般的故障，管棚施工的质量很大程度上取决于钻孔和注浆的质量。

一台钻机三班作业劳力组织为：技术人员1人，机长1人，修理工2人，电工1人，电焊工1人，钻工12人，合计18人。

(2) 进度情况：钻机就位、加固0.5h；钻进、扫孔：9h；顶管、注浆：2.5h，共计12h/孔。

6 质量控制

(1) 钻孔前，精确测定孔的平面位置、倾角、外插角。并对每个孔进行编号。

(2) 钻孔仰角的确定应视钻孔深度及钻杆强度而定，一般控制在1°～2°，钻机最大下沉量及左右偏移量为钢管长度的1%左右，并控制在20～25m。

(3) 严格控制钻孔平面位置，管棚不得侵入隧道开挖线内，相邻的钢管不得相撞和立交。

(4) 经常量测孔的斜度，发现误差超限及时纠正，至终孔仍超限者应封孔，原位重钻。

(5) 掌握好开钻与正常钻进的压力和速度，防止断杆。

(6) 在遇到松散的堆积层和破碎地质时，在钻进中可以考虑增加套管护壁，确保钻机顺利钻进和钢管顺利顶进。

7 管棚费用评价

管棚费用主要包括管棚的管棚施工的人工费、管棚施工的机械台班费、管棚施工的材料费4大部分。现以贵州北盘江董箐水电站左岸导流洞工程出口27m管棚（沿拱顶范围内布设46根长度各为27m注浆钢管，管棚的钢管总重量为12.3t）为例，分析管棚在现场施工中的实际费用。

7.1 人工费

(1) 加工管棚钢管：260工日×40元/工日＝10400元。包括割、焊钢管锥形探头，钢管施钻ϕ8mm出浆孔等；

(2) 加工钢管丝扣接头：20元/个×184个＝3680元；

(3) 搭工作架、布设水、电、气管路等准备工作：18工日×40元/工日＝720元；

(4) 钻机就位、钻孔、扫孔、顶管、注浆：11487h×4元/h＝45948元。

7.2 机械台班费

(1) YQ100－B宣化钻机：165台班×331.76元/台班＝54740.4元；

(2) 中压灌浆泵：150台班×247.12元/台班＝37068元；

（3）拌浆机：150 台班×113.68 元/台班=17052 元。

7.3 材料费

（1）地质管：27×46×120 元/m=149040 元；

（2）脚手架：16t×4800 元/t=76800 元；

（3）水泥（P.032.5 级）：90t×343 元/t=30870 元。

7.4 实际费用

4 项费用合计：426318.4 元；管理费与税收按 15%计：63947.8 元；管棚费用按隧道延米计：

（426318.4 元+63947.8 元）/27m=18158 元/m

8 结束语

（1）对于隧道洞口的软弱破碎围岩地段、浅埋地段采用长大管棚施工技术，提前发挥超前支护作用，减少了地表下沉和防止围岩坍塌，增加了施工安全度，提高隧道的长期稳定性，具有显著的经济效益和社会效益。同时，管棚钻孔可作为地质预探预报，可指导洞身开挖提供依据。

（2）在管棚钻孔施工中，由于地质原因及钻杆、等因素，局部成孔会弯曲，弯曲量随钻孔长度而增加，特别是长度超过 25m 后，弯曲量会急剧增加，大致在 1/150～1/200，为此，在施工时，要考虑一定的上抬量和外插角。从董箐水电站左岸导流洞出口洞挖后管棚出露的情况，95%以上钢管未侵入开挖断面内，只有个别除外，主要原因是孔深，钻孔时飘钻和钻孔平台局部不稳及穿过不同地质地带。

（3）管棚施工工艺的应用，对砂页岩石地区的洞挖挂口处理施工技术提供了新的思路。

高地应力区绿泥石片岩隧洞开挖支护施工技术

李　宏　刘正波　宋　威

【摘　要】：绿泥岩、绿泥石片岩洞段由于位于高地应力区而具有与其他工程或地段相同岩性的不同特点。为此，经验施工方法已不再具有针对性。本文根据锦屏二级水电站引水隧洞绿泥石片岩的施工，对高地应力地区绿泥石片岩施工提出探讨，供类似工程施工参考。

【关键词】：深埋　高地应力　绿泥石片岩　隧洞　开挖支护　施工技术

1　引言

锦屏二级水电站位于四川省凉山彝族自治州木里、盐源、冕宁三县交界处的雅砻江干流锦屏大河弯上，是雅砻江干流上的重要梯级电站。电站总装机容量 4800MW，单机容量 600MW。引水系统采用 4 洞 8 机布置形式，从进水口至上游调压室的平均洞线长度约 16.67km，中心距 60m。西端引水隧洞均采用钻爆法施工，开挖成形后的断面为马蹄形，开挖洞径 13.0～13.8m，混凝土衬砌后洞径 11.8m。

根据前期地质勘探揭示：1～4 号引水隧洞洞线均不同长度位于绿泥岩、绿泥石片岩、绿砂岩与灰白色或浅肉红色大理岩呈互层状或互夹状，单层厚度在 20～60cm 不等的洞段，其中绿泥石片岩的各向异性理明显，性状较软弱。但由于洞线过长，通过探洞完全探明隧洞洞线地质条件已不可能。为此，设计采取的是根据辅助洞揭示的地质条件，对引水隧洞地质条件进行预测，进行动态设计。

2　绿泥石片岩的特性

根据 1 号、2 号引水隧洞塌方部位引（1）1＋759 和引（2）1＋643 处发生的坍塌事故来看，均位于绿泥石片岩洞段，隧洞埋深 1600～1700m，最大主应力约 40～50MPa，而绿泥石片岩的抗压强度仅为 30～40MPa，强度应力比为 1～1.6，围岩具备了发生高地应力破坏的条件。同时，绿泥岩、绿泥石片岩遇水即软化，强度大幅降低，自稳能力差，掌子面及未及时支护洞段易发生溜坍。

绿泥石现场取样时，锤击声不清脆，无回弹，较易击碎；浸水后，指甲可刻出痕迹。抗风化程度：结构构造大部分破坏，矿物色泽明显变化。大部分由绿泥石、绿帘石、方解石及少量石英组成。结构面结合性较差，岩石完整性较破碎。现场取样试验室检测的强度 Rc 结果如下：烘干时强度为 14.4MPa，浸水饱和时的强度为 1.1MPa，软化系数 0.076，密度为 2520kg/m^3，吸水率 9.9%。

根据招标文件与实际开挖揭露的地质条件比较，锦屏二级水电站引水隧洞绿泥岩、绿泥石片岩洞段由于位于高地应力区而具有与其他工程或地段相同岩性的不同特点。为此，经验施工方法已不再具有针对性。

3　开挖支护施工方法说明

根据上述地质资料，绿泥石片岩洞段当洞径较大时，应分台阶开挖。锦屏二级水电站引水隧洞开挖洞径 13m，因此选择分台阶开挖，上半洞高度 8.5m。上半洞开挖施工程序见图 1。

1. 地质预报

在夹杂绿泥石片岩的大理岩洞段，加强 TSP 和表面雷达的超前地质勘探，联合地质工程师对掌

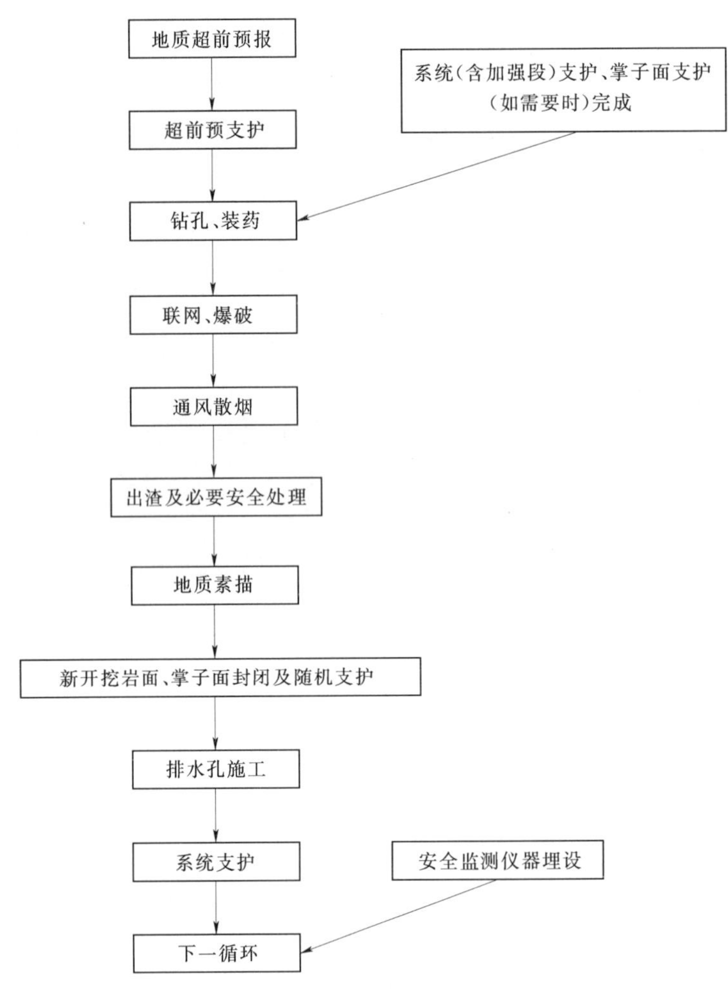

图1　绿泥石片岩上半洞开挖施工程序

子面进行现场勘探，确定围岩类型，指导现场施工。

2. 超前预支护施工

超前支护的内容包括：掌子面150°～180°范围布置一排超前锚杆（锚筋束）或超前注浆小导管，环向间距30～40cm，搭接长度不小于2m，外插角5°～10°。在必要时可增加布置第二排超前锚杆（锚筋束）或超前注浆小导管，环向间距30～40cm，外插角30°～45°。超前锚筋束和超前小导管内需注水泥浆或水泥砂浆，浆液强度等级不低于M25。超前锚杆（锚筋束）或超前注小导管采用三臂台车造孔，人工安插锚杆，小型注浆机注浆密实。

3. 加强支护段施工

必须确保已开挖洞段的系统支护跟进掌子面，在必要时，可加强大理岩和绿泥石片岩的过

渡洞段的支护，加强支护参数如下：

喷10cm厚CF30硅粉钢纤维混凝土对加强段进行封闭，局部可加厚至30cm。系统锚杆支护ϕ32，长度分别为6m、9m两种，挂设Φ8mm，20cm×20cm钢筋网。架设格栅拱架，内距50cm，格栅拱架采用Φ32mm钢筋。

如有必要时，对该段固结灌浆，由于此类洞段的地质特殊性，灌浆采用不待凝的处理方式。如果掌子面出现渗滴水现象，可随机布置排水孔引排。

4. 钻孔、爆破及出渣

为确保人员施工安全，造孔设备应尽可能采用三臂台车，避免采用手风钻。爆破应采用控制爆破，严格按照“短进尺、弱爆破”的思想施工。

5. 地质素描

出渣完成后，及时通知地质工程师对掌子面地质素描，地质素描是取得衬砌参数的必要手段，也是指导超前支护和开挖施工的重要步骤。

6. 掌子面及周边新开挖洞段封闭

一旦完成地质素描或在素描前发现有塌方迹象时，及时安排封闭掌子面及周边新开挖岩面。封闭新揭露岩面采用喷射台车喷 CF30 硅粉钢纤维混凝土厚 5～8cm，根据监理工程师的指示及时随机支护。随机支护包括掌子面 ϕ25，4.5m 长玻璃纤维锚杆及周边洞段随机锚杆。

在掌子面玻璃纤维锚杆施工完成后，根据监理工程师的指示复喷，复喷厚度 10～15cm。爆破后未脆断的玻璃纤维锚杆，用切割机切割。

7. 系统支护及排水孔施工

在完成掌子面封闭及周边新鲜岩面封闭后，及时进行系统支护。系统支护包括钢筋网挂设，系统锚杆施工及格栅（或型钢）拱架架设。根据绿泥石片岩的遇水软化，易发生坍塌的特点，随机排水孔的施工，显得尤为重要。排水孔深度可在 6～50m，小于 10m 时可采用三臂台车钻孔，大于 10m 时可选择锚固钻机进行钻孔。

8. 施工期安全监测

施工过程中，应按照设计要求将围岩收敛监测断面加密，加强观测频次，为施工提供安全保障。

9. 下半洞的施工

下半洞开挖必要时分左右半幅进行开挖，及时将上半洞格栅或型钢拱架接长。开挖进尺控制在 2.0m 左右。由于绿泥石片岩遇水软化，强度衰减快，自稳性差，因此在下半洞开挖前，必须先将排水设施及排水系统形成，及时将积水排除至工作面以外，以确保开挖施工安全。在完成下半洞开挖支护后，若具备施工交通时，优先安排绿泥石片岩段的边顶拱混凝土衬砌。

10. 循环时间及月强度选择

根据对上述工序占用时间统计，每一循环时间约 24h，即每天最大进尺 1.5m，平均进尺仅能达到 1.0m。为此，在绿泥石片岩洞段，施工月强度按照 30m/月考虑是合适的。

4 施工安全注意事项

（1）爆破安全。爆破安全是每一个成熟的施工单位必须遵守的安全事项。

（2）洞室开挖后及时跟进支护，保证洞内稳定；同时加强施工期变形观测，及时上报观测结果，保证洞内开挖施工安全。

（3）严格控制钻孔深度，是防止在不良地质洞段坍方的关键所在，即便通过预加固措施，在试验未得到充分的验证前提下，不允许提高钻孔深度，除非试验有可靠保证时，可提高至 1.5m 钻孔深。

（4）玻璃锚杆采用端锚，其端锚长度不小于 1m，且拉拔力要求不小于 5t。

（5）玻璃纤维锚杆折断后，其杆体纤维有刺激皮肤瘙痒的感觉，施工中要带防护手套作业等。

5 结束语

根据前期施工效果看，绿泥石片岩洞段相对较完整，初期强度高，其施工指导思想应是：“快速封闭，及时施工系统锚杆及格栅或型钢拱架，短进尺，及时施工排水孔”。为此：

（1）在进行绿泥石片岩洞段的支护时，可在硅粉钢纤维混凝土中增加纳米等材料，以实现快速封闭的目的。

（2）由于绿泥石片岩洞段相对较完整，故注浆加固效果不明显，超前注浆小导管的超前加固效果也有待进一步检验。为此，不推荐超前注浆小导管支护方案，可采取超前锚筋束或自进式锚杆。

（3）对于大管棚，由于施工时间长，不能快速完成绿泥石片岩支护，且超前灌浆加固效果不明显。为此，不推荐大管棚施工方案。

（4）从已施工格栅拱架及型钢拱架洞段来看，型钢拱架初期支护刚度大于格栅拱架，变形较小，有利于施工期安全，因此在绿泥石片岩洞段推荐使用型钢代替格栅拱架。

（5）本文的上层开挖高度，仅表示在锦屏二级引水隧洞3号、4号引水隧洞绿泥石片岩正常洞段开挖的经验参数，在遇有挤压破碎、断层或成型更差的洞段时，应根据实际情况采取降低开挖高度等措施，以确保围岩稳定。

本文是作者参加锦屏二级水电站引水隧洞施工的部分经验总结，属于对高地应力地区绿泥石片岩洞段施工的一种初步探讨，由于受到作者的施工经验及知识面等的局限，难免存在缺陷或需要改进的地方，需要在后续施工中检验和完善，但也可为高地应力地区类似岩性的隧洞开挖支护提供参考，避免塌方，实现快速掘进的目的。

糯扎渡水电站右岸3号导流洞特大洞室开挖支护综合施工技术

杨玺成　郭　超

【摘　要】：糯扎渡水电站右岸3号导流隧洞跨越断层带多，断层带宽度大，Ⅳ、Ⅴ类围岩所占比例很大。且导流施工工期紧，能安全、快速的穿越断层是施工的关键与难题。施工中采用了各种有效开挖及支护手段，有力地保证了围岩的稳定性，确保了施工安全及工程安全。3号导流隧洞综合施工技术对目前的地下隧洞不良地质洞段施工有一定的借鉴意义。

【关键词】：综合施工技术　F_3 断层　F_5 断层　渐变段

1　概述

云南糯扎渡电站右岸3号导流隧洞断面型式为方圆型，隧洞衬砌后断面尺寸为16m×21m，进口高程为600.00m，洞长1529.765m，隧洞底坡为 i＝0.50％，出口高程592.35m。开挖断面分为A、B、C、D四种型式，对应于Ⅱ、Ⅲ、Ⅳ、Ⅴ类围岩。A型断面尺寸17.4m×22.3m，长299.89m，占隧洞总长的19.6％；B型断面尺寸17.9m×22.75m，长676m，占隧洞总长的44.2％；C型断面尺寸19.4m×24.2m，长397m，占隧洞总长的26％；D型断面尺寸20.0m×24.8m，长126.875m，占隧洞总长的8.3％。另外，进口渐变段长30.0m，由方形变为方圆形，断面尺寸由27.4m×26.2m变为21.4m×26.2m。

3号导流隧洞洞身通过地段地形较完整，上覆岩层一般厚度为140～190m。穿越地层全部为华力西晚期—印支期的花岗岩，隧洞围岩主要为微风化—新鲜花岗岩岩体；在进口、出口附近以及断层破碎带部位，隧洞围岩为弱风化下部花岗岩。

导流隧洞洞身部位地质构造发育，其中 F_3 为Ⅱ级结构面，F_5、F_{12}、F_{13}、F_{14}、F_{17}、F_{27}、F_{28}、F_{29}、F_{38}、F_{39} 为Ⅲ级结构面。隧洞位于地下水位以下。

2　综合施工技术

通过分析洞室围岩的状况，结合3号导流隧洞这一特大洞室的实际，在洞室开挖施工中坚持如下施工原则：

（1）以安全为核心，强调“排水超前，控制爆破，支护及时跟进”的施工程序原则。

（2）采取短进尺、多循环、控爆破、强支护、勤观测的原则进行开挖。

（3）在确保施工安全的前提下，开展多工作面、多工序交叉平行作业，尽可能加快施工进度。

2.1　F_3 断层施工技术

F_3 断层及其影响带位于3号导流隧洞1＋481.2～1＋529段，其中主断层宽约8～17m，桩号1＋489～1＋514。F_3 断层带主要为破碎岩、角砾岩、糜棱岩、石英脉、普遍夹高岭石粉土充填物，基本无胶结，围岩稳定性及完整性很差。断层带潮湿，多有滴水、渗水，局部有集中渗水，流量约0.05～0.1L/s。F_3 断层产状为N14°～50°E，NW∠78°～85°。

断层覆盖层最薄处只有30m，围岩破碎，为提高该段围岩的整体稳定性，确保施工及工程安全，对导3号1＋476.000～导3号1＋512.000桩号范围的隧洞顶和隧洞两侧各12m范围进行了固结灌浆。

固结灌浆对断层两侧影响带裂隙较发育的岩体加固效果较好，而对挤压密实、强度极低、遇水易软化的糜棱岩体效果不明显。为进一步增加隧洞围岩稳定性，在原固结灌浆孔设置悬吊锚杆对 F_3 断层进行加固。悬吊锚杆在原固结灌浆孔内隔排布置，共布置 9 排，$L=33\sim54$m。

在地表加固完成后，进行洞室的开挖施工。采用 $\phi42$（壁厚 4mm），$L=4.5$m@0.3m×1.5m 的注浆小导管进行超前支护，注浆压力为 0.3～0.5MPa，注浆后在小导管内插 $\phi25$，$L=4.5$m 的钢筋。

断层开挖时先打 2m×2m 导洞至 1+512 桩号，观察围岩状况。具体施工方案如下：

主断层开挖采用分层法施工，共分为上、中、下三层施工。上层开挖采用“核心留台法”施工，中、下层采用半幅开挖法施工。详见图 1。

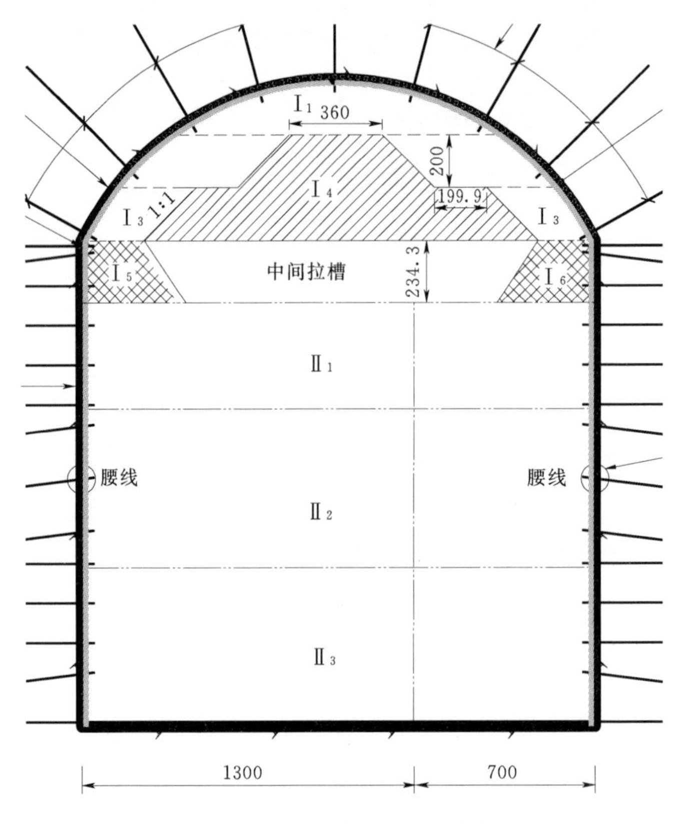

图 1 主断层开挖分层分区图（单位：cm）

上层分七区，按先“中间后两侧”自上而下的顺序施工，支护及时跟进，两侧开挖视地质情况，先开挖软岩、后开挖硬岩，确保施工安全；开挖顺序为 $\mathrm{I}_1\rightarrow\mathrm{I}_2\rightarrow\mathrm{I}_3\rightarrow\mathrm{I}_4\rightarrow\mathrm{I}_5\rightarrow\mathrm{I}_6$（$\mathrm{I}_7$）。每次进尺严格控制在 1m 以内。

中、下层开挖时采用半幅开挖法，最大半幅宽度 13m，层高 6m，逐层开挖。为加快施工进度，两个半幅交叉施工，工作面错开至少 15m，以避免或减小爆破时的相互影响。边墙采用光爆，光爆孔间距小于等于 40cm，每次进尺控制在 3m 以内。

针对 F_3 断层的特殊性，采取了相应的一次支护措施：

（1）钢支撑加固：钢支撑采用 I20b 工字钢，间距 0.75m，采用Φ 25@0.4m 钢筋连接，拱角部位 I20b 工字钢纵梁加固拱角。

（2）顶拱部位采用自进式中空注浆锚杆，规格为 $\phi25$，$L=6$m@1.5m×0.75m；边墙锚杆采用 $\phi32$，$L=9$m@3m×0.75m 普通砂浆锚杆；并使用Φ 28@3m×0.75m，$L=6$m 普通砂浆锚杆进行二次加密。

（3）喷 30cm 厚的钢纤维混凝土。

（4）于左、右侧顶拱拱脚下0.5m处增设1排3Φ28，$L=9.0$m锚筋桩，间距为1.5m。相应部位I20钢支撑与锚筋桩采用L形ϕ28钢筋焊接，焊缝长度不小于10cm。

（5）于左、右侧边墙腰线（距拱脚以下9.0m处）及腰线上、下2.0m处增设3排3Φ28，$L=9.0$m锚筋桩，间距1.5m，排距2.0m。

（6）于开挖底板以上2m处增设1排3Φ28，$L=9.0$m锚筋桩，间距1.5m。

（7）钢支撑腰线处增设1根I20工字钢纵向联系梁，并与钢支撑及腰线锚筋桩焊接。

（8）每两榀已增设锚筋桩的钢支撑之间的未设锚筋桩的钢支撑，用L形ϕ28钢筋与锚杆焊接，锚杆采用ϕ32，$L=9.0$m，布置形式与锚筋桩布置类同。

采取以上措施进行F_3断层洞段上层的开挖施工，洞室稳定，未出现塌方，工程及施工安全得到了保证。

2.2 F_5断层施工技术

F_5断层位于3号导流隧洞0＋760～0＋790段，其中断层带宽约30m，F_5断层产状为N10°～25°E，NW∠60°～80°，破碎带主要由破碎石英脉、角砾岩、糜棱岩、断层泥等组成，胶结差，围岩稳定性及完整性很差。

F_5断层上层开挖时，先进行上导洞开挖，再进行两侧扩挖，支护紧跟。中下层开挖时，仍然采用半幅开挖的方式，最大半幅宽度13m，层高6m，逐层开挖。两个半幅交叉施工，工作面错开至少15m，以避免或减小爆破时的相互影响。边墙采用光爆，光爆孔间距不大于40cm，每次进尺控制在3m以内。

F_5断层洞段在系统支护的基础上，采取下列加强支护手段：

（1）于左、右侧顶拱拱脚下0.5m处增设1排3Φ28，$L=9.0$m锚筋桩，间距为1.5m。相应部位I20钢支撑与锚筋桩采用L形Φ28钢筋焊接，焊缝长度不小于10cm。

（2）于左、右侧边墙腰线（距拱脚以下9.0m处）及腰线上、下2.0m处增设3排3Φ28，$L=9.0$m锚筋桩，间距1.5m，排距2.0m。

（3）于开挖底板以上2m处增设1排3Φ28，$L=9.0$m锚筋桩，间距1.5m。

（4）预应力锚杆Φ32@2m×2m，$L=9.0$m，张拉应力125kN。

2.3 渐变段施工技术

3号导流隧洞进口渐变段，开挖断面尺寸由0＋000m桩号的27.4m×26.2m（矩形，宽×高）渐变至0＋30m桩号的21.4m×26.2m（城门洞型，中心角120°），0＋000桩号底板高程597.5m，拱顶高程623.7m，开挖断面跨度、高度均较大，同时渐变段位于导流隧洞进口段，侧面及上部岩体覆盖相对较薄，最大埋深32.5m，最小埋深11.3m。混凝土衬砌厚度边顶拱部位为2.5m，中墩部位最大厚度为6m。

3号导流隧洞进口段（设计桩号0＋000～0＋030）位于弱风化上部花岗岩中，节理发育，节理面锈蚀严重，夹泥普遍，岩体破碎并且连接力微弱，围岩稳定性差，局部不稳定。按照本工程地下洞室围岩划分标准，此洞段隧洞围岩均为Ⅳ类围岩。在大气降水入渗和地下水作用下，隧洞围岩稳定性将会进一步变差，需采取特殊的施工方法和有效的支护措施，确保隧洞施工安全。

基于渐变段的特殊性，在渐变段施工过程中，采取了各项保证措施。

1. 地表预加固处理

（1）脸边坡布置悬吊锚筋桩。利用进口渐变段洞顶上方的高程656m公路平台，在3号导流隧洞0＋000～0＋026m段、洞轴线两侧各22.5m宽度的范围布置悬吊锚筋桩。参数为：3Φ28，间排距2.5m×1.0m；锚筋桩孔底深入洞身开挖面以内50cm控制（达到高程623.2m），两侧锚筋桩与中间部位锚筋桩长度相同。

（2）采用预应力锚杆锁口洞脸开挖出露后，在原设计系统边坡支护的基础上，在洞脸轮廓线外

0.5～1.0m 处布置两排 125kN 级预应力锁口锚杆进行加固，预应力锁口锚杆参数为 ϕ32，L=9.0m，间距 1m×1m。预应力锁口锚杆造孔利用明挖造孔设备。

（3）固结灌浆利用锚筋桩孔进行固结灌浆，灌浆范围为整个锚筋桩施工范围，灌浆深度为锚筋桩孔深度，灌浆压力为 1.0～2.0MPa，开灌水灰比为 1∶0.8。

（4）边坡系统支护。①预应力锚索。在洞脸高程 643.0m、高程 638.0m、高程 631.0m、高程 626.50m 布置四排 2000kN、L=35m、倾角 10°预预应力锚索。②洞顶边坡系统支护。3 号导流隧洞洞脸以上高程 623.5～656.0m、边坡布置锚杆 ϕ25mm，长 4.5m，外露 10cm，挂钢筋网Φ 6.5@20cm×20cm，喷 10cm 厚 C20 混凝土。

2. 开挖方式

渐变段开挖时，对洞室顶部进行起拱，起拱高度为 1.4m。

渐变段 0+030～0+021 段开挖采用全断面开挖方式，0+021～0+000 段开挖采用中墩法开挖方式。渐变段 0+030～0+021 洞段采用“自中向边”的开挖顺序，每循环进尺不超过 1.5m，开挖完成后及时支护。渐变段 0+021～0+000 洞段中槽开挖时，每循环进尺不超过 1.5m。开挖分层分区见图 2 和图 3 所示。

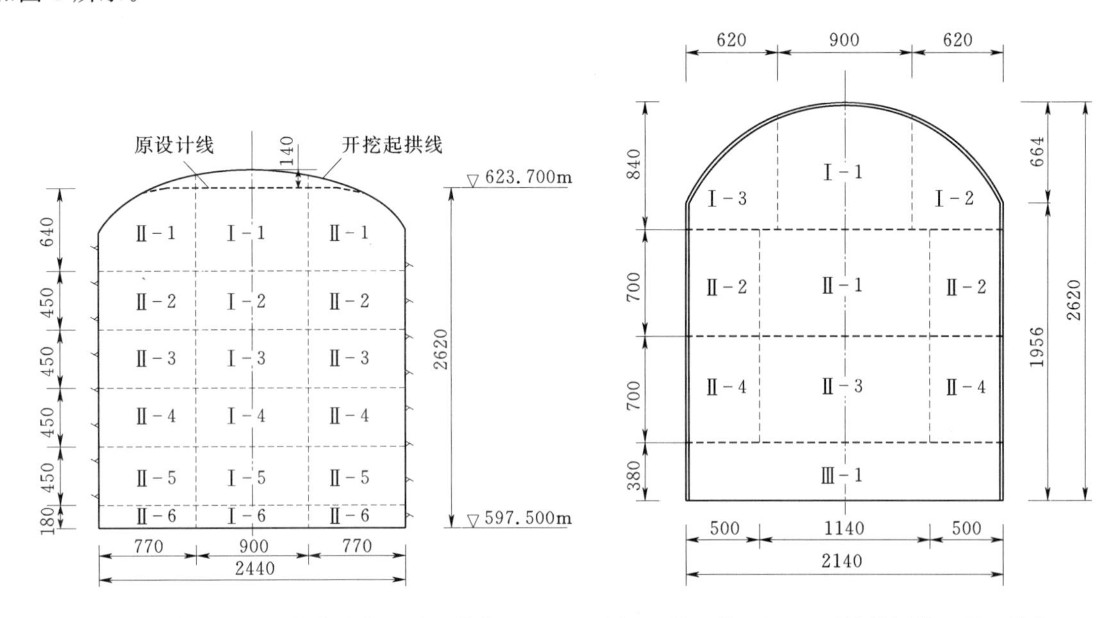

图 2　导 3 号 0+015 开挖分层分区图（单位：cm）　　图 3　导 3 号 0+030 开挖分层分区图（单位：cm）

图 2 和图 3 中Ⅰ、Ⅱ、Ⅲ表示依次开挖区间，1、2、3 表示依次开挖顺序。

3. 洞内支护

系统锚杆边墙部位采用普通沙浆锚杆 ϕ28，L=9m，@0.75m×2m，外露 0.5m；顶拱部位采用 125kN 预应力锚杆 ϕ32，L=9m，@1.5m×0.75m。喷 30cm 厚 C20 钢纤维混凝土。当岩体破碎无法成孔时，采用自进式锚杆。边墙岩体较破碎时，采用预应力锚杆。

钢支撑采用 I20b 工字钢，间距 0.75m，采用Φ 25@0.4m 钢筋连接，拱角部位采用双排 ϕ28，L=6.0m，每榀钢支撑左右拱角处各打两根锁脚锚杆。

上层开挖时，掌子面喷 5～8cm 厚 C20 钢纤维混凝土进行封闭。

为进一步确保安全，开挖前对渐变段起拱部位进行超前支护，超前锚杆采用砂浆锚杆 ϕ25，L=6.0m，间距 0.5m，排距 1.5m，上倾 5～10，局部岩体破碎部位采用自进式锚杆；采用大管棚预注浆超前支护，孔径 75mm，管棚长度为 12m，间距 1.25m。

渐变段左、右侧边墙腰线（距顶拱以下 13.1m 处）及腰线上、下 2.0m 处共增设 3 排 3Φ28，L=9.0m 锚筋桩，间距 0.75m，排距 2m。

在开挖底板以上2m处增设1排3Φ28，L=9.0m锚筋桩，间距0.75m。

相应部位锚筋桩采用L形Φ28钢筋、L=0.5m与I20钢支撑焊接，焊缝长度不小于10cm。

采用中墩法开挖时，两边出露的临时边墙采用如下临时支护措施：临时边墙腰线以上采用锚杆ϕ25，L=4.5m，@3m×1m，腰线以下采用锚杆ϕ25，L=6m，@3m×1m，临时边墙部位喷15cm厚C20混凝土，中槽部位采用横、纵向支撑与连接钢筋联合受力以保证边墙的稳定。

2.4 一般性洞段施工技术

一般性洞段对应于3号导流隧洞Ⅱ类、Ⅲ类围岩，此类围岩稳定性很好，开挖方式比较简单。

Ⅱ类、Ⅲ类围岩洞段开挖时，采用全断面掘进法，先全断面开挖洞室上层，再采用中间拉槽、两侧光爆修边的方式快速掘进，系统支护及时跟进。

Ⅱ类、Ⅲ类围岩洞室开挖关键点在于开挖后，必须及时进行一次支护，以防围岩长时间暴露在空气中而失去原有的稳定性。

3 结束语

糯扎渡水电站右岸3号导流隧洞集特大洞室、不良地质条件于一体，在施工中运用到了多种多样的施工技术，为今后同类型洞室的施工构建了一个典型的借鉴实例。在工程建设中，发挥各方智慧，用科学的施工处理方法，是工程安全、质量和取得效益的重要保证。

浅埋暗挖施工技术的研究与应用

宋希宁　李文瑛　闫艳军

【摘　要】：南水北调中线（北京段）西四环暗涵为砂砾（卵）石地层，采取浅埋暗挖法施工，由于暗涵跨度较大，为保证地面建筑物安全，采用先中洞后边洞的施工方法。本文通过对南水北调中线（北京段）西四环暗涵下穿京石高速浅埋暗挖施工技术进行总结，为今后类似工程提供参考和借鉴。

【关键词】：南水北调　暗涵　浅埋暗挖

1　工程概况

南水北调西四环暗涵是穿越北京市城区的大型建筑物，进口位于丰台区大井村西京石高速路永定路立交桥西南角，穿越永定路及京石高速路后沿高速路北侧向东北约1.4km由岳各庄桥进入四环路下，沿四环路向北约11km在四海桥处离开四环路北行约500m与团城湖明渠相接，全长12.64km。

南水北调西四环暗涵穿越京石高速路暗涵起点位于丰台区大井村西京石高速路永定路立交桥西南角，以正北向下穿京石高速。暗涵长度为95m，该段方涵顶部覆土平均厚度为7m。暗涵设计断面为双孔联体钢筋混凝土方涵，过水断面尺寸为（2～3.8)m×3.8m。采用浅埋暗挖法修建，正台阶法开挖，复合式衬砌结构，初期支护为格栅钢架＋30cm厚喷射混凝土，二衬为30cm厚C30模筑钢筋混凝土，初期支护与二衬之间铺设连续防水板。由于方涵为平顶直墙结构，施工时先进行中洞施工，再进行两侧边洞施工。

2　施工工艺

2.1　施工作业总步序图

施工步序作业总步序见图1：步序一：中洞开挖及初期支护；步序二：中洞范围内结构混凝土浇筑（二衬模筑）；步序三：中洞贯通后，两侧边洞错开开挖及初期支护；步序四：边洞范围内结构混凝土浇筑（二衬模筑）。

2.2　中洞开挖初支

中洞开挖及初支施工步序见图2。

2.2.1　超前勘探

采用洛阳铲进行超前勘探，查清该范围开挖土层的地质情况，根据土质情况确定小导管注浆所采用浆液种类（改性水玻璃、水泥-水玻璃双液浆或水泥浆），及时研究制订支护措施，确保暗涵围岩开挖和初期支护的稳定和京石高速路安全运行。

2.2.2　超前小导管注浆

1. 超前小导管及锁脚锚管的加工制作

在车间加工厂采用无缝钢管加工制作小导管，小导管内径25mm，导管长2.25m，头部为25°～30°锥体；小导管端头花管1.75m，孔眼6～8mm，每排4孔，交叉排列，孔间距10～20cm。锁脚锚管为直径42mm无缝钢管，长度1.7m。

2. 小导管注浆

采用手风钻（或气动矛）打入超前小导管，上半拱环向间距30cm，仰角10°～15°，导管长

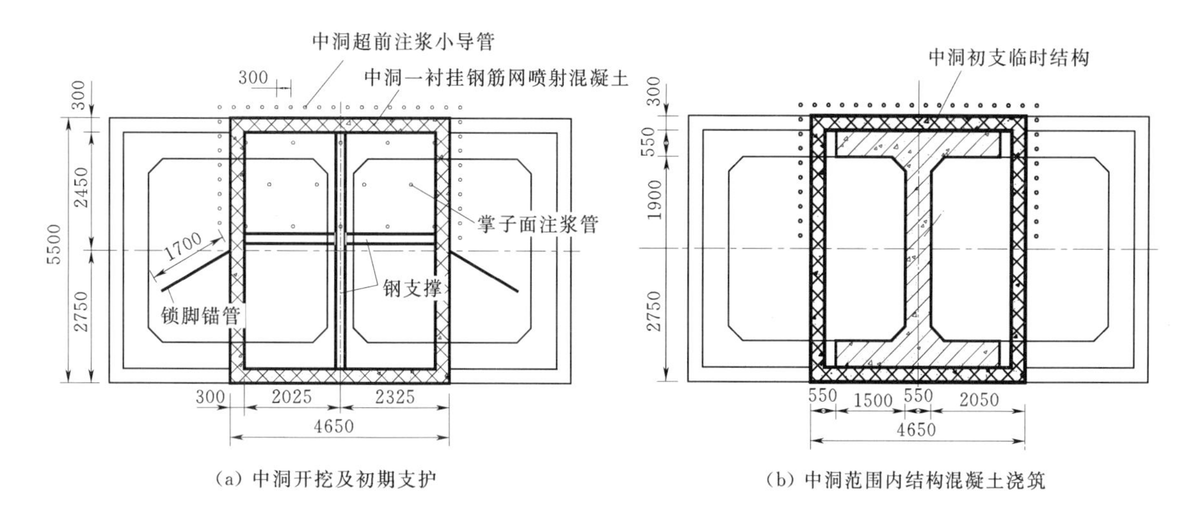

(a) 中洞开挖及初期支护　　(b) 中洞范围内结构混凝土浇筑

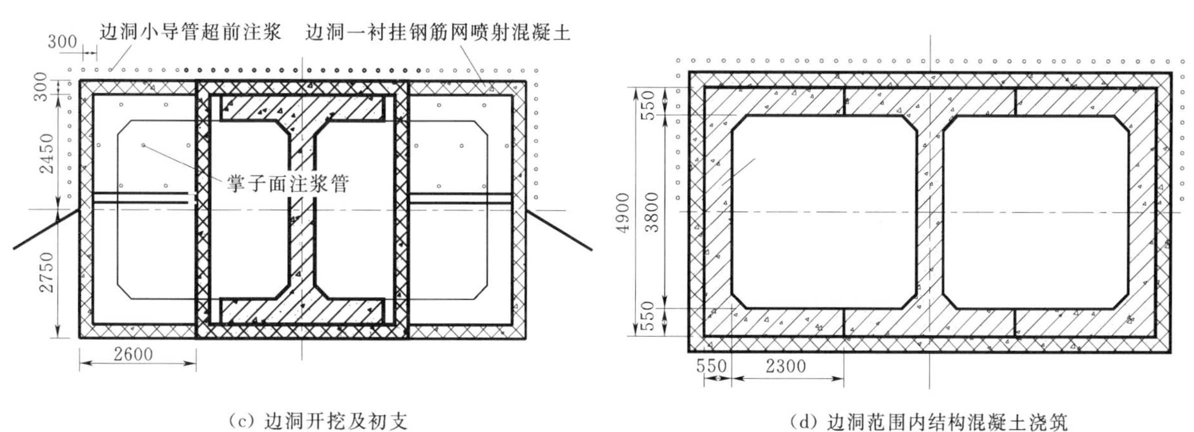

(c) 边洞开挖及初支　　(d) 边洞范围内结构混凝土浇筑

图 1　施工作业总步序图（单位：mm）

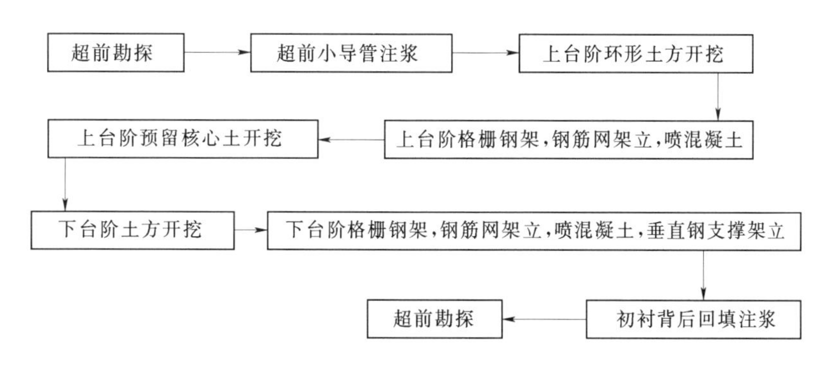

图 2　中洞开挖及初支施工步序图

2.25m，开挖步距 50cm，每开挖两步，钻孔注浆一次；掌子面注浆小导管也采用 DN25 无缝钢管，长度 1200mm，其中前端花管长度 700mm，间距 1000mm，梅花形布管。注浆压力一般为 0.25～0.35MPa。

3. 注浆材料和设备

注浆材料采用改性水玻璃浆液，配制时先在小容器中试制，在高速搅拌情况下，将 490mL 稀释后的水玻璃浆液缓慢地倒入 100mL 稀硫酸中，混合均匀，并用 pH 计（或试纸）测其 pH 值，浆液的 pH 值为 4.5，并记录体积比。根据此比例，大体积的将稀释后的水玻璃缓慢倒入稀释过的硫酸中混合，继续用 pH 计（或试纸）测其 pH 值，如为 4.5 即可使用。

水玻璃浆液与稀硫酸浆液的配合比为 4.9：1（体积比）。

小导管注浆采用 2TGZ－120/105 型往复式单液注浆泵，高压胶管输浆管路，活扣式接头。

2.2.3　开挖支护

开挖及初支采用平顶直墙正台阶暗挖法施工，施工过程中严格遵循“小步距、快封闭”的原则。开挖步距为 50cm，台阶长度为 5.5m。

开挖分上下两个台阶进行，首先开挖上台阶环形土方，按设计要求留置核心土，采用人工挖装，开挖步距 50cm，采用手推车人工运到暗涵进出口竖井底部，然后由龙门吊将土方吊运至土仓处。停止开挖后用 M10 水泥砂浆喷 30mm 厚封闭掌子面并注浆固结，以减少土体暴露时间。

上台阶第一层钢筋网Φ 6@100×100 距离开挖基础面 4.0cm 铺设，并用扎丝绑扎或电焊点焊在钢格栅上，每片前后左右搭接长度不少于 10.0cm，上台阶格栅安装根据激光导向仪测量在腰线和顶拱的控制点及水平尺支立，保证上拱格栅拱架不扭曲，钢格栅中心间距 50cm，暗涵从进口处 5.0m 范围内格栅钢架加密至中心间距 38.0cm（格栅并排焊接）。格栅钢架采用角钢钻眼螺栓连接，连接板采用 10.0mm 厚角钢，连接板用螺栓拧紧后再用 ϕ22mm 加强筋单面焊接。每榀钢格栅内设Φ 22@770mm纵向连接钢筋，纵向连接筋内外双排，单排间距 60.0cm，梅花形布置，焊接搭接长度不少于 22.0cm，将每榀格栅架连接成一整体。为防止上拱格栅架立后下沉，在腰线位置两侧按 45°各打设一根 ϕ42mm，长度为 1.7m 的锁脚锚管。锁脚锚管为无缝钢管，端头加工成 1.0m 长的花管，孔眼 6～8mm，每排 4 孔，交叉排列，孔间距 10～20cm，打入后外露尺寸约 20.0cm。

喷射混凝土采用潮喷混凝土，强制式拌和机进行拌和，通过 ϕ300mm 溜管将拌和料输送到涵底的手推车上，然后运到混凝土喷射机前，喷射护壁由下至上顺序呈螺旋状进行。喷射混凝土时，在喷嘴处加入速凝剂，喷嘴与受喷面基本保持垂直，距离 0.6～1.0m，每次喷射厚度 5.0～7.0cm，待初凝后再进行二次喷射，直到达到设计厚度和设计初衬轮廓线为止，并及时进行混凝土养护。严格按监理工程师批准的混凝土配合比拌制混凝土，拌和料要均匀，外加剂为液态速凝剂，在施工现场利用电子秤称量后加入。

上台阶预留核心土开挖，下台阶土方开挖，下台阶开挖错开上台阶 5.5m，开挖步距 0.5m，停止开挖后用 M10 水泥砂浆喷 30mm 厚封闭掌子面并注浆固结，以减少土体暴露时间。

下台阶第一层钢筋网Φ 6@100×100 铺设、下台阶格栅拱架架立、连接筋焊接、下台阶第二层钢筋网Φ 6@100×100 铺设、喷射 300mm 厚 C30 混凝土。

2.2.4　初衬回填灌浆

回填灌浆管采用Φ 32 钢管（内径 25mm），管长 0.7m，梅花形布置。距开挖面 5.5m，且初衬强度达到设计强度 70%以上，及时进行初衬背后回填注浆。

1. 回填灌浆管布置

水平洞轴线以上的顶拱范围内，回填灌浆管间距 2m，梅花形布置。

2. 回填灌浆质量检查

回填灌浆质量检查须在该部位灌浆结束 7d 后进行，数量一般为灌浆孔总数的 5%。检查孔采用手风钻钻孔，孔径 ϕ50mm，孔深 50cm，钻孔结束经监理量测孔深合格后埋设孔径不小于 ϕ38mm 胶管，胶管外露不少于 20cm，四周用速凝材料封堵密实。检查孔合格标准：在 0.3MPa 压力下，向孔内注入 2∶1 的浆液，初始 10min 孔内注入量不超过 10L，即为合格。

2.3　中洞二衬钢筋混凝土浇筑

中洞贯通后，分段间隔拆除中洞十字钢支撑，进行中洞范围内的中墙和顶、底板结构钢筋混凝土浇筑。钢支撑每段破除长度不超过 3m，根据监测结果，经过分析、论证后方可进行适当调整。混凝土分段衬砌长度为 10m。

二衬混凝土采用商品混凝土。

2.3.1　中洞十字钢支撑拆除

从暗涵端头拆除钢支撑，以 10m 为一仓。具体做法如下：

（1）先拆除中洞支撑3m。具体为下支撑拆换，将竖向支撑从连接板位置断开10mm，见图3。

（2）为预防沉降量过大，先测量观测2～5d。拱顶下沉量控制在10mm内。

（3）如变形超过10mm或严重下沉，应采取增加临时钢支撑的方法控制变形。

（4）如果变形在允许范围内，则再拆除3m，同样的，进行沉降观测2～3d，符合沉降要求后，再进行下一步施工。

（5）拆除支撑后，马上进行防水施工。

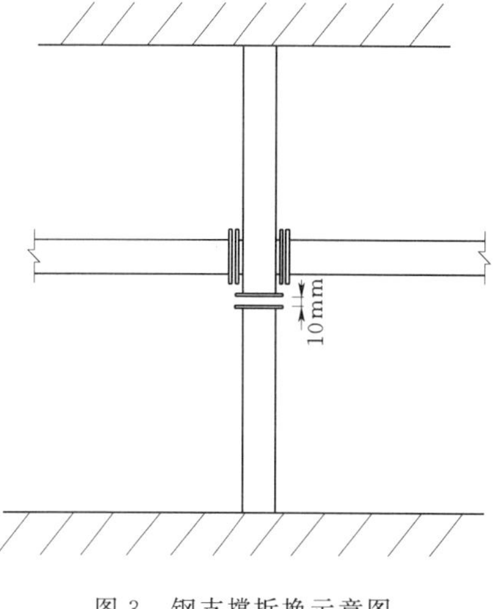

图3　钢支撑拆换示意图

2.3.2　防水板施工

1. 基础面修整

防水层施工前，必须对基面进行修整即对初衬结构施工外露钢筋头、注浆管、网片等容易刺破防水层的杂物清理干净，最后用防水砂浆抹面。

2. 防水层施工

（1）无纺布和垫圈施工。无纺布缓冲层用塑料垫圈加膨胀螺钉或钢钉固定在已经处理完的混凝土基面上。垫圈呈梅花状排列，垫圈固定点间距：底部仰拱间距为1.5m一个固定点；拱顶和拱腰为0.5～0.8m一个固定点；边墙为1.0m一个固定点。膨胀螺钉位置应避开漏水点、螺钉长4～5cm。螺钉与垫圈间要有钢垫片，以防止垫圈受力后破裂。

（2）防水板施工。防水板在暗挖方涵内纵向铺设，相邻焊缝应尽量错开，接缝处采用双焊缝。为减少焊机因自重产生的阻力，应由拱顶向两边铺设，即在拱顶外固定后，向左右两侧下垂，铺设时应注意基面紧贴，两个固定点的防水板不得有空吊现象。与垫圈粘接外观应为较规则的形状，呈垫圈本色，粘接边缘不得因受力而出现变薄及损伤，如发现有变薄及损伤部位应用比损伤部位直径大一倍的面积补焊。铺设长度应比二衬施工段长50cm。防水板之间的搭接采用热楔式的滚轮焊机焊接。两道焊缝间形成一个连续空气通道，用以检验黏合效果。每次正式施焊前，需在现场进行试焊，试焊长度不小于3m，宽度不小于0.2m，待检测合格后方可正式施焊。

2.3.3　中洞二衬钢筋混凝土浇筑

1. 钢筋安装

钢筋在加工车间内按图纸和规范要求进行加工制作，加工好的钢筋用汽车分类运至施工现场，利用龙门架电葫芦从施工竖井将钢筋吊至隧道内，人工运输至施工工作面进行安装。人工在仓号内利用预制混凝土垫块为支撑，架立绑扎钢筋，钢筋纵向间距200.0mm，横向间距100.0mm，主筋保护层厚度：迎水面40.0mm，背水面40.0mm。钢筋向暗涵运输前，两头装上橡胶套，以防戳穿防水板，橡胶套在钢筋安装和绑扎完毕后，取下重复使用。

2. 模板安装

暗涵中洞和边洞模板均采用组合钢模板；“八”字模定型加工J15型，平模采用标准模板P6015、P5015、P3015、P1015进行拼装。采用满堂红脚手架钢管固定和支撑。

组合钢模板的制作（平整度、刚度）须满足施工图纸要求的建筑物结构外形，组件从竖井吊入。所有模板安装按以下要求进行：

（1）按施工图纸进行模板安装的测量放样，重要结构设置控制点，以便检查校正。

（2）模板安装过程中设置足够的临时固定设施，以防止变形和倾覆。

（3）模板在每次使用前清洗干净，钢模面板涂刷脱模剂，不采用污染混凝土的油剂。

因结构缝处设计有一道橡胶止水，模板必须与之相适应，因此结构缝模板采用钢模预制成型现场分块拼装的方式（用螺栓连接固定），施工缝模板采用木模板加工成形，均加工配套支撑架与模板固定（组合模板设计制作过程中已考虑固定支撑架和横肋）。

在底板和墙体混凝土达到40%～50%设计强度、顶板混凝土达到70%设计强度后（具体时间由现场试验确定），方可拆除模板。

3. 混凝土施工

（1）暗涵混凝土浇筑10.0m分一个块号，商品混凝土运输至竖井井口，在竖井口安置一台混凝土泵，通过混凝土泵输送入仓。为充分排除混凝土表面的气泡，增加混凝土表面的光洁度，确保薄体混凝土的施工质量，以ϕ30软轴振捣器将混凝土振捣密实。为保证混凝土不产生骨料分离，混凝土自由下落不超过2.0m，在组合模板顶部仓号的1/3和2/3位置设置2个进料口，进料口在钢模板加工过程中均预制成型，预留口直径为250mm，混凝土通过混凝土泵入仓。

（2）在混凝土开始浇筑前，要进行中线和水平测量，检查断面尺寸是否符合设计要求，预埋件是否正确，钢筋规格、数量、安装位置是否正确，模板支撑系统是否牢靠，模板是否平顺、连接是否紧密。

（3）混凝土浇筑前，应从浇筑窗口将防水层表面进行除尘并洒水润湿，确保混凝土浇筑过程振捣密实，防止混凝土收缩开裂，振捣时不得损坏防水层。

（4）在浇筑靠近底部的混凝土时要严格控制入仓速度，速度要慢，并加强振捣，防止出现蜂窝、麻面等缺陷。在浇筑顶部混凝土时速度要快，也要加强振捣，防止顶拱混凝土脱空。混凝土浇筑均匀上升，两侧混凝土高差控制在30～50cm，局部最大高差不得超过60cm。

（5）浇筑前和浇筑过程中，要分批作混凝土坍落度的试验，如坍落度与原规定不符时，应及时调整配合比。

（6）混凝土振捣：采用软轴振捣器人工振捣，同时，利用木锤敲击钢模模板辅助排气。在底板浇筑混凝土时，使两侧混凝土均匀上升，振捣以粗骨料不再下沉，气泡不再冒出，并开始泛浆为准，振捣过程中避免欠振或过振。

1）混凝土采用插入式振捣器振捣时，振捣器插入混凝土的间距不超过振捣器有效半径的1.25倍，且振捣器垂直呈梅花形插入混凝土，振捣器快插慢拔，插入下层混凝土的深度宜为5.0～10.0cm。

2）涵身采用组合钢模衬砌的混凝土采用软轴振捣器振捣过程中严禁直接碰撞模板、钢筋及埋件。在封头模板上设置了一大一小两个观察窗，既可观察混凝土的浇筑情况，又可作为顶拱浇筑的出浆通道，防止打塌模板。顶拱部位混凝土浇筑时，浇筑顺序由里至外，直至最上部的观察窗出浆为止。混凝土浇筑过程中，严禁在仓内加水。如发现混凝土和易性较差，采取加强振捣等措施，以保证质量，同时通知拌和站调整混凝土塌落度及其和易性。

3）混凝土浇筑过程中派专人进行仓面维护，注意观察模板、支架、钢筋、预埋件和预留孔洞的情况，当发现有变形、移位时，及时采取措施进行处理。

4）如表面泌水较多，及时采取减少泌水措施，严禁在模板上开孔排水，以免带走灰浆。

5）对于埋设止水（止浆片）的周边，加强振捣，使止水处混凝土密实，与止水带结合紧密。

（7）浇筑层施工缝面的处理。在浇筑分层的上层混凝土浇筑前，对下层混凝土的施工缝面，进行冲毛或凿毛处理并涂刷界面剂，安装BW-Ⅱ胶条。

（8）浇筑的间歇时间。保持混凝土浇筑的连续性，浇筑混凝土允许间歇时间按表1执行，或按SDJ 207—82中有关规定执行。若超过允许间歇时间，则按工作缝处理。

表1　　混凝土的允许间歇时间表

混凝土浇筑时的气温/℃	允许间歇时间/min	
	中热硅酸盐水泥、硅酸盐水泥、普通硅酸盐水泥	低热矿渣硅酸盐水泥、矿渣硅酸盐水泥、火山灰质硅酸盐水泥
20～30	90	120
10～20	135	180
5～10	195	—

2.4 边洞开挖及初支

中洞范围内的中墙和顶、底板结构钢筋混凝土强度达到设计强度的70%后开始两边洞开挖及初支，两边洞开挖相互错开15m，开挖及初支方法与中洞相同。在边洞开挖过程中，边洞底板和顶板部位的格栅与中洞格栅通过焊接的钢板用螺栓连接成整体。

为了减少地面沉降，贯彻快封闭的原则，保证6h内完成一个循环。

另外，为防止暗涵内水外渗，暗涵结构采用衬砌结构自防水和全封闭柔性防水层相结合的防水措施。边洞初衬的分段长度与中洞相同，结构缝作同样处理。

2.5 边洞侧墙及顶、底板结构钢筋混凝土浇筑

待边洞一衬混凝土达到设计强度后，采取跳仓法凿除中洞侧墙一衬混凝土，待边洞二衬混凝土浇筑达到设计强度后，再拆除相邻仓中洞侧墙一衬混凝土。用风镐将中洞侧面的喷混凝土进行凿除，后将钢格栅用氧焊进行人工割除，在拆除钢筋混凝土过程中要对防水板采取保护措施，如用氧焊割除时防水板上部铺设保护板，割除时保持一定的距离，割除后的格栅不堆放在防水板上，及时清理出现场，施工人员不得穿带刺鞋等。

中洞侧墙一衬混凝土拆除后，将边洞一衬混凝土表面清理隐蔽验收后，进行边洞防水板和二衬混凝土施工，方涵横向受力筋采用直螺纹连接。

3 小结

浅埋暗挖施工技术为北京市西四环暗涵施工中主要施工措施，起到了很好的效果，不仅有效地控制了暗涵及地表沉陷，对暗涵防坍塌也起到了关键性作用。

深埋长大引水隧洞单一工作面施工组织管理

陈　东　莫大源　刘　伟

【摘　要】：锦屏二级水电站引水隧洞工程具有埋深大、洞线长、洞径大、水压高及流量大的特点，而且受施工条件的限制，只能单头掘进，各项施工系统布置困难，安全风险大，在施工前要合理规划好各项设施。本文结合3号、4号引水隧洞工程施工组织管理情况，详细叙述了深埋长大引水隧洞施工组织管理，为类似工程提供借鉴。

【关键词】：锦屏二级水电站　施工组织管理

1　概述

锦屏二级水电站位于四川省凉山彝族自治州木里、盐源、冕宁三县交界处的雅砻江干流锦屏大河弯上，是雅砻江干流上的重要梯级电站。水电站引水系统采用4洞8机布置形式，从进水口至上游调压室的平均洞线长度约16.67km，中心距60m，洞主轴线方位角为N58°W。引水隧洞立面为缓坡布置，底坡3.65‰，由进口底板高程1618.00m降至高程1564.70m与上游调压室相接。

本工程具有埋深大、洞线长、洞径大、水压高及流量大的特点，且所在位置施工条件差，洞内工序多，相互干扰大、反坡排水等特点。

2　施工组织指导思想

安全快速地对地下突涌水导排、如何有效地对各种潜在的或可能的地下水进行预报和处理、安全快速地对岩爆进行处理、施工通风等是本工程的四大重点；地下特大突涌水的安全快速导排是本标段要解决的最大难点问题、大流量高压地下水的准确预报和灌浆处理是本工程施工的技术难题。依据对工程重难点的理解，制订本合同段的施工指导思想："边预报边施工、以防为主、多工序协调推进、优质安全"作为本标段施工总的指导思想。

(1) 边预报边施工：采用TSP203、表面雷达、孔内雷达（钻孔CT）法和钻探法及地质分析法等手段，将长期、中期、短期预报三者有机地结合起来，有效地对掌子面前方的不良地质进行预报预测，根据获得的信息及时进行解释判断，并提出书面报告用以指导掘进施工。

(2) 以防为主："防"指预防突（涌）水发生。过程中将连续采用多种有效手段进行预测预报，并充分结合相邻工程地质素描成果，综合分析地质预报成果，根据成果积极采用有效地施工方案，做到将突（涌）水灾害性的事故发生几率降到最小。

(3) 多工序协调推进：本工程必须贯彻掘进、支护、灌浆、衬砌、原型观测，兼顾运输与通风等工序同步协调推进的整体安排思路，各关键工序将遵循下述原则：

当在无水无岩爆地段，必须抓住机会，合理调整工序，尽量缩短循环时间快速掘进；当在岩爆地段或注浆加固段进行掘进时，将缩短炮孔深度、采用控制爆破，以避免爆破对加固段的扰动，巩固止水成果和控制岩爆发生规模。

巷道式通风与运输是相对矛盾，同时后部工序与通风也必将发生矛盾，因此在主要工序施工安排上，必须以通风为前提，保出渣运输，再兼顾后部的衬砌混凝土施工。

为确保安全快速掘进，在确保安全的情况下，支护将分两部完成，即先初喷一定厚度和施工随机锚杆，待掌子面超前20m时，及时按设计完成支护。这对洞径大的断面施工而言，及时支护至关重要。

（4）优质安全：引进国内外先进管理经验，追求质量零缺陷，在常规的质量管理工作之外，本工程采用先进的检测仪器对岩石支护和衬砌与灌浆进行全程检测，对已施工的隐蔽工程质量进行定性定量分析，并将发现的问题在施工过程中加以补救；坚持“安全第一”的思想，严格操作规程，加强安全工地建设，有针对性地制定防涌水突泥、防岩爆、防有害气体、防坍方等措施，确保安全生产指标达标。

3 施工总体布置

锦屏二级水电站处于高山峡谷地带，施工场地非常有限，在考虑施工总体布置方案时，根据《雅砻江锦屏二级水电站西端3号、4号引水隧洞工程施工招标文件》，结合工程周边范围的水文、气象、现场实际地形地貌和场内交通条件进行布置，总的原则是有利于加快主体工程施工、有利于现场施工协调管理、有利于安全文明施工管理。

本工程的主要辅助设置有：风、电、水系统、通风系统、临时爆破器材库、钢筋加工厂、设备维修停放场、材料库房等。

（1）风、水、电系统布置：考虑到隧洞掘进长度，供风系统需随着掌子面掘进而往里移动，为此供风站主要采用移动式电动空压机。移动式电动空压机站可以减少供风管道的布置及洞内空气的污染。每条隧洞配备3台27m^{3}英格索兰移动式电动空压机。供电系统从业主设在施工支洞口部变电站接引。供水系统布置结合了现场地形地貌，在木落脚沟冲沟旁修建了高位水池，直接引用冲沟常年来水，减少了抽水设备的布置，满足了洞内用水需要。

（2）通风系统布置：与其他普通洞室不同，3号、4号引水隧洞工程洞口不直接露出地面，而是与施工支洞相连。施工高峰期，西引2号、1号施工支洞内车流量较大，若直接在支洞内架设通风机械向主洞内压风，必然会将已被污染的空气送入洞内，造成供风和排烟相互混杂，不利于改善洞内空气质量。

施工支洞内的通风采用射流风机从景峰桥头的西引2号施工支洞向西引1号施工支洞拉风可以实现空气快速流动。掌子面通风通过布置在西引2号施工支洞口的两台大功率轴流风机，通过螺旋风管分别为3号、4号引水隧洞东向掘进掌子面通入新鲜空气，风管末端距掌子面20～30m。

向掌子面压风只能解决掌子面上的空气质量问题，由于风管沿程有一定的漏风损失和压力扩散，离开掌子面后的炮烟、柴油机械沿程排放的尾气在洞身段内移动相对缓慢，既不利于快速散烟又影响其他工序施工。因此，沿程布置一系列射流风机实现洞身段污浊空气向西引1号、2号施工支洞加速流动（从洞内向洞口移动），在施工支洞射流风机拉风效应的带动下排出西引1号施工洞口。3号、4号洞之间形成横通道后，调整主洞内射流风机方向，从西引2号施工支洞与4号引水隧洞的交岔口引入虽被污染但污染程度不太严重的空气，在射流风机的鼓动下向4号引水隧洞深处快速流动，经横向辅助通道流向3号引水隧洞，在射流风机的鼓动下从3号引水隧洞的交叉口快速流向西引2号施工支洞，形成巷道式通风，3号、4号引水隧洞中期正常通风布置示意图见图1。

（3）临时爆破器材库：业主指定爆破器材库离施工现场较远，而且定时开放，这对地下洞挖施工影响较大，为此需要在施工现场附近布置临时爆破器材库。由于工程所地为高山峡谷土带，雨季经常发生滚石现象，出于安全考虑，爆破器材库洞库式。

钢筋加工厂、设备维修停放场、材料库房等布置充分利用渣场空地进行布置。

4 隧洞开挖工程组织与规划

根据施工支洞的位置以及开挖施工方案，将主洞段施工分为4个施工段，分别如下：

3号引水隧洞：引（3）0＋128～0＋441段为第一施工段，引（3）0＋591～4＋700段为第二施

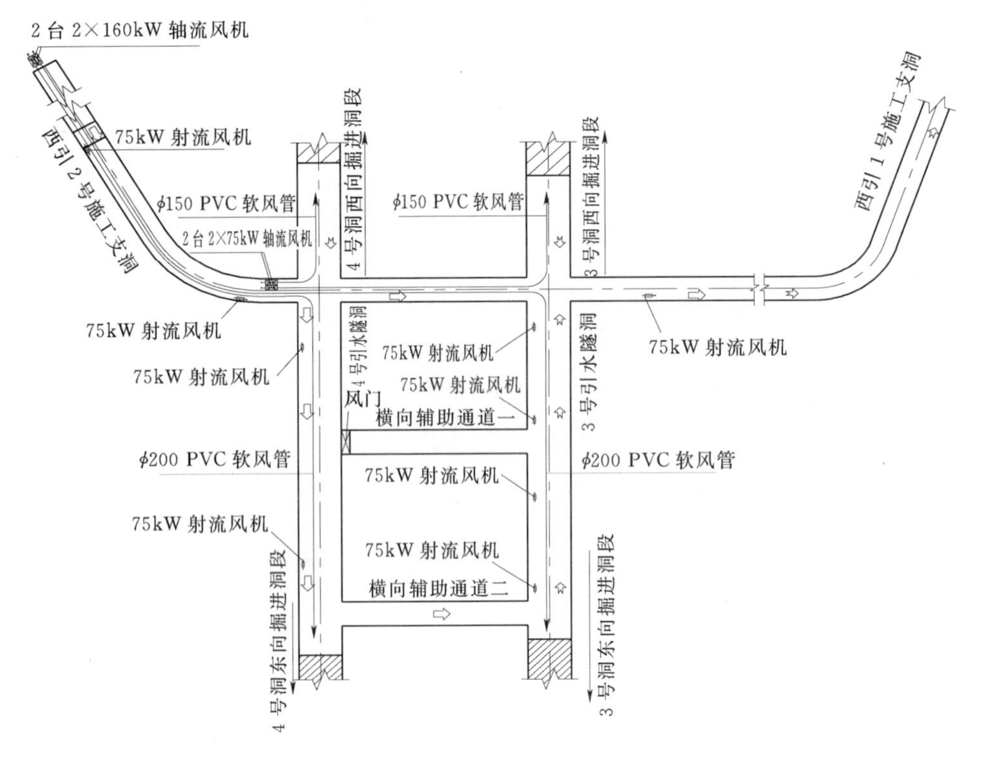

图1 3号、4号引水隧洞中期正常通风布置示意图

工段。

4号引水隧洞：引（4）0+128～0+426段为第三施工段，引（4）0+576～6+000段为第四施工段。

根据施工段的划分相应地设置4个初始工作面，分别为引（3）0+441桩号向西、引（3）0+591桩号向东、引（4）0+426桩号向西及引（4）0+576桩号向东工作面。

由于3号、4号洞洞均为单头掘进，且开挖支护、混凝土浇筑同时进行，为了解决交通、排水、通风问题，3号、4号洞之间需设置横向通道，形成巷道。根据设计要求，每500m设置一个横向通道。

3号、4号引水隧洞开挖洞径为13.0～13.8m，隧洞采用钻爆法开挖、无轨道运输、多工序平行作业的总体方案。引水隧洞分台阶开挖，上半洞高度8.5m，下半洞高度4.5m。

Ⅱ类、Ⅲ类、Ⅳ类围岩顶部一次开挖完成，断面开挖周边无损光面爆破。Ⅱ、Ⅲ类围岩循环进尺3.0m，Ⅳ类围岩循环进尺2.0m。

Ⅴ类围岩及强岩爆带上部开挖时，先采取超前导管注浆支护，开挖一个6m×6m中导洞，然后扩挖到设计断面。采用超前小导管施工时，遵循“管超前，严注浆，短循环，弱爆破，强支护，勤量测”的原则。

下半洞4.5m的开挖：在主洞开挖工作面前进至下一施工横通道前方50m左右时，及时进行横通道的开挖支护。待完成横通道后，利用其作为主洞的交通通道，按照3号、4号引水隧洞顺序安排捡底，即以捡底不影响主洞的施工交通为原则。

引水隧洞钻爆法施工过程中将采用多种地质预报方法相结合的综合预报方法，建立宏观超前预报，分析已掌握地质资料及已施工辅助洞的地质资料，每50～200m采用TSP技术超前预报、短距离超前钻探及孔内雷达探测三级预报、预警机制，施工过程中根据前期洞室超前掘进的情况，以此分析判定引水隧洞地质变化状况，选定隧洞相应区段的掘进工法，确保隧洞施工安全高效。

5 隧洞混凝土衬砌工程组织与规划

本标混凝土施工范围为3号引水隧洞0+128～4+700段和4号引水隧洞0+128～6+000段，隧洞采用钻爆法施工，施工洞段为马蹄形断面，开挖洞径13.0m，混凝土衬砌段衬后洞径11.8m，衬砌厚度40～60cm，包括L1、L2、L3、L4和L5共5种衬砌结构。

5.1 规划原则

（1）为保证西端3号、4号引水隧洞按期完工，具备充水条件，合理规划混凝土施工，混凝土衬砌施工与洞身开挖、支护施工同步进行，开挖、支护与混凝土施工之间相互影响较大，如何减少施工干扰，合理规划各项目施工，保证工程按期完工；

（2）本工程施工区内，地下水丰富，混凝土衬砌施工时，施工排水需自行引排或抽排，且3号、4号引水隧洞洞身分别在桩号1+812m和1+797m左右开始降坡，本桩号以前为平段，坡比为－0.365%，考虑本工程地下水较大，涌水点较多，规划时充分考虑到混凝土衬砌施工时，尤其是底拱混凝土衬砌施工时的施工排水问题，尽量避免和减少地下水对衬砌施工影响；

（3）洞身衬砌分成底拱和边顶拱两部分，本着先底拱后边顶拱的顺序施工，加快底拱施工进度，充分利用3号、4号引水隧洞间的横向通道、排水洞等布置“之”字形交通运输线路，边开挖边衬砌。

5.2 施工工艺选择

根据施工进度要求，底拱衬砌每月需完成150m左右，如果采用常规的固定式模板，每个块号最多浇筑15m长，每月8块共计120m，不能满足施工进度要求。为此底拱混凝土衬砌上采用了滑模施工工艺。平洞弧形大断面带侧墙的底板滑模施工技术在国内、外应用均不广泛，尚无成熟经验可以借鉴，各种技术参数、试验参数有待经过试验取得。为此在正式浇筑前，我部在引水隧洞西端0+359～0+434段进行了滑模施工工艺试验。经过全体技术人员的努力，试验取得了成功。从试验的结果看，滑模最佳滑移速度1.5～1.8m/h，每月浇筑强度达到300m左右，满足施工进度要求。

边顶拱采用针梁式钢模台车，台车长度15m。对于针梁式钢模台车，施工技术成熟，每月施工强度在105m左右。

5.3 入仓方式选择

底拱混凝土浇筑采用滑模施工，混凝土仓面为敞开式仓面，混凝土坍落度要求在7～9cm，底拱混凝土入仓方式采用皮带输送机入仓，混凝土从滑模前端入仓，皮带机随着滑模倒退，为此已清理好的基础需浇筑同等标号的垫层混凝土，以找平基础面，便于皮带机行走；边顶拱混凝土浇筑采用针梁式钢模台车，混凝土仓面为封闭式仓面，混凝土坍落度可以选用14～18cm，混凝土入仓方式采用混凝土拖泵或混凝土泵车入仓。

5.4 底拱滑模施工工艺流程

底拱滑模混凝土施工工艺流程见图2。

从施工工艺流程看，滑模施工技术增加了垫层混凝土浇筑和混凝土表面抹光工序。增加垫层混凝土浇筑是由于入仓方式决定的。滑模混凝土衬入仓是采用皮带机输送带入仓，由于开挖时底板凹凸不平，不利于皮带机机移动，为此在浇筑结构混凝土前需浇筑一层垫层混凝土，这有利于皮带机的移动和滑模连续滑移浇筑时仓号的清洗。

6 施工安全组织管理

本工程重大安全威胁是：突涌水、岩爆、不良地质洞段塌方。常规的施工安全有：用电安全作

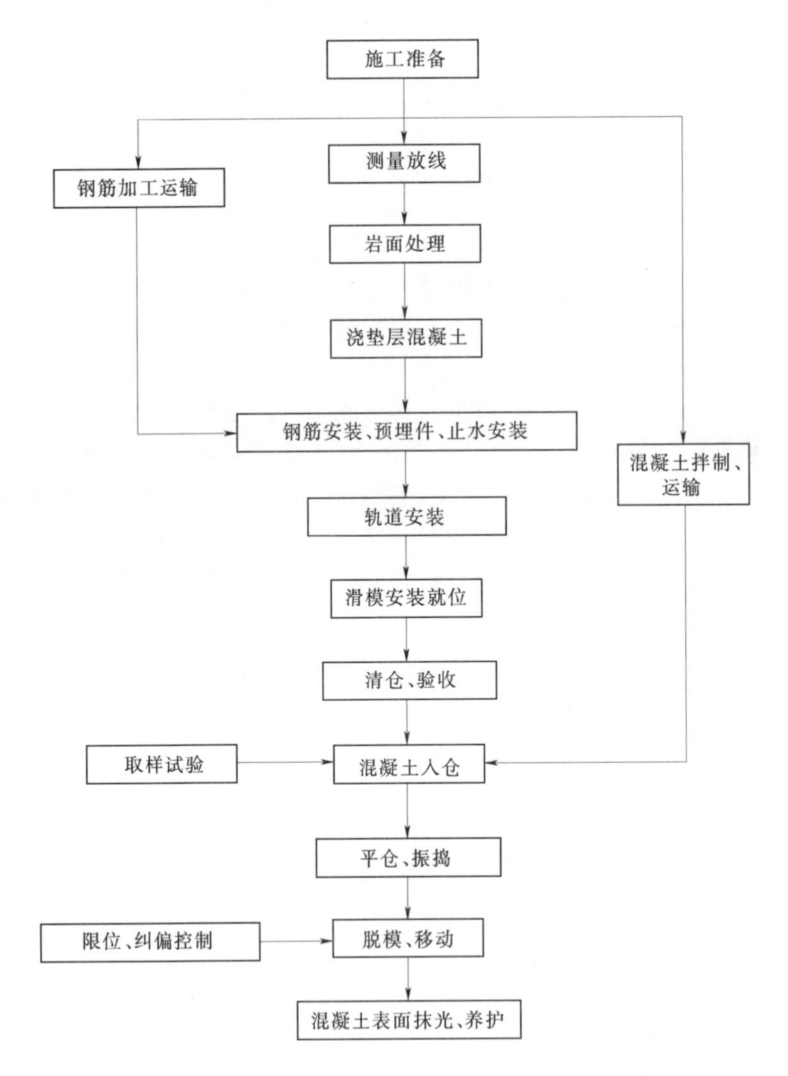

图 2 底拱滑模混凝土施工工艺流程图

业、车辆运输安全作业、高空安全作业等。针对上述安全因素，项目部在安全组织管理上采取了以下措施：

（1）制定安全生产目标，建立安全管理体系统，明确各级安全岗位职责，落实安全生产责任。

（2）建立健全各项安全管理制度及工作台账，安全管理规章制度，是安全生产的基本保证，是安全生产的基础工作之一。安全生产工作台账管理制度，是安全生产工作的重要程序，也是安全生产管理的重要基础工作。

（3）抓好安全教育工作。安全意识、安全知识、安全技能的教育常抓不懈，对各级领导、各职能部门工作人员和每个职工的安全教育纳入日常安全管理工作，并针对不同群体和特点，做到有计划、安排、实施、检查、总结，不断增强企业各级领导和广大职工的安全意识，提高安全技能，提高安全管理水平。

（4）确保安全生产投入，安全生产投入要形成管理制度。安全生产投入是从事生产经营活动，保证生产安全的重要基础，必须保证安全生产投入，确保生产安全所必须的人、财、物的资源配置。

（5）制定相应的安全技术措施，重大危险部位及施工项目制定专项安全技术措施，上报各级安全部门审批后实施。如防突涌水安全技术措施和岩爆洞段施工安全技术措施。

（6）制定生产安全事故应急救援预案，定期组织应急救援演练。

7 结束语

深埋长大隧洞施工组织管理重点是施工安全管理，施工交通、通风、排水是关键，施工前针对工程现场实际情况，对工程施工进行合理的规划。注重引进新的施工技术，在确保安全的前提下，组织协调好各工序之间的关系，确保节点工期的实现。

冲击钻在闸门井导井施工中的应用

杨玺成　郭　超

【摘　要】：糯扎渡右岸泄洪洞事故检修闸门井垂直深度143.2m，导井的开挖方法是关键难点。采用冲击式钻机（即冲击钻）进行闸门井的导井施工，提高了工效，节约了成本，降低了施工安全风险。
【关键词】：冲击钻　事故检修闸门井　应用

1　工程概况

糯扎渡右岸泄洪洞事故检修闸门井位于右岸泄洪洞 K0＋112.00～K0＋128.700 桩号，井筒深度143.2m，分为上部土石方明挖、中部井筒和下部闸室三部分施工。高程 835～815m 为上部土石方明挖部分，高差 20m；高程 815～708m 为中部井筒部分，深度 107m，主要体型尺寸为 23.4m（长）×9.8m（宽）的长方形；高程 708～691.8m 为下部闸室，闸室段开挖尺寸 16.7m（长）×23.4m（宽）×16.2m（高），在闸门井施工前闸室段施工已完成（泄洪洞洞身开挖时附带完成了闸门井下部闸室段的施工）。

泄洪洞事故检修闸门井地表有 1～3m 厚的坡积层覆盖，井筒部位为花岗岩。根据该地段的地质勘探资料，全风化带厚 15～25m，强风化带厚 44～60m，最大约 80m。强卸荷带底界水平埋深 20～49m。岩体受卸荷作用影响强烈，卸荷裂隙发育。根据地质测绘和勘探揭露，此部位无Ⅲ级结构面，有零星的Ⅳ级结构面（小断层、挤压面）以及卸荷夹泥裂隙发育，一般宽度 5～10cm，其产状一般中等倾向坡内；Ⅴ级结构面节理主要发育 3 组：①N15°E，NW∠68°；②N47°E，NW∠85°；③N49°W，SW∠65°，该地段中等及缓倾角节理亦较发育，产状为 N10°～40°W，NE∠20°～30°。节理一般延伸5～10m，面起伏、粗糙，多呈张开或宽张状，多充填铁锈及铁锰质，局部充填泥质或高岭土。

2　方案优化过程

闸门井施工分为两步，第一步开挖导井，第二步开挖井筒，利用导井溜渣。原开挖施工方案采用反井钻机打导井，然后再进行扩挖，利用导井溜渣。反井钻机成孔速度快，故障率低，操作简便，施工安全，进度快。但反井钻机一次性成本投入高，准备工作量大，打直径 1.2～2.0m 的导井，每延米造价达 3000～7000 元，通常在深度达到 200～300m 的竖井使用反井钻机比较经济合理。

在本工程项目中，竖井深仅 117m，如采用反井钻机进行施工，面临很大的经济风险。

通过实地考察，结合现场地质条件，综合考虑检修闸门井的施工工期，决定选择反井钻机的替代设备。要求设备：一要经济；二要满足施工要求。最终选定工区内已有的 Z－5 型冲击式钻机，作为反井钻机的替代设备，进行事故检修闸门井导井的施工。

根据泄洪洞事故检修闸门井的地质条件，井筒部分多为花岗岩，冲击钻成孔不易塌孔和卡钻，每天进尺 1～2m 的施工进度也满足施工工期要求，且直径 1.2～2.0m 的导井每延米造价为 1000～2000 元，成本投入降低。因此，采用冲击式钻机进行事故检修闸门井的导井开挖，在施工方案上可行，在成本控制上最优。

3　方案实施

Z－5 型冲击式钻机，配置外径 1.5m 的十字型实心冲锤，冲锤重量 5t，卷扬机额定拉力 10t，整机重量 12t，主机电动机额定功率 55kW，最大冲击力 10t。在事故检修闸门井高程 825m 平台上，修建冲击式钻机的基础底座，将钻机架设就位。钻机旁 15m 处修建沉淀池，竖井中掏出的泥渣经沉淀后挖运至弃渣场存放。2008 年 4 月份钻机开钻施工。施工前，先检查钻机的运行状况，钻机各方面运转正常时开始正式作业。冲锤开始冲击岩层时，先在导井中加入适量水，水太多则导致冲锤冲击力不够，施工进尺不能满足要求；水太少则导致冲锤端头易磨损，也容易造成冲锤被岩层卡住，影响施工的正常进行。冲击钻钻进一定深度后，及时采用泥砂泵将泥渣泵出，然后进行下一循环的施工。实际施工过程中钻机运转正常，未出现卡钻和塌孔现象。截至 2008 年 5 月中旬，冲击钻累计完成直径 1.5m 的导井开挖 84m，施工过程中考虑到冲锤造成的冲击波危及洞身安全，故余下的 33m 导井改为人工反井法施工。从已开挖完成的 84m 导井看，冲击钻成孔效果好，导井内壁稳定，垂直度偏差控制在 20cm 以内，冲击钻应用于事故检修闸门井导井的开挖是成功的。

4 小结

冲击钻这一施工机械在泄洪洞检修闸门井施工中的成功应用，说明施工方案决策过程中，只要充分发挥机械设备自身的性能，可将“专用设备”成为“多用设备”，拓展机械设备的应用领域，这在施工生产经营管理中，可大幅度的节省投资。冲击钻成功应用于检修闸门井施工这一典型的应用案例，为闸门井开挖开辟了一条新路，同时在其他类似的工程行业和领域施工成本控制和成本管理中，有非常好的借鉴作用。

猴子岩水电站导流洞进口渐变段施工技术

唐浩杰　雍　维

【摘　要】：猴子岩水电站导流洞进口渐变段属特大型洞室。结合进口渐变段不良地质段的施工情况，围绕恶劣地质条件下薄层～中厚层状变质灰岩特大洞室开挖支护、隧洞混凝土衬砌等方面施工技术进行了总结。

【关键词】：大型硐室　恶劣地质条件　开挖支护　混凝土衬砌　技术研究　猴子岩水电站

1　工程概况

猴子岩水电站位于四川省甘孜藏族自治州康定县孔玉乡，是大渡河干流水电规划"三库 22 级"的第 9 级电站。坝址控制流域面积约 54036km^2，多年平均流量 774m^3/s。水库正常蓄水位 1842m，电站装机容量 1700MW，单独运行年发电量 69.964 亿 kW·h。

枢纽建筑物由面板堆石坝、泄洪洞、放空洞、发电厂房、引水及尾水建筑物等组成。大坝为面板堆石坝，坝顶高程 1848.50m，河床趾板建基面高程 1625.00m，最大坝高 223.50m。引水发电建筑物由进水口、压力管道、主厂房、副厂房、主变室、开关站、尾水调压室、尾水洞及尾水塔等组成，采用"单机单管供水"及"两机一室一洞"的布置格局。

本工程初期导流采用断流围堰挡水、隧洞导流的导流方式。2 条导流洞断面尺寸均为 13m×15m（城门洞型，宽×高），同高程布置在左岸，进口高程 1698.00m，出口高程 1693.00m。导流洞进口位于色龙河坝，距色龙沟沟口约 350m。1 号导流洞与 2 号泄洪洞结合布置（1 号导流洞后期改建为 2 号泄洪洞），出口布置在下游围堰和泥洛堆积体之间，2 号导流洞出口为避免大量开挖泥洛堆积体，出口布置在泥洛堆积体中部（船头小学对岸）基岩出露处。1 号导流洞长 1552.771m（其中与 2 号泄洪洞结合段长 624.771m），平均纵坡 3.2305‰，2 号导流洞长 1984.238m，平均纵坡 2.5326‰。导流洞进水口采用岸塔式，塔顶高程 1745.00m，塔体尺寸 25m×25m×51m（长×宽×高），闸室分为 2 孔，单孔尺寸为 6.5m×15.0m（宽×高）。导流洞渐变段长度 25m，开挖断面由 21.5m×21.5m（宽×高）渐变至 16.5m×18.25m（宽×高）（城门洞型，中心角 119°48′14″）。

导流洞进口渐变段围岩条件较差，根据导流洞进口边坡开挖揭示的地质条件来看，该部位岩石为厚～薄层变质灰岩，顺层挤压破碎带发育，层间黏结力弱，岩层产状 N30°～50°E/NW∠45°～65°，岩体裂隙以层面裂隙为主，其他裂隙随机分布。同时该洞段有断层 FS-1 N25°E/NW∠65°穿过（FS-1 断层，主错带宽度 1～1.2m，产状 N30°～50°W/NE∠55°，构造岩由碎斑岩、碎粒岩、碎粉岩组成）。

2　施工重点、难点分析

（1）进口渐变段以Ⅳ类围岩为主，裂隙较多，有断层 FS-1 N25°E/NW∠65°穿过，且顶拱接近平顶，围岩稳定性差，如何快速完成上层开挖及支护施工是施工中的重点及难点。

（2）进口渐变段，洞室开挖跨度大且受小断层、挤压带及其他结构面的不利组合影响，顶拱部位存在失稳体及掉块等地质问题，且进口闸室外移 5m，其洞挖 0－005～0＋002 桩号上覆盖层厚度较薄。如何确保进洞口的整体稳定性是施工中的重点及难点。

（3）进口渐变段混凝土衬砌工程量大、工期紧且顶拱为方变圆结构，如何保证快速完成混凝土浇筑施工是施工组织中的重点。

3　主要施工技术

3.1　开挖施工

进口渐变段的开挖从上至下共分为 4 层 12 块进行施工，上层高度为 7.0m，中间层高为 5.0～6.0，剩余部分为保护层。开挖分层分区见图 1、图 2。

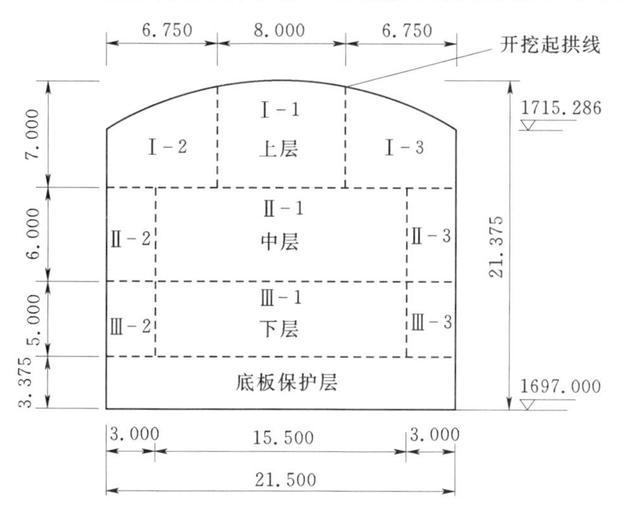

图 1　导 0+000m 开挖分层分区图（单位：m）

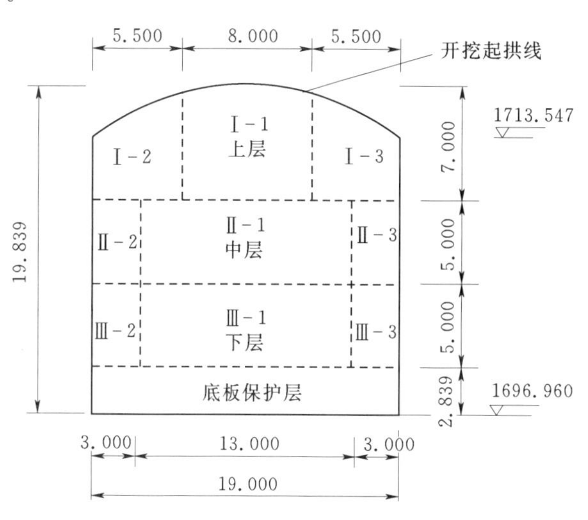

图 2　导 0+012.5m 开挖分层分区图（单位：m）

上层分为中导洞、两侧扩挖三部分开挖；中间层先开挖中部，两侧预留 3.0m 厚保护层滞后开挖；保护层分为左、右两部分或全断面开挖。开挖施工程序为先开挖上层，上层贯通后开挖中下层，中下层开挖完成后进行保护层开挖。进洞口预留 5m 厚度，待进口边坡开挖完成后进行，其余 20m 从洞身进行开挖施工。各层不同块之间开挖施工程序如下。

（1）上层开挖先进行中导洞开挖，中部断面尺寸 8m×7m，采用左右交替扩挖的方式，YT28 手风钻钻孔，每循环进尺 2.0m。中导洞每开挖一个循环后，立即进行素喷混凝土封闭（5cm 厚），随后进行锚杆和钢支撑支护施工，最后再喷护顶部 25cm 厚混凝土。上层扩挖滞后中导洞 2～3 个循环，先行扩挖左侧，爆破前拆除中导洞左侧钢支撑立柱，在左侧钢支撑等初期支护完成并保证左侧扩挖超前后方进行右侧扩挖，同样爆破前拆除中导洞右侧钢支撑立柱。上层开挖主要采用钻架台车作业、手风钻造孔，周边采用光面爆破，3.0m^3 装载机（局部采用 CAT330D 反铲挖掘机）装 20t 自卸汽车出碴。

（2）中间层开挖先进行中块开挖，两侧 3m 保护层开挖结合支护采用交替开挖的方式进行，滞后中间层 1～2 个循环跟进，中层中间梯段爆破采用压液钻及手风钻钻孔，CAT330D 反铲挖掘机装 20t 自卸汽车出碴；两侧保护层开挖采用手风钻钻孔，光面爆破，3m^3 装载机装 20t 自卸汽车出碴。

（3）保护层在中间层开挖完成后进行，保护层分左、右两部分进行开挖，采用手风钻造孔，周边采用光面爆破，CAT330D 反铲挖机装 20t 自卸汽车出碴。

3.2　支护施工

系统支护采用Ⅴ类围岩支护型式，顶拱、边墙设置系统锚杆Φ 32，L=9m@1.5m×1.5m，交错布置，外露 0.5m；底板锚筋Φ25，L=4.5m@2m×2m，外露 0.5m；拱座上下 1.5m 范围设置 4 排锚筋束 3Φ32，L=9m@1.0m×1.0m，入岩 8.5m，梅花形布置；喷混凝土 C25（25cm 厚）；挂网钢筋Φ6.5@15cm×15cm；设置 I18 钢支撑，间距 0.5m 并采用 ϕ25，L=4.5m@1.5m×1.5m 锚杆锁脚加固，进洞口增设锁口超前支护，洞挖施工过程中视实际情况增设超前随机锚杆。

支护施工紧跟洞挖施工进行，开挖完成后立即素喷 C20 混凝土 5cm 进行封闭，并打设Φ25、L=6m 随机锚杆及Φ25、L=4.5m 超前锚杆。顶拱钢支撑架设根据上层洞开挖方式，分三次进行，即在每段上层中导洞开挖完成后，立即架设拱顶部位钢支撑，随后根据扩挖方式循环架设侧拱部位钢支撑，并采用Φ25、L=4.5m锚杆锁脚加固，最后喷护C25混凝土将钢支撑与岩面空隙填充。

3.2.1　洞脸锁口支护

（1）沿导流洞轮廓线外0.5～3m处布置3排锁口锚杆进行加固，第1排锁口锚杆参数为ϕ32，L=9m，间距0.5m，第2、3排锁口锚筋桩参数为3Φ32，L=9m，间排距1.2m×1.5m。锚口锚杆布置见图3。

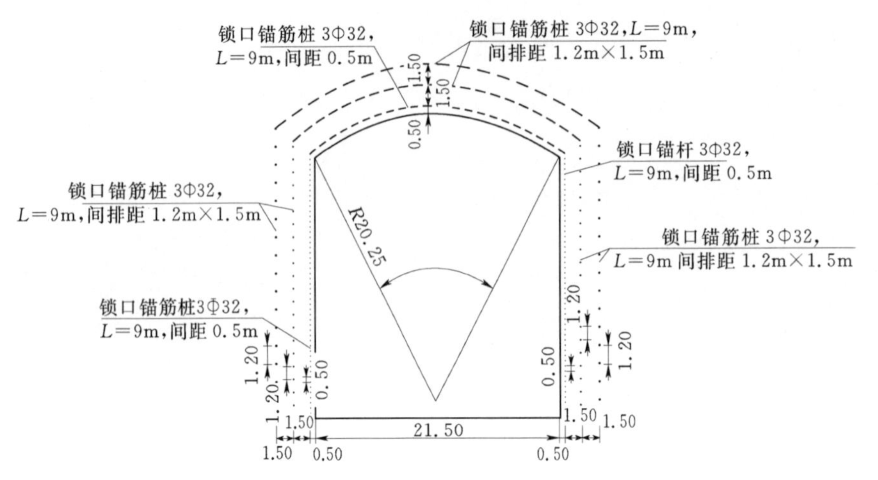

图3　导流洞进口锁口锚杆布置图

（2）洞顶1723高程7m宽马道浇筑1m厚C25泵送盖重混凝土，桩号0－005～0＋002，中心距0－15.1～0＋15.1，混凝土布单层钢筋，主筋Φ25@15cm，分布筋Φ16@20cm，钢筋保护层10cm。

（3）进口1723高程7m宽马道对应已衬砌混凝土拱顶设悬吊锚杆，悬吊锚杆间排距1.5m×1.5m，梅花形布置，孔深6.76～11.25m（根据不同位置进行调节），洞内外露0.5m。

（4）进口1723高程7m宽马道拱顶混凝土设固结灌浆，灌浆孔直径90mm，灌浆孔深6.9～11.25m（根据不同位置进行调节），伸入洞内0.5m，灌浆孔排距2m，间距3m，布置范围同混凝土范围，固结灌浆压力0.5～0.7MPa。详见图4、图5。

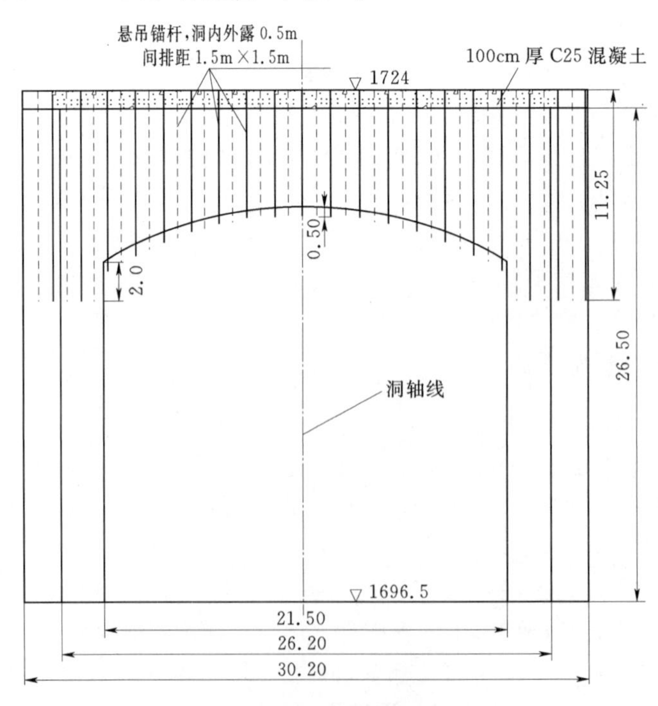

图4　1723马道悬吊锚杆剖面布置图（单位：m）

3.2.2 洞身系统支护

进口渐变段采用超前锚杆、钢支撑加喷锚支护的联合支护型式。在上层未开挖之前，沿设计拱顶开挖边线布置超前砂浆锚杆 $\phi25$，$L=4.5$m，环向间距 0.4m，搭接 2.0m。

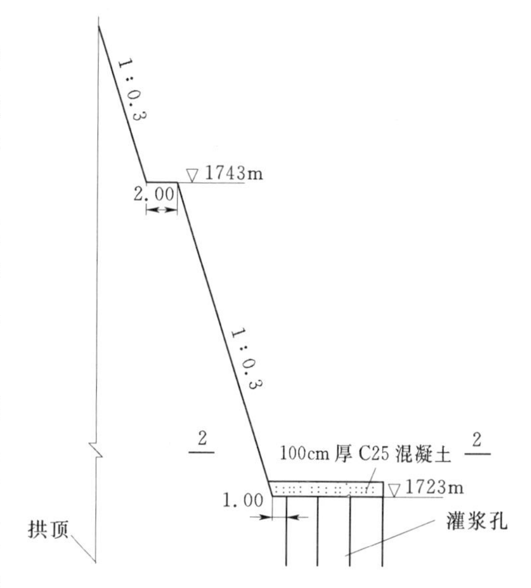

图 5 导流洞进口 1723 平台锁口固结灌浆布置图（单位：m）

上层分三区按先开挖支护中部，完成系统支护施工后再进行两侧扩挖支护，系统支护采用 I20 钢拱架进行支护，间距 0.5m，拱顶布置固定拱架锚杆Φ 28，$L=6.0$m，入岩 5.5m，环向间距 1.5m，环向连接筋Φ 25，间距 1.0m，挂钢筋网Φ 6.5@15cm×15cm，喷 C25 混凝土厚 25cm；中导洞两侧 I20 型钢支撑间距 0.5m，支撑以Φ 25，$L=0.5$m 连接，环向连接筋Φ 25，间距 1.0m，固定钢支撑锚杆Φ 25，$L=4.5$m，每侧 8 根。每区支护必须紧跟开挖面。顶拱和边墙系统锚杆采用锚杆台车和 100b 架子钻钻孔，锚筋束采用 100b 架子钻钻孔，人工安装锚杆和锚筋束。钢拱架在钢材加工厂内集中加工成型，采用 5t 自卸汽车运至作业面，然后用葫芦吊吊至自制钢架台车上，人工抬至架设部位，紧贴围岩，随即与系统、随机锚杆焊接牢固，纵向采用Φ 25@1.0m 连接钢筋按 5～10 榀焊接成整体，对于围岩空隙较大的部位采用异型拱架设置拱上拱，最后喷混凝土将钢拱架包裹。中导洞支护型式详见图 6。

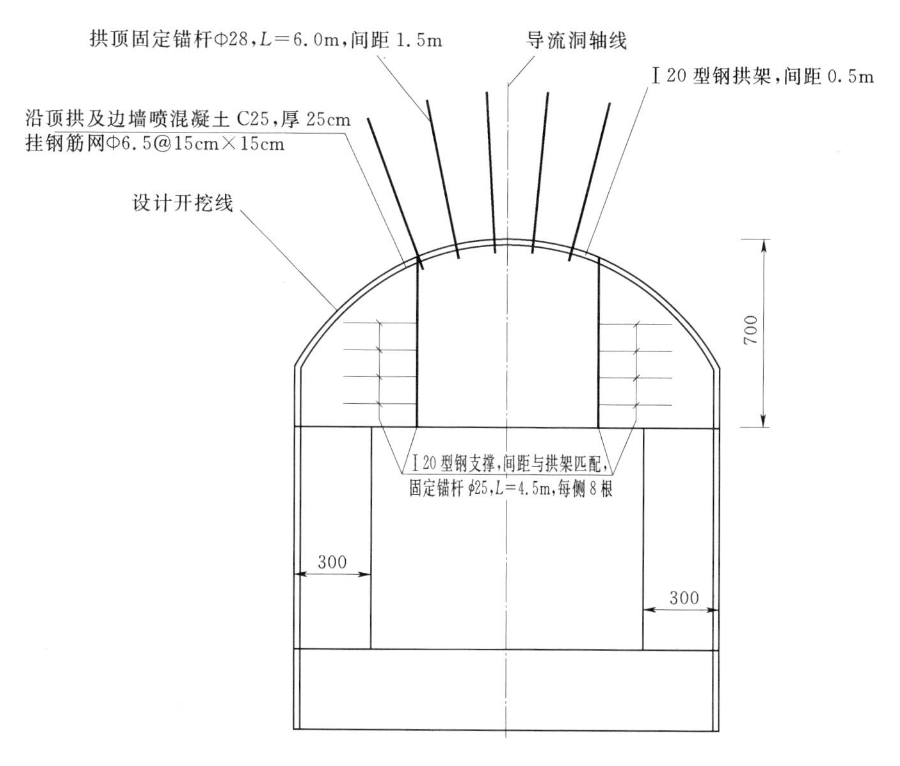

图 6 中导洞支护形式图（单位：cm）

扩挖支护按“先开挖岩石产状相对不利一侧”的原则挖除两侧岩体。导洞侧墙及拱顶进行 I18 型钢拱架进行支护，间距 0.5m，拱架布置固定锚杆 $\phi28$，$L=6.0$m，入岩 5.5m，环向间距 1.5m；钢筋网Φ 6.5@15cm×15cm，喷 C25 混凝土厚 25cm。进口渐变段上层扩挖支护示意图见图 7。

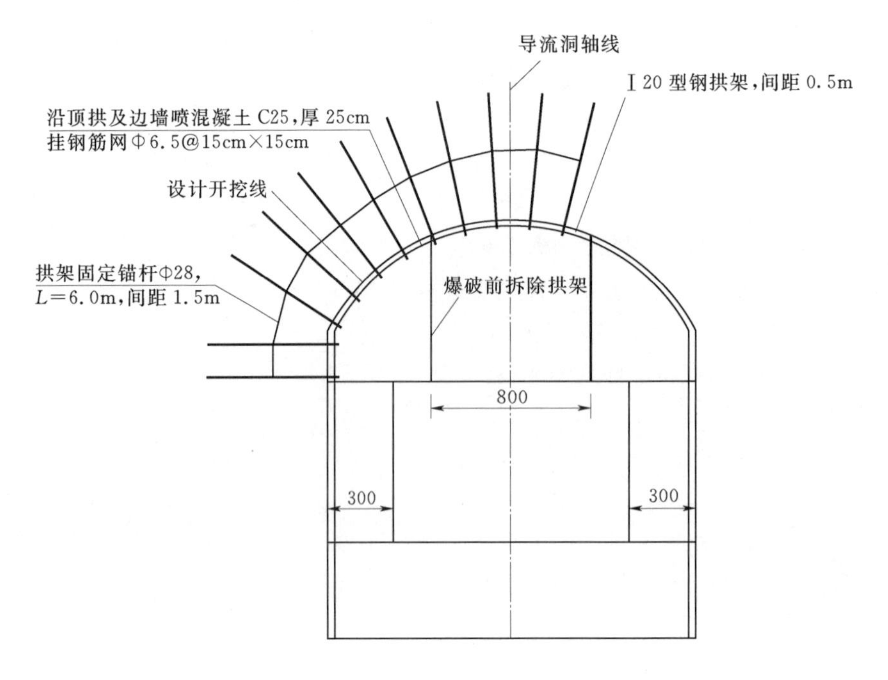

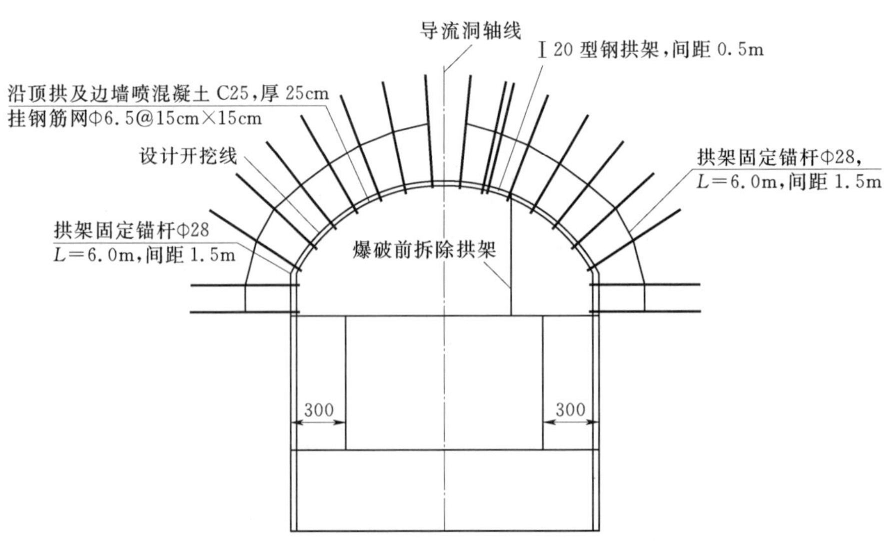

图7 进口渐变段上层支护示意图（单位：cm）

3.3 混凝土衬砌施工

导流洞渐变段全长25m，开挖断面尺寸由0－005.000m桩号的21.0m×21.0m（城门洞形，宽×高）渐变至0＋020m桩号的16.0m×18.0m（城门洞型，中心角120°），混凝土衬砌后体型由0－005.000m桩号的两孔6.5×15m（矩形，宽×高）渐变至0＋020m桩号的16m×15m（城门洞型，中心角120°），底板高程1698m，衬砌混凝土厚1.5m，中墩由5m渐变至2.19m。进口渐变段分段、分层情况见图8。

（1）为加快进口渐变段混凝土施工进度，现场施工组织做到“平面上多序、立体上多层次”。施工中采用“先浇筑底板、后浇筑边墙及中隔墩、再浇筑顶拱”的顺序进行施工。

（2）底板混凝土浇筑完成后、进行边墙及中隔墩施工的同时，进行承重排架搭设，考虑到施工需要，渐变段边顶拱混凝土衬砌采用满堂红脚手架支撑方案，满堂红脚手架支撑中间预留3.2m×4.5m（宽×高）交通通道。

（3）顶拱直线渐变至圆弧部位用钢模板作为面板，底部采用I18工字钢焊接制作成承重托架，承

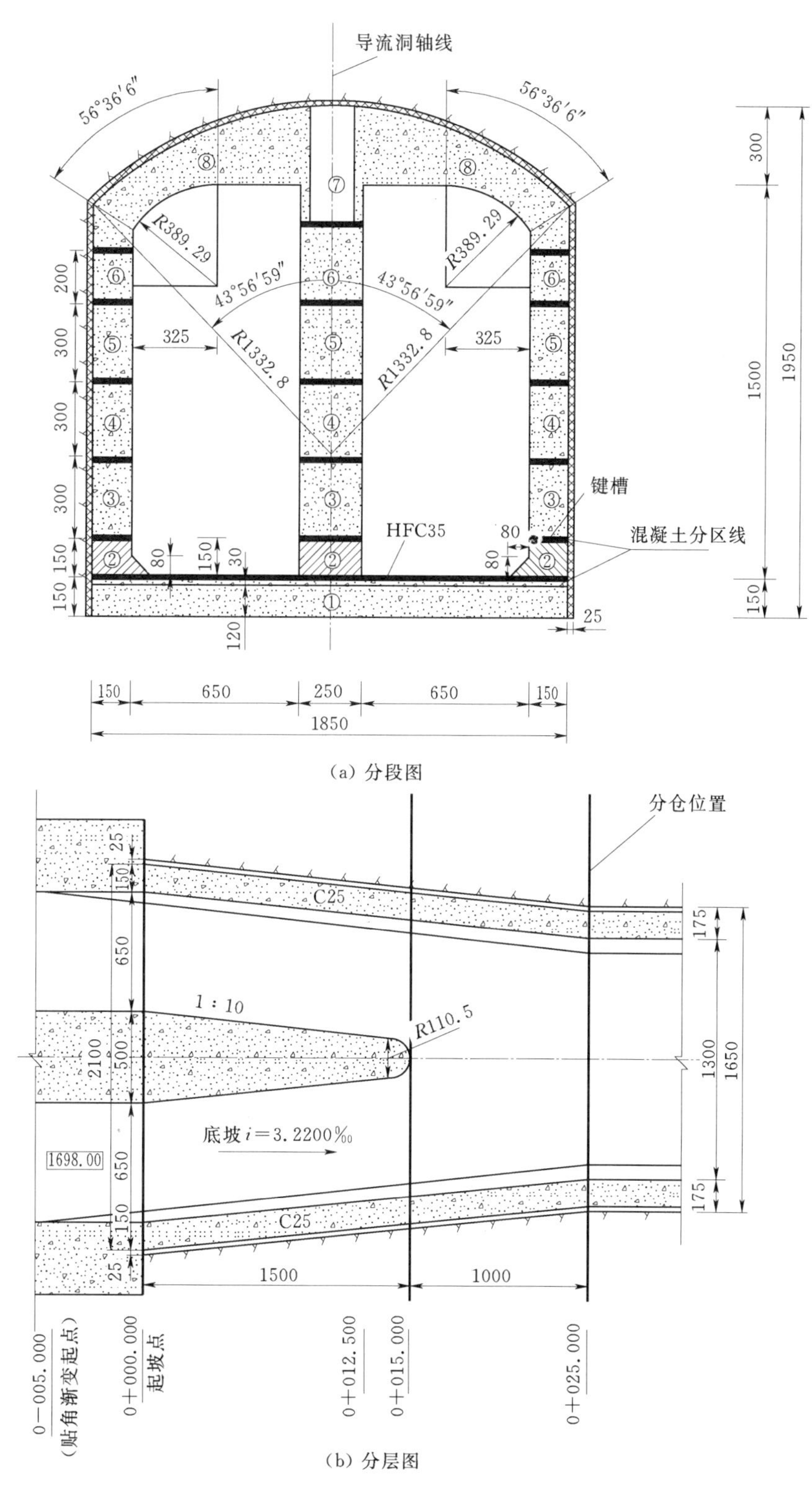

(a) 分段图

(b) 分层图

图 8　导流洞进口渐变段混凝土衬砌分段、分层图（单位：cm）

重托架间距 0.6m，支撑于满堂脚手架上。

4　结束语

猴子岩水电站导流洞进口渐变段施工是在后期施工工期非常紧张、施工条件极其恶劣的条件下进行的。不良地质段超大型洞室的上半洞开挖是隧洞开挖施工的难点和重点，制定合理的施工方案和精心组织是后期加快施工进度成功的关键。通过此次施工，主要有以下几点心得体会：

（1）对顺向坡进洞口锁口支护必须予以高度重视。正是由于对进洞口超前支护工作的重视，在未完成锁口支护的情况下，不进行进口段洞挖施工，因此在进口开挖地质条件极差，特别是1号洞0－005～0＋002发生小规模塌方的情况下，仍然基本保持了进口的洞形完整，保证了施工安全和施工进度。

（2）大断面隧洞开挖时，要结合施工工期进行合理的施工组织。顶层开挖耗时长、施工技术难度最大，必须结合地质条件及时优化技术方案，这是施工技术工作的关键。

（3）渐变段异形混凝土衬砌，在施工中必须予以优先考虑。由于结构体型复杂，施工中必须对顶拱模板组立、钢筋制安、承重排架搭设予以合理的安排并考虑充足的时间。

高地下水位场区大空间地下工程的抗浮设计与施工

姜居林　许　倩

【摘　要】：高地下水位场区大空间地下工程应专门进行抗浮设计，主要抗浮方案有浇筑抗浮混凝土、抗浮桩、抗浮锚杆等，抗浮锚杆分为预应力锚杆和非预应力锚杆两类，应根据项目具体情况进行经济技术分析，合理选用。本文通过一个具体过程案例对高地下水位场区大空间地下工程的抗浮设计与施工进行了详细阐述。

【关键词】：高地下水位　大空间地下工程　抗浮　设计　施工

1　工程概况

本工程位于北京市海淀区西三环附近，总建筑面积 26800m²，其中地下建筑面积 12018m²，地下2层，地上 5～6 层，工程±0.000 标高相当于结对标高 53.05m，室内外高差 0.45m。其中包括一座58.7m 长、22.15m 宽的地下标准游泳馆，泳池底板底标高为－14.35m。游泳馆区域上部为室外广场，无建筑物。根据江西省勘察设计研究院现场钻探、原位测试及室内土工试验成果，按照地层沉积年代、成因类型，将拟建场区本次勘察深度 30.00m 范围内的土层划分为人工堆积层、新近沉积层、第四纪沉积层三大类，每大层中又按其岩性和土的物理力学性质划分若干个亚层。鉴于拟建场地地下水埋藏较深，不考虑地下水水质对混凝土结构及钢筋混凝土结构中钢筋的腐蚀性。该工程设计抗浮水位标高 48.0m，处理后的基底抗浮力标准值不小于 100kN/m²。

2　抗浮设计方案综述

2.1　方案选择

解决地下水位较高场区大空间地下工程的抗浮问题，从抵消地下水上浮力的角度上说其方案选择不外乎压、拉两种。

（1）继续降低地下室底板标高，在底板上浇注抗浮混凝土（钢渣混凝土等重集料混凝土），利用抗浮混凝土自重对地下室底板产生的压力抵消地下水的上浮力达到抗浮目的。对本工程来说，由于土方开挖工程前期已经完成，继续降低底板标高很可能影响到基坑边坡安全，故不宜采用。

（2）原设计底板标高不变，在底板下进行抗浮桩、抗浮锚杆施工，并与地下室底板进行有效锚拉，利用抗浮桩、抗浮锚杆对地下室底板产生的拉力抵消地下水的上浮力达到抗浮目的。对本工程来说，由于地处北京城区，周围环境复杂，场地极其狭小，不利于大型设备展开作业，且考虑造价因素，故不宜选用抗浮桩方案。

综合上述分析，抗浮锚杆方案应该是本工程的首选方案。而抗浮锚杆又分为预应力锚杆和非预应力锚杆两类。对地下水位较高场区大空间地下工程的抗浮问题，从抗浮机理上说，预应力锚杆当然优于非预应力锚杆，这是由于当地下水位上升时，地下水的上浮力首先应抵消的是锚杆预应力，从而大大减少锚杆受拉变形，避免锚杆开裂导致杆体钢筋锈蚀而影响结构耐久性。由于本工程场区到达设防地下水位的几率较低，而且施工期正值雨季，为缩短工期，经专家论证可以采用全长黏结拉力型（非预应力）抗浮锚杆。

2.2　抗浮锚杆方案设计

根据现场情况，结合建设单位和设计单位的意见，本工程抗浮采用全长黏结拉力型抗浮锚杆。

按结构设计要求，本工程抗浮锚杆提供的抗浮力标准值按 100kN/m^2 考虑。经设计计算，初步确定锚杆直径 150mm，锚杆长度 10.8m，间距 1.72m；锚杆设计抗拔承载力特征值 300kN，采用全长黏结拉力型抗浮锚杆，杆体采用三根直径 25mm 的三级钢，注浆体采用 M30 水泥净浆。总锚杆数量为 319 根。

2.3　设计验算

依据《岩土锚杆（索）技术规程》（CECS 22：2005），抗浮锚杆具体计算过程如下。

（1）材料特性。

三级钢抗拉强度标准值：400MPa。

（2）杆体截面计算。

锚杆杆体截面面积按下式确定：

$$A_s \geqslant \frac{K_t N_t}{f_{yk}}$$

式中　K_t——锚杆筋材抗拉安全系数，取 1.6；

N_t——单元锚杆轴向拉力设计值，kN；

f_{yk}——钢筋抗拉强度标准值，kPa。

根据 $A_s \geqslant \frac{1.6\times 300\times 1.2\times 1000}{400}=1440\text{mm}^2$，采用 3 根直径 25mm 三级钢，实际杆体截面积 1473mm^2。

（3）锚固段长度计算。

单元锚杆的锚固段长度可按下列公式计算：

$$L_a \geqslant \frac{K\cdot N_t}{\pi\cdot D\cdot f_{mg}\cdot \psi}$$

式中　K——锚杆锚固体抗拔安全系数，取 2.0；

N_t——单元锚杆轴向拉力设计值，kN；

L_a——单元锚固段长度，m；

f_{mg}——锚固段灌浆体与地层间黏结强度标准值，kPa，根据地质情况中密砂卵石取 200kPa，粉土和细砂层综合取 100kPa，平均黏结强度标准值为 181.0kPa；

D——锚杆锚固段钻孔直径，m；

ψ——锚固长度对黏结强度的影响系数，取 0.8。

根据 $L_a \geqslant \frac{2.0\times 300\times 1.2}{\pi\times 0.15\times 181.0\times 0.8}=10.60\text{m}$，取单元锚固段长度 10.80m。

3　抗浮锚杆施工工艺及技术要求

3.1　施工顺序

（1）完成素混凝土垫层施工。

（2）开始进行锚杆施工。

（3）施工后进行抗拔试验。检验合格后，施工筏板。

3.2　施工工艺及流程

测量布点→钻孔（全套管跟进穿过砂卵石层）→插入注浆管并注浆→放置主筋→拔注浆管和套管→补浆→锚杆养护→锚杆抗拔力试验→锚固段弯钩。

3.3 施工要求

3.3.1 施工现场场地准备

将锚杆施工段范围内的土方挖至基底并完成素混凝土垫层施工。

3.3.2 放线定位

锚杆钻孔前，应按设计要求的锚杆位置、间距及标高测量放线，标明钻孔的位置，局部钻孔的位置若有障碍物则予以人工清除，如不能清除的根据现场情况进行调整。

3.3.3 钻机就位

施工作业面达到施工要求并放线定位后，将钻机移至孔位，并调平机座。在钻机施工就位前尚应采取一定的措施如铺垫方木木板对基底垫层进行保护。

3.3.4 锚杆成孔

锚杆成孔采用宝峨—科莱姆 KR805 多功能全液压钻机博林 868 式多功能全液压钻机，成孔直径 150mm。钻孔前，先依据给定的孔位，凿掉该处的垫层混凝土，然后在专人指挥下起立钻架，使钻头对准孔位。钻孔深度应符合设计要求，成孔过程中采用套管护壁钻进。

开钻时应扶正导向管，保持钻孔垂直。锚杆钻孔渣土由手推车运止指定清放位置然后集中运走。

3.3.5 锚杆注浆

注浆管采用直径 20mm 的硬塑料管，注浆管需插入距孔底 300～400mm 处，注浆采用素水泥浆，水泥标号 P.O42.5，水灰比 0.50～0.55，必要时掺入高效减水剂。水泥浆在灰浆搅拌机中拌和时间不少于 2min，使之均匀一致。锚杆浆体强度不低于 30MPa。注浆为常压注浆，注浆从孔底向上直至孔口溢浆为止。

3.3.6 锚杆体制作安放

锚杆杆体采用三根直径 25mm 的三级钢，注浆体采用 M30 水泥净浆，杆体穿过垫层和防水层，锚入基础底板长度 1.2m。根据设计要求，每隔 2m 设置 1 个对中支架，该支架采用 ϕ6.5 钢筋弯成“[”形，高度不小于 20mm，以保证杆体的保护层厚度，然后将其点焊在主筋上，沿主筋截面每 120° 焊 1 个，一个截面焊 3 个，见图 1。

锚杆杆体安放前，杆体表面需刷环氧富锌防腐漆，防腐漆应饱满均匀。

锚杆制作完成后尽早使用，不宜长期存放。制作完成的杆体堆放在干燥洁净的场所，防止机械损伤杆体或油渍污泥溅落在杆体上。

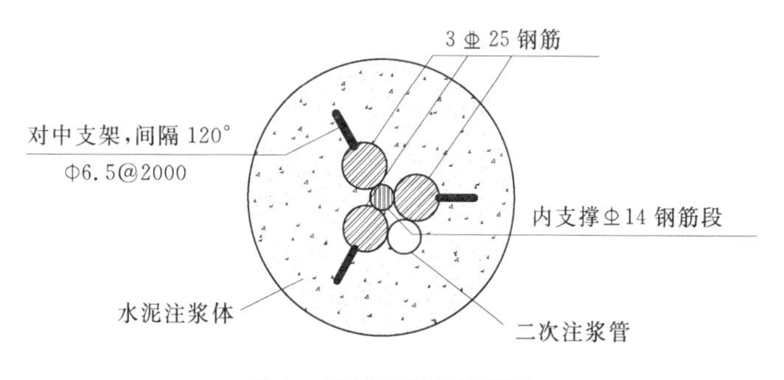

图 1 锚杆杆体制作详图

钻孔至设计深度后将制作好的锚杆体送入钻孔中，安放锚杆体时可采用小挖掘机以提高工作效率，同时防止安全事故发生。安放锚杆体时应防止扭压和弯曲，并不得破坏防腐层，不得影响注浆工作。杆体放入孔内应与钻孔角度保持一致。杆体安放后不得敲击摇晃，不得悬挂重物。

钻孔至设计深度后将制作好的锚杆体送入钻孔中，外露段长度为 1.20m，外露段套薄塑料管或缠塑料薄膜以防止沾染泥浆、油污等杂物。

3.3.7 提拔套管

锚杆杆体安放后拔套管，套管拔出后待浆面下降至一定位置后应进行补浆，以保证注浆饱满；注浆量可根据地层情况及一次注浆情况确定，注浆应连续进行，锚杆注浆完成后两天内应防止拉拔外露段。

3.3.8 二次高压劈裂注浆

锚杆第二次注浆采用高压劈裂注浆，压力2.5～5.0MPa，二次注浆压力宜在一次注浆强度达到5.0MPa后进行。

4 质量验收标准

根据《岩土锚杆（索）技术规程》（CECS 22：2005），抗浮锚杆按表1项目进行锚杆验收。

表1 锚杆质量验收项目

<table>
<tr><th>项目</th><th>序号</th><th colspan="2">检查项目</th><th>允许偏差</th><th>检查方法</th></tr>
<tr><td rowspan="3">主控项目</td><td rowspan="2">1</td><td colspan="2" rowspan="2">锚杆杆体长度/mm</td><td>+100</td><td rowspan="2">用钢尺量</td></tr>
<tr><td>−30</td></tr>
<tr><td>2</td><td colspan="2">锚杆拉力设计值</td><td>设计要求</td><td>现场抗拔试验</td></tr>
<tr><td rowspan="6">一般项目</td><td>1</td><td colspan="2">锚杆位置/mm</td><td>±100</td><td>用钢尺量</td></tr>
<tr><td>2</td><td colspan="2">钻孔倾斜度/(°)</td><td>±1</td><td>测斜仪等</td></tr>
<tr><td>3</td><td colspan="2">浆体强度</td><td>设计要求</td><td>试样送检</td></tr>
<tr><td>4</td><td colspan="2">注浆量</td><td>水泥浆从孔口溢出且大于理论计算浆量</td><td>目测并检查计量数据</td></tr>
<tr><td rowspan="2">5</td><td rowspan="2">杆体插入深度</td><td>全长黏结型锚杆</td><td>不小于设计长度的95%</td><td rowspan="2">用钢尺量</td></tr>
<tr><td>预应力锚杆</td><td>不小于设计长度的95%</td></tr>
</table>

南水北调中线工程七里河倒虹吸导流设计及施工

张尹耀　谭　林　魏　锐

【摘　要】：南水北调中线工程七里河倒虹吸在施工过程中，根据实际情况，既考虑了枯水期导流，也考虑了汛期导流。导流设计依据枯水期和汛期10年一遇洪水分别计算，分别进行施工，经实际检验，达到了预期的导流与防护效果，确保了施工安全。

【关键词】：南水北调　倒虹吸　导流设计　汛期　施工

1　工程概况

七里河渠道倒虹吸起点桩号102＋698，终点桩号103＋563，建筑物总长865m，其中进口段长75m，管身段长700m，出口段长90m。进口设检修闸，出口设节制闸，组成了以倒虹吸为主体的枢纽工程。管身为3孔一联钢筋混凝土结构，单孔过水断面尺寸（高×宽）为6.5m×6.5m。

进口检修闸为开敞式钢筋混凝土整体结构，闸室长15m，宽25.4m，分3孔，单孔净宽6.4m，检修闸门为平面叠梁门。出口节制闸为开敞式钢筋混凝土整体式结构，长20m，宽25.4m，分3孔，单孔净宽6.4m，节制闸设工作闸门和检修闸门。工作闸门为弧形门，液压启闭。检修闸门设在工作闸门下游，为平面叠梁门。

2　导流标准

七里河倒虹吸工程，属1级输水建筑物，其导流建筑物的级别为5级。根据《水利水电工程施工组织设计规范》、招标文件的水文和气象资料以及结合施工总进度计划，须进行施工导流的建筑物不考虑汛期施工。根据招标文件，本工程导流建筑物的设计洪水依据10年一遇洪水成果表（导流时段：9月1日至次年6月30日）来进行导流施工。

表1　　重现期施工洪水水位-流量关系表

建筑物名称	重现期/a	汛期		枯水期/（月．日）							
				9.1—6.30		9.1—6.15		9.15—6.30		9.15—6.15	
		流量/($m^3 \cdot s^{-1}$)	水位/m	流量/($m^3 \cdot s^{-1}$)	水位/m	流量/($m^3 \cdot s^{-1}$)	水位/m	流量/($m^3 \cdot s^{-1}$)	水位/m	流量/($m^3 \cdot s^{-1}$)	水位/m
七里河倒虹吸	10	840	78.89	21	76.931	15	76.88	18	76.9	13	76.86
	5	460	78.23	14	76.87	11	76.85	13	76.86	10	76.84

3　施工导流布置

七里河倒虹吸为连接渠道的渠渠连接建筑物，其中管身段跨越河床。根据河道及建筑物的布置和分布特点，该建筑物导流方式采用分期围堰束窄河床、利用河床导流。

分期导流施工时段：一期为2010年9月9日至2011年6月27日，汛期前将河床中围堰清除；二期为2011年9月9日至2012年6月27日。

4 导流设计

七里河倒虹吸一期施工部位为进口斜管段和部分平管段的管身混凝土，总计18节管身段。一期导流纵向围堰修建位置为倒虹吸第21节管身处，二期导流纵向围堰修建位置为倒虹吸第16节管身处。

导流围堰主要采用基坑开挖土方填筑。围堰填筑前，对围堰岸边接头部位及其设计边线以内范围内进行清理，草皮、树根、不合格土、杂物等必须清除。

七里河倒虹吸导流标准为枯水期10年一遇（9月1日至次年6月30日）洪水，洪水流量为$21m^3/s$。

根据招标文件及图纸，导流围堰的设计及计算如下：

（1）导流明渠。设：一期渠底过流宽度为$b=70m$，水深$h=1.1m$，围堰坡度1∶2。

验算过流量：

$$Q=A\times C\times(R\times i)\times 0.5=79.42\times 20.1952\times(1.06\times 0.001)\times 0.5=52.2(m^3/s)$$

式中 Q——导流围堰过流量，m^3/s；

A——过流面积；$A=(b+hm)h=(70+1.1\times 2)\times 1.1=79.42m^2$；

C——谢才系数，$C=(1/n)\times R^{1/6}=1.00976/0.05=20.1952$；

R——水力半径，$R=A/x=79.42/74.9214=1.06$；

n——糙率，取$n=0.05$；

x——湿周，$x=b+2h\ (m^2+1)\ 0.5=74.9214$；

i——河道水力坡降，取1/1000。

即此种情况过流量为$52.2m^3/s$，大于枯水期河道过流量$21m^3/s$，满足导流要求。

（2）围堰设计。

根据地形图，倒虹吸管身进口侧河床地面高程约为76.43m，考虑安全超高0.5m，故围堰顶高程控制在76.43+1.1+0.5=78.03m，同样经校核二期导流围堰形成后的过流断面宽度82m，大于一期过流河床过流宽度，并且河床的地形高程没有较大变化，故二期导流围堰顶高程及结构型式与一期一致。围堰顶宽6m，采用黏土外包毛石形式，迎水面设置2m厚堆砌毛石以防止冲刷。内外边坡坡度均为1∶2。围堰两端与七里河两岸防洪堤（高程约为82.00m）相连，连接部位设置斜坡。

为达到良好防渗效果，围堰采用渠道开挖黏土料分层填筑、碾压。

5 围堰施工方法

（1）测量放线。围堰施工前，按设计图纸放出围堰轴线及围堰坡脚线，并用木桩和撒石灰做出标志。

（2）基础清理对围堰岸边接头部位及其设计边线以内范围进行清理，草皮、树根、不合格土、杂物等必须清除。

（3）填筑施工。围堰主要采用基坑开挖土方填筑，如果基坑开挖料含水率过大，则考虑从渠道三临近倒虹吸开挖部位取土。施工时，先填筑上游围堰，再填筑下游围堰，最后填筑纵向围堰。填筑采用进占法施工，20t自卸汽车运输，推土机分层铺筑、推平，每层厚度控制在50cm以内，20t振动碾分层碾压6～8遍，同时根据填料的天然含水量情况，适量洒水。人工配合反铲挖掘机进行修坡。

6 围堰及河道防渗措施

为确保防渗措施良好，计划对过流面进行进一步防护。

措施1：过流底面按原设计标准进行处理，底部铺设复合土工膜并浇筑无砂混凝土，与原河床相接，形成整体永久防渗。围堰迎水面边坡表面铺设防渗复合土工膜，并采用袋装卵石进行护坡。主要工程量包括：土工膜铺设 23200m^2（河床面 14000m^2，围堰迎水面 9200m^2），无砂混凝土浇筑 2800m^3。

措施 2：采用临时防渗，过流底面及围堰迎水面边坡均铺设一层 5cm 厚 C10 混凝土防渗，恢复永久河床面施工前进行拆除。主要工程量包括：C10 混凝土浇筑 1160m^3。

措施 3：采用临时防渗，过流底面及围堰迎水面边坡均铺设一层复合土工膜。过流底面土工膜上部采用黏性土回填覆盖，围堰迎水面边坡土工膜外侧采用 30cm 袋装卵石覆盖。主要工程量包括：复合土工膜 23200m^2。

根据类似工程施工经验，因七里河倒虹吸管身两侧回填料为砂卵石，为防止过流时渗水形成管涌，冲进基坑或导致围堰下部掏空，对泄洪通道设计回填面以上采用复合土工膜进行防渗，土工膜采用两布一膜，膜厚不小于 0.3mm，土工膜之间采用焊接机焊接，局部不易焊接部位采用胶接。土工膜铺设完成后，继续填筑黏性土至不低于原河道高程，防止管顶部位形成水坑。

7 特殊情况处理

由于施工中存在玉带桥占压影响，2012 年汛前，主体施工未能全部完成，河道内仍有 4 节管身无法进行施工。为便于下一步占压部位施工正常进行，玉带桥南北两侧部分基坑无法进行回填，必须考虑度汛安全相关事宜。

已修筑完成的二期围堰设计标准为抵御 10 年一遇非汛期洪水，设计最大过流量 294m^3/s。根据水文资料，七里河汛期 10 年一遇洪水流量 840m^3/s，远远大于现有围堰过流标准。度汛安全不能达到有效保证。

为确保七里河度汛安全，计划拆除现有二期围堰，并在第 23 节管身顶部重新修筑挡水围堰，与倒虹吸进口侧的堤顶路形成泄洪通道，以扩大行洪面积，确保汛期安全。

相关计算过程如下：

本阶段七里河倒虹吸导流标准为汛期 10 年一遇洪水，洪水流量为 840m^3/s，根据招标文件及图纸导流围堰的设计及计算如下。

（1）导流明渠。设：泄洪通道底宽最短为 $b=250$m，过流水深按 $h=2.8$m，围堰坡度 1∶2 验算过流量：

$$Q=A\times C\times(R\times i)\times 0.5$$

式中 Q——导流围堰过流量，m^3/s；

A——过流面积，$A=(b+hm)h=(250+2.8\times2)\times2.8=715.68$m^2；

C——谢才系数，$C=(1/n)\times R^{1/6}=1.182/0.05=23.64$；

R——水力半径，$R=A/x=715.68/262.53=2.7261$；

m——1/边坡坡度，此围堰坡度取为 1∶2；

n——糙率，取 $n=0.05$；

x——湿周，$x=b+2h(m^2+1)\times0.5=250+5.6\times50.5=262.53$m；

i——河道水力坡降，取 1/1000。

根据以上公式，计算结果如下：

$$Q=A\times C\times(R\times i)\times0.5=715.68\times23.64\times(2.726\times0.001)\times0.5=883(\text{m}^3/\text{s})$$

即此情况水流量为 883m^3/s，大于七里河汛期 10 年一遇洪水流量 840m^3/s，满足导流要求。

（2）围堰设计。根据地形图，倒虹吸管身进口侧河床地面高程约为 77m，考虑安全超高 0.5m，故围堰顶高程控制在 77+2.8+0.5=80.3m。围堰顶宽 6m，仍采用黏土外包毛石形式，迎水面设置 2m 厚堆砌毛石以防止冲刷。内外边坡坡度均为 1∶2。围堰两端与七里河北岸防洪堤（高程约为 82m）相连，连接部位设置斜坡。

为达到良好防渗效果，围堰采用七里河北岸渣场堆存的渠道开挖黏土料分层填筑、碾压。

8 结束语

三道围堰修筑完成后，经过施工过程中实际检验，均达到了预期的防护效果，确保了施工安全。取得了良好的效益。

锦屏二级水电站
3号引水隧洞0+270～0+355段溶洞施工方案

孙金库

【摘　要】：锦屏二级水电站3号引水隧洞0+270～0+355段溶洞具有施工难度大、危险系数高、工序复杂、施工项目多等特点。本文结合3号引水隧洞0+270～0+355段溶洞的具体施工情况，详细叙述了溶洞处理的施工方案，为类似工程提供借鉴。

【关键词】：锦屏二级水电站　溶洞处理　施工方案

1　工程概况

锦屏二级水电站位于四川省凉山彝族自治州木里、盐源、冕宁三县交界处的雅砻江干流锦屏大河弯上，是雅砻江干流上的重要梯级电站。水电站引水系统采用4洞8机布置形式，从进水口至上游调压室的平均洞线长度约16.67km，中心距60m，洞主轴线方位角为N58°W。引水隧洞立面为缓坡布置，底坡3.65‰，由进口底板高程1618.00m降至高程1564.70m与上游调压室相接。引水隧洞洞群沿线上覆盖岩体一般埋深1500～2000m，最大埋深约为2525m，具有埋深大、洞线长、洞径大、地质条件复杂等特点。

经过详细地质勘察，3号引水隧洞0+270～0+355段分布有A、B两个大型溶洞，其中引（3）0+280～0+310桩号北侧边墙向西端洞顶方向发育溶洞A，宽约16m，高约30m，呈厅堂式。引（3）0+310～0+325段北侧边墙向北侧上方发育溶洞B，宽约14m，高约7m，不规则发育，溶洞A和溶洞B有一个连接通道，可供一人通过。

2　溶洞处理重点、难点分析

（1）溶洞施工的安全。溶洞施工期安全是始终贯穿溶洞处理全过程的重点，也是施工的难点所在。由于溶洞探明时该洞段全断面开挖已经完成，开挖断面仅为13m，为确保后期工程结构安全，必须进行二次扩挖，如何确保洞顶至溶腔底部薄壳及空腔内的大量堆积物在扩挖过程中保持稳定，是施工的最大难点。

（2）工序复杂、施工项目多。溶洞处理施工项目较多，工序复杂，存在相互制约，与其他洞段施工相互干扰较大，因此施工安排上需统筹考虑，是溶洞施工管理的重点之一。

3　溶洞处理施工总体思路

根据溶洞发育的总体情况，考虑后期施工便利及安全，本着“先上部再下部”的处理顺序，遵照下述程序进行处理：

1. 出露的溶腔口部的处理

出露的溶腔口部是进入大空腔A、B的唯一通道，需进行必要的清理和加固、拓宽处理。对溶腔口部上下游沿着洞轴线基岩一定范围进行清理，并在设计断面14.4m范围以外浇筑混凝土支撑墙至可见溶腔的顶部，设计预留口部为0+310～0+325，预计需要处理的部位为0+300～0+328，以确保在进行底板扩挖时该部位的安全稳定。

2. 底板回填垫渣

为了进行上半洞拱架置换及进行溶洞空腔施工，需要进行再次回填。回填采用引水隧洞掌子面开挖石渣，反铲配合装载机推平碾压。为了利于排水等原因，回填高度与底板混凝土衬砌后回填高度一致，距离顶拱最高点10.97m（未扩挖前），与已经浇筑的洞段回填形成的路面平顺连接。

3. 溶洞通道及空腔内部处理

在回填底板后，将专用拆换拱架的台架支撑在溶洞段适当部位。经过预留施工通道进入，对溶洞通道、空腔内部进行清理及随机支护。在3号引水隧洞顶部适当位置钻200mm孔8～10个，作为观察口及递送部分材料的通道口，也兼作一期混凝土回填的泵管通道。

在A溶腔底部布设钢筋网，分层回填至总厚度达到2.5～3m，以确保二次扩挖时溶腔底部壳厚达到满足安全要求。

4. 低压固结灌浆

为了使得溶腔内堆积物空腔得到适当充填以及新浇筑的混凝土与堆积物结合相对牢固，在完成初次回填后，对溶洞0+280～0+325段顶拱180°范围进行低压固结灌浆，深度为裸岩6m范围，压力为1.5～2MPa。该工序，是为了确保拆换拱架期间的施工安全。

5. 上半洞扩挖及拱架置换

考虑到溶洞段隧洞顶部和空腔底部壳厚相对较薄，扩挖的安全隐患更大，施工难度也大得多，因此制作专用台车进行支撑。扩挖过程仍以机械扩挖为主，弱爆破为辅的方式进行，确保施工安全。

6. 底部扩挖至设计断面

为确保在施工过程中底板稳定，按照设计图纸的要求进行底板清理、处理。

（1）当溶洞充填物深度小于2m时，清理到基岩面，衬砌底板前用C20W6混凝土回填。

（2）当溶洞充填物深度小于在2～6m时，在对隧洞底板适当扩挖后，清理到基岩面，衬砌底板前用C20W6混凝土回填。

（3）当溶洞充填物深度大于6m时，在对隧洞底板适当扩挖后，清理到基岩面，衬砌底板前6m以下范围用石碴回填，2～6m用C20W6混凝土回填。

7. 底拱混凝土衬砌

底拱混凝土浇筑采取从大桩号至小桩号，散拼模板（翻模的形式）浇筑完成后及时回填形成交通，以方便溶洞上部的处理。

8. 对穿锚索施工

为确保引水隧洞永久结构安全，进行对穿锚索施工。

9. 边顶拱混凝土衬砌

边顶拱混凝土按照非溶洞段的混凝土施工技术方案进行混凝土衬砌，台车长度15m。预留通道口部混凝土在通道封堵后一并浇筑。

10. 溶腔回填及通道封堵

利用预埋管、通道内的泵管对溶腔进行分层回填至设计高度，最后进行通道封堵及口部预留仓号的边顶拱混凝土浇筑。

11. 回填灌浆及固结灌浆

在上述工序完成后，进行系统回填灌浆及固结灌浆。

4 主要施工方法

4.1 溶腔口部处理施工方法

溶腔A、B之间的溶洞发育情况不是很清楚，而出露的溶腔是进入大空腔A、B的唯一通道，为了对溶腔进行处理，需进行必要的清理和加固、拓宽处理。清理采用人工清理。

为了确保清理后和扩挖底板时溶腔的稳定和底板施工安全，根据溶洞发育情况，需要对该部位进行回填支撑。回填支撑墙体底部需要做成反坡，见图1。

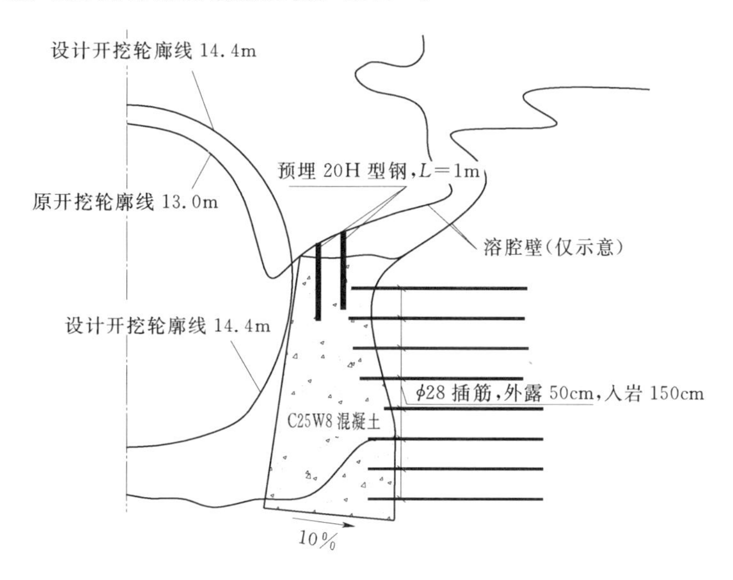

图1　溶腔口部支撑示意图

支撑墙体需在14.4m设计开挖断面以外，内壁（靠基岩侧）按照@1×1布置$\phi 28$插筋。插筋入岩不少于150cm，外露50cm。

浇筑支撑墙时分层进行，高度不大于150cm。浇筑最后一层前，在已经浇筑的混凝土内预埋2排H20型钢支撑顶部，人工立散拼模板浇筑。

4.2　上半洞扩挖及拱架置换

受液压锤臂长及摆臂角度限制，部分范围喷混凝土层为液压锤施工盲区，加之喷射的钢纤维混凝土强度大，液压锤根本无法实施，风镐处理不能保证安全，且效果不甚理想，只能采用弱爆破方式进行松动拱顶90°范围混凝土喷层及机械处理困难的局部围岩。因此，二次扩挖处理方案为：总体以机械方式为主，在拱顶90°范围及机械处理困难的局部洞段使用弱爆破进行辅助处理。

4.3　底板扩挖施工方法

为了探明底板地质情况及明确其后续处理措施，底板拱架无法在底板扩挖时安装。因此，在底板扩挖完成后，对底板进行清理、素描，以查明底板地质情况，当底板充填物大于6m时，将根据实际揭露的地质情况，再报送专项方案或根据设计、监理现场确定的方案进行处理。当底板充填物≤6m且洞轴线方向宽大于2m时，需要在该段上下游适当修筑坡道，以便完成充填物的清理，将根据现场实际情况确定，期间发生的临时工程量以现场签认为准。清理时根据需要对侧墙进行$\phi 32$随机锚杆或插筋布设，同时需要进行喷混凝土覆盖。

4.4　底拱混凝土衬砌施工方法

底拱混凝土衬砌在底板扩挖及底板拱架、锚杆等施工完成后开始，浇筑方向从0＋355向0＋270方向进行。底板混凝土衬砌采用散拼模板（翻模）进行浇筑。人工立模，人工平仓振捣、收面。

4.5　对穿锚索施工方法

预应力锚索在边顶拱固结灌浆完成后即展开施工，原则上先施工上排锚索，上排锚索张拉结束并完成封孔灌浆后，下排锚索方才能开始钻孔施工。

预应力锚索的施工工艺流程为：

锚孔测量定位→施工平台搭设→钻机就位→造孔（分段造孔，分段进行固结灌浆）→清孔→钢板条带墩施工→下索→安装锚具→张拉（锁定）→补偿张拉→封孔灌浆→外锚头保护。

鉴于施工区段地质条件恶劣，施工难度较大，加之水平对穿预应力锚索工程本身技术要求高，因此，先期选择 2～3 束进行预应力锚索试验。

预应力锚索采用 500 型地质钻机造孔，钻头选用 ϕ130 硬质合金钢钻头或金刚石钻头，钻孔测斜采用 JJX-5 型水平测斜仪。编索采用车间生产方式，编索棚拟在工作面附近设置，将钢绞线平放在车间工作平台上，按结构要求编制成束后对应锚索孔号进行挂牌标示。编制好的锚索用人工运输至相应部位，再采用滑轮挂钩辅助人工进行穿索。锚索灌浆采用 3SNS 型灌浆泵施工；混凝土垫墩采用 C40 一级配混凝土，人工喂料，管式振捣器分层振捣密实，施工中特别注意对边角部位混凝土的振捣。锚索张拉采用 YDC240Q 型千斤顶进行单根预紧，YCW250 型穿心式千斤顶进行整体张拉，油泵采用 ZB-40 型。

4.6　安全监测

在溶洞施工的过程中，按照要求布置观测仪器，及时观测，监测数据及时整理分析，如有异常及时上报，启动应急预案，保证溶洞施工安全。

5　结束语

3 号引水隧洞 0+270～0+355 段溶洞处理过程中，严格按照拟定的施工方案组织实施。在关键项目施工上做到组织到位，资源到位，观测到位，圆满完成各项施工任务。施工质量、安全和进度均满足设计要求。

基础处理工程

控制性水泥灌浆工艺在围堰防渗工程上的应用

杨森浩　秦　铎　赵忠旭

【摘　要】：控制性水泥灌浆工艺是一门新兴的灌浆工艺，它是立足于从灌浆可控性角度出发，结合流体和固体的受力特征，应用水泥浆液加化学外加剂后能使水泥浆液迅速失去流动而变成凝固体的特性，而形成的一种新的灌浆工艺构思和施工措施。它成功地解决了常规灌浆过程中的串冒浆及不易升高灌浆压力等问题，为岩溶地区的溶洞及断层破碎带处理、松散软弱地基的加固以及无止浆层和混凝土盖重的裸体岩层或土层内的固结灌浆和防渗帷幕及堵漏提供了新的思路。本文从其与常规水泥灌浆防渗差异的角度出发，阐述了该技术运用于帷幕防渗的防渗机理，并着重介绍了该技术在乌江洪家渡水电站上游围堰防渗工程上的应用。

【关键词】：控制性水泥灌浆　围堰防渗　应用

1　概述

洪家渡水电站位于贵州省黔西县与织金县交界的乌江北源六冲河下游，是乌江梯级开发“龙头”电站，“西电东送”的骨干工程。总库容 49.25 亿 m^3，钢筋混凝土面板堆石坝最大坝高 179.5m，总装机容量 540MW。

电站上游围堰位于底纳河出口下游约 10m，所处河谷为不对称 V 形谷，左岸为灰岩陡壁，右岸为 20°～40°的缓坡。河床水下天然地形平缓，无深槽。受两岸（坝肩）开挖影响，存有大、中型孤石现象，从而形成了独特的围堰防渗地质构造。

上游围堰河床防渗体原设计为高喷板墙，鉴于上述围堰河床的实际情况，进行高喷板墙施工存在众多技术难题，也无类似工程可借鉴，国家专家咨询组根据在洪家渡水电站上游索桥左岸堆石体内运用控制性水泥灌浆技术进行防渗处理现场试验所取得的资料，参考天生桥中山包水电站围堰运用控制性水泥灌浆技术进行防渗的成功实例，认为洪家渡水电站围堰防渗体选用控制性水泥灌浆防渗帷幕新技术比选用高喷板墙方案，施工更为可靠和合理。从而，围堰的防渗方案最终确定为控制性水泥灌浆防渗帷幕新技术。

上游围堰的控制性水泥灌浆防渗帷幕施工，实际施工期约 20d 即基本满足闭气条件、达到了基坑开挖的要求，而且做到了没有占一天施工总进度计划的直线工期，取得了较为理想的效果。

2　控制性水泥灌浆防渗机理

在土石围堰体内布设防渗帷幕，选用控制性水泥灌浆防渗帷幕或常规水泥灌浆防渗帷幕，其帷幕结构、灌浆机理，施灌方法及施工有关技术参数的控制和选择都是有很大差距的，主要区别有以下 5 点。

（1）帷幕结构和灌浆机理有区别。常规水泥帷幕灌浆技术是从水泥浆液的渗透和扩散机理出发，要求灌浆孔呈梅花形布孔，帷幕一般需选三排孔，帷幕厚度由灌浆孔的孔排距参数决定，而控制性水泥灌浆技术，从灌浆附加压应力场角度出发，因附加压应力的作用而使地层产生挤压密实变形和挤压滑动，控制灌浆压力对地层产生的附加压应力值达到足够值后而对地层进行回填置换和挤密、挤实。故帷幕结构一般只选用一排灌浆孔，因防水帷幕厚度不决定于孔排距，而只决定于灌入的浆液量，控制灌入的计划浆液量越多，则防水帷幕就越厚，反之，则幕厚就薄。

(2) 灌浆方法不同。常规水泥灌浆一般为单液灌浆系统，用单泵灌注，而控制性水泥灌浆帷幕必须用双液灌浆装置，必须有专用泵用双液灌浆方法灌注，化学控制液以控制灌入的水泥浆液达一定的凝胶时间。

(3) 灌浆压力选择原则不同。常规水泥灌浆的最大灌浆压力值必须选择在被灌地层的允许压力值之内，灌浆过程中往往会出现进浆量越来越大而进浆压力却越来越小，会产生串冒浆和地层抬动等技术问题。控制性水泥灌浆帷幕的最大灌浆压力值要求在防渗幕体范围内因灌浆压力产生的附加压应力值必须超过地层的允许压应力值，故控制性水泥灌浆一方面灌浆压力值选择远超过地层的允许压应力值使其能满足挤压密实地层要求。另一方面，灌浆压力还需满足计划浆液量的灌入，能保证幕厚要求。灌浆过程中会随灌浆的继续，其进浆量会越来越小，而进浆压力却越来越大，并能防止地层抬动和产生串冒浆问题。

(4) 灌浆结束标准要求有区别。常规水泥灌浆帷幕的结束标准为达到设计要求最大灌浆压力后进浆量必须小于某一值（例 0.40L/min）再稳定 30min，即结束标准必须满足最大灌浆压力值、进浆量小于某值、稳定时间等三个条件的标准。而控制性水泥灌浆只需满足达到最大压力值后，累计灌入的浆液总量达计划要求浆液量后就可结束，没有进浆率和稳定时间的要求。

(5) 按水泥灌浆规范，常规水泥灌浆要求有一定的压重和混凝土盖板，灌浆最好在静水（即没有地下水流条件下）条件下进行。而控制性水泥灌浆帷幕只要有 1.0m 左右的孔口管不需混凝土盖板，进行控制性水泥灌浆时要求最好有一定的水流条件，特别是Ⅱ序孔施工和局部加强处理，要求最好在基坑抽水形成有地下水流速条件下进行施工。

3 主要施工程序和方法

3.1 施工范围和孔位布置

上游围堰控制性水泥灌浆防渗施工范围原则上为原设计高喷板墙的施工范围，左延伸至左岸岩壁，右与围堰右岸堰肩防渗帷幕灌浆防渗体相连，单排孔布置，帷幕中心线长 59.07m，孔距 1.25m，孔深至基岩 0.5m。

施工后期（局部加强阶段），考虑上游围堰实际渗漏量和渗漏特点，为防止右岸堰肩覆盖层可能出现的渗漏通道，上游围堰控制性水泥灌浆防渗线延伸至右岸岩壁，并在轴线上游 0.60m 距离上布置第二排孔，孔距、孔深要求不变。

3.2 施工程序

控制性水泥灌浆防渗帷幕施工主要工序分为以下四个：①回填、挤压密实；②局部加强；③防渗处理；④质量检查。

第一步采用双液灌浆系统将水泥浓浆和化学控制液按计划灌入浆液量压入土石体内，用较短的时间和较大的压力实现对土石体的回填、挤压和密实。

第一阶段施工完毕后，根据围堰渗漏水情况，有针对性的局部进行加强和防渗堵漏。加强和防渗灌浆以低压灌浆为主，灌注 1∶1 纯水泥浆，不加或少加化学控制液。

控制性水泥灌浆的质量检查以压水试验为主，结合取芯检查进行。压水试验压力为 2.50MPa（表压），防渗标准为 5.0Lu。

所有灌浆孔的钻孔与灌浆按先下游排（第一排）后上游排（第二排）、先Ⅰ序后Ⅱ序、自上而下分排分序分段进行。

(1) 同一排孔内，分两序进行施工，先钻灌Ⅰ序孔，然后再钻灌Ⅱ序孔。

(2) 每一灌浆孔，均自上而下分段钻灌。钻灌分段无定量要求，主要视钻孔情况而定：①钻孔一旦出现孔内不返水，或有严重塌孔问题，则立即停止钻孔进行灌浆；②钻孔返水出现塌孔问题，或有小范围塌孔现象，但灌浆段长已超过 1.0m 的，则一般控制在 2.5～3.0m；③碰到细砂层，则要求尽可能的加大钻孔冲洗，尽可能地把细砂从孔内冲洗出孔外，控制段长一般不要超过1.0m。

3.3 施工工艺和施工方法

上游围堰控制性水泥灌浆防渗工程工序施工主要施工工艺流程为：定帷幕轴线放孔位→固定钻机→ϕ76mm钻孔并镶1.5m深的孔口管→下一段次钻孔→按计划浆液量控制进行双液灌浆→终孔段灌浆→全孔段重复灌浆→封孔结束。

（1）钻孔采用洛阳产KHYD 3kW岩石电钻，配用ϕ44～56mm合金钻头进行。

（2）控制性水泥灌浆选用双液灌浆系统，SGB6-10型灌浆泵作为大泵灌水泥浆液，小泵灌化学控制液，两种浆液视不同情况或在孔内、或在地层内混合，水泥浆液配比全部选为0.8∶1。水泥为425号普通硅酸盐水泥，加灌化学控制液数量和时机视孔内升压情况和进浆量变化情况而定。

（3）灌浆压力以控制水泥灌浆泵的机身压力表读数为准，一般Ⅰ序孔控制在1.0～1.5MPa。Ⅱ序孔控制在1.5～2.0MPa，Ⅱ序孔的终孔段或全孔段重复灌浆控制压力在2.0～2.5MPa。加灌化学控制液的目的主要是提高灌浆压力值。要求Ⅰ序孔灌浆尽可能地减少小于0.5MPa压力状态下的灌浆。Ⅱ序孔要尽可能地减少小于1.0MPa压力状态下的灌浆。当某些孔段出现升高压力有困难时，必须采取有效措施并加大化学控制液的掺加力度。

（4）灌入浆液量以控制灌入计划浆液量为主，孔距为1.25m，第一排孔控制Ⅰ序孔的平均灌入浆液量为600～700L/m，Ⅱ序孔的平均灌入量为700～900L/m。对于第二排孔，考虑排距较小，相对控制灌入的计划量也相应减少，一般为第一排孔的50%，并视实际孔内情况作具体及局部调整。

（5）灌浆结束标准：达到要求计划浆液量和要求灌浆压力后即可结束灌浆。

4 施工检查及效果分析

4.1 检查孔压水试验数据分析

防渗帷幕检查以压水检查资料为准，设计的压水检查标准为不大于5Lu。

上游围堰控制性水泥灌浆防渗帷幕工程共布置压水试验检查孔7个，完成压水试验共计14个试段，压水试验成果见表1。

表1　上游围堰控制性水泥灌浆防渗工程检查孔压水试验成果表

孔号	段次	孔深/m		段长/m	压入流量/(L·min^{-1})	透水率/Lu
		自	至			
1	1	0	8.00	8.00	0.88	0.22
	2	8.00	13.50	5.50	2.40	0.87
2	1	0	8.00	8.00	8.50	2.13
	2	8.00	15.20	7.20	9.10	2.53
3	1	0	8.00	8.00	7.30	1.83
	2	8.00	15.50	7.50	7.80	2.08
4	1	0	8.00	8.00	1.50	0.38
	2	8.00	14.80	6.80	4.80	1.41
5	1	0	8.00	8.00	1.50	0.38
	2	8.00	15.60	7.60	4.03	1.06
6	1	0	8.00	8.00	8.80	2.20
	2	8.00	15.00	7.00	1.47	0.42
7	1	0	8.00	8.00	6.20	1.55
	2	8.00	14.50	6.50	3.70	1.14

压水试验数据显示，共进行的14个试段的压水试验透水率 q 值均远远小于设计防渗标准，其中 q_{max} 为2.53Lu，q_{min} 为0.22Lu，q_{cp} 为1.30Lu。0～1.0Lu的有5试段，占35.7%，1.0～2.0Lu的有5试段，占35.7%，2.0～3.0Lu的有4试段，占28.6%。

4.2 防渗体上部开挖效果分析

二期围堰的施工中，控制性水泥灌浆防渗体上部将与二期围堰土工膜防渗体相连接，设计搭接是将控制性水泥灌浆防渗体上部孔口管1.5m范围的软弱覆盖层全部挖掉，然后采用浇筑混凝土槽的方式连接。现场开挖施工验证，控制性水泥灌浆帷幕范围已变成了有一定强度的墙体，凿除开挖很困难，有些地方甚至动用了风钻和小炮。众所周知，一般帷幕灌浆在覆盖层内靠1.5m的孔口管是很难解决问题的，而越是深层，则帷幕灌浆的效果就越好，因此可以判定，上游围堰防渗深层的灌浆效果将比表层看到的会更好。

4.3 基坑抽水情况分析

上游围堰基本完成闭气后，保证了基坑开挖施工的正常进行，抽排工作量明显减少，强有力地证明了围堰帷幕防渗效果明显。

通过分析验证，上游围堰运用控制性水泥灌浆工艺实施的防渗帷幕工程完全满足设计防渗要求。

5 结束语

（1）洪家渡水电站上游围堰运用控制性水泥灌浆防渗帷幕新技术，方案是合理、可行的，为这一特定结构条件下的防渗处理提供了又一工程实例。

（2）通过洪家渡水电站上游索桥左岸堆石体内的控制性水泥灌浆现场试验及上游围堰控制性水泥灌浆防渗帷幕的施工，为这一新技术的发展提供了众多宝贵的实践经验，促进了该理论的发展和成熟。

（3）控制性水泥灌浆工艺运用于围堰防渗，较常规的高喷或混凝土防渗墙，具有施工条件简化、工程造价低、不占直线工期等优点，不失为围堰防渗治理的新思路。

水布垭水利枢纽放空洞溶洞群部位固结灌浆施工剖析

金良智

【摘　要】：放空洞属于高水头、高流速水工建筑物，水流条件复杂，放空洞围岩结构稳定对放空洞下闸蓄水后结构安全至关重要，水库蓄水后，放空洞全部淹没在水下，各种外来水挤压闸门后的有压洞段，为确保结构安全和围岩与衬砌混凝土联合受力，要求有压洞段进行固结灌浆，以增强围岩的整体性，提高围岩的承载能力。本文介绍了放空洞溶洞群部位进行固结灌浆的施工方法，尤其是漏水部位采用DH－814聚氨酯进行堵漏，效果显著。

【关键词】：放空洞　溶洞群　固结灌浆　施工剖析

1　工程简介

放空洞为水布垭水利枢纽永久性建筑物之一，由引水渠、有压洞（含喇叭口）、事故检修闸门井、工作闸门室、无压洞、交通洞、通气洞及出口段（含挑流鼻坎）等组成，其主要作用有水库放空、中后期导流和施工期向下游供水等。放空洞洞身长 1109.37m，进口底板高程 250m，出口底板高程 218.89m。

2　工程地质条件

放空洞位于河床右岸，进口位于水布垭峡谷凹崖之下，出口位于马崖脚下。放空洞所经过的岩层中，灰岩地层 P1q4、P1q5、P1q7、P1q9 岩溶较为发育。放空洞位于 F12 大断层的上盘（图 1），溶

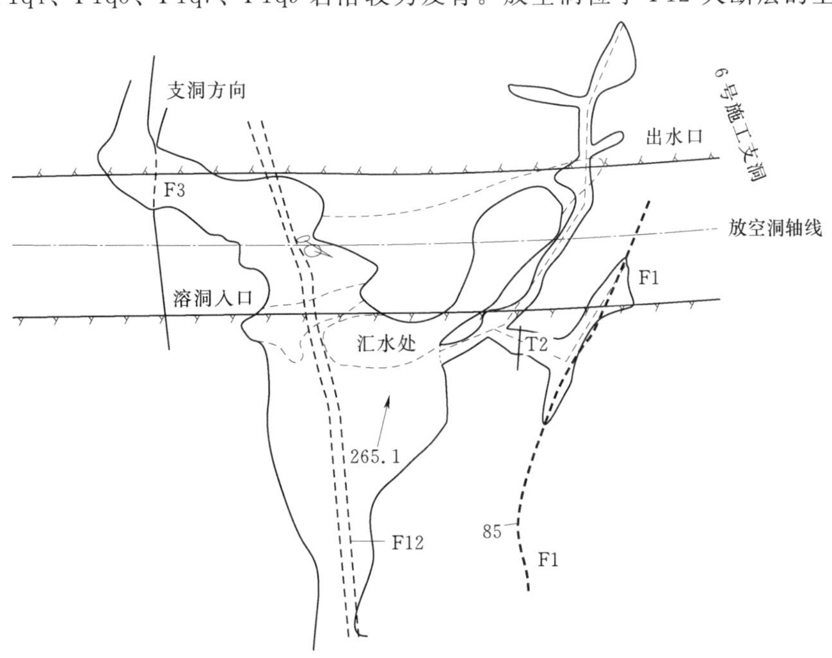

图 1　放空洞主洞（K0＋198）底板溶洞平面图

洞群位于放空洞主洞桩号K0+198～0+210m处，洞深214.0m，洞向由EW向渐变至NE向，地层岩性为二叠系栖霞组第8、第9、第10、第11段灰黑色薄层、极薄层含炭泥质生物碎屑灰岩夹团块状与灰色薄—中厚层含炭泥质生物碎屑灰岩，洞内多由泥质物充填。受F12断层及K0+198大溶洞影响，部分固结灌浆孔在施工过程中遇到0.8～2.5m脱空（溶洞、溶槽）、微渗水、大漏量渗水等现象（表1）。

表1　溶洞群部位固结灌浆孔统计表

排号-孔号	孔深/m	混凝土/m	基岩/m	压水/(L·min^{-1})	透水率/Lu	漏水量/(L·min^{-1})	备 注
1-8	9.00	1.15	7.85	86.30	483.20		6.5～8.0m脱空，8.0～9.0m为黄泥
2-8	9.00	1.30	7.70	83.70	476.00		4.0～5.2m脱空
2-12	9.00	1.29	7.71	78.00	177.40		6.6～8.0m脱空
3-4	9.00	1.26	7.74	76.00	121.30		
3-8	9.00	1.50	7.50	101.70	157.00		3.8～6.3m脱空，7.5～9.0m为黄泥
4-1	9.00	1.40	7.60	77.10	187.50		
4-8	9.00	1.31	7.69	81.10	461.10		3.8～4.8m脱空，7.3～8.8m脱空
4-12	9.00	1.33	7.67	75.80	133.00		6.5～7.8m脱空
5-1	9.00	1.40	7.60	77.40	69.40	3.80	7.3～8.1m脱空
5-2	9.00	1.30	7.70	77.00	49.00	6.10	6.4m开始出黄泥水
5-12	9.00	1.30	7.70	76.30	83.10	2.90	3.8m开始出黄泥水，6.6～8.1m脱空
6-12	9.00	1.30	7.70	77.70	59.00	112.00	2.3m开始出水
7-11	9.00	1.29	7.71	69.20	54.40	32.00	2.2m开始出水
7-12	9.00	1.30	7.70			128.00	1.9m开始出水

3　灌浆施工

3.1　施工程序

固结灌浆采用环间分序、环内加密的原则进行，环间分Ⅰ序和Ⅱ序。溶洞群部位的施工程序：一般固结灌浆单环Ⅰ序孔→一般固结灌浆单环Ⅱ序孔→一般固结灌浆双环Ⅰ序孔→一般固结灌浆双环Ⅱ序孔→无脱空和不渗水溶洞缺陷孔→脱空和微渗水溶洞缺陷孔→大漏水量溶洞缺陷孔→质量检查孔。

3.2　钻孔

固结灌浆孔钻孔孔径ϕ56mm（孔位布置成30°圆心角），一般灌浆孔孔深入岩5.0m，遇溶洞缺陷灌浆孔孔深9.0m，梅花形布置，排距3.0m，每环布置12个灌浆孔（图2、图3），采用2台YT-28型手风钻，从预埋管内湿法钻进，详细记录混凝土厚度和孔内情况。

3.3　裂隙冲洗

钻孔结束经现场监理量测孔深并符合要求后，用阻塞器卡在预埋管内进行压力水脉动冲洗，冲洗压力0.4MPa，冲洗至孔内返水澄清为止，且总的冲洗时间不少于30min。

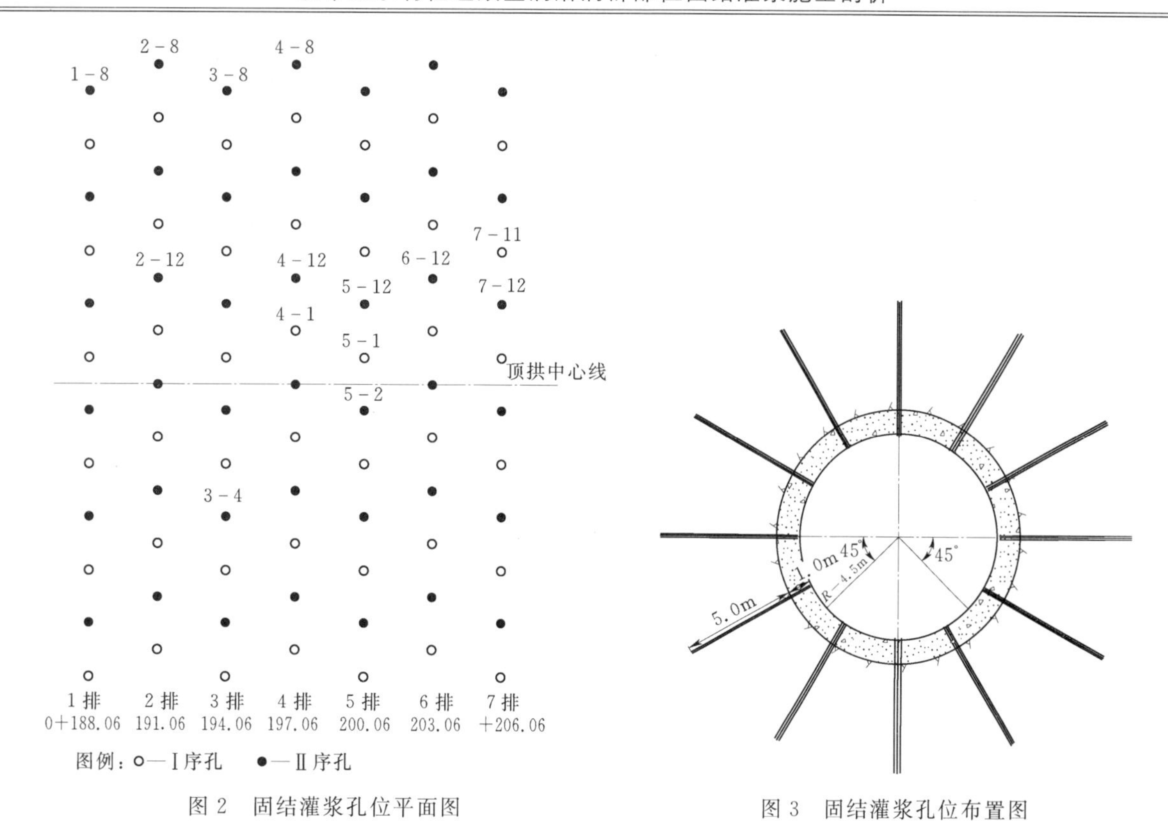

图2 固结灌浆孔位平面图

图3 固结灌浆孔位布置图

3.4 压水试验

灌前单点法压水试验选择不低于灌浆孔总数的5%进行，不同环不同序，其余孔均作简易压水，压水压力0.4MPa，灌后压水试验检查时间选在该部位灌浆结束7d后进行，均满足80%孔段透水率不大于5Lu，20%孔段透水率不大于7.5Lu，且不集中的合格标准。

3.5 灌浆方法和设备

灌浆采用全孔一次性纯压式灌浆法，在孔口设有回浆装置，当注入率不大时，采用同环同序相近高程2孔并联灌浆。

灌浆使用1台ZJ-400型高速搅拌机制浆，1台JFS-2B型双层低速搅拌桶储浆，1台3SNS型砂浆泵灌浆，1台长江科学院产GJY-Ⅳ型自动记录仪记录。

3.6 灌浆材料及浆液配比

灌浆压力采用0.5MPa。灌浆用水泥为荆门产三峡牌32.5级普通硅酸盐水泥，新鲜无结块，并每一批量水泥作细度检测，合格后投入使用；灌浆用砂采用盐池河和招徕河天然河砂并过筛，含泥量检测为2.2%，符合不大于3%的合格标准。

浆液水灰比采用3∶1、2∶1、1∶1、0.5∶1四个比级，浆液在使用前过筛，且自制备至用完时间小于4h。

3.7 结束标准

在设计压力下，灌浆单孔注入率不大于0.4L/min，或双孔注入率不大于0.8L/min，持续灌注30min，即可结束。封孔采用“机械压浆封孔法”。

4 溶洞群部位固结灌浆施工

4.1 无脱空无渗水缺陷孔

没有明显的脱空和渗漏通道，采用阻塞低压、浓浆、限流、限量、间歇灌注，随着注入率的逐渐减少，逐级提高灌浆压力。同时，通过放空洞下部Ⅱ号岩溶系统追踪洞，查清是否有渗漏通道，予以封堵。当注入率小于10.0L/min时，迅速升至设计压力，灌至结束，封闭阻塞器，8h后拔除，如果结束是用最浓级浆液灌注，不再进行封孔。

4.2 脱空微渗水缺陷孔

对脱空部位灌浆先采用阻塞无压、间歇灌浆法，按照先两端后中间的顺序灌注水泥砂浆（水∶水泥∶砂=1∶0.5∶0.4，FM=1.4～1.8），对微渗水缺陷孔，灌浆压力增加0.1～0.2MPa，灌浆结束后屏浆1h，孔内充填密实且不吸浆后，待凝72h后再扫孔（孔深较原孔深浅1.0m），最后按常规固结灌浆要求进行冲洗、压水、复灌和封孔。

4.3 大漏水量缺陷孔

将纯压式阻塞器阻塞在预埋管内，用灌浆泵迅速定量向孔内灌注DH-814型高弹性水溶性聚氨酯快速堵漏胶。由于DH-814型堵漏胶具有遇水膨胀和腐蚀性的特点，凝胶时间可人工调节，DH-814Ⅰ型凝胶时间30min，DH-814Ⅱ型凝胶时间5min，灌注前须注入少量丙酮，带走搅拌桶和管路内积水，再将DH-814Ⅰ型材料倒入搅拌桶内，采用3SNS泥浆泵进行灌注，后灌注DH-814Ⅱ型堵水材料，灌注结束后立即用丙酮冲洗设备和管路，DH-814型堵漏胶凝胶30min后，黏接和抗拉强度分别可达到1MPa和2MPa，待凝48h后，再进行扫孔，孔深较原孔深浅1.0m，然后再进行常规水泥灌浆（冲洗、压水、复灌、封孔），灌浆压力低于设计压力0.1～0.2MPa。

5 质量检查

溶洞群部位固结灌浆结束后，设计监理单位根据灌浆资料，布设了2个不取芯质量检查孔，孔径ϕ56mm，孔深8.0m，阻塞单点法压水，压力0.4MPa，透水率均为0.0Lu，漏水孔孔口周围干燥，无湿印。

6 结束语

放空洞固结灌浆克服地质条件复杂、施工干扰大、工序繁杂等诸多因素，积极采用先进工艺和材料，施工中采用自动记录仪计量，有效地进行了现场过程控制，提高了施工质量，同时采用DH-814型高弹性水溶性聚氨酯快速堵漏胶对大漏量漏水封堵具有很好的效果。

化学灌浆在龙滩水电站右岸导流洞衬砌混凝土施工缝处理中的应用

侯国锋　程俊利

【摘　要】：为了保证龙滩水电站右岸导流洞的安全运行，导流洞混凝土底板100m长的施工缝需要进行处理，以加强对混凝土的保护、补强加固和防渗堵漏。本文提出了有效可行的处理方案。

【关键词】：导流洞　施工缝　化学灌浆　可灌性

1　工程概况

龙滩水电站位于红水河上游的天峨县境内，距天峨县城15km。是中国西部大开发十大标志性工程和“西电东送”的战略项目之一。为了保证右岸导流洞的安全运行，导流洞混凝土底板100m长的施工缝需要进行处理，以加强对混凝土的保护、补强加固和防渗堵漏。

龙滩水电站右岸导流洞混凝土施工缝进行处理的目的主要是加强对混凝土的保护、防渗堵漏和补强加固。防渗堵漏要求缝面灌浆后具有较高的抗渗性和抗老化性能，能阻止外来水汽碳化混凝土和锈蚀钢筋，满足结构耐久性和安全运行；补强加固要求缝面浆液固化后有较高的黏结强度，最终要求能增强混凝土结构的整体性。鉴于此要求，提出“堵漏＋灌浆”综合处理方案。

2　材料的选择

2.1　YDS高渗透改性环氧浆材

化学浆材选择的原则：一是浆材的可灌性，所选化学浆材必须能够灌入缝内，充填饱满，灌入后能凝结固化，以达到补强和防渗加固的目的；二是浆材的耐久性，所选用材料在使用环境条件下性能稳定，不易起化学变化，并且与混凝土施工缝（裂缝）有足够的黏结强度，不易脱开，对于一些活动缝和不稳定缝要特别注意这条原则。故选用中国科学院研制的YDS系列浆材进行化学灌浆。

YDS系列高渗透性环氧浆材是在中化-798浆材的基础上改进的，主用于混凝土微细裂缝、施工缝的防渗补强处理。先后在安徽陈村、四川二滩、青海龙羊峡等电站大坝、天堂山飞来峡水利枢纽、广州地铁等工程中施工应用，并达到良好的效果，产品技术指标见表1。

表1　YDS系列高渗透性环氧浆材技术指标

浆材型号	渗透能力/(cm·s^{-1})	起始黏度/(MPa·s)	抗压强度/MPa	抗拉强度/MPa	抗剪强度/MPa
中化-798	10^{-6}～10^{-8}	5.4～12.5	50～80	10～20	10～40
YDS	10^{-6}～10^{-8}	2～10	50～100	2～14	49～56

2.2　PENETRON水泥基渗透结晶型防水涂料

PENETRON防水涂料由波特兰水泥、特别选用的石英砂及多种活性化学成分配制而成的一种粉状材料。与水作用后，材料中含有的活性化学物质通过载体向混凝土内部渗透，在混凝土中形成不溶于水的结晶体，填塞毛细孔道，从而使混凝土致密、防水。其属典型的涂布型躯体防水材料，是靠增加躯体本身的水密性，来达到防水效果的高性能防水涂料，是一种粉状的渗透结晶型高科技产品。PENETRON 水泥基渗透结晶型防水涂料产品技术指标见表 2。

表 2　　PENETRON 水泥基渗透结晶型防水涂料产品技术指标

项　目	规　格	要　求
水分渗透性	CRD－C－48－73	≤1.9mm×10^{-14}cm/s，28d 后
水分渗透性（静水压力下）	CRD－C－48－73	≥3.9MPa 合格，无可测渗漏
抗压强度	ASTMC39	≥6%，28d 后
抗冻融循环测试	ASTM C－672－76	受测样本不小于 50 周期后，与未经处理之样本比较，侵蚀明显减少
抗化学性	ASTM C－267－77	可抵抗 pH 值为 3～11 的范围内的酸碱腐蚀
抗辐射性	ASTM N69－1967	对≤5.76×10^4Rads 伽马射线无任何反应
	ISO 7031	对 50M Rads 的伽马射线无任何反应
氯化物含量	AASHTO 1－260	产品中的微量氯化物，不影响混凝土的防水效果
无毒性测试	BS 6920：Section 2.5	合格
	16 CFR 1500	合格
饮用水使用认可	美国 ERA 纽约州 DDH	核准使用

2.3　PENEPLUG 渗透结晶型快速堵漏剂

PENEPLUG 快速堵漏剂是一种结晶型的速凝、不收缩、高黏结强度的，且具有微膨胀性的遇水硬化之粉状优质产品。用于混凝土结构的裂缝、施工缝、漏洞的止水及其他缺陷的修理，最适于土木工程、建筑结构恶性渗漏止水。

3　施工措施

3.1　工艺流程

堵漏→注浆→封孔处理→待凝检查→施工缝表面封闭→涂刷 PENETRON 涂料。

3.2　施工方法

3.2.1　堵漏

（1）以施工缝为中心开 U 形槽（宽 3cm、深 4cm），然后用打磨机将混凝土表面处理成毛面（以缝为中心，两边 25cm）。

（2）除掉松散物质，用水浸渍基面，让水浸透混凝土，然后去掉表面上的明水。

（3）按容积把 5 份 PENETRON 料和 2 份水调和成 PENETRON 灰浆，在沿槽口的两边宽 250mm 处涂一层 PENETRON 灰浆，可以用刷子或用手戴手套涂抹。

（4）用 PENEPLUG 填缝：当 PENETRON 灰浆涂层干燥约 10min，但仍然有黏着性的时候，用 PENEPLUG 快速堵漏剂和水混合（体积比约 4：1）的半干料团，搅拌均匀，呈胶泥状，填满 U 形槽并与表面平齐，然后牢牢地压实。

3.2.2　注浆

3.2.2.1　钻孔

沿施工缝中心线钻骑缝直孔，孔径 18mm，孔距 100cm，孔深度约 40cm（可根据混凝土厚度适当调整）。

3.2.2.2 清孔、埋管

用高压水将孔清洗干净，每孔分上下两层埋设两根注浆管，一进一出，下层管径为10mm，埋至距孔底5cm，为主注浆管；上层管径为10mm，埋入孔内10cm左右，为排水排气回浆管，埋管材料用速凝水泥。

3.2.2.3 表面封缝

用玻璃丝布和环氧砂浆进行封闭，应保证封闭密闭可靠。

3.2.2.4 通风检查

待埋管材料有一定的强度后，在施工缝和管口处涂少量肥皂水，采用0.2MPa的风压进行通风检查，对于盲孔应在附近重新打孔埋管。

3.2.2.5 浆液配制

根据灌前压丙酮试验的漏量大小配制浆液，配浆时将固化剂、表面活性剂缓慢注入EAA（或CW）主液中，边注入边搅拌，保持浆液在25℃以下，以提高浆材的可灌性。

3.2.2.6 化学灌浆

1. 注浆方式

灌前单孔压丙酮量不小于10mL者应单孔灌注，漏量小于10mL者则可多孔灌注；灌注过程中若有串漏孔，可在排出积水和稀浆后进行复灌，灌浆应由下而上进行。

2. 注浆方法

先灌深孔，从下层进浆管开始注浆，待上层回浆管排出孔内水、气后，封闭回浆管。根据吸浆量情况逐步升至设计压力，当吸浆率小于1mL/min时，应保持压力延续灌注30min即可扎管待凝。4～5h后检查注浆效果，对管口不饱满的胶管进行第二次注浆直至饱满。

3. 灌浆压力

可根据现场混凝土的厚度确定灌浆压力，一般开灌压力0.2MPa，当吸浆率小于5mL/min时，逐渐加压至0.3MPa，二次注浆孔压力可提高至0.5MPa。

4. 注浆过程监控

加强结构的抬动变形监测，如出现异常应及时降压并采取相应措施。

3.2.2.7 质量检查

化学灌浆结束30d后采用压水的方法进行。采用单点法压水，压力0.5MPa，孔径18mm，孔深30cm，合格标准透水率不大于0.1Lu。

3.2.2.8 特殊情况处理

渗漏点的复灌：对有规律的渗漏点，即一段施工缝仍渗水，采用原施工方法进行复灌。

浆液配比出现问题时的处理：灌浆时如出现长时间不进浆，且浆液黏度增加，即浆液配比出现问题。处理方法是打开机箱盖，排弃部分混合液，然后重新注浆。

3.2.3 表面封闭

为了保证施工缝位置的混凝土强度和抗空气侵蚀性，建议在施工缝20cm宽度范围内增加一层耐磨层。材料采用YDS系列环氧耐磨砂浆，具体做法如下。

1. 基层清理

施工基层面必须做表面处理，达到坚固，没有污物、污渍、泥土、油脂、脱模剂、松浮物及其他外来物质。否则，可能减弱黏结力及其整体效果。

极平滑之混凝土表面必须经水枪喷打、砂磨，以确保混凝土表面具备毛细管道系统，经处理表面绝不应有平滑反光之效果。

进行底涂施工时，基层不得有渗漏水。

2. 底涂施工

按材料要求和施工状况、温度配置基层处理剂，涂刷如基面，让它能渗入混凝土面层，保证环氧耐磨砂浆的黏结力。

3. 面层施工

首先根据材料要求配制环氧浆液，并搅拌均匀。再添加石石粉耐磨骨料，搅拌达到一定的黏度后，批荡于缝面上，宽度为10cm。

3.2.4 涂刷PENETRON防水涂料

按容积把5份PENETRON料和2份水调和成PENETRON灰浆，在沿槽口的两边宽250mm处涂一层PENETRON灰浆，可以用刷子或戴手套涂抹。以防止在施工缝周边的混凝土出现慢渗。

4 结束语

龙滩水电站右岸导流洞断面尺寸大、地质情况复杂，对龙滩水电站能否按时截流起着决定性作用。化学灌浆的成功运用保证了右岸导流洞的按时安全地投入使用，为龙滩水电站按时发电提供了有力的保障。右岸导流洞过水后运行情况非常稳定。没有渗漏事件发生。

龙滩水电站右岸高边坡不稳定块体综合治理措施

申时钊　罗　翔

【摘　要】：龙滩水电站右岸岸坡高差大，达312m，受不良地质影响，先后发生大小塌方十余次，已采用了常规的锚喷支护、贴坡混凝土、锚索、钢筋桩施工措施，但随着下部开挖卸荷，边坡变形明显，业主邀请中国工程院院士谭靖夷、马洪琪等5位组成的专家组进行咨询，分析出影响边坡稳定界面，最终确定采用锚固洞塞的施工办法达到治其根本之目的。本文分别对复杂地质条件下高边坡的几种治理办法进行介绍，供同行参考。

【关键词】：锚喷　锚索　钢筋桩　锚固洞

1　概述

由武警水电部队承建的龙滩水电站右岸岸坡及坝基施工，总开挖量超过277万m^3，施工工期从2001年8月至2003年10月，开挖最大高程557.00m，最低处高程245.00m，高差312m，属国内典型的高边坡治理。岸坡开挖坡度为：32°～43°。受不良地质影响在施工过程中先后发生大小塌方十余次，特别是2002年11月20日发生的一次大塌方，塌方量为10.8万m^3。随后采用清除塌滑体松动岩块，加强系统喷锚支护、加强排水、加强监测等综合治理方案，并在实际施工过程中，根据开挖揭露的塌滑体变形范围和地质条件及时调整开挖、支护设计。先后采用了喷锚支护、锚索、钢筋桩及贴坡混凝土面板等施工措施，但随着下部开挖卸荷，边坡变形依然明显，效果都不很理想，为达到治其根本的目的，业主邀请了中国工程院院士谭靖夷、马洪琪等5位组成的专家组进行咨询，最后决定采用锚固洞塞的办法，并暂时保留315m高程的坝右0＋240以右的岩体作抗剪岩体，待锚固洞施工完成后监测结果表明不再变形时才开挖，达到治其根本之目的。

2　工程地质及边坡稳定性分析

根据开挖揭露，相互切割各种断层共13条，层间错动8条，其特征见表1，造成各种大小楔体共9个，楔体方量约70多万m^3。据设计地质人员及专家组分析，边坡稳定的界面系由断层F89、f6、F90（F90－1）、F136、F139、f18～32及缓倾角复合节理等组成，并构成大、中、小块体（包括6号冲沟浅表层风化松散堆积体），其范围基本控制了影响右岸边坡整体稳定的特定块体和复合块体。

表1　　　　主要断层特性表

序号	编号	产　状	断层带宽度/m		充填胶结状况
			破碎带	影响带	
1	F135	N10°W，SW∠50°～54°	0.03～0.1	1	碎裂岩、岩屑夹断泥层
2	F138	N10°W，SW∠31°	0.4		碎石、岩屑夹断泥层
3	F139	N30°E，NW∠75°	0.1～0.6	1.0～2.0	压碎岩及大量断层泥
4	F60	N67°E，NW或SE∠82°	0.6～2.0	2.0～6.0（局部20m）	未胶结碎裂岩、角砾岩、岩屑夹大量断层泥，断层带富含地下水
5	F89	N65°E，NW∠82°	0.3～2.0	1.0～12.0	未胶结碎裂岩、角砾岩、岩屑夹大量断层泥，断层带富含地下水

3 处理办法

3.1 系统喷锚支护

主要支护参数：系统锚杆Φ 28，$L=8m$，间排距均为 2m；喷混凝土 C20，厚 15cm；挂网Φ4@10cm×10cm，压网钢筋Φ12，间排距均为 2m。对岩石较破碎的边坡，在单级坡坡顶、坡腰和坡脚各布置 1 排Φ32，$L=15m$ 的长锚杆，间距 1.5m。

3.2 预应力锚索

在滑动变形区的 450.00～330.00m 高程间共布置 18 排预应力锚索，单级坡布置 1～3 排，锚索间距 4～6m，设计吨位分 1000kN、2000kN 两种。除观测锚索采用无黏结双层保护型式外，均为黏结型。锚索设计长度为 35～55m，实际长度以内锚固段伸入微风化岩体内控制，最大长度达 70m。

3.3 钢筋桩

结合塌滑区上游、下游及其下部地质条件，在塌滑区周边与建筑物相间或地质条件突变处布置了钢筋桩。

分别在 450 缆机平台、岸坡 406.5 马道、岸坡 382 马道、航道 360 马道、塌滑槽 360 马道、坝基 330 马道、塌滑凹槽 330 马道、航道 315 马道、坝基 315 马道约 3000m^2 共布置钢筋桩 585 根，每根钢筋桩规格为 7Φ32，长度分别为 40m 的 168 根、30m 的 325 根、25m 的 66 根、20m 的 26 根。

3.4 贴坡钢筋混凝土面板

由于发生塌滑后，风化深槽下游侧临空，失去侧向约束，因此对塌滑体顶部及风化深槽坡面均采用现浇贴坡混凝土面板及预应力锚索加固，现浇 C25 混凝土板、板厚 60cm，板内配双层双向 $\phi22$ 螺纹钢筋，间排距均为 20cm。

3.5 排水

排水系统由地表和地下两部分组成。

3.5.1 地表排水

地表排水主要有坡面排水孔和马道内侧排水沟组成。

排水孔由单级坡坡脚深排水孔和坡面系统排水浅孔组成。深排水孔孔径 91mm，孔深 10m，间距 3m。浅排水孔孔径 76mm，孔深 3m，间排距均为 3m。孔内采用加劲透水软管保护。

马道内侧现浇 C15 混凝土排水沟与上下游马道平台内侧排水沟连通，将积水通过开挖边坡周边截水沟排走。

3.5.2 地下排水

地下排水系统主要由排水洞和深排水孔组成。

结合上游风化深槽的处理，在 382m 高程增设一排水洞，排水洞断面型式为城门洞形，开挖断面尺寸为 2.5m（宽）×3m（高）。从下游坡面开口，向上游一直穿过风化深槽，长约 160m。在洞内朝山里侧布置深排水孔，形成排水幕。深排水孔孔径 110mm，孔深 25m，间距 4m，仰倾 25°。

此外，位于风化深槽下的河段，布设 2 排放射性深排水孔，以排水风化深槽内渗水。孔径、孔深、间距均与洞内深排水孔相同。在已施工完的 406.50m 高程的 PSD02 排水洞内也增加放射状深排水孔，除孔深为 30m 外，其他与前者相同。

3.6 监测

在蠕动变形控制区加密断面，布置锚杆测力计、监测锚索、多点位移计，并与原岸坡的监测系统一起组成监测网，每周观测一次，突变时每天观测一次，及时反馈变形监测结果。

3.7 锚固洞

经过中国工程院院士谭靖夷、马洪琪等5位专家组深入细致的调查分析，原则上赞同设计地质人员分析的边坡稳定界面；但对f、c值应区别对待，并建议对c值的选取进行敏感性分析，并留有余地；对构造面采用锚固洞塞进一步的加固方案；同时对高程315m以下未开挖部分以桩号坝右0+240为界，以右预留暂不开挖，作潜在不稳定基脚的抗剪岩体，待潜在不稳定块体上部加固处理完成，并通过监测资料表明块体变形基本稳定后再进行开挖；在实施深层加固处理过程中，一定要遵循由内向外、自上而下、循序渐进、逐层加固、稳扎稳打的原则；同一高程结构面的锚固洞塞应跳挖施工，避免同时施工造成不利结构面上已有的抗滑力的削弱影响边坡的稳定；锚固洞的开挖必须采用小药量爆破，不允许锚固洞同时开挖爆破；对不稳定块体内增加3个测斜孔，以监测f6的滑动或错动变形情况；完善地表和地下排水系统，防止雨水下渗，降低地下水位。

3.7.1 布置原则

尽可能利用现已施工的排水洞、交通洞和勘探洞作为交通通道或布置锚固洞对不利结构面进行加固，其加固方案应避开从风化深槽直接进洞，确保加固支护有效和现实可行，增加的支护力应大于潜在不稳定块体所需要的加固力。

3.7.2 设计方案和施工技术要求

充分考虑上述原则后，优化设计，断面为2.5m×3m城门洞型，C25混凝土，环向钢筋为Φ22@200，纵向钢筋为Φ28@200。

距爆源10m处质点振动速度应不大于4cm/s，洞轴线偏差不大于10cm，纵坡累计误差不大于20cm/12m。原则上不允许欠挖，严格控制超挖，径向超挖非地质原因，不得超过20cm。

4 结束语

由于右岸坝肩边坡高差大，地质情况复杂，边坡处理工程量大，占用直线工期，为了不影响下一标段的施工，武警水电部队参建全体官兵果断采取措施，加大投入，按期完成坝基施工，为大坝标施工赢得了时间，确保在雨季来临前让锚固洞塞发挥作用，监测结果显示边坡变形趋缓，下部抗剪岩体开挖后已不再变形，达到了预期目标。

在边坡的综合治理过程中，目前水电施工中的加固措施均在龙滩水电站右岸边坡中得到了很好的应用，在处理高边坡、大滑体块体的复杂地质难点中积累了经验，可供类似工程参考。

挤压混凝土固坡技术的应用研究与思考

李虎章　杨新贵

【摘　要】：挤压混凝土固坡技术是巴西ITA坝首先采用的一项面板坝施工新技术。是利用挤压成型的混凝土挡墙作为垫层料施工的上游约束，一次性完成垫层料的坡面整形和保护的施工方法，取代了“超填—削坡—斜坡碾压—坡面保护”的垫层料传统施工工艺。国内自2001年在盘石头水库工程首次试验研究取得成功以来，已有多座堆石坝结合工程实际，相继采用了此项新技术，并在挤压混凝土挡墙的体型、材料、配合比设计、施工机械设备的研制以及工艺流程等方面取得了大量的试验研究成果。

【关键词】：面板坝施工　挤压混凝土　挡墙　固坡

1　挡墙的设计

挡墙设计应遵循的原则：①挡墙施工应简单、快速；②适合与垫层料同步施工，满足施工时早凝、早强、即时脱模成型并能抵抗振动碾碾压过程中侧向压力冲击的要求；③作为垫层区的一部分，具有一定的防渗功能；④对垫层料上游坡面有临时保护的作用，必要时可挡水度汛，具有一定的强度和抗冲蚀性能。

因此，从材料的普遍性上考虑，混凝土材料容易取得，也易于施工而其性能便于掌握和控制，因此，挡墙材料以干硬性贫混凝土较为合适。

混凝土挡墙位于混凝土面板和垫层料之间，作为混凝土面板的可靠支承，应均匀的承受荷载并将荷载再均匀地传递给垫层料，因此，①挡墙混凝土脱模后外观应平整光洁，避免出现应力集中；②挡墙和垫层料之间应有良好的结合，避免出现脱空现象；③挡墙的强度应接近原护坡的碾压砂浆；④弹性模量不能过高，以尽量减少对混凝土面板的约束。各工程挡墙混凝土技术指标见表1。

表1　挡墙混凝土设计技术指标一览表

工程名称	设计指标			
	干密度/($g\cdot cm^{-3}$)	渗透系数/($cm\cdot s^{-1}$)	弹性模量/MPa	抗压强度/MPa
盘石头（试验）	>2.2	10^{-2}～10^{-3}		<5.0
公伯峡		10^{-2}～10^{-3}	3000～8000	2.0～6.0
水布垭	>2.15	10^{-3}～10^{-4}	3000～5000	3.0～5.0
芭蕉河（实际应用）	>2.02	10^{-2}～10^{-3}	5000～7500	0.8～3.4
那兰	>2.05	10^{-2}～10^{-4}	3000～8000	<5.0

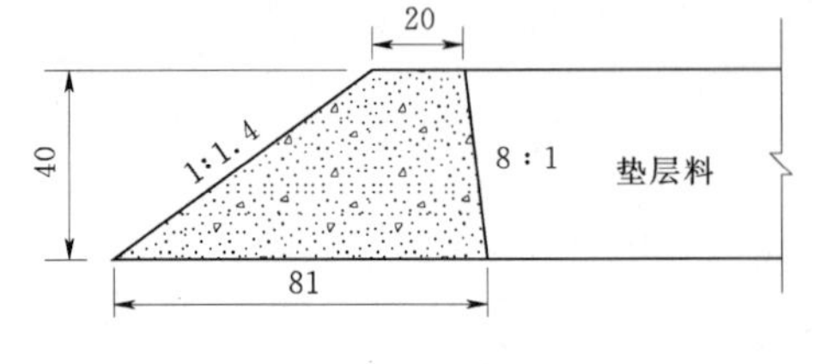

图1　混凝土挡墙体型结构图

边墙截面体型选为梯形（图1）。迎水面坡比同大坝上游坡，确保了大坝面板的设计断面；背水面坡比为8:1，既保证了挡墙背后垫层料的压实质量，又保证了与垫层料的良好结合；墙高设计为40cm，与垫层料的施工层厚一致；为尽量减少混凝土的用量，墙顶宽取10～20cm。

2 挡墙混凝土配合比

根据当地材料的性能和各自不同的特点，各工程进行了大量的室内混凝土配合比对比试验，并通过生产性现场试验进一步取得了用于生产的优化配合比，配合比见表2，其现场抽样检验试验成果见表3。

表2 固坡挡墙混凝土配合比一览表

工程名称	配合比				
	水/kg	水泥/kg	砂石料/kg	外加剂/%	
				减水剂	速凝剂
盘石头（现场试验）	85	100（掺加粉煤灰）	2000		5.0
水布垭	91	70	2144	0.8	4.0
芭蕉河	102.2	70	1958		1.4～2.1
公伯峡	105	80	2000		4.0
那兰	94.5	70	2115.5	0.7	4.0

表3 固坡挡墙混凝土性能抽样检验试验成果一览表

工程名称	混凝土密度/(g·cm^{-3})	渗透系数/(cm·s^{-3})	弹性模量/MPa	抗压强度/MPa
盘石头（现场试验）	2.15		2800	4.1
公伯峡	2.27	1.42×10^{-2}	5000	2.5
水布垭	2.09	4.2×10^{-3}	2800	4.1
那兰	2.27	6.68×10^{-3}	4798	4.18

3 混凝土挡墙挤压设备

挤压机借鉴了挤压滑模成型的工作原理进行设计，挤压机的基本结构由挤压成型腔系统、减速系统、动力系统和转向系统四部分组成，挤压机主要参数见表4。成型腔内的拌和料在搅龙挤压力和振动器激振力的综合作用下，充满成型腔，并达到设定的密实度，在搅龙轴推力的作用下，挤压机以密实的混凝土为支撑向前移动，机后连续形成特定几何断面形状的混凝土挤压墙。

表4 挤压机主要参数表

型号	工作方式	外形尺寸	自重/kg	功率/kW	行走方式	工作速度/(m·h^{-1})
BJY-40	液压	4400mm×1390mm×1280mm	2600	45	挤压反作用力	40～80

4 挤压边墙施工工艺流程

强制式拌和机拌制混凝土→搅拌车运至现场→搅拌车卸料入边墙挤压机→挤压机挤压混凝土→直线度和平整度等项目检测→垫层料回填→垫层料碾压和场地平整。

5 结论与思考

（1）混凝土固坡技术的应用，简化了上游垫层料坡面的施工工序、优化了施工设备、提高了施工效率、加快了施工进度，坡面得到了及时的保护，避免雨水的冲刷，确保了安全度汛。形成的混凝土挡墙坡面平整，为垫层料的施工提供了安全保证，可确保垫层料的施工质量。

（2）国内研制的挤压机设备，其质量及进度已能满足混凝土挡墙及垫层料的施工要求。

（3）对挡墙结构的优化和挡墙混凝土原材料做进一步的研究，以期获得适中的变形模量，起到面板与垫层料之间更加合理的过渡性能，避免面板混凝土产生危害性裂缝。

（4）对挤压机做进一步的改造，确保挤压成型的挡墙混凝土质量（物理力学指标）的均匀性，真正发挥挡墙合理过渡的性能；确保挤压成型后挡墙混凝土的结构尺寸满足设计要求，使上游坡面和挡墙顶面的平整度得以有效控制。

（5）目前国内外坝工界非常关注挡墙对面板的约束问题，已经采取了相应的措施（比如：Itapebi工程，在挤压式混凝土挡墙的上游面喷涂了一种塑料黏合剂；Machadinho和Barra Grande工程，计划在挤压式混凝土挡墙上游面铺设塑料片；水布垭、公伯峡等工程，采取了在混凝土挡墙上游面喷涂乳化沥青的措施）。进一步研究减少挡墙对面板约束的措施和材料，对改善面板的受力状况进行定量的分析研究，做到对约束有目标的控制。

随着工程施工实践的不断探索以及科学技术的进步，通过对已建工程的运行进行有计划的监测分析和理论研究，挤压混凝土固坡技术将会更加完善。

丰富地下水条件时位于滑坡体上的大断面长抗滑桩施工技术

李　宏　张为通

【摘　要】：抗滑桩能很好地改善边坡稳定问题，在高边坡尤其是塌滑体边坡整治工程中，应用非常广泛。长久以来，对于抗滑桩的施工技术，已经有了很大的发展，具有了较为成熟的施工工艺和技术。但是在位于滑坡体上且遭遇丰富地下水时的施工技术与施工中人员设备的安全问题仍然显得不够完善，越来越引起人们的重视。本文结合水布垭水利枢纽电站马岩湾滑坡抗滑桩施工，从如何确保在地下水丰富情况下大断面长抗滑桩施工质量出发，详细叙述了施工人员设备安全措施，结合ANSYS软件分析和监测边坡稳定，提出了一套完整的抗滑桩施工技术和措施，为类似工程提供借鉴。

【关键词】：丰富地下水　塌滑体　抗滑桩施工　安全

1　工程地质概述

水布垭水利枢纽电站马岩湾滑坡为一第四系堆积层滑坡，由东西两区构成，滑坡总面积5.2万m^3，西向宽105～285m，南北向坡长420m。滑体一般厚20～30m，最厚47m，总体积170万m^3，马岩湾滑坡东邻花栗树包，两者以冲沟为界，边界明显，滑坡西、南为马崖弧形陡坡环抱，边界为马崖崩坡积体覆盖，仅能从物质成分的不协和及微地形上的差异将两者分开。后缘高程在385m左右，滑坡前缘呈弧形凸出，滑体中部凸起，两侧低缓。

东马岩湾滑坡后部分布有大范围的第四系厚层堆积体，其前缘高程385m，后缘高程540m，分布面积6.63万m^3，方量200万m^3。物质成分主要为黄色黏土夹灰岩、砂岩块石、碎块石。且在滑坡体潜在存在丰富地下水，施工困难大，成桩条件差。

滑坡上4号公路为坝区右岸主要交通干线，滑坡一旦失稳下滑入江面而堵塞河道，将会对发电及大坝安全造成非常严重的影响。为此，做好施工技术设计，确保抗滑桩施工人员、设备的安全与滑坡体稳定，是本工程的关键环节。

2　边坡抗滑桩设计

马岩湾滑坡为一第四系堆积层滑坡，由东向西两区构成，滑坡总面积7.2万m^2，西向宽105～285m，南北向坡长420m。滑坡处理设计布置了19根抗滑桩，均为圆形，其直径3.0m，深度均在60～70m之间，入岩深度大于3m。

3　施工设计

3.1　总体施工设计

抗滑桩采用间隔开挖，单桩开挖采用人工全断面自上而下开挖。土方开挖直接开挖，若遇孤石则用手风钻解小；石方采用手风钻钻孔，周边光爆的方法进行。1t卷扬机挂吊手推车出碴至桩口，放下安全平台，让手推车慢慢下放平稳后，地面工作人员将手推车出渣至转渣地点。

3.2　一般破碎带施工设计

抗滑桩一般均为地质条件较差地段。孔口地面开挖1m的深度后，首先现浇C20钢筋混凝土对桩口进行锁口，锁口混凝土达到一定强度后再继续井身开挖。为确保施工安全，从地面向下0～30m范围内桩身开挖每1m衬砌一次，衬砌厚度20cm。开挖衬砌1.0m/d；从地面向下30m以下范围内桩身开挖每0.6m衬砌一次，衬砌厚度30cm。开挖衬砌平均进尺0.6m/d。其施工程序和出渣平台见图1和图2。

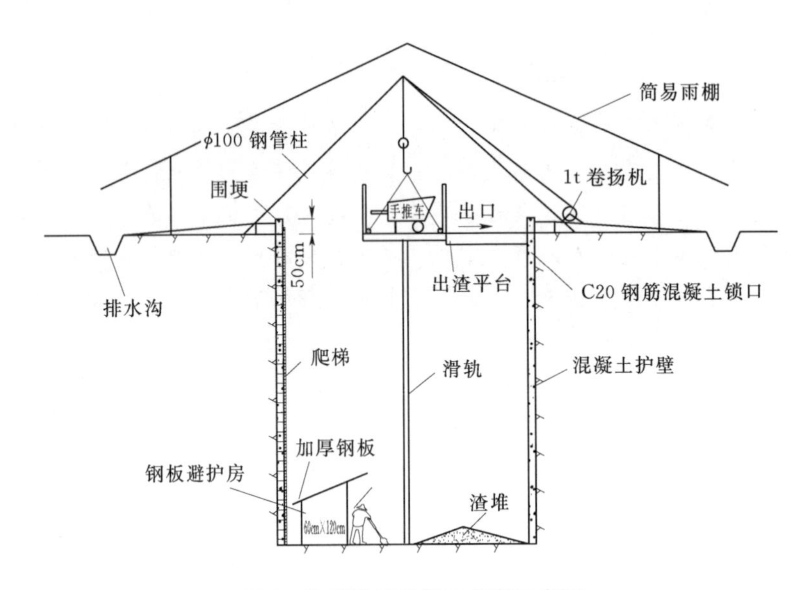

图1　抗滑桩开挖施工程序示意图

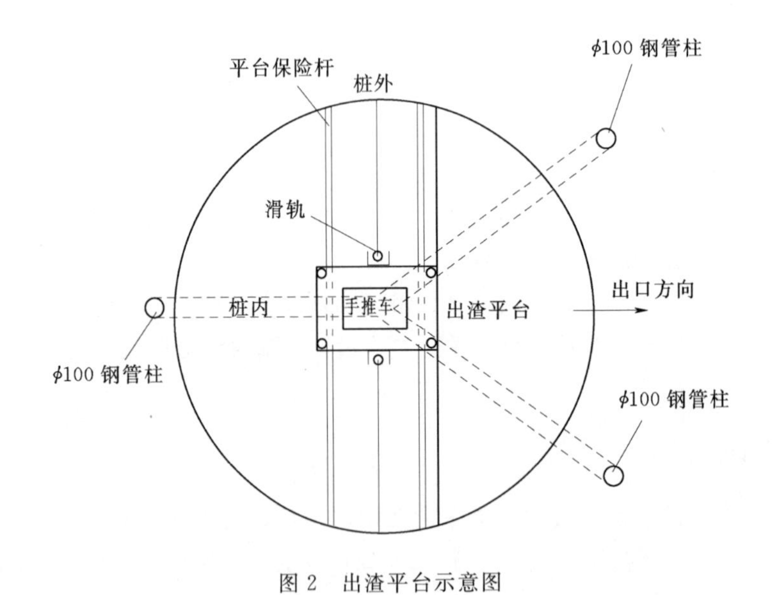

图2　出渣平台示意图

3.3　特别破碎带

当遇到地质特别破碎地段时，按照每60cm高衬砌一次，衬砌厚度30cm，进尺控制在0.6m/d，开挖及支护采取平面内间隔跳块的方式进行，开挖块宽度50cm，衬砌后进行下一序的施工，跳块开挖程序见图3。

Ⅰ序开挖宽度50cm，开挖完成后，立即进行衬砌；然后再进行Ⅱ序施工，Ⅱ序施工与Ⅰ序施工程序相同；最后进行Ⅲ序的施工。

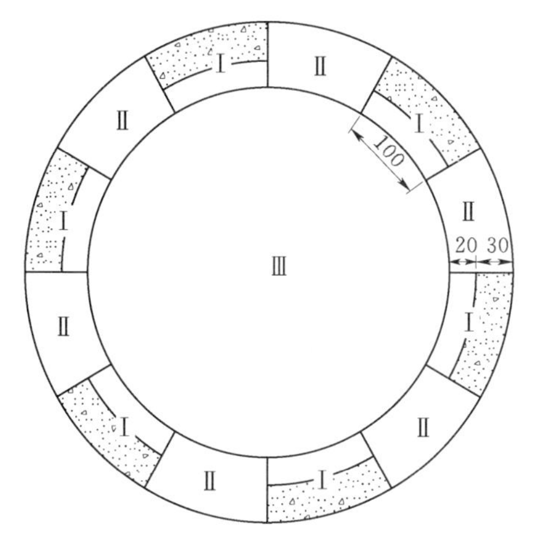

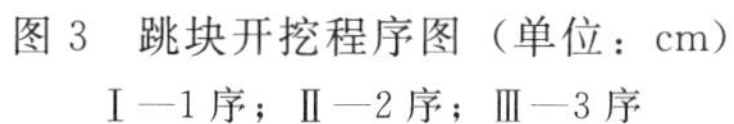
图3 跳块开挖程序图（单位：cm）
Ⅰ—1序；Ⅱ—2序；Ⅲ—3序

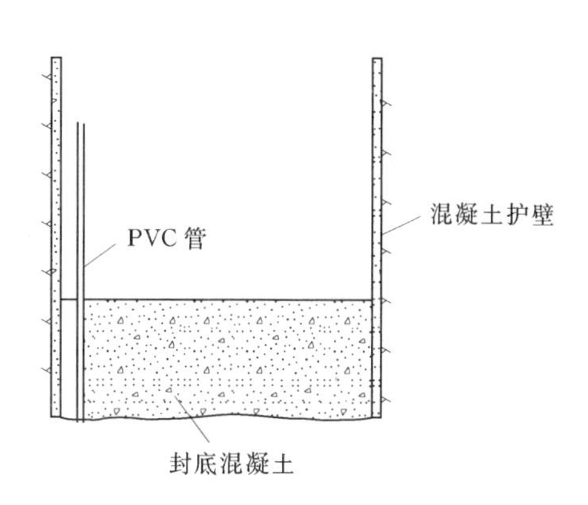

图4 桩身混凝土浇筑示意图

3.4 丰富地下水带

在开挖和支护期间，每根桩配备了2～3台水泵及时进行抽水。开挖和支护的方法与特别破碎带相同。当在抗滑桩混凝土浇筑过程中，遇到丰富地下水，采取的相应技术措施如下。

抗滑桩开挖支护完成后，认真调查监测地下水渗流情况并在混凝土浇筑前，采用潜水泵强抽水，将水位降低至最低点，再在渗漏点埋设ϕ50mmPVC管，然后进行混凝土浇筑。在混凝土浇筑中，通过PCV管排水，边浇筑边排水，浇筑过程中尽量连续浇筑，不分缝，尤其不在滑坡地质分界线上分缝。当浇筑到一定高程后，再将排水管堵塞，然后再接着浇筑上升，直至完成。桩身混凝土浇筑见图4。

4 控制爆破技术与施工监测

为了减少对围岩的扰动，确保施工质量和安全，在抗滑桩开挖施工时，必须采取控制爆破技术及非电毫秒雷管放炮，同时加强施工中的监测。在开挖过程中，随时根据揭露的岩石情况和土质情况，用ANSYS软件进行模拟和分析，采用数字测斜仪等对边坡塌滑体进行监测、观测和预测，确保抗滑桩施工在安全的情况下进行，同时也确保了抗滑桩的成桩质量。

施工监测主要是检测抗滑桩在滑坡推力作用下可能发生的位移和扭转情况，及时预报施工期间及之后抗滑桩的位移；结合土压力的受力分析，进而分析边坡的变形发展状况；通过抗滑桩位移的大小，可进一步反算出抗滑桩的受力，并与设计值进行比较。

根据现场情况，选择了有代表性的8根抗滑桩作为监测重点。在选定的每根桩身都埋设和安装2根测斜管，采用数字式测斜仪对桩的深部位移进行测读，观测抗滑桩的桩身位移。

5 安全保障措施

搞好抗滑桩施工，安全是重点和关键，为此特别制定了以下几个方面的措施。

（1）爆破安全：做好开挖爆破设计，采用非电毫秒雷管放炮。

（2）人员安全：进入桩内的施工人员，严禁乘坐吊篮或手推车，一律从爬梯上下，并定时检查爬梯的焊接质量，确保上下通道安全。

（3）桩内工作人员必须戴好安全帽，并有应急安全灯或矿灯。

（4）手推车升落过程中，井底下施工人员应进入钢板庇护房，防止出现掉块伤人等意外事故。

（5）施工中随时测量桩孔下空气污染物浓度，并及时利用供风管进行通风。

（6）桩孔出现渗水时，应汇报现场监理，及时做好排水工作，保证桩孔开挖在干燥状态下进行。

(7) 桩孔下照明必须采用安全电压。

(8) 在施工过程中设置好对塌滑体变形、移动的观测设施。

6 结束语

由于以上技术及措施的采用，施工取得了良好的效果，获得了监理工程师和业主的好评。

(1) 工期方面。根据总进度要求，2006 年 10 月 5 日至 12 月 31 日，全部 19 根桩开挖衬砌完成。到 2006 年 12 月 21 日，所有桩身基本完成衬砌工作，比计划工期提前了 10d。平均每根桩的施工进尺为：一般破碎带 1.0～1.5m/d，特别破碎带以及地下水丰富地带 60cm/d。

(2) 施工中的安全问题。由于详细制定了施工中的安全措施，在施工过程中，没有出现任何安全问题，设备人员安全得到了有效保障，桩身施工期间没有出现塌方、掉块伤人等事故。

(3) 施工质量方面。在施工中遇到了一般地质破碎带、特别破碎带以及地下水丰富地带，选取了 8 根桩进行了监测，并采用 ANSYS 软件进行了跟踪分析检测，受力和滑动曲线均在控制范围内，塌滑体稳定无滑移，满足质量优良要求。

为此，以上技术从如何确保在抗滑桩施工期间的人员、设备安全，确保抗滑桩施工的质量、施工进度等方面具有很大的保证性，且具有易于操作的特点，可供类似工程参考。

光照水电站大坝防渗帷幕灌浆施工

黄艳莉　宋园生

【摘　要】：大坝防渗帷幕灌浆工程是光照水电站下闸蓄水目标能否实现的关键项目之一。本项目的主要特点是：施工场地狭窄、强度大，施工环境差，交通运输、通风照明、风水电供应非常困难，制浆站、输浆管路布置复杂，输浆管路长、高差大，施工组织要求高，施工工艺复杂，技术要求高。施工单位针对上诉问题专门进行了分析和研究，在借鉴其他类似工程成功经验的基础上，大胆创新，引进新工艺、新技术和新材料，成功地解决了上述施工难题，为今后类似工程的施工提供了经验。

【关键词】：光照水电站　防渗帷幕　灌浆施工

1　概述

1.1　工程概况

光照水电站位于贵州省关岭县和晴隆县交界的北盘江中游，是北盘江干流的龙头梯级电站，地处"六盘水，安顺、黔西南"火电地中心，距省会贵阳直线距离162km，距安顺市直线距离75km，距晴隆县直线距离14km，是一个以发电为主，其次是航运，兼顾灌溉、供水等综合效益的大型水电站。

工程枢纽由碾压混凝土重力坝、坝身泄洪表孔、放空底孔、右岸引水系统及地面厂房等组成。

电站装机容量1040MW（4×260MW），保证出力180.2MW，多年平均发电量27.54亿kW·h。水库正常蓄水位745m，死水位691m，总库容32.45亿m^3，为不完全多年调节水库。

1.2　地质概述

坝区为横向谷，由Ⅳ号、Ⅴ号冲沟分割的上游段灰岩峡谷及两条高耸的横向山脊组成，峡谷段狭窄高陡，山体雄厚，地形完整，两岸对称，河谷横断面为典型的V形谷，无不稳定地质体分布。

坝址区处于普安山字形构造东翼反射弧上的大田—法郎向斜北翼，构造形迹呈东西向展布，构造简单，为单斜地层，岩层总体产状走向近EW，倾S（下游），倾角50°～60°。在右岸，岩层走向N80°～90°W，岩层倾角自下而上由陡变缓，倾角变化区间为62°～55°，坝址区断层发育少，规模较大有F1、F2两条断层，其中F1断层规模最大。

F1断层主要发育于T1yn1厚层灰岩中，断层产状N70°～83°W，SW∠68°～74°，破碎带宽2～5m，断距不明显局部为3～5m，长达2km，为逆断层。左岸切层延伸400m即尖灭于T1yn3-1地层中，右岸则顺层沿T1yn1形成的山脊延至测区外。断层带以挤压褶皱为其特征，宽约30m，650m高程以下较宽而往两岸变窄，角砾岩或糜棱岩呈透镜状，厚0.5～0.8m。右岸断层应力较集中，断层带窄而角砾岩或糜棱岩带宽，断层带往往由5～7个断裂面组成，主断裂面中有少量的深灰色断层泥、方解石及角砾岩、糜棱岩。左岸断层应力较分散，断层带主要由拖拉褶皱及两2个断裂面组成，见不到明显的角砾岩，褶曲带张裂隙比较发育，720m高程以上F1断层是由一系列断续延伸的小型挤压破裂面组成，而不是一个完整连续的断层面。在上层公路所见断层面其产状相对右岸变化较大。断层带仅局部有断层泥或次生黏泥，但所占比例较小；一般由方解石紧密胶结，胶结良好，其影响范围为

20～30m，沿断层带见不连续的裂隙密集区或溶蚀区。

F2断层，在F1断层下游约130m，发育于T1yn1～T1yn3地层中，总体产状走向EW、倾向S、倾角72°，长度小于1.5km，为逆断层，断距1～2m。断层组由F2-1、F2-2两个断裂面组成，两断裂面相距10m左右，其间为厚层灰岩，岩体不太破碎，沿主裂面局部见断层泥、角砾岩，一般胶结良好。

F1断层穿过坝基，F2断层在下游坝后少部分（约40m）穿过坝基。由于F1、F2断层对岩溶发育具有控制性作用，所以岩溶相对其他部位发育。左岸有K01、K10、K151溶洞及1号岩溶管道，右岸有K30溶洞与2号岩溶管道；但据河床钻孔和物探成果未发现大的溶洞，仅为溶孔、溶蚀裂隙密集带等。

由坝轴线剖面和河床工程地质纵剖面可见，大坝左坝肩636m高程以上地基为T1yn1-2、T1yn1-3中厚层、薄层夹厚层灰岩，636m高程以下及河床、右坝肩地基为T1yn1-1薄层、中厚层夹厚层灰岩，含泥质灰岩、泥质灰岩。岩体层间胶结良好。

左坝肩585～630m高程为F1断层破碎带、影响带，其影响带在坝轴线剖面上水平宽度约60m，F1断层于右坝肩810m高程以上出露。裂隙主要为近SN向第Ⅰ组最为发育，其次为第Ⅲ组，两组裂隙均短小，间距5～20cm，长度一般2～5m，大部分以方解石胶结，胶结良好。Ⅱ、Ⅳ组裂隙发育较少，但少量延伸较长，达15m，对坝基抗滑稳定有一定的影响。

2 帷幕灌浆主要设计参数

2.1 灌浆孔布置参数

612m高程及以下的河床部位主帷幕三排孔，孔距2.0m，排距0.7m，主帷幕其他部位两排孔，孔距2.0m，排距0.7m。辅助帷幕单排孔，孔距1.5m。

灌浆孔孔深至下层灌浆隧洞底板以下5m。高程612m以下，F1断层左岸、右岸中排孔深入相对隔水层，上游排孔约为0.7倍中排孔深，下游排孔约为0.5倍中排孔深。

2.2 防渗标准

658m高程及以下主帷幕灌后透水率不大于1.0Lu，658m高程以上主帷幕及辅助帷幕灌后透水率不大于2.0Lu。

3 主要施工方法及工艺

3.1 施工程序

（1）每层灌浆隧洞内施工按下列顺序进行：（隧洞的回填灌浆和固结灌浆）→抬动观测孔→物探孔→帷幕灌浆→帷幕搭接灌浆→坝基排水孔→渗压观测孔。

（2）帷幕孔施工次序：主帷幕线（中间排）先导孔→下游排Ⅰ序孔→下游排Ⅱ序孔→上游排Ⅰ序孔→上游排Ⅱ序孔→中间排Ⅰ序孔→中间排Ⅱ序孔→检查孔。

（3）帷幕灌浆施工工艺流程：见图1。

3.2 钻孔

钻孔方法：钻孔采用回转式地质岩芯钻机和金刚石钻头、清水钻进技术。灌浆孔的开孔孔径ϕ91mm，终孔孔径ϕ56mm。先导孔、检查孔的终孔孔径ϕ76mm。按灌浆程序，分序分段进行。钻孔的孔底偏差值不得大于设计规定的数值。

3.3 灌浆

灌浆采用小孔径钻孔、孔口封闭法灌浆。

灌浆段段长及压力的划分见表1和表2。

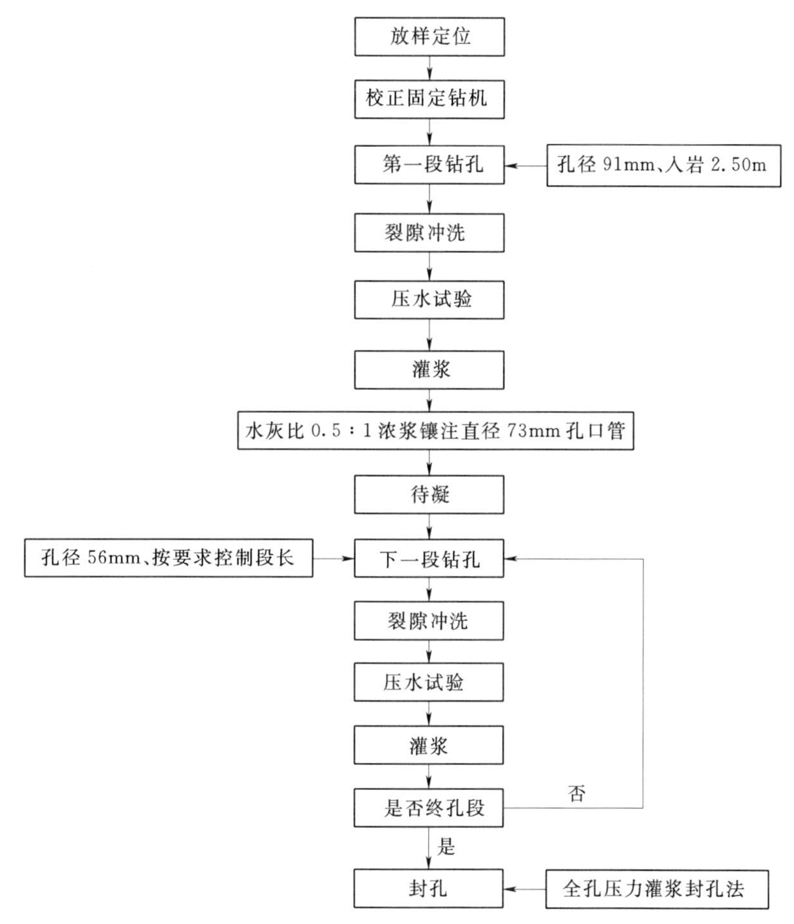

图 1　帷幕灌浆施工工艺流程图

表 1　　帷幕灌浆段长划分表　　单位：m

排序	第一段（孔口管段）	第二段	第三段	第四段	以下各段
下游	2.5	3.0	4.0	5.0	5.0
上游	2.5	3.0	4.0	5.0	8.0
中间	2.5	3.0	4.0	10.0	10.0

注　经物探测试，对岩体相对完成部位的上游排孔可在第四段以后将灌浆段长加大到 8.0m，中间排可在第三段以后将灌浆段长加大到 10.0m。

表 2　　帷幕灌浆压力控制表

段次	基岩内孔深/m	段长/m	灌浆压力/MPa
一、612m 高程及以下部位上游、下游排帷幕灌浆			
第一段	0～2.5	2.5	1.2
第二段	2.5～5.5	3.0	2.0
第三段	5.5～10.5	5.0	3.0
第四段	10.5～15.5	5.0	4.0
以下各段	＞15.5	5.0	5.0
二、612m 高程及以下部位中游排帷幕灌浆			
第一段	0～2.5	2.5	1.2
第二段	2.5～5.5	3.0	2.0
第三段	5.5～10.5	5.0	3.5
第四段	10.5～15.5	5.0	4.0（段长加长后为 5.0）
以下各段	＞15.5	5.0	5.0

灌浆压力的控制：最大灌浆压力为5MPa，各部位的帷幕灌浆压力按照表2控制。

灌浆压力和注入率的相应关系按表3控制。

表3　　灌浆压力及注入率控制表

最大灌浆压力/MPa	1.0～2.0	2.0～3.0	3.0～5.0
灌段注入率/(L·min⁻¹)	30	30～20	20～10

本工程帷幕灌浆浆液水灰比采用0.7∶1和0.5∶1两个比级的水泥粉煤灰混合浆液，浆液由稀到浓逐级变换。

3.4　特殊情况处理

孔口有涌水的灌浆孔段，测记涌水压力和涌水量，根据涌水情况，选用以下一种或几种措施处理，并报监理人批准后进行：尽可能采用较浓浆液灌注，必要时加入速凝剂；采用纯压式灌浆式；适当提高灌浆压力；延长屏浆时间、闭浆结束和待凝。整个帷幕灌浆施工过程中发生孔口涌水的部位主要集中在底层560廊道内，特别是左岸560廊道。在发生涌水时，根据测量的涌水量有针对性的采取上述措施进行处理。通过对灌后检查孔压水试验成果分析，对孔口涌水的处理取得了很好的效果。各涌水孔灌前涌水情况及灌后检查孔压水试验情况具体见表4。

表4　　大坝防渗帷幕灌浆灌前涌水及灌后检查孔压力试验情况汇总表

灌浆孔灌前涌水情况				灌后检查孔压水试验情况				
灌浆孔编号	桩号	涌水孔深/m	涌水量/(L·min⁻¹)	检查孔编号	离涌水孔距离/m	最大透水率/Lu	最小透水率/Lu	平均透水率/Lu
1ZZ067	F左 0+142.00	109.95	85	1ZW2－J3	1.0	0.36	0.0	0.11
1ZX057	F左 0+123.00	40.9	28	1ZW3－J1	3.0	0.54	0.0	0.13
		105.9	22	1ZW3－J1	3.0	0.47	0.0	0.09
1ZX061	F左 0+131.00	100.9	49	1ZW3－J3	3.0	0.92	0.0	0.16
1ZZ057	F左 0+122.00	109.89	92	1ZW3－J2	2.5	0.64	0.02	0.17
1ZX049	F左 0+107.00	100.9	37	1ZW4－J2	1.0	0.33	0.0	0.06
1ZX053	F左 0+115.00	90.9	6	1ZW4－J3	2.5	0.37	0.0	0.03
1ZZ047	F左 0+102.00	109.83	115	1ZW4－J1	0.7	0.81	0.0	0.11
1ZX042	F左 0+077.27	75.9	5	1ZW6－J2	1.0	0.54	0.0	0.17
1ZZ045	F左 0+082.27	109.77	45	1ZW6－J4	0.35	0.75	0.0	0.12
1ZZ035	F左 0+062.27	102.3	50	1ZW7－J3	0.35	0.81	0.0	0.07
1ZX027	F左 0+047.27	10.9	8	1ZW8－J2	2.5	0.52	0.0	0.14

续表

灌浆孔灌前涌水情况				灌后检查孔压水试验情况				
灌浆孔编号	桩号	涌水孔深/m	涌水量/(L·min^{-1})	检查孔编号	离涌水孔距离/m	最大透水率/Lu	最小透水率/Lu	平均透水率/Lu
1ZX028	F左 0+049.27	75.9	12	1ZW8-J2	0.7	0.71	0.0	0.12
1YX026	F右 0+044.55	10.9	10	1ZW15-J1	4.5	0.14	0.0	0.04
1YX027	F右 0+046.55	10.9	86	1ZW15-J1	3.0	0.14	0.0	0.04
1YX033	F右 0+058.55	30.9	4	1ZW15-J3	2.5	0.12	0.0	0.02
1YX039	F右 0+070.55	20.9	6	1ZW16-J3	0.7	0.34	0.0	0.10
1YX053	F右 0+097.91	25.9	8	1ZW18-J1	4.5	0.60	0.0	0.17

4 灌浆成果分析

4.1 灌浆资料分析

大坝防渗帷幕灌浆共完成灌浆孔1246个，灌浆进尺71615.0m，具体情况如下。

(1) 左岸560廊道防渗帷幕灌浆总注灰量为240658.8kg，其中下游排孔注灰为153358.7kg，上游排孔注灰量为50998.5kg，为下游排孔的33.3%，中游排孔注灰为36301.6kg，为上游排孔的71.2%；全部孔段平均单位注灰量为8.82kg/m，其中下游排平均单位注灰量为17.26kg/m，上游排平均单位注灰量为5.36kg/m，中游排平均单位注灰量为4.09kg/m，下游排、上游排及中游排的递减率分别为68.9%、23.8%。

(2) 右岸560廊道防渗帷幕灌浆总注灰量为218509.7kg，其中下游排孔注灰为105998.7kg，上游排孔注灰量为64029.8kg，为下游排孔的60.4%，中游排孔注灰为48481.3kg，为上游排孔的75.7%；全部孔段平均单位注灰量为10.14kg/m，其中下游排平均单位注灰量为27.72kg/m，上游排平均单位注灰量为9.50kg/m，中游排平均单位注灰量为4.41kg/m，下游排、上游排及中游排的递减率分别为65.7%、53.6%。

(3) 右岸612廊道防渗帷幕灌浆总注灰为206942.8kg，其中下游排孔注灰为148854.8kg，上游排孔注灰量为29092.8kg，为下游排孔的19.5%，中游排孔注灰量为28995.2kg，为上游排孔的99.7%；全部孔段平均单位注灰量为12.60kg/m，其中下游排平均单位注灰量为38.72kg/m，上游排平均单位注灰量为5.2kg/m，中游排平均单位注灰量为4.2kg/m，下游排、上游排及中游排的递减率分别为86.6%、19.6%。

(4) 辅助防渗帷幕灌浆总注灰为55772.8kg，其中Ⅰ序孔注灰为32551.9kg，Ⅱ序孔注灰量为11971.2kg，为Ⅰ序孔的36.8%，Ⅲ序孔注灰量为11249.7kg，为Ⅱ序孔的93.8%；全部孔段平均单位注灰量为6.17kg/m，其中Ⅰ序孔平均单位注灰量为14.56kg/m，Ⅱ序孔平均单位注灰量为5.32kg/m，Ⅲ序孔平均单位注灰量为2.47kg/m，Ⅰ序孔、Ⅱ序孔及Ⅲ序孔的递减率分别为63.5%、53.6%。

(5) 搭接帷幕灌浆总注灰为1789.2kg，其中Ⅰ序孔注灰为1001.9kg，Ⅱ序孔注灰量为787.3kg，为Ⅰ序孔的78.6%；全部孔段平均单位注灰量为1.19kg/m，其中Ⅰ序孔平均单位注灰量为1.33kg/m，Ⅱ序孔平均单位注灰量为1.05kg/m，Ⅰ序孔、Ⅱ序孔的递减率为21.1%。

（6）各部位内随着单位注灰量统计区间数值的减小，后次序孔段单位注灰量的区间段数及频率，比前一序孔段单位注灰量的区间段数及频率分别增多和提高。

大坝防渗帷幕灌浆的注灰量随着灌浆次序的增加而递减，符合灌浆中吸浆量随灌浆次序增加而递减的规律，灌浆效果明显。各部位的灌浆孔随着孔段透水率统计区间数值的减小，后次序孔段透水率的区间段数及频率，比前一序孔段单位注灰量的区间段数及频率分别增多和提高。灌前透水率随灌浆次序增加而依次减小，符合灌浆中透水率变化的规律。

4.2 质量检查及成果分析

大坝防渗帷幕灌浆工程共布置了152个质量检查孔，共2136段次压水试验。检查孔一般布置在可灌性差及灌浆过程中出现异常情况和地质条件较差的部位。

各部位的灌后质量检查孔经过分段压水检查，一次检查合格2136段，一次合格率100.0%。

（1）检查孔压水试验孔段的透水率均符合设计要求，其中左岸560主帷幕灌后检查孔平均透水率为0.21Lu，灌前平均透水率为0.42Lu，递减率为50.0%；右岸560主帷幕灌后检查孔平均透水率为0.14Lu，灌前平均透水率为1.40Lu，递减率为90.0%；右岸612主帷幕灌后检查孔平均透水率为0.18Lu，灌前平均透水率为1.06Lu，递减率为83.0%；辅助帷幕灌后检查孔平均透水率为0.11Lu，灌前平均透水率为0.74Lu，递减率为85.1%。

（2）通过灌浆前后压水试验结果的对比，各部位的灌后岩体透水率较灌前明显降低，符合一般灌浆规律，灌浆效果良好。

大坝防渗帷幕灌浆质量检查孔的钻孔均应取芯。质量检查孔取芯时，部分芯样带有水泥结石，水泥结石附着厚度在0.2～0.7mm左右，其胶结性较好。

5 结论

光照水电站大坝坝址为可溶岩地区，工程地质和水文地质情况复杂，防渗帷幕灌浆工程的施工效果直接影响大坝蓄水及以后的安全稳定运行。采用孔口封闭灌浆法能有效地保证灌浆质量。

在灌浆浆液中掺入粉煤灰可以节省工程投资，对岩溶发育地区的灌浆值得借鉴，但对于透水率不大，可灌性差的地质条件，掺入粉煤灰还需要其他工程的检验。

锦屏二级水电站引水隧洞富水区未衬砌条件下的防渗堵水施工实践

孙金库　姚志辉　尹海东

【摘　要】：隧洞在开挖掘进过程中，经常会遇到富水带，对于富水区带表面防渗堵水处理是一直困惑参建各方的难题。在富水区如不能封堵地下水，则喷射混凝土及衬砌混凝土都无法保证施工质量。因此必然要对地下水要在完全开放的条件下进行封堵处理，为下步工序创造施工条件。本文在总结锦屏引水隧洞西端4号引水隧洞的地下水处理前期施工经验基础上，探讨一种采用钻孔灌浆工艺进行地下水处理的施工技术。

【关键词】：地下水　防渗　表面　封堵　灌浆

1　工程概况

锦屏二级水电站位于四川省凉山彝族自治州木里、盐源、冕宁三县交界的雅砻江干流锦屏大河弯上，是雅砻江干流上的重要梯级电站。引水系统采用4洞8机布置形式，从进水口至上游调压室的平均洞线长度约16.67km，中心距60m，洞主轴线方位角为N58°W。引水隧洞立面缓坡布置，底坡3.65‰，由进口底板高程1618.00m降至高程1564.70m与上游调压室相接。引水隧洞洞群沿线上覆岩体一般埋深为1500～2000m，最大埋深约为2525m。

西端3号、4号引水隧洞采用钻爆法施工，为马蹄形断面，开挖洞径13.0m，混凝土衬砌后洞径11.8m，衬砌厚度40～60cm，流速4.11m/s。喷锚支护段洞径12.6m，底拱80°范围内采用混凝土衬砌，流速3.77m/s。

引水隧洞最大埋深3500m以下，地下水水位高。据已开挖段揭示，引水隧洞西端的岩性主要为大理岩，局部见灰岩和绿泥石片岩，有不同程度的溶蚀，局部形成溶洞或溶蚀管道。

2　地下水处理思路

通过对已有灌浆封堵经验总结并贯彻地下水“择机封堵”的理念，项目部制定地下水封堵的总体原则为“先易后难、先引后堵、宜先拱顶后边墙再底板、局部集中处理；兼顾及其他部位，系统处理”。

先易后难：应先从较小的水量或水压部位开始进行处理，逐渐向高压大流量出水部位靠近的顺序推进。

先引后堵：对集中出水部位或较强富水区，应该先进行打孔引排，视情况确定封堵时机。

引排水时必须考虑两点：①可以直接从富水部位打孔；②从远端向出水构造部位打分流减压孔。假若富水区围岩破碎宜从远端打孔引排且孔要深，并保证孔的垂直投影尽量地大；如果整体性较好，可直接从富水区打孔引排且孔径要大。

宜先拱顶后边墙再底板：一是当边拱顶与底板无明显的水力联系时，应该先进行边拱顶封堵；二是当有水力联系，也必须先局部对边拱顶进行封堵，同时在边墙设置泄水孔，当完成了底板封堵后，再进行预留的泄水孔进行封堵。

局部集中处理：按前述原则处理后，可能还存在局部出水，此时应该查明原因，有针对性地予以封堵，必要时应采取特殊措施。

兼顾其他部位，系统处理：如果事前彻底把强富水一次性处理到位，则该区段的地下水位会逐渐地提高，从而可能导致其他部位增大压力和水量或新增出水段（点），为提高处理速度和效果，防止无限增大成本，必须结合考虑邻近的洞段，兼顾到其他部位进行系统处理。

综合治理：在处理过程中应该考虑地质情况的影响，如围岩破碎、裂隙密集带等，采取综合治理的措施。宜结合锚杆、挂网和喷射混凝土先对不良地质洞段进行加固处理；底板如存在欠挖不到位，也应该先予以处理后再进行灌浆封堵。

3 施工方法及技术总结

项目部已完成五个单元的地下水处理，施工段地下水处理以线状出水和股状出水为主，对此类水施工方法及技术取得初步的经验和成果。

3.1 细小裂隙发育但整体性较好的岩层

（1）系统布孔加随机补充钻孔，系统布孔的目的为系统充填和加固堵水区域内表面岩体，使出水面积处理的水不再向其他面积漫延。而随机补充钻孔是针对已出水面积，由于岩体裂隙发育细而多，无规律，故一般根据现场情况随机布孔。布孔原则尽可能多的穿透裂隙。

（2）先水泥浆液后化学浆液，在此类处理时，化学浆液仅作为水泥浆液处理后的补充，对于细小裂隙发育的地区，普通水泥浆难以灌入时，则须用化学浆液进行灌注，以求尽可能扩散浆液灌注范围。选用何种浆液视现场情况而定，一般情况选用水溶性聚氨酯进行灌注。

（3）以上处理措施完毕后，岩面如还存在部分滴水和线状水，为确保混凝土衬砌，可在渗水部位及影响范围内喷射掺入 XPM 纳米湿喷混凝土（C25，20cm 厚）。

3.2 连通性裂隙发育区大面积淋水处理

对于裂隙发育区，水主要通过裂隙面及次生裂隙面涌出，处理方法是考虑钻孔导流，迫使大部分水流改道，表面封堵裂隙，通过固结灌浆进行深部充填截堵。按以下步骤进行。

3.2.1 锚杆加固

在处理段范围内围岩结构松散、破碎区域内布置随机锚杆加固，锚杆孔深 6m，下入Φ 22 螺纹钢筋作为锚杆，进行锚杆灌浆，主要目的为加强施工过程安全及防止高压灌浆过程松散结构体崩落。

3.2.2 分流

根据漏水量和水压大小，在裂缝两侧布置适量的钻孔，根据渗水量及压力大小由浅入深，每边可布置 1～4 排，钻孔角度与主裂隙面或岩体结构面斜交，钻孔尽可能较多的穿过裂隙，最深孔在洞壁垂直方向的投影不小于 6m，埋入带阀门的耐压钢管作为引水管，此引排孔可同时作为后期灌浆的灌浆孔。

3.2.3 嵌缝

通过引排孔引排后主裂隙出水量、水压下降，然后采用专用嵌缝材料和工艺进行对主裂隙及影响范围内的次生裂隙进行嵌堵。

3.2.4 集中引流

进行集中引流灌浆，通过引排孔从顶拱、边墙、底板的顺序进行灌浆，逼迫水流向预设的集中排放点。

3.2.5 灌浆封堵引排孔

灌浆封堵由浅孔（离裂隙近的孔）开始灌浆，向深孔离裂隙远的孔推进，灌浆浆液采用防扩散、可控胶凝时间的特种浆液，过程中所有引排孔阀门打开，观察串浆孔的情况，所串浆液达一定浓度后关闭串浆的孔。通过由浅而深的灌注，逐步将浆液由裂隙口向深部堆积填充，达到封堵裂隙的目的。

3.3 钻灌流程及工艺参数

3.3.1 钻灌流程

堵水灌浆单孔施工工艺流程见图1。

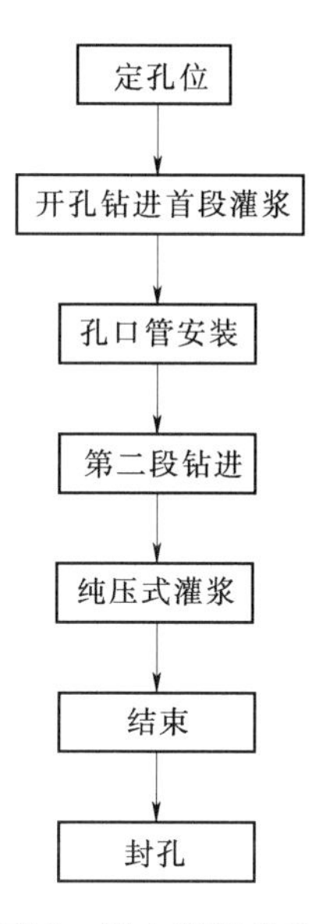

图1 堵水灌浆单孔施工工艺流程图

3.3.2 镶铸孔口管

堵水灌浆孔采用ϕ75mm硬质合金取芯钻头开孔，钻进至第一段孔深1.5m后冲洗灌段，提出钻具，然后卡塞式纯压灌浆至满足要求，再下入ϕ73mm、长1.1～1.6m的耐压无缝地质钢管，孔口管外露10cm，孔口管安装可采用特种水泥掺入速凝材料、模袋、特种灌浆材料、纯水泥浆固定镶铸，对出水量和压力较大的孔可采用封水装置，其装置为孔口专用封水装置。

3.3.3 钻孔

3.3.3.1 钻孔方向

钻孔孔向一般垂直于洞壁，当遇岩体结构面时，使钻孔尽可能与岩体结构面相交。当施工中局部遇集中涌（渗）水点进行随机加密钻孔时，一般于涌（渗）水点上方10～20cm垂直于洞壁布孔。

3.3.3.2 钻孔深度

钻孔孔深一般为6～8m，当施工中局部遇集中涌（渗）水段时，可根据堵水灌浆效果适当增减孔深。

3.3.3.3 钻孔孔径

钻孔开孔孔径为ϕ75mm，终孔孔径一般为ϕ56mm，终孔孔径不得小于ϕ42mm。

3.3.3.4 钻孔方法

由于锦屏二级水电站堵水灌浆工程量较大，因此需要对快速钻孔施工方法进行试验，故选择常规钻孔方法——金刚石钻进法，硬质合金羊角钻钻进法，气腿式YT28风动钻进法以及YYTZ26C全液压凿岩机钻进法进行比较。

在生产过程中经反复试验，结合堵水灌浆施工特点，第一段段长较短，钻灌后因需埋孔口管，开孔孔径较大，硬质合金钻头钻进法较适合，第二段段长为5～6m，要求造孔速度快，YYTZ26C全液压凿岩机钻进法较适合。

3.3.3.5 钻孔冲洗

灌浆段钻孔完毕后，使用大流量水流进行钻孔冲洗，直到回水变清且孔底沉积物厚度不大于20cm时，方可结束洗孔。当钻进中遇溶蚀大裂隙或构造大裂隙时，各灌浆孔段在灌浆前，进行裂隙冲洗。冲洗压力为该段堵水灌浆压力的80%，超过1MPa时按1MPa。冲洗时间为直到回水清澈并延续10min结束。

3.3.4 灌浆

3.3.4.1 段长

堵水灌浆孔分为两段，第一段灌浆段长一般为1.5m，采用孔口专用封闭装置进行纯压式灌浆，灌浆结束后，扫孔镶铸孔口管。第二段灌浆段长为5.0～7.0m，一般为6.5m，采用专用的孔口密封器进行纯压式灌浆对外水进行有效封闭。其灌浆方式、灌浆压力及灌浆段长详见表1。钻进中若遇塌孔严重或溶蚀破碎带及孔内涌水状况，可根据具体情况将第二段分为几段采用纯压式灌浆。

表1 堵水灌浆方式、各段灌浆压力及灌浆段长表

灌浆方式	纯压式	纯压式
灌浆孔深/m	1.0～1.5	1.0（1.5）～6.0（8.0）
灌浆段长/m	1.0～1.5	5.0～7.0
灌浆压力/MPa	0.5～1.0	3.0～4.0

3.3.4.2 灌浆压力

堵水灌浆压力原则上为涌水压力的2～3倍，但不小于3MPa，为了既保证围岩的稳定，又提高灌浆压力，增强灌浆堵水效果，在实际施工中第二段最大灌浆压力多采用3.0～4.0MPa，试验证明最大灌浆压力采用3.0～4.0MPa是合适的。

3.3.4.3 结束标准

灌浆结束标准采用固结灌浆结束标准：在最大设计压力下，在注入率不大于1L/min后，继续灌注30min即可结束本段次灌浆。

3.4 浆材

在封堵灌浆过程中，坚持在水泥浆材基础上试验各类型灌浆材料，所选择试验的外加材料均采用后期稳定性高，不影响水泥结石物理性能的添加材料。主要在两类浆材上进行试验和使用。

3.4.1 纯水泥加促凝剂浆液

使用1∶1和0.5∶1二个比级。在使用过程中曾添加过跨越2000型液态促凝剂、XPM纳米添加剂、无水氯化钙等促凝剂进行使用，发现使用无水氯化钙的水泥浆综合性能最优，故大部分堵水段采用无水氯化钙作为促凝材料。

3.4.2 特种水泥砂浆

特种水泥砂浆是指在普通水泥砂浆中加入外加剂配合而成的水泥浆液，外加剂分两类，第一类为促凝剂，第二类为抗分散材料，砂必须采用天然特细砂。该浆液可通过调整外加剂的用量达到调整浆液凝结时间的目的。该浆液具有抗冲刷、凝结时间易于控制、强度高等特点，可用于大涌水部位的堵漏灌浆及溶蚀管道及大裂隙的可控灌浆。

实际所采用的浆液配合比见表2。

表2　施工用浆液配合比表

灌注浆液	浆液水灰比	天然细砂比例	促凝剂	抗分散材料	备注
普通水泥浆液	1∶1、0.5∶1		1%～2%		纯水泥浆液
特种水泥砂浆	0.5∶1	20%～50%	1%～2%	3%～10%	混合浆液

4 结束语

不同的引水隧洞、同一隧洞不同地质条件下的洞段，其地下水处理方法、工艺、手段不同，须具体情况具体分析，地下水处理仍是目前水电工程中的一大难题，其研究应围绕方法、工艺、材料及配套机具开展，但绝不可能找到一种通用的方案和某种特殊浆材来解决问题。只有通过多次实践，对所有处理过的地下水进行分类总结，针对每类出水总结系统的地下水处理指导思路和工艺、方法、材料、机具的指导性方案，而后根据个案再出具具体方案。

构皮滩拱坝接缝灌浆串并灌工艺

周　强　尹海东

【摘　要】：接缝灌区封闭性是影响接缝灌浆质量的重要因素，多区串通情况下的灌浆施工更是具有工艺复杂、难度大、风险高的特点。本文结合构皮滩拱坝工程实践，对多区串通情况下接缝灌浆的施工难点进行了分析，并对一些实践证明行之有效的施工原则、控制指标确定原则和施工工艺流程进行了总结和探讨。

【关键词】：接缝灌浆　多区串通灌浆　施工工艺　构皮滩拱坝

1　概述

为保证接缝灌浆质量，接缝缝面划分成若干个独立封闭的灌区，工程实践表明，接缝灌区的封闭性对接缝灌浆质量具有重大影响，接缝灌区的封闭性是接缝灌浆质量的关键性因素。然而，实际施工中，由于多种原因，接缝灌区串通情况时有发生，而且有时串通灌区数量较多（2个或2个以上），这种多个灌区串通（以下简称“多区串通”）给接缝灌浆施工带来极大的困难，也严重影响着接缝灌浆质量。《水工建筑物水泥灌浆施工技术规范》（DT/L 5148—2001）对多区串通情况下的接缝灌浆提出了“慎重处理”的要求。因此，分析多区串通情况下接缝灌浆的施工难点，总结已有工程的经验教训，探讨和改进其施工工艺，对确保接缝灌浆质量具有重大意义。本文将以贵州省构皮滩拱坝工程接缝灌浆中串灌施工过程为例，研究、分析接缝灌浆机理，探讨、制定多区串通灌浆工艺并在实践中改进施工工艺。

2　施工难点分析

多区串通情况下，接缝灌浆常规的施工方法一般有两种。方法一：将多个串通灌区视为一个扩大灌区，每个串区用一台灌浆机灌浆，按一定进浆次序进行一次灌浆施工。方法二：另一种方法是将多个串区根据串通情况分组、分次进行灌浆施工，一组串区灌浆施工时，对不灌浆的串区进行通水洗缝。根据构皮滩拱坝灌区串通的特点，决定采取方法一进行灌注，具体实施时进行了一定灌浆次序变动，即下层灌区先于上层灌区开灌，待灌入一定量体积的水泥浆液后开始上层灌区的灌浆工作，最后按照压力的要求顺次或者同时屏浆。由于灌区间相互串通，破坏了接缝灌区的独立性，因此，串通灌区的接缝灌浆施工工艺复杂，施工难度与风险大，主要体现在以下几点。

2.1　灌区间相互影响

灌区间的串通使多个灌区成为一个相互关联的整体，灌前通水检查应针对多个串区联合进行，以查明灌区间串通情况及多个串区的整体封闭性，这种多个串区的联合通水检查比正常灌区施工复杂。多个串通灌区作为一个扩大灌区施工，其灌区面积大，管道多，灌区间串通情况复杂，浆液在缝面内的行浆路径复杂，这对灌浆顺序、压力控制、管口放浆及灌区结束标准等提出了更高要求。另外，由于灌区间串通，各串区的灌浆施工相互制约，一个灌区灌浆施工发生事故将会影响整个灌浆施工的顺利进行，使施工难度和施工风险增大。

2.2　压力控制困难

灌区串通后，由于缝面面积增大、浆液压力分布改变等原因，坝体承受荷载增大，坝体处于不利的受力状态，尤其是上层、下层灌区及纵、横缝灌区同时串通时，其受力条件进一步恶化，灌浆压力控制难度加大，构皮滩水电站为薄壁拱坝，未设置纵缝，这样串区灌浆时压力分布相对简单，比较容易控制，以缝宽的增开度不超过设计最大值即可以满足压力控制要求。串区条件下坝块灌浆压力的确定见本文第 4.1 节。

2.3 施工组织管理难度大

多区串通接缝灌浆中，施工中投入的机械设备与人员多，相邻通水平压的灌区多，浆液、风、水、电的需求量大，要保证接缝灌浆顺利进行，就必须加强各工种、各灌区间的施工协调与配合，提高施工组织管理水平。

3 主要工艺原则

3.1 必须查明串漏情况，制定专门灌浆措施

查明灌区串通及外漏情况，是多区串通接缝灌浆成败的关键。工程实践中也曾出现过，因灌前检查不够仔细，灌浆中又出现新的串区或外漏点，增加灌浆施工困难，甚至造成相邻灌区被误灌或灌浆施工失败的例子。在查明灌区串漏情况的基础上，组织参建各方召开专题会议研究灌浆方案，针对灌区中存在的问题，制定相应的处理措施。一个科学完善、切实可行的灌浆措施是多区串通灌浆施工成功的保证。

3.2 灌浆方法选取原则

由于串通灌区分次灌浆施工时，通水洗缝的压力与灌浆压力难以协调控制，往往会造成灌浆区的浆液与通水灌区相互串通，使灌浆区的浆液浓度达不到正常结束标准，或造成通水灌区的缝面堵塞。因此，在条件允许的情况下，应优先考虑将多个串区作为一个扩大灌区，进行一次灌浆施工。

3.3 合理选择灌浆顺序

多个串通灌区的接缝灌浆顺序，除应严格遵循自下而上逐层灌浆外，对同层串区，一般还应遵循由串通量小的灌区先进浆开灌的原则。工程实践表明，灌区串通量有时具有一定的方向性（由不同的灌区进浆，灌区间的串通量不同）。因此，选择串通量较小的灌区先进浆，可以减小串区间的相互作用，方便灌浆施工；有时还出现“串水不串浆”的现象，从而减少了串通灌区个数，极大地减小了施工难度。

3.4 尽量采用较浓浆液开灌

浓浆开灌不仅可以缩短灌浆时间，而且由于浓浆黏度较大，可以减小灌区间的互串作用，方便灌浆施工；另外，多区串通部位常存在局部混凝土缺陷，接缝灌浆兼有缺陷补强作用，采用浓浆灌注，结石强度高，补强效果好。采用稀浆开灌时，由于浆液在缝面中串通情况复杂，可能存在局部稀浆不易排出，影响接缝灌浆质量。因此，张开度较大、缝面通畅情况下尽量采用较浓浆液开灌。

3.5 加强接缝变形监测

多区串通情况下，常有压力偏大的情况，坝块受力条件不利，因此对通水和灌浆过程中的接缝增开度变化监测至关重要。

3.6 处理好与周边灌区的关系

当具备条件时，应先进行周边不串灌区的灌浆施工，以改善串区灌浆时的坝体受力条件，有利于多区串通灌浆压力控制。多区串通灌浆施工时，应高度重视相邻灌区的通水平压和缝面冲洗工作，防止恶化后续灌区灌浆施工条件，或因意外串浆而误灌周边灌区。

4 主要控制指标确定

4.1 灌浆压力的确定

一般按最上层灌区的层顶压力（取 0.25～0.30MPa）控制，分析校核坝块的稳定和应力情况。当计算结果不能满足要求时，可考虑采用相邻灌区通水平压、先进行周边灌区的灌浆、适当降低灌浆压力（但灌浆压力不能小于设计灌浆压力的一半，并且应保证引入高处的灌浆管道顺利出浆）等措施。最后应该指出，分析坝块受力时，按止浆片完全失效、灌浆压力在串区高程范围内按直线分布计算，其计算结果较实际作用于坝块的压力偏大。实际施工也表明，上层、下层串区在灌浆中，实测的下层灌浆压力与其理论计算值要小。

4.2 串通灌区的整体封闭性

多个串通灌区的整体封闭性，是衡量串区可灌性的重要指标。目前，多个串区整体封闭性尚无统一标准，按规范中要求稳定漏水量小于 15L/min 标准控制时，由于其灌区面积大、管道多等原因，实际工程中难以达到上述要求，需要具体分析串漏情况及特点确定扩大灌区满足灌浆封闭性的漏水量数值。构皮滩水电站拱坝 19～20 灌区五对串灌灌区即 5 个扩大灌区，经处理后扩大灌区的封闭式压水中无外漏和新的串区，其扩大灌区的封闭性与单灌区相似，因此确定扩大灌区漏水量的控制值为 15L/min，凡经处理后的扩大灌区其漏水量小于 15L/min 均可可认为扩大灌区的封闭性满足灌浆要求。

4.3 浆液比级

浆液比级的确定按照正常灌区的原则确定，并充分考虑尽可能选用浓浆开灌即减少浓浆置换稀浆（含空气）过程。经分析，决定对扩大灌区采用 1∶1、0.5∶1 两个浆液比级。灌浆过程中的浆液变换根据进浆情况确定，进浆顺畅时，可控制注入量即时变浆，以减少稀浆灌入量。

4.4 结束标准

多区串通接缝灌浆结束标准按正常灌浆结束标准控制。若某一灌区不与其他灌区串浆，且达到单区灌浆结束标准时，该区即可先行结束灌浆。若灌区间串浆严重，各灌区的灌浆注入率相互影响，难以测定时，可在注入率接近结束标准，且各灌区出浆浓度达到设计要求后，选择保留一个灌区进浆（一般选择与其他区串通性好的灌区进浆；当为上层、下层串区时，选择保留上层灌区进浆），其他灌区停止进浆，维持设计灌浆压力，在此情况下测定灌浆注入率，达到标准后即可结束灌浆。

4.5 其他控制指标

多区串通接缝灌浆的灌浆温度、灌区两侧混凝土龄期、与相邻灌区灌浆间歇时间等指标控制要求与正常灌区相同。灌区上部压重混凝土的厚度，根据坝体应力计算校核有特殊要求时，按计算结果控制，否则应满足大于 9m 的规范要求。

5 施工工艺流程

（1）基本流程。多区串通情况下，接缝灌浆施工难度大，工艺复杂，因此在通水检查中发现灌区串通情况复杂，可能存在多区串通时，应慎重施工。其施工一般按以下程序进行。单开式通水检查灌区串通情况检查扩大后的灌区封闭式通水检查拟定灌浆措施预灌性压水缝面浸泡与冲洗灌前条件审查灌浆施工（待底层灌区出浆时上层灌区开始施灌、开始进入并灌状态）灌浆结束时屏浆后灌区压力衰减记录。

（2）采用间歇放浆与压力小幅度的调动，使浆液在缝面中产生脉动，充分与吸浆、气泡进行置换，充填饱满。这样会造成弃浆增大，经济性较差，这也是灌区封闭性差的缺点之一。

（3）灌浆时长控制。多区串通灌浆工艺是按照一个扩大灌区进行灌浆工艺设计，总体灌浆视为一个灌区，实际操作中仅是底层灌区与顶层灌区灌浆进浆次序不同时间而已。因此，在工艺设计的前提下，灌区灌浆时长应以 4h 为基础，底层灌浆先灌入稀浆、顶层灌区较底层灌区延后结束（多区串通灌浆施工中应协调各灌区的施工进度，控制各灌区灌浆结束时间相差不宜大于 1h），这样多区串通灌浆整个灌浆时长应在 4.5h 以上。

（4）灌浆结束后扎管屏浆要求与单区灌浆要求相同。必须作好现场施工记录，尤其是记录好各灌区的串浆情况、管口放浆情况、灌浆压力及接缝开度变化、屏浆后灌区压力衰减等情况，并注意灌浆中串浆影响，协调各灌区记录。

6 施工

6.1 灌区基本情况

构皮滩拱坝接缝灌浆施工中遇到同一横缝连续 2 层灌区串通（共出现 5 条缝面）的情况，各灌区的基本情况见表 1 和表 2。

表 1　　串通灌区整体封闭性检查成果统计

灌区编号	统计组数	稳定漏水量 <15L/min 的组数	合格率 /%	平均漏水量 /(L·min^{-1})
19—7 20—7	1	1	100	9
19—9 20—9	1	1	100	11.2
19—10 20—10	1	1	100	8.5
19—14 20—14	1	1	100	9.8
19—17 20—17	1	1	100	10.5

注　构皮滩拱坝 19～20 灌区 5 个扩大灌区，扩大灌区漏水量的控制值为 15L/min 即小于该值评判扩大灌区的可灌性

表 2　　串区基本情况

灌区编号	起止高程 /m	灌区面积 /m^2	缝面张开度 /mm	灌浆温度（设计/实际） /℃	混凝土灌区两侧厚度/m		灌区两侧混凝土龄期（左/右） /d	灌浆管道与缝面情况	灌区间串通量/ (L·min^{-1})	扩大灌区稳定漏水量/ (L·min^{-1})
					左	右				
19—7 20—7	578～590 590～602	336 285	1.17 1.16	13/11.68 13/11.47	45 45	19 19	406/422 341/356	畅通	41	9
19—9 20—9	578～590 590～602	320 381	1.19 1.17	13/11.62 13/11.38	45 45	19 19	443/334 377/314	畅通	36.5	11.2
19—10 20—10	578～590 590～602	300 265	1.27 1.25	12/11.53 12/11.36	45 45	19 19	234/278 234/245	畅通	26.0	8.5
19—14 20—14	578～590 590～602	280 249	1.37 1.36	12/11.81 12/11.70	45 45	19 19	214/214 180/176	畅通	22.0	9.8
19—17 20—17	578～590 590～602	300 265	1.27 1.26	12/11.67 12/11.46	45 45	19 19	232/347 196/340	畅通	57.7	10.5

注　横缝灌区两侧坝块尺寸（顺流向长度垂直流向长度），左侧为 30.2m×20.4m，右侧为 2985m×20.4m。

6.2 灌浆方案

考虑到各灌区间串通量大，且灌区上部压重混凝土较厚，故采用一次灌浆施工。由于扩大灌区高度大，重点对灌浆压力进行校核，经计算其稳定性满足要求，但在灌区底部应力不满足要求。经研究分析，先进行串区相邻两侧的横缝灌浆（即正常灌区），以增大坝块的抗弯模量，在此情况下，其稳定与应力均能满足要求。

6.3 灌浆施工过程

每个扩大灌区灌浆施工采用3台灌浆设备，其中2台是用于扩大灌区灌浆，即每个单灌区1台灌浆泵，另外1台用于上层灌区的通水平压。串灌施工时其相邻灌区已经灌注，龄期超过10d，符合接缝灌浆规范的要求，且增加了大坝块的抗弯模量，极大地改善了应力条件，其稳定与应力均能满足要求。鉴于灌区缝面与管道通畅性良好，先采用1：1的浆液200L定量灌注，润滑管道和缝面，然后直接采用0.5：1浆液灌注。待下层灌区各管口出浆，且密度接近进浆密度、灌区起压时，上层灌区开始进浆，各层灌区进浆时间相差30～40min。灌浆升压中，各层灌区间压力相互作用明显，串浆量大，导致下层灌区的压力和接缝增开度均较大，为保证接缝增开度不超过设计要求，适当降低最上层灌区灌浆压力。各灌区管口出浆密度达到设计要求，整体注入率趋近于零，为便于测定注入率，停止下层灌区的进浆，维持灌浆压力，直至灌浆结束。灌浆施工情况见表3。

表3　串区接缝灌浆施工情况

灌区编号	灌浆起止时间（月-日 T时：分）	接缝增开度/mm	灌浆压力/MPa	屏浆时浆液密度/(g·cm^{-3})	单耗/(kg·m^{-2})
19—7	05-12T20：30-05-12T00：58	0.02	0.48	1.85	
20—7	05-12T20：37-05-13T01：05	0.03	0.25	1.85	2.23
19—9	05-12T09：50-05-12T14：44	0.03	0.48	1.85	2.29
20—9	05-12T10：00-05-12T15：48	0.04	0.25	1.85	
19—10	05-12T09：50-05-12T14：44	0.01	0.48	1.85	2.31
20—10	05-12T10：00-05-12T15：48	0.03	0.25	1.85	
19—14	05-12T09：00-05-12T15：04	0.03	0.48	1.85	2.26
20—14	05-12T09：30-05-12T15：58	0.02	0.25	1.85	
19—17	05-12T19：25-05-12T23：55	0.03	0.48	1.85	2.42
20—17	05-12T19：55-05-12T23：55	0.02	0.25	1.85	

注　灌浆压力为折算后灌区顶部的压力；设计要求控制接缝增开度不大于0.3mm

6.4 屏浆后压力衰减情况观察与分析

灌浆前检查扩大灌区的封闭性，确定凡小于15L/min漏量时就评定扩大灌区封闭性满足灌浆的要求，通过灌浆过程就可以判定经处理后的扩大灌区封闭性完全满足接缝灌浆的要求。按照要求，对灌浆结束后屏浆时灌区压力衰减情况的记录与分析，作为判定灌区封闭性以及灌浆质量的一项重要内容。

6.5 灌浆质量检查

根据该五个扩大灌区特点分析，浆液置换、排气不充分导致灌区浆液填充较差或者脱空的部位一般发生在灌区的死角、底层灌区的底部、上层灌区的层顶部位。据此，布置的检查孔应重点布置在容易脱空的部位，经分析每个扩大灌区布置一对检查孔，布置位置为：底层灌区的底部、上层灌区的层顶部位，共计布置了五对10个检查孔，检查孔施工要求与正常灌区相同即骑缝取芯孔进行接缝灌浆质量检查。检查结果见表4。

表 4　　串区灌浆质量检查情况

灌区编号	检查孔位置	检查孔高程/m	孔深/m	透水率/Lu	芯样获得率/%	芯样描述、缝面填充情况描述（填充程度、结石色泽、厚度、质地）及评价
19—7	19—7	605.5	5.2	0	100	结石青灰色、质地坚硬、剖开后未见气泡
20—7	20—7	585.5	5.18	0	100	结石青灰色、质地坚硬、剖开后未见气泡
19—9	19—9	605.5	5.21	0	100	结石青灰色、质地坚硬、剖开后未见气泡
20—9	20—9	585.5	5.19	0	100	结石青灰色、质地坚硬、剖开后未见气泡
19—10	19—10	605.5	5.21	0	100	结石青灰色、质地坚硬、剖开后未见气泡
20—10	20—10	585.5	5.2	0	100	结石青灰色、质地坚硬、剖开后未见气泡
19—14	19—14	605.5	5.2	0	100	结石青灰色、质地坚硬、剖开后未见气泡
20—14	20—14	585.5	5.18	0	100	结石青灰色、质地坚硬、剖开后未见气泡
19—17	19—17	605.5	5.2	0	100	结石青灰色、质地坚硬、剖开后未见气泡
20—17	20—14	585.5	5.2	0	100	结石青灰色、质地坚硬、剖开后未见气泡

注　因构皮滩为高薄拱坝，取消了槽检内容，质量检查的主要内容为取芯、压水机资料分析，不可否认的是灌区顶层上下游肯定存在小面积的气泡未置换、排出，这个部位应为质量检查的主要部位。另外，混凝土重力坝、重力拱坝等较厚坝体，应在质量薄弱部位布置槽检。

7　灌浆效果评价

通过制定科学的灌浆工艺措施及实践，构皮滩水电站多灌区串漏情况下并灌工艺实践是成功的，其压水结果、钻孔取芯完全满足设计要求。充分说明对接缝灌浆中存在多区串通情况，应认真对待，慎重施工，在查明灌区串通情况，充分考虑各种不利条件的基础上，研究制定切实可行的灌浆措施，精心组织，科学施工，其接缝灌浆质量也是可以保证的。但多区串通情况下，接缝灌浆施工工艺复杂，施工组织难度大，稍有疏忽，接缝灌浆质量是不可能得到保证的。因此，必须重视灌区止浆系统的质量，尤其是加强混凝土浇筑施工中止浆系统的施工质量控制，防止因止浆系统失效造成灌区串通，多区串通并灌为非常之法，不得已而为之。

糯扎渡水电站大坝基础帷幕灌浆生产性试验施工

王连喜　梁龙群　王　健

【摘　要】：糯扎渡水电站大坝基础帷幕灌浆生产性试验施工在右岸距坝轴线上游约60～100m、海拔695m平台上进行，现场选定了两个具有地质代表性的试验区分别采用干磨细水泥（P·O42.5）和普通硅酸盐水泥（P·O42.5）进行灌浆试验，验证帷幕灌浆设计参数的合理性，给设计帷幕灌浆施工图提供可靠依据。本文主要介绍生产性试验的目的、施工方法和施工工艺，并对特殊情况进行处理和灌浆成果进行分析，从而得出合理的灌浆设计参数指导大坝基础帷幕灌浆生产实践。

【关键词】：帷幕灌浆　压水试验　透水率　抬动观测　岩芯采取率

1　概述

糯扎渡水电站大坝帷幕灌浆试验设有单排帷幕和双排帷幕两种形式，单排帷幕灌浆孔孔距2.0m，双排帷幕灌浆孔孔距2.0m，排距1.5m，单双排均按三个次序施工。根据以上设计参数进行帷幕灌浆试验，试验分1区和2区，1区采用干磨细水泥（P·O42.5），2区采用普通水泥（P·O42.5），1区按双排孔布置，2区按单双排孔布置，孔深70.0m。

2　生产性试验的目的

（1）对一般地质条件采用普通水泥进行单双排帷幕灌浆，对花岗岩蚀变风化复杂部位采用干磨细水泥进行帷幕灌浆，以此选择适合大坝的有效灌浆材料；采用“孔口封闭全孔孔内循环自上而下分段灌浆法”进行帷幕灌浆以寻求适合大坝帷幕灌浆的灌浆方法和工艺流程。

（2）进行帷幕灌浆生产性试验以验证帷幕灌浆设计参数的合理性，给设计帷幕灌浆施工图提供可靠依据。

3　试验地段的选择

大坝帷幕灌浆生产性试验施工选择在右岸距坝轴线上游约60～100m、海拔695m平台上，现场选定了两个试验区。该部位具有如下特点。

（1）靠近坝轴线的试验1区处于右岸岩体风化复杂部位，其下部有构造软弱岩带及断层通过，具有“较复杂地质条件”的特性，按要求进行干磨细水泥帷幕灌浆试验。

（2）稍靠上游的试验2区属于一般地质条件，岩性花岗岩，基本接近大坝基础开挖后的一般岩石状况，按要求进行普通水泥帷幕灌浆试验。

4　孔位的布置

（1）帷幕灌浆试验布孔参数：双排孔排距1.5m，孔距2m，按三个次序施工。单排孔孔距2.0m，按三个次序施工。帷幕孔深入基岩70m。

1）试验1区双排孔布置，每排5个孔，共计10个孔。

2）试验2区单双排孔布置，单排孔5个，布置在上游侧；双排孔每排5个，共计10个孔，布置在下游侧。

（2）两个试验区共布置5个灌前声波测试孔，其中试验1区布置2个，试验2区布置3个。

（3）试验区共布置3个抬动观测孔，其中试验1区布置1个，试验2区布置2个(单双排各布置1个)。

5 施工方法及施工工艺

5.1 试验施工方法

（1）采用孔口封闭、自上而下孔内循环式灌浆法。

（2）遵循先导孔→下游排Ⅰ序孔→下游排Ⅱ序孔→下游排Ⅲ序孔→上游排Ⅰ序孔→上游排Ⅱ序孔→上游排Ⅲ序孔的“分排分序逐渐加密”的原则施工。

（3）工艺流程：孔位放样→钻第一段→冲洗压水灌浆→钻第二段→冲洗压水灌浆→埋设孔口管（待凝）→钻第三段→冲洗压水灌浆→……→钻终孔段→冲洗压水灌浆→全孔封孔。

5.2 试验施工工艺

5.2.1 埋设孔口管

由于该试验区地质情况特殊，地表强风化层较厚，孔口管入岩3.0m。使用回转地质钻机配ϕ90mm金刚石钻头钻进基岩2.0m，孔口卡塞灌注第1段，继续钻进基岩1.0m，灌注第2段之后回填0.5：1水泥浆，埋入ϕ91mm孔口钢管，待凝3d。

5.2.2 造孔

使用回转地质钻机，采用ϕ90mm金刚石钻头清水钻进技术，全孔采用测斜仪进行测斜。各次序孔均进行取芯，编号入箱，绘制钻孔柱状图。

5.2.3 钻孔冲洗及压水试验

（1）孔壁冲洗：采用大流量压力水冲洗孔壁。

（2）裂隙冲洗：采用相应段灌浆压力的80%，（超过1MPa时采用1MPa）进行有压脉动裂隙冲洗，直至回水澄清持续10min。单孔冲洗总时间不少于30min，串通孔冲洗总时间不少于2h，孔内残存的沉积物厚度不得超过20cm。

（3）压水试验：所有灌浆Ⅰ序孔及试验1区双排孔、试验2区单双排孔各选一个Ⅱ序孔每段进行五点法压水试验，压力取0.3MPa、0.6MPa、1.0MPa、0.6MPa、0.3MPa，以最大压力值的相应流量计算透水率。灌浆Ⅲ序孔及其余Ⅱ序孔每段进行单点法压水试验，压力取1.0MPa，以最大压力值的相应流量计算透水率。

5.2.4 灌浆分段及相应灌浆压力

灌浆分段：各段灌浆分段及压力按表1控制。

表1　　各段灌浆分段及压力表

入岩深度/m	段次	段长/m	灌浆压力/MPa		
			Ⅰ序孔	Ⅱ序孔	Ⅲ序孔
2	1	2	0.5/1.0	0.7/1.2	1.0/1.5
3	2	1	1.0/1.5	1.2/1.5	1.5/2.0
5	3	2	2.0/2.5	2.2/2.7	2.5/3.0
10	4	5	2.5	3.0	3.5
15	5	5	3.5	4.0	4.5
20	6	5	4.5	5.0	5.5
以下各段	7～16	5	5.0	5.5	6.0

注　“/”前为第一排灌浆压力，后为第二排灌浆压力。

5.2.5 灌浆材料及浆液配制

灌浆材料分别使用P·O42.5普通硅酸盐水泥和干磨细水泥。每批水泥进场均经抽样检验，水泥受潮结块不得使用。

（1）普通硅酸盐水泥浆液采用3：1、2：1、1：1、0.8：1、0.5：1五个比级。

（2）干磨细水泥浆液采用2：1、1.4：1、1：1、0.75：1四个比级。

（3）普通硅酸盐水泥和干磨细水泥浆搅拌时间不少于4min。自制备浆液至用完，普通水泥浆液搅拌不超过4h，干磨细水泥浆液搅拌不超过2h，浆温超过40℃时应废弃。

（4）减水剂先溶于水后拌制浆液。

（5）浆液浓度变化遵循逐级变浓的原则，参照《水工建筑物水泥灌浆施工技术规范》（DL/T 5148—2012）6.5.6条执行。

5.2.6 灌浆压力与注入率的控制（包括压水试验）

（1）基岩以下10m范围内严格控制灌浆压力与注入率，当注入率大于30L/min时，压力控制在本段灌浆压力的50%；当注入率大于20L/min时，压力控制在本段灌浆压力的75%；当注入率小于20L/min时，压力可达到设计值。

（2）抬动观测装置应在裂隙冲洗前安装就位，并测读初始值。压水、灌浆全过程应及时观测千分表指针摆动。

5.2.7 灌浆结束条件

灌浆压力达到规定值，孔段注入率小于1.0L/min，延续60min即可结束本段灌浆。

5.2.8 封孔

封孔采用“全孔灌浆封孔法”，即全孔进行0.5：1浓浆置换，孔口卡塞，以最终压力灌浆封孔。

6 特殊情况的处理

灌浆过程中边坡上出现有多处冒浆和漏浆现象，通过现场地质情况分析，试验1区岩体风化，其下部有构造软弱岩带及断层通过，且灌浆孔前三段距离边坡较近，试验2区上部为覆盖层，岩体微风化，有微小裂隙通道，且靠近边坡，根据以上地质情况分析，分别采取了加浓浆液、间歇、待凝等处理措施，经处理后，冒浆和漏浆现象消失。

7 试验成果分析

7.1 注灰量成果分析

帷幕灌浆试验1区10个帷幕灌浆孔和试验2区单双排15个帷幕灌浆孔，根据试验区划分3个单元进行单位耗灰量分析。

7.1.1 帷幕灌浆试验1区注灰量成果分析

从表2看，第一排和第二排Ⅰ、Ⅱ、Ⅲ序孔灌浆单位注灰量随次序增加而有所递减；后施工排比先施工排平均单位注灰量递减273.9kg/m，递减率为69.5%，符合灌浆规律，灌浆效果明显。

表2　试验1区双排帷幕灌浆注灰量成果分析

孔序		灌浆长度/m	总耗灰量/kg	平均单位耗灰量/(kg·m⁻¹)
第一排	Ⅰ	135.0	78350.4	580.4
	Ⅱ	70.2	22410.1	319.20
	Ⅲ	134.8	33333.9	247.3
	小计	340.0	134094.4	394.4
第二排	Ⅰ	140.1	18287.7	130.5
	Ⅱ	70.2	8281.9	118.0
	Ⅲ	138.0	15409.2	111.7
	小计	348.3	41978.8	120.5
合计		688.3	176073.2	255.8

7.1.2 帷幕灌浆试验2区注灰量成果分析（见表3和表4）

（1）从表3看：第一排和第二排Ⅰ、Ⅱ、Ⅲ序孔灌浆单位注灰量随次序增加而有所递减；后施工排比先施工排平均单位注灰量递减286.1kg/m，递减率为57.2%。

表3 双排帷幕灌浆注灰量成果分析

排序	孔序	灌浆长度/m	总耗灰量/kg	平均单位耗灰量/(kg·m^{-1})
下游排	Ⅰ	135.4	88927.2	656.8
	Ⅱ	70.1	45004.1	642.0
	Ⅲ	138.9	38186.4	274.9
	小计	344.4	172117.7	499.8
上游排	Ⅰ	138.7	33848	244.1
	Ⅱ	70	15216.6	217.4
	Ⅲ	140.7	25597.0	181.9
	小计	349.4	74661.6	213.7
合计		693.8	246779	355.7

（2）从表4看：单排Ⅰ、Ⅱ、Ⅲ序孔灌浆单位注灰量随次序增加而有所递减。

表4 单排帷幕灌浆注灰量成果分析

排序	孔序	灌浆长度/m	总耗灰量/kg	平均单位耗灰量/(kg·m^{-1})
单排	Ⅰ	138.2	87831	635.5
	Ⅱ	70.0	22466.3	321.9
	Ⅲ	139.1	31999	230.0
小计		347.3	142296.3	409.7

通过以上灌浆成果分析看出：各序孔水泥注入量逐序递减，符合随着灌浆次序增加、注灰量逐渐减小的一般灌浆规律，说明灌浆效果明显。

7.2 压水试验成果分析

压水检查孔采用自上而下分段卡塞进行“五点法”压水试验。5个检查孔共计80段次压水试验（见表5）。

表5 灌后压水试验成果汇总表

部位	孔号	段数	区间段数（频率/%）					
			前三段			以后各段		
			<1	1～2	>2	<1	1～2	>2
试验1区	WJ-1-1	16	16（100）	0	0	0	0	0
	WJ-1-2	16	16（100）	0	0	0	0	0
试验2区	WJ-2-1	16	16（100）	0	0	0	0	0
	WJ-2-2	16	16（100）	0	0	0	0	0
	WJ-2-3	16	16（100）	0	0	0	0	0

根据灌后透水率区间分布情况可以看出：灌后透水率均小于设计规定的1.0Lu合格标准，合格率100%，说明灌浆试验达到了预期目的。

7.3 施工工艺、方法分析

（1）根据以上灌浆效果分析和灌浆质量检查孔压水成果，证明在本工程地质条件下，采用“孔口封闭、自上而下分段、孔内循环式灌浆法”是可行的，灌浆质量能够达到设计的合格标准。

（2）对不取芯的帷幕灌浆孔孔径采用ϕ56mm，埋设ϕ73mm孔口管；对有取芯要求的帷幕灌浆孔，孔径采取ϕ75mm，埋设ϕ91mm孔口管。

7.4 岩芯采取成果分析

通过岩芯描述，结合地质情况分析：灌前物探观测孔钻孔取芯，岩芯平均采取率为64%，灌后压水检查孔钻孔取芯，岩芯平均采取率为90%，由以上采取率情况分析，灌前地质岩层较风化破碎，岩石采取率低，灌后风化破碎的地质岩层形成整体，岩石完整，岩石采取率显著提高，说明灌浆效果显著。

8 结论

试验区的灌浆效果显著，水泥浆液填塞了岩体中的裂隙和渗水通道，达到了改善岩体物理性能、提高了岩体防渗能力。

通过灌浆试验表明：

（1）双排帷幕的灌浆孔排距1.5m、孔距2m以及单排帷幕灌浆孔距2.0m是合理的。灌浆压力和灌浆分段可以达到设计规定的质量标准。

（2）处于岩体风化复杂部位，采用干磨细水泥材料灌浆；处于一般地质条件部位，采用普通硅酸盐水泥材料灌浆的设计要求是合宜的。

（3）采用“孔口封闭、自上而下分段、孔内循环式灌浆法”的灌浆方法是可行的。

本次帷幕灌浆试验表明：采用的布孔参数合理、灌浆材料适宜、灌浆方法可行、施工工艺得当，取得了明显效果，达到了预期目的。本次帷幕灌浆试验有关资料可作为今后糯扎渡水电站大坝基岩帷幕灌浆设计和施工的主要依据。

武警水电第一总队

科技成果汇编

（2004—2015年）

工法、专利

武警水电第一总队　编著

中国水利水电出版社
www.waterpub.com.cn

内 容 提 要

本书为2015年7月武警水电第一总队科技大会会议成果汇编，主要内容包括会议评选出的优秀科技论文、工法和专利。优秀科技论文选自2004年以来总队科技干部发表的学术论文，共111篇，内容涵盖堆石坝工程、混凝土工程、地下工程、基础处理工程、导截流工程、爆破工程、金属结构工程、检验与试验及新材料应用、经营与管理、抢险技术等工程领域。另外，本书收录武警水电第一总队已取得国家级、省部级工法26项，专利11项。本书汇编的科技成果来自施工生产和应急救援一线，供水利水电施工、应急救援技术人员学习交流。

图书在版编目（CIP）数据

武警水电第一总队科技成果汇编 : 2004～2015年 / 武警水电第一总队编著. -- 北京 : 中国水利水电出版社, 2016.1
ISBN 978-7-5170-4097-2

Ⅰ. ①武… Ⅱ. ①武… Ⅲ. ①水利水电工程－科技成果－汇编－中国 Ⅳ. ①TV

中国版本图书馆CIP数据核字(2016)第018652号

书　名	**武警水电第一总队科技成果汇编（2004—2015年）** 工法、专利
作　者	武警水电第一总队　编著
出版发行	中国水利水电出版社 （北京市海淀区玉渊潭南路1号D座　100038） 网址：www.waterpub.com.cn E-mail：sales@waterpub.com.cn 电话：（010）68367658（发行部）
经　售	北京科水图书销售中心（零售） 电话：（010）88383994、63202643、68545874 全国各地新华书店和相关出版物销售网点
排　版	中国水利水电出版社微机排版中心
印　刷	三河市鑫金马印装有限公司
规　格	210mm×285mm　16开本　51.5印张（总）　1560千字（总）
版　次	2016年1月第1版　2016年1月第1次印刷
印　数	0001—1000册
总定价	**180.00**元（全3册）

编委会名单

前　言

2015年7月，武警水电第一总队（以下简称总队）调整转型后第一届科技大会在广西南宁胜利召开。大会总结回顾了总队自组建以来科技工作取得的成绩和经验，展示了先进技术成果，表彰了优秀科技工作者，并对下一阶段科技工作进行了研究部署，提出了以科技创新带动部队建设全面发展，实现能力水平整体提升，建设现代化国家专业应急救援部队的发展目标。本书为科技大会成果汇编，包括优秀科技论文2册，专利和工法1册。

武警水电第一总队是一支有着光辉战斗历程的英雄部队，在近50年的发展历程中，总队凭借专业技术优势，发扬攻坚克难、敢打必胜的铁军精神移山开江、凿石安澜，在国家能源建设战线上屡立奇功，在应急抢险征途上几度续写辉煌。2009年，部队正式纳入国家应急救援力量体系。2012年，根据国发43号文件精神，部队全面调整转型，中心任务由施工生产向应急救援转变，保障方式由自我保障向中央财政保障转变。目前，总队正向着打造“国内一流、国际领先、专业领域不可替代”的应急救援专业国家队建设目标奋勇前行。

本书旨在展示总队广大技术人员在生产、管理、应急抢险等领域取得的技术成果，进一步增强广大技术干部的创新意识，营造积极参与科技创新的良好氛围，不断提高科技创新水平、加强技术交流，促进应急救援科技人才快速成长，为先进施工技术成果向应急救援技战法转变打下坚实基础。丛书共收录科技大会评选出的优秀科技论文111篇，论文涵盖堆石坝工程、混凝土工程、地下工程、基础处理工程、导截流工程、爆破工程、金属结构工程、检验与试验及新材料应用、经营与管理、抢险技术10个领域的内容。同时，丛书汇编专利成果11项，国家级和省部级工法26项。

武警水电第一总队首长对本书出版给予极大支持，编委会成员为出版工作付出了辛勤汗水，在此一并致谢。

本书不当之处，恳请各位读者批评指正。

编委会

二〇一五年十一月

目　录

上篇　工　法　汇　编

下篇　专　利　汇　编

上篇 工法汇编

导流洞封堵混凝土施工工法

韦顺敏　李虎章　帖军锋　范双柱　李　广

1　前言

导流洞封堵混凝土工程是水电站蓄水发电的重要项目之一，成功与否，将直接影响到电站能否按期蓄水发电，工程质量的好坏也将直接关系到电站是否能正常蓄水和运行。作为导流洞封堵混凝土工程，施工质量要求高，工期紧，任务重，因此，如何保证混凝土施工质量及进度是导流洞封堵成功的主要因素。根据武警水电一总队在贵州洪家渡水电站、天生桥一级水电站、盘石头水电站导流洞封堵混凝土施工工艺，总结出导流洞封堵混凝土施工工法。

2　特点

（1）薄分层，辅以埋管通水冷却，解决导流洞封堵大体积混凝土内部均匀散热的问题，加快施工进度，保证工程质量，取得良好效果。

（2）本工法优化混凝土配合比，采用中低热水泥，掺加粉煤灰、外加剂，减少水泥用量，降低水化热，从而大大降低了由于水化热影响混凝土质量，保证工程质量，也节约施工成本。

（3）本工法采用外掺 MgO 补偿收缩型混凝土，有效解决了由于混凝土收缩形成周边缝的脱空现象和保证与原导流洞衬砌混凝土面牢固结合，保证工程质量。

（4）施工便捷，进度快，缩短工期，工效得以提高。

3　适用范围

适用于各种导流洞封堵混凝土工程及类似于封堵混凝土施工项目。

4　工艺原理

针对导流洞封堵混凝土工程施工特点，工程量大，工期紧，任务重，且施工质量要求高等，因此，如何控制混凝土施工的工序连接、分层、温度、收缩、止水等是关键问题。根据施工进度及设计要求，下闸后及时进行洞内排水，合理的分段、分块进行仓号准备，原衬砌混凝土面凿毛处理、锚杆施工、钢筋安装、蛇形冷却管、GBW 止水条安装、模板组立等工序施工；采用低水化热、外掺 MgO 补偿收缩型混凝土进行浇筑，合理的入仓方式，有效地解决了封堵混凝土施工中温度、收缩控制的难题；拆模后及时进行洒水养护和通水冷却，有效控制混凝土的温度；最后进行回填灌浆施工。

5　施工工艺流程及操作要点

5.1　施工工艺流程

导流洞封堵混凝土施工工艺流程见图 1。

图1 导流洞封堵混凝土施工工艺流程图

5.2 操作要点

5.2.1 施工组织设计

根据设计图纸文件要求，编制导流洞封堵施工组织设计，按施工组织要求，做好施工前的各项工作准备，主要是混凝土配比设计、设备、材料、人员等准备到位。

5.2.2 洞内排水

导流洞进口闸门下闸，导流洞出口采用填筑围堰挡水（$P=10\%$），围堰高程根据当年长期水情预报确定，对堵头段上游的渗水采取堵排方法：在堵头段上游2.0m的地方修筑黏土心墙黏土麻袋围堰，前期通过抽排方式，在小围堰内布置2台水泵时行抽排。后期当混凝土浇筑到廊道时，撤掉水泵，上游的渗水通过在堵头段预埋钢管引至廊道内排至堵头下游侧，钢管的大小根据上游来水量决定。排水钢管结构为：将钢管进水口打磨光滑，端头上安一带螺杆的活塞。在排水期，活塞由螺杆控制，活塞不封闭排水口见图2。

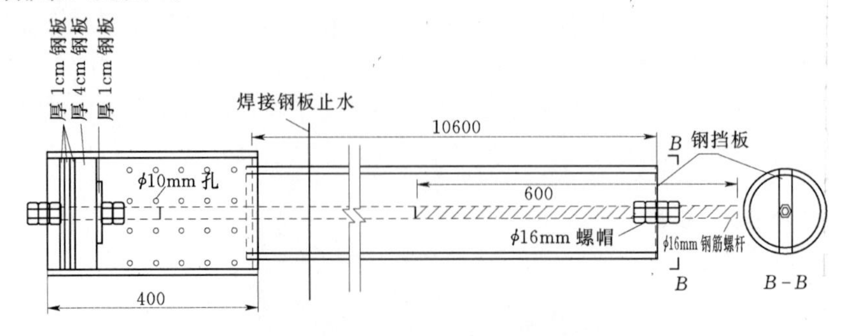

图2 导流洞封堵堵头段排水管结构图（单位：cm）

5.2.3 原导流洞衬砌混凝土面处理

在堵头段集水排干后，对原导流洞衬砌混凝土面凿毛处理。先底板后边顶拱，底板直接进行人工凿毛，边顶拱采用搭设钢管脚手架，人工进行凿毛，凿毛深度1.5cm。

5.2.4 测量放线

根据设计图纸及施工组织设计，对分段、分层、止水、锚杆、钢筋、模板、灌浆廊道进行准确放线，确定位置，并采用红油漆标示于原衬砌混凝土面上，确保施工质量。

5.2.5 混凝土浇筑分段分层

(1) 分段：分成三段进行浇筑，上游段为堵头段灌浆廊道以上部分，长10m，下游段为堵头段平直部分，中间段根据长度定为一段（见图3)。

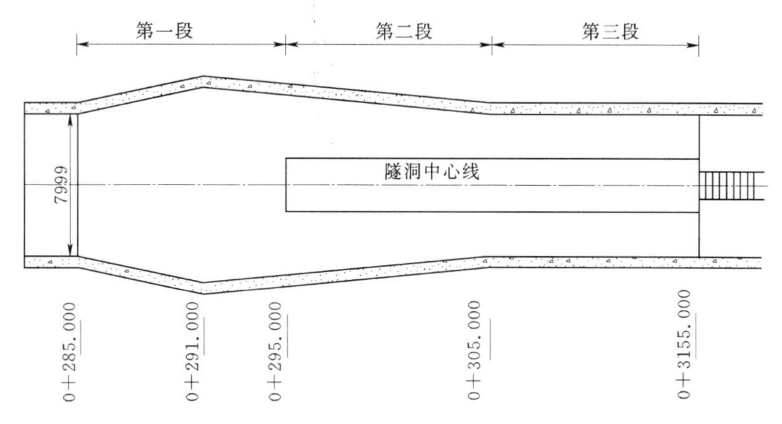

图3 混凝土分段浇筑图

(2) 分层：浇筑分层按设计要求，基础约束层浇筑厚度为1.5m，灌浆廊道两侧浇筑层厚度为3m，其余部位不超过2m。混凝土分层浇筑见图4。

5.2.6 锚杆施工

堵头段锚杆布置型式为梅花形全断面布设；先搭设满堂脚手架，测量放点，采用手风钻钻孔，边墙锚杆采用注浆机注浆，砂浆配合比为水泥：砂：水＝1：1.2：0.44。顶拱锚杆采用快硬性水泥卷锚杆（药卷直径一般小于孔径4～6mm)，人工安装锚杆。

5.2.7 钢筋安装

堵头段上游段（长10m）布置双层钢筋，根据设计图纸，在钢筋加工厂进行钢筋加工，运至工作面进行安装，安装中必须保证其规格、数量、间距、接头质量、保护层厚度等设计和规范要求。

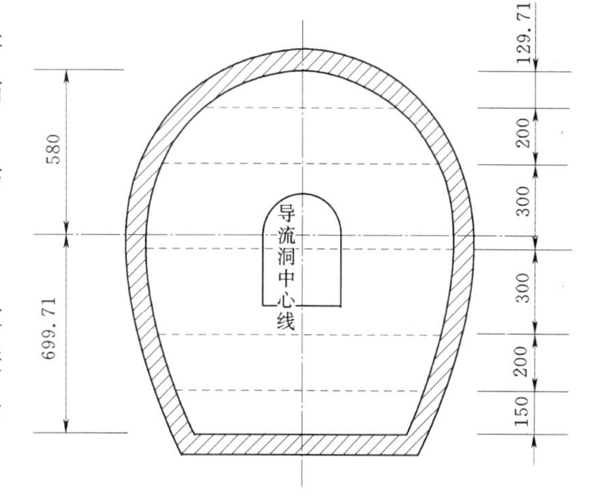

图4 混凝土分层浇筑图

5.2.8 冷却水管安装

浇筑混凝土之前，在每层混凝土中间预埋ϕ25mm蛇形冷却管（镀锌钢管），灌浆廊道部位冷却管按间距1.0m布置（见图5)，除灌浆廊道部位外其他部位冷却水管按间距1.4m布置（见图6)，铺设层数与混凝土分层相同，冷却水管的进口、出口端直接与灌浆廊道外供水管连接。

5.2.9 施工缝处理及止水安装

1. 分段施工缝。根据设计图纸，分段间留施工缝，缝面采用人工凿毛，凿毛深度1.5cm，在距分块边缘50cm处布置GBW止水条，止水条规格为30mm×20mm，环行布置，止水条搭接长度为5cm，同时在第一段与第二段间分缝垂直面上布置插筋，梅花形布置Φ25@100cm×100cm，L＝200cm，各伸入缝两侧混凝土中100cm。

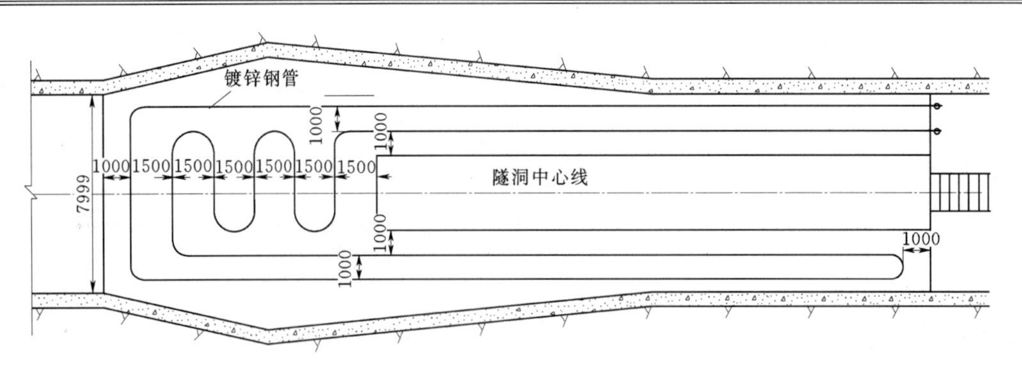

图 5　灌浆廊道部位冷却水管布置图

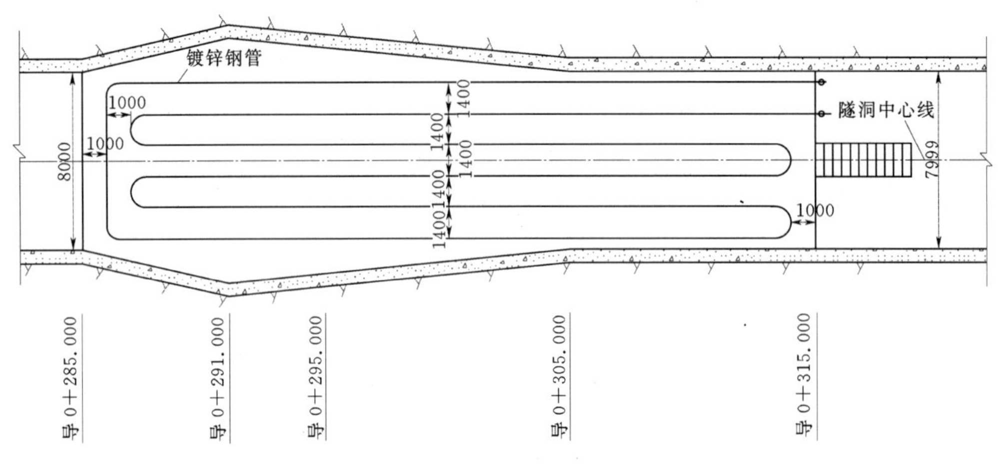

图 6　除灌浆廊道部位外冷却水管布置图

2. 层间施工缝。用人工进行凿毛，高压水进行冲洗，凿毛深度 1.5cm。

3. 堵头段上下游距分缝位置 75cm 处分别设置一道 GBW 止水条，止水条规格为 30mm×20mm，环行布置，技术指标应满足设计要求。施工时先用人工将原混凝土面清洗干净，待贴面干燥后再用人工贴上，止水条搭接长度为 5cm。

5.2.10　模板制作及安装

模板种类有两种：半悬臂模板、廊道顶拱模板，采用 P3015 钢模板和 P1015 钢模板组合而成（见图 7、图 8）。

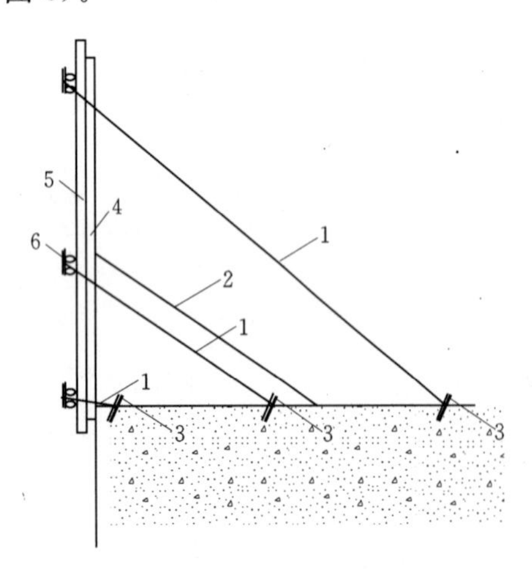

图 7　半悬臂模板（单位：cm）

1—拉筋；2—钢支撑；3—预埋插筋；4—模板；5—ϕ48mm 双钢管纵围楞；6—ϕ48mm 双钢管横围楞

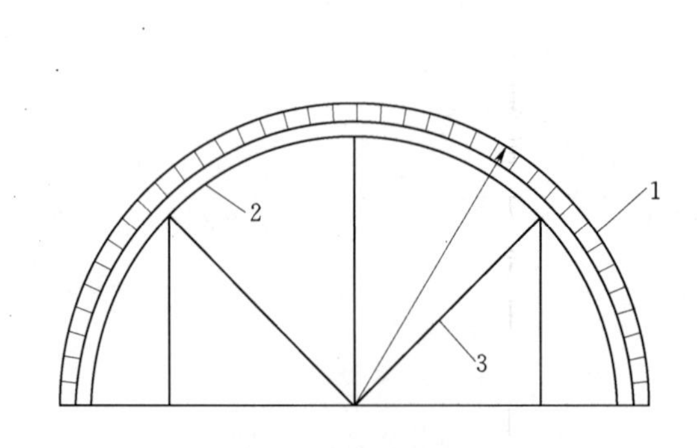

图 8　廊道顶拱模板

1—面板；2—ϕ48mm 钢管拱圈；3—钢筋桁架

(1) 半悬臂模板。半悬臂模板用于每段混凝土浇筑上下端施工缝及灌浆廊边墙部位。其纵横向围楞均用ϕ48mm钢管焊接而成，两钢管间净距为16mm，以便于拉筋加固（见图7）。

(2) 灌浆廊道顶拱模板。廊道顶拱半径150cm，顶拱模板骨架用ϕ48钢管按设计要求冷弯成半圆，弦杆用ϕ28钢筋制成，安装时每榀间距75cm布置，先加固好拱架，然后再在其上拼装P1015钢模板（见图8）。

5.2.11 混凝土浇筑施工

5.2.11.1 混凝土配合比设计

混凝土采用低水化热、补偿收缩混凝土，设计技术指标为：C25、W12、F100。优化配合比，采用中低热水泥，掺加粉煤灰、外加剂，减少水泥用量，降低水化热，同时，外掺MgO达到微膨胀效果。为确保混凝土的耐久性，保证混凝土浇筑的和易性，含气量要求控制在4%～6%范围内，混凝土仓面最大坍落度控制在12～16cm范围内。

5.2.11.2 混凝土拌和及运输

混凝土拌和采用拌和楼拌制，拌和楼称料、拌和均由电脑自动控制。拌和系统的主要设备有：HL90—2Q1500型拌和楼一座，自动配料间一座，压风送灰系统一套，水泥、粉煤灰贮罐共2个。

水平运输采用6m^{3}混凝土搅拌运输车，从拌和楼到浇筑地点；垂直运输采用混凝土泵运输，运输能力根据现场而定。

5.2.11.3 混凝土浇筑

1. 入仓方式。由于导流洞上游已经封堵，混凝土料只能从下游工作面泵送入仓。现场布置两台混凝土泵车，分别负责块号左右两侧的进料，保证混凝土浇筑每层均匀上升。

2. 铺料方法。采用两种：平铺法和台阶法。

(1) 平铺法。在仓号位面积不大的部位，可采用平铺法铺料。卸料时，两侧应均匀上升，其两侧高差不超过铺料层厚50cm，一般铺料层厚采用25～50cm。

(2) 台阶法。在仓号面积较大的部位，可采用台阶法铺料。台阶法混凝土浇筑程序从块体短边一端向另一端铺料，边前进、边加高，逐步向前推进并形成台阶，直至浇完整仓。台阶法浇筑程序示意图见图9。

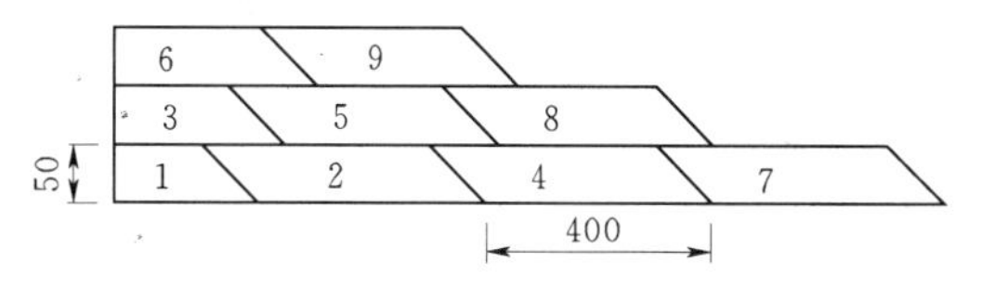

图9 台阶法浇筑程序示意图（单位：cm）

(3) 平仓。平仓均采用人工平仓配合设备进行，但在靠近止水、模板和钢筋较密的部位用人工平仓，使骨料分布均匀。

(4) 振捣。根据施工规范规定，平仓后及时进行混凝土振捣，从上游向下游振捣，时间以混凝土不再显著下沉、不出现气泡、开始泛浆为准。

(5) 混凝土铺料间隔时间。混凝土铺料间隔时间均应符合规范要求。《水工混凝土施工规范》(SL 677—2014) 规定，用振捣器振捣30s，振捣棒周围10cm内仍能泛浆且不留孔洞、混凝土还能重塑时，仍可继续浇筑混凝土。否则，作为"冷缝"按施工缝处理后继续浇筑。

5.2.12 拆模及洒水养护

混凝土拆模后及时采用人工洒水养护，保证混凝土面湿润为标准。水平施工缝养护至下一层浇筑止，其余部位养护时间不少于21d。

5.2.13 通水冷却

混凝土内部采用养护散热。初期冷却水采用水库内的普通水，混凝土浇筑时管内水流速控制在0.6m/s左右，每天改变通水方向一次，使混凝土内能均匀降温，保证冷却水与混凝土内部温差不超过25℃，混凝土日降温幅度不超过1℃，初期冷却时间通过计算确定，一般为10～15d，后期冷却在混凝土内部温升稳定后进行，考虑先用天然水冷却，若达不到灌浆温度要求时，再考虑采用冰水冷却，拟配备1台制冷机，供冷却水能力为7m^3/h。直到混凝土降温至设计要求的灌浆温度为止。混凝土内部温度测定，可采用冷却水管闷水测温的方法测定。

5.2.14　排水管封堵

在堵头混凝土接触灌浆完毕，拉紧螺杆，活塞将进水口封闭，然后从出水口向排水管内灌微膨胀砂浆以封闭密实，并将出水口用钢板焊接严密。

5.2.15　冷却水管封堵

冷却结束后通过灌水泥砂浆封堵冷却水管。

5.2.16　回填灌浆施工

5.2.16.1　施工工艺流程

施工准备工作→灌浆管埋设→灌浆管检查→Ⅰ序孔灌浆→待凝48h以上→Ⅱ序孔灌浆→待凝7d以后、灌浆质量检查

5.2.16.2　施工准备工作

在堵头段外附近用钢管脚手架就近搭设临时制浆平台，采用集中制浆、长距离输浆工艺对施工现场进行供浆。

5.2.16.3　灌浆管埋设

根据施工图纸把回填灌浆孔位布置好，孔位偏差控制在20cm以内，用红油漆标注孔位之后。进行预埋施工，为了避免管路堵塞，预埋管在两端绑扎塑料薄膜。用ϕ53mm钢管作为进浆管，排气管进浆管埋法一致，采用ϕ30mm管，事先用电钻在老混凝土上钻孔深入衬砌5cm，钢管出浆口加工成45°斜向插入孔内。埋设深度将根据混凝土浇筑分层分块穿插进行，采用接头进行对接。

一期布置：主要是堵头段及加衬段回填灌浆施工，用ϕ53mm钢管作为进浆管，排气管进浆管埋法一致，采用ϕ30mm管，事先用电钻在老混凝土上钻孔深入衬砌5cm，钢管出浆口加工成45°斜向插入孔内。埋设深度将根据混凝土浇筑分层分块穿插进行，采用结头进行对接。

二期布置：主要是灌浆廊道回填灌浆施工，用ϕ53mm钢管作为进浆管，间隔5m，用ϕ30mm管接出作为灌浆岔管，灌浆岔管位置事先用电钻在老混凝土上钻孔深入衬砌5cm，岔管出浆口加工成45°斜向插入孔内。灌浆主管可固定在浇筑前埋设的锚杆上。排气管与进浆管埋法一致，采用ϕ30mm管，位置比进浆管高。

5.2.16.4　灌浆施工

衬砌混凝土达70%设计强度后，开始进行灌浆。

1. 孔位检查和钻孔

预埋管在灌浆前进行检查，发现堵塞，采用岩石电钻进行钻孔。孔径不小于38mm，孔深穿过混凝土进入衬砌5mm。

2. 灌浆

(1) 灌浆方法：采用纯压式灌浆法。

(2) 灌浆材料：水泥采用P.O42.5普通硅酸盐水泥；灌浆用砂应为质地坚硬清洁的天然砂或人工砂，不得含泥团和有机物，粒径不大于2.5mm，细度模数不大于2.0。灌浆使用的水泥必须符合规定的质量标准。

(3) 灌浆次序：施工按两个次序进行，先灌Ⅰ序孔，拱座2根进浆管，后灌Ⅱ序孔，顶拱进浆管，直至结束。

(4) 浆液水灰比：根据施工实际情况Ⅰ序孔可灌注水灰尘比0.6（或0.5）的水泥浆，Ⅱ序孔可灌注1和0.6（或0.5）两个比级的水泥浆。空隙大的部位应灌注水泥砂浆或高流态混凝土，水泥砂浆的掺量不大于水泥重量的200%。

(5) 灌浆压力：采用0.3～0.5MPa。

(6) 封孔：灌浆结束后，应排除钻孔内积水和污物，采用浓浆将全孔封堵密实和抹平，露出衬砌混凝土表面的管应割除。

3. 灌浆质量检查

（1）回填灌浆质量检查应在该部位灌浆结束 3d 后进行。灌浆结束后，承包人应浆灌浆记录和有关资料提交监理人，以便确定检查孔孔位，检查孔应布置在顶拱中心线脱空较大、串浆孔集中及灌浆情况异常的部位，孔深穿透衬砌深入老混凝土 5mm。每 10～15m 布置 1 个检查孔，异常部位可适当增加。

（2）采用钻孔注浆法进行回填灌浆质量检查，应向孔内注入水灰比为 2∶1 的浆液，在规定压力下，初始 10min 内注入量不超过 10L，即为合格。

（3）检查孔钻孔注浆结束后，应采用水泥砂浆将钻孔封填密实，并将孔口压抹平整。

5.3 劳动力组织

主要劳动力组织情况见表 1。

表 1　主要劳动力组织情况

序　号	工　种	人　数
1	木工	20
2	钢筋工	10
3	电焊工	5
4	清洗凿毛工	100
5	钻孔工	21
6	制、注浆工	9
7	混凝土泵运转工	8
8	混凝土罐车司机	10
9	电工	6
10	普工	57
11	装载机工	1
12	机修工	2
13	现场值班调度	3
14	现场质检技术员	5
15	测量员	3
16	管理人员	20

6 材料设备

主要施工材料、机械设备配置见表 2。

表 2　主要施工材料、机械设备配置表

序号	设 备 名 称	单位	数量	备注
1	P3015 钢模板	m^2	500	
2	P1015 钢模板	m^2	150	
3	钢管拱架	榀	84	
4	灌浆廊道拱架	榀	37	
5	钢管	t	100	ϕ50mm
6	空压机	台	2	
7	混凝土泵车	台	3	1 台预备

续表

序号	设 备 名 称	单位	数量	备注
8	混凝土罐车	辆	5	
9	装载机	台	1	
10	自卸汽车	辆	3	
11	手风钻	台	4	
12	高速制浆机	台	1	
13	浆液搅拌机	台	1	
14	输浆泵	台	1	BW250/50

7　质量控制

（1）选用低热水泥，并掺一定比例的粉煤灰。对选用的水泥和粉煤灰应做试验，只有水泥达到合格，粉煤灰达到国家一级标准才能使用。

（2）基础面浇筑第一层混凝土前，先铺一层 2～3cm 厚的水泥砂浆，保证混凝土与基岩面结合良好。

（3）在浇筑过程中，要求台阶层次分明，铺料厚度 50cm，台阶宽度一般大于 1.0m，坡度一般不大于 1∶2。

（4）振捣器移动距离均不超过其有效半径的 1.5 倍，并插入下层混凝土 5～10cm，顺序依次、方向一致，避免漏振。

（5）混凝土采用预埋冷却水管用水冷却至稳定温度。

（6）施工前检查混凝土浇筑设备的运行情况，保证施工能够连续进行。

（7）锚杆孔直径应大于锚杆直径约 15mm，孔壁与锚杆之间应灌满水泥砂浆。

（8）为保证混凝土浇筑时不混仓和减少最后一仓混凝土的脱空范围，在浇筑时用模板作临时隔板，待泵送二级配混凝土临近初凝状态时，将隔板取掉后继续进行后续混凝土的浇筑。

（9）模板施工的技术要求：①工程所用的模板均满足建筑物的设计图纸及施工技术要求；②所用的模板均能保证混凝土浇筑后结构物的形状、尺寸与相对位置符合设计规定和要求；③模板和支架具有足够的稳定性、刚度和强度，做到标准化、系列化、装拆方便；④模板表面光洁平整、接缝严密、不漏浆，混凝土表面的质量达到设计和规范要求；⑤模板安装，均按设计图纸测量放样，设置控制点，并标注高程，以利于检查、校正；⑥模板的面板处理均涂刷脱模剂，且对钢筋及混凝土无污染；⑦模板的偏差，应满足规范规定；⑧不承重的侧面模板拆除，在砼强度达到 $25kgf/cm^2$ 以上时才拆除。钢筋混凝土结构的承重模板拆除均使混凝土强度达到表 3 的要求（按混凝土设计标号的百分度计）。

表 3　　钢筋混凝土结构的承重模板拆除混凝土强度要求

部　　位	跨　　度/m	混凝土强度/%
梁、板、拱	≤2	50
	2～8	70
	>8	100

（10）灌浆结束标准：①若排气管有回浆：在规定的压力下，排气管出浆后，延续灌注 10min 即可结束；②若排气管无回浆：在规定的压力下，灌浆孔停止吸浆，延续灌注 10min 即可结束。

8　安全措施

（1）保证安全生产，文明施工，施工中严格贯彻国家、省和上级主管部门颁发的有关安全的法令、法规和劳动保护条例。坚决贯彻安全文明生产，本工程安全目标为：死亡率为零，轻重伤率控制在0.8%以内，重大设备事故率为零。为杜绝安全事故发生，特采取如下措施。

(2) 建立安全保证体系。强化安全监督和管理，建立健全安全管理机构，成立以项目负责人为第一安全负责人，项目总工程师为主要负责人的安全管理机构。项目部设专职安全员，委派责任心强富有经验的安全管理人员负责施工安全管理，对施工现场进行安全监督和检查，把好安全关，消除事故隐患。

(3) 抓好"三级安全教育"，对全体施工人员进行安全教育，考试合格后持证上岗，牢固树立"安全第一"的思想，特殊工种作业人员需经培训考试合格持有特殊作业操作证，持证上岗。

(4) 建立健全安全责任制，实行责任管理，将安全目标落实到每个施工人员。

工程开工前，制定切实可行的安全技术措施，编制详细的安全操作规程、细则，分发至班组，逐条学习、落实。

(5) 严格执行交接班制度，坚持工前讲安全、工中检查安全、工后评比安全的"三工制"活动。

(6) 每一项目开工前制定详细施工技术措施和安全技术措施，报监理工程师审批后，及时进行施工技术和安全技术的交底，并落实措施。

(7) 在施工现场设置安全方面的标志、制度、注意事项。安全员上岗必须配戴安全袖标。

(8) 进入现场施工的人员必须按规定配戴安全劳保用品（如安全帽、防毒面具等），严禁穿拖鞋上班。

(9) 高空作业要架设安全设施（搭设脚手架、悬挂安全网、设置安全栏杆、施工人员绑安全绳等），上述措施经检查合格后才能使用并派专人巡视和维护。

(10) 以定期（每月一次）及不定期的方式组织开展安全检查，召开安全会议，把安全事故消灭在萌芽状态。

9 环境措施

(1) 控制烟尘、废水、噪声排放，达到排放标准。

(2) 固体废弃物实现分类管理，提高回收利用率。

(3) 尽量减少油品、化学品的泄漏现象，环境事故（非计划排放）数量为零。

(4) 实现环境污染零投诉。

(5) 降低生产中自然资源和能源消耗，水电消耗控制在预算95%以内。

10 效益分析

(1) 本工法优化混凝土配合比，采用中低热水泥，掺加粉煤灰、外加剂，减少水泥用量，降低水化热，从而大大降低了由于水化热影响混凝土质量，保证工程质量，也节约施工成本。

(2) 本工法采用外掺MgO补偿收缩型混凝土，有效解决了由于混凝土收缩形成周边缝的脱空现象和保证与原导流洞衬砌混凝土面牢固结合，保证工程质量。

(3) 在混凝土内布置冷却水管进行冷却，解决导流洞封堵大体积混凝土施工内部散热的问题，加快施工进度，保证工程质量，取得良好效果。

11 应用实例

本工法是武警水电一总队在贵州洪家渡水电站、天生桥一级水电站、鹤壁水电站导流洞封堵混凝土施工中的成功案例。

11.1 贵州洪家渡水电站

洪家渡水电站导流洞洞长813m，进口高程980.0m，出口高程978.5m，斜坡段洞身底坡 i 为

1.8797‰。断面为修正马蹄形，高度 12.7971m，宽 11.6m，上半洞为半圆形，半径为 R 为 5.8m，侧墙半径 R 为 14.5m，底宽 8.0m。导流洞封堵段位于导流洞 K0＋295.7～K0＋333.7 段，长 38m，分为三段封堵，每块分为 6 层，每块分缝位置均与原导流洞分缝位置错开 1.5m 以上。导流洞封堵工程于 2004 年 4 月 1 日开始，工期为 3 个月，混凝土工程量 5458m³。在导流洞封堵混凝土施工中，质量控制和加快施工进度上主采取以下措施。

（1）在控制混凝土水化热方面：优化混凝土配合比，采用中低热水泥，掺加粉煤灰、外加剂，减少水泥用量，降低水化热。设计技术指标为：C25、W12、F100。

具体混凝土施工配合比见表 4。

表 4　　导流洞封堵混凝土施工配合比

序号	W/C	砂率/%	煤灰掺量/%	MgO/%	减水剂UNF－2C/%	引气剂 AE/‰	每方材料用量/(kg/m³)						
							水	水泥	煤灰	MgO	砂子	小石	中石
配比	0.47	44	25	3.4	0.8	0.08	152	242	81	11.0	842	536	536

（2）在控制混凝土收缩脱空现象：采用外掺 MgO（11.0kg/m³）混凝土，形成补偿收缩型混凝土，有效解决了由于混凝土收缩形成周边缝的脱空现象和保证与原导流洞衬砌混凝土面牢固结合，保证工程质量。

（3）在控制混凝土温度方面：采用薄分层，辅以埋管通水冷却。

经过以上几方面的控制，项目部在贵州洪家渡水电站导流洞封堵混凝土施工中取得成功，加快施工进度，保证工程质量和工期，降低了施工成本，赢得业主、设计、监理的高度认可，同时，为洪家渡水电站提前发电起到至关重要的作用。经过 3 年的运行监测，该工程满足设计和规范要求，安全运行。目前，洪家渡水电站正在申请“鲁班奖”。

11.2　天生桥一级水电站

天生桥一级水电站位于广西隆林、贵州安龙县交界的南盘江干流上，是红水河梯级开发水电站的第一级。电站总装机容量 120 万 kW，设计坝高 178m，实际坝高 182.7m，总库容量 102.6 亿 m³。天生桥一级水电站两条导流洞位于河床左岸，于 1997 年 12 月中旬完成导流任务，进口闸门下闸开始封堵。堵头原设计长度为 40m，后经设计进一步优化，将堵头段长度修改为 21m 的年瓶塞形结构。总工程量为 7050m³，钢筋 37t。施工工期：1998 年 1 月至 1998 年 6 月底。采用导流洞封堵混凝土施工方法在天生桥一级水电站施工中取得圆满成功，加快了施工进度，保证了工程质量，降低施工成本，同时，为天生桥一级水电站发电起到至关重要的作用。导流洞堵头混凝土质量等级为优良。

11.3　盘石头水库

盘石头混凝土面板堆石坝最大坝高 102m，坝顶长 666m，坝顶宽 8m。导流洞全长 516.0m，起点的洞型为 7.0m×8.1m 矩形，经过 15m 渐变段，变成 7.0m 宽，直墙高为 7.7m，拱顶半径为 4.0m，中心角为 122.09°的城门洞型，开工日期为 2000 年 4 月，完工日期为 2007 年 12 月。导流洞封堵段施工范围 0＋35.94～0＋195，总长 159.06m。导流洞封堵主要工程量：混凝土 5527.6m³，回填灌浆 400m²。采用此施工方法施工，进行连续混凝土浇筑，保证了混凝土施工质量，又加快了施工进度，比原计划工期提前了 3 个月。本工程已通过单位工程验收，单元工程优良率 92%，分部工程优良率 100%，单位工程评定为优良。工程运行至今，运行状况良好。

心墙堆石坝心墙掺砾土料填筑施工工法

唐先奇　黄宗营　张耀威　张礼宁　贺博文

1　前言

心墙堆石坝中采用掺砾土料作为心墙防渗土料在我国是少见的，但随着超高堆石坝填筑施工技术的日新月异，心墙堆石坝的填筑高度不断突破，对于200m、300m级心墙堆石坝，采用纯天然土料作为心墙堆石坝的心墙防渗土料已不能满足设计技术要求，需采用备制的掺砾土料作为心墙防渗土料，才能既满足防渗要求又提高变形模量，提高抗剪性能。本工程通过大量的现场生产性试验研究、总结，形成了初步的心墙堆石坝心墙掺砾石土料填筑施工工法，并在堆石坝心墙掺砾石土料填筑施工过程中不断修改、补充、完善。本工法技术、工艺先进，有利于加快心墙掺砾石土料填筑施工进度，同时也极大地确保了工程质量，具有明显的社会效益和经济效益。

2　工法特点

（1）掺砾石土料不直接与坝基基础接触，通过接触黏土料（高塑性黏土）与心墙垫层混凝土面接触。

（2）与心墙填筑无关的运输车辆不允许跨越心墙。

（3）心墙纵、横向埋设监测仪器。

（4）填筑体不允许留纵、横缝，水平层间接合面处理要求高。

（5）碾压设备设置监控装置对填筑碾压全过程实行数字化监控。

（6）掺砾石土料填筑受天气影响较大。

3　适用范围

本工法适用于心墙堆石坝掺砾土心墙和其他砾质土心墙填筑施工。

4　工艺原理

根据设计要求的各项技术指标，通过现场生产性碾压试验取得科学、合理的施工参数，利用相应的施工设备对掺砾土料进行运输、摊铺、整平和碾压、试验检测等，使其各项指标满足设计要求；同时根据大坝心墙重点是水平防渗，防渗方向从上游往下游的特点，有针对性提高搭接界面和层间结合面的处理质量，既保证工程质量，又合理利用资源，降低成本，缩短工期。

5　施工工艺流程及操作要点

5.1　施工工艺流程

掺砾石土料填筑工艺流程见图1。

5.2　施工操作要点

5.2.1　测量放线及范围标识

填筑前对基础面或填筑作业面进行验收，经监理工程师验收合格后，由测量人员放出掺砾石土料

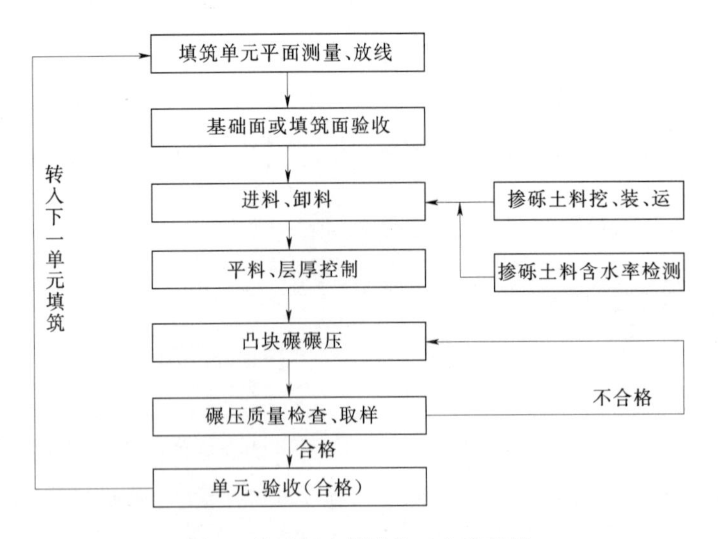

图1　掺砾石土料填筑工艺流程图

及其相邻料区的分界线，并洒白灰做出明显标志。

5.2.2　卸料、平料、层间处理及层厚控制

(1) 心墙区掺砾石土料与岸坡接触黏土料、上下游侧反滤料平起填筑上升。先填上下游侧反滤料，再填掺砾石土料，然后填岸坡接触黏土料。

(2) 掺砾石土料与左右两岸坡接触黏土料同层填筑，平起上升。

(3) 掺砾石土料采用进占法铺料，湿地推土机平料，载重运输车辆应尽量避免在已压实的土料面上行驶，以防产生剪切破坏，参见图2。

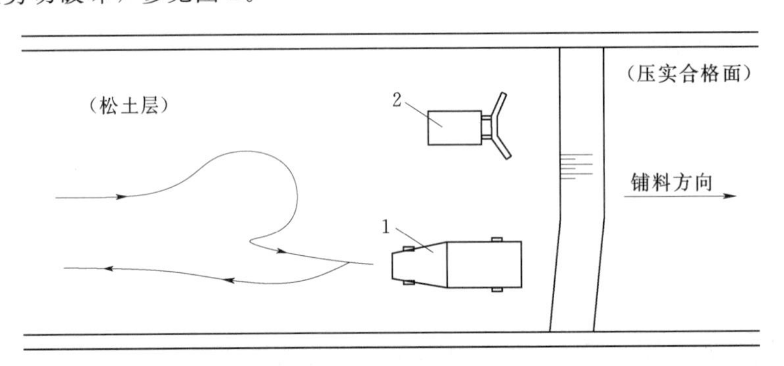

图2　汽车进占铺料法示意图

1—自卸汽车；2—推土机

(4) 掺砾石土料铺料过程中，应配与人工、装载机辅助剔除颗粒径大于150mm的块石，并应避免粗颗粒块体集中出现土体架空现象。

(5) 掺砾石土料铺料层厚为27～35cm，实际填筑铺料厚度通过现场碾压试验确定。

(6) 应严格控制铺料层厚，不得超厚。铺料过程中采用测量仪器网格定点测量以控制层厚。一旦出现超厚时，立即指挥推土机辅以人工减薄超厚部位。

(7) 填筑作业面应尽量平起，以免形成过多的接缝面。由于施工需要进行分区填筑时，接缝坡度不得陡于1∶3。

(8) 进入填筑面的路口应频繁变换，以避免已填筑料层因车辆交通频繁造成过碾现象。

(9) 每一填筑层面在铺填新一层掺砾土料前，应作刨毛处理。刨毛用推土机顺水流方向来回行走履带压痕的方法。

5.2.3　碾压及局部处理

(1) 每一作业面掺砾石土料铺料完成后，碾压前，应采用湿地推土机通过测量网格定点控制进行仓面平整。

（2）掺砾石土料采用自行式凸块振动碾碾压，碾子自重应大于或等于20t，振动碾行进速度不宜大于3km/h，激振力宜大于300kN。碾压遍数根据现场生产性试验成果确定。

（3）碾压主要采用进退错距法。错距宽度根据碾子宽度和碾压遍数确定。为便于现场控制，碾压时可采用前进和后退重复一个碾迹，来回各一遍后再错距的方式。分段碾压时，碾迹搭接宽度应满足要求：①垂直碾压方向不小于0.3～0.5m；②顺碾压方向为1.0～1.5m。

（4）碾压机行驶方向应平行于坝轴线。局部观测仪器埋设的周边可根据实际调整行走方向。为便于控制振动碾行走方向，确保碾压质量，碾压前应对碾压区域按6～10m宽幅洒上白灰线。

（5）填筑面碾压必须均匀，严禁出现漏压。若出现砾石料集中或“弹簧土”等现象，应及时清除，再进行补填碾实。

（6）心墙掺砾石土料同其上下游反滤料及部分坝壳料平起填筑，跨缝碾压，应采用先填反滤料后填掺砾石土料的填筑施工方法，按照填一层反滤料，填两层掺砾石土料的方式平起上升。

（7）监测仪器周边铺料采用人工铺料，碾压采用手扶振动夯夯实。具体人工铺料厚度，根据现场取样试验成果确定。

（8）碾压设备应安装监控装置，对碾压设备碾压过程和相关参数进行实时监控，以确保碾压质量。

5.2.4 接触黏土填筑

（1）心墙区掺砾石土料与坝基之间一般通过接触黏土过度。

（2）垫层混凝土表面涂刷浓泥浆施工完成。并经现场监理工程师验收合格。

（3）接触黏土料基础面和与岸坡垫层混凝土接触表面铺料填筑前，由人工在其表面上涂刷一层5mm厚浓黏土浆。浓黏土浆的配比为：黏土：水＝1：（2.5～3.0）（质量比），采用泥浆搅拌机搅拌均匀，然后由人提运到作业面边搅拌边涂刷，同时要做到随填随刷，防止泥浆干硬，以利坝体与基础之间的黏合。

（4）接触黏土与同层掺砾石土料同时碾压，碾压参数与掺砾石土料碾压基本一致，具体通过现场碾压试验确定。靠近岸坡50～80cm范围凸块振动碾碾压不到的条带，采用装载机胶轮压实。碾压遍数根据现场取样试验成果确定。

6 材料与设备

掺砾土填筑施工机具设备表见表1。

表1　掺砾土填筑施工机具设备表

序号	设备名称	型号规格	用途
1	液压反铲	$1.2m^3$	辅助作业
2	装载机	$3.0m^3$	超径石装料
3	自卸汽车	20～32t	掺砾土料运输
4	洒水车	20t	层间补水
5	推土机	220hp	土料摊铺、平整
6	推土机	320hp	土料摊铺、平整
7	自行式凸块振动碾	20t	碾压
8	自行式平碾	20t	防雨处理
9	手持式冲击夯		边角部位碾压
10	全站仪	CT—1100	测量、放样

主要劳动力组织情况见表2。

表 2　　主要劳动力组织表

序　　号	工　　种	序　　号	工　　种
1	管理人员	6	安全员
2	技术人员	7	试验员
3	设备操作手	8	测量工
4	汽车驾驶员	9	普工
5	质检员		

7　质量检查与控制

7.1　碾压质量检查

在掺砾石土料填筑施工时，应按合同规定和有关技术要求进行质量检查和验收。

（1）对料源进行检查。掺砾石土料在装运上坝填筑前应进行抽样检查。每次取样不少于 3 组，每间隔 2～3d 定期或不定期进行抽样检测。

（2）在填筑时，进行抽样检查。检测的频次见表 3。

表 3　　心墙区掺砾石土料压实检查频次表

坝体类别及部位		检　查　项　目	取样（检查次数）
掺砾石土料	边角夯实部位	1. 干密度、含水率、大于 5mm 砾石含量； 2. 现场取原状样做室内渗透试验	2～3 次/层
	碾压面		200～500m³/次

7.2　质量控制标准

掺砾石土料填筑压实质量控制标准：按粒径小于 20mm 的细料压实度控制，采用三点快速击实法检测，按普氏 595kJ/m³ 功能压实度应达到 98%以上的合格率为 90%，最小压实度不低于 96%控制。

7.3　雨季施工措施

（1）在雨季填筑施工，应加强防雨准备，降雨前应采用光面碾及时压平填筑作业面，作业面可做成向上游侧或向下游侧微倾状，以利于排泄雨水。

（2）降雨及雨后，应及时排除填筑面的积水，并禁止施工设备在其上行走。

（3）雨晴后，经晾晒，填筑作业面的掺砾石土料经检测含水率达到要求后，才允许恢复施工。

7.4　铺料过程控制

（1）施工、质检人员在推土机铺料过程中，应用自制量尺或钢卷尺，随时对铺料厚度进行检测，不符合施工要求时，应及时指挥司机调整推土机刀片高度，对铺料超厚部位及时处理。同时，采用测量网格定点控制层厚。

（2）运输车辆进入料仓的路口应频繁变换，避免土料过压现象。

（3）推土机平料时，保证每层料厚度均匀。

7.5　验收

每单元铺料碾压完成后，经取样试验结果满足设计要求，并经质检人员“三检”合格后通知监理工程师进行验收，验收合格后方可进行下一循环的施工。

8　安全措施

（1）认真贯彻“安全第一、预防为主”的方针，根据国家有关规定、条例，工程实际组建安全管理机构，制定安全管理制度，加强安全检查。

（2）进行危险源的辨识和预知活动，加强对所有作业人员和管理人员的安全教育。

（3）加强对所有驾驶员和机械操作手等特殊工种人员的教育和考核，所有机械操作人员必须持证上岗。

(4) 严格车辆和设备的检查保养，严禁机械设备带病作业和超负荷运转。

(5) 加强道路维护和保养，设立各种道路指示标识，保证行车安全。

(6) 加强现场指挥，遵守机械操作规程。

9 环保措施

(1) 对交通运输车辆、推土机和挖掘机等重型施工机械排放废气造成污染的大气污染源，采取必要的防治措施，做到施工区的大气污染物排放满足《大气污染物综合排放标准》(GB 16297—1996) 二级标准要求。

(2) 本工法施工车辆多，运行中容易扬尘，必须加强对路面和施工工作面的洒水，控制扬尘污染。施工期间应遵守《环境空气质量标准》(GB 3095—1996) 的二级标准，保证在施工场界及敏感受体附近的总悬浮颗粒物的浓度值控制在其标准值内。

(3) 所有运输车辆必须加挂后挡板，防止掺砾土运输途中土块沿路洒落。

(4) 对不合格的废料按规划妥善处理，严禁随意乱堆放，防止环境污染。

(5) 做好施工现场各种垃圾的回收和处理，严格垃圾乱丢乱放，影响环境卫生。

10 经济效益分析

本工法填补了国内高心墙堆石坝心墙掺砾石土料填筑工法的空白，特别填筑碾压设备安装监控装置对碾压施工相关参数进行实时监控管理，进一步确保了施工质量，全面提高了大坝填筑的管理水平，为今后同类型坝的施工提供了重要经验，也为我国300m级高心墙堆石坝填筑规范编写提供了重要的依据。

本工法与以往的土料心墙坝工程的工法相比，程序规范，工程进度快，有利于文明施工，能更科学合理地利用各种施工资源，进一步推动我国高心墙堆石坝施工技术水平的发展，具有良好的社会效益和经济效益。

11 工程实例

11.1 糯扎渡水电站大坝工程

11.1.1 工程概况

糯扎渡水电站位于云南省普洱市翠云区和澜沧县交界处的澜沧江下游干流上（坝址在勘界河与火烧寨沟之间），是澜沧江中下游河段八个梯级规划的第五级。坝址距普洱市98km，距澜沧县76km。水库库容为$237.03\times10^8m^3$，电站装机容量5850MW（9×650MW）。工程总投资600多亿元，大坝为直立掺砾土心墙堆石坝，坝顶高程为821.5m，坝顶长630.06m，坝顶宽度为18m，心墙基础最低建基面高程为560.0m，最大坝高为261.5m，上游坝坡坡度为1：1.9，下游坝坡坡度为1：1：8。

掺砾土总填筑量约480万m^3，掺砾料场距大坝约6.0km，施工车道为双车道混凝土路面，施工工期为2008年11月至2012年10月，每年的6—9月为汛期，基本不能施工，净施工工期约36个月，平均月填筑强度11.1万m^3。

11.1.2 掺砾土填筑情况

11.1.2.1 工程质量标准及施工参数

设计参数及技术要求：全料压实度按修正普氏功能$2690kJ/m^3$应达到95%以上，掺砾土料干密度应大于$1.90g/cm^3$，压实参考平均干密度平均$1.96g/cm^3$，渗透系数小于$1\times10^{-5}cm/s$。级配要求最大粒径不大于150mm，小于5mm颗粒含量48%～73%，小于0.074颗粒含量19%～50%。

现场实际按粒径小于20mm的细料压实度控制，采用三点快速击实法检测，按普氏$595kJ/m^3$功能压实度应达到98%以上的合格率为90%，最小压实度不低于96%控制。

通过碾压试验，获得施工参数：20～25t 自卸汽车进占法进料，推土机摊铺、平料；铺料厚度33cm，后经专家组审定改为 27cm，含水率按最优含水率－1%～＋3%控制；三一重工 20t 自行式凸块振动碾碾压 10 遍，行走速度控制在 3.0km/h 以内。

11.1.2.2　施工质量及试验检测情况

（1）大坝填筑掺砾土料采用细料（<20mm）三点击实法，每层铺料厚度为 27cm，共检测 2333 组。

全料干密度 1.86～2.15g/cm³，平均值 1.98g/cm³；细料压实度 96.8%～104.6%，平均 99.3%，细料压实度 98%的压实标准合格率 99.1%，达到优良等级评定标准。

检测结果表明：本阶段掺砾土料压实指标和级配指标满足设计要求。

（2）大型击实试验。在采用细料三点快速击实法控制的同时，每周做三点大型击实试验（300型）进行对比复核，统计期内共进行 27 组，同时还进行 11 组 600 型超大型击实试验，试验结果表明目前的质控标准和方法满足设计各项技术指标要求。

（3）渗透试验结果：2011 年 2 月 21 日到 2012 年 2 月 20 日，现场原位水平、综合渗透试验检测各 3 组，试验结果满足设计要求。

11.1.3　掺砾土料施工进度情况

由于地质及气候影响，掺砾土料填筑比合同工期晚开工 3 个月，相比投标合同填筑层厚变薄、层数增加、碾压遍数增加，碾压工程量大大增加，采用了本工法后，在只增加 2 台凸块振动碾的情况下，赶回工期 200 多天，月最高峰填筑强度达到 25 万 m³，最高月上升速度达到 12.18m，提前 9d 达到 500 年一遇防洪度汛填筑高程。

11.1.4　工程质量评价

糯扎渡大坝心墙掺砾石土料于 2008 年 11 月底开始填筑，施工全过程处于安全、稳定、快速、优质的可控状态。掺砾土料填筑过程中经施工、监理、设计、业主等单位取样多次检测，各项技术指标均满足设计要求。坝体内埋设的各种监测仪器监测的沉降变形、水平位移、渗流等测值均满足设计要求。多次被业主评为工区样板工程。同时也得到了国内很多知名专家的好评。

11.2　杂谷脑河狮子坪水电站大坝工程

狮子坪水电站位于四川省阿坝藏族羌族自治州理县境内岷江右岸一级支流杂谷脑河上，为杂谷脑河梯级水电开发的龙头水库电站，电站装机 3 台，单机容量 65MW，总装机容量 195MW。坝顶高程2544m，最大坝高 136，坝长 309m，坝顶宽 12m，坝体填筑量约 625 万 m³。

该工程采用掺砾土心墙堆石坝坝体填筑施工技术，大坝填筑创造月高峰 65 万 m³ 和砾土心墙月上升 15m 的高峰速度，有效地保证了水电站防洪度汛和蓄水发电的双重目标顺利实现。创造了巨大的经济效益和社会效益。

心墙堆石坝心墙掺砾土料填筑施工工法图片资料见图 3～图 20。

图 3　填筑全貌

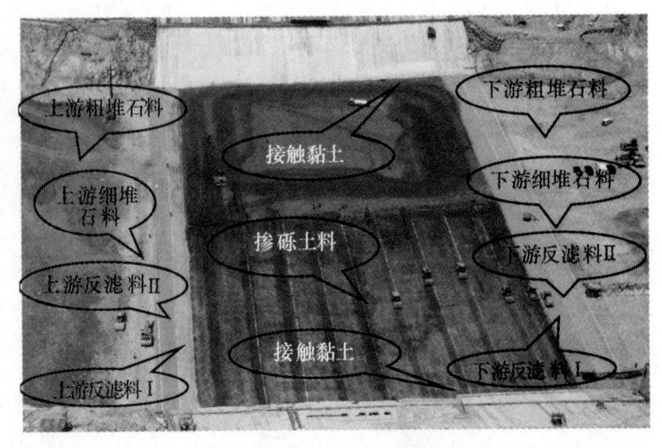

图 4　填筑分区

图 5　进占法卸料

图 6　推土机水平摊铺

图 7　碾压前白灰撒出碾压参照线

图 8　分区洒线碾压

图 9　凸块碾碾压工艺

图 10　进退错距法碾压

图 11　与反滤料接界处齐缝碾压

图 12　坝料铺层厚度测量控制

图 13　推土机仓面平整

图 14　洒水车层间结合补水

图 15　人工喷雾补水

图 16　安全监测仪器周边采用夯板人工夯实

图 17　人工挑拣超径石

图 18　现场颗分试验

(a) 600mm 击实仪 3 套

(b) 300mm 击实仪 2 套

(c) 152mm 击实仪 4 套

图 19　大型击实仪

(a) 刮平

(b) 找平

(c) 脱模

(d) 称重

图 20　600mm 大型击实仪击实试验

高温季节碾压混凝土坝施工工法

申时钊　李虎章　帖军锋　范双柱　韦顺敏

1　前言

碾压混凝土是一种干硬性混凝土，一般采用通仓薄层连续施工，易受到高气温、强烈日晒、蒸发、相对湿度、刮风等因素的影响，故碾压混凝土尽量避开高温季节施工。

在此之前，尽管已有高温季节碾压混凝土施工先例，但大都工程规模不大，环境条件各不相同，龙滩大坝由于工程规模巨大，工期紧，必须全年施工方能实现进度目标。

龙滩地处广西天峨境内，属亚热带气候，常年平均气温较高，武警水电一总队采取切实有效的七项综合温控措施，保证在高气温和高辐射热条件下实现碾压混凝土连续、快速施工，较好地降低了碾压混凝土的最高温度和裂缝的产生。形成了一套高温季节碾压混凝土施工工法，具有较强的可操作性、明显的社会效益和经济效益。在第五届碾压混凝土坝国际研讨会上，评出了具有里程碑的八项工程，龙滩大坝独居“国际碾压混凝土坝荣誉工程奖”之首。

2　工法特点

(1) 适用于高温季节的碾压混凝土施工。

(2) 优化配合比设计，尤其是提高粉煤灰掺量，减少水泥用量，降低水化热温升，满足了混凝土的温度控制要求。

(3) 采用斜层碾压方法，实现了大仓面施工，加快施工进度，提高了经济效益。

(4) 采取七项综合温控措施，有效地控制浇筑温度，确保了施工质量。

(5) 施工程序化、管理规范化，降低劳动强度，易于保证安全。

3　适用范围

重力坝、拱坝、围堰等碾压混凝土坝。

4　工艺原理

4.1　碾压混凝土坝的温控原理

碾压混凝土坝的断面尺寸和体积十分巨大，属于典型的大体积混凝土结构。混凝土浇筑以后，由于水泥的水化热，内部温度急剧上升，此时混凝土弹性模量很小，徐变较大，升温引起的压应力并不大；但在日后温度逐渐降低时，弹性模量比较大，徐变较小，在一定的约束条件下会产生相当大的拉应力。同时坝面与空气或水接触，一年四季中气温和水温的变化在大体积混凝土结构中也会引起相当大的拉应力。浇筑温度 T_p 是混凝土刚浇筑完毕时的温度，如果完全不能散热，混凝土处于绝热状态，则温度将沿着绝热温升曲线上升，见图 1 中虚线；实际上由于通过浇筑层顶面和侧面可以散失大部分热量，混凝土温度将沿着图 1 中实线而变化，上升到最高温度 T_p+T_r 后温度即开始下降，其中 T_r 称为水化热温升。上层覆盖新混凝土后，受到新混凝土中水化热的影响，老混凝土中的温度还会略有回升；过了第二个温度高峰以后，温度继续下降。如果该点离开侧面比较远，温度将持续缓慢地下降，最终降低到稳定温度 T_1。在混凝土坝内部，混凝土从最高温度降低到稳定温度的过程是非常缓慢的，往往需要几十年甚至几百年时间，为了加快这一降温过程，经常在混凝土内部埋设水管网通冷水进行冷却，见图 1 中点划线。

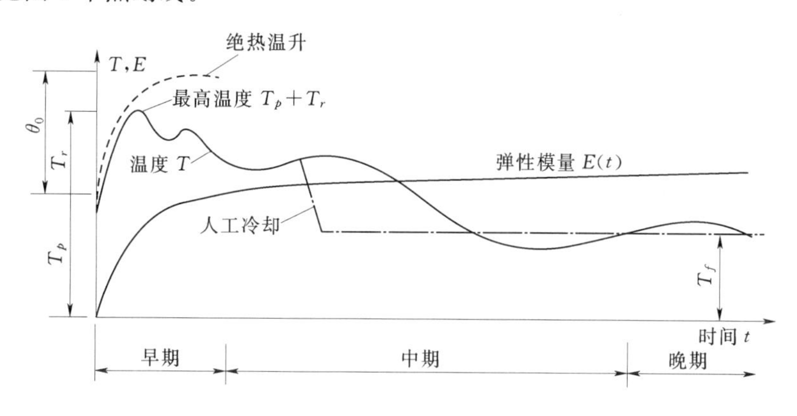

图 1　混凝土温度和弹性模量的变化过程

4.2　斜层施工基本原理

设碾压混凝土浇筑仓面的长度为 L，宽度为 B，由模板及入仓方式决定的一仓连续升程的最大高度为 H，每层压实层厚度为 h，则采用平层浇筑法一次开仓所能控制的最大浇筑面积为：

$$S_{max}=L_1B=ER_mT_0/h$$

式中　S_{max}——最大浇筑面积，m^2；

L_1——一次开仓平层浇筑块最大长度，m；

E——碾压混凝土施工综合效率系数；

R_m——本仓浇筑混凝土拌和系统的供料能力，m^3/h；

T_0——碾压混凝土拌和物的初凝时间，h。

改变浇筑层的角度，把铺筑层与水平面的夹角由 0°（水平）改成 3°～6°，即以 1∶20～1∶10 的缓坡，进行斜层铺筑，使斜层长度 $L_2\geqslant L_1$，以满足层间塑性结合的要求，见图 2，宽度 b 由坡比及 H

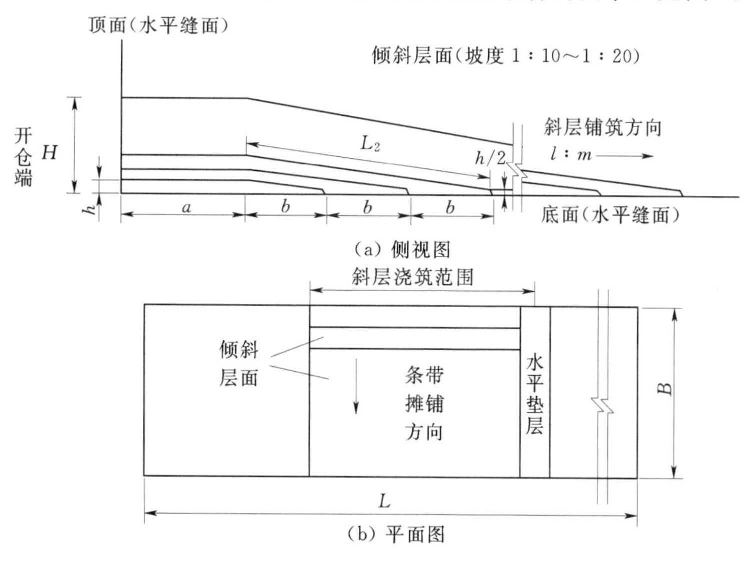

图 2　斜层铺筑法示意图

值确定。这种斜层铺筑方法的主要特征是：碾压混凝土的碾压层面与浇筑块的顶面和底面相交，减小铺筑面积，在相同条件下缩短了层间覆盖时间，加快了覆盖速度，最大限度的控制浇筑温度，同时能做到从开仓端到收仓端连续施工。

4.3　采取综合温控措施

4.3.1　降低混凝土浇筑温度

实践表明，浇筑温度每降低1℃，混凝土最高温度可降低0.3～0.6℃。为降低混凝土浇筑温度，拟采取以下措施。

（1）骨料的运输、堆存均设保温设施，骨料堆存高度要求不小于6m。为充分预冷骨料，对骨料进行二次风冷，采用冷却水、加冰拌制低温混凝土。

（2）混凝土在运输过程中加防阳隔热设施，卧罐等容器侧器设隔热、顶部设防阳棚，尽可能地缩短停车待卸时间，缩短浇筑坯覆盖时间，在浇筑仓面喷雾。

4.3.2　降低水化热温升

采用发热量较低的水泥和减少单位水泥用量，实践表明：每立方米混凝土中少用10kg水泥，则可降低混凝土绝热温升1.2℃左右。拟采取以下措施降低混凝土水化热。

（1）改善级配设计，尽可能加大骨料粒径，从而减少水泥用量。

（2）动态控制*VC*值，尽量减少水的用量。

（3）高掺粉煤灰。掺粉煤灰不但能减少单位混凝土中的水泥用量，还有利于防裂。在施工配合比设计中，优先选用需水量不大于90%的优质粉煤灰。试验表明：掺30%粉煤灰，其3d水化热可降低19.4%，7d水化热可降低16.4%。

（4）掺外加剂。采用或相当于浙江龙游ZB－1A型减水剂，一般掺量为0.5%～0.6%。

4.3.3　浇筑仓面喷雾

混凝土浇筑过程中，根据气温情况在浇筑仓面进行动态喷雾，形成仓面1～1.5m高空范围人工“小气候”，其温度可降低1～2℃。每台喷雾器有效控制范围20m^2，调整喷雾器喷雾方向与风的方向一致。

4.3.4　表面保温

高温下浇筑混凝土，温度倒灌现象非常突出，在运输过程中采取遮阳措施，浇筑过程中预冷混凝土，碾压后立即用10mm厚的EPE保温被覆盖，可使混凝土浇筑温度回升降低0.1～3.6℃，同时还可预防混凝土出现假凝，保证混凝土质量。

4.3.5　加强管理，加快混凝土覆盖速度

混凝土浇筑期间，实行现场交接班制度，尽量缩短已浇混凝土的暴露时间，尽可能避免温度倒灌。

4.3.6　加强通水冷却

在高温季节浇筑碾压混凝土时均需要铺设冷却水管进行通水冷却。但对于采用斜层法施工时，由于在相同条件下的施工强度相对平层法较低，层间覆盖时间较快，因此斜层法施工一般不铺设冷却水管。

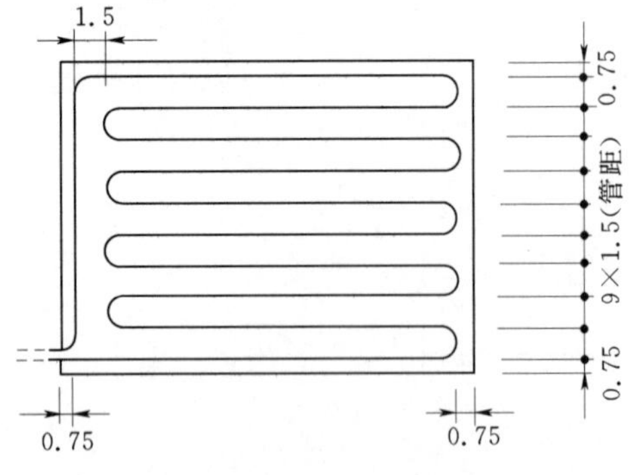

图3　冷却水管平面（单位：m）

冷却水管采用高强聚乙烯管，管径25mm，壁厚3mm，在平面上按蛇形布置，间距为1.5m×2.0m（层厚×水平间距）或2.0m×1.5m（层厚×水平间距），水管距结构线1.5m以外布置（图3）。在混凝土刚浇筑完甚至正浇筑时就开始进行，以削减水化热温升，冷却时间一般为14d左右。通水时要控制水温，避免温差过大产生局部裂缝。

4.3.7 表面流水养护

收仓后在混凝土表面，采取流水养护可使混凝土早期最高温度降低1.5℃左右。养护从浇筑12h后开始。

5 工艺流程与操作要点

5.1 高温季节碾压混凝土施工工艺流程

高温季节碾压混凝土施工工艺流程见图4。

5.2 操作要点

5.2.1 碾压混凝土配合比

配合比的选择应提前进行非生产性试验，并报监理工程师批准后经项目总工程师签批用于施工。在混凝土开始浇筑前8～12h将混凝土要料通知单送达试验室。施工配料单根据已审批的施工配合比制定，试验室根据混凝土浇筑要料单在混凝土开浇前4～8h签发施工配料单。

5.2.2 仓面设计

在碾压混凝土开浇前，技术人员根据相应仓面的设计文件、变更通知等，编制针对性和适用性较强的的仓面设计。经监理工程师签字确认的仓面设计在开浇前向现场人员交底，明确仓面指挥长、各工序负责人，且应放大张贴于醒目位置，确保施工中各道工序正常、有序、高效运行。

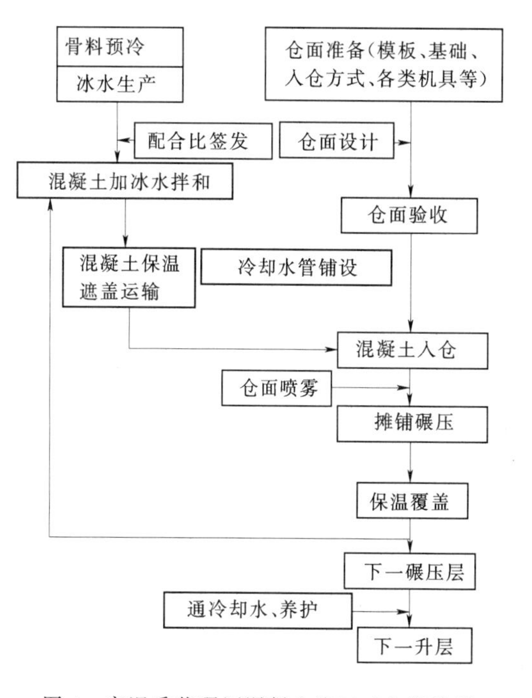

图4 高温季节碾压混凝土施工工艺流程图

仓面设计的内容主要包括以下7项。

(1) 仓面情况，包括仓面高程、面积、方量、混凝土种类及仓位施工特点等。

(2) 仓面预计开仓时间、收仓时间、浇筑历时、入仓强度、供料拌和楼。

(3) 仓面资源配置，包括设备机具、材料及人员数量要求。

(4) 仓面设计图，图上标明混凝土分区线，混凝土种类标号，浇筑顺序等。

(5) 混凝土来料流程表。

(6) 对仓面特殊部位如止水周围、钢筋区、过流面等，指定专人负责混凝土浇筑质量工作（在注意事项中标明）。

(7) 每一铺筑层均要进行相应的压实容重、*VC*值及取样等试验，如果质量不符合决不允许进行下一层覆盖，直到处理合格为止。

5.2.3 仓面验收与开仓证签发

仓面准备工程质量检查验收坚持“三检制”，工程技术员在每仓开浇3d前，出具《仓面设计图》，质检人员对照此图，认真检查：建基面处理是否满足合同文件及设计要求；施工缝、模板、混凝土预制件、灌浆系统、钢筋、预埋件检查高峰验收通过；碾压混凝土浇筑前所有施工机具、现场试验机具等的状况进行检查；同时在模板或周边醒目标识混凝土分区及标号、浇筑方式等；经监理工程师验收合格后，方可签发开仓证。

5.2.4 碾压混凝土拌和、运输的温度控制

(1) 有温控要求的碾压混凝土由调度室根据混凝土浇筑通知单提前4h通知拌和系统，采取一、二次风冷及加冷水或加冰等措施以降低拌和楼出机口温度。

(2) 试验室根据原材料情况、气候条件、入仓方式和仓面施工情况，在设计配合比允许的范围内调整配料，动态控制碾压混凝土的出机 *VC* 值，确保碾压混凝土的质量。入仓的碾压混凝土 *VC* 值按下列原则控制：在 10：00—20：00 时段 3～8s，在 20：00 至次日 10：00 时段 6～10s。在高温时段取下限，低温时段取上限。

(3) 运输能力应与拌和、浇筑能力和仓面具体情况相适应，安排混凝土浇筑仓位应做到统一平衡，以确保混凝土质量和充分发挥机械设备效率。在气温等于或高于 25℃以上时，汽车应设置遮阳防晒设施，以减少运输途中混凝土温度回升，控制混凝土运输时间。

5.2.5 仓面施工与管理

(1) 每个仓面设仓面总指挥一人。仓面工程师全面安排、组织、指挥、协调本仓面碾压混凝土施工，所有参加碾压混凝土施工的人员，必须挂牌上岗，并遵守现场交接班制度，接班人员未到，当班人员不得离开工作岗位，交接班工作不得超过 5min。尽量控制仓面铺筑层的覆盖时间，采用仓面大面积喷雾等措施来减少混凝土温度回升。

(2) 在温度特别高的季节宜采用斜层平推法施工时，斜面坡度应控制在 1：10～1：20，坡角部位应避免形成尖角和大骨料集中。碾压时振动碾不得穿越坡脚边缘，该部位应预留 20～30cm 宽度与下一条带同时碾压。斜坡坡脚不允许延伸至防渗区，防渗区混凝土必须采用平层铺筑。汽车只能从指定的斜面入仓口处入仓，铺料时平仓机自上而下铺料。

(3) 为确保碾压混凝土施工质量，必须采用仓面大面积喷雾，碾压好的条带边缘斜坡面用 EPE 保温被覆盖，增湿降温，避免表层失水。在正常的碾压过程中禁止喷水，以免影响混凝土强度。碾压混凝土从出机至碾压完毕，要求在 1.5h 内完成，不允许入仓或平仓后的碾压混凝土拌和物发生初凝现象。碾压混凝土的层间允许间隔时间必须控制在小于混凝土现场的初凝时间 1～2h 和温控计算确定的层间允许间隔时间以内。一般高温季节按 4h 控制。

5.2.6 雨天施工措施

(1) 当降雨量每 6min 小于 0.3mm 时，碾压混凝土可继续施工，但必须采取如下措施。

1) 拌和楼生产混凝土拌和物的 *VC* 值应适当增大，一般可采用上限值，如持续时间较长，应把水灰比缩小 0.03 左右，由试验室值班负责人根据仓内情况和质检、仓面总指挥商定，由仓内及质控人员及时通知拌和楼质控人员。

2) 卸料后，应立即平仓和碾压，未碾压的拌和料暴露在雨中的受雨时间不宜超过 10min。

3) 在垫层混凝土靠两岸边做好排水沟，使两岸边坡集水沿排水沟流至仓外，同时做好仓面排水，以免积水浸入碾压混凝土中。

(2) 当 6min 内降雨量达到或超过 0.3mm 时暂停施工，暂停通知令由仓面总指挥发布并立即通知拌和楼，同时报告施工管理部门。

(3) 暂停施工令发布后必须对仓面迅速做如下处理。

1) 已入仓的混凝土拌和料，迅速完成平仓和碾压，对碾压混凝土条带端头坡面，采用大小碾相结合，全面碾压密实，并用塑料布覆盖。

2) 如遇大雨或暴雨，来不及平仓碾压时，所有工作人员应用塑料布迅速全仓面覆盖，待雨过后再做处理。

3) 在垫层混凝土靠基岩边挖一条排水沟，把岸坡水排出仓外，不浸入碾压混凝土层。

4) 装有混凝土拌和物的车辆应用塑料布覆盖，待雨过后视时间长短，再定是否入仓。

(4) 暂停施工令发布后，碾压混凝土施工一条龙的所有人员都必须坚守岗位，并做好随时恢复施工的准备工作。

(5) 因雨暂停施工后，当降雨量每 6min 小于 0.3mm，并持续 30min 以上，且仓面未碾压的混凝土尚未初凝时，应恢复施工，恢复施工令由仓面总指挥发布，同时报告施工管理部门。

(6) 雨后恢复施工应做好如下工作。

1）立即组织人员有序排除仓面内积水，首先排除塑料布上部积水，再掀开塑料布，其次排除卸料平仓范围内的积水，再排除仓内其他范围内积水。视积水的程度，分别采用潜水泵排水、海绵和水瓢排水、吸尘器排水及吸管排水。

2）由仓面总指挥、质检员和试验室值班人员对仓面进行认真检查，当发现漏碾尚未初凝者，应立即补碾；漏碾已初凝而无法恢复碾压者，以及有被雨水严重浸入者，应予清除。

3）当仓面检查合格后，即可复工。新生产的混凝土 VC 值恢复正常值，但取其上限控制。

4）皮带机及停在露天运送混凝土的车辆，必须把皮带机及车厢内的积水清除干净，否则不允许运输拌和料，具体由施工管理部调度员检查。

（7）雨后当仓面积水处理合格后，可先用大碾有振碾压将表层浆体提起后，方可卸料，进行下一层的施工。对受雨水冲刷混凝土面裸露骨料严重部位，应铺水泥煤灰净浆或砂浆进行处理。

5.2.7 通水冷却

1. 冷却水管埋设

先碾压一个浇筑层（通常为 30cm）后，挖沟埋设冷却水管，且不能与大骨料直接接触，否则必须挖槽并清除大骨料，填充细骨料。单根长度一般控制在 200～300m，仓面较大时，用几根长度相近的水管，以使混凝土冷却速度均匀。冷却水管埋设后在模板边沿的醒目位置标识出位置，同时摊铺料时就顺管路铺设，防止在浇筑过程中发生偏移。引出仓面的冷却水管严格按图纸标识，并将冷却水管用钢筋固定引出混凝土面。为避免冷却水管接头或管壁破坏漏水对碾压混凝土质量造成影响，冷却水管铺设后不进行通水检查，待上一碾压层混凝土浇筑完 48h 后才开始通水冷却。

2. 通水冷却

为有效削减浇筑块的水化热温升，控制坝块内部最高温度，考虑到碾压混凝土早期强度低，而循环水压力较高（达 0.3MPa），为避免冷却水管漏水对碾压层面造成破坏，在前一周通水期间采用低通水冷却，即不采用循环水，而将回水弃掉不要。根据混凝土温度与水温之差不超过 22℃ 的要求，碾压混凝土初期通水制冷水控制在 12～18℃，通水时间根据回水温度或坝块埋设的温度计结果灵活控制，一般控制在 30～60d。每隔 7～15d 交换一次进、出口方向。

5.2.8 养护

施工过程中，碾压混凝土仓面应保持湿润。正在施工和碾压完毕的仓面应防止外来水流入。碾压混凝土施工完毕终凝后，即应进行洒水养护，但在炎热及干燥气候情况下应在碾压混凝土终凝前喷雾养护。对水平施工缝或冷缝，洒水养护应持续到上一层碾压混凝土开始铺筑为止。已碾压好超过初凝时间但未终凝的混凝土面严禁设备、人员通过，终凝后的混凝土面需 2～3d 后方可允许设备通过。

5.3 劳动组织

主要劳动力组织情况表见表 1。

表 1　　主要劳动力组织情况表

名　　称	人　数	工　作　内　容
拌和系统风冷和制冰站	10～20	主要进行混凝土拌和楼出机口前的温度控制
冷却水管铺设、通水冷却	15～30	冷却水管铺设、管路维护、冷却水的生产、通冷却水管理等
温控管理人员	10～15	监督运输车辆遮盖、仓面喷雾、已碾压条带的保温覆盖、养护等

6 机具设备

碾压混凝土施工常用机具设备见表 2。

表 2　　碾压混凝土施工常用机具设备

序号	机 械 名 称	型 号	单位	数量	备 注
1	自卸汽车	25t	台	46	混凝土运输设备
2	自行式振动碾	YZC12	台	5	碾压混凝土施工设备
3	手扶式振动碾	YZ1.8	台	2	
4	平仓机	SD16L	台	4	
5	喷雾机	C20	台	8	
6	切缝机		台	2	
7	核子密度仪		台	2	碾压混凝土施工检测仪器
8	VC 值测定仪		台	1	
9	雨量计		套	1	
10	净浆泵	BW250/5	台	2	
11	高压水冲毛机	GCHJ50	台	3	缝面冲毛设备
12	冷水机组	LSBLG850l	台	4	大坝温控设备
13	冷却塔	LBCM－250	座	4	
14	多卡模板	3200mm×3000mm	套	200	大坝模板
15	冷却水管接头设备		台	4	四联振捣机

7　质量检测与控制

7.1　浇筑过程中的质量检测和控制

原材料、混凝土拌和、机口取样的质量控制按规范要求，高温季节碾压混凝土坝主要检测 VC 值、出机口混凝土温度、浇筑温度等，见表 3。

表 3　　碾压混凝土的检验项目和频率

检 测 项 目	检 测 频 率	检 测 目 的
VC 值	2h 一次①	检测碾压混凝土的可碾性，控制工作度变化
出机口混凝土温度	2～4h 一次	温控要求
碾压混凝土浇筑温度	2～4h 一次	基础强约束区 $T_p \leqslant 17℃$，弱约束区 $T_p \leqslant 20℃$，脱离约束区 $T_p \leqslant 22℃$
压实容重	每铺筑 100～200m² 碾压混凝土至少应有一个检测点，每一铺筑层仓面内应有 3 个以上检测点	每个铺筑层测得的相对密实度不得小于 98.5%
两个碾压层间隔时间	全过程控制	由试验确定不同气温条件下的层间允许间隔时间，并按其判定
混凝土加水拌和至碾压完毕时间	全过程控制	小于 1.5h

① 气候条件变化较大（大风、雨天、高温）时应适当增加检测次数。

7.2　浇筑后的钻孔取样

(1) 钻孔取样是检验混凝土质量的综合方法，对评价混凝土的各项技术指标十分重要。钻孔在碾压混凝土铺筑后 3 个月进行，钻孔的位置、数量根据现场施工情况由设计或监理工程师指定。为取得完善的技术、质量资料，也可随机安排钻孔取样。

(2) 芯样外观描述：评定碾压混凝土的均质性和密实性。

(3) 采用“单点法”对坝体混凝土压水试验，必要时进行孔内电视录像。对混凝土进行观测记载及分析、混凝土质量分类与评价等。

8 安全措施

碾压混凝土坝施工工序繁多，施工安全隐患较多，交叉作业时有发生，为做好安全生产、文明施工，需做好如下安全防范措施。

（1）严格遵守国家安全管理规定，认真查找工序过程中发生的安全隐患，落实各项措施的实施。

（2）遵守国家有关的安全生产的强制性措施的落实，狠抓安全生产的“同时设计、同时施工、同时投入使用”三同时制度落实。

（3）施工用电、行车安全、高空作业、特殊工种等严格执行相应制度，杜绝无证操作现象。

（4）加强各种设备在施工间隙期间的检查和维修保养工作。

（5）认真落实“三工制度”中安全交底、安全过程控制、安全讲评制度。

（6）加强三级教育培训，在醒目位置悬挂各种安全标识和安全知识的标语牌，使之达到“要我安全”到“我要安全”的转化。

（7）建立完善的施工安全保证体系，加强施工作业中的安全检查，确保作业标准化、规范化。

9 环保措施

（1）成立对应的施工环境卫生管理机构，在工程施工过程中严格遵守国家和地方政府下发的有关环境保护的法律、法规和规章，加强对施工燃油、工程材料、设备、废水、生产生活垃圾、弃渣的控制和治理，遵守有防火及废弃物处理的规章制度，做好交通环境疏导，随时接受相关单位的监督检查。

（2）将施工场地和作业限制在工程建设允许范围内，合理布置、规范围挡，做到标牌清楚、齐全，各种标识醒目，施工现场整洁文明。

（3）对施工中可能影响到的各种公共设施制定可靠的防止损坏和移位的实施措施，加强实施中的监测、应对和验收。同时，将相关方案和要求向全体施工人员详细交底。

（4）设立专用排浆沟，对废浆、污水进行集中，认真做好无害化处理，从根本上防止施工废浆乱流。

（5）定期清运沉淀泥砂，做好泥砂、弃渣及其他工程材料运输过程中的防散落和沿途污染措施，废水除按环境卫生指标进行处理达标外，并按当地环保要求的指定地点排放。弃渣及其他工程废弃物按工程建设指定的地点和方案进行合理堆放和处治。

（6）对施工场地道路进行硬化，并在晴天经常对施工通行道路进行洒水，防止尘土飞扬，污染四周环境。

10 经济效益分析

碾压混凝土能节省胶凝材料，有利于初期水化热温升的控制，节省了温控费用；另外，由于碾压混凝土坝采取了并仓浇筑方法，节省了立模面积；由于采用机械化的施工方法，改善施工人员劳动条件，加快施工进度，工程建设工期大大缩短，提前发挥工程的综合效益。

11 工程实例

11.1 龙滩水电站

龙滩水电站地处亚热带的广西天峨境内，常年高温少雨，距县城18km，大坝为碾压混凝土重力坝，设计坝顶高程406.5m，最大坝高216.5m；初期建设时，坝顶高程382.0m，最大坝高192m，坝体混凝土总方量约580万m^3，其中碾压混凝土约为385万m^3，龙滩大坝是目前世界上在建的高度最高、碾压混凝土方量最大的全断面碾压混凝土重力坝。工程自2001年7月正式开工，2007年5月第一台机组发电，截至2008年1月，大坝已全线浇筑至一期382.0m高程。工程能够在短短4年时间完成大坝混凝土施工，并提前实现投产目标，与高温季节的碾压混凝土施工分不开的。

在2005年、2006年连续两年的高温季节，实现碾压混凝土全天候施工，采取了斜层碾压方法和一系列的温控措施，较好控制了坝体混凝土温度，从预埋的温度计成果显示，在施工过程中采取的防止温度倒灌、初期水化热温升时通冷却管降温等措施非常得当，有效降低了峰值，整个坝体蓄水后在高温季节施工的碾压混凝土未发现温度裂缝。

11.2　构皮滩水电站

构皮滩水电站位于贵州省余庆县构皮滩镇上游1.5km的乌江上，水库总库容64.51亿m^3，电站装机容量3000MW。构皮滩水电站属Ⅰ等工程，拦河大坝采用混凝土抛物线形双曲拱坝，坝顶高程640.50m，最大坝高232.5m，坝后设水垫塘和二道坝，水垫塘采用平底板封闭抽排方案。水垫塘净长约303m，底宽70m，断面型式为复式梯形断面。二道坝由下游RCC围堰部分拆除形成，顶高程441.00m，底高程408.00m，最大坝高33m，混凝土14.86万m^3。

下游RCC围堰采用碾压混凝土施工，施工进度快，保证施工质量和安全，工程从2005年运行至今没有发现质量问题，运行可靠，工程质量评为优良。

水工隧洞不良地质洞段支护喷纳米混凝土施工工法

陈　东　李虎章　帖军锋　范双柱　韦顺敏

1　前言

在水工隧洞施工中，为了确保施工安全，一般采用喷锚支护方法对隧洞围岩进行临时支护处理。喷普通混凝土存在一次喷射厚度薄、凝结时间长、回弹率高等缺点，特别是在岩爆、富水、塌方、断层、破碎带等不良地质洞段支护中表现尤为突出。为解决这一技术难题，武警水电一总队在工程施工中采用了喷纳米混凝土的施工技术，保证了施工安全，提高了支护质量、加快了施工进度，取得了良好的经济效益和社会效益。

2　工法特点

（1）操作方便、快速、灵活。

（2）一般渗水岩面均可正常喷射。

（3）降低了回弹率及粉尘浓度，改善了洞内作业环境。

（4）增加了喷混凝土与围岩的黏结力，提高了支护质量，保证了施工安全。

（5）增加了一次喷射厚度，缩短了凝结时间，加快了施工进度。

3　适用范围

适用于岩爆、塌方、断层、破碎带等不良地质洞段及类似工程的施工。

4　工艺原理

（1）纳米材料有良好的可注性、可喷性，可注入 0.01mm 孔隙开度，一次喷射厚度可达 35～70cm。

（2）纳米材料有良好的胶结性，与水泥浆中的 $Ca(OH)_2$ 反应生成凝胶，提高了黏结力。

（3）纳米材料粒径细小（340.7×10^{-9}m），布朗运动活泼，使混凝土在一般渗水面能直接喷射。

（4）纳米材料具有一定的减水和早强作用，与速凝剂配合使用，黏结力和早期强度明显提高。

5　施工工艺流程及操作要点

5.1　施工工艺流程

施工工艺流程见图 1。

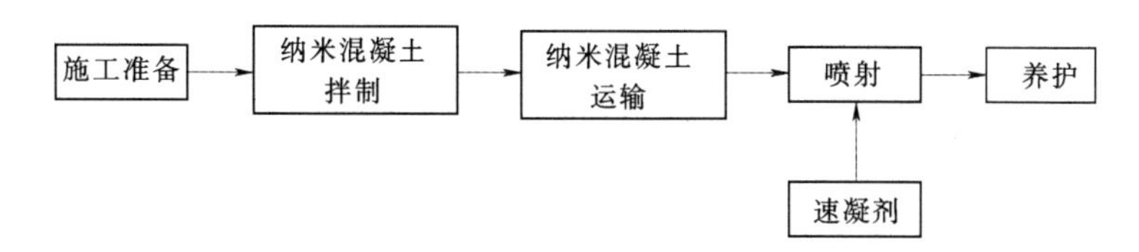

图 1　施工工艺流程图

5.2 操作要点

5.2.1 施工准备

5.2.1.1 混凝土配合比试验

（1）混凝土配合比设计依据《水工混凝土配合比设计规程》（DL/T 5330—2005）进行外，还满足要求：①水灰比宜控制在0.35～0.45之间；②选用适当掺量的聚羧酸类高性能减水剂，尽可能地将水泥用量控制在350～450kg/m^3，以减少粉尘的产生，降低混凝土的收缩；③为保证喷射混凝土拌和物的良好性能，纳米材料的掺量宜控制在水泥用量5%～10%（外掺法），具体掺量通过试验确定；④坍落度的选择应视喷射部位的不同，宜在80～180mm之间，坍落度损失率2h内宜控制在20%内；⑤含砂率50%～60%，最大不超过70%，并通过试验确定合理含砂率；⑥骨料最大粒径宜为10～13mm，最大粒径不得超过15mm；⑦为满足混凝土湿喷的施工工艺，减少对人和钢筋腐蚀，选择液体状的无碱可溶性速凝剂。

（2）速凝剂掺量根据室内试验确定为水泥用量的5%～7%。

5.2.1.2 岩面清理

（1）清除浮石，清理污渍。

（2）用高压风水枪冲洗，对遇水易潮解的泥化岩层，采用高压风清扫。

5.2.2 纳米混凝土拌和

（1）纳米材料先与水泥、骨料拌和均匀，然后再加水湿拌。

（2）HD-2型纳米材料外加剂掺量为8%～10%，速凝剂掺量为水泥的5%～7%，具体现场试验确定。

（3）强制式搅拌机拌料时，干拌时间不得少于2min，加水后湿拌3～4min。

（4）自落式搅拌机拌料时，干拌时间不得少于2min；加水后湿拌4～5min。

（5）纳米混凝土不宜采用人工拌料。

5.2.3 纳米混凝土运输

采用混凝土搅拌运输车运输。

5.2.4 纳米混凝土喷射

（1）纳米混凝土宜采用喷混凝土台车施喷。

（2）喷射作业开始时，应先供风、后开机、再供料；结束时待混凝土喷射完后再关风。

（3）喷射时在喷嘴处加入速凝剂。

（4）喷射距离应控制在0.6～1.0m范围内，喷射角度应尽量和喷射面垂直。

（5）喷射时应自下而上施工，喷嘴应做小圆运动。

（6）风压一般为1.5～2.0kg/cm^2，比普通喷混凝土高0.2～0.5kg/cm^2。

（7）喷射作业要连续，因故中断则需及时清理机械、管道。

5.2.5 养护

（1）养护方法可采用喷水或喷雾的方法。

（2）终凝2h后开始养护。

（3）养护时间一般工程不得少于7昼夜，重要工程不得少于14昼夜；气温低于+5℃时，不得喷水养护。

（4）周围的空气湿度达到或超过85%时，可自然养护。

5.3 劳动组织

劳动力配置见表1。

表1 劳动力配置表

序号	工种名称	人数
1	技术管理人员	2
2	拌和站运行工	4
3	混凝土搅拌运输车司机	5
4	电工	2
5	喷射混凝土操作手	4

6 材料及施工机具

6.1 材料

（1）水泥为普通硅酸盐水泥。

（2）砂粒径0.1～5mm，细度为模数2.5～3.3，含水率宜为5%～7%。

（3）米石粒径5～10mm，含水率宜为5%～7%，不应有针、片状颗粒。

（4）速凝剂应选用液态状，初凝时间不应大于5min，终凝时间不应大于10min。

（5）纳米材料为沸石经超细粉磨而成的无机中性纳米级外加剂，粒径327.7×10^{-9}m，其主要性能特点有：①具有良好的抗渗性，抗渗指标为P40；②无毒、无害、无味、无污染，pH值为7.1；③减水率37%，离子交换率高，抗压强度可提高200%～300%；④具有良好的胶结性，与水泥浆中的$Ca(OH)_2$反应生成凝胶，分子尺寸1mm，胶结能力可提高5倍；⑤粒径327.7×10^{-9}m，布朗运动活泼，可在一般渗水面直接喷射。

6.2 施工机具

主要施工机具表见表2。

表2 主要施工机具表

序号	设备名称	型号及规格	单位	数量	备注
1	喷混凝土台车	Spraymec71，10WPC	台	2	根据实际情况选型
2	混凝土拌和站	$2\times0.75m^3$	台	1	
3	混凝土搅拌运输车	$6.0m^3$	台	5	

7 质量控制

（1）做好技术交底工作，施工人员必须按照施工技术要求和规程规范操作。

（2）认真做好现场工艺试验，以便取得合理施工技术参数。

（3）严格控制好原材料质量，应按规范要求经常对水泥、砂石骨料、掺合料各项性能指标进行检测。

（4）加强称量管理工作，水泥和外掺料允许偏差为±2%，砂、石骨料允许偏差为±3%。

（5）严格控制施喷顺序，严禁回弹料覆盖受喷面。

（6）受喷厚度检查：每个断面的检查点从拱部中线起，每隔2～3m设一个，拱部不少于3个点，总计不应少于5个点。

（7）喷射混凝土合格标准为：每个断面上，全部检查点处的喷层厚度，60%以上不应小于设计厚度，最小值不应小于设计厚度的一半，同时检查点处的厚度平均值不应小于设计值。

（8）喷射混凝土抗压强度所需的试块应在工程施工过程中抽样制取。试块数量，每喷射50～$100m^3$混合料或混合料小于$50m^3$的独立工程，不得小于一组，每组试块不得小于3个。标准试块按

《锚杆喷射混凝土支护技术规范》(GB 50086—2001) 中附录F所列方法进行制作。

(9) 喷射混凝土与围岩的黏结强度通过钻芯拉拔法进行检测，应在有代表性部位进行该项检查，每组不少于3个试件。

8　安全措施

(1) 建立健全安全管理体系，制定各项安全管理制度，完善安全生产技术措施，建立各级人员安全生产责任制。

(2) 牢固树立"安全第一"的思想，抓好"三级安全教育"，对全体施工人员进行安全教育，严格按照操作程序作业，及时消除安全隐患。

(3) 施工前进行安全技术交底，使所有作业人员充分理解掌握各自的岗位职责和安全操作方法。

(4) 施工作业人员必须配戴安全帽和防尘口罩，洞内须穿安全闪光背心，高空作业必须系好安全带（绳）等劳动保护用品。

(5) 施工中应定期检查电源线路和设备的电器部件，确保用电安全。

(6) 喷射作业中应设专人进行安全巡视。

(7) 加强设备检查、维护和保养。

9　环保措施

(1) 建立健全环境保护管理体系，落实环保责任制。

(2) 开展多种形式的宣传教育。

(3) 对环保措施的实施进行全过程控制。

(4) 对混凝土拌和系统采用降尘措施。

(5) 污水经沉淀池经净化处理后无害排放。

(6) 严格油料、化学品管理，防止污染。

10　效益分析

(1) 喷混凝土与围岩间的黏结力显著增强，提高了施工质量，保证了安全施工。

(2) 一次喷射厚度显著增加，可达到50cm以上，施工时可一次喷至设计厚度，无需分层喷射，提高了施工工效。

(3) 降低了混凝土的回弹率，回弹率在8%左右，远远低于规范的15%～25%，减少了原材料的浪费，改善了作业环境，具有良好的经济效益和社会效益。

11　应用实例

11.1　工程概况

锦屏二级水电站引水系统采用4洞8机布置形式，从进水口至上游调压室的平均洞线长度约16.67km，中心距60m。引水隧洞洞群沿线上覆盖岩体一般埋深1500～2000m，最大埋深约为2525m，地处高地应力区、洞身埋深大、地下水丰富，岩爆、渗水经常发生，地质条件复杂。

西端引水隧洞为马蹄形断面，开挖洞径13.0m。

11.2　施工情况

本工程于2007年6月开始施工，计划2014年竣工。在不良地质洞段支护施工中，采用了喷射纳米混凝土技术。

11.3　检测结果

(1) 力学性能见表3和表4。

表3　　纳米混凝土抗拉、抗折、黏结强度表

混凝土类型	水胶比	28d抗拉强度/MPa	28d抗折强度/MPa	7d/28d黏结强度/MPa
纳米混凝土	0.48	2.54	5.98	0.91/1.23

表4　　纳米混凝土抗压强度表

混凝土类型	7h抗压强度/MPa	12h抗压强度/MPa	16h抗压强度/MPa	1d抗压强度/MPa	3d抗压强度/MPa	7d抗压强度/MPa	28d抗压强度/MPa	90d抗压强度/MPa
纳米混凝土	4.2	8.2	10.4	13.3	23.8	33.1	41.2	43.5

（2）一次喷射厚度、凝结时间见表5。

表5　　纳米混凝土一次喷射厚度、凝结时间表

混凝土类型	终凝时间/min	一次喷射厚度/cm
纳米混凝土	10	30～50

（3）回弹率见表6。

表6　　喷纳米混凝土回弹率表

混凝土类型	统计检测次数	拱部回弹率/%	边墙回弹率/%	综合回弹率/%
纳米混凝土	5	9.4	6.2	7.8

实践表明喷射纳米混凝土黏结强度较高，凝结时间短，早期强度高，在不良地质洞段支护施工中，解决了一次喷射厚度薄、凝结时间长、回弹率高等缺点，取得了良好的经济效益和社会效益。

面板堆石坝垫层料坡面激光导向反铲修坡施工工法

刘 攀 李虎章 帖军锋 范双柱 韦顺敏

1 前言

混凝土面板由于其几何尺寸和环境条件的影响，极容易出现裂缝，垫层料上游坡面尺寸、平整度至关重要，垫层料上游坡面修坡增加坡面平整度，改善了混凝土面板的应力条件，避免混凝土面板薄厚不均匀使面板局部受力发生开裂，选用长臂激光导向反铲修坡，可以节省大量劳动力，降低劳动强度，极大地提高了修坡效率和质量。

2 工法特点

（1）设备定位准确，操作灵活。

（2）削坡质量有保证。

（3）可节省劳动力、降低劳动强度、提高劳动效率。

（4）安全可靠。

（5）经济效益明显。

3 适用范围

堆石坝垫层料坡面削坡。

4 工艺原理

该设备配有1145SX激光导向装置，伸缩式挖掘臂，伸缩幅度8.5m，配有0.87m³和0.76m³两种铲斗，可在220°范围内自由旋转。

通过能进行坡度调节的激光器，并与加长臂反铲配合工作，对面板坝垫层料削坡施工。

5 工艺流程及操作要点

5.1 工艺流程

激光导向反铲修坡施工工艺流程见图1。

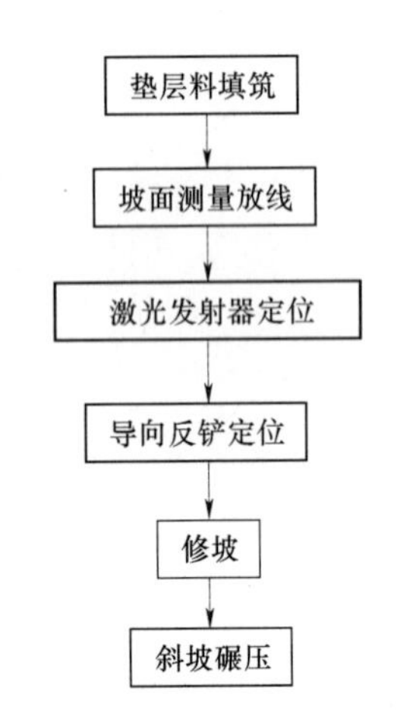

图1 激光导向反铲修坡施工工艺流程图

5.2 垫层料填筑

垫层料的铺筑，应在上游坡面法线方向超填10～15cm，并应严格测量检查。垫层料上游即是1∶1.4的斜坡，为保证振动碾的行走安全，滚筒上游侧边距垫层料上游边线留有30cm的安全距离碾压不到。在振动碾水平碾压完成后，要用振动夯板补振这30cm宽的条带。

5.3 坡面测量放线

激光导向反铲削坡前，采用网点控制修坡，方法是：坡面上按10m×10m网格布点，插上钢筋，用细尼龙线绑在钢筋上，激光反铲按尼龙线的标定削坡至设计线。

5.4 激光器定位

5.4.1 激光发射器定位

（1）定基准线。因为激光发射器只能相对于仪器本身的 x 轴、y 轴找坡度，所以要有能测量大坝三维坐标的全站仪协助，找出设计的垫层料坡面线与水平面的交线，并将这条线作为基准线（见图 2）。激光发射器应尽可能地靠近基准线，或将中心点对准基准线，或立桩在基准线上。因为基准线是以坝轴线为平行线的，这样当激光器的横坐标 x 轴自动找水平，y 轴顺坡向且垂直于大坝轴线时就能使光平面平行于坡面。

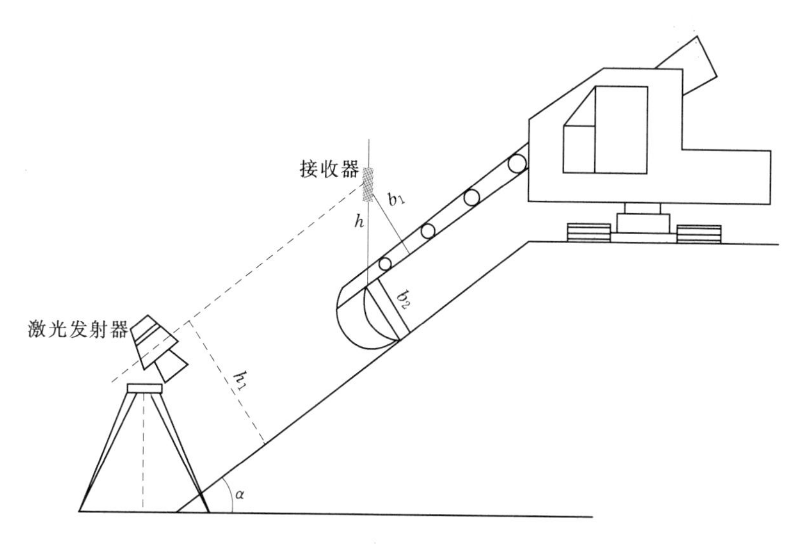

图 2　激光器定位原理图

注：为表示出工作原理，此工作简图中激光发射器与接收器的比例有所扩大。激光发射器可安装在坝上各个合适位置，此位置只是其中之一位置。

（2）安装激光器的原则。激光器应安装在坝上容易安全观察和拆卸的地方，应考虑选择使激光的发射和接收器之间无阻挡物的地点，每设立的一个定位点都保证在坡面上能最大限度地发送和接收激光。必须尽量使三脚架上的基座水平于地面，安装于坡底。当安装在坡底部时，可在此位置上用混凝土修筑一个安装平台，作为定位点，以便于激光反铲修坡时安装激光器，同时有了平台也利于拆卸后的重定位。为保证激光坡度模式发射的准确性，安装上合适的角度板以便使激光发射指向的坡度线在所需的坡度线上下，将激光发射器固定在角度板上（见图 3）。

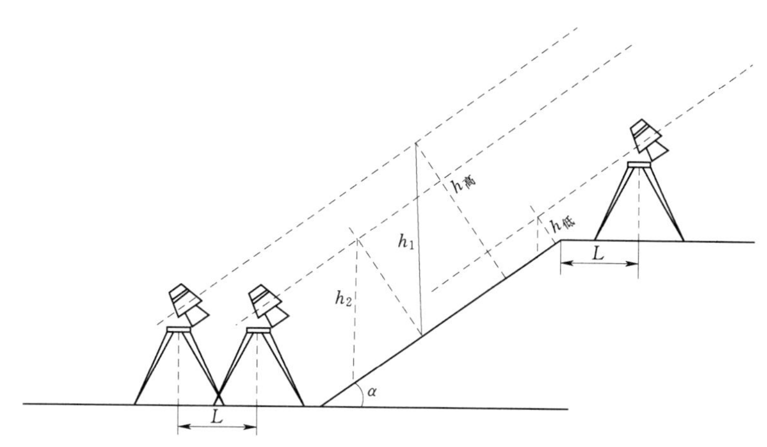

图 3　激光器的安装原理图

(3) 坡度窗口的设定。因激光发射器 x 轴平行于大坝轴线，x 轴的角度设为 0，y 轴为设定的坡度，对角度的设定控制是根据查表计算输入相应的坡度的换算值。如设计坡度为 1∶1.4，近似值为 71.4286%，在此基础上 1∶1.5 坡度系列设置对比值见表 1。

表 1　　1∶1.5 坡度系列设置对比值

设计坡度/%	设定窗口/%	设计坡度/%	设定窗口/%
66.7	0.00	72.0	3.60
71.0	2.94	82.1	9.99
71.5	3.27		

据此将激光器的设置窗调到 3.27，可得到所需角度的激光发射，从而能在坡面的上方建立一个激光平面。

(4) 立桩校准。由于坡面线长，点滴误差都将导致激光面偏离设计坡面，所以要分别对发射器的 x、y 轴进行微调校准。x 轴坡度校准一般在基准线上安装两个高度相等的木桩，在发射器的两边各一个；同发射器基本等距，以此微调校准 x 轴，确保激光发射器的 x 轴平行于基准线。在 y 轴方向再立一个木桩，桩上设接收器，接收器离地面的高度为 h_2（见图 3）。如激光发射器上的望远镜瞄准，使用激光微调旋钮，确保发射器的 y 轴坡度平行于坡面设计线，可得到完全平行于设计坡面的激光发射面。

(5) 激光面与设计坡面的距离 h_1 的算法（见图 3）。当激光器的中心点安置在基准线上时，激光平面与设计坡面的距离 $h_1=h_2 \cdot \cos\alpha$，式中 h_2 是激光发射点距地面的高度。因为工地环境条件的限制，有时不能将中心点安置在基准线上，当中心点距基准线距离为 L 时，发出的激光虽仍平行于坡面，却使激光平面有了高低变化。如发射器在坝顶时中心点距基准线距离为 L，则 $h_{1低}=(h_2-L \cdot \tan\alpha)\cos\alpha$；如发射器在坝底中心点距基准线距离为 L_1，则 $h_{1高}=(h_2+L \cdot \tan\alpha)\cos\alpha$。

5.4.2　反铲定位

(1) 边坡修整前按设计边坡放线。

(2) 激光导向反铲的履带外侧边沿与垫层料上游坡面边线重合。

(3) 激光接收器定位。反铲大臂沿坡面放下，铲斗始终与小臂垂直。此时激光接收器安装在铲斗的垂直于地面的 3m 标杆上，相当于标杆与反铲小臂的夹角必须等于设计的坡度角，而且接收器到设计坡面的垂直距离（b_1+b_2+碾压沉降量）必须等于发射的激光面与设计坡面的距离 h。这样才能保证接收器可以接收到发射器发出的激光。此时接收器安装在标杆上的高度 $h=(h_1-b_2-$碾压沉降量$)/\cos\alpha$。

(4) 显示器装在反铲驾驶室操作手可视的位置，当反铲铲斗刃口沿设计坡面移动到合适位置时，接收器接到发射器发出的激光信号，向显示器发出无线电信号。若显示器上黄灯闪烁表示已靠近设计坡面，绿灯亮起表示是准确位置，反之亮红灯。根据此信号，挖掘机操作手能准确控制刮削的深度。因所用的激光加长臂反铲最大加长幅度为 8.5m，按照坡度 1∶1.4 推算，每填高 4～5m，就需进行一次修坡。当垫层料每上升一层（以 40cm 计），则垫层料大约每上升 12 层就需进行一次反铲削坡。考虑到斜坡碾压后的坡面压缩度在 1～2cm，控制削坡底线为垫层料上游坡面设计线以上 3cm。剩下的工作由人工进行。

5.5　一次修坡高度的确定

激光导向反铲的一般最大伸缩幅度为 8.5m，按照垫层料上游坡 1∶1.4 推算，每填高 4.8m，即垫层料每上升 12 层（一层 40cm）进行一次修坡处理。

5.6　修坡

(1) 通过激光发射器发射的信号指挥长臂反铲的操作。

(2) 激光导向反铲沿设计线行走，削坡的控制底线为垫层料上游坡面设计线以上 3cm。
(3) 反铲削下的垫层料存放在坝面垫层区，作为下一填筑单元的垫层料。
(4) 当每一单元修坡结束后，在坝面设挡板，防止下一单元填筑的物料滚落。
(5) 局部边角部位由人工辅助修坡。

5.7 斜坡碾压

用牵引机牵引 8～10t 振动碾进行坡面碾压，先静碾后振碾。静碾 4 遍，振碾 6 遍，上下一次为一遍，振碾时，只在上坡时振动，下坡时不振动。

6 材料与设备

材料与设备配置见表 2。

表 2 材料与设备配置表

序号	设备名称	数量	备注
1	长臂履带式全液压反铲挖掘机	1	挖掘臂可伸缩
2	激光器	1	
3	激光导向装置	1	

7 质量控制

(1) 定期检查、校定激光仪及接收装置，确保激光反铲的削坡精度。
(2) 严格控制坝面高程和平整度。
(3) 根据施工经验，斜坡碾压后，坡面压缩度为 10～20mm，故削坡放线时，应留有 30mm 的余度（此余度并没有考虑坝体沉降）。

8 安全措施

(1) 认真贯彻“安全第一、预防为主”的方针，根据国家有关规定、条例，结合施工单位实际情况和工程的具体特点，组成专职安全员和兼职安全员的安全生产网络，执行安全生产责任制，明确各级人员的职责。
(2) 建立完善的施工安全保证体系，加强施工作业中的安全检查，确保作业标准化、规范化。
(3) 削坡时派专人指挥，坡面下严禁站人。
(4) 晚上削坡增加照明。

9 环保措施

(1) 成立对应的施工环境管理机构，在工程施工过程中严格遵守国家和地方政府下发的有关环境保护的法律、法规和规章。
(2) 加强对燃油、工程材料、设备、生产生活垃圾、弃渣的控制和治理。
(3) 做到标牌清楚、齐全，各种标识醒目，施工场地整洁文明。

10 效益分析

(1) 采用该设备，可以节省大批劳动力，降低工人的劳动强度，提高劳动效率。
(2) 提高了修坡效率，经济效益可观。
(3) 用反铲削破，减少人员工作量也减少了人员在坡面的活动，提高了施工的安全性。
(4) 用反铲削破，坡面平整度容易控制，提高了质量。

11 应用实例

11.1 洪家渡水电站

垫层料坡面激光反铲修坡武警水电一总队有贵州洪家渡水电站成功地运用实例。洪家渡水电站大坝为钢筋混凝土面板堆石坝，最大坝高 179.3m，坝顶长度 427.79m，坝顶宽 10.95m，上游边坡为 1∶1.4，下游平均边坡为 1∶1.4。填筑总量为 902.56 万 m^3。最大横断面底宽约 520m。系国内已建和在建 200m 级的面板堆石坝之一，坡面面积 71280m^2，分 47 单元修坡。

洪家渡水电站 2004 年 4 月 1 日开始蓄水，2004 年 7 月 1 日首台机组发电，经过运行监测大坝运行正常，面板变形观测值和渗流量均在设计允许范围之内，大坝运行安全。于 2007 年 1 月获得贵州省“黄果树”杯优质施工工程奖。

11.2 天生桥一级水电站

天生桥一级水电站位于广西隆林、贵州安龙交界的南盘江干流上，是红水河梯级开发水电站的第一级。电站总装机容量 120 万 kW，设计坝高 178m，实际坝高 182.7m，总库容量 102.6 亿 m^3。

拦河坝为混凝土面板堆石坝，坝顶高程 791m，坝顶长 1141.2m，顶宽 11m，上游坝坡为1∶1.4，坝体填筑总量约 1800 万 m^3。面板堆石坝施工中，对面板堆石坝上游坡面垫层料采取了激光导向反铲进行修坡。采用该设备，修整坡面平整度高，质量保证，同时，提高了修坡效率，节省了大量劳动力，降低工人的劳动强度，提高劳动效率。

混凝土面板堆石坝铜止水滚压成型制作工法

丛　利　李虎章　帖军锋　范双柱　韦顺敏

1　前言

传统的铜止水制作大多采用冲压机冲压成型，受模具限制，铜止水加工制作最大长度为3m一段，冲压机无法在工地现场安装使用，增加了铜止水水平运输和装卸过程保护。冲压机冲压成型只能控制止水中间“鼻子”的成型要求，一次性变形量大，依靠人工脱模，两边“立腿”只能人工二次成型，容易出现皱皮、裂纹等加工缺陷误差，且成型误差较大。所制作的铜止水因为成型误差较大，安装时如果对准中间“鼻子”部位，止水水平段和“立腿”因误差积累极易产生错台，致使接头焊缝焊接困难，容易出现焊缝填充不饱满，或未焊透、咬边等焊接缺陷。为减少焊缝，确保施工质量，加快施工进度，项目部在混凝土面板堆石坝铜止水施工中，采用多级滚压式铜止水制作成型工艺。

2　工法特点

（1）操作简单，制作速度快，焊接接头少，施工效率高，经济效益好。

（2）铜止水规则、表面光滑、清洁、无孔洞、损伤小，工艺质量高。

（3）接头少，减少了焊接薄弱环节，从而大大提高了整体施工质量。

3　适用范围

混凝土面板堆石坝及其他类似止水加工。

4　工艺原理

铜止水滚压成型，是一种工序区分明显的逐步变形的加工方法，即由送料机构均匀送料，使铜片经过几组模具滚压逐渐变形后达到所需形状。这种方法加工工艺简单，质量容易得到保证，防止了铜板一次性变形量过大造成铜板起皱、开裂。

5　施工工艺流程及操作要点

5.1　施工工艺流程

铜止水加工工艺流程见图1。

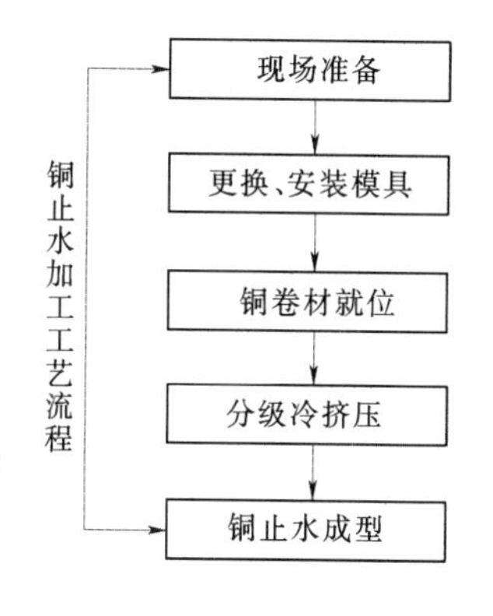

图1　铜止水加工工艺流程图

5.2　操作要点

5.2.1　现场准备

操作人员和设备就位，根据面板接缝长度并考虑运输要求，用剪刀截取所需长度。剪口要垂直铜带外边线，以便于焊接和防止浪费。

5.2.2　更换、安装模具

根据止水设计形状、尺寸，更换安装相应模具。

5.2.3　铜卷材就位

铜卷材放入成型机拖架上，将其拉至模具边缘，并使铜带平行且居中于成型机的料槽，从而防止铜带放偏影响止水加工质量。

5.2.4　分级冷挤压

按下成型机开关按钮，使铜带匀速进入成型机模具，铜带经过几组模具滚压逐渐变形后达到所需的几何形状。为防止模具滚动过快，造成铜带起皱、开裂，一定要控制好成型机的速度。

5.2.5　铜止水成型

成型机出料口要根据铜带长度，配足铜止水托架，以防止成型后的铜止水不被折弯和变形。最后将加工成型后的铜止水片成品放置在枕木上。铜止水加工型式见图2。

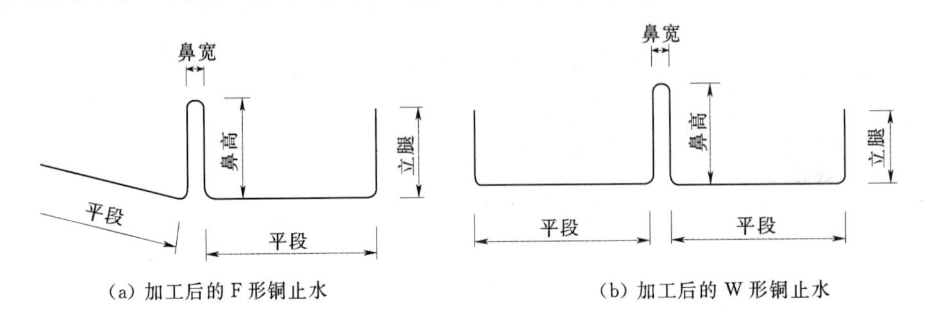

(a) 加工后的F形铜止水　　(b) 加工后的W形铜止水

图2　铜止水加工型式图

6　材料与设备及劳动力

（1）材料：采用退火纯铜卷材，其延伸率应大于20%。

（2）设备：辊压式铜片止水成型机。

（3）主要劳动力配备见表1。

表1　　主要劳动力配备表

序　号	工　种	人　数
1	止水成型机操作手	2
2	止水成型机维修工	2
3	普工	8

7　质量控制

7.1　质量控制标准

铜止水加工质量执行《水工建筑物止水带技术规范》(DL/T 5215—2005)。

7.2　质量保证措施

（1）采购的铜卷材宽度、厚度必须满足设计尺寸，材料质地检验合格。

（2）正确操作成型机，按照50～70m/h的速度，控制好节奏，防止铜止水压裂、压皱。

（3）加工成型后的铜止水片成品放置在一定间距排列的方木上，以防铜止水片产生变形和损伤。

8　安全措施

（1）认真贯彻"安全第一，预防为主，综合治理"的方针，根据国家有关规定、条例，结合施工单位实际情况，由专职安全员和班组兼职安全员组成安全管理网络，明确各级人员的职责，落实安全生产责任制，抓好工程的安全生产。

（2）施工现场符合防火、防雷、防触电等安全规定及安全施工要求进行布置，并完善布置各种安全标识。

(3) 施工现场的临时用电严格按照《施工现场临时用电安全技术规范》(JGJ 46—2005) 等有关规范规定执行。

(4) 建立完善的施工安全保证体系，加强施工中的作业检查，确保作业标准化、规范化。

9 环保措施

(1) 成立对应的施工环保机构，在施工过程中严格遵守国家和地方政府下发的有关环境保护的法律、法规和规章，遵守废弃物处理的规章制度，随时接受相关单位的监督检查。

(2) 将施工场地和作业限制在工程建设允许的范围内，合理布置、做到标牌清楚齐全，各种标识醒目，施工场地整洁文明。

(3) 采取设立隔音墙隔音罩等消音措施降低施工噪音到允许值以下，同时避免夜间施工。

10 效益分析

如果混凝土面板堆石坝的铜止水采用自制成型机一次成型施工技术与以往铜止水成型采用工厂加工相比较，接头减少，加工节约成本，组立模板快，质量好，成本大大节约，而且可大幅提高施工效率。因此具有良好的经济效益和社会效益。

11 应用实例

11.1 天生桥一级水电站面板堆石坝

天生桥一级面板堆石坝最大坝高 178m。坝顶长 1104m，坝顶宽 12m。上游坝坡 1∶1.4，下游坝坡平均为 1∶1.4。混凝土面板厚度顶部 0.3m，底部 0.9m。设置垂直缝，间距 16m，共分 69 块，止水铜片总长 14350m，全部采用成型机一次滚压成型，经现场验收质量完全符合要求。

11.2 洪家渡水电站面板堆石坝

洪家渡水电站为混凝土面板堆石坝，最大坝高 179.50m，坝顶长 427.79m，坝顶宽 10.95m，上游边坡 1∶1.4，下游局部边坡 1∶1.25，坝底高程为 969.20m，坝顶高程为 1142.70m。设置垂直缝，间距 15m，共分 28 块，铜止水总长为 6040m，全部采用成型机一次滚压成型，经现场验收质量完全符合要求。

11.3 盘石头混凝土面板堆石坝

盘石头混凝土面板堆石坝最大坝高 102m，坝顶长 666m，坝顶宽 8m。上游坝坡为坡度为1∶1.4，下游为 1∶1.3，大坝面板厚度为 30～60cm，由上至下加厚。设置垂直缝，间距 15m，共分 53 块，铜止水总长 7014m，全部采用成型机一次滚压成型，经现场验收质量完全符合要求。

薄壁直立墙混凝土单侧分离式滑模施工工法

胡文利　李虎章　帖军锋　韦顺敏　黄福艺

1　前言

三峡永久船闸闸室衬砌墙为29～34m的高薄壁直立墙，其结构复杂，钢筋密度大，工艺质量要求高，施工难度大，高空交叉作业，安全隐患多，工期要求紧。武警水电一总队为保证施工质量和安全，加快施工进度，针对工程项目的特点，进行了科研攻关，最终永久船闸南线一级、二级闸室薄壁衬砌墙采用了单侧分离式液压滑模施工工艺，有效地解决了以上施工难题。填补了国内单侧滑模技术的空白，获得了国家专利（专利号：ZL 00 2 29509.1），2000年获三峡总公司三峡工程科研成果奖。该项技术在类似工程中得到了推广应用。

2　工法特点

薄壁直立墙混凝土单侧分离式滑模施工工法的特点如下。

（1）适用于薄壁高直立混凝土墙结构。

（2）滑模采用单侧分离式结构。

（3）施工连续，加快了施工进度。

（4）混凝土表面经原浆压光处理后外观质量良好无气泡、麻面等常规缺陷。

（5）安装操作方便，现场布置灵活。

（6）工作面可实现封闭施工，安全性高。

（7）施工成本低。

3　适用范围

本工法适用于薄壁高陡、直立结构的混凝土浇筑。

4　工艺原理

薄壁直立墙混凝土单侧分离式滑模采用双轨预埋结构支撑系统。模体系统与辅助系统采用分离式结构。采取短行程多滑升的方法确保了结构表面平整度满足规范要求。

本装置由模体系统、操作平台系统和液压系统组成。其中模体系统包括支撑架、模体、抹面操作平台和导轨等；操作平台系统包括支撑架、液压控制平台、混凝土受料平台、材料中转平台等；液压系统包括液压控制台、油路、千斤顶等。

为确保模体系统的垂直度，控制水平均匀上升，在操作平台上安装了筒式调平器，模体上布置了25kg监测锤。

单侧分离式滑模平面布置图和剖面图见图1和图2。

5　工艺流程及操作要点

5.1　工艺流程

薄壁直立墙混凝土单侧分离式滑模施工工艺流程见图3。

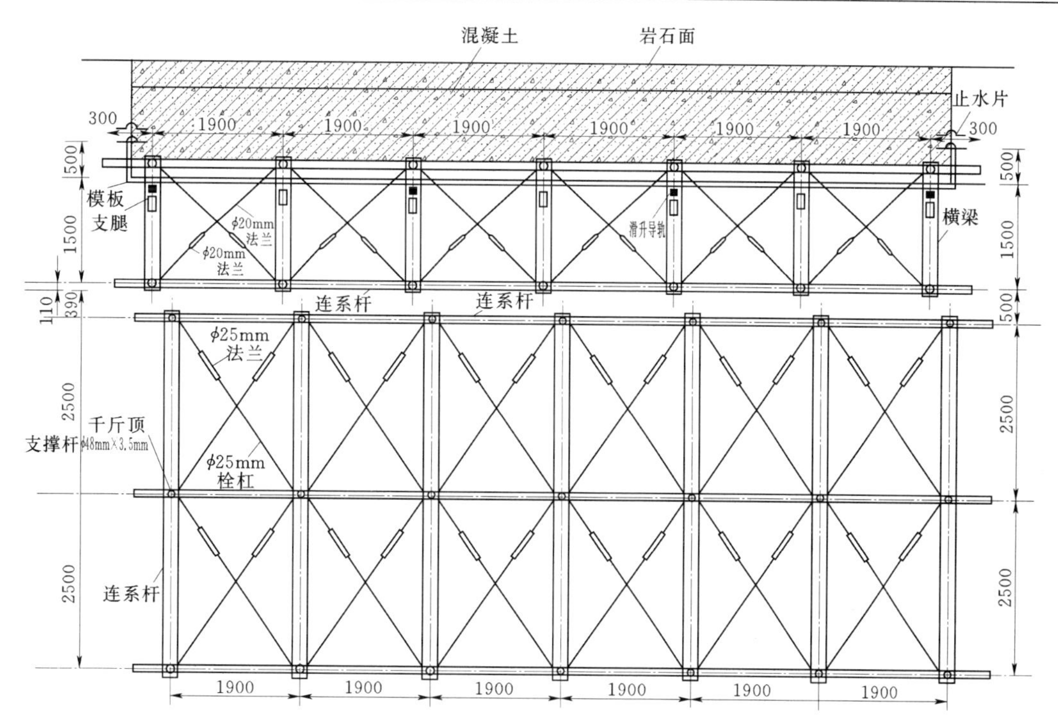

图1　单侧分离式滑模平面布置图（单位：mm）

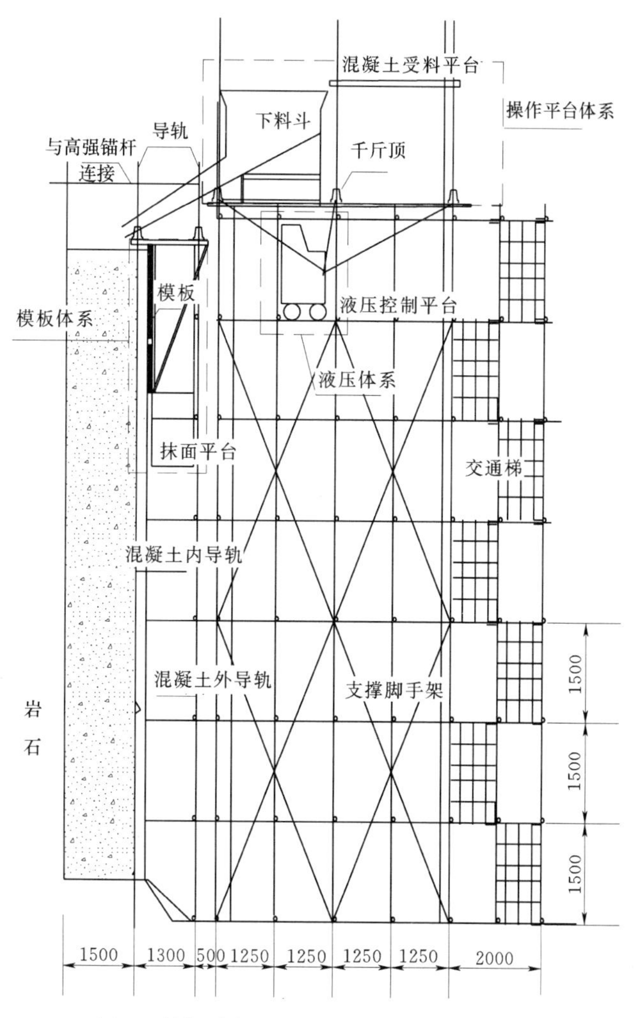

图2　单侧分离式滑模剖面图（单位：mm）

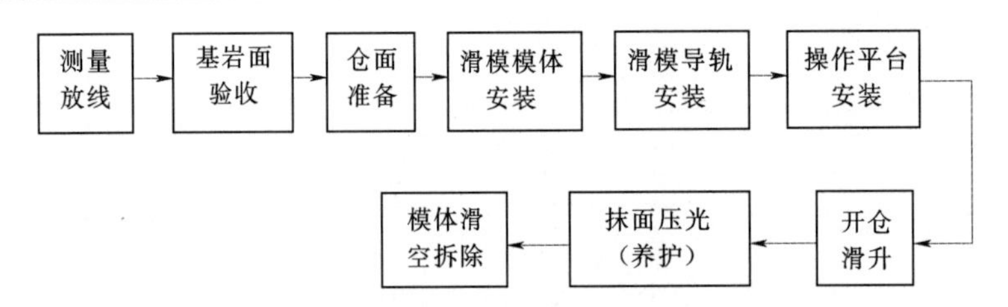

图3　薄壁直立墙混凝土单侧分离式滑模施工工艺流程图

5.2　操作要点

5.2.1　测量放线

测定设计结构轮廓线和细部结构位置，控制滑模系统安装定位。

5.2.2　仓面准备

1. 侧面模板组立

结构缝侧面模板采用钢模，配合以木模板补缝，采用内撑内拉固定，一次组立到顶。

2. 结构缝止水

水平止水：利用内外侧的钢筋网以 ϕ16mm 的钢筋搭成支撑架，再架立止水。

竖向止水：利用结构缝侧面模板进行架立，采用特制的固定架加固止水（见图4），一次安装到位。

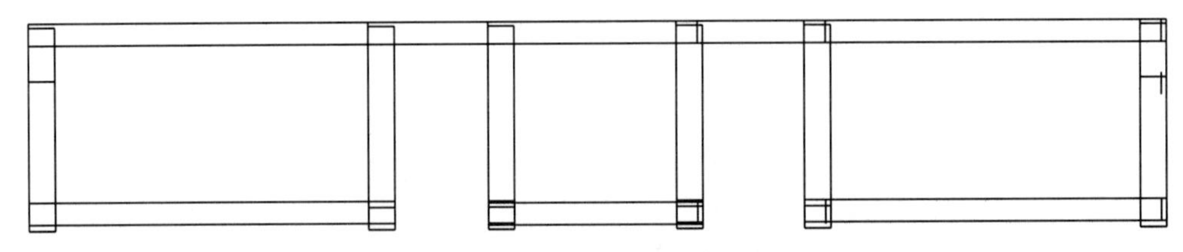

图4　竖向止水固定架示意图

3. 钢筋安装

闸室衬砌墙的基岩面侧钢筋一次安装到位，迎水面钢筋随着混凝土的上升及时安装，竖向钢筋采用直螺纹进行连接，水平钢筋人工绑扎。

4. 排水管网安装

排水管网由水平及竖向排水管组成，在岩面终验后即进行一次性安装加固，方法是水平广式软管，用膨胀螺栓进行固定。竖向混凝土无砂预制管则采用插筋固定。

5. 浮式系船柱等预埋件施工

浮式系船柱：由门机起吊进行一次性安装；

爬梯埋件和预埋套筒（模体支撑系统）：随钢筋安装焊接固定于钢筋网上，要紧贴模板。

5.2.3　滑模模体安装

5.2.3.1　模体安装

（1）模体构件在现场按编号存放。

（2）模体组装利用门机按顺序进行。

（3）模体的垂直度和上口平直度利用测量进行控制定位。

（4）抹面操作平台在模体滑升到一定高度后安装。

5.2.3.2　导轨安装

（1）导轨安装在模体验收合格后进行，每排导轨与模板面平行。

（2）导轨随混凝土浇筑逐段安装，采用法兰连接。

（3）导轨采用锚杆固定。

（4）导轨采用测量进行定位，其垂直度利用花篮螺栓和微调螺栓调节。

5.2.3.3 操作平台系统安装

(1) 操作平台系统在导轨安装合格后进行。

(2) 操作平台系统采用专项设计的脚手架支撑。

5.2.3.4 液压系统安装

(1) 液压控制柜、千斤顶、高压油管及阀门在安装前进行检查清洗，防止二次污染。

(2) 液压系统按千斤顶、液压控制柜、高压油管、阀门的顺序进行安装。

(3) 高压油管应平顺或大弧度布置，接头连接牢固，不得松脱漏油。

5.2.4 混凝土施工

1. 混凝土浇筑

混凝土采用三级配，坍落度采用低坍落度（夏季5～9cm，冬季4～7cm）。

(1) 混凝土入仓：采用门塔机吊罐经受料平台溜槽入仓；根据每层的混凝土需求量控制下料量，保持储料斗和溜槽光滑、清洁。

(2) 混凝土平仓振捣：采用人工平仓振捣。

2. 滑升

(1) 模体下部混凝土达到初凝时进行滑升；每次滑升距离为20cm，分为4个行程完成，首先滑升一个行程，观察混凝土初凝情况，满足滑升要求则完成剩余行程的滑升。

(2) 每次滑升前应检查导轨的垂直度、油路及阀门的开启情况。

(3) 滑升时先松动所有紧固件，统一指挥，进行滑升。

(4) 滑升时注意观察脱模后混凝土的凝固情况和导轨的稳定性等。

3. 滑模系统的监测、调整

(1) 模体上口平直度。在模体顶面拉线控制其直线度。利用布置在模体上的3个25kg重的监测锤监测模体两端的高差，当高差超过1cm利用千斤顶进行调整。

(2) 导轨垂直度：利用布置在模体上的3个25kg重的监测锤和测量仪器对导轨垂直度进行监测，利用筒式调平器、花兰螺栓和微调螺栓进行调整。

4. 抹面压光

混凝土脱模后应及时抹面压光。

5. 混凝土养护

(1) 混凝土终凝后进行养护。

(2) 利用布置在抹面平台上的水管淋水养护；冬季随着混凝土的上升采用EPE保温被进行保温。

5.2.5 滑模系统拆除

(1) 滑模系统的拆除在混凝土收仓、模体滑空后进行。

(2) 利用门塔机按安装的反向顺序进行拆除。

(3) 施工现场设专人进行指挥警戒，并设置警示标志，拆除过程中严禁向下抛物。

6 材料、设备及劳动力

6.1 主要材料

工程主体材料为三级配混凝土，坍落度为4～9cm。主要材料见表1。

表1 **主要材料一览表**

序号	名称	型号	数量	备注
1	导轨（钢管）	ϕ48mm	7组	单仓消耗
2	钢管	ϕ40mm	若干	支撑架

续表

序　号	名　　称	型　号	数　量	备　注
3	储料斗		3个	自制
4	溜槽		6道	自制
5	竹跳板		500块	
6	木板	4cm厚	$2m^3$	
7	安全网		$400m^2$	
8	高压油管		若干	

6.2　设备

主要设备见表2。

表2　　主要设备一览表

序　号	名　　称	型　号	数　量	备　注
1	门机	MQ600	1台	
2	塔机	C7050	1台	
3	混凝土运输车	15t	3台	
4	液压控制柜	HY-36	1个	
5	千斤顶		24个	
6	滑模		1套	自制
7	钢筋直螺纹加工设备		1套	
8	振捣器	ϕ100mm	4台	1台备用
9	软轴振捣器	ϕ50mm	2台	
10	吊锤	25kg	3个	测斜
11	混凝土卧罐	YW3	1个	
12	钢筋切断机		2台	
13	多功能刨床		1台	
14	气焊设备		2套	
15	电焊机		2台	

6.3　劳动力组织

劳动力组织一览表见表3。

表3　　劳动力组织一览表

序号	工　　种	人　数	备　　注
1	架子工	12	
2	测量工	3	安装定位测量，滑升过程中每天测一次
3	钢筋工	6	
4	模板工	3	
5	止水安装工	3	
6	预埋件安装	2	
7	滑模安装、拆除	10	
8	混凝土浇筑	12	两班作业
9	门机司机	2	两班作业
10	混凝土运输	6	两班作业
11	滑模运行控制	10	两班作业
12	抹面工	4	两班作业
13	信号工	4	两班作业

7 质量控制

（1）成立以项目总工为首的质量管理领导小组，设专职质检人员，各工序的负责人为质量责任人。

（2）施工前进行技术交底。

（3）严格执行“三检制”。

（4）严格控制原材料质量，不合格的原材料严禁进入现场。

（5）高温季节施工严格落实温控措施。

（6）混凝土浇筑层厚不超过40cm，平仓浇筑，均匀上升；振捣保证不漏振、不过振；振捣时振捣器不得触及混凝土中的埋件。

（7）分缝止水安装误差控制在5mm以内，并加固牢固，设专人维护，防止浇筑过程中变形。

（8）为确保墙后排水管网通畅，排水管网与岩面或补缺混凝土不留缝隙，以免水泥浆堵塞；设专人维护，在浇筑过程中水平排水管进行通水保护。

（9）导轨安装定位要精确，安装要垂直。

（10）导轨的安装精度为总高度的1/2000，累计误差小于10mm。

（11）连接上下导轨的最大抗拉部位需要上两个螺帽，并确保紧固。

（12）模体进入现场前，对每个构件进行检查校正，现场按照各种配件的规格、型号分门别类存放，整齐有序。

（13）模体安装定位要准确。

（14）模体安装完毕后进行复测，保证上口的平直和定位的准确度。

（15）混凝土水平运输：为满足混凝土入仓强度及温控要求，供料要及时，减少现场入仓等待时间，高温季节运输车加设遮阳棚。

（16）严格控制混凝土坍落度，根据不同气温及时调整。混凝土初凝时（手按无痕不沾手）开始滑升。

（17）要求进行原浆压光，反复5～6道，直至混凝土表面光滑平整。

（18）每次开始滑升先滑升单个行程，观察混凝土凝固情况，确定初凝后再滑升剩余行程。

（19）每次滑升首个行程时观察上下平台的稳定性满足要求后再滑升剩余行程。

（20）严格控制滑模的滑升速度。滑升速度与季节气温变化、混凝土的性能指标及来料速度有关。

（21）每次滑升后检查模体两端的高差和导轨垂直度是否满足要求，累计误差超过10mm进行调整。

（22）利用筒式调平器调整模板系统的水平度。

（23）利用花篮螺栓调整导轨的较大偏差。

（24）利用微调螺栓调整千斤顶的滑升高程，使所有千斤顶基本处于同一高程。

（25）浇筑时要对混凝土表面进行流水养护，养护的时间不少于28d。

（26）低温季节混凝土抹面完成后利用抹面平台立即覆盖保温，并对当年浇筑的混凝土进行保温。

8 安全措施

（1）成立安全管理小组，设立专职安全员，建立安全管理体系，制订安全管理措施。

（2）施工前进行专题安全教育、安全培训、安全技术交底。

（3）现场采用全封闭施工管理，施工人员进入施工现场必须佩戴安全防护用品，非施工人员未经许可不得进入施工现场。

（4）严格按照工艺顺序施工。

(5) 中转平台上材料堆放的位置及数量应符合施工组织设计的要求，不用的材料、物件应及时清理运至地面。

(6) 所有人员必须经专用交通梯进出工作面，严禁攀爬脚手架和钢筋骨架。

(7) 设备操作人员必须持证上岗，非专业人员严禁操作。

(8) 门塔机吊装作业时，必须有专人指挥，吊臂下严禁站人，吊物重量不得超过额定荷载。

(9) 操作平台上必须设置安全网（安全网随支撑架上升及时安装），交通通道和施工工作面必须搭设封闭式防护棚，防止坠物伤人。

(10) 夜间施工，照明用电采用低压安全灯，电压不应高于36V。

(11) 操作平台和工作面上的一切物品，均不得从高空抛下。

(12) 安全员应跟班监督、检查安全施工情况，发现隐患及时责令整改，必要时下达停工整改通知。

(13) 所有设备必须定期检查和维修保养，严禁带病作业。

(14) 现场做好防火、防爆、防破坏等措施。

(15) 采取防雨防雷措施。遇雷电和六级以上大风时，停止施工，施工人员必须撤离工作面，严禁逗留。

(16) 当遇到雷雨、雾、雪或风力达到五级或五级以上的天气时，不得进行滑模装置的拆除作业。

(17) 安全事故处理坚持“四不放过”原则。

9　环境保护措施

(1) 成立环境保护领导小组，落实国家和地方政府有关环境保护的法律、法规。

(2) 加强对工程材料、设备和工程废弃物的控制与治理。

(3) 施工现场做到各种标牌清楚、标识醒目、场地整洁。

(4) 滑模安装与拆除过程中，防止液压油泄漏污染环境。

10　效益分析

采用薄壁直立墙混凝土单侧分离式滑模施工技术，加快了施工进度，缩短了工期，保证了施工质量，减少了劳动力，提高了劳动效率，降低了施工成本，取得了良好的经济效益和社会效益。

11　工程实例

三峡永久船闸闸室衬砌直立墙属薄壁衬砌混凝土结构，衬砌墙高29～42m，厚1.5m，标准块宽12m（个别块11m、24m），仓内布置有系统锚杆、浮式系船柱、内外钢筋网等。结构复杂，混凝土无法直接入仓，高空交叉作业，施工安全隐患多，为此采用了薄壁直立墙混凝土单侧分离式滑模施工技术。三峡永久船闸南线一、二闸室衬砌墙设计共分84块，均采用了该施工技术。该技术灵活布置，克服了岩石面因支护原因交面不一致造成的工期延误，同时提高了单个工作面的施工进度，最终在保证施工质量的前提下，提前完成了船闸闸室衬砌墙的混凝土施工。

闸室衬砌墙采用的混凝土配比见表4。

表4　　混凝土配比表

级配	配合比参数			外加剂掺量			每立方米混凝土原材料用量/kg								
	水胶比	单位用水量/kg	砂率/%	粉煤灰/%	ZB-1A/%	DH-9/(1/万)	水	水泥	粉煤灰	人工砂(*FM*=2.6)	碎石			外加剂溶液	
											小石	中石	大石	DH-9	ZB-1A
三	0.45	106	30	20	0.5	0.5	106	189	47	617	360	360	720	5.9	1.18

各月滑模滑升的平均速度曲线见图5。

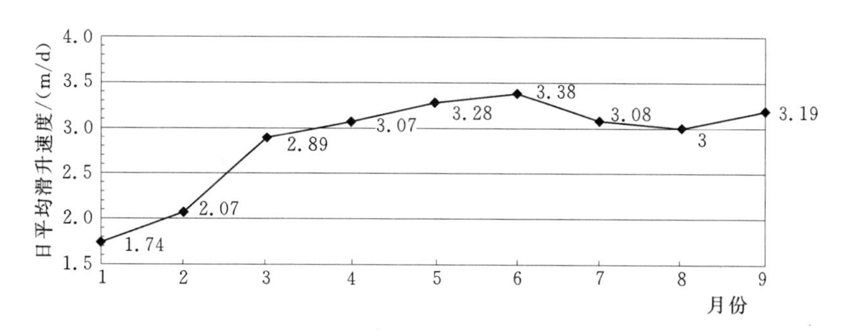

图5 各月滑模滑升平均速度曲线

混凝土质量检查情况如下。

(1) 采用 ZC3-A 型回弹仪检测，混凝土强度均超过设计强度。

(2) 采用 S1R-2 型彩色显示地质雷达检测，衬砌墙混凝土与岩石面结合良好。

(3) 采用 SWS-1A 型面波仪检测混凝土的密实度及均匀性良好。

(4) 混凝土质量等级评定为优良。

面板堆石坝上游坡面乳化沥青防护施工工法

刘　攀　李虎章　帖军锋　范双柱　韦顺敏

1　前言

面板堆石坝施工中，混凝土面板的施工一般都滞后于坝体填筑，施工期垫层料坡面要防止暴雨、山洪冲刷及临时挡水防风浪淘刷；另外，由于垫层料表面相对粗糙，面板混凝土浇筑时水泥砂浆的渗入，使得面板与垫层料黏合在一起，从而增大了对面板混凝土的约束，致使面板极易发生裂缝，存在严重的安全隐患。因此，对面板堆石坝上游坡面采取了喷乳化沥青防护措施。

2　工法特点

（1）施工方便、快速。

（2）上游坡面保护及时。

（3）喷护厚度容易控制，施工质量得到有效保证。

（4）能与坝体同步变形，防护效果得到保证。

（5）减小了对面板的约束。

3　适用范围

喷乳化沥青适用于面板堆石坝垫层料坡面的保护及挤压边墙表面施工。

4　工艺原理

乳化沥青是一种常温下可冷态施工的乳状建筑材料，当喷涂在基面后，随着所含水分的离失，其中极细微的沥青颗粒相互聚集还原成原状沥青，又重新具备沥青的工程性能。

沥青砂结构由固体砂颗粒与液相的薄层沥青黏结而成，既有一定的强度又有一定的柔性。当沥青与砂料颗粒接触后，发生吸附作用，沥青性质发生改变，该部分沥青称结构沥青。在结构沥青之外，砂粒间充填的沥青称自由沥青，它不与砂料发生相互作用，沥青性质也不会改变。当沥青用量少时，沥青不足以裹覆砂粒表面，不能形成完整的沥青薄膜，黏附力不强。随着沥青量增加，结构沥青膜充分裹覆砂粒表面时，沥青胶浆具有最优的黏聚力。当沥青用量再继续增加时，砂粒间形成“无用”的自由沥青，强度反而降低。

在垫层料坡面喷乳化沥青，形成了具有一定强度的柔性保护层。利用乳化沥青的强度起到了保护坡面的作用；乳化沥青充填了垫层料表面孔洞，使得表面相对光滑、并与混凝土面板间形成了柔性隔离层，减小垫层料对混凝土面板的约束。

5　施工工艺流程与操作要点

5.1　工艺流程

工艺流程见图1。

工艺设计及试验 → 工作面准备 → 喷洒乳化沥青

图1　工艺流程图

5.2 工艺设计及试验

乳化沥青与砂料的混合集料能否满足工程需要，其施工工艺十分重要。沥青胶砂混合体属于分散体系，其破坏机理一般可用库托理论分析其强度。胶砂混合体的破坏主要表现为剪切破坏，在外力作用下，胶砂体不发生剪切滑动破坏应具备以下条件。

$$\tau \leqslant C + \sigma \tan\phi$$

式中 τ——外荷作用在坝坡上产生的剪应力；

σ——外荷产生的正应力；

ϕ——材料的内摩擦角。

可以看出，沥青砂抗剪强度取决于内摩阻力 $\sigma\tan\phi$ 和黏结力 C。一般而言，黏结力 C 取决于沥青与砂料相互作用结果，而内摩擦角取决于砂料形状、级配和空隙率。因此，工艺设计就围绕上述几个方面来进行。

为了确定沥青最优喷洒量和喷洒方式，我们进行了相关试验。结果发现使用单眼旋流式喷头比多眼缝隙式喷头可使喷出的乳化沥青雾化更好，沥青能更充分地裹覆在砂粒的各个表面，因而黏聚效果更好。在 1∶1.4 的斜坡上喷洒乳化沥青，量多要流淌、量少黏聚力不够，经试验，确定每遍喷洒 1.8～1.9kg/m^2 的改性乳化沥青，效果较佳。工艺试验结果见表 1。

表 1　　　　工艺试验结果表

喷护工艺	沥青耗量/(kg/cm^2)	破坏试验项目		
		水冲	滚石	踢踏
一油一砂	1.5	无损	少许损	损坏
一油一砂一碾	1.8	无损	无损	无损
二油二砂	3.6	无损	无损	无损
二油二砂一碾	3.6	无损	无损	无损

由于垫层料表面经过碾压，较为光滑和平整，砂料撒布后，虽有乳化沥青作为底粘油，但其与垫层不能联结为一整体，容易产生层间破坏。因此，在喷洒头遍乳化沥青后，立即撒布一层砂料，在乳化沥青没有完全破乳凝固前，用斜坡碾进行静碾一遍，将砂料下部压入垫层料，上部突出垫层料基面形成较为粗糙的表面，以利于二遍沥青和二遍砂料的黏结。这样“一油一砂一碾”的面层与垫层料基层形成的嵌锁结构其抗剪切、抗冲击能力较高，不易被破坏，已能满足强度要求。头遍砂料要求粒径较大，有多个棱面、级配均匀以利相互嵌锁。

为防渗和加强面层结构，一般需要在“一油一砂一碾”形成的面层上，再喷洒“二油二砂”，乳化沥青仍按 1.8～1.9kg/m^2 控制。而二遍砂料作为嵌缝料，要求颗粒较细，级配连续，能够将头遍砂粒间的间隙充填密实。一般“二油二砂”后仅需用撒砂机自带的轻型碾轮碾压即可获得较为满意的保护面层。当然，条件允许，再用斜坡碾静碾一遍，效果更佳。

生产性试验直接在大坝垫层料坡面上进行，在坡面上划分一条施工带宽约 20m，进行“二油二砂”喷涂施工，喷涂时先在坡面条带喷洒乳化沥青，压力调试以充分雾化为宜，约 1～1.2MPa，乳化沥青用量约 1.9kg/m^2，然后立即在表面用专门的撒砂机撒布一层细砂，用量约 0.0025～0.003m^3/m^2，待乳化沥青固化后，再在此条带喷洒第二遍乳化沥青和撒布二遍砂，二遍沥青用量约 1.8kg/m^2，二砂用量约 0.0025～0.003m^3/m^2；最后再用砂机自带的滚轮轻碾一遍。

5.3 工作面准备

（1）将垫层料表面彻底清扫一遍，要求无浮渣和掉块，表面无缺陷性孔洞。亏盈坡要修整，坡面线符合设计要求。

（2）将坝面整平，利于施工车辆行走，便于喷涂连续施工。

（3）输送乳化沥青的钢管顺坡布置，顶端固定，通过另一端设置的万向滑轮实现工作面转换。

（4）撒砂机采用汽车吊吊装就位，利用安装在汽车吊上的卷扬机牵引工作，汽车吊须加配重以抗侧翻。

（5）将砂分堆在坝顶上，或将砂装盛在运砂车上，用汽车吊吊装运至撒砂机上。

5.4　喷洒乳化沥青（二油二砂）

（1）喷沥青（一油）：采用专用的沥青车自带的沥青泵将沥青输送到管道中，通过调节喷枪上的锥隙型喷头开关实现乳化沥青的雾化，将雾化后的乳化沥青均匀喷涂在坡面上。

（2）撒砂（一砂）：撒砂手操作撒砂机，将车斗中的砂料均匀铺撒到已喷涂沥青的坡面上；对撒砂机不能覆盖的局部边缘地带，采用人工辅助铺撒。

（3）二次喷撒：待“一油一砂”固化后，再进行二遍沥青喷涂和撒砂。

（4）碾压：在“二油二砂”喷撒完成后、沥青未固化前，利用撒砂机自带的滚轮在坡面上轻碾一遍，待沥青固化后，与砂料黏结形成“二油二砂”柔性结构薄层，厚4～6mm。

6　材料与设备、劳动力配置

主要机械设备配备见表2，人员配备见表3。

表2　　主要机械设备配备表

设备名称	规格型号	数量
专用随车起重机	10t	1
沥青泵及加热器	2CY/2.5	4
沥青运输车	15t	2
专用撒砂机	GH2	1
专用高速卷扬机	5t	1
沥青储存罐	5t	1
沥青储存桶	0.2t	450～500
圆筒筛砂机	4kW	1
自卸汽车	20t	1
钢管、万向轮	ϕ32mm	180m/120组
装载机	74kW	1

表3　　主要人员配备表

人员名称	数量	人员名称	数量
管理人员	4	砂机操作手	8
司机	5	管道工	6
起重工	4	指挥	2
电工	2	杂工	8

实践表明，垫层料保护层破坏主要表现为在机械、水力和人员踩踏作用下，胶砂复合结构层与基层间发生推移滑动和剥离，进而胶砂层发生疏松、垮塌。这是由于乳化沥青胶砂层与基层黏结不良以及沥青与砂料黏附不好。因此，提高乳化沥青与石料的黏结性是确保坝面保护质量的关键。

乳化沥青分为带负电荷的阴离子和带正电荷的阳离子两种类型。当阴离子型乳化沥青与石灰石、白云石等碱性石料接触时，干燥石料的表面带有正电荷，因而阴离子乳化沥青与石料有一定吸附性。但当石料是花岗岩、硅质岩等酸性石料时，由于石料表面带有负电荷，故黏结不好。同时，当碱性石料表面潮湿时，石料会电离出CO_3^{2-}，带有负电荷，此时与阴离子乳化沥青的黏结性也不好。阳离子乳化沥青中沥青微粒带有正电荷，无论与酸性石料和碱性石料均能很好黏附，即使是碱性石料表面是干燥的，由于乳化沥青中的水分，也会使石料电离出负电荷，两者仍可很好吸附结合，形成牢固的沥青膜。在实际施工中，由于坝坡需洒水碾压和遇下雨等情况，垫层料常处于潮湿状态，因此，在南方多雨潮湿地区，坡面保护的乳化沥青宜用阳离子型的。

为了提高普通阳离子型乳化沥青的黏附性以及弹韧性等工程性能，常在生产乳化沥青过程中加入高分子聚合物以对其性能进行改进。高分子聚合物品种很多，将其加入到乳化沥青中进行改性是一个十分复杂的物理化学过程。其品种、性能、掺配工艺以及其与乳化剂、基质沥青的偶合匹配均会对改性乳化沥青最终性能带来影响。根据有关文献和试验，发现乳状SBS橡胶作为主改性剂匹配G3复合乳化剂生产的改性乳化沥青能够满足坝面保护要求。

6.1 G3复合改性乳化沥青的制备工艺和技术性能

将橡胶掺入乳化沥青中的方法和次序对其性能都会产生重大影响，经试验，采用液态胶乳双液掺配二次搅拌工艺，可以制备出合适的改性乳化沥青。改性乳化沥青是一种新型材料，它与普通乳化沥青具有相同的外观和工程性质，但又有区别。G3复合改性乳化沥青在黏结力、弹韧性、高低温稳定性、抗裂性等工程性能方面较普通乳化沥青均有较大改进，可以满足工程需要。其主要技术指标见表4。

表4　基质沥青乳液与G3改性乳化沥青主要技术指标

项　目		基质沥青乳液	改性乳化沥青乳液
黏度C25.3		14	18
筛上剩余量（≥1.2mm）/%		<0.27	<0.15
黏附性		>2/3	>2/3
沥青微粒离子电荷		（+）	（+）
蒸发残留物含量/%		≥50	≥55
蒸发残留物性能	0.1mm针入度（25℃）/%	100	80
	延伸度（25℃）/cm	107	49
	延伸度（5℃）/cm	15	42
	软化点/℃	45	50
	黏韧性		20
	韧性		10

6.2 砂料技术性能指标

由于乳化沥青是液状材料，沥青颗粒$d \leqslant 5\mu m$，仅喷涂乳化沥青成膜很薄，不足以填充垫层料表面孔隙，达不到设计意图。所以在乳化沥青喷涂后，必须撒一层细砂，经沥青固化胶结，形成一层1～2mm的柔性结构薄层，以期达到设计意图。经比选，采用砂石料场的细砂较为合适，砂料的细度模数约2.6，技术指标见表5。

表5　砂料技术指标

筛孔尺寸/mm	筛余质量/g	分计筛余/%	累计筛余/%
5.00	10.8	2.2	2.2
2.5	72.8	14.6	16.8
1.25	54.9	11.0	27.8
0.630	148.0	29.6	57.4
0.315	106.0	21.2	78.6
0.160	40.4	8.1	86.7
0.075			
筛底	67.2	13.4	
细度模数		2.6	

7　质量控制

由于在垫层料坡面喷涂乳化沥青属新技术新工艺、没有行业规范可循，根据工程的实际情况，在现有施工条件下，特提出如下质量控制措施。

（1）第一遍沥青喷涂前，一定将坡面清扫干净，不能有浮渣，以利于沥青与坡面和砂料的黏结。

（2）乳化沥青以临界流淌控制喷涂量，第一遍约 1.9kg/m^2，第二遍约 1.8kg/m^2。

（3）砂料撒布要求均匀覆盖沥青表面，两次撒布量均约 0.0025～0.003m^3/m^2。

（4）沥青固化前，应完成撒砂和碾压。

8　安全措施

由于是在高边坡上施工，安全隐患很多，特订立以下安全措施。

（1）施工人员必须戴安全帽。

（2）坡面上作业的人员必须系安全绳。

（3）安全绳每天使用前均需仔细检查，发现破损必须立即更换。

（4）悬挂钢管的部件焊点随时检查，发现隐患立即停工修补。

（5）所有钢丝绳每天检查一次，抹打黄油，发现拉毛，断丝现象立即更换。

（6）用电安全，每天检查一次，发现隐患立即整改。

9　环保措施

（1）沥青、油料、化学物品等不堆放在民用水井及河流湖泊附近，并采取措施，防止雨水冲刷进入水体。

（2）施工驻地的生活污水、生活垃圾、粪便等集中处理，不直接排入水体。

（3）不采用开敞式、半封闭式沥青加热工艺。

10　效益分析

原设计为喷化学纤维混凝土，每平方米单价为 64.90 元，改用喷乳化沥青后，每平方米单价为 44.28 元，每平方米节约成本 20.62 元，喷阳离子乳化沥青技术先进，安全可靠，加快了施工进度，保证了施工质量。

11　应用实例

11.1　洪家渡水电站

垫层料坡面喷阳离子乳化沥青保护武警水电一总队有贵州洪家渡水电站成功地运用实例。洪家渡水电站大坝为钢筋混凝土面板堆石坝，最大坝高 179.3m，坝顶长度 427.79m，坝顶宽 10.95m，上游边坡为 1∶1.4，下游平均边坡为 1∶1.4。填筑总量为 902.56 万 m^3。最大横断面底宽约 520m。系国内已建和在建 200m 级的面板堆石坝之一，坡面面积 71280m^2。

洪家渡水电站 2004 年 4 月 1 日开始蓄水，2004 年 7 月 1 日首台机组发电，经过运行监测大坝运行正常，面板变形观测值和渗流量均在设计允许范围之内，大坝运行安全。于 2007 年 1 月获得贵州省“黄果树”杯优质施工工程奖。

喷阳离子乳化沥青技术目前已在国内外多座混凝土面板堆石坝中成功运用，制订喷阳离子乳化沥青施工工法应用前景广阔。

11.2　天生桥一级水电站

天生桥一级水电站位于广西隆林、贵州安龙县交界的南盘江干流上，是红水河梯级开发水电站的第一级。电站总装机容量120万kW，设计坝高178m，实际坝高182.7m，总库容量102.6亿m^3。拦河坝为混凝土面板堆石坝，坝顶高程791m，坝顶长1141.2m，顶宽11m，上游坝坡为1∶1.4，坝体填筑总量约1800万m^3。

面板堆石坝施工中，对面板堆石坝上游坡面采取了喷乳化沥青防护措施，工程量为31214.50m^2。主要是起到防止暴雨、山洪冲刷及临时挡水防风浪淘刷；另外，减小面板与垫层料之间的约束力，减少面板裂缝产生。运用特点：施工方便、快速，上游坡面保护及时；喷护厚度容易控制，施工质量得到有效保证；能与坝体同步变形，防护效果得到保证，减小了对面板的约束。

11.3 盘石头水库工程

盘石头水库工程属大（2）型水库，工程等级2级，大坝为混凝土面板堆石坝，坝顶高程275.7m，坝顶长606m，最大坝高102.2m，趾板全长769m，面板面积7.35万m^2，坝体设计填筑量548万m^3。垫层坡面采用喷乳化沥青进行保护，喷护前垫层坡面必须清扫干净，不得有浮渣，坡面垫层料含水量不宜过湿或过干，一般按含水量1%～3%控制。沥青喷护采用人工系安全绳手持喷枪自垫层坡面由上而下喷洒，枪嘴距坡面30～50cm。一次喷护区域一般为6m左右，采用“二油二砂”，厚度1cm。此方法进行坡面保护，取得良好效果，提高了坡面保护的施工质量，加快了施工进度。

利用转向步进平台进行单T型支撑全断面隧洞掘进机组装及就位工法

李清明　李虎章　帖军锋　王忠成　范双柱

1　前言

隧洞掘进机（Tunnel Boring Machine，TBM）由于其施工安全快捷，广泛应用于各种长隧洞开挖工程。但由于水电站引水隧洞施工的特点决定了有时安装位置和预备洞并不在同一轴线上，受环境制约不能设置一个完善的安装场地，因此掘进机在无水平支撑的情况下移动和转向就成为影响其快速安装的制约因素。现根据武警水电一总队在天生桥二级电站引水隧洞施工中10.8m掘进机的安装、转向及步进经验。总结出本掘进机的安装工法。

2　工法特点

（1）操作灵活方便、可自由选择吊装设备。

（2）原地转向，安装场可重复利用，节约了安装成本。

3　适应范围

适用于各种由于施工环境限制不能将安装位置布置在与预备洞在同一轴线上，掘进机安装后需改变其方向方能进入预备洞施工情况下全断面掘进机安装、步进就位。

4　工艺原理

（1）安装时采用履带吊吊装与平板车转运部件相结合，主机安装在由西尔曼（Hilman）滚柱制作成的移动平台上。

（2）根据掘进机的移动方向用电动液压千斤顶将主机顶起以改变西尔曼（Hilman）滚柱安装方向达到改变移动方向的目的，机器的移动和转向由通过预埋件固定于地面的液压油缸和固定于掘进机侧面的卷扬机配合移动平台进行。

5　工艺流程及操作要点

5.1　安装工艺流程

掘进机安装工艺流程见图1。

5.2　操作要点

5.2.1　安装场地规划

（1）洞外安装平台：长30m，宽4m，浇筑厚0.5m的底板混凝土。

（2）2号支洞预备洞：长24m、高10.9m、宽10.9m。

（3）脱柱槽：在距预备洞掌子面4m处的底板上，设置长0.6m、深0.6m、宽5m的脱槽。

（4）洞内安装场：长12m、宽25.5m、高16.3m，布置在2号支洞与2号主洞交岔段（见图2）。

（5）2号主洞预备洞：长187m、宽10.9m、高10.9m。

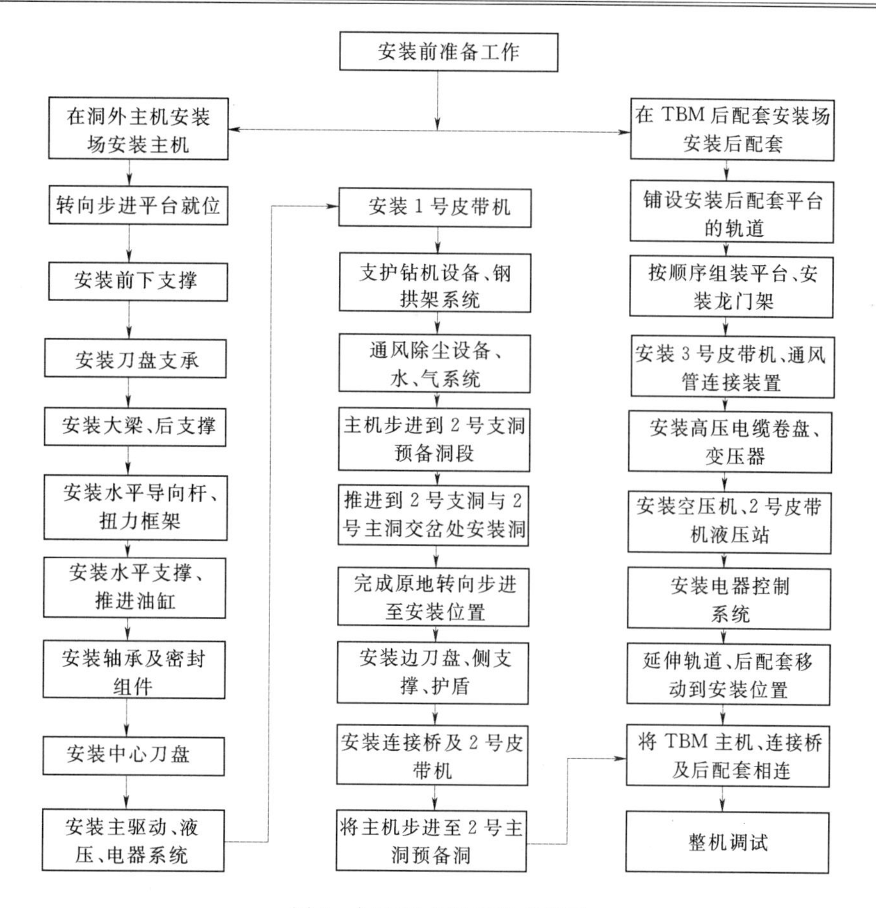

图1　掘进机安装工艺流程图

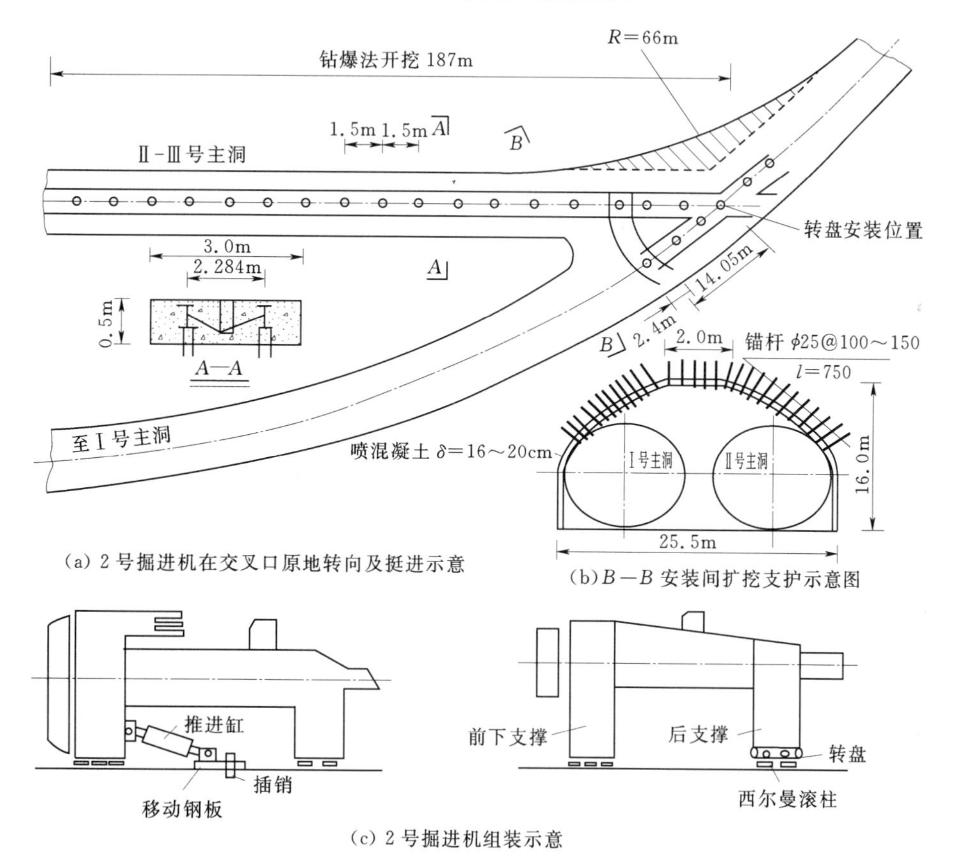

图2　掘进机洞内转向布置示意图

5.2.2 转向步进平台就位

将用西尔曼（Hilman）滚柱制作的前下支撑、后支撑转向步进平台，固定于已测量定位的掘进机安装位置。

5.2.3 前下支撑安装

将前下支撑放在用西尔曼（Hilman）滚柱制作的转向步进平台上，在前下支撑上安装辅助油缸支座及电动液压千斤顶支座。

5.2.4 刀盘支承安装

将其与前下支撑用连接螺栓按顺序连接固定，相对安装位置由圆柱销定位以保证定位精度。

5.2.5 大梁及后支承安装

(1) 将大梁前段后端放在临时支墩上，前端与刀盘支承用螺栓连接。

(2) 后支撑放在用西尔曼（Hilman）滚柱制作的移动平台上，用连接螺栓连接大梁前段、大梁后段及后支承，此安装过程要保证临时支墩及后支撑的高度与机头架高度相适应，然后在大梁内侧组装主皮带机受料斗。

5.2.6 安装水平导向杆、扭力框架

水平导向杆安装时认真清洁并涂抹润滑脂。

5.2.7 安装水平支撑及推进油缸

安装水平支撑靴板时需设置临时支墩，油缸安装时进出油口应布置在油缸下部，油缸活塞杆上部应设置滑移式钢板罩以保护油缸。

5.2.8 安装主轴承及密封组件

将主轴承及组件安装在刀盘支承的轴承座上，调整轴承间隙，按顺序紧固连接螺栓后用钢丝对螺栓进行锁紧，由于密封直径大在粘制密封圈过程中必须严格控制长度以保证密封效果，安装时应多人多点同步装入以避免密封扭曲和拉伸变形。

5.2.9 安装中心刀盘

吊装对位后用风动扳手按顺序紧固连接螺栓，为避免在刀盘及刀具安装过程中使用电焊造成大轴承滚道表面因电焊电流的通过形成火花损坏滚道面，必须控制电焊电流不能通过大轴承。

5.2.10 安装主驱动装置、液压及电器系统

电器及液压系统中电动机动力线接好后，点动电机以保证电动机回转方向正确，液压及润滑系统在启动前应按规定加注液压、齿轮油，并排出油路中的空气。

5.2.11 安装1号皮带输送机

安装皮带机驱动液压马达及皮带张紧装置，皮带机上、下托辊、导向滚筒（安装前应加注足够的齿轮油），黏接输送带。

5.2.12 安装支护系统

安装支护系统钻机设备、钢拱架系统。

5.2.13 其他设备安装

安装通风除尘装置及气、水供应系统。

5.2.14 后配套安装（可与主机安装同时进行）

在后配套安装位置按顺序组装16节后配套平台，包括布置于后配套台车上的3号皮带机、2号皮带机液压站、卸料装置、变压器、电器控制柜及高压电缆卷盘及通风管连接装置。

5.2.15 步进掘进机主机到2号支洞预备洞

拆除安装时设置的临时支墩及2号支洞内轨道并进行洞内清理，由一只一端固定于掘进机前下支撑上，另一端固定于预设的推进地桩上的辅助油缸将掘进机步进至预备洞就位，在2号支洞预备洞脱柱槽处脱掉用西尔曼（Hilman）滚柱制作的步进平台。

5.2.16 掘进机的移动

接通掘进机推进、支撑液压系统临时供电线路，将已步进至2号支洞预备洞的主机沿2号支洞自行进入到洞内安装场。

5.2.17 主机洞内原地转向

(1) 主机到达洞内安装场后用6台100t的电动液压千斤顶把机头和机尾顶起来，在前后支撑下安装上用西尔曼(Hilman)滚柱制作的步进转向平台(前后下支撑下所安装滚柱的滚动方向与掘进机轴线方向相同)。

(2) 利用主机前后支撑下安装的西尔曼(Hilman)滚柱步进转向平台配合辅助油缸实现掘进机步进，步进时辅助油缸一端固定于前下支撑上的辅助油缸支座，一端固定于预埋地桩上，通过辅助油缸的循环工作将掘进机步进到洞内掘进机原地转向位置。

(3) 用6台100t的电动液压千斤顶把机头和机尾顶起，改变主机前下支撑下安装的步进转向平台的西尔曼(Hilman)滚柱的安装方向(前下支撑下所安装滚柱滚动方向与掘进机轴线方向垂直)，利用安装于主机前下支撑侧面地板上的卷扬机配合步进转向平台实现掘进机的原地转向，转向时靠卷扬机牵引主机以后支撑下回转平台为中心回转，直至将主机原地转向至与2号主洞预备洞同一轴线。

5.2.18 安装左右侧支撑、盾座、护盾及边刀盘

利用事先进洞的40t履带吊安装事先运进洞内安装场的左右侧支撑、盾座、护盾和边刀盘，边刀盘按1号→3号→2号→4号顺序进行安装。

5.2.19 安装连接桥

安装连接桥上的2号皮带机、除尘装置通风管，用圆柱销将连接桥与主机大梁进行连接。

5.2.20 主机步进

(1) 步进方法：由一只一端固定于掘进机前下支撑上，另一端固定于预设的推进地桩上的辅助油缸配合步进转向平台将2号掘进机步进至2号主洞预备洞就位。

(2) 步进循环步骤：

辅助油缸缩回将油缸一端固定于掘进机前下支撑上，另一端固定于预设的推进地桩上→伸出辅助油缸推动主机前移→解除辅助油缸与推进地桩的连接→辅助油缸缩回并与下一推进地桩固定→伸出辅助油缸，开始下一循环直到将掘进机步进至2号主洞预备洞就位。

5.2.21 连接主机和后配套

延伸后配套下轨道，采用卷扬机分节将平台车拖过2号支洞与2号主洞交叉口至2号主洞就位段，将后配套与主机及连接桥连接。

5.2.22 整机调试

安装完后必须进行全面检查，按要求加注润滑剂，进行空载运转，检查各机构动作情况是否正常，并根据掘进机的技术性能参数进行各种装置的调试，使之准确可靠。

5.3 掘进机机安装

过程中应填写掘进机安装过程记录。

5.4 验收

安装完成后由设备、质安、安装等有关人员进行验收，并填写验收记录和交接记录。

6 安装的机具设备及人员组织

(1) 主要安装工具清单见表1。

表1　　主要安装工具清单

名　　称	规　　格	单　　位	数　　量
履带吊车	150t	台	1
履带吊车	40t	台	1
液压千斤顶	100t	台	6
滚柱	60t	只	16
空压机	$12m^3$	台	1
卷扬机		台	1
电焊机	500A	台	1
风动扳手		台	2
扭力扳手		把	2
氧焊工具		套	1
钢丝绳、卸扣	ϕ20mm×3.7m、ϕ25mm×3.7m、ϕ36mm×3.7m各4根，5t、12t、30t卸扣各8只		
其他小型工具	重型套筒扳手2套、开口扳手2套、活动扳手1套、梅花扳手2套、手砂轮机2台、撬棍10根、铁锤4把、千分尺1把，管子钳2把		

（2）安装人员组织：罗宾斯公司咨询工程师1人，翻译1人，现场指挥1人，电器、机械技术人员各1人，安全员1人，吊车司机2～3人，电工4～6人，电焊工2人，安装钳工8～10人，起重工6～8人，配件保管员1人。

7　安全措施

（1）安装掘进机前由技术人员及安全员向全体参加安装人员进行技术、安全交底及注意事项。

（2）全体作业人员进入作业现场必须戴安全帽，高空作业人员必须系安全带，穿防滑鞋，严禁酒后作业。

（3）作业人员必须持证上岗，熟知本工种安全操作规程，并服从指挥。

（4）起重机站位要正确，支承要牢固吊车司机要听专人指挥，建立安全作业区，非作业人员禁止入内。

（5）作业人员不得随意乱丢乱扔工具、零配件，以防掉物伤人。

（6）夜间作业，作业现场必须有良好的照明。

（7）现场指挥和带班人员要注意作业人员的思想、身体状况，如有不宜高空作业人员应及时调整更换。

8　质量控制

（1）对安装人员的要求：掘进机安装部门技术人员要到安装现场实际勘察，了解装配图及技术要求，了解装配结构、特点及调整方法准备合适的装配工具，制定安装方案及装配工艺规程。

（2）对安装场地的要求：应有安装起重机的可靠停放（包括支腿位置）场地，掘进机部件的存放场地、拼装场地等。安装场地地基夯实、表面平整、地表抗压强度能够保证掘进机安装完成后在上可自由移动，在主机安装位置用20号工字钢及20mm厚的钢板等预埋件做成原地转向和推进轨道装置，施工空间规定距离内无干涉物。

（3）安装工艺要求：保证部件吊装平稳安全，注意保持零件的原有尺寸和精度，认真清洗，特别是液压元件必须用干净清洗剂清洗，严禁用棉纱擦拭，必须用不脱线的布或毛巾擦拭，认真研究装配图确认部件的正确装配关系，螺栓连接必须认真核实其大小、精度及紧固扭矩并按正确的紧固顺序进行紧固。

9 环境措施

（1）认真遵守国家及当地政府制定的环境保护法律、法规。

（2）做好各种部件包装材料的回收。

（3）防止各类油料及化学品泄漏。

10 效益分析

用本法安装减少了安装前的准备时间，加快了安装进度，特别是在外部环境受制约的情况下与其他安装方法相比有明显的优势。

11 工程实例

用本法武警水电一总队在天生桥二级电站安装了两台10.8m掘进机用于天生桥二级电站1号、2号引水隧洞的施工，为加快施工进度，采用从2号支洞分别进入1号、2号主洞施工以实现分段开挖，两台掘进机需要从同一支洞进入两个工作面进行两条主洞的开挖，由于使用本法保证了第二台掘进机在1号、2号主洞分岔处的快速安装及转向，最大限度地减少第二台掘进机安装时对第一台掘进机正常掘进的影响，在天生桥二级电站引水隧洞施工中1号机完成隧洞开挖4645m，2号机完成隧洞开挖3216m，保证了隧洞开挖的按时完成。

水工隧洞小导管施工工法

刘其森　李虎章　范双柱　韦顺敏　胡文利

1　前言

在南水北调应急供水工程北京段西四环暗涵施工中，工程地质条件为Ⅴ类围岩，如何保证开挖掌子面不塌方是确保安全施工的难题。武警水电一总队在因此工程施工中采用浅埋暗挖的施工方案，围岩超前支护采用小导管注浆的方法，通过超前小导管注浆，改善了地质条件，提高了围岩自稳能力，达到开挖易成洞、减少超挖和提供安全作业环境的目的。

2　工法特点

（1）技术可靠，安全性高。

（2）工艺简便，可操作性强，便于实施。

（3）超前支护，改善成洞条件，减少超挖，保证了施工质量。

（4）所需材料和设备造价较低。

3　适用范围

适用于水利、公路、铁路等工程地质条件较差的地下洞室开挖。尤其适用于城区地面建筑物密集、交通运输繁忙、地下管线密布、对地面沉陷控制要求严格的其他类似地下工程。

4　工艺原理

超前小导管的施工工艺原理是沿隧道开挖面周边按设计外插角将小导管向前打（钻、压）入地层中，借助注浆泵的压力使浆液通过小导管渗入、扩散到岩层孔隙或裂隙中，以改善岩体的物理力学性能。沿开挖面周围形成一个的壳体——地层自承拱，有效地限制岩层松弛变形从而达到了提高开挖面岩层自稳能力的目的。起到了超前支护、防渗水的作用。在其保护下，可以安全地进行开挖作业。

4.1　固结机理

按固结机理主要归纳为渗入性和劈裂压密式注浆两种。

（1）渗入性注浆：对于具有一定孔隙或裂隙受扰动和破坏的围岩，在注浆压力作用下，浆液克服流动的各种阻力，渗入围岩的孔隙或裂隙中，达到加固岩层的目的。

（2）劈裂压密式注浆：对于致密的土质地层，在较高的浆液压力作用下，裂隙被挤开，使浆液得以渗入，形成脉状水泥浆脉，浆液在围岩分布形成以钢管为主干的枝状加固体，起到固结作用。

4.2　注浆量的确定

注浆量计算公式

$$Q=\pi R^2 Ln\alpha\beta \tag{1}$$

式中　R——浆液扩散半径，m；

L——注浆管长（只计花管部分长度），m；

n——地层孔隙率；

α——地层填充系数，一般取0.8；

β——浆液消耗系数，一般取1.1～1.2。

5 施工工艺流程及操作要点

5.1 施工工艺流程

小导管施工工艺流程见图1。

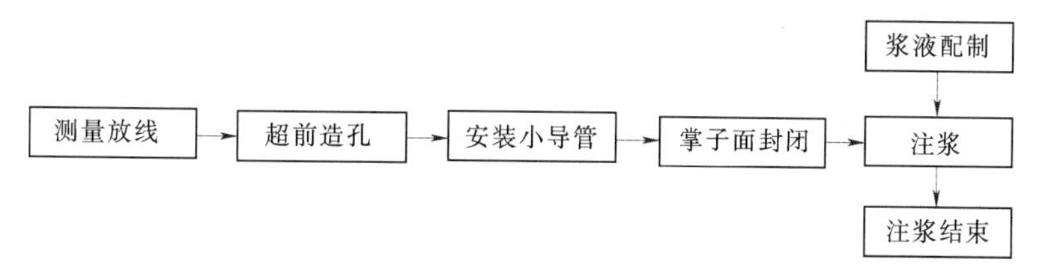

图1 小导管施工工艺流程图

5.2 操作要点

5.2.1 小导管制作

小导管采用ϕ25～60mm的钢管加工制作，包括锥体管头、花管及管体三部分，长度一般为1.7～3.5m（见图2）。锥体管头为250～300mm锥体，花管长1.2～2.5m，管身注浆孔每排4孔，排距10～20cm，孔径为6～8mm，梅花形布置。根据不同地层和所注浆液的种类，可适当调整注浆孔的参数。

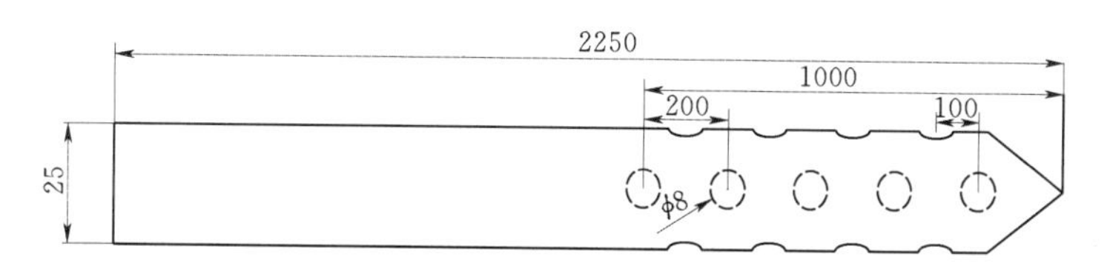

图2 小导管示意图（单位：mm）

5.2.2 超前造孔

小导管安装前根据围岩不同，可选择采用钻孔或风吹成孔。对于较硬的岩石地层，采用电钻（或手风钻）钻孔。对于砂类土，也可用相应管径的钢管制作风管，将吹风管缓缓插入土中，用高压风吹成孔。

5.2.3 小导管安装

（1）小导管沿隧洞上拱部180°布设，环向间距应不小于30cm，外插角（仰角）在20°～30°。

（2）安装前，须对小导管进行检查，确保畅通。

（3）用风镐将小导管顶入，也可用锤击插入。入孔长度不小于管长的90%。

（4）安装后，再次检查管内有无杂物，如有杂物，用吹管吹出或用掏钩掏出。

（5）用塑胶泥（40°Be′水玻璃拌和525水泥即可）封堵导管周围，管口采用棉纱封堵保护。

小导管施工布置图和侧视图见图3和图4。

5.2.4 掌子面封闭

为灌浆时保证灌浆压力、防止漏浆，灌浆前须喷5～8cm厚的砂浆或混凝土封闭掌子面。

5.2.5 浆液配制

通常使用的浆液有：改性水玻璃浆液、水泥～水玻璃双液浆、水泥浆等。

（1）改性水玻璃浆液由硫酸与水玻璃人工配制而成。采用18%～20%的稀硫酸，将浓度为40°Be′的水玻璃稀释成20°Be′的改性水玻璃，模数为2.0～2.4。

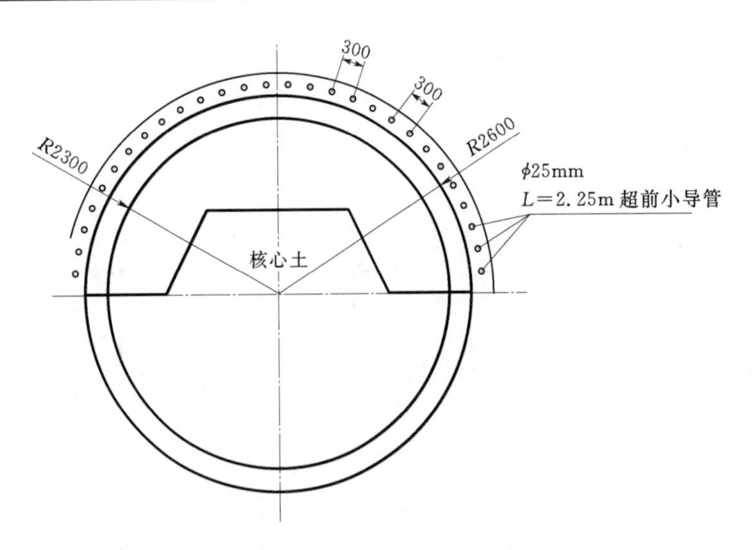

图 3 小导管施工布置图（单位：mm）

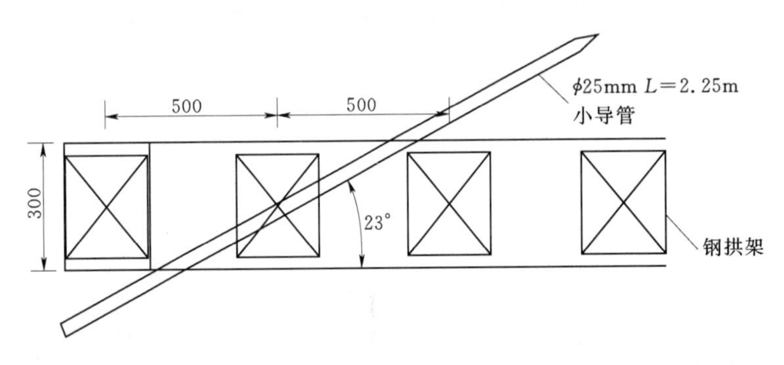

图 4 小导管施工侧视图（单位：mm）

（2）水泥—水玻璃双液浆由水泥浆和改性水玻璃配制而成，采用低速搅拌桶拌制。水泥浆的水灰比为 1.25：1～0.5：1，改性水玻璃的浓度为 20°Be′（模数为 2.0～2.4）。具体配比根据实际情况现场试验确定。

（3）水泥浆采用高速搅拌桶拌制。水灰比为 0.8：1～0.5：1。

5.2.6 注浆

（1）改性水玻璃浆液采用 MJ2 灌浆泵注浆。

（2）水泥—水玻璃双液浆采用 SYB—60/5 双液注浆泵注浆。

（3）水泥浆采用 SLDB—63/4 注浆泵注浆。

（4）注浆终压：不大于 0.35～0.5MPa。

（5）浆液扩散半径：不小于 0.25m。

（6）注浆速度不大于 30L/min。

（7）Ⅴ类围岩单孔注浆量 50～100L。

注浆参数按设计要求执行。

5.2.7 注浆结束

按照设计标准结束注浆。管口封堵。灌浆系统清洗干净。

6 机具设备

6.1 主要设备

小导管施工主要设备见表 1。

表 1　　　　小导管施工主要设备表

序号	名　称	规 格 型 号	数量	单位	备　注
1	凿岩机	TXU-75A	1	台	较硬的岩石地层钻孔
2	灌浆泵	MJ2	1	台	改性水玻璃注浆
3	双液灌浆泵	SYB-60/5	1	台	双浆液注浆
4	灌浆泵	SLDB-63/4	1	台	
5	高速搅拌桶	XL-150L	1	台	
6	低速搅拌桶	SJB-300X2Z	1	台	
7	储浆桶		1	个	
8	配浆桶		1	个	
9	风镐		4	台	
10	空压机	$20m^3$	1	台	

6.2 主要材料

小导管施工主要材料见表 2。

表 2　　　　小导管施工主要材料表

序号	名　称	规 格 型 号	数量	单位	备　注
1	吹管	ϕ20mm 钢管	8	根	自制
2	掏钩	Φ8mm 钢筋	8	个	自制
3	高压胶管	PG-40DG-25	若干		
4	高压接头		若干		
5	球阀	IISA-40DG-25	若干		
6	水箱	$1m^3$	4	个	

7 质量控制

（1）成立质量管理领导小组，设专职质检人员，工序负责人为质量责任人。

（2）施工前进行专项技术交底。

（3）灌浆人员必须经过专门培训合格后持证上岗。

（4）严格控制各种原材料质量，不合格产品严禁进入施工现场。

（5）严格实行“三检”制度。

（6）进行现场灌浆试验，确定灌浆参数，在设计压力下的小导管间距、凝结时间等，确保形成连续的地层自承拱。

（7）灌浆过程中，如发生浆液从其他小导管流出的现象，则将串浆管口用木楔堵塞，待该管灌浆时再拔下木楔灌浆。

（8）灌浆时，必须密切注意压力表，发现压力过高，需立即停风检查，排除故障后再恢复灌浆；

（9）超前小导管的钻孔应严格控制外插角度，保证两孔和两步间的灌浆搭接区长度。

（10）灌浆是一项连续作业，不得任意停泵，以防止浆液沉淀，堵塞管路，影响注浆效果。

（11）根据不同的地层，及时调整注浆材料，保证有效固结。

8 安全措施

（1）成立安全管理小组，制定安全管理措施。

（2）进行专项安全教育、培训和安全交底。

（3）施工人员进入施工现场必须佩戴安全防护用品，非施工人员未经许可不得进入施工现场。

（4）专职安全员必须跟班监督、检查安全施工情况，发现隐患及时责令整改，必要时下达停工整改通知。

（5）灌浆过程中严禁在灌浆泵运行时进行修理。

（6）灌浆泵及管路内压力未降至零时，不准拆除管路或松开管路接头，以免浆液喷出伤人。

（7）灌浆人员在拆管路、操作灌浆泵时应戴防护眼镜。

（8）保持机械及管路内清洁，灌浆结束后必须将设备清洗干净，同时清理周围环境，使之整洁卫生。

（9）施工现场实施机械安全专人负责制。机械设备操作人员必须持证上岗。

（10）对配制浆液的化学材料（浓硫酸）严格专人领用和登记制度，并及时回收剩余的物品。

（11）浆液的配制严格按制定的操作规程和实施细则进行，不可随意改变操作顺序，防止出现安全事故。

（12）现场做好防火、防爆、防毒措施。

（13）安全事故处理坚持“四不放过”原则。

9　环保措施

（1）成立环境保护领导小组，落实国家和地方政府有关环境保护的法律、法规。

（2）加强对工程材料、设备和工程废弃物的控制与治理。

（3）施工现场做到各种标牌清楚、标识醒目、场地整洁。

（4）使用低静音空压机。

（5）洞内进行经常性洒水降尘。

（6）废弃浆液集中凝固处理，确保无害排放。

10　效益分析

小导管施工工艺在南水北调西环暗涵工程七标段施工中，有效地保证了隧洞一次开挖成型，未发生一次施工安全事故，开挖平均日进尺2～2.5m（4～5个施工循环），单个隧洞施工面分别比计划提前了15～30d，施工成本比预期的大大降低，节省投资近100万元。

小导管施工工艺在南水北调西环暗涵工程零标段施工中，有效地保证了隧洞开挖成型，开挖平均日进尺2～2.5m（4～5个施工循环），单个隧洞施工面分别比计划提前了5～15d，施工成本比预期的大大降低，节省投资近40万元。

小导管施工工艺在工程地质条件较差的地下洞室开挖中保障了施工安全，提高了施工质量，确保了施工工期，节约了施工成本，取得了较好的效益。

11　应用实例

西四环暗涵工程是南水北调中线京石段应急供水工程（北京段）总干渠的最后控制性工程，全长12.64km。其围岩主要为第四系全新统圆砾（卵石），局部地段还夹有中细砂透镜体，围岩结构松散，不易成洞型，围岩等级为Ⅴ类。另外，地面即为北京市政交通主干线西四环路，并且多处横穿其他公路、桥梁及地铁等城市设施，地面荷载复杂，上覆土体厚度和两涵间距较小；在通过砂层透镜体、局部含大粒径卵石、漂石；工程区内地下管线较密集，局部地段和时段可能会有上层滞水。

工程采用浅埋暗挖法施工，小导管沿隧洞顶拱部布设，环向间距30cm，外插角（仰角）在25°～30°。采用的小导管为内径ϕ25mm壁厚5mm的无缝钢管，管长1.7m，锥体管头为250～300mm锥体，花管长1.2～2.5m，管身注浆孔每排4孔，排距10～20cm，孔径为6～8mm，梅花形布置。灌浆参数为：①注浆压力：孔口0.35MPa；②浆液扩散半径：不小于0.25m；③注浆速度不大于

30L/min；④注浆量 100L。

小导管施工中劳动力配备见表 3。

表 3 劳动力配备表

序号	工种	人数	工作内容
1	施工管理人员	4	技术交底及质量控制
2	电工	2	电器维护及施工照明
3	电焊工	2	小导管制作及安装固定
4	风钻工	2	掌子面超前钻孔或吹孔
5	空压机操作工	1	施工供风
6	灌浆工	6	浆液的配制及灌浆
7	普工	2	材料运输及辅助工作

西四环暗涵工程于 2005 年 5 月 28 日开工，通过采用小导管施工工艺，开挖过程中没有出现大塌方，造成断路，影响桥梁、地铁安全的事故，暗涵于 2007 年 11 月全部贯通。通过监测，地面沉降值均小于设计允许值（15mm）。

自行式钢模台车隧洞衬砌施工工法

姚自友　李虎章　帖军锋　范双柱　韦顺敏

1　前言

针对隧洞混凝土衬砌中钢拱架和散拼模板、大模板存在劳动强度高，施工质量缺陷较多等问题，武警水电一总队采用自行式钢模台车进行隧洞衬砌较好地解决了上述问题，取得了良好的经济效益和社会效益。

2　工法特点

（1）结构可靠、操作方便、衬砌速度快、隧道成型工艺好。

（2）施工程序化、管理规范化，降低劳动强度，易于保证安全。

（3）具有成本较低，提高了经济效益。

3　适用范围

适用于各类隧洞混凝土衬砌。

4　工艺原理

利用电动机驱动行走机构带动模板台车行走，液压装置调整模板到位及收模、螺旋千斤顶锁定，实现隧洞混凝土衬砌连续施工。

5　工艺流程及操作要点

5.1　工艺流程

台车设计→台车安装→钢筋安装→台车就位→合模→备仓→浇筑→脱模。

5.2　操作要点

台车就位前底板混凝土必须浇筑完成，边顶拱钢筋绑扎完成，行走轨道按照测量放点铺设完成；台车合模前建基面凿毛、冲洗完成，达到浇筑验收条件。

5.2.1　台车设计

5.2.1.1　台车设计的基本要求

（1）保证混凝土结构设计形状、尺寸和相互位置正确。

（2）具有足够的强度、刚度和稳定性，能可靠地承受模板施工规范规定的各项施工荷载，并保证变形不超过允许范围。

（3）面板板面平整、光洁、拼缝密合、不漏浆。

5.2.1.2　设计荷载

钢模台车荷载包括以下几种：

（1）模板的自身重力，一般根据模板设计图纸确定。

（2）新浇筑的混凝土重力，一般可采用表观密度 24kN/m^3。

(3) 钢筋及预埋件的重力，应根据设计图纸确定。

(4) 施工人员及机具设备的重力。

(5) 振捣混凝土时产生的荷载，对水平面模板可采用2.0kPa；对垂直面模板可采用4.0kPa（作用范围在新浇筑混凝土侧压力的有效压头高度之内）。

(6) 新浇筑混凝土的侧压力。

(7) 新浇筑混凝土的浮托力，无试验资料可采用模板受浮面水平投影面积每平方承受浮托力15kN进行估算。

计算承载力按照(1)、(2)、(3)、(4)、(5)、(6)、(7)进行组合；验算刚度按照(1)、(2)、(3)、(4)、(6)、(7)组合。

模板验算刚度时，其最大变形值不得超过下列允许值：结果表面外露模板，为模板构件计算跨度的1/400，支架的压缩变形值或弹性挠度，为相应的结构计算跨度的1/1000。

5.2.2 台车安装

台车的安装分洞内及洞外安装。洞内安装通过洞壁上固定好的起吊锚杆，利用手拉葫芦起吊台车部件；洞外安装通过起重机起吊部件，将台车安装好后，起动行走机构将台车开进洞内。

(1) 确定安装的基准：按总图（总图尺寸为台车工作状态的尺寸）要求，检查地面是否平整，是否达到设计安装的基准要求，如有坡度（一般为2%），检查坡度是否满足实际要求，否则，进行处理，以保证安装的基准。

(2) 铺设轨道：轨道选用P43kg/m型钢轨，高度为140mm，轨道直接铺设在混凝土底板上，或支承在200mm高的枕木上。轨道必须固定；轨道中心距要求达到设计要求，误差不得大于10mm；轨道高程误差不得大于20mm；轨道中心距与隧道中心误差不得大于20mm；枕木强度应满足承载力要求，其横截面为200mm×200mm，长度为600mm，铺设间距为500mm。

(3) 门架的安装：横梁与立柱、立柱与门架纵梁及各连接梁和斜拉杆的整个门架安装后，找准两根纵梁的中心线，其对角线长度误差不得大于20mm。

(4) 平移小车到位：两套平移小车支承在门架两根边横梁上，调节油缸应调节在行程中位。

(5) 安装托架总成：先安装托架纵梁支承在平移小车上的液压油缸上，然后依次安装边横梁、中横梁、边立柱、中立柱及各支承螺旋千斤，注意纵梁中心线应与门架中心线平行。两根纵梁中心线的对角线长度误差不得大于20mm。

(6) 安装模板总成：模板的安装应先顶模，将全部顶模安装到位后，再挂左、右边模，接着安装千斤顶连接梁及各侧向支承千斤。

(7) 安装液压站及液压管道，配接电气线路。

(8) 各部件的检查：台车安装完毕后，检查各部件螺栓连接、各连接销子、各螺旋千斤的伸缩、有关液压件及管道、电气接线安全绝缘等。

(9) 检测各设计尺寸：检测台车各重要尺寸是否达到设计要求。

如台车轨道面至模板最高处的高度；模板左右边缘的理论宽度；模板轨道中心距，如地基有坡度，检测左右轨面高差；模板左右边缘与地基的高度是否与设计尺寸吻合等。

如不符，查明原因，调整好有关尺寸。

5.2.3 钢筋安装

采用钢筋台车将钢筋按照设计要求及规程规范进行安装。

5.2.4 台车行走和就位

(1) 操作行走电器按钮，台车在电机驱动下行走。

(2) 利用变速档位实现台车就位。

(3) 锁定行走轮，旋出基脚千斤顶撑紧钢轨，防止台车移动。

5.2.5 合模

(1) 启动液压站，操作换向阀手柄，顶模油缸工作，顶模就位，用螺旋千斤顶锁定。

(2) 启动侧模油缸，侧模就位，用螺旋千斤顶锁定。

(3) 模板检查、调整。

(4) 挡头模板组立，组立过程中安装止水。

5.2.6 备仓

(1) 混凝土泵就位，布设输送管路。

(2) 仓内挂设溜筒。

(3) 连接插入式振捣器。

5.2.7 混凝土浇筑

(1) 混凝土搅拌车水平运输，混凝土泵泵送入仓。

(2) 通过工作窗进行混凝土的浇筑，通过浇筑窗口用插入式振捣器进行振捣，在浇筑过程中陆续关闭工作窗。

(3) 最后将输送管与模板顶部的注浆口对接，进行少量顶部空间灌注，完成后，将刹尖管中的多余混凝土掏掉，关闭注浆口。顶部混凝土依靠附着式振动器进行振动，使其密实。

(4) 两侧均衡上升，高差控制在50cm以内；上升速度不大于每小时1.2m。

5.2.8 脱模

浇筑完成之后16h之后可以脱模。

(1) 拆除挡头模板。

(2) 松动侧模螺旋千斤顶，启动侧模油缸，侧模内收。

(3) 松动顶模螺旋千斤顶，启动顶模油缸，使顶模离开混凝土。

(4) 向下一仓位移动。

(5) 清理台车，模板涂刷脱模剂。

5.3 附着式振动器的使用

(1) 间排距2.0m×2.0m，型号为ZW-7，功率1.5kW。

(2) 安装时，避免将螺栓扭斜，底脚螺栓与螺母必须紧固。

(3) 电动机应装有漏电开关，并定期检查接地电阻。

(4) 不允许两台（包括两台）以上同时使用，且不应长时间运转。

(5) 及时清理电动机外表面残留物，以保证电动机运转时散热良好。

6 机具设备

机具设备见表1。

表1 机 具 设 备

序号	设备名称	规格、型号	数量	备注
1	自行式钢模台车	15m	1	自制
2	混凝土运输车	$6m^3$	6	
3	混凝土泵车	HBT60	2	
4	气焊		2	
5	全站仪	拓普康	1	
6	电焊机		2	
7	电动手带锯		2	挡头模板组立
8	振捣器	ϕ100mm、ϕ70mm	6	各6个

7 劳动组织

劳动组织见表2。

表2　　劳　动　组　织

序号	人　员	数量	职　　责
1	技术人员	3	掌握技术标准，负责指导施工，监督施工质量
2	工长	3	组织、协调施工
3	测量人员	6	测量放样、校模
4	安全员	3	安全巡视
5	混凝土工	24	负责台车接泵管、挂溜筒、平仓振捣、混凝土养护
6	模板工	18	负责台车合模、刷脱模剂、挡头模板组立、脱模
7	电工	6	台车行走、就位
8	驾驶员	18	负责混凝土的运输
9	泵车操作手	6	负责泵车操作
10	其他	6	

8 质量控制

（1）做好技术交底工作，施工人员须按照有关的设计要求和施工规范、规程进行施工。

（2）分缝位置偏差不大于钢筋保护层的1/4。

（3）正常移动时用高档位，就位时采用最低档就位。

（4）钢模台车与前一仓混凝土搭接长度不大于10cm。

（5）模板合模误差为－5～＋10mm。

（6）控制混凝土坍落度在140～180mm。

（7）附着式振捣器振捣时间一般为20～25s，加强止水部位的平仓、振捣、防止脱空。

9 安全措施

（1）建立健全施工安全保证体系，严格遵守国家安全管理规定，落实各项安全措施。

（2）加强三级教育培训，落实“三工制度”。

（3）坚持持证上岗制度，严格执行操作规程。

（4）加强施工作业中的安全巡视，确保作业标准化、规范化。

（5）台车移动时，安排专人监控行走安全。

（6）浇筑时，要随时检查、紧固所有螺旋千斤顶。

（7）对称浇筑，高差不得大于50cm，浇筑速度控制在每小时1.2m左右。

（8）封顶时，严禁用一个灌注口浇筑混凝土，必须按顺序依次使用每个灌注口，使顶模均匀受力。

（9）及时清理液压油缸表面附着物，确保正常运行。

（10）经常检查各种电器设备漏电保护、绝缘情况，确保用电安全。

10 环保措施

（1）建立健全施工环保体系，严格遵守国家环保管理规定，落实各项环保措施。

（2）合理布置，规范围挡，做到标牌清楚、齐全，各种标识醒目，施工现场整洁文明。

（3）设立专用排水沟，对废浆、污水进行集中无害化处理后排放。

(4) 做好经常性的道路维护。

11 效益分析

在地下隧洞混凝土衬砌施工中，采用钢模台车实现了机械化作业，降低了劳动强度，提高了劳动效率；减少了施工工序，加快了施工进度；提高了工艺水平，保证了施工质量；具有良好的经济效益和社会效益。

12 工程实例

实例1：水布垭水利枢纽位于清江中游河段巴东县境内，是清江梯级开发的龙头枢纽，正常蓄水位400m，相应库容45.8亿m^3。水布垭放空洞作为枢纽的主要建筑物之一，主要作用有水库放空、中后期导流和施工期向下游供水等。放空洞为永久建筑物，建筑物级别为一级，总长1088.73m。放空洞的有压洞11m洞段和无压洞段采用自行式样钢模台车进行混凝土衬砌施工。其中有压洞11m洞段长155.06m，衬砌厚度有1.0m和1.20m两种型式。无压洞段长532.63m，洞室净空尺寸为7.2m×12.0m，城门洞型，底板坡度为0.2%～0.042%，衬砌厚度有1.00m和1.20m两种型式。现已经过竣工验收并通水使用。

实例2：云南糯扎渡水电站3号导流洞长1529.765m，衬砌后体型为16×21m，坡度为0.51%。衬砌厚度有0.6m、0.8m、1.20m、1.50m四种型式。项目部采用自行式钢模台车进行混凝土衬砌施工，在2007年衬砌总长度达1100m，是洞身总长1529.765m的70%。衬砌完成后的洞段质量良好。

坝基固结灌浆施工工法

杨森浩　李虎章　黄锦波　帖军锋　秦　铎

1　前言

在岩石地基上建坝，一般多进行固结灌浆。实践经验证明，破碎、多裂隙的岩石经过固结灌浆后，其弹性模量和抗压强度均有明显的提高，可以增强岩石的均质性，减少不均匀沉陷。岩石透水性也大为降低，对改进地基岩石性能、效果很显著。

坝基固结灌浆是筑坝施工中一个必要的工序，往往工程量大、工期紧，与其他工序如开挖、混凝土浇筑等发生干扰，常常成为制约大坝施工的技术瓶颈。

武警水电第一总队成功承建了红水河龙滩水电站左岸大坝坝基固结灌浆工程和北盘江光照水电站大坝坝基固结灌浆工程，摸索出一套坝基固结灌浆的快速施工工法，现加以总结，形成本工法。

2　工法特点

（1）施工工艺完善、简便，可操作性强。

（2）因地制宜，多种施工方法并举，使得坝基固结灌浆与其他工序间都能“各方兼顾，均保质量”。

（3）采用大型风钻钻孔，施工速度快，工效高，大幅度提高施工进度。

3　适用范围

适用于混凝土重力坝坝基、混凝土拱坝坝基及坝肩拱座、土石坝斜墙或心墙下混凝土盖板基岩以及混凝土面板堆石坝趾板下基岩所进行的固结灌浆施工，铁道与公路、城市建筑等其他领域的基础固结灌浆施工也可参照使用。

4　工艺原理

（1）同一大坝的基础范围内，地质条件各不相同，有的部位好，有的部位差。固结灌浆的施工方法也应根据地质条件的不同而采用不同的方法，而不是千篇一律。

（2）采用大型风钻钻孔，提高钻孔工效，缩短造孔占用的直线工期。

5　施工工艺流程及操作要点

5.1　施工工艺流程

坝基固结灌浆施工工艺流程见图1。

5.2　操作要点

5.2.1　钻孔

（1）钻孔布置：固结灌浆孔按照设计图纸布置，遇观测孔、坝体廊道、冷却水管等相应调整孔位。所有钻孔的开孔孔位符合施工图纸要求，孔位偏差均不大于10cm。

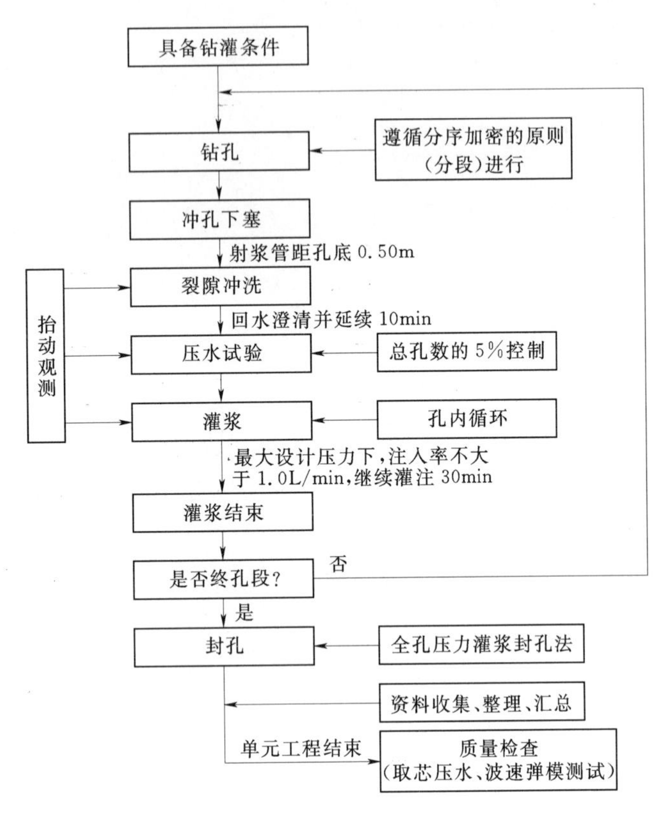

图1　坝基固结灌浆施工工艺流程图

（2）钻孔孔径：根据设计要求，结合各部位固结灌浆施工强度及钻孔设备的不同，灌浆孔孔径为76～91mm。灌浆孔及没有取芯要求的其他钻孔选用大型的气动或液压风钻钻孔；对于有取芯要求的检查孔等钻孔采用液压回转式地质钻机、配金刚石或硬质合金钻头钻孔。

（3）所有固结灌浆孔孔深均应满足设计要求。

（4）固结灌浆孔的施钻严格按灌浆分序分段，逐渐加密、先外围后中央的原则进行。

（5）钻孔过程中，对混凝土厚度、岩层、岩性的变化，对发生的掉钻、塌孔、钻速变化、回水变色、失水、涌水等异常情况，进行详细的记录并及时向监理人反映。

（6）除监理人另有指示外，每个钻灌单元的第一个灌浆孔进行取芯，其他灌浆孔依据监理工程师的指示，一般不取芯，对取出的岩芯进行清洗、编码、装箱，并绘制柱状图。

（7）钻孔结束待灌浆或灌浆结束待加深时，孔口均加以妥善保护。

5.2.2　钻孔冲洗

钻孔结束后，应对孔壁和孔底沉淀进行冲洗。

在孔内下入导管直到孔底，往导管通入大流量水流，从孔底向孔外冲洗，直到回水澄清，孔内残留沉淀厚度不超过20cm。

5.2.3　裂隙冲洗

（1）钻孔冲洗完成后，安装灌浆塞，用压力水进行岩层裂隙的冲洗，直至回水清净时为止。

（2）地质条件较好时，采用单孔裂隙冲洗方法；对岩石破碎、裂隙发育地区，在各钻孔间裂隙相互串通的情况下，采用群孔裂隙冲洗方法。

（3）冲洗压力为灌浆压力的80%，若该值大于1.0MPa时，采用1.0MPa。

（4）当邻近有正在灌浆的孔或邻近灌浆孔结束不足24h时，不得进行裂隙冲洗。

（5）灌浆孔（段）裂隙冲洗后，该孔（段）立即连续进行灌浆作业，因故中断时间间隔超过24h者则在灌浆前重新进行裂隙冲洗。

5.2.4　压水试验

（1）固结灌浆前压水试验在裂隙冲洗后进行，对1个固结灌浆单元而言，采用单点法进行灌前压水试验的孔数不少于总灌浆孔数的5%，且第一个灌浆孔采用单点法进行灌前压水；其他孔结合裂隙冲洗进行简易压水试验。

（2）简易压水试验结合裂隙冲洗进行。压力为灌浆压力的80%，该值若大于1MPa时，采用1MPa；压水20min，每5min测读一次压水流量，取最后的流量值作为计算值，其成果以透水率q表示。

（3）“单点法”压水试验在裂隙冲洗后立即进行（稳定压力为灌浆压力的80%，该值若大于1MPa时，采用1MPa），单点法压水试验压入流量的稳定标准：在稳定的压力下每3～5min测读一次压入流量，连续四次读数中最大值与最小值之差小于最终值的10%，或最大值与最小值之差小于1L/min时，本灌浆段的压水试验即可结束，取最终值作为计算值。

（4）压水试验的成果计算按照如下公式计算：

$$q=Q/PL$$

式中 q——试段透水率，Lu；

Q——压入流量（计算值），L/min；

P——作用于试段内的全压力，MPa；

L——试段长度，m。

5.2.5 灌浆

5.2.5.1 *灌浆方法*

根据地质条件、灌浆孔的深度和灌浆目的以及设计文件要求来确定灌浆方法。一般可采用以下两大类。

（1）全孔一次灌浆法。即将灌浆塞卡在孔口，全孔作为一个灌浆段进行灌注。此法适合于孔深较浅（不超过6m）的灌浆孔。

（2）全孔分段灌浆法。为了较准确地掌握基岩不同高程的注浆情况，提高灌浆质量，将较深的灌浆孔分为若干段。段长应根据地质条件和结构要求来划分，一般地质条件下段长5～6m，较复杂时可按3～4m划分，接触段按1～2m控制段长。每段灌浆时，应分别卡塞。根据钻孔与灌浆间的相互顺序，分段灌浆又可分为：

1）自上而下分段灌浆法。从上向下逐段进行钻孔，逐段安装灌浆塞进行灌浆，直至孔底。此法适合于地质条件较差的地段。由于自上而下逐段灌注，可随段位的加深，逐渐提高灌浆压力，尽量防止浆液上串冒浆、绕塞返浆现象，对灌浆质量有利。同时，各段的压水试验和灌浆量成果计算也较准确。但每段灌注后需一定的待凝时间，钻、灌不能连续进行，工效偏低。

2）自下而上分段灌浆法。将灌浆孔一次钻进到底，然后从钻孔的底部往上，逐段上提灌浆塞进行灌浆，直至孔口。此法适合于岩石坚硬、裂隙不很发育的地段。其优点是：钻进和灌浆两道工序可独立进行，连续施工，灌浆后无须待凝，提高了工效。但遇到岩石破碎地段或孔径不均一时，可能发生卡塞不紧、孔口漏浆或绕塞返浆现象，甚至发生埋塞事故。

（3）综合分段灌浆法。在灌浆孔的某些段采用自上而下分段灌浆，另一些段采用自下而上分段灌浆。此法为上述两种灌浆方法的结合，适合于钻孔较深，地质条件较明晰的地区。它既方便了施工，又顾及地质条件，对进度和质量都有利。

5.2.5.2 *灌浆压力*

采用设计灌浆压力。

灌浆过程中应尽快达到设计压力，但接触段和注入率大的孔段应分段升压。

5.2.5.3 *浆液水灰比和浆液变换*

（1）灌浆浆液由稀到浓逐级变换，一般采用3：1、2：1、1：1、0.5：1等4个比级。根据现场情况，经监理人批准，当灌前压水透水率大于5.0Lu，可以采用2：1水灰比开灌。

（2）浆液变换标准：①当灌浆压力保持不变，注入率持续减少时，或当注入率保持不变而灌浆压力持续升高时，不得改变水灰比；②当某一比级浆液注入量已达300L以上，或灌注时间已达1h，而灌浆压力和注入率均无显著改变时，换浓一级水灰比浆液灌注；③当注入率大于30L/min时，根据施工具体情况，越级变浓。

（3）灌浆过程中，灌浆压力或注入量突然改变较大时，应立即查明原因，采取相应的措施处理。

（4）灌浆过程中定时测记浆液密度和温度，当发现浆液性能偏离规定指标较大时，应立即查明原因进行处理。

5.2.5.4 特殊情况处理

（1）冒浆的处理。灌浆过程中，发现冒浆时，根据现场具体情况采用嵌缝、表面封堵、加浓浆液、降低压力等方法加以处理。在无盖重情况下，从坡面岩石裂隙串冒浆的现象相对较多，对于小流量的冒浆，采用棉纱进行表面封堵；如冒浆量较大，除采用上述方法外，可适当在浆液中掺加水玻璃。

（2）串浆的处理。灌浆过程中如发现串浆时，则采用的处理方法有：①如被串孔正在钻进，则立即停钻；②串浆量不大时，则可在灌浆的同时，在被串孔内通入水流，使水泥浆不致充填孔内；③串浆量较大，则尽可能与被串孔同时灌注，但应注意控制灌浆压力，防止岩体及混凝土抬动；当无条件同时灌浆时，则用灌浆塞塞于被串孔串浆部位上方1～2m处，封堵被串孔，对灌浆孔继续灌浆。灌浆结束后，立即将被串孔内的灌浆塞取出，并扫孔待灌。

（3）灌浆中断的处理。灌浆工作必须连续进行，若因故中断，则按下列原则进行处理，并作好记录：①尽可能缩短中断时间，及早恢复灌浆；②中断时间超过30min，应立即设法冲洗钻孔；若无法冲洗或冲洗无效，则应进行扫孔，再恢复灌浆；③恢复灌浆后，开始应使用开灌比级的水泥浆进行灌注，如注入率与中断前相近，即可采用中断前水泥浆的比级继续灌注，直至灌浆结束。如注入率较中断前减少较多，则应逐级加浓浆液继续灌注。

5.2.5.5 结束条件

各灌浆段的结束条件为：在该灌浆段最大设计压力下，当注入率不大于1L/min后，继续灌注30min，即结束灌浆。

5.2.6 抬动观测

（1）一般在每个坝段各灌浆阶段根据监理人的指示设置抬动观测点、安设抬动观测千分表进行岩石变形观测，其位置根据现场情况确定。

（2）在灌浆过程中派专人负责监测，一旦发现可能出现抬动、变形的迹象，则立即降低灌浆压力，进行减压灌浆，在保证抬动值不继续增高的情况下再逐渐升高灌浆压力直至灌浆结束。

（3）抬动的预防：严格控制灌浆压力和注入率，当吸浆量很大时，加快浆液的变换速度，尽量多灌浓浆。

5.2.7 封孔

采用“导管注浆封孔法”或“全孔灌浆封孔法”。

（1）导管注浆封孔法。对于浅孔（孔深小于10m）和孔内无涌水的灌浆孔，可采用此法。即：全孔灌浆完毕后，将导管（胶管、铁管或钻杆）下入到钻孔底部（管口距孔底0.5m），用灌浆泵向导管内泵入水灰比为0.5的水泥浆。在泵入浆液过程中，随着水泥浆在孔内上升，将导管徐徐上提，但应注意务使导管底口始终保持在浆面以下。

（2）全孔灌浆封孔法。全孔灌浆完毕后，先采用导管注浆法将孔内余浆置换为水灰比0.5的浓浆，而后将灌浆塞塞在孔口，继续使用这种浆液进行纯压式灌浆封孔。灌浆持续时间不应小于1h。

采用上述方法封孔，待孔内水泥浆液凝固后，灌浆孔上部空余部分，大于3m时，应继续采用导管注浆法进行封孔；小于3m时，可使用干硬性水泥砂浆人工封填捣实。

6 材料与设备

6.1 材料

本工法无需特别说明的材料。

6.2 设备

根据各部位固结灌浆施工进度要求，固结灌浆设备采用以下原则进行配备：

（1）根据各部位的施工工期要求及相应的最高施工强度配置所需灌浆系统（灌浆泵及自动记录仪）的套数。

（2）根据相应部位固结灌浆的孔深参数配置钻孔设备的型号及规格。

（3）根据钻机型号及所需供风量足额配备空压机。

采用的主要机具设备参见表1。

表1　主要机具设备表

序号	设备名称	型号及规格	单位	数量	用途
1	履带式气动钻车	CM351	台	4	钻孔
2	移动式空压机	$21m^3/min$	台	4	供风
3	地质钻机	XY・150	台	10	钻孔取芯
4	高压灌浆泵	3SNS	台	16	水泥浆灌注
5	搅拌桶	ZJ－340	台	16	配浆及储浆
6	搅拌桶	YJ－1200	台	2	中转储浆
7	高速制浆机	YJ－400	台	4	制浆
8	灌浆自动记录仪	GIY型	套	16	灌浆纪录
9	交流电焊机	BX3－500	台	2	
10	排污泵	21/2PW	台	6	
11	砂轮切割机		台	1	
12	载重汽车	5t	辆	2	
13	轻便测斜仪	KXP－1	台	2	
14	车床	C620型	台	1	

7　质量控制

（1）建立完善的质量保证体系及制度，严格按照施工技术要求、有关施工规程规范等进行检查控制。

（2）施工过程质量控制流程见图2。

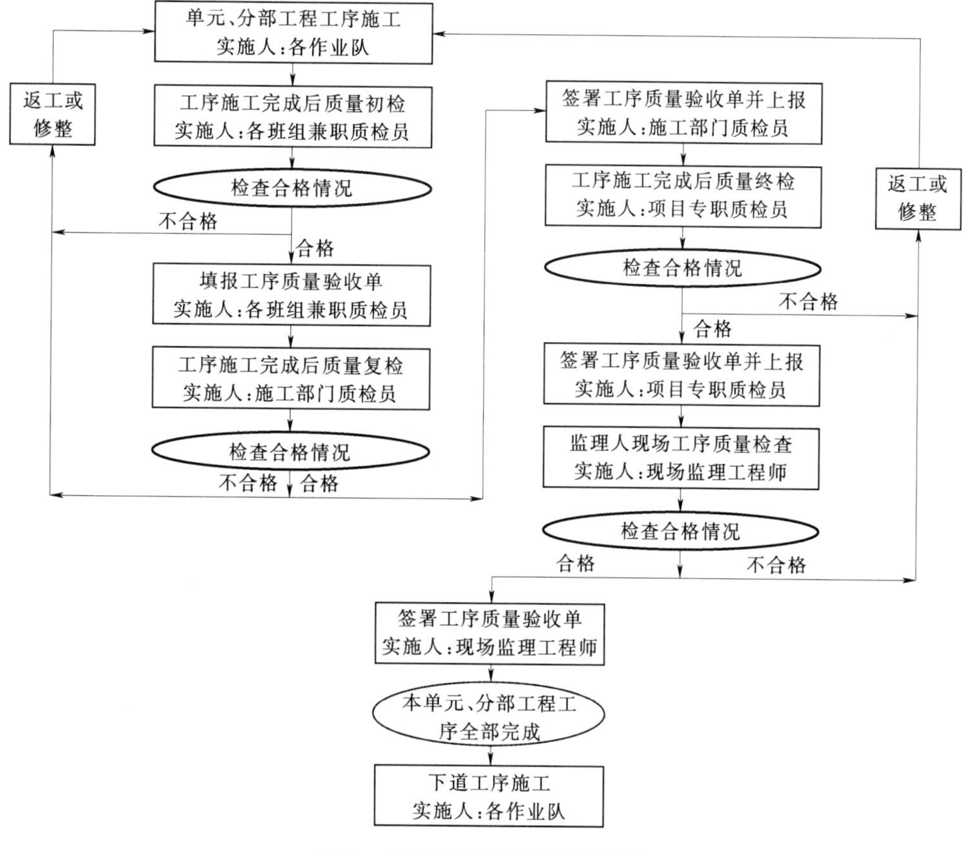

图2　施工过程质量控制流程图

(3) 坚持每道工序施工班组初检、施工部门复检、质检部门质检员终检的“三检”制度。下一道工序必须在上一道工序经过“三检”后、再经过监理人检查验收，合格后方可进行。

(4) 所有设备操作人员和记录人员必须执证上岗，其他人员必须经过培训，经考试合格后方可上岗。

(5) 各部位固结灌浆施工之前，必须对施工图纸及技术要求进行会审，根据施工图纸及技术要求编写施工技术措施和质量计划，并将施工技术措施和质量计划要求对施工人员进行详细的交底。

(6) 在灌浆施工过程中，水泥按照标号和出厂日期分批堆放。每50t进行一次抽样检查。严防受潮和污染，凡是结块、落地回收水泥以及牌号不明、性能不稳定的水泥不得用作灌浆水泥。水泥存放不应过久，出厂期超过三个月的水泥不得使用。

(7) 施工过程中各种用于检验、试验和有关质量记录的仪器、仪表必须定期进行检验和率定。

(8) 施工中进行施工质量检查，施工过程质量控制检查项目详见表2。

表2　　**施工过程质量控制检查项目表**

项类	检查项目		质量标准	检测方法
主控项目	钻孔	孔深	不得小于设计孔深	钢尺、测绳量测
	灌浆	灌浆压力	符合设计要求	自动记录仪、压力表等检测
		灌浆结束条件	符合设计要求	自动记录仪或压力表、量浆尺等检测
	施工记录、图表		齐全、准确、清晰	查看资料
一般项目	钻孔	孔序	按先后排序和孔序施工	现场查看
		孔位偏差	≤10cm	钢尺量测
		终孔孔径	坝基孔不得小于56mm	卡尺量测钻头
		孔底偏距	符合设计要求	测斜仪测取
	灌浆	灌浆段位置及段长	符合设计要求	核定钻杆、钻具长度或用钢尺、测绳量测
		钻孔冲洗	回水清净、孔内沉淀小于20cm	观看回水，量测孔深
		裂隙冲洗与压水试验	符合设计要求	测量记录时间、压力和流量
		浆液及变换	符合设计要求	比重秤、量浆尺、自动记录仪等检测
		特殊情况处理	无特殊情况发生，或虽有特殊情况，但处理后不影响灌浆质量	根据施工记录和实际情况分析
		抬动观测	符合设计要求	千分表等量测
		封孔	符合设计要求	目测或钻孔抽查

(9) 认真做好施工原始记录，并及时整理、汇总，发现问题及时上报，及时处理，不留质量隐患。

(10) 施工过程中派专人负责抬动孔的观测，并做好记录。

(11) 施工过程中遇到特殊情况，应严格按设计有关要求编写出具体的处理方案，及时报监理人批示，并严格按监理人批示方案执行。

(12) 专职质检员跟踪检查全过程的施工质量，发现问题及时整改。

(13) 建立质量奖惩制度，奖优罚劣，充分利用经济杠杆的调整作用。

(14) 加强学习、及时总结施工经验，做好质量责任的宣传教育工作。

8　安全措施

(1) 设专职安全员，各班组设兼职安全员，负责施工安全检查和监管工作，发现问题、隐患及时处理。

（2）对全体参加施工的人员进行安全教育，让他们熟悉并掌握施工的每道工序及注意安全事项，提高全员安全意识。

（3）施工前要制定各机械设备的安全操作规程。

（4）凡进入现场施工的工作人员一律要戴安全帽，或按施工要求佩戴其他安全防护用品，违者拒绝进入施工现场。

（5）工作所用机械设备、电器设备、仪表等，非指定工作人员不得随意操作。

（6）随时作好安全生产检查，对发生的事故要认真查明原因，总结经验教训，对违章作业、失职等造成的事故要追究责任，严肃处理，实行“三不放过”原则。

9 环保措施

（1）严格遵守国家及当地政府、环保部门有关环境保护及文明施工的法律、法规及有关规定，遵守工程的有关规定和发包方的规划。

（2）有害物质废料（如燃料、油料、化学品、酸性物质等及超过允许剂量被污染的尘埃弃渣等），在监理人未同意统一处理前，不得随意乱倒，防止污染土地河川。

（3）钻机在造孔时带水作业，以减少粉尘、烟雾对环境的污染。

（4）除已征得发包方和监理单位同意外，必须拆除一切需要拆除的临时设施并对拆除后的场地进行彻底清理。

（5）施工用料的存放做到分类存放、堆码整齐、存取方便、正确防护。对施工剩料要及时收集、分类存放、定期清理。

（6）合理设置沉淀池。各部位的钻孔污物、废弃浆液等，用高压水冲洗至沉淀池中，经过沉淀后，清水抽排至下游河道，沉淀物用编织袋装好，用汽车运至指定弃渣场。

10 效益分析

（1）本工法采用大型的风钻钻孔，提高了钻孔工效，为下一步的灌浆施工赢得了宝贵的工期。同时，减少了施工现场钻机的数量，有利于文明施工。

（2）本工法针对不同的地质条件，采取不同的应对方法，有利于在大坝施工中穿插，缓解了两者之间的矛盾。

11 应用实例

龙滩水电站是红水河梯级开发中的骨干工程，位于广西壮族自治区天峨县境内的红水河上，工程以发电为主，兼有防洪、航运的综合利用工程。工程枢纽布置为：碾压混凝土重力坝；泄洪建筑物布置在河床坝段，由7个表孔和2个底孔组成；引水发电系统布置在左岸，装机9台；通航建筑物布置在右岸，采用二级垂直提升式升船机。工程按正常蓄水位400m设计，初期按375m建设，电站装机容量分别为6300MW与4900MW。

左岸大坝指22～32号共11个坝段。

左岸大坝坝基固结灌浆除纵向帷幕灌浆廊道附近两排孔为网格状布置外，其余灌浆孔呈梅花形布置，加密区孔距、排距均为2.0m，非加密区孔距、排距均为3.0m，孔深为入基岩6.0～15.0m，孔向铅直（31号坝段内倾角为60°）。

左岸大坝坝基固结灌浆于2004年5月9日开始施工，至2006年5月13日全部结束，共完成固结灌浆基岩内钻孔37981.2m，固结灌浆混凝土内钻孔34389.7m，基岩固结灌浆37981.2m，固结灌浆检查孔基岩内钻孔1805.5m，固结灌浆检查孔混凝土内钻孔1730.5m，固结灌浆灌前灌后基岩内声波测试1523.0m，固结灌浆灌后检查孔基岩内声波测试1805.5m，固结灌浆检查孔压水试验396段。

灌浆成果表明单位注入量随着灌浆次序的增加而递减，符合正常的分序灌浆规律；灌后压水检查透水率全部满足设计要求；弹性声波测试灌后有明显提高，增强了基岩的均质性。

工程验收结论：左岸大坝固结灌浆工程的施工质量始终处于受控状态，工程各项指标符合设计要求，没有发生严重的质量缺陷及质量事故，施工进度满足合同工期要求，总体施工质量优良。

水工隧洞回填灌浆施工工法

杨森浩　李虎章　帖军锋　秦　铎　李　广

1　前言

在山体内形成水工隧洞的方法有多种，多数工程采用钻爆开挖法。由于地质条件的限制，为满足稳定要求，开挖后往往需要在洞内浇筑衬砌混凝土。由于隧洞开挖断面的不规则和目前混凝土浇筑手段的限制，基本上都存在衬砌混凝土与围岩之间填充不密实的问题，尤其是隧洞的顶拱部位，往往脱空尺寸较大。此外，有的水工隧洞停止运行后需回填混凝土予以封堵，一方面受混凝土浇筑手段的限制，加之新混凝土的凝固收缩，使得新老混凝土之间也不同程度的存在脱空的问题。为了防止围岩坍塌，改善衬砌的传递应力条件，多采用回填灌浆的手段将其间的脱空部分用浆液充填密实。

武警水电第一总队自20世纪70年代以来，长期从事着各种水工隧洞的施工，对水工隧洞回填灌浆的施工工艺，亦在不断地研究、改进及完善，从而形成了一套施工便利、造价低，且能大大降低工人劳动强度的施工技术，现加以总结，形成本工法。

2　工法特点

(1) 施工工艺完善、简便，可操作性强，大大降低劳动强度。

(2) 施工速度快，工效高，可确保工期。

(3) 施工质量容易得到保证，能够满足设计要求。

3　适用范围

本工法适用于各种水工隧洞的回填灌浆施工，也适用于公路、铁路隧洞等类似结构的其他洞室的回填灌浆施工。

4　工艺原理

该工法针对水工隧洞运行的方式和衬砌手段的不同，采用不同的回填灌浆方式，即结构造孔灌浆方式和预埋管路灌浆方式。

(1) 结构造孔灌浆方式。直接在已浇筑的混凝土衬砌表面或预埋孔口管内造孔，穿透混凝土后实施灌浆。采取这种方式灌浆的隧洞，绝大多数是准备投入过水运行的隧洞工程，洞内可投入钻灌设备，直接针对孔位钻孔灌浆。

(2) 预埋管路灌浆方式。在混凝土浇筑前，预先安装灌浆管路系统，待混凝土凝固后灌浆。采用这种方式的工程多数是即将停止运行的水工隧洞进行封堵的回填灌浆，因封堵段多为回填的实心混凝土，不便于再预留断面尺寸较大的廊道在其内进行钻孔灌浆。采取预埋管路系统，可将灌浆管预先引至封堵段以外，便于灌浆施工。

5　施工工艺流程及操作要点

5.1　施工工艺流程

5.1.1　结构造孔灌浆方式

结构造孔灌浆方式的回填灌浆施工工艺流程为：施工准备→Ⅰ序孔钻孔→Ⅰ序孔灌浆→Ⅱ序孔钻

孔→Ⅱ序孔灌浆→质量检查。

5.1.2 预埋管路灌浆方式

预埋管路灌浆方式的回填灌浆施工工艺流程为：预埋灌浆管路系统→灌区封闭→压气试通→灌浆→质量检查。

5.2 操作要点

5.2.1 结构造孔灌浆方式

5.2.1.1 施工准备

1. 仔细检查待灌浆的隧洞

发现衬砌表面有漏水的孔道、裂缝、止水不严的结构缝或其他缺陷，采用麻丝、木楔、速凝砂浆等妥善堵漏。

2. 灌浆孔的布置及分序

隧洞回填灌浆孔主要布置在顶拱中心角 90°～120°范围之内，每排孔数依隧洞直径大小而定，直径小于 5m 时可为 1～3 个孔，梅花形布置，排距 2～6m。回填灌浆遵循分序加密的原则进行，灌浆孔一般分为两个次序，两序孔中都应包括顶孔。

3. 预埋孔口管或灌浆管

对于钢筋混凝土衬砌的隧洞，为了方便钻孔和避免在钻孔时打断钢筋，宜在混凝土衬砌中设置孔口管（钢管或塑料管），通过孔口管进行钻孔和灌浆。当遇隧洞顶拱发生坍塌、多量超挖或与溶洞连通，回填空腔很大时，应在该部位预埋灌浆管和排气管，其数量根据空腔大小和范围确定，但不应小于 2 个，其出口应在空腔的最高处，以利于进浆和排气。

值得注意的是：预埋孔口管的位置应当准确记录或留有标志，以便于拆除模板后容易寻找；二是预埋管孔口管（灌浆管和排气管）管口露出后仍应使用凿岩机或钻机扫孔钻进至基岩或脱空区，以保证灌浆通畅。

5.2.1.2 钻孔施工

（1）回填灌浆钻孔必须在相应部位衬砌混凝土达到 70%设计强度后进行。

（2）钻孔孔径不宜小于 38mm，当回填灌浆孔以后还要加深进行固结灌浆时，则孔径应当满足固结灌浆钻孔的要求。灌浆孔的孔深宜进入岩石 10cm。

（3）对混凝土厚度和混凝土与围岩之间的空隙尺寸应进行准确记录。

（4）由于回填灌浆孔较浅（衬砌厚度一般不超过 1.5～2.0m），钻孔采用一般的手风钻（如 YT-25、7655、YT-28 等）即可。

5.2.1.3 灌浆施工

1. 灌浆方法

采用“赶灌法”，即灌浆施工自较低的一端开始，向较高的一端推进。同一区间内的同一次序孔全部钻出后，再进行灌浆。具体做法如下。

施工开始时，先钻出Ⅰ序孔，然后自低端孔向高处孔顺次进行灌浆。当低处孔灌浆时，高处孔会自然排出气体和积水，接着排出浆液，当排出浆液达到或接近注入浆液的浓度时，则封闭（塞住）低处孔，改在高处排浆孔继续灌注。依此类推，向前赶灌，直至最后一孔。Ⅰ序孔完成后，按同样的程序进行Ⅱ序孔的钻孔灌浆。

各孔灌浆时均采用纯压式灌浆法。

如某一孔（或一排孔）灌浆时，高处孔已不再排出浆液，则该孔应灌注达到结束条件，然后再进行下一孔的灌浆。

2. 灌浆压力

回填灌浆的灌浆压力应视混凝土衬砌厚度和配筋情况而定，对于素混凝土衬砌可采用 0.2～

0.3MPa；钢筋混凝土衬砌可采用0.3～0.5MPa。Ⅱ序孔的灌浆压力一般为Ⅰ序孔的1.5～2.0倍。

3. 灌浆浆液

（1）在多数情况下，回填灌浆的浆液均采用纯水泥浆。水泥的强度等级可为32.5级或以上。浆液水灰比可为1∶1～0.5∶1。空腔大的部位，灌注水泥砂浆。

（2）不论Ⅰ序孔灌注何种浆液，Ⅱ序孔均应灌注纯水泥浆。

4. 特殊情况处理

（1）中断：水工隧洞回填灌浆孔多为孔口向下的倒孔，灌浆过程中一旦发生中断，正在灌浆的孔和许多已排出过浆的孔都可能会被堵塞。因此灌浆前要充分做好准备工作，尽量避免中断。不得已发生中断后力求在30min以内恢复灌浆。如中断时间过长，或恢复灌浆后注入率明显减少，甚至不吸浆，则必须对灌浆孔和已排浆的串浆孔进行扫孔，扫孔深度要达到基岩或透过空腔，而后进行复灌。

（2）漏浆：根据具体情况采用嵌缝、表面封堵、加浓浆液、降低压力、间隔灌浆等方法处理。

（3）混凝土衬砌变形或裂缝：当灌浆过程中注入率突然增大，或意外地长时间大吸浆，这时有可能是混凝土衬砌发生了变形或裂缝，应当立即停止灌注，查清发生问题的部位和原因，以及可能造成损害的程度，确定继续灌浆的措施。复灌前必须充分待凝，复灌时应低压、慢速（小注入率），并加强观测。

5. 灌浆结束与封孔

（1）灌浆结束条件：在规定压力下灌浆孔停止吸浆后，延续灌注10min，即可结束。

（2）封孔方法：灌浆孔灌浆完毕后，清除灌浆孔内积水和污物，人工向孔内投入用稠水泥浆或砂浆搓制的泥球，并用木棍或钢筋分层捣实，直至孔口。孔口使用干硬性水泥砂浆填满，并压抹齐平。

（3）对于回填灌浆完成后没有其他用途的灌浆孔应及时进行封孔，对需要加深再进行固结灌浆的钻孔，则在固结灌浆完成后再进行封孔。

5.2.1.4 质量检查

结构造孔灌浆方式的回填灌浆质量检查的方法有三种，即单孔注浆试验、双孔连通试验和钻孔取芯检查。

1. 检查孔的布置和检查时间

（1）回填灌浆检查孔的布置通过分析灌浆资料来确定，一般布置在顶拱中心线上、脱空较大和灌浆情况异常的部位。孔深穿透衬砌深入围岩10cm。压力隧洞每10～15m洞段长应布置一个或一对检查孔，无压隧洞的检查孔可适当减少。

（2）回填灌浆的质量检查如采用注浆试验（包括连通试验）则在该部位灌浆结束7d以后；如进行钻孔取芯检查则在该部位灌浆结束28d以后检查。

2. 检查方法和合格标准

（1）单孔注浆试验：即向检查孔内注入水灰比为2∶1的水泥浆，压力与灌浆压力相同，测量初始10min内的注入浆量。若注入浆量不大于10L为合格，则灌浆工程质量合格。

（2）双孔连通试验：即在指定部位（通常应当是拱顶）布置2个间距为2～3m的检查孔，向其中一孔注入水灰比为2∶1的水泥浆，压力与灌浆压力相同，若另一孔出浆流量小于1L/min为合格。

（3）检查孔及芯样检查：在拱顶钻检查孔获取岩芯，观察岩芯，必要时使用仪器或简易工具探测钻孔。若无脱空现象，浆液结石充填饱满密实，强度满足设计要求为合格。

在实际工程中，一般根据工程条件和要求选用一种或两种检查方法。对于隧洞灌浆工期很紧的工程，回填灌浆完成以后，紧接着要进行围岩固结灌浆和别的工序，难以等待很长的待凝时间。在这种情形下，回填灌浆的质量检查可通过分析资料解决，或安排在固结灌浆后进行补充检查。

5.2.2 预埋管路灌浆方式

5.2.2.1 预埋灌浆管路系统

必须在每个灌浆区段内形成单独的一套灌浆系统，灌浆系统一般应包括：进（回）浆系统、出浆系统及排气系统。

1. 进（回）浆系统

进（回）浆系统指进浆管和回浆管，采用ϕ32～38mm的钢管。

进（回）浆管在灌区顶拱部位水平布置，里端由∩形管接头相连。顶拱宽度较大（大于5m）时，宜布设双套或“一进两回”的管路。进（回）浆管埋设距顶部的尺寸，应结合隧洞的具体情况，并视浇筑混凝土的设备性能以及施工队的技术水平而定。估计顶拱脱空较小时，宜适当靠顶安设灌浆管。根据几个工程的施工经验，灌浆管埋设位置大致距顶部0.3～0.5m为宜。

2. 出浆系统

出浆系统的形成，是在进（回）浆管上，每隔1～2m钻一个出浆孔眼，孔眼直径为10～12mm。为防止出浆孔被回填的混凝土覆盖、堵塞，可在孔眼上焊接长度为0.1～0.2m的短管，短管斜向上方；也可在孔眼外包裹牛皮纸或钢质砂网，纸或网用橡胶套固定；对于不再进行接触灌浆的隧洞，也可采用灌浆盒的形式形成出浆系统。

3. 排气系统

排气系统的形成，采取专设排气管的办法。排气主管采用ϕ25～32mm的铁皮管，根据顶拱的具体断面形状，可单独设一根主管，也可设成回路管（两根管里端∩形连接）。在主管上每隔2～3m钻一直径为10～12mm的孔眼（孔眼必须开口向上），然后焊接短铁管。短管的上端插入预先钻出的排气孔中。排气孔的数量和位置与主管上孔眼相对应，排气孔使用手风钻打孔，深0.1～0.2m即可。为了便于固定排气主管，将短管里端割成斜面，安装时，令斜面尖端抵住孔底，短管与孔壁之间锲入2～3个铁钉，这样既可防止排气短管被堵，又能起稳固排气主管的作用。

预埋灌浆管路系统的固定，可采用在浇筑仓内焊接钢筋支架的办法，也可利用顶拱插筋现场焊接固定。同时，在浇筑混凝土的过程中，必须设专人看护，确保灌浆管路不受破坏。

进（回）浆管和排气管均需引到灌区之外：若只有一个灌浆区段，一般将管口通过外端头模板直接引出即可；若有多个灌浆区段，应在回填的混凝土内预留灌浆小廊道，便于将各区段的灌浆管分别引进小廊道，这样可大量节省管材，也有利于灌浆施工。若实属不便预留小廊道，那么最好采取“段段清”的办法，即浇筑一段等待回填灌浆后再准备下一段的混凝土施工。

为便于安装孔口灌浆管，要求引出的外露管口段的长度不宜小于0.15m，管口丝扣用管箍闷头保护。

5.2.2.2　灌区封闭

预埋管方式的回填灌浆，要求每个区段必须形成封闭的灌区，尤其灌区最里端的封头，不得发生漏浆现象。

5.2.2.3　压气试通

回填灌浆前，应检查预埋的管路系统是否通畅。通常采用向管路里通入压缩空气的办法。风压为50%的灌浆压力，当进浆（或回浆）管进气，回浆（或进浆）管、排气管均有排气时，即认定灌浆管路系统畅通。

5.2.2.4　灌浆施工

进浆管进浆，回浆管回浆，排气管排气、排稀浆。

为了润滑管道，进一步了解吸浆情况，开始宜先灌注1∶1的纯水泥浆100～200L，根据缝隙的吸浆大小，再改换成0.5（0.6）∶1的水泥浆或水泥砂浆灌注。灌浆时，先开启排气管阀门，令其自然排气、排稀浆，待接近灌入浆液的浓度时，再关闭阀门。若排气管的排浆量很大，可利用它作为回浆管，暂关闭原回浆管作为备用。这样有利于浆液在缝隙里流动、扩散。为防止原回浆管或排气管堵塞，可间断地开启阀门适量放浆。

灌浆过程中，应及时测量、如实记录排气管和回浆管的管口放浆量及浆液的密度，为资料整理时，准确地计算缝隙的注灰量提供第一手资料。

灌浆压力以排气管口压力为准，一般采用 0.3～0.5MPa。

灌浆结束条件：当排气管达到规定的压力，排（回）浆达到最浓比级浆液，且缝腔停止吸浆时，再延续灌注 10min，即可结束。

灌浆结束 8～12h 后，拆卸灌浆装置，割除孔口管。

当灌浆无法完全满足结束条件而被迫结束灌浆时，立即采取“倒灌”方式补救，即从排气管以同样的压力、最浓比级浆液灌注。

5.2.2.5 质量检查

预埋管方式回填灌浆的质量检查，根据工程实际情况，可采用以下办法：

1. 单（双）孔注浆试验

在有条件的部位（如预留了小廊道或顶拱覆盖层不厚等）钻单（或双）个检查孔，进行注浆试验。

2. 预埋检查管路

在回填灌浆管路埋设的同时，针对可能产生填不密实的部位，预埋一套灌浆检查管路系统，待回填灌浆结束后，对检查管路进行注浆试验。

6 材料与设备

本工法无需特别说明的材料，采用的主要机具设备见表 1。

表 1 **主要机具设备表**

序号	设备名称	型号及规格	单位	数量	用途
1	手风钻	YT-25、7655、YT-28	台	6	钻孔
2	移动式电动空压机	$12m^3/min$	台	2	供风
3	高压灌浆泵	3SNS	台	2	水泥浆灌注
4	砂浆泵	C232（100/35）	台	2	水泥砂浆灌注
5	高速制浆机	ZJ-250	台	2	制浆
6	浆液搅拌机	GZJ-800	台	4	配浆及储浆
7	电焊机	BX-300	台	1	管路焊接
8	钢筋切割机	GJ40	台	1	管路加工
9	浆液比重计	NB-1	个	5	浆液比重测量

7 质量控制

7.1 质量保证体系

（1）加强质量保证体系的运作，实行质量终身责任制，制定切实可行的质量奖惩办法。

（2）建立施工质量检查机构，每班均有质检员现场值班监督检查，执行质量内部“三检”制，按设计要求、技术规范及监理人指示进行施工，上道工序未检查验收下道工序不得施工，使每道工序都处在质量受控状态，每道工序都符合质量要求。

（3）施工人员必须经技术培训并考核合格，才能从事重要工序的操作。

（4）结合工程创优和文明施工要求，加强技术管理。认真理解图纸、技术规范和质量要求等，作好技术交底，严格按图纸、技术要求施工。施工中作好现场施工日志和交接班记录。

（5）控制原材料质量。严格执行原材料入场检验制度，不合格产品一律禁止在施工中使用。

（6）施工中加强对不良地质段的检测工作，并认真研究、制定切实可行的施工措施，确保施工质量达到设计要求。

7.2 质量检查项目及其标准、检测方法

质量检查项目及其标准、检测方法按表2和表3执行。

表2　　结构造孔方式回填灌浆质量控制对照检查表

序号	检　查　项　目	质　量　标　准	检　测　方　法
1	灌浆时衬砌强度	达70%以上设计强度	检查龄期
2	孔序	分两序灌注，先Ⅰ序后Ⅱ序	现场检查，核对钻灌次序
3	孔位偏差	不大于±10cm	皮尺量测
4	孔深*	钻透衬砌，入围岩10cm	钢尺量测，现场观察
5	灌浆区段及封闭	30～50m分一个区间，灌区封闭不漏浆	现场核对，检查密封情况
6	浆液浓度与变换	符合设计要求或规范要求	比重计检测，核对记录
7	结束条件*	规定压力下，停止吸浆后，延续灌注10min	核对压力表值，检查灌浆记录
8	施工记录*	真实、齐全、清楚	现场检查
9	灌浆中断处理	影响质量的中断孔进行扫孔、复灌	现场检查，核对记录
10	封孔	孔内封填密实，孔口压抹齐平	现场直观检查，扫孔抽查
11	衬砌变形观测	按设计进行观测，变形值符合设计规定	检查仪表安装观测情况

* 主要检查项目。

表3　　预埋管路方式回填灌浆质量控制对照检查表

<table>
<tr><th>序号</th><th colspan="2">检　查　项　目</th><th>质　量　标　准</th><th>检　测　方　法</th></tr>
<tr><td>1</td><td colspan="2">混凝土龄期</td><td>符合设计强度</td><td>检查浇筑灌浆时间</td></tr>
<tr><td>2</td><td colspan="2">灌浆管路埋设*</td><td>管材、埋设符合设计图和技术要求</td><td>管路安装后现场检查核对</td></tr>
<tr><td>3</td><td colspan="2">管路通畅情况*</td><td>进（回）浆管与排气管畅通</td><td>通风检查</td></tr>
<tr><td>4</td><td colspan="2">灌区封闭情况</td><td>灌区端头和混凝土表面不串、漏浆</td><td>现场观察</td></tr>
<tr><td>5</td><td colspan="2">浆液浓度与变换</td><td>符合规范要求，及时测量记录排浆量和浓度</td><td>比重计检测，检查灌浆记录</td></tr>
<tr><td>6</td><td rowspan="3">结束条件*</td><td>排气管压力</td><td>达到设计压力的50%以上</td><td>管口压力表读数</td></tr>
<tr><td>7</td><td>排气管排浆浓度</td><td>等于或接近灌注的最浓比级浆液</td><td>实测管口的放浆浓度</td></tr>
<tr><td>8</td><td>吸浆率及延续时间</td><td>停止吸浆并延续10min</td><td>检查记录，观察槽内浆量变化</td></tr>
<tr><td>9</td><td colspan="2">灌浆中断处理</td><td>无中断或有不影响质量的中断现象</td><td>分析灌浆纪录和排气管的压力及浓度变化</td></tr>
<tr><td>10</td><td colspan="2">原始记录*</td><td>真实、准确、齐全、清晰</td><td>结合实际灌浆过程，核对原始记录</td></tr>
</table>

* 主要检查项目。

7.3 其他质量保证措施

（1）当使用水泥砂浆时，应当注意防止浆液析水分离，许多工程有过教训。砂浆中掺入适量膨润土（占水泥重量5%以下）可改善浆液的流动性和稳定性。

（2）对于重要的水工隧洞，采用的水泥混合浆液或砂浆，应当进行室内配比和性能试验，浆液结石的弹性模量应当大于隧洞围岩的弹性模量，确保满足设计对结构受力的要求。

（3）对于隧洞顶部倒孔或其他结束灌浆后孔口返浆的灌浆孔，结束灌浆时应先关闭孔口闸阀再拆除管路，防止灌入孔内浆液倒流出来。

（4）备足水泥。根据钻孔发现的顶拱脱空情况或其他资料，估计所灌注的隧洞区段内被灌注空间的总体积，储备足够的水泥等灌浆材料，以便一次连续灌注至结束，避免灌浆过程中断带来诸多不利。

8 安全措施

项目经理是安全生产第一责任人，要认真贯彻安全生产、预防为主的方针。制定安全生产责任

书，严格执行钻孔、灌浆操作规程及国家安全生产政策、法令，做到安全生产、文明施工。

(1) 加强施工调节和现场管理，是确保施工安全的关键。

(2) 项目部设专职安全员，各施工班设兼职安全员，负责施工安全检查和监管工作，发现问题和隐患，及时处理和排除。

(3) 凡参加施工人员，上班时必须戴安全帽，穿工作服、绝缘胶靴。制浆站施工人员必须戴防尘口罩。高空作业时必须系好安全绳。

(4) 凡进入新的施工现场，搭设的施工平台必须牢固。在经安全员检查验收合格后，方能投入使用。

(5) 凡施工机械搬迁进出施工现场时，必须有安全人员和技术人员在场把关指挥。机械转动，必须有两人以上在场，不准一人操作或无人运转。

(6) 凡隧洞内架设的电线，必须固定在洞壁上且离地面 1.5m 以上，不许拖在地上或泡在水里，电缆结头须包扎牢固，确保绝缘良好，非电工人员，不得在工地从事接线工作。

9 环保措施

(1) 严格遵守国家及当地政府、环保部门有关环境保护及文明施工的法律、法规及有关规定，遵守工程的有关规定和发包方的规划。

(2) 有害物质废料（如燃料、油料、化学品、酸性物质等及超过允许剂量被污染的尘埃弃渣等），在监理人未同意统一处理前，不得随意乱倒，防止污染土地河川。

(3) 钻机在造孔时带水作业，以减少粉尘、烟雾对环境的污染。

(4) 除已征得发包方和监理单位同意外，必须拆除一切需要拆除的临时设施并对拆除后的场地进行彻底清理。

(5) 施工用料的存放做到分类存放、堆码整齐、存取方便、正确防护。对施工剩料要及时收集、分类存放、定期清理。

(6) 在各隧洞出口处设沉淀池。各隧洞底板的钻孔污物、废弃浆液等，用高压水冲洗至排水沟，然后辅以人工排至隧洞出口处的沉淀池，经过沉淀后，清水抽排至下游河道，沉淀物用编织袋装好，用汽车运至指定弃渣场。

10 效益分析

(1) 本工法工艺简便、可操作性强，大大简化了施工，提高了施工工效，为下一步的施工（如隧洞固结灌浆等）赢得了宝贵的工期。

(2) 本工法临建设施易于布置，占用场地少，干扰因素少，有利于文明施工。

(3) 根据空腔的具体情况有针对性的采取处理措施，可大大节省灌浆材料，从而带来较好的经济效益。

11 应用实例

11.1 南盘江天生桥二级水电站Ⅲ号引水隧洞回填灌浆工程

南盘江天生桥二级水电站位于广西壮族自治区隆林县与贵州省安龙县交界处的南盘江上。电站总装机容量 132 万 kW，共有三条互相平行内径为 8.7～9.8m、中心间距 40m 的引水发电隧洞，最大埋深 720m。上游通过地质为石灰岩和白云岩，下游部分通过相变带及砂页岩地段。

Ⅲ号引水隧洞地质条件复杂，岩溶发育。有大小不同各种规模的溶洞、溶蚀裂隙和断层破碎带，围岩稳定性较差，几十处洞段开挖期间出现塌方，最大坍塌高度达 5m 以上；一些溶洞直径达数米甚至数十米，多数溶洞、溶蚀带被紫红色黏土夹杂岩碎块石或黑色淤泥含灰岩碎块石充填。造成隧洞围岩的均一性差，力学强度低。隧洞全洞段钢筋混凝土衬砌，回填灌浆工程量大，标准高。

Ⅲ号引水隧洞的回填灌浆采用结构造孔灌浆方式，自 1998 年 5 月开始施工，2000 年 6 月全部完工，共完成 9123 延米洞段、计 87216.63m² 的灌浆任务。所有洞段的回填灌浆经单孔注浆试验、双孔连通试验及钻孔取芯检查等多种质量检查手段检验，灌浆效果明显，各项质量检查指标均达到设计规定的标准质量。目前该工程运行安全。

11.2 乌江洪家渡水电站 1 号、2 号导流洞及 1～5 号施工支洞封堵回填灌浆工程

乌江洪家渡水电站下闸蓄水前，需封堵的水工隧洞有：1 号、2 号导流洞及 1～5 号施工支洞，封堵情况如下：1 号导流洞封堵段桩号为 0＋447.000～0＋526.142m，封堵段分为堵头段和加衬段，其中堵头段长 38m，加衬段长 41.142m，回填灌浆 1160m²；2 号导流洞封堵段桩号为 0＋228.000～0＋450.187m，堵头段长 38m，加衬段长 124.2m，回填灌浆 2050m²；1～5 号施工支洞每条的封堵段长为 25m，回填灌浆 1440m²。

上述回填灌浆均采用预埋管路灌浆方式，其中导流洞封堵预埋管路系统引入加衬段廊道内，施工支洞封堵预埋管路系统引至封堵段之后。

2003 年 1 月至 2004 年 5 月，1 号、2 号导流洞及 1～5 号施工支洞逐一完成了封堵。经质量检查及蓄水后效果检查，上述各部位的回填灌浆均完全满足设计要求，施工质量优良。

11.3 红水河龙滩水电站右岸导流洞回填灌浆工程

龙滩水电站是红水河梯级开发中的骨干工程，位于广西壮族自治区天峨县境内的红水河上，装机 5400MW。右岸导流洞全长 849.421m，沿线穿越地层岩性为罗楼组 T1L3～9 泥板岩、灰岩层夹少量粉砂岩及板纳组 T2b1～T2b39 砂岩、泥板岩等。洞周围岩体除进出口洞段外，大部分地段以新鲜～微风化岩体为主，上覆岩体厚度 40～135m。沿洞线周围断层约 16 条，主要分为二组：第一组为层间错动，代表性断层有 F5、F8、F32 等；第二组走向 N15°～70°E，倾向 SE 或 NW，倾角 60°～85°，代表性断层有 F30、F60、F89 等。受较大断层影响，在其影响带附近，NE 和 NWW 向次生断裂相当发育，他们互相组合或与随机节理面组合，将在洞周围形成稳定性较差的各类楔形体。

右岸导流洞为提高围岩的物理力学性能，形成整体基础均匀承受洞身传递的荷载，全洞段进行混凝土衬砌，顶拱 120°范围进行回填灌浆处理。

回填灌浆采用结构造孔灌浆方式，自 2003 年 2 月开始施工，2003 年 8 月全部结束，共完成 18542m² 的灌浆任务。所有洞段的回填灌浆经单孔注浆试验、双孔连通试验及钻孔取芯检查等多种质量检查手段检验，灌浆效果明显，各项质量检查指标均达到设计规定的标准质量。

面板趾板插槽模板混凝土施工工法

谢身武　敖利军　帖军锋　范双柱

1　前言

趾板混凝土浇筑是大坝填筑的前提，必须在完成基础开挖及喷锚支护的前提下，尽快进行趾板混凝土浇筑，为大坝填筑及趾板基础灌浆提供工作面，趾板混凝土浇筑工作面狭窄，特别是左右岸岸坡较陡，施工平台、施工道路难以形成，吊装作业难度大，基本上是人工操作，且上下交叉作业，施工干扰大，故在充分利用填筑体作为施工平台外，还需考虑切合现场实际同时满足规范要求的施工手段，才能如期完成。武警水电一总队在多个工程趾板施工中，为保证施工质量和安全，加快施工进度，结合工程项目的特点，对趾板混凝土采用了插槽模板配合常规模板浇筑的施工工艺。

2　工法特点

（1）适用于岸坡趾板混凝土结构。

（2）模板采用常规钢模板，材料选型方便。

（3）施工连续，加快了施工进度。

（4）混凝土表面经原浆压光处理后外观质量良好无气泡、麻面等常规缺陷。

（5）安装操作方便，现场布置灵活，可手工操作，解决了吊装困难的问题。

（6）工作面可实现封闭施工，安全性高。

（7）施工成本低。

3　适用范围

本工法适用于岸坡斜陡、不便吊装的类似施工条件的混凝土浇筑。

4　工艺原理

趾板逆装模板采用内撑内拉结构支撑系统。模板采用常规钢模板与木枋组合式结构。施工工艺为先施工模板支撑系统，再人工组立面模，通过采取合理分块的方法连续施工确保了结构表面平整度满足规范要求。

本模板系统包括支撑件、拉结件、模板、抹面操作平台等，抹面操作平台利用模板背面后退展开。趾板逆装模板布置见图1。

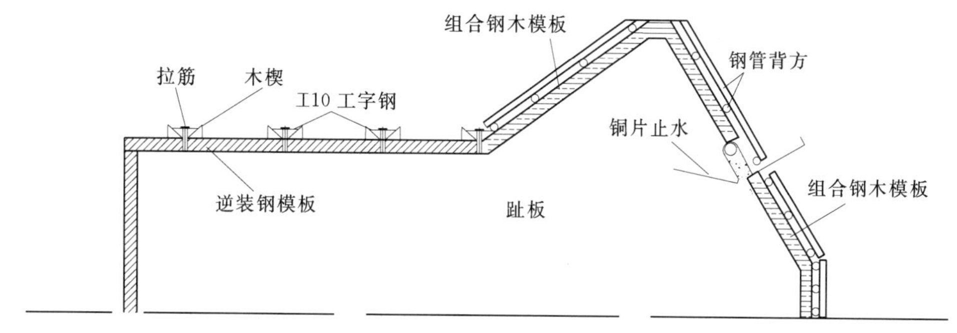

图1　趾板逆装模板布置图

5　施工工艺流程及操作要点

5.1　工艺流程

趾板混凝土逆装模板施工工艺流程见图 2。

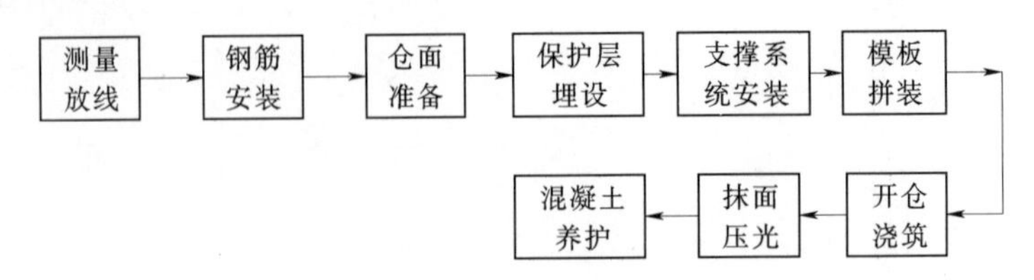

图 2　趾板混凝土逆装模板施工工艺流程图

5.2　操作要点

5.2.1　测量放线

测定设计结构轮廓线和细部结构位置，控制钢筋及模板系统安装定位。

5.2.2　钢筋安装

趾板钢筋按分块一次安装到位。

5.2.3　仓面准备

(1) 侧面模板组立。侧面模板采用钢模，配合以木模板补缝，采用内撑内拉固定，一次组立到位。

(2) 铜片止水。利用侧面模板进行架立，采用支架加固止水，一次安装到位。

5.2.4　保护层埋设

钢筋安装完毕后利用钢筋头焊接固定于上层钢筋网上，钢筋头顶部要紧贴模板。

5.2.5　支撑系统安装

(1) 模板支撑系统采用 2 根 10 号槽钢靠背组焊成 1 根支架，每节长 1.5m，便于人工操作。

(2) 支架安装在钢筋验收合格后进行，支架对中间距较逆装面模稍大 2～3cm。

(3) 支架随混凝土浇筑分块逐段安装，采用钢筋头内撑内拉法控制保护层及支架拉结定位。

5.2.6　逆装模板安装

(1) 模板在现场由混凝土上升方向人工入槽。

(2) 模板背面采用木楔与槽钢楔紧。

(3) 后续模板随混凝土上升超前 30cm 装上。

5.2.7　混凝土施工

(1) 混凝土入仓：采用混凝土拖式泵经受料斗溜槽入仓。根据每块的混凝土需求量控制下料量，保持料斗和溜槽光滑、清洁。

(2) 混凝土平仓振捣：采用人工平仓振捣。

5.2.8　抹面压光

逆装模板拆除在分节支架控制段内的混凝土初凝前进行，以用手指轻按有指印，手上不粘混凝土且抹刀可收浆为准，混凝土脱模后应及时抹面压光。

5.2.9　混凝土养护

(1) 混凝土终凝后进行养护。

(2) 利用布置在浇筑块顶部的花管自流洒水养护。

6　材料与设备

6.1　主要材料

主要材料见表 1。

表1　主要材料一览表

序号	名　称	型　号	数　量	备　注
1	背枋（钢管）	ϕ48mm	6组	侧模背枋
2	槽钢	10	5组	支撑架
3	承料斗		1个	自制
4	溜槽		1道	自制
5	木板	5cm厚	30m	
6	钢模板	P3015	150m^2	

6.2　设备

主要设备配置见表2。

表2　主要设备一览表

序号	名　称	型　号	数　量
1	混凝土泵	H60（C7050）	1台
2	混凝土运输车	6m^3	3台
3	振捣器	ϕ100mm	2台
4	软轴振捣器	ϕ50mm	4台
5	止水成型机		1台
6	钢筋切断机		1台
7	钢筋弯曲机		1台
8	气焊设备		1套
9	电焊机		4台

6.3　劳动力组织

主要劳动力配备见表3。

表3　主要劳动力配备表

序号	工　种	数量/人	备　注
1	测量工	6	安装定位测量
2	钢筋工	20	两班作业
3	模板工	12	两班作业
4	止水安装工	3	铜片止水
5	预埋件安装	2	预埋灌浆管
6	混凝土浇筑	12	两班作业
7	焊工	10	两班作业
8	混凝土运输	6	两班作业
9	抹面工	4	两班作业

7　质量控制

（1）成立以项目总工为首的质量管理领导小组，设专职质检人员，各工序的负责人为质量责任人。

（2）施工前进行技术交底。

（3）严格执行“三检制”。

（4）严格控制原材料质量，不合格的原材料严禁进入现场。

（5）高温季节施工严格落实温控措施。

（6）混凝土浇筑层厚不超过40cm，平仓浇筑，均匀上升；振捣保证不漏振、不过振；振捣时振捣器不得触及混凝土中的埋件、钢筋、模板等。

（7）止水安装误差控制在5mm以内，并加固牢固，设专人维护，防止浇筑过程中变形移位。

（8）支架及模板安装定位要准确。

（9）混凝土水平运输：为满足混凝土入仓强度及温控要求，供料要及时，减少现场入仓等待时间，高温季节运输车及仓号加设遮阳棚。

（10）严格控制混凝土坍落度，根据不同气温由现场试验人员及时调整。

（11）每段模板拆除前，观察混凝土凝固情况，确定混凝土初凝时（手按无痕不粘手）开始拆除。

（12）要求进行原浆压光，反复5～6道，直至混凝土表面光滑平整。

（13）浇筑后要对混凝土表面及时进行流水麻袋覆盖养护，养护的时间不少于28d。

8　安全措施

（1）建立安全管理体系，制订安全管理措施，成立安全管理小组，设立专职安全员。

（2）施工前进行专题安全教育、安全培训、安全技术交底。

（3）现场采用全封闭施工管理，施工人员进入施工现场必须佩戴安全防护用品，非施工人员未经许可不得进入施工现场。

（4）严格按照工艺顺序施工。

（5）作业面上材料堆放的位置及数量应符合施工组织设计的要求，不用的材料、物件应及时清理运至地面。

（6）所有人员必须经专用交通梯进出工作面，严禁横跨趾板。

（7）设备操作人员必须持证上岗，非专业人员严禁操作。

（8）施工作业面下方必须设置安全网（安全网随趾板上升及时安装），防止坠落。

（9）夜间施工，照明采用射灯。

（10）工作面上的一切物品，均不得从高处抛下。

（11）安全员应跟班监督、检查安全施工情况，发现隐患及时责令整改，必要时下达停工整改通知。

（12）所有设备必须定期检查和维修保养，严禁带病作业。

（13）采取防雨及遮阳措施。

9　环保措施

（1）成立环境保护领导小组，落实国家和地方政府有关环境保护的法律、法规。

（2）加强对工程材料、设备和工程废弃物的控制与治理。

（3）施工现场做到各种标牌清楚、标识醒目、场地整洁。

10　效益分析

该工法效益主要体现为：一是适用性强。能克服作业面狭窄，不便机械化作业，上下交叉作业干扰以及由于坝肩开挖原因移交工作面及天气原因造成的工期延误等困难，提高了单个工作面的施工进度。二是简洁方便，可操作性强。模板安装方便，节约了大量劳动力，加快了施工进度施工。三是质量保证。采用该工法施工后坡面平整度能满足设计和规范要求。

11　应用实例

11.1　苏家河口水电站大坝趾板设计为平趾板，呈折线布置，总长566.54m，厚分为0.6m、0.8m、

1.0m三种，宽分为6.0m、8.0m、10.0m三种，仓内布置有系统锚杆、上下双层钢筋网等，趾板混凝土浇筑原则上不分期，仅按浇筑入仓手段、基础地质条件的不同进行分块，不设永久结构缝，只设施工缝，最长浇筑段不大于15m。两岸岸坡较陡，场地狭窄，无法展开机械吊装作业，相邻工程项目上下交叉作业，工期要求紧，质量要求高，存在较大的施工安全隐患，结合现场实际采用了趾板混凝土逆装模板施工技术，克服了不利因素，提高了单个工作面的循环进度，最终在保证施工质量与安全的前提下，提前完成了趾板的混凝土施工，为大坝填筑及趾板基础灌浆作业创造良好条件。

11.2 盘石头水库工程趾板结构：高程235m以下趾板宽度7m，高程235m以上趾板宽度为4m，趾板厚度为0.5m。工程量：趾板总长度769.495m，趾板C25混凝土3228.96m^3。2001年9月16日右坝肩址板试验块浇筑。2002年4月16日，大坝趾板开始浇筑（桩号0+300～0+315）混凝土，2004年10月13日左右岸趾板已全部浇筑至高程270.9m。趾板混凝土浇筑按12～15m长分块，最大浇筑长度不超过15m。对坡度小于1：4的趾板，人工抹面或用简易滑模保证混凝土表面平整度；对于坡度大于1：4的趾板，采用插槽模板方法进行浇筑，此工法简洁方便，可操作性强，施工后坡面平整度满足设计和规范要求，加快了施工进度。

11.3 乌江洪家渡水电站趾板混凝土坐落在弱风化岩石以下0.5m的新鲜基岩上，与基岩锚杆连接。采用水平（宽度）方向与准线（Z点连接）方向垂直布置方式，趾板总长约780m，宽4.5m，上下等宽，其厚度分别为1.0m（高程1020m以下）、0.8m（高程1020～1080m）、0.6m（高程1080m以上），河槽水平段长约60m。采用C30二级配W12、F100混凝土，单层双向布筋，纵向不设永久缝。本工法有效解决了施工干扰问题，减少了模板安装所投入的劳动力，确保了施工质量，受到业主、设计及监理单位的好评，取得了良好的经济效益和社会效益。

面板趾板插槽模板混凝土施工工法图片资料见图3～图9。

图3　左岸趾板

图4　钢筋安装

图5　插槽安装

图6　挡头模板

(a)　(a)

(b)　(b)

图 7　模板安装

图 8　混凝土浇筑前准备

图 9　混凝土浇筑

强透水性基础水泥防渗控制性灌浆施工工法

杨森浩　蒋建林　梁日新　宋园生　赵志旋

1　前言

水利水电工程是在河道上修建拦河大坝枢纽及其他永久建筑物。通常，在河道上先修筑围堰形成“基坑”，围护永久建筑物在干地进行施工，并将河道水流通过预定的泄水通道引向下游宣泄。围堰是在河道流水中修筑的挡水建筑物，其成败直接影响到所围护的永久建筑物施工安全、施工工期及工程造价，这就要求围堰有足够的稳定性、抗渗性和抗冲刷性能。因此，围堰覆盖层的防渗问题常常是围堰的“核心”工程。

对于土石围堰覆盖层的防渗，目前被广泛使用的主要有高压喷射灌浆和混凝土防渗墙两种型式。高压喷射灌浆虽施工简便、灵活、进度快、工效高，施工成本也较低，但其适用的地质条件有限，特别对于粒径过大、含量过多的卵砾石地层或含有较多漂石或块石的地层，一般较难适用。混凝土防渗墙虽可适应于各种地质条件，施工方法成熟，耐久性及防渗效率也较高，但工艺环节较多，要求有较高的技术能力、管理水平和丰富的施工经验，同时进度较慢，施工成本也较高。

在乌江洪家渡水电站上、下游围堰和大渡河猴子岩水电站导流洞进水口围堰等工程成功实践基础上，摸索、总结出一套运用控制性水泥灌浆技术用于围堰防渗的施工工法，现加以总结，形成本工法。

2　工法特点

（1）施工便捷，控制性水泥灌浆采用常规的钻孔与灌浆设备，且多为小型设备，施工很便利。

（2）防渗工效高，控制性水泥灌浆能有效解决串冒水泥浆问题，冲破了大幅提高灌浆压力的禁区，为实施高压力灌浆提供了条件。同时解决了没有止浆层和混凝土盖板压重的水泥灌浆问题，消除了水泥灌浆需有止浆层或有压重的规范条件的约束。

（3）围堰防渗施工可以同截流后围堰闭气施工和基坑抽水并行施工，能缩短围堰闭气所占的汛前总工期。

（4）采用控制性水泥灌浆技术用于围堰防渗，一般较高压喷射灌浆方案，节约工程投资近1/4～1/3。

3　适用范围

适用于各类地质条件下覆盖层的防渗处理，对卵砾石地层及含有较多漂石或块石的地层，其优越性更显突出。

4　工艺原理

控制性水泥灌浆从灌浆附加压应力场角度出发，因附加压应力的作用而使地层产生挤压密实变形和挤压滑动，控制灌浆压力对地层产生的附加压应力值达到足够值后而对地层进行回填置换和挤密、挤实。

控制性水泥灌浆采用双液灌浆装置，在连续的灌水泥浆过程中根据控制水泥浆胶凝时间的需要

(最短可达十多秒),启动另一小泵用间断的可变不连续的方式专门加注化学控制液(以水玻璃液为主),在孔口或孔内混合,或根据地层条件只需要有部分水泥浆液产生凝胶的则促使在地层内发生局部的混合,与部分水泥浆产生凝胶作用,达到防渗效果。

5 施工工艺流程及操作要点

5.1 施工工艺流程

控制性水泥灌浆防渗帷幕施工分四步进行,即回填、挤压密实→局部加强→防渗处理→质量检查。

第一步采用双液灌浆系统将水泥浓浆和化学控制液按计划灌入浆液量压入土石体内,用较短的时间和较大的压力实现对土石体的回填、挤压和密实。

第一阶段施工完毕后,根据围堰渗漏水情况,有针对性的局部进行加强和防渗堵漏。加强和防渗灌浆以低压灌浆为主,灌注1∶1纯水泥浆,不加或少加化学控制液。

单孔施工工艺流程为:定帷幕轴线放孔位→固定钻机→钻孔并镶1.5m深的孔口管→下一段次钻孔→按计划浆液量控制进行双液灌浆→终孔段灌浆→全孔段重复灌浆→封孔结束。

5.2 操作要点

(1)钻孔一般采用潜孔钻或岩石电钻,孔径56～90mm。

(2)所有灌浆孔的钻孔与灌浆按先下游排(第一排)后上游排(第二排)、先Ⅰ序后Ⅱ序、自上而下分排分序分段进行。

1)同一排孔内,分两序进行施工,先钻灌Ⅰ序孔,然后再钻灌Ⅱ序孔。

2)每一灌浆孔,均自上而下分段钻灌。钻灌分段无定量要求,主要视钻孔情况而定:①钻孔一旦出现孔内返水,或有严重塌孔问题,则立即停止钻孔进行灌浆;②钻孔返水出现塌孔问题,或有小范围塌孔现象,但灌浆段长已超过1.0m的,则一般控制在2.5～3.0m;③碰到细砂层,则要求尽可能地加大钻孔冲洗,尽可能地把细砂从孔内冲洗出孔外,控制段长一般不要超过1.0m。

(3)控制性水泥灌浆选用双液灌浆系统,SGB6-10型灌浆泵作为大泵灌水泥浆液,YZB-210/18液压注浆泵或JB-1516液压注浆泵灌化学控制液,两种浆液视不同情况或在孔内、或在地层内混合,水泥浆液配比全部选为0.8∶1。水泥为P·O42.5普通硅酸盐水泥,加灌化学控制液数量和时机视孔内升压情况和进浆量变化情况而定。

(4)灌浆压力以控制水泥灌浆泵的机身压力表读数为准,一般Ⅰ序孔控制在1.0～1.5MPa范围。Ⅱ序孔控制在1.5～2.0MPa范围,Ⅱ序孔的终孔段或全孔段重复灌浆控制压力在2.0～2.5MPa。加灌化学控制液的目的主要是提高灌浆压力值。要求Ⅰ序孔灌浆尽可能地减少小于0.5MPa压力状态下的灌浆。Ⅱ序孔要尽可能地减少小于1.0MPa压力状态下的灌浆。当某些孔段出现升高压力有困难时,必须采取有效措施并加大化学控制液的掺加力度。

(5)灌入浆液量以控制灌入计划浆液量为主,孔距为1.0～1.5m,第一排孔控制Ⅰ序孔的平均灌入浆液量为600～700L/m,Ⅱ序孔的平均灌入量为700～900L/m。对于第二排孔,考虑排距较小,相对控制灌入的计划量也相应减少,一般为第一排孔的50%,并视实际孔内情况作具体及局部调整。(一般应通过现场试验确定以上参数)

(6)灌浆结束标准:达到要求计划浆液量和要求灌浆压力后即可结束灌浆。

(7)控制性水泥灌浆的质量检查以压水试验为主,结合取芯检查进行。

6 材料与设备

6.1 材料

化学控制液以速凝剂为主,如果凝胶时间显得过短不能满足施工要求时,可适当加入缓凝剂,使浆液的凝胶时间变长。

速凝剂常常使用水玻璃，水玻璃溶液浓度多为30～45°Be′，水玻璃的掺入量一般在水泥浆体积的0.5%～3%之间，缓凝剂通常采用磷酸氢二钠或磷酸氢二铵，其作用是抑制水泥与水玻璃的反应，使两者开始反应时间推迟10～45min。缓凝剂用量按水泥重量的2.5%～3%选定。

6.2 设备

采用的主要机具设备参见表1。

表1　　主要机具设备表

序号	设备名称	型号及规格	单位	数量	备注
1	潜孔钻机	MD-60	台	4	采用跟管钻进时
2	潜孔钻机	DK-150	台	4	
3	岩石电钻	KHYD110A	台	12	
4	高压灌浆泵	SGB6-10或3SNS	台	4	
5	液压注浆泵	YZB-210/18或JB-1516	台	4	
6	高速制浆机	ZJ-250	台	1	
7	搅拌桶	YJ-1200	台	1	
8	双层搅拌桶	YJ-340	台	4	
9	拔管机	BG-60	台	2	采用跟管钻进时

7 质量检测与控制

(1) 建立完善的质量保证体系及制度，严格按照施工技术要求、有关施工规程规范等进行检查控制。

(2) 坚持每道工序施工班组初检、施工部门复检、质检部门质检员终检的“三检”制度。下一道工序必须在上一道工序经过“三检”后、再经过监理人检查验收，合格后方可进行。

(3) 施工中进行施工质量检查，其检查项目详见表2。

表2　　施工过程质量控制检查项目表

项类	检查项目		质量标准	检测方法
主控项目	钻孔	孔深	不得小于设计孔深	钢尺、测绳量测
	灌浆	灌浆压力	符合既定设计压力	压力表检测
		灌入量	符合既定灌入量	自动记录仪、量浆尺等检测
	施工记录、图表		齐全、准确、清晰	查看资料
一般项目	钻孔	孔序	按先后排序和孔序施工	现场查看
		孔位偏差	≤10cm	钢尺量测
		终孔孔径	不得小于56mm	卡尺量测钻头
		孔底偏距	符合设计要求	测斜仪测取数据、进行计算
	灌浆	灌浆段位置及段长	符合设计要求	核定钻杆、钻具长度或用钢尺、测绳量测
		钻孔冲洗	回水清净、孔内沉淀小于20cm	观看回水，量测孔深
		裂隙冲洗与压水试验	符合设计要求	测量记录时间、压力和流量
		浆液及变换	符合设计要求	比重计、量浆尺、自动记录仪等检测
		特殊情况处理	无特殊情况发生，或虽有特殊情况，但处理后不影响灌浆质量	根据施工记录和实际情况分析
		抬动观测	符合设计要求	千分表等量测
		封孔	符合设计要求	目测或钻孔抽查

(4) 所有设备操作人员和记录人员必须执证上岗，其他人员必须经过培训，经考试合格后方可上岗。

(5) 在施工之前，必须对施工图纸及技术要求进行会审，根据施工图纸及技术要求编写施工技术措施和质量计划，并将施工技术措施和质量计划要求对施工人员进行详细的交底。

(6) 施工过程中各种用于检验、试验和有关质量记录的仪器、仪表必须定期进行检验和率定。

(7) 认真做好施工原始记录，并及时整理、汇总，发现问题及时上报，及时处理，不留质量隐患。

(8) 施工过程中遇到特殊情况，应严格按设计有关要求编写出具体的处理方案，及时报监理人批示，并严格按监理人批示方案执行。

8　安全措施

(1) 设专职安全员，各班组设兼职安全员，负责施工安全检查和监管工作，发现问题、隐患及时处理。

(2) 对全体参加施工的人员进行安全教育，让他们熟悉并掌握施工的每道工序及注意安全事项，提高全员安全意识。

(3) 施工前要制定各机械设备的安全操作规程。

(4) 凡进入现场施工的工作人员一律要戴安全帽，或按施工要求佩戴其他安全防护用品，违者拒绝进入施工现场。

(5) 工作所用机械设备、电器设备、仪表等，非指定工作人员不得随意操作。

9　环保措施

(1) 严格遵守国家及当地政府、环保部门有关环境保护及文明施工的法律、法规及有关规定，遵守工程的有关规定和发包方的规划。

(2) 有害物质废料（如燃料、油料、化学品、酸性物质等及超过允许剂量被污染的尘埃弃渣等），在监理人未同意统一处理前，不得随意乱倒，防止污染土地河川。

(3) 钻机在造孔时带水作业，以减少粉尘、烟雾对环境的污染。

(4) 施工用料的存放做到分类存放、堆码整齐、存取方便、正确防护。对施工剩料要及时收集、分类存放、定期清理。

(5) 合理设置沉淀池。各部位的钻孔污物、废弃浆液等，用高压水冲洗至沉淀池中，经过沉淀后，清水抽排至下游河道，沉淀物用编织袋装好，用汽车运至指定弃渣场。

10　效益分析

采用控制性水泥灌浆施工工艺，可以较好地解决常规灌浆的串冒水泥浆问题，节约成本，尤其比选用高喷技术和防渗墙施工更为稳妥和可靠，施工速度快。在基坑抽水开挖正常运行后闭气施工才结束，缩短围堰闭气所占的汛前总工期，不存在因漏水而影响施工总进度的风险。

11　应用实例

11.1　洪家渡水电站

洪家渡水电站位于贵州省黔西县与织金县交界的乌江北源六冲河下游，是乌江梯级开发“龙头”电站。总库容 49.25 亿 m^3，钢筋混凝土面板堆石坝最大坝高 179.5m，总装机容量 540MW。

电站上游围堰位于底纳河出口下游约 10m，所处河谷为不对称 V 形谷，左岸为灰岩陡壁，右岸为 20°～40°的缓坡。河床水下天然地形平缓，无深槽。受两岸（坝肩）开挖影响，存有大、中型孤石现象，从而形成了独特的围堰防渗地质构造。

上游围堰河床防渗体原设计为高喷板墙，鉴于上述围堰河床的实际情况，进行高喷板墙施工存在众多技术难题，也无类似工程可借鉴，国家专家咨询组根据在洪家渡水电站上游索桥左岸堆石体内运用控制性水泥灌浆进行防渗处理现场试验所取得的资料，参考天生桥中山包水电站围堰运用控制性水泥灌浆进行防渗的成功实例，认为洪家渡水电站围堰防渗体选用控制性水泥灌浆防渗帷幕新技术比选用高喷板墙方案，施工更为可靠和合理。从而，围堰的防渗方案最终确定为控制性水泥灌浆防渗帷幕新技术。

上游围堰控制性水泥灌浆防渗施工范围原则上为原设计高喷板墙的施工范围，左延伸至左岸岩壁，右与围堰右岸堰肩防渗帷幕灌浆防渗体相连，单排孔布置，帷幕中心线长59.07m，孔距1.25m，孔深至基岩0.5m。施工后期（局部加强阶段），考虑上游围堰实际渗漏量和渗漏特点，为防止右岸堰肩覆盖层可能出现的渗漏通道，上游围堰控制性水泥灌浆防渗线延伸至右岸岩壁，并在轴线上游0.60m距离上布置第二排孔，孔距、孔深要求不变。

防渗施工于2001年11月3日开工，11月22日完成控制性水泥灌浆防渗帷幕工程第一步即回填、挤压、密实阶段，基本满足上游闭气条件，达到了基坑开挖的要求。随后在基坑抽水和开挖状态下进行后续工序的施工，2002年1月8日，上游围堰控制性水泥灌浆防渗帷幕工程质量检查压水试验结束，工程竣工。整个工程历时66d，共完成灌浆钻孔1622.40m，耗灰总量644.72t，化学控制液43.28m^3，预埋孔口管106根。

防渗效果：检查孔压水试验数据显示，共进行的14个试段的压水试验透水率q值均远远小于设计防渗标准，其中q_{max}为2.53Lu，q_{min}为0.22Lu，q_{cp}为1.30Lu。0～1.0Lu的有5试段，占35.7%，1.0～2.0Lu的有5试段，占35.7%，2.0～3.0Lu的有4试段，占28.6%。

工程验收结论：上游围堰控制性水泥灌浆防渗帷幕工程施工质量满足工程设计要求，质量等级评定为优良。

11.2 猴子岩水电站

猴子岩水电站位于四川省甘孜藏族自治州康定县孔玉乡，是大渡河干流水电规划"三库22级"的第9级电站，电站装机容量1700MW，单独运行年发电量69.964亿kW·h。坝址距上游丹巴县城约47km，距下游泸定县城约89km，距成都402km。库区右岸有省道S211（瓦斯沟口—丹巴）公路相通，在坝址下游65km处的瓦斯沟口与国道G318线相接，对外交通方便。

猴子岩水电站枢纽建筑物由面板堆石坝、泄洪洞、放空洞、发电厂房、引水及尾水建筑物等组成。大坝为面板堆石坝，坝顶高程1848.50m，河床趾板建基面高程1625.00m，最大坝高223.50m。引水发电建筑物由进水口、压力管道、主厂房、副厂房、主变室、开关站、尾水调压室、尾水洞及尾水塔等组成，采用"单机单管供水"及"两机一室一洞"的布置格局。

本工程初期导流采用断流围堰挡水、隧洞导流的导流方式。2条导流洞断面尺寸均为13m×15m（城门洞型，宽×高），同高程布置在左岸，进口高程1698.00m，出口高程1693.00m。1号导流洞长1547.771m（其中与2号泄洪洞结合段长624.771m），平均纵坡3.2305‰，2号导流洞长1974.238m，平均纵坡2.5326‰。

进口围堰防渗轴线长205m，成U形，防渗方式采用控制性水泥灌浆围帷防渗，防渗孔间距1.0m单排，孔深15～17m，悬挂式，工程量3200延米。

枯期防渗施工平台高程1700.00m，宽12.0m，直接开挖修整而成。

根据控制性水泥灌浆原理，结合以往工程的施工经验，导流洞进口围堰、进口左右岸的防渗帷幕灌浆原则上采用一排孔布置，施工过程中对局部较大的渗漏部位再在上游面增加第一排孔（间距为1.0m）。灌浆孔分Ⅰ、Ⅱ序，先施工Ⅰ序孔，后施工Ⅱ序孔。孔深按15.0～17.0m（海拔1700.0～1683.0m）控制。

水泥平台采用ϕ50mm钢管搭制，长约4m，宽2.5m，上铺设木板，顶设防雨棚。根据施工的需要，分别配备高速搅拌机、高压灌浆机、砂浆泵等组成制、灌浆主系统，同时配备砂浆搅拌机、化学灌浆泵等灌浆设备满足掺合料的添加及双液灌浆需要。

防渗施工于2009年3月1日开工，4月15日完成控制性水泥灌浆防渗帷幕工程第一步即回填、挤压、密实阶段，基本满足上游闭气条件，达到了基坑开挖的要求。随后在基坑抽水和开挖状态下进行后续工序的施工，2009年5月5日，上游围堰控制性水泥灌浆防渗帷幕工程质量检查压水试验结束，工程竣工。整个工程历时66d，共完成灌浆钻孔3246.70m，耗灰总量1536.58t，化学控制液76.89m³，预埋孔口管203根。

防渗效果：检查孔压水试验数据显示，共进行的31个试段的压水试验透水率q值均远远小于设计防渗标准，其中q_{max}为2.13Lu，q_{min}为0.46Lu，q_{cp}为1.57Lu。0～1.0Lu的有13试段，占41.9%，1.0～2.0Lu的有14试段，占45.2%，2.0～3.0Lu的有4试段，占12.9%。

工程验收结论：上游围堰控制性水泥灌浆防渗帷幕工程施工质量满足工程设计要求，质量等级评定为优良。

11.3　董箐水电站

董箐水电站消能防冲建筑物工程底部开挖开程为358.5m，上、下游水位均在370m以上，上、下游设置围堰，根据其透水层为砂砾石层易透水及为总价包干项目，为达到围堰防渗目的及减少施工成本，采用控制性水泥灌浆施工工法。施工时段2007年12月至2008年4月。实践证明该工程的采用，确保了施工质量，渗水得到了有效控制，同时相对普通帷幕灌浆施工减少了水泥和人力的投入，预计减少施工成本约20万元，取得了良好的经济效益。

强透水性基础水泥防渗控制性灌浆施工工法图片资料见图1～图10。

图1　下游围堰

图2　下游围堰控制灌浆钻孔

图3　灌浆钻孔

图4　钻孔设备

图5 砂过筛

图6 制浆

图7 灌浆

图8 灌浆压力控制

图9 灌浆过程监测

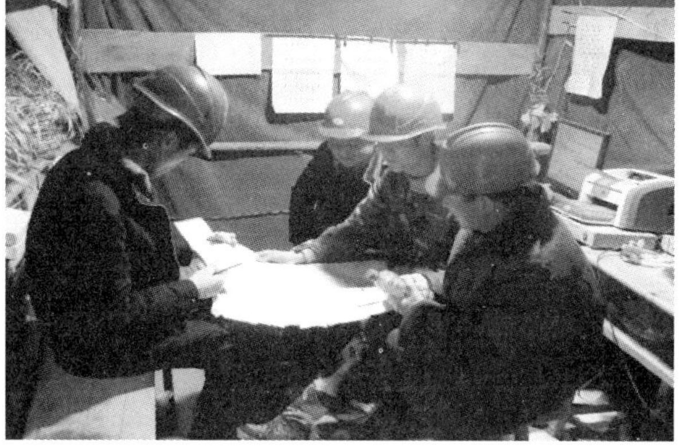

图10 灌浆情况分析

闸墩滑模施工工法

于　涛　王舜立　张轩庄　岳　耕　敖利军

1　前言

滑模施工是一次立模连续浇筑混凝土的施工工艺，它具有施工速度快、质量好、成本低等优点，是一项高效、低廉的混凝土施工方法。液压滑模施工，大大提高了施工速度及混凝土外观质量，同时降低了材料损耗，减少了人员投入，取得了可观的经济效益和社会效益，在水利水电工程中采用滑模技术施工可以成倍地提高混凝土浇筑速度，对于工期要求紧张的工程具有重要的功用。

2　工法特点

（1）滑模施工与传统的混凝土分层施工方法相比较，不需要经过立模、施工缝处理和拆模等工序，混凝土可实现连续施工，每天滑升速度可达2.5～5m，大大提高了混凝土的施工速度。

（2）与传统的混凝土施工方法相比较，采用滑模施工的混凝土没有施工缝，连续性好，表面光滑，提高了混凝土外观质量。

（3）在具有相同结构尺寸较多的建筑物时，采用滑模施工，可节约模板、拉筋和一些周转材料等投入，从而能够降低工程造价。

（4）与传统混凝土施工方法相比较，通过控制混凝土的配合比、坍落度和滑模的滑升速度等措施，采用滑模施工可以提高施工的安全性。

3　适用范围

滑模施工是一种机械化程度较高的混凝土结构工程连续成型工艺，本文所述施工方法主要适用于闸墩、桥墩和拦污栅墩等高耸结构工程，并应满足如下要求：工程的结构平面应简洁，结构沿平面投影应重合，且没有阻隔、影响滑升的突出构造或连接构件。

4　工艺原理

滑模施工包括绑扎钢筋、浇筑混凝土、提升模板三个工序相互衔接、重复循环地连续作业。浇捣一次，提升一次，如此连续交替进行。依靠埋置在混凝土中的支承杆，液压千斤顶沿着支承杆向上爬升，从而带动滑模系统整体上升，直至到达所需的结构标高为止。

闸墩的滑模装置主要由模板系统、操作平台系统、液压提升系统和精度控制系统等部分组成。为了保证滑模有足够的强度、刚度及整体稳定性，便于安装和拆除，在使用中能运转灵活、安全可靠，闸墩滑模结构宜设计为桁架式整体钢结构，滑模装置中的围圈、提升架、操作平台等构件之间均采用焊接形式与桁架主梁相连接。

4.1　模板系统

模板系统主要由模板、围圈和提升架等组成，是用来成型混凝土的一套装置，很大程度上影响结构的成型和混凝土的外观质量，故模板需要具备一定的刚度、表面平整度。模板一般选择为组合钢模板，在墩头等圆弧部位应采用定型钢模板，在设计荷载作用下模板的变形量不应大于2mm；模板的上口至操作平台主梁下缘的高度，无钢筋时不得小于0.25m，有钢筋时不得小于0.50m；模板必须满足承受混凝土浇筑时的侧压力和便于脱离、滑升的要求，另外，模板还应当拆装方便；为保证组合钢模板间的接缝严密，在拼装模板时在模板间的接缝处加粘2mm厚的防水双面胶带，确保模板接缝的严密，以免漏浆。

围圈转角应设计成钢结点，在设计荷载作用下变形量不应大于计算跨度的1/500；上、下围圈间距一般为0.50～0.75m，上围圈到模板的上口距离一般不大于0.25m；可选择不等边角钢、槽钢或工字钢制造围圈。

提升架主要由辐射横梁、立柱和围圈支托等部件组成，横梁与立柱的结点必须是刚性连接。立柱宜用槽钢或角钢制作；立柱最大侧向变形量不应大于2mm。提升架悬挂在千斤顶上，承受模板和操作平台的全部荷载并传递给支承杆。

4.2 操作平台系统

操作平台系统主要包括操作平台和吊脚手架等部分，操作平台由桁架梁、铺板等组成，并与提升架组成整体稳定结构。操作平台支承在提升架上，主要为堆放材料、工具、设备、提升模板及施工人员操作之用，是滑模主要受力的构件之一，因此应有足够的强度和刚度。吊脚手架，又称吊梯，供调整和拆除模板、检查混凝土质量、支承底模以及修饰混凝土表面等操作之用，悬挂在操作平台下面，宽度一般为0.80m，上面铺木板或竹挑板、外设围栏及安全网，使用圆钢作为吊杆时，圆钢直径不宜小于16mm。

4.3 液压提升系统

液压提升系统主要由液压控制台、千斤顶、支承杆、油路等组成，是滑模滑升的动力装置。

滑模采用的液压千斤顶都是穿心式，固定于提升架上，其中心穿入支承杆，千斤顶沿支承杆向上爬升，带动提升架、操作平台和模板一起上升。支承杆是用以承受滑模重量和全部施工荷载（含模板与混凝土间的摩擦力）的支承钢筋或钢管。

支承杆及千斤顶数量、规格应由计算确定，在荷载集中或摩阻力较大处或在拐角、交叉等特殊部位可根据需要加密布置。一般选择直径为25mm的圆钢作为支承杆，在使用前，必须调直，采用冷拉调直的延伸率不应大于3%；支承杆的接头，宜用M10丝扣连接，丝扣长度不应小于20mm，接头应合缝平顺、松紧适度；工具式支承杆的套管，其长度应达模板下缘，钢管内径应比支承杆直径大3～5mm；对于代替受力钢筋的支承杆，其接头应满足有关规范要求。

千斤顶油路布置应力争每个千斤顶到液压控制台的油路长度基本一致，且每条油路供油的千斤顶数量基本相等，以利于千斤顶同步提升；油泵的额定压力一般采用12MPa，其流量应根据带动千斤顶的数量一次给油时间计算确定；油管的耐压力应大于油泵压力的25%。

液压提升操纵装置的选型及数量配置，应综合考虑千斤顶数量、油路长度、给回油时间、油箱容量（必要时自加副油箱）等因素，以便获得理想的提升速度。

4.4 测量控制系统及辅助系统

测量控制系统布置在闸墩的几个控制部位，在操作平台上安装专用测量控制仪器，用以监测滑模体的偏移情况，及时调整滑模的各液压系统，确保闸墩垂直滑升。辅助系统包括水、电、通信系统。

滑模施工用水主要是墩体混凝土在滑升终凝后的养护用水。在滑模体的辅助工作平台底环绕着滑模系统安装一条直径为25mm的塑料管，以0.20m间距在水管朝闸墩混凝土面的方向上打小孔，滑模滑升后向管内通水就可保证混凝土的养护用水。

滑模的用电系统主要是液压系统和电焊设备用电。机械动力设备采用380V电压。操作平台上照明电压采用36V低压，以保证夜间工作安全。闸墩上、下通信设备可采用对讲机。

5　施工工艺流程及操作要点

5.1　工艺流程

滑模施工工艺流程见图1。

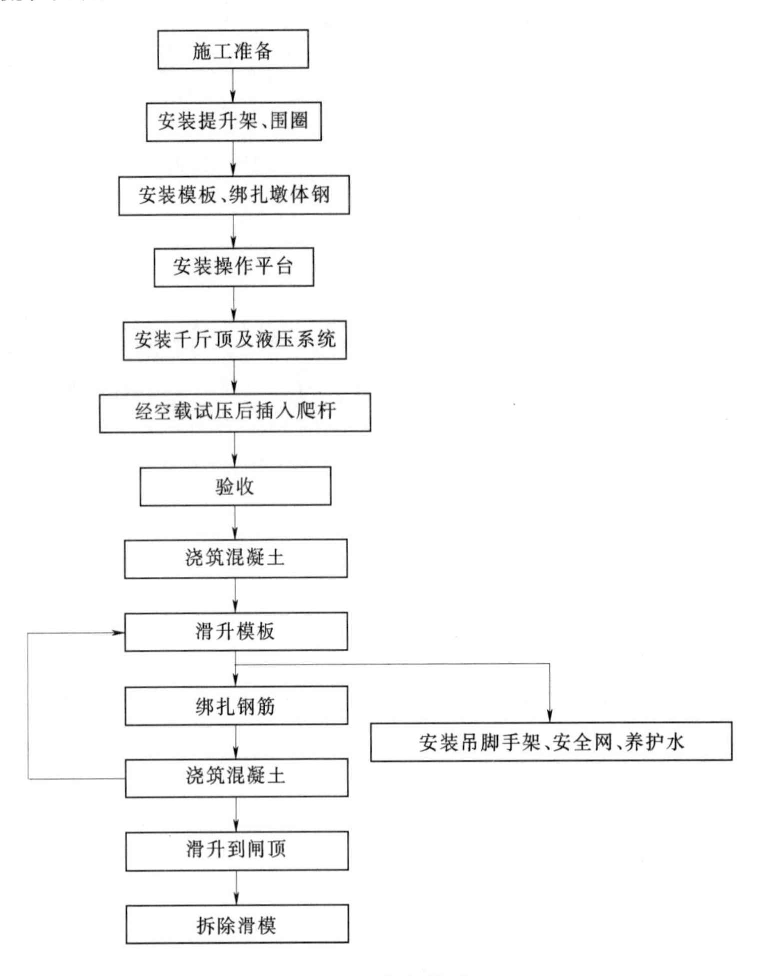

图1　工艺流程图

5.2　滑模的组装

5.2.1　组装前准备工作

滑模施工前必须做好各项准备工作，包括千斤顶的调试、底板的凿毛和冲洗、测量放线、供电、供水系统准备、备用电源准备、搭设安装平台或临时施工支架等。

5.2.1.1　人员组织

在滑模组装需要以下各工种人员：测量工、电焊工、电工、起重工、安全员、技术人员等，并且在组装前要做好对安装人员的技术培训工作，以保证组装工作的顺利进行。

5.2.1.2　机具设备及材料准备

（1）按设计图纸清点检查滑模设备各零部件的规模数量是否符合要求。

（2）液压千斤顶使用前，应按下列要求进行检验：

耐油压12MPa以上，每次持压5min，重复三次，各密封处无渗漏；卡头锁固牢靠，放松灵活；在1.2倍额定荷载作用下，卡头锁固时的回降量，滚珠式不大于5mm，卡块式不大于3mm；同一批组装的千斤顶，在相同荷载作用下，其行程应接近一致，用行程调整帽调整后，行程差不得大于2mm，超标的不得使用。

(3) 液压提升系统各部件性能须良好并有备用量，密封圈、钢珠及卡头弹簧等易损耗件应有充分的备件。

(4) 支承杆加工必须保证质量，要顺直无锈，螺纹连接紧密无错台，存放时要涂油。

(5) 各种螺栓、螺母和垫圈等应有备用量。

(6) 给水设备应保证足够水量和水头高度。

(7) 场地照明与动力用电设施应提前施工布置安装，滑模用电设备如配电盘、灯具、电线、电缆应提前制备齐全。

(8) 滑模组装与液压设备检修作业使用的工具、常用零件及材料应备齐。

(9) 所有材料均应满足规范及设计要求，并能按质、按量、按时保证供应满足滑模施工需要。

5.2.1.3 场地布置与其他准备工作

(1) 机械设备设置、工棚修建、电线架设及材料堆放等应提前安排实施，并注意不要影响施工和安全。

(2) 起滑高度处的混凝土高度应平齐，作为施工缝处理，该标高的混凝土面应凿毛，起滑高度处的钢筋数量和位置应准确，钢筋保护层及间距符合图纸要求。

(3) 组装前，测好建筑物中心点，放好建筑物底部尺寸大样和模板安装线。

(4) 对施工机具设备和钢模板在组装前进行一次全面检修，符合使用要求后，方可安装。

(5) 试验室应根据混凝土标号、气温与施工要求提前进行试验，选好配合比和外加剂掺量。

(6) 液压提升设备存放、检查与保养应在专用工棚内和工作台上进行。

(7) 准备好起重指挥用具（如口哨、红绿旗）并统一规定好信号，同时配置通信联络设备。

(8) 在施工现场的周围设置安全围护栏以及醒目的警示标志。

(9) 控制施工精度的观测仪器，必须经校验后，方可使用。

(10) 根据滑模施工需要，建立与健全各项规章制定。

5.2.2 滑模组装

5.2.2.1 闸墩液压滑模组装程序

(1) 安装提升架、围圈。

(2) 安装模板、绑扎钢筋。

(3) 安装操作平台。

(4) 安装千斤顶及液压系统。

(5) 经空载试压后插入支承杆（或爬杆）。

(6) 滑升至适当高度，安装吊脚手架、挂安全网、敷设养护水管。

(7) 各系统调试、试滑、检查验收。

5.2.2.2 滑模及相关系统组装操作要点

(1) 模板安装须校准坡（锥）度，且在整个平台各处模板均应严格控制安装坡（锥）度。对于不变截面一滑到顶的混凝土结构，坡（锥）度一般控制在0.2%～0.3%左右，也可以采用无锥度设计。

(2) 工作平台必须调平与对正，平台上设备、材料应均匀布置，以保持平台荷载均衡，避免造成平台倾斜与扭转。

(3) 模板拼装不能反锥度，模板间搭接必须密贴。

(4) 安装第一段支承杆时，必须先用不同长度支承杆交错排列，以改善支承杆受力和接长工作；并且首批插入的支承杆应距支承面0.50m左右，保证试压空间，加油、试压、排空。

(5) 液压提升设备安装必须严格按技术要求进行。

(6) 电气设备安装必须作好接地保护和防止雷击措施。

(7) 模板提升到够安装吊架高度时，应及时安装吊架和安全网。

5.3　滑模施工

5.3.1　钢筋绑扎施工

滑模施工的特点是钢筋绑扎、混凝土浇筑、滑模滑升等工序相互衔接、重复循环地连续作业。模板定位检查完成后，即可进行钢筋的安装，为使钢筋的安装速度能满足滑模的要求，钢筋接头可采用套筒或电碴压力焊等方式连接。第一层钢筋绑扎从模板底部一直绑扎至提升架横梁下部，起滑后，采用边滑升边绑扎钢筋平行作业方式，竖向钢筋下料长度可控制在3～3.5m，水平钢筋绑扎超前混凝土0.30m左右。滑升中，钢筋绑扎严格按照设计要求进行，支承杆在同一水平内的接头数量不应超过支承杆总数的1/4，所以第一层有4种不同的长度，以后各层均可采用3m长，要求支承杆平整无锈皮，当千斤顶滑升至距支承杆顶端小于0.35m时，应及时接长支承杆，接头对齐，不平处用角磨机磨平，支承杆用环筋相连，焊接加固。

5.3.2　混凝土浇筑和模板滑升

混凝土初次浇筑和模板的初次滑升，严格按以下步骤进行，第一次浇筑0.03～0.05m厚的水泥砂浆，接着按分层厚度0.30～0.40m浇筑第二层，当混凝土厚度达到0.70～0.80m、第1层混凝土强度达到0.2MPa左右（出模混凝土手压有指痕）时，应进行1～2个千斤顶行程提升，并适时对模板结构及液压系统进行检查，如出模强度太高，可调整配合比并加快施工速度，如出模强度偏低，可适当放慢滑升速度或掺加外加剂，当第四层浇筑后再进行1～2个千斤顶行程提升，继续浇筑第五层再进行3～5个千斤顶行程提升，若无异常现象，便可进行正常浇筑和滑升。滑模的初次滑升一定要缓慢进行，并对液压装置、模板结构以及有关设施，在负载情况下，作全面检查，发现问题及时处理，待一切正常后方可进行正常滑升。

混凝土应当从闸墩两端或四周向中间对称均匀入仓浇筑；结构物边角、伸缩缝处的混凝土应浇高些，浇筑预留孔、伸缩缝处的混凝土时，应对称均匀地布料。入仓混凝土每层厚度保持在0.30～0.40m左右，同层混凝土尽量在规定时间内浇完。混凝土的振捣使用高频插入式振捣器分段对称进行，振捣时严格按混凝土施工规范执行。振捣棒不得触及承力杆、钢筋、预埋件和模板。对钢筋密集和靠近模板的部位使用软轴插入式振捣器振捣。在模板滑升时，严禁振捣混凝土，以免造成脱模混凝土发生变形坍塌。另外，浇筑施工时要随时清除模板上黏结的混凝土，还要对平台、桁架上的混凝土清除干净，以免混凝土积留太多而加重模体负载；防止混凝土浆污染液压系统机具及承力杆，随时清除黏结在千斤顶和承力杆上的混凝土浆。

施工转入正常滑升后，应尽量保持连续作业，由专人观察脱模混凝土表面质量，以确定合适的滑升时间和速度。模板滑升速度应与混凝土初凝程度相适应，一般脱模混凝土强度控制在0.2～0.4MPa，经验上一般用手指按压出模的混凝土有轻微的指印且不粘手，并在提升过程中能听到“沙沙”声，如此可说明出模混凝土强度较适宜，已具备滑升条件。正常滑升时，每次提升高度与分层高度一致，每次滑升的间隔时间一般不大于1.5h，气温很高时，为减少混凝土与模板的黏结力，以免混凝土拉裂，每隔0.5h将模板提升1～2个行程。当混凝土浇至牛腿底或闸墩顶部时，放慢滑升速度，对模板进行找平，混凝土浇筑完成后，模板每隔0.5～1.5h滑升1～2个行程，连续4h以上，直到最上层混凝土初凝与模板不黏结为止。

5.3.3　修面及养护

修面和养护工作是保证混凝土质量的最后一道工序。表面修整是关系到结构外表美观和保护层质量的关键工序，当混凝土脱模后，在低强度状态立即进行此项工作。刚脱模的混凝土表面如有少量气泡和细孔均由铁抹子抹平压光，如有麻面用水泥砂浆抹面修补，如发现塌块、裂缝和较大孔洞时则先将缺陷处松散混凝土块清除掉，要清除到密实处，再用水泥砂浆抹面修平。

洒水养护是保证混凝土有适宜的硬化条件，减少和避免裂缝的关键工作，脱模后的混凝土要及时喷水养护，可在吊脚手架上固定一圈塑料管，在朝向混凝土面一侧打若干小孔，与施工供水管路连通，采用阀门控制供水水压，以便急时对脱模混凝土面进行养护。

5.3.4 停滑措施

滑模施工中因故停滑时间较长要作停滑处理。先在同一标高将混凝土浇平，每隔0.5～1h提升模板一次，以免模板与混凝土黏结，复工时将混凝土表面凿毛，并用水冲走残渣，湿润表面，模板清理干净，涂上脱模剂。

滑模滑升至到距设计高程顶部1m左右时，便开始放慢滑升速度，并准确进行抄平和找正工作。整个模板的抄平找正应在滑模达到终点高程以下0.20m之前完成，以确保顶部标高和位置的正确。

5.3.5 滑模的高温和雨天施工措施

在高温雨天施工中，为了使滑模施工不间断，保证混凝土施工的连续性，应采取以下措施。

(1) 在滑模系统顶部设置遮阳挡雨篷，高温或下雨施工时，撑开遮阳挡雨篷以减少高温对仓面混凝土的曝晒和雨水对混凝土的冲刷，保证混凝土的施工质量。同时在雨天施工时尽可能采用较小的混凝土坍落度，采用小坍落度的混凝土在雨天施工过程中，可以减少灰浆流失，可保证雨天混凝土施工的质量要求。

(2) 施工过程中如遇到下大雨时，可停止混凝土的入仓，但停止混凝土入仓间隔不得超过3h，也就是在混凝土终凝前，尽可能在停雨或小雨间隙时入仓浇筑一次，同时滑升一次。

(3) 不管是下大雨、中雨、小雨，仓面在浇筑过程中都有一定的斜度，入仓振捣后的混凝土面也随之倾斜，这样有利于排除积水，在雨天施工中入仓间隔阶段，排水效果较好，并且灰浆流失也较少。

(4) 在雨天施工，脱模后的混凝土，如果被雨水冲刷，就会发生流淌，表面还会出现麻点，因此在抹面平整后，覆盖透明薄膜，保护初脱模的混凝土。

5.3.6 闸墩上游、下游侧牛腿的施工措施

闸墩上游、下游侧布置有牛腿时，为不影响滑模正常滑升，在滑模滑升到牛腿底部位后，向闸墩体内侧退回2m留出牛腿混凝土后浇块的方法继续向上滑升。

当滑模模板上部已到牛腿位置时，由测量放线，确定牛腿后浇块的位置，同时在牛腿部位预埋好牛腿钢筋的插筋（伸出牛腿50d的长度并按规范错开钢筋接头），安装先浇块的临时分缝面模板并按规范设置临时分缝面的插筋及键槽。模板安装后滑模系统继续滑升至设计高程。待滑模系统拆除后，将临时分缝面凿毛清理后安装牛腿整体模板，绑扎焊接牛腿钢筋，浇筑混凝土。

5.3.7 闸墩门槽插筋的处理措施

在滑模面板设计中将门槽插筋部位的模板设计为U形卡槽，滑模施工时用0.05m×0.02m×0.12m的方木条按门槽插筋的位置钻好插筋孔，将方木条卡进滑模面板的U形卡槽内插好门槽插筋即可，滑模滑升时在将方木条和滑模面板的加固卡销松开，门槽插筋板即与滑模面板自行分离，滑模即可滑升。

5.3.8 滑模系统的上下交通设施

为便于施工滑模系统与地面的上下交通联系，滑模系统的上下交通设施可采用搭设钢管脚手架楼梯的方式，楼梯与滑模连接部分设3m高挂梯相接。滑模每滑升3m高后及时将钢管脚手架梯子接高，以保证上下交通方便。

5.4 滑模拆除

滑模施工浇筑至闸顶高程时，将混凝土浇至设计标高位置并进行收仓抹面处理，滑模继续上升并滑空、脱离混凝土面，待模板可逐渐提升出混凝土面后，用门机进行拆模工作，步骤为：①将滑模上的配套设备拆除；②拆除液压系统的控制台，拆除供电线路、刀闸及所有附属设备，拆除供水线路；③拆除抹面平台及所有平台铺板；④拆滑模主体框架将滑模主桁架一次吊出。

6 材料与设备

单套滑模配备的主要施工机具设备见表1。

表1 **单套滑模配备的主要施工机具设备表**

序号	机具设备名称	型号	单位	数量	备注
1	液压滑模系统		套	1	
2	高架门机	MQ540/30	台	1	入仓设备
3	液压卧罐	$3m^3$	个	1	
4	自卸汽车	$3m^3$	台	4	运输设备
5	交流电焊机	22kV·A	台	2～3	
6	高频插入式振捣器	ϕ150	套	2	振捣设备
7	软轴插入式振捣器	ϕ50	套	3～5	
8	全站仪	徕卡	台	1	测量仪器
9	高压水泵		台	1	养护设备
10	柴油发电机	25kW	台	1	备用电源

7 质量控制

7.1 滑模组装质量检查标准

滑模装置组装的允许偏差见表2。

表2 **滑模装置组装的允许偏差**

序号	内容		允许偏差/mm
1	滑模装置中线与结构物轴线		3
2	主梁中线		2
3	连接梁、横梁中线		5
4	模板边线与结构物轴线	外露	5
		隐蔽	10
5	围圈位置	垂直方向	5
		水平方向	3
6	提升架垂直度		≤2
7	模板倾角度	上口	+0，−1
		下口	+2
8	千斤顶位置		5
9	圆模直径、方模边长		5
10	相邻模板的平整度		≤2
11	操作平台的水平度		10

7.2 滑模施工的质量检测和精度控制

7.2.1 滑模施工的水平度控制

在滑模滑升过程中，保持整个模板系统的水平同步滑升，是保证滑模施工质量的关键，也是直接影响结构垂直度的一个重要因素。因此，必须随时观测，并采取有效的水平度控制与调平措施。

（1）水平度的观测。在滑模开始滑升前，用水准仪对所有千斤顶的高度进行测量校平，并在各支承杆上以明显的标志划出水平基线。当滑模滑升后，不断以每0.40m的高程，在支承杆上从基线向上量划出水平尺寸线，以进行水平度的观测。以后每隔3m高度再对滑模装置的水平度进行测量、检查与调整。

（2）水平度的控制。水平度的控制主要是采取控制千斤顶的升差来实现，即采用限位调平法。限位调平法是在支承杆上按调平要求的水平尺寸线安装限位卡挡，并在液压千斤顶上增设限位装置。限位装置随千斤顶向上爬升，当升到与限位卡挡相顶时，该千斤顶即停止爬升，起到自动限位的作用。滑模滑升过程中，每当千斤顶全部升至限位卡挡处一次，模板系统即可自动限位调平一次。而向上移动限位卡挡时，应认真逐个检查，保证其标高准确和安装牢固。

7.2.2 滑模施工的垂直度控制

7.2.2.1 垂直度的观测

滑模施工时在闸墩门槽部位及墩头、墩尾位置各布置一套垂直观测设备。垂直度的观测设备采用导电线锤等，导电线锤是一个重约20kg的钢铁线锤，线锤的尖端有一根导电触针，用直径为1.5mm的细钢丝悬挂在平台下部，其上装有自动放长吊挂装置。施工时在滑模架上作好观测中点，并在闸墩底部混凝土面作好观测中点，用1.5mm钢丝连接两点并张紧，在钢丝外套上一环形极板并固定在上围圈上，极板内径略小于规定的最大偏差，极数等于千斤顶的组数，将指示灯电源的负极焊接在钢丝上，每个指示灯一端接正极，另一端各接在一块极板上。指示灯安在控制台面上，极板中点与一组千斤顶中间一个在同一法线的，编上相同的号，每块极板上的指示灯在台面上编号亦与该极板相同。在调偏时，哪个指示灯亮，就将与它同号的千斤顶对面的那组千斤顶的油路关掉提升，直到所有的指示灯都不亮为止，这说明钢丝已不碰极板环的内孔边，即偏差小于规定值；同时每天用全站仪检测一次闸墩的体型。

7.2.2.2 垂直度的控制

在滑模施工中，影响垂直度的因素很多，例如：操作平台上的荷载分布不均匀，造成支承杆的负荷不一，致使结构向荷载大的一方倾斜；千斤顶产生升差后未及时调整，操作平台不能水平上升；操作平台的结构刚度差，使平台的水平度难以控制；浇筑混凝土时不均匀对称，发生偏移；支承杆布置不均匀或不垂直；以及滑升模板受风力等。为了控制垂直度，除应采取一些针对性的预防措施外，在施工中还应加强观测，发现水平偏移后及时采取纠偏措施。在纠正垂直度偏差时，应徐缓进行，避免出现硬弯。

闸墩滑模一般都是左右对称的，所以左右飘移很小、上下方向飘移稍大，同时考虑各方面因素的影响，滑模的偏移还是客存在的，根据施工经验，只要在千斤顶上加限位卡，每0.40m自动调平一次，可控制左右飘移值在允许范围之内；上下游方向飘移稍大，较难控制，所以需要施加外力纠偏，主要采用花篮螺杆和手拉葫芦拉模板或爬杆，以及采用千斤顶不均衡顶升等办法，其中以拉爬杆效果最明显，但较难控制，容易矫枉过正；拉模板施工难度较大；采用千斤顶不均衡顶升则引起高程不平；所以当偏移较小时采用千斤顶不均衡顶升法，易于控制且效果明显，但偏移超出10mm时采用此法难以奏效且难以控制。宜采用拉模板或爬杆纠偏。在滑模液压系统设计里按每8个千斤顶编为一组，接分流阀分组控制，施工中易于采用不均衡顶升法调整滑模的偏移。采用不均衡顶升法调整纠正垂直度偏差时，操作平台的倾斜度应控制在1%之内。

7.3 施工中易产生的质量问题及其处理

7.3.1 支承杆弯曲

在滑模滑升过程中，由于支承杆加工或安装不直、脱空长度过长、操作平台上荷载不均及模板遇有障碍而硬性提升等原因，均可能造成支承杆失稳弯曲。施工中应随时检查、及时处理，以免造成严重的质量和安全事故。对于弯曲变形的支承杆，应立即停止该支承杆上千斤顶的工作，并立即卸荷，然后按弯曲部位和弯曲程度的不同采取加焊钢筋或斜支撑，弯曲严重时最好做切断处理，重新接入支承杆，并与下部支承杆焊接，将焊缝打磨平顺、光滑，并加焊斜支撑。

支承杆在混凝土内部发生的弯曲，从脱模后混凝土表面裂缝、外凸等现象，或根据支承杆突然产生较大幅度的下坠情况，就可以检查出来。此时，应将弯曲处已破损的混凝土挖洞清除。在加焊绑条时，应保证必要的焊缝长度。支承杆加固后再支模补灌混凝土。

支承杆在混凝土外部易发生弯曲的部位，大多在混凝土上表面至千斤顶下卡头之间或预留孔洞等脱空处。

7.3.2　混凝土质量问题

（1）混凝土水平裂缝或粘模。混凝土出现水平裂缝或粘模的原因有：模板严重倾斜；滑升速度慢或混凝土的初凝时间太短，使混凝土与模板黏结；模板表面不光洁，摩阻力太大。防止和解决的办法是：对于已出现的问题，细微裂缝可抹平压实；裂缝较大时，当被模板带起的混凝土脱模落下后，应立即将松散部分清除，并重新补上高一级强度等级的混凝土；由于混凝土的初凝时间太短导致粘模时，可以采取在不降低混凝土设计强度的前提下，优化混凝土的配合比，如在混凝土里增加缓凝剂或减水剂、适当提高混凝土的坍落度等，从而延长混凝土的初凝时间。

（2）混凝土的局部坍塌。混凝土脱模时的局部坍塌，主要是由于在模板的初升阶段滑升过早；在正常滑升时速度过快；或混凝土没有严格按分层交圈的方法浇筑，使局部混凝土尚未凝固而造成。对于已坍塌的混凝土应及时清除干净，补上高一级强度等级的干硬性细石混凝土。

（3）混凝土表面外凸。由于模板的倾斜度过大或模板下部刚度不足；单层混凝土浇筑厚度过大或振捣混凝土的侧压力过大，致使模板外凸。处理措施是调整模板倾斜度，加强模板刚度；控制每层的浇筑厚度，及尽量采用振动力较小的振捣器。

8　安全措施

闸墩滑模施工为高空作业，施工工序多，施工安全隐患较多，交叉作业时有发生，为做好安全生产、文明施工，需做好如下安全防范措施。

（1）严格遵守国家有关安全管理方面的各项法律法规，根据工程结构和施工特点以及施工环境、气候等条件编制滑模施工专项安全技术措施，并确保措施的落实。

（2）成立滑模施工安全领导小组，配备专职安全检查员，监督全体施工人员严格执行安全操作规程，施工人员必须服从统一指挥，不得擅自操作液压设备和机械设备。

（3）对参加滑模工程施工的人员，必须进行培训和教育，使其了解本工程滑模施工特点、熟悉规范的有关条文和本岗位的安全技术操作规程及环保规定，并通过考核合格后方能上岗工作。主要施工人员应相对固定。

（4）滑模开始滑升前，应由设计、技术、质量、安全等人员对各系统进行全面的质量、安全、可靠性、稳定性检查验收，符合设计及有关规范要求后，方可投入使用。

（5）滑模施工中应经常与当地气象台（站）取得联系，遇到雷雨、六级和六级以上大风时，必须停止施工。停工前做好停滑措施，操作平台上人员撤离前，应对设备、机具、零散材料、可移动的铺板等进行整理、固定并作好防护，全部人员撤离后立即切断通向操作平台的供电电源。

（6）滑模施工中的防雷装置，应符合《建筑防雷设计规范》（GB 50057—2010）的要求。

（7）凡患有高血压、心脏病、贫血、癫痫病等不适应高空作业疾病的坚决不能上操作平台。

（8）在施工的建筑物周围划出施工危险警戒区，并应采用有效的安全防护措施。

（9）滑模施工场地应有足够的照明，操作平台上的照明采用36V低压电灯。

（10）滑模滑升到一定高程后，设置可靠的楼梯，供施工人员上下，同时在操作平台上安装安全防护设施。

（11）滑模施工中，材料和工器具等应严格按要求分散堆载，平台不得超载且不应出现不均匀堆载的现象。

（12）滑模装置拆除时，必须编制详细的施工方案，明确拆除的内容、方法、程序、安全措施及指挥人员的职责等，并经批准后，方可实施。

（13）认真落实“三工制度”中安全交底、安全过程控制、安全讲评制度。

9 环保措施

（1）成立专门的施工环境卫生管理机构，在工程施工过程中严格遵守国家和地方政府下发的有关环境保护的法律、法规和规章，加强对施工燃油、工程材料、设备、废水、生产生活垃圾、弃渣的控制和治理，严格执行有关防火及废弃物处理的规章制度。

（2）主动与当地环保部门取得联系，接受环保部门的监督管理。

（3）将施工场地和作业限制在工程建设允许范围内，合理布置、规范围挡，做到标牌清楚、齐全，各种标识醒目，施工现场整洁文明。

10 效益分析

滑模施工是一种机械化程度较高的混凝土结构工程连续成型工艺，与传统施工方法相比，这种施工工艺具有施工速度快、机械化程度高，能够大大缩短工程建设工期；另外，这种施工工艺可节省大量的拉筋、架子及模板和一些周转材料，施工安全可靠，综合效益明显。

11 应用实例

11.1 广西长洲水利枢纽船闸工程

工程中的冲砂闸闸墩，由于闸墩体型截面小、断面体型复杂、闸墩高度高等特点，按照常规立模施工方法施工工期长，无法满足工期要求。为了加快施工进度，采用了滑模施工技术。冲砂闸闸墩可利用滑模施工的断面尺寸：20m（长）×4m（宽）×29.9m（高），其中上游、下游均为圆弧段，上部设有牛腿，左右两侧均设有检修门槽和工作门槽，混凝土设计强度等级为C20三级配。冲砂闸闸墩采用滑模施工，从闸墩底部8m高程滑升到闸墩顶部37.9m高程只用了10d时间，若采用散装模板施工则约需1个月的时间，大大缩短了施工工期。

11.2 辽宁三湾水利枢纽工程

坝体为混凝土重力坝，17孔泄洪闸，18个闸墩。墩混凝土浇筑采用滑模施工从10.5m至23.79m高程，闸墩的检修闸门槽由于为平直结构、金结预埋件为钢锚板，检修闸门槽采用钢模板与滑模一起整滑升，工作门槽为弧形门槽施工采用木模板，工作门槽木模提前定做成型，在滑模滑升过程中进行安装。滑模施工在三湾工程应用中取得了较好的效果，在工程工期紧、任务重的情况下，利用液压滑模进行闸墩施工，一个闸墩滑模安拆和施工只用时8d，大大缩短了工期、提高了施工效率、保证了工程质量，得到业主、监理的好评。

11.3 龙滩水电站拦污栅混凝土工程

工程进水口前缘布置直立的屏幕式拦污栅，包括22～30号坝段，施工范围为：0+124.485～0+349.485m，坝轴线0－012.5～0+000.0m。主要建筑物结构物为每个坝段含5个中墩和2个边墩。22～28号坝段进水口拦污栅排架基础高程为303.00m，29号、30号坝段基础混凝土高程为313.00m，拦污栅排架顶部平台与坝顶高程相同。303.0～333.0m高程排架柱呈长圆形，上游、下游墩头直径为1000mm，333.0m高程以上中墩上游面为半圆形，下游墩头为直方形，往上每13m设一层顺水流方向和横水流的联系梁联系排架柱和坝体。边墩设在坝段两端，缝面与坝体横缝位于同一竖直平面内，通过封头板与坝体相连，板厚850mm，封头板内设有与坝体相连的顺水流方向暗梁，板顶与拦污栅盖板封闭。拦污栅混凝土工程施工中，采用了滑模施工，30号坝段2006年3月5日开始施工，2006年12月15日完工，相对常规模板施工减少了施工工期，混凝土外观质量优良，工程各项指示满足规范和设计要求，工程质量优良。

闸墩滑模施工工法图片资料见图2～图8。

(a)

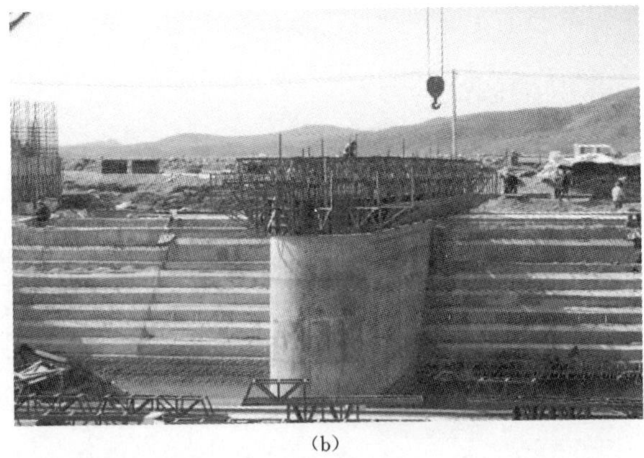
(b)

图 2　滑模安装

(a)

(b)

(c)

(d)

图 3　混凝土浇筑

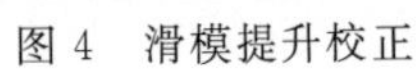
图 4　滑模提升校正

图 5　搭设工作平台

(a)

(b)

图 6　侧面工作平台

图 7　混凝土养护

图 8　成型混凝土

大型城门洞室边顶拱分部衬砌施工工法

王亚辉　李虎章　万　文

1　前言

在水电工程项目特大洞室混凝土衬砌施工中，按照传统的施工方法主要采用全断面钢模台车施工。边墙和顶拱同仓浇筑，单仓循环时间长，整个边墙和顶拱均占直线工期，难以满足施工进度要求。通过对全断面钢模台车施工方法进行改进，将边墙和顶拱分开衬砌，边墙采用多卡模板进行衬砌，顶拱采用顶拱钢模台车进行衬砌，这样只有顶拱衬砌占直线工期，大大加快了施工进度，且边墙模板可重复使用，节约了成本，取得了良好的效果。

2　工法特点

（1）边墙衬砌和顶拱混凝土衬砌分开进行施工，边墙衬砌不占直线工期，有利于加快施工进度，缩短施工工期。

（2）多卡模板可重复利用，节约了工程成本。

3　适用范围

适用于城门洞型特大洞室混凝土衬砌施工。

4　工艺原理

4.1　底板、边墙、顶拱采取流水作业施工

底板、边墙、顶拱分开进行衬砌，采用流水作业施工。底板衬砌超前边墙 3 块，以保证边墙模板吊装时的足够空间，在实际施工中，为了更好的保证施工通道，底板衬砌采用半幅施工。边墙衬砌超前顶拱衬砌 1 块，以有利于顶拱衬砌时挡头模板安装。这样除底板超前的 3 块和边墙超前的 1 块占直线工期外，其余底板和边墙衬砌不占直线工期，只有顶拱占直线工期，占直线工期的模板安装及浇筑的时间减少，大大加快了施工进度，缩短了施工工期。隧洞混凝土浇筑作业示意图见图 1。

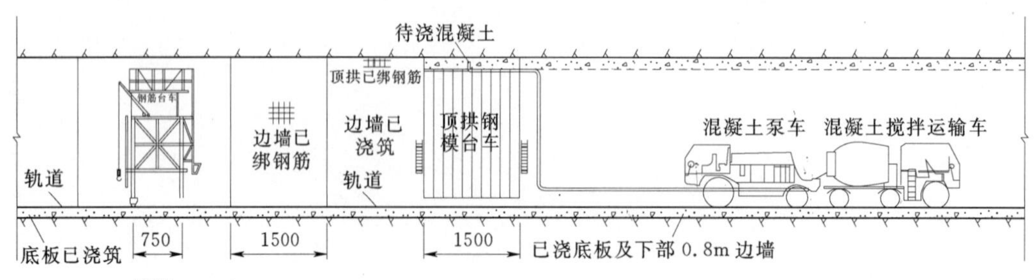

说明：
1. 图中单位均以厘米计。
2. 标准洞身混凝土衬砌分为底板、边墙和顶拱三部分施工，边墙采用多卡模板浇筑，顶拱用 15m 长顶拱钢模台车浇筑。

图 1　隧洞混凝土浇筑作业示意图

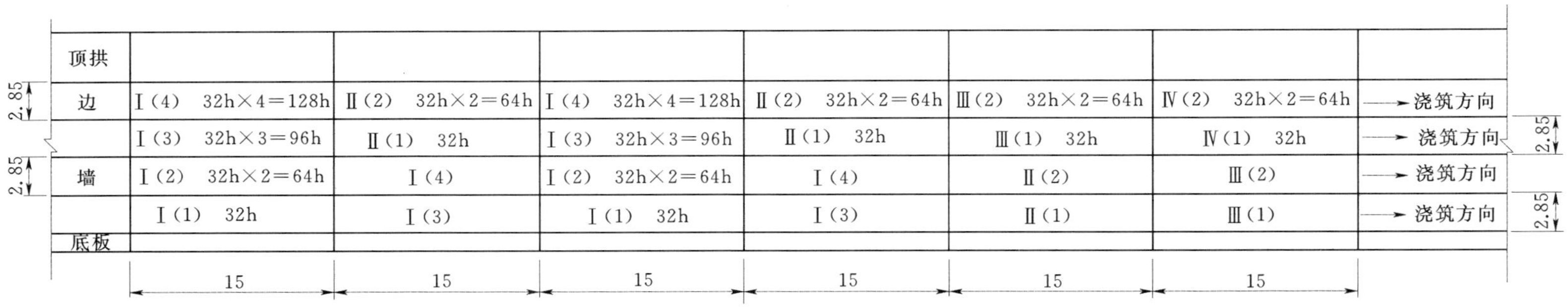

顶拱							
边	Ⅰ(4) 32h×4=128h	Ⅱ(2) 32h×2=64h	Ⅰ(4) 32h×4=128h	Ⅱ(2) 32h×2=64h	Ⅲ(2) 32h×2=64h	Ⅳ(2) 32h×2=64h	→ 浇筑方向
	Ⅰ(3) 32h×3=96h	Ⅱ(1) 32h	Ⅰ(3) 32h×3=96h	Ⅱ(1) 32h	Ⅲ(1) 32h	Ⅳ(1) 32h	→ 浇筑方向
墙	Ⅰ(2) 32h×2=64h	Ⅰ(4)	Ⅰ(2) 32h×2=64h	Ⅰ(4)	Ⅱ(2)	Ⅲ(2)	→ 浇筑方向
	Ⅰ(1) 32h	Ⅰ(3)	Ⅰ(1) 32h	Ⅰ(3)	Ⅱ(1)	Ⅲ(1)	→ 浇筑方向
底板							
	15	15	15	15	15	15	

（各层高 2.85）

说明：

1. 图中单位均以米计。
2. 单侧边墙每块分 4 仓浇筑，每仓大小为：长×高=15m×2.85m。
3. 图中希腊字母序号表示每块边墙浇筑顺序、阿拉伯数字序号表示占直线工期每仓混凝土浇筑顺序。
4. 图中标有时间的仓号表示占直线工期的仓号，从图中可以反应出只有第一块边墙 4 仓混凝土占直线工期，时间为 128h，其余边墙只有 2 仓混凝土占直线工期，时间为 64h。
5. 从图中可以看出，浇筑第一块边墙第 1、第 2 仓时有两个块号同时浇筑，需 2 仓模板、浇第一块边墙 3 仓、4 仓时有 4 个块号同时浇筑，需 4 仓模板、浇筑第二块边墙 3 仓、4 仓开始有 3 个块号同时浇筑，需 3 仓模板。

图 2 隧洞边墙多卡模板浇筑顺序纵剖面示意图

4.2　边墙衬砌作业顺序

边墙衬砌采用梯形浇筑法，共4块边墙同时进行浇筑，这样除开始浇筑的4层占直线工期外，以后只有一层占直线工期。同时模板吊装时能把前一块的模板直接吊往下一块进行安装，起重机不必要随浇筑块号的变化而移动，工效大大提高。隧洞边墙多卡模板浇筑顺序纵剖面示意图见图2。

5　施工工艺流程及操作要点

5.1　工艺流程

混凝土衬砌分成底板、边墙及顶拱进行施工，底板和边墙超前，顶拱滞后跟进，底板超前边墙3块，边墙超前顶拱1块，为保证施工通道，部分底板采用半幅施工。对于支洞封堵在进行边墙混凝土衬砌时适时进行封堵。根据混凝土分块要求及浇筑难度综合考虑，混凝土衬砌分块长度为15m。特大洞室混凝土衬砌工艺流程见图3。

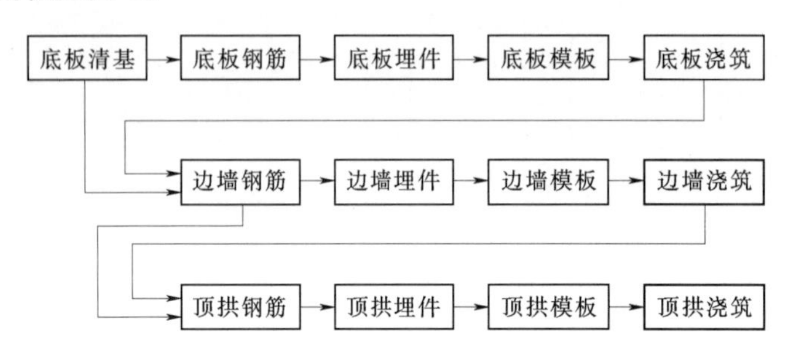

图3　特大洞室混凝土衬砌工艺流程图

5.1.1　底板混凝土衬砌

底板每块长度为15m，挡头模采用木模板。为确保底板面浇筑平整，底板浇筑搭设抹面架，抹面架采用1.5m长钢管在底板上铺设四根轨道（使用短钢筋在主筋上焊接形成支架），抹面架焊接前由测量人员用全站仪和水准仪进行放线。

以洞径为15m（宽）×18m（高）、混凝土衬砌厚度1m的洞室为例，底板单仓混凝土浇筑时间效率：底板基础面清理验收为24h，钢筋绑扎时间为10h，立挡头模时间为6h，混凝土浇筑时间为10h，混凝土待凝时间为24h。

一个循环所需时间合计为74h。

5.1.2　边墙混凝土衬砌

边墙混凝土浇筑分仓长度为15m，仓号高为3.15m，采用多卡模板施工，多卡模板规格为3.2m×3m，多卡模板采用20t吊车拆装。

以洞径为15m（宽）×18m（高）、混凝土衬砌厚度1m的洞室为例，边墙单仓混凝土浇筑多卡悬臂模板时间效率：立挡头模时间为6h（可提前立挡头模，不占用直线工期），拆模吊模安装时间为1h，模板校正时间为3h，混凝土浇筑时间为4h，混凝土待凝时间为24h。

一个循环所需时间合计：32h。

上层混凝土浇筑达到24h后可拆模，达到72h后，可进行下一层混凝土的浇筑，由于多卡模板不用搭设脚手架，模板吊装方便，因此边墙实行跳块浇筑，则边墙4层共用时间合计为128h。

5.1.3　顶拱混凝土衬砌

顶拱混凝土衬砌采用15m长顶拱钢模台车施工，其钢模台车施工工艺流程为：钢筋台车行走就位→钢筋安装→钢筋验收→钢模台车行走→模板清理、涂脱模剂→钢模台车就位→测量检测验收合格→立堵头模→校模→预埋灌浆管→仓位清理、浇筑准备及验收→混凝土浇筑→拆模及养护→清理及缺陷处理。

以洞径为15m（宽）×18m（高）、混凝土衬砌厚度1m的洞室为例，顶拱单仓混凝土浇筑钢模台车时间效率：立挡头模时间为8h，台车就位时间为1h，模板校正时间为3h，混凝土浇筑时间为20h，混凝土待凝时间为24h。

一个循环所需时间合计：56h。

钢筋台车与钢模台车共用一条轨道，钢筋台车超前钢模台车至少2个浇筑块以上。

钢筋绑扎人工站在钢筋台车上进行，进行两次循环后，完成一块钢筋的绑扎。混凝土钢筋保护层采用在钢筋与模板之间设置强度不低于结构设计强度的混凝土垫块。

台车沿轨道通过自行设备移动至待浇仓位，调节横送油缸使模板与隧洞中心对齐，然后起升顶模油缸，顶模到位后把侧模用油缸调整到位，并把手动螺旋千斤顶及撑杆安装、拧紧。

5.2 操作要点

5.2.1 钢筋工程

钢筋加工厂根据施工详图及混凝土施工分仓计算开出钢筋下料单，并按照钢筋下料单加工工程所需钢筋，将加工好的钢筋依次编号，用自卸车运输至施工现场，然后按照施工详图进行钢筋绑扎，严格执行《水工混凝土施工规范》(DL/T 5144—2001）的有关规定。

1. 钢筋加工

钢筋加工在钢筋加工厂进行，严格按照设计图纸及混凝土施工分仓计算开出钢筋下料单，并按照钢筋下料单下料加工，钢筋加工采用钢筋截断机和钢筋弯曲机进行，厂内钢筋的连接宜采用机械连接，当不具备机械连接条件时，直径不大于28mm的采用闪光对焊或搭接焊，直径大于28mm采用帮条焊。钢筋加工完毕经检查验收合格后，根据其使用部位的不同，分别进行编号、分类，并挂牌堆置在仓库（棚）内，露天堆放应垫高遮盖，做好防雨、防潮、除锈等工作。

2. 钢筋运输

加工成形的钢筋采用汽车吊配合汽车运输。钢筋运至现场采用20t汽车吊辅以人工进仓。

3. 钢筋安装

钢筋安装前经测量放点以控制高程和安装位置。钢筋的安装采用人工架设，底板钢筋以基础锚杆、插筋为依托，设置架立筋；垂直钢筋设撑筋固定。钢筋安装的位置、间距、保护层及各部分钢筋的大小尺寸，严格按施工详图和有关设计文件进行。为保证保护层的厚度，钢筋和模板之间设置强度不低于设计强度的预埋有铁丝的混凝土垫块，并与钢筋扎紧。在多排钢筋之间，用短钢筋支撑以保证位置准确。安装后的钢筋加固牢靠，且在混凝土浇筑过程中安排专人看护经常检查，防止钢筋移位和变形。

现场竖向或斜向、直径在28mm以下钢筋的连接宜采用闪光对焊或搭接焊，直径在28mm以上时采用机械连接。钢筋机械连接应用前，先进行生产性试验，合格后报送监理人批准，并经发包人及设计单位同意后才能用于现场施工。钢筋接头分散布置，并符合设计及相关规范要求。电焊工均持有相应电焊合格证件。

5.2.2 模板施工

1. 施工程序

模板设计、制作→测量放线→运输→组装→模板校正及复测→混凝土浇筑→拆模及维护→下一循环。

2. 施工方法

模板由专业技术人员按混凝土的实际结构、分层和模板规划，依照施工规范进行设计，并提供制作详图。定型钢模和悬臂模板及钢模台车均按设计图纸在加工厂加工制作，经检验合格后运往现场拼装立模。加工合格的模板采用20t汽车运输至工作面，采用20t汽车吊辅以人工配合安装。

每次立模施工前进行除锈清理，并在模板面上均匀涂刷一层脱模剂，便于脱模。模板拼装严格按相关施工规范进行，做到立模准确，支撑牢固可靠，以确保混凝土结构尺寸和浇筑质量符合设计及规范要求。模板在使用过程中要注意保护，防止变形、损坏。

5.2.3 混凝土工程

1. 混凝土入仓、铺料

底板浇筑采用平铺法铺料，铺料厚度30～50cm，边墙及顶拱浇筑上升速度控制在每小时0.8m以内，振捣器配合人工平仓，$6m^3$ 混凝土罐车运输，混凝土泵泵送入仓。

2. 混凝土浇筑

（1）仓面振捣作业必须与浇筑能力相匹配，振捣按铺料顺序进行，以免造成漏振，确保混凝土浇筑质量。

（2）混凝土浇筑时，在上一层浇筑层面上先均匀铺设一层厚2～3cm的水泥砂浆，砂浆标号应比同部位混凝土标号高一级。每次铺设砂浆的面积与混凝土浇筑强度相适应，以砂浆铺设30min内被覆盖为限。

（3）浇筑混凝土时，严禁在仓内加水，当混凝土和易性较差时，采取加强振捣等措施；仓内的泌水必须及时排除，应避免外来水进入仓内，模板、钢筋和预埋件表面黏附的砂浆应随时清除。

（4）混凝土浇筑应保持连续性，因故超过混凝土间歇时间，但混凝土能重塑者，可继续浇筑，不能重塑者，按施工缝进行处理。

（5）混凝土振捣时施工要求：①振捣器插入混凝土的间距，应不超过振捣器作业半径的1.5倍；②振捣器应垂直按顺序插入混凝土，间距一致，防止漏振；③振捣时应将振捣器插入下层混凝土5cm左右；④严禁振捣器直接碰撞模板，钢筋及预埋件；⑤预埋件特别是止水片、止浆片周围应细心振捣，必要时辅以人工捣固密实；⑥浇筑第一层时，卸料接触带和台阶边坡的混凝土应加强振捣。

3. 养护

在混凝土浇筑完毕12～18h，当硬化到不因洒水而损坏时即开始人工洒水养护，如在炎热、干燥气候情况下应提前洒水。操作时，先洒侧面，顶面在冲毛后洒水，持续养护时间为21～28d。混凝土的养护采用洒水养护，用有压水管均匀进行喷洒，为确保养护效果，设置专人进行养护管路的维护。

4. 混凝土的表面保护

混凝土表面保护包括外观保护和表面防裂保护。

外观保护：对已浇筑完成的底板混凝土采用覆盖细沙等进行混凝土表面保护。另外对于一些混凝土的边角部位采用专用拆模工具拆除模板，以防损坏混凝土边角。

防裂保护：为防止混凝土表面的干缩变形引起的表面裂缝，对所有混凝土表面进行保湿养护。为防止混凝土的温度裂缝，对当年浇筑的混凝土在冬季进行保温。

5.3 劳动力配置

按混凝土工程高峰期最高浇筑强度且连续作业、人员二班轮休的原则配备所需劳动力的工种、人数。主要劳动力配置见表1。

表1　　主要劳动力配置表

序号	工　种	人数	序号	工　种	人数
1	技术管理人员	8	8	焊工	15
2	质量安全	9	9	电工	8
3	测量工	8	10	修理工	6
4	钢筋工	50	11	钢模工	5
5	模板工	50	12	汽车司机	30
6	混凝土工	40	13	普工	100
7	架子工	10	14	合计	339

6 材料与设备

按此工艺施工，一个工作面循环所需主要设备如表 2 所示。

表 2 主要设备配置表

序号	机 械 名 称	型 号 及 规 格	单位	数量
1	钢模台车	15m 长	台	1
2	钢筋台车	7.5m 长	台	1
3	多卡模板	3m×3.2m	套	40
4	汽车式起重机	20t	台	1
5	混凝土拖泵	HBT600	台	2
6	混凝土泵车		台	1
7	混凝土搅拌运输车	$9m^3$	台	9
8	液压反铲挖掘机	$1.2m^3$	台	1
9	装载机	$3m^3$	台	1
10	自卸汽车	20t	台	2
11	振捣器		台	8
12	电焊机	30kW	台	6

7 质量控制

7.1 人员的控制

设备操作人员、混凝土施工人员、试验人员必须经培训合格，持证上岗。

7.2 模板质量控制

（1）按钻爆法开挖洞段的断面要求配置各种模板，保证各种模板与混凝土的供应能力、运输能力等相适应。

（2）精心组织模板的设计、制作和安装，保证模板结构有足够的强度和刚度，能承受混凝土浇筑和振捣的侧向压力和振动力，防止产生移位，确保混凝土结构外形尺寸准确，并具有足够的密封性，以避免漏浆。

（3）所有模板、钢模台车使用前必须经过检查检验，材质、加工质量、刚度合格的模板才能安装使用。

（4）严格按施工图纸进行模板安装的测量放样，重要结构设置必要的控制点，以便检查校正。

（5）钢模板在每次使用前清洗干净，涂刷矿物油类的防锈保护涂料以防锈和拆模方便。钢模面板禁止采用污染混凝土的油剂，以免影响混凝土外观质量。木模板面采用烤涂石蜡或其他保护涂料。

（6）模板安装过程中设置足够的临时固定设施，防止变形和倾覆，以保证模板安装的允许偏差符合国家标准和行业规范的规定。

（7）模板在使用拆除后立即清洗干净，妥善堆存，以便下次使用。

7.3 钢筋质量控制

（1）每批钢筋均附有产品质量证明书及出厂检验单，使用前分批检验钢筋外观尺寸，并进行机械性能（拉伸、弯曲）试验，检验合格后才能加工使用。

（2）严格按施工图纸的要求进行钢筋加工，保证加工后钢筋的尺寸偏差及端头、接头、弯钩弯折质量符合 DL/T 5169—2002 的规定。

（3）钢筋的安装严格按规范和施工图纸的要求执行，确保钢筋的位置、间排距、保护层厚度符合要求。

（4）施工中采用其他种类的钢筋替代施工图纸中规定的钢筋时，施工前将钢筋的替代报告报送监理人人审批，同意后实施。

7.4 混凝土运输质量控制

（1）根据混凝土供应能力、浇筑能力、仓面具体情况选用合适的运输设备，以保证混凝土运输的质量，充分发挥设备效率。

（2）混凝土运输采用混凝土搅拌车，以避免在运输过程中产生离析分离、漏浆、严重泌水、过多温度回升和坍落度损失等现象。

（3）所有运输车辆上安放明显标志，标明混凝土品种和使用部位。严禁在运输过程中向混凝土运输车内加水。

（4）减少混凝土运输时间，尽快把混凝土运送到仓内，超过停留时间的混凝土必须由试验人员经检测合格后才能入仓，性能不能满足使用要求的混凝土不得入仓。

7.5 混凝土浇筑质量控制

（1）严格执行三检制。逐一检查验收模板、钢筋、预埋件的质量、数量、位置，并作好记录。所有仓号必须通过监理人验收合格后才能进行混凝土浇筑。

（2）混凝土入仓时的自由倾落高度超过规定时采用缓降措施予以控制。

（3）浇筑混凝土时严禁在仓内加水，发现混凝土和易性较差时采取加强振捣等措施保证质量。

（4）混凝土浇筑施工连续进行，混凝土浇筑允许间歇时间按试验确定。混凝土施工过程中尽量缩短间歇时间，并在前层混凝土凝结之前将次层混凝土浇筑完成。超过允许间歇时间的按施工缝处理。

（5）采用振捣器捣实混凝土时，每一振点的振捣时间，将混凝土捣实至表面出现浮浆和不再沉落为止，防止过振漏振。

（6）实行混凝土质量抵押金制度。即按部位、逐层分清责任人，出现质量问题除无偿纠错外，质量安全部有权进行处罚。

7.6 混凝土入仓质量控制

（1）泵送混凝土的坍落度控制在12～18cm之间。

（2）骨料最大粒径小于泵管管径的1/3，防止超径骨料进入混凝土泵。

（3）安装导管前彻底清除管内污物及水泥砂浆，并用压力水冲洗。安装后要注意检查，防止漏浆。在泵送混凝土之前先在导管内通过水泥砂浆，以便润滑泵管。

（4）施工中保持泵送混凝土工作的连续性，如因故中断时经常使混凝土泵转动，以免泵管堵塞。间歇时间过久时将存留在导管内的混凝土排除，并加以清洗。

（5）严禁为提高混凝土的和易性而在混凝土泵的受料斗处加水。

7.7 混凝土表面施工质量控制

（1）模板在支立前清除表面污物，并涂以合适的隔离剂。

（2）模板安装的结构尺寸要准确，模板支撑稳固，接头紧密平顺。

（3）模板与基层表面接触处均不得漏浆，模板与混凝土接触表面涂隔离剂。

（4）渐变段采用定型木模板及钢模板，木模板要充分润湿，钢模板要刷脱模剂。模板安装的结构尺寸及接缝、平整度必须满足规范要求，拆模必须达到强度要求。

（5）制定温控措施，降低混凝土温度，降低混凝土水化热，使有温控要求的部位达到温控技术要求。

8 安全措施

8.1 施工用电安全措施

（1）施工现场的配电盘箱、开关箱等安装使用符合以下规定：安装牢固，电具齐全完好；各级配电盘箱的外壳完整金属外壳设有通过接线端子板连接的保护接零；装有漏电保护器；设置防尘、防雨设施；开关箱高度不低于1.0m。

（2）施工供电线路架空敷设，其高度不得低于5.0m并满足电压等级的安全要求；线路穿越横通道或易受机械损伤的场所时必须设有套管防护，管内不得有接头，其管口应密封；在构筑物脚手架上安装用电线路必须设有专用的横担与绝缘子等；作业面的用电线路高度不低于2.5m，大型移动设备或设施的供电电缆必须设有电缆绞盘，拖拉电缆人员必须佩戴个体防护用具。

（3）加强供电线路和用电设备检查、维修、保养，防止发生触电事故。

（4）禁止非电工人员私拉电线，私接电器设备。

（5）制定安全用电规章制度，加强职工安全用电常识教育。

（6）接地及避雷装置：凡可能漏电伤人或易受雷击的电器及建筑物均设置接地或避雷装置。并指派专人定期对上述接地及避雷装置进行检查。对于电压高于24V的电气设备，不允许工作人员站在水中操作。只有气体驱动、直流电驱动或液压驱动设备允许在潮湿环境下工作。

（7）各种电气设备设置“正在运行”“正在检修、严禁合闸”等警示牌。电源点设置有“有电危险”等警告标志。

（8）对各施工点设置的柴油发电机，安排专人看管，并严格按照相关操作章程进行操作。

（9）仓明照明采用电压低于36V的安全电压照明。

8.2 高空作业安全措施

（1）钢筋台车和钢模台车必须满铺脚手板，各种台车、台架上按要求挂安全网。

（2）安全架支撑、搭设连接牢固，周围设置安全网。

（3）操作人员在作业时绑安全带、戴安全帽。

（4）实行监护制度，作业过程中安全员负责监护，安全架下严禁站人。

（5）高空作业的材料、工具、物品通过吊运传输时绑扎牢固，严禁通过抛掷传输。

8.3 机械运行安全措施

（1）制定机械设备安全运行维护规程，落实岗位责任制，定机、定人、定期维护保养，保持良好机况。

（2）操作人员经过相关部门组织的安全技术、操作规程培训，考试合格、持有效上岗证。

（3）操作人员上岗前，经身体健康状况检查，有禁忌病症人员不准从事机械操作。

（4）机械操作人员加强对设备的保养、维护，定期到有关部门检验。

（5）机械在每次运行前经安全检查，严禁带病运行，严禁操作手酒后操作。

（6）机械操作人员离开机械设备，按规定将机械平稳停放在安全位置，拉上手动制动装置、熄灭启动装置并取走启动钥匙，将驾驶室锁好。

8.4 吊装机械作业安全措施

（1）起重机工作场地要平整、坚实满足起重机自重和最大起重能力的承载力要求，起重机回转半径范围内无任何障碍物存在，夜间作业照明度符合规程要求。

（2）起重作业人员经专业培训，考试合格、获起重作业上岗证。

（3）起重机的变幅指示、力矩限制器、行程限位开关、超重报警装置等安全保护装置完备、齐全、灵敏、可靠。

(4) 起重作业时，设专人指挥且指挥规范，起重臂和重物下严禁有人停留或通过，严禁起重机吊运人员。

(5) 起重机钢丝绳、索扣要满足最大起重荷载强度要求，并达到规定安全系数。吊装前捆绑要牢靠，并检查所使用的机具、绳索、索扣完好，严禁带病、超负荷运行。

(6) 严禁斜拉、斜吊或起吊埋在地下和固定在地面的重物。

9　环保措施

(1) 项目开工后，项目部将与各施工队，各施工队与作业班组签订文明施工责任书，依此加强现场文明施工管理，规范作业人员的文明施工行为，提高作业人员的文明施工意识。

(2) 制定文明施工管理细则，严格按照文明施工管理细则进行处理。

(3) 对施工现场的材料堆放、设备停放、场地使用、临建设施搭设等加强检查、巡视力度，不合格的立即处理。

(4) 对施工区内道路、工地临时厕所、现场垃圾等安排专人进行维护、清运，在晴天经常对施工通行道路进行洒水，防止尘土飞扬，污染四周环境。

(5) 将施工场地和作业限制在工程建设允许范围内，合理布置、规范围挡，做到标牌清楚、齐全，各种标识醒目，施工现场整洁文明。

(6) 对施工中可能影响到的各种公共设施制定可靠的防止损坏和移位的实施措施，加强实施中的监测、应对和验收。同时，将相关方案和要求向全体施工人员详细交底。

(7) 设立专用排浆沟，对废浆、污水进行集中，认真做好无害化处理，从根本上防止施工废浆乱流。

(8) 定期清运沉淀泥砂，做好泥砂、弃渣及其他工程材料运输过程中的防散落和沿途污染措施，废水除按环境卫生指标进行处理达标外，并按当地环保要求的指定地点排放。弃渣及其他工程废弃物按工程建设指定的地点和方案进行合理堆放和处治。

10　效益分析

(1) 采用边墙、顶拱分开进行衬砌的施工工艺，可以减小工期成本，此工法与边墙顶拱一起衬砌的传统方法相比浇筑时间和模板定位安装的时间都要大大缩短，因只有顶拱浇筑占直线工期，加快了整个工程的施工进度，整个工程的工期缩短，相关的间接费用减少，节约了工期成本。

(2) 边墙模板是标准件，可以重复利用，而钢模台车是非标准件，只能是一个工程一次性摊销使用，采用边墙与顶拱分开浇筑的工艺节约了模板成本。

(3) 边墙分开浇筑工序增多，工作面也相应增加，这对施工组织和施工管理水平提出了更高的要求，提升了施工组织管理的整体水平。

11　应用实例

11.1　梨园水电站

梨园水电站位于云南省迪庆州香格里拉县（左岸）与丽江地区玉龙县（右岸）交界河段。两条导流洞布置在同一河岸，1号导流洞长1276m，2号导流洞长1409m，过流断面大小为15m×18m，1号、2号导流洞总的洞挖量为95万m^3。合同工期为2008年5月25日至2009年11月30日，共约18个月。

导流洞从0+600桩号划分为上游标段和下游标段。下游标段混凝土衬砌采用了边墙、顶拱分开浇筑的施工工艺，衬砌按15m长分块，1号导流洞下游标段顶拱共46块，2号导流洞下游标段顶拱共54块，从2009年3月底开始进行顶拱混凝土衬砌，2009年9月底全部衬砌完成，整个衬砌只用了6个月，共完成混凝土10.4万m^3，单个工作面月最高衬砌11块，高峰月浇筑混凝土2.2万m^3。

采用上述工法加快了施工进度，节约了工程成本，取得了良好的经济效益和社会效益。

11.2 董箐电站左岸导流洞

董箐电站左岸导流洞断面尺寸15×17m（宽×高），城门洞型，隧洞全长926.82m，进出口明渠分别长131.75m、121.39m，进出口高程分别为366.0m、364.5m。根据围岩类别及使用功能，洞身C20钢筋混凝土衬砌厚度分别为60cm、100cm、150cm。工程于2005年3月28日开工，2005年11月30日完工，工期共约8个月。采用上述工法加快了施工进度，实现了工程高质高效完成，确保大江截流的顺利实现。

11.3 糯扎渡水电站右岸泄洪洞

糯扎渡水电站右岸泄洪洞无压段标准段桩号0+703～0+960.857，城门洞室，衬砌后断面为12m×16.5m，全长257.857m，纵向坡度为7%～9%。无压段陡坡段及无压段标准段底板及边墙4.5m高为C55抗冲耐磨混凝土，4.5m高边墙以上为C40混凝土，顶拱为C30混凝土，混凝土量为13180m³。

在该段洞室衬砌施工时，采用了边顶拱分部衬砌的施工方法，单块长度12～15m，边墙采用3m×3m的翻转模板，顶拱采用长7.5m的钢模台车。采用该工法施工，边顶拱可连续进行浇筑施工，施工进度得到保证，最大浇筑强度8仓/月，质量得到有效保证，多次被评为糯扎度工地样板工程，取得了良好的社会效益。

大型城门洞室边顶拱分部衬砌施工工法图片资料见图4～图14。

图4　钢筋安装

图5　边墙模板吊装

图6　边墙模板安装

图7　边墙模板校正

图8　边墙混凝土入仓

图 9 成型边墙衬砌

图 10 顶拱钢筋安装

(a)

(b)

图 11 顶拱混凝土浇筑台车就位

图 12 顶拱混凝土浇筑施工

图 13 顶拱脱模施工

图 14 洞内混凝土水平运输

陡斜屋面现浇混凝土施工工法

姜居林　李晓红　毛　翔　代开雄

1　前言

近几年来，为了满足人们对生活多样化选择的需求，在建筑设计上呈现出许多新颖别致、纷呈多样的斜屋面结构。但往往由于斜屋面在施工中施工方法选择不当，易造成混凝土浇筑不密实，引起渗漏。本工法针对斜屋面结构特点，使用一种操作简易、切实可行的双层模板安装体系，来保证混凝土的浇筑质量。

2　工法特点

（1）传统上斜屋面（通常指坡度为25°～60°的斜屋面）施工中往往采取安装斜坡底面模板或在钢筋面上附加一层钢丝网进行浇筑、拍实，但由于坡陡，在振捣过程中往往造成混凝土滑落、离析现象，使混凝土只能在斜坡面上在无约束呈滑落状态下自然成型。混凝土浇捣密实性难以得到控制，施工质量难以达到预期效果，给混凝土结构施工留下渗漏隐患。而安装双层模板后则克服了混凝土滑落的缺陷，混凝土浇捣成型后易于达到密实的效果。

（2）采用竖向定位木龙骨控制斜屋面结构的厚度及面层模板安装，面层模板则预先制作好，施工时采用逐级摆放、安装，逐级浇筑，模板安装与浇筑混凝土互不干扰工作面，相互依次循环进行，操作简单、方便，能保证结构密实、截面尺寸正确及表面平整，有利于保证混凝土成型的质量。

3　适用范围

本工法适用于设计坡度为25°～60°的现浇混凝土斜屋面施工。

4　工艺原理

本工法是在按要求安装好斜屋面底层模板后，依据斜屋面的走向沿坡底至坡顶的方向布置竖向龙骨，竖向龙骨与底层模板间通过限位止水螺栓进行夹固、定位，以此来控制结构的厚度及面层模板安装。面层模板则根据放样的结果予以事先分级预制，安装时将面层模板摆放进竖向龙骨之间，通过铁钉将面层模板与竖向龙骨钉牢即可。木工绕斜屋面四周从下至上分级安装面层模板，每安装完一级即可浇筑混凝土，采用逐级安装、逐级浇筑的方法、相互依次循环进行，直至浇筑结束。

5　施工工艺流程及操作要点

5.1　工艺流程

施工工艺流程见图1。

5.2　施工要点

（1）为了避免在浇捣混凝土过程中板面钢筋下陷，保证板筋的有效高度，在双层钢筋网之间应增设有效的支撑马凳筋，支撑马凳筋不小于Φ10mm，当板筋≥Φ12mm时，间距不大于1000mm×1000mm，当板筋<Φ12mm时，间距不大于600mm×600mm，同一方向上的支撑不少于2道，且距

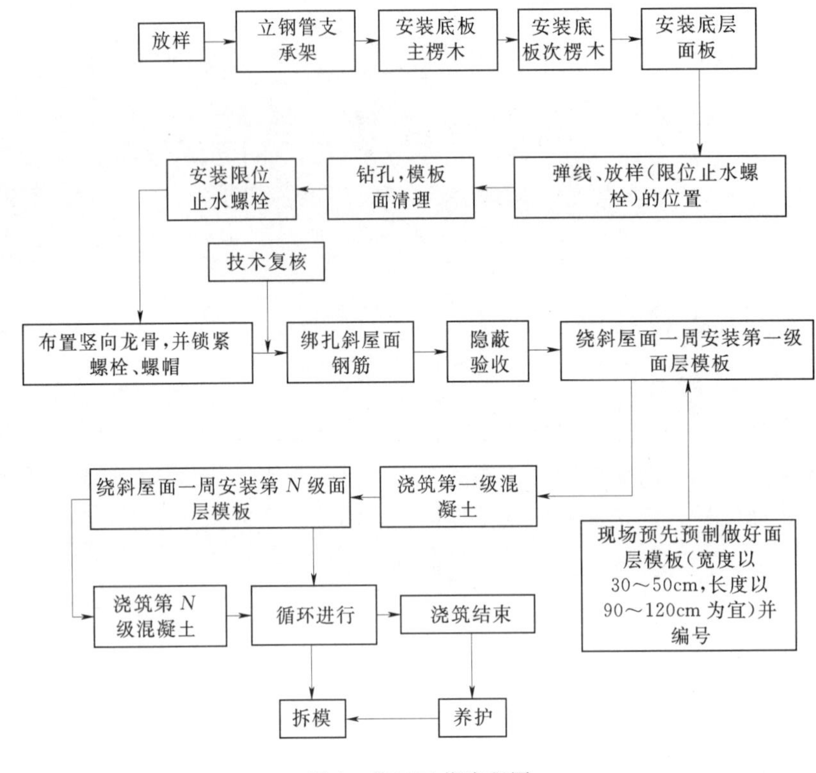

图1　施工工艺流程图

板筋末端不大于150mm。

(2) 钢筋相互间应绑扎牢固，以防止浇捣混凝土时，因碰撞、振动使绑扣松散，钢筋移位，造成露筋。

(3) 马凳筋与上层、下层钢筋接触点采用点焊，同时在其周边2～3道范围内的上层、下层钢筋网也采取点焊，以加强钢筋网整体稳定性。

(4) 绑扎钢筋时，应按设计规定留足保护层。留设保护层，应以相同配合比的水泥砂浆制成垫块，将钢筋垫起，严禁以钢筋垫钢筋或将钢筋用铁钉、铁丝直接固定在模板上。

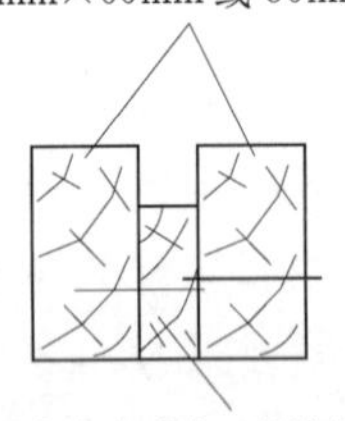

图2　竖向龙骨方木双拼图

(5) 竖向龙骨可采用40mm×60mm或50mm×50mm方木双拼（见图2），布置间距依据面层模板模数级而定，竖向龙骨双拼间的空隙用小木条夹钉，竖向龙骨与底层模板间固定采用对拉螺栓高度限位加焊止水片，限位止水螺栓布置控制在1000～1500mm左右，这种做法不但能保证结构厚度，还能延长渗水路线，增加对渗透水的阻力。止水片与螺栓应满焊严密。安装完毕经技术复核后方可进行下道工序施工。

(6) 面层模板。宽度采用300～500mm，长度采用900～1200mm为宜，预制时尽量采用同一模数级，不足处经现场放样后确定，这样一方面便于模板安装、周转，节约材料；另一方面也有利于混凝土浇筑及在施工中检查混凝土浇筑是否密实，可适当的减少混凝土上层、下层搭接时间，减少冷缝产生。

分级面层模板预制时两侧边加钉20～30cm长的30mm×40mm侧压骨，面层模板的长度模数应比两侧竖向龙骨之间的净距小10mm（两端各5mm），以便于面层模板安放，安装时将面层模板的下边缘与竖向龙骨的下边缘对齐，通过铁钉将面层模板的侧压骨与竖向龙骨钉牢。坡屋面面层模板、竖向龙骨、上水螺栓布置俯视图见图3。

(7) 浇筑混凝土时在模板面上口可临时设置50cm高的挡板，避免浇筑时骨料滑落。对于钢筋排

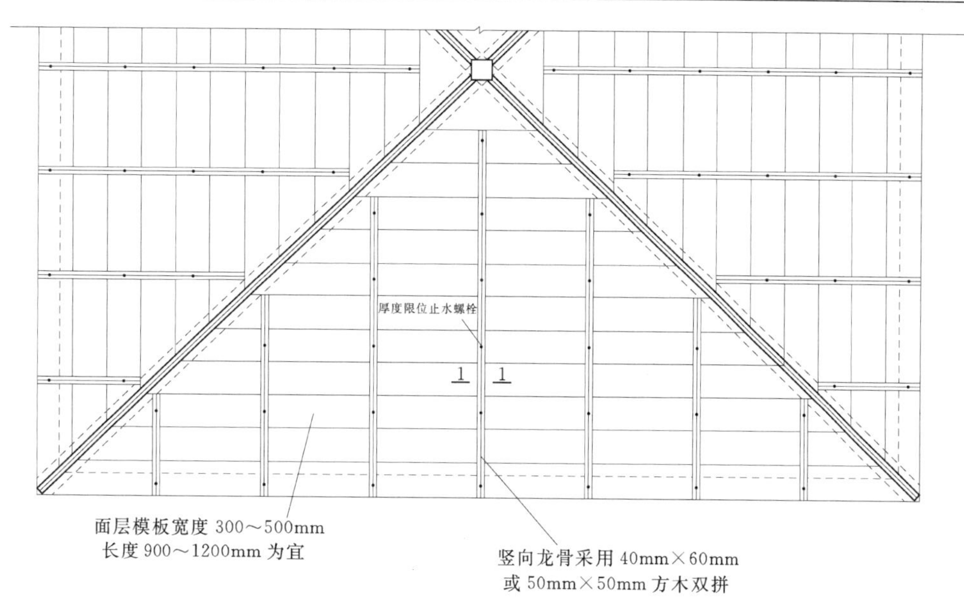

图 3　坡屋面面层模板、竖向龙骨、止水螺栓布置俯视图

列较密的斜屋面，可采用 ϕ30 小型振动棒振捣。浇筑过程中可采用小锤敲击检查是否已浇筑密实。

（8）浇筑混凝土时，可以斜屋檐为起点，绕屋面一周循环浇筑，浇筑完一层后即可安装上一层面层模板，逐级逐段安装面层模板，然后逐级浇筑混凝土，相互依次循环进行，直至浇筑结束。

（9）对于结构尺寸较大的，周长较大的斜屋面，应在施工前根据每层混凝土浇筑的速度，计算好浇筑时间。如有必要时，可适当考虑添加缓凝剂，避免混凝土搭接前产生冷缝。

（10）混凝土的养护对其抗渗性能影响极大，特别是早期湿润养护更为重要，一般混凝土终凝即应浇水养护，且养护期不少于 14d。

（11）面层模板可在混凝土强度达到 1.2N/mm^2 后拆除，拆模时应小心，严禁乱撬，以免造成止水螺栓松动，底层模板则应根据规范中有梁板拆模的规定，以同条件试块试压强度为依据，予以拆模。

（12）针对不同斜屋面构造特点，其支撑体系、止水螺栓间距应进行计算。

5.3　劳动力组织

主要劳动力配备见表 1。

表 1　　主要劳动力配备表

序　号	工　种	人　数	备　注
1	测量工	4	安装定位测量
2	钢筋工	20	两班作业
3	模板工	12	两班作业
4	混凝土浇筑	12	两班作业
5	焊工	10	两班作业
6	混凝土运输	6	两班作业
7	抹面工	4	两班作业

6　材料与设备

（1）模板预制安装设备：锯木机、电刨机、锤子、扳手、墨斗（弹线器）。

（2）钢筋加工、安装设备：切割机、电焊机、弯曲机、钢筋连接机械（据设计接头连接种类而定）、扎钩、铁丝。

（3）混凝土浇筑设备：铁铲、小锤、插入式振动器、计量器具、试件制作器具。

(4) 运输及起吊设备：附着式塔吊、人货电梯、高速井架、运输小车、混凝土吊斗等均可。

(5) 各种质量检测工具。梁板模板可采用胶合板，规格为 915mm×1830mm×18mm 或 1220mm×2440mm×18mm，竖向龙骨可采用 40mm×60mm 或 50mm×50mm 方木双拼，面层模板侧压骨采用 30mm×40mm 方木。

(6) 止水螺栓规格可采用 ϕ10mm 钢筋，止水片规格采用 50～80mm ，配蝴蝶扣或螺母，形成固定支撑体系。

(7) 支撑采用 ϕ48 钢管配可调顶托，其间距、排距经计算后确定，并按规定布置好水平撑及拉撑，顶托空隙处应用木楔紧塞。

(8) 针对斜屋面板厚较小，钢筋较密的特点，粗骨料宜采用 10～20mm 碎卵石，易于浇筑密实。

(9) 砂宜采用中砂，并符合有关规范规定。

7　质量控制

(1) 模板工程质量应遵照国家标准《混凝土结构工程施工及验收规范》(GB 50204—2002) 及其他有关规范规定。

(2) 支撑系统及附件要安装牢固，无松动现象，面板应安装严密，保证不变形、不漏浆。

(3) 面板要认真刷涂脱模剂，以保护面板增加周转次数。

(4) 拆模控制时间应以同条件养护试块强度等级为依据，并符合规范及相关规定。

(5) 拆模应小心谨慎，爱护模板支撑件，并应对构件认真清理、修复、保养。

(6) 质量标准。

质量标准见表 2。

表 2　　**质量标准表**

项　次	项　目	允许偏差/mm	检验方法
1	模板上表面标高	±5	拉线、用尺量
2	相邻面板表面高差	2	用尺量
3	板面平整	5	2m 靠尺和塞尺检查

8　安全措施

(1) 施工前木工工长应对木工班组进行详细的技术安全交底，特别是面层模板的分级模数应交底清楚，以免安装时出现错误。

(2) 严格遵循国家颁布的《建筑安装工程安全技术规程》及上级主管部门颁布的各项有关安全文件规定。

(3) 施工中应加强安全巡检，着重检查配件牢固情况，特别应做好外架的封闭及防护工作。

(4) 模板安装、拆除严格按照操作规程进行操作。

(5) 模板支撑拆下后，应及时进行清理，并分类予以堆放整齐。

9　环保措施

(1) 成立对应的施工环境卫生管理机构，在工程施工过程中严格遵守国家和地方政府下发的有关环境保护的法律、法规和规章，加强对施工材料、设备、废水、生产生活垃圾的控制和治理，遵守有防火及废弃物处理的规章制度，做好交通环境疏导，随时接受相关单位的监督检查。

(2) 将施工场地和作业限制在工程建设允许范围内，合理布置、规范围挡，做到标牌清楚、齐全，各种标识醒目，施工现场整洁文明。

(3) 对施工中可能影响到的各种公共设施制定可靠的防止损坏和移位的实施措施，加强实施中的监测、应对和验收。同时，将相关方案和要求向全体施工人员详细交底。

（4）设立专用的施工垃圾堆放点，对施工中产生的垃圾进行集中处理。

10 效益分析

采用本工法投入费用相对传统安装单层底面模板增加20%左右，但是采用双层模板后，可提高浇捣混凝土工效，降低混凝土因滑落而造成损耗。从长远上看则克服了以往施工中给斜屋面混凝土结构留下的渗、漏隐患。保证了混凝土成型质量，避免了以往由于结构渗、漏而返工修补所造成的延误工期及其经济损失，其创造的潜在经济效益远大于增加的投入，另外，其对客户今后在使用功能效果及对当前以质量求生存的施工企业而言，也取得了良好的社会效益。

11 应用实例

11.1 特警“568”工程学员一大队、二大队宿舍楼

该楼六层砖混结构楼，屋面为30°四面坡，工程建筑面积10274m²，工程于2008年11月完工。施工时采用本施工方法，施工快捷，屋面浇注质量优良，浇注完成后混凝土密实度较好，未出现屋面渗漏现象，工程总体质量良好。

11.2 特警“568”工程干部宿舍南、北楼为六层砖混结构楼

屋面为30°四面坡，屋面面积为9464m²，工程于2008年11月完工。斜屋面施工时采用了双层模板现浇混凝土的陡斜屋面施工工法，施工操作简单、方便，屋面混凝土浇注质量明显提高，浇注完成后表面平整，减少了屋面防水施工时基层处理的大量工作，且混凝土浇注密实，确保了工程质量和结构的安全性。

(a)

(b)

(c)

图4 屋面

11.3　特警“568”工程后勤保障分队楼为六层砖混结构楼

屋面为30°四面坡，屋面施工时，采用了双层模板现浇混凝土的陡斜屋面施工工法，2008年3月完工，该工法操作简单、方便，屋面混凝土浇注质量明显提高，浇注完成后表面平整，减少了屋面防水施工时基层处理的大量工作，且混凝土浇注密实，确保了工程质量和结构的安全性。

坡屋面现浇混凝土施工工法图片资料见图4。

水垫塘抗冲耐磨混凝土施工工法

何建明　范双柱　黄必军

1　前言

随着水利水电建设的发展，坝高超过 100m 的高水头泄水建筑物日益增多，由于水头高、流速大，出现了高速挟沙水流对混凝土冲蚀和磨损危及建筑物安全的问题。抗冲耐磨混凝土则正是针对这种问题研发的一种以抵抗挟沙、石水流冲磨破坏为主要目的的混凝土。抗冲耐磨混凝土广泛应用于高速水流区、水流流态很差及结构应力复杂的部位，如坝后消力池、泄洪洞等部位。抗冲耐磨混凝土要求强度高，光滑平整，为此在混凝土的原材料、配合比设计、施工工艺等方面都比一般混凝土要求高，同时抗冲耐磨混凝土易受到高气温、强烈日晒等因素的影响，故抗冲耐磨混凝土施工过程中应当注重温度的控制。

2　工法特点

（1）优化配合比，添加减水剂和引气剂，减少水泥用量，满足了混凝土的温度控制要求。

（2）普通混凝土与抗冲耐磨混凝土分界处采用机编钢筋网相隔，既可有效分隔两种混凝土，又可增加两种混凝土的咬合，避免分隔处由于两种混凝土的性能差异而造成裂缝。

（3）采取综合温控措施，有效地控制浇筑温度，保证了高温季节施工的连续性，确保了施工进度和质量。

（4）施工程序化、管理规范化，降低劳动强度，易于保证安全。

3　适用范围

适用于高速水流区、紊流区等抗冲耐磨部位及结构应力复杂的部位。

4　工艺原理

本工法结合抗冲耐磨混凝土特殊的特性，重点论述在浇筑混凝土过程中对原材料的选用、配合比控制、温度控制、施工连续性方面进行严格管理，同时在普通混凝土与抗冲耐磨混凝土分界处采用机编钢筋网相隔，既可同时进行两种混凝土的浇筑施工，加快施工进度，又能保证工程质量。

5　工艺流程与操作要点

5.1　抗冲耐磨混凝土施工工艺流程

抗冲耐磨混凝土施工工艺流程见图 1。

5.2　操作要点

5.2.1　抗冲耐磨混凝土配合比

配合比的选择应提前进行非生产性试验，并报监理工程师批准后实施。在混凝土开始浇筑前 8～12h 将混凝土配料通知单送达拌和站。配合比如表 1 所示。

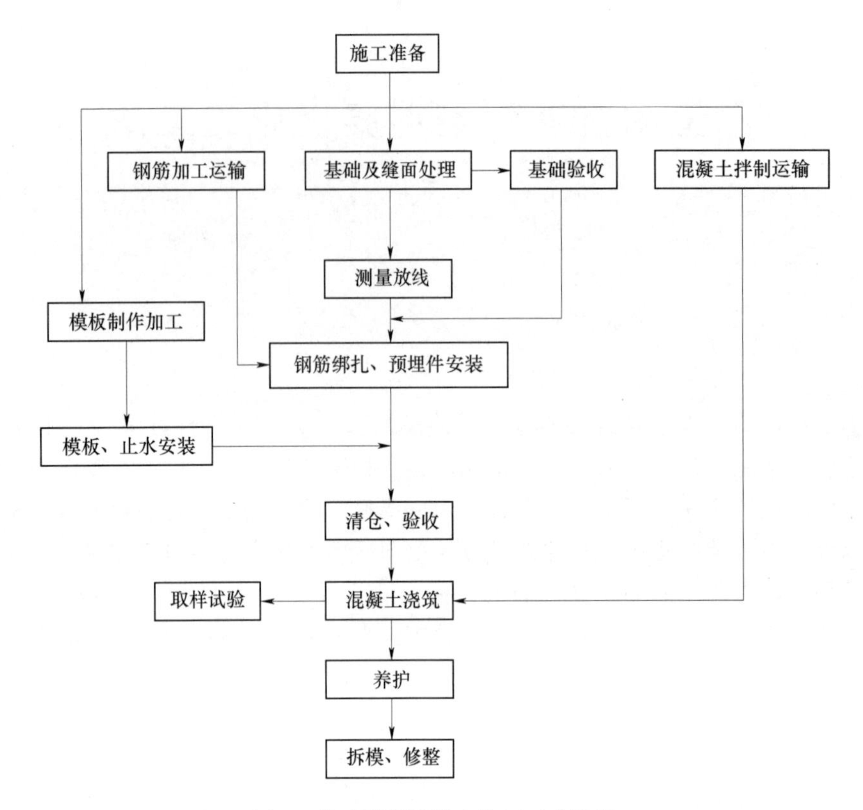

图1　抗冲耐磨混凝土施工工艺流程

表1　抗冲耐磨混凝土配合比

水泥品种	水胶比	掺合料	砂率
三峡42.5	0.3	凯里Ⅰ级灰	34%

混凝土材料用量/(kg/m³)

水	水泥	混合材	砂	石
120	360	40	646	1272

5.2.2　底板抗冲耐磨混凝土浇筑

5.2.2.1　说明

水垫塘底板抗冲耐磨混凝土设计标号为C50W12F200，二级配，厚50cm。

5.2.2.2　施工准备

1. 测量准备

在浇筑最后一层混凝土之前，采用全站仪精确放线，并用在模板的相应位置作醒目标示，以便浇筑时能够精确控制高程。

2. 物资设备准备

运输混凝土的车辆安装有遮阳防雨设施，并保证车况良好；混凝土的垂直运输设备应准备到位，塔机、履带吊等设备应在浇筑之前保养完毕；每个仓号上不得少于4台直径100mm以上的振捣棒；其余浇筑设备比如木抹子、样架以及隔板等物资必须准备到位。

将底面层钢筋网恢复完整，并保证恢复时间在混凝土初凝时间以内，满足混凝土浇筑规范的要求。

3. 浇筑时间安排

抗冲耐磨混凝土浇筑最佳施工时段为11月至次年3月，但由于本工程的实际情况，4—5月，8—10月也要安排浇筑混凝土，在此期间浇筑的混凝土尽量安排在晚间、早晨、傍晚气温较低的时间进行浇筑，以免气温较高对混凝土质量的影响。同时，拌和楼也采取降温措施，以保证混凝土的入仓温度能够得到有效控制。

4. 人员准备

浇筑抗冲耐磨混凝土，除需进行上述准备外，人员准备也是重要的环节。浇筑时，除了施工人员外，还应配备健全的管理人员，包括：现场技术人员，主要负责现场的技术交底以及技术指导；仓面指挥员，指挥混凝土的下料位置以及振捣顺序，协调仓面内各道工序的有序衔接；调度人员，配备专门的对讲机，与拌和楼值班人员随时保持联系，以控制混凝土的用量以及品种的转换，合理安排运输车辆，保证混凝土的及时供应；质检试验人员，主要由项目部质量安全科负责管理，控制整个仓面的混凝土浇筑质量，及时进行混凝土现场试验，及时发现商品混凝土的质量问题，控制混凝土的和易性，以保证无不合格料入仓；拌和楼值班人员，主要负责拌和楼的协调控制，并能及时与现场管理人员取得联系，保证整个浇筑过程中的混凝土高效有序供应。

5. 仓面的准备

在浇筑抗冲耐磨混凝土前，应对抗冲耐磨混凝土与普通混凝土的分界线高程精确放出，浇筑到分界线时，将钢筋网迅速铺齐后将抗冲耐磨混凝土一次浇筑到位。

5.2.2.3 底板抗冲耐磨混凝土的浇筑

上述准备工作做好后，即可进行底板抗冲耐磨混凝土的浇筑。根据底板施工的特点，水垫塘底板应浇筑3m厚，充分考虑到键槽、止水等因素的影响，将水垫塘底板浇筑1.8m后进行施工缝处理，再布置止水、钢筋。上部1.2m的混凝土的浇筑分为70cm厚C25混凝土和50cm厚C50混凝土，其间铺设钢筋网。

1. 底板面层钢筋的施工

水垫塘底板的锚筋需弯1.2m的弯钩，并与水垫塘的底板面层钢筋相焊接，C50与C25混凝土间铺设钢筋网片，待浇筑完C25混凝土后，利用塔机或履带吊进行吊装，与底板锚筋迅速焊接完毕后再进行C50抗冲耐磨混凝土的浇筑工作。

2. 混凝土的运输

混凝土采用8t自卸车进行水平运输，配备遮阳防雨设施，混凝土运输时避免突然加速、减速，急转等操作；垂直运输主要由履带吊、塔机配$3m^3$、$1m^3$卧罐进行，入仓自由高度不超过2m，防止出现骨料分离。

3. 混凝土浇筑

（1）表层抗冲耐磨混凝土和下层结构混凝土一起浇筑时，应严防品种错乱。

（2）混凝土不得在大、中雨中浇筑，小雨中浇筑应搭设防雨棚，未抹面或刚抹面的混凝土用塑料布覆盖防雨。

4. 混凝土收面

（1）混凝土表面有以下要求：①混凝土表面不平整度均控制在5mm以下，纵、横向坡均控制在1：20以下；②混凝土表面不允许有错台；③混凝土表面不允许残留钢筋头和其他施工埋件，不允许存在蜂窝、麻面及孔径或深度大于2mm的气泡，不允许残留混凝土砂浆块等。

（2）根据设计要求，为保证混凝土的表面平整度，采用以下施工措施：在混凝土浇筑之前，将样架精确安放在设计高程处，以保证混凝土的高度和平整度；混凝土浇筑完毕后，即进行混凝土的收面找平工作。

1）样架的安装。利用面层钢筋网控制样架的高度，具体做法为：在面层钢筋网上焊接20cm高的钢筋头若干排，将钢管固定在钢筋头上，并保证钢管上边缘在设计位置，加工木尺进行收面施工，待面层收平后，进行钢管的拆除并填补抹平，直至将整个面层收平至设计高程为止。

2）抹面施工。混凝土浇筑至样架底高程时即进行收面施工。由于C50混凝土强度较高，初凝时间较短，收面时先从仓号的一侧，随混凝土浇筑及时进行，抹面不宜采用金属物品，必须准备足够的木尺，以方便施工，保证施工的质量。

混凝土部分浇筑完毕后，用木尺按照样架的高度找平，用木抹子抹面，完成收面工作后拆除样架，再用钢抹进行收面直至满足设计要求。

5.2.2.4 混凝土的养护与混凝土面的保护

设计要求混凝土浇筑抹面结束后立即采用喷雾方式养护，以防止由于早期失水过快产生塑性裂缝，根据混凝土表面终凝情况，在收仓4～8h即可铺设麻袋养护，养护期不少于28d；为防止施工过程中人为损坏已完建的抗冲耐磨混凝土表面，和防止寒潮冲击产生裂缝，在养护28d后，仍需用竹板和保温被进行严格的表面保护。

依据设计的要求，配备专门人员对混凝土进行养护和表面的保护，并配置两台喷雾设备，等抹面结束后即刻对混凝土表面采取喷雾方式养护。过1～2d后，在混凝土表面用黄土沙袋围小围堰的方式进行蓄水养护，混凝土四周用两层麻袋覆盖，养护28d，并杜绝车辆，设备、材料等在已完建的混凝土表面上行走，堆放，以减少混凝土表面缺陷。

5.2.2.5 模板的拆除

在达到拆模条件后，应轻拿轻放，严禁用钢管、钢筋等捶打模板，以避免造成混凝土表面及边角损伤。同时，在拆模板时，应对混凝土表面做有效保护，严格控制混凝土表面不被人为破坏。

5.2.3 斜坡段抗冲耐磨混凝土施工

5.2.3.1 说明

斜坡段坡度为1：3，按照设计要求，该部位剩余1.2m的混凝土全部浇筑C50抗冲耐磨混凝土。面层的施工以及后期的养护要求高。

5.2.3.2 施工准备

（1）前期准备。该部位混凝土已经浇筑至最后一层，距面层1.2m，混凝土施工缝已经处理完毕，具备浇筑C50混凝土的条件。

（2）模板准备。该部位的施工主要采用0.3m×1.5m和0.1m×1.5m的组合钢模板进行施工，面层使用新模板以保证模板的平整度，且避免使用带孔模板。

（3）隐性拉筋的准备。为了避免普通拉筋外露的处理对面层产生的破坏作用，使用ϕ20mm圆钢车丝后连接拉筋，浇筑完毕后进行拆除，抹面时将拉筋孔抹平，以保证混凝土表面的光洁平整度。

5.2.4 左右岸边墙抗冲耐磨混凝土的浇筑

5.2.4.1 说明

水垫塘左右岸海拔430m以下边墙混凝土斜坡坡比为1：0.33，厚为3m，内部2.5m为常态C25混凝土，面层0.5m为C50抗冲耐磨混凝土，浇筑高度按照3m一层控制。边墙布置2m×2m结构锚筋，面层为20cm×20cm的面层钢筋，且边墙锚筋与面层钢筋牢固连接，因此该结构内部钢筋、锚筋以及拉筋错综复杂，施工难度较大。为了满足边墙混凝土的施工要求，保证混凝土的施工质量，C25与C50混凝土间用机编钢筋网片相隔，既可保证两种混凝土的施工厚度，又使两种混凝土充分咬合。

5.2.4.2 施工准备

（1）钢筋施工。根据设计要求，水垫塘边墙结构锚筋应与面层钢筋牢固连接，在绑扎钢筋时应保证保护层的厚度和钢筋的牢固绑扎。

（2）机编钢丝网施工。由于钢筋网两侧要承担混凝土的侧压力，须对钢筋网进行牢固的固定。根据现场施工情况，钢筋网分层布置，在浇筑上一层混凝土之前将本层钢筋网连接牢固后进行混凝土的入仓、振捣施工，具体的施工方法为：在浇筑混凝土之前，将机编钢筋网加工成60cm高的网片，利用仓面内的锚筋、拉筋牢固固定在混凝土分界位置（尤其钢筋网片的四角应加固固定，避免跑位而造成混凝土的混仓），剪口位置用扎丝人工编制等方法进行修补。钢筋网片制作好后，待两边下料高度一致后进行混凝土的振捣，循环往复，直至本仓混凝土浇筑完毕。

（3）垂直入仓手段。在浇筑过程中，采用溜筒入仓或塔机、履带吊配吊罐入仓，主要采用吊罐方式进行混凝土浇筑。其示意图分别见图 2 和图 3 所示。

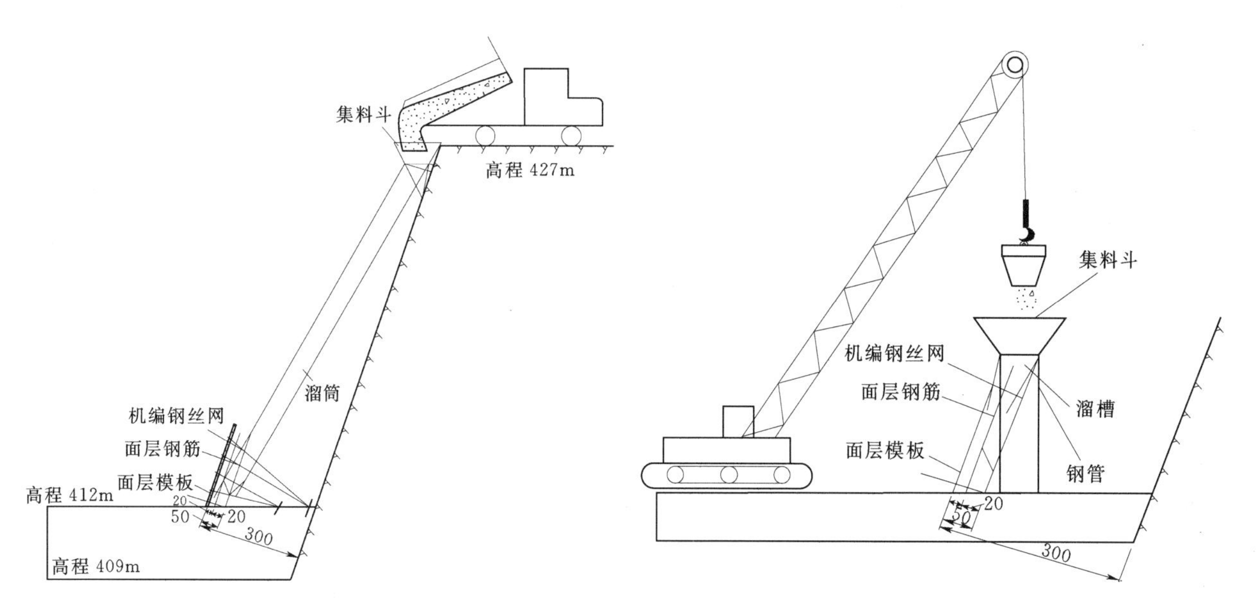

图 2　溜筒入仓方式（单位：cm）

图 3　吊罐入仓方式（单位：cm）

（4）混凝土浇筑。根据本部位的仓号特点，拟采用 0.4m 分层浇筑，先进行 C25 的混凝土入仓，然后进行 C50 混凝土的入仓，待两侧同时上升 0.4m 后，进行平仓振捣。C25 仓内采用 130 型或 100 型振动棒进行振捣，C50 仓内采用 50 型或 70 型软轴振动棒进行振捣，C50 仓号内模板边缘位置先用 100 型振捣棒进行振捣后，再利用 50 型或 70 型振捣棒进行复振，振捣时用人工木锤在模板外部进行敲打，以最大限度将气泡排出。

6　材料与设备

机具设备投入见表 2。

表 2　**机具设备投入表**

序号	名　　称	型　　号	单位	总用量	备　　注
1	塔机	川建 C7050	台	2	
2	履带吊	WD－4	台	2	
3	汽车吊	40t	台	1	主要用于塔机安装
		70t	台	1	用于塔机安装
4	混凝土自卸车	15t	台	6	
5	混凝土自卸车	8t	台	20	
6	载重汽车	8t	台	2	
7	反铲	1.4m^3	台	2	清理基础面
8	混凝土液压卧罐	YW－3m^3	个	2	
9	混凝土液压卧罐	YW－1m^3	个	2	

续表

序号	名　称	型　号	单位	总用量	备　注
10	平板车	20t	台	1	
		40t	台	1	
11	高压冲毛机	GCJ－50	台	2	
12	振捣棒	100 型	台	20	
		80 型	台	10	
		50 型软轴	台	10	
13	振捣设备	变频机组	套	10	
14	喷雾机	PWJ－B	台	3	
15	卷扬机	8t	台	4	
16	交流电焊机	BX3－500	台	18	含备用
17	空压机	$20m^3$	台	2	
18	全站仪	徕卡 TCR702	台	1	
19	水准仪		台	1	
20	铜止水加工设备		套	1	
21	钢筋调直机	GTJ4－4/14	台	1	
22	断钢机		台	1	
23	钢筋切割机	CQ4000A	台	1	
24	钢筋弯曲机	KW40	台	1	
25	钢筋弯钩机		台	1	
26	钢筋对焊机	UN2－150	台	1	
27	自升吊篮		台	2	

7　质量控制

7.1　原材料控制

7.1.1　水泥

水泥标号对混凝土抗冲磨性能影响也较大。在水泥品种、用量、水灰比及骨科相同的条件下，混凝土的抗冲磨强度随水泥标号增加而增加。因此，抗冲耐磨混凝土宜选用高标号硅酸盐水泥，有条件的情况下，可掺入水泥重量的 8%～15%的硅粉。

7.1.2　细骨料

抗冲耐磨混凝土的细骨料，宜选用抗冲耐磨性能较好的岩石加工的人工砂，或石英含量较多且清洁的河砂。砂子的粗细及级配对混凝土的水泥用量影响较大，因而对混凝土的抗冲磨性能亦有较大的影响。为了减少水泥石在混凝土中的含量，细骨料宜选用级配较好的粗、中砂来配制抗冲耐磨混凝土。

7.1.3　粗骨料

粗骨料对混凝土的抗冲耐磨强度的影响最为显著。采用水泥、细骨料及配合比均相同，粗骨料最大粒径和级配也相同，虽然各组混凝土中各成分所占的比例相同，但各岩石与抗冲耐磨性能有关的力学性能相差很大。因此，选用抗冲耐磨性能好的岩石为抗冲耐磨混凝土的骨料，是提高混凝土抗冲耐磨性能非常重要的措施。粗骨料最大粒径对混凝土抗冲磨强度的影响，主要是由于粗骨料最大粒径对混凝土水泥用量的影响而引起的，最大粒径较大，则水泥用量较少。因此，在条件允许的情况下，粗骨料的最大粒径宜选大值。

7.1.4 外加剂

抗冲耐磨混凝土使用的外加剂，宜选用非引气型高效减水剂，它能提高水泥石的抗冲磨性能，又有利于减少水泥在混凝土中的含量，故能显著提高混凝土的抗冲磨性能。

7.2 浇筑过程中的质量检测和控制

原材料、混凝土拌和、机口取样的质量控制按规范要求进行，同时每仓混凝土浇筑过程中随机取样试验，制作试块，进行混凝土强度检测。

7.3 施工质量控制

7.3.1 温控措施

降低混凝土浇筑温度：通过风冷等手段控制拌和楼骨料温度和出机口温度；在运输车厢加盖遮阳隔热篷布等设施，尽可能地缩短停车待卸时间，缩短浇筑坯覆盖时间，在浇筑仓面喷雾。

降低水化热温升：改善级配设计，尽可能加大骨料粒径，从而减少水泥用量；动态控制 *VC* 值，尽量减少水的用量；高掺粉煤灰，掺粉煤灰不但能减少单位混凝土中的水泥用量，还有利于防裂。在施工配合比设计中，优先选用需水量不大于90%的优质粉煤灰。试验表明：掺30%粉煤灰，其3d水化热可降低19.4%，7d水化热可降低16.4%；掺外加剂，采用掺加0.7%的JM－Ⅱ型减水剂和1/10000的FS引气剂。

浇筑仓面喷雾：混凝土浇筑过程中，根据气温情况在浇筑仓面进行动态喷雾，形成仓面1～1.5m高度范围人工“小气候”，其温度可降低1～2℃。每台喷雾器有效控制范围20m^2，调整喷雾器喷雾方向与风的方向一致。

表面保温：高温下浇筑混凝土，振捣后立即用10mm厚的EPE保温被覆盖，可使混凝土浇筑温度回升降低0.1～3.6℃，同时还可预防混凝土出现假凝，保证混凝土质量。

加快混凝土覆盖速度，缩短已浇混凝土的暴露时间，尽可能避免温度因气温高而回升。

表面流水养护：混凝土初凝后表面采取流水养护可使混凝土早期最高温度降低1.5℃左右。养护一般从浇筑12h后开始。

7.3.2 混凝土的运输

（1）混凝土出拌和楼后，迅速运达浇筑地点，运输中不应有分离、漏浆和严重泌水现象，并尽量缩短运输时间，减少转运次数。

（2）所有的水平运输方式均设置遮阳、防雨措施。

（3）用溜槽运输混凝土溜槽内壁应光滑，开始浇筑前应用砂浆润滑筒（管、槽）内壁；当用水润滑时应将水引出仓外，仓面必须有排水措施。

7.3.3 混凝土的浇筑

（1）在已施工的混凝土上的浇筑，在浇筑前，混凝土表面必须先铺一层不小于10cm厚的同等级、一级配混凝土。

（2）应按分层分块和浇筑程序进行施工。

（3）浇筑混凝土时，严禁在仓内加水。如发现混凝土和易性较差，应采取加强振捣或加注水泥浆等措施，以保证质量。

（4）混凝土浇筑保持连续性，浇筑混凝土严格执行允许间歇时间，若超过允许间歇时间，则应按施工缝处理。

（5）混凝土浇筑厚度：基础强约束区一般为1.5m，脱离基础约束区一般为1.5～3m，其他结构混凝土根据搅拌、运输和浇筑能力、振捣器性能及气温等因素，符合施工规范的规定。

（6）施工缝处理包括工作缝处理及冷缝处理。在浇筑分层的上层混凝土浇筑前，应对下层混凝土的施工缝面，用高压冲毛机进行冲毛或用人工凿毛处理，开始冲毛时间及冲毛情况等根据现场试验确定。缝面冲毛后清理干净，保持清洁湿润，在浇筑上一层混凝土前，将层面清除干净后，铺设一层2

～3cm 的水泥砂浆。砂浆强度等级应比同部位混凝土强度等级高一级，每次铺设砂浆的面积应与浇筑强度相适应，以铺设砂浆后能及时被覆盖为限。

(7) 在混凝土浇筑振捣时，振捣器不得触及模板、钢筋、止水和预埋件，应与其保持 5～10cm 的距离。对于边角及止水、埋件部位，应辅以人工振捣的办法加强振捣。

7.3.4 混凝土的养护

(1) 在混凝土浇筑完毕后 6～18h 内及时洒水进行养护，保持混凝土表面湿润，其养护时间不少于 28d。

(2) 混凝土养护派专人负责，并作好养护记录。

(3) 当温度较低时用保温被等对混凝土进行保护。

8 安全措施

(1) 严格遵守国家安全管理规定，认真查找工序过程中发生的安全隐患，落实各项措施的实施。

(2) 遵守国家有关的安全生产的强制性措施的落实，狠抓安全生产的“同时设计、同时施工、同时投入使用”三同时制度落实。

(3) 施工用电、行车安全、高空作业、特殊工种等严格执行相应制度，杜绝无证操作现象。

(4) 加强各种设备在施工间隙期间的检查和维修保养工作。

(5) 认真落实“三工制度”中安全交底、安全过程控制、安全讲评制度。

(6) 加强三级教育培训，在醒目位置悬挂各种安全标识和安全知识的标语牌，使之达到“要我安全”到“我要安全”的转化。

(7) 建立完善的施工安全保证体系，加强施工作业中的安全检查，确保作业标准化、规范化。

(8) 支拆模板应防止上下在同一垂直面操作。必须上下同时作业时，一定要有安全隔离措施，方可作业。对于较复杂结构模板的支立与拆除，应事先制定切实可行的安全措施，并结合图纸进行施工。支立模板时，不准挤压照明、电焊作业用电缆线以免破皮露电。

(9) 倒运钢筋时，要注意前后左右是否有人或其他物件。以免碰伤人和碰坏物件。绑扎钢筋前，应仔细检查作业面上有无照明、动力用线和电气设备，防止电线漏电造成触电事故。防止未绑焊牢发生坠落事故。

(10) 混凝土罐车运送混凝土时，驾驶员必须严格遵守交通规则和厂内运输各项规定，听从现场指挥人员的指挥。夜间行车时，必须限速行驶，不准开快车，防止重车产生惯性影响制动。驾驶员在卸料时不准离开驾驶室，车辆不准熄火，以防溜车造成事故。平仓振捣过程中，要经常观察模板、支撑、拉筋是否有变形现象，如发现变形严重有倒塌危险时，应立即停止作业。

(11) 对于立体交叉作业，设置必要的安全网，同时防止坠物伤人事件的发生。溜筒应定期进行安全检查，设专门的仓面指挥人员进行指挥。

9 环保措施

(1) 成立对应的施工环境卫生管理机构，在工程施工过程中严格遵守国家和地方政府下发的有关环境保护的法律、法规和规章，加强对施工燃油、工程材料、设备、废水、生产生活垃圾、弃渣的控制和治理，遵守有防火及废弃物处理的规章制度，做好交通环境疏导，随时接受相关单位的监督检查。

(2) 将施工场地和作业限制在工程建设允许范围内，合理布置、规范围挡，做到标牌清楚、齐全，各种标识醒目，施工现场整洁文明。

(3) 对施工中可能影响到的各种公共设施制定可靠的防止损坏和移位的实施措施，加强实施中的监测、应对和验收。同时，将相关方案和要求向全体施工人员详细交底。

(4) 设立专用排浆沟，对废浆、污水进行集中，认真做好无害化处理，从根本上防止施工废浆乱流。

(5) 定期清运沉淀泥砂，做好泥砂、弃渣及其他工程材料运输过程中的防散落和沿途污染措施，废水除按环境卫生指标进行处理达标外，并按当地环保要求的指定地点排放。弃渣及其他工程废弃物按工程建设指定的地点和方案进行合理堆放和处治。

(6) 对施工场地道路进行硬化，并在晴天经常对施工通行道路进行洒水，防止尘土飞扬，污染四周环境。

10 效益分析

该工法是结合构皮滩水电站水垫塘施工实际在施工过程中经反复试验总结出来的一套工法，应用该工法圆满地完成了构皮滩水电站水垫塘工程，施工质量处于可控状态。2009年在董箐水电站溢洪道水能工段抗冲耐磨混凝土施工中也采用了此工法，各项指标符合设计要求，施工进度满足合同工期要求，总体施工质量优良。

11 应用实例

11.1 构皮滩水电站

构皮滩水电站位于贵州省余庆县构皮滩镇上游1.5km的乌江上，水库总库容64.51亿m^3，电站装机容量3000MW。构皮滩水电站属Ⅰ等工程，拦河大坝采用混凝土抛物线形双曲拱坝，坝顶高程640.50m，最大坝高232.5m，坝后设水垫塘和二道坝，水垫塘采用平底板封闭抽排方案。水垫塘净长约303m，底宽70m，断面型式为复式梯形断面。二道坝由下游碾压混凝土围堰部分拆除形成，顶高程441.00m，底高程408.00m，最大坝高33m，混凝土14.86万m^3。

构皮滩水电站坝后水垫塘底板及左右岸高程430m以下边墙采用C50抗冲耐磨混凝土施工，在2006年、2007年，施工进度快，保证施工质量和安全，工程从2008年运行至今没有发现质量问题，运行可靠，工程质量评为优良。

11.2 董箐水电站消能工

董箐水电站消能工位于溢洪道下游桩号0+652.276～0+718.276，宽度为50～65.5m（含边墙厚度），高程384.0～418.0m。挑流面、左右边墙内侧0.75m厚为C90－45抗冲耐磨混凝土，共6464.3m^3，边墙外侧、底板中间层为C25混凝土，共15378.81m^3，底板垫层为C15混凝土，共20055.76m^3。消能工段混凝土开工时间为2009年2月，完工时间2009年6月。项目部在进行抗冲耐磨混凝土施工时，采用机编钢筋网将C25混凝土与C45抗冲耐磨混凝土隔层分开同时浇筑的施工方法，该方法的应用，确保了施工的质量，同时相对分层立模浇筑工艺减少大量的劳动力及模板、管架的投入，取得了良好的经济效益和社会效益。

水垫塘抗冲耐磨混凝土施工工法图片资料见图4和图5。

(a)

(b)

图4（一） 构皮滩水垫塘混凝土浇筑

(c) (d) (e)

图 4（二） 构皮滩水垫塘混凝土浇筑

(a) (b) (c) (d)

图 5（一） 董箐消能工段混凝土浇筑

(e)

(f)

(g)

图5（二） 董箐消能工段混凝土浇筑

城市输水隧洞浅埋暗挖施工工法

孙　波　马玉增　付亚坤　王进平

1　前言

浅埋暗挖工法是依据新奥法（New Austrian Tunneling Method）的基本原理，施工中采用多种辅助措施加固围岩，充分利用围岩的自承能力，开挖后及时支护、封闭成环，使其围岩共同作用形成联合支护体系，有效地控制围岩过大变形的一种综合配套施工技术。根据在南水北调配套工程南干渠工程施工第三标段的成功应用，总结了本工法。

2　工法特点

（1）独特的设计、施工和量测信息反馈一体化：根据预设计组织施工，采用信息化施工技术，通过对各种变位及应变的监测信息来检验支护结构的强度、刚度和稳定性，不断修改设计参数，指导施工，直至形成一个经济、合理、安全、优质的结构体系。

（2）配套适宜的初次支护与二次模筑混凝土所组成的复合式衬砌结构，是浅埋、软弱地层控制地面沉陷，确保结构稳定较理想的支护模式。

（3）工艺新、技术先进：本工法综合应用了改性水玻璃（DW3）注浆加固地层、小导管超前护顶、新型网构钢架支撑、整套施工监控技术，并运用系统工程理论科学管理等先进技术。其施工方法与工艺技术符合我国国情。

（4）就城市地下隧洞施工而言，与明挖法相比，具有拆迁占地少、影响交通少、投资少、扰民少等四大优点；与盾构法相比，具有简单易行、无需专用设备，灵活多变，适应不同跨度、多种断面形式、节省投资的优点。

3　适用范围

本工法主要适用于不宜明挖施工的无水土质或软弱无胶结的砂、卵石第四纪地层，修建覆跨比大于0.5的浅埋地下洞室。对于低水位的类似地层，采取堵水或降水等措施后该法仍能适用。尤其对都市城区在结构埋置浅、地面建筑物密集，交通运输繁忙、地下管线密布，且对地面沉陷要求严格的情况下修建地下隧道更为适用。

4　工艺原理

严格执行“十八字”方针，即管超前、严注浆、短开挖、强支护、快封闭、勤量测。对软弱层采取注浆加固技术，采用辅助措施加固围岩＋钢筋网＋网构钢架＋锚杆＋喷射混凝土所组成的联合支护体系为主要承载结构和受力合理的复合衬砌结构型式，同时利用完整的施工安全监控技术，运用系统工程理论、优化劳动组合，合理配套设备，强化施工管理，确保施工安全和工程进度。

5　施工工艺及操作要点

浅埋暗挖工法施工程序如下。

5.1 马头门施工

暗涵主洞马头门开挖断面为圆形，开挖直径4.6m，喷射厚度为0.25m挂网混凝土，竖井施工至马头门处，预先从马头门上部沿主洞拱部平行施打两排超前小导管，第一排与洞线成水平夹角15°～20°，小导管环向间距30cm；小导管长度为1.7m，端头花管1m，孔眼8mm，每排2孔，交叉排列，孔间距100mm；在第一排超前小导管下方约20cm处施打第二排超前小导管，此排导管沿洞线水平方向打入土层，导管环向间距30cm；小导管长度为2.5m，端头花管1.8m，孔眼8mm，每排2孔，交叉排列，孔间距100mm。在破除马头门前注水灰比为0.5～1的水泥浆，固结土体，注浆压力为0.3～0.35MPa。

马头门开挖分台阶进行，先破除马头门断面上台阶的初支结构，掌子面环形埋设注浆导管，导管采用内径25mm无缝钢管，长1.7m，外露0.2m，伸入土体1.5m，灌注水泥水玻璃双液浆，注浆终压不大于0.35MPa。掌子面每1m注浆一次，并用M10水泥砂浆封闭。再并排焊接安装三榀加强钢格栅的上拱架，及时将锁脚锚管埋设，锁脚锚管为$\phi 42$钢管，长2.5m。马头门的上拱架喷混凝土支护后，再破除预留洞口下部初支结构，继续下台阶的施工，并排焊接安装三榀加强钢格栅的下部拱架，直至完成全断面主洞的初支施工。马头门入门三榀加强格栅完成后，初支支护步距恢复到50cm。

5.2 主洞开挖支护施工

循环施工工艺流程：测量→小导管注浆（每施工2个作业循环注浆一次）→开挖土方→安装格栅钢架、钢筋网片→焊接纵向连接筋→喷C25混凝土→初支背后回填灌浆。

5.2.1 测量

直线段测量：按规范要求控制，将中线点、水准控制点和方向引入暗涵主洞内，每个暗涵主洞内装置3台激光指向仪，两侧的激光仪高度与腰线高度一致，宽度距初支结构20cm左右。同时为保证施工及测量精度，每前进50m应重新装置及调整激光仪。第三台激光仪布置在洞顶，以控制轴线。每开挖进尺一步距0.5m，利用全站仪测量放样一次。暗涵主洞土方开挖检验标准见表1。

表1　暗涵主洞土方开挖检验标准（以主洞长度15m为测量单元）

序　号	检验部位项目	允许偏差/mm	序　号	检验部位项目	允许偏差/mm
1	拱顶标高	0～20	2	拱底标高	−20～0

5.2.2 超前地质探测

暗涵暗挖施工时，由于掌子面前方土层的不确定性，正式开挖前和开挖循环进尺过程中，都需进行超前地质探测。常有的主要探测方法和手段有：超前小导管、洛阳铲、地质雷达等。超前小导管一般有效探距2～3m，洛阳铲有效探距3～5m，地质雷达有效探距5～8m。实际施工过程中采用多种手段相结合进行超前地质探测，根据每种探测手段的探测有效距离，确定探测频率和方式，同时，利用多种手段长短不同探距的结合分析，相互印证探测结果，更为有效地指导施工。特殊地段，如：过既有管线、地质条件发生变化、含水地层段，适当加强探测频率和密度。

5.2.3 小导管注浆

目的：通过超前小导管注浆，加固不良地质地层，达到开挖易成洞、减少超挖和施工安全的作用，同时可以了解施工地层的地质变化情况及地下水情况。

沿圆拱外轮廓，纵向间距50cm，环向间距30cm，仰角15°～20°，圆形上拱180°布置注浆孔。采用手风钻或风镐打入内径25mm超前小导管，管壁厚3.5mm，管长1.7m，头部为25°～30°锥体，端头花管1.0m，孔眼8mm，每排4孔，交叉排列，孔间距10cm。超前小导管外露尺寸不超过管长的10%，每环布管25根。

掌子面注浆前，喷厚10cm混凝土封闭掌子面1m范围，以防漏浆。

无水的中砂及粉细砂地层注浆浆液为改性水玻璃，浆液配合比采用甲液：20%浓度的稀硫酸，乙液：浓度为15°Be′的水玻璃，其比例为甲液：乙液=1：4.37，所配浆液的pH值为3.8。

有水的粗砂及砾石地层，灌注水泥-水玻璃双液浆，水泥标号为P·O42.5，水玻璃浆由40°Be′稀释到20°Be′，配比采用水泥浆：水玻璃浆＝（1：0.8）：（1：4.3），灌浆压力不大于0.35MPa，灌浆结束待凝间隔时间不超过1h；每开挖支护进尺1m，沿圆拱壁采用小导管注浆一次。

5.2.4　上台阶环形土方开挖

视开挖揭露的地质情况预留核心土，人工挖装，开挖步距0.5m，开挖进尺100m范围采用人工手推车运到洞口，开挖进尺大于100m时采用2.0m³三轮车运输到主洞与横通道交叉口，再利用10t电葫芦吊运到井外。

5.2.5　上台阶支护

上台阶支护包括格栅钢架、钢筋网片架立、喷射混凝土。严格按设计要求在车间加工厂制作格栅钢架和钢筋网片，经验收合格后运至施工现场。上台阶土方开挖完成后，及时挂网、架立格栅钢架。支立间距与开挖步距同步，格栅安装应根据激光导向仪测量在腰线和顶拱的控制点支立，保证整榀拱架不扭曲。先距离洞身段顶壁4cm外挂Φ6@100mm×100mm钢筋网片，内外双层，里层网片距离开挖基础面4cm，外层紧贴钢格栅，预留4cm保护层，并用电焊点焊在钢格栅上，每片上下左右搭接长度不少于150 mm，用电焊点焊在钢格栅上，每片上下左右搭接长度不少于150mm，用扎丝绑紧；然后架立格栅钢架支撑，钢格栅架中心间距500mm。格栅钢架采用角钢钻眼螺栓连接，连接板采用10mm厚角钢，连接板用螺栓拧紧后再用ϕ22mm连接筋单面焊接。每榀钢格栅内设Φ22@600mm纵向连接钢筋，内外双排，梅花形布置，焊接搭接长度不少于10d，单根长度为72mm将每榀格栅架连接成一整体。为防止顶拱格栅架立后下沉，布置ϕ42mm，L长为2.5m的锁脚钢管锚杆固定拱架。暗涵主洞格栅安装检验标准见表2。

表2　　暗涵主洞格栅安装检验标准

序　号	检验部位项目	允许偏差
1	格栅钢架对角	小于10mm
2	格栅钢架高程	±20mm
3	格栅钢架水平	小于2°
4	格栅钢架间距	±50mm
5	网片搭接	±20mm
6	钢筋绑扎焊接	单面不小于10d，双面不小于5d

喷射护壁的施做由下至上顺序进行。喷射混凝土时，喷嘴与基面基本保持垂直，距离0.6～1.0m，每次喷射厚度7～8cm，待初凝后再进行二次喷射，直到达到设计厚度25cm为止。严格按监理工程师批准的混凝土配合比拌制混凝土拌和物，拌和要均匀，外加剂在施工现场利用电子秤称量加入。暗涵主洞喷射混凝土检验标准见表3。

表3　　暗涵主洞喷射混凝土检验标准

序　号	检验部位项目	允许偏差/mm	序　号	检验部位项目	允许偏差/mm
1	喷层厚度	不小于设计厚度	3	洞底标高	－20～0
2	混凝土强度	不小于设计强度	4	洞身尺寸	0～20

5.2.6　上台阶核心土开挖

上台阶核心土采用人工方法挖除，手推车或电动三轮车运输到主洞与竖井交叉口，由电葫芦吊运到井外。

5.2.7　下台阶土方开挖

人工挖除下台阶土方，尽量减小扰动，出渣方法同上。开挖过程中严格按照图纸要求喷射砂浆封闭掌子面。

5.2.8　下台阶支护

下台阶支护包括格栅钢架、钢筋网架立，喷射混凝土。下台阶支护安装前应将格栅下虚土及其他杂物清理干净，格栅钢架，钢筋网架立后，及时按设计的强度、厚度喷射混凝土，进行暗涵主洞全断面封闭，确保围岩稳定，防止塌方。

5.2.9 初支背后回填灌浆

回填灌浆采用在喷混凝土前垂直洞身护壁埋入，遇有围岩塌陷，超挖较大等特殊情况时，该部位预埋管数量不得少于2根。预埋管为ϕ25mm无缝钢管，长度700mm，外露200mm。环向间距：上拱270°范围内，环向间距2.0m；纵向间距1.0m，呈梅花形布置。一衬回填灌浆跟随开挖工作面，并距开挖面5m进行。注浆时一衬混凝土强度应达到设计强度的70%。注浆水泥为大厂P·O42.5普通硅酸盐水泥，浆液配比采用0.5：1，孔隙较大部位采用水泥砂浆，掺砂量小于水泥重量的200%，且砂子粒径不得大于2.5mm。灌浆施工自较低的一端开始，向较高的一端推进。灌浆压力为0.2～0.3MPa，单孔注浆压力逐渐上升到规定压力，灌浆孔停止吸浆，延续灌注5min即可结束灌浆。

6 主要施工设备配备

主要施工设备配备见表4。

表4　　主要施工设备配备表

序号	设备名称	规格型号	性能指标	使用部位
1	喷浆机	PZ-5	$5m^3/h$	喷射混凝土
2	混凝土拌和机	JZ350	350L/斗	搅拌混凝土料
3	注浆机	KBY-50/70	50L/min	小导管注浆
4	装载机		$0.8m^3$/斗	
5	自卸车		15t	挖土装渣运输
6	龙门架	自制		提升
7	电动葫芦	CD1	10t	提升
8	空压机	TA-120N	$12m^3/min$	风镐零星凿除
9	钢筋弯曲机	GW40B	ϕ40mm	拱架加工
10	钢筋切断机	FGQ40A	ϕ40mm	拱架加工
11	交流弧焊机	BX1-500	500A	拱架加工
12	插入式振捣器	ZN50		混凝土振捣
13	砂轮切割机	400	400mm	钢管钢材切割
14	汽车起重机		25t	

7 质量保控制

（1）制定了工程质量岗位责任制度、工程质量管理制度、工程质量检查制度、工程原材料检测制度、质量事故报告制度、质量事故责任追究制度、工序验收制度、工程质量等级自评制度、隐蔽工程的质量检查和记录制度等各种规章制度和规定。

（2）严格执行三检制度，认真落实技术人员、施工员施工过程中跟班作业，纠正违章施工，及时解决施工过程中的对质量有影响的技术问题，保证施工质量。

（3）在一衬施工过程中对格栅、纵向连接筋、超前小导管的加工等严格把关，施工过程中技术指导跟班作业，严格控制超前注浆、洞室开挖、钢筋安装、喷射混凝土及回填灌浆各工序的施工质量。

（4）开挖初支施工过程中加强监控量测，确保施工过程的安全。在喷射混凝土施工中，严格控制混凝土的配合比，喷射角度、喷层厚度，施工结束后及时对混凝土进行养护，确保了一衬混凝土的质量。

8 安全措施

（1）暗涵开挖作业过程严格按照设计及工法要求进行施工，应严格作到“管超前、严注浆、短开挖、强支护、快封闭、勤量测”十八字方针，以确保施工安全。

(2) 每天进行监控量测，根据监测数据及时调整支护参数，防止地表沉降以及暗涵净空变形。

(3) 施工时严格控制上下台阶长度，防止因台阶过短造成土方坍塌、滑坡等事故。

(4) 锚喷作业工作人员加强个人防护，喷射手应佩带防护面罩，防水披肩、防护眼镜、防尘口罩、乳胶手套；其他工作人员也应佩带防尘口罩等防护用品。

(5) 采用机械装运渣土、材料时，应作好每班班前机具检查，刹车、转向、油门等检查无误后方可操作，每车定人定岗，装卸时以及转向、交叉口处设有专人指挥。

(6) 施工前严格检查施工机具和电路，正确安装漏电保护器，防止出现漏电和机械伤人事故。

9　环保措施

(1) 编制施工组织设计，各阶段施工方案中有环境保护的内容，包括合理规划施工用地、科学地进行施工总平面设计、在总平面设计和调整时兼顾到环保的要求等。

(2) 施工现场配置环保负责人，负责日常的环境管理工作。环保负责人组织每周对施工现场的环保工作进行一次检查并填写环保周报，对检查中发现的问题及时通知有关部门整改，重大问题报告项目经理。

(3) 施工场地采用硬式围挡，施工区的材料堆放、材料加工、出渣及出料口等场地均设置围挡封闭。砂石料堆放禁止敞开存放。需要露天存放的采取绿色网遮盖。施工现场以外的公用场地禁止堆放材料、工具、建筑垃圾等。建筑垃圾及时清理，运至指定地点消纳。

(4) 落实“门前三包”责任制，保持施工区和生活区的环境卫生。

(5) 场地出口设洗车槽，并设专人对所有出场地的车辆进行冲洗，严禁遗洒，运渣车辆和运泥浆车辆采用封盖车体和密封容器运输，渣土低于槽帮10cm，严防落土掉渣污染道路，影响市容和环境。

(6) 对施工中遇到的各种管线，先探明后施工，并做好地下管线抢修预案，对有毒有害管线采取特殊的防护措施。妥善保护这类地下管线，确保城市公共设施的安全。施工前与管线产权单位签订安全协议书，施工方法和保护管线的措施报业主审批同意后实施。施工中指定专人检查保护措施的可靠性。不明管线先探明，不许蛮干。施工中若发生管线损坏情况，立即采取必要的抢救措施，并及时报告业主和管线产权主管部门。

(7) 工程竣工后搞好地面恢复，恢复原有植被，防止水土流失，保持城市原有环境面貌的完整和美观。

10　效益分析

本工法有着显著的经济效益和社会效益。就在城市内施工而言，如前面工法特点中所述，与明挖法、盾构法相比，都有其显著的优点。以南干渠第三标段为例，其经济和社会效益主要表现如下。

(1) 节省投资：采用明挖法施工土建工程费加上拆迁费共计需约8134万元，而采用浅埋暗挖法施工总计仅6513万元，即可直接节省投资1621万元。

(2) 浅埋暗挖法施工避免了对公路路面的破坏及地下各种管线、地面通信电缆、灯杆和民房的拆迁，减少了绿地占用，保持了市容美观，节省了高达千万元的拆迁费，使施工工期也相应地缩短了半年。

(3) 浅埋暗挖法施工不干扰市民的正常生活，避免了因明挖施工而产生的噪声、尘土、振动等公害。

11　工程实例

11.1　北京市南水北调配套工程南干渠工程施工第三标段

南干渠工程是北京市南水北调配套工程的重要组成部分，工程承担着为郭公庄水厂、黄村水厂、亦庄水厂、第十水厂和通州水厂等提供南水北调水源的任务。本标段为南干渠工程第三施工标段，位于北京市南五环与丰台西站分组站之间，工程起止桩号为 2＋612.040～4＋320.040，总长 1708m，两条暗涵平行布置，全线与大兴灌渠重合，埋深 9.9～13.6m，开挖断面为圆形，开挖直径 4.6m，衬后直径 3.4m，洞轴线间距 12.2m。沿线设置 2 个施工竖井（兼做排气阀井），即 4 号竖井（5 号排气阀井）和 5 号竖井（6 号排气阀井）。

根据地质报告，依据《建筑抗震设计规范》（GB 50011—2001）判定，南干渠工程场地土类型为中软土；建筑场地类别为Ⅲ类。施工区内均被第四系全新统冲、洪积层覆盖，其沉积物主要为永定河冲洪积物。地层岩性以厚层砂土、卵砾石层为主，局部地区为垃圾填埋坑。工程区内揭露之地下水含水层主要为第四系孔隙潜水层，广泛分布于第四系全新统冲洪积卵砾石层中，具中等—强透水性，地下水位较低，埋深大，为潜水；区内地下水受侧向地下径流及大气降水、地表水的补给，尤其受西面永定河侧向补给影响十分明显。排泄方式为向东南下游地下径流为主。工程近场区范围内，近十年内地下水位持续下降，埋深加大，勘测期间（2009 年 4 月）地下水位为 24.04～26.24m。设计文件显示，本段沿线地下水埋藏较深，地下水水位在隧道结构底板以下，隧洞施工不受地下水影响。采用此工法施工，节省了工程投资，平均每月进尺为 50～60m，确保了施工进度。

11.2 南水北调（中线）京石段应急供水工程西四环暗涵工程

该工程为Ⅰ等工程，输水建筑为 1 级建筑物。施工第零标段穿交叉构筑物为京石高速、永定路南延路、京石高速匝道全部采用浅埋暗挖法施工，浅埋暗挖段全长 210.831m，结构型式为钢筋混凝土方涵。南水北调（中线）京石段应急供水工程西四环暗涵工程施工第七标段全部位于西四环主路正下方，全长 1850m，为双线平行圆涵，共布置永久竖井两座，即 9 号、10 号竖井，施工期永久竖井作为施工竖井，主体结构一衬全部采用浅埋暗挖法施工。

11.3 北京市南水北调配套工程南干渠工程

该工程第三标段全部位于大兴灌渠正下方，全长 1708m。工程等级Ⅰ等，建筑物级别 1 级，地震设防烈度 8 度。为双线平行圆涵，共布置施工竖井两座，即 4 号、5 号竖井，主体结构一衬全部采用浅埋暗挖法施工。

图 1　超前勘探

南水北调西四环暗涵工程被评为 2008 年度北京市市政基础设施结构长城杯金奖。

城市输水隧洞浅埋暗挖施工工法图片资料见图 1～图 7。

(a)

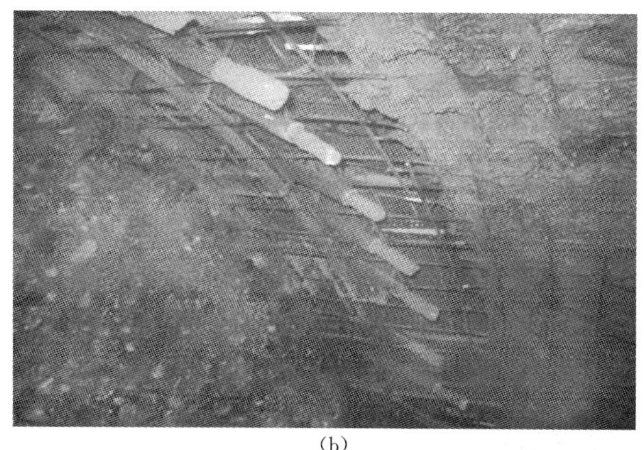

(b)

图 2　超前小导管打设

图 3　超前小导管注浆

(a)

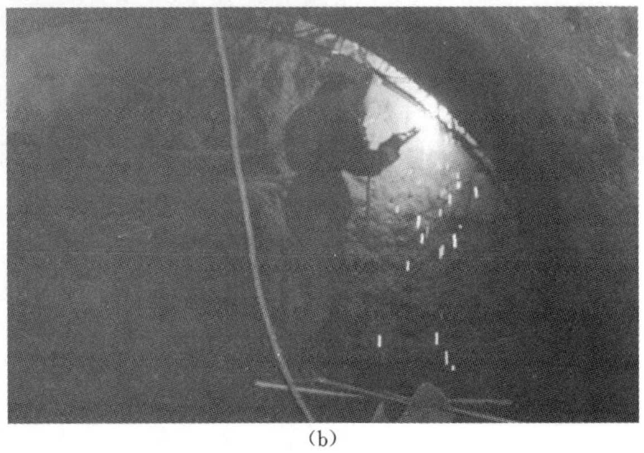

(b)

图 4　格栅安装

图 5　马头格栅安装

(a)

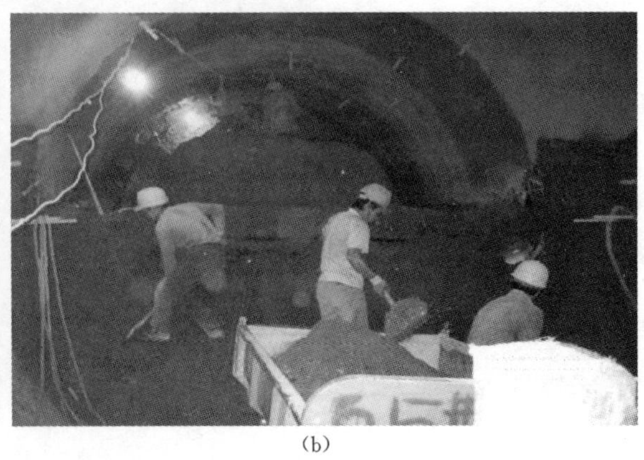

(b)

图 6　上半拱土方开挖

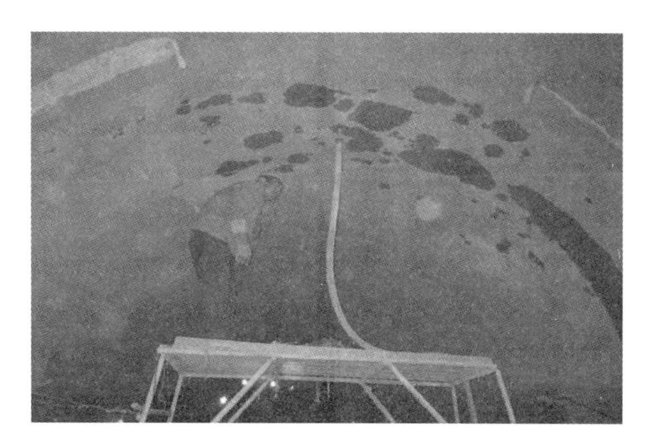

图 7　一衬背后回填灌浆

渠道机械化衬砌施工工法

张尹耀　马玉增　石月顺　宗　剑　张陶陶

1　前言

南水北调中线干线工程渠段地质条件变化较大，渠道衬砌结构、坡长、坡比差异较大，分缝较多，过水断面混凝土衬砌厚度、表面平整度、密实度及光洁度等设计指标要求较高，采取传统的渠道人工跳仓施工方法和工艺无法达到目前南水北调中线工程设计坡长的要求，在有限施工工期内很难按期保质保量完成施工任务。渠道机械化衬砌施工工法旨在规范和指导南水北调中线干线工程渠道混凝土衬砌施工管理，确保工程质量。将混凝土机械化衬砌施工从人、机、料、法、环等环节进行了指导和规范。

2　工法特点

采用渠道衬砌机施工，可选用渠坡振动滑模式衬砌机（SM8200 型）和渠底振动碾压式衬砌机（QDCQ650）以及相应配套机械。主要配套机械设备有削坡机、抹光机（PM8000－4）、切缝机、填缝机和人工抹面台车等。对混凝土坍落度要求较高，施工控制在 5～8cm。

该工法解决了不同地质条件（砂土、砂壤土、壤土、砂砾石、膨胀土、湿陷性黄土）、不同坡比（1∶1、1∶1.5、1∶1.75、1∶2、1∶2.5、1∶2.75、1∶3）、不同结构型式（保温板＋复合土工膜＋混凝土、砂砾石垫层＋复合土工膜＋混凝土、粗砂找平层＋复合土工膜＋混凝土）和不同材料（保温板、复合土工膜、聚乙烯闭孔泡沫板、聚硫密封胶）、施工检测检验和质量评定标准——削坡平整度（2m 靠尺允许偏差：拟铺设砂垫层 20mm；其他情况 10mm）、衬砌厚度（允许偏差：设计值的－5%～＋10%）、坡面平整度（≤8mm）、伸缩缝顺直度（≤15mm）、密实度等设计指标要求。针对不同季节、不同施工环境，本工法也提出了渠道衬砌施工中衬砌机的衬砌速度、振捣时间、抹面压光的适宜时间和遍数等衬砌施工参数，为合理配置各种资源提供了依据。

3　适用范围

适用于纵向坡比不大于 1%，横向坡比不大于 1∶1 的渠道梯形断面素混凝土衬砌、河道堤防及坝高较低、坡长较短的水库大坝等薄板混凝土护坡工程施工。

4　工艺原理

渠道衬砌机分为渠坡振动滑模式衬砌机和渠底振动碾压式衬砌机。以渠坡振动滑模衬砌机为例，渠底振动碾压式衬砌机工艺原理与此设备稍有不同。

渠坡振动滑模衬砌机（SM8200）为集受料、运料、布料、铺平、振捣、提浆、出面、行走等多个功能为一体的坡面混凝土衬砌设备，动力传动方式为电动机传动，主要包括行走系统、振捣系统、布料系统、升降系统及电气控制系统。适应多种坡度及坡长的坡面混凝土跳仓浇筑、连仓浇筑。

4.1　行走

衬砌机行走均采用导轨式。行走速度：工作速度为 0.1～1.0m/min，最大速度为 4m/min，车轮直径为 250mm。

4.2 升降

升降调整系统为根据实际施工坡面液压调整。

4.3 布料

上料装置：皮带上料，布料形式：皮带输送，分料车布料。采用皮带输送机布料，混凝土经输送皮带运至衬砌机侧面设置的分仓料斗，以自行式分料车分料。

4.4 振捣、成型

内置高频振捣器：振动频率 12000Hz，专用变频器和专用减震器。其成型、振捣原理是：料仓内置 12000Hz 插入式高频振捣棒将混凝土内部气泡逸出、捣实、提浆，靠设备自重利用滑模板挤压成型。

4.5 抹面、压光

抹光机（PM8000－4）抹面，人工压光。

5 施工工艺流程及操作要点

5.1 施工工艺流程

渠道衬砌作业流程见图 1。

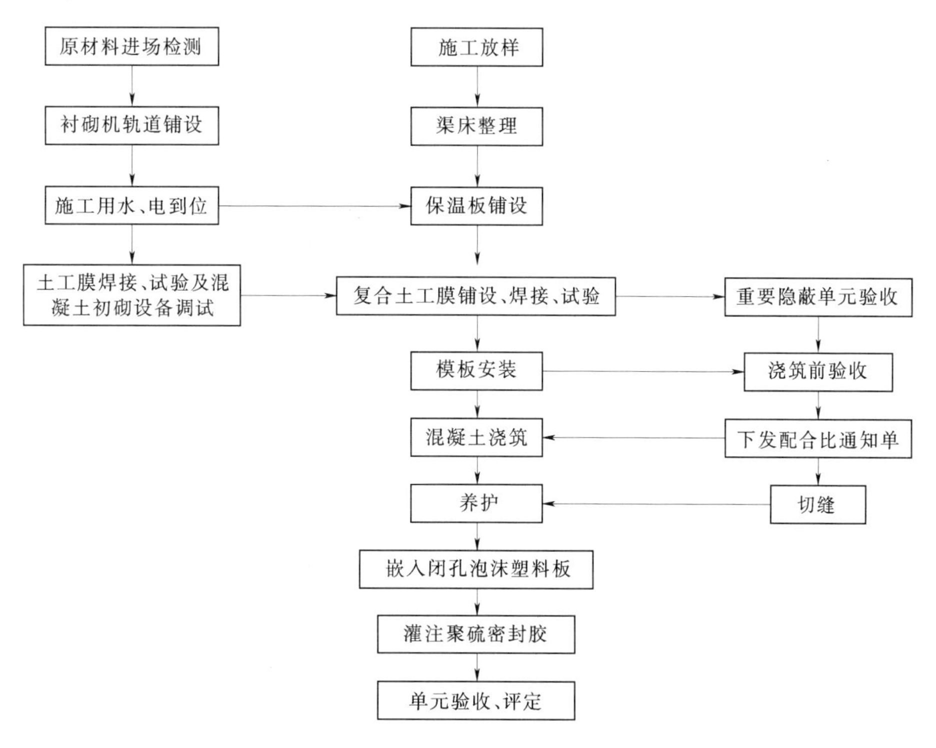

图 1 渠道衬砌作业流程

5.2 操作要点

5.2.1 一般规定

（1）施工单位的试验、质检人员应符合合同规定的有关资格要求。关键工序的作业人员，如削坡设备、渠道混凝土衬砌设备、抹面设备的操作人员应经培训后上岗。上述人员宜相对固定。

（2）拌和站的生产能力应满足混凝土浇筑强度的要求，混凝土拌和、运输与浇筑作业应匹配。拌和站应有完整合格的计量设施，并有减尘降噪等环境保护措施。

（3）衬砌混凝土配合比应满足强度、耐久性和经济性等要求，在进行混凝土衬砌施工前，试验室须提前进行砂石骨料的含水率、超逊径、表面温度等的数据检测，并根据砂石骨料的检测数据、当时的气温和混凝土的运输距离及布料时间等，进一步优化施工混凝土配合比，以确保入仓混凝土质量，并适应机械化施工的工作要求。配合比参数不能随意变更，当气候和运输条件变化时，可微调水量，使入仓坍落度保持最佳，满足机械化衬砌混凝土施工的工作性要求。

（4）渠道混凝土机械化衬砌施工应先进行生产性施工检验，检验段长度一般不小于100m。通过生产性施工检验确定衬砌速度、振捣时间、抹面压光的适宜时间和遍数、切缝时间等衬砌施工参数，确定辅助机械、机具的种类和数量，确定施工组织形式和人员配置，制定可操作性的施工组织方案。

5.2.2　衬砌设备安装及调试

（1）衬砌机、抹面机、人工抹面台车应同轨，其轨道规格应与衬砌机型式相匹配，轨道平行于渠道中心线铺设，一般上轨道在坡肩模板0.5m以外，下轨道在坡脚模板1.0m以外。钢轨宜铺设在枕木或垫板上，枕木或垫板的间距一般控制在0.8m以内。钢轨采用铁道用钢轨，安装后测量要求轨道中心偏差不大于2mm，钢轨接头处高差不大于1mm，轨道不平度10m不大于3mm。

（2）衬砌机轨道铺设的质量是保证衬砌混凝土质量的关键，衬砌机安装完毕后应在轨道上反复行走几遍，使轨道处于稳定状态。衬砌机轨道坡降应与渠道坡降保持一致，衬砌前和衬砌施工中应经常校核轨道的方向和高程。

（3）调试应遵循“先分动，后联动；先空载，后负荷；先慢速，后快速”的原则。调试内容主要包括：电控柜的接线是否正确，有无松动；接地线是否接地正常；联结件是否紧固，各润滑处是否按要求注油；调整上下行走装置的伺服系统或频率使其同向、同步；振捣系统能否正常工作。

（4）试车先进行空载试车，应无冲击及较大的周期性噪声。空载试车一切正常后进行负载试车，试车时应先开车后投料，并使物料均匀、连续、缓慢地投入，停车时应先停止加料，待物料排空后再停车。

5.2.3　模板支立

（1）坡肩模板：坡肩侧模采用10号槽钢制作，外部打钢筋桩固定。

（2）渠坡侧模：渠坡侧模采用10号槽钢制作，通长侧模每1m焊一U形支腿（用方钢制作），支腿与槽钢主面垂直，便于在U形支腿上压砂袋进行固定。压砂袋前，模板外侧覆盖塑料布，防止边沿处的混凝土渣落在复合土工膜上。坡面与底面及上面边模交接处的模板认真进行拼割、焊制，保证与坡面的横断面的截面相同。

（3）齿槽模板：齿槽堵头模板采用竹胶板，要求切割成与齿槽同样形状，背部设立方木背楞固定；齿槽侧模采用10号槽钢制作，外部打钢筋桩固定。

（4）渠底模板：渠底侧模采用10号槽钢制作，同渠坡侧模一样，每1m焊一U形支腿（用方钢制作），支腿与槽钢主面垂直，便于在U形支腿上压砂袋进行固定。

5.2.4　混凝土拌制、运输

（1）渠道衬砌混凝土供应尽量采用就近布置的拌和站，避免运输距离过长造成坍落度损失过大。

（2）在进行衬砌施工前，试验室必须提前进行砂石骨料的含水率、超逊径、表面温度等的数据检测，并根据砂石骨料的检测数据、当时的气温和运输距离及布料时间等，优化衬砌混凝土设计配合比，以确保入仓混凝土质量适应机械化施工要求。配合比参数严禁随意变更，当气候和运输条件变化时，可由试验室微调水量，使入仓坍落度保持最佳，混凝土入仓坍落度根据出机口坍落度和运输过程中的坍落度损失确定。同一座拌和楼每盘之间、拌和楼之间的混凝土拌和物的坍落度允许误差应控制在±1cm。

（3）在投入生产前，砂石骨料和胶凝材料等计量器具应该经计量部门标定，拌和站配料计量偏差不应超过表1的规定。

表1 拌和站配料计量偏差精度要求

材料名称	水泥	掺和料	砂	石	水	外加剂
允许误差/%	±1	±1	±2	±2	±1	±1

(4) 外加剂采用后掺法掺入，外加剂应以液体形式掺加，其浓度和掺量根据配合比要求确定。

(5) 混凝土运输应选用载重容量不小于 $6m^3$ 的专用混凝土搅拌运输车，行驶速度宜控制在10km/h以下，以避免运输过程混凝土离析，保持和易性。场内应将重车送料和空车返回道路分设，避免扰动已成型衬砌混凝土板。在高温或低温季节施工时混凝土搅拌车要采取相应的防晒保温措施，严禁运输过程加水。

(6) 配备数量应根据运输距离和衬砌机衬砌混凝土强度需求确定，短距离混凝土运输至少保持2辆混凝土罐车，根据混凝土浇筑强度和运输距离的加长，相应增加。

混凝土搅拌运输车辆的配置数量可依据拌和站每小时生产能力、运距、车辆往返速度、车的载重能力，可按式（1）估算确定

$$N=\frac{2k\gamma_c Q}{v_j\rho\xi} \tag{1}$$

式中 N——搅拌运输车总数，辆；

k——最长单程运输距离，km；

γ_c——新拌混凝土的密度，kg/m^3；

Q——所有搅拌楼的每小时拌和能力，m^3/h；

v_j——车辆的平均运输速度（包括卸料时间），km/h；

ρ——汽车载重能力，kg/辆；

ξ——车辆完好出勤率，%。

(7) 混凝土拌和物从拌和楼出料到运输、卸料完毕的允许最长运输时间应执行相关规范规定，可参照表2确定。

表2 混凝土拌和物允许最长运输时间

施工温度/℃	允许最长运输时间/h	施工温度/℃	允许最长运输时间/h
5～18	1.75	29～33	1.25
19～28	1.5		

5.2.5 混凝土布料和振捣施工

(1) 施工过程中，渠道衬砌施工作业人员要分工明确、职责分明、各负其责、协调工作。衬砌过程中作业人员应相对固定。

(2) 专人负责指挥布料。布料前质检员对混凝土拌和物进行坍落度和含气量等按有关规范进行检测。

(3) 混凝土搅拌运输车就位后卸料前，可用少许水湿润运输车的下料槽和布料机输送带。运输车辆卸料自由下落高度应不大于1.5m。

(4) 坡面衬砌机沿垂直轴线方向，采用皮带输送机布料，混凝土经输送带运至衬砌机侧面设置的分仓料斗，以自行式分料车分料。施工中应设专人监视各分仓料斗内混凝土数量，保持各料仓的料量均匀，防止欠料。开动振动器和纵向行走开关，边输料，边振动，边行走。施工时应控制布料厚度，松铺系数根据坍落度大小由生产性施工检验确定。当坍落度为4～6cm时松铺系数宜为1.1～1.15之间。

(5) 在框架的料仓内均匀布置着高频低幅振捣棒，当料仓内混凝土的料位达2/3料仓或高于振捣棒0.2m时，开启振捣棒。对混凝土进行深层振捣和表面提浆，保证了混凝土整体密实度和表面浆液丰富。

在料仓后部、框架底部设有滑模装置，振捣棒工作时，此时整机行走，滑模装置将振捣后的混凝土压实成型。

（6）根据渠坡衬砌机特性，齿槽处和渠肩平台处需人工配合衬砌机施工，故分三部位：齿槽处、坡面、渠肩平台。

1）齿槽部位：由衬砌机将混凝土分层摊铺于齿槽中，人工手持 ϕ30 型振捣棒振捣，直至表面泛浆，骨料不再明显下降为止。

2）坡面：滑模式衬砌机在临时储料仓布料达到 2/3 后先开动高频低幅振捣棒 20s 后，再开动行走大车前行 30cm，在此过程中，边前行边振捣，停止后，再振捣 20s，依次类推。

3）坡肩平台：由衬砌机将混凝土摊铺于坡肩平台处，人工手持平板振捣器振捣，并将该部位多余混凝土除走，沿基准线整平后再振实。

（7）渠底混凝土主要利用渠底衬砌机内布置的振捣棒进行振捣，局部人工手持平板振捣器辅助振捣。

（8）坡肩、坡脚和周边的施工应设专人负责。采用人工辅助布料，以插入式振捣棒或手提式平板振动器进行振捣。坡脚处分两次布料、振捣。插入式振捣棒振捣模板周边时，行走不宜过快。对坡肩及坡脚的折线部分，应以靠尺定型，以使折角整齐，外型美观。对已经拆模的混凝土要注意成品的保护，防止边角破坏。

5.2.6 衬砌施工操作中注意事项

（1）施工中严格按照生产性施工检验确定的振捣时间、工作速度等参数执行，做到混凝土不过振、漏振或欠振，达到混凝土深层振捣和表面提浆的效果，利于混凝土抹面和整平。

（2）衬砌施工中应有专人检查振捣棒的工作状况，若发现衬砌后的板面上出现露石、蜂窝、麻面或横向拉沟等现象，须停机检查、修理或更换振捣棒，并对已浇筑混凝土进行处理；初凝前的混凝土进行补振，初凝后的混凝土进行清除，并填补混凝土，重新振捣。

（3）进入弯道施工，要调整上下轨道行进速度，保证衬砌机始终与渠道上口线保持垂直工作状态。

5.2.7 施工过程中停机时的操作

（1）停机同时应解除自动跟踪控制，升起机架，将衬砌机驶离工作面，清理黏附的混凝土，整修停机衬砌端面，同时对衬砌机进行保养。

（2）当衬砌机出现故障时，应立即通知拌和站停止生产，在故障排除时间内如浇筑面上的混凝土尚未初凝，可继续衬砌。停机时间超过 2h，应将衬砌机驶离工作面，及时清理仓内混凝土，故障出现后浇筑的混凝土需进行严格的质量检查，并清除分缝位置以外的浇筑物，为恢复衬砌作业做好准备。

5.2.8 抹面施工

5.2.8.1 抹面机抹面施工

（1）混凝土抹面机应与衬砌机共用轨道，通过支腿的调节满足衬砌坡比的需要，并应具备自行走系统，保证压光衬砌坡面平整度。

（2）混凝土抹面机采用抹盘和抹片分别抹面。用抹盘抹面起到挤压及提浆整平的功能，抹片抹面起到压光收面功能。

（3）坡面混凝土抹面机桁架悬挂电动抹光机，沿衬砌坡面往返抹面。抹面压光在渠道衬砌混凝土浇筑宽度约有 3～4m 时开始。第一次抹面时需安装抹盘，抹盘对衬砌混凝土面进行平整和提浆，将裸露于表面的小石子压入混凝土中。首次抹面时，混凝土表面较软，宜自坡脚至坡肩进行，抹盘以刚好接触到混凝土表面为宜。抹光机每次移动间距为 2/3 圆盘直径。

（4）根据浇筑时间、天气状况、湿度情况，第二次抹面时间一般控制在第一次抹面 15～25min 后。第二次抹面仍需使用抹盘，主要是找平。抹面中随时用 2m 靠尺检查混凝土表面的平整度，调整抹面机高度及斜度，保证抹盘底面与衬砌设计顶面重合，浆液厚度不应超过 1.5mm。第三次采用抹片抹面，提高衬砌混凝土表面的光洁度。

5.2.8.2 人工抹面施工

（1）施工中应选用人工抹面台车作为人工抹面平台。人工抹面台车采用桁架焊接而成，可调节高度和坡比。施工中，抹面台车应优先选用具有自行走功能的桁架。严禁操作人员在混凝土表面行走和抹面。

（2）抹面压光应由专人负责，并配备2m靠尺检测平整度，混凝土表面平整度应控制在8mm。人工采用钢抹子抹面，一般为2～3遍。

（3）初凝前应及时进行压光处理，清除表面气泡，使混凝土表面平整、光滑、无抹痕。衬砌抹面施工严禁洒水、撒水泥、涂抹砂浆。

5.2.9 混凝土养护

（1）渠坡混凝土采用覆盖土工布保湿养护，随时保证土工布湿润，温度较低时，采用塑料布保湿、草帘子或保温被保温的方式养护。

（2）渠底混凝土采用洒水养护，温度较低时，采用塑料布保湿、草帘子或保温被保温的方式养护。

（3）衬砌混凝土保证湿润养护不少于28d。

（4）混凝土养护设专人负责，及时观察，并作好养护记录。

5.2.10 切缝

5.2.10.1 切缝要求

（1）混凝土衬砌面板的切割时间控制在浇筑完成20h左右，或者混凝土强度达到2～4MPa，能保证切割时不飞棱掉角，且切缝机锯片磨损率最小。气温高时，切割时间可提前到10h左右，气温低时，切割时间推迟至30h左右。

（2）渠坡半缝（切割）深5cm，通缝（切割）深9cm。渠底半缝（切割）深4cm，通缝（切割）深7cm。

（3）切缝时，要针对切缝深度调整好切割机锯片位置，切缝中要拿钢尺随时检查，随时调整，过程中，操作人员要控制好切缝机锯片位置起伏。

5.2.10.2 横缝切割

（1）横缝切割从坡上向坡下进行，施工时，将切缝机固定在坡面顶部（需高出坡面线），缓缓向下切缝，到底部时，用木板搭投起平台，方便切割机行走。

（2）半缝和通缝切割要分别调整刀片的入缝深度，在坡面上部的一级马道上放置水箱，用塑料软管向切割机供水，一人扶切割机，一人在上面摇减速机便可正常施工，减速机的速度及手摇力度由操作人灵活掌握。

5.2.10.3 纵缝切割

（1）切纵缝用的轨道刚度要有保证，轨道搭设时，应从坡脚最下部开始。

（2）先放线，定出要切缝的位置。

（3）在最下部打道钉固定，沿坡面支撑带有丝杠顶托的架管，沿架管顶部铺设水平方向的方管轨道，调整丝杠的长度，使其轨道与纵缝平行。

（4）用绳子牵引切缝机沿坡面缓缓放到轨道位置，小心摆正位置，再次调整丝杠的长度使锯片在与坡面垂直方向刚好与要切的缝相吻合。

（5）在预切缝的正前方固定一台专用的手动慢速减速机，减速机的牵引绳采用软的钢丝绳。

（6）在坡面上部的一级马道上放置水箱，用塑料软管向切割机供水。

（7）各项准备工作做好后，可进行试切。观察行走时，所切的缝是否平顺且行走是否方便省力。若行走困难，缝宽明显不够1cm，可能是所制作的下边线前后导轮外切线与切割片平面不平行所致，应及时进行校验。另外在切割时应注意观察水路是否畅通，以免切割片受热变形。

5.2.11 嵌缝、涂胶

5.2.11.1 伸缩缝清理

切割缝的缝面用钢丝刷、手提式砂轮机修整，用空气压缩机将缝内的灰尘与余渣吹净。填充前缝面应洁净干燥，检查缝宽、缝深。

5.2.11.2　嵌入闭孔泡沫塑料板

闭孔泡沫塑料板采用专用工具压入缝内，并保证上层填充密封胶的深度为2cm。

5.2.11.3　填充聚硫密封胶

（1）生产性试验。密封胶施工前应进行生产性施工试验，试验合格报监理单位审批实施。施工中要注意施工环境和配制质量。

（2）密封胶配制。聚硫密封胶由A、B两组份组成，施工时按厂家说明书进行配制与操作。

（3）涂胶施工。在清理完成的伸缩缝两侧粘贴胶带。胶带宽一般为3～5cm，胶带距伸缩缝边缘为0.5cm，用毛刷在伸缩缝两侧均匀地刷涂一层底涂料，20～30min后用刮刀向涂胶面上涂3～5mm密封胶，并反复挤压，使密封胶与被黏结界面更好地浸润。用注胶枪向伸缩缝中注胶并压实，保证注胶深度不小于20mm。

5.2.12　特殊天气施工

（1）风天施工。遇到风天，正在衬砌的作业面及时收面并立即养护，对已经衬砌完成并出面的浇筑段及时采取覆盖塑料布等养护措施。

（2）雨天施工。当浇筑期间降雨时，浇筑仓面搭棚遮挡防雨水冲刷。降雨停止后必须清除仓面积水，不能够带水抹面压光作业。降雨过后若衬砌混凝土尚未初凝，对混凝土表面进行适当的处理后才能继续施工；否则应按施工缝处理。雨后继续施工，需重新检测骨料含水率，并适时调整混凝土配合比中加水量。

（3）高温天气施工。高温天气施工要缩短抹面时间，确保在混凝土初凝前抹面压光，切缝时间应提前。高温天气混凝土要采取有效措施降低入仓温度，同时浇筑完成的混凝土面要及时洒水养护，保证混凝土表面不因水分蒸发过快而产生裂缝。

（4）低温季节施工。低温天气施工要有切实可行的保温措施，抹面、切缝时间都要适当延长，同时要注意混凝土表面的保湿、保温，防止产生温度裂缝，温度过低不施工。

6　材料与设备

6.1　人员配备情况

人员配备情况见表3。

表3　人员配备情况表

序号	工种	人数	序号	工种	人数
1	管理人员	4	13	混凝土浇筑工	12
2	技术人员	4	14	混凝土抹面工	24
3	削坡机操作手	3	15	混凝土养护人员	6
4	衬砌机操作手	12	16	切缝人员	6
5	挖掘机操作手	4	17	嵌缝涂胶人员	10
6	平地机操作手	2	18	混凝土运输司机	8
7	碾压机操作手	2	19	复合土工膜施工人员	8
8	拌和站操作手	6	20	保温板施工人员	20
9	装载机操作手	4	21	轨道铺设人员	16
10	测量人员	4	22	其他人员	28
11	试验人员	4	合计	196	
12	模板工	9			

6.2 机械设备配备情况

机械设备配备情况见表4。

表4　　机械设备配备情况表

序号	设备名称	型号	单位	数量
1	拌和站	HLS90型	台	1
		HLS60型	台	1
2	渠坡衬砌机	SM8000	套	2
3	渠底衬砌机	QDCQ650	套	1
4	削坡机	ZDXPB800	套	1
5	挖掘机	PC300	台	2
6	装载机	$3m^3$	台	2
7	平地机		台	1
8	碾压机	20t	台	1
9	混凝土运输车	$9m^3$	辆	4
10	切缝机		台	4
11	平板振捣器		台	2
12	软轴振捣棒	ϕ30型	台	4
13	全站仪	徕卡	台	2
14	复合土工膜焊接机	TH-501	套	2
15	复合土工膜充气试验设备		套	2
16	砂轮机		台	2
17	空压机	$2m^3$	台	1
18	试验设备		套	若干
19	水罐	10t	台	3
20	柴油发电机	120kW	台	2
21	洒水车	10t	辆	2
22	油罐车	5t	辆	1

6.3 材料的配备和要求

本工法无需特别说明的材料。

7 质量控制

7.1 渠床整理质量控制及检验

（1）削坡平整度控制在10mm范围内，采用2m靠尺检查。

（2）渠肩线、底角线偏差控制在±20mm（直线段）、±50mm（曲线段）范围内，利用全站仪对照设计图纸进行检查。

（3）各种杂草、树根、杂物、杂质土、弹簧土、浮土等按要求清理干净。

（4）对雨淋沟和坍坡，按设计要求厚度补坡后进行压实削坡。

7.2 保温板铺设质量控制及检验

（1）铺设前要认真检查，对存在缺角、断裂、尺寸不够、局部凹陷的板材不准使用。保温板厚度允许偏差控制在±1mm范围内，采用游标卡尺检查。

（2）运输中应注意轻装轻卸，堆放整齐，压实防风和避免阳光暴晒。铺设后应保持板面洁净，严禁人为踩踏和在板面上放置重物。

（3）铺设应平整、顺直，不得出现缝隙、漏铺、架空现象，固定物不得高于板面。

（4）保温板大面平整度不大于10mm，板面高差不大于2mm，采用2m靠尺检查。

7.3　复合土工膜施工质量控制及检验

（1）复合土工膜应自然松弛与支持面贴实，不得出现褶皱、悬空现象，铺设后上端牢固定位 。

（2）复合土工膜采用双缝现场焊接，并对焊缝质量进行检验，采用充气试验气压0.15～0.2MPa，保持1～5min，压力无明显下降；对无法焊接的部位可采用黏结的方法，黏结均匀，无漏接点；黏结膜的拉伸强度要求不低于母材的80%，且断裂不得在接缝处。对复合土工膜中的无纺布缝合牢固。

（3）铺膜后上下两端牢固定位，衬砌施工中不允许出现下滑现象。

（4）复合土工膜铺设后应及时浇筑混凝土或做好防护，避免阳光下曝晒。

7.4　混凝土衬砌质量控制及检验

（1）严格执行衬砌机操作规程，保证衬砌机正常运行和衬砌混凝土质量。对出现的质量缺陷应及时妥善处理。

（2）初凝前应及时进行压光处理，并及时进行养护。

（3）振捣时间合理、无漏振，振捣密实、表面出浆。

（4）高温、干燥天气终凝前喷雾养护，保持湿润连续养护不应少于28d。

（5）厚度允许偏差控制在设计值的－5%～10%，采用直尺检查。

（6）渠底高程偏差控制在－10～0mm范围内，采用全站仪检查。

（7）坡面平整度不大于8mm，采用2m靠尺检查。

（8）铺料均匀，平仓齐平，无骨料集中现象，无泌水、离析。

（9）衬砌顶开口宽度偏差控制在0～20mm范围内，衬砌顶高程偏差控制在0～30mm范围内，采用全站仪检查。

7.5　切缝、嵌缝、涂胶施工质量控制及检验

（1）衬砌混凝土板切缝时间控制在混凝土抗压强度达到2～4MPa期间进行，同时根据气温情况适当进行调整。

（2）嵌缝前要对伸缩缝进行清理，保持缝壁清洁、干燥。

（3）嵌缝施工要仔细，填压密实、均匀，注意嵌缝材料与整个渠面一致性。

（4）聚硫密封胶填充要饱满、黏结牢固，表面光滑、平顺。

（5）切缝深度偏差控制在－5～0mm之间，宽度控制在0～＋3mm之间，采用直尺检查，顺直度每20m偏差不大于15mm，采用全站仪检查。

8　安全措施

（1）现场施工人员按规定佩戴好安全防护用具。

（2）混凝土运输车运送混凝土时，驾驶员必须严格遵守交通规则和场内运输各项规定，听从现场指挥人员的指挥。

（3）各类机械操作手要按照安全技术交底进行施工，严禁酒后操作、疲劳作业。

（4）施工中，严禁在削坡机、衬砌机等大型设备上站人和操作，禁止相关人员钻入削坡机、衬砌机传动机构下部，非专业人员不能私自处理设备故障。

（5）削坡机、衬砌机安装、移动、拆除时，各工种人员要注意密切配合，防止刮伤、碰伤、撞伤。

（6）保温板、复合土工膜材料运输、装卸时，施工人员分工明确，指挥操作得当，防止被物品砸伤。

（7）切缝前，先检查切缝机锯片固定是否牢固，轨道是否架设牢固，确定没问题时，再开始施工。

(8) 安全员要经常检查设备电源线、照明电线、漏电断路器、保险丝等是否安全可靠。

(9) 夜间施工应有足够的照明装置，并有明显的警示标志。

9 环保与资源节约

(1) 施工过程中必须严格遵守《中华人民共和国环境保护法》《中华人民共和国水污染防治法》《中华人民共和国大气污染防治法》《中华人民共和国固体废物污染防治法》《中华人民共和国噪声污染防治法》《中华人民共和国土地管理法》《中华人民共和国水土保持法》《中华人民共和国野生动物保护法》《中华人民共和国森林法》等法律、条例及法规。

(2) 生产废水的处理、排放。生产废水包括施工机械设备清洗的含油废水、混凝土养护冲洗水、砂料冲洗水、开挖土方的排水。对含油的废水先除去油污；对砂石土的废水则由沉淀池将其中固体颗粒沉淀下来，达到规定的标准再排于河中；混凝土拌和楼的废水经集中沉淀池充分沉淀处理后排放，沉淀的浆液和废渣定期清理送走。

(3) 生活污水的处理、排放。生活污水包括施工人员的生活排泄物、洗浴、食堂冲洗、生活区打扫卫生冲洗的所有污水。按生活居住区相对集中到一块，修建生活污水处理设施，选用以生物接触氧化为主体的处理工艺，处理达标后排放。

(4) 采取一切措施尽可能防止运输车辆将砂石、混凝土、石渣等撒落在施工道路及工区场地上，安排专人及时进行清扫。场内施工道路保持路面平整，排水畅通，并经常检查、维护及保养。晴天洒水除尘，道路每天洒水不少于 4 次，施工现场不少于 2 次。

(5) 在现场安装冲洗车轮设施并冲洗工地的车辆，确保工地的车辆不把泥巴、碎屑及粉尘等类似物体带到公共道路路面及施工场地上，在冲洗设施和公共道路之间设置一段过渡的硬地路面。

(6) 每月对排放的污水监测一次，发现排放污水超标，或排污造成水域功能受到实质性影响，立即采取必要治理措施进行纠正处理。

(7) 施工弃渣和固体废弃物以《中华人民共和国固体废弃物污染环境防治法》为依据，按设计和合同文件要求送至指定弃渣场。做好弃渣场的治理措施，有序地堆放和利用弃渣，防止任意倒放弃渣阻碍河、沟等水道，降低水道的行洪能力。

(8) 施工活动中设置截排水沟和完善排水系统等措施，防止水土流失，防止破坏植被和其他环境资源。

10 效益分析

本工法与传统人工衬砌、滑模衬砌相比，有着显著的经济效益。人员、材料、设备的投入量大幅度减少，操作简单，运行、维护费用低、设备可靠性高，实现了机械化连续作业，显著提高施工工效，大大提高工程建设速度，降低工程成本。以南水北调中线直管邢台市区段衬砌施工 11km 为例，其经济效益主要表现如下。

(1) 节省投资：机械化衬砌与非机械化衬砌施工相比，可直接节省投资 200 万元。

(2) 缩短工期：机械化衬砌与非机械化衬砌施工相比，每个工作日，机械化衬砌可完成衬砌 60m，人工衬砌仅 30m，能有效地提供施工进度，缩短施工工期。

11 工程实例

11.1 工程概况

南水北调中线一期总干渠漳河北—古运河南中线建管局直管工程邢台市区段，起自南沙河倒虹吸北岸，桩号 98+016；止于邢台市桥西区与邢台县交界的会宁村西南，桩号 113+914，总干渠全长 15.898km，其中渠道长 15.033km，建筑物长 0.865km。共布置各类建筑物 27 座，有大型交叉建筑物 2 座，左岸排水建筑物 2 座，公路交叉桥梁 18 座，节制闸、退水闸和排冰闸 3 座，分水口门 2 座。

工程等别为一等，主要建筑物级别为1级，河渠交叉建筑物的设计防洪标准100年一遇，校核防洪标准300年一遇，左岸排水建筑物设计防洪标准为50年一遇，校核防洪标准200年一遇，地震设计烈度为Ⅶ度。

11.2 渠道混凝土衬砌工程简介

衬砌混凝土等级为C20W6F15。

混凝土面板下部设聚苯乙烯塑料保温板（厚3cm），部分区段设复合土工膜进行防渗处理（挖方段规格为600g/m^{2}的两布一膜，膜厚0.3mm；填方段规格为800g/m^{2}的两布一膜，膜厚0.5mm）。

面板分缝布置为：通缝（伸缩缝、沉降缝）与半缝（变形缝）间隔布置，缝宽均为10mm。通缝、半缝上部2cm采用聚硫密封胶封闭，下部采用聚乙烯泡沫塑料板充填。

渠道设计参数详见表5。

表5 渠道设计参数表

设计桩号		长度/m	渠底/m	边坡系数	衬砌厚度/cm		备注
起	止				渠底	渠坡	
99+959	99+973	14	20	1：2.5	8	10	渐变段
99+973	99+983	10	20～19	1：2.5～1：2.75	8	10	土渠
99+983	102+698	2715	19	1：2.75	8	10	土渠
103+563	110+076	6513	23	1：2	8	10	土渠
110+076	110+086	10	23～22	1：2	8	10	渐变段
110+086	111+563	1477	22	1：2	8	10	土渠
111+563	111+603	40	22～26.5	1：2～1：0.4	12	20	渐变段
113+773	113+823	50	26.5～20.5	1：0.4～1：2	12	20	渐变段
113+823	113+913	90	20.5	1：2	8	10	土渠

工程地质、环境：土渠段地层岩性为Q33黄土状壤土、砂性土、Q22壤土。

平均气温连续5d稳定在5℃以下或最低气温连续5d稳定在－3℃以下时，渠道衬砌不宜施工。

雨天和6级以上大风天气不宜施工。

11.3 结语

邢台市区段土渠段渠坡衬砌施工进度、质量均满足要求，受到了业主、设计和监理的普遍好评，2011年和2012年上半年2次获得“破解难关战高峰、持续攻坚保通水”劳动竞赛一等奖。取得了明显的经济效益和社会效益。

渠道机械化衬砌施工工法图片资料见图2～图13。

图2 削坡机削坡

图3 削坡

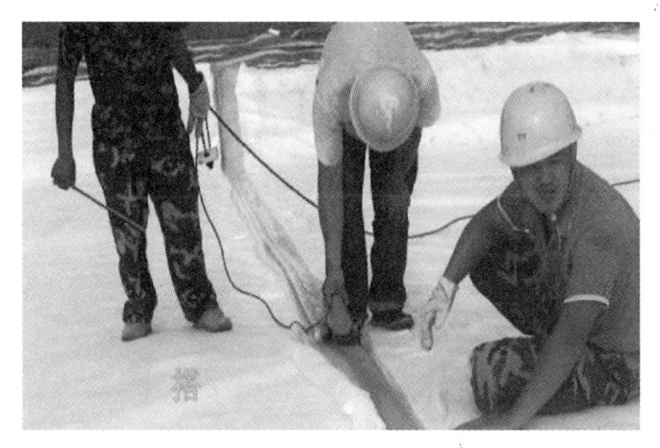
图4 土工膜焊接

图5 渠坡衬砌

图6 抹面机抹面

图7 渠坡人工抹面

图8 保温养护

图9 渠底衬砌布料

图10 渠底衬砌

图11 渠底人工抹面压光

图 12　切缝

图 13　渠道

振冲碎石桩施工工法

王盛鑫　宋希宁　彭正海　陈　杰　项正军

1　前言

工程中，碎石桩的施工，通常采用振冲法，又称振动水冲法。是以起重机吊起振冲器，启动潜水电机带动偏心块，使振动器产生高额振动，同时启动水泵，通过喷嘴喷射高压水流，在边振边冲的共同作用下，将振冲器沉到土中的预定深度，经清孔后，从地面向孔内逐段填入碎石、卵石等填料，使在振动作用下被挤密实，达到要求的密实度后即可提升振动器。如此重复填料和振密，直至地面，在地基中形成一个大直径的密实桩体与原地基构成的复合地基，从而提高地基的承载力，减少沉降和不均匀沉降，是一种快速、经济有效的地基加固方法。

2　工法特点

（1）机具设备简单，仅需一台吊车，一个振冲器。

（2）节约三材、就地取材，可采用碎石、卵石、砂或矿渣等作填料。

（3）用料具有良好的透水性可加速地基固结，振冲过程中的预震效应，可增加地基抗液化能力；

（4）加固速度快，节约投资。

3　适用范围

振冲碎石桩适用于处理砂土和粉土等地基，最适宜水利工程施工，以及工民建工程中水位较高且对承载力要求较低的工程。

4　工艺原理

采用潜水电机带动偏心块，使振动器产生高额振动，同时启动水泵，通过喷嘴喷射高压水流，在边振边冲的共同作用下，将振冲器沉到土中的预定深度，经清孔后，从地面向孔内逐段填入碎石、卵石等填料，使在振动作用下被挤密实，达到要求的密实度后即可提升振动器。

5　施工工艺及操作要点

5.1　工艺流程

振冲碎石桩施工工艺流程见图1。

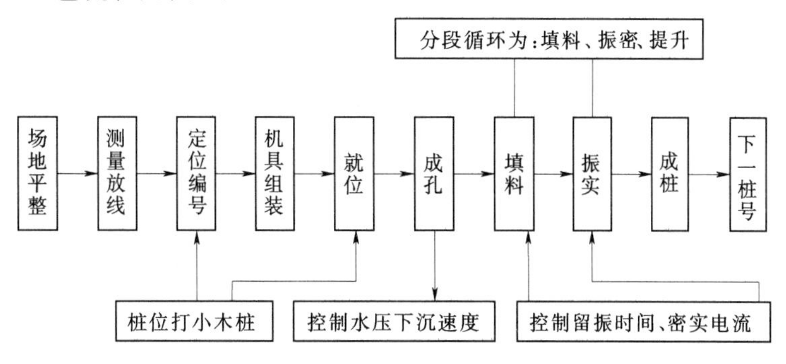

图1　振冲碎石桩施工工艺流程图

5.2　施工参数

5.2.1　机械选型

振冲器、起重机和水泵。振冲器采用 QZC－30 型、ZCQ－75 型振冲器；操作振冲器的起重设备可采用 8～10t 履带式起重机、汽车吊等。水泵为高压清水泵，要求水压力 400～600kPa 流量 20～30m^3/h，每台振冲器配备一台水泵。

5.2.2　桩间距

按 1.5m、1.8m、2.3m 桩间距布置。

5.2.3　布置形式

布置形式有正方形、梅花形、正三角形等。

5.2.4　技术参数

（1）成孔技术参数：①成孔水压为 0.4～0.7MPa；②贯注速度为 1～2m/min，不超过 2m/min；③工作电流为 70A；④振冲器贯入至砂卵石（持力层）时，为防止把砂卵石夹层误作为持力层，要求留振不能少于 60s，电流 100A；⑤达到孔深后要控制泥浆密度，利用振冲器循环泥浆，清除孔内沙子。

（2）清孔技术参数：①造孔时返出泥浆过稠或存在缩颈现象时，宜进行清孔；②清孔水压为 0.2～0.4MPa；③贯入速度为 3～4m/min；④提升速度为 5～6m/min；⑤清孔次数为 2 次。

（3）成桩技术参数：①加密水压为 0.1～0.5MPa；②加密段长度为 1m/次，每次提升高度不能大于 1m；③密实电流为 70～75A；④留振时间为 8～10s。

5.2.5　桩长

以延伸至砂砾石层为准。

5.2.6　填料

选用坚硬碎石、破碎卵石，粒径 30～100mm，级配合理，级配由实验室试验确定，严禁使用单一级配碎石、破碎卵石，填料含泥量小于 5%。

5.3　施工参数控制说明

（1）桩数：制桩作业时，详细记录桩号、打桩数及施工情况。班后进行复核统计，并在图纸上按号标记已打桩数，发现漏打及时补打。

（2）水压控制：在高压水泵上加装回流阀，人工控制水压。

（3）桩位对准控制：吊车吊起振冲器离地 20～30cm，至振冲器停止摆动，停水停电，自由垂落至桩位，深入约 30cm，开始钻孔保持垂直。

（4）垂直度控制：保持垂直，并以吊车司机和导绳操作人员人工视觉指导校正。

（5）密实电流：电流表电流上升至理论规定电流或一直上升至超过理论规定电流，开始计算留振时间。

（6）桩位偏移控制：孔口指挥与吊车司机精心操作，布桩严格对准桩钎。造孔时根据土层情况，预先考虑可能偏移的方向和大小，正确确定桩心。

5.4　施工方法

5.4.1　定位

由专业测量人员按设计要求测量定位布桩，由质检部门专业人员复核，定位桩号，以便记录。吊机起吊振冲器对准桩位（误差小于 10cm），开启供水泵，水压 200～600kPa、可用水量 200～400m^3/min，待振冲器下口出水后，开动电源，启动振冲器，检查水压、电压和振冲器的空载电流是否正常。

5.4.2　核实标高

由专业测量人员随时测量实际地面标高，通知各机组指挥人员，以便标出实际成孔深度确保设计的加固深度。

5.4.3 成孔

将振冲器对准桩位，偏差不大于5cm，然后开启水泵和振冲器，启动施工车或吊车的卷扬机下放振冲器，待电机转速稳定后垂直下落，使其以1～2m/min的速度徐徐贯入土中。造孔的过程应保持振冲器呈悬垂状态，以保证垂直成孔。注意在振冲器下沉过程中的电流不得超过电机的额定电流值，万一超过，须减速下沉或暂停下沉或向上提升一段距离，借助于高压水松动土层后，电流值下降到额定电流以内时再进行下沉。在开孔过程中，要记录振冲器各深度的电流值和时间。电流值的变化能定性地反映出土的强度变化，若孔口不返水，应加大供水量，并记录造孔的电流值、造孔的速度及返水的情况。

垂直度控制：由专人拉住固定在套管上的拉绳，防止摇摆，以防偏位，并以吊车司机和导绳操作人员视觉指导校正垂直。

5.4.4 留振时间和上拔速度

当振冲达到设计深度后，对振冲密实法，可在这一深度上留振30s，将水压和水量降至孔口有一定量回水但无大量细小颗粒带走的程度。如遇中部硬夹层，应适当通孔，每深入1m应停留扩孔5～10s，达到深度后，振冲器再往返1～2次进行扩孔。对连续填料法振冲器留在孔底以上30～50cm处准备填料；间断填料法可将振冲器提出孔口，提升速度可在5～6m/min。对振冲置换法成孔后要留一定的清孔时间。

5.4.5 清孔

第一次清孔：由桩底部开启水泵和振冲器垂直提升，提升速度为5～6m/min，水压为0.2～0.4MPa。第二次清孔：将振冲器对准已初次成桩桩位，开启水泵和振冲器垂直下落，贯入速度为3～4m/min，水压为0.2～0.4MPa。

5.4.6 填料

采用连续填料法施工时，振冲器成孔后应停留在设计加固深度以上30～50cm处，向孔内不断填料，并在整个制桩过程中石料均处于满孔状态；采用间断填料时，应将振冲器提出孔口，每次往孔内倒0.15～0.5m^3石料，振冲器下降至填料中振捣一次。如此反复，直到制桩完成。振冲器在填料中进行振实，这时，振冲器不仅能使填料振密，并且可依靠振冲器的水平向振动力将填入孔口的填料挤入侧壁中，从而使桩径增大。由于填料的不断挤入，孔壁的约束力逐渐增大，一旦约束力与振冲器产生的水平向振动力相平衡时，桩径不再扩大，这时振冲器的电流值迅速增大。当电流达到规定电流（即前述的"密实电流"）时，认为该深度的桩深已经振密，如果电流达不到其密实电流，则需要提起振冲器向孔内倒一批料，然后再下降振冲器继续振密，直至孔口。如此反复操作，直到该深度的电流达到密实电流为止。每倒一批填料进行振密，都必须记录深度、填料量、振密时间和振密时的电流量。密实电流由现场制桩确定或按经验估算。

5.4.7 加料和振密

向孔内倒入一次料后，将振冲器沉入孔内的填料进行振密，由密实电流控制桩体振密情况，未达到规定的密实电流时，提起振冲器继续加料，然后下沉再继续振密，直到该深度处密实电流达到设计要求的密实电流70～75A，振密时水压为0.1～0.5MPa，留振时间8～10s。重复上述步骤直至孔口，碎石桩由下往上逐段形成。在每次填料振密时都专人记录倒料的数量、振冲器电流等。

5.5 振密时要注意两种情况

（1）钢管歪斜，打成斜桩。

（2）钢管偏离桩中心。

若遇上述情况，应立即上提纠正后再贯入。

5.6 施工后序

（1）振密成桩后，关机、关水、移位，核对桩号，继续下一根桩的施工。

（2）施工完成后对桩头进行碾压处理。

5.7 需注意的问题

5.7.1 桩头密实度控制

振动桩施工完毕，振冲最上1m左右时由于土覆盖压力小，桩的密实难以保证，宜予挖除，另用垫层，或另用振动碾压面进行碾压密实处理。

5.7.2 防止桩体缩颈或断桩

在软黏土地基中施工时，应经常上下提升振冲器进行清孔，如土质特别软，可在振冲器下沉到第一层软弱层时，就在孔中填料，进行初步挤振，使这些填料挤到该软弱层的周围，起到保护此段孔壁的作用。然后再继续按常规向下进行振冲，直至达到设计深度为止。

5.7.3 间隔时间的控制

振动施工结束后，除砂土地基外，应间隔一定时间方可进行质量检验。对黏性土地基间隔3～4周，对粉土地基为2～3周。

5.7.4 适用范围

振冲法用于处理黏粒含量小于10%的中砂地基，亦可采用不加填料的振冲密实法（又称振冲挤密砂桩法）。主要是利用振动和压力使砂层液化，砂颗粒相互挤密，重新排例，孔隙减少，从而提高砂层的承载力和抗液化能力。振冲法不适于在地下水位较高、土质松散塌方和含有大块石等障碍物的土层中使用。

5.8 成品保护

（1）基础底面以上应预留0.7～1.0m厚的土层，待施工结束后，将表层挤松的土挖除或分层夯压密实后，立即进行下道工序施工。

（2）雨期或冬期施工，应采取防雨、防冻措施，防止受雨水淋湿、冻结。

5.9 雨期施工技术措施

（1）在雨期施工，做好场内周边的排水工作，在四周设排水沟，并保持畅通。施工场地压实并做好排水坡。

（2）雨期施工有组织排水，施工道路要高出周围地势。

（3）路边设置排水沟，使雨水有组织排入地方水系。

（4）按照小雨不间断施工，大雨过后继续施工，暴雨过后不影响施工的原则来布置工作。

（5）雨天禁止在露天高空作业，以防雷击。

（6）室外使用的中小型机械，按要求加设防雨罩或防雨棚。

（7）经常对使用的施工机械、机电设备、电路等进行检修，保证机械正常运转。

6 材料与器具

主要设备见表1。

表1　　主要设备表

序号	名称	型号及功率	单位	备注
1	振冲器	ZCQ55	台	
2	供水设备	22kW 清水泵（$50m^3/h$）	台	扬程100m
3	起重设备	汽车吊16t	台	
4	填料设备	装载机30型	台	
5	排污设备	5.5kW型污水泵（$20m^3/h$）	台	扬程50m

续表

序 号	名 称	型号及功率	单 位	备 注
6	电力设备	120kW 发电机组	台	
7	其他设备	配套机具和维修设备	台	

7 质量检测与控制

7.1 质量标准

振冲地基质量检验标准见表 2。

表 2 振冲地基质量检验标准

项目	序号	检 查 项 目	允许偏差		检查方法
			单位	数值	
主控项目	1	填料粒径	设计要求		抽样检查
	2	密实电流（黏性土）（功率 30kW 振冲器）	A	50～55	电流表读数
		密实电流（砂性土或粉土）（功率 30kW 振冲器）	A	40～50	电流表读数
		密实电流（其他类型振冲器）	AO	1.5～2.0	Aa 为空振电流
	3	地基承载力	设计要求		按规定方法
一般项目	1	填料含泥量	%	<5	抽样检查
	2	振冲器喷水中心与孔径中心偏差	mm	≤50	用钢尺量
	3	成孔中心与设计孔中心偏差	mm	≤100	用钢尺量
	4	桩体直径	mm	<50	用钢尺量
	5	孔深	mm	±200	量钻杆或线锤测

特殊工艺、关键控制点控制方法见表 3。

表 3 特殊工艺、关键控制点控制方法

序号	关键控制点	主 要 控 制 方 法
1	施工工艺	密实电流不小于 50A，填料量大于 0.6m³/m，留振时间 30～60s
2	骨料要求	连续级配，含泥量小于 5%。不得含有风化石子
3	地基承载力	施工中应严格控制质量，不漏孔，不漏振，确保加固效果，如在施工中发生底部漏振或电流未能达到控制值从而造成质量事故，在施工后很难采取补救措施

7.2 质量保证措施

（1）建立健全该工程的质量责任制：经理负责协调公司机关各职能部门及项目经理部的质量活动；管理代表（主管生产的副经理）主持该工程质量活动，主持纠正和预防措施的规定，并对实施和有效性组织跟踪和验证；总工程师组织贯彻执行国家现行有关工程质量，组织推广新技术、新工艺并组织编制质量保证措施。

（2）工程所用材料把好三关，即材质关、检验关和计量关，按批量取样送检，合格后方可使用，对已通过检验和未通过检验的材料严格分开堆放，作出标识，防止误用，材料堆放应保证必须的条件，防止由于堆放不当而使材料受损严重。

（3）加强施工环节的质量管理，经常检查振冲器具的运转情况，定时保养振冲器，使之正常运转施工，检查有关质量的电控系统，保证其良好的自控状态，发现问题及时解决；随时检查机组的造孔、清孔、加密的施工环节，检查加密电流、加密水压、振留时间、加密段等质量控制参数，使之在规定的参数下运转施工；严把材料关，严格按规定的碎石骨料的规格验收使用碎石。

（4）加强对成桩的质量跟踪检查，对已经完成的桩体进行随机抽样检查桩位、桩长、单桩进料量、成桩桩径和桩体密实度，落实自检报告。发现问题及时解决。

（5）认真做好施工记录，建立健全施工技术档案。

8　安全措施

施工全过程安全生产至关重要，因此“安全第一，预防为主”的思想是制定施工措施的重要内容，严防安全事故的出现，以利工程顺利进展，因此必须制定施工安全措施。

（1）加强安全教育，进行上岗前安全技术培训，切实做到从思想上重视，行动上落实。

（2）施工人员进入现场要穿绝缘鞋，戴安全帽。

（3）电工要经常检查设备及线路是否漏电，如发现漏电应及时抢修，保证并监督施工安全用电。

（4）吊车司机及装载司机操作过程中要注意人员安全。

（5）钻前操作工不能随便触摸振冲设备。

（6）做好防风、防雷电等工作，以免威胁人员及设备的安全。

（7）非工作人员未经许可不能随意进入现场。

（8）严禁在施工区域内乱挖坑，乱堆、乱放杂物，做到文明施工。

（9）夏天施工现场应做好防暑工作。

（10）由于振冲现场机械运作频繁，应事先规定好运行路线以免发生机械碰撞，损坏机械。

（11）应随时注意检查起重机械，操作台及水泵的工作状态，经常维护和保养，发现不安全、不正常现象及时处理，以保证机具的正常运转及表盘数据的可靠性。

（12）施工时现场人员不得靠近孔口以免发生意外。

（13）时刻观察孔口情况，一旦发现有塌孔现象，应及时提升振冲器，确保振冲器的安全。

9　环保措施

加强全体职工岗前、岗中环保培训教育，提高职工的环保意识和能力。对所有参与施工管理的人员，在上岗之前进行一次系统的环保思想教育。建立完善信息交流渠道，自觉接受当地环保部门对施工活动的监督、指导和管理，积极改进施工中存在的环保问题，提高环保水平。

（1）施工场地边坡稳定及防护、水土流失防治应按照合同或标书要求，作好计划和部署，水土流失防治工作的情况落实到位，以达到业主、监理工程师要求。

（2）对施工作业区域进行清理，将腐殖土清理到指定存放点，并妥善保管，便于施工完成后，对可复耕区域进行复耕。

（3）禁止施工人员进入非施工区采伐树木、垦荒、采沙、违章用火等。

（4）清理完成后的施工作业区边界开挖形成顶宽 2～3m，下宽 1.5～2m 的排水排沙边沟，并在地势较低处设置沉淀池，收集施工废水、泥沙等，并定期对边沟及沉淀池进行清理，废弃物运至指点场地存放。

（5）碎石桩施工中，在作业面周边利用沙土等临时形成 10m×10m 的泛水泛浆区，并与边沟连通。

（6）靠近居住区的作业面，在施工中合理安排工作时段避免噪声扰民。

10　经济效益分析

地基处理施工采用四项新技术，与混凝土桩基相比节约投资 20%～40%，节省了人力的投入，降低了成本，缩短了工期，取得了较好的经济效益和社会效益。

11 工程实例

南水北调中线一期总干渠穿漳河交叉建筑物工程（以下简称“穿漳工程”）为Ⅰ等工程，输水建筑物为1级建筑物。穿漳工程为输水工程的一部分，主要建筑物为1级，次要建筑物为3级。其中南岸连接渠道、进口渐变段、进口检修闸、管身段、出口节制闸、出口渐变段、北岸连接渠道、退水排冰闸首控制段，按1级建筑物设计，退水排冰闸泄槽、消力池、海漫、防护堤、护岸工程按3级建筑物设计。工程建筑物采用渠道倒虹吸型式，由南向北分别由南岸连接渠道（包括退水闸、排冰闸）、进口渐变段、进口检修闸段、倒虹吸管身段、出口节制闸段、出口渐变段、北岸连接渠道等组成，在南岸连接渠道右侧设有退水排冰闸。

为提高地基承载力，漳河两侧地基处理设计采用振冲碎石桩，设计桩长深入到砂卵石层，桩径0.8m，桩间距1.5m和1.8m，正三角形布置，工程区地下水类型为潜水。含水层主要为砂层、砾砂及卵石层、砾岩，总厚度40m左右。各含水层透水性不均一，其中砂层具中等透水性；砾砂层、卵石层及砾岩层具强透水性。各含水层之间水力联系密切，水量丰富。地下水位多在76.5～78.5m，埋深小。处理面积22132m^2，桩径80cm，桩根数11360根，总长92317m。分两期施工，一期为南岸部分，施工时间为2009年9月以前施工完成；二期为北岸部分，施工时间为2010年8月以前施工完成，比合同工期提前7d完成节点工期目标，取得了明显的经济效益和社会效益，受到了业主、设计和监理的普遍好评。

振冲碎石桩施工工法图片资料见图2～图10。

图2 对桩

图3 开始造孔

(a)

(b)

图4 造孔过程

图 5　造孔结束

图 6　填料

图 7　填料

图 8　沉淀池

图 9　多套机组施工

图 10　填料排沙

面板表层接缝止水施工工法

尚立珍　李虎章　范双柱　赵志旋　王　健

1　前言

面板坝在表层接缝设置有盖片保护的柔性嵌缝填料，在面板接缝张开后，接缝表面的封缝填充材料能在水压作用下自行挤入缝内，起到封缝、止水作用。这种用与柔性嵌缝填料相配套的止水形式已经获得了国家发明专利，工程实践经验也表明这种止水结构在实际工程中是切实可行的。

2　工法特点

（1）表层柔性填料在水压力作用下流入接缝发挥止水作用。

（2）在缝口处设置有支撑橡胶棒，橡胶棒确保了在止水运行过程中能够滞留在缝口，不被压入接缝以发挥支撑作用。

（3）表层盖片对柔性嵌缝材料起密封保护作用，自身又是一道止水。

（4）粉煤灰可以在渗水情况下流动，淤填可能存在的空隙，起到止水作用。

（5）止水可靠，施工质量易于保证。

3　适用范围

适用于面板坝表面接缝止水施工。

4　工艺原理

面板表层接缝止水采用与柔性嵌缝填料相配套的止水形式，接缝表面的封缝柔性填料能在水压作用下自行挤入缝内，起到封缝、止水作用；表层盖片对柔性嵌缝材料起密封保护作用，自身又是一道止水；粉煤灰可以在渗水情况下流动，淤填止水可能存在的空隙，起到止水作用。

5　工艺流程及操作要点

5.1　施工工艺流程

面板混凝土缝面清理、打磨、找平→清缝→缝槽涂刷第一道 SR 底胶→涂刷第二道 SR 底胶→SR 材料找平、嵌缝→缝口设置 PVC 棒→SR－2 型柔性材料充填→SR 防渗盖片安装→SR 防渗盖片质量检查→扁钢钻孔、混凝土打孔、清孔、灌注水泥浆→紧固膨胀螺栓（分三期）→翼边 HK 遮边面封边→粉煤灰填充、锤实→不锈钢罩内衬透水土工织物→不锈钢罩固定→不锈扁钢压条固定→不锈钢保护罩结束端封闭（同种材料焊接、内边滚边）。

5.2　操作要点

（1）在需要施工 SR 材料的混凝土缝口处，预制和凿制出规定的 V 形槽，用水、钢丝刷、打磨机清理打磨缝槽及待粘贴 SR 止水材料的混凝土基面，去除混凝土表面的松散物、油渍及其他杂物，对混凝土表面存在凹凸体和错台处进行打磨后晾干或烘干。

（2）在干燥的缝槽上均匀涂刷第一道底胶，底胶涂刷宽度应至固定扁钢处；底胶干燥后（1h 以上），刷第二SR底胶，等底胶表干（黏手，不沾手，约0.5h），即可进行SR嵌缝施工；若底胶过于干燥时（不黏手），需要重新补刷底胶。

1）使用前须用钢丝刷清理将要涂刷SK底胶的混凝土表面，除去混凝土表面的油渍、灰浆皮及杂物，再用棉纱或毛刷除去浮土和浮水，如混凝土表面存在有漏浆、蜂窝麻面、起砂、松动等会导致止水安装完毕后产生绕渗问题的缺陷，应采用聚合物砂浆处理。

2）混凝土表面必须洁净、干燥，在混凝土表面涂刷第一道SR底胶，待完全干透后，涂刷第二道SR底胶，涂刷均匀、平整、不得漏涂，必须与混凝土面黏结紧密。

3）使用SK底胶时一次配料总量不要太多，以免发生爆聚（即料液整体迅速固化）。一次配料最好不要超过7kg，按计量好的A、B组用量搅拌均匀，现场使用可直接按分装好的一桶A组分（5kg）和一桶B组分（1.5kg）拌和。

4）SK底胶宜用浅的、广口容器如普通铁锅和硬制拌料铲。材料拌均匀后应在适用期时间内涂刷完毕，没有用完的料要及时清理掉，以免材料固化后难以处理盛料容器，清洗剂采用丙酮、汽油或乙酸乙酯等有机清洗剂。

5）涂完底胶后一般静停20～60min后再粘贴SR防渗盖片。具体可视现场温度而定，以连续三次用手触拉涂料后的SK底胶，以能拉出细丝并且细丝长度为1cm左右断时的时间为最佳的粘贴时间。

（3）待SR底胶干后，在缝槽底部粘贴一层SR塑性止水材料，利用材料黏性将PVC橡胶棒固定在缝槽底部，PVC棒壁与接缝壁应嵌紧，PVC棒接头应予固定防止错位，PVC棒间的连接，在现场采用错位搭接的方法进行连接；将SR塑性止水材料切割成薄片状，摊铺在待粘贴SR塑性材料的混凝土表面，用木条或手将材料薄片从缝中间向两侧粘贴，在混凝土表面形成厚约3～5cm的SR材料找平层到SR盖片宽度；将SR材料切割成条状，堆放在缝槽表面，手工对材料整形至设计所需外形尺寸，并且使堆填密实、表面光滑。

（4）SR防渗盖片安装。

1）逐渐展开SR盖片，撕去面上的防粘保护纸，沿裂缝将SR盖片粘贴在SR材料上，用力从盖片中部向两边赶尽空气，使盖片与基面粘贴密实。对于需搭接的部位，必须在用SR材料做找平层，而且搭接长度要大于20cm，搭接部位先刷SR底胶，再进行搭接。

2）将打孔后的扁钢（60mm×6mm）安放在盖片上并定位，用膨胀螺栓固定扁钢前，先采用打孔器在盖片上钻孔，然后用电锤在混凝土上打孔，成孔后用压力风清除混凝土粉末。

3）在孔内灌注W/C小于0.35的自然平微膨胀型水泥净浆，之后放入膨胀螺栓，并在水泥净浆失去流动性之前紧固膨胀螺栓。

4）膨胀螺栓的拧紧应分三次进行，第二次与第一次紧固时间间隔为7d，最后一次紧固应在加铺黏土或粉细沙铺盖以及下闸蓄水前进行。

5）安装完毕后的SR防渗盖片，应与SR柔性填料和混凝土表面紧密结合，不得有脱空现象，扁钢对盖片的锚压要牢固，保证盖片与混凝土间形成密封腔体。

6）SR防渗盖片的“T”“L”“+”等接头在工厂成型或加工，采用现场硫化的方法进行连接。

（5）在SR防渗盖片两侧翼边上涂刮HK封边剂，把SR防渗盖片两侧翼边黏结在混凝土基面上，封边宽度大于5cm。

（6）粉煤灰填塞从下而上分段进行，与粉煤灰接触的混凝土表面必须平整密实，干净干燥。对局部不平整的地方，采用角向磨光机进行打磨、找平处理，铺好土工织物后，用不锈钢的保护罩和不锈钢膨胀螺栓固定紧密，分层填塞湿润的粉煤灰，并捶击密实。

（7）不锈钢保护罩结束端要求封闭，封口采用同种材料焊接，内边滚边，以免划伤SR防渗盖片，不锈扁钢接头采用交错搭接方法连接。

5.3 施工注意事项

（1）施工过程中要保持混凝土基面干燥，雨天施工需采取屏蔽措施，否则不宜施工。

（2）如果工程进度需要在雨天施工，则需要在施工部位上方搭建防雨棚，阻断施工表面的流动水，然后用喷灯将需施工的混凝土表面烘干，再按上述施工程序进行施工。

（3）一般根据施工现场的进度要求，将施工人员分组，5～6人/组，分别负责基面清理、切割材料、嵌填材料及表面覆盖SR防渗盖片，以保证进度和质量。

（4）SR止水材料和SR防渗盖片未使用时不要将防粘纸撕开，以防材料表面受到污染，影响使用效果。

（5）使用SR底胶时，应远离明火及热源，以防火灾。

（6）嵌填施工完成后，禁止任意踩踏，造成人为破坏。

6 主要材料性能指标

6.1 柔性止水填料性能指标

柔性止水填料性能指标见表1。

表1　　柔性止水填料性能指标

测试项目	单位	标准
水中泡5个月质量损失	%	±3
饱和氢氧化钙溶液浸泡5个月	%	±3
10%氯化钠溶液浸泡5个月	%	±3
20℃断裂伸长率	%	≥400
−30℃断裂伸长率	%	≥200
密度（20℃）	g/cm^3	≥1.15
流淌值（60℃、75°倾角、48h）	mm	≤1
施工度（按沥青针入度试验）	0.1mm	≥100
冻融循环耐久性	%	冻融循环300次，黏结面不破坏
与混凝土（砂浆）面黏结性能		材料断、黏结面完好
抗渗性（5mm厚，48h不渗水压）	MPa	水压力≥1.5

6.2 三元乙丙SR防渗盖片性能指标

三元乙丙SR防渗盖片性能指标见表2。

表2　　三元乙丙SR防渗盖片性能指标

测试项目		标准
硬度（邵尔A）/度		60±5
黏结在6cm宽的混凝土表面抗渗水压力		≥2.0
扯断伸长率/%		≥380
热空气老化（70℃，168h）	硬度变化（邵尔A）	≤+8
	拉伸强度保持率/%	≥80
	扯断伸长率保持率/%	≥80
100%伸长率外观		无裂纹
抗拉强度/MPa		≥8
撕裂强度/(kN/m)		≥25
抗渗性/MPa		≥2.5
施工方法		常温操作

6.3 PVC棒性能指标

PVC棒性能指标见表3。

表3 PVC棒性能指标

项 目	单 位	标 准	项 目	单 位	标 准
硬度	(邵尔A)	>65	扯断伸长率	%	>300
拉伸强度	MPa	>14			

6.4 不锈扁钢性能指标

不锈扁钢性能指标见表4。

表4 不锈扁钢性能指标

厚度/mm	抗拉强度/MPa	屈服强度/MPa	延伸率/%	弹性模量/MPa	泊松比/mm
1.0	700	365	59	2×10^5	0.27

6.5 HK系列封边黏合剂主要性能指标

HK系列封边黏合剂主要性能指标见表6。

表5 HK系列封边黏合剂主要性能指标

项 目		标 准	
		HK961干燥型	HK962潮湿型
固化时间 25℃	表干/h	2~4	2~4
	实干/d	4	7
黏结强度	干燥	>5.0 MPa	>4MPa
	饱和面干		>2.5MPa
	水下		
附着力		2级	1~2级
抗冲		4.5kg.cm	4.5kg.cm
抗弯/mm		2	2

7 施工人员及设备

7.1 施工人力资源配置情况表

施工人力资源配置情况见表6。

表6 施工人力资源配置情况表

序 号	工 种	人 数	备 注
1	电工	2	
2	电焊工	4	
3	材料员	5	
4	普工	30	
5	安全员	1	
6	质检员	2	
7	管理人员	2	
8	技术指导	1	材料厂家

7.2 施工设备配置情况表

施工设备配置情况见表7。

表7 施工设备配置情况表

序号	设备名称	数量	单位	备注
1	喷灯	4	只	
2	广口容器	6	只	
3	接头模具	2	个	
4	电锤	10	台	混凝土打孔
5	电焊机	4	台	
6	砂轮机	8	台	
7	角向磨光机	4	台	
8	冲击钻	6	台	

8 质量检测与控制

8.1 材料质量要求

所有材料质量要求符合材料性能指标，不符合要求的材料禁止使用。

8.2 SR填料的施工质量要求

混凝土表面必须洁净、干燥，稀料涂刷均匀、平整、不得漏涂，涂料必须与混凝土面黏结紧密。填料应填满预留槽并满足设计要求断面尺寸，边缘允许偏差±10mm，填料施工应按规定工艺进行，柔性填料的嵌填尺寸、与混凝土面的黏结质量，在经监理工程师验收合格后方可在柔性填料表面安装防渗盖板。

8.3 SR防渗盖片的施工质量检验

采用一掀、二揭的方法检查、评定施工质量。

一掀：对SR盖片施工段表面高低不平和搭接处，用掀压、检查是否存气泡、粘贴不实。

二揭：每一施工段（如40～50m缝长为一施工段）选1～2处，将SR盖片揭开大于20cm长，检查混凝土基面上不露白的面积比例，黏结面大于90%以上的，表明SR盖片施工黏结质量为优秀；黏结面大于70%的为合格；黏结面小于70%的为不合格。对不合格的施工段，须将施工SR盖片全部揭开，在混凝土面上重新SR材料找平后，再进行用SR盖片粘贴施工，直到通过质量验收。

8.4 粉煤灰止水系统施工质量检查

（1）粉煤灰填料最大粒径应不超过1mm，通过0.1mm筛网的含量在10%和20%之间，可塑性试验的结果表明其塑性指数小于7。

（2）顶部不锈钢罩厚度为1mm，不锈钢保护罩内衬透水土工织物，内衬的土工布应符合《土工合成材料　短纤针刺非织造工布》（GB/T 17638—2008）的要求。

（3）不锈钢保护罩结束端要求封闭，封口采用同种材料焊接，内边滚边，以免划伤SR防渗盖片。

9 安全保证措施

（1）表层止水工程为高空交叉作业，施工时应遵守国家有关安全生产的强制性措施的落实，狠抓安全生产，为确保上、下施工交叉作业安全，指派专职安全员进行安全警戒。

（2）所有施工人员按要求佩戴安全帽，表层止水垂直缝、坝顶缝施工时，施工人员按要求拴系安全绳、安全带，每班交接班及施工过程中检查安全绳、安全带使用情况，对有损伤的安全绳、安全带就及时更换。

（3）施工过程中加强用电安全教育，并对电路进行检查，发现问题及时整改，杜绝发生用电安全事故。

（4）建立完善的施工安全保证体系，认真落实“三工”制度，加强施工作业中的安全检查，确保作业标准化、规范化。

10　环保措施

（1）严格执行施工生产质量、安全、环保管理体系，成立对应的施工环保卫生管理机构，在工程施工过程中严格遵守国家和地方有关环保的法律、法规和规章制度，加强对工程材料、设备、废水、生活垃圾、废弃物的控制和治理。

（2）控制烟尘、废水、噪声排放，达到排放标准，固体废弃物实现分类管理，提高回收利用率。

（3）尽量减少油品、化学品的泄漏现象，环境事故（非计划排放）数量为零。

11　经济效益分析

大量面板坝工程实践表明，用与柔性嵌缝材料相配套的表面止水形式，在施工工艺保证的情况下，面板坝各类接缝可以承受相应的水压与接缝变位，止水是可靠的。目前倾向于进一步简化设计，以降低造价、简化施工，如取消不锈钢罩粉煤灰仅用柔性嵌缝材料配套表层盖片止水、缩小柔性嵌缝材料填塞体积、柔性填料挤出机的研制等。随着表层止水技术在更广泛采用的同时，新的止水结构和止水材料也将进一步发展，混凝土面板坝的渗漏量将具有与碾压混凝土坝的可比性，这必将推动今后面板坝的发展。

12　工程应用实例

12.1　洪家渡水电站面板堆石坝

洪家渡水电站面板堆石坝位于乌江北源六冲河下游，地处贵州省织金县与黔西县交界处。总库容49.47亿m^3，水库校核洪水位为1145.40m，设计洪水位为1141.34m，正常蓄水位为1140.00m（相应库容为44.97亿m^3），死水位为1076.00m（相应库容为11.36亿m^3），电站总装机容量600MW，最大坝高179.5m，坝顶长度427.79m，上下游平均坡度为1∶1.4，工程属一等大（1）型。洪家渡面板堆石坝周边缝采用表层止水结构（见图1），其组成如下。

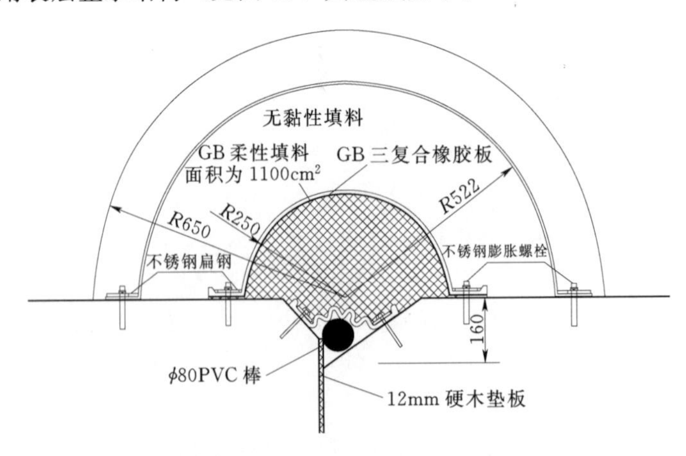

图1　洪家渡周边缝表层止水结构

（1）底部ϕ8cmPVC棒，其作用是支撑表层止水结构，其材质和尺寸可以确保在1.8MPa的水压力以及52mm的张开位移作用下，PVC棒保持在缝口位置不下落。

（2）位于 PVC 棒上部的是一道独立的波形天然橡胶止水带，也是对顶部柔性填料进行封闭，使其在设计接缝位移范围内，滞留在表层发挥止水作用；由于柔性填料不可能完全流入接缝，嵌填数量应大于接缝的缝腔体积。

（3）保护柔性填料的保护片作为一道独立的止水采用 GB 三复合橡胶板，它的表层为 2mm 厚的三元乙丙板，起防老化作用，中间采用具有一定的变形能力的厚 8mm 的天然橡胶板，底层用厚 3mm 的 GB 止水板，对柔性填料进行封闭，同时提高复合橡胶板与柔性填料及混凝土表面的黏结密闭性，也提高了柔性填料的抗水击穿能力，增大 GB 柔性填料向缝内的流动比例。

（4）在柔性填料上部采用粉煤灰作为无黏性自愈填料，对可能产生的止水缺陷进行自愈，无黏性自愈填料外为不锈钢保护罩，内衬土工织物既可透水，又可防止粉煤灰的流失。

洪家渡水电站工程已于 2005 年 10 月完工并蓄水，坝后量水堰测出的日常渗漏水量为 7～20L/s，说明止水体系效果是比较好的。

12.2 苏家河口水电站面板堆石坝

苏家河口水电站位于云南省边陲腾冲县西北部中缅交界附近中方一侧的槟榔江河段上，是槟榔江梯级规划中四个梯级开发方案中的第三级水电站，电站总库容 2.26 亿 m^3，装机容量 315MW，为Ⅱ等大（2）型工程。挡水建筑物为混凝土面板堆石坝，坝顶高程 1595m，河床部位建基面高程 1465.00m，最大坝高 130.0m，坝顶长度 443.917m，坝顶宽度 10m。坝体上游坡 1：1.4，下游综合坝坡为 1：1.712。

大坝表层接缝止水安装在面板的缝面处，有 7 种型式的表层缝面结构。见面板与防浪墙接缝为坝顶缝 1，右坝肩闸墩与面板接缝为坝顶缝 2，左右坝肩连接段混凝土与趾板、面板接缝为坝顶缝 3；连接周边缝沿面板长 20m 范围垂直缝为垂直缝 1，除垂直缝 1 以外的张性垂直缝为垂直缝 2，除垂直缝 1 以外的压性缝为垂直缝 3。总计有垂直缝 2（张性）25 条，J1－J11 11 条，J23－J36 14 条、垂直缝 3（压性）J12－J22 11 条，周边缝面 1 条、垂直缝 1 36 条、坝顶缝 1 1 条，坝顶缝 2 1 条，坝顶缝 32 条。其具体组成如下。

（1）周边缝（见图 2）1 条，缝表面用粉煤灰、不锈钢保护罩内衬土工织物、SR－2 塑性止水填料、SR 防渗盖片 1 作防渗处理。

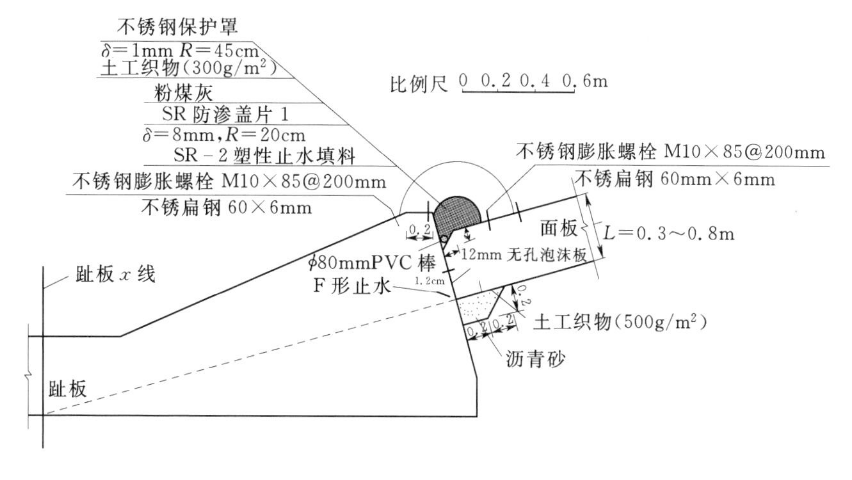

图 2　大坝止水周边缝

（2）垂直缝 1（见图 3）为连接周边缝沿面板长 20m 范围垂直缝，不锈钢保护罩内衬土工织物，乳化沥青剂（或无孔泡沫板）、SR－2 塑性止水填料、SR 防渗盖片 1、粉煤灰、土工织物作防渗处理。

（3）垂直缝 2（张性）（见图 4）分布在左右两岸面板受拉区，左岸 11 条，右岸 14 条，共 25 条，乳化沥青剂、SR－2 塑性止水填料、SR 防渗盖片 1 作防渗处理。

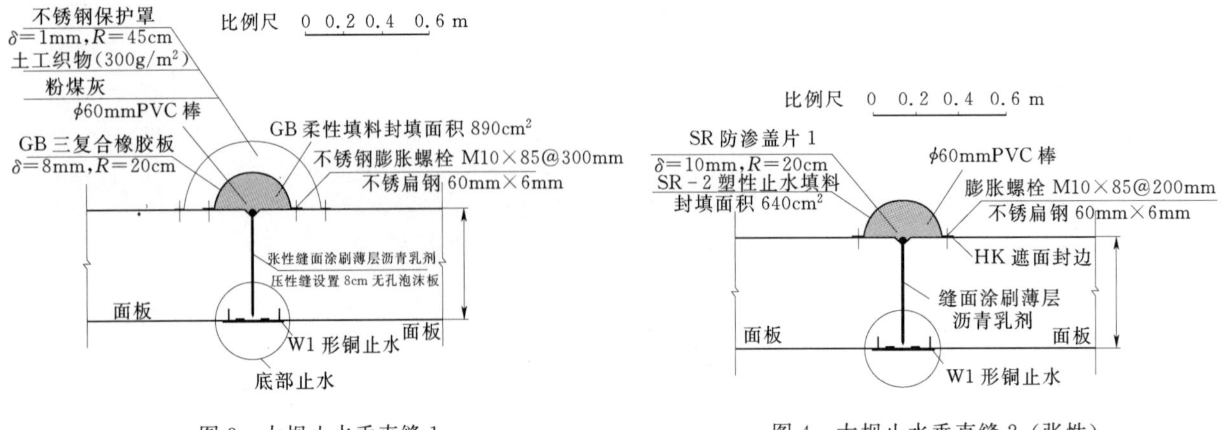

图 3　大坝止水垂直缝 1　　　　图 4　大坝止水垂直缝 2（张性）

（4）垂直缝 3（压性）（见图 5）位于大坝轴线中间部位，共 11 条。无孔泡沫板、SR－2 塑性止水填料、SR 防渗盖片 1 作防渗处理。

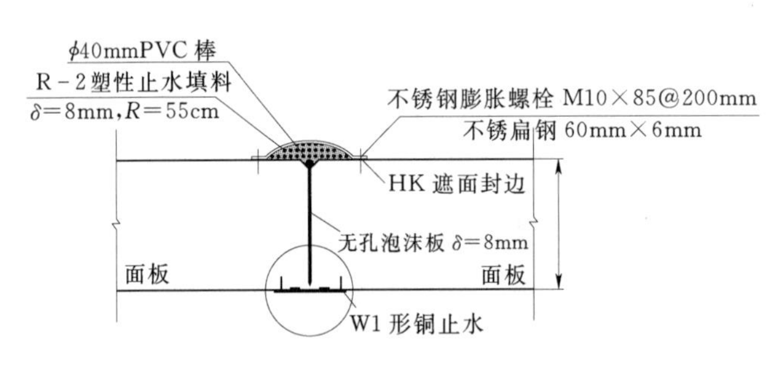

图 5　大坝止水垂直缝 3（压性）

（5）坝顶缝 1（见图 6），1 条，缝表面用无孔泡沫板、SR 防渗盖片 1、SR－2 塑性止水填料作防渗体。

（6）坝顶缝 2（见图 7），2 条，缝表面用无孔泡沫板、SR 防渗盖片 1、SR－2 塑性止水填料作防渗体。

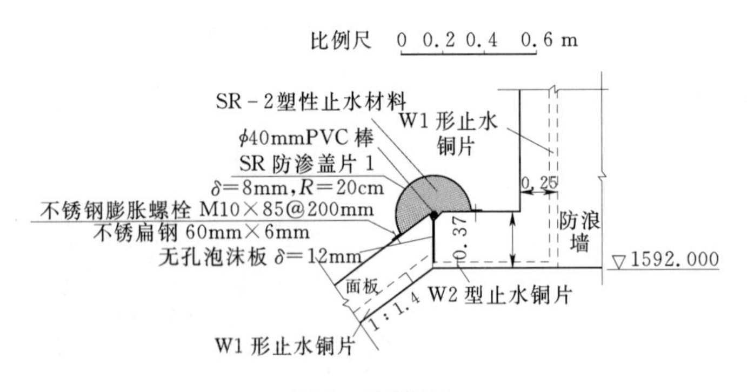

图 6　坝顶缝 1

（7）坝顶缝 3（见图 8），1 条，缝表面用无孔泡沫板、SR 防渗盖片 1、SR－2 塑性止水填料作防渗体。

苏家河口面板堆石坝工程已于 2010 年 4 月下闸蓄水，各类接缝可以承受相应的水压与接缝变位，止水是可靠的，坝后量水堰测出的日常渗漏水量比同类工程都小，说明止水体系效果是比较好的。

面板表层接缝止水施工工法工艺流程图片见图 9～图 18。

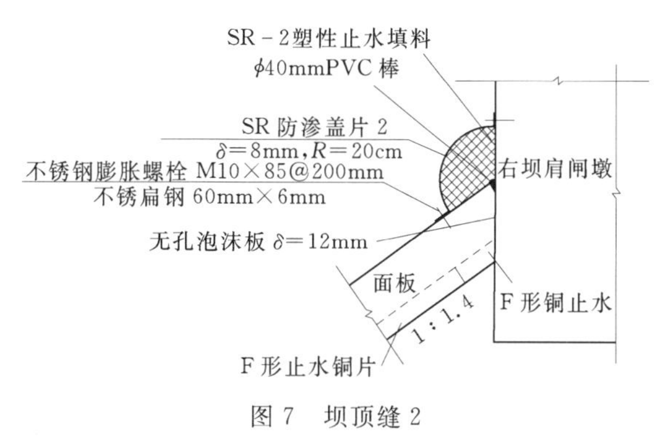

图 7 坝顶缝 2

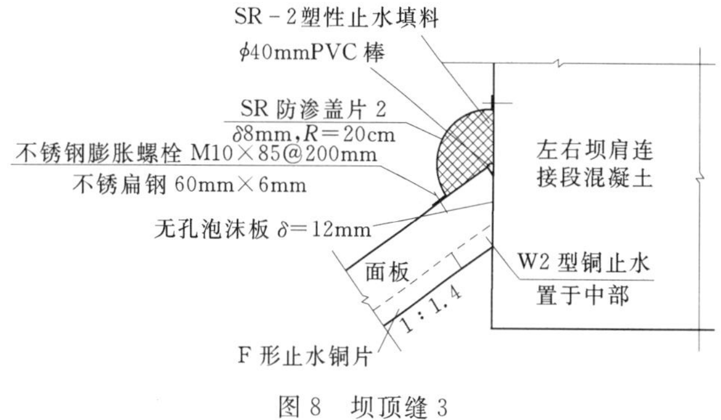

图 8 坝顶缝 3

图 9 缝口打磨、找平

图 10 清缝

图 11 SR 底胶涂刷

图 12 SR 材料找平、嵌缝、缝口设置 PVC 棒

图 13 SR 材料充填整形

图 14 SR 防渗盖片安装

图 15　扁钢定位、HK 封边

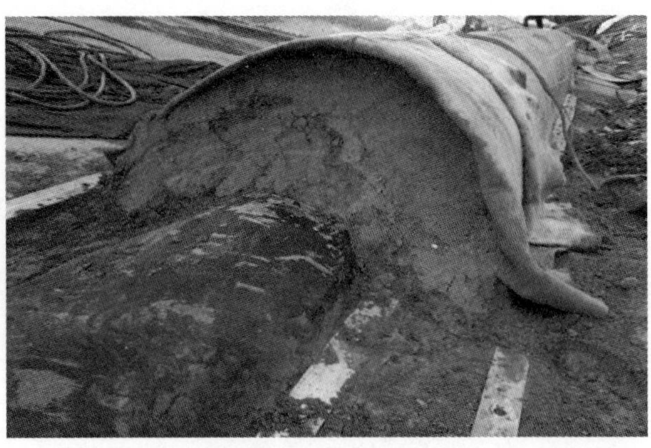

图 16　不锈钢罩内粉煤灰填充、锤实

图 17　不锈钢罩固定

图 18　面板表层接缝止水

压力分散型预应力锚索施工工法

陈彦福　李虎章　范双柱　赵志旋　乔荣梅

1　前言

压力分散型预应力锚索，是预应力锚索发展的一种新类型，是在锚索内锚段上布置若干个承载板、无黏结钢绞线相应分成若干组与承载板相连，施加的预应力均匀分散到各个承载体，承载板前的浆液结石处于受压状态。压力分散型与普通压力型锚索的最大的区别在于，普通压力型只有一组锚头，而压力分散型锚索有多组锚头，避免了应力集中的问题。

2　工法特点

(1) 锚索有多组锚头，避免了应力集中的问题。

(2) 覆盖层、堆积体采用跟管法钻进成孔，提高了成孔效率。

(3) 采用固壁灌浆的方法，解决了强卸荷岩体中锚索成孔问题。

3　适用范围

适用于水电站、公路、铁路等高边坡且地质条件复杂，岩体裂隙发育且分布深度大的预应力锚索施工。

4　工艺原理

4.1　压力分散型锚索结构原理

压力分散型锚索的基本原理是束体上布置数个承载板、无黏结筋相应分成数组与承压板相连。挤压锚是主要联结件。无黏结筋要分组下料；固定端除皮、除油并安装承载板，用挤压机在无黏结筋下端制作挤压锚头。可广泛应用于各类岩体、土体中，荷载大小不限，瀑布沟水电站、紫坪铺水电站、首都机场扩建工程等均已采用。

4.2　压力分散型锚索特点

(1) 通过承载板和挤压头使锚固浆体以受压为主。

(2) 内锚段应力集中程度和应力峰值随承载板数量的增加而得到缓解和降低。

(3) 可充分调动地层潜在承载能力，提高锚固力。

(4) 挤压头和锚具的质量是影响工作单元耐久性的关键因素。

5　工艺流程与操作要点

5.1　压力分散型预应力锚索施工流程

压力分散型预应力锚索施工流程见图1。

5.2　作业方法

5.2.1　作业平台搭设

(1) 在锚索支护施工前，人工（佩戴好安全绳、安全带）把工作面的浮渣、危石清理干净。

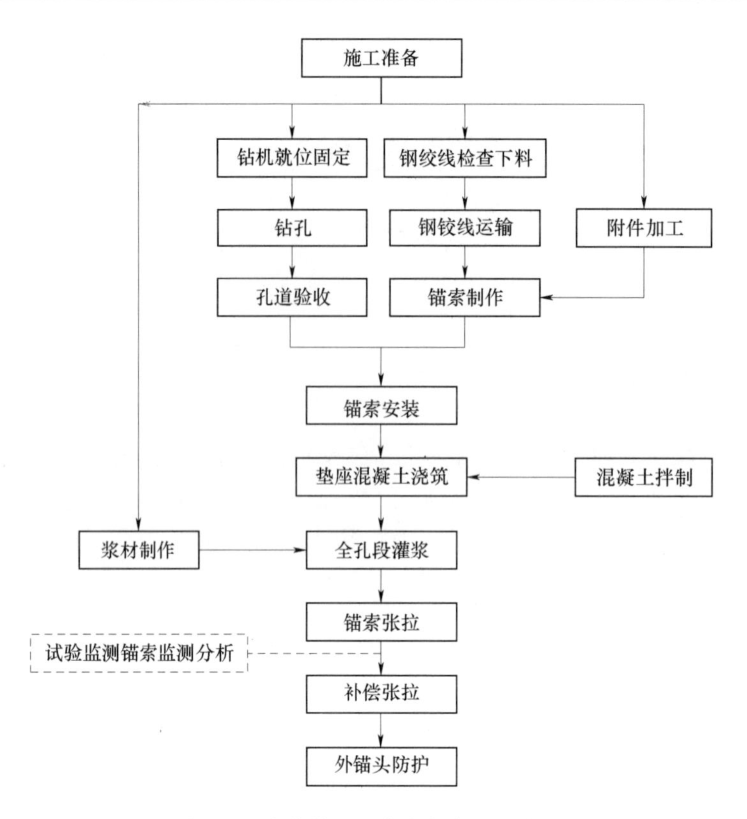

图1 压力分散型预应力锚索施工流程

(2) 预应力锚索施工采用四排脚手架。脚手架构造参考尺寸：立杆步距 1.5～1.8m，立杆横距 1.0～1.5m，立杆纵距 1.5～1.8m；刚性连壁（墙）件按两步三跨或三步三跨 设置。

(3) 管架搭设遵循《建筑施工扣件式钢管脚手架安全技术规范》(JGJ 130—2001) 的相关规定。搭设的管架平台必须稳定牢固，满足施工承载要求。

1) 架管、管卡质量必须有保证，满足规范要求，ϕ48mm 架管壁厚不小于 3.5mm。

2) 管架必须稳定牢固，保证管架刚度，采用斜撑、连壁（墙）件、剪刀撑与主承载部位增加立柱密度相结合的措施，满足承载要求。

3) 搭设管架平台所用木板厚度不小于 45mm。

4) 管架平台上作业区域、通道等附近必须设置安全网、安全绳，木板不得漏铺。

5) 管架上应明显设置安全标识。

6) 随时注意观测管架所在岩体的变形情况、落石情况，及时主动清除对管架不利的因素。

7) 上下平台吊装钻机设备时，在平台管架上安装 5t 手动葫芦进行吊装，承载的立杆、横杆应加密，操作人员应佩带安全帽、保险绳，吊装平台部位以下不得有人，并设置专人指挥。

(4) 在脚手架搭设完毕后未经联合验收合格以前，不得进行任何架上作业。

5.3 锚索孔造孔

5.3.1 锚孔定位编号

(1) 锚孔编号。为了规范管理，按照锚索设计图绘制锚索孔布置图，并统一进行编号，制作锚索孔参数表，标明每束锚索孔位、方位角、倾角、孔径、孔深、锚索吨位、钢绞线数量等参数，用于指导现场施工。

(2) 锚孔测放定位。锚孔位置严格按照设计图纸所示位置使用全站仪测放，孔口坐标误差 10cm。孔位使用红油漆标示，并标注孔号。

5.3.2 钻机就位

为使锚孔在施工过程中及成孔后其轴线的倾角、方位角符合设计及规范要求，保证锚索孔质量，必须严格控制钻机就位的准确性、稳固性，使钻机回转器输出轴中心轴线方位角、倾角与锚孔轴线方位角、倾角一致，并可靠固定。钻机方位角采用全站仪放样，钻机倾角采用水平仪控制。以开孔点、前方位点、后方位点三点连线控制钻机轴线和锚孔轴线相一致。

（1）准确性：①采用全站仪放样，调整钻机回转器输出轴中心轴线方位角与锚孔设计方位角一致；②使用水平仪或地质罗盘测量，调整钻机回转器输出轴中心轴线倾角与锚孔设计倾角一致。

（2）稳固性：①用卡固扣件卡牢钻机，使钻机牢固固定在工作平台上；②试运转钻机，再次测校开孔钻具轴线和倾角，使其与锚孔轴线和倾角一致，然后拧紧紧固螺杆；③施工过程中，一直保证卡固扣件的紧固状态，并定期进行检查。

5.3.3　锚孔成孔

5.3.3.1　锚孔要求

（1）钻孔孔径、孔深均不得小于设计值，钻孔倾角、方位角应符合设计要求。其具体要求和允许误差如下：①孔位坐标误差不大于10cm；②锚孔倾角、方位角符合设计要求，终孔孔轴偏差不得大于孔深的2%，方位角偏差不得大于3°，有特殊要求时，按要求执行；③终孔孔深应大于设计孔深40cm，终孔孔径不得小于设计孔径10mm；④锚固段应置于满足锚固设计要求的弱卸荷岩体中，若孔深已达到预定深度，而锚固段仍处于破碎带或断层等软弱岩层时，按照设计图纸要求加深孔深6～8m，并报监理工程师批准。

（2）锚固段预固结灌浆要求：若锚固段通过加深孔深未达到弱卸荷岩体，或钻孔成孔困难（发生较严重漏风、塌孔、卡钻等现象），为提高锚固段岩体完整性，锚索钻孔结束锚索安装前，根据锚固段声波测试成果对锚固段进行固结灌浆，以防止锚索注浆时由于岩体破碎吸浆量过大使得注浆长时间无法结束或者注浆管堵塞而造成锚索注浆质量事故的发生。具体要求如下。

1）声波波速不小于3000m/s时不进行锚固段固结灌浆，声波波速小于3000m/s时，对锚固段进行预固结灌浆。

2）锚固段预固结灌浆采用水灰比为0.4：1～0.8：1的浓浆灌注，浆液中可掺入一定数量的微膨胀剂和早强剂，其28d的结石强度应不低于30MPa。灌浆压力0～0.3MPa。灌浆过程中，吸浆量大时可采用限流等措施。吸浆量明显下降或者孔口返浆，灌浆即可结束，宜待浆液强度超过5MPa后扫孔，并扫孔3d后进行声波测试，如声波波速不小于3000m/s时，即可下索作业。

（3）1500kN压力分散型预应力锚索设计孔径为130mm，采用跟管法钻进成孔时，跟管规格应保证锚索安装时顺利通过管靴，本工程采用ϕ168mm跟管。

5.3.3.2　成孔方法

根据锚索孔地层条件、锚索孔参数及锚索体外径，采用如下成孔方法。

（1）锚索孔均采用YXZ－70A型液压锚固工程钻机配风动潜孔锤冲击回转钻进成孔。

（2）孔口段岩体松散，易塌孔，采取跟管法钻进成孔，直至跟管无法钻进且成孔困难时，采取直钎钻进加预固结灌浆的措施钻进成孔。

（3）在直钎钻孔过程中，如遇岩体破碎、严重漏风孔段或地下水渗漏严重使钻进受阻时，采取预固结灌浆等措施。

（4）冲击器采用CIR110，钻杆采用ϕ89mm，直钎采用ϕ130mm钎头，跟管钻进采用ϕ168mm配三件套ϕ168mm偏心钎头。

（5）锚索孔破碎段采用冲击器配套同径粗径长钻具、钻杆体焊螺旋片、扶正器、防卡器、反振器等措施成孔。

（6）覆盖层锚索采取覆盖层全跟管钻进成孔的方法。

（7）在孔口采用湿式除尘器除尘。

（8）锚索孔道预固结灌浆：水灰比0.4：1～0.8：1，灌浆压力：0～0.3MPa，在吸浆量大时采取限流措施，或采取灌注砂浆、浆液加膨胀剂以及其他堵漏措施；待凝24h后二次钻进。

5.3.3.3 钻进操作规程

（1）潜孔锤冲击回转钻进工艺参数见表1。

表1 潜孔锤冲击回转钻进工艺参数

钻进阶段	压力/kN	转速/(r/min)	风压/MPa	风量/(m^3/min)
开孔	使钎头紧贴岩面，平稳缓缓推进即可	0	0.7～1.2	6～12
正常钻进	1～2	30～90	0.7～1.2	6～12

（2）成孔措施。

1）开孔前，清除孔口附近松动岩块。必要时，可填筑混凝土等强后开孔。

2）开孔时，在设计孔位上，人工或用风钻凿出与孔径相匹配的10cm左右深的槽（孔），以利于钻具定位及导向；再次复核钻机钻具轴线倾角与方位角。

3）根据需要在钻杆上安装扶正器、防卡器等器具。

4）严格遵循“小钻压、低转速、短回次、多排粉”原则。每钻进0.3～0.5m强风吹孔排粉一次，以保持孔内清洁。

5）每钻进不大于1m，缓慢倒杆大于1m，往返不少于2次，直至孔口无岩粉返出，以利充分吹粉排渣，避免卡钻及重复破碎。

6）勤检查钻杆、钻具磨损情况，对磨损严重的钻杆、钻具应予以更换，尽量避免孔内事故的发生。

7）在钻孔过程中，如遇岩体破碎或地下水渗漏严重使钻进受阻时，采取固结灌浆等措施。

8）在钻进过程中，不宜一个钎头打到底，否则终孔孔径与开孔孔径相差过大，使得下锚时困难。可备3个钎头，每个钎头打10～15m左右，就轮换一个。

9）在钻进过程中，认真、真实地做好钻孔记录，为分析判断孔内地质条件提供依据。记录中要详细标明每一钻孔的尺寸、返风颜色、钻进速度和岩芯记录等数据。造孔过程中做好锚固段始末两处的岩粉采集，若在锚固段发现软弱岩层、出水、落钻等异常情况，通知监理工程师，必要时会同业主共同研究补救措施，以确保锚固段位于稳定的岩层中。若在其他部位发现软弱岩层、出水、落钻等异常情况，作好采样记录，并及时报告监理工程师。

5.3.3.4 清孔

钻孔完毕，用压缩风冲洗钻孔，直至孔口返出之风，手感无尘屑，延续5～10min，孔内沉渣不大于20cm。

5.3.3.5 钻孔检测

钻孔清孔完毕，进行钻孔检测，合格后进行下锚工作。

5.4 预应力锚索体制作与安装

5.4.1 锚索体型式

（1）压力分散型预应力锚索结构见图2。主要由导向帽、单锚头、锚板、注浆管、高强低松弛无黏结钢绞线等组成。

（2）压力分散型预应力锚索基本结构特点。

1）基本（防腐）单元：单锚头。单锚头由无黏结钢绞线、挤压套及其密封套组件组成（图3），具有良好的防腐性能。

2）单孔多锚头结构：一根锚索由多组锚头构成，每组锚头包括锚板、单锚头，锚头数目及组合结构根据工程地质特性和锚索吨位大小进行选择。

3）整体性锚头结构：各组锚头连接成为一个整体。

（3）压力分散型预应力锚索性能特点。压力分散型预应力锚索具有克服锚固段应力集中、有效防

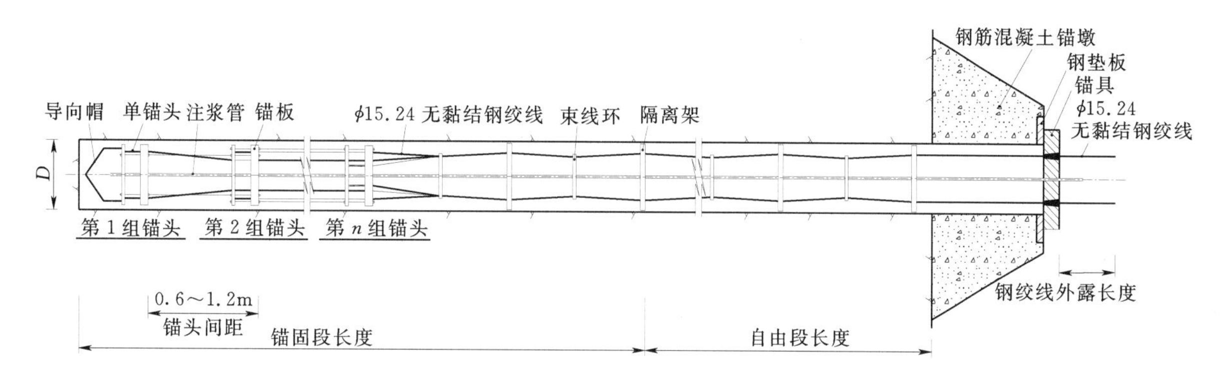

图 2　压力分散型预应力锚索结构示意图

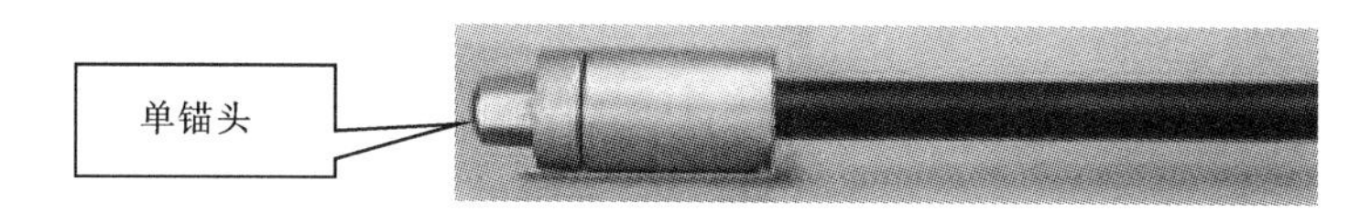

图 3　单锚头

腐、有效减小孔径、全孔一次注浆、可进行二次补偿张拉等特点。

5.4.2　钢绞线材质规格

(1) 预应力钢绞线。

钢绞线母材使用经检验符合《预应力混凝土用钢绞线》(GB/T 5224—2003) 和美国标准 ASTM A416-98 的 ϕ15.24mm 的 1860MPa (270 级) 高强度低松弛钢绞线。钢绞线的基本材料是碳素钢。

无黏结锚索采用专业厂家生产的高强度低松弛无黏结预应力钢绞线。无黏结预应力钢绞线用防腐润滑脂及护套材料满足《无粘结预应力筋用防腐润滑脂》(JG 3007—93)、《无粘结预应力钢绞线》(JG 161—2004) 标准要求。

(2) 预应力钢绞线检验。对运达工地的每批钢绞线作 100%的外观检查和 10%抽样拉力试验。抽样结果和出厂产品质量证书、标志、说明书等报批后使用。

(3) 预应力钢绞线使用前存放在离开地面的清洁、干燥环境中放置，并覆盖防水帆布。

(4) 锚索最大张拉力不得超过预应力钢材强度标准值的 75%。

5.4.3　预应力锚索体制作

5.4.3.1　压力分散型预应力锚索体制作

压力分散型预应力锚索为单孔多锚头防腐型结构，每个锚头分别承载一定荷载。锚索吨位及工程地质条件不同，压力分散型预应力锚索锚头数目及组合结构亦不同。

(1) 根据锚索的设计尺寸及张拉工艺操作需要下料，同组锚头钢绞线等长，相邻组锚头钢绞线不等长。第 n 组钢绞线下料长度为：

$$L_n = \text{钻孔深度} - \text{距第 1 组锚头距离} + \text{锚墩厚度} + \text{锚具及测力计厚度} + \text{张拉长度}$$

(2) 无黏结钢绞线按要求去掉端部一定长度的 PE 套（具体根据挤压套长度确定）并清洗干净，在 GYJB50-150 型挤压机上（其挤压时的操作油压或挤压力应符合操作说明书的规定）将每根钢绞线与锚头嵌固端牢固联结，挤压后的钢绞线应露出挤压头，底部嵌固端钢绞线端头采取密封防腐措施。成型后应逐个检查挤压头外观，并量测其外径尺寸，以及进行必要的拉力试验，以确保其抗拔力应不低于整根钢绞线标称的最大力值。

(3) 按照锚索结构要求装配单锚头、锚板、托板、灌（回）浆管等进行内锚固体系部分的制作。

5.4.3.2　编索

锚索根据设计结构进行编制，采用隔离架集束。

(1) 各根钢绞线分别以锚索体孔底端部为基准对齐。

（2）锚索进出浆管按要求编入索体，靠近孔底的进浆管出口至锚索端部距离不大于200mm。锚索上安装的各种进回浆管保持通畅，管路系统耐压值不低于设计灌浆压力的1.5倍。采用全孔一次注浆时，锚固段安装一根25mm灌浆管至导向帽；张拉段可设一根排气管。

（3）锚索钢绞线和灌（回）浆管之间用钢制或硬质塑料隔离架分隔集束，各隔离架的钢绞线孔、灌（回）浆管孔等宜相互对应。隔离架间距在内锚固段一般为1.0～1.5m，张拉段内一般为1.5～2.0m，但不宜大于3m。

（4）编索中，钢绞线要排列平顺、不扭结，将钢绞线和灌（回）浆管等捆扎成一束，绑扎丝不得使用有色金属材料的镀层或涂层。内锚固段两隔离架之间用绑扎丝绑扎牢固，张拉段两隔离架之间用绑扎丝束缚，钢绞线宜与隔离架绑扎在一起。

（5）导向帽采用适宜规格的钢管按要求制作，与锚索体牢固可靠连接。

5.4.3.3　编号

锚索编制完成并经检验合格后，进行编号挂牌，注明锚索孔号、锚索吨位、锚索长度等。合格锚索整齐、平顺地存放在距地面20cm以上的间距1.0～1.5m的支架或垫木上，不叠压存放，并进行临时防护。锚索存放场地应干燥、通风，锚索不得接触氯化物等有害物质，并避开杂散电流。

5.4.4　锚索运输与安装

（1）锚索在搬运和装卸时应谨慎操作，严防与硬质物体摩擦，以免损伤PE套或防护涂层。

（2）锚索入孔前，无明显弯曲、扭转现象；损伤的PE套或防护涂层已修复合格；止浆环质量、进出浆管位置及通畅性检查合格。

（3）锚索孔道验收24h后，锚索安装前，应检查其通畅情况。

（4）锚索宜一次放索到位，避免在安装过程中反复拖动索体。锚索安装采取人工缓慢均匀推进，防止损坏锚索体和使锚索体整体扭转。穿索中不得损坏锚索结构，否则应予更换。

（5）锚索安装完毕后，对外露钢绞线进行临时防护。

5.5　锚索注浆

5.5.1　浆液及材料

锚索注浆使用符合设计要求的浆液。锚固浆液为水泥净浆，采用浆液试验推荐的配比。水泥结石体强度要求：设计强度为M40，并且R_{7d}不小于30MPa。

（1）水泥：新鲜普通硅酸盐水泥。水泥强度等级不得低于42.5，并采用早强型水泥。

（2）水：符合拌制水工混凝土用水。

（3）外加剂：按设计要求，经批准，在水泥浆液中掺加的速凝剂和其他外加剂不得含有对锚索产生腐蚀作用的成分。

5.5.2　制浆

（1）设备：ZJ-400高速搅拌机。

（2）使用ZJ-400高速搅拌机，按配合比先将计量好的水加入搅拌机中，再将袋装水泥倒入搅拌机中，搅拌均匀。搅拌机搅拌时间不少于3min。制浆时，按规定配比称量材料，控制称量误差小于5%。水泥采用袋装标准称量法，水采用体积换算重量称量法。

（3）浆液须搅拌均匀，用密度计测定浆液密度。

（4）制备好的浆液经40目筛网过筛；浆液置于储浆桶，低速搅拌。

（5）将制备好的浆液泵送至灌浆工作面。

5.5.3　浆液灌注

（1）预应力锚索注浆方法。预应力锚索采取孔口封闭全孔一次性注浆。

（2）锚索注浆前，检查制浆设备、灌浆泵是否正常；检查送浆及注浆管路是否畅通无阻，确保灌浆过程顺利，避免因中断情况影响锚索注浆质量。

（3）注浆作业：①采用 TTB180/10 泵灌注；②灌注前先压入压缩空气，检查管道畅通情况；③锚索注浆采用孔口或孔内阻塞封闭灌注。浆液从注浆管向孔内灌入，气从排气管直接排出。在注浆过程中，观察出浆管的排水、排浆情况，当排浆密度与进浆密度相同时，方可进行屏浆。屏浆压力为 0.3～0.4MPa，吸浆率小于 1L/min 时，屏浆 20～30min 即可结束。

（4）采用灌浆自动记录仪测记灌浆参数。

5.5.4 注浆浆液取样试验

为检查注浆浆液质量并给锚索张拉提供依据，注浆时对同一批注浆的预应力锚索的注浆浆液取样做抗压强度试验。

5.5.5 锚索注浆设备清洗

（1）制浆结束后，立即清洗干净制浆机、送浆管路等，以免浆液沉积堵塞。

（2）注浆结束后，立即清洗干净注浆设备、管路等。

5.5.6 锚固注浆保护

在锚固区域，灌浆 3d 以内不允许爆破，3～7d 内，爆破产生的质点振动速度不得大于 1.5cm/s。

5.6 锚墩浇筑

5.6.1 钢筋制安

（1）锚墩用钢筋符合国家标准、设计要求或图示，钢筋的机械性能如抗拉强度、屈服强度等指标经检验合格，钢筋平直并除锈、除油，外表面检查合格。

（2）锚墩钢筋制安时，先用风钻在锚索孔周围坡面上对称打孔 4 个，插入Φ22mm 骨架钢筋并固定；将钢绞线束穿入导向钢管并把导向钢管插入孔口 50cm 左右，校正导向钢管与孔轴、锚索同心，临时固定，并用水泥（砂）浆将套管外壁与孔壁之间的缝隙封填。

（3）按照图纸要求焊接钢筋网或层并固定于骨架钢筋上，焊接质量符合要求。焊接过程中，不得损伤钢绞线。

5.6.2 钢垫板安装

（1）钢垫板规格按设计要求执行。

（2）钢垫板牢固焊接在钢筋骨架或导向钢管上，其预留孔的中心位置置于锚孔轴线上，钢垫板平面与锚孔轴线正交，偏斜不得超过 0.50。

5.6.3 锚墩立模及混凝土浇筑

在钢垫板与基岩面之间按照图示锚墩尺寸立模，验仓合格后，浇筑图示标号混凝土，边浇筑边用振捣棒振捣，充填密实。

（1）外锚墩安装、浇筑前，清理锚墩建基面上的石渣、浮土、松动石块，冲洗干净，并进行基础验收。

（2）锚墩规格按设计要求执行。

（3）锚墩模板施工使用锚墩体形标准钢模板与异形木模板相结合的模板施工方式。模板安装尺寸误差不大于 10cm。模板面板涂抹专用脱模剂。

（4）混凝土配合比。砂、石、水泥、水及外加剂均符合设计要求，混凝土配合比按设计要求或根据试验确定，锚墩混凝土设计强度为 R_{7d} C35。

（5）混凝土拌和：

1）机械搅拌法，将定量的石子、砂、水泥、外加剂依次分层倒入搅拌桶内，充分搅拌，时间不少于 3min。搅拌机采用 JZC350 锥形反转出料混凝土搅拌机。混凝土需用量大时可考虑由混凝土拌和系统出机口供应。

2）混合料宜随拌随用。不掺速凝剂时，存放时间不应超过 2h；掺速凝剂时，存放时间不应超过 20min。

（6）混凝土输送：

1）现场拌制混凝土时，采用斗车或溜槽输送混凝土。由混凝土拌和系统供料时，采用混凝土搅拌运输车从拌和站运输至浇筑现场。

2）锚墩混凝土采用溜槽入仓或人工桶装入仓。

（7）浇筑：

1）每个锚墩混凝土浇筑必须保持连续，一次性浇筑完成。

2）混凝土的捣固采用插入式振捣器。①操作人员在穿戴好胶鞋和绝缘橡皮手套后操作插入式振捣器进行作业，一般垂直插入，使振动棒自然沉入混凝土，避免将振动棒触及钢筋及预埋件。棒体插入混凝土的深度不超过棒长 2/3～3/4。②振捣时，快插慢拔，振动棒各插点间距均匀，一般间距不超过振动棒有效作业半径的 1.5 倍。一般每插点振密 20～30s，以混凝土不再显著下沉、不再出现气泡、表面翻出水泥浆和外观均匀为止；在振密时将振动棒上下抽动 5～10cm，使混凝土振密均匀。

5.6.4 混凝土取样强度检验

锚墩混凝土浇筑时，须现场取混凝土样，确保锚墩浇筑质量，并给锚索张拉提供依据。现场混凝土质量检验以抗压强度为主，并以 150mm 立方体试件的抗压强度为标准。

5.6.5 模板拆除

除符合施工图纸的规定外，模板拆除时须遵守下列规定：①不承重侧面模板的拆除，在混凝土强度达到 2.5MPa 以上，并能保证其表面及棱角不因拆模而损伤时，方可拆除；②底模在混凝土强度达到设计强度标准值的 75%后方可拆除。

5.6.6 混凝土养护与表面保护

（1）混凝土养护：

1）所有混凝土按经批准的方法或适用于当地条件的方法组合进行养护，连续养护不少于 28d。

2）水养护或喷雾养护。混凝土表面采用湿养护方法，在养护期间进行连续养护以保持表面湿润。养护用水清洁，水中不含有污染混凝土表面的任何杂质。模板与混凝土表面在模板拆除之前及拆除期间都保持潮湿状态，其方法是让养护水流从混凝土顶面向模板与混凝土之间的缝渗流，以保持表面湿润，所有这些表面都保持湿润，直到模板拆除。水养护在模板拆除后继续进行。

（2）混凝土表面保护。在混凝土工程验收之前要保护好所有的混凝土，直到验收，以防损坏。特别小心保护混凝土以防在气温骤降时发生裂缝。

5.7 预应力锚索张拉

5.7.1 一般规定

（1）锚索张拉在锚索浆液结石体抗压 7d 强度达到 30MPa 及锚墩混凝土等的承载强度达到设计要求后进行。

（2）锚索张拉用设备、仪器如电动油泵、千斤顶、压力表、测力计等符合张拉要求，在张拉前标定完毕并获得张拉力—压力表（测力计）读数关系曲线。锚夹具检测合格。

（3）为确保锚索张拉顺利进行，锚索张拉前，确认作业平台稳固，设置安全防护设施，挂警示牌；张拉机具操作由合格人员进行，非作业人员不进入张拉作业区，千斤顶出力方向不站人。

（4）根据锚索结构要求选择单根张拉或整体张拉方式。张拉时先单根调直，钢绞线调直时的伸长值不计入钢绞线实际伸长值。

（5）锚索张拉采用以张拉力控制为主，伸长值校核的双控操作方法。当实际伸长值大于计算伸长值 10%或小于 5%时，查明原因并采取措施后继续张拉。

（6）预应力的施加通过向张拉油缸加油使油表指针读数升至张拉系统标定曲线上预应力指示的相应油表压力值来完成。测力计读数校核。

（7）锚索张拉过程中，加载及卸载缓慢平稳，加载速率每分钟不宜超过设计应力的 10%，卸载速率每分钟不宜超过设计应力的 20%。

(8) 最大张拉力不超过预应力钢绞线强度标准值的 75%。

(9) 监测锚索按要求安装测力计。

(10) 同一批次的锚索张拉，必须先张拉监测锚索。

(11) 预应力锚索的张拉作业按下列施工程序进行：机具率定→分级理论值计算→外锚头混凝土强度检查→张拉机具安装→预紧→分级张拉→锁定。

5.7.2 张拉程序

(1) 先进行试验锚索的张拉。试验锚索的数量及位置由监理工程师确定。在进行锚索试验时，记录力传感器读数、千斤顶读数以及试验束在不同张拉吨位时的伸长值。每次进行监测锚索的张拉，须有监理工程师在场，并按监理工程师指示进行。

(2) 锚索张拉按分级加载进行，由零逐级加载到超张拉力，经稳压后锁定，即 0→mP→稳压 10～20min 后锁定（m 为超载安装系数，最大值为 1.05～1.1，P 为设计张拉力），相应的张拉工艺流程为：

穿锚→预紧张拉→分级循环张拉至设计荷载→超张拉→锁定。

5.7.3 穿锚

(1) 根据锚索钢绞线规格、数量选择符合要求的锚夹具。根据已完工工程类似经验，锚夹具采用 ESM15 系列，应符合《预应力筋用锚具、夹具和连接器》(GB/T 14370—2007) 的规定。1500kN 级锚索由 10 束 ϕ15.24mm 的钢绞线编成，锚具选用 ESM15-10。

(2) 锚夹具在安装时方可从防护包装内取出，以确保锚夹具表面，尤其是夹片及锚具锥孔的清洁。锚夹具安装时，清理干净锚具、工作夹片及钢绞线表面，夹片及锚具锥孔无泥砂等杂物。

(3) 锚索设计有测力计的，按照要求安装测力计。根据锚索吨位及锚具尺寸规格，选择符合要求的测力计。根据测力计外径，在锚墩钢垫板中心孔周围设置对中标志，确保测力计安装符合对中要求。

(4) 根据锚具外径，在锚墩钢垫板中心孔（或测力计中心孔）周围设置对中标志，确保锚具安装符合对中要求。

(5) 将钢绞线按周边序和中心序顺序理出，使钢绞线按相应的编号和位置穿过工作锚板（具）。

(6) 推锚具与钢垫板（或测力计）平面接触。

(7) 除规定外，张拉前每个锚具锥孔各装入一套夹片，对准锚具夹片孔推入，用尖嘴钳、改刀及榔头调整夹片间隙，使其对称，并轻轻打齐。

(8) 安装千斤顶：

1) 安装千斤顶之前先检查工作锚板与钻孔是否对中，每个锚孔是否安装好夹片。之后依次安装液压顶压器、千斤顶，在整体张拉千斤顶尾部还安装工具锚板。工具锚板安装前锚板锥孔中可涂抹一层厚约 1mm 的退锚灵，以便张拉完毕后能自动松开。

2) 工具锚夹片外表面用前涂退锚灵，对准锚孔后将夹片装入，并用配套工具轻轻敲紧。

3) 工具锚夹片与工作锚夹片两者分开不混用，工具锚夹片使用次数一般不超过生产厂家规定的使用次数。工作锚板、限位板和工具锚板之间的钢绞线保持顺直，不扭结，以保证张拉的顺利进行。

5.7.4 初始荷载

(1) 单根或整体张拉均应先进行单根钢绞线预紧，以使锚索各根预应力钢绞线在张拉时的应力均匀。

(2) 采用单根张拉千斤顶进行钢绞线调直，钢绞线调直时的伸长值不计入钢绞线实际伸长值。

(3) 张拉设备仪器：①电动油泵型号为 ZB4-500；②单根张拉千斤顶型号为 YDC240Q。

(4) 初始荷载：为设计工作荷载的 0.2P 或 30kN/股。

(5) 按照先中间后周边、间隔对称分序张拉的原则用单根张拉千斤顶将钢绞线逐根拉直，并按要求记录钢绞线伸长值。钢绞线调直时的伸长值不计入钢绞线实际伸长值。

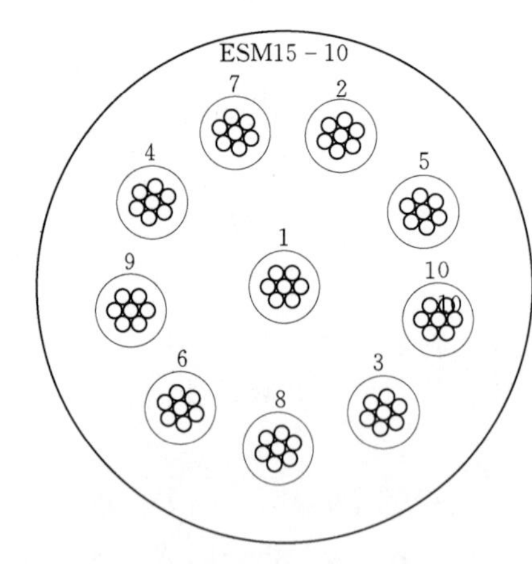

图 4　单根张拉的间隔对称分序图

1）先张拉锚具中心部位钢绞线，然后张拉锚具周边部位钢绞线，按照间隔对称分序进行；一个张拉循环完毕，如此进行下一个张拉循环，直至规定荷载（见图 4）。

2）单股预紧张拉程序：安装千斤顶→0→0.2P 或 30kN/股→测量钢绞线伸长值→卸千斤顶。此过程使各钢绞线受力均匀，并起到调直对中作用。

（6）钢绞线调直完毕，套上夹片并推入锚具夹片孔，用尖嘴钳、改刀及榔头调整夹片间隙，使其对称，并轻轻打齐。

5.7.5　分级循环张拉

（1）张拉方式。压力分散型预应力锚索，由于各级钢绞线长度不等，须采用单根张拉方式，确保各根钢绞线平均受载。

（2）张拉设备仪器：张拉设备根据锚索吨位及锚索结构进行选择使用，电动油泵采用 ZB4－500，根张拉采用 YDC240Q 千斤顶，1500kN 锚索整体张拉采用 YCW250B 千斤顶。

（3）分级荷载：分别为 0.25、0.5、0.75、1.0 倍设计工作荷载 P。

（4）伸长值测记。

1）分级同步测量记录钢绞线伸长值、压力表（测力计）读数。

2）每组锚头钢绞线实际伸长值与相应的理论计算伸长值进行对照校核。理论伸长值计算参见式（1）（直线型锚索伸长值计算公式）。

$$\Delta L=1000(PL)/(EA) \tag{1}$$

式中　ΔL——钢绞线理论计算伸长值，mm；

P——施加于钢绞线的载荷，为锚索总荷载除以钢绞线根数，kN；

E——钢绞线弹性模量，未注明时可取（195±10）GP；

A——钢绞线截面积，（140±2）mm^2；

L——钢绞线计算长度，mm。

（5）循环张拉。分级循环张拉应在同一工作时段内完成，否则应卸荷重新再依次张拉。

1）第一循环张拉：0.0→0.25P（稳定 2min）。

2）第二循环张拉：0.25P→0.5P（稳定 3min）。

3）第三循环张拉：0.5P→0.75P（稳定 3min）。

4）第四循环张拉：0.75P→P（稳定 5min）。

（6）以上张拉参数将根据实际情况做适当调整。

（7）锚索张拉锁定后，夹片错牙不应大于 2mm，否则应退锚重新张拉。

（8）锁定时，钢丝或钢绞线的回缩量不宜大于 6mm。

5.7.6　超张拉

在设计工作荷载 P 基础上继续加载至 mP 锁定，即 P→mP（稳定 10～20min）。超载安装系数 m 按要求取 1.05～1.1。

5.7.7　张拉成果资料整理

张拉过程中，按照要求认真填写张拉记录。张拉完成后，及时整理张拉成果资料，如绘制实测的应力—应变曲线，预应力损失及补偿张拉等。

锚索施工全部完成后，向监理工程师提交必需的验收资料。

5.8　锚索应力监测

根据要求，安装锚索测力计，监测锚索预应力的变化情况，为补偿张拉及掌握后期锚索应力损失情况提供依据。监测的原始资料应包括预应力损失值及应力—应变曲线图。

5.9 补偿张拉

锚索张拉完毕锁定后，会产生一定的应力损失，根据代表性监测锚索的应力变化情况确定代表区域锚索是否需要进行补偿张拉。

（1）在锁定后48h内或锚索应力损失基本稳定后，若监测到锚索的预应力损失超过设计张拉力的10%时，对锚索进行补偿张拉，以满足设计永久赋存力的要求。

（2）补偿张拉是在锁定值的基础上一次张拉至超张拉荷载，即"实际张拉力→超张拉力 mP"。

5.10 封孔回填灌浆

（1）封孔回填灌浆在锚索张拉锁定后以及补偿张拉工作结束后进行，封孔回填灌浆前应由监理工程师测量外露钢绞线长度检测回缩值，检查确认锚索应力已达到稳定的设计锁定值。锚索注浆封孔7d后，还应对孔口段的离析沉缩部分，进行补封注浆。

（2）封孔回填灌浆材料与锚固段灌浆的材料相同，灌浆要求同锚索注浆。

5.11 外锚头保护

外锚头实现对锚索张拉荷载的锁定，一旦受损，严重时亦可导致锚索失效，因此，应采取有效措施保护外锚头。外锚头保护根据要求采用刚性保护（混凝土结构封锚）。

（1）外锚头锚具外的钢绞线长度按不少于10cm留存，其余部分切除。钢绞线切除采用便携式砂轮切割机。

（2）外锚头用混凝土封锚。混凝土设计强度为C25，保护的厚度不小于10cm。

5.12 劳动力组织

主要劳动力组织情况见表2。

表2　**主要劳动力组织情况表**

名　称	人数	工　作　内　容
锚索钻孔	30	主要进行锚索孔造孔施工，并辅助进行锚索安装
锚索制作、注浆	10	进行锚索制作、安装、锚索注浆等
锚墩施工	15～25	进行锚墩基础插筋、基础面处理、钢筋制安、模板制安、混凝土拌和、运输、浇筑等施工
锚索张拉	5～10	负责锚索张拉，监测施工

6 材料与器具

P=1500kN、L=50m单束锚索材料用量见表3。

表3　**P=1500kN、L=50m单束锚索材料用量表**

序　号	材料名称	规格型号	单　位	数　量	备　注
1	无黏结钢绞线	UPS 15.20-1860	kg	558	
2	工作锚具	OVM. M15-10	个	1	
3	工作夹片	OVM. M15	付	10	
4	钢板	300mm×300mm×30mm	块	1	A3
5	隔离架	110mm	个	20	
6	承载板	110mm	套	1	含5块
7	托板	110mm	套	1	含5块

续表

序　号	材料名称	规格型号	单　位	数　量	备　注
8	P 型锚		个	10	
9	P 型锚头保护套		个	10	
10	PVC 管	20mm	m	100	
11	混凝土	C35	m^3	0.5	
12	混凝土	C25	m^3	0.032	
13	水泥浆	M40	m^3	1	
14	钢筋	12mm	kg	80	
15	钢管	110mm，厚 3.5mm	m	1.5	

P=1500kN、L=50m 单束锚索常用设备见表 4。

表 4　　P=1500kN、L=50m 单束锚索常用设备表

序号	设备名称	单位	型　号	序号	设备名称	单位	型　号
1	移动式电动空压机	台	$20m^3$	9	千斤顶	套	YDC240Q
2	锚索钻机	台	哈迈 70A	10	超高压电动油泵	套	ZB4 - 500
3	手风钻	台	YT - 28	11	灌浆自动记录仪	套	一拖二
4	高速制浆机	台	ZJ - 400	12	轻便测斜仪	台	KXP - 1
5	储浆桶	台	1000L	13	全站仪	台	TCRA1202
6	灌浆泵	台	TTB180/10	14	交流电焊机	台	BX - 315
7	砂浆泵	台	C232 - 100/15	15	砂轮切割机	台	
8	混凝土搅拌机	台	JZC350	16	自卸汽车	辆	5～8t

7　质量控制

7.1　挤压锚头的质量检测和控制

压力分散型锚索挤压锚头质量是关键点，施工注意控制挤压锚头的制作，其检测项目和频率见表 5。

表 5　　压力分散型锚索的检验项目和频率

检 测 项 目	检测频率	检　测　方　法
挤压锚头外观	每个	挤压后，钢丝衬套在套筒两端应该仍可见到，且其外露长度不小于 2mm，挤压后钢绞线端头应露出套筒 1～5mm
挤压锚头外径尺寸检测	每个	可用专用卡规或卡尺量测，当挤压头可通过卡规时，产品合格，否则为不合格品，需更换挤压模，重新制作。当用卡尺量测时，挤压头外径尺寸，对 15 系列的，不得大于 30.65mm 否则为不合格品
挤压锚头拉力试验	5%	验证加工质量

7.2　预应力锚索施工过程中其他项目的质量检查和检验

（1）钢绞线、锚夹具到货后材质检验。

（2）预应力锚索安装前，进行锚孔检查。

（3）锚索制作质量检查。

（4）锚索注浆浆液抽样检查。

（5）锚墩混凝土抽样检查。

（6）预应力锚索张拉工作结束后，对每根锚索的张拉力及补偿张拉效果进行检查。

(7) 锚固段的岩体质量检查。锚固段的岩体必须达到施工图纸规定的岩体等级，否则需按监理工程师指示延长钻孔深度。岩体检查方法：对岩体较好，可明显判断岩体等级的由监理工程师和设计现场确认；复杂情况按监理工程师指示的方法（取岩芯等）进行检查。

7.3 验收试验和完工抽样检查

(1) 预应力锚索验收试验按施工图纸和监理工程师指示随机抽样进行验收试验，抽样数量不小于3束。验收试验在张拉后及时进行。

(2) 完工抽样检查。

1) 完工抽样检查以应力控制为准，实测值不得大于施工图纸规定值的105%，并不得小于规定值的97%。

2) 当验收试验与完工抽样检查合并进行时，其试验数量为锚索总数量的5%。

3) 完工抽样检查按监理工程师指示进行。

8 安全措施

压力分散型预应力锚索施工工序繁多，施工安全隐患较多，高空作业、交叉作业时有发生，为做好安全生产、文明施工，需做好如下安全防范措施。

(1) 施工前应对作业区围岩的松动块石、边坡孤石进行检查处理，根据需要设置挡石排或柔性拦石网等安全设施。

(2) 施工过程中应对作业区的岩土边坡的围岩稳定性进行定期检查评估，发现隐患及时处理。

(3) 岩土边坡在边开挖边支护时，每次爆破以后或雨后应对脚手架平台、紧固件、拉紧装置、安全设施及施工区域周围危险部位进行检查。

(4) 每次暴雨后应对边坡的稳定性进行检查评估，发现异常时及时停工，必要时及时撤离现场，等待处理。

(5) 预应力锚索施工承重排架（含脚手架），应根据现场情况和实际载荷进行设计、搭设、经验收合格后方能投入使用。

(6) 进入作业区人员必须戴安全帽，高空作业人员应系安全带、穿防滑鞋；钻、灌操作人员应戴防护口罩、风镜、耳塞等防护用品。

(7) 非作业人员不得进入锚索张拉作业区，张拉、放张时千斤顶出力方向45°范围内严禁站人。

9 环保措施

(1) 预应力工程施工应根据ISO14001，结合工程特点制定生态环境保护措施。

(2) 对职工进行生态环境保护教育，增强其生态环境保护意识和责任感。

(3) 岩质边坡锚固工程施工便道，孔位清理的弃渣应按业主指定地点及要求堆放。

(4) 岩体锚固钻孔要求：①钻机应配备消声、捕尘装置；②钻孔作业人员应佩戴隔音、防尘器具；③制定施工污水处理排放措施。

(5) 灌浆及混凝土施工要求：①水泥堆放应有防护设施，避免水泥粉尘散扬；②弃浆、污水应经处理才能排放。

(6) 施工废弃物不得随意倾倒江河或就地掩埋，应集中处理。

(7) 预应力工程施工结束，应对施工现场进行清理。

10 经济效益分析

压力分散型预应力锚索通过承载板和挤压头使锚固浆体以受压为主，内锚段应力集中程度和应力峰值随承载板数量的增加而得到缓解和降低，可充分调动地层潜在承载能力、提高锚固力。有利于在土体、破碎岩体等承载力较差地层中进行锚固施工，减短锚索长度，节约成本。另外，由于压力分散型锚索采用无黏结钢绞线，对钢绞线进行了有效防护，可综合提高预应力锚固的耐久性和安全性。由于采用跟管法、固壁灌浆、早强混凝土及浆液等多种有效措施，加快了施工进度，工程建设工期大大缩短，提前发挥工程的综合效益。

11　工程实例

11.1　黄金坪水电站

黄金坪水电站处于大渡河上游河段，上接长河坝梯级电站，下游为泸定电站。工程坝址位于四川省甘孜藏族自治州康定县姑咱镇黄金坪上游约 3km 处。黄金坪水电站是以发电为主的大（2）型工程。电站采用水库大坝和“一站两厂”的混合式开发。枢纽建筑物主要由沥青混凝土心墙堆石坝、

1 条岸边溢洪道、1 条泄洪洞、坝后小电站厂房和主体引水发电建筑物等组成。大坝为沥青混凝土心墙堆石坝，坝顶高程 1481.50m，最大坝高 95.5m。

左岸坝肩及溢洪道边坡最大开挖高程为 1627m，开挖底高程 1421m。边坡开挖坡比为 1∶0.3～1∶0.5，边坡高陡，边坡岩体完整性差，主要呈镶嵌结构、部分呈次块状结构、块裂结构，卸荷裂隙发育，深度达 100m 左右，布置 1000～2500kN 预应力锚索 3032 束，锚索深度 40～70m，2010 年 10 月开工，2012 年 5 月竣工。边坡强卸荷长度达 100m 以上，并且能在短期内完成这么多锚索，与布置压力分散型锚索及采用本工法施工是分不开的。

11.2　瀑布沟水电站

瀑布沟水电站位于大渡河中游，四川省汉源县及甘洛县境内，是一座以发电为主，兼防洪、挡砂等综合效益的特大型水利水电枢纽工程。电站总装机容量为 3600MW，安装六台单机容量 600MW 的混流式水轮机，保证出力 926MW，多年平均年发电量 145.85 亿 kW2h。该电站为国内首座砾石心墙堆石坝，最大坝高 186m，坝顶长 540m，正常蓄水位 850m，水库总库容 53.9 亿 m^3，调节库容 38.8 亿 m^3。

右坝肩心墙上游边坡 815.00m 高程以上岩体以块裂结构和碎裂结构为主，其完整性和稳定性均差，岩体主要以Ⅴ类为主。该部位岩体为沿中陡倾角结构面的卸拉裂变形体，为防止边坡岩体发生崩塌破坏设计布置了分散型预应力锚索，并采用本工法施工，减少了边坡破碎岩体中的扩孔工作，简化了施工工序，加快了施工进度。

11.3　猴子岩水电站

猴子岩水电站位于四川省甘孜藏族自治州康定县孔玉乡，是大渡河干流水电规划“三库 22 级”的第 9 级电站。电站装机容量 1700MW，单独运行年发电量 69.964 亿 kW·h。猴子岩水电站枢纽建筑物由面板堆石坝、泄洪洞、放空洞、发电厂房、引水及尾水建筑物等组成。大坝为面板堆石坝，坝顶高程 1848.50m，河床趾板建基面高程 1625.00m，最大坝高 223.50m。引水发电建筑物由进水口、压力管道、主厂房、副厂房、主变房、主变室、开关站、尾水高压室、尾水洞及尾水塔等组成，采用“单机单管供水”及“两机一室一洞”的布置格局。本工程初期导流采用断流围堰挡水、隧洞导流的导流方式。2 条导流洞断面尺寸均为 $13m^3 15m$（城门洞形，宽 3 高），同高程布置在左岸，进口高程 1698.00m，出口高程 1693.00m。1 号导流洞长 1552.771m（其中与 2 号泄洪洞结合段长 624.771m）平均纵坡 3.23，2 号导流洞长 1979.238m，平均纵坡 2.53.。

猴子岩水电站导流洞进口边坡支护采用压力分散型锚索进行支护。在不同长度的钢绞线末端套上载体和挤压套，锚固段注浆固结后，以一定荷载张拉对应于承载体的钢绞线，设置在不同深度部位的承载体将压应力通过浆体传递到边坡岩层，锚索的锚固范围和锚固力显著增加了，对岩层的应用范围进一步扩大，减少了边坡破碎岩体中的扩孔工作，简化了施工工序，最大限度地减少了破碎地段的挖方刷坡，保证了边坡岩层的稳定。

压力分散型预应力锚索施工工法图片资料见图 5～图 20。

图 5　偏心钻具

图 6　偏心钻头

图 7　偏心跟管

图 8　锚具

图 9　承载板

图 10　张拉机操作

图 11　孔位放样

图 12　钻孔施工

图 13　锚索编制

图 14　挤压锚头制作

图 15　挤压锚头保护

图 16　锚索安装

图 17　锚索注浆自动记录仪

图 18　锚索注浆

图 19　锚墩

图 20　锚索张拉

桥梁基础钻孔桩基施工工法

杨森浩　王连喜　谢宗良　谢德美　莫大源

1　前言

桥梁钻孔桩工艺于20世纪40年代初期在欧洲开始使用，50年代末开始运用于我国的桥梁基础中，其原理是在泥浆护壁条件下，利用机械钻进形成桩孔，将钢筋骨架吊入桩孔中，再采用导管灌注水下混凝土的施工方法。钻孔桩基础施工简便、操作易掌握，施工速度快，受气候环境影响小，因而，无论在铁路、公路、水利水电等大型建设，还是在各类房屋及民用建筑中都得到了广泛应用，在我国钻孔桩设计及施工水平也得到了长足的发展。

武警水电一总队在承建的宁安城际铁路NASZ－4标工程施工中，摸索出一套桥梁桩基的快速施工工法，现加以总结，形成本工法。

2　工法特点

(1) 施工时振动小、噪声小、无地面隆起或侧移，对环境和周边建筑物危害小。

(2) 大直径的钻孔桩直径大、入土深。

(3) 对于桩穿透的土层可作原位测试，以检测土层的性质。

(4) 扩底钻孔桩能更好地发挥桩端承载力。

(5) 可以穿透各种土层，可以嵌入基岩。

(6) 施工设备简单轻便，能在较低的净空条件下设桩。

3　适用范围

适用于国内在建或新建高速铁路的桥梁基础钻孔桩工程，公路、水利水电和城市建筑等其他领域的钻孔桩基础施工也可参照使用。

4　工艺原理

钻孔灌注桩是采用机械钻孔，成孔机械主要有螺旋钻机、冲抓锥、冲击钻、正循环回转钻机、反循环回转钻机、旋挖钻机等，在本工法中采用冲击钻成孔。使用卷扬机起吊锥头到一定高度时，放开锥头，锥头依靠自然下落产生的冲击力使岩土破碎，在地层中按要求形成一定形状（断面）的井孔，达到设计高程后，将钢筋骨架吊入井孔中，再灌注水下混凝土成为桩基础。

5　施工工艺流程及操作要点

5.1　施工工艺流程

桥梁基础钻孔桩施工工艺流程见图1。

5.2　操作要点

5.2.1　施工准备

(1) 开工前应具备场地工程的地质资料和必要的水文地质资料，桩基工程施工图及图纸会审纪要。

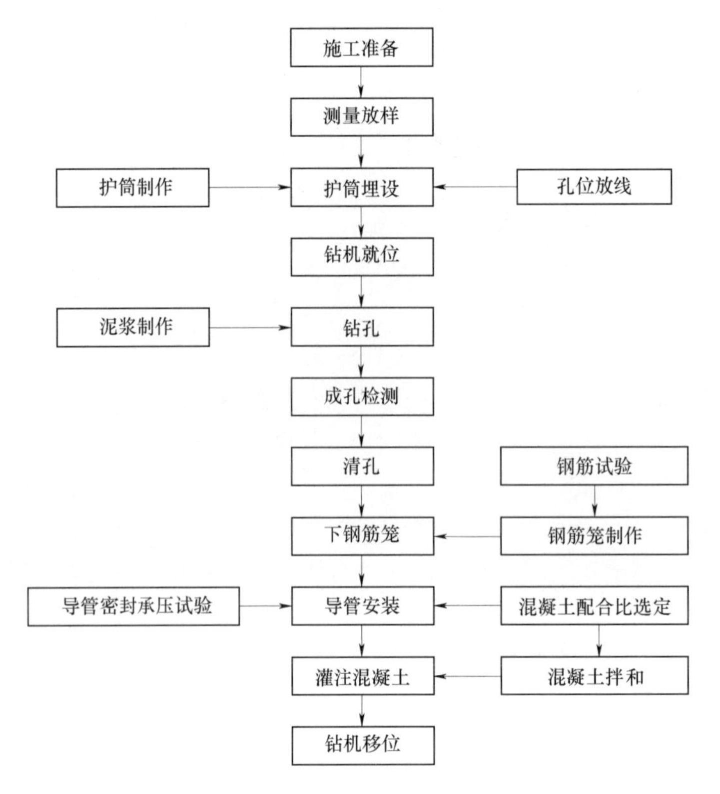

图1　钻孔桩施工工艺流程图

施工前根据地形、水文、地质条件及机具、设备、材料运输情况，规划施工场地，合理布置临时设施。

（2）做好施工现场环境和邻近区域内的地上地下管线（高压线、管道、电缆）、地下构筑物、危险建筑等的调查资料，确保不影响现场的施钻工作。

（3）对主要施工机械及其配套设备进行报验，对操作人员进行岗前培训，持证上岗，做好钢筋、砂石骨料、外加剂等各种原材料的检验，根据设计文件和规范要求完成混凝土配合比设计工作。

（4）施工前应进行工艺性试桩，通过试桩对设计勘察地质条件下所拟定的施工方案的可行性及施工机具设备的适用性进行检验，选定合理的成桩施工工艺。

5.2.2　护筒埋设

护筒采用6～12mm的钢板制作，内径比桩径大约20cm，埋深为护筒外径的1.0～1.5倍，但不得小于1.0m。护筒采用挖坑法埋设，四周用黏土填充并夯实，保证护筒底部不漏水。护筒顶面中心与设计桩位允许偏差不大于5cm，倾斜度不大于1%，顶部高出施工水位或地下水位2m，并高出施工地面0.5m。

5.2.3　钻孔施工

（1）泥浆制作前，先把黏土尽量打碎，使其在搅拌中容易成浆，缩短成浆时间，提高泥浆质量。制浆时，将打碎的黏土直接投入护筒内，使用钻头冲击制浆，待黏土已冲搅成泥浆时，即可进行钻孔。多余的泥浆用管子导入钻孔外泥浆池贮存，以便随时补充孔内泥浆。

（2）冲击钻开孔过程中，应按照“小冲程、勤松绳”原则进行，初始应低锤密击，当钻进深度超过钻头全高加正常冲程后，方可进行正常的冲击钻孔。钻进过程中，应勤松绳、适量松绳，每次松绳量应根据地质情况、钻头形式和钻头重量决定，不得打空锤；应勤抽渣，使钻头经常冲击新鲜地层。

（3）钻孔作业应分班连续进行，经常对钻孔泥浆性能指标进行检验，不符合要求时要及时调整；经常检查并记录土层变化情况，并与地质图核对。

（4）在不同的地层中，采用不同的冲程：黏性土、风化岩、砂砾石及含砂量较多的卵石层，宜用中低冲程，简易钻机冲程1～2m。砂卵石层，宜用中等冲程，简易钻机冲程2～3m。基岩、漂石和坚硬密实的卵石层，宜用高冲程，简易钻机冲程3～5m，最高不得超过6m。流砂和淤泥层，及时投入黏土和小片石。低冲程冲进，必要时反复冲砸。砂砾层与岩层变化处，为防止偏孔，用低冲程。抽渣或停钻后，再钻时，简易钻机应低冲程逐渐加高到正常冲程。

（5）钻头直径磨损不能超过1.5cm，应经常检查，及时用耐磨焊条补焊。并常备两个钻头轮换使用、修补。为防止卡钻，一次补焊不易过多，且补焊后在原孔使用时，宜先用低冲程冲击一段时间，方可用较高冲程钻进。

（6）钻进中钻头起吊应平稳，不得撞击孔壁和护筒，起吊过程中孔口严禁站人。

（7）冲击钻使用实心钻头，孔底泥浆密度不宜大于：砂黏土1.3g/cm^3；大漂石、卵石1.4g/cm^3；岩石1.2g/cm^3。

（8）为防止冲击振动使相邻孔孔壁坍塌或影响邻孔已浇筑的混凝土强度，应待邻孔混凝土强度达到5MPa后方可施钻。

5.2.4　一次清孔

采用掏渣法进行一次清孔。钻至设计孔深后，旋挖筒取渣时间相对延长，但不加压，即保证取尽钻渣，又避免超钻。如泥浆相对密度过大，采用高压水管插入孔底射水，直到泥浆性能指标满足要求为止。

一次清孔泥浆性能指标要求密度不大于1.1g/cm^3，含砂率小于2%，黏度17～20s，沉渣厚度要求柱桩不大于50mm，摩擦桩不大于200mm。

严禁采用超钻代替清孔。

5.2.5　成孔检验

钻孔完成后，及时对孔深、孔径、孔位、倾斜度进行检查。

（1）孔位检查。利用护桩检查钻杆中心是否与桩位一致。

（2）孔深检查。采用测锤法检测。测锤的形状采用锥形，锤底直径13～15cm，高20～22cm，重4～6kg，绳具采用标准测绳，测绳每次使用前均用钢尺进行标定。

（3）孔径、倾斜度的检测。采用自制探孔器进行检测。探孔器采用Φ20mm钢筋制作，外径等于桩径，1m直径桩基探孔器长度取6m。检测时，将探孔器吊起，孔的中心与起吊钢丝绳保持一致，对准钻孔中心慢慢放入孔内，上下通畅无阻表明孔径、倾斜度满足质量要求。

5.2.6　钢筋笼制作安装

（1）钢筋笼制作。钢筋笼主筋采用闪光对焊，两结合钢筋轴线保持一致；同一截面内接头数量不得超过钢筋总数量的50%。钢筋笼上每隔2m对称设置4块混凝土保护层垫块。钢筋笼存放的场地必须保证平整、干燥。存放时，宜每隔2m设置衬垫，使钢筋笼高于地面不小于5cm，并应加盖防雨布。

（2）钢筋笼安装。钢筋笼采用运输车运输时要保证在每个加强箍筋处设支承点，各支承点高度相等，保证钢筋笼不变形。

钢筋笼宜整体吊装入孔，吊装过程中应严防孔壁坍塌。钢筋笼入孔后，应准确牢固定位，防止混凝土浇筑过程中钢筋骨架上浮或下沉。

5.2.7　导管安装

导管采用内径20～30cm的钢导管，中间节长度宜为2m等长，底节为4m，漏斗下宜用1m长导管。使用前先试压，不得漏水。导管使用前按顺序编号，在每节上按自下而上标示尺度，导管组装后轴线偏差不宜大于孔深的0.5%，亦不大于10cm。每次使用时都应对法兰盘、橡胶圈、连接螺栓做认真检查。

导管底端距孔底的距离，应能保证隔水球塞或其他隔水物沿导管下落至导管底口后，能顺利排除管外。

5.2.8　二次清孔

导管下放到位后，检查泥浆性能指标及孔底沉渣厚度是否满足混凝土灌注要求，若不满足要求，进行二次清孔。

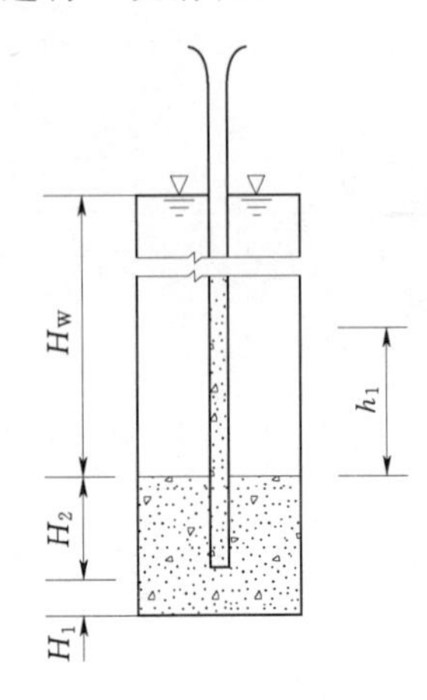

图 2　首批混凝土灌注示意图

二次清孔采用换浆法。先在导管上口连接好管头，管头与导管采用螺栓连接，然后将高压泵与管头连接好，向孔内注入符合清孔后泥浆性能指标的新泥浆，清孔时，勤摇动导管，改变导管在孔底的位置，保证沉渣置换彻底。当泥浆各项指标满足要求后停止清孔，进行水下混凝土灌注。

5.2.9　水下混凝土灌注

(1) 采用直升导管法进行水下混凝土的灌注。混凝土灌注期间用吊车吊放拆卸导管。

(2) 水下混凝土施工采用混凝土灌车运输。灌注前应检测混凝土入孔温度、含气量、坍落度等指标，符合要求后灌注。混凝土灌注工作要在首批混凝土初凝以前的时间内完成。

(3) 水下灌注时先灌入的首批混凝土，其数量必须经过计算，使其有一定的冲击能量，能把泥浆从导管中排出，并保证把导管下口埋入混凝土的深度不小于 1m 且不宜大于 3m，采用储料斗灌注。首批混凝土灌注见图 2。

首批灌注混凝土的数量采用如下式 (1) 计算：

$$V \geqslant \frac{\pi D}{4}(H_1 + H_2) + \frac{\pi d}{4} h_1 \tag{1}$$

$$h_1 = H_w \gamma_w / \gamma_c \tag{2}$$

式中　V——灌注首批混凝土所需要数量，m^3；

D——实钻桩孔直径，m；

H_1——桩孔底至导管底端间距，一般为 0.4m；

H_2——导管初次埋置深度，m；

d——导管内径，m；

h_1——桩孔内混凝土达到埋置深度 H_2 时，导管内混凝土柱平衡导管外（或泥浆）压力所需的高度，m；

H_w——桩孔内混凝土面至桩孔内泥浆顶面高度；

γ_w——泥浆密度；

γ_c——混凝土密度。

(4) 使用拔球法灌注第一批混凝土。灌注开始后，应紧凑、连续地进行，严禁中途停工。在整个灌注过程中，导管埋入混凝土的深度一般控制在 2～6m 以内。严格控制导管埋深，防止导管提漏或埋管过深拔不出而出现断桩。导管埋深要考虑混凝土表面的浮渣厚度。灌筑混凝土过程中要做好记录。

(5) 灌注水下混凝土时，随时探测钢护筒顶面以下的孔深，并计算所灌注的混凝土面高度，以控制导管埋入深度和桩顶标高。

(6) 在混凝土灌注过程中，要防止混凝土拌和物从漏斗溢出或从漏斗外掉入孔底，使泥浆内含有水泥而变稠凝固，致使测深不准。同时应设专人注意观察导管内混凝土下降和井孔水位上升，及时测量复核孔内混凝土面高度及导管埋入混凝土的深度，做好详细的混凝土施工灌注记录，正确指挥导管的提升和拆除。探测时必须仔细，同时以灌入的混凝土数量校对，防止错误。

(7) 施工中导管提升时应保持轴线竖直和位置居中，逐步提升。加快拆除导管动作，拆装一次时间一般不宜超过 15min。要防止工具掉入孔中，已拆下的导管要立即清洗干净，堆放整齐。

(8) 混凝土灌筑顶面要高出设计桩顶约 0.5～1m，在浇筑完 7～10d 后将混凝土凿除至设计标高。

6　材料与设备

施工所用材料和设备分别见表 1 和表 2。

表 1 材 料 表

项目	材料名称	规格型号	单位	备 注
水下钻孔灌注桩	混凝土	C40	m^3	位于二氧化碳侵蚀环境的桩基采用 C40 混凝土，其余采用 C30 混凝土
	HRB235 螺纹筋	ϕ20 或 ϕ16	t	连续梁主墩桩基主筋为 ϕ20
		ϕ16 和 ϕ8	t	箍筋

表 2 设 备 表

序号	名 称	规 格 型 号	单位	数量
1	冲击钻	JK6	台	11
2	冲击钻	ZZ-5	台	11
3	挖掘机	SR200C	台	1
4	装载机	ZL50	台	1
5	25t 汽车吊	QY-25C	台	1
6	泥浆车	10t	台	2
7	混凝土运输车	$8m^3$	台	6
8	混凝土输送泵	HBT60	台	1
9	钢筋笼成型机	JL-1	台	1
10	钢筋切断机	CQ-40	台	1
11	钢筋弯曲机	GJ2-40	台	1
12	钢筋调直机	GT4-8	台	1
13	电焊机	AXC-400-1	台	5
14	全站仪	托普康 GTS-102N	台	1
15	高精度水准仪	CST32X	台	1

7 质量控制

钻孔桩是一种深入地下的隐蔽工程，其质量不能直接进行外观检查，在施工全过程中，钻孔桩质量主要靠中间工序的质量控制，严格施工过程中质量控制是保证工程质量最有效的手段，严格要求每个孔、每一层、每一段的过程质量控制。

施工前，根据工程实际情况，组织技术人员反复认真讨论研究，结合以往钻孔桩施工经验，确立一套适用于本工程地质条件的技术措施和工艺流程，从造孔到下设钢筋笼，再到最后的混凝土浇注等，细化到每一个环节，都制定相应的技术质量控制和检查验收标准，从技术上对工程施工质量作出保证。质量标准及要求见表 3。

表 3 质 量 标 准 和 要 求

序号	质量控制项目	质量标准和要求	施工单位检验方法	监理检验方法
1	测量放样	桩位放样误差：要求中心位置≤5mm	全站仪测量	检查测量资料
2	护筒埋设	护筒严密不漏水，回填密实，埋深满足施工要求，顶面位置≤50mm；倾斜度≤1%；孔内水位宜高于护筒底脚 0.5m 以上	观察、测量检查	观察
3	钻机就位	有防止钻机下沉和位移的措施，钻头或钻杆中心与桩位中心偏差不大于 5cm；钻头直径满足成孔孔径要求	观察、水准仪抄平、尺量	尺量
4	开钻钻进	泥浆指标根据钻孔机具和地质条件确定。针对卵石层情况，新制泥浆密度指标控制在 1.1～1.3g/cm^3 为宜，钻孔过程中做好钻孔记录，进入岩层或卵石层技术干部现场核实	泥浆指标测试、抽渣取样，尺量	见证检验
5	终孔检查	孔深≥设计孔深，孔径≥设计桩径，倾斜度<1%	测量检查和检孔器或成孔检测仪器检查	全部见证

续表

序号	质量控制项目	质量标准和要求	施工单位检验方法	监理检验方法
6	钢筋笼加工	单面焊≥8d；双面焊≥4d；焊缝厚度≥0.3d；焊缝宽度≥0.8d；主筋间距≤±0.5d；箍筋间距≤±20mm	尺量检查不少于5处	尺量
7	钢筋笼入孔及焊接	声测管接头严密不漏水，绑扎牢固，间距均匀；保护层误差不小于设计值；接头箍筋绑扎满足设计和验标要求；控制吊筋位置和长度来控制笼顶标高和位置，钢筋笼平面位置偏差≤10cm，底面高程偏差≤±10cm	观察和尺量	见证检查、隐蔽工程验收
8	下导管	导管接头牢固，严密不漏水；控制导管长度和导管节数，导管下口距孔底控制在40cm左右	观察、尺量	检查原始记录
9	二清	泥浆指标≤1.1g/cm^3，含砂率≤2%，黏度17～20s，孔深≥设计桩长；沉渣厚度：柱桩≤5cm；摩擦桩≤20cm	泥浆指标测试仪，测绳量测	见证检测
10	混凝土浇注	混凝土坍落度控制在18～22cm，首罐混凝土导管埋深1～3m，控制拔管长度，导管埋深控制在2～6m；在灌注过程中，混凝土连续浇注，每根桩的灌注时间宜在混凝土的初凝时间内完成，混凝土浇注高度高出设计桩顶0.5～1m	坍落度筒、测绳量测和混凝土反算相校核，做好灌桩记录	旁站监理
11	混凝土强度	≥设计强度的1.15倍	标准养护试件抗压试验	见证检测
12	桩身完整性	Ⅰ类桩≥90%，无Ⅲ类桩	全部检测	全部见证检测

8　安全措施

（1）施工前对所有施工人员进行安全教育和安全交底，增强全员的安全生产意识，牢固树立“安全第一，预防为主”的观念，明确安全生产目标。

（2）在施工现场悬挂安全标志牌，以引起现场的人员对安全隐患的注意，非工作人员进入现场进行必要的安全指导和宣传。

（3）建立安全检查制度：指定的专职安全员必须持证上岗，并保证人员落实，跟班上岗。对机械设备、操作工序进行定期或不定期检查的项目、内容、标准应作出规定，对限期整改的安全隐患，要及时反馈信息，坚决落实。强调和规定施工机组进行安全自检。

（4）如遇大雨、雪、雾和六级以上大风等恶劣气候，应停止作业。风力超过七级或有强台风警报时，应将钻机顺风向停置，并将立柱下降至地面，动力头降至最底点，雷电天气，人员要远离钻机。

（5）钻孔桩施工时必须对桩位进行探桩，探测地下有无高压线，此外，现场施工用电必须接触电保护器。

（6）钻机移位时，观察道路情况，及时采取加固措施，防止碰撞结构物、翻车等事故发生。

（7）钻机就位后，对钻机及配套设施进行全面安全检查。

（8）钻机钻进时紧密监视钻进情况，观察孔内有无异常情况、钻架是否倾斜、各连接部位是否松动、是否有塌孔征兆，有情况立即纠正。

（9）灌注混凝土时，漏斗的掉具、漏斗、串角挂钩和吊环均要稳固可靠。泵送混凝土时，管道支撑确保牢固并搭设专用支架，严禁捆绑在其他支架上，管道上不准悬挂重物。

9　环保措施

（1）严格遵守国家及当地政府、环保部门有关环境保护及文明施工的法律、法规及有关规定，遵守工程的有关规定和发包方的规划。

（2）成立环境保护领导机构，全面负责该工程施工期间的环境保护工作，实现标准化文明施工工地。

（3）施工产生的废弃土、砂石料、废弃泥浆等，在施工期间和施工结束后要即时清理，妥善处理，不能乱倒乱弃，不得影响排灌系统和农田水利设施，减少对环境的污染，防止对河道、溪流造成淤积。

（4）施工期间，要保护植被和动物，不得乱砍滥伐，不得捕杀任何鸟类和动物。

（5）若在居民集中区等环境敏感区施工，要严格控制噪声，合理安排作业时间、有条件时可采取隔声罩、声屏障等临时降噪措施。

（6）为减少施工作业产生的扬尘，根据实际情况，应采取道路硬化、洒水措施；运输细料和松散料，运输过程和堆放时均要采取遮盖措施。

10 效益分析

（1）合理的资源配置：根据工程总工期要求，按照先桥台、连续梁桩基施工的原则，编制合理的桩基施工计划，再根据桩基施工进度安排，编制合理的劳动力进场计划、材料进场计划、机械设备进场计划及资金使用计划，充分利用资源，控制成本投入。

（2）施工准备工作：根据桩基施工安排，提前做好钻孔平台的搭设、钢护筒的埋设及泥浆池的布置，保证钻机就位后立刻投入施工。

（3）强化工序控制：施工现场配备素质高、能力强、有丰富经验的管理人员，加强施工过程中质量监督检查，确保各道工序一次顺利完成，减少返工、窝工造成的时间浪费。

（4）调度指挥系统：工程调度室根据施工生产计划和安排，对施工生产活动进行调控和指挥，做好对内对外的协调工作，对施工过程中出现的问题及时传达给有关部门和人员，确保施工生产各环节、各专业、各工种之间的平衡与协调，确保施工按进度计划顺利实施。

11 应用实例

新建南京至安庆铁路黄梅山特大桥位于安徽马鞍山境内，桥梁全长 2097.77m，起讫里程为 DK50＋384.110～DK52＋481.880。地貌上属于长江沉积平原区，地形较为平坦开阔，河渠纵横交错，房屋及道路众多，该桥区内断裂不发育，没有区域性断裂通过桥位区。主要岩性为种植土、粉质黏土、闪长岩、凝灰岩。本桥共有 63 个墩和两个桥台（南京台和安庆台），桥梁基础全部采用钻孔灌注桩基础，共 565 根，总长 16314.5m，C40 混凝土 13177m^3。最长桩基位于 35 号墩，桩长 37.00m，最短桩位于 1 号墩和 63 号墩，桩长 20.00m。

黄梅山特大桥在组织大面积冲击钻展开施工前，于 2010 年 7 月 15 日取不同桩基（柱桩和摩擦桩）进行工艺性试桩，确定施工参数和最佳机具设备配置。之后根据施工计划先桥台、连续梁桩基施工，后其余桩基施工。施工中按照施工计划安排，做好施工准备、工序衔接，现场干部值班，严格控制每道工序质量，统筹协调施工中遇到的问题，确保一次成优。本桥桩基与 2011 年 3 月 28 日完成，所有桩基经第三方检测，桩身完整，全部达到Ⅰ类桩要求。

桥梁基础钻孔桩基施工工法图片资料见图 3～图 9。

图 3　钻孔平台搭设

图 4　钻机就位

(a)

(b)

图5　钻孔

图6　探孔器检测

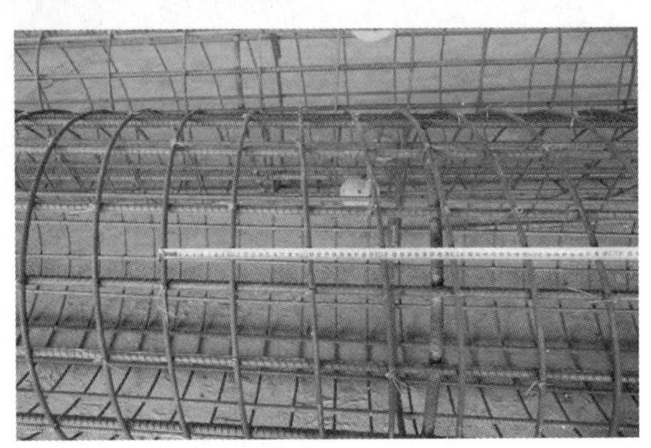
图7　钢筋笼加工

(a)

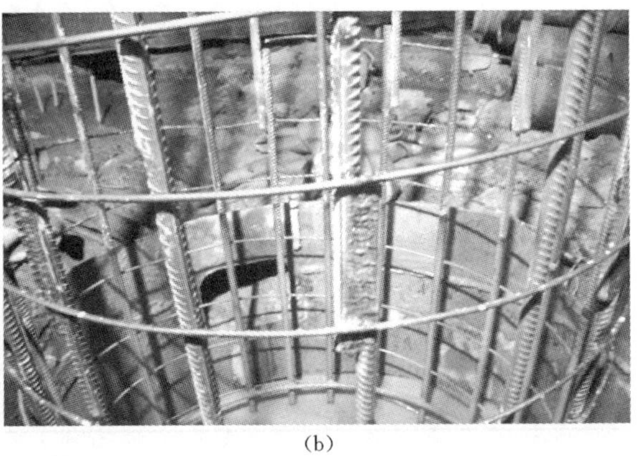
(b)

图8　钢筋笼安装

(a)

(b)

图9　混凝土灌注

心墙掺砾土生产施工工法

唐先奇　黄宗营　张耀威　张礼宁　于　洋

1　前言

心墙堆石坝中采用掺砾土作为心墙防渗土料在以前是很少见的，但随着现在大坝填筑施工技术的发展，当地材料坝心墙堆石坝坝高的不断突破，200m、300m级的当地材料坝，已成为我国建坝的新潮流。对于200m、300m级高心墙堆石坝，单纯采用纯黏土作为心墙堆石坝的防渗土料已不能满足设计抗剪指标要求。云南糯扎渡大坝为掺砾土心墙堆石坝，坝高261.5m，心墙掺砾土料工程量大，质量要求高，在本工程大坝施工过程中，不断总结优化施工布置、工艺参数形成了本工法。

2　工法特点

（1）土石料在指定的专门备料场进行掺合，掺合工程量大、强度高，需配置大型掺合设备。

（2）掺合受气候影响大，雨季无法掺合。

（3）土料场距掺合料场较远，掺合料场距大坝填筑工作面也较远，需要较多的运输车辆，且要保证土料掺合前距掺合后上坝填筑的含水率。

3　适用范围

本工法适用于大规模的掺砾土料掺合施工。

4　工艺原理

根据设计要求的各项技术指标，通过现场掺拌试验取得施工参数，利用相应的施工设备对掺砾石和土料进行运输、摊铺、掺拌，使其各项指标满足设计要求；保证掺砾土掺拌均匀，土石比例、含水率合乎要求，既保证质量，又合理利用资源，降低成本，缩短工期。

5　施工工艺流程及操作要点

5.1　施工工艺流程

掺砾土料掺拌工艺流程见图1。

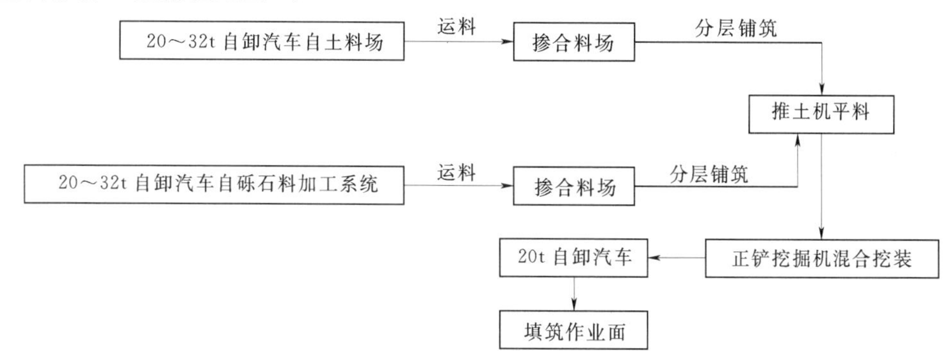

图1　掺砾土料掺拌工艺流程图

5.2　施工操作要点

5.2.1　掺合场地规划

砾石土料掺合场设置四个料仓，保证两个储料、一个备料、一个开采。砾石土料掺合场料仓布置见图 2。

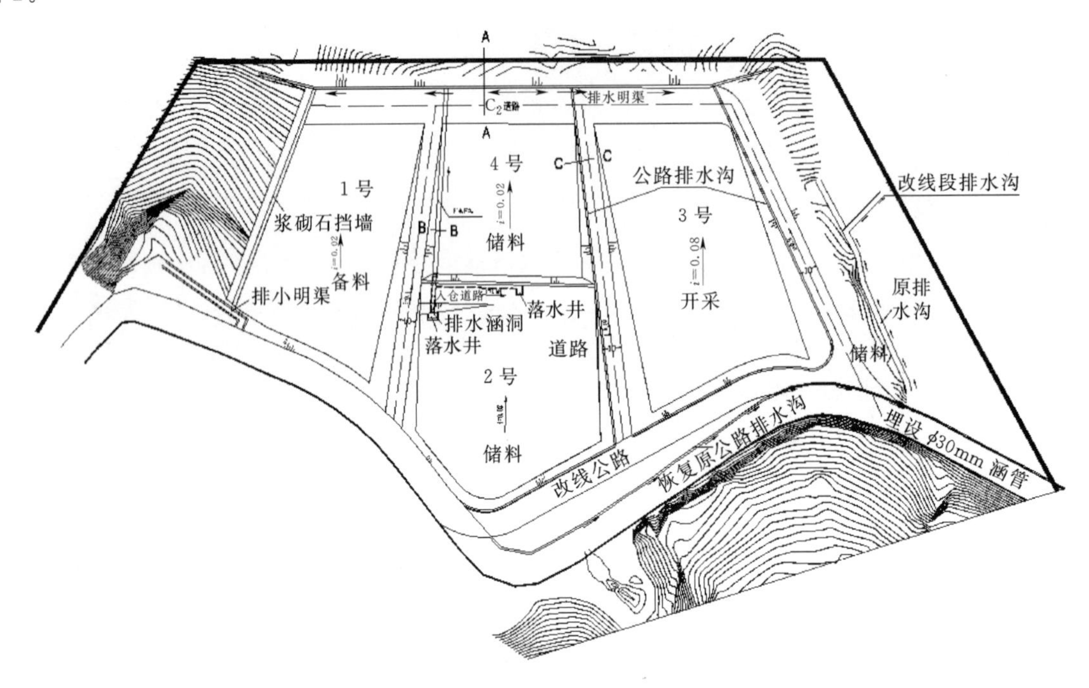

图 2　掺合料场料仓布置图

5.2.2　照明准备

黏土砾石掺合场每个料仓周围布置三个镝灯，保证夜间施工照明。

5.2.3　掺合场截、排水布置

黏土砾石掺合场料仓底部坡度 2%，公路设排水沟，以免雨水进入料仓。靠近料仓外侧设排水沟将公路及场内积水排出场外，以减少对堆料坡脚的冲刷。

5.3　掺砾土料备料

5.3.1　料源

（1）掺砾石土料在掺合料场摊铺及掺拌。

（2）土料从农场土料场开采，砾石料从砾石料加工系统生产。

（3）由于掺砾石成品料落料口离地面较高，成品料进入料堆易出现料源分离现象，在装料时须用反铲或装载机将成品料掺拌均匀后方可装车。

5.3.2　运输、铺料

（1）土料与砾石料按 65：35 的重量比铺料，铺料方法为：先铺一层 50cm 厚的砾石料，再铺一层 110cm 的土料，然后第二层砾石料（50cm 厚）和第二层土料（110cm 厚），如此相间铺设，每一个料仓铺 3 互层。

（2）料仓铺料时作业面上设 2～3 人手持红绿旗指挥卸料，卸料指挥员发出卸料信号后方可卸料，运输司机不得随意卸料。

（3）砾石料采用进占法卸料，并用湿地推土机及时平整。

（4）土料采用后退法卸料。指挥卸料时，应根据铺层厚度、运输车斗容的大小来确定卸料料堆之间的距离，以利湿地推土机平料。

（5）备料层略向外倾斜，以保证雨水从塑料薄膜上自然排出仓外。

5.3.3 层厚控制

铺料前，在料仓边墙用红油漆做好铺料厚度标记，掺合场基础要求平整度按铺料厚度的10%控制；现场铺料、推料采用有明显层厚标志的标杆控制，每层铺料过程和铺料完成后采用全站仪以20m×20m网格进行测量，以确保铺料层厚。

5.3.4 料源掺拌

（1）每个料仓必须备料完成后，才允许掺合挖运上坝。掺砾土料挖装运输上坝前，必须用正铲立采混合掺合均匀。掺合方法为：正铲铲斗从料层底部自下而上挖装，铲斗举到空中把料自然抛落，重复做三次。

（2）掺拌合格的砾石土料采用4～6m³的正铲装料，由20～32t自卸汽车运输至填筑作业面。

掺砾石土料备料参见图3，砾石土料掺合工艺见图4。

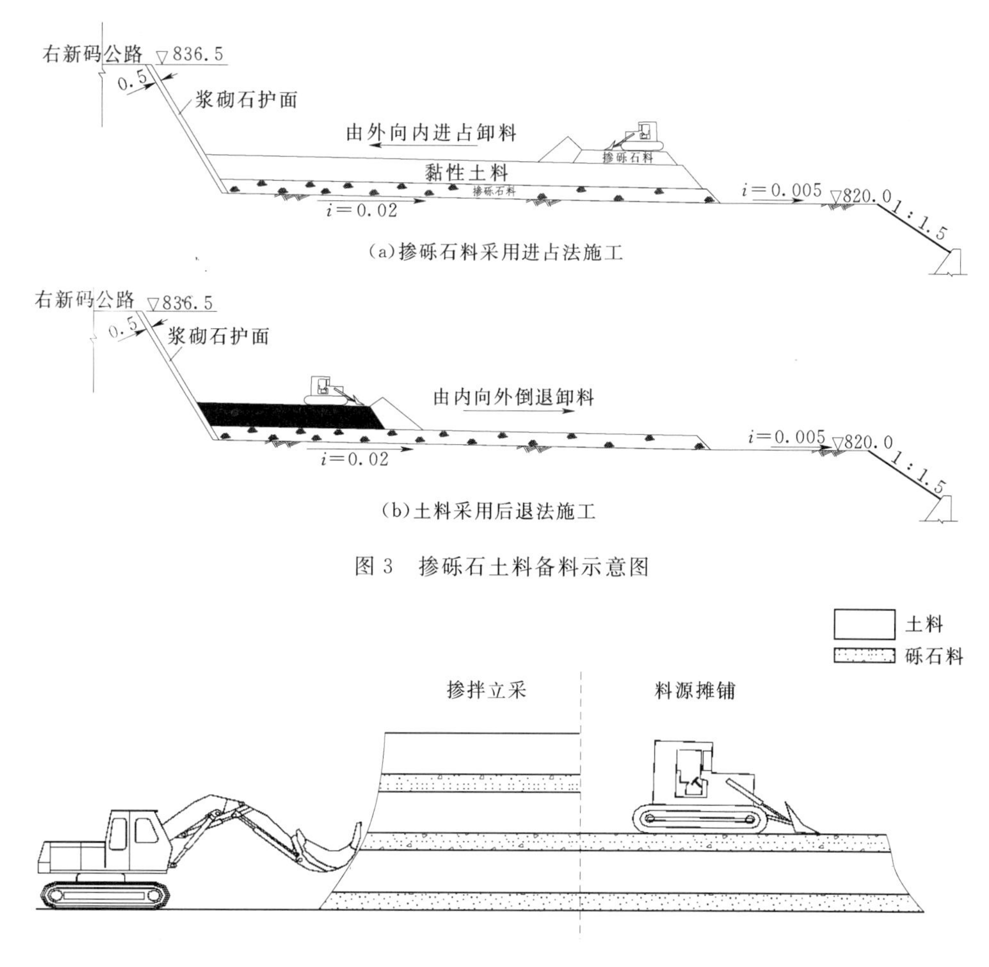

(a)掺砾石料采用进占法施工

(b)土料采用后退法施工

图3 掺砾石土料备料示意图

图4 砾石土料掺合工艺图

5.3.5 防雨、防晒

根据前期防雨布覆盖效果不理想的实际状况，目前采用不覆盖对填筑合格作业面进行光面处理的形式进行防雨防晒。

为便于排水，填筑面自下游向上游面倾斜，下游高，上游低，坡度为2%。在雨天到来之前，对已填筑合格的作业面上，采用光面振动碾对新填筑的土料进行碾压封闭，以利于汛期暴雨来临时自然排水。

6 材料与设备

掺砾土掺拌施工机具设备见表1。

表1　掺砾土掺拌施工机具设备表

序号	设备名称	型号规格	单位	数量	用　途
1	砾石加工系统		座	1	生产砾石
2	液压反铲	$2.0m^3$	台	3	装砾石料
3	正铲	$4.0\sim6.0m^3$	台	5	掺拌、装车
4	装载机	$3.0m^3$	台	1	辅助作业
5	自卸汽车	25t	辆	25	土料及石料运输
6	推土机	320hp	台	3	土料及石料摊铺

7　质量控制

7.1　料源质量检查

土料开采过程中，应随时跟踪并进行土料含水率和颗粒级配的检测，确保土料的含水率和级配满足设计要求；掺砾石料在加工系统生产过程中，应加强对成品料的取样检测，确保砾石料级配满足设计要求。

7.2　铺料过程质量控制

（1）严格按照土料砾石掺合试验所确定的土料和石料层厚铺填。

（2）施工、质检人员在推土机铺料过程中，应用自制量尺或钢卷尺，随时对铺料厚度进行检测，不符合施工要求时，应及时指挥司机调整推土机刀片高度，对铺料超厚部位及时处理。

（3）运输车辆进入料仓的路口应频繁变换，避免土料过压现象。

（4）推土机平料时，保证每层料厚度均匀。

7.3　掺拌质量控制

（1）严格按要求进行掺拌，保证掺拌时正铲是从最下层起挖，一次挖到最上层。

（2）保证掺拌次数足够，现场管理人员对掺拌次数不够的掺砾土料进行及时纠正，保证足够次数的掺拌后才能装车上坝。

（3）根据填筑碾压后颗粒级配试验成果可以发现掺拌是否均匀，对掺拌有指导意义，在上料前对掺砾石料进行抽样检查。

7.4　保水措施质量控制

旱季长期不下雨，土料含水率下降，直接在土料开采场补水比较困难，采取在掺砾土料场进行补水。在料仓布置可移动软管，从第二层开始，每铺完一层石料，人工进行全仓面洒水进行补水，水透过砾石层渗进下面的土料，最上一层土料铺完后，覆盖塑料膜保湿，直到上坝前，由于掺砾土料场距大坝较远，考虑一定的挥发量，掺砾土料场试验检测含水率可以比设计要求略高。

7.5　验收

每个料仓铺料碾压完成后，经质检人员“三检”合格后通知监理工程师进行验收，验收合格后方可进行下一个料仓的备料。

8　安全措施

（1）认真贯彻“安全第一、预防为主”的方针，根据国家有关规定、条例，工程实际组建安全管理机构，制定安全管理制度，加强安全检查。

（2）进行危险源的辨识和预知活动，加强对所有作业人员和管理人员的安全教育。

（3）加强对所有驾驶员和机械操作手等特殊工种人员的教育和考核，所有机械操作人员必须持证上岗。

（4）严格车辆和设备的检查保养，严禁机械设备带病作业和超负荷运转。

（5）加强道路维护和保养，设立各种道路指示标识，保证行车安全。

（6）加强现场指挥，遵守机械操作规程。

9 环保措施

（1）对开挖、交通运输车辆、推土机和挖掘机等重型施工机械排放废气造成污染的大气污染源，采取必要的防治措施，做到施工区的大气污染物排放满足《大气污染物综合排放标准》（GB 16297—1996）二级标准要求。

（2）本工法施工车辆多，运行中容易扬尘，必须加强对路面和施工工作面的洒水，控制扬尘污染。施工期间应遵守《环境空气质量标准》（GB 3095—1996）的二级标准，保证在施工场界及敏感受体附近的总悬浮颗粒物的浓度值控制在其标准值内。

（3）所有运输车辆必须加挂后挡板，防止掺砾土运输途中土块沿路洒落。

（4）加强路面维护，疏通路边排水沟，防止雨天路面积水和污水横流。

（5）加强设备维护保养，所有设备保持消声设施完好，降低噪声污染。

（6）设备维修和更换机油时，必须开到地槽处或下部做好垫护，防止机油等废液污染土壤。

（7）做好开采料场的规划和水土保持，防止水土流失。

（8）对不合格的废料按规划妥善处理，严禁随意乱堆放，防止环境污染。

（9）做好施工现场各种垃圾的回收和处理，严格垃圾乱丢乱放，影响环境卫生。

10 效益分析

本工法解决了大规模、工程量大的掺砾土心墙填筑中的掺砾土料的生产、掺拌问题，具有很高的应用推广价值。本工法解决了砾石生产、土料制备、铺料、掺拌、保水等施工工艺，为今后类似工程提供直接借鉴。

11 工程实例

糯扎渡水电站位于云南省普洱市翠云区和澜沧县交界处的澜沧江下游干流上（坝址在勘界河与火烧寨沟之间），是澜沧江中下游河段八个梯级规划的第五级。坝址距普洱市 98km，距澜沧县 76km。水库库容为 $237.03\times10^8m^3$，电站装机容量 5850MW（9×650MW）。工程总投资 600 多亿元，大坝为直立掺砾土心墙堆石坝，坝顶高程为 821.5m，坝顶长为 630.06m，坝顶宽度为 18m，心墙基础最低建基面高程为 560.0m，最大坝高为 261.5m，上游坝坡坡度为 1：1.9，下游坝坡坡度为 1：1：8，掺砾土总填筑量约 480 万 m^3。

本工程掺合料场为大坝心墙提供合格料超过 470 万 m^3，为大坝心墙填筑提供了充足合格的掺砾土料，为大坝的顺利填筑奠定了坚实的基础。

心墙掺砾土生产施工工法图片资料见图 5～图 14。

图 5 砾石生产

图 6 土料开采

图7　砾石铺料（进占法卸料）

图8　土料铺料（后退法卸料）

图9　铺完上层料后用塑料膜覆盖保水

图10　旱季洒水车在砾石层补水增中土料含水率

图11　土层表层喷雾补水保湿

图12　三互层备料断面

图13　土石掺拌三次

图14　掺拌后装车上坝

下篇 专利汇编

堆石坝料用移动加水站

1 专利号

专利号为 ZL 2010 2 0109229.6。

2 申报日期

申报日期为 2010 年 2 月 5 日。

3 授权日期

授权日期为 2010 年 10 月 6 日。

4 发明人

发明人为唐先奇、黄宗营、吴幼松、章国红。

5 目前法律状态

目前法律状态为专利权维持。

6 专利摘要

本实用新型专利涉及一种可移动式的加水站，具体是为堆石坝料提供洒水工序的加水站。加水站包括加水系统和驱动系统，加水系统安装在驱动系统内，驱动系统驱动加水站移动，加水系统包括进水设备、加水设备、支撑设备和回转设备。进水设备与加水设备贯通，进水设备和加水设备安装在支撑设备上，支撑设备安装在回转设备上。本实用新型专利提供一种能够移动加水、加水量大、有效确保坝料加水的质量，同时不会对路面造成污染，有利于保证运输车辆行驶安全的堆石坝料移动加水站。

7 技术领域

本专利涉及一种可移动式的加水站，具体为堆石坝料提供洒水工序的加水站。

8 背景技术

堆石坝为典型的当地材料坝，具有经济、快速施工的特点，在堆石坝体填筑过程中为了软化石料的棱角，有利于坝料碾压密实，加速坝体稳定沉降变形，需要对上坝的石料充分洒水（一般为其体积的 10%左右），保持石料湿润。糯扎渡水电站大坝为掺砾石土心墙堆石坝，坝顶高程为 821.5m，坝顶长 630.06m，设计最大坝高为 261.5m，坝体填筑总量约 3300 万 m^3，其中堆石料填筑约 2600 万 m^3。该大坝为目前在建和已建的同类坝型中属亚洲第一、世界第三的高坝。

以往堆石坝填筑坝料加水一般采用在坝外路口设置固定加水站的方案，即在自卸车运料上坝前，在自卸车经过路段的适当位置设置加水站对石料进行加水。主要缺点有两方面：一方面加水后的自卸车车箱容易淌水，特别是上坡路段，石料水流失大，达不到加水的预期效果；另一方面造成路面污染，污水横流，路面湿滑，严重影响行车安全和文明施工。

9　内容

本发明提供一种能够移动加水、加水量大、有效确保坝料加水的质量，同时不会对路面造成污染，有利确保运输车辆行驶安全的堆石坝料用移动加水站。堆石坝料用移动加水站，其特殊之处在于：加水站包括加水系统和驱动系统，加水系统安装在驱动系统内，所述驱动系统驱动加水站移动，所述加水系统包括进水设备、加水设备、支撑设备和回转设备，所述进水设备与加水设备贯通，进水设备和加水设备安装在支撑设备上，支撑设备安装在回转设备上；所述进水设备包括进水阀门、进水管和水箱；所述加水设备包括加水控制阀门、加水管和洒水花管，加水管的一端与水箱底部贯通，加水管的另一端贯通洒水花管；进水管与加水管互相平行。堆石坝料用移动加水站示意图见图 1，改装过程见图 2，正常运行加水见图 3。

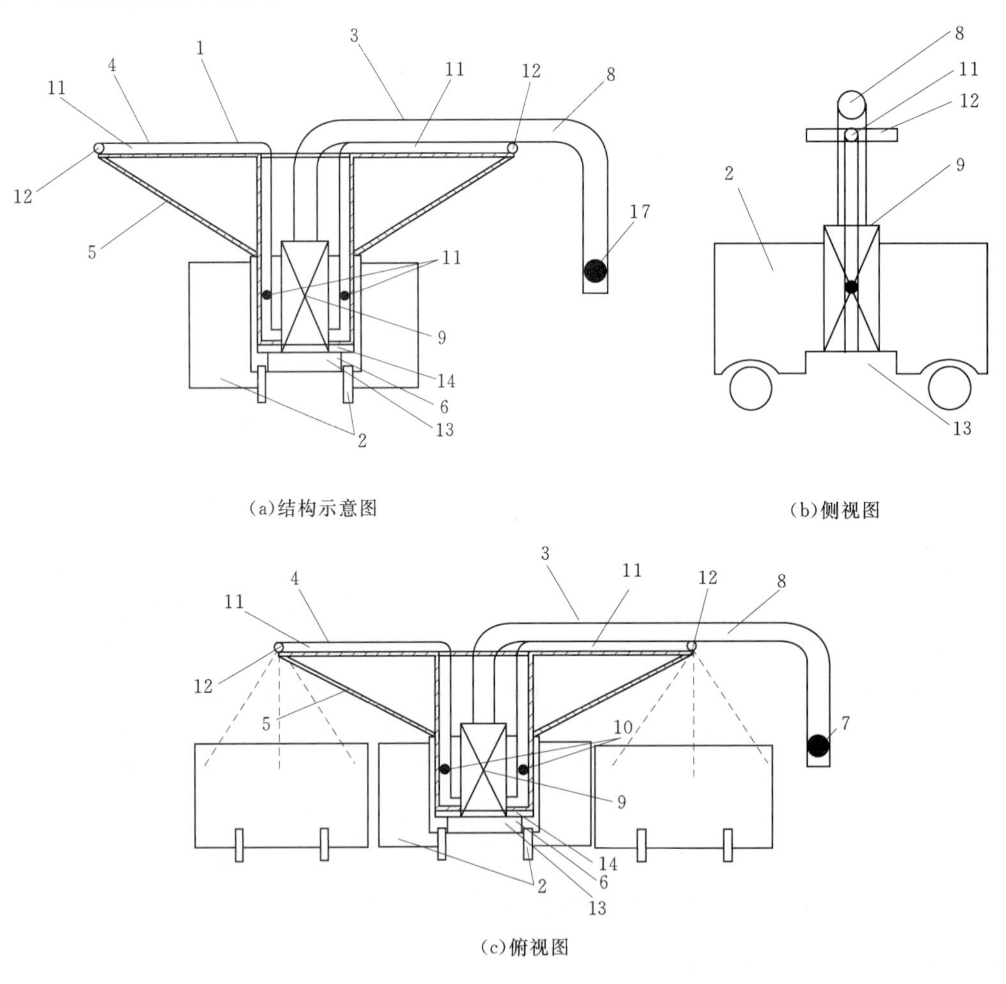

(a)结构示意图　　(b)侧视图

(c)俯视图

图 1（一）　堆石坝料用移动加水站示意图

1—加水系统；2—驱动系统；3—进水设备；4—加水设备；5—支撑设备；6—回转设备；7—进水阀门；8—进水管；9—水箱；10—加水控制阀门；11—加水管；12—洒水花管；13—轮毂轴承；14—平台

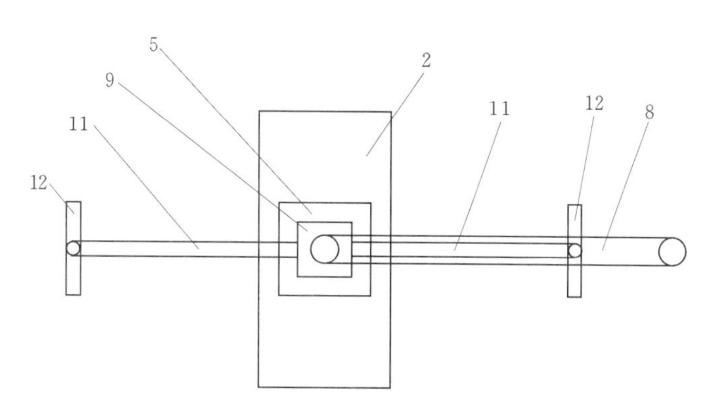

(d)加水示意图

图1（二） 堆石坝料用移动加水站示意图

1—加水系统；2—驱动系统；3—进水设备；4—加水设备；5—支撑设备；6—回转设备；7—进水阀门；8—进水管；9—水箱；10—加水控制阀门；11—加水管；12—洒水花管；13—轮毂轴承；14—平台

图2 移动加水站改装过程

图3 移动加水站正常运行加水

10 具体实施方式

加水站包括加水系统和驱动系统，加水系统安装在驱动系统内，驱功系统驱动加水站移功。驱动系统控制加水控制阀门的开关。加水系统包括进水设备、加水设备、支撑设备和回转设备，进水设备和加水设备贯通，进水设备和加水设备装在支撑设备上。支撑设备安装在回转设备上。进水设备包括进水阀门、进水管和水箱。加水设备包括加水控制阀门、加水管和洒水花管，加水管的一端与水箱底部贯遍，另一端贯通洒水花管。加水管与进水管互相平行，合理利用了加水系统的空间设计，便于回转设备的回转操作，有利于加水站灵活移动，洒水花管工作时为连续360°回转，以及时均匀完成洒水操作，方便加水站移动。支撑设备采用桁架结构，回转设备采用轮毂轴承，回转设备的上部结构设有平台，平台上设有支撑设备，回转设备的下部固定在驱动系统内。驱动系统采用废旧自卸车。

11 专利证书

堆石坝料用移动加水站实用新型专利证书见图4。

证书号第1557582号

实用新型专利证书

实用新型名称：堆石坝料用移动加水站

发　明　人：唐先奇；黄宗营；吴幼松；章国红

专　利　号：ZL 2010 2 0109229.6

专利申请日：2010年02月05日

专利权人：江南水利水电工程公司

授权公告日：2010年10月06日

本实用新型经过本局依照中华人民共和国专利法进行初步审查，决定授予专利权，颁发本证书并在专利登记簿上予以登记。专利权自授权公告之日起生效。

本专利的专利权期限为十年，自申请日起算。专利权人应当依照专利法及其实施细则规定缴纳年费。本专利的年费应当在每年02月05日前缴纳。未按照规定缴纳年费的，专利权自应当缴纳年费期满之日起终止。

专利证书记载专利权登记时的法律状况。专利权的转移、质押、无效、终止、恢复和专利权人的姓名或名称、国籍、地址变更等事项记载在专利登记簿上。

局长 田力普

第1页（共1页）

图4　堆石坝料用移动加水站实用新型专利证书

一种能输送碾压混凝土的大倾角波状挡边带式输送机

1 专利号

专利号为ZL 2010 20 619819.3。

2 申报日期

申报日期为2010年11月23日。

3 授权日期

授权日期为2011年8月17日。

4 发明人

发明人为蒋廷军、李金良、李春贵、朱国良。

5 目前法律状态

目前法律状态为专利权维持。

6 专利摘要

本实用新型涉及一种能输送碾压混凝土的大倾角波状挡边带式输送机，包括上水平段、下水平段和倾斜段，上水平段与倾斜段之间采用凸弧形段机架连接，下水平段与倾斜段之间采用凹弧段机架相连，其特征在于所述上水平段设有强制式拍打装置；改进后的拍打装置，拍打效果良好，解决了混凝土附着多、浆液损失的缺陷。

7 技术领域

本实用新型专利涉及水电工程施工技术，具体涉及混凝土机械输送机。

8 背景技术

沙沱水电站大坝由于采用分期导流，河床右岸13号坝段297m高程为预留临时过流缺口，10号以左坝段为二期截流后施工，导致中间10～12号溢流坝段315～337m高程碾压混凝土仓面形成一"孤岛"，根据目前国内碾压混凝土大坝施工中碾压混凝土的运输入仓方式，从左岸、右岸架设普通皮带机输送碾压混凝土至仓面，不仅距离远、高差大，而且施工困难，同时投资也较大。通过对大倾角波状挡边带式输送机在其他行业的应用及结构性能分析，同时碾压混凝土为干贫性混凝土，具备采用大倾角波状挡边式带式输送机运输的条件，经生产性实验后，决定溢流坝段315m高程以上"孤岛"的碾压混凝土采用大倾角波状挡边式带式输送机作为水平、垂直运输入仓。

9 内容

9.1 大倾角波状挡边带式输送机结构性能特点

相对于普通带式输送机，大倾角波状挡边带式输送机适宜物料输送，较常规带式输送机大大缩短输送线路长度，减少土地占用；提升高度高，最高可达200m；输送能力范围宽，输送量大，如带宽1000mm、挡边高度200mm、倾角45°的波状挡边带式输送机可达216m³/h，物料粒度最大可达800mm；能耗低，结构简单、维护方便，同常规带式输送机相比，单位重量物料的输送能耗降低30%左右；该机型与普通带式输送机、斗式提升机、刮板输送机比较，其综合技术性能都优越，比斗式提升机的可靠性高，维修费用低，使用寿命与常规带式输送机基本相当；运行环境条件及所输送的物料种类与常规带式输送机基本相同；胶带强度高，使用寿命长。

9.2 大倾角波状挡边带式输送机输送碾压混凝土的可行性

（1）碾压混凝土质量控制要求。碾压混凝土质量检测与控制的重点是拌和楼出机口的混凝土的质量状况以及通过运输到仓号后未凝固的新拌混凝土的质量状况。根据国内工程施工经验与《水工碾压混凝土施工规范》（DL/T 5112—2000）的要求，拌和物现场*VC*值在5～12s比较合适，考虑到运输过程与气温条件下的*VC*值变化，机口*VC*值应根据施工现场的气候条件变化动态选用和控制（可在3～7s范围内）；现场*VC*值允许偏差5s；实际施工时，由于各种因素都会影响到现场的*VC*值，因此在满足现场正常碾压的条件下，机口*VC*值可低于5s；掺引气剂的碾压混凝土含气量的允许偏差为1%；输送过程不得引起配比改变，影响设计强度。

（2）碾压混凝土的性能特点。碾压混凝土属于干贫性混凝土，堆积密度为2.45t/m³，但碾压混凝土中的水、水泥、掺合料、外加剂与骨料拌和后有一定的黏附性。

（3）大倾角波状挡边带式输送机性能结构特点。大倾角波状挡边带式输送机是一种新型的带式输送机，其结构原理是在平行橡胶运输带两侧粘上可自由伸缩的橡胶波形立式“裙边”，在裙边之间又粘有一定强度和弹性的横隔板组成匣形斗，使物料在斗中进行连续输送，输送范围从几米到几十米高。在国外工业化国家已得到广泛应用，主要用于煤炭、建材、冶金、化工、港口、电力等行业，在环境温度为－19～40℃范围内，输送堆积密度为0.5～2.5t/m³的各种散状物料，该机适宜运送各种干散料，但水分超过10%时，输送的物料便会黏附在横隔板或挡边上造成卸料不干净且不易清除。经综合以上分析，利用大倾角波状挡边带式输送机独特的结构及显著的特点（适宜运送各种干散料），结合碾压混凝土属于干贫性混凝土的性能特点，大倾角波状挡边带式输送机具备输送碾压混凝土的适宜条件，但碾压混凝土中的水、水泥、掺合料、外加剂与骨料拌和后有一定的黏附性，输送的物料便会黏附在横隔板或挡边上造成卸料不干净且不易清除，其胶带表面采用了波状挡边和横隔板的斗升结构，无法像普通皮带机一样安装刮板清扫装置，对碾压混凝土的质量带来一定的影响，因此需采取有效的措施，以减少基带、横隔板与挡边对水泥砂浆与细骨料的黏附，减少骨料分离，确保在运输过程中碾压混凝土的质量不受影响。

9.3 生产性试验

利用另一工地输送砂石料的大倾角波状挡边带式输送机进行碾压混凝土运输生产性试验，目的是验证其输送碾压混凝土的可行性及发现其输送过程中存在的缺陷。

9.4 主要存在的缺陷及改进方案

9.4.1 主要存在的缺陷

大倾角皮带机广泛应用于煤矿、港口、冶金等行业，多用来运送骨料、矿石等块状、黏聚性较低的介质，将其用在水电行业运送碾压混凝土，在国内尚属首次。大倾角皮带机胶带表面采用了波状挡边和横隔板的斗升结构，无法像普通皮带机一样安装刮板清扫装置，而是通过机头水平段的偏心轮拍打装置进行拍打清洁。碾压混凝土属于干贫性（超干硬性）混凝土，但混凝土配比中的水泥、粉煤灰、磷矿粉、外加剂、引气剂等胶凝材料与骨料掺水拌和后有一定的黏附性，按一般输送干散料的大倾角波状挡边带式输送机设计设置的从动式拍打装置（依靠输送带拖动使其转动的拍打装置），对有一定黏附性的碾压混凝土中的水泥砂浆、细骨料等的拍打效果很不理想，回程输送带将带回损失少量碾压混凝土中的水泥砂浆、细骨料，造成 *VC* 值、含气量与配比的变化，导致标准试件平均抗压强度降低，对混凝土的质量有一定的影响。

9.4.2 改进方案

针对在混凝土运输过程中存在的缺陷和问题，进行技术改造。经分析研究，为尽量减少大倾角波状挡边带式输送机在输送过程中对碾压混凝土的质量造成影响，必须严格控制回程输送带带回的水泥砂浆、细骨料等的损失，以确保碾压混凝土的各项性能指标、确保碾压混凝土的质量。

改进机头拍打设施：大倾角波状挡边带式输送机通常在机头采用机械式偏心轮拍打装置，其振幅小、频率低，无法从根本上解决混凝土附着的问题。经研究试验，在卸料口集料斗上部回程水平输送带的上方设置一套可靠有效的强制式拍打装置，并将拍打装置改为电气附着式，增加拍打的幅度和频率，将回程输送带黏附带回的少量水泥砂浆、细骨料拍落在卸料口集料斗内，以解决大倾角波状挡边带式输送混凝土附着较多、浆液损失的缺陷。考虑设备现有的结构，通过测量、分析，设计安装了一套电机驱动的强制式拍打装置（见图 1 和图 2），拍打频率为 5.8Hz，输送带振幅 20mm。强制式拍打装置安装后进行输送试验运行，回程输送带黏附带回的水泥砂浆、细骨料减少 95%以上，效果十分理想。经对输送至仓号的碾压混凝土现场取样检测分析（含成型标准试件），*VC* 值、含气量的变化极小；运行试验输送的碾压混凝土的设计强度等级为 C_{90}15W6F50，后期对试验时出机口取样的标准试件与输送入仓后仓面取样的标准试件进行检测对比，其 28d 平均抗压强度基本一致，前者 R_{28} 为 20.7MPa，后者 R_{28} 为 20.9MPa。经试验检测，改进后的拍打装置，拍打效果良好，解决了混凝土附着多、浆液损失的缺陷。

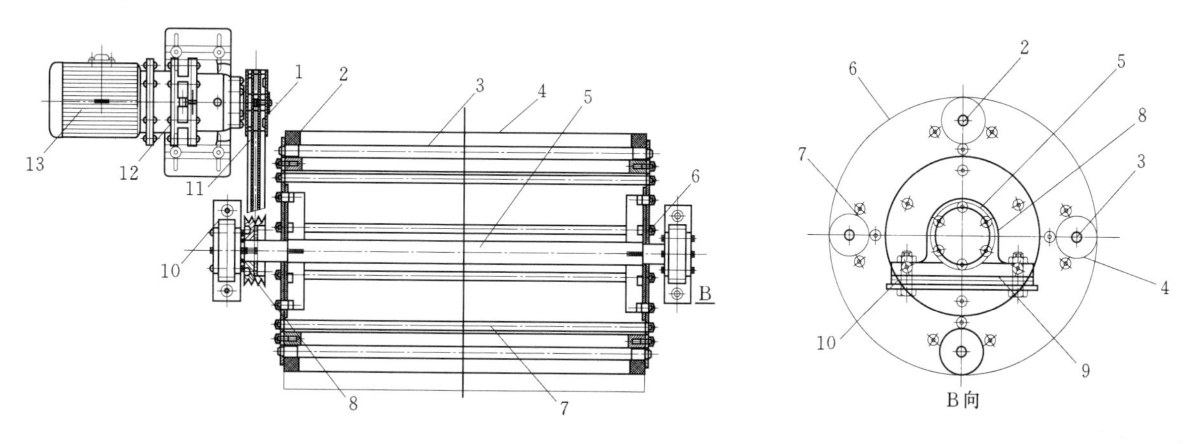

图 1 强制拍打装置结构示意图

1—皮带轮；2—轴承；3—拍打滚筒轴；4—拍打滚筒；5—主轴；6—回转支撑盘；7—拉杆；8—轴套；9—调整垫片（多片叠加）；10—调节轴承座总成；11—传动带；12—减速器（BWD 2-17-3）；13—驱动电机

9.5 设备输送碾压混凝土性能对比性试验

大倾角波状挡边带式输送机安装后投入输送碾压混凝土，其输送能力能完全满足设计要求。大倾角皮带机胶带表面采用了波状挡边和横隔板的斗升结构，无法像普通皮带机一样安装刮板清扫装置，而是通过机头水平段的偏心轮拍打装置进行拍打清洁，但由于碾压混凝土有一定的黏附性，按一般输送干散料的大倾角波状挡边带式输送机设计设置的从动式拍打装置（依靠输送带拖动使其转动的拍打装置），对有一定黏附性的碾压混凝土中的水泥砂浆、细骨料等的拍打效果很不理想，回程输送带将带回损失少量碾压混凝土中的水泥砂浆、细骨料，造成 *VC* 值、含气量与配比的变化，对混凝土的质

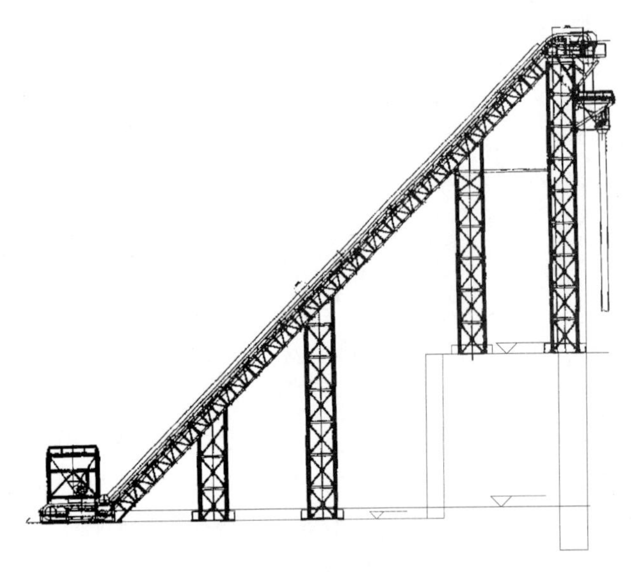

图 2　强制式拍打装置示意图

量有一定的影响。针对在混凝土运输过程中存在的缺陷和问题，经分析研究，对拍打装置进行了技术改造，改进后的拍打装置，拍打效果良好，解决了混凝土附着多、浆液损失的缺陷。

经对输送至仓号的碾压混凝土机口与仓面现场跟踪取样检测分析（含成型标准试件），*VC* 值的波动在允许偏差 5s 范围内，掺引气剂的碾压混凝土含气量的变化也在允许偏差 1%以内。从跟踪取样试验检测结果看，经过大倾角波状挡边带式输送机运输到仓面的碾压混凝土性能与机口取样检测的碾压混凝土性能基本一致，符合机口取样与仓面取样的一般规定，仓面碾压混凝土各项性能指标均满足设计要求。根据机口及仓面碾压混凝土跟踪取样对比性实验检测结果、仓面常规取样实验检测结果，大倾角波状挡边带式输送机所输送的碾压混凝土各项性能指标均满足设计要求。

9.6　大倾角波状挡边带式输送机输送能力验证

大倾角波状挡边带式输送机的运行能力取决于带速、挡边之间的有效载料宽度。通过在沙沱大坝 9 号、10 号、11 号、12 号溢流坝段碾压混凝土施工过程的生产检验，该性能参数的大倾波状挡边带式输送机的输送能力达到 100～140m^3/h，平均输送能力 120m^3/h，能够满足仓面碾压混凝土入仓强度要求。现场应用见图 3。

(a)

(b)

图 3　现场应用图

10　具体实施方式

按设计布置及结构要求加工制作、安装，在卸料口集料斗上部回程水平输送带的上方设置一套可靠有效的强制式拍打装置，拍打装置改为电气附着式，增加拍打的幅度和频率，将回程输送带黏附带回的少量水泥砂浆、细骨料拍落在卸料口集料斗内，以解决带式输送机混凝土附着较多、浆液损失的缺陷，从而保证输送混凝土的质量。

11 专利证书

一种能输送碾压混凝土的大倾角波状挡边带式输送机实用新型专利证书见图4。

证书号第1891759号

实用新型专利证书

实用新型名称：一种能输送碾压混凝土的大倾角波状挡边带式输送机

发　明　人：蒋廷军；李金良；李春贵；朱国良

专　利　号：ZL 2010 2 0619819.3

专利申请日：2010年11月23日

专利权人：江南水利水电工程公司

授权公告日：2011年08月17日

本实用新型经过本局依照中华人民共和国专利法进行初步审查，决定授予专利权，颁发本证书并在专利登记簿上予以登记。专利权自授权公告之日起生效。

本专利的专利权期限为十年，自申请日起算。专利权人应当依照专利法及其实施细则规定缴纳年费。本专利的年费应当在每年11月23日前缴纳。未按照规定缴纳年费的，专利权自应当缴纳年费期满之日起终止。

专利证书记载专利权登记时的法律状况。专利权的转移、质押、无效、终止、恢复和专利权人的姓名或名称、国籍、地址变更等事项记载在专利登记簿上。

2011年08月17日

第1页（共1页）

图4　一种能输送碾压混凝土的大倾角波状挡边带式输送机实用新型专利证书

一种隧道仰拱滑模混凝土衬砌钢模台车

1 专利号

专利号为 ZL 2011 2 0157062.5。

2 申报日期

申报日期为 2011 年 5 月 17 日。

3 授权日期

授权日期为 2012 年 4 月 4 日。

4 发明人

发明人为李虎章、颜宏、樊孝忠、李宏、颜帅。

5 目前法律状态

目前法律状态为专利权维持。

6 专利摘要

本实用新型专利涉及一种隧道仰拱滑模混凝土衬砌钢模台车，其特征在于包括滑行模板、主机架、调整千斤和纠偏调整拉杆；滑行模板上设有底部纠偏机架，底部纠偏机架通过调整千斤和纠偏调整拉杆与主机架连接；主机架包括框架，框架内设有主皮带输送机、第一副皮带输送机、第二副皮带输送机、从动滚筒和进料斗，所述框架的下方设有从动行走轮和行走轨道；克服了传统的针梁式或其他形式的仰拱混凝土封闭浇筑施工方式易形成气泡，主要是由于无法全面振捣与全面夯实而造成的隧道病害。

7 技术领域

本发明提出的隧道仰拱滑模混凝土衬砌钢模台车设备，主要涉及隧道（隧洞）仰拱的混凝土衬砌施工方法。

8 背景技术

长期以来，世界各国在竭力控制隧洞大块模板混凝土浇筑过程中所产生的各类施工缺陷，诸如战胜气泡、无法全面振捣、原浆抹面、混凝土光洁度等隧道病害方面付出了艰辛的努力，尚未取得满意的效果。

隧道（隧洞）仰拱滑模砼衬砌钢模台车，涉及到隧道在开挖后，采用传统的混凝土浇筑施工方式易形成气泡、且振捣与夯实不严而造成隧道病害的情况下，使用该仰拱滑模砼衬砌钢模台车进行隧道仰拱混凝土浇筑即消除或极大地减少隧道病害。

9 内容

本发明提出的隧道仰拱滑模砼衬砌钢模台车设备，克服了传统的针梁式或其他形式的仰拱混凝土封闭浇筑施工方式易形成气泡，主要是由于无法全面振捣与全面夯实而造成的隧道病害。极大降低施工人员的工作强度，减少用工数量和降低施工成本；提高效率。

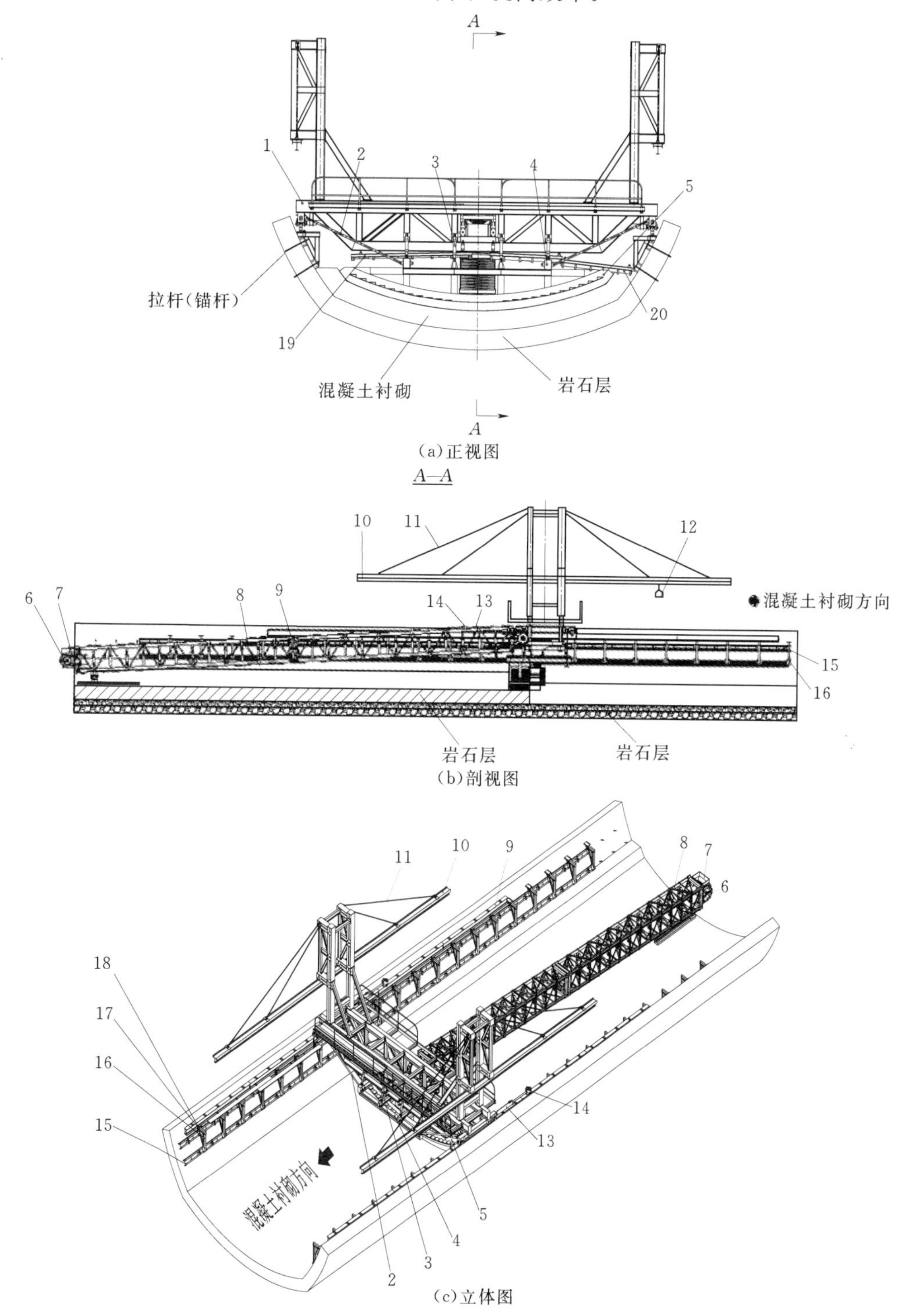

图1 隧道仰拱滑模混凝土衬砌钢模台车示意图

1—主机架；2—纠偏调整拉杆；3—千斤；4—纠偏机架；5—滑行模板；6—从动滚筒；7—进料斗；8—主皮带输送机；9—轨道；10—吊车组梁；11—钢丝绳；12—电动葫芦；13—油缸；14—自动限位装置；15—支撑梁；16—牛腿；17—L形压块；18—第二轨道；19—副皮带输送机；20—第二副皮带输送机

本发明提出的隧道仰拱滑模砼衬砌钢模台车（见图1），通过滑行模板上设底部纠偏机架与上部主机架调整千斤和纠偏调整拉杆形成一个整体装置；位于整体装置下部的左右两侧设置有可供仰拱滑模混凝土衬砌钢模台车行走的轨道与支撑轨道的牛腿和支撑牛腿的支撑梁；位于整体装置上部的左右两侧设置有单动或联动的起吊电动葫芦，吊装可供仰拱滑模混凝土衬砌钢模台车前后循环行走的轨道与支撑轨道的牛腿和支撑牛腿的支撑梁；位于整体装置中部设置有输送混凝土的主皮带输送机和分散主皮带输送机上的混凝土于设备两侧的副皮带输送机；位于整体装置后部的左右两侧设置有同步的油缸和自动限位装置，并可控制前后运行速度。

图2　滑模安装就位

图3　混凝土平仓振捣

10　具体实施方式

结合图1本实用新型专利用于隧道（隧洞）开挖后，采用仰拱滑模砼衬砌钢模台车进行快速的仰拱施工，该设备通过滑行模板上设底部纠偏机架与上部主机架通过调整千斤和前后左右的纠偏调整拉杆形成一个整体装置；位于整体装置下部的左右两侧设置有可供仰拱滑模混凝土衬砌钢模台车行走的轨道与支撑轨道的牛腿和支撑牛腿的支撑梁；通过压板螺栓促使L形压块固定行走的轨道。位于整体装置上部的左右两侧设置有单动或联动的起吊电动葫芦，吊装可供仰拱滑模混凝土衬砌钢模台车前后循环行走的轨道与支撑轨道的牛腿和支撑牛腿的支撑梁等附属机构；位于整体装置中部设置有输送混凝土的主皮带输送机和分散主皮带输送机上的混凝土于设备两侧的副皮带输送机；主皮带输送机尾部设置有进料斗，通过前后驱动电机和从动滚筒使混凝土进入副皮带输送机后分布与左右侧入仓。其多余的混凝土或需强制改变位置的混凝土可通过漏斗或溜筒传入滑行模板的前部任一处，然后利用插入式振捣器和附着式振捣器进行全面振捣夯实。位于整体装置后部的左右两侧设置有同步的油缸和自动限位装置，并可控制前后运行速度。滑模安装就位和混凝土平仓振捣见图 2 和图 3。

11. 专利证书

一种隧道仰拱滑模混凝土衬砌钢模台车实用新型专利证书见图 4。

证书号第2154112号

实用新型专利证书

实用新型名称：一种隧道仰拱滑模砼衬砌钢模台车

发　明　人：李虎章；颜宏；樊孝忠；李宏；颜帅

专　利　号：ZL 2011 2 0157062.5

专利申请日：2011年05月17日

专 利 权 人：江南水利水电工程公司；颜宏

授权公告日：2012年04月04日

本实用新型经过本局依照中华人民共和国专利法进行初步审查，决定授予专利权，颁发本证书并在专利登记簿上予以登记。专利权自授权公告之日起生效。

本专利的专利权期限为十年，自申请日起算。专利权人应当依照专利法及其实施细则规定缴纳年费。本专利的年费应当在每年05月17日前缴纳。未按照规定缴纳年费的，专利权自应当缴纳年费期满之日起终止。

专利证书记载专利权登记时的法律状况。专利权的转移、质押、无效、终止、恢复和专利权人的姓名或名称、国籍、地址变更等事项记载在专利登记簿上。

局长 田力普

2012年04月04日

第 1 页（共 1 页）

图 4　一种隧道仰拱滑模混凝土衬砌钢模台车实用新型专利证书

一种闸墩液压滑模施工装置

1 专利号

专利号为ZL 2011 2 0160880.0。

2 申报日期

申报日期为2011年5月19日。

3 授权日期

授权日期为2012年1月18日。

4 发明人

发明人为王舜立、张轩庄、罗爱民、马玉增、李虎章、李志鹏、王明锐。

5 目前法律状态

目前法律状态为专利权维持。

6 专利摘要

本实用新型专利涉及一种闸墩液压滑模施工装置，包括模板系统、支撑桁架系统、液压提升系统、施工精度控制系统和水电配套系统；其特征在于支撑桁架系统设有水平尺，模板系统设有检修门槽。该装置能够连续进行混凝土施工，并在施工中不占用起重设备的模板，加快混凝土施工速度，降低施工成本。

7 技术领域

本发明是涉及国内大、中型水利水电工程闸墩、边墙等结构尺寸规范、统一的部位混凝土施工。

8 背景技术

在国内大型、中型水利水电工程闸墩、边墙等结构尺寸规范、统一的部位混凝土施工中，选择模板主要有组合小钢模板、大钢模板、悬臂大钢模板和新型液压自升滑模这几种型式，但是液压滑模型式在施工中优势明显：组合小钢模板有费工费时、施工质量差、周转次数低等缺点；大钢模板和悬臂大钢模板占用起重设备太多，特别是悬臂大钢模板一次性资金投入太大；而液压控制自升滑模，简称闸墩液压滑模，既克服传统滑模存在的诸如混凝土表面拉裂、剥落和漏浆的缺点，同时又要满足施工质量好，施工中不占用起重设备，施工速度快，成本低的要求。

9 内容

液压滑模示意图见图1。闸墩滑模主要由模板系统、支撑桁架系统、液压提升系统以及施工精度控制系统和水电配套系统组成。闸墩滑模模板采用106系列大钢模板，模板之间的接口统一采用子母口搭接方式，相互之间通过M16螺栓连接，用定位销定位，用芯带加固。所有模板高度统一作成1.2m，施工时覆盖3层（每层混凝土高度不大于0.3m）老混凝土。支撑桁架系统主要由横梁桁架和三角支撑架组成，均采用槽钢、钢管及钢板焊接而成的钢结构件。千斤顶安装在横梁桁架上，三角支撑架的主要作用是支撑模板，承受混凝土对模板的侧压力，控制模板的变形。液压提升系统主要由支撑杆、液压千斤顶、液压控制站和油路组成。支撑杆采用ϕ48×3.5mm焊接钢管，所有支撑杆均设置在混凝土结构体内，不回收；液压千斤顶采用GYD－60型滚珠穿心式液压千斤顶；液压控制站采用YKD－36型液压站，控制方式既可自动亦可手动；油路是连接液压控制站与千斤顶的液压通路，主要由油管、管接头、液压分配器和单向截止阀等元器件组成，油路的布置采用分级式。施工精度控制系统主要包括：限位调平器、水平尺和测量的全站仪等。水、电配套系统包括动力、照明、信号、通信及管路设施等。

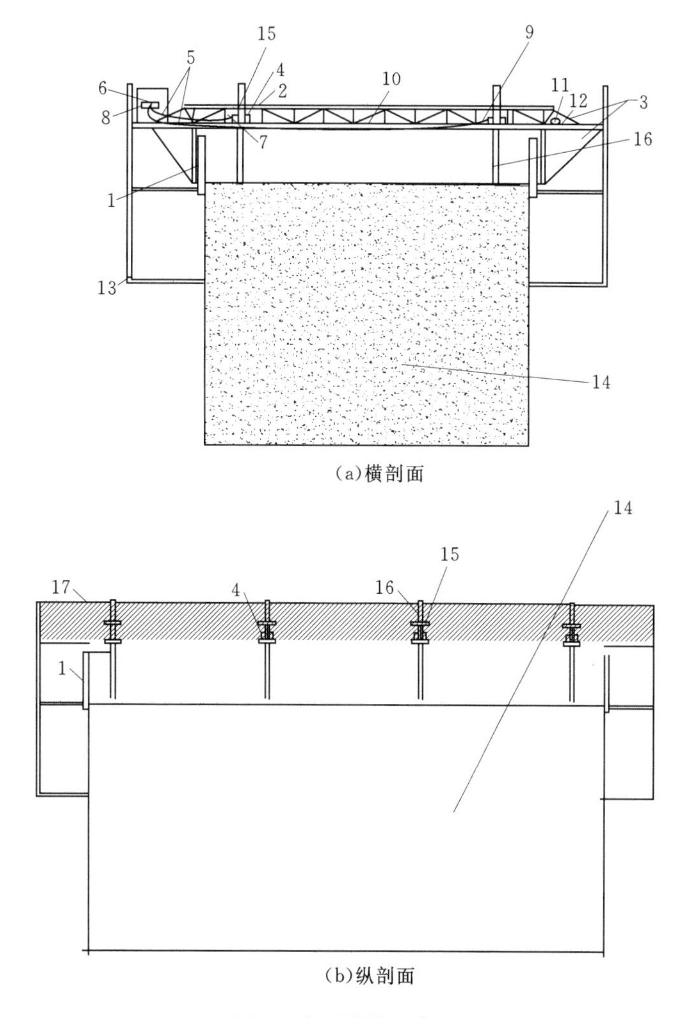

图1　液压滑模示意图

1—模板系统；2—支撑桁架系统；3—液压提升系统；4—施工精度控制系统；5—水电配套系统；6—横梁桁架；7—三角支撑架；8—液压千斤顶；9—支撑杆；10—液压控制站；11—油路；12—支撑杆；13—管接头；14—液压分配器；15—单向截止阀；16—限位调平器；17—水平尺

滑模施工在三湾右岸一期工程应用中取得了较好的效果，在工程工期紧、任务重的情况下，利用液压滑模进行闸墩施工，一个闸墩滑模安拆和施工只用时8d，大大缩短了工期、提高了施工效率、保证了工程质量，而且滑模液压提升节省了混凝土施工中吊装模板的起重设备和安拆模板时间、人工、设备，节约了施工成本。得到参建各方的好评。

10　具体实施方式

10.1　滑模滑升前准备

滑模施工有着多工种协同工作和强制性连续作业的特点，任何一环脱节都会影响全盘，因此，周密地做好施工准备是搞好滑模施工的关键。

滑模滑升前准备工作：检修门槽及工作门槽模板安装到位，并将上升至闸顶的所有门槽模板加工完成；检修门槽及工作门槽一期金结埋件安装到位，上升连接埋件运至现场；所有滑升支撑杆调为竖直、千斤顶调到同一高程、桁架连接加固完成；上下操作平台木板铺设完成；滑模模板校核：安装好的模板应上口小、下口大，单面倾斜度为模板高度的0.15%。模板上口以下2/3模板高度处（即上口以下70cm处）的净间距应为结构设计宽度300cm，顶口宽度为299.8cm，底口宽度为300.1cm；滑模底口堵缝完成；准备140根3m长支撑杆摆放到到现场，并将一端开破口形成锥形；主副油管、各种密封圈、各种螺栓、斤千顶配件等宜损件准备若干；铁锹、100型振捣棒、70和50软轴振捣棒等工器具准备到位。

10.2　模板的初滑阶段

在完成准备工作后便可进行浇筑。先分层（层厚20cm左右）浇筑约70cm高，即浇筑3～4h后将滑模提升约10cm高，检查脱模混凝土质量，如果在断续上升浇筑时混凝土外鼓则应延长脱模时间，如果混凝土脱模困难则应缩短脱模时间，具体脱模时间根据现场试验确定。脱模后应进行抹面平整处理。通过观察水平尺确认滑模是否水平方向倾斜，并用仪器观测闸墩是否出现倾斜或偏移。如出现倾斜或偏移利用单向截止阀和限位调平器进行调平和纠偏。在各项参数达到技术要求后继续浇筑，进入正常滑升阶段。

10.3　正常滑升阶段

正常滑升过程中，混凝土浇平模板口后开始提升，两次提升的时间间隔原则上不应超过1h，每次提升20cm左右（如果达不到脱模时间则应采取少提多次的办法）。钢筋、门槽、金结埋件高度不够时继续加长，钢管长度不够时再接长。

滑模上升2～3m后，在滑模底部挂上吊平台架，用于抹面和养护，在吊吊平台架外面挂上安全网。

提升过程中，应使所有的千斤顶充分的进油、排油。提升过程中，如出现油压增至正常滑升工作压力（8MPa）的1.2倍以上还不能使全部千斤顶升起时，应停止提升操作，立即检查原因，及时进行处理。

在正常滑升过程中，操作平台应保持基本水平。每滑升20～40cm，根据观察水平尺的倾斜方向对各千斤顶进行一次调平。各千斤顶的相对标高差不得大于40mm。相邻两个提升架上千斤顶升差不得大于20mm。

在闸墩高度上升到设计高度的1/2时，暂停浇筑。这时要检查各种设备的工作状态，对于损坏部件要更换或维修，并在观测闸墩的变形情况及检查浇筑质量合格后，再继续浇筑。

在闸墩的高度上升到牛腿高度时，暂停浇筑混凝土。拆除滑模墩头部位的弧形模板，支端头模板。在处理好闸墩顶部预留结构的模板与埋件后，再行浇筑到闸墩设计高程。最后让整个滑模结构提升出闸墩顶部置空，并处理闸墩顶面。

在滑升过程中，应检查和记录结构垂直度、水平度及结构截面尺寸等偏差数值，如有偏差，即行纠偏。

11　专利证书

一种闸墩液压滑模施工装置实用新型专利证书见图2。

证书号第2075548号

实用新型专利证书

实用新型名称：一种闸墩液压滑模施工装置

发　明　人：王舜立；张轩庄；罗爱民；马玉增；李虎章；李志鹏；王明锐

专　利　号：ZL 2011 2 0160880.0

专利申请日：2011年05月19日

专利权人：江南水利水电工程公司

授权公告日：2012年01月18日

本实用新型经过本局依照中华人民共和国专利法进行初步审查，决定授予专利权，颁发本证书并在专利登记簿上予以登记。专利权自授权公告之日起生效。

本专利的专利权期限为十年，自申请日起算。专利权人应当依照专利法及其实施细则规定缴纳年费。本专利的年费应当在每年05月19日前缴纳。未按照规定缴纳年费的，专利权自应当缴纳年费期满之日起终止。

专利证书记载专利权登记时的法律状况。专利权的转移、质押、无效、终止、恢复和专利权人的姓名或名称、国籍、地址变更等事项记载在专利登记簿上。

局长　田力普

2012年01月18日

第1页（共1页）

图2　一种闸墩液压滑模施工装置实用新型专利证书

一 种 切 缝 机

1 专利号

专利号为 ZL 2013 2 0052923.2。

2 申报日期

申报日期为2013年1月30日。

3 授权日期

授权日期为2013年7月17日。

4 发明人

发明人为王进平、宿强、李虎章、孙波、付亚坤、王金平。

5 目前法律状态

目前法律状态为专利权维持。

6 专利摘要

本实用新型专利涉及一种切缝机，所述切缝机包括固定在固定装置上的双轮切割刀片，双轮切割刀片通过传动皮带与电动机连接。本实用新型专利的切缝机采用双轮切割刀片，可以极大地提高工作效率，省时省力。

7 技术领域

涉及国内圆形隧洞伸缩缝一次性切割成型的装置。

8 背景技术

在国内圆形隧洞伸缩缝切割施工中，传统的施工方法是采用人工手持单片切割机进行切割，存在切割速度慢，成型形状差的现象，并且，施工速度慢，无法快速化施工。本装置针对以上不足，研制一种在圆形隧洞内，采用双片自动切割成形的装置，可以极大地提高工作效率，省时省力。

9 内容

9.1 目的

克服目前国内圆形隧洞中，伸缩缝切割成型时，采用人工手持单片切割机，施工速度慢，成型形状差的缺点，提供了一种可以一次性双片切割成型的装置。

9.2 技术方案

一种在圆形隧洞内、采用一次性双片切割成型的装置。隧洞环向切割机装置平面图见图1。本技术方案的特征是，由固定轮装置、双片切割刀片装置组成，由电机经传输皮带带动双片切割轮，用手摇臂传杆控制切割深度，用减振弹簧调节来减振。并在放置电机的另一侧放置配重来减轻人工控制力。在双刀片间安装喷水枪头，切割时进行降尘。

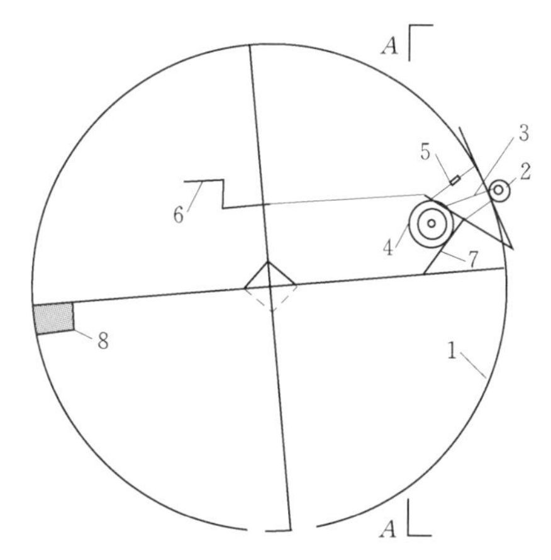

图1　隧洞环向切割机装置平面图

1—固定轮装置；2—双片切割刀片；3—传输皮带；4—电机；5—手摇臂传杆；6—减振弹簧；7—配重；8—喷水枪头

9.3　有益效果

本装置在国内圆形隧洞中采用，可以大大提高效率，节省时间，一天内双人操作可切割成型8条以上伸缩缝，比人工手持单片切割机每天切割1条，速度提高了4倍。且采用固定轮装置，加工成型好，质量保证率高。

本装置在南水北调南干渠引水隧洞中已成功运用，使用效率高，质量保证率高。

10　具体实施方式

本装置操作时，一个人操作设备，另一个人进行辅助工作，准备好后，打开电源，由电机带动双轮刀片，由手摇臂传杆控制切割深度，一次性双片切割成型。具体操作是由固定轮装置将双片切割刀片固定，由电机经传输带带动双片切割轮，用手摇臂传杆调整好切割深度，然后进行切割，用减振弹簧调节来减振。并在放置电机的另一侧放置配重来减轻人工控制力。在双刀片间安装喷水枪头切割时进行降尘。切好后，由手摇臂快速将刀片收起，关闭电源，然后人工进行掏槽。隧洞环向切割机使用图见图2。

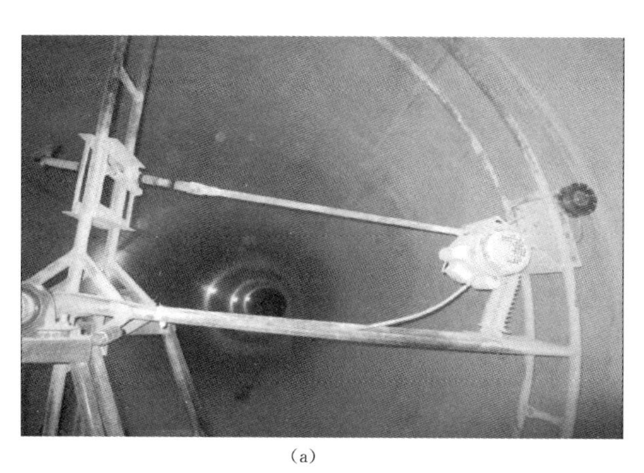

(a)

(b)

图2　隧洞环向切割机使用图

11 专利证书

一种切缝机实用新型专利证书见图 3。

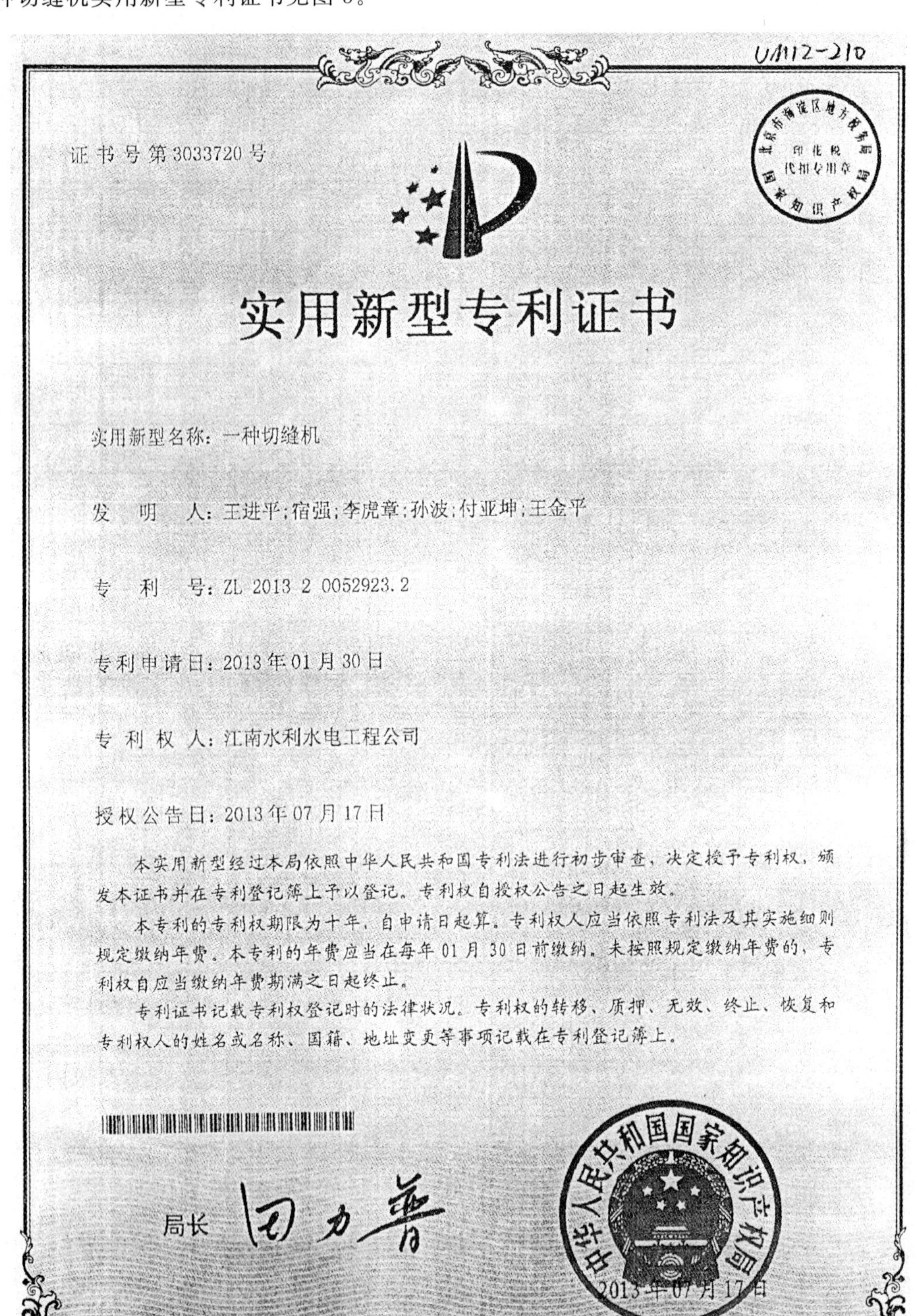

UM12-210

证书号第3033720号

实用新型专利证书

实用新型名称：一种切缝机

发 明 人：王进平；宿强；李虎章；孙波；付亚坤；王金平

专 利 号：ZL 2013 2 0052923.2

专利申请日：2013年01月30日

专利权人：江南水利水电工程公司

授权公告日：2013年07月17日

本实用新型经过本局依照中华人民共和国专利法进行初步审查，决定授予专利权，颁发本证书并在专利登记簿上予以登记。专利权自授权公告之日起生效。

本专利的专利权期限为十年，自申请日起算。专利权人应当依照专利法及其实施细则规定缴纳年费。本专利的年费应当在每年01月30日前缴纳。未按照规定缴纳年费的，专利权自应当缴纳年费期满之日起终止。

专利证书记载专利权登记时的法律状况。专利权的转移、质押、无效、终止、恢复和专利权人的姓名或名称、国籍、地址变更等事项记载在专利登记簿上。

局长 田力普

中华人民共和国国家知识产权局

2013年07月17日

第1页（共1页）

图 3 一种切缝机实用新型专利证书

一种构建承载结构的防渗组件

1 专利号

专利号为 ZL 2013 2 0713758.0。

2 申报日期

申报日期为 2013 年 11 月 13 日。

3 授权日期

授权日期为 2014 年 7 月 30 日。

4 发明人

发明人为李宏、王永兴、宋威、李虎章、宋东峰。

5 目前法律状态

目前法律状态为专利权维持。

6 专利摘要

本实用新型公开了一种构建承载结构的防渗组件，其改进之处在于：组件包括设置在溶洞空腔与有压隧洞之间的回填混凝土内的钢筋混凝土暗拱，钢筋混凝土暗拱的两端设有拱座，拱座与溶洞基岩连接。本实用新型可有效处理有压隧洞底部基础承载能力不足的问题，改善防渗效果，减小回填范围，结构简单，受力明确，可以有效降低施工难度、减少工程投资。

7 技术领域

本实用新型专利设计一种基础承载防渗组件，特别涉及一种有压隧洞岩溶地区漏斗型基础承载防渗组件，属于水利水电工程领域。

8 背景技术

岩溶是地表水和地下水对可溶性岩层（碳酸岩类、硫酸岩类、卤盐类等）进行化学侵蚀、崩解作用和机械破坏、搬运、沉积作用所形成的各种地表和地下溶蚀现象的总称。岩溶产生主要有 3 个条件：第一，可溶性岩石是岩溶产生的物质基础。例如，隧道穿越石灰岩、白云岩、泥灰岩、石膏、芒硝、岩盐等地层时，受地下水作用而产生的溶蚀现象。第二，地质构造与地层结构的千差万别确定了岩溶类型的多样性。一般情况下，向斜构造比背斜构造岩溶发育强烈，向斜构造的核部岩溶发育比两翼强烈，背斜构造的两翼比核部岩溶发育强烈。第三，地表水和地下水补给、径流、渗透和循环是岩溶形成和发育的必要条件。当地下水中游离或侵蚀性的 CO_2、SO_4^{2-} 等的含量较大时，岩溶的发育增强。岩溶地区隧洞基础处理，尤其是在隧洞底部空腔规模较大时，通常采用大规模的空腔混凝土回填的方式，以提高隧洞基础围岩整体性，改善其承载防渗能力，但由于岩溶发育的不规则性和隧洞承载防渗要求的不同，往往回填工程量大。另外，由于岩溶空腔内堆积物或沉积物物质与回填的混凝土黏结力较差，底部基础在清理时呈漏斗型深坑，多积水集泥，施工难度大，清理效果不理想，后期固结灌浆效果难以保证，多需要通过增加回填混凝土厚度来提供必要的承载力，进一步增加了回填混凝土工程量和回填施工难度。

（1）涵、管跨越。如隧道底部存在小体积的溶洞空腔或暗河，且宽度和深度都较小，可在隧道底部设置暗涵、管跨越；如顶部存在溶洞空腔，有水流过，则应在顶部设置暗管跨越或将水引入隧道底部跨越。

（2）桥梁跨越。如隧道底部存在大体积的溶洞空腔，且宽度和高度都较大，可采用桥梁跨越。但墩、台施工时，一定要探明河底的地质情况，合理选取桩的受力形式，确保基础具有足够的承载能力。

9 内容

本实用新型发明专利结合锦屏引水隧洞岩溶处理的施工实践，通过隧洞底部岩溶空腔内设置的回填置换混凝土加钢筋混凝土暗拱结构处理岩溶区隧洞基础的承载防渗能力不足的问题，达到降低工程施工难度，减小工程投资的目的。为实现上述目的，本实用新型专利采用如下技术方案：所述组件包括设置在溶洞空腔与有压隧洞之间的回填混凝土内的钢筋混凝土暗拱，所述钢筋混凝土暗拱的两端设有拱座，所述拱座与溶洞基岩连接。方案具体布置见图 1。

其中，所述拱座和溶洞基岩之间设有插筋，回填混凝土和溶洞基岩之间设有插筋，钢筋混凝土暗拱为弧形结构，其弧顶与有压隧洞的底部基础相切，溶洞空腔设为倒梯形，有压隧洞设置在岩溶区，钢筋混凝土暗拱的体积为所述回填混凝土体积的 10%～15%。

本实用新型发明通过在岩溶区有压隧洞底部空腔内回填混凝土和钢筋混凝土暗拱结构，可以有效处理有压隧洞底部基础承载能力不足的问题，改善防渗效果，减小回填范围，相比较大规模的回填混凝土施工，其回填混凝土厚度小，结构简单，受力明确，可以有效减低施工难度和工程投资，已为实际工程所采用。

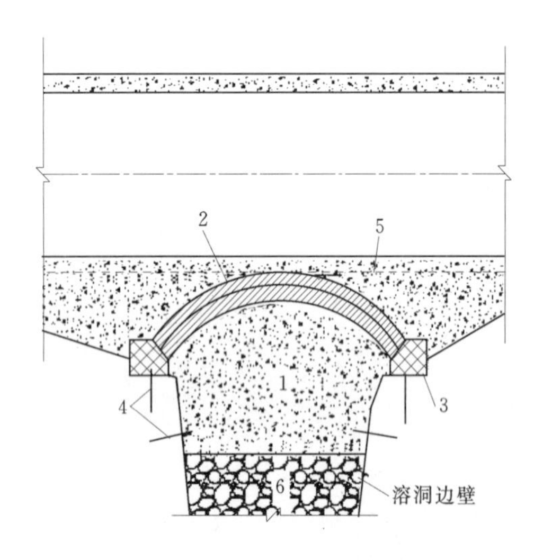

图 1 方案具体布置

1—回填混凝土；2—钢筋混凝土暗拱；3—拱座；4—插筋；5—有压隧洞；6—倒梯形溶洞空腔

图 2 现场应用图

10 具体实施方式

首先对隧洞基础岩溶空腔进行一定范围的堆积物清理，清理范围根据有压隧洞的设计防渗要求确定。清理范围后通过回填混凝土进行置换回填，混凝土采用 C20 或 C25 型混凝土。回填混凝土内设置钢筋混凝土弧形结构，弧顶与有压隧洞相切，以承担上部隧洞及隧洞内的荷载，弧形的跨度和高度按照桥梁设计方法进行计算确定。暗拱的体积占混凝土的 10%～15%。暗拱两端适当扩挖形成拱座与底部基岩接触；岩石上设有放置钢筋的孔，拱座混凝土、回填混凝土分别与岩壁之间设置钢筋以增强混凝土与黏结和传力能力；回填混凝土上部实施隧洞主体结构。溶洞空腔修齐为倒梯形，以承受更多压力。现场应用图见图 2。

11　专利证书

一种构建承载结构的防渗组件实用新型专利证书见图 3。

证书号第3717578号

实用新型专利证书

实用新型名称：一种构建承载结构的防渗组件

发　明　人：李宏；王永兴；宋威；李虎章；宋东峰

专　利　号：ZL 2013 2 0713758.0

专利申请日：2013 年 11 月 13 日

专 利 权 人：江南水利水电工程公司

授权公告日：2014 年 07 月 30 日

本实用新型经过本局依照中华人民共和国专利法进行初步审查，决定授予专利权，颁发本证书并在专利登记簿上予以登记。专利权自授权公告之日起生效。

本专利的专利权期限为十年，自申请日起算。专利权人应当依照专利法及其实施细则规定缴纳年费。本专利的年费应当在每年 11 月 13 日前缴纳。未按照规定缴纳年费的，专利权自应当缴纳年费期满之日起终止。

专利证书记载专利权登记时的法律状况。专利权的转移、质押、无效、终止、恢复和专利权人的姓名或名称、国籍、地址变更等事项记载在专利登记簿上。

局长
申长雨

第 1 页（共 1 页）

图 3　一种构建承载结构的防渗组件实用新型专利证书

一种水电站坝岸泄洪洞弧形闸门

1 专利号

专利号为 ZL 2015 2 0434555.7。

2 申报日期

申报日期为 2015 年 6 月 24 日。

3 授权日期

授权日期为 2015 年 10 月 21 日。

4 发明人

发明人为李虎章、欧阳习斌、李永胜、宋东峰、方德扬、康进辉、帖军锋、武俊峰。

5 目前法律状态

目前法律状态为专利权维持。

6 专利摘要

一种水电站坝岸泄洪洞弧形闸门涉及一种应用在水利工程的闸门，具体涉及一种由液压缸提供开关动力的可向上或向下翻转的弧形闸门。本实用新型包括土建结构、弧形闸门体、支撑机构、液压缸和闸门框，所述闸门框的内侧设有对称斜度密封槽，弧形闸门设有与之形状相匹配的凸槽，凸槽上设置有密封条，弧形闸门安装到闸门框的密封槽内相互吻合，所述土建结构设于所述弧形闸门体的左、右两侧，所述闸门框设于所述弧形闸门体的下方，所述支撑结构与所述弧形闸门体固定连接，且与所述土建结构铰接，所述液压缸水平固定于所述土建结构上，其活塞杆与所述支撑机构铰接，本实用新型不影响泄洪的同时，还便于检修维护。

7 技术领域

本实用新型涉及一种应用在水利工程的闸门，具体涉及一种由液压缸提供开关动力的可向上或向下翻转的弧形闸门。

8 背景技术

在水利工程中，闸门的作用是通过操作设备驱动活动门体实现闸门的开启和关闭，从而达到泄水和挡水的目的，是最终能实现工程建设预定功能的关键性设备。

由于建筑物高度的限制以及景观等要求，往往需要降低活动闸门门体运行高度或开启后隐藏在水下，同时又方便检修。通常，水利工程中，向上开启的闸门如直升式闸门和弧形闸门开启后门体悬挂在河道上方，势必影响周边景观。而向下开启的闸门如下卧门和钢坝门则由于转动和承载部件位于水下，难以检修维护。因此需要对闸门的运行方式和结构型式等方面作出改进。

9 发明内容

本实用新型的目的，就是为了解决上述问题而提供了一种结构简单，即可向下开启，也可向上开启的水电站坝岸泄洪洞弧形闸门。

本实用新型所述的水电站坝岸泄洪洞弧形闸门，包括土建结构、弧形闸门体、支撑机构、液压缸和闸门框，所述闸门框的内侧设有对称斜度密封槽，弧形闸门设有与之形状相匹配的凸槽，凸槽上设置有密封条，弧形闸门安装到闸门框的密封槽内相互吻合，所述土建结构设于所述弧形闸门体的左、右两侧，所述闸门框设于所述弧形闸门体的下方，所述支撑机构与所述弧形闸门体固定连接，且与所述土建结构铰接，所述液压缸水平固定于所述土建结构上，其活塞杆与所述支撑机构铰接，所述弧形闸门体在关闭挡水时呈竖直状态，需打开时，在所述液压缸的驱动下，所述弧形闸门体绕所述支撑机构与土建结构的铰接点向下旋转至平卧状态，或向上旋转至平卧状态。

所述支撑机构包括转铰和两个左右对称地固定于所述弧形闸门体底部平面的两侧边上的支撑臂，转铰分别固定于弧形闸门体的左、右两侧的土建结构上，支撑臂与对应的转铰转动连接，弧形闸门体的圆弧面的轴线与转铰同轴，支撑臂呈直角三角形状，其一条直角边与弧形闸门体固定连接。当所述弧形闸门体呈竖直或向下平卧状态时，所述液压缸的活塞杆与所述支撑臂另一条直角边相对弧形闸门体较远端铰接，当所述弧形闸门体呈向上平卧状态时，所述液压缸的活塞杆与所述支撑臂另一条直角边相对弧形闸门体较近端铰接。

所述的水电站坝岸泄洪洞弧形闸门，其中，所述弧形闸门体的上设有若干加强筋。

本实用新型所述的水电站坝岸泄洪洞弧形闸门，闸门可向下翻转开启，开启后弧形闸门体位于水面以下，水面上方无任何设备或构筑物，并且保证了水面通透，完全可以满足泄洪洞的排水要求，此外也可根据需要向上翻转开启，开启后弧形闸门体露出水面，在不影响泄洪的同时，还便于检修维护。

本实用新型中弧形闸门体的结构示意图见图1。

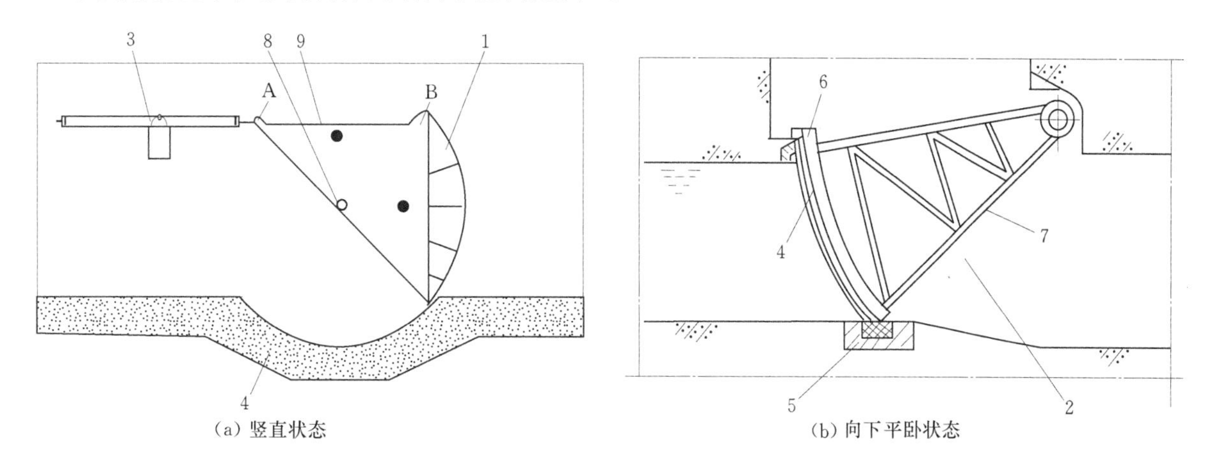

(a) 竖直状态　　(b) 向下平卧状态

图1　弦形闸门体结构示意图

1—弧形闸门体；2—支撑机构；3—液压缸；4—闸门框；5—土建结构；
6—密封槽；7—加强筋；8—转铰；9—支撑臂

10　具体实施方式

结合图1，对本实用新型作进一步说明。本实用新型所述的水电站坝岸泄洪洞弧形闸门，包括土建结构、弧形闸门体、支撑机构、液压缸和闸门框，所述闸门框的内侧设有对称斜度密封槽，弧形闸门设有与之形状相匹配的凸槽，凸槽上设置有密封条，弧形闸门安装到闸门框的密封槽内相互吻合，所述土建结构设于所述弧形闸门体的左、右两侧，所述闸门框设于所述弧形闸门体的下方，所述支撑结构与所述弧形闸门体固定连接，且与所述土建结构铰接，所述液压缸水平固定于所述土建结构上，其活塞杆与所述支撑结构铰接，所述弧形闸门体在关闭挡水时呈竖直状态，需打开时，在所述液压缸的驱动下，所述弧形闸门体绕所述支撑结构与土建结构的铰接点向下旋转至平卧状态，或向上旋转至平卧状态。

所述支撑结构包括转铰和两个左右对称地固定于所述弧形闸门体底部平面的两侧边上的支撑臂，转铰分别固定于弧形闸门体的左、右两侧的土建结构上，支撑臂与对应的转铰转动连接，弧形闸门体的圆弧面的轴线与转铰同轴，支撑臂呈直角三角形状，其一条直角边与弧形闸门体固定连接。当所述弧形闸门体呈竖直或向下平卧状态时，所述液压缸的活塞杆与所述支撑臂另一条直角边相对弧形闸门体较远端铰接，当所述弧形闸门体呈向上平卧状态时，所述液压缸的活塞杆与所述支撑臂另一条直角边相对弧形闸门体较近端铰接。

所述的水电站坝岸泄洪洞弧形闸门，其中，所述弧形闸门体上设有若干加强筋。

以上实施例仅供说明本实用新型之用，而非对本实用新型的限制，有关技术领域的技术人员，在不脱离本实用新型的精神和范围的情况下，还可以作出各种变换或变型，因此所有等同的技术方案也应该属于本实用新型的范畴，应由各权利要求所限定。

11　专利证书

一种水电站坝岸泄洪洞弧形闸门实用新形，专利证书见图 2。

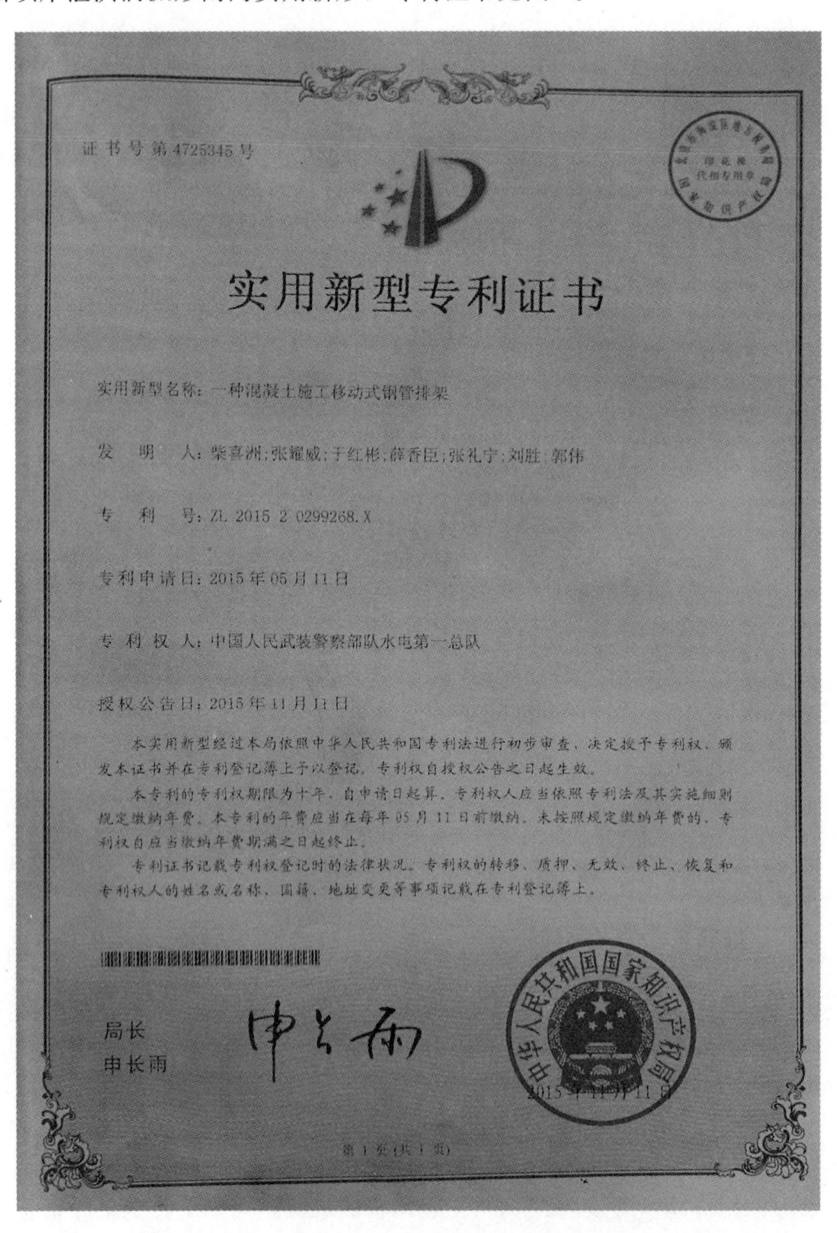

证书号第4725345号

实用新型专利证书

实用新型名称：一种混凝土施工移动式钢管排架

发　明　人：柴喜洲；张耀威；于红彬；薛香臣；张礼宁；刘胜；郭伟

专　利　号：ZL 2015 2 0299268.X

专利申请日：2015年05月11日

专 利 权 人：中国人民武装警察部队水电第一总队

授权公告日：2015年11月11日

本实用新型经过本局依照中华人民共和国专利法进行初步审查，决定授予专利权，颁发本证书并在专利登记簿上予以登记。专利权自授权公告之日起生效。

本专利的专利权期限为十年，自申请日起算。专利权人应当依照专利法及其实施细则规定缴纳年费。本专利的年费应当在每年05月11日前缴纳。未按照规定缴纳年费的，专利权自应当缴纳年费期满之日起终止。

专利证书记载专利权登记时的法律状况。专利权的转移、质押、无效、终止、恢复和专利权人的姓名或名称、国籍、地址变更等事项记载在专利登记簿上。

局长
申长雨

中华人民共和国国家知识产权局

2015年11月11日

第1页（共1页）

图 2　一种水电站坝岸泄洪洞弧形闸门实用新型专利证书

一种混凝土施工移动式钢管排架

1 专利号

专利号为ZL 2015 20 299268.X。

2 申报日期

申报日期为2015年5月11日。

3 授权日期

授权日期为2015年11月11日。

4 发明人

发明人为柴喜洲、张耀威、于红彬、薛香臣、张礼宁、刘胜、郭伟。

5 目前法律状态

目前法律状态为专利权维持。

6 专利摘要

本发明涉及一种混凝土施工移动式钢管排架，包括行走钢平台、轮毂、承重钢管排架，所述行走钢平台由纵向主梁、次梁及横梁相互焊接形成且平面上为矩形结构，所述纵向主梁成组设置，所述轮毂固定在所述一组纵向主梁之间；所述承重钢管排架安装在所述行走钢平台上。由于设有行走钢平台及在行走钢平台下设有轮毂，可以实现承重钢管排架的整体移动，减少钢管排架施工过程中的反复搭拆，确保施工安全，大多数常用材料和小型设备可摆放在排架上，大大减小材料的反复搬运，避免了反复的搭拆，节约大量劳动力、材料、工期，有效降低施工成本、加快施工进度。

7 技术领域

本发明涉及一种混凝土施工移动式钢管排架，属于混凝土施工设备领域。

8 背景技术

隧洞（道）洞身二期衬砌顶拱混凝土、桥梁现浇混凝土梁一般采用满堂钢管排架模板支承方案，该方案主要利用普通钢管通过扣件相互连接形成网格型满堂钢管排架支承，排架支承模板之后浇筑混凝土。钢管排架一般采用人工逐根搭设，采用定滑轮及吊物绳逐个运送材料。每仓混凝土浇筑完成后，即开始拆除排架钢管排架，搬运至下一仓后重新安装，依次循环施工。该施工过程中满堂钢管排架需要反复搭拆及大量材料搬运和提升需消耗大量人工和工期；材料反复拆装造成材料损耗、损坏，造成材料浪费；排架加固工作多，安全风险大，不便于管理等。

9　发明内容

本发明所要解决的技术问题是提供一种混凝土施工移动式钢管排架，克服现有技术中的采用满堂钢管排架模板支撑方案的工艺中需反复搭拆及大量材料和提升搬运钢管排架需消耗大量人工和工期且材料反复拆装造成材料损耗、损坏，造成材料浪费以及排架加固工作多，安全风险大，不便于管理的缺陷。

本发明解决上述技术问题的技术方案如下：一种混凝土施工移动式钢管排架，包括行走钢平台100［见图1（e)］、轮毂、承重钢管排架200［见图1（f)］，所述行走钢平台由纵向主梁、次梁及横梁相互焊接形成且平面上为矩形结构，所述纵向主梁成组设置，所述轮毂固定在所述一组纵向主梁之间；所述承重钢管排架安装在所述行走钢平台上。

本发明的有益效果是：由于设有行走钢平台及在行走钢平台下设有轮毂，可以实现承重钢管排架的整体移动，减少钢管排架施工过程中的反复搭拆，确保施工安全，大多数常用材料和小型设备可摆放在排架上，大大减小材料的反复搬运，避免反复的搭拆，节约大量劳动力、材料、工期，有效降低施工成本、加快施工进度。

在上述技术方案的基础上，本发明还可以做如下改进。

所述行走钢平台100纵向主梁采用槽钢背靠背焊接制成，每组纵向主梁之间设有一组次梁且与纵向主梁平行布置；所述次梁将横梁通过焊接方式连接起来；所述横梁采用工字钢与纵向主梁垂直焊接且位于纵向主梁下侧；所述一组纵向主梁之间焊接固定梁，所述轮毂固定在所述固定梁下侧；所述纵向主梁和次梁及横梁上均焊接间距相等的锚桩。本发明纵向主梁优选的采用32槽钢背靠背焊接形成；所述横梁I20工字钢。

所述行走钢平台中间两组纵向主梁之间预留门洞，所述横梁包括第一横梁、第二横梁及连接横梁，所述第一横梁焊接在门洞一侧的纵向主梁下侧，所述第二横梁焊接在门洞另一侧的纵向主梁下侧；所述门洞两侧的纵向主梁上均焊接有竖撑，所述门洞两侧的纵向主梁上位置相对应的两个竖撑上端通过连接横梁焊接连接。所述连接横梁上焊接有次梁，次梁与纵向主梁平行设置。

本发明采用上述进一步的有益效果是：在所述行走钢平台中间的两组纵向主梁之间预留门洞，可以作为上游、下游交通通道，可以满足工程设备通行，解决排架前后交通问题，确保排架前后作业面可以同时作业，避免施工干扰，方便施工。

所述承重钢管排架200由立杆及大横杆和小横杆及卡扣件组成，立杆及大横杆和小横杆通过卡扣件连接，实现形状变化，适应异型结构作业，所述立杆直接插在所述锚桩上；顺着所述立杆方向上下间隔一排大横杆或小横杆设置剪刀撑，顺着所述大横杆或小横杆的方向间隔两排立杆设置剪刀撑；所述剪刀撑之间间距3m且与地面角度为60°。

本发明的有益效果是：由于承重钢管排架依靠纵、横向剪刀撑保持自身稳定及排架上下和左右的收缩和伸展，实现形状变化，适应异型结构作业。

本发明如上所述一种混凝土施工移动式钢管排架，所述行走钢平台锚桩为ϕ36mm钢筋锚桩，长0.2m；所述立杆采用ϕ48mm，壁厚3.5mm的钢管；所述立杆纵向间距0.75m，大横杆之间及小横杆之间的间距1.2m，最下层大横杆或小横杆距行走钢平台的平面20cm，所述大横杆或小横杆与所述行走钢平台上的纵向主梁、次梁及横梁之间通过焊接拉筋固定；即钢管排架与行走钢平台20cm的距离之间通过焊接拉筋固定。

本发明采用上述进一步的有益效果是：采用上述参数布置的钢管排架安装满足《建筑施工扣件式钢管脚手架安全技术规范》。

所述门洞同侧的纵向主梁上均焊接有若干间距相等的竖撑，纵向间隔一个竖撑的两个竖撑之间设有可拆卸的X形斜向固定梁；所述竖撑下部与相邻的纵向主梁的下部设有加固钢梁；所述竖撑上部与对应的连接横梁之间焊接斜向加固梁。本发明如上所述一种混凝土施工移动式钢管排架，进一步，所述纵向主梁长 15m，横梁长度为 13.5m，一组纵向主梁之间的间距为 0.75m；所述横梁之间的间距为 1.5m；所述门洞宽 4.1m，高 4.5m，门洞内与钢平台底部同一平面上设有可拆卸的 X 形斜向拉筋和与横梁平行的临时加固梁，可以实现混凝土浇筑和移动时临时加固门洞结构。

所述轮毂横向间距 4.5m，纵向间距为 6.0m；所述固定梁底部焊接 40cm×40cm 厚 2cm 连接钢板与钢轮毂用螺栓连接。所述固定梁采用 1m 长 2 根 32 槽钢型钢梁横向连接。

所述轮毂置于 20 槽钢内，所述 20 槽钢采用槽钢底部设的 C20 混凝土条带内预埋钢筋固定；所述单组纵向主梁端部焊接两根吊钩，吊钩采用 2 根 36mm 钢筋焊接并冷弯形成且通过牵引钢丝绳与 20t 手动葫芦连接。

所述立杆顶端固定有顶托，顶托上焊接有由槽钢背靠背焊接制成支撑梁，所述支撑梁上固定木拱架。

本发明混凝土施工移动式承重钢管排架采用上述的结构和参数，所有安全设施均按标准化安全设施安装，所有材料基本无需高空运输作业，相应施工部位铺设施工平台，节约大量劳动力，劳动力强度明显降低，安全风险大大降低。同时结构整体好，结构安全可靠度增加。

一种混凝土施工移动式钢管排架相关示意图见图 1。

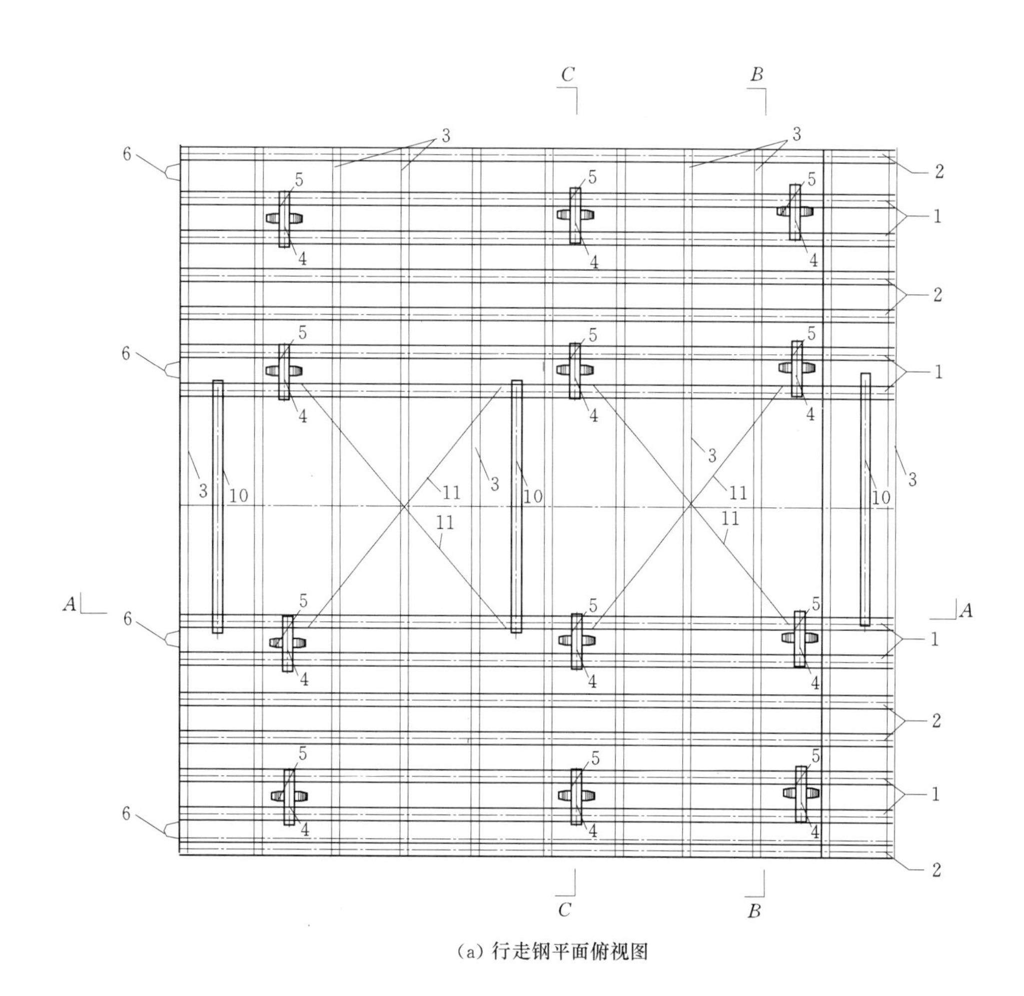

(a) 行走钢平面俯视图

图 1（一） 一种混凝土施工移动式钢管排架相关示意图

1—主梁；2—次梁；3—横梁；4—固定梁；5—轮毂；6—吊钩；

10—临时加固梁；11—X 形斜向拉筋；

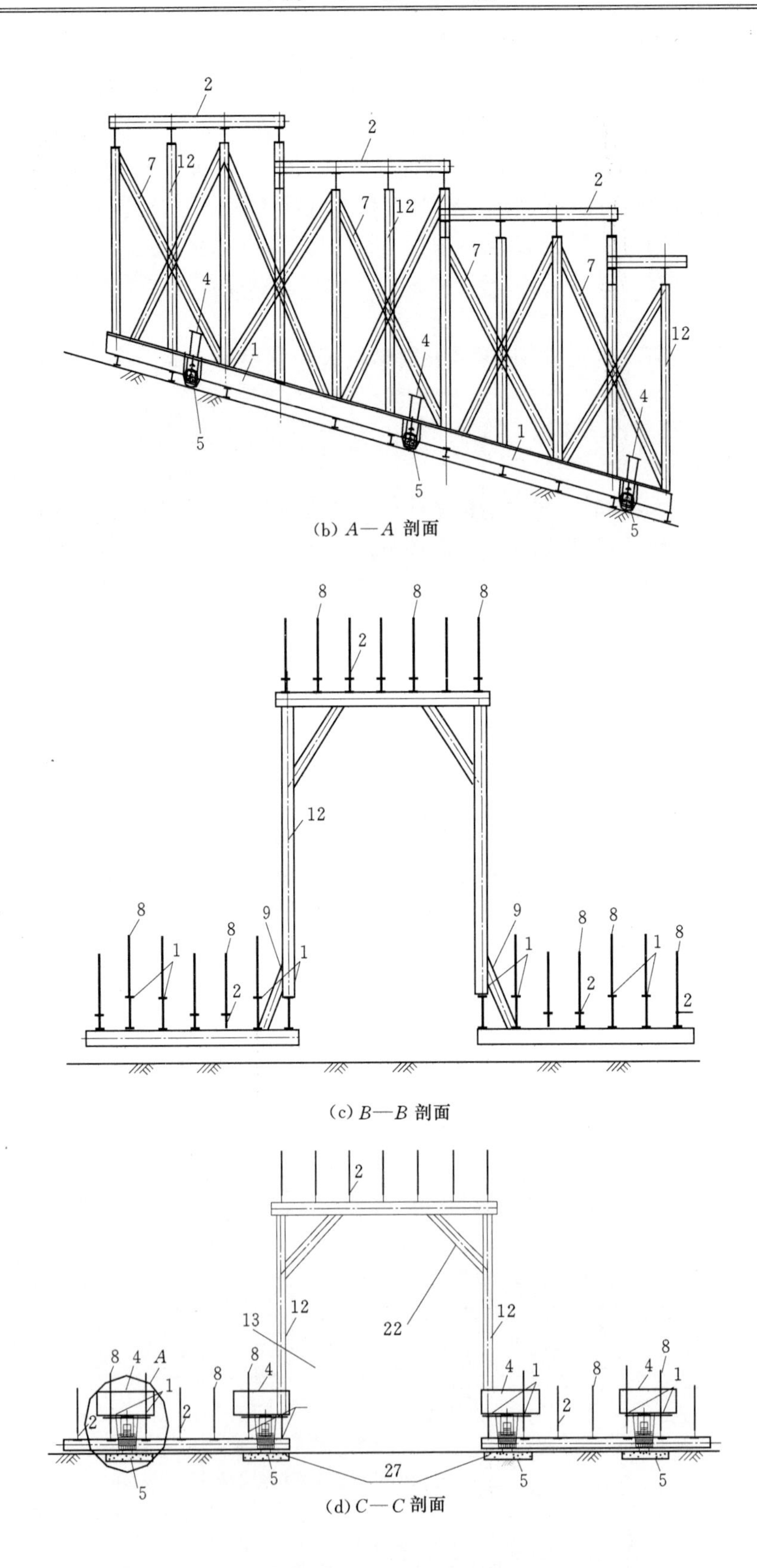

图 1（二） 一种混凝土施工移动式钢管排架相关示意图

1—主梁；2—次梁；4—固定梁；5—轮毂；7—X 形斜向固定梁；8—钢筋锚桩；9—加固钢梁；12—竖撑；13—门洞；22—斜向加固钢梁；27—混凝土条带

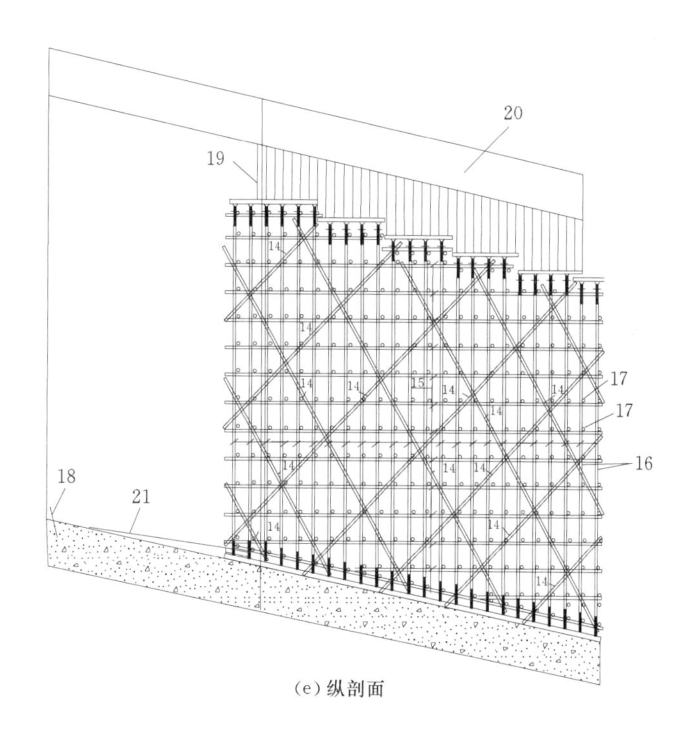

(e) 纵剖面

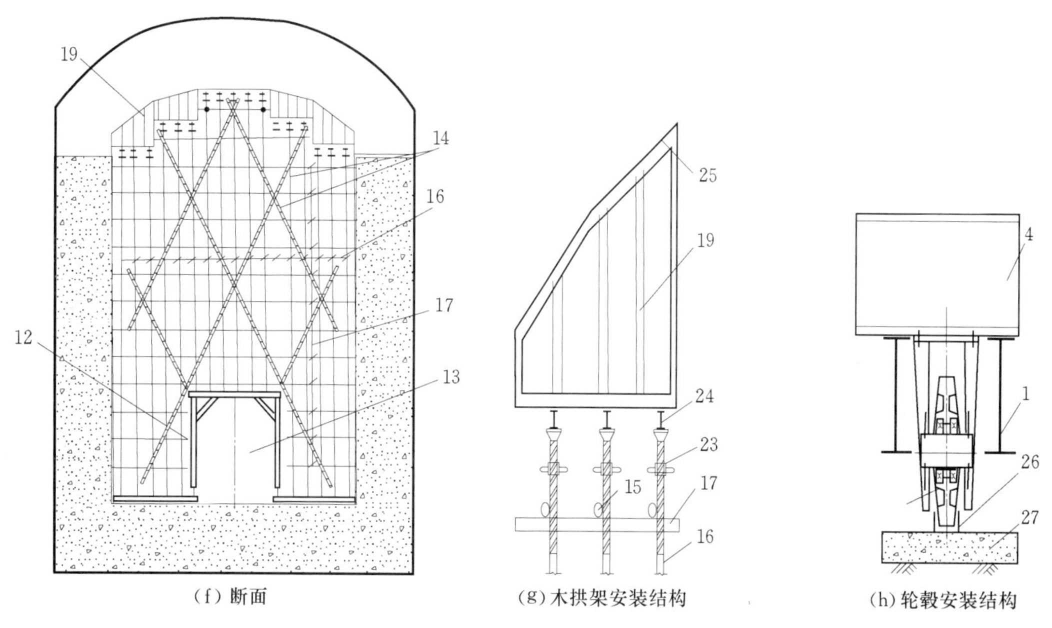

(f) 断面　　(g) 木拱架安装结构　　(h) 轮毂安装结构

图 1（三） 一种混凝土施工移动式钢管排架相关示意图

1—主梁；4—固定梁；12—竖撑；13—门洞；14—剪刀撑；15—大横杆；16—立杆；17—小横杆；18—上游底板预埋 ϕ36mm 插筋；19—木拱架；20—待浇筑混凝土；21—牵引钢丝绳；23—顶托；24—支撑梁；25—竹胶板；26—20 槽钢；27—混凝土条带

10 具体实施方式

以下结合图1对本发明的原理和特征进行描述，所举实例只用于解释本发明，并非用于限定本发明的范围。

本发明一种混凝土施工移动式钢管排架，包括行走钢平台、轮毂4、承重钢管排架，所述行走钢平台由纵向主梁、次梁及横梁相互焊接形成且上平面为矩形结构，所述纵向主梁成组设置；所述轮毂固定在所述一组纵向主梁之间；所述承重钢管排架安装在所述行走钢平台上。

所述纵向主梁采用32槽钢背靠背焊接制成，每组纵向主梁之间设有一组次梁且与纵向主梁平行布置；所述次梁将横梁通过焊接方式连接起来；所述横梁采用I20工字钢与纵向主梁垂直焊接且位于纵向主梁下侧；所述一组纵向主梁之间焊接固定梁，所述轮毂固定在所述固定梁下侧；所述纵向主梁和次梁及横梁上均焊接间距相等的锚桩。所述锚桩为ϕ36mm钢筋锚桩，长0.2m；本发明固定梁与纵向主梁之间采用焊接连接，也可以增加肋板，以保证固定梁与纵向主梁之间焊缝长度满足设计要求。

所述行走钢平台中间两组纵向主梁之间预留门洞，可以作为上游、下游交通通道，可以满足工程设备通行，解决排架前后交通问题，确保排架前后作业面可以同时作业，避免施工干扰，方便施工。

所述横梁包括第一横梁、第二横梁及连接横梁，所述第一横梁焊接在门洞一侧的纵向主梁下侧，所述第二横梁焊接在门洞另一侧的纵向主梁下侧；所述门洞两侧的纵向主梁上均焊接有竖撑，所述门洞两侧的纵向主梁上位置相对应的两个竖撑上端通过连接横梁焊接连接。

所述门洞同侧的纵向主梁上均焊接有若干间距相等的竖撑，纵向间隔一个竖撑的两个竖撑之间X形斜向固定梁；所述竖撑下部与相邻的纵向主梁的下部焊接加固钢梁；所述竖撑上部与对应的连接横梁之间焊接斜向加固梁。

所述承重钢管排架200由立杆及大横杆和小横杆及卡扣件组成，立杆及大横杆和小横杆通过建筑常用的卡扣件连接，实现形状变化，适应异型结构作业，所述立杆直接插在所述锚桩上；顺着所述立杆方向上下间隔一排大横杆或小横杆设置剪刀撑，顺着所述大横杆或小横杆的方向间隔两排立杆设置剪刀撑；所述立杆顶端安装顶托，顶托上直接安装由槽钢背靠背焊接制成支撑梁，所述支撑梁上固定木拱架，所述木拱架顶部设有1.8cm的竹胶板。在施工过程中承重钢管排架随着行走钢平台整体移动逐渐变化宽度和高度。通过移动式承重排架的整体移动，再次形成混凝土施工完整的支撑结构，移动至下一仓后，进行钢管排架支撑调整，形成稳定的施工支撑平台。

所述剪刀撑之间间距3m且与地面角度为60°。所述立杆采用ϕ48mm，壁厚3.5mm的钢管；所述立杆纵向间距0.75m，大横杆之间及小横杆之间的间距1.2m，最下层大横杆或小横杆距行走钢平台的平面20cm，钢管排架与钢平台间焊接拉筋固定。

本发明一种实施中：所述纵向主梁长15m，横梁长度为13.5m，一组纵向主梁之间的间距为0.75m；所述横梁之间的间距为1.5m；所述门洞宽4.1m，高4.5m，门洞内与钢平台底部同一平面上设有可拆卸的X形斜向拉筋和与横梁平行的临时加固梁，可以实现排架移动时和混凝土浇筑时临时加固门洞结构。

本发明另一种实施案例中：所述轮毂横向间距4.5m，纵向间距为6.0m；所述固定梁底部焊接40cm×40cm厚2cm连接钢板与钢轮毂用螺栓连接。所述固定梁采用1m长2根32槽钢型钢梁横向连接。所述轮毂位于20槽钢26内，所述20槽钢采用槽钢26底部设的C20或C30混凝土条带内预埋钢筋固定；所述单组纵向主梁端部焊接两根吊钩，吊钩采用2根ϕ36mm钢筋焊接并冷弯形成且通过牵引钢丝绳与20t手动葫芦连接，牵引钢丝绳利用上游底板预埋ϕ36mm插筋固定，顺行走方向向下引接至行走钢平台。C20或C30混凝土条带厚20cm，宽100cm。

本发明一种混凝土施工移动式钢管排架具体工作过程：承重钢管排架移动至施工作业面后，锁定行走钢平台下的轮毂，并将手动葫芦拉紧固定；调整小横杆与两边墙顶紧；在承重钢管排架的立杆相对应的钢平台底部（间排距0.75m×0.75m）加木质楔块与底部地面顶紧，以保证混凝土浇筑时行走平台不变形；预留交通洞在混凝土浇筑前搭设临时排架以支撑横梁，保证门洞在混凝土浇筑时不变形，混凝土浇筑完成24h后拆除临时排架和X形斜向拉筋和与横梁平行的临时加固梁，恢复交通。

承重钢管排架排架搭设时两侧和顶部选用3m长钢管搭设，以利于调整排架体型。钢管排架的体型调整时先松动固定扣件，然后向内移动钢管，满足下一次使用体型时，固定卡扣件，多余钢管直接拆除，不足的部分另行增加；顶部根据下次使用时体型需要，可逐根割除或拆除，降低排架高度；从而实现钢管排架的高度和宽度变化。混凝土浇筑前，安装预留交通洞临时加固梁和斜向拉紧。

承重钢管排架利用底部轮毂和手动葫芦自高向低移动，混凝土施工完成后，先拆除顶部模板及支撑结构，再拆除两侧邻墙部位的脚手架和钢平台底部的木质楔块支撑，剩余钢管排架依靠纵、横向剪刀撑保持自身稳定，预留门洞底部左右两侧采用临时加固梁用螺栓连接临时加固，并采用X形斜向拉筋加固后在手动葫芦的牵引下缓慢滑动行走至下一仓号。牵引钢丝绳利用上游底板预埋Φ36mm插筋固定，顺行走方向向下引接至行走钢平台100；承重钢管排架移动按1～3m/h速度控制。

上述的承重钢管排架所有安全设施均按标准化安全设施安装，所有材料基本无需高空运输作业，相应施工部位铺设施工平台，节约大量劳动力，劳动力强度明显降低，安全风险大大降低；同时结构整体好，结构安全可靠度增加。

本发明利用承重钢管排架底部设置的行走钢平台实现排架整体移动，解决排架反复拆装；利用钢管排架自身有多个散件组成，实现形状变化，适应异型结构作业；采用楔块和连接横梁解决钢平台承重过程中的结构刚度，增加排架整体承载能力、加快施工进度、减小施工成本、有效防范安全风险及解决施工干扰。

试验例1：本发明在云南省糯扎渡水电站右岸泄洪洞工作闸门后渐变段进行使用，2011年4月中旬至2011年8月31日共完成8仓顶板混凝土，累计施工4个月，平均施工进度16d/仓；2013年1月中旬至2013年5月中旬完成左岸泄洪洞工作闸门后渐变段7仓顶拱混凝土，平均施工进度17d/仓；较现有技术方案一平均施工进度45d/仓单仓节约工期29d。

试验例2：云南省糯扎渡水电站右岸泄洪洞工作闸门后渐变段采用移动排架技术后，大大减小排架反复搭拆工作，整段共减少排架搭拆7次，增加底部钢平台制作安装费用，模板支承部分成本大大减少。按排架搭拆单价18元/m^3，平均每仓搭设排架3800m^3推算，可减少排架搭设成本47.88万元，扣除增加移动钢平台及移动排架、调整排架费用30t×6500元/t=19.5万元，共节约成本28.38万元。

上述仅为本发明的较佳实施案例，并不用以限制本发明，凡在本发明的精神和原则之内，所作的任何修改、等同替换、改进等，均应包含在本发明的保护范围之内。

11 专利证书

一种混凝土施工移动式钢管排架实用新型专利证书见图2。

证书号第4725345号

实用新型专利证书

实用新型名称：一种混凝土施工移动式钢管排架

发 明 人：柴喜洲;张耀威;于红彬;薛香臣;张礼宁;刘胜;郭伟

专 利 号：ZL 2015 2 0299268.X

专利申请日：2015年05月11日

专 利 权 人：中国人民武装警察部队水电第一总队

授权公告日：2015年11月11日

本实用新型经过本局依照中华人民共和国专利法进行初步审查，决定授予专利权，颁发本证书并在专利登记簿上予以登记。专利权自授权公告之日起生效。

本专利的专利权期限为十年，自申请日起算。专利权人应当依照专利法及其实施细则规定缴纳年费。本专利的年费应当在每年05月11日前缴纳。未按照规定缴纳年费的，专利权自应当缴纳年费期满之日起终止。

专利证书记载专利权登记时的法律状况。专利权的转移、质押、无效、终止、恢复和专利权人的姓名或名称、国籍、地址变更等事项记载在专利登记簿上。

局长
申长雨

中华人民共和国国家知识产权局
2015年11月11日

第1页（共1页）

图2 一种混凝土施工移动式钢管排架实用新型专利证书

一种斜坡面铜止水连续挤压成型装置

1 专利号

专利号为ZL 2009 1 0259331.6。

2 申报日期

申报日期为2009年12月18日。

3 授权日期

授权日期为2012年12月19日。

4 发明人

发明人为石月顺、罗爱民、王永兴、马玉增、李虎章、张轩庄、胡明广、王明锐。

5 目前法律状态

目前法律状态为专利权维持。本发明之前实用新型专利已转让水电指挥部。

6 专利摘要

本发明涉及一种铜止水连续成型装置，具体涉及一种大型、中型面板堆石坝斜坡坡面铜止水连续成型且铜止水内自动填塞橡胶棒的装置。包括工作台、驱动系统、上滚轮组、下滚轮组，驱动系统包括电机和传动轴，传动轴安装在工作台的一侧，上滚轮组和下滚轮组对应安装在工作台上并与传动轴连接，工作台的出口处安装有装填机构。本发明采用渐进式挤压方式，避免了铜片重叠，保证了成品形状整齐，省时省力，可以一次成型长度大于100m的铜止水，减少了焊接浪费，大大提高铜止水安装的工作效率，本装置每小时可以加工成型50m以上铜止水，只需1人操作，利用相互滚动的翼缘滚轮组，压制过程连续缓和，防止了铜止水的边缘重叠。

7 技术领域

本发明涉及国内大型、中型面板堆石坝斜坡坡面铜止水连续成型和铜片止水鼻子内自动填塞橡胶棒的装置。

8 背景技术

在国内大型、中型面板堆石坝，斜坡面铜止水施工中，传统的止水铜片碾压成型机存在翼缘折边时，存在折边成型效果较差，容易折叠的现象，并且，止水铜片鼻子内的橡胶棒需要人工填塞，施工速度慢，无法形成快速化施工，本装置针对以上不足，研制一种在斜坡面上将铜止水片连续滚压成型，不易折叠和橡胶棒自动填塞装置，可以极大地提高工作效率，省时省力。

9 内容

9.1 目的

克服目前国内大、中型面板堆石坝，斜坡面铜止水成型时，止水翼缘容易折叠，止水铜片鼻子内的橡胶棒需要人工填塞，施工速度慢的缺点，提供了一种可以一次成型长度大于100m，铜鼻子内自动填塞橡胶棒的装置。

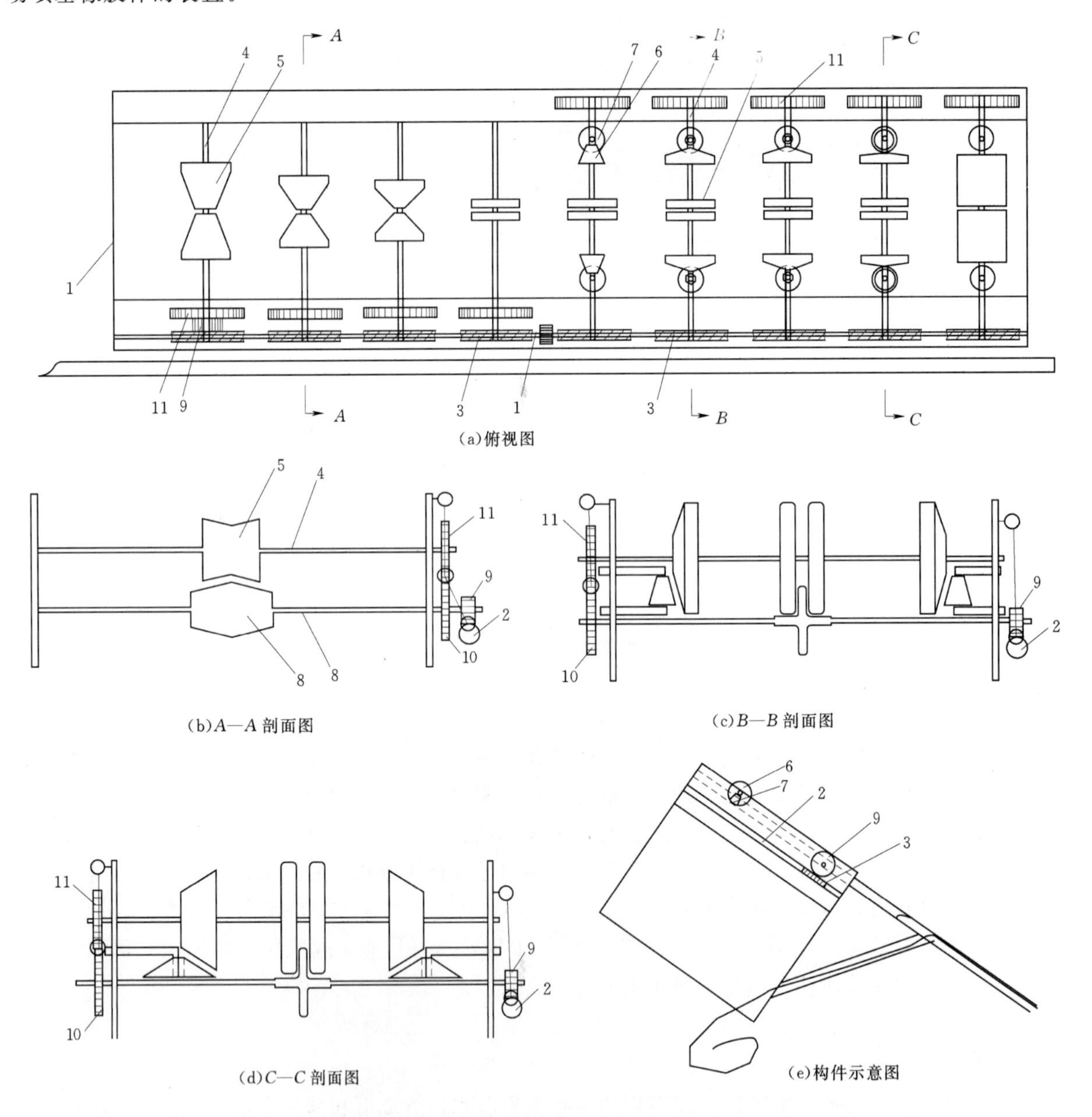

图1 铜止水连续挤压成型装置示意图

1—链轮；2—传动杆；3—蜗杆；4—从动轮；5—上滚压轮组；6—导向轮组；7—翼缘滚轮组；8—橡胶棒填塞装置；9—传动轮；10—下滚压轮组；11—橡胶棒

9.2 技术方案

一种在斜坡条件下、将铜止水连续滚压成所需的型式，最后由橡胶棒填塞装置将橡胶棒塞入铜止水鼻子内的装置。铜止水连续挤压成型装置示意图见图1。本技术方案的特征是，由滚压装置、填塞装置组成，电机经减速器和链轮将运动传至传动杆，传动杆经蜗杆将运动传至涡轮，涡轮带动下滚压轮组，同时，涡轮经传动轮带动从动轮，从动轮带动上滚压轮组，上、下滚压轮组联合运动，将铜止水鼻子滚压成型；滚压铜止水的翼缘时，两侧铜止水片经导向轮组和翼缘滚轮组联合运动，将铜止水最终滚压成所需的型式，最后，由橡胶棒自动填塞装置将橡胶棒塞入铜片止水鼻子内。

9.3 有益效果

本装置在国内大型、中型面板堆石坝斜坡面铜止水连续成型中采用，可以大大提高效率，节省时间，每小时可以加工成型50m以上；节省人力，只需1人操作，节省了填塞橡胶棒填塞的人员；中间不设接头，质量保证率高。本装置在湖北水布垭面板堆石坝、鹤壁盘石头面板堆石坝和辽宁蒲石河抽水蓄能电站上水库面板堆石坝工程中已成功运用，生产效率高，省时省力省料，质量保证率高。

10 具体实施方式

本装置操作时，打开电机，电机经减速器和链轮将运动传至传动杆，传动杆经蜗杆将运动传至涡轮，涡轮带动下滚压轮组，同时，涡轮经传动轮带动从动轮，从动轮带动上滚压轮组，上、下滚压轮组联合运动，将铜止水鼻子滚压成型；滚压铜止水的翼缘时，两侧铜止水片经导向轮组和翼缘滚轮组联合运动，将铜止水最终滚压成所需的型式，最后，由橡胶棒自动填塞装置将橡胶棒塞入铜片止水鼻子内。现场加工见图2。

(a)

(b)

图2 现场加工图

11 专利证书

一种斜坡面铜止水连续挤压成型装置发明专利证书见图 3。

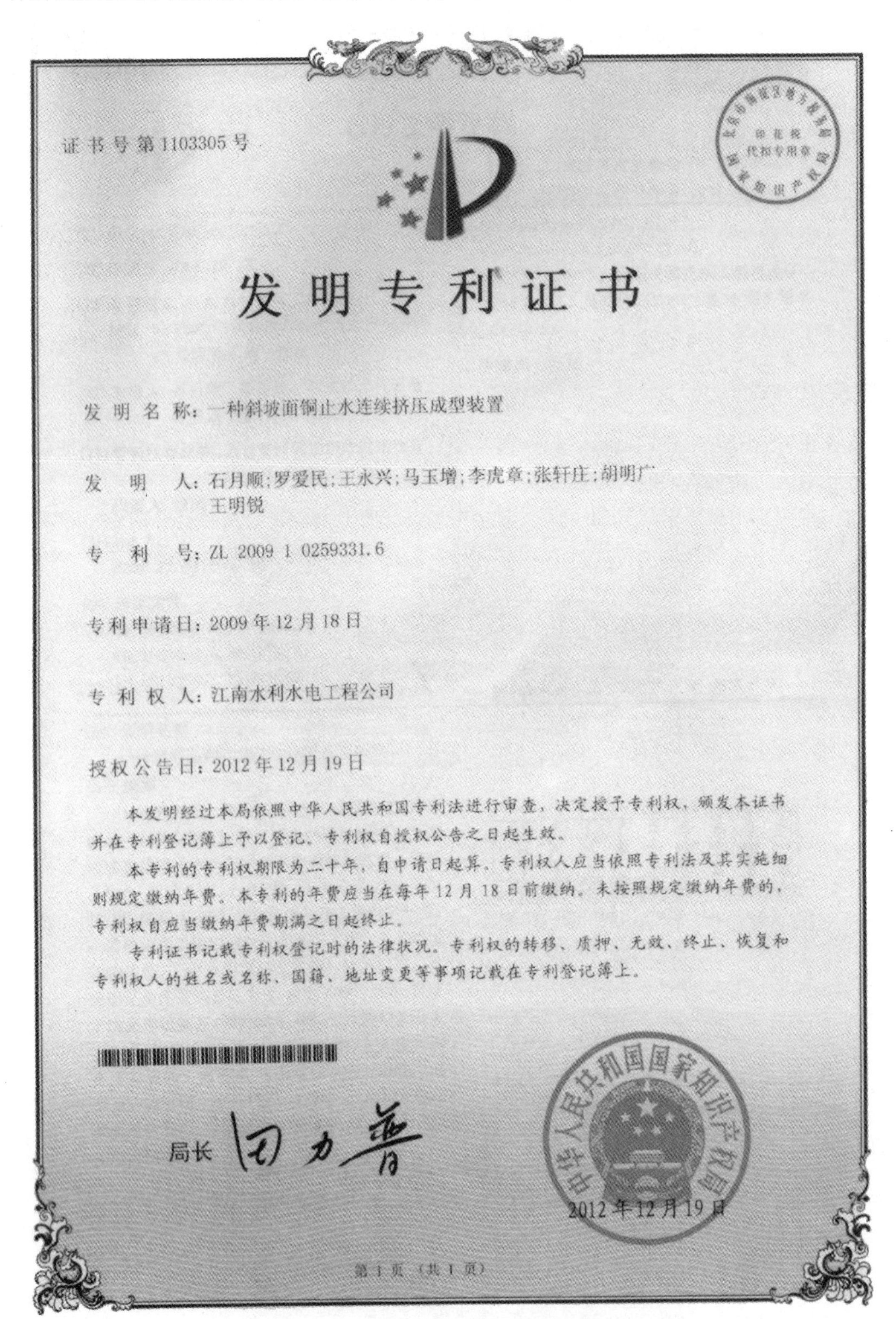

证书号第1103305号

发明专利证书

发 明 名 称：一种斜坡面铜止水连续挤压成型装置

发 明 人：石月顺；罗爱民；王永兴；马玉增；李虎章；张轩庄；胡明广
王明锐

专 利 号：ZL 2009 1 0259331.6

专利申请日：2009 年 12 月 18 日

专 利 权 人：江南水利水电工程公司

授权公告日：2012 年 12 月 19 日

本发明经过本局依照中华人民共和国专利法进行审查，决定授予专利权，颁发本证书并在专利登记簿上予以登记。专利权自授权公告之日起生效。

本专利的专利权期限为二十年，自申请日起算。专利权人应当依照专利法及其实施细则规定缴纳年费。本专利的年费应当在每年 12 月 18 日前缴纳。未按照规定缴纳年费的，专利权自应当缴纳年费期满之日起终止。

专利证书记载专利权登记时的法律状况。专利权的转移、质押、无效、终止、恢复和专利权人的姓名或名称、国籍、地址变更等事项记载在专利登记簿上。

局长 田力普

中华人民共和国国家知识产权局

2012年12月19日

第 1 页（共 1 页）

图 3　一种斜坡面铜止水连续挤压成型装置发明专利证书

堆石坝料用移动加水站

1 专利号

专利号为 ZL 2010 1 0106576.8。

2 申报日期

申报日期为 2010 年 2 月 5 日。

3 授权日期

授权日期为 2011 年 8 月 31 日。

4 发明人

发明人为唐先奇、黄宗营、吴幼松、章国红。

5 目前法律状态

目前法律状态为专利权维持。

6 专利摘要

本发明涉及一种可移动式的加水站，具体涉及为堆石坝料提供洒水工序的加水站。一种堆石坝料移动加水站，所述加水站包括加水系统和驱动系统，加水系统安装在驱动系统内，所述驱动系统驱动加水站移动，所述加水系统包括进水设备、加水设备、支撑设备和回转设备，所述进水设备与加水设备贯通，进水设备和加水设备安装在支撑设备上，支撑设备安装在回转设备上。本发明提供一种能够移动加水、加水量大、有效确保了坝料加水的质量，同时不会对路面造成污染，有利于保证运输车辆行驶安全的堆石坝料移动加水站。

7 其他内容

其他内容同实用新型专利。

8 专利证书

堆石坝料用移动加水站发明专利证书见图 1。

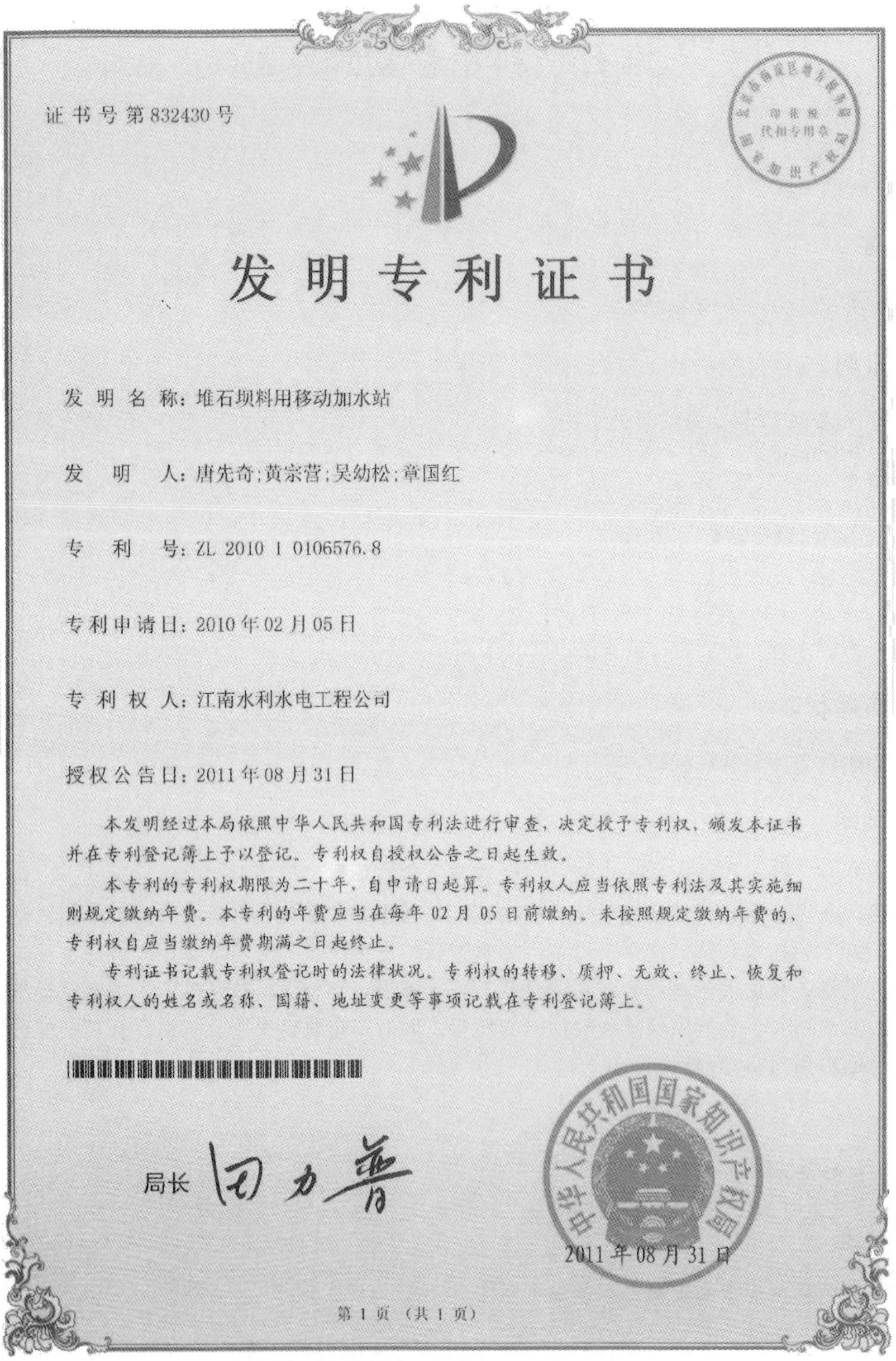

证书号第832430号

发明专利证书

发 明 名 称：堆石坝料用移动加水站

发 明 人：唐先奇；黄宗营；吴幼松；章国红

专 利 号：ZL 2010 1 0106576.8

专利申请日：2010年02月05日

专 利 权 人：江南水利水电工程公司

授权公告日：2011年08月31日

本发明经过本局依照中华人民共和国专利法进行审查，决定授予专利权，颁发本证书并在专利登记簿上予以登记。专利权自授权公告之日起生效。

本专利的专利权期限为二十年，自申请日起算。专利权人应当依照专利法及其实施细则规定缴纳年费。本专利的年费应当在每年02月05日前缴纳。未按照规定缴纳年费的，专利权自应当缴纳年费期满之日起终止。

专利证书记载专利权登记时的法律状况。专利权的转移、质押、无效、终止、恢复和专利权人的姓名或名称、国籍、地址变更等事项记载在专利登记簿上。

局长 田力普

中华人民共和国国家知识产权局

2011年08月31日

第1页（共1页）

图1 堆石坝料用移动加水站发明专利证书

一种隧道仰拱滑模混凝土衬砌钢模台车

1 专利号

专利号为 ZL 2011 1 0127414.7。

2 申报日期

申报日期为 2011 年 5 月 17 日。

3 授权日期

授权日期为 2014 年 11 月 5 日。

4 发明人

发明人为李虎章、颜宏、樊孝忠、李宏、颜帅。

5 目前法律状态

目前法律状态为专利权维持。

6 专利摘要

本发明涉及一种隧道仰拱滑模混凝土衬砌钢模台车，其特征在于包括滑行模板、主机架、调整千斤和纠偏调整拉杆；滑行模板上设有底部纠偏机架，底部纠偏机架通过调整千斤和纠偏调整拉杆与主机架连接；主机架的中部设有框架，框架内设有用于输送混凝土的主皮带输送机和分散主皮带输送机上的混凝土于设备两侧的副皮带输送机，框架的尾部设有进料斗，进料斗的下方设有从动滚筒，框架的下方设有为主皮带输送机提供尾部支撑的从动行走轮和行走轨道；该设备克服了传统的针梁式或其他形式的仰拱混凝土封闭浇筑施工方式易形成气泡缺陷。

7 其他内容

其他内容同实用新型专利。

8 专利证书

一种隧道仰拱滑模混凝土衬砌钢模台车发明专利证书见图 1。

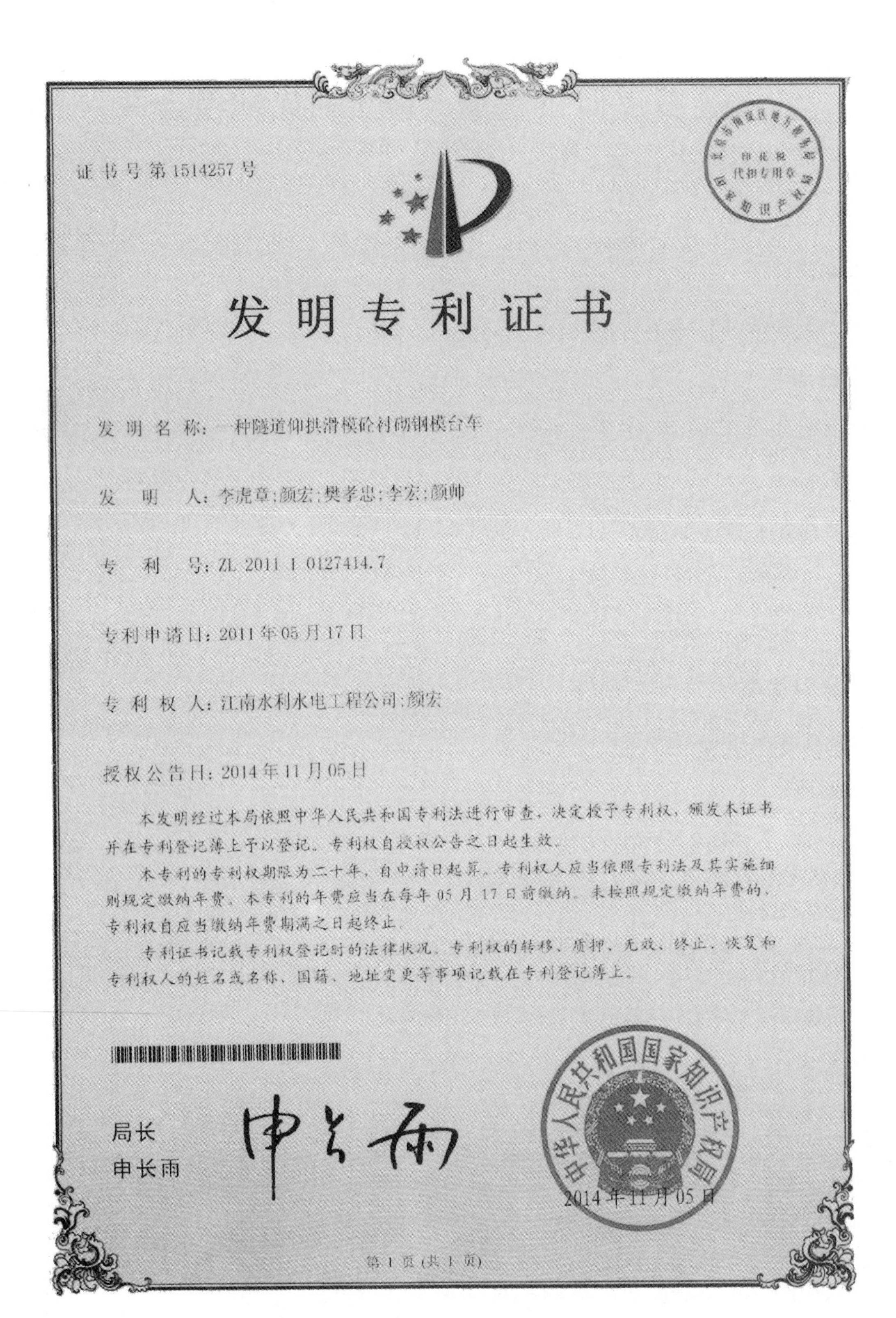
证书号第1514257号

发明专利证书

发明名称：一种隧道仰拱滑模砼衬砌钢模台车

发 明 人：李虎章；颜宏；樊孝忠；李宏；颜帅

专 利 号：ZL 2011 1 0127414.7

专利申请日：2011年05月17日

专 利 权 人：江南水利水电工程公司；颜宏

授权公告日：2014年11月05日

本发明经过本局依照中华人民共和国专利法进行审查，决定授予专利权，颁发本证书并在专利登记簿上予以登记。专利权自授权公告之日起生效。

本专利的专利权期限为二十年，自申请日起算。专利权人应当依照专利法及其实施细则规定缴纳年费。本专利的年费应当在每年05月17日前缴纳。未按照规定缴纳年费的，专利权自应当缴纳年费期满之日起终止。

专利证书记载专利权登记时的法律状况。专利权的转移、质押、无效、终止、恢复和专利权人的姓名或名称、国籍、地址变更等事项记载在专利登记簿上。

局长
申长雨

2014年11月05日

第1页（共1页）

图1 一种隧道仰拱滑模混凝土衬砌钢模台车发明专利证书

武警水电第一总队

科技成果汇编

（2004—2015年）

优秀论文（下）

武警水电第一总队　编著

中国水利水电出版社
www.waterpub.com.cn

内 容 提 要

本书为2015年7月武警水电第一总队科技大会会议成果汇编，主要内容包括会议评选出的优秀科技论文、工法和专利。优秀科技论文选自2004年以来总队科技干部发表的学术论文，共111篇，内容涵盖堆石坝工程、混凝土工程、地下工程、基础处理工程、导截流工程、爆破工程、金属结构工程、检验与试验及新材料应用、经营与管理、抢险技术等工程领域。另外，本书收录武警水电第一总队已取得国家级、省部级工法26项，专利11项。本书汇编的科技成果来自施工生产和应急救援一线，供水利水电施工、应急救援技术人员学习交流。

图书在版编目（CIP）数据

武警水电第一总队科技成果汇编 : 2004～2015年 / 武警水电第一总队编著. -- 北京 : 中国水利水电出版社, 2016.1
ISBN 978-7-5170-4097-2

Ⅰ. ①武… Ⅱ. ①武… Ⅲ. ①水利水电工程－科技成果－汇编－中国 Ⅳ. ①TV

中国版本图书馆CIP数据核字(2016)第018652号

书　　名	武警水电第一总队科技成果汇编（2004—2015年）　优秀论文（下）
作　　者	武警水电第一总队　编著
出版发行	中国水利水电出版社 （北京市海淀区玉渊潭南路1号D座　100038） 网址：www.waterpub.com.cn E-mail：sales@waterpub.com.cn 电话：（010）68367658（发行部）
经　　售	北京科水图书销售中心（零售） 电话：（010）88383994、63202643、68545874 全国各地新华书店和相关出版物销售网点
排　　版	中国水利水电出版社微机排版中心
印　　刷	三河市鑫金马印装有限公司
规　　格	210mm×285mm　16开本　51.5印张（总）　1560千字（总）
版　　次	2016年1月第1版　2016年1月第1次印刷
印　　数	0001—1000册
总 定 价	**180.00**元（全3册）

凡购买我社图书，如有缺页、倒页、脱页的，本社发行部负责调换

编委会名单

前 言

2015 年 7 月，武警水电第一总队（以下简称总队）调整转型后第一届科技大会在广西南宁胜利召开。大会总结回顾了总队自组建以来科技工作取得的成绩和经验，展示了先进技术成果，表彰了优秀科技工作者，并对下一阶段科技工作进行了研究部署，提出了以科技创新带动部队建设全面发展，实现能力水平整体提升，建设现代化国家专业应急救援部队的发展目标。本书为科技大会成果汇编，包括优秀科技论文 2 册，专利和工法 1 册。

武警水电第一总队是一支有着光辉战斗历程的英雄部队，在近 50 年的发展历程中，总队凭借专业技术优势，发扬攻坚克难、敢打必胜的铁军精神移山开江、凿石安澜，在国家能源建设战线上屡立奇功，在应急抢险征途上几度续写辉煌。2009 年，部队正式纳入国家应急救援力量体系。2012 年，根据国发 43 号文件精神，部队全面调整转型，中心任务由施工生产向应急救援转变，保障方式由自我保障向中央财政保障转变。目前，总队正向着打造"国内一流、国际领先、专业领域不可替代"的应急救援专业国家队建设目标奋勇前行。

本书旨在展示总队广大技术人员在生产、管理、应急抢险等领域取得的技术成果，进一步增强广大技术干部的创新意识，营造积极参与科技创新的良好氛围，不断提高科技创新水平、加强技术交流，促进应急救援科技人才快速成长，为先进施工技术成果向应急救援技战法转变打下坚实基础。丛书共收录科技大会评选出的优秀科技论文 111 篇，论文涵盖堆石坝工程、混凝土工程、地下工程、基础处理工程、导截流工程、爆破工程、金属结构工程、检验与试验及新材料应用、经营与管理、抢险技术 10 个领域的内容。同时，丛书汇编专利成果 11 项，国家级和省部级工法 26 项。

武警水电第一总队首长对本书出版给予极大支持，编委会成员为出版工作付出了辛勤汗水，在此一并致谢。

本书不当之处，恳请各位读者批评指正。

编委会

二〇一五年十一月

目录

基础处理工程

导截流工程

爆破工程

金属结构工程

检验与试验及新材料应用

经 营 与 管 理

抢 险 技 术

基础处理工程

梨园水电站左岸混凝土场平系统高边坡支护排架的安全设计及计算

刘　利　蒋玉付

【摘　要】：在水利水电工程、公路工程及铁路工程中，经常遇到高边坡施工，一般都需要搭设排架进行边坡的支护和加固。排架设计及施工安全日益重要，直接关系到施工人员的安全，如果设计和计算不当将造成重大安全事故。本文结合施工实例，对水电站高边坡支护排架的安全设计和计算进行了研究。

【关键词】：高边坡　排架　设计　计算

1　工程概况

梨园水电站为金沙江中游开发的第三级电站，位于云南省丽江市玉龙县（右岸）和迪庆州香格里拉县（左岸）交界河段，其左岸混凝土生产系统场平工程地势险要，边坡垂直高度达 80m，分四级边坡开挖，每级边坡与上一级边坡形成宽 2m 的马道，每级边坡高 20m，边坡开挖后坡度为 60°～75°。

边坡支护项目繁多，包括锚杆、喷射混凝土、预应力锚索、锚筋桩、锚索框架梁等形成支护，施工时采用扣件式双排钢管排架作业，开挖和支护同步进行，交叉作业。

2　排架的设计

2.1　排架材料

钢管采用 ϕ48mm×3.5mm 国标钢管，其质量符合现行国家标准《碳素结构钢》（GB/T 700—2006）Q235 - A 级钢的规定（Q235 - A 级钢抗压、抗拉、抗弯强度设计值 $f=205\text{N/mm}^2$，弹性模量 $E=2.06\times10^5\text{N/mm}^2$）。

扣件采用可锻造铸铁制成，材质符合现行国家标准《钢管脚手架扣件》（GB 15831—2006）的规定，采用其他材料的扣件，应当试验证明其质量符合标准规定后方可使用。

脚手板厚度不小于 50mm，用螺栓将侧立竹跳板并列连接而成，两端采用 ϕ4mm 的镀锌铁丝箍两道，脚手板自重标准值为 0.35kN/m^2。

连墙件采用 ϕ25 的Ⅱ级螺纹钢，材质符合现行国家标准《碳素结构钢》（GB/T 700—2006）Q235 - A 级钢的规定。

安全网采用防火绿色密目网。

2.2　荷载计算

本边坡支护施工排架上主要有潜孔设备和作业人员荷载，钻机分散错开布置。按照承重排架设计计算，允许承载荷载为 3kN/m^2。横向水平杆、纵向水平杆和立杆组成的构架承受荷载，并通过立杆传给基础。剪刀撑、斜撑和连墙杆承受排架的刚度和稳定性；连墙杆承受全部风荷载。

2.2.1　锚索施工排架设计尺寸

锚索施工脚手架采用钢管扣件式脚手架体系，排架搭设高度 H 为 20m，步距 h 为 1.8m，立杆纵

距 La 为 1.5m，立杆横距 Lb 为 1.08m，连接件为 2 步 3 跨设置，脚手板为毛竹板，按同时铺设 6 排计算，同时作业层数 n 为 3，示意图详见图 1。钢管截面面积 A 为 $489mm^2$，截面模量 W 为 $5.08\times10^3mm^3$，回转半径 i 为 1.58cm，抗弯、抗压强度设计值 f 为 $205N/mm^2$，基本风压值 ω 为 $0.7kN/m^2$，忽略雪、雨荷载。

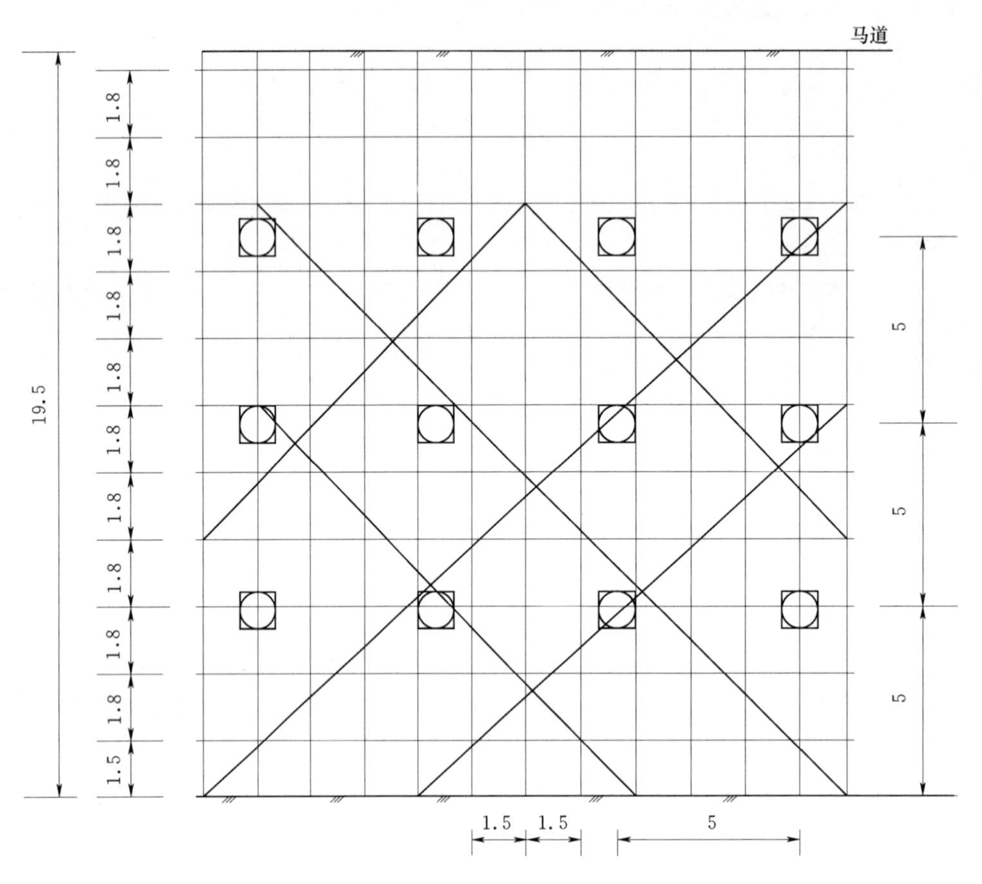

图 1 脚手架布置立面示意图

2.2.2 荷载分类

作业在排架上的荷载可分为永久荷载与可变荷载。

(1) 永久荷载包括：排架结构自重和构、配件自重。

(2) 可变荷载包括：作业层上的人员、器具、材料自重及风荷载。

2.2.3 荷载标准值

(1) $\phi48\times3.5$mm 钢管自重准值：$P=0.038kN/m$

(2) 竹跳板自重标准值：$gk_2=0.35kN/m^2$

(3) 栏杆与踢脚板自重标准值：$gk_3=0.14kN/m$

(4) 施工均布活荷载：$q_k=3kN/m^2$（按照结构脚手架采用）

(5) 风荷载标准值：$\omega_k=0.7\mu_z\mu_s\omega_0=0.7\times1.63\times0.089\times0.25=0.025kN/m^2$

式中 ω_0——基本风压；查《建筑结构荷载规范》（GB 50009—2001），丽江地区 $\omega_0=0.25kN/m^2$（十年一遇）；

μ_z——风压高度变化系数；查《建筑结构荷载规范》（GB 50009—2001）表 7.2.1，取 1.63；

μ_s——排架风荷载体型系数；全封闭式为 1.0φ，φ 为挡风系数，根据脚手架搭设的步距和纵距，查表得 φ 取 0.089。

3 排架设计计算

3.1 纵向水平杆计算

3.1.1 纵向水平杆（大横杆）抗弯强度（按三跨连续梁）计算

纵向水平杆荷载按照荷载效应组合，主要考虑纵向水平杆上面的脚手板自重和施工活荷载。

纵向水平杆的自重标准值：$P_1=0.038$（kN/m）

脚手板自重标准值：$P_2=0.35\times1.08/3=0.126$（kN/m）

活荷载标准值：$Q=3\times1.08/3=1.08$（kN/m）

静荷载设计值：$q_1=1.2\times(0.038+0.126)=0.1968$（kN/m）

活荷载设计值：$q_2=1.4\times1.08=1.512$（kN/m）

跨中和支座最大弯矩分别按图2、图3组合。

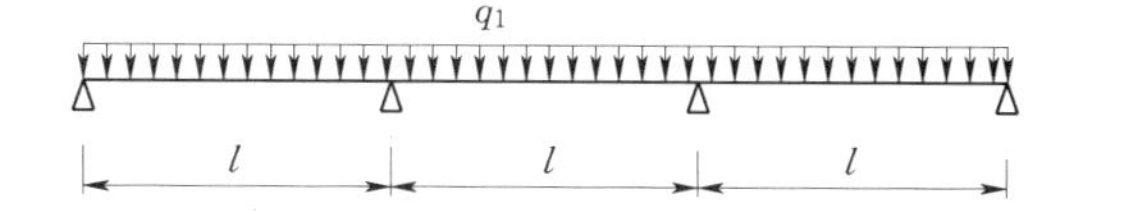

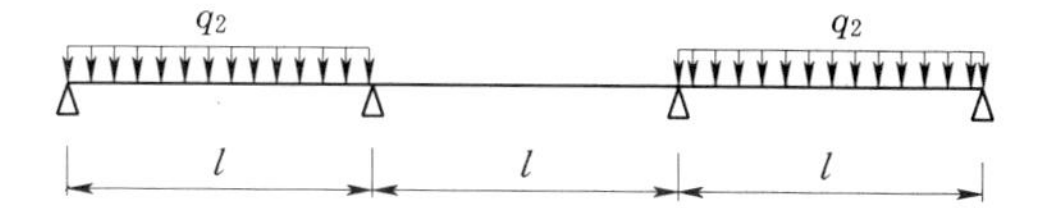

图2 纵向水平杆设计荷载组合简图（跨中最大弯矩和跨中最大挠度）

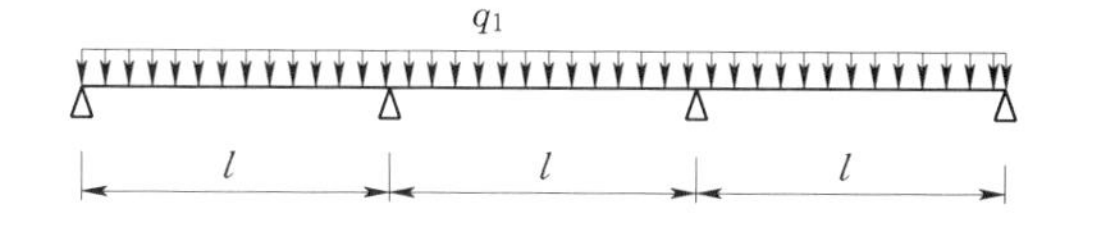

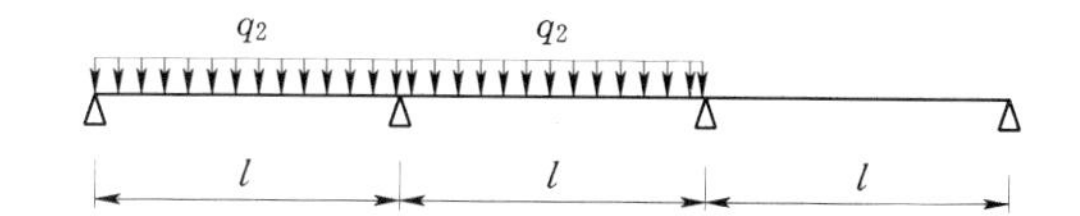

图3 纵向水平杆设计荷载组合简图（支座最大弯矩）

说明：之所以采用两种组合方式，是因为在不同的活荷载分布情况下，其弯矩及挠度不同。

跨中最大弯矩计算公式如下（相关系数可查阅《建筑施工手册》）

$$M1_{\max}=0.08q_1l^2+0.10q_2l^2$$

跨中最大弯矩为 $M1_{\max}=0.08\times0.1968\times1.5^2+0.10\times1.512\times1.5^2=0.376$（kN·m）；

支座最大弯矩计算公式如下（相关系数可查阅《建筑施工手册》）

$$M2_{\max}=-0.10q_1l^2-0.117q_2l^2$$

支座最大弯矩为 $M2_{\max}=-0.10\times0.1968\times1.5^2-0.117\times1.512\times1.5^2=-0.4423$（kN·m）；

选择支座弯矩和跨中弯矩的最大值进行强度验算

$$\sigma=\mathrm{Max}(0.376\times10^6,0.4423\times10^6)/5080=87.07(\mathrm{N/mm^2});$$

纵向水平杆的最大弯曲应力 σ 为 87.07N/mm² 小于纵向水平杆的抗压强度设计值［f］为 205N/mm²，满足要求。

3.1.2 纵向水平杆的挠度计算

最大挠度考虑为三跨连续梁均布荷载作用下的挠度。

计算公式如下

$\nu_{\max}=(0.677q_1l^4+0.990q_2l^4)/100EI$（相关系数可查《建筑施工手册》）其中：静荷载标准值：$q_1=P_1+P_2=0.038+0.126=0.164$（kN/m）；

活荷载标准值：$q_2=Q=1.08$（kN/m）；

最大挠度计算值为：$\nu=(0.677\times0.164\times1500^4+0.990\times1.08\times1500^4)/(100\times2.06\times10^5\times121900)=2.38$(mm)，小于 10mm，满足要求！

3.2 横向水平杆计算

根据 JGJ 130—2001 第 5.2.4 条规定，横向水平杆按照简支梁进行强度和挠度计算，纵向水平杆在横向水平杆的上面。用纵向水平杆支座的最大反力计算值作为横向水平杆集中荷载，在最不利荷载布置下计算横向水平杆的最大弯矩和变形。

3.2.1 荷载计算

纵向水平杆的自重标准值：$p_1=P_1\times1.5=0.038\times1.5=0.057\text{kN}$

脚手板的自重标准值：$p_2=0.35\times1.08\times1.5/3=0.189\text{kN}$

活荷载标准值：$q=3\times1.08\times1.5/3=1.62\text{kN}$

集中荷载设计值：$P=1.2\times(0.057+0.189)+1.4\times1.62=2.563\text{kN}$

3.2.2 强度验算

最大弯矩考虑为横向水平杆自重均布荷载与纵向水平杆传递荷载的标准值最不利分配的弯矩和，横向水平杆荷载计算见图4，均布荷载最大弯矩计算公式如下

$$M_{q\max}=ql^2/8$$

$$M_{q\max}=1.2\times0.038\times1.08^2/8=0.007\ (\text{kN}\cdot\text{m});$$

集中荷载最大弯矩计算公式如下

$$M_{p\max}=Pl/3$$

$$M_{p\max}=2.563\times1.08/3=0.923\ (\text{kN}\cdot\text{m});$$

最大弯矩 $M=M_{q\max}+M_{p\max}=0.93\ (\text{kN}\cdot\text{m})$；

最大应力计算值 $\sigma=M/W=0.93\times10^6/5080=183.08\ (\text{N/mm}^2)$；

小横杆的最大弯曲应力 σ 为 183.08N/mm^2 小于小横杆的抗压强度设计值 205N/mm^2，满足要求。

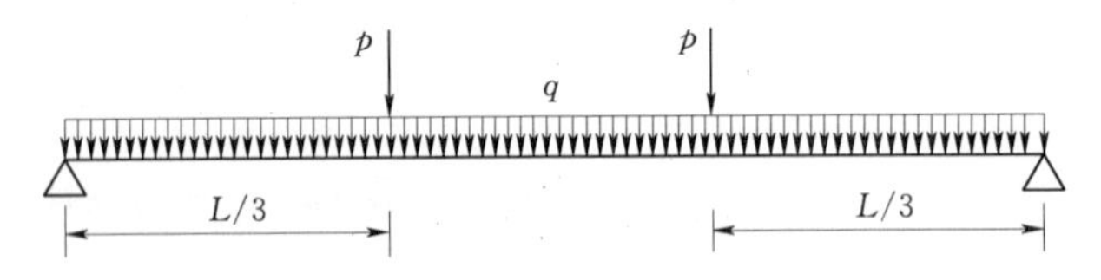

图4 横向水平杆荷载计算图

3.2.3 挠度验算

最大挠度考虑为小横杆自重均布荷载与大横杆传递荷载的设计值最不利分配的挠度和。

小横杆自重均布荷载引起的最大挠度计算公式如下

$$\nu_{q\max}=5ql^4/384EI$$

$$\nu_{q\max}=5\times0.033\times1050^4/(384\times2.06\times10^5\times107800)=0.024(\text{mm});$$

大横杆传递荷载 $P=p_1+p_2+Q=0.057+0.189+1.62=1.866\ (\text{kN})$；

集中荷载标准值最不利分配引起的最大挠度计算公式如下：

$\nu_{p\max}=Pl(3l^2-4l^2/9)/72EI$（此公式可查阅《建筑施工手册》第四版P47页）

$$\nu_{p\max}=1866\times1050\times(3\times1050^2-4\times1050^2/9)/(72\times2.06\times10^5\times107800)=3.453(\text{mm});$$

$$\text{最大挠度}\ \nu=\nu_{q\max}+\nu_{p\max}=0.024+3.453=3.477(\text{mm});$$

小横杆的最大挠度为3.477mm小于小横杆的最大容许挠度1050/150=7与10mm，满足要求！

3.3 脚手架立杆计算

3.3.1 立杆荷载计算

作用于脚手架的荷载包括静荷载、活荷载和风荷载。静荷载标准值包括以下内容：

（1）每米立杆承受的结构自重标准值，为0.1248kN/m

$$N_{G1}=0.1248\times20.00=2.496(\text{kN});$$

（2）脚手板的自重标准值；采用竹跳板脚手板，标准值为 0.35kN/m^2

$$N_{G2}=0.35\times6\times1.5\times(1.08+0.3)/2=2.174(\text{kN});$$

（3）栏杆与挡脚手板自重标准值；采用栏杆、竹笆片脚手板挡板，标准值为0.14

$$N_{G3}=0.140\times1.5\times6/2=0.63(\text{kN})$$

(4) 吊挂的安全设施荷载，包括绿色密目网：0.005kN/m^2

$$N_{G4}=0.005\times1.5\times6=0.045(\text{kN})$$

经计算，静荷载标准值 $N_G=N_{G1}+N_{G2}+N_{G3}+N_{G4}=5.345$ (kN)。

活荷载为施工荷载标准值产生的轴向力总和，内、外立杆按一纵距内施工荷载总和的 1/2 取值。经计算活荷载标准值 $N_Q=3\times1.08\times1.5\times3/2=7.29$ (kN)。

风荷载标准值 $\omega_k=0.025$ (kN/m^2)，风荷载设计值产生的立杆段弯矩 M_W 为：$M_W=0.85\times1.4\omega_k Lah^2/10=0.85\times1.4\times0.025\times1.5\times1.8^2/10=0.014$ (kN・m)

不考虑风荷载时，立杆的轴向压力设计值计算公式

$$N=1.2N_G+1.4N_Q=1.2\times5.345+1.4\times7.29=16.62(\text{kN})$$

考虑风荷载时，立杆的轴向压力设计值为

$$N'=1.2N_G+0.85\times1.4N_Q=1.2\times5.345+0.85\times1.4\times7.29=15.089(\text{kN})$$

3.3.2　立杆稳定性计算

不考虑风荷载时，$N/(\Phi A)\leqslant[f]$

立杆的轴向压力设计值：$N=16.62$ (kN)

计算立杆的截面回转半径：$i=1.58$ (cm)

计算长度附加系数参照《建筑施工扣件式钢管脚手架安全技术规范》表 5.3.3 得：$k=1.155$；

计算长度系数参照《建筑施工扣件式钢管脚手架安全技术规范》表 5.3.3 得：$\mu=1.5$；

计算长度，由公式 $l_0=k\times\mu\times h$ 确定：$l_0=3.118$m；

长细比 $\lambda=Lo/i=197.37$；查《建筑施工扣件式钢管脚手架安全技术规范》得 $\Phi=0.186$

查《建筑施工扣件式钢管脚手架安全技术规范》得 $A=4.89\text{cm}^2$，不考虑风荷载时：

$$\sigma=16.62\times10^3/(0.186\times4.89\times10^2)=182.73(\text{N/mm}^2)\leqslant[f]=205(\text{N/mm}^2)$$

考虑风荷载时，$N/(\Phi A)+M_W/W\leqslant[f]$

立杆的轴向压力设计值：$N=N'=15.089$ (kN)

立杆的截面模量 $W=5.08\text{cm}^3$

考虑风荷载时，$\sigma=15.089\times10^3/(0.186\times4.89\times10^2)+14000/5089=168.65(\text{N/mm}^2)\leqslant[f]=205\text{N/mm}^2$

可以看出，考虑风荷载和不考虑风荷载的情况下，立杆的稳定性都满足要求。

3.4　扣件抗滑力的计算

根据《建筑施工扣件式钢管脚手架安全技术规范》的规定，直角扣件、旋转扣件的承载力设计值为 8.00kN。该工程实际的旋转单扣件承载力取值为 8.00kN。

纵向或横向水平杆与立杆连接时，扣件的抗滑承载力按照下式计算

$$R\leqslant Rc$$

式中　Rc——扣件抗滑承载力设计值，取 8.00kN；

　　R——纵向或横向水平杆传给立杆的竖向作用力设计值。

纵向水平杆的自重标准值：$P_1'=0.038\times1.5\times2/2=0.057$ (kN)

横向水平杆的自重标准值：$P_2'=0.038\times1.08=0.041$ (kN)

脚手板的自重标准值：$P_3'=0.35\times1.08\times1.5/2=0.284$ (kN)

活荷载的标准值：$Q=3\times1.08\times1.5/2=2.43$ (kN)

荷载的设计值：$R=1.2\times(0.057+0.041+1.575)+1.4\times2.43=5.41(\text{kN})<8.00(\text{kN})$ 扣件抗滑承载力的设计计算满足要求！此处计算的是横向水平杆与立杆连接处扣件的抗滑承载力，对于架体内、外纵向水平杆因其荷载比其下方的横向水平杆小，故不重复计算。

4 结束语

在水利水电工程及其他工程高边坡施工项目中，边坡排架的设计至关重要，关系着排架本身及作业人员、设备的安全，应结合施工现场实际进行设计。

(1) 未进行脚手架立杆地基承载力计算，主要是因为基础开挖后岩层整体性及硬度较好，远远大于立杆地基承载力的设计值。

(2) 未进行脚手架连墙件稳定性的计算，主要因为边坡最大坡度为75°，连墙件为Φ25钢筋，用钢筋将脚手架钢管及边坡中的预设锚杆焊接，按照斜角焊缝计算，其焊缝抗剪力远远大于风荷载及外力对排架产生的轴力。

(3) 立杆横距对于排架尺寸的设计起非常重要的作用，特别是在横向水平杆的验算中，开始设计为1.6m、1.2m，均不能满足要求，最后设计为1.08m才满足要求。

(4) 施工过程中，考虑作业层钻机自重较大，在钻机就位前，对脚手架作业层小横杆加密设置，同时按照技术人员的要求设置纵横向剪刀撑，以提高脚手架的整体和局部刚度，本例中未考虑剪刀撑对脚手架的安全作用。

枕头坝一级水电站导流明渠防渗方式的对比选择

梁日新　蒋建林

【摘　要】：枕头坝一级水电站导流明渠纵向子围堰基础下游段为深覆盖层，防渗工程量大。本文主要从纵向子围堰防渗方式试验、对比、选择、施工等进行论述，通过试验合理选择成熟、可靠的防渗方式，达到了基坑干地施工效果、控制投资，保证了导流明渠基坑开挖和混凝土施工进度和质量，为顺利地实现工期目标打下了基础。

【关键词】：导流明渠　高喷灌浆　控制性水泥灌浆　帷幕灌浆　混凝土防渗墙

1　工程概况

枕头坝一级水电站位于大渡河中下游乐山市金口河区的核桃坪河段上，工程为二等工程，电站采用混凝土堤坝式开发，最大坝高 86m，电站装机容量 720MW。电站枢纽由左岸非溢流坝段、河床厂房坝段、排污闸及泄洪闸坝段（前期为导流明渠）、右岸非溢流坝段组成。电站采用右岸开挖、混凝土浇筑形成明渠的导流方式。

右岸导流明渠长 1130m，土石方开挖量为 478 万 m^3，混凝土工程量为 44 万 m^3；明渠上游侧底板开挖高程为 584m，泄洪闸坝段、开挖底板高程为 573m，消力池段、开挖底板高程为 571.5m，下游侧底板开挖高程为 581m。明渠右岸为贴坡混凝土，左岸为纵向混凝土导墙，纵向混凝土导墙坝轴线上游段建基面高程为 594～600m，下游段建基面高程为 571.5～581m。

导流明渠基岩为玄武岩，由于地质环境的改变，岩体暴露于地表后风化破碎，节理、裂隙十分发育。598m 高程河床滩地覆盖层深厚，最厚处超过 60m，河床覆盖层物质组成较为复杂，以第四系河流阶地砂卵砾石层为主，局部段分布有粉、细砂层、厚度达 1.2m 以上。河床砂卵砾石层的渗透系数为 $2.28\times10^{-2}\sim7.5\times10^{-2}$cm/s，属强透水层。

施工阶段，导流明渠上游段利用开挖形成的岩埂挡水，岩埂长 400m；下游段利用土石料填筑和高程为 598m 的原河床滩（台）地形成的纵向子围堰进行挡水，长度 700m。岩埂岩石节理、裂隙发育，透水率大，需进行防渗处理；纵向子围堰基础为河床砂卵砾石层，为强透水，更需进行防渗处理，防渗工程量为 32000m^2，防渗轴线长 700m。

2　防渗方式

目前，水利水电工程施工中，基岩防渗采用最多、最常用的是帷幕灌浆施工，该防渗方式工艺流程成熟，也有相关的规程、规范可循。

对于主要成分为砂卵砾石层的河床深覆盖层，防渗方式有高喷灌浆、控制性水泥灌浆和混凝土防渗墙等等。

混凝土防渗墙施工工艺、流程成熟、可靠，在水利水电工程中广泛应用，防渗效果显著，得到普遍认同，也有相关的规程、规范可循。

采用控制性灌浆或高喷板墙在深厚覆盖层中成堰防渗难度较大，控制性灌浆是近年来出现的一种防渗处理方式，正处于探索阶段，相关的规程、规范还未出台。

3 防渗方式试验结果

为了了解灌浆方式在导流明渠施工纵向子围堰防渗是否可行，获得相应的钻灌参数。2009 年 6—10 月导流明渠开工前进行了高喷防渗和控制性灌浆试验，主要针对灌浆的钻灌工艺、参数、工效、防渗效果进行研究。

防渗灌浆试验成果如下。

3.1 控制性灌浆

控制灌浆试验采用“孔口封闭、孔内循环、自上而下”分段灌浆法，地质钻机造孔，最大试验深度 55m，接近最大防渗深度，防渗效果一般，单位排孔孔距 1.0m 和双排孔孔排距 1.5m 时，近半数的渗透系数可达 10^{-4}cm/s 数量级。

水泥单耗 650.9kg/m，较为适中。钻灌工效 5.5m/d，合理可行。

该方法的优点是细砂层、粉砂层以外的各种物质组成的地层均可灌注，施工设备体积小、易于搬迁，易于投入大量的设备进行施工。

缺点是钻灌过程中需反复扫孔和待凝，钻灌速度较慢，且无法解决地层中的细砂层、粉砂层的不可灌性问题：细砂层、粉砂层只吸水不吸浆，形成了渗流通道。覆盖层深度变大时，防渗效果变差。

3.2 高压旋喷灌浆

试验中，两管法高压旋喷灌浆采用潜孔钻套管跟进一次性成孔，下入喷管自孔底按预定喷浆参数向上连续喷浆至孔口。施工过程简单、操作方便，钻孔和喷浆速度快。该方法在漂卵砾石层灌浆效果明显，能形成均匀连续的防渗板墙，在中砂、粉细砂含量大的部位也能将其置换、挤压并包裹密实，灌后取样岩芯中水泥浆液结石明显。

受覆盖层深度限制，钻灌深度超过 35m 后，成孔困难，灌注效果较差。本次试验采用的孔排距为 0.6m 和 1.0m，灌后检查孔中，有 30%的孔段渗透系数 K 值为 10^{-3} cm/s 数量级，防渗效果很不理想。另外，该方法施工设备造价和能耗高，不易于投入大量的施工设备。

在含有大量漂卵砾石的强透水深厚覆盖层进行高喷灌浆，深度达到 40m 以上难度极大。高喷灌浆试验采用潜孔钻机套管跟进的钻孔工艺，孔深在 30m 以后钻进工效显著下降，孔深在 35m 以后进度极为缓慢，容易造成套管疲劳断裂。

4 防渗方式的对比、选择

由以上控制性灌浆和高压旋喷灌浆试验结果可知，高压旋喷灌浆明显不适合导流明渠深厚覆盖层防渗施工，只能在控制性灌浆和混凝土防渗墙这两种防渗方式中选择其中的一种。

4.1 控制性灌浆防渗方案

纵向土石子围堰为土石结构，须设置一道防渗体以满足导流明渠及纵向混凝土围堰干地施工要求。防渗体须具有一定的可靠性，以保证基坑的连续施工；防渗体施工应不受气候的影响，施工方法简单，容易满足施工质量要求。

4.1.1 三排孔控制性灌浆方式

根据坝址覆盖层深厚和灌浆施工工艺等制约因素，计划采用三排防渗灌浆孔，孔间距 1.0m，排距 0.8m，其中迎水排采取全孔灌注，中间排单孔开孔 35m 以下灌注，背水排单孔开孔 49m 以下灌注。

4.1.2 防渗灌浆施工工期分析

纵向土石子围堰防渗灌浆总长约为 700m。根据灌浆施工工艺分析，单孔孔深 35m 范围内采用冲击钻，钻灌进度按 7.0m/天考虑；单孔孔深 35～49m 范围内采用地质钻机，钻灌进度按 2.0m/d 考虑；单孔孔深大于 49m 时采用地质钻机，钻灌进度按 1.0m/d 考虑；只钻孔不灌浆孔段采用冲击钻，钻孔进度按照 35m/d 考虑。

其中单排孔灌浆孔孔深不大于 35m 的孔段防渗面积为 21909m^2，轴线长度约为 700m，平均孔深 31.66m；灌浆孔孔深大于 35m 且不大于 49m 的孔段防渗面积为 6991m^2，轴线长度约为 556m，平均孔深 12.57m；孔深大于 49m 的孔段防渗面积为 2895m^2，轴线长度约为 388m，平均孔深 7.46m。

根据以上施工工效分析，防渗灌浆施工须总工日为 20387d，拟投入 90 台套钻灌设备（1 台套包括 1 台冲击钻、2 台地质钻和 1 台灌浆设备），则防渗灌浆施工工期约为 9 个月。考虑备用钻孔设备 10 台套，则须投入钻灌设备总数为 100 台套。

4.1.3 围堰渗流分析计算

（1）计算软件：渗流计算采用北京理正软件设计研究院开发的《理正岩土工程系列分析软件》。

（2）计算工况：三排防渗灌浆孔，第一排深入基岩 1.0m，第二排从 562.00m 高程到基岩，第三排从 548.00m 高程到基岩。

（3）计算参数：计算参数见表 1。

表 1　围堰渗流计算参数表

项　目	渗透系数 $K/(cm \cdot s^{-1})$	允许坡降 J_y
土石围堰	5×10^{-2}	0.15
覆盖层	7.5×10^{-2}	0.4
基岩	3×10^{-4}	
黏土	6×10^{-5}	
防渗灌浆	1×10^{-4}	

（4）计算结果。从渗流量计算结果来看，防渗灌浆孔深入基岩方案时单宽渗流量为 10.19m^3/h，纵向围堰总渗流量为 7191.2m^3/h。渗流稳定计算表明：渗透坡降最大处在防渗墙下部岩体，其最大值约为 2.11；出逸点附近渗透坡降约为 0.38，小于该处覆盖层允许坡降值（0.40），渗透稳定满足要求。

因此，土石子围堰须采用三排防渗灌浆孔方案是合理的。

4.1.4 纵向土石子围堰投资

若采用三排孔控制性灌浆的防渗方式，防渗灌浆投资见表 2。

表 2　三排孔控制性灌浆投资表

序号	防渗灌浆		数量/m	单价/元	合价/万元	备　注
1	控制性灌浆	钻灌孔段	21909	704	1542.39	$L\leqslant35m$
2			1590	740	117.66	局部补强孔，按单排孔总长度 5%考虑
3	砂卵砾石层灌浆	钻灌孔段	13982	1000	1398.20	$35m<L\leqslant49m$
4			8685	2000	1737.00	$49m<L$
5	防渗灌浆造孔	仅钻孔，不灌浆孔段	43818	300	1314.54	$L\leqslant35m$
6			6991	400	279.64	$35m<L\leqslant49m$
防渗灌浆小计					6389.43	

注　表中单价为合同价。

4.2 混凝土防渗墙方案

塑性混凝土防渗墙是利用冲击钻造孔分段拉槽，在槽内浇筑混凝土形成混凝土防渗墙，防渗效果好，可靠性高，国内外成功经验很多。塑性混凝土防渗墙在深厚砂卵砾石地层灌防渗可靠度比较高，在国内和大渡河流域梯级电站同类地层中应用较多，效果良好。

根据坝址覆盖层深厚和灌浆施工工艺等因素制约，本工程纵向土石子围堰堰体防渗方式采用塑性混凝土防渗墙。

4.2.1 防渗墙施工工期分析

塑性混凝土防渗墙深入基岩0.5m，防渗墙承受的最大水头为65m，根据防渗墙破坏时的水力坡降确定塑性混凝土防渗墙墙体厚度，计算公式如下：

$$\delta = K * \Delta H_{max} / J_{max}$$

式中 ΔH_{max}——作用在防渗墙上的最大水头差，取65m；

K——抗渗坡降安全系数，一般取3～5，本工程取3.5；

J_{max}——防渗墙渗透破坏坡降，取300。

$$\delta = 3.5 \times 65 \div 300 = 0.76\text{m}$$

本工程塑性混凝土防渗墙的墙体厚度确定为0.8m。

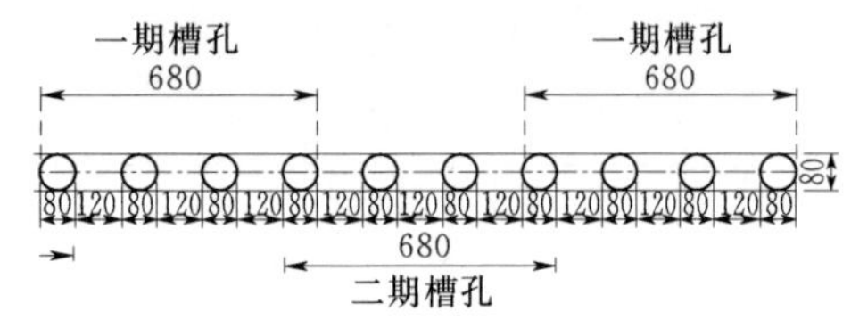

图1 槽段划分示意图（单位：cm）

为减少接头数量，需增加槽段长度，考虑到砂卵砾石地层易坍塌，为确保孔壁安全，初步拟定一期、二期槽段长度均为6.8m，主孔孔径为0.8m，副孔长度为1.2m。槽段划分示意图见图1。

塑性混凝土防渗墙采用“钻劈法”进行成槽施工，单台冲击钻机平均工效拟定为3.5m/d。

塑性混凝土防渗墙长度为700m，平均孔深45.95m，墙厚0.8m，防渗墙面积32000m^2，共346个孔，116个槽段，其中Ⅰ期槽58个，Ⅱ期槽58个，平均工效为3.5m/(d·台)，拟投入70台冲击钻机，防渗墙施工平台临建设施修建考虑15d，混凝土浇筑时间考虑滞后钻孔15d，则塑性混凝土防渗墙施工总工期约为7.5个月。

4.2.2 围堰渗流分析计算

由于堰基覆盖层较深，考虑到基坑开挖较浅，对防渗墙是否需打至基岩进行了渗流分析计算。

（1）计算软件：渗流计算采用北京理正软件设计研究院开发的《理正岩土工程系列分析软件》。

（2）计算工况：主要考虑3种计算工况，分别为防渗墙伸入覆盖层1/3处、2/3处和全封闭防渗墙。

（3）计算参数：计算参数见表3。

表3 围堰渗流计算参数表

项　目	渗透系数 $K/(\text{cm} \cdot \text{s}^{-1})$	允许坡降 Jy
土石围堰	5×10^{-2}	0.15
覆盖层	7.5×10^{-2}	0.4
基岩	3×10^{-4}	
黏土	6×10^{-5}	
防渗墙	3×10^{-6}	

（4）计算结果。渗流分析计算了悬挂式防渗墙（伸入覆盖层1/3及2/3处）和全封闭防渗墙三种方案。

从渗流量计算结果来看，悬挂式防渗墙伸入覆盖层1/3时单宽渗流量为18.20m^3/h，纵向围堰总渗流量为12848.0m^3/h；悬挂式防渗墙伸入覆盖层2/3时单宽渗流量为11.56m^3/h，纵向围堰总渗流量为8161.4m^3/h；全封闭防渗墙方案时单宽渗流量为0.47m^3/h，纵向围堰总渗流量为331.2m^3/h。前两个方案的渗流量较大，第三个方案渗流量较小。另外，渗流稳定计算表明以下3点。

1）悬挂式防渗墙伸入覆盖层1/3时：渗透坡降在防渗墙下部覆盖层为0.57，大于该层允许坡降值（0.40），出逸点附近渗透坡降约为1.02，渗透坡降已大于该处覆盖层允许坡降值（0.40），渗流稳定不能满足要求。

2）悬挂式防渗墙伸入覆盖层 2/3 时：渗透坡降在防渗墙下部覆盖层为 0.50，大于该层允许坡降值（0.40），出逸点附近渗透坡降约为 0.63，渗透坡降已大于该处覆盖层允许坡降值（0.40），渗流稳定不能满足要求。

3）全封闭防渗墙方案：渗透坡降最大处在防渗墙下部岩体，其最大值约为 4.10；出逸点附近渗透坡降约为 0.14，小于该处覆盖层允许坡降值（0.40），渗透稳定能满足要求。

因此，土石子围堰须采用全封闭防渗墙方案是合理的。

4.2.3 纵向土石子围堰投资

纵向土石子围堰混凝土防渗墙投资见表 4。

表 4　　纵向土石子围堰混凝土防渗墙投资表

编号	工程或费用名称	面积/m^2	单价/元	合价/万元	备注
1	混凝土防渗墙	32000	1450.0	4640	0.8m 厚

注　表中单价为合同价。

4.3 纵向子围堰防渗方式的选择

通过对上述两种防渗方式在关于施工工艺流程、工期、造价、规程规范等方面的比对，导流明渠纵向子围堰防渗方式最终选择了全封闭混凝土防渗墙方案并实施。

5 混凝土防渗施工和防渗效果

导流明渠纵向子围堰全封闭混凝土防渗墙于 2010 年 4 月初全面展开施工，主要采用 CZ-30 型冲击钻机成槽。

5.1 全封闭混凝土防渗墙设计标准及施工技术要求

（1）槽孔应平整垂直，孔位中心允许偏差不大于 3cm，槽孔两端主孔孔斜率不大于 0.2%，其他槽孔孔斜率不大于 0.3%。遇有含孤石、漂石的地层及基岩面倾斜度较大等特殊情况时，其孔斜率应控制在 0.4%以内；对于一期、二期槽孔接头套接孔的两次孔中心任意一深度的偏差值应能保证搭接墙厚 90%的要求。

（2）防渗墙深度应确保深入弱风化基岩面以下 1.0m，沿防渗墙施工轴线每 50～100m 设一个先导孔。

（3）槽孔清孔换浆结束后 1h，孔底淤积厚度不大于 10cm。

（4）防渗墙墙体混凝土性能指标见表 5。

表 5　　防渗墙墙体混凝土性能指标

部位	28d 抗压强度/MPa	渗透系数/($cm\cdot s^{-1}$)
防渗墙	≥3	$\leqslant 10^{-6}$

（5）混凝土入槽时坍落度为 18～22cm；扩散度为 34～40cm，坍落度保持 15cm 以上的时间不小于 1h；混凝土初凝时间不小于 6h，终凝时间不宜大于 24h，混凝土密度不小于 2100kg/m^3。胶凝材料不小于 300kg/m^3，水胶比不宜大于 0.55。

（6）混凝土浇筑采用下直升导管法，槽孔混凝土上升速度不小于 2m/h。

（7）一期、二期槽孔间连接采用套打混凝土接头孔的方式进行槽段连接。

5.2 导流明渠纵向子围堰全封闭混凝土防渗墙防渗效果

2010 年 10 月底，导流明渠纵向子围堰混凝土防渗墙施工完成，导流明渠进口段基坑开挖到设计高程 584m、出口段基坑开挖到设计高程 581m，开始进行底板混凝土浇筑施工；从基坑抽水量和基坑干地施工的状况来看，混凝土防渗墙的防渗效果很好，得到了业主的充分肯定。

6 结语

结合其他已建或在建的大渡河流域上的多个水电站围堰防渗方式来看，深厚覆盖层采用混凝土防渗墙的防渗方案是可靠的、合理的、科学的。

振冲碎石桩在复合地基中的应用与承载力检测

陈金强　姚亚军　邱超雄

【摘　要】：介绍振冲碎石桩在复合地基中的施工工艺、技术参数和采用单桩复合地基荷载试验进行检测的方法及结果。

【关键词】：振冲碎石桩　施工工艺　技术参数　检测　应用

1　工程概况

1.1　工程简述

南水北调中线一期总干渠穿漳河交叉建筑物工程（以下简称“穿漳工程”），位于河南省安阳县安丰乡施家河村与河北省邯郸市讲武城镇之间。东距京广线漳河铁路桥约 2km，距 107 国道约 2.5km，南距安阳市 17km，北距邯郸市 36km，其上游 11.4km 处建有岳城水库。

本工程拟分两阶段施工：第一阶段为漳河南侧工程量约为 6 万延米，第二阶段为漳河北侧工程量约为 12 万延米。

1.2　地质条件

漳河建筑物位于漳河两分支汇口的下游 100km。两岸地势平缓，河谷宽浅，河床两侧为漫滩一级阶地。工程区内主要由上第三系（N）及第四级（Q）地层组成。

1.3　水文条件

工程区地下水类型为潜水。含水层主要为砂层、砾砂及卵石层、砾岩，总厚度 40m 左右。各含水层透水性不均匀，其中砂层具中等透水性；砾砂层、卵石层及砾岩层具强透水性。

各含水层之间水力联系密切，水量丰富。地下水位多在 76.5～78.5m，埋深小。地面为 83.0m，倒虹吸管底为 62.3m。

为消除地基土液化，漳河两侧建筑物地基处理设计采用振冲碎石桩，设计桩长 6.0～8.0m，桩径 0.8m，桩间距 1.5m，呈正三角形布置。穿漳建筑物区土、岩物理力学参数、建议参数见表 1。

表 1　　穿漳建筑物区土、岩物理力学参数、建议参数

代号	岩性	压缩系数/MPa^{-1}	压缩模量/MPa	承载力标准值/kPa
alQ42	粉质壤土	0.36～0.42	3.8～5.3	120～140
	砂壤土	0.35～0.40	4.0～5.0	120～140
	粉细砂	0.30～0.36	5.2～6.6	130～140
	中砂	0.20～0.30	7.0～10.0	150～170
alQ41	粉细砂	0.25～0.35	5.5～7.0	140～160
	砾砂			280～300
	卵石			360～450
alQ3	黏土	0.30～0.46	4.2～7.5	190～210
	粉细砂	0.20～0.30	6.0～8.0	170～180
	砾砂			300～320
	卵石			380～480

2 施工工艺与技术参数

2.1 技术参数

(1) 机械选型。选用 ZCQ55 型振冲器施工。

(2) 桩间距。1.5m 桩间距布置。试桩平面布置见图 1。

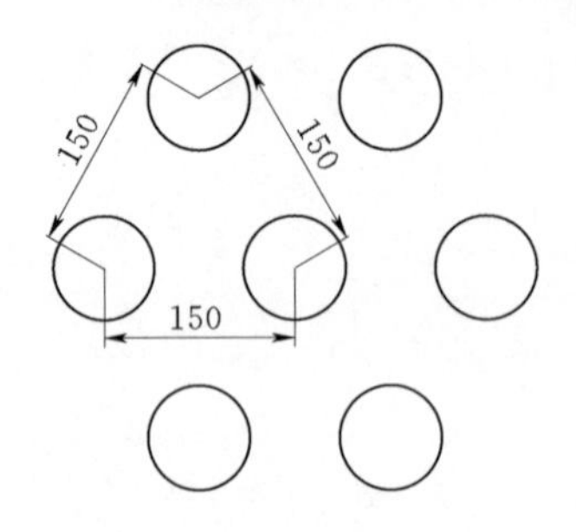

图 1 试桩平面布置图
(单位：cm)

(3) 桩数按设计图纸数量布置。

(4) 布置形式为正三角形。

(5) 技术参数。

1) 成孔技术参数包括：① 成孔水压为 0.4～0.7MPa；② 贯注速度为 1～2m/min；不超过 2m/min；③ 工作电流为 70A；④ 振冲器贯入至砂卵石（持力层）时，为防止把砂卵石夹层误作为持力层，要求留振不能少于 60s，电流 100A；⑤ 达到孔深后要控制泥浆比重，振冲器在孔底用泥浆进行循环清除孔内沙子。

2) 清孔技术参数包括：① 造孔时返出泥浆过稠或存在缩颈现象时，宜进行清孔；② 清孔水压为 0.2～0.4MPa；③ 贯入速度为 3～4m/min；④ 提升速度为 5～6m/min；⑤ 清孔次数为 2 次。

3) 成桩技术参数包括：① 加密水压为 0.1～0.5MPa；② 加密段长度为 1m/次，每次提升高度不能大于 1m；③ 密实电流为 70～75A；④ 留振时间为 8～10s。

(6) 桩长，以延伸至砂砾石层为准。

(7) 填料。选用坚硬碎石、破碎卵石，粒径 30～100mm，级配合理，级配由实验室试验确定，严禁使用单一级配碎石、破碎卵石，填料含泥量小于 5%。

2.2 施工方法及技术措施

(1) 定位：由专业测量人员按设计要求测量定位布桩，由质检部门专业人员复核，定位桩号，以便记录。

(2) 核实标高：由专业测量人员随时测量实际地面标高，通知各机组指挥人员，以便标出实际成孔深度确保设计的加固深度。

(3) 成孔：将振冲器对准桩位，偏差不大于 5cm，然后开启水泵和振冲器，待电机转速稳定后垂直下落，由专人拉住固定在套管上的拉绳，防止摇摆，以防偏位，成孔水压为 0.4～0.7MPa，振冲器贯入速度 1～2m/min。振冲器贯入至砂卵石（持力层）时，为防止把砂卵石夹层误作为持力层，要求留振不能少于 60s，电流 100A。

垂直度控制：由专人拉住固定在套管上的拉绳，防止摇摆，以防偏位，并以吊车司机和导绳操作人员视觉指导校正垂直。

(4) 清孔：①第一次清孔由桩底部开启水泵和振冲器垂直提升，提升速度为 5～6m/min，水压为 0.2～0.4MPa；②第二次清孔将振冲器对准已初次成桩桩位，开启水泵和振冲器垂直下落，贯入速度为 3～4m/min，水压为 0.2～0.4MPa。

(5) 填料：选用粒径 30～100mm、有级配的碎石或卵石，含泥量小于 5%，采用间隔加料法。每次填料时，均需将振冲器上提 1.0m，由指挥人员指挥下料。

(6) 加料和振密：向孔内倒入一次料后，将振冲器沉入孔内的填料进行振密，由密实电流控制桩体振密情况，未达到规定的密实电流时，提起振冲器继续加料，然后下沉再继续振密，直到该深度处密电流达到设计要求的密实电流 70～75A，振密时水压为 0.1～0.5MPa，留振时间 8～10s。重复上述步骤直至孔口，碎石桩由下往上逐段形成。在每次填料振密时都有专人记录倒料的数量、振冲器电流等。

（7）振密时要注意两种情况：①钢管歪斜，打成斜桩；②钢管偏离桩中心。

若遇上述情况，应立即上提纠正后再贯入。

（8）施工后序：①振密成桩后，关机、关水、移位，核对桩号，继续下一根桩的施工；②施工完成后对桩头进行碾压处理。

振冲法施工程序见图 2。

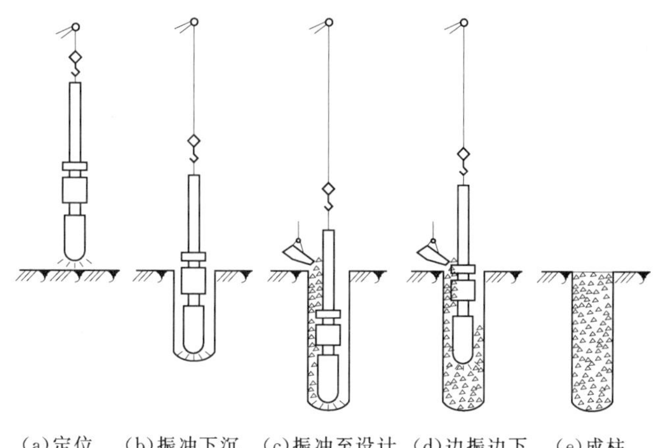

(a)定位　(b)振冲下沉　(c)振冲至设计标高并下料　(d)边振边下料，边上提　(e)成柱

图 2　振冲法施工程序图

2.3　施工工艺流程

定桩位→桩机就位→沉振冲头至设计深度成孔→提升至孔口→沉振冲头至孔底清孔→回填碎石料并分层振实到地面止→移机至下一个桩位→结束。

2.4　施工工艺要求

（1）平整场地至设计标高，按桩位设计平面布置图在现场用竹签作标记，桩位偏差不大于 5cm。

（2）成孔：对准桩位，启动供水泵和振冲器，待振冲器电流稳定后缓慢下沉振冲器成孔，直到符合设计桩长要求，记录振冲器经各深度的电流变化值和时间，提升振冲器至孔口。

（3）清孔：成孔后，上下串动振冲器 1～2 遍进行清孔。根据试桩要求减小水压。

（4）填料及振密制桩：清孔后将振冲器提离孔口。向孔内投入约 0.5m 碎石，然后下沉振冲器将碎石振密到试桩要求的密实电流；再次将振冲器提升 0.3～0.5m 投料。下沉振冲器留振振密；如此重复自下而上逐段振密制桩至孔口，并记录各深度的最终电流值和填料量，即完成一根桩施工。

施工质量控制标准见表 2。

表 2　　施工质量控制标准

项次	检查项目	允许偏差	施工单位检查数量	检查方法
1	桩体直径	不小于设计值	抽查 1%，且不小于 2 根	挖探 50～100cm，钢尺丈量
2	桩体间距	±100mm	抽查 1%，且不少于 5 处	钢尺丈量
3	竖直度	1.5%	抽查 1%，且不小于 2 根	经纬仪测量钻杆垂直度

3　承载力检测

3.1　检测方法

（1）加载分级：加载分级进行，采用逐级等量加载；分级荷载为最大加载量的 1/8，具体分级见表 3。

表 3　　荷载分级加载表

分级	1	2	3	4	5	6	7	8
荷载/kN	62	125	187	250	312	375	437	500

(2) 沉降测读：每级荷载施加后按第 10min、20min、30min、45min、60min 测读桩顶沉降量，以后每隔 30min 测读一次。

(3) 沉降相对稳定标准：当 1h 内的桩顶沉降量小于 0.1mm 时，即可加下一级荷载。

(4) 终止加载条件：当出现下列情况之一时，可终止加载：①沉降急剧增大或承压板周围的土明显地侧向挤出；②承压板的累计沉降量已大于其宽度或直径的 60%；③当达不到极限荷载，而复合地基荷载试验最大压力已大于设计要求核压力的值的 2.0 倍。

(5) 卸载与沉降观测：卸载级数可为加载级数的一半，等量进行，每卸一级，间隔 0.5h，读记回弹量，待卸完全部荷载后间隔 3h 读记总回弹量。

4　承载力特征值的确定

(1) 当压力-沉降曲线上极限载荷载确定，而其值不小于对应比例界限的 2.0 倍时，可取比例界限；当其值小于对应比例界限的 2.0 倍时，可取极限荷载的一半。

(2) 按相对变形值确定。

1) 地基土以黏性土、粉土为主时，取相对变形 s/b 或 $s/d=0.015$ 所对应的压力；当地基土以砂土为主时，取 s/b 或 $s/d=0.01$ 所对应的压力（s 为载荷试验承压板的沉降量，b 和 d 分别为承压板宽度和直径，当其大于 2m 时，按 2m 计算，本试验中 $b=1.4$m）。

2) 对有经验的地区，也可按当地经验确定相对变形值。

按相对变形值确定的承载力特征值不应大于最大加载压力的一半。

(3) 试验点的数量不应小于 3 点，当实测值的极差不超过其平均值的 30%时，取此平均值为复合地基的承载力特征值。

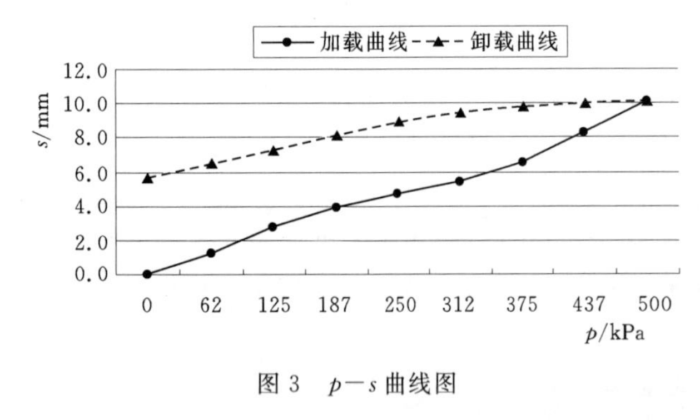

图 3　$p-s$ 曲线图

5　试验数据与资料

复合地基静载荷试验 $p-s$ 曲线图（图 3）可知：①当 $s/b=0.01$ 时，地基承载力特征值大于 250kPa；②取最大值的一半为 250kPa。

该工程基础处理采用振冲碎石桩。施工前拟采用两种排布方式进行试桩试验。振冲碎石桩采用等边三角形排布，设计桩径 0.8m，桩长 7.2～9.0m，桩间距为 1.5m、2.3m 两种，复合地基承载力特征值分别不应小于 250kPa、200kPa，单桩承载力特征值为 310kPa。因检测结果符合设计要求。

6　结论

用振冲法加固地基主要是通过在地基中形成密实桩体和挤密作用，与原地基构成复合地基，从而达到提高地基承载力减少沉降和不均匀沉降的作用。其特点是技术可靠、机具设备简单、操作技术易于掌握，可节省三材、加快施工速度、节约投资。碎石桩具有良好的透水性，可加速地基固结。

超细水泥灌浆施工工艺在锦屏Ⅱ级水电站引水隧洞工程中的应用

谢华东　张高举

【摘　要】：雅砻江锦屏Ⅱ级水电站引水系统采用4洞8机布置形式，从进水口至上游调压室的平均洞线长度约16.67km，开挖洞径13.0m，混凝土衬砌后洞径11.8m，引水隧洞洞群沿线上覆岩体一般埋深为1500～2000m，最大埋深约为2525m，具有埋深大、洞线长、洞径大的特点，为深埋长隧洞特大型地下水电工程，其设计、施工技术水平均处于世界前列。本文介绍了锦屏Ⅱ级水电站西端引水隧洞绿泥石片岩洞段采用超细水泥灌浆的施工工艺及灌浆效果。

【关键词】：锦屏Ⅱ级水电站　引水隧洞　绿泥石片岩　超细水泥灌浆　工艺　效果评价。

1　工程概况

锦屏Ⅱ级水电站位于四川省凉山彝族自治州境内的雅砻江锦屏大河弯处雅砻江干流上，系利用雅砻江锦屏150km长U形大河弯的天然落差，截弯取直凿洞引水，额定水头288m的优越水力条件。电站装机容量为4800MW，采用“4洞8机”布置，单机容量600MW，从进水口至上游调压室的平均洞线长度约16.67km，中心距60m，洞主轴线方位角为N58°W。引水隧洞立面缓坡布置，底坡3.65‰，由进口底板高程1618.00m降至高程1564.70m与上游调压室相接。引水隧洞洞群沿线上覆岩体一般埋深为1500～2000m，最大埋深约为2525m。西端引水隧洞采用钻爆法施工，为马蹄形断面，开挖洞径13.0m，混凝土衬砌后洞径11.8m。

引水隧洞岩性主要为三叠系中统的大理岩、灰岩、结晶灰岩及上统的砂岩、板岩，从东到西分别穿越盐塘组大理岩、白山组大理岩、三叠系上统砂板岩、杂谷脑组大理岩、三叠系下统绿泥石片岩和变质中细砂岩等地层，根据高地应力条件下的工程实例和锦屏引水隧洞开挖后出现的地质现象表明，岩体强度特征的参数随着埋深增大而发生变化，与浅埋低压条件相比，在高地应力条件下的岩体具有较高的黏结强度和较低的摩擦强度。

2　超细水泥灌浆施工背景

锦屏Ⅱ级水电站西端引水隧洞揭露的绿泥石片岩属于典型的软岩，绿泥石片岩强度低、遇水软化，岩体变形大、变异性大、流变效应显著。绿泥石片岩洞段围岩和衬砌结构长期安全问题较为突出，是锦屏Ⅱ级工程重大技术问题之一。设计除了采取加厚衬砌和配筋，同时采取加强灌浆的处理方法，确保衬砌和围岩的共同承载能力，设计非常关注衬砌外一定范围内围岩的灌浆加固处理效果。

西端引水隧洞T_1绿泥石片岩因其特殊的岩石物理力学特性和水理特性，以及经受施工期洞室开挖的施工扰动、长期变形和地下水侵蚀等影响后，围岩承载能力较弱，通过有效的固结灌浆措施使得围岩的均匀性、整体性和围岩的物理力学指标得到保证和提高，对于绿泥石片岩洞段隧洞承载体系的建立和质量效果保证至关重要。

现场揭露的地质条件和实际施工情况表明，绿泥石片岩地层岩体强度低，裂隙不甚发育，岩体可灌性差，隧洞围岩受爆破开挖、浸水等外界作用的影响比较明显，因此围岩固结灌浆的要求有别于隧洞沿线的其他地层，设计要求对绿泥石片岩洞段进行超细水泥灌浆。

3 超细水泥灌浆试验设计

全面开展超细水泥灌浆施工前，进行必要的超细水泥灌浆试验，为引水隧洞超细水泥灌浆的设计与施工提供依据。

3.1 试验参数及工艺

（1）超细水泥灌浆试验布孔型式统计见表1。

表1 超细水泥灌浆试验布孔型式统计表

试验区桩号	排距/m	排数/排	断面孔数/孔	入岩孔深/m	布孔方式
引（3）1+606～1+626	2	10	15	4	梅花型

（2）超细水泥灌浆试验分段长度和压力选用见表2。

表2 超细水泥灌浆试验分段长度和压力选用表

灌浆类型	孔深/m	段长 m	灌浆压力/MPa
备注超细水泥灌浆	4	0～4m	3.0

3.2 超细水泥灌浆试验相关技术要求

（1）绿泥石片岩洞段超细水泥灌浆试验施工是在完成了该洞段回填及系统固结灌浆并按设计要求检查合格后才进行的。超细水泥灌浆试验遵循了环间分序、环内加密、从低到高的原则，先施工Ⅰ序环再施工Ⅱ序环，每环内先施工奇数孔，再施工偶数孔，由低处向高处灌浆。

（2）本次超细水泥灌浆试验埋设孔口管，采用孔口封闭孔内循环式灌浆工艺。

（3）灌浆浆液采用水灰比为2∶1、1∶1两个比级，本次试验段由于前期进行过系统固结灌浆，故采用2∶1浆液开灌。

在灌浆时，尽快达到设计压力，但注入率较大时，为了防止浅层岩体产生过大的抬动破坏，在灌浆过程中要严格控制灌浆升压速度，使灌浆压力与注入率协调，灌浆压力与注入率关系严格按表3控制。

表3 灌浆压力与注入率的关系

灌浆压力/MPa	0.3P	0.6P	0.8P	P
注入率/(L·min^{-1})	30	30～20	20～10	<10

（4）该灌浆段最大设计压力下，当注入率不大于1.0L/min时延续30min可结束灌浆。

（5）本次超细水泥灌浆试验灌浆机具有：①灌浆泵：三缸高压灌浆泵；②孔口封闭器：孔口管；③自动记录仪：LHGY-3000型三参数灌浆自动记录仪；④辅助机具：耐压钢编管、高压阀门等。管路及自动记录仪示意图见图1。

（6）超细水泥灌浆结束后，关闭孔口阀门，继续保持孔段处于封闭状态直至浆液初凝，再打开孔口阀门孔口不返浆时为止，当灌浆孔灌后仍有水压时，应利用止浆阀保持孔内压力直至浆液完全凝固。

4 超细水泥灌浆试验资料统计及分析

4.1 超细水泥灌浆灌前透水率统计

本次试验在现场选取了总孔数的5%（共计8个孔）进行灌前压水试验，灌前压水透水率统计详见表4。

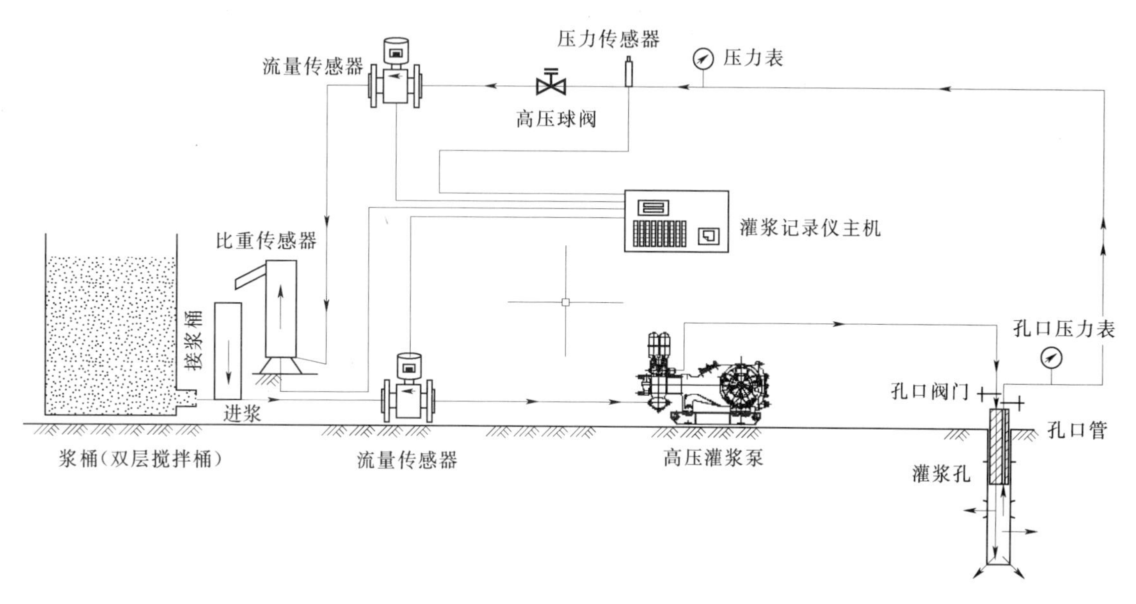

图1 管路及自动记录仪连接示意图

表4 超细水泥灌浆灌前压水透水率统计表

序号	孔号	桩号	灌前透水率/Lu	备注
1	3	引(3)1+611.5	0.77	腰线
2	13		0.70	腰线
3	5	引(3)1+615.5	0.80	北侧边墙
4	11		0.67	南侧边墙
5	3	引(3)1+619.5	0.82	腰线
6	13		0.86	腰线
7	1	引(3)1+623.5	0.96	北侧边墙
8	7		0.98	顶拱

从表4看出，超细水泥灌浆灌前透水率均在1.0Lu以内，说明该洞段在经过普通系统固结灌浆后，裂隙已被基本充填密实，岩体的可灌性已较差。

4.2 各次序孔单位注灰量变化情况

本次绿泥石片岩超细水泥灌浆试验共计完成155个灌浆孔，灌浆工程量620m，灌注细水泥19.59t，单位注入量为31.6kg/m。其中，Ⅰ序孔单位注灰量为33.93kg/m，Ⅱ序孔单位注灰量为29.12kg/m，递减14.2%。各次序孔单位注入量统计见表5。

表5 各次序孔单位注入量统计表

灌浆次序	单位注入量/(kg·m^{-1})	单位注入量频率［区间段数/频率］					
		总段数	<5kg/m	5～15kg/m	15～30kg/m	30～50kg/m	≥50kg/m
			段数	段数	段数	段数	段数
Ⅰ序孔	33.93	80/100%	0/0.00%	3/3.75%	15/18.75%	62/77.5%	0/0.00%
Ⅱ序孔	29.12	75/100%	0/0.00%	6/8.0%	41/54.67%	28/37.33%	0/0.00%

从图2看出，超细水泥灌浆试验单元随着灌浆次序的递增，单位注灰量呈轻微递减趋势，主要原因在于普通水泥灌浆已经将地层中破碎带和贯穿裂隙充填密实，超细水泥灌浆浆液扩散半径有限。

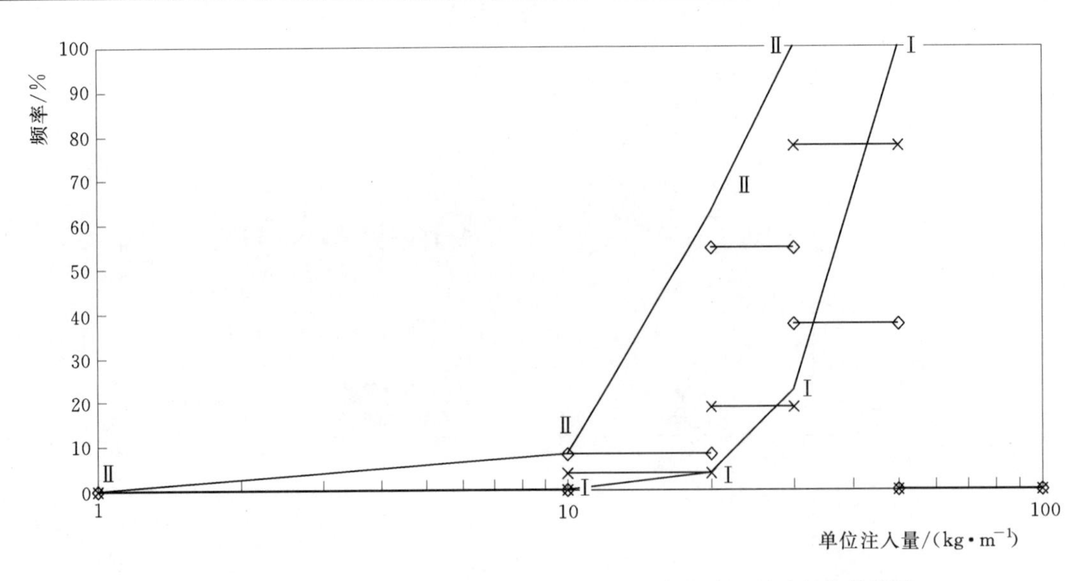

图 2　超细水泥灌浆试验各次序孔单位注入量频率曲线及累计频率曲线图

4.3　灌后检查结果

本次绿泥石片岩洞段超细水泥灌浆生产性试验共布置灌后检查孔 8 个，主要采取的检查方式为压水检查，压水检查共 8 段，经检查，最大透水率值为 0.66Lu，平均透水率值为 0.32Lu，小于 0.5Lu 的试段占 87.5%，与设计在试验开始前暂定的超细水泥灌浆压水合格标准："在 1.0MPa 压水压力下，85%以上试段透水率小于 0.5Lu，其余 15%试段透水率不大于 0.75Lu"相符，本试验区透水率全部满足设计规定值。

根据灌后检查孔的检测结果可知，超细水泥灌浆试验灌浆质量满足设计要求。

5　结束语

通过超细水泥灌浆施工及对灌浆成果资料综合分析后认为，锦屏二级水电站引水隧洞超细水泥灌浆试验严格按施工技术要求以及技术规范组织施工，灌浆记录采用自动记录仪记录，资料真实可靠。灌浆成果表明单位注入量随着灌浆次序的增加而递减，符合正常的分序灌浆规律；灌后通过压水试验检查其透水率满足设计标准，通过超细水泥灌浆进一步增强了围岩的均质性、整体性、抗渗性。因此，本次绿泥石片岩洞段超细水泥灌浆试验施工质量满足设计和规范要求，灌浆试验取得成功。

泸定水电站坝基高水头深厚覆盖层帷幕灌浆施工技术探讨与研究

姚志辉　黄艳莉

【摘　要】：泸定水电站库区蓄水后坝前水位抬高，坝后渗流、渗压计数值出现偏高等异常情况，经参建各方研究论证，并通过多方案比较，为降低工程风险，确定在防渗墙下游侧进行帷幕灌浆处理。该方案在高水头下深厚覆盖层内进行，通过采取一系列针对性措施，克服了钻孔涌水、覆盖层成孔工效低及承压条件下灌浆施工等难点，保证了工程的顺利推进，达到了一定的施工效果。该工程特性、难点及处理措施对于今后高水头下深厚覆盖层灌浆项目施工具有一定的参考价值和借鉴作用。

【关键词】：高水头　深厚覆盖层　帷幕灌浆　施工

1　概述

泸定水电站位于四川省甘孜藏族自治州泸定县境内，电站采用坝式开发，开发任务主要为发电。泸定水电站水库正常蓄水位 1378.00m，总库容 2.4 亿 m^3，装机容量 920MW。坝址区河床覆盖层深厚，层次结构复杂，一般厚度 120～130m，最大厚度 148.6m。根据物质组成、分布情况、成因及形成时代等，河谷及岸坡覆盖层自下而上（由老至新）可划为四层七个亚层。第一层：漂（块）卵（碎）砾石层。系晚更新世冰水堆积（fglQ3），分布于坝址区河床底部。厚度 25.52～75.3lm，顶板埋深 52.12～81.8m。该层粗颗粒基本形成骨架，结构密实。第二层：系晚更新世晚期冰缘冻融泥石流、冲积混合堆积（prgl＋alQ3），主要分布于河床中下部及右岸谷坡，分为三个亚层。第三层：系冲、洪积堆积（al＋plQ4），分为两个亚层。第四层：冲积（alQ4）堆积之漂卵砾石层。分布于坝址区现代河床表部及漫滩地带，厚度 5.6～25.5m，结构较密实。2011 年 8 月。蓄水后上游库区水位抬高，坝后开始出现渗流、渗压计数值偏高等情况。结合坝后出现的异常情况，经现场参建各方分析商讨，决定对防渗墙下游侧进行补强灌浆。由于坝前水位已至 1370m，受其影响坝后承压水位随之升高，钻灌施工难度亦随之增大，且坝基覆盖层深厚，地质条件复杂，加之工作面位于廊道内，施工难度在国内较为罕见。

2　施工难点

由于在库区蓄水发电后进行高水头深厚覆盖层帷幕灌浆施工，其水头高，压力大，地下承压水丰富，灌浆孔口高程为 1310m，库区蓄水高程为 1370m，水头净高产生压力为 0.6MPa 左右。施工地层主要在覆盖层内进行，地质结构复杂，主要以砂砾为主，覆盖层深厚，最深可达 150m 左右。因其水头高、覆盖层深厚、地层结构复杂，使该工程难度为国内少有灌浆基础处理工程，无类似工程经验可借鉴，施工难度总体可归纳为如下几点。

（1）施工过程涌水、涌砂现象频繁，且涌水压力、涌水流量大，封堵困难、钻进缓慢，部分孔段涌水压力和流量区间内断数统计见表 1。

表1　部分孔段涌水压力和流量区间内断数统计

单元号	桩号	涌水压力 P/MPa				涌水流量 S/(L·s^{-1})			
		$P<0.1$	$0.1\leqslant P<0.2$	$0.2\leqslant P<0.4$	$P\geqslant0.4$	$S<10$	$10\leqslant S<50$	$50\leqslant S<100$	$S\geqslant100$
3	0+109.22	26	4	3	5	3	22	9	4
4	0+133.35	26	3	7	3	/	30	8	1
5	0+142.35	35	10	8	/	2	37	13	1
6	0+160.35	32	5	7	2	/	34	7	5
7	0+163.35	41	3	8	/	1	42	7	2
8	0+181.35	30	5	3	1	/	29	8	2
9	0+196.35	20	5	4	3	/	23	6	3
10	0+199.35	21	5	7	2	/	23	6	6
11	0+220.86	14	10	5	/	/	19	9	1
12	0+240.86	12	7	5	/	/	18	5	1

（2）坝基覆盖层主要以砂砾、堆积层、卵石地质结构为主，极为深厚，地层结构复杂多变，部分地层存有架空现象。钻进过程塌孔、埋钻率高，孔故频发，钻进进尺慢，灌浆成孔率低。

（3）由于钻孔在覆盖层内进行，钻孔孔斜控制难度较大，要求不得对距离钻孔位置约60cm的防渗墙产生破坏，若不加强孔斜控制，采取有效措施，易造成钻孔偏斜，对防渗墙产生破坏；灌浆结束待凝后再次扫孔钻进，因在覆盖层内进行，极难控制，扫偏现象时有发生。

3　施工难点的解决

3.1　涌水封堵及预灌处理

涌水封堵是整个灌浆施工难点之一，区别于一般性涌水：①受高水头及地下承压水影响覆盖层内出现较大涌水，且压力较大，最大压力可达0.5MPa；②地层结构以砂砾为主，覆盖层深厚，涌水夹杂砂砾，封堵困难；③涌水频繁，以上特点增加了整个坝基覆盖层帷幕灌浆施工难度。工程开始之初，封堵过程常常需要持续较长时间，封堵涌水孔时，作业人员需要较好的配合，方能完成封堵，有时若封堵不严密，有一涌水点，经不断冲刷扩大，极易导致封堵失败。

常规灌浆项目施工中，钻孔涌水是不多见的，钻孔过程较为连续，而高水头作用下地下承压水呈现压力大、流量大的特点，由于涌水、涌砂压力较大，钻进将被迫中断，需采取措施进行封堵。若封堵不及时，造成地层中的大量砂砾料被带出，形成架空层，从而产生沉降，威胁廊道及大坝结构安全，因此，发生涌水时应先封堵孔口。大压力涌水条件下，机组人员无法近距离操作，如安装孔口封闭器或压盖木板等，即使小压力下能够压盖木板，但压盖木板后无法进行预灌，因此需考虑既能封堵孔口又能进行后续灌浆的装置。孔口封堵完毕后，需对涌水通道进行预灌，预灌不同于正式灌浆，预灌目的在于降低涌水压力和流量，以便继续钻进。预灌的方式采用纯压式，达到减小涌水或遏制涌水目的即可。预灌达到目的后，即可终止，并进行短暂闭浆处理，经过现场多次实践，认为最佳闭浆时间约1～2h，再次扫孔至原灌浆孔深，下设射浆管，进行复灌。

3.2　涌水条件下钻孔处理

由于基覆盖层深厚，地层结构复杂，以砂砾层为主，涌水、涌砂丰富，钻进极为困难，为避免钻孔时地下涌水夹杂的砂砾堵塞钻杆，高压水无法进入孔内，出现烧钻孔故。经过不断探索，研究出一套具有防水止砂装置：防水止砂阀结构见图1。安装在钻杆底部一定部位，内置弹簧，将尼龙球置于弹簧与钻杆接头之间，利用逆止阀的原理，当孔内涌水涌砂较大时，由下至上推动尼龙球，止于钻杆接头部位，防止砂砾进入上部钻杆及高压管将其堵塞，灌浆时高的灌浆压力推动尼龙球，平衡地下涌水涌砂压力，将浆液压入孔内。当孔内涌水涌砂较小时利用3SNS泵送高压水，冲开逆止阀平衡孔内涌水涌砂压力，达到继续钻进的目的。针对钻孔中出现的砂砾，除冲出孔外部分，其余留于钻孔底部，如不及时加以清除，将出现埋钻事故，此时可利用灌浆后剩余的废弃浆液，将沉积的砂砾置换出孔外。

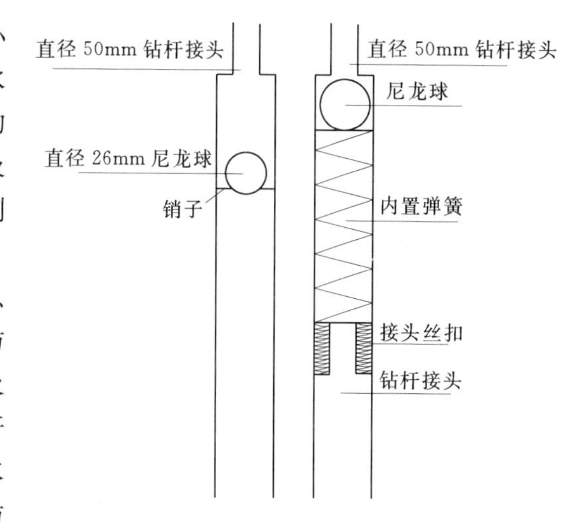

图1 防水止砂阀结构示意图

在进行起、下钻时，有防水止砂阀对地下涌水、涌砂的阻挡，大大减轻了作业人员的工作量，若无防水止砂阀的阻挡，涌水夹杂的砂砾除一部分从孔口及封闭器周围安装的球阀排出外，其余部分将直通钻杆排除，人员操作取下钻杆、钻具极不方便，高的涌水压力通过钻杆极易造成对作业人员脸部的伤害。有防水止砂阀的阻挡，极少部分涌水从钻杆排除，大部分涌水涌砂从孔口及封闭器排除，从而可分散涌水压力，大大降低了对作业人员身体的伤害，同时也方便了作业人员操作。

3.3 改良浆液配比、提高浆液的可灌性

针对在高水头下深厚砂卵砾石覆盖层帷幕灌浆，若用普通水泥浆液作为原始灌浆材料，根据本工程的地质特性，结合实际施工情况，地质结构分层呈现多层变化，各层较为密实，部分由于卵石作用，存有架空结构，原始水泥浆液由于颗粒粒径相比砂砾石粒径较为接近，其渗透范围有限，为建立防渗阻水帷幕，提高防渗效果，通过试验确定在水泥浆液里面加入5%的膨润土以改善浆液性能作为原始灌浆浆液，提高浆液的可灌性。

加入膨润土量过大，则水泥量减少，影响浆液强度，加之本工程帷幕灌浆在高水头下进行，形成帷幕如强度不够，很有可能被高水头形成的压力破坏。另一方面，初凝时间增加，影响施工进度。

因此，经过不断反复试验与实践，确定加入5%的膨润土，即对浆液强度及初凝时间影响不大，同时由于膨润土颗粒粒径较水泥粒径小，可弥补一般水泥浆液不能达到的扩散范围，提高浆液的可灌性，达到较好的灌浆质量，浆液里面的膨润土也可起到成孔固壁效果，为下段施工创造条件。

3.4 孔斜控制

3.4.1 钻孔孔斜控制

深厚砂卵砾石覆盖层帷幕钻孔，平均厚度达150m左右，钻孔深度穿越覆盖层深入基岩5m控制，钻孔不能够对距离仅为60cm的防渗墙造成破坏，漂石、孤石、砾石夹砂层等地质结构复杂多变，随着钻孔不断深入，对钻孔孔斜控制较难，为保证孔斜度，在钻孔过程中需采取一系列保证孔斜的措施：①使用罗盘或水平尺校核钻机轴线的角度即方位角，确保钻机轴线与洞轴线平行；然后使用罗盘调整钻孔角度，使立轴中心线与钻孔中心线位于一条线上，调整完毕，用钢锚将钻机牢固固定在廊道底板上，以防钻机移位；②在满足要求的前提下，尽量采用小的钻孔直径，减少钻具与孔壁间的空隙；③加强钻孔测斜频率，要求每钻孔10m左右采用测斜仪器测量钻孔偏斜；④使用铅直度和丝扣都符合要求的钻杆和岩芯管，使用粗长的钻具。

3.4.2 扫孔孔斜控制

灌浆处理后，为保证灌浆质量，皆要作全孔待凝处理，进行下段施工时，需要再次从孔口扫孔至施工段，每个孔自上而下大量重复性扫孔，对孔斜控制是个严峻的考验，由于水泥浆液经24h待凝后，强度较高，相对钻孔周边软弱覆盖层，扫孔时若不加以控制极易发生扫偏现象，甚至有可能对防渗墙造成破坏。经过多次实践，发现在灌浆处理待凝4～6h后为扫孔最佳时间，对距离施工段10m以上孔段进行扫孔，10m以下孔段待凝至24h后再进行扫孔钻进。按照此方法，在大量的坝基覆盖

层帷幕扫孔中孔斜得到了较好控制，经扫孔后对孔斜量测，孔斜率满足设计规定要求。

3.4.3 孔斜纠偏

当钻孔偏斜值超过规定范围，应立即采取有效的纠斜措施，防止因偏斜值过大而造成纠斜困难。主要采取以下措施。

（1）钻机平面位移法纠偏：这是一种见效较快的纠斜方法。在偏斜值不大，孔深 20m 的情况下及时采取此方法纠斜可达到理想效果。其方法是将钻机平面移动一定距离，一般移动量为孔斜值的 2～4 倍，再将钻机固定即可进行纠斜钻进。其纠斜原理是当钻机平行位移后，致使钻头工作时在钻压的作用下产生偏压而改变原钻孔轴向，使钻头沿孔斜反方向钻进，从而达到纠斜目的。

（2）回填封孔纠偏：当某一孔段偏斜值较大而采用纠斜方法效果不理想时可采用水泥浆液将孔封填。由于封填水泥浆液凝固后与偏斜孔段硬度相等或略高，可避免纠斜钻进时又回到原偏斜孔段里，因而能取得较好的纠斜效果。

3.5 钻孔器具选择

砂卵砾石覆盖层钻孔，钻进缓慢，为提高钻孔效率，针对不同的地层特点，选择匹配的钻孔器具，可以起到事半功倍的效果，尤其对于扫孔量大的帷幕灌浆，就显得尤为重要。为此，结合本工程实际钻孔情况，并经多次实践验证，选择了适合于本地层的钻孔器具（见表 2）。

表 2 钻 孔 器 具 选 择

钻头类型	复合片钻头	金刚石钻头	牙轮钻头
要求	硬度（40°～45°）	硬度（40°～45°）	硬度（40°～45°）
适用范围	扫孔专用	覆盖层钻孔	基岩适用较为普遍、覆盖层次之
特点	减少取下钻次数，节约扫孔时间	配合岩芯管，可用于取芯，起到较好的导向作用，保证孔斜率，但取钻频繁	不用取芯，将基岩磨成岩粉冲出孔外，同时可直接套上钻杆，取代射浆管，进行灌浆

4 质量检查及监测情况

按照施工规范及设计要求，帷幕灌浆施工完成后对灌浆质量进行钻孔取芯、压水试验检查，共计进行压水试验 31 段，其中覆盖层 29 段，基岩 2 段。覆盖层压水试验透水率合格标准小于 10Lu，基岩透水率合格标准小于 3Lu，覆盖层压水试验结果最大透水率 11.89Lu，最小透水率 3.62Lu，合格 28 段；基岩压水试验结果最大透水率 1.95Lu，最小透水率 1.00Lu，全部合格，各项检查指标满足设计要求。检查孔钻孔取芯显示，在不同深度可见水泥结石，表现水泥浆液充填良好。

经过对坝基进行帷幕灌浆防渗处理，大坝渗流、渗压监测数据显示，渗压计读数明显下降（具体变化情况见表 3），量水堰流量有一定程度的降低。

表 3 渗压计前后变化情况

渗压计测点名称	桩号/m	施工前渗压计水位高程/m	施工后渗压计水位高程/m	变化值/m
		施工前监测	施工后监测	
P12	0+105	1328.69	1317.40	11.29
P13	0+129.5	1325.00	1317.09	7.91
P14	0+170.0	1317.76	1316.45	1.31
P5	0+80.0	1330.96	1317.39	13.57

量水堰变化统计：处理前流量为 516.38L/s；处理后流量为 415.86L/s；变化流量为 100.52L/s。

5 结语

坝基高水头深厚覆盖层帷幕灌浆施工，不同于常规帷幕灌浆，施工在高水头下进行，地下承压水丰富，由于其覆盖层深厚，地质结构复杂，在砂卵砾石地层钻孔、涌水封堵、灌浆施工、孔斜控制等方面，其指标要求和施工难度，在国内上无类似工程经验可借鉴，工程总体难度较大。施工过程中，通过不断地摸索、研究与实践，逐步总结出适用于高水头深厚覆盖层帷幕灌浆的施工技术，为今后类似工程项目提供了经验积累，具有一定的借鉴意义。

糯扎渡水电站3号导流洞堵头化学灌浆堵漏处理

梁龙群　张　敏　周海深

【摘　要】：糯扎渡水电站3号导流洞堵头段受F5断层及其影响带影响，围岩破碎，节理发育，且洞段处于地下水位以下，整体为Ⅳ类围岩。电站下闸蓄水后，3号导流洞堵头内渗压水头升高，在高水位渗水压力作用下，3号导流洞堵头混凝土与原衬砌混凝土接触缝间、廊道内两堵头分段浇筑缝间及堵头冷却水管集中部位出现严重漏水漏浆现象，常规普通水泥接缝灌浆无法进行封堵处理，灌浆效果不明显。本文结合化学材料灌浆堵漏施工工艺，主要介绍3号导流洞堵头在高水头渗水压力下三次补强化学灌浆堵漏及接缝灌浆封堵过程。

【关键词】：糯扎渡水电站　导流洞封堵体　接缝灌浆　化学灌浆堵漏　刻槽　钻孔埋管　调整补强

1　概述

糯扎渡水电站下闸蓄水后，随着水位上升坝前库水位已达到770m，3号导流洞堵头内渗压水头逐渐升高，渗水压力达到2.0MPa，接缝灌浆管管口涌水流量逐渐变大，接缝灌浆单管渗水流量达到125L/min，3号导流洞堵头接缝灌浆施工难度大大提高。

3号导流洞堵头段受F5断层及其影响带影响，围岩破碎，节理发育，且洞段处于地下水位以下，整体为Ⅳ类围岩。3号导流洞接缝灌浆灌浆过程中下游面堵头混凝土与原衬砌混凝土接触缝间和廊道内两堵头分段浇筑缝间出现严重漏浆现象，接缝进浆管灌入的浆液基本被涌水压力从下游面接触缝带出，接缝灌浆缝面封堵效果不大，浆液损失严重。

鉴于3号导流洞堵头下游面边顶拱部位、廊道内两堵头分段浇筑缝间及冷却水管集中部位严重漏水漏浆现象，常规普通水泥接缝灌浆无法进行封堵处理，需先进行化学灌浆堵漏处理。但随着化学灌浆堵漏展开，渗水缝面范围缩小，渗水通道减少，渗水压力上升，堵头廊道内分段缝、堵头下游面新老混凝土接触缝、集中冷却水管与堵头混凝土间隙等这些薄弱部位在高水头压力作用下被击穿，需进行多次补强化学灌浆，同时需化学灌浆与接缝灌浆交替进行，3号导流洞堵头堵漏处理进行了长达3个多月的反复尝试，最终圆满完成封堵工作。

2　化学灌浆堵漏目的

电站下闸蓄水后，3号导流洞堵头在高水位渗水压力作用下，堵头缝面出现严重漏水漏浆现象，常规普通水泥接缝灌浆效果不明显，通过化学灌浆堵漏，使灌入缝面的化学浆液迅速反应膨胀达到一定强度封堵缝面，最终得以完成接缝灌浆，水泥浆液填塞了封堵体混凝土收缩产生的裂隙和渗水通道，使封堵体结构形成整体以共同承担应力，达到增强导流洞封堵体整体稳定性、提高封堵体防渗能力，防止库区蓄水后水资源流失。

3　堵漏灌浆材料的选用

化学灌浆堵漏材料主要选用PSI-130渗透结晶型快速堵漏剂和路德IP-11聚氨酯堵漏剂，PSI-130渗透结晶型快速堵漏剂用于缝面封闭和封堵填充预埋灌浆管，路德IP-11聚氨酯堵漏剂用于化学灌浆，通过确定浆液诱导凝固时间使灌入缝面的浆液迅速反应膨胀封堵达到堵漏效果。接缝灌浆堵漏材料选用P·O42.5普通硅酸盐水泥。

4 化学灌浆堵漏处理

4.1 第一次化学灌浆

4.1.1 施工程序

化学灌浆施工程序：缝面刻槽→钻孔预埋灌浆管→缝面封闭→化学灌浆。

4.1.2 施工方法

4.1.2.1 缝面刻槽

（1）堵头下游面混凝土与原衬砌混凝土接触缝刻槽。沿着下游面堵头混凝土与原衬砌混凝土接触缝一周（边墙和顶拱）进行人工刻槽，槽宽3.0cm，槽深5.0cm，槽长52.0m，由于缝内有涌水现象，刻槽难度较大。

（2）廊道内两堵头分段浇筑缝刻槽。沿着两堵头分段浇筑缝一周进行人工刻槽，槽宽3.0cm，槽深5.0cm，槽长12.5m。

4.1.2.2 钻孔埋管

沿着堵头下游面混凝土与原衬砌混凝土接触缝一周和廊道内两堵头分段浇筑缝一周钻孔埋管，采用电钻进行钻孔，孔径ϕ38mm，孔深10.0cm，孔距20～50cm（漏水大的部位取小值，漏水小的部位取大值），埋设ϕ32mm镀锌钢管，镀锌钢管单根长30cm，预埋管入缝内10.0cm，外露20.0cm，外露部分带有丝扣，便于对接灌浆管灌浆。灌浆管埋设完成待凝12h后方可进行化学材料灌浆。

4.1.2.3 缝面封闭

缝面刻槽完成后，用丙酮将缝表面清洗干净，将PSI-130渗透结晶型快速堵漏剂材料按水料比为0.3：1进行配比，对埋设的灌浆管周边进行封堵填充，堵漏剂快速凝结固定预埋灌浆管，同时用PSI-130渗透结晶型快速堵漏剂材料对预埋管两侧的槽面进行封闭抹平，外部加厚2cm，防止涌水压力过大冲开堵漏材料出现渗水现象，缝内积水通过埋设的灌浆管引排。

4.1.2.4 化学灌浆

（1）化学灌浆设备：化学灌浆设备主要选用宜昌黑旋风工程机械有限公司生产的SNS-10/6化学注浆泵，注浆泵重100kg，额定压力6.0MPa。

（2）化学灌浆材料：化学灌浆材料主要选用路德IP-11聚氨酯堵漏剂。

（3）化学灌浆施工顺序：先进行廊道内两堵头分段浇筑缝化学灌浆作为生产性试验，通过灌浆效果确定浆液诱导凝固时间，再对下游面堵头混凝土与原衬砌混凝土接触缝进行化学材料灌浆，同一灌区化学材料灌浆自低向高推进进行。

（4）化学灌浆配比：采用路德IP-11聚氨酯堵漏剂进行化学灌浆可直接开盖使用，灌入缝内前采取防水措施，防止遇水反应固化堵塞灌浆管路。

（5）化学灌浆压力：一般情况下，化学灌浆压力取0.5MPa，在有涌水压力情况下，要考虑涌水压力的影响，化学灌浆压力为0.5MPa加上涌水压力。

（6）化学灌浆结束条件。化学灌浆自低向高推进，灌浆过程中周边相邻管发生串浆现象，关闭被串管路，继续灌注，直至化学灌浆压力逐渐升高，桶内化学材料浆液未下降，即孔内不吸浆，延灌5min结束。

4.2 第二次调整化学灌浆

通过第一次化学灌浆，初步封堵有一定效果，但由于渗压水头较高，随着化学灌浆及常规普通水泥接缝灌浆堵漏展开，渗水缝面范围缩小，渗水通道减少，渗水压力上升，原先化学灌浆封堵部位被击穿出现渗漏点，渗漏范围逐步扩大。通过专题讨论分析，对第一次化学灌浆施工方法进行补充调整，原已化学灌浆部位重新刻槽、封堵、引排、化学灌浆，最后采用常规普通水泥接缝灌浆进行补强。

4.2.1 施工程序

化学灌浆调整施工程序：缝面刻槽调整→钻孔埋管调整→缝面封闭→化学灌浆→接缝灌浆。

4.2.2 施工方法

4.2.2.1 缝面刻槽调整

（1）堵头下游面混凝土与原衬砌混凝土接触缝刻槽调整。沿着下游面堵头混凝土与原衬砌混凝土接触缝一周用切割机进行刻槽，槽宽由原内外宽 3.0cm 调整为槽外宽 5cm，内宽 10cm，槽深由原 5.0cm 调整为 10.0cm，槽长不变为 52.0m。

（2）廊道内两堵头分段浇筑缝刻槽调整。沿着两堵头分段浇筑缝一周用切割机进行刻槽，槽宽由原内外宽 3.0cm 调整为槽外宽 5cm、内宽 10cm，槽深由原 5.0cm 调整为 10.0cm，槽长为 18.6m。

4.2.2.2 钻孔埋管调整

原埋管采用骑缝埋管，无法保证灌浆管周边密实牢固，在一定灌浆压力下容易脱落。为保证灌浆管牢固耐压，在距刻槽 20cm 的堵头混凝土上进行钻孔埋管，钻孔均与水平成 45°钻入缝面内，钻孔埋管主要沿着接触缝和分段浇筑缝进行，采用 YT－28 气腿手风钻机进行钻孔，孔径 ϕ42mm，钻孔孔深 30cm，垂直混凝土孔深 20.0cm，孔距 100cm，预埋 ϕ32mm 镀锌钢管，镀锌钢管单根长 40cm，预埋管入缝内 20.0cm，外露 20.0cm。

4.2.2.3 缝面封闭

缝面封闭参照第一次化学灌浆缝面封闭进行施工。

4.2.2.4 化学灌浆

化学灌浆施工工艺参照第一次化学灌浆施工参数进行施工。

4.2.2.5 冷却水管集中漏水处理

由于 3 号导流洞堵头 4 处冷却水管集中漏水部位涌水压力、涌水流量较大，采取导向帽直接压在涌水部位引排方式无法进行密封处理。针对以上实际情况，在集中漏水部位的四周用切割机刻槽形成正方形，正方形槽边长为 35cm，槽深 10cm，槽宽 4cm，用 3cm 厚钢板焊接成 5 面的正方体盒（35cm×35cm×30cm），正面引出三根 ϕ48mm 钢管前期作为引水管，后期作为接缝灌浆管和回浆管，正方体盒四边嵌入槽内，用棉纱、橡胶条、水泥砂浆和 PSI－130 渗透结晶型快速堵漏剂进行密封处理。在正方体盒每条边线的外侧 20cm 位置用手风钻分别进行钻孔，孔深 50cm，孔径 ϕ42mm，向孔内插入 ϕ32mm 钢筋，钢筋入混凝土 50cm，外露 35cm，再在对称插筋上焊接 ϕ32mm 钢筋形成交叉十字架用于固定正方体盒，防止接缝灌浆过程中压力过大正方体盒脱落。

4.2.2.6 接缝灌浆

接缝灌浆接口部位改从集中漏水部位进行灌浆，先从其中一处集中漏水部位的正方体盒引出的灌浆管进行灌浆，灌浆过程中若缝面漏水，对漏水较大的部位进行钻孔埋管引排，若其他集中漏水部位正方体盒引水管出现返浆现象，当浆液浓度达到或接近灌浆浓度，再增加一台灌浆泵同时灌注此返浓浆部位，若第三个集中漏水部位正方体盒引水管出现返浆现象，当浆液浓度达到或接近灌浆浓度，再增加第三台灌浆泵同时灌注此返浓浆部位，当第四处集中漏水部位正方体盒引水管出现返浆现象时，关闭第一个灌浆部位，改从第四处集中漏浆部位灌浆，根据现场实际情况，最后逐个关闭灌浆管路，直至灌浆结束。

4.3 第三次补强化学灌浆

考虑化学材料在灌浆堵漏过程中虽能及时封堵缝面，但由于其具有很强的可塑性，强度低，在高水头压力作用下易被涌水挤压冲出缝面，堵头廊道内分段缝、堵头下游面新老混凝土接触缝、集中冷却水管与堵头混凝土间隙等这些薄弱部位在高水头压力作用下再次被击穿，接缝灌浆无法正常结束。

因此，化学灌浆与常规普通水泥接缝灌浆需同步进行，即在化学灌浆封堵缝面的同时紧接进行普通水泥接缝灌浆，通过水泥浆液的强度保护化学材料不被涌水冲出，既起到封闭作用又达到堵漏效果。

4.3.1　廊道内补强堵漏处理

4.3.1.1　廊道内钻孔导流

（1）廊道底板钻孔导流：在廊道底板分段缝两侧钻深孔，孔位距缝垂直方向70cm，顺缝方向视其涌水情况，约60°角倾向缝面，孔深以钻穿缝面出现涌水即可，孔数按间距1m进行布置。在孔内下入阻塞器，阻塞器管口接胶管，将胶管出口拉到廊道外最低处，使管道内水流产生虹吸，把缝面涌水水位降低，使缝口无水，便于嵌缝，以后该孔可作灌浆孔灌注水泥浆。在缝面两侧按间距1.5m布置浅层孔，距缝面30cm，按60°角斜交缝面，用于灌注聚氨酯化学材料。

（2）廊道边墙和顶拱钻孔导流：根据漏水情况，射流较大缝段，先在缝两侧打孔，斜交于缝面，作导流孔引出缝内水流，以后作灌浆的进浆孔，钻孔参数、钻孔方式、钻孔数量、导流方式及后期灌浆方法同廊道底板施工。

（3）帷幕线上钻孔导流：在帷幕线上钻导流孔，后期为帷幕灌浆孔，在廊道顶拱位置进行钻孔，先钻孔2.5m深，预埋孔口管外带闸阀，待凝到一定强度后从孔口管内进行钻孔，钻孔到堵头混凝土与原导流洞衬砌混凝土之间，保证出水通畅。

4.3.1.2　廊道内嵌缝

（1）廊道底板嵌缝：待廊道底板无水流时，用钢钎把棉花嵌入已开挖的槽下缝内，再用高强度水泥砂浆封堵抹平。

（2）廊道边墙和顶拱嵌缝：由于在渗水作用下凿槽较困难，在未进行凿槽可作平面堵缝，即在已作导流的缝段用电锤打出ϕ14mm的小孔，在孔内装上膨胀螺栓，用宽15cm，长按需要，厚10mm的钢板，加止水垫压于壁面缝口，进行堵缝。钢板固定封堵示意图见图1。

在已凿槽的部位，由于原凿槽嵌缝破坏了缝口两侧混凝土，打孔用膨胀螺柱不易固定压板，改用木板和土工布顶压在施工缝的混凝土面上，具体做法：在廊道内的施工缝两侧清除原嵌缝的残留物，使缝口两侧各呈现宽15cm的平整面，将土工布铺在缝口上，土工布上压厚3cm、宽20～25cm的木板，再用钢管上下左右对顶压紧木板，使水泥浆液通过土工布滤掉水分，留下水泥颗粒，达到堵漏目的。木板顶压封堵示意图见图2。

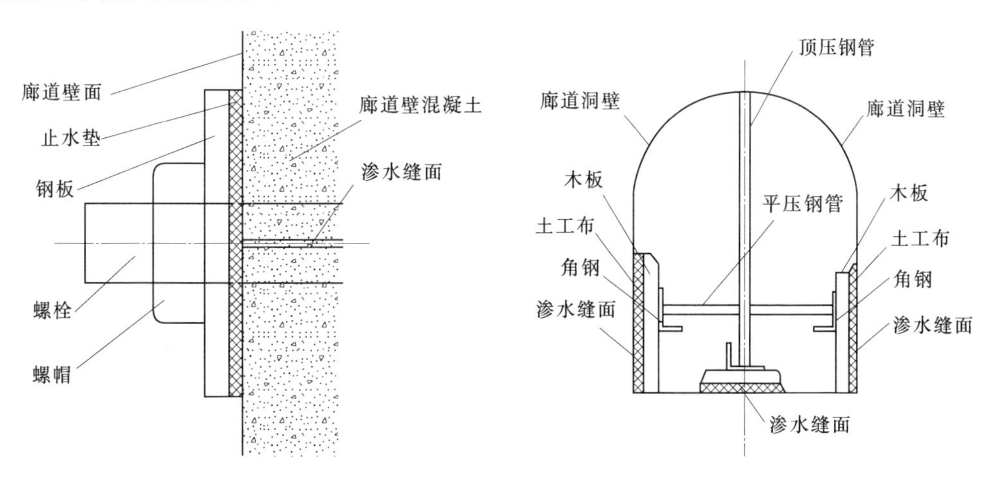

图1　钢板固定封堵示意图　　　图2　木板顶压封堵示意图

4.3.2　堵头下游面补强堵漏处理

4.3.2.1　堵头下游面新老混凝土接触缝嵌缝

先在射流较大缝段的堵头端面上钻导流孔，钻孔参数、钻孔方式、钻孔数量同廊道内施工，导流孔将水导出后进行嵌缝，嵌缝后该孔可作为灌浆孔使用。

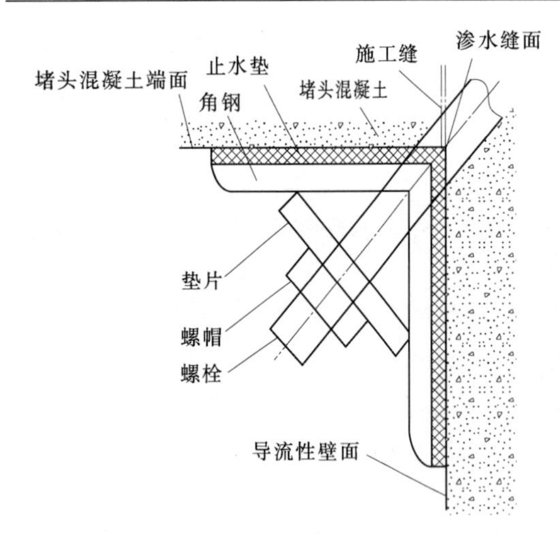

图 3　三角压板顶压封堵示意图

由于该接触缝的堵头混凝土与原导流洞壁成三角形，压板用 70mm×70mm 角钢替代。三角压板顶压封堵示意图见图 3。

4.3.2.2　堵头下游面集中冷却水管束盖帽加固

在集中冷却水管束周围凿槽，将导向帽埋于混凝土内，使渗水水流产生折线，降低射流压力，达到减压堵漏目的。同时在导向帽周围钻孔导流，用棉花嵌堵导向帽下面的缝隙，再在导向帽周围打地锚加压梁加固。导流、嵌缝、堵漏可从顶拱向下逐步施工，以免在渗水水流下作业，增加难度。再从下向上逐个关闭导流孔，试压检查嵌缝堵漏效果，若有新的漏水点，再次进行新的漏水点导流、封堵工作，直至全施工面的漏水点能够受控，确保灌浆作业的顺利实施。

4.3.3　补强灌浆

4.3.3.1　补强化学灌浆

3 号导流洞堵头堵漏灌浆是在地下水的高压力、大流量下施工，难度大，操作工艺必须能够应变处理，外漏可控，浆液可灌。

廊道底板浅孔先进行聚氨酯化学材料灌浆，待缝口被堵和深层导流孔出聚氨酯浆，再换其他各孔，最后一个化灌孔暂不解除进浆管，在深层孔灌注水泥浆后，若有水泥浆外漏，化学灌浆可同时进行。若化学灌浆过程中浆液固化，不再吸浆，结束化学灌浆，水泥浆继续灌注，可按上述水泥灌浆方法进行。堵头与导流洞壁施工缝同廊道内施工。集中冷却水管束盖帽导流管灌注聚氨酯化学材料，待盖帽周围的导流孔出聚氨酯浆后，及时灌注水泥浆，化学灌浆可间断性进浆。每隔 5～10min 灌注一次，每次灌注 30～50L，直至不再吸浆，结束化学灌浆，水泥浆继续灌注，可按普通水泥接缝灌浆方法进行。

化学灌浆施工顺序：先灌廊道底板逐步至廊道顶部；堵头与导流洞壁施工缝和堵头端面各漏水点，从下边逐步灌至洞顶拱。总之是先内后外，自下而上，分层灌注。

4.3.3.2　补强接缝灌浆

堵头混凝土浇筑分两段施工，根据设计蓝图接缝灌浆管布置情况共设六个接缝灌浆区，目前各灌区均串通，基本作为一个灌区进行灌浆。由于导流洞堵头有多处缝段涌水，有 4 处集中冷却水管部位有大量水涌出，且涌水压力较大，水流射出约 3～5m 远。堵头内渗压水串通情况和水流来路不明，故灌浆施工中要慎重，以免引起抬动和其他次问题发生。在普通水泥补强接缝灌浆中采取限流、限量、限压措施。

(1) 限流：开始灌浆正常后尽可能采用最大泵量灌注，根据灌浆孔相邻的各漏水点导流孔出浆情况，对出水泥浆的孔逐一进行关闭。若高于灌浆孔 1～2m 的导流孔出水泥浆时，及时减少进浆量，使该孔不出水泥浆为限流值，已关闭的各孔每隔 20min 放一次浆，每次放浆 20～30L，放浆与进浆密度相同后，不再放浆。

(2) 限量：以水泥初凝时间和浆液面在缝内上升的高度控制，本次灌浆在限流 20L/min 内，且灌浆时间又没达到水泥初凝时间（开始进浆时起计），进浆孔以上 2m 的导流孔出水泥浆并达到进浆密度，应停止灌浆，该灌浆所用的水泥量为本次的限量，若本次灌浆时间达到水泥的初凝时间，缝面下部水泥浆趋于固化，消失侧压力，可继续灌注，将进浆管移到上部导流孔进浆灌注，直至灌注洞顶拱各孔。

(3) 限压：泵压力能够将水泥浆压进管道至缝面，且有足够排量即可，该压力为限制压力。最终灌至洞顶拱，可将灌浆压力升到设计压力，达到结束标准。

5 结语

本次3号导流洞堵头接缝灌浆化学材料堵漏为非常规灌浆，具有施工工艺复杂、施工难度大、工期较长、风险系数大等特点，应采用非常规措施，即化学灌浆堵漏和接缝灌浆封堵处理既同时又交替，按高程由下向上推进至导流洞顶拱，以达到预期目的。

扁担河特大桥桩基旋挖钻钻孔施工技术

李　广

【摘　要】：宁安城际铁路扁担河特大桥桩基采用比较先进的旋挖钻成孔工艺，有效地克服了地下水位高、工程量大、工期短、桩基超长等难点，保证了桩基施工的质量和进度。该工程的旋挖钻设备选择、施工工艺、常见钻孔异常处理和成桩检测，对其他类似工程具有一定的参考价值和借鉴作用。

【关键词】：城际铁路　桩基　旋挖钻　钻孔　施工技术

1　工程概况

新建宁安城际铁路 NASZ－4 标扁担河特大桥全长 13.59km，共有 420 个桥墩和 2 个桥台，所有桥墩及桥台均为桩基，每个桥墩台设置桩基数量分别为 8 根、10 根、11 根，共有桩基 3884 根，约 95％的桩基为摩擦桩，桩基直径为 1.0m 和 1.25m，桩长为 30～60m 不等。旋挖钻机成孔是最近几年发展起来的一种比较先进的新型成孔工艺，旋挖钻由于其钻机功率大，施工效率高、机动灵活、多功能、低噪音环保等特点，在宁安城际铁路扁担河特大桥的桩基础施工中发挥了重要作用。

2　地质条件

扁担河特大桥横跨安徽省马鞍市和芜湖市交界的扁担河，桥址区域地形开阔、平坦，主要地貌为长江河漫滩和长江一级阶地，水网较为发达，湖塘密集。桥址区位于宁芜向斜北端、长江挤压破碎带南侧，受区域构造影响，分布小褶皱等次级构造，沿桥址基岩岩体局部较为破碎，完整性差，地层主要由侏罗纪地层组成，一般以人工填土、粉质黏土、粉土、粉砂、细砂、中砂、泥岩为主；根据《中国地震动参数区划图》(GB 18306—2001)，地震峰值加速度为 0.05g（相当于地震基本烈度为Ⅶ度）；地下水主要为孔隙潜水，较发育，水位埋深 0.1～5.5m，地表水存在氯盐、地下水存在硫酸盐对混凝土有侵蚀作用。

3　成桩工艺及设备选择

3.1　成桩工艺选择

综合考虑荷载性质、桩的使用功能、穿越土层、桩端持力层、地下水位、施工设备、施工环境等因素，若采用正循环、反循环施工钻进工艺，存在成孔时间长、效率低、环境污染严重、施工作业面积大等诸多不利因素，而采用静态泥浆护壁的旋挖工艺施工，则具有成孔质量高、高效节能、污染小、噪声低、成孔速度快（单桩成孔时间约 12h)，扭矩大、清渣能力强、地层适应能力强、移动方便等优点。综合考虑工期，最后确定大部分桩基采用静态泥浆护壁旋挖钻工艺施工，个别桩基采用正、反循环施工工艺。

3.2　成孔设备确定

3.2.1　工程地质可钻性分析

工程地质可钻性分析包括土壤可钻性分析和入岩可钻性分析两个方面。根据工程地质情况，在选择钻头、钻杆以及确定有关钻进参数时，应先进行土壤可钻性分析，土壤可钻性主要表现为土壤颗粒脆性断裂时的可切削能力。

3.2.2 成孔设备选择

根据施工需要，分别配置3台SR200和2台SR220型旋挖钻机。钻杆配置：施工前必须根据桩径、桩深、地质状况配置钻杆，常用的钻杆有摩擦加压式和机锁加压式钻杆。摩擦加压式钻杆钻进深度较深，带杆几率小，钻进和提杆速度快，能提升钻进速度，一般用于较软地层的钻孔施工，可钻进淤泥层、泥土、（泥）砂层、卵（漂）石层等，但不易钻进较硬地质，否则会出现打滑或难以钻进的现象。机锁加压式钻杆钻进深度较浅，操作使用时需要解锁，因此影响钻进速度，但机锁加压式钻杆有锁紧功能，能给钻斗施加很大的压力，不但可用于软地层，也可用于较硬地层施工。钻斗配置：施工中配置双底捞砂钻斗，双底入岩钻斗、短螺旋钻头、筒钻等。在较松软地层施工时斗齿刃齿前角度稍大，取45°～65°；较硬地层中钻进时斗齿刃角稍小，取25°～45°。斗底布齿很关键，为提高施工效率，可针对不同地质情况对斗底布齿进行技术改造。在黏土层中施工时，采用摩擦加压式钻杆＋双底捞砂钻斗；在黏土质砾层中施工时，采用机锁加压钻杆＋双底入岩钻斗。

3.2.3 参数设计

针对地质情况，主要考虑是否采用接力钻削、土壤切削及采用的钻进扭矩、钻头转速、进尺速度等。

4 桩基施工

4.1 施工工艺流程

施工准备→场地平整→桩位测放→钻机就位→护筒埋设→泥浆制备→成孔施工、注入泥浆→提钻、卸土→第一次清孔→钻至设计标高→钻机移位→钢筋笼吊装→钢筋笼对中→导管吊放→第二次清孔→混凝土灌注→导管起卸→护筒提拔→桩头养护。

4.2 护筒制作与埋设

护筒制作：护筒采用8mm厚钢板卷制而成，长2.0m，内径比桩径大20cm。接触焊缝采用全焊；护筒上部设置20mm宽的加强圈，以防止护筒变形；在地表松散的地层或卵石层，可采用2节或3节护筒连接护壁。护筒之间的接头可用钢筋连接。护筒埋设：根据施工图的桩位坐标和现场的测量控制点，用全站仪测放出桩位并作出明显标记，在桩位中心拉十字线，栓桩固定。将带有扩孔器的钻头中心对准桩中心，旋转钻进，钻进到与护筒长度相同的深度时，将护筒吊入孔内，用十字线校正中心，四周用黏土填平，夯实。护筒埋设固定后，由测量人员用水准仪复测护筒中心和护筒顶标高，护筒上沿高于地面20cm，护筒位置容许偏差为5cm，垂直允许偏差为1%。

4.3 钻机就位

根据桩的孔位对旋挖钻机进行就位，如果场地不平、履带悬空，可用钻斗取土垫平履带，让钻机接近水平状态，精心调整钻机桅杆及钻杆等参数，满足桩的垂直度要求，把钻机行驶锁死，然后调平桅杆，通过回转和变幅微调使钻斗对准十字线的中心，使钻杆中、钻斗中、桩中重合。旋挖钻机成孔采用跳挖方式，钻斗倒出的土距孔口应大于6m。

4.4 泥浆制备

由于施工场地低且水位高，必须采用静态泥浆护壁的方法来施工。泥浆密度对护壁效果很关键，施工中必须根据工程地质情况合理选取泥浆的技术指标。泥浆技术指标：采用当地优质膨润土加工业碱和水按一定比例配合、搅拌而成。膨润土用量一般为水的8%；工业碱主要是提高泥浆的胶体率和稳定性，降低失水率，掺入量一般为孔中泥浆的0.1%～0.4%。泥浆的主要指标：密度1.1～1.3g/cm^3，黏度16～22s，含砂率不大于4%，胶体率不小于95%，pH值大于6.5。制浆：用高压水泵使高压水通过射流冲击器，将膨润土分散在泥浆池中。施工过程中，泥浆池内要用泥浆泵进行池内反复循环。施工期间，护筒内的泥浆面应高出地下水位 1.0m 以上。

4.5 钻进

在重新恢复引桩十字线确定桩位后，钻机操作手调整桅杆角度，操作卷扬机，将钻头中心与钻孔中心（即十字线交叉点）对准，调整钻机垂直度参数，使钻杆垂直，撤掉十字线同时降低钻头至护筒内旋转，确保钻头自由钻动不刮碰护筒，检查钻机有无故障。再将钻头调整到护筒顶面，深度计数器调零。钻进过程中，操作人员应随时观察钻杆是否垂直，并通过深度计数器控制钻孔深度。当旋挖斗钻头顺时针旋转钻进时，底板的切削板和筒体翻板的后边对齐。钻渣进入筒体，装满一斗后，钻头逆时针旋转，底板活门处由封死底部的开口后，提升钻头到地面卸土，用装载机将钻渣铲运至指定地点。开始钻进时，采用低速钻进，主卷扬机钢丝绳承担不低于钻杆与钻具重量之和的 20%，以保证孔位不产生偏差。钻孔过程中应严格控制钻进速度，避免钻进尺度较大，造成埋钻事故。若升降钻斗时速度过快，钻斗外壁和孔壁之间的泥浆强烈冲刷孔壁，再加上钻斗下部受反作用力影响可能产生偏斜碰刮孔壁，影响泥浆护壁的效果而造成孔壁颈缩、坍塌现象。经现场实践得知，钻斗升降速度保持在 0.50m/s 以内较好。在泥浆搅拌好后，用浆泵在钻斗钻进的时候泵入孔内，不允许提升钻头时泵入泥浆，这样既起到了泥浆护壁作用，又防止泥浆崩溅外溢和冲刷孔壁。钻进时掌握好进尺速度，随时注意观察孔内情况，及时补加泥浆保持液面高度，以保证液面始终在地面以上为标准，否则有可能造成塌孔，影响孔内质量。

4.6 成孔

在钻孔过程中用测绳和卷尺对孔深进行测量，测绳采用每米都做好标记的细钢丝绳制作，测锤在测绳的最前端，并保证测锤底部距离测绳的第一个标记的长度为 1m。钻到设计深度时，需进行清孔，处理孔底沉渣，要求沉渣厚度不超过 30cm。清孔主要有抽渣法、吸泥法和换浆法三种：抽渣法适用于冲击、冲抓成孔的摩擦桩或不稳定地层，终孔后用抽渣筒清孔；吸泥法适用于岩层和密实不易坍塌的土层；换浆法适用于正反循环钻机。当孔内泥浆相对密度达到 1.03～1.10、黏度在 17～20s 或含砂率小于 2%时可停止清孔。第一次清孔并安装钢筋笼后，根据需要还应进行第二次清孔。

4.7 钢筋笼的制作和吊装

4.7.1 钢筋笼制作

钢筋笼在钢筋加工厂内制作，现场安装，钢筋笼分段长度不宜少于 9m，以减少现场焊接工作量。钢筋笼现场安装焊接时须采用单面焊接或套筒连接，钢筋笼加工需搭接焊，宜采用双面焊接。钢筋骨架保护层的设置：钢筋笼主筋接头采用双面搭接焊，加强箍筋与主筋连接全部焊接。钢筋骨架的保护层厚度可用转动混凝土垫块（见图 1）。设置密度按竖向每隔 2m 设一组，每组沿圆周布置 4 个。混凝土垫块强度同桩基，直径为 130mm，厚度为 50mm。钢筋保护层也可根据设计要求在骨架上焊接耳环。

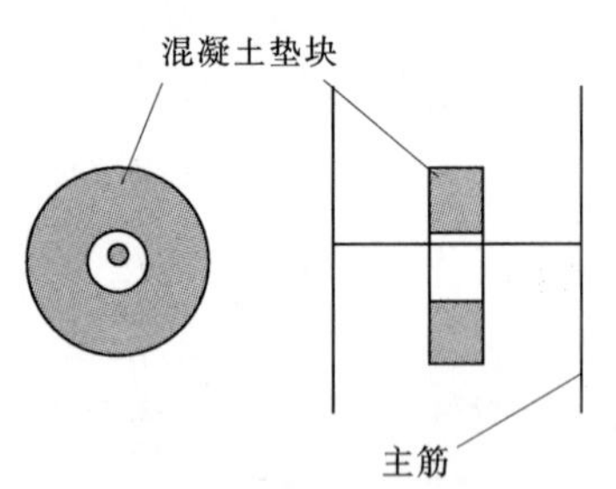

图 1　混凝土垫块示意

4.7.2 钢筋笼运输与吊装

钢筋笼骨架的运输可用两部平板车直接运输，也可用平板车上加托架运输。骨架安装一般采用汽车吊按三点或两点起吊方式进行安装，钢筋笼安装后在孔口牢固定位，以免在灌注混凝土过程中发生浮笼现象。

4.8 水下混凝土灌注

4.8.1 导管安装

水下混凝土灌注一般采用导管法灌注，导管一般采用内径为 25～30cm 无缝钢管，每节 2～3m，配 1～2 节 1～1.5m 的短管。导管使用前应进行水密承压和接头抗拉试验，严禁用气压做导管承压试验。导管长度由孔深和工作平台高度决定，漏斗底距钻孔上口大于一节中间导管长度。导管接头法兰盘加锥形活套，底节导管下端不得有法兰盘。采用螺旋丝扣型接头，设防松装置。导管安装后，其底部距孔底约为250～400mm。

4.8.2 二次清孔

浇筑水下混凝土前应检查沉渣厚度，沉渣厚度应满足设计要求，如沉渣厚度超出规范或设计要求，则利用导管进行二次清孔，清至孔底沉渣厚度及泥浆含砂量满足要求。

4.8.3 首批封底混凝土准备

为了保证灌注的首批混凝土下去后导管埋入深度满足规范要求，在导管旁的平台上配置一个大储料斗，储存首批混凝土。

4.8.4 灌注水下混凝土

在开始灌注混凝土时，应在漏斗底口处放置可靠的隔水盖板，当漏斗内放满混凝土，导管下口吊离孔底25～40cm，首批混凝土备足后，拔除隔水盖板，将混凝土迅速灌入。

首批封底混凝土施工时宜一次灌注，中间不得中断。每根桩混凝土的灌注时间尽量控制在8h以内，每小时灌注的高度不宜小于10m。灌注开始后，应连续地进行，中途中断时间不得超过30min。灌注过程中，应用重锤法经常探测孔内混凝土面的位置，及时调整导管的埋深，导管的埋深不得小于1m，一般保持在2～4m范围。灌注到桩顶标高，应预加一定高度，一般应比设计高出1.0m，以保证混凝土强度。

5 钻孔异常处理

5.1 塌孔处理

钻孔过程中发生塌孔后，要查明原因进行分析处理，可采用加深埋设护筒等措施后继续钻进。

根据现场情况也可在泥浆中加大量干锯末，同时增加泥浆比重，改善其孔壁结构。钻头每次进入液面时，速度要非常缓慢，等钻头完全进入浆液后，再匀速下到孔底，每次提钻速度控制在0.3～0.5m/s。塌孔严重时，应回填重新钻孔。

5.2 缩孔处理

钻孔发生弯孔缩孔时，一般可将钻头提到偏孔处进行反复扫孔，直到钻孔正直，如发生严重弯孔和探头石时，应采用小片石或卵石与黏土混合物，回填到偏孔处，待填料沉实后再钻孔纠偏。

5.3 埋钻和卡钻处理

埋钻主要发生在一次进尺太多和在砂层中泥浆沉淀过快；卡钻则主要发生在钻头底盖合龙不好，钻进过程中自动打开或卵石地层钻进时卵石掉落卡钻等。埋钻和卡钻发生后，在钻头周围肯定沉淀大量的泥浆，形成很大的侧阻力。因此处理方案应首先消除阻力，严禁强行处理，否则有可能造成钻杆扭断、动力头受损等更严重的事故。事故发生后，应保证孔内有足够的泥浆，保持孔内压力，稳定孔壁防止坍塌，为事故处理奠定基础。

6 桩基技术资料编写和桩基质量检验

旋挖钻孔机钻进施工时要及时填写《钻孔记录表》。根据旋挖钻孔的钻进速度变化和土层取样认真做好地质情况记录，根据记录情况整理、绘制出孔桩、地质剖面图，每处孔桩必须备有土层地质样品盒，在盒内标明各种样品在孔桩所处的位置和取样时间；如果桩地质剖面图与设计不符要及时报监理现场确认，并由设计人员确定是否进行设计变更。钻孔灌注桩质量主要通过原材料检验、施工过程及第三方检测进行控制。首先由施工单位及监理工程师对进场的原材料按照规范进行检验检测，合格后方能用于施工；施工过程由现场监理工程师对照验收标准逐项验收，合格后出具相应的完整资料；当桩身混凝土强度达到检测要求时，由第三方检测单位对桩身的整体性、均质性等通过超声波或低应变的手段进行检测，当对超声波检测结果有争议时可通过钻芯取样验证桩的完整性。

在桩基施工中，不但要科学地进行成桩工艺和设备选择，而且要熟悉当地的施工条件和本行业通行的技术规范，在此基础上科学地组织施工，才能保证工程顺利进行。通过本工程的桩基施工，为在类似条件下进行超长旋挖成孔灌注桩的施工和应急抢险提供了经验。

黄金坪水电站大坝基础振冲试验

康进辉　余　华　李祖艳

【摘　要】：黄金坪水电站大坝地基振冲处理深度较大，地质复杂，通过振冲试验中不同方法、参数的对比和试验施工中问题的解决确定合理施工方法和参数，发现不足，为后续试验提供优化思路并为类似工程提供参考。

【关键词】：黄金坪水电站　振冲碎石桩　振冲试验

振冲法地基处理技术作为基础处理的一种方法，具有施工速度快，费用低的优点，广泛应用于水利水电工程基础处理当中。黄金坪水电站大坝轴线附近河床覆盖层结构复杂，部分区域含有砂层，地基承载力、压缩模量及抗剪强度低，且有液化的可能。选择振冲碎石桩加固是提高其承载和抗变形能力，防止液化的有效措施。振冲碎石桩加固施工前，通过试验确定最佳振冲碎石桩桩间排距、桩长、填料级配及数量等参数，选定造孔和成桩的施工机械、施工工艺，确定施工技术参数（每米进尺填料量、密实电流、留振时间、振冲水压等），为大面积振冲桩施工取得合理的参数，另外为基础振冲桩施工取得质量检验的方法和要求。

1　工程地质条件

黄金坪坝址部位勘探结果表明河床覆盖层地基具多层结构，自下而上（由老至新）可分为：第①层漂（块）卵（碎）砾石夹砂土（fglQ3），第②层漂（块）砂卵（碎）砾石层（alQ41），第③层漂（块）砂卵（碎）砾石层（alQ42）。持力层主要为第二、第一层，少部分为第三层，总体为漂（块）卵砾石层，坝基覆盖层结构总体较密实，粗颗粒基本构成骨架，其抗剪强度较高（$\Phi=30°\sim32°$），但坝基河床覆盖层中分布有②-a、②-b砂层和其他零星砂层透镜体（见图1），厚度0.6～6.24m，相对1396m高程建基面埋藏深度0～16.44m，为含泥（砾）中～粉细砂。经地质初判和复判，砂层②-a、②-b均为可能液化砂层。砂层分布较广，厚度较大，且埋藏较浅，其承载、抗变形和抗剪强度均较低，当外围强震波及影响时，砂土层强度降低而可能引起的地基剪切变形，对坝基抗滑稳定不利。

为此，需进行专门地基处理。

2　现场振冲试验

根据坝址部位地质特点和现有技术水平综合考虑选定振冲法进行基础处理，在进行振冲施工前，先进行振冲试验。

2.1　振冲试验目的

（1）振冲加固后②-a、②-b层的相对密度、桩体及复合地基的抗剪强度、承载力和压缩模量等指标以及振冲碎石桩抗液化效果等。

（2）确定最佳振冲碎石桩桩间排距、桩长、填料级配及数量等参数。

（3）选定造孔和成桩的施工机械、施工工艺，确定施工技术参数（每米进尺填料量、密实电流、留振时间、振冲水压等），为大面积振冲桩施工取得合理的参数。

（4）为基础振冲桩施工取得质量检验的方法和要求。

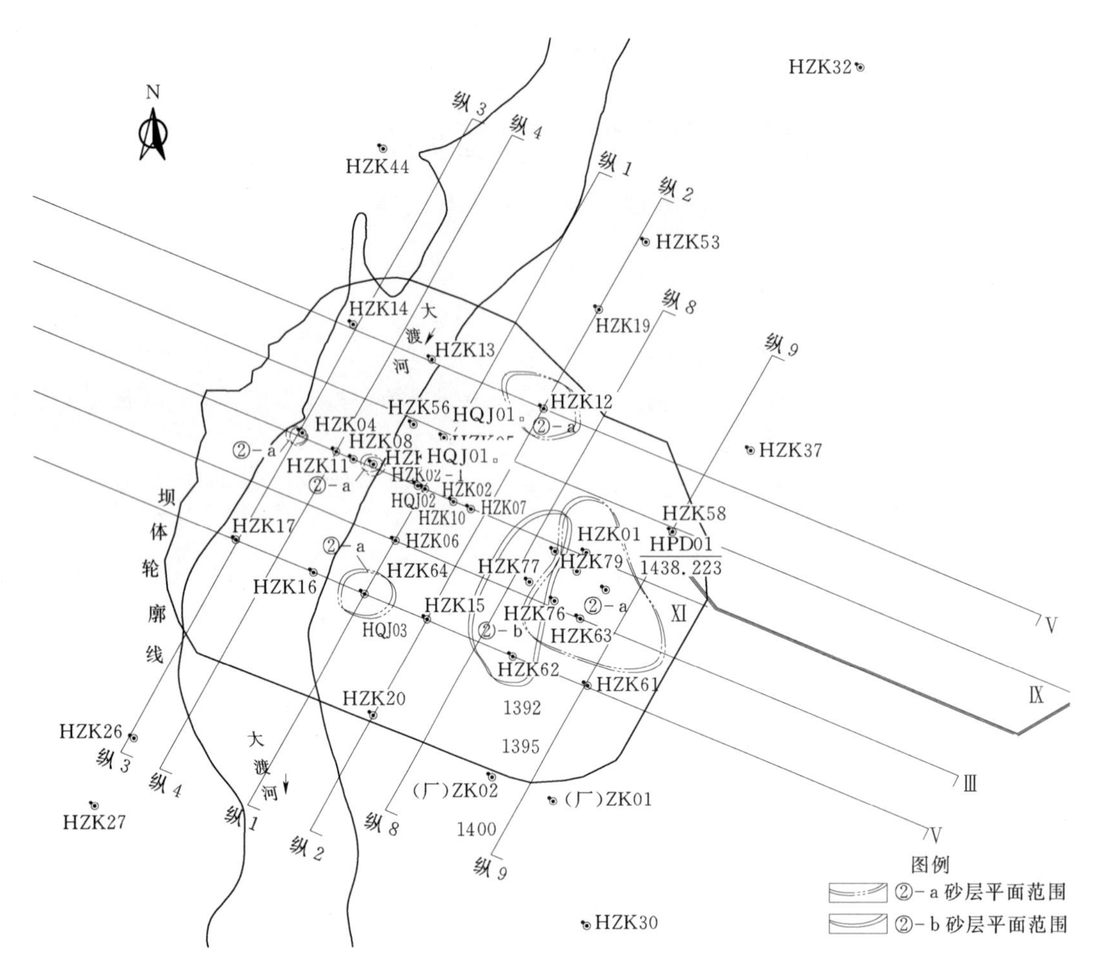

图 1　坝址高程 1399m 以下②-a、②-b 砂层平面分布图

2.2　振冲试验技术要求

（1）要求处理后的②-a、②-b 层复合地基采用重型动力触探跟踪检测桩体密实度，密实桩体标准为动力触探平均贯入 10cm 的锤击数 7～10 击，小于标准值为不密实桩。

（2）经过振冲处理，复合地基承载力特征值达到 450kPa。

（3）填料应满足以下要求：碎石应采用饱和抗压强度大于 80MPa 的石料；具有良好级配的碎石，小于 5mm 粒径的含量不超过 10%，含泥量不大于 5%；颗粒粒径如下：振冲桩及 A 区覆盖层钻孔回填料控制在 20～80mm，个别最大粒径不超过 150mm，B 区覆盖层钻孔回填料控制在 20～120mm（或 150mm）。

2.3　振冲碎石桩试验施工

2.3.1　试验桩桩孔布置

试验区分为 *A*、*B* 两个区，分别位于砂层②-a、②-b。试验 *A* 区砂层埋深约为 32m，厚度约为 9m，试验 *B* 区砂层埋深约为 25m，厚度约为 6m。两个区分别布置 13 个试验孔，每个区均为等边三角形布置，每个试验区两孔之间孔距分别为 1.5m 与 2.0m。设计孔深至砂层的底部，设计桩径为 1.0m。试验区振冲碎石桩孔位布置见图 2。

2.3.2　工艺流程

施工顺序：分区分别进行，振冲碎石桩按照跳打法施工，引孔钻机安排尽量避免钻机停机等现象发生。试验施工工艺流程见图 3。

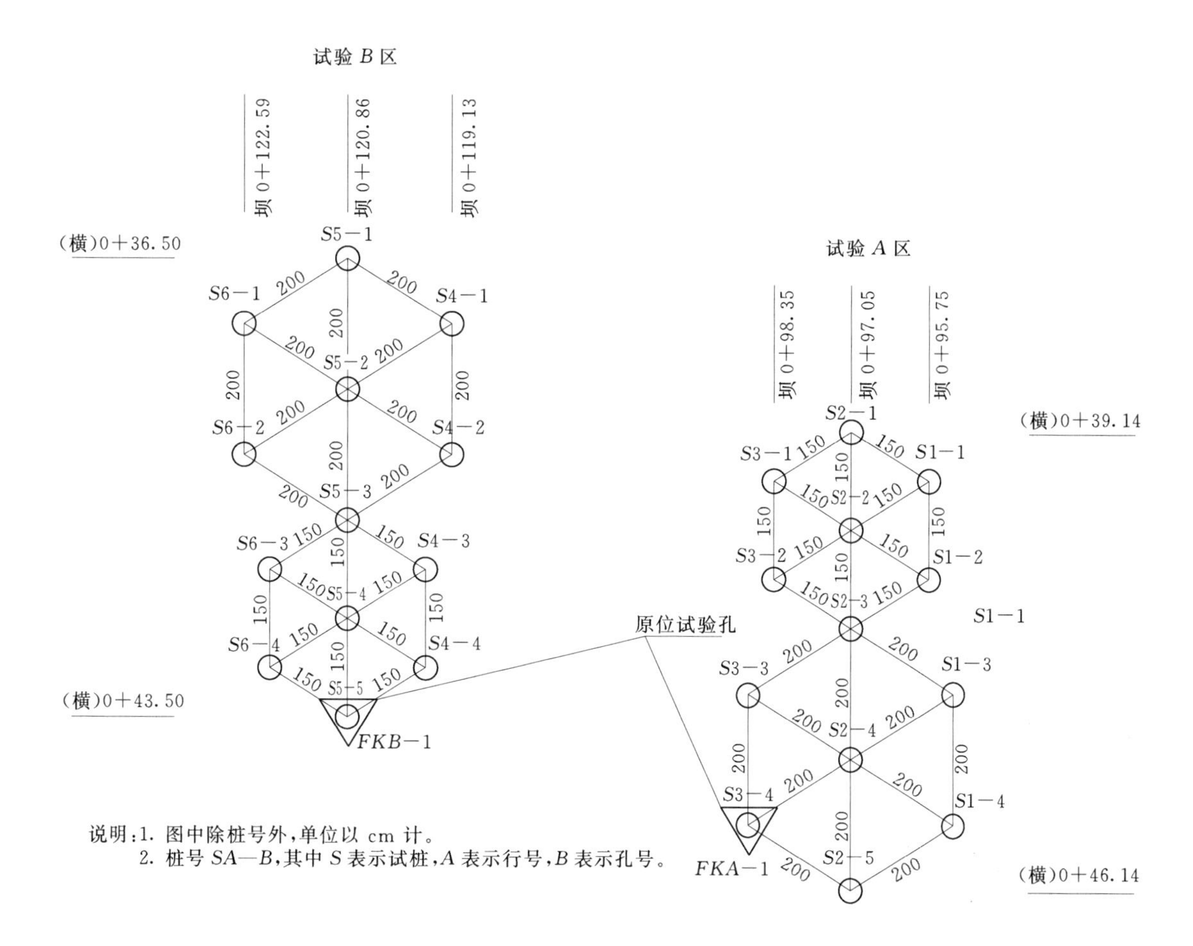

图 2 试验区振冲碎石桩孔位布置图

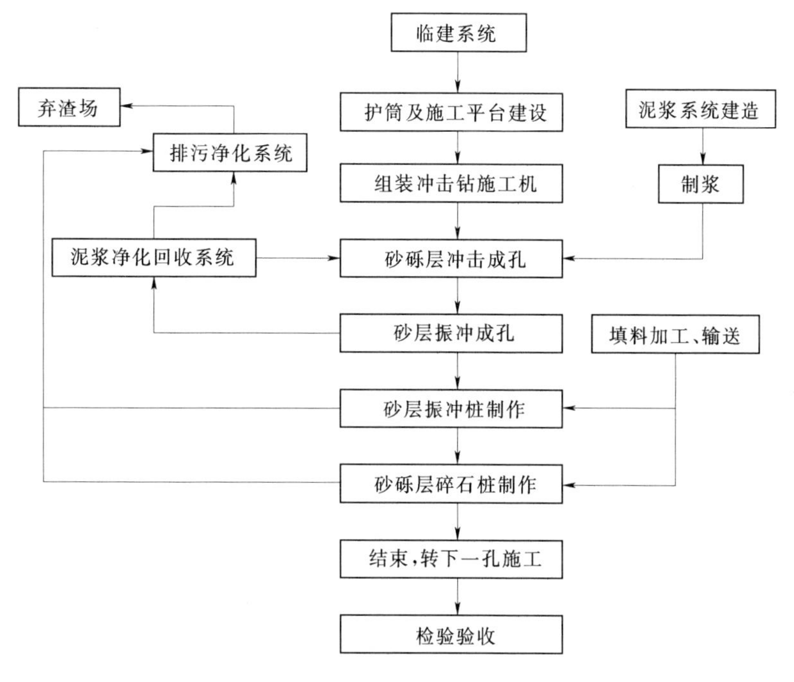

图 3 试验施工工艺流程图

2.3.3 试验设备

设备主要有振冲器、冲击钻机、履带吊、水泵等。振冲器采用 ZCQ－125A 型，振冲功率为 125kW。

2.3.4 施工填料

填料采用人工骨料，参照其他工程施工经验及试验室做出的不同级配石料的松散状态下容重情况，按照中石：大石为 2：1 的比例进行掺拌施工。填料质量满足试验设计标准要求。

2.3.5 试验桩造孔、振冲方案

试验当中对砂层上覆的砂卵砾石层进行引孔，试验 *A* 区采用振冲器直接贯入砂层上覆的漂砂卵砾石层，当漂砂卵砾石层深厚，振冲器无法直接穿透该层时，则采用冲击钻造孔至砂层。试验 *B* 区全部采用冲击钻造孔至砂层，再对砂层进行振冲加密。若两个试验区遇到埋深厚度大、比较密实的粉细砂层，振冲器无法直接穿透该层的情况，经过现场监理工程师同意全部采用冲击钻造引孔，然后使用振冲器振冲加密。振冲施工在提供的工作面 1399.5m 高程进行。

振冲施工试验 *A* 区采用振冲器直接振冲至孔口部位，试验 *B* 区分层（每层 1～2m）回填并用冲击钻头进行夯实。

试验按表 1 参数施工。

表 1 振冲桩施工参数

项目	造孔水压/MPa	造孔电流/A	加密水压/MPa	加密电流/A	留振时间/s
数值	1.0	140～180	0.1～0.5	120～150	8～15

2.3.6 试验过程情况

按照原定试验方案，*A* 区试验采用振冲器直接振冲贯入砂层上覆的漂砂卵砾石层方案。*A* 区 S1－4 号孔最大造孔电流 190A，水压 1MPa，历时 21min 贯入深度 3.6m，振冲器剧烈振动，发出撞击声，无法继续下沉。后在试验 A 区 S1－1 号孔部位进行试验，最大造孔电流 185A，水压 1MPa，历时 19min 贯入深度 3.4m，振冲器剧烈振动，发出撞击声，无法继续下沉。

随后又在 *B* 区选择 2 个孔做直接振冲试验，*B* 区 S5－1 号孔最大造孔电流 180A，水压 1MPa，历时 22min 贯入深度 1.6m，振冲器剧烈振动，发出撞击声，无法继续下沉。*B* 区 S4－1 号孔最大造孔电流 180A，水压 1MPa，历时 18min 贯入深度 1.6m，振冲器剧烈振动，发出撞击声，无法继续下沉。

通过试验选定的 2 个区 4 个孔直接振冲试验表明，覆盖层中含有较大卵石或块石时振冲器无法直接穿透上部覆盖层到达砂层顶部，征得监理同意后进行了引孔施工。

引孔中 S1－4 号孔钻进至 8.5m 时开始进行砂层部位振冲试验，振冲至 9.5m 时遇大石块不能继续下振。吊冲击钻机就位进行造孔，因振冲器进入孔内时必须要保证高压水接通，因此发生了塌孔现象。重新造孔至 10.8m 时进行振冲，振冲至 12m 时不能继续下振，此时发生塌孔现象，振冲器被埋，后用 50t 履带吊强行将振冲器提出孔内。冲击钻机钻进至 13m 开始进行振冲，振冲至 14.7m 不能下振。继续使用冲击钻机钻至 15.5m 时才真正进入砂层。

引孔完成进入砂层振冲施工时，前期 5 根桩进入砂层振冲过程中仍然遇到大块石不能振冲至孔底，后改变工艺其他孔直接使用冲击钻机引孔至孔底后振冲成桩。

为了解留振时间对振冲质量的影响，选择了 2 根桩（S5－1，S6－2）把留振时间调至 20s 进行试验。

2.3.7 试验桩检测

按照振冲试验设计技术要求，在振冲碎石桩完成 14d 后开始进行 *A*、*B* 两区碎石桩的检测工作，检测项目有：动力触探，桩距 1.5m×1.5m 和 2.0m×2.0m 情况下桩间土标贯试验和Ⅷ度地震液化判别，复合地基静载试验、单桩竖向静载试验。检测结果表明，通过振冲施工，地基承载力都有所提

高。但只有 A 区 1.5m 桩间距的复合地基承载力和Ⅷ度地震液化判别达到要求，A、B 区 2.0m 桩复合地基承载力和Ⅷ度地震液化判别均达不到设计要求。

两根留振时间为 20s 的试验桩填料量明显增加，平均桩径较其他桩变大。

单桩竖向静载试验结果汇总见表 2，复合地基静载试验结果汇总见表 3。

表 2　单桩竖向静载试验结果汇总表

试验区	总沉降量/mm	最大试验荷载/kN	承载力特征值/kPa
A 区单桩	26.33	916	≥450
B 区单桩	29.61	916	≥450

表 3　复合地基静载试验结果汇总表

试　验　区	压板面积/m^2	总沉降量/mm	最大试验荷载/kN	承载力特征值/kPa
A 区 1.5m 复合	1.96	14.21	916	≥450
B 区 1.5m 复合	1.96	17.58	794	397
A 区 2.0m 复合	3.61	17.87	786	393
B 区 2.0m 复合	3.61	15.80	675	282

3　结论

通过试验过程和检测结果，可以看出：①覆盖层中含有较大卵石或块石时或者砂层中含有大块石不能振冲施工时必须采用钻机引孔；②通过数据 A 区单桩总沉降量小于 B 区单桩总沉降量，说明全孔振冲的桩体比孔口部位回填分层夯实的桩体要密实，全孔振冲有利于保证振冲质量；③A 区 1.5m 桩间距的复合地基承载力和Ⅷ度地震液化判别达到要求；④留振时间加长，填料方量增加，桩径增大，面积置换率增加，复合地基承载力增加；⑤直接振冲如遇较大块石即不能继续下振，再更换钻机进行引孔施工时易发生塌孔现象，大规模施工中极易发生塌孔后埋振冲器、埋钻头等孔内事故发生，将会影响施工正常进行，不如直接用钻机全孔引孔效率高。

4　讨论和建议

黄金坪水电站振冲试验表明，在地质条件复杂、处理深度大的情况下，采用冲击钻全孔引孔后振冲的方法有利于解决施工中无法向下振冲、卡钻、塌孔等难题。试验中进行不同振冲方法之间的对比试验，对留振时间加长对振冲效果的影响也进行了试验。试验取得一些成果，但也存在较大的优化空间。主要建议是通过二次试验，开展以下工作：①对冲击钻全孔引孔后振冲的方法进行进一步验证；②对留振时间加长对桩体质量的影响进行验证，采用 20s 留振时间试验；③通过改变施工参数（如提高加密电流）进一步提高振冲处理质量；④上述试验中 1.5m 桩距虽满足设计要求，但大规模施工不够经济，应在 1.5～2.0m 确定合理经济桩距进行试验。

导截流工程

盘石头水库大坝工程过水围堰的设计综述

李虎章　唐儒敏

【摘　要】：为确保盘石头水库面板堆石坝工程的顺利施工和2002年汛期工程的安全度汛，在围堰设计时，结合工程的施工特点，充分考虑利用当地材料和投入到主体工程的施工设备及技术，既方便了施工，又提高了经济效益。本文主要对围堰的堰体及过流保护设计等方面进行全面总结。

【关键词】：盘石头水库　过水围堰　综述

1　概况

盘石头水库位于鹤壁市西南约15km的卫河支流淇河中游盘石村附近，是以防洪、工业及城市供水为主，兼顾农田灌溉、结合发电、养殖等综合利用的大型水利枢纽工程。水库总库容为6.08亿m^3。发电站总装机10000kW。

淇河地处暖温带，所在区域属典型的季风气候区。多年平均年陆面蒸发量520mm，多年平均降雨量约720mm，分布极不均匀，年际变化也大。本流域是暴雨多发地区，暴雨多发生在7—8月。

大坝为混凝土面板堆石坝，坝体主河槽段施工采用“枯水期围堰拦断河床，导流洞导流，汛期围堰过水”的方案。即：在2002年汛前坝体填筑体型为河床左岸填筑至181m高程，预留125m宽泄流槽，2002年汛期，配合右岸导流洞过流，宣泄20年一遇洪水$Q=3010m^3/s$，右岸汛前填筑至188m高程，汛期继续填筑施工。汛后恢复上游围堰，在2003年汛前完成坝体一期混凝土面板和坝前的黏土铺盖等项目的施工。

2　围堰设计

2.1　围堰方案选定

上下游围堰分别布置在距坝轴线260m和240m的位置。围堰基础地质涉及全新统冲积层、上更新统冲积层以及寒武系下统$\in_1^{10-1}$～$\in_1^{14}$各层。河床及漫滩覆盖层为卵石层，厚4.2～10.6m，密实度相对较差；阶地上部壤土层厚3～10m，下部卵石层厚5～13.7m，密实度相对较好；河床覆盖层下部为页岩及灰岩夹页岩，其中页岩厚约10m，多属微～极微透水，为相对隔水层。

为充分利用当地材料及施工初期的开挖渣料，结合堰基地质条件和施工技术情况，选用土石围堰，围堰基础坐落在卵砾石基础上，堰体采用粉质壤土心墙防渗，堰基采用高喷板墙防渗。

2.2　围堰的设计标准

围堰挡水标准为枯水期20年一遇，相应流量260m^3/s，时段为2001年12月至2002年6月和2002年10月至2003年6月。根据设计提供的调洪演算结果：上游围堰堰前水位为194.07m，下游围堰堰后水位为181.90m。由此确定上游围堰堰顶高程为196.0m，下游围堰堰顶高程为182.5m。

2.3　围堰的结构形式及稳定计算

2.3.1　围堰的结构形式

围堰堰顶宽度10m，上游、下游综合坡度为1∶2.5。填筑料为土石混合料，中部填筑粉质壤土，形成防渗心墙。堰基砂卵石层防渗采用高喷板墙防渗，高喷防渗板墙嵌入堰体粉质壤土防渗心墙 1m，深入基岩 0.5m，并与两岸基岩相连。

2.3.2 围堰的稳定计算

(1) 围堰抗滑稳定计算的参数选择：土石混合料的容重 1.8t/m³，内摩擦角 Φ 为 30°，凝聚力未计。

(2) 滑动面的型式采用圆弧滑动，抗滑稳定安全系数：

$$K=(\sum\gamma_i b_i h_i\cos\alpha_i\cdot\tan\Phi_i)/(\sum\gamma_i b_i h_i\sin\alpha_i)$$

式中 K——抗滑稳定安全系数；

γ_i——土条的容重，1.8t/m³；

b_i——土条的宽度；

h_i——土条的高度；

α_i——土条的重力与重力的法向力间的夹角；

Φ_i——内摩擦力，30°。

(3) 经计算，抗滑稳定安全系数 $K=1.83>1.15$，满足规范规定的要求，围堰设计安全稳定。

2.4 截流设计

2.4.1 截流方式的选择

根据上游围堰轴线位置的地形条件，左岸为陡坎，不宜修建道路，右岸场地开阔，且施工道路畅通，因此，龙口设置在左岸，截流采用从右向左单向双戗立堵合龙。

2.4.2 截流材料的准备

利用现有施工道路以及坝上游临时交通桥作为主干道，修建围堰填筑和截流的施工交通道路，采用混合料从右岸双戗预进占，顶宽 12m，并用大块石进行裹头保护。然后从右岸向左岸进行全断面预进占，并用大块石进行裹头保护。分层铺填碾压，层厚 40～60cm，自行式振动碾碾压 4～6 遍，混合料从坝肩开挖存料场取料，戗堤顶高程为 190.0m，预留龙口宽度 10m。预计龙口抛填工程量为 4529m³。

随着龙口宽度的逐渐缩窄，龙口下游收缩断面的流速越来越大，截流中后期会更高，因此，必须准备足够的大块石、特大块石和石串。大块石块径大于 50cm，方量 800m³；特大块石块径为 100cm，方量 600m³；石串 50 串，每串重 12～15t。

截流段龙口断面参数计算成果见表 1。

表 1 截流段龙口断面参数计算成果表

截流阶段	龙口水位/m	龙口流量/(m³·s⁻¹)	龙口流速/(m·s⁻¹)	龙口下游收缩断面流速/(m·s⁻¹)	下游水位/m	导流洞流量/(m³·s⁻¹)	完成工程量	
							比例/%	数量/m³
A	182.54	21.60	0.62	0.62	182.54	0	0	0
B	184.45	21.60	2.00	5.20～6.70	182.54	0	63	2857
C	187.10	21.60	2.00	7.80～8.70	182.54	0	88	3984
D	188.66	0				21.6	100%	4529

2.5 围堰过流保护设计

2.5.1 设计洪水标准

2002 年汛期过流洪水设计为 20 年一遇洪水标准，来水流量为 3010m³/s，导流洞分流 670m³/s，相应围堰过流流量为 2340m³/s。

2.5.2 过流保护预案

原围堰过流保护是按照大坝全断面填筑到 200m 高程进行设计的，过流保护重点是大坝。但根据

2002年汛前大坝填筑的调整计划，大坝左岸填筑到181m高程，右岸填筑到188m高程，左岸预留125m宽过流槽，由于上游围堰的堰顶较坝面高，使得上游围堰成为过流保护的重点，而又以对上游围堰的下游坡面保护为关键。

根据以往的经验，对围堰的过流保护进行了初步设计。对于上游围堰的上游边坡水面以下部位采用抛块石护坡，水面至193.0m用40cm厚的干砌块石进行护坡，193.0～196.0m上游坡面用40cm厚浆砌块石保护。196.0m堰顶用40cm厚浆砌石护顶，表面再浇15cm厚100号素混凝土保护。在2002年汛期洪水将翻过堰顶，冲刷下游边坡，尽管按预案要求进行预充水，已形成水垫，但估计紊乱的水流仍会对堰坡有影响，因此，下游坡面的防护：方案一采用铅丝笼块石护坡，方案二采用现浇混凝土面板护坡。

2.5.3 过流保护预案的水工模型试验

为确保安全度汛，对过流保护预案进行了水工模型试验论证，试验成果表明：方案一：钢筋石笼保护方案不能满足大于水流速4.5m/s的冲刷，容易破坏；方案二：混凝土面板保护方案是可行的。在初始流量阶段，水流在围堰下游坡面的183m高程平台以下形成水跃，对183m高程以下坡形成淘刷，并冲击大坝垫层料区。在接近围堰过流流量为2340m^3/s时，围堰上游最高水位为200.21m，在桩号0+200以下至183m高程平台混凝土面板处形成水跃区，对围堰下游坡面的混凝土面板有淘刷现象。桩号0+200～0+250流速较大，桩号0+200处最大底面流速为15.2m/s，最大面流速为14.58m/s，水位线高程为189.52m，在183m高程平台，最大底面流速为4.68m/s，最大面流速为3.62m/s，水位线高程为189.83m，相应水流对底部冲刷较大，因此对183m高程平台修改为1m厚铅丝笼石保护。

在20年一遇洪水标准流量2340m^3/s时，坝体内过流流速为0.86～2.25m^3/s，相应最高水位线高程为189.80m。水流流速较小，对坝体填筑料冲刷较小，坝体是安全的。

2.5.4 围堰过流保护方案的确定

根据水工模型试验结果，确定采用混凝土面板和钢筋石笼联合保护方案。围堰堰体过流面的不同部位采取如下保护措施。

（1）围堰上游坡面采用浆砌石保护，保护厚度0.4m。

（2）上游围堰过流进口宽度为170m，围堰进口左岸边坡采用浆砌石护坡防护，保护厚度0.4m，护至201m高程，向围堰上游延伸45m。

（3）右岸进口采用圆弧状浆砌石挡墙防护，椭圆弧方程式为$x^2/16.2^2+y^2/5.4^2=1$，保护厚度0.4m。

（4）右岸纵向边坡采用浆砌石保护，桩号0+200至坝体间保护高程为191m，0+255保护高程为201m，保护厚度0.4m；右岸纵向边坡在趾板区止水部位填2m高沙袋，然后在其上面堆钢筋石笼，钢筋石笼宽度为4m，顶高程为184m。

（5）堰顶及下游坡面（坡度1∶5.786）采用平均厚度0.5m、200号混凝土保护，按10m×8m分块，阶梯状消能，混凝土中预埋间排距为2.5m×2.5m直径100mm的塑料排水管，梅花形布置，塑料管深入反滤料中10cm，底部用土工布包住，混凝土中部布置间排距均为50cm的Φ12钢筋网。

（6）183m平台宽16m、187m平台宽10m，采用1m厚铅丝石笼保护；183m平台以下坡面采用2m厚钢筋笼石护坡，底部钢筋笼用Φ25锚杆固定，锚杆深入岩石2m，外露1m，锚杆与钢筋笼连接，铅丝笼及钢筋笼底铺设反滤料，下面铺一层土工布。

（7）下游围堰及围堰与坝体间采用1m厚大块石防护，并向下游延伸20m。

3 结语

根据2001年的水文预报情况，并结合坝肩的开挖施工，于7月初至9月底完成了围堰的预进占和右岸阶地、漫滩以及龙口段基础的高喷防渗墙的施工；12月24日顺利实现截流；2002年1月10

日完成了龙口的闭气处理。

大坝施工顺利通过下闸蓄水前的安全鉴定，工程已具备下闸蓄水条件。围堰在2003年6月完成了挡水任务。

（1）结合工程的实际情况，围堰堰体采用土石混合料填筑和粉质壤土心墙防渗，充分利用了当地材料并对工程开挖弃料进行统一调配，方案是经济合理的。

（2）围堰基础采用高喷防渗板墙的防渗方式，适合于砂卵石基础的防渗处理，工程量小、施工方便、防渗有效，方案是可行的。在截流时，由于上游围堰龙口段的粉质壤土心墙与基础高喷防渗板墙的接触面没有衔接好，龙口段有明显渗漏水现象。

（3）通过水工模型试验对围堰过流保护方案的论证，对围堰的优化设计具有科学的指导意义，为工程安全度汛提供了科学的依据。

（4）在制定围堰设计规划时，结合主体工程的施工特点，采用与主体工程施工相同的施工设备和技术，简化了施工工艺，方便了施工，设计思路是正确的。

糯扎渡水电站大江截流施工技术

贺博文　王洪源　黄宗营

【摘　要】：糯扎渡心墙堆石坝坝高261.5m，是在建的同类坝中亚洲第一、世界第三的高坝，其截流施工难度是国内近10年来最大的，具有大落差、高流速、大单宽功率、龙口水力学指标高、截流规模大、抛投强度高、陡峭狭窄河床截流施工道路布置困难等诸多特点。其成功截流，为水电建设行业在大流量、高流速、高落差、大单宽功率工况下如何确保截流成功提供了宝贵的施工经验，其关键施工技术和工艺可供类似工程借鉴，有较好的推广应用前景。

【关键词】：糯扎渡水电站　截流　施工

1　工程概况

云南华能澜沧江水电有限公司投资建设的糯扎渡水电站位于云南省思茅市翠云区和澜沧县交界处的澜沧江下游干流上，是澜沧江中下游河段8个梯级规划的第5级。电站距上游大朝山水电站河道距离215km，距下游景洪水电站河道距离102km。糯扎渡水电站工程属大（1）型一等工程，永久性主要水工建筑物为1级建筑物。

工程初期导流设计标准为10年一遇，设计流量4280m³/s。上、下游围堰堰顶高程分别为656m、625m，相应堰高分别为84m、52m。

工程采用立堵截流方式于2007年10月下旬至11月中旬择机实施河床截流，截流流量选用10月下旬10年一遇旬区间平均流量1120m³/s；若加上大朝山2台机组发电流量695m³/s，则为1815m³/s，在最不利的情况下考虑大朝山6台机组全发电的工况为Q=3205m³/s。

工程截流期间，主要通过左岸两条导流隧洞导流。左岸1号导流隧洞断面型式为方圆形，进口底板高程为605.00m，断面尺寸为16m×21m，出口底板高程为594.00m。2号导流隧洞断面型式为方圆形，断面尺寸为16m×21m，进口底板高程为605.00m，出口高程为576.00m。

2　施工的特点及难点

（1）截流施工期间天气状况较差，其中11月1日降雨量达7.1mm，11月2日晚下了大雨，增加了流域来流量，加大了截流施工难度。

（2）无论从理论计算还是模型试验情况都反映出大落差、高流速截流，难度较大，两条导流洞进口底板相差5m，必须把上游水位抬高到一定高度，分流才比较充分，两条导流洞才能同时过水。

（3）在大流量（流量为2890m³/s）、高流速（最大流速9.02m/s）、大落差（最大落差为7.16m）陡峭狭窄河床（澜沧江上）采用单戗双向进占、立堵截流方式一次性截断河流为国内外同类工程所罕见。

（4）上游围堰两岸地形完整，岸坡形状基本对称，左岸地形坡度约为33°，右岸约为39°，截流场地较为狭窄，施工布置困难，加大了截流施工的难度。

（5）截流时上游戗堤河床底高程592.44m，与原河床相比抬高了约11m，增加了截流施工的不利因素，河流颗粒抗冲刷能力降低。

（6）导流洞出口围堰拆除施工过程中，10月12日由于水位上涨，水流漫过导流洞出口围堰，导流洞进水，增加了上下游围堰的拆除难度。10月19日1号、2号导流洞上游围堰水下爆破拆除，10

月 20 日导流洞开始过流，当时来流量 2980m³/s，分流效果极不理想。

（7）其龙口水力学指标处于世界前列：截流设计流量为 1815m³/s，实施截流最大流量为 2890m³/s，实测龙口最大落差 7.16m，龙口最大流速 9.02m/s，龙口最大单宽功率 528t·m/(s·m)，最大抛投强度为 3216m³/h。其截流施工技术难度是世界级的，特别是在大流量（流量 3000m³/s 以上）的狭窄河床截流中，其龙口最大流速、落差和单宽功率等水力学指标均位居世界前列，龙口抛投强度高，综合施工技术难度极大。

3 截流施工

3.1 截流备料

根据多次截流专题会议讨论研究，最终确定按 Q=1815m³/s 工况进行截流备料。

根据水力学计算指标，并结合小湾、瀑布沟等工程经验及专家、业主的要求，备料总量为 7.465 万 m³（本案备料指除石渣料以外的抛投材料的准备），其中大块石 6.3 万 m³，特殊料 11712m³，特殊料包括钢筋石笼 2814 个，7～8.5t 混凝土四面体 453 个，15t 混凝土六面体 40 个，25t 混凝土六面体 30 个。同时考虑龙口高流速区需抛投钢筋笼串、四面体串，截流用串联钢筋笼、混凝土四面体、六面体的 ϕ16 钢丝绳准备 7000m，楔扣 1600 个。

截流戗堤所需的石渣料从火烧寨沟和勘界河存料场挖取。戗堤所需的大块石、混凝土四面体和钢筋笼备料分别存放于以上 3 个备料场。根据备料场料源情况以及截流施工组织设计要求进行各备料场的规划，具体各备料场规划堆存的品种料及计划备料量见表 1。

表 1　　截流备料明细表

项目	单位	备料地点及数量				合计
		①右岸火烧寨坝存料场	②左岸勘界线渣场	③左岸上游江桥存料场	④三厂	
四面体	个	356			87	453
六面体	个	50			20	70
钢筋石笼	个	1339	1203	272		2814
块石料	m³	37500	15000	10500		63000

注　25t 混凝土六面体 30 个，15t 混凝土六面体 40 个，混凝土四面体 453 个。

3.2 截流道路布置

截流施工道路布置遵循合理、快捷、经济、干扰小等原则，按照左右岸进占情况单独规划布置，施工时段 2007 年 9 月 1 日至 9 月 30 日。路面最小宽度不小于 12m，最大坡比小于 10%，道路为泥结石路面，岸坡开挖坡比为 1∶0.8，截流主干道路面宽度 18～25m，满足施工时运输特殊截流材料车辆停靠在 25m 宽路面内侧备用。

截流道路实测特性表见表 2。

表 2　　截流施工道路特性一览表

道路编号	起讫点		高程/m		长度/m	宽度/m	最大纵坡/%	备　注
	起点	终点	起点	终点				
L1（左）	下游围堰左堰头	上游围堰左堰头	625	615	1050	>12	8	左岸截流主干道
L2（左）	下游戗堤轴线位置	L1	625	606	225	>12	10	左岸下游截流主干道
L7（左）	原思澜公路	左戗堤轴线	624	606	225	>12	8	左岸下游截流主干道
左岸 656-624 联络线	临时交通洞洞口处	L1	656	620	304	>12	12	左岸截流主干道
R3（右）	起点 645m 公路	上游围堰右堰头	645	615	900	>12	10	右岸截流主干道
R4（右）	645m 公路	R3	645	620	430	>12	10	右岸截流主干道

3.3 截流主要施工设备配置

为满足截流抛投强度的要求，必须配备足够的装、挖、吊、运设备，优先选用大容量、高效率、机动性好的设备。根据截流抛投强度 2005m^3/h 配置挖装运设备。挖装设备主要选用 4.0～6.0m^3 的正、反铲挖掘机和装载机，大石选用 EX1100、EX1200 正铲和 EX870、PC650 反铲等挖装，混凝土四面体、钢筋石笼等选用 25～50t 的汽车吊吊装。运输设备主要选用 32t 和 20t 自卸汽车。根据计算，需要 32t、20t 自卸汽车 173 辆，推土机 10 台（2 台备用）、挖装设备 19 台、汽车吊 3 辆（1 辆备用），共计 215 台套设备投入截流施工。

3.4 截流施工

为了保障截流顺利实施，施工前组织编写了《截流施工手册》并发放至每一个参与人员手中，同时从 10 月 7 日由相关部门组织了 20 个课时截流施工对口培训，确保每一个参与人员明确自己的岗位及岗位职责。另外在截流指挥中心 24h 由专职截流主设计人员，实时监测堤头龙口进占情况，实时调度全盘指挥截流施工，实现了截流过程信息化管理。另外组织了我部导截流施工权威专家现场指导，以对突发情况进行抉择，确保截流的有序进行。

3.4.1 截流演习

截流演习的目的主要是检验整个截流施工组织和设备配置是否存在纰漏，通过演习进行资源的优化，使截流各项指令能及时传达到各级参与人员并迅速做出反应，确保了截流的顺利实施。

第一次演习工作在 10 月 20 日主要配合截流预进占进行，对预进占过程中出现的抛投强度低的原因进行了分析，对各料场的配合工作进行了整改，第一次演习抛投强度为 1616m^3/h。

第二次演习工作在 11 月 1 号，主要针对第一次演习存在的问题进行专项演练。

3.4.2 截流施工实施情况

10 月 20 日导流洞分流，糯扎渡大江截流于 11 月 3 日早 8：00 开始，戗堤实测轴线长度 111m，开始截流龙口宽度 66.6m，龙口水面宽度 50.1m，上游水位 607.9m，戗堤落差 2.2m，总流量 2480m^3/s，导流洞分流量 816m^3/s。

龙口段施工主要采用全断面推进和凸出上游挑角两种进占方式，抛投方法采用直接抛投、集中推运抛投和卸料冲砸抛投等方式，进占施工以右侧为主，左侧为辅。

设计龙口Ⅰ区进占 15m，实际施工Ⅰ区进占来流量大于 2200m^3/s，进占 14h，抛投 42213.5m^3（大块石 18190m^3），约占总抛投量的 61%，其中 3m^3 钢筋笼 747 个，4.5m^3 钢筋笼 40 个，四面体 140 个，六面体 14 个，小时抛投强度 3015m^3/h，即进占 1m 抛投石渣块石料 2814m^3，抛投特殊材料 67 个，最大流量、流速均出现在这一时段。

设计龙口Ⅱ区进占 25m，实际施工Ⅱ区进占来流量大于 1120m^3/s，进占 12h，抛投 25813m^3（大块石 12414m^3），约占总抛投量的 37%，其中 3m^3 钢筋笼 366 个，4.5m^3 钢筋笼 20 个，四面体 146 个，六面体 10 个，小时抛投强度 2151m^3/h，即进占 1m 抛投石渣块石料 2010m^3，抛投特殊材料 22 个，该时段龙口宽度在 42m，发生流态转换，次大流速既发生在该位置。

设计龙口Ⅲ区进占 20m，实际施工区Ⅲ区进占来流量小于 1120m^3/s，进占 1h，抛投 1650m^3，约占总抛投量的 2%，其中 3m^3 钢筋笼 27 个，四面体 6 个，15T 六面体 1 个，小时抛投强度 1650m^3/h。此时段统计合龙龙口宽度较窄，最窄处仅 4m。

龙口段施工历时 27h，总抛投量约 6.97 万 m^3，其中大块石料抛投 3.4 万 m^3，3m^3 钢筋笼 1140 个，4.5m^3 钢筋笼 60 个，四面体 286 个，六面体 25 个。

大江截流期间，最大流量 Q=2890m^3/s，最大垂线流速 10.1m/s，最大落差为 8.15m，截流形成石舌，最高为高程 EL604，河床上升 12m，水舌长达 145m，流量大于 2000m/s 占 51.8%，流速大于 8m/s 占 78%，初期导流洞分流量只有来水量 16.5%，当截流水位抬高后，两条洞才能分流，达到 25%～30%。

截流龙口分区示意图见图1，截流实测龙口水力学参数见表3。

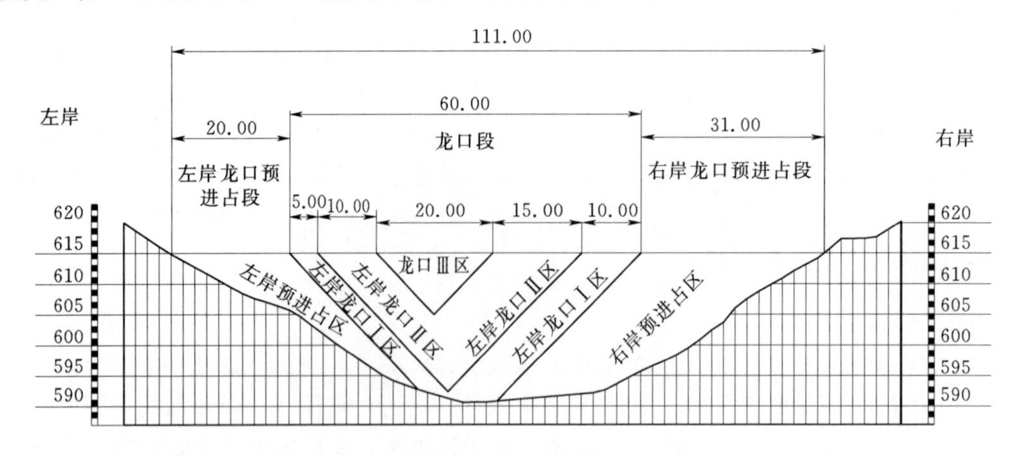

图1　截流龙口分区示意图（单位：m）

表3　截流施工龙口水力学观测测量统计表

日期	时间	龙口宽/m	水面宽/m	总流量/($m^3 \cdot s^{-1}$)	流速/($m \cdot s^{-1}$)	戗堤上游水位/m	戗堤下游水位/m	落差/m
2007年11月3日	8:00	66.6	50.1	2480	8.4	608.8	606.6	2.2
	12:00	54.3	42.2	2760	9.02	608.8	605.8	3.0
	14:00	57.3	43.9	2880	8.41	609.0	605.9	3.1
	16:00	56.6	43.1	2850	8.88	609.0	605.9	3.1
	20:00	47.6	37.5	2250	7.37	608.7	605.1	3.6
2007年11月4日	0:00	42.4	33.3	1560	8.88	608.2	604.9	3.3
	4:00	37.2	25.4	1270	8.62	608.1	603.1	5.0
	8:00	33.8	19.5	1230	5.79	608.5	605.0	3.5
	10:00	25.3	12.8	1120	3.26	608.7	602.0	6.7
	10:30	0.0	0.0	1120		609.26	602.1	7.16

4　结语

糯扎渡水电站大江截流施工难度是国内近10年来最大的，其成功截流，为水电建设行业在大流量、高流速、高落差、大单宽功率工况下如何确保截流成功提供了宝贵的施工经验，其关键施工技术和工艺可供类似工程借鉴，有较好的推广应用前景。

糯扎渡水电站大坝围堰填筑施工综述

黄宗营　李文波　吴桂耀

【摘　要】：糯扎渡水电站大坝围堰是坝体的一部分，填筑量达 135 万 m^3，最大堰高 84m，工期紧、施工强度大、填筑料品种多、质量要求高。确保了截流后一汛安全度汛。创高土石围堰施工之最，是高围堰施工的典型，创国内土石堰施工先河。

【关键词】：糯扎渡水电站　高围堰填筑

1　工程概况

1.1　工程简介

糯扎渡水电站大坝上游围堰为与坝体结合的土石围堰，堰顶高程 656m，围堰顶宽 15m，堰顶长 293m。624m 高程以下上游面坡度为 1：1.5，624m 高程以上上游面坡度为 1：3，下游面坡度为 1：2，最大堰高 84m（开挖后建基面高程为 572m）。围堰防渗墙顶部 624m 高程以上采用土工膜斜墙防渗，下部及堰基防渗采用混凝土防渗墙和帷幕灌浆，防渗墙厚度 0.80m。

上游围堰结构体型参见图 1。

围堰设计挡水标准为 50 年一遇洪水，洪水流量 17400m^3/s，相应水库水位 653.661m，挡水时段为 2008 年 6 月至 2010 年 5 月。

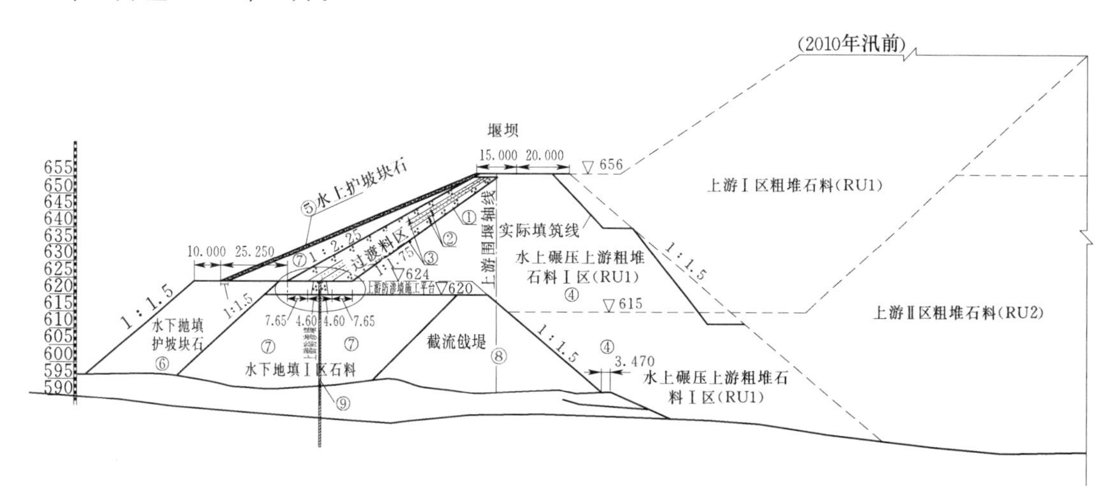

图 1　上游围堰结构横断面图

1.2　上游围堰填筑施工的特点和难点

上游围堰填筑施工的特点和难点如下：

（1）上游围堰高度大，最大堰高 84m；填筑工程量达 135 万 m^3，而水上填筑总量 103 万 m^3；工期紧，只有 73d 时间；施工强度大。

（2）围堰结构体型复杂，填筑料品种多，有坝Ⅰ料、过渡料Ⅰ、过渡料Ⅱ、护坡大块石、土工膜等，施工工艺要求高、质量要求高。

（3）两岸地形陡峭、河床狭窄，施工道路布置困难，且经过坝基开挖作用面，交通干扰影响大。

2 填筑料来源及要求

填筑料来源及要求如下：

（1）坝Ⅰ料：为其他建筑物开挖的有用石渣料，堆存于下游右岸火烧寨沟存料场。要求级配连续，最大粒径800mm，小于5mm含量不超过12%，小于2mm含量不超过5%。

（2）过渡料Ⅰ、过渡料Ⅱ：为下游右岸火烧寨沟沙石骨料加工系统生产的成品料。

（3）护坡大块石：从料场中选取，粒径大于200mm。

3 填筑生产性碾压试验

为了确定合理的填筑施工参数，检验设计提出的碾压参数，培训施工队伍。围堰填筑施工前，在火烧寨沟坝Ⅰ料存料场进行了7场次生产性碾压试验，最终确定的施工参数和生产工艺见表1。

表1　　各填筑品种料施工工艺参数表

序号	料品种	铺料方式	铺料厚/加水量	碾压设备	行走速度/(km·h^{-1})	碾压遍数	备注
1	坝Ⅰ料	进占法铺料	100cm/10%	26t自行式振动碾	1.5～2	8遍	振碾
2	过渡料Ⅰ	后退法铺料	35cm/自然		1.5～2	4遍	静碾
3	过渡料Ⅱ	后退法铺料	35cm/自然		1.5～2	4遍	静碾

4 围堰填筑施工

4.1 填筑作业区划分

上游围堰前期填筑已形成620m高程防渗墙施工平台，河床实际开挖出露的基岩面最低高程为572m。根据现场实际，堰体下游部分从河床基岩面开始往上填筑的区域为一作业区，该作业区为单纯的坝Ⅰ料，有利于加快施工进度；堰体的上游部分从620m高程开始填筑上升，至624m高程后，料的品种多，同时须铺设土工膜，施工条件复杂，工序多，工艺要求高，施工进度难以加快，该区域为二作业区。

两个作业区平行施工，一作业区填筑上升至与二作业区齐平时再整体平起上升。

4.2 主要施工工艺流程

4.2.1 填筑施工程序

测量放样→基础面（填筑面）验收合格→铺料→洒水（需要）→碾压→取样（必要时）→下一循环

4.2.2 上游围堰624m高程以上各品种料填筑 施工顺序

Ⅰ区粗堆石料→过渡料Ⅱ（下游侧）→过渡料Ⅰ（下游侧）→土工膜→过渡料Ⅰ（上游侧）→过渡料Ⅱ（上游侧）→Ⅰ区粗堆石料（上游侧）→上游块石护坡

4.3 主要施工方法

4.3.1 测量放线

（1）根据实际开挖完成的基础地形，按设计施工图纸在填筑基础面逐层放样出各填筑料区的分界线，并洒上白灰线作出明显的标记，以确保填筑料区和填筑体型满足设计要求。

（2）每一填筑层在铺料过程中，通过测量检测铺料厚度，碾压完成后，按20m×20m网格定点测量碾压层面，用以检测碾压层面的填筑层厚以及平整度。

4.3.2 铺料平仓

（1）坝Ⅰ区粗堆石料主要采用进占法铺料。进占法铺料有利于保证铺筑层面的厚度及平整度，同时有利于确保填筑坝料的良好级配。铺筑层厚为100cm，层厚误差为层厚的±10%。铺料过程，在填筑面前方设置移动式厚度标尺，方便操作手掌握铺料层厚情况，同时，通过网格测量检查铺料厚度情况。对于铺层超厚较多的部位，由推土机进行减薄处理。

（2）在靠近左右岸坡面2.0～3.0m范围采用粒径小于30cm的细料铺筑，防止岸坡部位出现架空；填筑面上大块石集中的部位，采用装载机配合反铲将大块石分散铺筑，防止填筑体出现架空现象。

（3）过渡料Ⅰ、过渡料Ⅱ由火烧寨沟砂石加工系统生产供料。采用后退法铺料，铺料厚度35～50cm，前期铺料按碾压试验确定的参数铺厚35cm，施工过程中，为了更好地与坝Ⅰ料填筑匹配，采用铺厚50cm，并经现场碾压取样验证。过渡料Ⅱ采用推土机平料，过渡料Ⅰ采用小型反铲、人工配合平料，以防止土工膜被机械损伤。土工膜两侧过渡料填筑平起上升。先铺筑土工膜下游侧过渡料再铺筑上游侧过渡料，上、下游两侧填料高差不超过1.0m。运输车辆跨过土工膜的部位，采用30cm×30cm的木方搭设简易桥，同时对土工膜做好保护。

4.3.3 洒水

围堰Ⅰ区粗堆石料在铺料过程和碾压前进行洒水。上游围堰Ⅰ区粗堆石料填筑利用右岸656临时供水系统接水管引至工作面，同时在进入填筑作业面前设置临时坝外加水站对运输坝料进行加水，作业面由人工现场补充洒水，局部采用20t洒水车直接洒水；Ⅰ区粗堆石料洒水量按10%（体积比）控制，其中在坝外加水占50%左右，填筑面补充洒水占50%左右。过渡料由于是新加工生产的成品料，自然含水约6%，因此填筑时不洒水。

4.3.4 水平碾压

围堰Ⅰ区粗堆石料采用26t自行式振动碾。碾压8遍，采用进退错距法碾压，错距宽为25cm。振动碾振动碾压行走方向平行于围堰轴线方向，行走速度控制在1.5～2.0km/h范围。

岸坡局部碾压不到的边角部位采用液压振动板压实。

围堰过渡料采用26t自行式振动碾静碾6遍，碾压采用搭接法，搭接宽度不小于15cm，行走方向平行于围堰轴线方向，行走速度控制在1.5～2.0km/h。

4.4 岸坡及搭接界面的处理

（1）岸坡倒悬体及坑槽的处理。上游围堰603m高程以下左、右岸坡的倒悬体在填筑前采用光面爆破爆除，形成不陡于1∶0.3的边坡；局部倒悬的坑槽采用C15混凝土回填，形成整体不陡于1∶0.3的边坡。

（2）与岸坡接触部位的处理。围堰Ⅰ区粗堆石料与岸坡接触部位采用铺填粒径小于30cm的细料过渡，利用反铲铺料和修边。与岸坡接触部位的填筑料，振动碾碾压不到的部位采用液压振动板压实。

（3）临时边坡的处理。先填筑的填筑体临时边坡，在后填筑体填筑上升时，先填筑体的临时边坡采用反铲将临时边坡的松散体挖除，与同层的填筑体一起碾压。

4.5 超径石的处理

超径石的处理主要在回采料场进行，存料场回采料时，出现的超径石采用$3m^3$装载机和推土机集中在不影响挖装料以及车辆交通的部位，利用交接班空闲时间采用手风钻钻爆解小、个别采用液压冲击破碎锤解小的方法处理。对于个别运输到填筑面的超径石采用$3m^3$装载机挖运至上游面块石护坡区用作护坡块石。

4.6 围堰填筑碾压施工参数

围堰填筑实施的施工参数见表2。

表 2　　围堰填筑实施施工参数表

序号	料物名称	铺料层厚/m	碾压设备及遍数	行驶速度/(km·h^{-1})	洒水量	料　源
1	过渡料Ⅰ	0.35、0.5	26t 振动碾/静碾 6 遍	1.5～2	不洒水	火烧寨沟砂石加工系统生产
2	过渡料Ⅱ	0.35、0.5	26t 振动碾/静碾 6 遍	1.5～2	不洒水	火烧寨沟砂石加工系统生产
3	Ⅰ区粗堆石料	1.0	26t 振动碾/振碾 8 遍 20t 拖碾 8 遍	1.5～2	>10%	从火烧寨沟Ⅰ区料存渣场回采和消力塘开挖料直接填筑

5　土工膜施工

上游围堰土工膜设置于堰体偏上游的部位，在 624m 高程与混凝土防渗墙相连接，左右岸坡锚固于盖板混凝土上，上下游侧铺填过渡料Ⅰ、过渡料Ⅱ与粗堆石料过渡。土工膜材料的规格为：350g/0.8mmPE/350g，铺设总量约 20000m^2。土工膜结构详图参见图 2 和图 3。选购的土工膜为山东莱芜市盛源土工合成材料有限公司生产的产品。土工膜使用前对母材和接头进行了取样试验，试验成果满足设计及规范要求。土工膜出厂时每卷的幅宽 4～6m、长 30～40m，因此铺设时须要连接形成整体的膜体。

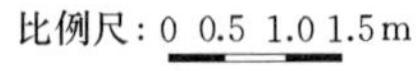

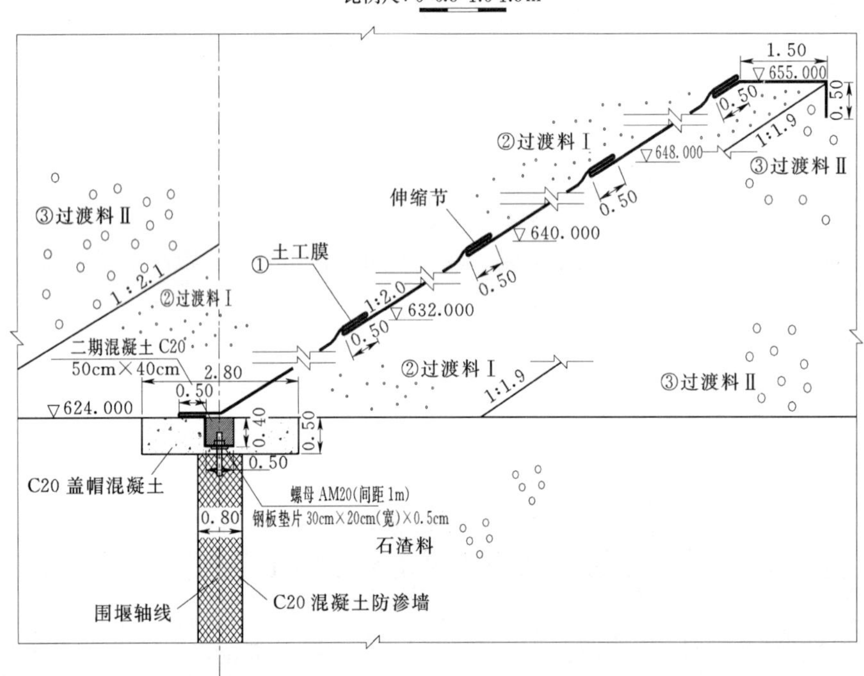

图 2　土工膜与防渗墙的连接及伸缩节详图

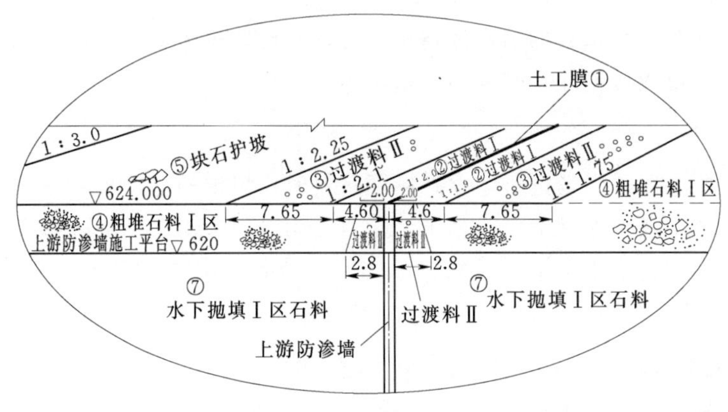

图 3　土工膜结构详图

（1）施工工艺流程。过渡料Ⅱ（下游侧）→过渡料Ⅰ（下游侧）→土工膜→过渡料Ⅰ（上游侧）→过渡料Ⅱ（上游侧）。

（2）土工膜的连接方法。土工膜的连接主要采用专用焊机搭接焊接，局部无法焊接的部位采用专用胶粘接。

焊接或粘接均在现场设置的简易工作平台上进行。每条焊缝正式施焊前，根据当时的气温、风速情况先裁剪一块长100cm、宽20cm的土工膜进行试焊，以修正焊接参数，目测焊缝合格后，根据修正后的焊接温度和焊接速度正式焊接。土工膜的接缝施工安排在白天进行。

（3）铺设施工。按照土工膜自身的幅宽左右方向及下部连接成整体，并在验收合格后即可进行铺设。铺设前，先填筑其下游侧的过渡料Ⅰ、过渡料Ⅱ，按要求铺料、碾压上升两层，然后按设计要求的坡度对铺膜基底进行整修并用振动平板振打坡面密实后，再铺设土工膜，然后再填筑其上游侧的过渡料Ⅰ、过渡料Ⅱ，按要求铺料、碾压上升两层。填筑其下游侧的过渡料Ⅰ、过渡料Ⅱ时，人工卷叠土工膜摆放在其上游侧的过渡料Ⅰ填筑面上；填筑其上游侧的过渡料Ⅰ、过渡料Ⅱ时，人工卷叠土工膜摆放在其下游侧的过渡料Ⅰ填筑面上，如此循环上升。土工膜铺设应尽量松弛，伸缩节严格按图纸要求设置。

（4）跨越土工膜的交通保护。上游围堰填筑时，由于上游面没有施工道路，运输车辆、填筑碾压等设备需跨越土工膜，为防止设备跨越土工膜时将其破坏，采取如下保护措施：

1）将跨越区域的土工膜卷起，用彩条布包裹好。

2）用装载机将事先制作好的简易桥吊装到位，跨过土工膜。

3）车辆等设备必须从简易桥上通过。简易桥随着填筑面的升高，频繁调换位置。

6　填筑作业面资源配置及施工组织管理

上游围堰从基岩面算起到堰顶，最大高度84m，从开始填筑到汛前即5月31日完成，只有73d，平均每天需填筑上升约1.2m，产量达1.4万m^3/d。为确保施工进度，高峰期填筑作业面共配置推土机4台，反铲4台，26t自行式振动碾3台，3m^3装载机1台，20t洒水车2台。20～42t车80～90台，最高日产量达2.4万m^3。

围堰填筑施工的组织指挥由项目部成立现场领导小组全面负责，坚持每天下午召开协调会，总结当天的生产任务完成情况，部署第二天的施工任务，解决和落实施工过程中遇到的问题；坚持组织每班班前的交班会，布置和落实当班的工作任务。每班填筑作用面设总指挥1人，施工员2人，现场调度1人，质检员3人，试验检测员1人，作业队长1人，卸料指挥员4人，碾压指挥员1人，运输车进入填筑作业面的车辆指挥员1人，填筑料加水站加水1人。填筑面总指挥、施工员、调度员、质检员、作业队长、各工序指挥员均挂牌上岗、明确职责，各司其职。

7　施工质量情况

大坝上游围堰坝Ⅰ料填筑，575m高程以下按找平层填筑，575m高程以上填筑每层取样一组（不含监理和业主单位的抽检），共取样105组，取样结果：干密度最大值2.32g/cm^3，最小值2.07g/cm^3，平均2.18g/cm^3；最大孔隙率22.9%，最小孔隙率12.9%，平均17.99%。取样频次、数量均满足设计和规范要求；对个别取样试坑干密度没有达到设计指标的采取了补碾处理，并经重新取样合格后才进入下一道施工。过渡料Ⅰ填筑共取样62组，干密度最大值2.10g/cm^3，最小值1.93g/cm^3，相对密度最大值1.09，最小值0.80，平均值0.96，满足设计相对密度大于0.80的要求。过渡料Ⅱ填筑共取样60组，干密度最大值2.16g/cm^3，最小值2.00g/cm^3，相对密度最大值1.05，最小值0.86，平均值0.98，满足设计相对密度大于0.85的要求。

大坝上游围堰于2008年3月20日开始填筑，至填筑施工完成，共验收497个单元（坝Ⅰ料164个，过渡料Ⅰ165个，过渡料Ⅱ155个，土工膜8个，干砌石护坡8个），合格497个单元，合格率为

100%，优良439个单元，优良率为88%。

2008年8月13日，业主、监理、设计和施工四方单位联合对围堰工程进行了分部分项工程的完工验收，被评为优良工程。

8 结论及建议

（1）大坝上游围堰河床基础于2008年3月20日开挖完成，通过了业主、监理、设计和施工等单位四方联合验收，并于当天开始填筑。河床开挖基础最低高程为572m。至2008年5月30日填筑到656m高程，填筑总量约103万m^3，如期实现安全度汛的目标。施工过程中，在业主、监理、设计等单位的关心和指导下，中国安能建设总公司糯扎渡大坝工程项目部克服工期紧、工程量大、施工强度高、填筑料品种多、施工交通干扰大等诸多不利因素，不断加大施工资源投入、强化施工组织管理、改善施工工艺，在保证工程进度的同时，不断提高填筑施工工艺水平，从而保证了工程施工质量。

（2）根据糯扎渡大坝围堰填筑施工经验，土工膜铺设及其上下游侧过渡料的填筑施工影响进度和质量控制的关键。运料车辆跨越土工膜的范围，容易对土工膜造成损破，这样，既需要增加修补土工膜的时间从而影响进度，又影响土工膜的质量。因此，建议在今后的高土石坝围堰的设计和施工中，土工膜的上、下游侧均应尽量规划有施工交通道路。

（3）本工程的施工经验，对今后同类型的高土石坝围堰的设计和施工，有一定的参考和指导作用。

爆破工程

山东泰安抽水蓄能电站上水库库盆缓长边坡开挖深孔预裂爆破技术

王洪源　张　伟

【摘　要】：通过生产性试验证明，1∶1.5缓长边坡开挖采用预裂爆破技术不仅可以加快施工进度，而且可以降低成本，提高边坡开挖质量。该技术完全可以得到应用和推广，因此得到经北京院监理、华东院设计等的充分肯定认可，在泰安抽水蓄能电站上水库边坡开挖施工中推广使用。

【关键词】：缓长边坡　深孔　预裂爆破

1　工程概况

泰安抽水蓄能电站位于山东省泰安市西郊的泰山西南麓。4台机组总装机容量1000MW（4×250MW），混凝土面板堆石坝坝顶高程为413.80m，坝顶长540.46m，最大坝底宽度约370m，最大坝高99.8m，坝顶宽10.00m，正常蓄水位高程410.0m，相应库容1127.6万m^3，为不完全多年调节水库，总开挖量为509.17万m^3。

由我部承建的泰安抽水蓄能电站上水库土建工程库盆边坡开挖，413.0～372.0m高程设计边坡坡比为1∶1.5，坡长为66.7m，总开挖面积约有12万m^2。如此大面积的缓长边坡开挖施工，在国内水电工程中还没有很成熟的技术，由于泰安抽水蓄能电站地处风景名胜区，前期施工受征地问题影响达半年之久，为保证工期按合同工期完工，我们通过对预裂爆破和光面爆破两种方案进行技术和经济比较，采用光面爆破无法满足总进度计划的要求，决定采用预裂爆破方案并通过现场多次试验，达到规范规定的预裂面平整度和残孔率等要求。

上水库位于樱桃园沟内，沟谷开阔，四面环山，山脊高程均高于正常蓄水位高程410m。库盆范围内地面高程为310～440m。库盆岩性为混合花岗岩及后期侵入的闪长岩脉和灰绿岩脉，岩质坚硬。

第四系覆盖层主要为分布于沟底的冲洪积物，厚1～2m，局部（左岸冲沟与樱桃园沟交汇处）厚4.6～6.8m。岩体全风化埋深1～4m，局部埋深6～10m，强风化底板埋深10～20m，弱风化底板埋深37～48m，局部构造部位风化较深。

2　边坡开挖施工方法

根据不同的岩性和地质条件，边坡开挖采用不同的方法进行。除对岩性较为软弱或较为破碎的岩体使用机械开挖、人工削坡的方法施工外，一般岸坡岩石均采用了在我国水电工程中广泛应用的预裂爆破方法进行。

2.1　钻孔机具

由于石方开挖工程量大，钻孔机械类型相对较多，既有国外进口的全液压钻机，也有国产钻机，钻头直径有ϕ75mm、ϕ80mm、ϕ90mm、ϕ100mm、ϕ120mm、ϕ150mm等。根据规范以及合同文件技术条款有关要求，结合工地现场实际，由于设计坡长66.7m的边坡为一坡到底，中间不留马道，为保证满足欠挖不大于10cm，超挖不大于20cm的设计要求，选用了YQ100潜孔钻、钻孔直径确定为ϕ90mm。

2.2 钻孔深度控制

边坡预裂深度由边坡的设计指标和钻机的性能决定。设计文件允许边坡台阶高度小于15.5m，各种类型的钻机均可一次成孔。结合施工组织设计及设备性能要求，钻孔深度一般为6.5～15.5m，孔向为设计坡度。此外，对于坡度较缓的高边坡，为减少开挖偏差，一般钻孔深度为11.0～12.0m，其典型开挖示意图，见图1。

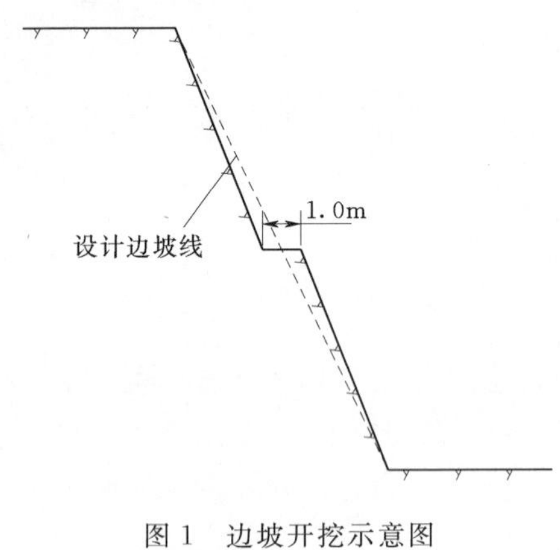

图1　边坡开挖示意图

2.3 钻孔角度控制

为了保证预裂爆破施工质量，在满足边坡预裂半孔率的前提下，保证边坡开挖不平整度及超欠值在规范允许范围内，必须对钻孔角度加以严格控制。在实际施工过程中，采取了多种办法对钻孔角度进行控制，切实保证了施工质量，其具体方法如下。

2.3.1 加强测量放样

预裂爆破作业平台形成后，按设计要求放出周边轮廓线，并按设计孔距放出孔位，放出的孔位编号，并将孔深、倾角等标在固定的位置上，由于钻孔方向和间距是控制开挖轮廓的基本要素，所以，必须保证放样精度（实际操作中测量人员的测量放点采取弧线段每孔放点，直线段每隔3～5m放一点，现场放点由施工队的技术员进行现场布设）。

2.3.2 开钻前校核

采取罗盘仪、钢卷尺及三角板挂垂线以及标准孔内插钢管等多种方法以确保钻孔在一个平面内，同时确保钻孔不发生交叉、开叉的现象。待孔位、孔角、孔向此三要素确定后，方可开钻。经过实际施工操作，发现只要开钻前负责钻机定位技术人员认真负责，钻孔质量完全可以满足规范要求。

2.3.3 钻孔过程中的检查

在钻孔钻进0.5m和3m时，分别对钻孔方向、角度、孔位进行检查，以确保钻的施工质量。同时，为了防止钻机钻杆飘钻，应根据岩石地质情况采用合适的钻进速度和冲击压力。

对于缓长边坡的开挖，如不注意钻孔质量，边坡开挖产生超欠挖，势必对施工安全、质量、进度以及企业的经济效益产生影响。为此在钻孔施工各个施工阶段都必须加以严格控制，以确保钻孔的施工质量满足要求。

3 深孔预裂参数选择与结果分析

3.1 试验参数的选取

（1）不耦合系数的选取：当药卷直径为d，孔径为D时不耦合系数$n=D/d$，试验表明当$n>1$会降低孔壁所受的压力。选取合适的n值是预裂爆破的一个关键。水工建设经验数据$n=2\sim4$。根据现有设备实际情况及炸药品种，结合以往的施工经验，药卷采用$\phi32mm^2$号岩石药卷，孔径为90mm，其不耦合系数为2.8，试验表明孔径为90mm时$n=2.8$能取得良好的爆破效果。

（2）孔距的选取：水工建设的经验数据$a=(7\sim12)D$，经试验，综合钻孔费用、预裂质量等因素，选取孔径90mm的孔距为80、100cm两组数据进行对比分析。线装药密度的选取：在选取n值、a值后，选择恰当的△线尤为重要。根据岩石物理力学特性及参考已建工程的经验数据，试验采用预裂爆破线装药密度250～400g/m，底部1m范围内加大装药量为450～600g。按“试选参数”进行试验，对其结果宏观观测、微观检测，不断调整，直至符合实际情况。不同部位预裂孔装药量详见表1。

3.2 预裂爆破结果分析

设计确定的爆破参数每次试爆后，对其爆破后的外观效果进行了检查，检查的主要内容有：预裂表面缝宽、开挖轮廓面的残留炮孔痕迹的分布和保存率、不平整度、炮孔壁是否有大量的爆破裂隙、保留岩体的破坏等，并对每场预裂爆破后的数据进行统计。抽检统计数据见表2所列。通过表2可以说明试验预裂是符合要求的。

表1　不同部位预裂孔装药量表

编号	部　位	孔径/mm	孔距/cm	孔数	孔深/m	装药结构		堵塞/m	备注
						△底/(g·m^{-1})	△中/(g·m^{-1})		
1	HK1+194～HK1+232	90	80	40个	9～9.6	600	375	1.5	
2	HK0+557～HK0+579	90	80	27个	12～12.5	450	230	1.2	
3	HK2+030～HK2+055	90	100	24个	14～14.5	450	300	1.2	

表2　预裂爆破效果统计表

编号	工程部位	预裂孔数/个	预裂表面缝宽/mm	抽查实测孔数/个	理论孔深延米数/m	实测孔深延米数/m	残留炮孔痕迹保存率/%	不平整度/cm	留壁面有无明显裂纹产生	备　注
1	HK1+194～HK1+232	40		12	114	96.9	85	±14	有	设计孔深9.5m，与主爆孔同时起爆
2	HK0+557～HK0+579	27	8～15	10	120	111.6	93	±10	无	设计孔深12m
3	HK2+030～HK2+055	24	7～11	8	112	100.8	90	±15	无	设计孔深14m

注　1. 残留炮孔痕迹保存率指在开挖轮廓面上保存的炮孔痕迹总长与炮孔痕迹总长的比率。
2. 不平整度也称起伏差，是衡量相邻两炮孔间岩面凹凸程度的一个指标。

4　对预裂爆破施工几个问题的再认识

4.1　生产性预裂爆破参数确定原则

（1）由于钻机误差因素，钻孔深度宜在15m内。

（2）孔距应适当。

（3）除特殊地质件外，装药结构应简化，严格按设计的装药量进行加工炸药串；因每个钻孔的深度不一，每一炸药串加工后，应编好孔号并包扎好待用。

4.2　保证堵塞长度

其长度约为15倍孔径。堵塞时先用纸团等松软的物质盖在炸药柱上，再填塞岩屑，为避免空口破坏，堵塞不应密实。

4.3　钻孔偏差与孔深

偏差的原因有钻机性能和人为因素，这种偏差随孔深而加大，为此，钻孔时必须测量放样，严格控制钻杆角度，把握钻进速度，同时斜孔长不宜过长。

4.4　预裂孔与爆破孔的距离

缓冲装药直径应小于其他主爆孔药卷直径，缓冲孔的排距与预裂孔排距是主爆孔排距的1/2为宜，孔间距可以根据岩石情况做适当调整。

4.5　有临空面条件下的预裂爆破

（1）若台阶台面的宽度很大，则可以与一般的预裂爆破方法一样地进行。

（2）若台阶台面的宽度不是很大，例如，它小于15m（或100～150倍孔径）时，此时应适当减少预裂爆破的规模，即减小孔径、孔距及线装药密度等，以保证岩体不受破坏。

（3）当台阶的台面宽度很小时，例如小于6m，则除了要减小预裂爆破的规模以外，还应将梯段的开挖爆破孔与预裂孔同时钻孔、装药和爆破，并用毫秒雷管将两者的起爆时间错开。此时，预裂孔的起爆时间应先于梯段爆破孔200ms左右。

5 几点体会

（1）在预裂爆破参数已定的情况下，影响预裂效果好坏的主要因素是地质条件。为保证预裂爆破的质量，应对爆区的地质情况进行认真分析，特别应注意已开挖所揭示的地质情况，及时视现场实际地质情况适当修改有关预裂爆破参数。

（2）预裂爆破后，将个别孔底部分留有的残孔，可采取光面爆破技术进行处理，同时，调整缓冲孔药量及单段药量。

（3）通过试验表明，适宜本区预裂爆破的试验参数为：钻孔直径ϕ90mm，药卷直径ϕ32mm，孔距80cm，孔深9～12m；线装药密度：对强风化岩石采用230～300g/m，对弱风化岩石采用280～350g/m。堵塞段长1～1.5m，底部装药选用线装药密度的2～3倍。

（4）预裂爆破技术是我国在水电工程岩石施工中广泛采用的一项先进技术。近年来，我国广大技术工作者对预裂爆破的机理和应用进行了深入研究，取得了丰硕的成果，但施工中仍存在时好时坏，不甚理想的感觉，在这方面除了地质条件的差异外，各项参数的选用准确与否是主要原因。在施工中不可能存在一套完整、普遍适用的公式，所以要取得良好的预裂爆破效果，应对不同的岩石和地质条件采用不同的爆破参数，严格要求爆破施工工艺，并对每一次预裂爆破都要进行及时的总结，方能保证和提高预裂爆破质量。

预裂爆破开挖技术在泰安抽水蓄能电站中得到了很好的应用，所有边坡均采用该技术开挖并且质量验收优良率在80％以上，同时为以后同类水电工程施工提供了参考。

砂岩和粉砂岩夹黏土岩地区洞挖光面爆破技术应用

刘杰华　王洪源　王金华

【摘　要】：董箐水电站左岸导流洞布置于北盘江左岸边，位于巧拥冲沟至Ⅳ号塌滑体之间的山体中，洞身段穿越地层岩性均为T2b1中厚至厚层块状砂岩、粉砂岩夹黏土岩（泥页岩），围岩多为Ⅲ类，局部为Ⅳ～Ⅴ类，开挖成洞的条件较差。

【关键词】：导流洞　光面爆破技术　董箐水电站

1　工程及地质概况

1.1　工程概况

董箐水电站位于贵州省镇宁县与贞丰县交界的北盘江上，电站装机4台，总装机容量720MW。

工程采用断流围堰挡水、隧洞导流的导流方式，导流标准为10年一遇洪水。施工支洞进口高程按全年10年一遇洪水标准设防，流量为6660m^3/s。左岸导流隧洞为有压隧洞，过流断面尺寸为15m×17m（宽×高），城门洞形，隧洞全长897.42m。根据洞身围岩类别，衬砌厚度分别为60cm、100cm、150cm。出口明渠段长118.79m。

1.2　明渠及导流洞地质条件

（1）出口边坡。左岸导流洞出口（含明挖）段地形平缓，自然边坡20°～25°，大部分位于Ⅳ号滑坡堆积体和强风化岩体内，覆盖层以坡残积浅黄色黏土夹块碎石为主，表层边坡岩土松散。挂口边坡岩体稳定性较差。出口洞段围岩类别多为Ⅳ类，局部岩体破碎带为Ⅴ类，应加强支护措施。

（2）隧洞围岩。导流洞位于巧拥冲沟至Ⅳ号塌滑体之间的山体中，洞身段穿越地层岩性均为T2b1中厚至厚层块状砂岩、粉砂岩夹黏土岩（泥页岩）。隧洞沿线大部分洞段岩层走向与洞轴线交角较小，且局部洞段层间挤压褶皱较发育，对围岩稳定有一定的不良影响。左岸岩层总体产状N40°～65°E/SE（SW）∠20°～35°（倾坡内），裂隙中等发育。围岩多为Ⅲ类，局部遇断层、裂隙密集带或夹层处为Ⅳ～Ⅴ类。其中，桩号0＋220～0＋250及0＋935～0＋941.82洞段是岩体破碎带，为Ⅴ类围岩。桩号0＋150～0＋165受冲沟切割及岩体风化的影响，其上覆岩体较薄，仅1倍多洞径，成洞条件较差，易塌方，甚至有冒顶的可能。因此，开挖时应注意对洞顶加强一期支护处理。

2　洞室开挖光面爆破方案设计

2.1　爆破工程要求

爆破工程主要要求为：①最大限度地控制爆破震动强度，不产生或少产生爆震裂缝，减少对围岩的扰动；②最大限度地控制爆破动力对围岩的破坏，把超欠挖量控制在10～20cm以下；③采用合适的技术措施，使爆破后的洞壁起伏差和糙率得到有效控制；④采用先进的爆破技术和设备，满足总控制工期要求。

2.2　光面爆破技术要点

光面爆破的技术要点为：①爆破药包布置在设计轮廓线上，爆破具有2个自由面，为使爆后裂缝能沿炮孔中心连线方向发展，炮孔的间距要比一般钻爆法的小；②为保证孔壁不被爆炸应力波破坏，每米长度炮孔的装药量较小，为此采用不耦合装药；③一组炮孔用导爆索同时起爆；④炮孔间距和最小抵抗线之间有一定的关系。

3　光面爆破参数设计与选择

3.1　确定光面爆破主要参数的经验公式

最小抵抗线：　$W=(7\sim20)D$

式中　W——最小抵抗线，m；

D——钻孔直径，m。

光面爆破孔间距 a：$a=(0.3\sim0.6)W$

式中　a——爆破孔间距，m。

装药量一般用线装药密度 Q_x 表示

$$Q_x=q\cdot a\cdot W$$

式中　q——松动爆破单位炸药消耗量，0.3～0.4kg/m^3。

3.2　导流隧洞光面爆破设计参数

董菁水电站左岸导流隧洞光面爆破初设参数见表1。

表1　　董菁水电站左岸导流隧洞光面爆破初设参数

项　　目	初设爆破参数值	项　　目	初设爆破参数值
爆破孔距离/cm	40～60	单孔装药长度/m	2.2
爆破层厚度/cm	70～90	单孔装药量/g	300
钻孔深度/m	3.0	线装药密度/(g/m)	136

在进行导流洞光面爆破设计时，考虑到光面爆破层厚度就是周边孔（即光面爆破孔）的最小抵抗线，周边孔的间距与最小抵抗线之比一般控制在0.8左右。按照光面爆破层厚度同开挖断面、岩石性质和地质构造等的关系，在坚硬岩石地区，光面爆破层厚度布置较薄；在岩石松软破碎地区，光面爆破层厚度布置较厚；在岩石节理裂隙发育地区，则缩小孔距，或在两孔之间加一不装药的导向孔，导向孔与装药孔的距离小于40cm。

3.3　导流洞各类围岩爆破参数优化

董箐水电站左岸导流洞实际施工中钻孔直径采用40mm，松动爆破的单位炸药消耗量取0.45～0.51kg/m^3，最小抵抗线、光爆孔间距根据经验公式按照导流洞围岩的分类对参数进行了优化设计（见表2）。装药结构采用间断装药，炸药用乳化炸药，起爆方式为孔内微差塑料导爆雷管起爆。

表2　　围岩光面爆破实际爆破参数

项　　目	实际爆破参数值	
	Ⅲ、Ⅳ类围岩	Ⅴ类围岩
爆破孔距离/cm	60	40
爆破层厚度/cm	70～90	80±5
钻孔深度/m	4.0	2.0
单孔装药长度/m	3.2	1.6
单位炸药消耗量/(kg·m^{-3})	0.51	0.45
线装药密度/(g·m^{-1})	156	125

注　Ⅲ、Ⅳ类围岩岩层破碎地段采用Ⅴ类围岩实际爆破参数。

4 爆破施工

4.1 隧洞施工技术及组织措施

导流隧洞分为上半部和下半部开挖，上半部又分左、右两半洞，上半部高程比隧洞腰线低4.0m，以便下半部开挖时中间部分能使用潜孔钻钻孔。上半部开挖一般采用台车钻孔。上半部洞身支护通过检查验收后，再进行下半部开挖。下半部开挖采用中间拉槽（潜孔钻钻垂直孔）、两侧跟进光爆修边（手风钻钻垂直孔或水平孔）。

4.2 爆破安全技术措施及注意事项

（1）凿岩。①按设计孔网和预定的方向进行标孔、凿岩，凿岩过程中如发现岩层构造特殊时，应及时向爆破作业人员汇报；②发现拒爆残眼时，严禁在老孔上加深，也不得斜向凿到老孔，而应在距离30cm以外打平行孔。

（2）装药与堵塞。单孔装药量是保证光面爆破效果的最重要因素，应核准孔距、孔深和最小抵抗线，视岩性、构造、临空面及爆破性质调整好单耗和单孔药量。

（3）安全警戒。做好安全警戒是保证爆破作业的重要措施，应严格按《爆破安全规程》（GB 6722—2014）的有关规定执行。

（4）起爆网络连接。①孔内分段和地面分段严格按设计要求进行，严格控制药量，严禁混装、乱装；②起爆雷管用胶布扎紧，并将网络短路；③网络连接后，进行检查，防止错接、漏接，对存在的问题及时查找原因并尽快解决；④起爆前网络已连接好的爆破主线要由专人看管，待警戒措施落实好后，方可下达起爆指令。

4.3 爆破效果分析

因部分地段岩层破碎、节理发育，不利于洞身开挖，为提高开挖质量、避免塌方，施工方案不断优化，主要措施为：上半部由全断面开挖调整为先挖导洞再扩挖成型；下半部由全断面开挖调整为中间拉槽、跟进修边（光爆孔为垂直孔）。经对比，证明方案优化后爆破震动明显减小，光爆孔残孔率有所提高，尤其是岩层破碎地带超欠挖控制很好。

5 结语

董箐水电站导流洞爆破开挖因地质问题光爆效果不很理想。但在施工中，通过全断面开挖，导洞扩挖修边，以及垂直光爆等多种爆破方法的试验，经过大量的施工实践，取得了砂岩、粉砂岩夹黏土岩（泥页岩）地区洞挖施工光面爆破的一些成功经验，可供同类工程参考。

构皮滩碾压混凝土围堰可利用性爆破拆除施工

邓有富　张　羽　吴晓光

【摘　要】：构皮滩水电站下游碾压混凝土围堰爆破拆除是国内首次大体积碾压混凝土可利用性爆破拆除，其下部结构作为永久建筑物，需要拆除上部的碾压混凝土。2006 年 12 月 10 日爆破成功，从安全监测资料与爆破前后的声波检测显示，本次爆破满足设计要求，是一次成功的可利用性爆破拆除，本文针对爆破拆除参数及施工进行了总结。

【关键词】：构皮滩水电站　爆破拆除　爆破安全检测　声波检测

1　工程简介

构皮滩水电站下游围堰为碾压混凝土围堰，其形体为梯形构造，其中 1 号、11 号堰块为 C20 混凝土，其余堰块外部 2.0m 为 C30 混凝土，内部为 C15 碾压混凝土，围堰拆除高程为 464.6～440.0m，其中 1 号～3 号堰块的拆除底高程为 451.5m，4～10 号堰块的拆除底高程为 442.5m，11 号堰块的拆除底高程为 440.0m。围堰顶宽 8.0m，上部 8.0m 高为直方形，下部 14.1m 为梯形，下游面为直墙，上游坡面坡度 1∶0.7，底部最大拆除宽度 19.6m，爆破拆除碾压混凝土总方量 4.75 万 m^3。爆破拆除示意图如图 1 所示。

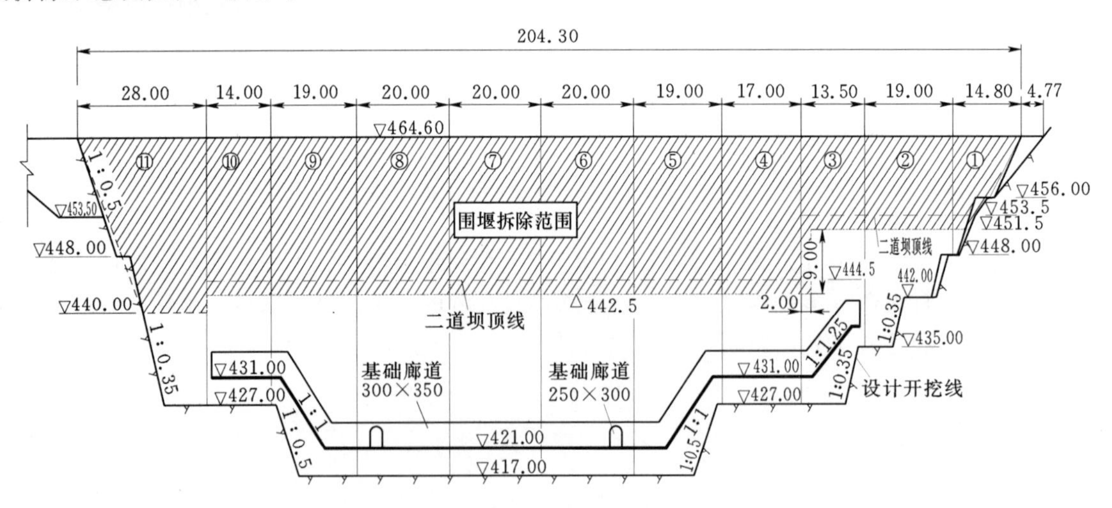

图 1　下游碾压混凝土围堰爆破拆除范围示意图

由于该爆破为国内首次大体积碾压混凝土可利用性爆破拆除施工，因此进行了爆破拆除试验，下游碾压混凝土围堰爆破拆除试验选在 10 号、11 号堰段，于 2006 年 11 月 30 日成功实施，试验拆除混凝土量为 $6900m^3$，炸药用量为 4730kg，非电毫秒雷管 994 发，炸药单耗平均值为 $0.686kg/m^3$。围堰爆破拆除于 2006 年 12 月 10 日成功实施，拆除混凝土量为 4.06 万 m^3，炸药用量 15624kg，非电毫秒雷管 3225 发，炸药单耗平均值为 $0.385kg/m^3$。

2　工程特点

（1）该爆破属半拆除半保留的保护性拆除爆破。在拆除高程以上部分混凝土爆破拆除后，要求拆除高程以下部分的保留混凝土不被损坏，作为二道坝坝体继续使用，技术难度大。

(2) 工程量大，共需爆破拆除混凝土总方量 4.75 万 m^3，是继三峡大坝围堰后的又一次大规模的拆除爆破。

(3) 周围环境复杂。保留部分紧贴爆破区底部，尽量避免飞石或滚石落入水垫塘，邻近爆区的变形山体正在处理中，安全要求高。

(4) 工期紧。由于围堰的拆除关系到下游透水护坦的开挖是否能如期完成，没有足够的时间进行分层爆破，必须一次爆破拆除，因此只能采用深孔爆破，而造孔时间已滞后，施工工期紧，难度大。

(5) 底部预裂孔及三角形斜孔钻孔成孔困难，需架设大规模的钻孔排架，严重影响施工进度。

3 爆破方案

根据构皮滩水电站下游碾压混凝土围堰的工程特点、并结合当时的施工实际条件，决定围堰底部和周边采用光面爆破；主体采用深孔加浅孔，垂直加斜孔；在爆破炸药单耗选取中，围堰下游面以抛掷为主，围堰上游面以松动为主，一次爆破至拆除高程的爆破方案。

4 爆破施工

4.1 布孔方式

为了将爆破拆除物尽量向下游抛投，同时保证二道坝建基面的平整度，采取了顶部竖孔与坡面斜孔相结合，底部采用光爆孔的布孔方式，典型剖面布孔方式如图 2 所示。

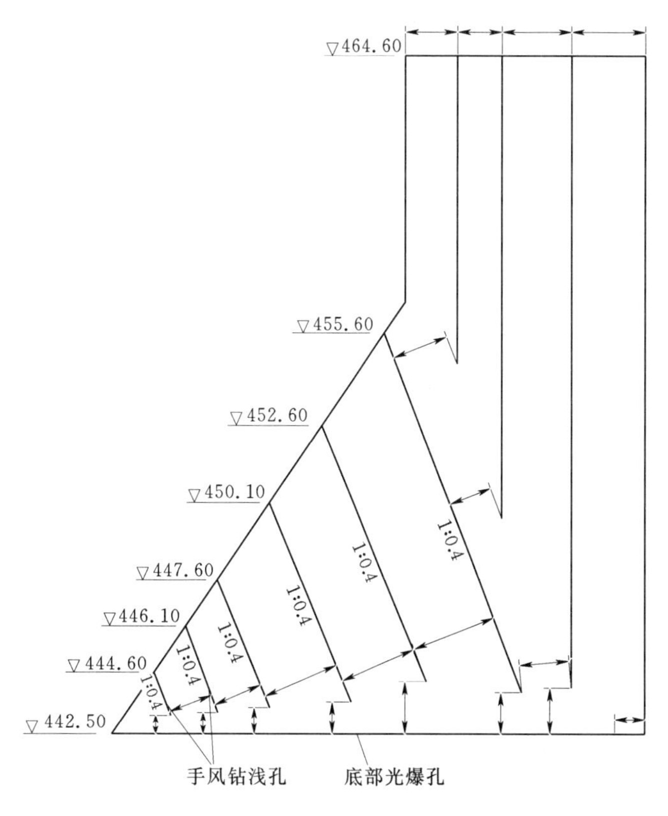

图 2 下游碾压混凝土围堰拆除爆破典型断面布孔示意图

4.2 钻孔

在堰顶部采用 CM351 钻机钻直垂孔，后部三角体采用 YQ100B 型钻机钻光爆孔和倾斜孔，钻孔直径 D 为 90～100mm，最后两排炮孔较浅，采用手风钻孔机钻孔，钻头直径 D 为 38～42mm。

4.3 装药与堵塞

（1）装药。

1）炸药的选择：大规模围堰拆除爆破对炸药的要求比较高，在爆破中选择高爆速、高密度炸药，为了保证炸药能量的充分利用，本次爆破选用的乳化炸药达到以下性能指标：爆速不低于4000m/s、爆力不低于320mL、猛度达到16～18mm，炸药密度应不低于1100kg/m^3。

2）装药结构：本次爆破，采用ϕ70mm药卷炸药连续装药结构，局部采用ϕ70、ϕ32mm药卷炸药组合连续装药结构，手风钻孔采用ϕ32mm药卷炸药连续装药结构；光爆孔、预裂孔采用ϕ32药卷炸药间隔不偶合装药结构；堵塞长度L取（0.8～1.0)W。

3）装药前准备工作：炮孔检查和量测。

装药前对所有炮孔进行编号检查，记录成册；对不符合要求或堵塞的炮孔进行清孔或重新补孔；对有水炮孔进行吹孔。

4）装药中的注意事项：将装药分成若干不同小组，明确分工，分片分排包干，做到了忙而不乱；并且按设计药量和结构进行装药；装药严格保护雷管脚线。

（2）堵塞。主爆孔选用砂和钻孔石粉；水平光爆孔需采用黄土进行堵塞，逐层压实。

4.4 爆破网络

本次爆破网络采用普通非电毫秒雷管，使用的雷管段位为：1段、3段、5段、15段。

5 爆破参数

5.1 主要爆破参数

主要爆破参数如下：

1）钻孔直径D：堰顶宽8.0m可采用CM351钻机钻孔，后部三角体采用YQ100B型三脚架钻机钻光爆孔和倾斜孔，钻孔直径D=90～100mm，最后两排炮孔较浅，采用手风钻孔机钻孔，钻头直径D=38～42mm。

2）最小抵抗线W：由于围堰下游面为垂直面，最小抵抗线等于深孔底盘抵抗线且指向下游方向。按前抛后松设计要求，取最小抵抗线W=2.5m，其炮孔承担爆破面积为S=2.5×3=7.5m^2。

3）孔距a：根据炮孔不同爆破目的及钻孔深度、最小抵抗线进行调整，第一排孔孔距取3.0m（其中9号～11号堰块孔距取2.5m），第二排孔孔距取3.5m（其中9号～11号堰块孔距取2.5m），第三排孔孔距取2.0m，第四排孔孔距取3.5m（其中9号～11号堰块孔距取3.0m），第五、六排孔孔距取3.0m，第七排孔孔距取2.5m。为改善爆破效果，第五、六、七各排间隔一个孔又加了一个辅助装药孔；其余第八、九、十排孔采用手风钻浅孔（只有11号堰段有第十排孔），孔径D=42～45mm，故取孔距a=1.5m。

4）排距b：由于整体网络采用微差爆破，排距实际就是该排孔的最小抵抗线。

5）超钻ρ_1：由于在围堰爆破拆除底高程处采用光面爆破，没有超钻问题。但装药孔孔底距光爆面的距离是需要控制的，预留过大、光爆面顶部出现大块或炸不开，过小损坏光爆面平整。抛掷孔取ρ_1=－1.5m（孔底有0.5m用竹筒做成的空气垫层），松动孔取ρ_1=－1.0m，浅孔取ρ_1=－0.5m。

6）孔深L：孔深根据拆除高度确定，根据超挖值加以选定，垂直孔孔深$L=H+\rho_1$，其中L为孔深，H为拆除高度，ρ_1为超钻高度。倾斜孔根据钻孔角度、梯段高度及超钻深度确定。

7）炸药单耗K'：本次爆破为露天大体积混凝土爆破，碾压混凝土强度和硬度相当于中硬岩石，炸药单耗在0.5kg/m^3左右，考虑到围堰拆除特殊性和前抛后松的要求，故对不同炮孔选择了不同的单耗，前排为垂直面，一般单耗（0.5kg/m^3）即可将其抛出，为保证后部炮孔爆破抛掷效果，第一排取K'=0.6kg/m^3，第二排爆孔装药量要大于第一排才能尽量多地抛出，故取K'=0.7kg/m^3，第三排顶部 8.0m 不允许后抛，故取平均单耗 $K'=0.35\text{kg/m}^3$，下部取 $K'=0.6\sim0.8\text{kg/m}^3$，第四排取 $K'=0.8\text{kg/m}^3$，第五、六排取 $K'=0.7\text{kg/m}^3$，第七排取 $K'=0.6\text{kg/m}^3$，第八、九、十排为减少后翻爆渣量，取 $K'=0.3\text{kg/m}^3$。

5.2 光面爆破参数

在 1 号～3 号堰段高程 451.6m、4 号～10 号堰段高程 442.6m、11 号堰段高程 440m 以及拆除高程变化分界处处钻凿水平光爆孔，光爆孔的爆破参数如下：

钻孔设备：YQ100B 潜孔钻机；

钻孔直径：ϕ90mm；

钻孔间距：0.8～1.0m，深孔部位取大值，浅孔部位取小值；

线装药密度：$q_l=500\text{g/m}$；

炸药：药径 ϕ32mm 的 2 号岩石乳化炸药；

孔口堵塞长度：1.0m；

孔口 1m 处减弱装药。

装药结构：把每米装药量形成药卷，绑在竹片上，药卷与药卷之间用导爆索连接。绑好的竹片和药卷一起插入炮孔，使药卷位于炮孔中央位置，一定要插到炮孔底部。堵塞不能造成药卷被压向孔底或者在炮孔内弯曲的现象。

5.3 预裂爆破参数

在围堰两端，即 1 号、11 号堰段与岩石边坡衔接处布置倾斜预裂孔，预裂孔孔底高程应至相应堰块的拆除高程，布孔参数与光面爆破参数基本一致，平均线装药密度取 350g/m。装药结构为孔口 1m 减弱装药，底部 1m 加强装药。由于两端堰体与岩石交界面不是很清楚，需根据现场情况进行适当调整。

6 爆破拆除出现的问题

尽管本次爆破经过了各方面专家的多方论证，但是由于本次爆破是首次大体积混凝土可利用性爆破拆除试验，因此，或多或少的出现了一些问题。为了下次类似爆破拆除能够有经验可以借鉴，并可对此进行专题研究，现将问题总结如下：

（1）由于下游围堰浇筑时面层钢筋穿过爆破拆除层，爆破后由于存在面层钢筋，对表面的拉裂较为严重，为后期的面层处理带来了很大的困难。同时由于爆破作用，部分钢筋已经达到屈服强度，不能再使用，因此需要对表面进行置筋，增加了后期施工难度。

（2）本次爆破拆除设计 2 号、3 号堰段拆除至高程 451.5m，而其余堰段拆除至高程 442.5m。爆破后，2 号、3 号堰段受到爆破影响十分严重，拉裂、错位等现象严重，经过分析笔者认为主要是以下原因造成的：

1）3 号与 4 号堰段的高程相差 9m，由于这种结构的原因，在爆破时 4 号堰段的深孔爆破对 2 号、3 号堰段纵缝的产生起到了一定的作用。

2）由于本次爆破传爆顺序是从 9 号～1 号，这样爆破能量的叠加是相当大的，这种爆破能量的叠加对 2 号、3 号堰段横缝的产生起到了关键的作用。

3）由于下游围堰本身是碾压混凝土，尽管目前碾压混凝土施工工艺已经十分纯熟，但是大体积碾压混凝土本身特性决定了其存在层间结合的薄弱面，这是造成 2 号、3 号堰段层间错动的关键因素。

7 结束语

构皮滩水电站下游碾压围堰爆破拆除作为全国首例大体积混凝土可利用性爆破拆除施工，虽然出现了一些后期亟待解决的问题，但是正所谓瑕不掩瑜，本次爆破从整体上讲是成功的，为后期类似工程的施工积累了一定的施工经验，可供后期类似工程在施工时进行参考与优化。

高碾压混凝土双曲薄拱坝坝基预裂爆破施工技术

蒋建林　张耀威

【摘　要】：贵州大花水水电站大坝是目前世界已建成的最高碾压混凝土双曲薄壁拱坝，坝高134.5m。设计对坝基开挖提出了高技术要求和质量标准。本文结合工程地质条件，通过分析岩层的具体情况，采用预裂爆破施工技术，合理的施工方法，对爆破参数和装药结构的设计、钻孔的角度控制和梯段高度的确定进行了合理的安排，使该边坡预裂取得良好的效果，保证了坝基开挖的质量要求。

【关键词】：贵州大花水水电站　碾压混凝土双曲拱坝　坝基开挖　预裂爆破　施工技术

1　工程概况

大花水水电站位于清水河中游河段，是一座以发电为主、兼顾防洪及其他效益的综合水利水电枢纽工程。该工程拦河大坝是目前世界最高且第一个采用坝体自身泄洪的碾压混凝土双曲薄壁拱坝。双曲薄壁拱坝坝顶高程873.0m，最大坝高134.5m，坝顶宽7m，坝底厚25m，厚高比为0.186。右岸873.0～740.0m拱肩开挖区均不设马道，坡比1：0.1～1：0.5，上下游边坡坡比1：0.3～1：0.5。左右两岸开挖高差大，左岸165.0m，右岸160.0m。土石方开挖88.9万m^3。

2　工程地质条件

贵州大花水碾压混凝土拱坝，两岸地形不对称，断层及构造裂隙发育，弱风化带内及断层带附近发育有溶蚀夹泥层。坝址区为岩溶中高山地形，坝基狭窄，两岸坡体陡峭，左岸坡顶高程1070m，右岸1200m，至现在河床高差约500m。右岸坡面除沿垂直河向断层发育有较典型的溶沟、溶槽外，无大型冲沟发育，坡面较完整；830m高程以下为约70°的陡壁，以上至坡顶为15°～27°斜坡。

坝址区出露寒武系娄山关群至二叠系地层，岩性由灰岩、硅质岩、砂岩、粉砂岩、泥页岩及其他过渡岩类组成，互层状展布，沉积韵律明显。断层以近垂直河流的北西西向N55°～80°W，NE∠70°～85°及北东东向N65°～90°E，SE∠70°～85°两组最为发育；其中规模较大且对枢纽建筑物及坝肩抗滑稳定有影响者主要有f1、f2、f3、f4、f23、f25、f29、f30等8条断层。

3　坝基设计要求和预裂爆破特点

（1）拱坝对坝基变形敏感、抗力要求高，并且有足够的承载力、均一性和抗渗性。拱坝建基面超挖及平整度控制标准：不允许欠挖，超挖控制在15cm以内，平整度不大于15cm；坝基上下游侧开挖边坡不允许欠挖，超挖控制在15cm以内，不得形成不利于拱端稳定的拱座面，必须保证拱端面为径向面。

（2）坝基开挖爆破前后声波波速的衰减不得大于10%，岩体的声波波速指标Ⅰ类在5000m/s以上，Ⅱ类为4500～5000m/s，Ⅲ类为3000～3500m/s。

（3）拱坝坝基对建基面要求，坡面平顺，一坡到底，不留台阶。既要将欠挖、超挖控制在设计标准内，又要解决钻机预裂孔钻孔的施工方法，选择合理的预裂爆破参数及确定合理的施工方法。

（4）坝基开挖的预裂爆破主要解决高边坡的稳定问题。在本工程预裂爆破主要应用于拱坝基础的建基面和上下游边坡。在进行预裂爆破、梯段爆破时需认真考虑各方面因素，才能保证开挖工程的质量和施工安全。

4 坝基开挖施工方法

根据设计体型及采用的钻机性能，确定以下施工方法：

（1）每8.0～9.0m一个台阶，三面预裂（拱肩，上、下游边坡），深孔梯段爆破由上而下一次开挖成型。

（2）右岸拱肩槽和左岸800.0m以下开挖，不留马道，开挖难度较大，建基面采用8m台阶，预裂孔16m台阶一次到位；上下游边坡开挖梯段高度为8.0m和9.0m，预裂孔16～18m台阶一次到位。

（3）经过对阿特拉斯ROC742、CM351以及YQ100B等各种钻机性能的比较，考虑f2断层的存在及泥夹石严重等现象，最终确定预裂孔采用YQ100B潜孔钻钻孔；主爆孔和缓冲孔主要采用CM351潜孔钻钻孔，局部用YQ100B潜孔钻钻孔。根据现场施工经验和岩石的类别、岩性类比的工程经验采用小直径、低爆速药卷一次爆破成型技术，间隔不偶合装药方式进行爆破，以降低主爆区爆破时对破碎边坡的振动影响。

5 爆破参数设计

5.1 造孔机具

根据该工程地质情况和工程自身特点，爆破造孔机具为预裂孔采用YQ100B钻机造孔；主爆孔和缓冲孔主要采用CM351潜孔钻钻孔，局部用YQ100B潜孔钻钻孔。

5.2 孔径及孔排距

预裂孔采用YQ100B钻机，造孔直径为89mm，取$D=90$mm；

根据造孔直径，以经验公式孔距$a=(8\sim12)D$，夹泥及破碎部位取小值，其影响部位取大值。

预裂孔根据所造孔径及施工部位，孔距选800mm、1000mm。

5.3 不偶合系数

预裂爆破采用间隔不偶合装药方式进行爆破。先形成预裂缝，降低主爆区爆破时对边坡及支护的振动影响；不偶合间隔装药使预裂爆破区受力均匀，成缝贯通，避免边坡因集中装药造成的破碎或贴坡现象。

不偶合系数，一般为2～4，$Dd=D/d$，式中D和d分别表示孔径和药卷直径，故$Dd=D/d=90/32=2.8$。

5.4 装药结构

预裂孔采用三段装药结构。底部1.0m连续装药，底部和上部的装药量分别为计算药量的120%、80%，堵塞长度90～100cm，堵塞前，先放一纸卷至炸药顶部，然后用黏土堵塞，稍微压实。

5.5 线装药密度

（1）采用经验公式：结合水利水电工程的开挖爆破的实践经验，选用适合本工程地质的经验公式：

$$q=0.034[\sigma p]0.63a0.67$$

式中：q为线装药密度，g/m；$[\sigma p]$为岩石极限抗压强度，MPa。

（2）根据本工程的施工机具及以往的施工经验，预裂孔装药可参照表1。

在岩体内进行预裂爆破，使用岩石极限抗压强度存在一定的不合理性，应当用抗压强度。因岩体存在节理裂隙，影响预裂的效果。因此，若用岩体抗压强度代替岩石极限抗压强度，可将岩石极限抗压强度减低10%～25%计算。

表1 **预裂爆破装药量经验数据**

岩石性质	岩石抗压强度/MPa	钻孔间距/m	线装药量/(g·m^{-1})
软弱岩石	60以下	0.6～0.8、0.8～1.0	100～180、150～200
中硬岩石	60～80	0.6～0.8、0.8～1.0	180～260、250～350
次坚石	80～120	0.8～0.9、0.8～1.0	250～400、300～450
坚石	＞120	0.8～1.0	350～600

由于本碾压混凝土双曲拱坝坝址处岩石主要为灰岩等，根据在现场的施工实践和经验，预裂孔正常的线装药密度选为214～300g/m较为合适（间距0.8m岩石较好的孔，一般取214g/m；间距0.9m岩石较好的孔，一般取250g/m；间距1.0m岩石较好的孔，一般取280g/m）。底部1.0m，在岩石条件较好部位4倍加强，岩石破碎部位3倍加强；上部2.0～2.5m是正常装药的80%，下部是正常装药的120%。

6 钻爆施工

坝基开挖沿坝轴线方向外边线据边坡设计开挖线约24m，垂直坝轴线方向开挖长度约30～120m。

每16m高差分两个梯段，每个梯段分3个施工工作面。梯段高度为8m，坡比1∶0.5～1∶0.6不等。

6.1 钻孔施工

6.1.1 上钻平台的找平清理

开挖范围内大面找平及对虚渣清理，使大面平整且露出岩石面，便于布孔及钻机的定位。要开挖到设计高程；距预裂孔边线2m范围内，大面平整度控制在25cm以内。

6.1.2 钻孔

预裂爆破的钻孔质量，直接影响到预裂面的爆破质量。为了保证预裂孔孔位、孔距、孔角、孔向、孔长、孔底的准确性，采取了如下措施：

（1）线样法。按设计的预裂面走向，在预裂孔位的两端，各立一根高为1.5m与坡面一致的标桩，测定地面标高后，在标桩的同一高程上张好下面一根基准线（采用铁丝制作），并借此控制孔底标高；另在基准线上方1.0m处张一根平行线，使此二线形成平面的倾向和倾角与设计的预裂面相同。钻孔时，使钻杆贴住铁丝即可，并用仪器、量具校准倾角，在钻杆上作出孔深量测的刻度标记。

（2）开钻前校核在钻杆基本定位后，再用地质罗盘仪、丁字尺、三角板、水平尺、米尺等测量工具进行准确校核，孔位、孔角、孔向此三要素定准后，即可开钻。

（3）钻孔时，检查在钻孔过程中随时以基准线检查孔角，用罗盘仪检查孔向、倾角，以钻杆上的标记与基准线检查孔长。同时，为了防止钻机钻杆飘钻，钻孔速度与冲击压力应准确控制好。

6.2 装药起爆

6.2.1 装药

药包制作采用直径32mm乳化炸药、低速安全导爆索捆绑和竹片等。绑扎前，先清好孔，并用米尺测定实际孔深和作好孔的编号。同时，在竹片上作出底部、柱部及顶部装药长度的记号后，分孔号根据设计要求的各段药量按一定间距和导爆索一起绑扎在竹片上。装药时，药包与竹片应靠在孔壁的坡面上，孔口0.8～1.0m范围内未装药。堵塞时先将废纸或干草用长炮棍捅至指定深度，然后用岩粉或土填塞孔口未装药段，稍微压实。

6.2.2 起爆及网路

（1）为了保证各预裂孔齐爆的共同作用，形成良好的预裂面，预裂爆破一律采用导爆索起爆，网路形式用并联，即从预裂孔中伸出的导爆索逐个连接到导爆索干线上。连接时，注意传爆方向角与连接方向一致。为了控制预裂爆破起爆药量，保护永久边坡和降低地震效应最直接有效的手段每15～20个孔作为一段，控制最大单响药量不大于50kg，用非电毫秒延迟雷管来延时。

（2）在边坡梯段爆破中，预裂爆破必须在主爆区之前起爆，最好分开进行，但在考虑因工序干扰和施工进度等方面因素的前提下，预裂孔和主孔一起爆破。为了减少主爆区爆破时对预裂面的破坏，确定预裂孔超前50～100ms起爆。同时，控制主爆孔单向装药量在200～250kg以内，为了减少网路连接的复杂性，保证爆破的顺利进行，计划安排了3～5排主爆孔与预裂孔一起爆破。

6.2.3 爆破分析

每次爆破后形成一条沿孔连心线方向的贯通裂缝，开裂宽度在0.5～2.0cm之间，大部分预裂孔倾角偏差在0.7°之内，实际开挖线与设计开挖线误差不大于15cm，半孔率在95%以上，考虑到受f2断层的影响，此次爆破同样达到了预期的效果。

7 预裂爆破质量控制措施

为确保拱坝基础面及上下游边坡开挖质量，在开挖过程中，对架钻、钻孔、装药和连网爆破等各个工序进行严格控制，尽量减少超挖量，避免欠挖量，克服开挖过程中破坏边坡基岩的种种不利因素。

（1）要求专业的爆破人员严格按照技术规范、设计图纸进行施工；并在每一梯段爆破上钻前，由技术负责人组织技术员、现场管理人员、钻工、爆破副班长以上人员进行质量控制标准、施工方法、技术措施、计划完成时间的交底。

（2）严格控制钻孔的孔径、孔位、孔深及孔的精度。

（3）采用间隔装药和不偶合装药，降低对岩石的挤压破坏作用。

（4）严格控制爆破规模和最大单响药量。

（5）严格进行控制爆破试验和监测，根据岩石变化情况，及时修正爆破参数，减小超挖量和避免欠挖量。

8 结束语

贵州大花水水电站碾压混凝土双曲薄壁拱坝的坝基预裂爆破，在开挖爆破中，根据现场实际的地质情况，对爆破参数进行了局部调整，从预裂爆破开挖后的边坡成型情况和声波监测成果分析，本工程采用的预裂爆破参数是合理的，达到了预期的效果。

（1）在预裂爆破参数已定的情况下，影响预裂效果好坏的主要因素是地质条件。为保证预裂爆破的质量，应于爆破前搞清与其有关的地质问题，及时视现场地质实际情况适当修改有关预裂爆破的参数。

（2）为形成发育完整的预裂缝，除确保预裂孔孔位精度、钻孔角度、钻孔过程中的角度偏差、装药结构及起爆单响药量等因素外，同样要注重缓冲孔与预裂孔的间距、缓冲孔间距、其装药结构以及预裂孔超前缓冲孔起爆时间是否合理。

（3）预裂爆破后，若个别孔底部分留有残孔，可采取光面爆破技术进行处理。同时，调整缓冲孔药量及单段药量。

（4）对预留保护层问题，按有关规范，一般预留保护层的层厚为孔径的150～200倍。但从实际情况出发，为了减少起爆网路连接的复杂性和控制好单响药量，保证爆破的顺利进行，实际预留保护层的层厚为8～15m。

梯段爆破在糯扎渡水电站导流洞边坡开挖中的应用

吴长勇　柴喜洲　陈　杰　薛香臣

【摘　要】：本文通过对糯扎渡水电站3号、4号导流洞进口高边坡开挖爆破实践的总结，提出了梯段爆破降低大块率的有效措施和预裂爆破技术的成功经验，并积累了控制爆破震动的有效方法。

【关键词】：梯段爆破　预裂爆破　微差挤压爆破　大块率　控制爆破

1　工程概况

1.1　基本情况

糯扎渡水电站3号导流隧洞进口明渠长74m左右，闸室长21m，底宽30m，开挖最高点高程750m左右，底板高程597m，最大开挖高度153m；4号导流隧洞进口明渠长约18m，底宽8.4m，开挖最高点高程760m，底板高程629.3m，最大开挖高度130.7m。3号、4号导流隧洞进口边坡开挖坡比为1∶0.3、1∶0.5、1∶0.75三种。EL 656高程以上开挖坡比为1∶0.75，设6级马道，马道高差为15m，马道宽3m。

1.2　地质情况

3号、4号导流隧洞进口边坡位于强风化～弱风化上部花岗岩中，花岗岩呈肉红色、灰白色，中粒、细粒半自形结构，块状构造，节理发育，节理面锈蚀严重，夹泥普遍，岩体破碎并且连接力微弱，受卸荷作用影响强烈，强卸荷岩体深度60m左右，局部不稳定。该部位一般干燥，雨季开挖面潮湿。

2　3号、4号导流隧洞进口边坡开挖施工特点

3号、4号导流隧洞进口边坡开挖方量大，边坡高，主要有以下特点：

（1）为工程施工提供10万方骨料和大坝填筑料，对开挖料的级配要求高，必须控制大块率。

（2）明挖下面的导流洞（衬砌后断面16m×21m）已开挖完成，必须控制爆破，减小对特大洞室的震动影响。

（3）开挖区下部紧邻澜沧江，避免石渣下河侵占河道是施工的重点，必须采用控制爆破。

（4）边坡高差大，雨期地下水丰富，必须确保边坡开挖质量且稳定。

3　爆破方法的应用

3.1　深孔梯段爆破法的应用

3.1.1　开挖分层、分区

分层厚度太大，会使炸药单耗量增加；分层厚度太小，会使开挖循环次数增加，并使表层大块率增加，增加二次解炮次数。综合各指标，最佳分层厚度为8～10m。同时，为了便于边坡预裂施工，对每层开挖分Ⅰ区、Ⅱ区进行施工（详见图1）。Ⅰ区位于每层的中间部位，先行开挖，Ⅱ区跟边坡预裂一起爆破，Ⅱ区的宽度选定为13.5m。

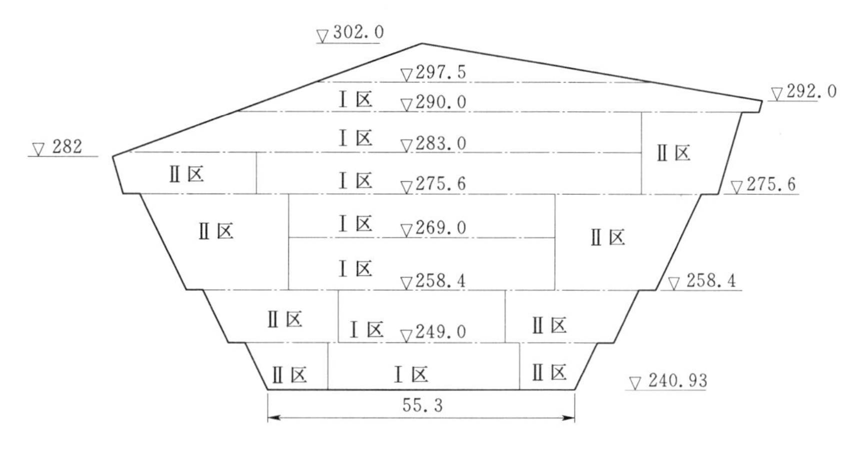

图1　开挖分层、分区示意图

3.1.2　梯段爆破参数的选定

因3号、4号导流隧洞进口边坡是大坝填筑料的主料场之一，为了满足坝体填筑料的级配要求，梯段爆破参数的选定，通过爆破试验进行；同时为了降低爆破大块率，对梯段爆破参数进行多项优化和改进。爆破参数：孔径 D=89mm，钻孔角度80°，第一排孔抵抗线 W=1.5～2.0m，排距 b=2.5m，孔距 a=3.0m，堵塞长度 L=2.0～2.5m，钻孔超深=0.5～1.0m，装药采用散装2♯铵梯岩石炸药，连续耦合装药结构，线装药量 q'=5.7kg/m，单位耗药量 q=0.62～0.65kg/m^3，孔口加压2个30kg的砂包，毫秒非电导爆管V形起爆。

(1) 影响深孔梯段爆破破碎效果的主要因素。深孔梯段爆破按“爆破试验”确定的正常孔网参数，炸药单耗0.62～0.65kg/m^3，若所有炮孔正常起爆，爆堆内部大块极少，除个别地质条件特殊段，几乎不会在爆破岩体中心产生大块。根据观察记录，深孔梯段爆破产生大块主要来自4个方面：①前排临空面；②孔口堵塞区段；③爆区后缘边坡垮塌；④岩性及构造裂隙。

(2) 降低大块率的技术措施。通过以上分析得知，一般情况下深孔梯段爆破大块率主要来自以上4个方面，对此我们提出多排微差挤压爆破、孔口加压砂包及合适的炮孔直径的方法来降低大块率。

1) 多排微差挤压爆破是指一次爆破的排数大大增加，爆破规模扩大，而炮孔分段更多。根据工程实践，直径为76mm的炮孔，深度8～10m，一次爆破排数可达20～40排，分为30～40个段别，一次爆破孔数达300～400个。统计表明，这种爆破大块率明显低于3～4排的小规模深孔爆破。由于单段爆破药量不大，所以爆破震动并没因爆破规模的加大而增加。多排微差挤压爆破与少排小规模爆破相比，使第一排和最后排出现的次数大大减小，前面已分析指出第一排和最后排产生大块多，因而它最大限度地控制了大块的产生。此外，多排微差挤压爆破可使炮孔的爆炸波能更充分地作用于爆破区域，多排爆破相当于爆区周边孔减少，传出爆区以外的应力波能比例下降；微差挤压爆破一方面使被爆岩体内部得到较大的挤压作用时间，另一方面又增加了岩块的运动碰撞，这些对降低大块率都是有利的。

2) 孔口加压砂包一方面可排除冲炮和孔口飞石的危险，另外根据条形药包端部效应分析，(孔口严密堵塞后) 取孔口堵塞长度 l=0.8W 保证安全。堵塞长度尽可能减小后，孔口上部岩体爆破有效能量增加，大块率自然有所下降。实践证明 l=0.8W 时，表面大块率较低，爆堆可完全抛散；l=1.0W 时，爆堆松散，表面局部有大块；l=1.2W 时，爆堆鼓起，表面松裂大块较多。因此，孔口加压砂包后，使堵塞长度控制在0.8W 左右，是降低大块率的有效方法之一。通常 ϕ76mm炮孔，孔口盖压1个30kg砂包，ϕ89mm炮孔，孔口叠压2个30kg的砂包，ϕ115mm炮孔，孔口叠压3个30kg的砂包。

(3) 炮孔直径。在相同单位耗药量条件下，炮孔直径小，意味着炸药在岩石中的分布分散，底板抵抗线 W 减小，意味着炮孔密度增加，即炸药相对分散。另外，试验证明：爆破岩石最大块度 C 与

孔距 a 之间有一种函数关系，在多孔爆破时，C 应小于 $a/2$。一般来说，孔距 a 正比于炮孔孔径 D。因此，爆破岩石最大块度 C 与炮孔孔径 D 成正比，即炮孔（药包）直径增加，中等及大的岩块块度就增加。岩石裂隙对爆破岩石块度也有很大影响，裂隙增加，炮孔直径对块度影响减少。故炮孔孔径应根据控制岩石破碎块度的要求来确定。根据表 1，面板堆石坝主堆料开采，炮孔直径不宜超过 150mm，对应于 1.0m^3、1.8m^3、2.0m^3 的挖掘机，建议相应分别配备孔径为 75mm、125mm、175mm 的潜孔钻，在技术经济指标上比较合理。

表 1　　不同炮孔直径时的爆破大块率

炮孔直径/mm	75	125	175	225
＞60cm 岩块比例/%	0	9	16	21
＞80cm 岩块比例/%	0	0	9	15

3.2　预裂爆破法与缓冲爆破法的应用

3 号、4 号导流隧洞进口边坡工程两岸边坡高度一般在 140～150m，最大坡高 160m。共分 6～7 个台阶，坡面面积约 40000m^2，均采用预裂爆破技术。

3.2.1　爆破参数的选择

（1）预裂孔爆破参数的选择。

钻孔直径：90mm；

钻孔间距：0.6～0.8m；

钻孔深度：不超深；

钻孔角度：按设计边坡；

药卷直径：32mm；

不耦合系数：2.8。

（2）距预裂面第一排缓冲孔爆破参数选择。

钻孔直径：90mm；

钻孔间距：1.5m；

钻孔深度：不超深（主要为防止马道被破坏）；

距预裂面距离：1.0～1.5m；

药卷直径：45mm；

不耦合系数：2.0。

3.2.2　炮孔布置

根据溢洪道开挖分层、分区的划分，每一层分为Ⅰ区、Ⅱ区，Ⅰ区先行开挖，对预留体Ⅱ区的开挖，采用边坡预裂加缓冲和主爆孔的开挖方法进行。对每层开挖进行分区的划分，主要是为了克服较厚岩体对预裂爆破的夹制作用，使预裂爆破成缝明显，便于预裂面前的开挖出渣。同时，为了避免预裂爆破对缓冲孔和主爆孔的钻孔增加施工难度，根据以往工程经验，本工程采用预裂孔、缓冲孔和主爆孔一起起爆网络，预裂孔较主爆孔优先 50～100ms 起爆，（布孔方式详见图 2）。

3.2.3　预裂爆破钻孔要求

在钻孔过程中，不可避免会出现钻孔误差。如果不能对这种误差进行有效控制，必将严重影响预裂面的工程质量。采用合理的钻孔操作技术，目的是在不同的地质条件下，在保证顺利成孔的同时，尽量减少钻孔误差，提高钻孔质量，保证预裂爆破的效果。

（1）钻孔误差产生的原因。造成钻孔误差的原因很多，其中主要的影响因素是地质条件、钻孔操作技术水平和人员素质。

（2）钻孔误差的预防。根据钻孔误差的类型和其产生的原因，采取相应的技术措施，以预防、减

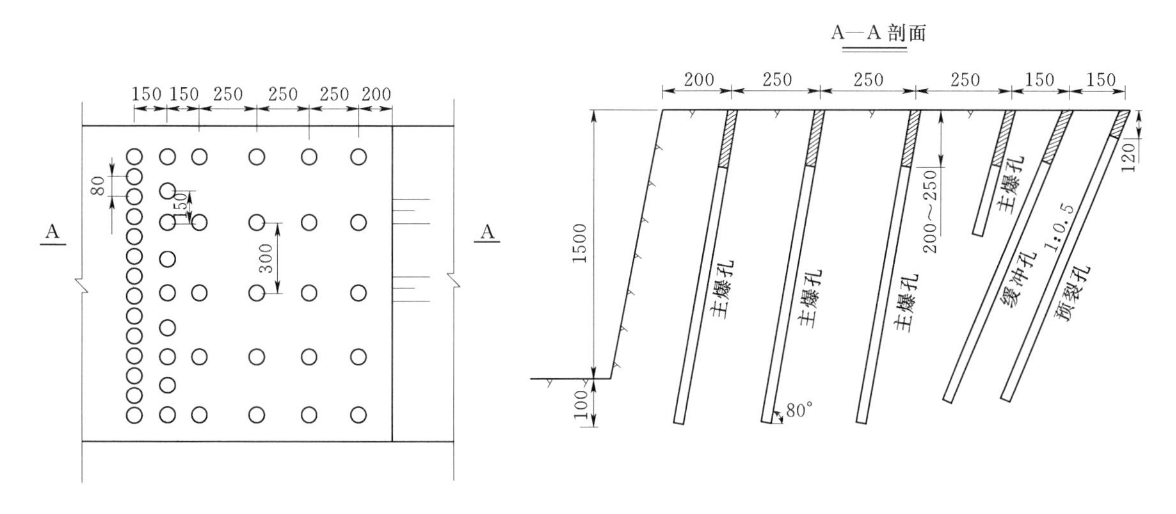

图 2 炮孔平面布置示意图

少误差，保证钻孔质量。

1）修建钻机平台。钻机平台是钻机作业的场地。修建平台必须满足钻机移动和架设的宽度。原则上平台越宽、越平越好，但为了减少修建平台的工作量，对于 YQ－100 型三角形架式潜孔钻机钻孔作业时，其平台宽度不应小于 1.5m；对于使用自行式钻机钻孔作业时，其平台宽度不应小于 3～5m，以满足钻机移动、对位、定向、架设的要求。同时，平台应尽量做到横向平整、纵向平缓。

2）钻机的架设。钻机架设直接影响着钻孔精度。钻机架设的三要素：对位准、方向正、角度精。

a. 对位准。为了保证钻机在同一平面上对位开孔，用钢管在钻机平台上铺设移动导轨。钢管导轨一般铺设在边坡线外 30cm 处，钢管连接要牢固、要垫实。要根据设计孔距在钢管上用油漆表明孔位，以保证钻孔对位的准确。

b. 方向正。钻孔方向正，是指炮孔要垂直于边坡线，并保证相邻炮孔在同一坡面上相互平行。为了防止钻机钻孔产生扭曲现象，还应注意到由于边坡高低不平，要保证机身不倾斜，在机架前支点顶部焊接长 20cm 角钢或半圆钢管，使其卡在钢管上，并将其加垫块垫平，确保方向不倾斜扭曲（见图 3）。

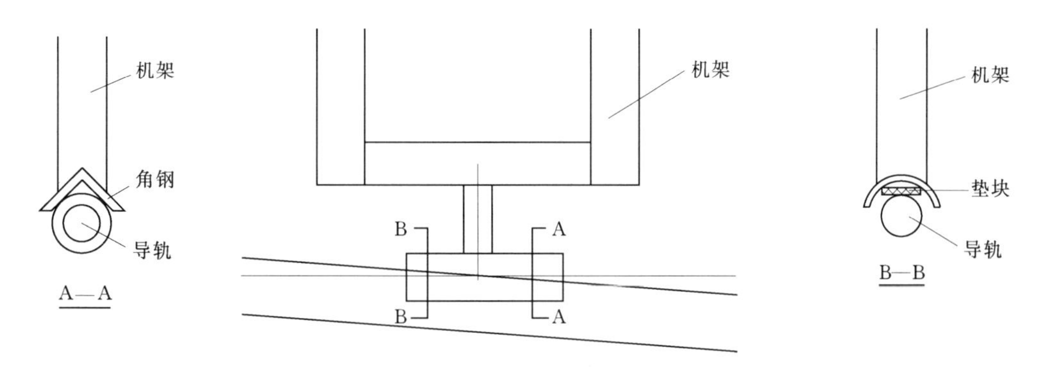

图 3 钻机定向整平示意图

c. 角度精。钻孔角度及其精确度是边坡坡面平整、美观的保证。钻孔角度大于设计坡度时，则导致边坡超挖；角度小则导致边坡欠挖。为了保证钻孔精度，一般做法是在钻机吊一垂球来调整钻孔角度，待符合设计要求时，固定钻机进行钻孔作业。

总之，钻机架设定位、定向、定角度是保证钻孔精度的最关键的环节，必须认真操作。

3.2.4　装药结构及堵塞

(1) 预裂孔。

1) 单孔装药：采用 ϕ32mm、2 号铵梯炸药卷，每条药卷重 0.15kg，长 0.2m，分底部装药和柱段装药。

底部装药长 1.0m，0.15×8=1.2kg，线装药量 $q_{底}$=1.2kg/m。

柱段装药长 14.5m。

灰岩层每条药卷间隔 20cm，0.15×36=5.4kg，线装药量 $q_{柱}$=0.37kg/m。

页岩层每条药卷间隔 30cm，0.15×29=4.35kg，线装药量 $q_{柱}$=0.30kg/m。

药卷由 10g/m 的导爆索串联在一起，并固定在竹片上。

2) 堵塞：堵塞段长 1.0～1.2m，药卷顶部先塞一纸团或塑料袋，以防止沙土充填到药卷范围，然后用岩粉或黏土堵塞。

(2) 缓冲炮孔。长度 16.7m，单孔装药结构：底部装 2＃铵梯炸药 Φ75 两条 (0.62m)，以上连续装 Φ45 药卷，堵塞长度 2.0m。

(3) 主爆孔。主爆孔装药结构同深孔梯段爆破法。

3.2.5　起爆网络

根据施工作业面的长度，所有预裂孔在孔外采用 10g/m 的导爆索串联在一起，端头接一跟主爆孔同段别的非电毫秒雷管。主爆孔、缓冲孔同排孔间采用 MS3 接力，排间采用 MS5 接力，预裂孔较主爆孔早 50～100ms 先爆。(爆破起爆循序见图 4)

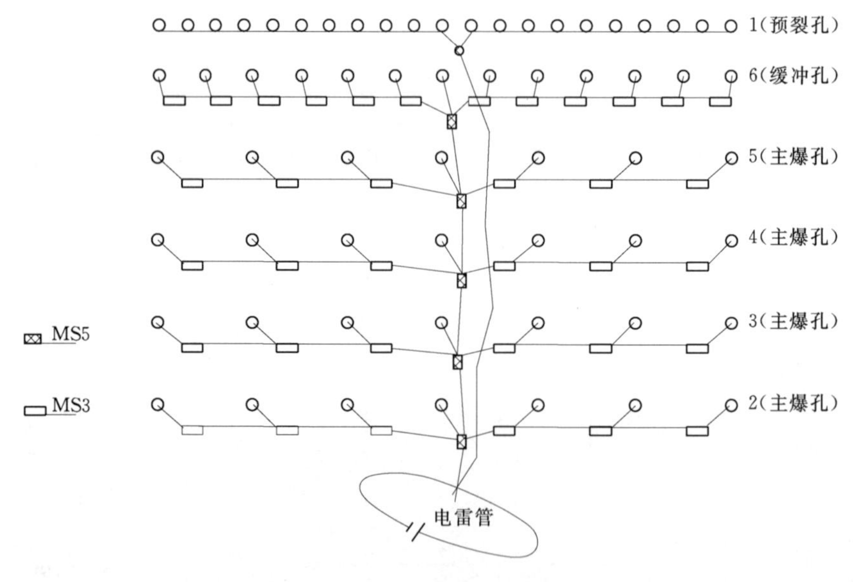

图 4　爆破起爆循序示意图

3.2.6　施工质量控制与技术措施

边坡预裂保护，不仅要求预裂面光滑平整，而且还要求严格控制施工作业对边坡岩体的损伤与破坏，故在施工中做到以下几点：

(1) 由工程技术测量人员准确确定边坡开挖线和深度，然后放线、定位、布孔，所有炮孔要在设计边坡线上。

(2) 钻孔角度是较难控制的，偏差是造成边坡面不平整的主要原因。在施工中用罗盘仪经常监测钻孔斜度，准确控制钻孔角度和方向。

(3) 炮孔钻好后，逐个炮孔测试深度，根据孔深切取导爆索，在导爆索及竹片上作出标记，标出孔口不装药段及每个装药位置，然后将炸药固定到相应部位。

1) 将加工好的药卷送入相应的孔中，要使竹片靠边坡一侧。

2）熟悉岩石性质，摸清不同岩层的凿岩规律。

3）钻孔中，发现不良地质条件，采取相应处理措施，一般应卸掉钻杆轴压，减少风量，让钻具使用自重下落钻孔，以减少对中误差，避免轨迹误差产生或增大。

4 结语

通过 3 号、4 号导流隧洞进口边坡开挖工程实践，我们认为提高黏土心墙堆石坝上坝料开采效率和预裂控制爆破的主要对策有如下几条：

（1）采用多排微差挤压爆破，一次起爆可达 20～40 排。

（2）孔口重压砂包，砂包叠压重量随炮孔孔径的增大而增加。

（3）深孔梯段爆破开采面板堆石坝上坝料，建议相应分别配备孔径为 76mm、89mm、115mm、150mm 的潜孔钻。

（4）建筑物边坡预裂爆破效果，钻孔质量和精度是关键。

蒲石河抽水蓄能电站上库趾板建基岩面开挖爆破地震试验成果分析

王盛鑫

【摘　要】：对本部参建的蒲石河抽水蓄能电站上库趾板建基岩面开挖爆破进行生产爆破监测，并对施工参数优化提供指导，确保开挖后建基岩面岩体和边坡免受爆炸破坏的影响。通过上库趾板开挖区域中地质条件具有代表性地段进行单孔爆破地震测试。经过爆破试验数据分析，本次监测到的爆破开挖质点震动速度和开挖爆破地震主震频率在标准规定的范围之内，试验结果达到预期目的；试验获得的爆破地震强度计算公式可以应用于现场爆破施工最大段药量计算，试验参数可以用于本段工程施工，但爆破施工不宜采用大抵抗线、掘沟、掏槽、药壶等爆破方式，这些爆破方式对炸药能量释放夹制力大，对保留岩石破坏影响大。

【关键词】：蒲石河　基岩　爆破　地震

1　概况

蒲石河抽水蓄能电站上水库位于东洋河西北方向的泉眼沟沟首。水库正常蓄水位392.00m，有效库容1029万m^3。挡水建筑物为钢筋混凝土面板堆石坝，最大坝高78.5m，坝顶宽8m，坝顶全长714m，上游钢筋混凝土面板共分51块，沿坝轴线中间部位板宽14m，共47块；左坝端布置两块宽度分别为17.66m和17.24m的面板；右坝端布置两块宽度分别为10.00m和11.10m的面板。大坝横截面从上游向下游依次分为垫层区、过渡层区、主堆石区和次堆石区。趾板置于弱风化混合花岗岩上部。堆石体基础的开挖标准依位置不同而异，垫层区、过渡层区的建基面同趾板建基面，趾板下游0.5倍坝高范围内的基础开挖至强风化层上部，其他部位挖除覆盖层，建在全风化岩上部。

上库趾板基岩为混合花岗岩表部风化较深，节理裂隙发育。从开挖断面图可知：断层破碎带发育F102、F101、F121、F113等断层，宽度都在7m以上，F110、F111断层宽度在2～5m之间，另外，岩脉也较发育。大坝趾板基础就置于弱风化的混合花岗岩的上部。

本次试验主要是通过单孔爆破地震测试，测定爆破地震波的场地指数K和衰减系数α，以确定适合于上库趾板岩石爆破开挖工程的爆破地震强度计算公式，并计算绘制出安全炸药量与爆心距对应曲线。同时进行生产爆破监测，验证试验爆破确定的经验计算公式的可信度。另根据测试结果，对优化爆破施工参数（最小抵抗线、孔距、排距、最大一段起爆炸药量、微差间隔时间等）提供参考，确保开挖后建基岩面岩体和边坡免受爆炸破坏影响。

为此，在上库趾板开挖区域中进行：①单孔爆破地震试验：每个单孔爆破时，用4组或6组检波器接收，共计42组检波器接收爆破地震试验。②进行2次开挖爆破，10组接收监测。要求试验区的地质条件具有代表性。单孔爆破试验布置在混合花岗岩强风化带上，位于趾板心线F～G拐点。

本次爆破地震测试使用了3台加拿大Instantel公司生产的8通道微型（MiniMate Plus）爆破地震仪，它是目前世界野外爆破地震监测最好的便携式测试系统之一。该种仪器具有长时间监测功能，完全满足测试爆破地震全过程的需要。采样率512次/s、1024次/s、2048次/s、4096次/s、8192次/s可选，本次爆破采样速率为2048次/s，振动强度测试范围为0～254mm/s，频率范围为2～300Hz。每套仪器带两个独立的三向正交（垂直、横向和轴向）标准爆破地震传感器，同时测试两个不同点的3个方向爆破地震波形，仪器直接测试振动速度，根据需要并可以通过分析软件，计算出相应的振动位移和加速度。

2 施工爆破地震准备

2.1 试验布孔及测点布置

在试验区1布置3个垂直向下的炮孔，炮孔位置在趾板中心线上，炮孔间距5m（为单独起爆），炮孔深为2.7m，孔径为90mm，最小抵抗线方向为炮孔方向，每孔装药量为2kg。

在试验区2布置7个垂直向下的炮孔，炮孔位置在趾板建基岩上，炮孔间距1.5m，炮孔深为1.5m，孔径为40mm，最小抵抗线1.00～1.25m，每孔装药量为0.3kg。

除试验区6＃和7＃炮孔同时起爆外，其余炮孔通过导火索控制单独起爆。

沿趾板中心线布置测线，根据现场实际状况，距炮孔不同距离处布置4组或6个测点。每个测点固定一个三向正交的标准爆破地震速度传感器，记录测点处岩层表面的爆破地震强度。

在试验中一般采取单孔放炮，在距炮孔不同距离的十字测线上布置4组或6组拾震器同时接收爆破产生的地震波形。考虑到岩体的各向异性，试验时拾震器与爆炸源呈十字布设，爆炸孔位于十字中心，拾震器布置在十字测线上，见图1为F～G区1—1号单孔爆破试验工作布置示意图。

2007年7月6日下午18时、2007年7月26日下午18时对两处施工现场趾板上覆岩层爆破开挖进行了爆破地震测试。

2007年7月6日下午18时监测地点为D～E区。该次爆破共布置了8排131个炮孔，炮孔直径90mm，炮孔方向倾斜，孔深6～10m随地形而异。共分6个微差段别，分别为1、3、5、7、17、19段，起爆雷管为微差导爆管雷管。其中1段总装药量为189.6kg，处于第6排，为主爆破孔；3段总装药量为547.2kg，位于第5排主爆破孔（340.8kg）和上游边缓冲爆破孔（206.4kg）；5段总装药量为332.8kg，位于第4排主爆破孔（225.6kg）和上游边预裂爆破孔（107.2kg）；7段总装药量为50.4kg，为第3排主爆破孔；17段总装药量为907.2kg，为下游边缓冲爆破孔；19段总装药量为326.4kg，为下游边预裂爆破孔。

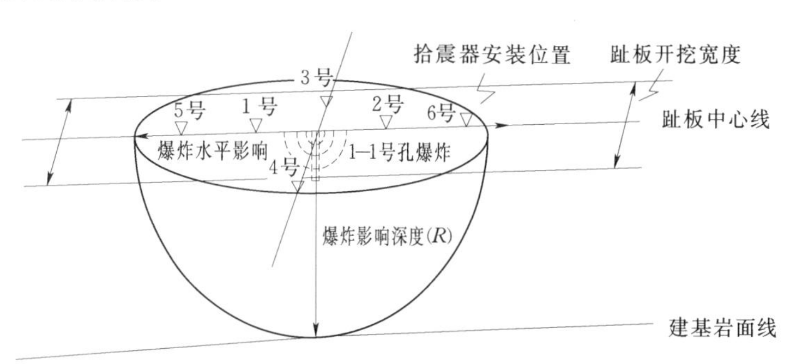

图1 F～G区单孔爆炸试验工作布置示意图

2007年7月26日下午18时监测地点为F～G区。该次爆破共布置了58个炮孔，炮孔直径40mm，炮孔方向倾斜向下，孔深1.0～2.8m随地形而异。其中1～4排为1段，共24个炮孔，孔深为1.0～1.3m，总装药量为4.8kg；5～8排为3段，共34个炮孔，孔深为1.6～2.8m，总装药量为31kg。起爆雷管为微差导爆管雷管。

2.2 仪器的安装和测震仪调试

传感器固定。要真实反映测点处的振动强度及其变化规律，传感器必须紧固于震动体之上，保证传感器与测点岩层不发生相对运动。根据现场实际情况，在测点处用工具清理出新鲜岩层表面，用速凝石膏将传感器固定，并在上部压上土石，使传感器座与岩层表面紧固，保证一个正常人用手不能使传感器晃动。

测震仪调试。根据爆破地震的频率特点和预估爆破地震强度，确定采样速率为 2048 次/s，触发门槛 0.5mm/s，最大量程 254mm/s，连续长时间记录，最长可以记录 50s。为防止施工现场的车辆、人员活动造成误触发，选用定时启动工作方式，在起爆前约 30min 测震仪自动开启，确保测试不影响爆破工序。

2.3 爆破地震测试数据

依据测试到的地震波形图，并通过专业软件分析计算获得施工开挖爆破不同测点处测试的爆破地震质点振动速度最大值（爆破地震强度），结果列于表 1～表 3 中。

说明：以下表中 Tran 为横向分量最大振动速度，cm/s；Vert 为垂向分量最大振动速度，cm/s；Long 为径向分量最大振动速度，cm/s；PVSum 为同一测点 3 个方向逐点矢量合成的最大值。

表 1　　7 月 6 日施工爆破 1 段、3 段、5 段、7 段爆破地震测试结果（依据地震波形前半部分）

仪器编号	测点编号	Tran	Vert	Long	PVSum	距离/m	炸药量/kg
BE9574	1	61.21	37.21	96.27	101.52	35.64	547.2
BE9574	2	24.89	22.35	62.23	107.79	37.34	
BE9575	3	17.78	12.45	18.15	74.95		
BE9575	4	4.57	16.76	10.54	20.68	104.24	
BE9576	5	3.56	9.14	9.14	10.61	131.98	
BE9576	6	2.16	2.92	4.19	7.92	164.51	

表 2　　7 月 6 日施工爆破 17、19 段爆破地震测试结果（依据地震波形后半部分）

仪器编号	测点编号	Tran	Vert	Long	PVSum	距离/m	炸药量/kg
BE9574	1	82.3	39.37	102.74	126.67	44.48	907.2
BE9574	2	34.54	20.57	67.44	116.81	48.34	
BE9575	3		18.8	19.81	21.81	74.95	
BE9575	4	9.91	13.37	16.64	29.48	102.24	
BE9576	5	3.94	9.14	12.06	12.2	131.98	
BE9576	6	2.29	4.83	6.35	11	164.51	

表 3　　7 月 26 日施工爆破地震测试结果

仪器编号	测点编号	Tran	Vert	Long	PVSum	距离/m	炸药量/kg
BE9576	1	11.6	16	15.7	18.2	18.7	31kg
BE9576	2	7.24	9.91	13.9	16	21.1	
BE9574	3	4.06	6.22	7.87	9.31	26.7	
BE9574	4	3.17	4.95	7.37	8.37	29	

3 施工爆破监测结果分析

3.1 爆破地震强度分析

以测点处质点振动速度的最大值作为衡量爆破地震强度的标准。从记录波形图上可以明显看出，同一个测点的 3 个分量最大值不在同一时刻出现，所以测点处爆破地震强度不应以某一个分量的最大值来表征，而是用 3 个分量逐点矢量合成的最大值来表征，即 PVSum。为此，本书以 PVSum 作为测点处爆破地震强度。

7 月 6 日施工爆破采用 1 段、3 段、5 段、7 段、17 段、19 段，6 个段别的微差导爆管起爆。由于 7 段和 17 段之间相差 150 多 ms，所以记录的波形图可以明显分出两部分。其中的一部分波形是 1 段、3 段、5 段、7 段爆破产生的爆破地震，以药量最大的 3 段为主，该段总药量 547.2kg；第二部分爆破地震是17段、19段爆破产生的爆破地震，以药量最大的17段为主，该段总药量907.2kg。其他段别之间微差时间很短，波形有相互交叉叠加现象，不能明显区分，事实上也没有区分的必要。由于爆破地震波形图上明显产生了两次几乎互不干扰的爆破震动，对爆破地震而言，相当于两次独立爆破，第一次最大段药量547.2kg，第二次最大段药量907.2kg。

7月6日施工爆破共布置了6个测点，每个测点由3个正交放置的标准爆破地震速度传感器，分别记录测点处3个方向的振动分量。分量最大值点振动速度和矢量合成最大速度结果列于表6和表7中。

由表1和表2可知，测点1距爆源中心最近，测试到的振动强度也最大，第一次测试结果为：垂直方向（Vert）最大分量3.72cm/s，横向（Tran）最大分量6.12cm/s，径向（Long）最大分量9.63cm/s，矢量合成最大值（PVSum）为10.15cm/s；第二次测试结果为：垂直方向（Vert）最大分量3.94cm/s，横向（Tran）最大分量8.23cm/s，径向（Long）最大分量10.27cm/s，矢量合成最大值（PVSum）为12.67cm/s。这样的爆破地震强度，对测点处的岩石不会产生明显的破坏现象，其他测点处岩石同样未产生破坏现象。

7月26日施工爆破采用1、3段，2个段别微差爆破。其中1段4.8kg，3段31kg，爆破产生的爆破地震波，以药量最大的3段为主。共布置了4个测点，每个测点由3个正交放置的标准爆破地震速度传感器，分别记录测点处3个方向的振动分量。分量最大质点振动速度和矢量合成最大速度结果列于表3。由表3可知，测点1距爆源中心最近，为18.7m，测试到的振动强度也最大，测试结果为：垂直方向（Vert）最大分量1.16cm/s，横向（Tran）最大分量1.6cm/s，径向（Long）最大分量1.57cm/s，矢量合成最大值（PVSum）为1.82cm/s。这样的爆破地震强度，对测点处的岩石不会产生任何破坏现象，其他测点处岩石同样未产生破坏现象。

将施工爆破不同测点处获得的爆破地震强度结果列于表4，并用试验爆破获得的经验计算公式对测点处爆破地震强度进行计算，将计算值和实测值加以比较可以明显看出，计算值与实测值比较接近，同时略高于实测值。从安全角度来讲，试验获得的爆破地震强度计算公式可以应用于现场爆破施工最大段药量计算。

表4　施工爆破测试结果与试验获得的经验计算公式计算值对应表

最大段药量/kg	测点距爆源中心距离/m	实测值PVSum/(cm·s^{-1})	式(1)～式(2)计算值/(cm·s^{-1})	备注
547.2	35.64	10.15	14.05	7月6日爆破1～7段爆破引起的爆破地震
	37.34	10.78	12.93	
	74.95	1.82	3.71	
	104.24	2.01	2.06	
	131.98	1.06	1.35	
	164.51	0.79	0.91	
907.2	44.48	12.67	12.78	7月6日爆破17段、19段爆破引起的爆破地震
	48.34	11.68	11.01	
	74.95	2.18	5.02	
	102.24	2.95	2.88	
	131.98	1.22	1.82	
	164.51	1.10	1.23	
31	18.7	1.82	8.04	7月26日爆破引起的爆破地震
	21.1	1.6	6.48	
	26.7	0.93	4.25	
	29	0.84	3.67	

从表4中的7月6日爆破测试结果可以看出，距爆源中心超过100m后，测试结果与计算结果偏差较小，这是由于随着距离增加，相对测点而言，爆源接近点源，与单孔爆破试验相一致。

从表4中的7月6日爆破测试结果可以看出：1段～7段（最大段3段总装药量为547.2kg）爆破引起的爆破地震和17段～19段（最大段17段总装药量为907.2kg）爆破引起的爆破地震，虽然最大段药量相差很大，但是强度相差很小，这是由于1段～7段先起爆，自由面少，爆破时受岩石夹持力较大，产生爆破地震强度相对强些；而后起爆的17段和19段后起爆，由于前面的爆破为其提供了新的自由面，爆破时受岩石夹持力较小，故产生爆破地震强度相对弱些。7月26日的爆破，由于炮孔直径小（40mm），爆破炮孔周围自由面较多，实测值远低于计算值。由此可见，为了减小爆破震动，自由面至关重要，自由面越多，爆破产生的震动会明显降低；同时，炮孔直径小的爆破产生的爆破震动较小。这一点在后续爆破施工中要多加注意。

本工程关心的是爆破对建基岩石和周围边坡的影响，爆破地震对建基岩石和周围边坡的影响如何，目前尚无标准可依据。通过对两次施工爆破不同距离的爆破地震测试，测点处质点震动速度0.79～12.67cm/s，对应距离164.51～18.70m，爆破后测点处及周围石土未出现错位和开裂等异常现象。按照水工隧道的标准作为本工程爆破地震的安全判据，本次监测到爆破开挖质点震动速度在其范围值之内（7～15cm/s）。

3.2　爆破地震频率分析

爆破地震波的频率是随时间变化的，不是单一频率的简谐波。频率的分析包括频谱和主振频率。

频率分析多数针对建筑物，一般而言，振动频率越接近建筑物的自振频率，越容易引起共振造成更大的危害。在此，运用快速傅里叶变换对施工开挖爆破地震测试结果进行频率分析，分析结果列于表5和表6中。

表5　　7月6日爆破频率分析表　　单位：Hz

测点编号	方向	频率范围	主振频率
1－1	横向	5～48	19.4
	垂向		0
	轴向	2～55	2.41
1－2	横向	2～45	19.7
	垂向	2～55	19.7
	轴向	5～60	19.7
1－3	横向		0
	垂向	2～70	22.3
	轴向	2～70	19.6
1－4	横向	2～35	12.1
	垂向	5～40	19.4
	轴向	2～35	19.6
1－5	横向	2～60	11.8
	垂向	2～60	19.9
	轴向	2～55	19.3
1－6	横向	2～35	7.13
	垂向	2～45	23.3
	轴向	2～45	19.8
平均值			17.2

频率亦是影响振动破坏的主要因素之一。在相同振动强度条件下，频率越低，破坏能量就越大。所以国家《爆破安全规程》对同类建筑物允许的爆破地震强度，在不同频率段有不同的安全允许值。同时，频率分析也为测试系统选型和测试仪器设定采样速率提供了依据。

由表5和表6可知，7月6日开挖爆破地震主震频率平均值为17.2Hz；7月26日开挖爆破地震主震频率平均值为22.6Hz，均在范围值2～60Hz。

3.3 爆破地震与天然地震的比较分析

地震一般可分为人工地震和天然地震两大类。由人类活动（如开山修路、采矿、建筑打桩、地下核试验等）引起的地面振动称为人工地震。除此之外，统称为天然地震。爆破地震与天然地震既有联系又有区别，它们的相同之处是：它们都是一种迅速释放能量，并以波的形式向外传播的客观现象，给人的直观感觉是地在震动。但二者相比，它们在震源深度、释放能量、振动频率、持续时间及影响范围等方面具有明显的区别（详见表7）。天然地震的能量大，爆破地震的能量较小；天然地震持续时间较长，一般要在十几秒以上；人工地震持续时间较短。一般为几秒。天然地震的影响范围较大，一般以公里计算；而爆破地震，一般在数百米之内。天然地震的振动频率低，与建（构）筑物的固有频率（或称自振频率）相近，容易产生共振现象，导致房屋等建（构）筑物产生损坏或倒塌；而爆破地震频率较高，一般高于建（构）筑物的固有频率，不易产生共振现象。天然地震发生的时间难以预测；而爆破地震发生的时间是由人来控制的，对其的到来，人们有充分准备的时间。由于存在诸多方面的差异，天然地震的危害程度要比爆破地震大得多。

表6　　7月26日爆破频率分析表　　单位：Hz

测点编号	方向	频率范围	主振频率
1—1	横向	5～65	25.4
	垂向	12～35	28.5
	轴向	2～40	19.6
1—2	横向	2～50	25.5
	垂向	10～50	19.4
	轴向	2～40	20.8
1—3	横向	2～45	25.7
	垂向	10～40	20.7
	轴向	2～32	19.7
1—4	横向	2～45	27.2
	垂向	10～45	19.6
	轴向	2～40	19.6
平均值			22.6

表7　　爆破地震与天然地震比较

项目 类别	震源深度	释放能量	振动频率	持续时间	影响范围
爆破地震	地表（浅）	小	较高	短	小
天然地震	地表深处	大	低	长	大

根据大量工程实践总结得出的地震烈度与天然地震、爆破地震相应物理量的关系，目前国内多数地区城市建（构）筑物的抗震标准为7级天然地震烈度，这相当于爆破地震震动速度6.0～12.0cm/s。

本次生产施工爆破地震的测试结果为爆破地震强度最大的是7月6日，距爆区中心44.48m处，爆破地震强度为12.667cm/s；距爆区中心最远处，为距爆区中心165m，爆破地震强度为1.1cm/s。

4 对爆破施工的建议

根据在蒲石河抽水蓄能电站上池趾板需要开挖的风化花岗岩层进行10个单孔试验爆破和对2007年7月6日下午18时、2007年7月26日下午18时两次现场施工爆破进行的爆破地震测试结果和分析，得出如下结论和对爆破施工的建议：

（1）通过对两次施工爆破不同距离的爆破地震测试，测点处质点震动速度0.79～12.67cm/s，对应距离164.51～18.70m，爆破后测点处及周围岩土未出现错位裂开等异常现象。按照水工隧道的标准作为本工程爆破地震的安全判据（最大允许质点震动速度为7.0～15.0cm/s），本次监测到爆破开挖质点震动速度在范围值内。

（2）施工爆破采用微差爆破时，相邻段之间的时间差应大于50ms，这样可有效减少爆破地震强度。施工爆破应尽可能采用小孔径爆破，40mm孔径的炮孔爆破产生的爆破地震强度远低于90mm孔径的炮孔爆破产生的爆破地震强度。

（3）炸药在岩（土）体中爆炸破坏岩体主要以两种能量形式，一种是冲击波；另一种是爆炸气体。通常认为在爆炸近区（药包半径的10～15倍），传播的是冲击波。如果炮孔直径小，爆破对炮孔底部岩石的破坏范围就小。所以在临近建基岩爆破时采用40mm小孔径爆破。爆破施工要充分利用爆破自由面，先起爆的炮孔要为后起爆的炮孔创造足够的自由面。也就是说，每个炮孔爆破时，其受夹制力越小越好。爆破施工不宜采用大抵抗线、掘沟、掏槽、药壶等爆破方式，因为这些爆破方式对炸药能量释放夹制力大，对保留岩石破坏影响大。

水下爆破技术在枕头坝水电站导流明渠进口预留岩埂施工中的应用

刘杰华　丁新华

【摘　要】：为给枕头坝电站大江截流创造有利条件，保证明渠分流效果，需将导流明渠进口预留岩埂水下部分岩埂（长约 86m，宽约 12m，高程 583～594m）一次性爆破拆除，爆破石渣粒径要求控制在 30cm 以下，且减少爆破震动对周边建筑物的有害效应。为此，明渠进口水下部分预留岩埂拆除需采取水下控制爆破技术，以便取得良好的爆破效果。

【关键词】：枕头坝水电站　导流明渠　进口预留岩埂　水下控制爆破

1　工程概况

枕头坝水电站导流明渠进口预留岩埂通过“摘帽”、“瘦身”分期爆破开挖至河水面高程（高程 594m）后，剩余水面以下岩埂长约 100m，宽约 12m，约 7993m^3。为给大江截流创造有利条件，保证明渠分流效果，需将水下部分（高程 583～594m）预留岩埂一次性爆破拆除，爆破石渣粒径要求控制在 30cm 以下。同时考虑到本次爆破规模较大（总装药量为 10.79t，爆破孔总计约 400 个），减少爆破有害效应对周边已建或在建水工建筑物以及周边村落房屋等建筑的损坏，需进行水下控制爆破及振动安全检测。

2　工程特性分析

2.1　预留岩埂岩性分析

明渠进口预留岩埂区地层主要为前震旦系烂包坪（Pt2l）玄武岩（β），岩体属弱风化带中、下部，裂隙中等～较发育，无起控制作用的软弱滑移结构面分布，抗滑稳定性好，基础岩体质量多属 BⅢ类～AⅢ类，岩体物理力学指标较高。

2.2　周边环境要素分析

明渠进口预留岩埂上游为大渡河河床，受上游瀑布沟电站发电泄水影响，枯水期该部位河水位高程在高程 591.5～593.3m；下游为明渠底板，底板高程为高程 585m；右侧为开挖边坡，坡顶开口线高程 755m，边坡总高度 170m，共分 9 级马道开挖，除第 1 级坡高 40m，第 9 级坡高 16m 外，其余马道间边坡高差均为 15m，马道宽 3m，并在 626m 高程留有一级宽 8m 的连接右岸 1 号场内公路的大马道，坡面坡比为 1：0.5～1：0.3，并已按设计要求支护完成；左侧与纵向混凝土围堰裹头衔接。

预留岩埂下游约 365m 处为电站混凝土大坝闸坝段已施工完成的永久性挡水建筑物，岩埂对面左岸山坡上及右岸坡顶 300m 范围内有村庄房屋及国家重点厂矿。

在明渠下游围堰拆除后，明渠进口预留岩埂高程 593m 以下被水淹没。

2.3　围堰爆破拆除技术要求

围堰爆破拆除技术要求如下：

（1）起爆方向的选择。为便于左岸道路出渣，起爆方向选择从左至右爆破。

（2）爆破粒径的控制及钻孔布置原则。由于当前常用挖机仅能够挖除水面以下 4.0m 左右的石渣，剩余水下 5m 厚石渣需通过水流逐渐冲刷带走。为此经多方面专家论证，要求爆破粒径控制在

30cm 以下。为解决预留岩埂爆破残埂对分流效果的影响，考虑到预留岩埂底部水平预裂造孔施工大，不宜实施等问题，采取从岩埂顶部竖直造孔，孔深超明渠底板高程（EL. 585m）2.0m；与预留岩埂衔接的左右岸均采沿设计结构线造预裂孔。

（3）炸药单耗的拟定。同等地质条件，水下爆破单耗为水上爆破的 3～5 倍，为此单耗选择为 $1.35kg/m^3$。

（4）起爆网络的设计。为减少爆破震动对周边建筑物及村庄房屋的有害效应，本次爆破采取孔内延时，孔外接力起爆网络，最大起爆药量控制在 95kg。

（5）爆破震动监测。委托长江工程地球物理勘测武汉有限公司采用动态电测法监测。

表 1 为监测部位的检测工作量，表 2 为监测部位爆破质点震动速度安全控制标准。

表 1　　监测部位的检测工作量

监 测 部 位	检测工作量	监 测 部 位	检测工作量
明渠右岸边坡	6 点·次	左岸新光二组民房	4 点·次
闸坝段混凝土闸墩	2 点·次	右岸新村民房	2 点·次
右岸小河村民房	6 点·次	红华实业厂区周边	2 点·次
左岸新光一组民房	2 点·次	总计	24 点·次

表 2　　监测部位爆破质点震动速度安全控制标准

监测部位（保护对象）		质点振速安全控制标准/($cm \cdot s^{-1}$)		
		≤10Hz	10～50Hz	50～100Hz
毛石房屋		0.5～1.0	0.7～1.2	1.1～1.5
一般砖房		2.0～2.5	2.3～2.8	2.7～3.0
钢筋混凝土结构房屋		3.0～4.0	3.5～4.5	4.2～5.0
水电站及发电厂中心控制室设备		0.5		
机电设备		0.9		
混凝土系统		5		
开挖桩井		0.5		
高压输变电塔基础		2.5		
预应力锚索、锚杆	0～3d	1		
	3～7d	1.5		
	7～28d	5～7		
新浇混凝土	0～3d	2.0～3.0		
	3～7d	3.0～7.0		
	7～28d	7.0～12		
边坡支护		5.0		
国家重点厂矿		0.5		

3　岩埂水下拆除爆破的基本要素

3.1　钻孔机具

主爆孔选择阿特拉斯 D7 钻机，预裂孔选择 YQ100B 型钻机，孔径均为 90mm。

3.2　孔网参数

根据本次水下爆破特性及石渣粒径要求，主爆孔间、排距均为 1.5m，梅花形布置，最小抵抗线

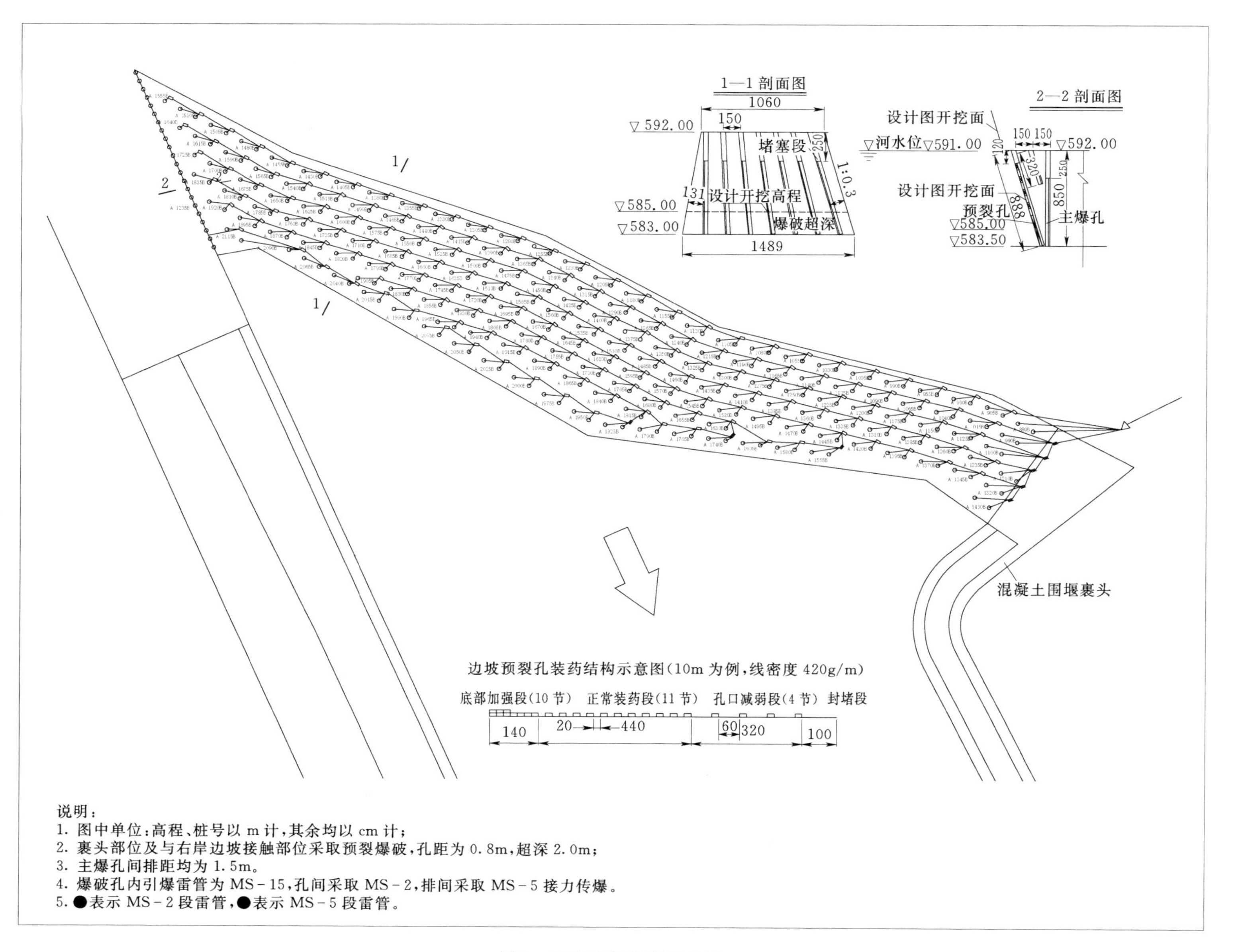

说明：
1. 图中单位：高程、桩号以m计，其余均以cm计；
2. 裹头部位及与右岸边坡接触部位采取预裂爆破，孔距为0.8m，超深2.0m；
3. 主爆孔间排距均为1.5m。
4. 爆破孔内引爆雷管为MS-15，孔间采取MS-2，排间采取MS-5接力传爆。
5. ●表示MS-2段雷管，●表示MS-5段雷管。

图1 预留岩埂爆破设计图

W=1.2m，竖直孔及斜孔孔深根据岩埂顶面实际高程及孔斜计算，确保钻孔底部高程为583.0m，超深2.0m；预裂孔孔距为80cm。

3.3 装药参数

主爆孔炸药采用ϕ70乳化炸药，不偶合系数n=1.28；预裂孔采用ϕ32乳化炸药，不偶合系数n=2.8。结合工程地质边界条件及水下爆破特性，选择主爆孔单耗为1.35kg/m^3，（预裂孔装药线密度为420g/m），最大一次起爆药量为95.0kg；主爆孔堵塞长度取3.0～3.5m；预裂孔堵塞长度取1.2m。

3.4 爆破网络设计

3.4.1 设计原则

（1）起爆网络的单段药量应满足震动的安全要求。

（2）在单段药量严格控制的情况下，同一排相邻段、前后排的相邻孔不能出现重段和串段现象。

（3）传爆信号基本进孔以后第一段才能起爆。

3.4.2 雷管的选择

爆破方向朝向预留岩埂上游迎水面。为防止由于先爆孔产生的爆破飞石破坏起爆网络，必须使孔外接力雷管传爆到一定距离后，孔内雷管才能起爆（同时为防止爆破飞石对孔外网络的破坏，网络布置完成并检查无误后，采用沙袋将孔外网络覆盖保护）。这就要求起爆雷管的延时尽可能长些，但延时长的高段别雷管其延时误差也比导流明渠进口预留岩埂爆破后的延时误差大。为达到排检相邻孔不串段、重段，同一排相邻的孔间尽可能不重段的目的，高段别雷管的延时误差不能超过排间接力传爆雷管的延时值，对单段药量要求特别严格的爆破，高段别的雷管延时误差不能超过同一排孔间的接力雷管延时值。因此，主爆孔内采用MS-15塑料导爆管雷管（880ms），孔间采用MS-2塑料导爆管雷管，排间采用MS-5塑料导爆管雷管，起爆雷管选用电雷管。

4 爆破实践

（1）预留岩埂爆破设计图见图1。

（2）爆破结果分析。

1）预留岩埂爆破石渣粒径不大于30cm的，占总量的90%以上，主爆孔的各项爆破参数合理。

2）与预留岩埂衔接的左右岸结合部采用预裂爆破后，形成一条沿钻孔连心线方向的裂缝，开裂宽度0.5～2cm不等，预裂面完整平顺，满足明渠过流要求，预裂孔各项爆破参数合理。

3）因水下爆破，且堵孔长度较大，本次爆破飞石较少。

4）通过爆破震动安全监测成果，各部位的振动均控制在安全标准控制内，具体见表3。

表3　各部位震动安全监测成果

<table>
<tr><td colspan="2">测试日期</td><td colspan="2">2011年11月6日</td><td colspan="2">爆破时间</td><td>9：57</td><td>测试内容</td><td colspan="3">各部位震动安全监测成果</td></tr>
<tr><td colspan="2">监测单位</td><td colspan="9">长江设计院长江工程地球物理勘测武汉有限公司枕头坝水电站项目部</td></tr>
<tr><td>编号</td><td>测点部位</td><td>通道号</td><td>测向</td><td>峰值速度/(cm·s^{-1})</td><td>频率/Hz</td><td>振动时间/s</td><td>水平距离/m</td><td>垂直高差/m</td><td>备注</td><td>结论</td></tr>
<tr><td rowspan="2">1</td><td rowspan="2">右岸边坡坡脚高程610</td><td>1</td><td>垂直</td><td>3.61</td><td>39</td><td rowspan="2">1.8</td><td rowspan="2">80</td><td rowspan="2">25</td><td></td><td>未超量</td></tr>
<tr><td>2</td><td>水平</td><td>3.53</td><td>48</td><td></td><td>未超量</td></tr>
<tr><td rowspan="2">2</td><td rowspan="2">右岸边坡坡脚高程615</td><td>1</td><td>垂直</td><td>1.83</td><td>39</td><td rowspan="2">1.7</td><td rowspan="2">120</td><td rowspan="2">30</td><td></td><td>未超量</td></tr>
<tr><td>2</td><td>水平</td><td>1.52</td><td>26</td><td></td><td>未超量</td></tr>
<tr><td rowspan="2">3</td><td rowspan="2">右岸边坡坡脚高程600</td><td>1</td><td>垂直</td><td>0.05</td><td>18</td><td rowspan="2">1.5</td><td rowspan="2">375</td><td rowspan="2">8</td><td></td><td>未超量</td></tr>
<tr><td>2</td><td>水平</td><td>0.05</td><td>37</td><td></td><td>未超量</td></tr>
</table>

续表

测试日期		2011 年 11 月 6 日			爆破时间		9：57	测试内容	各部位震动安全监测成果	
监测单位		长江设计院长江工程地球物理勘测武汉有限公司枕头坝水电站项目部								
编号	测点部位	通道号	测向	峰值速度/(cm·s^{-1})	频率/Hz	振动时间/s	水平距离/m	垂直高差/m	备注	结论
4	闸坝段闸门顶部	3	垂直	0.04	17	1.5	380	6		未超量
		4	水平	0.06	44					未超量
5	新光村一组民房	1	垂直	—	—	—	1200	130	未触发	
		2	水平	—	—				未触发	
6	新光村二组民房房顶	1	垂直	0.42	52	1.8	300	130		未超量
		2	水平	0.02	65					未超量
7	新光村二组民房墙角	1	垂直	0.26	47	0.8	320	135		未超量
		2	水平	0.02	56					未超量
8	小河村二组民房墙角	1	垂直	0.80	73	0.2	350	155		未超量
		2	水平	0.07	63					未超量
9	小河村二组民房墙角	1	垂直	0.09	25	1.6	345	150		未超量
		2	水平	0.12	21					未超量
10	小河村二组民房墙角	3	垂直	0.31	25	1.6	340	150		未超量
		4	水平	0.13	21					未超量
11	新村民房墙角	1	垂直	0.06	16	1.7	1500	20		未超量
		2	水平	0.03	18					未超量
12	红华实业	1	垂直	—	—	—	1600	20	未触发	
		2	水平	—	—				未触发	

5 结束语

通过对现场爆破效果的检查、爆破震动监测及后期明渠分流效果检测，明渠进口预留岩埂拆除爆破的各项爆破参数是合理的，爆破有害效应在安全标准控制内，可作为类似工程施工参考。

大渡河黄金坪水电站导流洞进口围堰拆除爆破设计

简俊杰　张其勇　张　伟

【摘　要】：导流洞围堰拆除是一种特殊爆破作业，由于堰体基本位于水面以下，对爆破飞石及爆渣的块度控制要求高，加之在围堰爆破拆除，导流洞过水后无法再次施工，因此，爆破拆除效果直接影响到电站截流施工的难易程度，对水电工程建设极为重要。本文通过对黄金坪水电站导流洞进口围堰爆破拆除方案的设计和爆破效果的分析，为类似工程施工提供参考。

【关键词】：黄金坪水电站　导流洞　进口围堰　爆破拆除　参数　设计

1　工程概况

黄金坪水电站系大渡河干流水电规划“三库22级”的第11级电站，是以发电为主的大（2）型工程。坝址位于大渡河上游四川省甘孜藏族自治州康定县境内。电站总装机容量850MW。

黄金坪电站河道截流采用右岸导流洞单洞导流，导流洞洞身断面为城门洞型，净尺寸为15.0m×16.0m（宽×高）。进口底板高程1412.5m，进口围堰顶高程1422.5m，堰体1419.3～1422.5m为混凝土结构，1419.3m以下为基岩。进口围堰爆破拆除前，导流洞进口水面高程1419.3m，通过乘船采用扦插法测量水下1415.0m以上地形及断面，在1412.5m采用水平造孔测量堰体厚度，其围堰堰顶宽1.6m，高程1412.5m水平剖面最大宽度14.0m，进水口上游侧基岩向河流中心凸出，堰体方量约1900m^3，围堰上游河道右岸突岩方量约2400m^3。

2　围堰拆除方案

因导流洞右岸上游侧向河心凸起，影响水流形态，并且堰体较厚，采用一次爆破拆除很难保证拆除效果。为此，围堰拆除采用两期爆破进行拆除，第一期拆除水面堰体及上游右岸岩埂，第二期拆除到设计范围内，爆破粒径控制在30cm以内，爆渣尽量向河床抛掷，严格控制爆破震动和飞石，保证周围保护物的安全，爆破完成后采用长臂反铲清理疏通河道；围堰布孔根据围堰地形地质条件，堰体上、下游侧边坡采用预裂爆破，堰底采用光面爆破，以水平向斜孔与垂直孔结合的方式布孔，采用从堰体中间向河床外侧的顺序起爆。

3　围堰拆除爆破设计

3.1　一期爆破参数

一期爆破采用堰体范围造ϕ42mm垂直爆破孔，孔深2.5m，共28个，孔底高程1419.7m，单孔药量2.0kg/孔，单耗约q=0.8kg/m^3。造预裂孔共35个，主爆孔共38个，ϕ90mm孔径，预裂孔孔深10.5m，单孔装药量6.5kg，6～7孔一响，底部2.0m以1.4kg/m加强装药，正常装药段按照480g/m绑扎装药。主爆孔孔深10.0～7.0m，连续装药，单孔药量26～39kg，单耗约1.7kg/m^3。爆破总装药量1930kg，最大单响78kg。

3.2　二期爆破参数

（1）钻孔直径。预裂孔及主爆孔孔径均为90mm。

（2）钻孔布置形式。采用交叉布孔方式，钻孔角度逐排逐孔进行控制。

（3）孔网参数。排距（抵抗线）$b=1.5$m，孔距 $a=1.5$m。

（4）炸药单耗。一般水下爆破，炸药单耗按公式（1）计算：

$$q=q_1+q_2+q_3+q_4 \tag{1}$$

$$q_2=0.01h_2$$

$$q_3=0.02h_3$$

$$q_4=0.03h$$

式中 q_1——基本炸药单耗，按将岩坎炸碎至30cm以下块径计算，C15混凝土单耗应大于1.0kg/m³；

q_2——爆区上方水压增量单耗，h_2 为水深，m；

q_3——爆区覆盖层增量单耗，h_3 为覆盖层厚度，m；

q_4——岩石膨胀增量单耗，h 为梯段高度，m。

设计选择炸药基本单耗 $q>1.2$kg/m³。考虑到压重和水头压力，本设计采用的单耗 q 在1.2～2.0kg/m³ 之间调节。

（5）炮孔深度。由于底部采用水平造孔，每孔预留保护层不小于1.0m。

（6）堵塞长度。主爆破孔堵塞长度≥1.2m；为防止产生过多的爆破飞石，顶部采用砂袋适当覆盖防护。预裂孔堵塞长度0.8m。

（7）装药量计算。由于孔内用组合装药结构，其单孔装药量为各段装药量之和。

$$Q=\sum Q_i$$

$$Q_i=q_i a \cdot W_i \cdot L_i \tag{2}$$

式中 q_i——单位炸药消耗量，kg/m³；

a——孔距，m；

W_i——各装药段底部抵抗线长度，m；

L_i——各装药段药量长深，m。

围堰拆除最大单孔装药量小于90kg。

3.3 装药结构

主爆孔采用 ϕ70mm 乳化炸药连续装药。

预裂孔在底部2m加强装药，线装药密度1.4kg/m，其余部位线装药密度480kg/m，采用防水导爆索和竹片，连续绑扎下药。

4 爆破震动安全论证

进口围堰拆除爆破控制的重点是对进水塔、闸门槽等建筑物的振动控制。本次设计选择围堰附近导流洞进口闸门及门槽进行计算，进口围堰距离闸门及门槽的距离为20m。根据《爆破安全规程》有：

爆破震动速度按式（3）计算，即：

$$V=K(Q^{1/3}/R)^{\alpha} \tag{3}$$

最大单段药量按式（4）计算，即：

$$Q=R^3(V/K)^{3/\alpha} \tag{4}$$

式中 V——质点震动速度，cm/s；

R——爆源中心至建筑物的距离，m；

K、α——场地系数，结合类似工程经验，在此取 $K=150$，$\alpha=1.5$。

根据计算结果，最大单段药量≤142kg时，结构是安全的。本爆破设计中，由于最深的炮孔单孔装药量都没有超过 40kg，因此，对于 10m 以上的中深孔采用 2 孔一段；10m 以下的浅孔采用 3～6 孔一段。单段药量控制在 80kg 以内，可以保证门槽安全。

5 起爆网络设计

爆破选用毫秒延时顺序爆破接力网络起爆。

5.1 设计原则

设计原则如下：

（1）起爆网络的单段药量控制在 80kg 以内，以满足振动的安全要求。

（2）同一排相邻孔尽量不出现重段和串段现象。

（3）整个网络传爆雷管全部（或绝大部分）已经传爆，第一响的炮孔才能起爆。

（4）如果发生重段或串段，爆破震动速度值不超过 20cm/s 的校核标准。

（5）围堰中部首先起爆，向河床抛掷，然后依次向两边传爆。

5.2 起爆器材的选择

起爆器材的选择如下：

（1）孔间传爆雷管的选择。为避免同一排相邻段出现重段和串段现象，选择 MS2 做段间雷管，局部采用 MS3 段进行间隔。

（2）排间传爆雷管的选择。在考虑起爆雷管延时误差的情况下，必须保证前后排相邻孔不能出现重段和串段现象。因此，排间雷管的延时误差应尽可能小于孔间雷管的延时，选择 MS5 段做排间雷管。

（3）起爆雷管的选择。为防止由于先爆炮孔产生的爆破飞石破坏起爆网路，对于孔内雷管的延期时间必须保证在首个炮孔爆破时，接力起爆雷管已经完全传爆或者绝大多数已经起爆。这就要求起爆雷管的延时尽可能长些，因此根据排间雷管选择 MS5，最大排数 7 排，需要 6 个排间连接，综合考虑，孔内延时雷管选择 MS15 段。

5.3 炸药选择及防水处理

围堰岩埂爆破拆除底部基岩属于水下爆破，受水压影响，必须选择在水压力下完全爆炸的炸药。

为此选择高爆速、高密度炸药具体要求：密度大于 1100kg/m^3，爆速在 4500m/s，作功能力大于 320mL，猛度大于 16mm，殉爆距离大于 2 倍的药径乳化炸药，导爆索采用防水型导爆索。对选择的炸药和导爆索，应进行相应的 3 天抗水性能试验。

5.4 网络可靠度计算

网络采用塑料导爆管雷管排间、孔间孔外接力传爆网络为多分支的并串联网络。网络中任一点的传爆可靠度按式（5）计算，即：

$$P_{ij}=[1-(l-R)^m]^{(i+j)} \tag{5}$$

式中 P_{ij}——第 i 排节点第 j 个孔间节点的可靠度；

R——单发雷管的可靠度；

m——节点雷管并联数；

i——排间节点顺序号；

j——节点所在排的孔间顺序号。

在非电接力起爆网络中，排间与孔间节点数之和最多的支网络的传爆可靠度，即为整个网络的传爆可靠度 P 的计算公式为：

$$P_{ij}=[1-(l-R)^m]^{\max(i+j)} \tag{6}$$

式中 $\max\{i+j\}$ ——网络中间排、孔间节点数之和的最大值。

由于围堰内侧空间小，现场工作人员多，为保证网络传爆的可靠性，排间、孔间接力雷管2发并联，孔内起爆雷管数不少于2发。孔间间隔5～6个节点用两发MS7段塑料导爆管雷管进行排间搭接。

进口围堰排间最大节点数6，孔间最大节点数20，节点雷管并联数为2，普通塑料导爆管非电雷管的单发雷管的可靠度R为99.9%。代入公式（6）计算得：

$$P=[1-(1-0.999)^2]^6=99.9\%$$

计算结果表明，采用毫秒延时顺序爆破接力网络起爆，其可靠度满足要求。

5.5 起爆网络安全技术措施

网络模拟试验：为检测所采用的是起爆网络的可靠性，爆前可对实际起爆网络进行1：1模拟试验。如果模拟网络的传爆雷管、起爆雷管按预定时差爆破，证明所采用的网络可靠。

6 爆破技术指标

表1　爆破器材消耗量表

	炸药/kg		塑料导爆管雷管/发							电雷管/发	导爆索/m
	ϕ70	ϕ32	MS1	MS2	MS3	MS5	MS7	MS11	MS15		
总计	4353	422.4	20	96	50	26	2	4	530	4	1100
采购	5t	0.5t	30发	150发	70发	30发	10发	10发	600发	10发	1500m

注　本表不包含各种试验所需的爆破器材消耗量，实际消耗量将视钻孔情况有所变化，但以最终的变化为准。

MS15雷管的脚线长度12m；MS1、MS2、MS3、MS5、MS7、MS9、MS11的脚线长度7m。

本次拆除预裂孔共79个，总进尺853.2m；ϕ42mm主爆孔共200个，总进尺300m；ϕ90mm主爆孔共155个，总进尺986m。

7 爆破安全防护和安全监测

对围堰周围的建筑物，爆破设计中控制爆破震动强度满足安全要求，采取控制装药量、堵塞长度，以尽量减少飞石；对保护建筑物采用覆盖竹排、砂袋等方式防护。在爆破飞石区内的设备和人员撤至500m以外的安全地带，同时对建筑物进行爆破震动监测。

8 结语

针对本工程右岸导流洞进口围堰顶部为混凝土，下部为弱风化花岗岩，且底宽达14m的混合结构体，且总体爆破方量大、地形复杂。对此，采用一期爆破堰顶混凝土部分后，再以垂直孔辅以底板水平斜孔的爆破方式，对下部岩石堰体进行二期爆破拆除。根据现场实际拆除效果，该爆破方案既彻底拆除堰体，无残埂；同时有效防止了爆破飞石，确保周边设备和建筑物不受损伤；并且控制了爆堆的体积和爆破石渣的粒径，在导流洞进口围堰爆破瞬间高水头的冲击下，无石渣堆积，及时测算导流洞分流比达到了47.29%，为其后的大河截流施工创造了有利的施工条件。

梨园水电站导流洞出口围堰拆除爆破

王亚辉　李　茜

【摘　要】：以梨园水电站导流洞出口围堰拆除爆破为例，研究异型混凝土结构物的拆除爆破。

【关键词】：异型水工混凝土结构物　拆除爆破

1　概述

在水工混凝土结构物拆除中，异型混凝土结构物的爆破拆除并不常见，对于异型混凝土结构物的拆除爆破从布孔、钻孔、装药、联网爆破等每个环节的参数都对拆除的效果起着至关重要的作用，而且对于不同的结构物型式各个参数都大不相同，因此在制定不同型式结构物的拆除爆破方案时，要从结构物的混凝土标号、型式、体积、爆破要求等各方面着手去研究，以达到预期的爆破效果。梨园水电站位于云南省迪庆州香格里拉县（左岸）与丽江地区玉龙县（右岸）交界河段，是金沙江中游河段规划的第三个梯级电站。梨园水电站工程属大（1）型一等工程，主要永久性水工建筑物为一级建筑物。水库库容为 $7.27\times10^8m^3$，电站装机容量 2400MW（4×600MW）。工程施工导流采用全年围堰挡水、围堰一次断流，1 号、2 号导流洞泄流的全年导流方式，2 条导流洞布置在同一河岸，截流时 1 号、2 号导流洞同时过流。

2　围堰基本参数

1 号、2 号导流洞出口全年围堰为重力式混凝土围堰，混凝土标号为 C20，素混凝土，堰顶高程为 1519m，堰顶宽 1.5m，1513m 高程以上部分为直立墙，1513m 高程以下部分迎水面坡比为 1∶0.1，背水面坡比为 1∶0.55。基础面有两排锚杆插筋，第一排设在轴线位置，第二排设在距轴线 2.0m 的内侧，间距 2m，锚杆规格为 ϕ28mm、$L=6.0$m，外露 1.5m。基础有帷幕灌浆。需要拆除的围堰桩号为坝 0＋840 段～坝 0＋182.39 段，坝 0＋000 段～0＋084 段为 1 号导流洞左边墙，不需要拆除。拆除段围堰基础面最高高程为 1510.51m，最低高程为 1501.08m，即拆除段围堰高度最小为 8.49m，最大为 17.92m。围堰布置及结构见图 1 和图 2。

3　爆破拆除方案

3.1　拆除整体方案

混凝土结构物爆破拆除主要控制拆除后的颗粒大小，保证颗粒能用正常的装运设备装运，其次控制最大单响药量，要确保建筑物不受爆破震动的影响而遭受破坏。另外，控制爆破飞石在安全距离范围之内，同时拆除段和保留段之间的面要整齐。梨园水电站导流洞出口混凝土围堰采用一次爆破拆除。上部直立墙布置垂直孔，用支架式潜孔钻造孔，下部梯型部分布置水平孔，为了减少飞石飞往明渠一侧，水平孔向外侧倾斜 5°，水平孔采用液压潜孔钻和支架式潜孔钻造孔，能用液压潜孔钻造孔的采用液压潜孔钻造孔，超过上部液压潜孔钻施工高度范围之外的采用支架式潜孔钻造孔，搭设简易脚手架作为施工平台。采用孔内分段装药，孔内微差起爆网络一次联网爆破，电雷管起爆，爆破时控制单响药量及飞石，围堰拆除段和保留段之间采用切割爆破。为防止围堰倾倒时砸坏明渠底板混凝土，在明渠靠

图 1　导流洞出口围堰布置图

围堰 20m 范围底板混凝土面覆盖 30cm 厚石渣进行保护。爆破后的渣料用 1.6m³ 反铲挖掘机装车，20t 自卸汽车运至指定渣场。

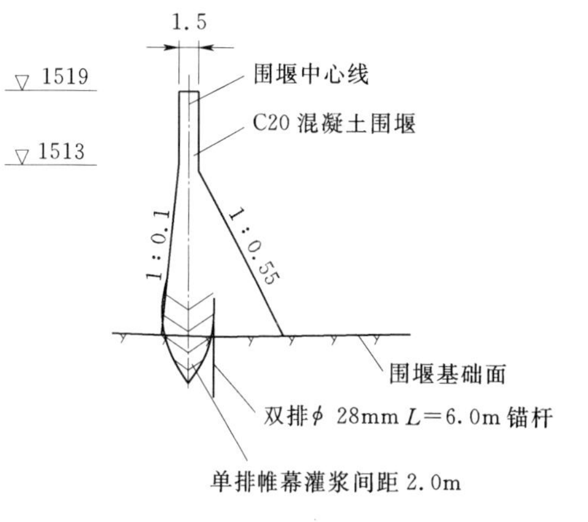

图 2　围堰结构断面图

3.2　爆破设计

爆破设计如下：

（1）钻孔直径：90mm。

（2）钻孔方向：直立墙部分为垂直孔，底部为水平孔。

（3）钻孔深度：垂直孔为 6.5m，比直立墙超钻 0.5m，水平孔根据实际情况来定，满足底部留 35cm 厚度即可。

（4）抵抗线：0.7m。

（5）间距：垂直孔间距 1.35m，水平孔间距 1.8m。

（6）排距：垂直孔单排，水平孔排距 1.5m。

（7）堵塞长度：80～95m。

（8）装药方式：人工装 ϕ70mm 乳化药卷。

（9）平均单耗药量：0.36kg/m³，直立墙因在衬砌模板安装时有对拉钢筋，单耗药量加大，围堰底部因抵抗线大，单耗药量加大。

（10）最大单响药量：110kg。

（11）爆破网络：采用毫秒微差起爆网络。

（12）起爆方式：电雷管起爆。

（13）临空面：沿江侧。

具体爆破设计见图3和图4和表1。

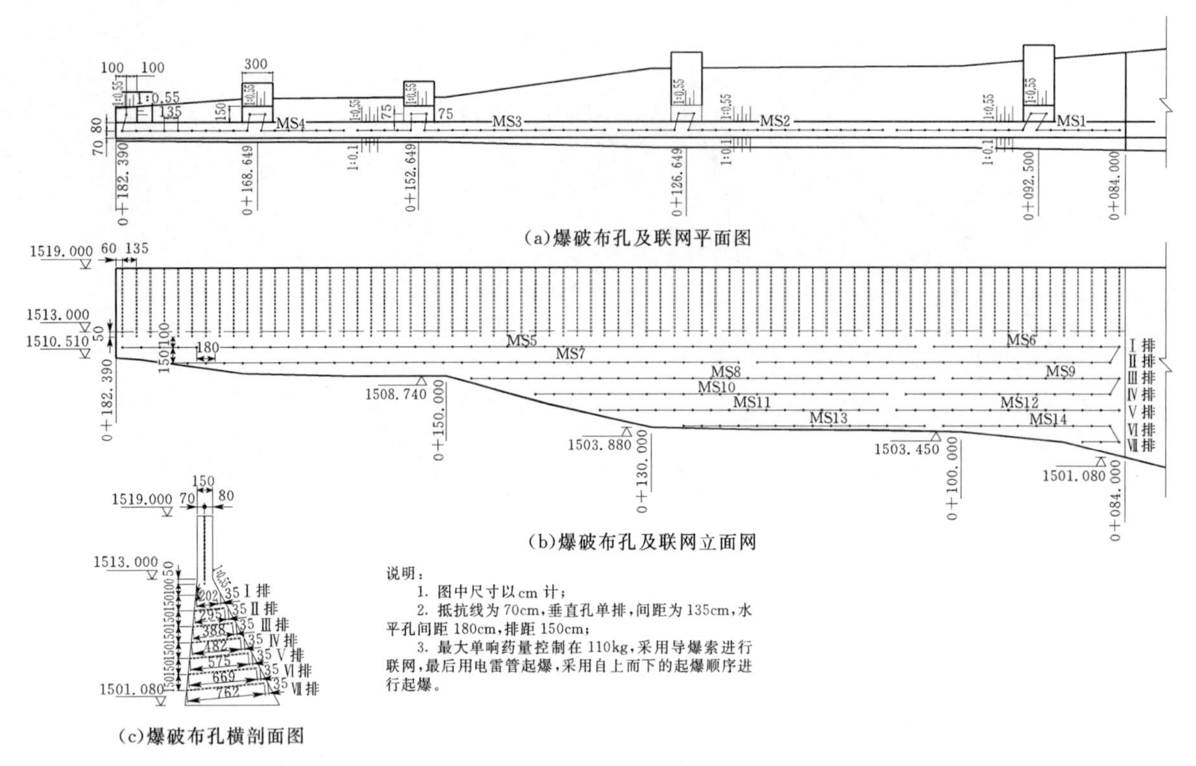

图3　爆破布孔及联网图

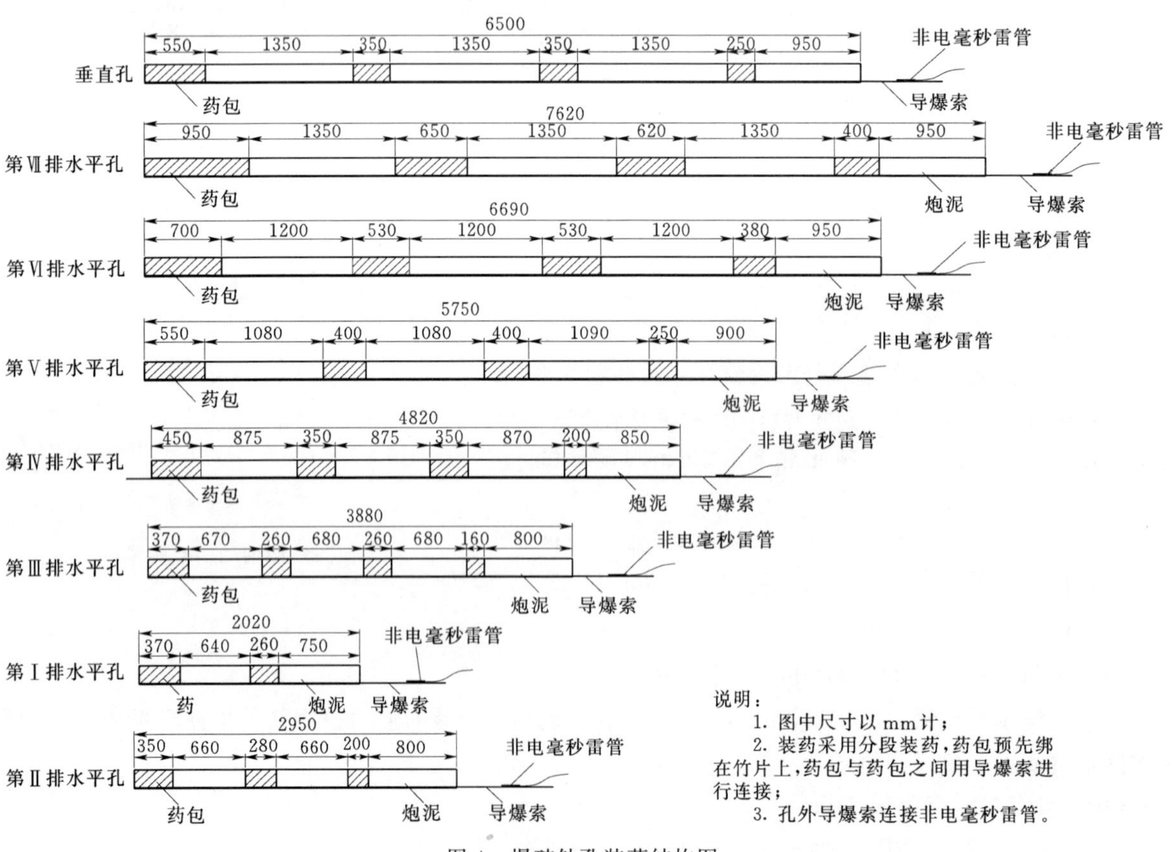

图4　爆破钻孔装药结构图

表 1　　爆破钻孔装药参数表

序号	孔　号	孔径 /mm	孔深 /m	药径 /mm	单孔药量 /kg	单耗药量 /(kg·m^{-3})	孔数 /个	总钻孔量 /m	总装药量 /kg
1	垂直孔	90	6.5	70	5.63	0.43	73	474.5	410.99
2	第Ⅰ排水平孔	90	2.02	70	2.36	0.35	54	109.08	127.44
3	第Ⅱ排水平孔	90	2.95	70	3.19	0.35	52	153.4	165.88
4	第Ⅲ排水平孔	90	3.88	70	4.13	0.35	35	135.8	144.55
5	第Ⅳ排水平孔	90	4.82	70	5.06	0.36	32	154.24	161.92
6	第Ⅴ排水平孔	90	5.75	70	6	0.36	29	166.75	174
7	第Ⅵ排水平孔	90	6.69	70	8.03	0.42	24	160.56	192.72
8	第Ⅶ排水平孔	90	7.62	70	9.83	0.46	3	22.86	29.49
合计							302	1377.19	1406.99

3.3　爆破控制计算

爆破控制计算如下：

（1）爆破飞石的控制。保证堵塞长度和堵塞质量，起爆方向选择向江一侧。

（2）爆破震动（地震波）的控制。目前国内外爆破工程多以建筑物所在地表的最大质点振动速度作为判别爆破震动，对建筑物的破坏标准通常采用的经验公式为：

$$v=K(Q^{1/3}/R)^{a} \tag{1}$$

式中　v——爆破地震对建筑物（或构筑物）及地基产生的质点垂直振动速度，cm/s，按照设计技术要求，混凝土浇筑龄期大于28d时 $v=5.0$cm/s，围堰爆破最近的混凝土浇筑龄期已超过28d，因此 v 取5.0cm/s；

Q——炸药量，kg，此爆破为分段爆破，取最大单响药量；

R——从爆破地点药量分布的几何中心至观测点或被保护对象的水平距离，m，围堰中心距浇筑好的明渠混凝土最小距离为10m，R 值取10m；

K——与岩土性质、地形和爆破条件有关的系数，见表2；

a——爆破地震随距离衰减系数，见表2。

表 2　　爆区不同岩性的 K、a 值

岩　性	K	a
坚硬岩石	50～150	1.3～1.5
中硬岩石	150～250	1.5～2.0
软弱岩石	250～350	2.0～2.2

围堰混凝土标号为C20，属低强度混凝土，因此本次爆破 K 取150，a 取1.5；计算得出最大单响药量为：

$$Q=110.6\text{kg}$$

3.4　施工方法

技术交底→下达作业指导书→量测布孔→钻机就位（角度校正）→钻孔→验孔检查→装药、联网爆破→出渣。

（1）测量放线。严格按照爆破设计图进行测量放样，对每一个孔的位置测量放样后用红油漆进行标记，标记时要标明孔号、孔深。测量放样采用TCR802全站仪。

（2）钻孔。顶部直立墙的垂直孔采用YQ－100B支架式潜孔钻机造孔，底部水平孔采用液压潜

孔钻机造孔，孔径均为90mm，孔深严格按照爆破设计所设计的孔深进行施工。钻孔过程中，专人对钻孔的质量及孔网参数按照作业指导书的要求进行检查，如发现钻孔质量不合格及孔网参数不符合要求的，应立即进行返工，直到满足钻孔设计要求。

(3) 装药。装药采取人工现场进行装药，均使用卷装乳化炸药，药卷直径为70mm，为使炸药均匀分布在混凝土内，采取分段装药的方法，药包之间用导爆破索连接，每段药包中间用炮泥进行填塞，孔口用炮泥进行封堵。爆破单耗药量控制在0.35kg。

(4) 联网起爆。采用孔间毫秒微差起爆网络，非电毫秒雷管联网，塑料导爆索传爆，电雷管起爆。

(5) 出渣。爆破后渣料用1.6m^3 反铲挖掘机装车，20t自卸汽车运至指定渣场。

3.5 爆破警戒

按照常规的警戒范围设置警戒，临空面安全距离为300m，非临空面安全距离为200m。警戒由一人专职负责，每个路口设置两人进行警戒，每个区域单独设置一个负责人，每个部位警戒人员均配置对讲机进行通信联络。爆破前30min警戒人员第一次鸣哨，对爆破区域内的人员和设备进行疏散；爆破前10min第二次鸣哨，确认人员设备已全部疏散完成，起爆破人员做好起爆准备；再过10分钟后第3次鸣哨，各部位警戒人员向各区域警戒负责人报告警戒完毕可以起爆，各区域警戒负责人向警戒总负责人报告警戒完毕可以起爆，警戒总负责人向拆除爆破总负责人报告警戒完毕可以起爆，起爆人员向拆除爆破总负责人报告准备完毕可以起爆，然后拆除爆破总负责人向起爆人员下达指令进行起爆。

4 结语

通过严密的爆破设计和严格的施工控制，爆破后混凝土颗粒小，能够一次全部装车运输，不需要二次解炮，爆破方向向河床一侧，得到了控制，飞石较少，且没超出警戒区域，爆破震动小，建筑物没受到影响，围堰拆除段和保留段之间表面平整，爆破一次成功。

预裂爆破在洪家渡水电站左坝肩开挖中的应用

杨玺成

【摘　要】：贵州洪家渡电站位于贵州毕节地区织金县与黔西县交界的六冲河上，该电站地层岩性为灰岩和泥页岩相间，岩石普氏硬度系数为6～8。其中的左坝肩为垂直陡高边坡，具有溶洞发育、地形陡峭、场地狭窄、环境复杂以及高差大等特点，致使开挖难度很大，该工程要求预裂面无欠挖，超挖小于20cm，基础面高程开挖偏差不大于±20cm，孔向偏差小于0.5°，通过采用预裂爆破技术，严格控制钻孔精度和爆破参数，顺利地完成了坝肩开挖任务，保证了施工的质量和安全。

【关键词】：预裂爆破　质量控制　爆破技术　次坚石

1　工程概况

贵州洪家渡电站位于贵州毕节地区织金县与黔西县交界的六冲河上，该电站地层岩性为灰岩和泥页岩相间，岩石普氏硬度系数为6～8。其中的左坝肩为垂直陡高边坡，具有溶洞发育、地形陡峭、场地狭窄、环境复杂以及高差大等特点，致使开挖难度很大。

2　预裂爆破质量控制

在保护层开挖时，保证控制轮廓的质量，应从两方面进行控制，即：预裂孔钻孔精度和爆破参数。其中，据笔者经验，预裂爆破质量至少70%决定于预裂孔钻孔精度。如果钻孔中预裂孔孔距与孔向偏差过大，则不管预裂爆破参数选得多恰当，也难以取得好的爆破效果。在洪家渡电站左坝肩保护层开挖中，也出现了极少量预裂爆破质量不高，造成保留岩面不平整、超欠挖且保留基岩破坏严重的现象。其主要原因都是不能很好地控制预裂孔钻进方向，而预裂爆破参数控制则相对容易些。

2.1　预裂孔钻孔精度控制

2.1.1　精度要求

该工程要求预裂面无欠挖，超挖小于20cm，基础面高程开挖偏差为±20cm，孔向偏差小于0.5*b*，要求是相当高的，但这又是与该工程基本参数相适应的。由于每个台阶高差为15m，对于垂直预裂孔，孔向偏差为0.5*b*，则孔底偏离设计位置为1500@tan0.5*b*=13cm。因而，若孔向偏差超过0.5*b*，则无论爆破参数多恰当，也难以保证预裂面的平整度。

2.1.2　钻孔精度控制

要控制钻孔精度，就必须控制好钻杆钻进方向。该工程中主要使用的是YQ-100型轻型潜孔钻机和CM351型高风压潜孔钻机以及电钻。YQ-100型轻型潜孔钻机使用得最多，因为它可以安装在样架上。因而，在打斜孔时控制预裂孔方向及开孔上非常方便，它的不足之处是不能固定冲击器，致使在开孔时必须人工用钢管或其他工具将冲击器卡住，以保证开孔位置的准确。在开孔后每钻进1m，应用专用测量仪器校核1次钻孔方向，以准确控制钻孔方向。CM351型高风压潜孔钻机在控制钻孔精度上非常方便、快速、准确。因该种钻机下压力达到1t以上，故钻机方向固定后在钻进过程中不易改变，在开孔时其冲击力大，而且有专用冲击器卡，这种钻机钻孔能达到相当高的精度。电钻一般使用的是2.0kW电机，它是靠电机旋转带动钻头切削岩石，没有冲击，故在钻进方向上不易控制，其适应性也很差，难以达到较高的精度要求。

2.2 预裂爆破参数控制

2.2.1 孔径径 *D*

炮孔直径直接关系到施工的效率和成本，该工程中 3 种钻机的孔径分别为：快速钻 90mm、CM351 钻 105mm、电钻 42～50mm。从钻孔效率和成本来看，CM351 最高，快速钻次之，电钻最低。

2.2.2 孔距 *a*

预裂爆破的实质是使炮孔之间产生贯通裂隙，以形成平整的预裂面。孔距过大，炮孔中炸药产生的能量不足以贯通相邻炮孔形成裂隙，则难以形成预裂面；孔距过小，炮孔中炸药产生的能量过剩，多余能量将破坏预裂面。因此，孔距对爆破后能否形成平整预裂面非常重要。孔距的大小主要取决于孔径、炸药的性质、不耦合系数、岩石的物理力学性质等。

该工程主要根据瑞典 Langefors 经验公式，即

$$a=(8\sim12)D(D>60\text{mm}) \tag{1}$$

或

$$a=(9\sim14)D(D<60\text{mm})$$

通过实践，最终得出最佳的孔距分别如下：CM351 钻机和快速钻为 1.2m，电钻为 0.8m。

2.2.3 不耦合系数 *B*

不耦合系数是指炮孔直径与药卷直径之比。即：

$$B=D/d \tag{2}$$

式中 d——药卷直径。

它反映药卷与炮孔壁的接触情况。合适的不耦合系数，能明显降低炸药爆炸作用于孔壁的压力，对孔壁岩石起到缓冲作用。根据工程经验，预裂爆破中不耦合系数一般为 2～4。在该工程实际中，通过不断试验，得出 CM351 钻机和快速钻一般用 d32 炸药，即 $B=3$；电钻则只能使用 d25 炸药，即 $B=2$。

2.2.4 线装药密度度 *q*

根据经验公式，即：

$$q=K@D@a1/2 \tag{3}$$

式中 K——岩石系数，该工程中石灰岩为中等强度岩石，取 0.4～0.5；

D——炮孔直径；

a——炮孔间距。

由此经验公式算出的线装药密度，只能作为参考，实际的线装药密度还需根据同类工程的经验数据进行多次试验，最终确定合适的线装药密度。该工程最佳线装药密度为 450g/m（D90 以上孔径，孔距为 1.2m）和 250g/m（D50 孔径，孔距为 0.8m）。值得注意的是，线装药密度一般指的是正常段装药密度。

2.2.5 装药结构

预裂爆破一般采用间隔不耦合装药，该工程也是采用这种装药结构，见图 1。

根据该工程实践，由于台阶高度达 15m，底部线装药密度应为正常段线装药密度的 4 倍，方能保证产生的预裂隙延伸到炮孔底部，且不出现严重的贴边 0、根底 0 现象。

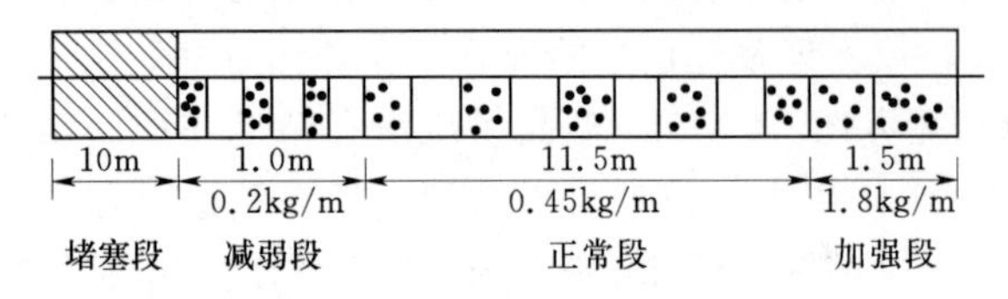

图 1 预裂孔装药结构示意

2.2.6 预裂爆破起爆

理论分析与工程实践均表明，1 排预裂孔相邻炮孔起爆的时差越小，预裂效果就越好。该工

程中采用导爆索起爆，使相邻炮孔起爆时差小于0.2ms以下；但在预裂孔数量较多时，应考虑爆破震动对预裂面及周围建筑物的危害。因而，此时对预裂爆破的单响药量应加以控制，把1排孔分成多段起爆，但段与段之间时差不大于25ms，否则在段与段之间连接处将出现不平整预裂面。预裂孔一般在梯段爆破之前起爆。在该工程中，采用预裂爆破与梯段爆破不同次爆破，取得了非常好的效果，半孔率高达95%以上，孔口拉裂小于0.5m。若采用预裂爆破与梯段爆破同次爆破，则预裂爆破应先于主爆区100ms起爆为宜。但在爆破规模较大的情况下，为避免预裂孔先爆破影响梯段爆破网络，也可先起爆前2～3排梯段孔，之后接着起爆预裂孔，这样也能取得较好的预裂效果。

3 梯段爆破质量控制

该电站左坝肩开挖主要有以下特点：

(1) 开挖高差大、场地狭窄、地形陡峭，高程1268～1030m，最大开挖高差达159m。

(2) 离河道近，爆破时石渣易下河阻塞河道。

(3) 在爆破震动的影响下，易造成顺向坡失稳以及影响附近2号塌滑体的稳定。

(4) 爆破料应满足上坝料的级配要求。

其中，石渣下河是最难控制的。由于每次爆破时只有2个自由面，即上空和河道方向。而面临河道方向皆为峭壁，根据技术要求，石渣下河量应小于30%，普通的爆破方法很难达到。在最初进行爆破试验时，采取了在靠河道一边预留5m宽的岩石作为挡墙拦截爆渣下河，但由于靠河道一侧岩石风化严重，孤石较多，裂隙发育，在爆破震动下，大量的孤石，甚至特大孤石或顺向坡岩块顺层面滑入河道中，反而造成了河道堵塞。后来通过从爆破网络着手，采用并改进了在三峡工程永久船闸中试验并广泛使用的导爆管雷管孔内分段、孔外接力0的微差顺序接力爆破网络，成功地解决了这些难题。该网络示意见图2。

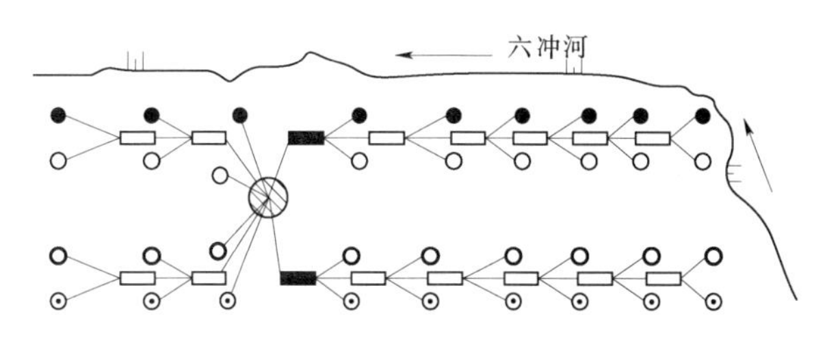

图2 导爆管雷管接力网络示意

该网络具有如下特点：

(1) 实现了单孔单响，减小了振动，爆破后裂隙少，有利于边坡和塌滑体的稳定；先爆破的炮孔为后爆破的炮孔创造了附加自由面，节约了炸药，提高了炮孔利用率。

(2) 通过有效控制微差间隔时间，使炮孔间爆破时产生应力叠加，从而使岩石剧烈破碎，爆破出的岩石块度小而均匀，从而满足级配要求。

(3) 该网络从起爆顺序来看，实际上是一种从开口处开始的V_0型网络，因而爆破方向变成了斜向上游和斜向下游的两个方向。在实际爆破过程中，有目的地将爆破开口点选在有接渣平台的地方，从而有效控制了爆破石渣下河量（小于20%）。

4 施工安全控制

由于洪家渡电站左坝肩具有地形陡峭、场地狭窄、环境复杂以及高差大等特点，因而对施工安全构成很大的安全隐患，主要是要控制高空坠物和爆破飞石的危害。

4.1 高空坠物控制

由于左坝肩为垂直高边坡，每个台阶的马道宽仅2.5～3.75m，而最大开挖高差为159m。随着边坡越来越高，高空坠物的危害也越来越大。为控制这一危害，必须采取以下措施：坚持“自上而下，逐层开挖”的原则；在进入下一层开挖之前，应将上一层马道及预裂面上的危石清理干净；喷锚应及时，避免岩石风化脱落伤人；应避免上下交叉作业。确需交叉作业时，在上层作业区域应挂设安全网，同时应有专职安全员现场指挥、协调。

4.2　爆破飞石控制

洪家渡电站左坝肩地形环境非常复杂，爆破时警戒难度大，因而对爆破飞石需严加控制。在该电站深孔梯段爆破中，飞石产生的原因主要如下：

（1）参数选择有误，任意增大药量。这主要表现在一些民工队中，为降低成本而少打孔、多装药，导致局部能量过剩而产生飞石。

（2）地质情况不明。地质构造与爆破飞石有着密切关系，由于该电站左坝肩溶洞发育，断层、软弱夹层多，导致能量从这些地方逸出而产生飞石。

（3）处理盲炮产生飞石。处理盲炮未按《爆破安全规程》中规定的程序进行而产生飞石。

针对这些产生飞石的原因，经反复研究，制定出了如下的预防措施：

1）根据公式估算飞石安全距离。经过爆破试验，该电站岩石爆破合适的单位炸药消耗量为0.45～0.55kg/m^3，故可采用瑞典汤尼克研究基金会提出的经验公式估算飞石最大飞行距离，即：

$$S_{max}=260@D2/3$$

式中　D——孔径，人员与机械应撤离到大于S_{max}的范围之外。

2）严格控制单孔装药量，保证炮孔堵塞长度。装药量是影响爆破飞石的最主要因素之一。控制装药量关键是控制单位炸药消耗量，保证炮孔堵塞长度，严禁不堵塞炮孔爆破。

3）采用微差起爆技术。在深孔爆破中，切忌齐发爆破。爆破实践证明，齐发爆破产生的爆破振动大，爆破效果不好。由于众多炮孔一起爆破，大量能量突然释放，极易产生大量飞石，造成飞石事故。而采用微差起爆，后组的炮孔爆破时，前组炮孔爆落的岩石已经飞起且尚未落下，因而后组炮孔不会把能量消耗在再次升起已破碎的岩石上而产生飞石。

（4）采用反向起爆技术。反向起爆就是把起爆药包放在孔底，爆破由孔底向孔口传播，这样后爆破的岩石对先爆破的岩石起到遮盖作用，能很好地防止产生飞石危害。

（5）加强安全防护措施。由于爆破工程本身的诸多不确定性，不管采取怎样的预防技术措施，也难以保证完全不产生飞石，因而对爆破区域附近还是要严加防范，如设置警戒标志和信号，加强警戒，不留死角；人员撤离至少300m以外，设备撤离至少200m以外，对确实不能撤出的设备，必须进行遮盖防护。

5　结语

在贵州洪家渡电站左坝肩陡高边坡的开挖中，通过不断试验、改进和探索，总结出了这些技术经验。正是由于采取这些技术措施，才使该项开挖工程成为了优质高效、安全无事故的精品工程，得到业主、监理的一致好评。

金属结构工程

洪家渡水电站止水铜片成型机设计

姚文利　张伟胜　李　强

【摘　要】：本文着重介绍可连续碾压加工止水铜片的专用设备的设计原理，是将模具知识运用到水电施工专用设备设计制造的一次尝试。

【关键词】：止水铜片　模具　成型机　设计

1　概述

洪家渡水电站位于贵州省黔西县，装机容量为60万kW，是乌江梯级开发中的一座大电站。水电站为面板堆石坝，坝高179.5m、坝宽427m。

大坝施工中，趾板、面板分块之间，趾板与面板的接缝之间需用一定形状的铜片进行止水防渗。

洪家渡水电站使用W1、W2、F型3种类型的止水铜片，铜片总长约6000m，重达35t。

由于该止水铜片的形状尺寸比较特殊，一般通用设备无法加工，而且专门设计制造此类设备的厂家较少。为减少成本，缩短制造工期，确保铜片加工质量，部队决定自主研制成型设备。应洪建联营体的邀请，2002年1月我们承担了该电站加工止水铜片专用设备的设计制造任务。

2　设计参数

止水铜片几何尺寸及主要技术要求如下：

（1）W1、W2、F型止水铜片的几何尺寸图形见图1。

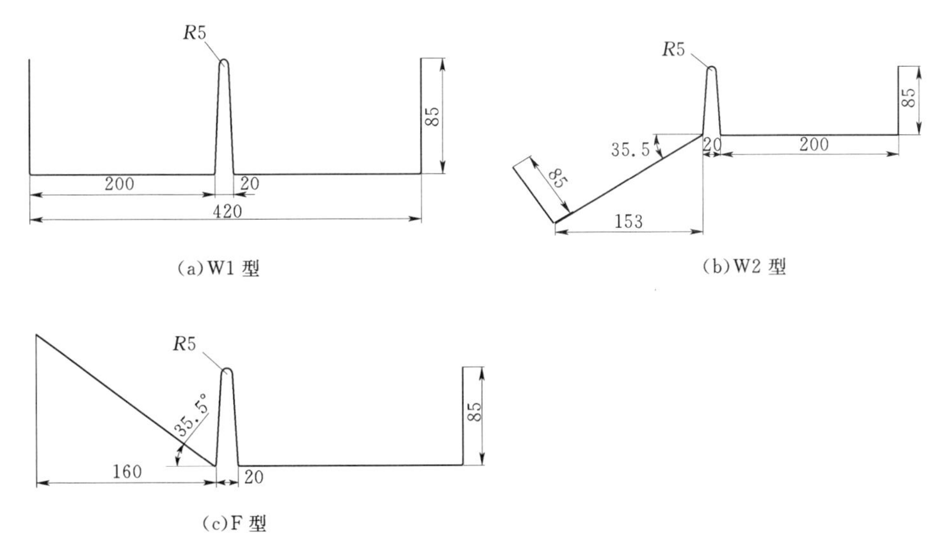

图1　W1、W2、F型止水铜片的几何尺寸图（单位：m）

（2）加工过程中不能使用热处理方法，不能锤击铜片表面，不能影响铜片的塑性等机械性能。

（3）加工成型后铜片表面无划伤、皱折、表面不平整度小于$2mm/m^2$，尺寸误差小于1.8mm。

（4）铜片加工长度一般4～6m为一个单元节。

（5）设备为电机驱动，且便于工地现场加工。

3 方案的比较与选择

待加工的铜片是按照止水铜片截面的展开尺寸作为宽度，长度100m左右卷制成圆盘由专业厂家提供。

众所周知，使铜片成型的冷加工大致有两种方法：一种是冲压；另一种是辗压。

对于冲压法来说，待加工铜片放置于凹凸模之间，模具作相对运动，铜片受挤压后成型。一段长度完成后，将工件顶出，即将铜片与模具分离；然后将其后的另一段料送入凹凸模之间，模具挤压铜片成型，之后又将工件顶出。如此循环，直至所需长度的止水铜片。

冲压法的主要缺点是：

(1) 铜片较薄，顶出时受力部分容易变形。

(2) 加工是间歇式的成型，效率低。

连续辗压法是一种工序区分明显的逐步变形的加工方法，即由送料机构均匀送料，使铜片经过几组模具辗压逐渐变形后达到所需形状。这种方法加工工艺简单，质量容易得到保证。

经过比较、筛选，本次的止水铜片成型机的设计选用连续辗压法。

4 连续辗压法

4.1 铜片成型的控制

铜片的成型主要是通过模具强制辗压而成型的。从止水铜片的几何尺寸来看，铜片中间鼻子处折弯约145°，两端折弯90°，铜片折弯幅度较大。

众所周知，对于连续辗压法而言，辗压模具设置少，则每次辗压变形量大，易造成过大的冷作硬化，同时由于上下两级辗压模具处的铜片截面差异过大，导致铜片无法送入下一级模具中；如果辗压模具设置过多，则设备庞大笨重，成本过高。

现主要介绍W1型止水铜片的成型控制，W2、F型与之相似，不再赘述。

铜片由毛坯平板到W1型，按以下5个变形节点进行成型控制，见图2。

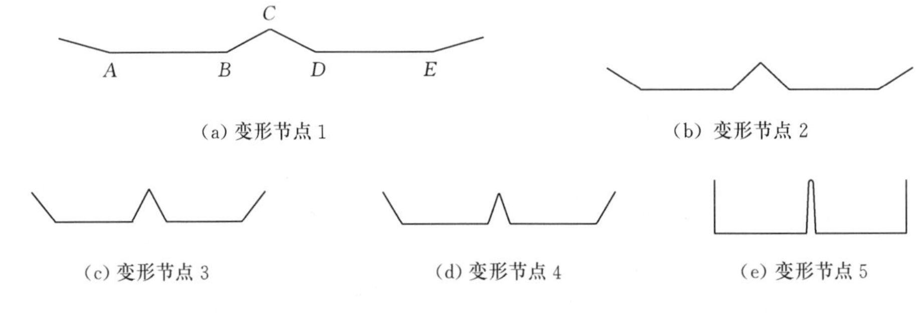

(a) 变形节点1　(b) 变形节点2

(c) 变形节点3　(d) 变形节点4　(e) 变形节点5

图2 5个变形节点

根据以上情况，本次设计了5组辗压模具。变形节点1、节点3、节点5处设计为辗辊形式；节点2、节点4处设计为过渡轮形式，以减轻设备重量。同时通过适当调整，可以用于辗压W2、F型止水铜片。各组辗压模具的主要作用见表1。

表1　各组辗压模具的主要作用

序号	主要作用	设计形状
1	展平毛坯铜片，控制 A、B、C、D、E 处的变形量	辗辊，命名NO.1辗辊
2	控制 A、B、C、D、E 处的变形量	过渡轮，命名NO.1过渡轮
3	展平上一级送来的铜片，使铜片继续发生变形	辗辊，命名NO.2辗辊
4	主要是控制 A、B、C、D、E 处的变量形	过渡轮，命名NO.2过渡轮
5	辗压铜片，使铜片最终成型	辗辊，命名NO.3辗辊

4.2 铜片成型的工艺流程

采用连续辗压法，根据以上的铜片成型控制，止水铜片加工基本工艺流程见图3。

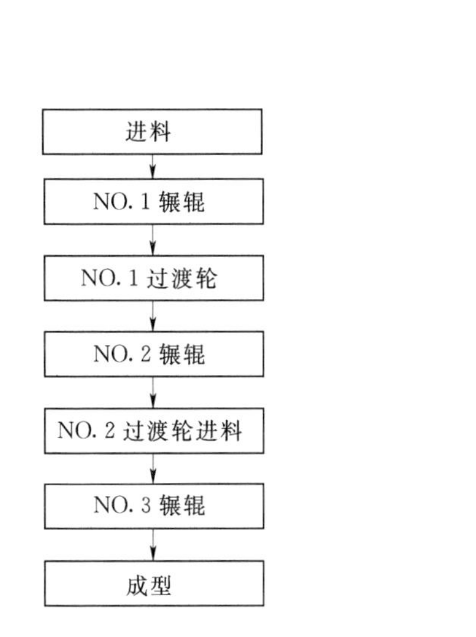

图3 止水铜片加工基本工艺流程

(a)NO.1辗辊

(b)NO.2辗辊

(c)NO.3辗辊

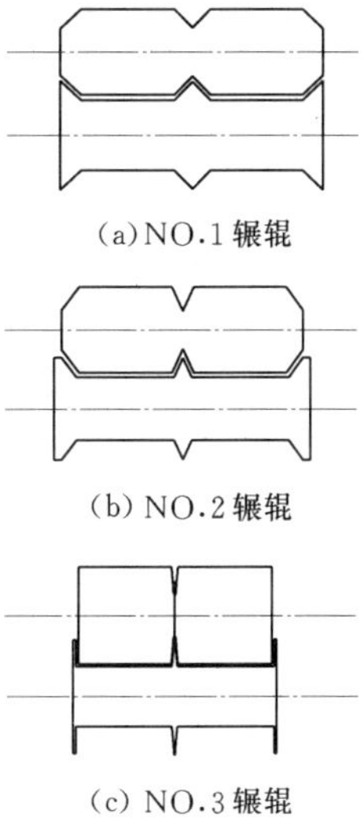

图4 NO.1辗辊、NO.2辗辊、NO.3辗辊的设计示意图

4.3 辗辊和过渡轮设计

(1) 分布位置。辗压模具按NO.1辗辊、NO.1过渡轮、NO.2辗辊、NO.2过渡轮、NO.3辗辊进行布置，辗辊、过渡轮的中心线平行且在同一平面内。

(2) 辗辊的设计。NO.1辗辊、NO.2辗辊、NO.3辗辊的设计见图4。

(3) 过渡轮的设计。NO.1过渡轮、NO.2过渡轮形状相似，现绘出NO.2过渡轮设计示意图见图5。

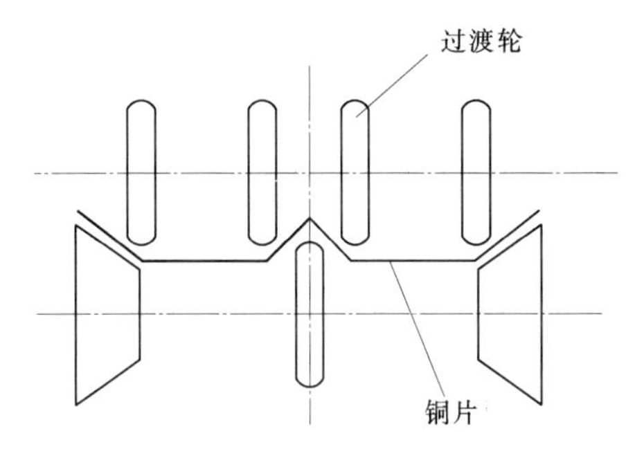

图5 NO.2过渡轮设计示意图

4.4 送料及辗压的驱动

盘卷待加工的铜片支架于NO.1辗辊之前，调节NO.1上、下辗辊间隙大于铜片厚度，将铜片从卷筒送入略超过NO.1上、下辗辊中心线，之后再次调节辗辊，使其压紧铜片，用减速器、大小链轮驱动NO.1辗辊。在上辗辊的正压力作用下，辗辊与铜片产生摩擦力，带动铜片运动，使其通过NO.1过渡轮、NO.2辗辊直至成型。

本次设计的传动系统，主要设备参数列表见表2。

表2 本次设计的传动系统的主要设备参数

名称	电动机	减速器	小链轮	大链轮	链条节距
规格	5.5kW、720r/min	1∶28	17	58	19.05mm

5 结论

按照设计制造的止水铜片成型机，经过在厂试验和工地调试，所加工的止水铜片表面无划伤，几何尺寸、机械性能均达到设计要求，为大坝分缝止水提供了合格产品。

施工单位和监理一致认为该设备结构简单，造价低廉，操作方便，满足设计要求，设计制造的止水铜片成型机一次验收合格。

广西长洲水利枢纽人字闸门安装焊接变形控制

张伟胜　黄福艺

【摘　要】：广西长洲水利枢纽船闸人字闸门安装焊接变形控制是整个安装质量控制的重要组成部分，也是焊接质量控制成功与否的重要标志。通过合理有效的焊接变形控制，使广西长洲水利枢纽船闸双线4个闸首，8扇人字闸门的安装完全符合设计及规范要求，创造了人字闸门安装史上大吨位、高标准、快速竖立拼装的成功典范。

【关键词】：人字闸门　焊接　变形控制

1　概述

广西长洲水利枢纽位于西江水系干流浔江下游河段，其坝址座落在梧州市上游12km处的长洲岛端部。船闸为1000t+2000t级双线船闸，布置在外江右岸台地，桩号为0－928.715～0－755.735m，挡水前沿长162.9m，每线船闸主体段由2个闸首和1个闸室组成。1000t级船闸门体宽13.7m，厚1.7m，2000t级船闸门体宽20.2m，厚2.98m。每闸首人字闸门由左、右两扇门叶组成。其中，上闸首门叶高17.05m，每扇门叶由7节门体构成，下闸首门体高24.05m，每扇门叶由10节门体构成。每扇门叶通过门体节间现场竖立拼装、调整、焊接而成。2005年6月23日西江水系超百年一遇洪水将闸门安装工期缩短了半年之多，为保证工期按时通航，在现有的安装场地和设备资源条件下采用快速竖立拼装的安装方法。

人字闸门现场安装焊接受场地制约，只能采用手工电弧焊进行焊接；焊接工作量相对集中，劳动强度大，工作条件差，焊接变形控制难度比较大。一旦出现超标的焊接变形都将进一步加大焊接变形控制的难度，因此合理有效的焊接变形控制具有重大的意义。

2　焊接变形分析

船闸人字闸门安装焊缝的具体分布详见图1。

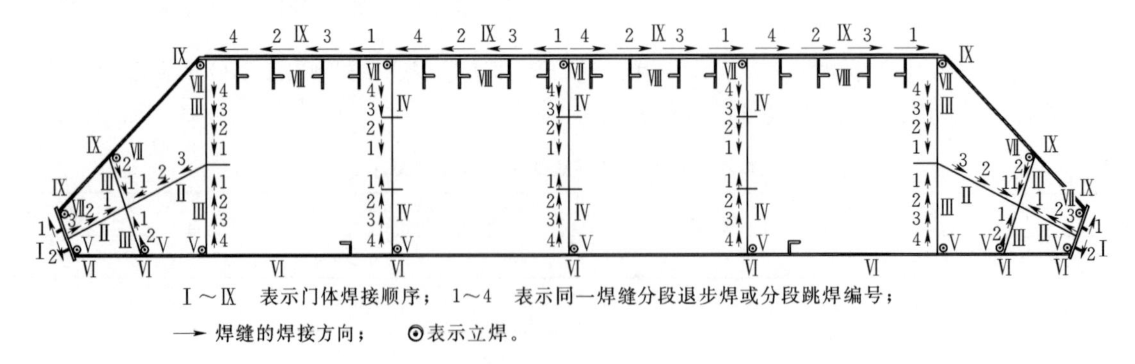

Ⅰ～Ⅸ　表示门体焊接顺序；　1～4　表示同一焊缝分段退步焊或分段跳焊编号；
焊缝的焊接方向；　⊙表示立焊。

图1　人字闸门安装焊缝分布及施焊顺序

（1）安装焊缝分布特点。迎水面焊缝密集，背水面焊缝稀疏，呈明显不对称分布；门体两端焊缝密集且焊接工作量大；安装焊缝基本上在同一横断面内。

（2）由于纵向长焊缝主要是面板对接缝和贴角缝，下游面为空格结构，纵向焊缝较少，且安装焊缝基本上在同一横断面内，所以焊缝的横向收缩变形是门体焊接变形的主要形式，纵向收缩变形较小不足以考虑。虽然在同一横断面内，焊缝的横向收缩方向基本一致，但由于焊缝在门体厚度方向上呈不对称性分布，且门体板材厚度差异较大，坡口形式类型较多，因此不当的焊接顺序，必然会导致焊缝横向收缩的不均衡，从而引起焊接变形。

（3）人字闸门在安装过程中必须消除门体在制造、运输、吊装、存放及焊接应力自然失效时产生的变形误差，因此大间隙安装焊缝是较为普遍存在的。大间隙安装焊缝存在的局部性和不均匀性，必然导致焊缝横向收缩的不均匀性，从而引起焊接变形。

3 焊接变形控制

合理有效的焊接变形控制手段，是确保门叶焊后的变形和收缩量均在设计及规范要求之内的关键，因此在安装焊接过程中必须采取有效的控制措施，对门叶安装焊接全过程进行控制，确保安装质量。

（1）拼装加固。在每节门体拼装、调整达到设计及规范要求后，用型钢将门体上口边固定在闸墙上详见图 2。门体与闸墙的连接增加了门体的刚度，可有效地防止焊缝横向收缩引起的焊接变形，同时也为门体的快速拼装提供了安全保证。

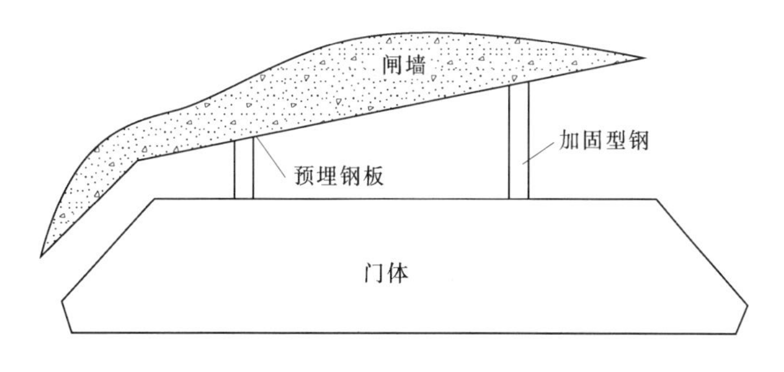

图 2　门体加固示意图

（2）合理的焊接顺序及焊位分布。焊接顺序及焊位的确定要综合考虑焊接变形、焊接应力这对矛盾统一体，具体遵循如下原则：

1）先焊平角焊缝、横焊缝，后焊立焊缝。如果先焊立焊缝将增加门体的拘束度，从而引起较大的焊接残余应力。

2）先焊横向收缩较大的焊接接头，此时门体自由度较大，不至于引起较大的焊接应力。

3）按照由两端到中间、由内到外的焊接顺序进行。由于门体结构的特点及安装精度要求，先焊两端柱，后焊门体中间部位，因门体中部上游焊缝多于下游面，先焊下游面待门体达到一定的刚度后，再焊上游面焊缝。

4）对称焊接的同时，对影响门体变形的焊接顺序、焊位安排尽可能少，并尽可能焊挡板或先焊小的立焊。

5）加强每个焊接流程的监控，根据监控结果适时调整焊接顺序，加强工序间的传递。

根据上述原则并结合具体情况，制定了详细的焊接流程及焊位布置：端板→推力隔板→推力隔板加劲板及端隔板→中间竖隔板→后翼缘立焊→后翼缘→前翼缘立焊→面板帖角焊→面板对接焊及前翼缘焊，详见图 1。

（3）焊接工艺参数。在保证焊透的前提下尽可能选用较小的焊接线能量输入，这不仅有利于减小焊接变形，同时也有利于减小焊接应力。根据以往施工经验及生产性焊接试验制定了合理的焊接工艺参数，详见表 1。

（4）大间隙焊缝焊接。现场拼装普遍存在局部间隙过大现象，则要把握好焊前的堆焊工艺。

表 1　　人字闸门焊接工艺参数表

焊条直径/mm	电流极性	焊接电流/A	焊接电压/V	焊接速度/(mm·min⁻¹)	线能量/(kJ·cm⁻¹)
CHE507ϕ3.2	DCEP	100～120	24～28	90～110	15～40
CHE507ϕ4.0	DCEP	130～160	24～28	100～120	15～40
CHE507ϕ5.0	DCEP	135～160	24～28	110～130	15～40

通过在焊缝下边缘进行堆焊，使焊前的焊缝间隙相对均衡，从而使得焊缝横向收缩基本一致，减小门体的焊后变形。

(5) 焊接监控。焊接过程中随时监测门体的倾斜方向及大小，根据监测结果适时调整焊接顺序，减小焊接变形的发生。在施工中根据门体制作时由 3 个单元（两柱及中间部位）组成的特点，选好基准点，并始终以这一基准点为测量依据，通过悬挂 3 条重锤的方法进行测量：两端柱中心各挂一重锤，面板半宽方向挂一重锤，详见图 3。每一个焊接流程结果，待焊缝冷却后进行测量（焊缝未冷却或加热时，测量的结果往往与实际相反，不能以此测量的数据作为依据），并与拼装及上一流程的测量结果作比较，若变形较大则适时调整后续焊接顺序及焊位安排。

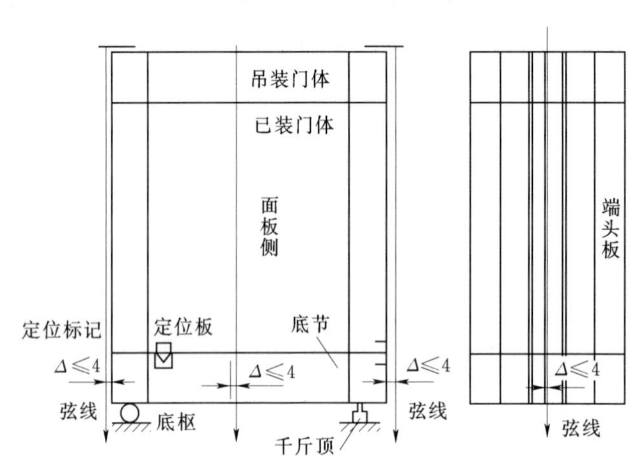

图 3　门体变形监控示意图

4　结束语

实践证明，以上焊接变形的控制措施在广西长洲水利枢纽船闸人字闸门安装的焊接过程中有效地控制了门叶的焊接变形，保证了人字闸门的安装质量，为同类条件下的人字闸门安装工作积累了一定的经验。

沙沱水电站混凝土拌和楼制冷系统安装工艺

由淑明　王亚娟

【摘　要】：沙沱电站 C3－2 标混凝土总量约 200 万 m^3，混凝土入仓温度要求为枯水期 11 月至次年 3 月，混凝土自然温度入仓；4—10 月，碾压混凝土出机口温度及常态混凝土出机口温度按 15℃ 来控制。为完成好混凝土生产任务，现场安装了 2×6 拌和楼并配备制冷系统，根据当地的气象资料和混凝土生产强度与施工要求，制冷量按预冷混凝土实际最大需冷量 250 万 kcal 进行设计，预冷采用骨料风冷＋片冰＋冷水的方式。系统工艺安装流程：设备、管道和附件安装，质量控制与检测，防腐与涂色，气密性试验，保温，充氨以及试运行等步骤。系统自 2009 年 4 月 26 日开始安装，2009 年 6 月 10 日安装完毕并投入运行，系统预冷混凝土生产能力为 100～200m^3/h，为大坝高温季节混凝土浇筑工作发挥了龙头保障作用。

【关键词】：沙沱电站　制冷系统　预冷混凝土　系统安装

1　工程概况

沙沱水电站位于贵州省沿河县城上游约 7km 处，距贵阳市 442km，距遵义市 266km，至乌江口河道里程为 250.5km，下游有彭水水电站，上游为思林水电站，交通方便。沙沱水电站水库正常蓄水位 365.00m，相应库容 7.70 亿 m^3，总库容 9.10 亿 m^3，电站装机 1120MW，多年平均发电量 45.52 亿 kW·h。

沙沱电站 C3－2 标混凝土总量约 200 万 m^3，其中碾压混凝土 136.8 万 m^3，常态混凝土 63 万 m^3，变态混凝土 5.5 万 m^3。混凝土入仓温度要求为：枯水期 11 月至次年 3 月，混凝土自然温度入仓；4—10月，碾压混凝土出机口温度及常态混凝土出机口温度按 15℃来控制。

2　制冷系统设计简介

（1）制冷方式及制冷量计算。为完成好混凝土生产任务，现场安装了 2×6 拌和楼并配备制冷系统。根据当地的气象资料和混凝土生产强度与施工要求，预冷采用骨料风冷＋片冰＋冷水的方式。骨料风冷配置 4 台冷风机，置于拌和楼冷风机平台上，总热交换面积 6700m^2，最大需冷量约为 1744.5kW（蒸发温度－10～－8℃）；片冰系统由 2 台 30t/d 制冰机、60t 储冰库和风送片冰装置三部分组成，均置于制冰楼内，其中制冰机和储冰库共需冷量 407.05kW（蒸发温度－25～－22℃），风送片冰需冷量 151.19kW（蒸发温度－10～－8℃）；采用螺旋管蒸发器制备冷水，冷水箱置于制冷车间内，需冷量 348.9kW（蒸发温度－10～－8℃）；合计最大需冷量为 228 万 kcal，系统按制冷量 250 万 kcal 进行设计。

（2）制冷系统的组成。制冷系统主要由制冷车间、片冰系统、冷水机组、冷却塔及冷风机等组成。制冷车间配置 4 台先进的螺杆氨泵机组，其中 3 台 ABLGⅢ250 螺杆氨泵机组运行于－8℃/38℃工况下，制冷量 210 万 kcal/h，通过供液总管和回气总管的方式分别向 4 台骨料冷风机、螺旋管蒸发器冷水箱和风送片冰空气冷却器供冷，3 台机组的低压循环储液器由均压管和均液管连通；一台 JABLGⅢ220 带经济器螺杆氨泵机组运行于－25℃/38℃工况下，制冷量 40 万 kcal/h，分别给制冰机和冰库保温冷风机供冷。紧急泄氨器、空气分离器、集油器、冷却水塔和冷却水泵等制冷辅助设备 4

台机组共用。

3 制冷系统安装工艺

系统工艺安装流程主要有设备、管道及附件安装，安装质量控制与检测，防腐与涂色，气密性试验，保温，充氨，试运行等步骤。制冷系统安装的指导思想是“由下而上，先内后外，与车间结构的施工交叉进行”。即：先装车间内部设备，再装外部设备；设备安装时先装主设备，再装氨管路、水管路及其他附件。

3.1 设备、管路和附件安装

（1）制冷车间设备安装。系统混凝土基础形成后，将制冷机组等设备运至安装现场，利用25t或16t汽车吊整体吊装就位，再安装氨泵及冷却水水泵。高压储液器吊起就位时，应使筒体轴线向集油包侧略微倾斜0.2%～0.3%，筒体上所有仪表阀门都应考虑到便于操作和观察。

制冷系统冷却塔共有2台，冷却塔安装前先检查埋件尺寸是否符合实际要求，安装时利用8t吊车配合人工按照构件编号进行拼装，填料放置应均匀平整。冷却塔安装完毕后再进行系统循环水管路的连接安装。

（2）冷风机安装。冷风机位于拌和楼顶部骨料仓两侧，拌和楼冷风机采用50t吊车进行吊装。冷风机安装前用1.2MPa的压力进行试压、冷风机整体安装保证平直，不得歪斜，以防供液、配水不均匀而影响冲霜效果。安装完毕后进行试运转并进行全面调整，空气冷却器安装前应检查工厂试验合格证书，否则应用压缩空气进行气密性试验并吹污。冷风机的氨管路应安装平直，避免出现“U”形弯现象并按设计要求坡向低压循环储液器，冲霜水的上水总管有适当的上爬斜度。

（3）片冰系统安装。片冰系统所有设备均布置在制冷楼内。制冰机和调节冷水箱布置在上层，其余设备在下层。安装顺序按“先结构后设备、先外后里、自下而上”的原则进行。制冰楼分上、下两层，用16t吊车进行拼装外部框架结构，然后进行冰库及相关设备附件的安装。

（4）测量仪表及阀门安装。氨系统各测量仪表、各种阀门截止阀、调节阀、逆止阀、浮球阀、安全阀等必须采用氨专用产品、氨制冷系统所用阀门必须是氨专用产品，采用钢制焊接阀门和配件，公称压力≥2.5MPa。水系统阀门$DN \geqslant 100$mm的采用碟阀，$DN < 100$mm的采用闸阀。

安装前逐个清洗，安装前启闭4～5次，各种阀门安装时要注意流向，不得反装，并注意安装平直，不得歪斜，手柄不得朝下。安全阀在安装时应注意出厂铅封及合格证、不得随意拆启，安全阀的压力通常高压系统调至1.85MPa，低压系统调至1.25MPa，对一些自动化器件在安装前也应进行试验和调整。

（5）制冷系统氨管路的安装。制冷设备安装完毕后可进行系统氨管路的安装，按照设计图纸要求，根据氨系统的工艺流程、标高、结合实际地形及管路走向进行管路的连接。管路安装时应对路线做好整体规划，合理安排安装顺序避免出现管路干扰造成返工。

氨制冷系统采用GB/T8163标准20号无缝钢管，焊接采用氩弧焊打底，电弧焊盖面的工艺。管道属GC2类管道，其设计参数为：

设计压力：高压氨管2.0MPa，低压氨管1.6MPa。

设计温度：高压氨气管105℃，高压氨液管50℃，低压氨管40℃。

水系统管道焊接连接时采用焊接钢管，螺纹连接时采用热镀锌钢管。

管路安装前严格按照施工工艺对钢管进行除锈防腐，具体工艺为用不同管径的钢丝刷人工拉锈、干燥空气吹污、内壁涂机油、塑料带封口备用。

氨系统所用大管径钢管事先用16t、50t吊车吊到预定位置，当管径大于25mm时应用法兰连接、法兰用Q235钢制成并具有密封线的对口；管径在25mm以下时可采用丝扣连接。

管道若沿墙布置时可用固定在墙上的支架承托管道，支架间用U形螺栓和垫木固定，非隔热管道可不用垫木。非沿墙布置的管道可用固定在楼板或梁上的吊架承托，管道和吊架间用U形螺栓和垫木固定。

3.2 工程施工中的质量控制与检测

氨制冷系统安装必须由取得GC2级压力管道安装单位资质的单位施工。施工中应严格执行《氨制冷系统安装工程施工及验收规范》（SBJ 12—2000，J38—2000）、《工业金属管道工程施工及验收规范现场设备》（GB 50235—97）、《现场设备、工业管道焊接工程施工及验收规范》（GB 50236—98）以及设计文件中规定的其他规范。

（1）各种管理人员配置齐全。制冷系统压力管道施工中配备了项目负责人，在设备安装、焊接控制、检验检测、材料管理和专职安全等工序环节上设专业技师负责监管。各专业技师按照具体的工序特点和要求，协助项目负责人进行工程项目的质量和安全控制，并对各自工作范围内质量安全工作负责。

（2）安全交底。工程施工前，由专职安全责任人组织各级施工人员进行安全交底。交底资料结合整个工程，制定预防措施，形成书面文件，由交底双方签字认可，从各方面提高施工人员的安全意识，确保了施工过程的顺利进行。

（3）焊接质量控制。

1）焊接材料：按照《现场设备、工业管道焊接工程施工及验收规范》（GB 50236—98）中的要求选择合适的焊接材料，如普通钢手弧焊接采用E4303（牌号J422）焊条；16MnR钢手弧焊采用E5016（牌号J506）焊条，氩弧焊采用H10MnSi焊丝等。

2）焊工：确保从事氨系统压力管道焊接的人员必须通过质量技术监督部门组织的考核，取得焊工证，并按照焊工证规定的合格项目进行焊接作业。

3）单线图：确保施工用的氨制冷系统压力管道设计文件中有单线图，并按照规定在单线图上做好焊缝位置、焊缝编号、焊工代号、无损检测方法、返修焊缝位置和热处理编号等标识工作。确保出现氨泄漏时，有据可查。

（4）无损检测。系统安装过程中严格按照《工业金属管道工程施工及验收规范》（GB 50235—97）的规定及设计文件的要求对管道进行焊缝探伤，要求Ⅲ级合格。如温度高于－29℃、焊缝探伤不得少于5%，质量不得低于Ⅲ级；对于温度低于－29℃的管道，均应100%射线照相检验，其质量不得低于Ⅱ级。在管道变径、三通处等采用锻造件及轧制无缝管件，可保证施工质量，减少焊缝不合格率。

3.3 防腐和涂色

系统管道和设备安装完毕后进行防腐与油漆工作。喷涂底漆前，先清除干净表面的灰尘、铁锈、焊渣、油污等，管道和阀门的油漆涂色按以下要求喷涂：

排气管——铁红色；安全管——红色；高压氨液管——浅黄色；放油管——浅棕色；回气管——天蓝色；供液管——米黄色；水管——绿色；阀体——黑色

3.4 气密性实验

（1）排污。氨系统排污时将空气压入系统中，待到一定压力后将每台设备最低处的阀门或系统最低处的排污阀迅速打开，使系统中污物随着压缩空气的气流排出。排污工作反复多次，一般情况不少于3次，直到排污口150mm处放置的白纸上无污物印痕时为止。操作人员逐次将排污效果记在专门的记录本上，排污压力为0.6～0.8MPa。排污完毕后，将系统中除安全阀以外所有阀门的阀芯拆卸清洗后再装上。清洗时，如发现阀芯调整座密封线有冲击伤痕予以修复或更换。

（2）试压。氨系统管道安装完毕后，配备一台移动式空气压缩机进行压力试验。从压缩机排气阀起至机房总调节站的膨胀阀前的所有设备和管路属高压部分，实验压力用1.8MPa（表压）。从膨胀阀起至压缩机吸气阀止的所有设备和管路属低压部分，试验压力用1.2MPa（表压）。氨泵、低压浮球阀、低压浮球式液面指示器，试压时与系统隔开。玻璃管液面指示器在系统试压时必须将玻璃管两端的角阀关闭，待系统压力稳定后再逐步打开。当空气压力升到实验压力后将该系统关闭。在开始6h内气体因冷却造成的压力降不大于0.03MPa，以后18h内压力不再下降为合格。

（3）系统检漏。系统检漏与系统试压同时进行。在系统压力达到试验压力后，在所有法兰、丝扣接头、焊缝以及有怀疑的地方抹上肥皂水，如有冒泡说明有渗漏，做出记号以便修补。系统试漏时查得的所有泄漏处修补以后，重新升压检漏。

（4）系统真空试漏。当系统试压合格后，即可对系统进行真空试漏。其目的是检查系统在真空条件下运行的气密性并为充液准备条件。抽真空时将系统中所有的阀门都开启，抽真空最好分数次进行，以使系统内压力均衡，真空度要求剩余压力不高于0.008MPa并保持18h内不升高为合格。

3.5 保温

制冷系统的保温工作一般在系统的气密性试验之后进行，制冷系统低温设备和管道采用橡塑板/管保温，采用专用胶水施工，并在最外层接缝处用布基胶带密封。

保温管道与支、吊架间，低温设备与基础间必须垫上50mm厚经防腐处理过的硬质垫木。

低温设备保温厚度表见表1，低温管道保温厚度表见表2。

表1　低温设备保温厚度表　单位：mm

设备外径	400～600	700～800	900～1000	1200	1400
－8℃	70	70	80	90	100
－25℃	100	100	110	110	120

表2　低温管道保温厚度表　单位：mm

外径	25	32	38	45	57	76	89	108	133	159	219	273	325
－8℃	40	40	40	45	45	50	50	55	55	60	60	65	65
－25℃	55	55	60	65	70	70	75	75	80	85	90	90	95

3.6 系统充氨

系统排污、压力试漏和真空试漏后便可进行充氨工作。氨（NH_3）是目前最广泛应用的中温制冷剂，极易溶于水，属有毒类介质，毒性2级，对人的危害主要表现在对上呼吸道的刺激和腐蚀作用，车间空气中氨的最高容许浓度为30mg/m^3，当氨蒸汽在空气中容积浓度达到0.5%～0.6%时，人在其中停留0.5h即可中毒。氨的上述性质决定了必须加强对充氨工作的安全管理，要制定系统充氨安全管理措施和紧急预案，落实安全责任制，确保安全。充氨应分阶段进行，先向系统充入少量氨液，压力达到0.2MPa（表压）后进行保压（24h）试漏，氨试漏可用酚酞试纸或用肥皂水在每个焊缝、法兰和每个接头处检试，如试纸呈红色，说明有渗漏，必须将系统氨抽净并与大气连通后方能补漏，严禁在系统含氨情况下补焊。如检查无渗漏后可进行充氨工作。

3.7 试运行

氨系统充氨后将氨压缩机逐台进行负荷试运转，每台最后一次连续运转时间为24h，每台累计运转时间为48h，当系统负荷运转正常后可提请验收。

4 结语

系统自2009年4月26日开始安装，中间克服了天气多雨、拌和楼同步安装中的干扰等因素，科学组织、精心安排、优化安装方案，加强质量和安全管理，于2009年6月10日安装完毕并投入运行，系统预冷混凝土生产能力达到了150～200m^3/h，为大坝高温季节混凝土浇筑工作发挥了龙头保障作用。

液压滑模在三湾水利枢纽闸墩混凝土施工中的应用

李志鹏　王舜立　岳　耕

【摘　要】：液压滑模施工具有施工速度快、机械化程度高、结构整体性能好的优点，既能保证工程工期、又能保证工程质量，在工程施工中得到广泛的应用。

【关键词】：液压滑模　闸墩　混凝土施工　滑模滑升

1　概述

三湾水利枢纽工程位于丹东市振安区境内爱河干流的九连城庙岭村，是爱河水能开发的最末一级，距鸭绿江入口 8.0km。坝址位于爱河下游，距离三湾大桥 2200m。水库枢纽工程主要建筑物有挡水坝段、取水坝段、泄洪闸、鱼道坝段、电站厂房等部分。其中泄洪闸墩有左右边墩和中墩，中心间距 18.6m，闸墩厚度均为 3m，相互之间净空 15.6m。中墩 4.80m 高程以下为基础，跨度 30.5m，两端上游迎水面 24.34m 高程以下、8.50m 高程以上和下游背水面 24.755m 高程以下、4.80m 高程以上为 $R1.5$m 圆弧，上游迎水面 24.34m 高程以上接斜度 1：1，牛腿至 25.34m 高程变成矩形截面，封顶于 28.255m 高程；下游 24.755m 高程以上端头截面为矩形。中墩后部接有闸门支座，闸门支座轴线高程为 20.00m（d0＋023.0）。中墩的侧面结构形状为直线上升，侧面开有宽 2m、深 700mm 的检修门槽和内弧 $R=14780$mm、宽 1300mm、深 450mm 的弧形闸门槽。

2　施工工法

滑模施工具有施工速度快，机械化程度高、结构整体性能好的优点。本工程闸墩混凝土浇筑采用滑模施工从 13.5～23.85m 高程，闸墩的检修闸门槽由于为平直结构、金结预埋件为钢锚板，检修闸门槽采用钢模板与滑模一起整滑升，工作门槽为弧形门槽施工采用木模板，工作门槽木模提前定做成型在滑模滑升过程中进行安装。

2.1　液压滑模装置的构造

滑模装置主要由模板系统、操作平台系统、液压提升系统、施工精度控制系统以及水电配套系统组成。

2.1.1　模板系统

本工程闸墩模板采用 105 系列大钢模板，模板之间为平接口。考虑到模板的施工、制造和运输问题，每个墩头的圆弧模板分两半，每半为圆弧＋5cm 直边，通过 M16×45mm 螺栓连接。墩侧模板采用平模，每侧含 2 块宽 5.7m、2 块宽 5.5m 和 1 块宽 5m 的大钢模板，模板之间通过 M16×45mm 螺栓连接，用定位销定位。为便于模板安装和拆卸，所有模板边框连接孔均为 ϕ17mm×25mm 的长圆孔。所有滑模的模板高度均为 1.05m，施工时覆盖 4 层（每层混凝土高度不大于 0.2m）老混凝土。

2.1.2　操作平台系统

滑模的操作平台即工作平台，是绑扎钢筋、浇注混凝土、提升模板、安装预埋件等工作的场所，也是钢筋、混凝土、预埋件等材料和千斤顶、振捣器等小型备用机具的暂时存放场所。液压控制站放在操作平台的中间部位。本工程闸墩滑模操作平台由施工现场采用钢管搭设，支撑于提升架上。吊平台架连接于提升架下，主要用于检查混凝土的质量、模板的检修、倾斜度调整和拆卸、混凝土表面修饰和浇水养护等工作。吊平台架的外侧设置安全防护栏杆，并挂满安全网。

2.1.3 液压提升系统

液压提升系统主要由支撑杆、液压千斤顶、液压控制站和油路组成。

2.2 滑模开滑前准备工作

滑模施工有着多工种协同工作和强制性连续作业的特点，任何一环脱节都会影响全盘。因此，周密地做好施工准备是搞好滑模施工的关键。

（1）工作门槽模板安装到位，并将上升至闸顶的所有门槽模板加工完成。

（2）工作门槽一期金结埋件安装到位，上升连接埋件运至现场。

（3）所有滑升支撑杆调为竖直，千斤顶调到同一高程，桁架连接加固完成；上下操作平台木板铺设完成。

（4）滑模模板校核：安装好的模板应上口小、下口大，单面倾斜度为模板高度的0.15%。模板上口以下2/3模板高度处（即上口以下70cm处）的净间距应为结构设计宽度300cm，顶口宽度为299.8cm，底口宽度为300.1cm；滑模底口堵缝完成。

（5）准备140根3m长支撑杆摆放到现场，并将一端开破口形成锥形。

（6）主副油管、各种密封圈、各种螺栓、千斤顶配件等易损件准备若干。

（7）铁锹、100型振捣棒、70型和50型软轴振捣棒等工器具准备到位。

2.3 液压滑模滑升

2.3.1 模板的初滑阶段

在完成准备工作后便可进行浇筑。先分层（层厚20cm左右）浇筑70cm左右高，即浇筑3～4h后将滑模提升10cm左右高，检查脱模混凝土质量。如果在断续上升浇筑时混凝土外鼓则应延长脱模时间；如果混凝土脱模困难则应缩短脱模时间，具体脱模时间根据现场试验确定。脱模后应进行抹面平整处理，并用仪器观测闸墩是否出现倾斜或偏移，在各项参数达到技术要求后继续浇筑，进入正常滑升阶段。

2.3.2 正常滑升阶段

正常滑升阶段如下：

（1）正常滑升过程中，混凝土浇平模板口后开始提升，两次提升的时间间隔原则上不应超过1h，每次提升20cm左右（如果达不到脱模时间则应采取少提多次的办法）。钢筋、门槽、金结埋件高度不够时继续加长，钢管长度不够时再接长。

（2）滑模上升2～3m后，在滑模底部挂上吊平台架，用于抹面和养护，在吊平台架外面挂上安全网。

（3）提升过程中，应使所有的千斤顶充分的进油、排油。提升过程中，如出现油压增至正常滑升工作压力（8MPa）的1.2倍以上还不能使全部千斤顶升起时，应停止提升操作，立即检查原因，及时进行处理。

（4）在正常滑升过程中，操作平台应保持基本水平。每滑升20～40cm，应对各千斤顶进行一次调平。各千斤顶的相对标高差不得大于40mm。相邻两个提升架上千斤顶升差不得大于20mm。

（5）初滑前，可以在上下游端头及两侧面桁架适当位置安装吊锤，并在对应的地面标识位置，在滑升过程中随时观察吊锤位置偏差，同时在滑模每上升1～2m后用测量仪器进行观测找出偏差，采用关闭阀门或拧紧卡环的方法提升部分千斤顶进行调偏，调偏应分多次进行，防止突变。

（6）在闸墩高度上升到设计高度的1/2时，暂停浇筑。这时要检查各种设备的工作状态，对于损坏部件要更换或维修，并在观测闸墩的变形情况及检查浇筑质量合格后，再继续浇筑。

（7）在闸墩的高度上升到牛腿高度时，暂停浇筑混凝土。拆除滑模墩头部位的弧形模板，支端头模板。在处理好闸墩顶部预留结构的模板与埋件后，再行浇筑到闸墩设计高程。最后让整个滑模结构提升出闸墩顶部置空，并处理闸墩顶面。

（8）在滑升过程中，应检查和记录结构垂直度、水平度及结构截面尺寸等偏差数值，如有偏差，即行纠偏。

（9）在滑升过程中，应随时检查操作平台结构、支撑杆的工作状态及混凝土的凝结状态，如发现异常，应及时分析原因，并采取有效的处理措施。

2.3.3 模板的完成滑升阶段

当模板滑升至距顶部标高（顶部高程 23.5m）1m 左右时，滑模即进入完成滑升阶段，此时应放慢滑升速度，并进行准确的抄平和找正工作，保证顶部标高及位置的正确。

2.4 液压滑模的拆除

由于滑模是大型设备，所以在拆除滑模时也要十分注意。

（1）把闸墩顶部的多余钢筋割掉，把通过液压千斤顶的钢管过高部分也割断，以便在较小高度的提升下把滑模从钢管下提升出来。

（2）把滑模上的附属设备拆下来，如电器控制箱、电焊机、照明设备等，减小起吊重量。

（3）把滑模提升架下部的吊平台架拆下，拆掉模板之间的连接螺栓和定位销等连接件，然后拆掉提升架之间的脚手架连接钢管。

（4）利用提升架上的模板位置调节器将模板调离墙面 10cm，然后用门机或塔机辅助，逐块将模板与提升架分离，先下落再吊走模板。

（5）用门机逐榀拆除提升架。

（6）拆除液压站和各液压千斤顶。

3 施工中需注意的问题及处理方法

3.1 支撑杆弯曲

在滑模滑升过程中，由于支撑杆加工或安装不直、脱空长度过长或模板遇有障碍而硬性提升等原因，均可能造成支撑杆失稳弯曲。施工中应随时检查、及时处理以免造成严重的质量和安全事故。

对于弯曲变形的支撑杆，应立即停止该支撑杆上千斤顶的工作，并立即卸载，然后按弯曲部位和弯曲程度的不同采取相应加固措施。

3.2 混凝土质量问题

3.2.1 混凝土水平裂缝

混凝土产生水平裂缝的原因有：模板安装时倾斜度太小或产生反倾斜度；滑升过程中纠正垂直偏差过急，模板严重倾斜；模板表面不光洁，摩阻力太大等。对已出现的问题，细微裂缝可磨平压实；裂缝较大时，当被模板带起的混凝土脱模落下后，应立即将松散部分清除，并重新补上高一级强度等级的混凝土。

3.2.2 混凝土表面鳞状外凸

这是由于模板的倾斜度过大或模板下部刚度不足；每层混凝土浇筑厚度过高或振捣混凝土的侧压力较大，致使模板外凸。处理措施是调整模板倾斜度，加强模板刚度；控制每层的浇筑厚度，采用振动力较小的振捣器。

4 结语

滑模施工在三湾工程应用中取得了较好的效果，在工程工期紧、任务重的情况下，利用液压滑模进行闸墩施工，一个闸墩滑模安拆和施工只用时 8d，大大缩短了工期、提高了施工效率、保证了工程质量，得到参建各方的好评。

沙沱水电站溢流表孔弧形闸门安装技术应用研究

黄福艺　蒋廷军　凌光达

【摘　要】：由于沙沱电站土建施工期右岸13号通航坝段预留缺口，汛期配合导流底孔联合导流，使施工现场金结安装起重设备布置受限。经仔细推敲论证，选用了WJQ40/160反托轮式架桥机，该设备安全系数高，操作灵活，能将设备准确吊装就位。同时潜心研究弧形闸门施工方案，改进安装方法，快速提高了弧形闸门安装进度，确保了安装质量。

【关键词】：沙沱水电站　溢流表孔　弧形闸门　安装技术

1　概述

沙沱水电站位于贵州省沿河县境内，坝顶全长631.00m，最大坝高101m，坝顶交通桥面宽4.85m。泄洪系统布置在河床中部主河道9号～12号坝段，溢流表孔共7孔，每孔净宽15m。

弧形闸门主要由门叶、上中下支臂、2套支铰等组成，其结构形式为斜支臂三杆主横梁式。门宽14.96m，高24m，曲率半径27m。单孔弧形闸门总重为513.9t，其中门叶重为179.38t，门叶分8节制作，在工地组焊。最大单节门叶高度为4.041m，最大单节门叶重量为36.6t，支铰总成重为46.4t，半支腿和支臂总重为55t。

按原弧形闸门安装方案，先在13号检修闸门门库坝段安装坝顶QM2×1600/400kn门机，再利用门机安装弧形闸门，由于13号坝段预留过流缺口，汛期配合导流底孔联合导流，前期不具备门机安装条件，在弧形闸门安装工期内，无法使用坝顶门机安装闸门，而土建施工门、塔机由于受最大起重载荷限制，不具备闸门安装条件。鉴于上述情况，根据溢流表孔的结构特点、闸门最大结构尺寸及最大吊装单元重量，决定选择架桥机作为主要吊装设备，以满足吊装要求。经仔细推敲论证，选用WJQ40/160反托轮式架桥机，可根据需要跨1孔或2孔（图1），其运行、移设比普通架桥机更方便、灵活，安全系数高，适用性强，其主要特征值和技术参数见表1。

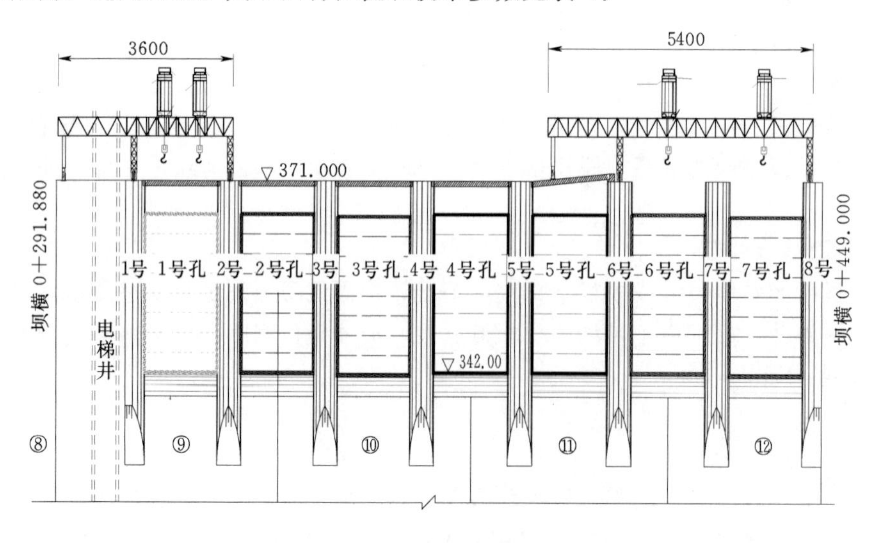

图1　反托轮式架桥机布置示意图

表 1　　WJQ40/160 反托轮式过孔架桥机特征值和技术参数值

项目		参数值	备注
额定起重量/t		2×80	
适应跨度/m		≤40	
适应纵坡/m		≤6%	
起升高度/m	上限	7.0	根据要求通过加高节调整高度，加高节长 1.0m
	下限	29	
整机总长/m		60	
主梁间宽度/m		6	
吊钩起升速度/(m·min^{-1})		2.8	
天车、提升小车纵横移速度/(m·min^{-1})		1.3	
架桥机跨孔纵移速度/(m·min^{-1})		1.3	
总功率（不含运梁平车）/kW		54	

2　弧形闸门埋件安装

2.1　测量放样

弧形闸门埋件安装测量放线是最重要的施工环节之一，弧形闸门安装精度主要决定于弧形闸门支铰、液压油缸支铰、底槛、侧轨相对位置。各部位安装测控点设置见图 2，其测量方法如下：

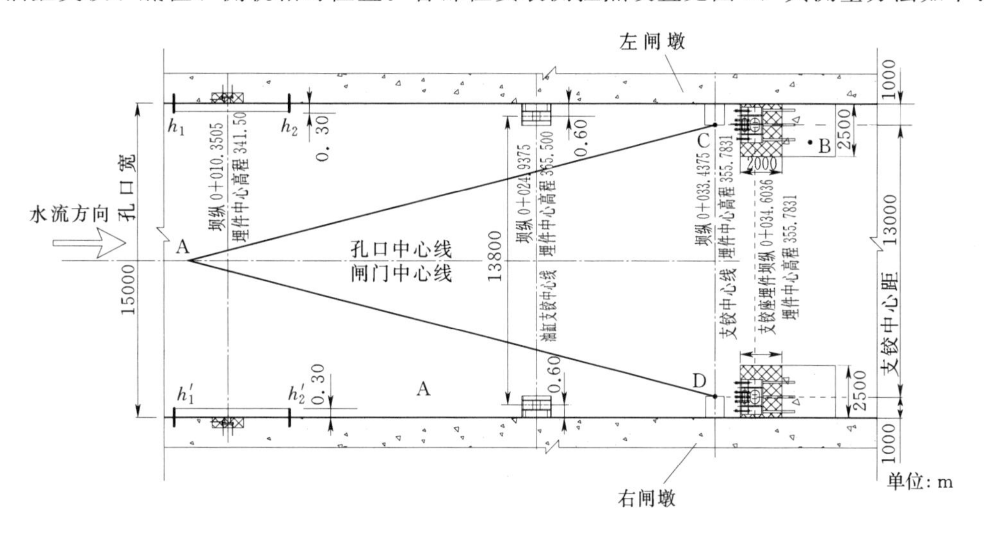

图 2　埋件安装测点设置示意图

（1）测放孔口中心线，并将中心线标记固定。

（2）将全站仪架设在堰顶孔口中的基准点 A 上，采用正倒镜观测，直接在样架上放出左右两侧支铰中心点即 C、D 点，两点连线为支铰中心线，经校对无误后做好标记以防丢失，根据支铰中心点设置左右两侧支铰座埋件中心点（线），校核左右两侧支铰座埋件中心距离是否符合设计图纸要求。

（3）根据支铰中心测量底坎中心线和安装高程。将左右支铰中心移到底坎位置，根据支铰中心两点分好底坎中心，校核底坎中心是否与原测量的孔口中心线重合。

（4）以底坎中心线和支铰中心测量侧轨安装控制线。将全站仪置于基准点 A 上，在闸室底板左右侧设置侧轨安装基准线，用于控制侧轨在孔口方向的位置。用经校核的 30m 钢卷尺，以支铰为中心沿闸室侧墙在侧轨上下游设置控制点，用于控制侧轨在门槽的安装位置。

2.2 支铰座埋件安装

在溢流坝弧形闸门闸墩混凝土浇筑至 350.5m 高程时，埋入外伸 2m 的 20 号槽钢，作为支铰座埋件安装施工的临时平台。利用土建施工 C7050 塔机将其吊装就位，用 10t 手拉葫芦倒换挂至牛腿一期混凝土预埋的吊耳上。

由于支铰座埋件安装部位临空、临边、空间狭窄，给大量的调整、测量工作带来不便。如果利用 10t 手拉葫芦和千斤顶上拉下顶，晃动较为严重，调节过程中顾此失彼。为了解决支铰座埋件安装快速就位及晃动等问题，采用在支铰座埋件安装位置下边沿（B－C，见支铰座埋件安装就位、调整示意图见图 3）用 12 号槽钢增设一张"板凳"，"板凳"表面高程即为支铰座埋件安装位置下边沿的高程（354.714m），用来支撑埋件下端，解决安装过程中晃动严重的问题；在"板凳"表面上画出支铰座埋件安装位置下边沿的安装线（坝纵 0＋034.8631m）及安装中线（E－F），使埋件快速就位；最后以支铰中心为基准挂好钢丝线（见图 3），通过支铰座埋件背面安装的调紧器，调节支铰中心至支铰座埋件中心距离和铰座埋件上下开口 L_1、L_2 距离（可计算），实现埋件倾角调整，再利用全站仪检测支铰座埋件中心和上下开口高程、里程，符合设计要求后进行加固，浇筑二期混凝土。

采用以上方法，1 天内可完成单孔左右支铰座埋件初步就位调整，常规方法需 4 天才能完成。

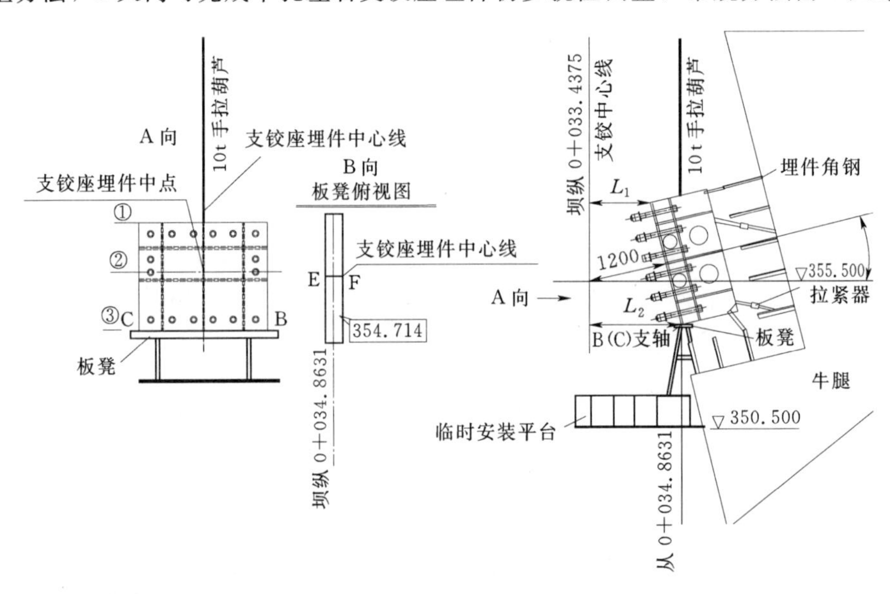

图 3 支铰座埋件安装控制示意图

①高程 356.852 坝纵 0＋034.3443；②BC 高程 355.783 坝纵 0＋034.60366；③高程 354.714 坝纵 0＋034.8631

2.3 底坎安装

底坎安装的步骤如下：

(1) 底坎吊装前，利用底坎预埋插筋，在两端距左、右边墙 300mm 的门槽轴向中心位置，沿轴线方向各焊接一角钢作为底槛埋件安装支架，支架角钢面的高程小于底槛底部设计高程约 20mm。利用 C7050 塔机吊装就位。

(2) 找出底坎止水面的中心线，并打好冲眼印，用以控制底坎的里程；找出底坎长度方向的中心线，并在底坎的上下游两侧打上冲眼印，用以控制底坎中心与孔口中心的偏差。

在底坎两端做水平线架，高程为 314.60m（距底坎中心线 100mm）。利用线锤和预设的底坎中心，在线架上确定底坎中心线的水平控制线。由于底坎上下游边缘之间高差 78.78mm，向下游倾斜，因此底坎调整时线架上挂 3 根线，一根是在中心线位置，另两根分别在上、下游边缘位置，以便于高程和倾斜度调整。

(3) 调整底坎中心与孔口中心重合，左右误差小于 1mm；调整底坎倾斜度误差控制在 1mm 以内，否则门叶底水封漏水，不但控制数据小于 1mm，而且控制下游偏高上游偏小；调整里程、高程、支铰中心到底坎中心的半径 R 值（27000mm）符合设计要求后加固牢靠，以防二期混凝土浇筑时振捣走样。

2.4 门槽侧轨安装

门槽侧轨的安装方法如下：

（1）待底坎、支铰座埋件安装完成后进行门槽侧轨安装，门槽侧轨安装采用一次到顶的施工方法，先调整好底节侧轨并加固牢靠，自下而上，依次逐节安装到顶，待所有侧轨吊装到位后，再做精调并固定，暂不浇筑二期混凝土。

（2）侧轨安装测量控制。

1）侧轨安装曲率半径的控制：以支铰为中心，用经校核的 30m 钢卷尺，沿闸室侧墙在侧轨上下游放出 12 组控制点（见图 4）。利用钢板尺沿 1—1′、2—2′、…、12—12′方向量出止水板中心或止水板边缘距离，控制侧轨在门槽的安装位置。

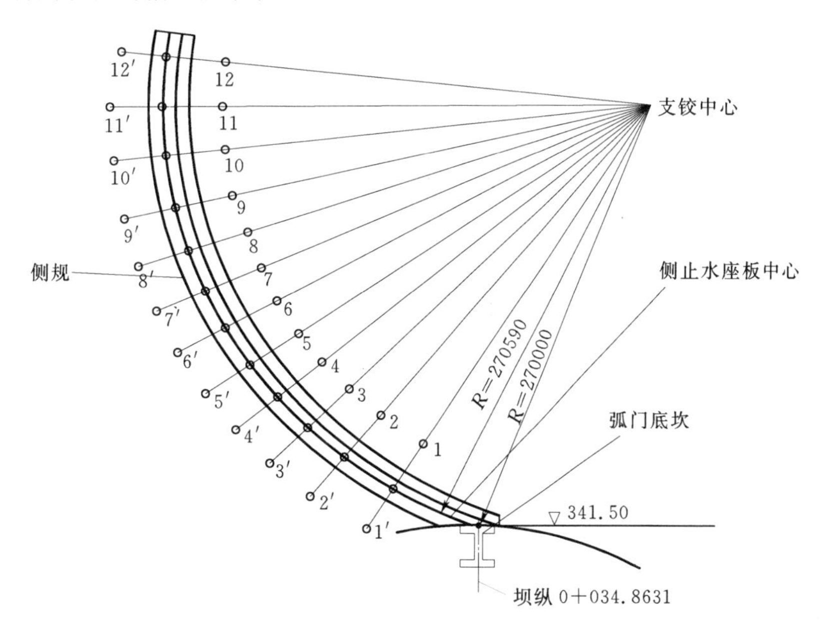

图 4　侧轨安装测点设置示意图

2）侧轨垂直度和扭曲度的控制：在闸室底板左右侧 h_1-h_2 和 $h_1'-h_2'$ 线架上放出侧轨安装控制点（线），用于控制侧轨在孔口方向的位置。设置距侧轨止水面 100mm 的控制线，以该控制线为基准在闸室顶部挂线锤，形成弧形侧轨相距 100mm 的平面，测量侧轨止水面与线锤的水平距离，控制侧轨在孔口方向的位置及侧轨安装的垂直度和扭曲度，并利用全站仪进行检测。

（3）弧门侧轨调整。

1）侧轨垂直度和扭曲度的调整：利用调节螺杆调整侧轨，使其孔口中心距离、垂直度和扭曲度符合安装要求。

2）侧轨安装曲率半径的调整：根据 12 组 1—1′、2—2′、…、12—12′控制点方向，测量出侧轨止水板中心或止水板边缘距离符合设计要求，即可保证弧门侧轨曲率半径。

（4）待弧形闸门门叶、侧轮、水封安装结束后，对侧轨和水封进行微调及二期混凝土浇筑。

采用以上方法比常规安装方法进度快，而且避免侧轨安装控制不严或二期混凝土浇筑时走样，补救措施甚小。

3　弧形闸门门体安装

为充分利用架桥机安装优势，除单跨1#孔外，其余跨两孔同步安装两扇弧形闸门。以一扇门为例，其安装顺序是：支铰总成安装→半支臂和下支臂组拼吊装并与支铰连接→第八节（底节）门叶安装→第七节门叶就位与下支臂连接→第六至第五节门叶安装→中支臂与下支臂连接系统吊装→中支臂安装→第四至三节门叶安装→上支臂与中支臂连接系统吊装→上支臂安装→第二至第一节门叶安装→门体焊接→与液压启闭机连接→门叶附件安装。门叶采用100t汽车吊装车，40t平板车运输，架桥机卸车和翻身及吊装就位。

3.1　支铰总成安装

支铰总成安装的步骤如下：

（1）支铰总成吊装之前应对支铰座的安装尺寸进行复测，并对支铰座表面进行清理。

（2）支铰总成利用反托轮式架桥机吊装就位，用10t手拉葫芦导向。

（3）吊装时调整支铰总成倾角与支铰座的倾角一致，使固定支铰上的“十字线”与支铰座上的“十字线”重合，偏差不大于1mm。支铰安装完成后用钢丝绳挂装在闸室边墙上的吊耳上，确保支铰稳固。

3.2　半支臂和下支腿安装

半支臂和下支腿安装的步骤如下：

（1）为减少吊装单元数量和高空作业次数，降低安全风险，加快弧门安装进度，在安装前将半支臂和下支腿分别吊至表孔溢流面上拼装为一个吊装单元，同时对支腿进行预先修整，修整尺寸应相对设计尺寸留5～10mm的余量，以便在门叶安装时，对支腿进行精确修边。

（2）利用架桥机吊装拼装好的半支臂及下支腿，采用调节吊运钢丝绳的方法，使其准确就位（见图5）。首先调整半支臂与支铰连接装配面对正后，迅速穿入连接螺栓，打入定位销，使其两装配面中心及组装标记重合，然后紧固四周角上螺母。下支腿门叶端采用预先设计的板凳架支承。待底节（第八节）和第七节门叶吊装就位后，调整下支腿倾角与门叶关闭状态下倾角一致，门叶与支腿两装配面中心及组装标记重合，穿入全部螺栓，按规定的力矩拧紧全部螺栓固定下支臂与支铰、门叶的连接。

采用以上方法与常规安装方法相比，单孔左右下支臂安装可提前3天完成。

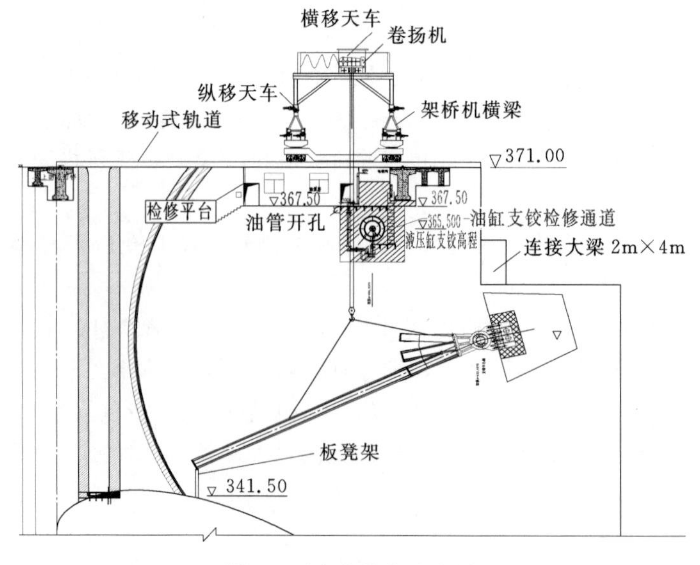

图5　下支臂吊装示意图

3.3 门叶安装

门叶安装采用两孔同步快速直立拼装的方法，即吊装一节门叶，调整定位符合设计及规范要求后，进行必要的定位焊接和加固措施，然后进行下节门叶拼装，如此循环直至所有门叶吊装完成后，再进行节间门叶焊接。此方法工序衔接，缩短安装工期，降低安装成本，有效提高了吊装设备利用率，但对门叶焊接变形的控制要求非常严格，其主要安装方法如下：

1）门叶吊装前，在底坎上划出弧形闸门底节（第八节）门叶底缘下游侧与底坎接触线，并以支铰中心为基准进行校对，合格后在底坎中心线下游侧左、中、右部位焊 3 块定位块；以支铰座中心和门叶面板表面半径为基准，在侧轨上按每一节门叶的位置在两端及中间放出门叶就位基准点，并在基准点的位置焊接定位挡块；与支臂连接的门叶吊装前，用螺栓将支臂前端板与主梁装配。

2）将底节门叶用吊具挂装在门叶上部两端的 4 个吊耳上，向上缓慢起升门叶成水平稳定的安装工况状态，然后将门叶吊至安装位置就位，控制门叶中心与底坎中心重合及门叶外缘半径符合设计要求后，在底坎上游侧焊定位挡板，并在门叶上、下游侧用钢支撑加固牢靠。在吊装第七节门叶至底节门叶上端约 100mm 的位置时，调整门叶倾角及两门叶中心对齐，将门叶表面靠在定位挡块上，然后缓慢下放门叶使其顺定位挡块面下滑，同时使门叶节间定位块落入到位。检查门叶各接口对接及门叶外形尺寸符合安装要求后，用型钢加固并进行对缝和必要的定位焊接。再用千斤顶调整下支臂高度，同时对下支臂精确修边，将支臂与前端板点焊牢固，并焊上加筋板。其他节门叶和支臂安装与上述门叶和下支臂安装方法基本相同，不再赘述。

3.4 门叶安装焊缝焊接

为确保弧形闸门安全，先焊接支臂与前端板加强筋板连接焊缝，再焊支臂与前端板连接焊缝（两支臂同步对称焊接），然后焊接门叶安装焊缝。单孔门叶安装焊缝由 6 名焊工焊接，采用同步对称、分段、退步等焊接方法，其焊接顺序为：隔板腹板焊接→后翼缘板对接焊→面板帖角焊→面板对接焊→边梁焊接（边梁焊缝在门槽内不能施焊，启闭机投入运行后，闸门提出孔口合适位置焊接）。焊接过程中专人监控面板外缘至支铰中心曲率半径等变形情况，发现问题及时调整焊接顺序。

焊接完成后进行超声探伤一类、二类焊缝，一次合格率 98%以上，门叶几何尺寸检测符合设计图纸及规范要求。

4 结语

沙沱电站弧形闸门安装，充分利用架桥机跨两孔同步安装两扇弧形闸门及在吊装工作状态将设备准确就位的优势，同时优化了弧形闸门半支臂与下支腿的整体吊装方案，在 20d 内完成了 2 孔弧形闸门及液压启闭机油缸的吊装就位调整、加固，快速提高了弧形闸门的安装进度，确保了安装质量，为类似工程提供了技术依据，并积累了宝贵经验。

糯扎渡水电站大坝掺砾石料和反滤料加工系统的流程设计

李　翔　陈　瀚

【摘　要】：心墙堆石坝在国内水电站大坝建设中是首次应用，而心墙所需的各种石料加工系统也是首次设计并应用到实践中。对我国今后建同类型的大坝建石料加工系统的流程设计具有一定的参考价值。

【关键词】：流程设计　心墙堆石坝　加工系统　糯扎渡水电站

1　工程概况

糯扎渡水电站位于云南省普洱市思茅区和澜沧县交界处的澜沧江下游干流上，是澜沧江中下游河段8个梯级规划的第五级。

糯扎渡水电站大坝采用心墙堆石坝，坝顶高程为821.5m，坝顶长630.06m，坝体基本剖面为中央直立心墙形式，即中央为砾质土直心墙，心墙两侧为反滤层，反滤层以外为堆石体坝壳。

心墙顶部高程为820.5m，顶宽为10m，上、下游坡度均为1∶0.2。在心墙的上、下游设置了Ⅰ、Ⅱ两层反滤，上游Ⅰ、Ⅱ两反滤层的宽度均为4m，下游Ⅰ、Ⅱ两反滤层的宽度均为6m，在反滤层与堆石料间设置10m宽的细堆石过渡料区，细堆石过渡料区以外为堆石体坝壳。其中上游堆石坝壳将615.0～750.0m高程以下靠心墙侧内部区域设置为堆石料Ⅱ区，其外部为堆石料Ⅰ区；下游堆石坝壳将631.0～760.0m高程范围靠心墙侧内部区域设置为堆石料Ⅱ区，其外部为水平宽度22.6m的堆石料Ⅰ区；心墙分为两个区，以720m高程为界，以下采用掺砾土料，以上则采用不掺砾的混合土料。在上游坝坡高程750m以上采用新鲜花岗岩块石护坡。

细堆石料和堆石体坝壳均采用各种料场开挖出来的天然石料，而掺砾石料和反滤石料却需要设计一个加工系统用来生产所需的各种石料。

2　掺砾石料和反滤料流程设计

2.1　设计依据

（1）系统加工的石料料源从石料场开采，主要为花岗岩，局部为花岗斑岩和沉积角砾岩，其主要物理力学试验成果见表1。

反滤料。根据《碾压式土石坝设计规范（SL 274—2001）》对反滤料设计的要求，并参考《水利水电工程天然建筑材料勘查规程》（SL 251—2000）附录A天然建筑材料质量技术要求，反滤料应满足如下规定：不均匀系数$\eta \leqslant 6$；级配包络线上下限满足$D_{max}/D_{min} \leqslant 5$；$D \geqslant 0.075$mm；无片状、针状颗粒，坚固抗冻；含泥量小于3%。

（2）招标文件中提供的大坝反滤料及心墙掺砾石料产品质量控制标准。

掺砾石料。心墙掺砾石料级配要求连续，最大粒径小于120mm，小于5mm含量不超过10%。

大坝反滤料Ⅰ级、反滤料Ⅱ级配要求见图1。心墙掺砾石料级配要求见图2。

表 1　　白莫箐石料场岩石物理力学性试验成果统计表

地层代号 岩石名称	风化 程度	试验 组数	统计 项目	物理性试验					力学性试验		软化 系数	SO_3 含量 /%
				比重	干密度	空隙率	吸水率	最大 吸水率	抗压强度			
									干	湿		
				G_s	ρ_d /(g·cm^{-3})	n /%	ω_a /%	ω_{sa} /%	R_c /MPa			
T_{2m}^{1-1a}角砾岩	弱风化	14	平均值	2.63	2.59	1.62	0.30	0.35	163.4	118.6	0.73	<0.01
			小值平均值							99.1		
$\gamma_4^3 \sim \gamma_5^1$ 花岗岩	弱风化	11	平均值	2.63	2.58	1.35	0.30	0.36	111.6	85.0	0.76	
			小值平均值							73.7		
$\gamma_4^3 \sim \gamma_5^1$ 花岗岩	微风化	2	平均值	2.62	2.57	1.74	0.71	0.46	131.0	101.4	0.77	
			小值平均值									

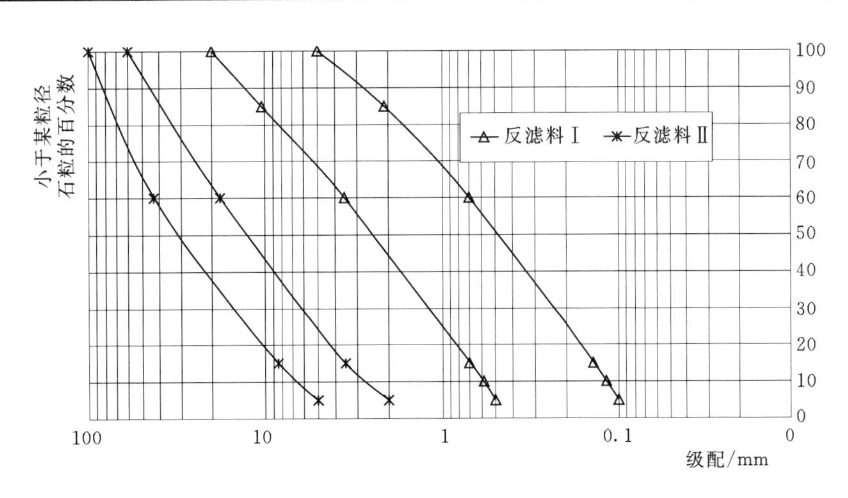

图 1　反滤料级配包络线

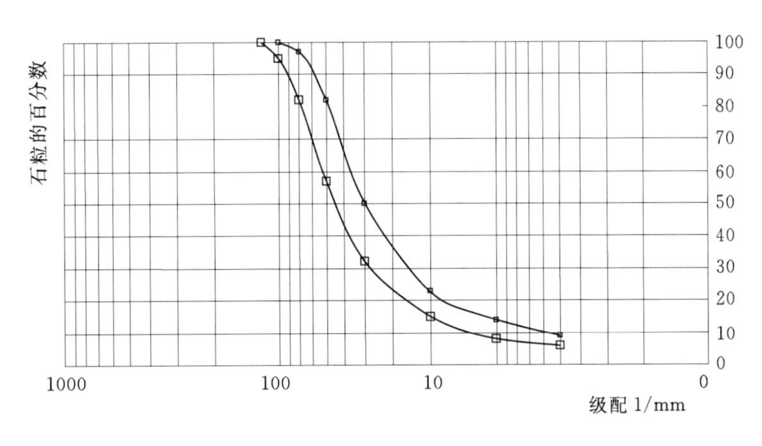

图 2　掺砾料级配包络线

2.2　设计原则

（1）为确保糯扎渡水电站大坝施工进度和工程质量，加工系统设计遵循加工工艺先进可靠，成品料质量符合规范要求，生产能力满足工程需要的原则。

（2）在保证反滤料和掺砾石料生产质量和数量的前提下，采用生产成本较低、总投资相对经济的设计方案。

（3）为灵活调整反滤料和掺砾石料生产级配，降低工艺流程循环负荷量，加工采用开路和闭路相结合的工艺流程。

(4) 为提高加工系统长期运行的可靠性，系统关键的生产设备采用技术领先、质量可靠、生产能力大、运行成熟可靠的国内外先进设备。

(5) 充分利用地形、地貌特点，使总体布置紧凑、合理、减少空间交叉，避免施工期和运行期内干扰。

(6) 通过工艺流程和布置的优化，尽可能减少建设安装的工程量，节约投资，缩短施工工期、降低工程造价。

2.3 系统设计规模

在参考招标文件所附《参考资料》中（施工总进度网络图）安排的大坝反滤料和防渗心墙填筑进度的基础上，结合本工程大坝填筑施工进度计划、成品料供应总量和供应强度，拟定系统设计规模如下：

(1) 掺砾石料和反滤料技术指标见表2。

表2　掺砾石料和反滤料颗粒级配主要技术要求

料物名称	级配要求
掺砾土料	最大粒径不大于200mm，大于5mm颗粒含量48%～70%，小于0.074mm颗粒含量19%～50%
反滤Ⅰ	级配连续，最大粒径20mm，D60特征粒径0.7～3.4mm，D15特征粒径0.13～0.7mm，小于0.1mm的含量不超过5%
反滤Ⅱ	级配连续，最大粒径100mm，D60特征粒径18～43mm，D15特征粒径3.5～8.4mm，小于2mm的含量不超过5%

(2) 坝体心墙区填筑强度情况。根据合同文件施工总进度计划，坝体心墙区掺砾石土料填筑分3个时段施工，其中第Ⅲ期（即2009年9月至2010年5月）填筑强度最高，为18.81万m^3/mon，同时该时段反滤料填筑为5.44万m^3/mon，第Ⅳ期（即2010年9月—2011年5月）填筑强度为16.32万m^3/mon，该时段反滤料填筑为6.62万m^3/mon。本系统生产设计指标按照第Ⅲ期掺砾石土料的填筑强度和第Ⅳ期反滤料的填筑强度考虑，分别为18.81万m^3/mon和6.62万m^3/mon。

(3) 系统规模计算。系统设计规模计算如下：

毛料处理能力 $Q=Q_1+Q_{2-\text{I}}+Q_{2-\text{II}}$

$$Q_1=P_x\times 0.35\times\gamma_1\times k_{j1}\times k_{y1}\times k_{h1}/(25\times 16)$$

$$Q_{2-\text{I}}=P_{f1}\times\gamma_3\times k_{j3}\times k_{y3}\times k_{h1}/(25\times 16)$$

$$Q_{2-\text{II}}=P_{f2}\times\gamma_2\times k_{j2}\times k_{y2}\times k_{h1}/(25\times 16)$$

式中　Q——粗碎处理量，t/h；

Q_1——心墙掺砾料处理量，t/h；

$Q_{2-\text{I}}$、$Q_{2-\text{II}}$——坝体反滤料Ⅰ、反滤料Ⅱ处理量，t/h；

P_x——防渗心墙高峰时段填筑强度，取18.81万m^3/mon；

P_{f1}、P_{f2}——反滤料高峰时段填筑强度，取2.77万m^3/mon；

γ_1——防渗心墙填筑压实密度，取1.96t/m^3；

γ_2——Ⅱ反料填筑压实密度，取1.89t/m^3；

γ_3——Ⅰ反料填筑压实密度，取1.80t/m^3；

k_{j1}——心墙掺砾料加工损耗系数，取1.05；

k_{j2}——Ⅱ反料加工损耗系数，取1.06；

k_{j3}——Ⅰ反料加工损耗系数，取1.15；

k_{y1}——心墙掺砾料运输损耗系数，取1.02；

k_{y2}——Ⅱ反料运输损耗系数，取1.02；

k_{y3}——Ⅰ反料运输损耗系数，取1.03；

k_{h1}——生产不均衡系数，取1.20。

$$Q_1=18.81\times10^4\times0.35\times1.96\times1.05\times1.02\times1.20/(25\times16)$$
$$=414.6\approx415(t/h)$$
$$Q_{2-Ⅰ}=6.62\times0.5\times10^4\times1.80\times1.15\times1.03\times1.20/(25\times16)$$
$$=221.7\approx222(t/h)$$
$$Q_{2-Ⅱ}=6.62\times0.5\times10^4\times1.89\times1.06\times1.02\times1.20/(25\times16)$$
$$=202.9\approx203(t/h)$$
$$Q=415+222+203=840(t/h)$$

（4）系统设计规模的确定。系统设计规模按照900t/h考虑，其中掺砾石料成品生产能力420t/h、反滤料Ⅰ、反滤料Ⅱ成品生产能力均为230t/h。

2.4 系统工艺

根据反滤料Ⅰ、反滤料Ⅱ及心墙掺砾石料3种产品的级配要求（见图1和图2），分别采用不同的生产工艺。

对于心墙掺砾石料，其产品由粗碎和中碎两级连续破碎获得。产品级配要求连续，最大粒径小于120mm，小于5mm含量不超过10%。

反滤料Ⅱ由粗碎、中碎破碎后，经第一筛分筛出大于40mm物料，其中有29.6%的料进入成品料堆，其余70.4%再通过Ⅱ反料破碎车间的破碎后进入第二筛分车间，经筛分后获得最终产品，产品最大控制粒径小于100mm，小于2mm的含量不超过5%，级配连续。

反滤料Ⅰ由粗碎、中碎破碎后，经第一筛分筛出5～40mm物料，这部分料进入反滤料Ⅰ破碎车间，破碎后汇同第一筛分筛出的≤5mm物料及第二筛分车间筛出小于3mm的物料送到第三筛分车间，经筛分后获得最终产品。为控制反滤料Ⅰ产品级配符合要求，反滤料Ⅰ破碎和第三筛分形成部分闭路，将第三筛分出料中大于20mm和5～20mm的剩余料返回反滤料Ⅰ破碎车间循环破碎。产品最大控制粒径小于20mm，小于0.1mm的含量不超过5%。

在有效控制产品质量的前提下，为简化工艺配置，心墙掺砾石料和反滤料Ⅱ采用干法生产，反滤料Ⅰ采用湿法生产。

反滤料Ⅰ湿法生产工艺为：先通过第三筛分车间冲洗筛分的分级，筛出62.9%的5～20mm物料转为成品料，其余37.1%物料及不大于5mm物料进入筛下的螺旋分级机和脱水筛进行洗砂脱水，以控制小于0.1mm颗粒的含量。

螺旋分级机和脱水筛排出的生产废水，经尾砂处理装置进行砂水分离处理，分离出的细砂脱水后作为弃料。

2.5 流程计算

流程计算见表3。

表3　　反滤料及掺砾石料加工系统流程计算

粒径/mm	>200	100～200	100～80	80～40	40～20	<20			合计
进入粗碎车间的骨料	100								
(JM1211) 粗碎破碎特性/%	10	40	18	16	5	11			100
粗碎后的产品特性	10	40	18	16	5	11			100

续表

粒径/mm	>200	100～200	100～80	80～40	40～20	<20			合计
进入中破车间的骨料	50								
粒径/mm	>100	100～40	40～20	20～5	5～2	<2	<0.1		合计
(S4800) 中碎破碎特性/%		40	35	16	4	5			100
中碎后的骨料产量		20	17.5	8	2	2.5			50
生产成品料		54	22.5	19	2	2.5			100
掺砾石成品料需求	0～55	50～63	17～26	15～24	6～9		0		100
第一筛分车间	>40	54	5～40	41.5	<5	4.5			100
		Ⅱ反车间		Ⅰ反车间		第三筛分			
进入Ⅱ反破碎车间的骨料	54								54
粒径/mm	>80	80～40	40～20	20～5	5～2	3～2	1～2	<1	合计
(GP200) Ⅱ反破碎特性/%	0	2	30	43	11	0	4	10	100
Ⅱ反破碎后产量		0.76	11.4	16.34	4.18	0	1.52	3.8	38
第二筛分车间	>3	31.16	<3	6.84					
		Ⅱ反料堆		第三筛分					
Ⅱ反料堆级配	>80	80～40	40～20	20～5	5～3				
	0	0.76	11.4	16.34	2.66				31.16

生产成品料		31.04	21.11	30.26	4.93				100	
Ⅱ反成品料需求	12～0	31～16	20～22	32～39	5～20		0～5		100	
进入Ⅰ反破碎车间骨料	41.5 (5～40mm)									B9100 一台
粒径/mm	>40	20～40	5～20	2～5	1～2	0.1～1	<0.1		合计	
(B9100) Ⅰ反破碎特性/%	0	13	42	16	9	13	7		100	
Ⅰ反破碎后的骨料产量		4.046	13.073	4.980	2.801	4.046	2.179		31.125	B9100：GP300=3：1
(GP300) Ⅰ反破碎特性/%		2	58	17	7	11	5		100	GP300 开口 12mm
Ⅰ反破碎后的骨料产量		0.208	6.018	1.764	0.726	1.141	0.519		10.375	
第三筛分车间	>20	4.254	5～20	19.090	<5	29.496			52.840	5～20mm 进成品料堆为 12
		Ⅰ反车间		Ⅰ反车间和Ⅰ反成品料堆		分级机				
螺旋分级机和直线振动筛	>0.1		<0.1							
	Ⅰ反成口料堆			浆液池						
Ⅰ反成品料堆			5～20	2～5	1～2	0.1～1	<0.1			
			14.585	10.974	9.920	12.500	4.500		52.480	
生产成品料			27.791	20.911	18.903	23.819	8.576		100	
Ⅰ反成品料需求			32～0	23～15	20～16	20～64	0～5		100	
粒径/mm	>40	20～40	5～20	2～5	1～2	0.1～1	<0.1		合计	
(B9100) Ⅰ反破碎特性/%				16	9	13	7		100	
Ⅰ反破碎后的骨料产量				3.025	1.702	2.458	1.323		8.508	B9100：GP300=3：1
(GP300) Ⅰ反破碎特性/%				17	7	11	5		100	GP300 开口 12mm

2.6 掺砾石料和反滤料生产流程

掺砾石料和反滤料生产流程见图 3。

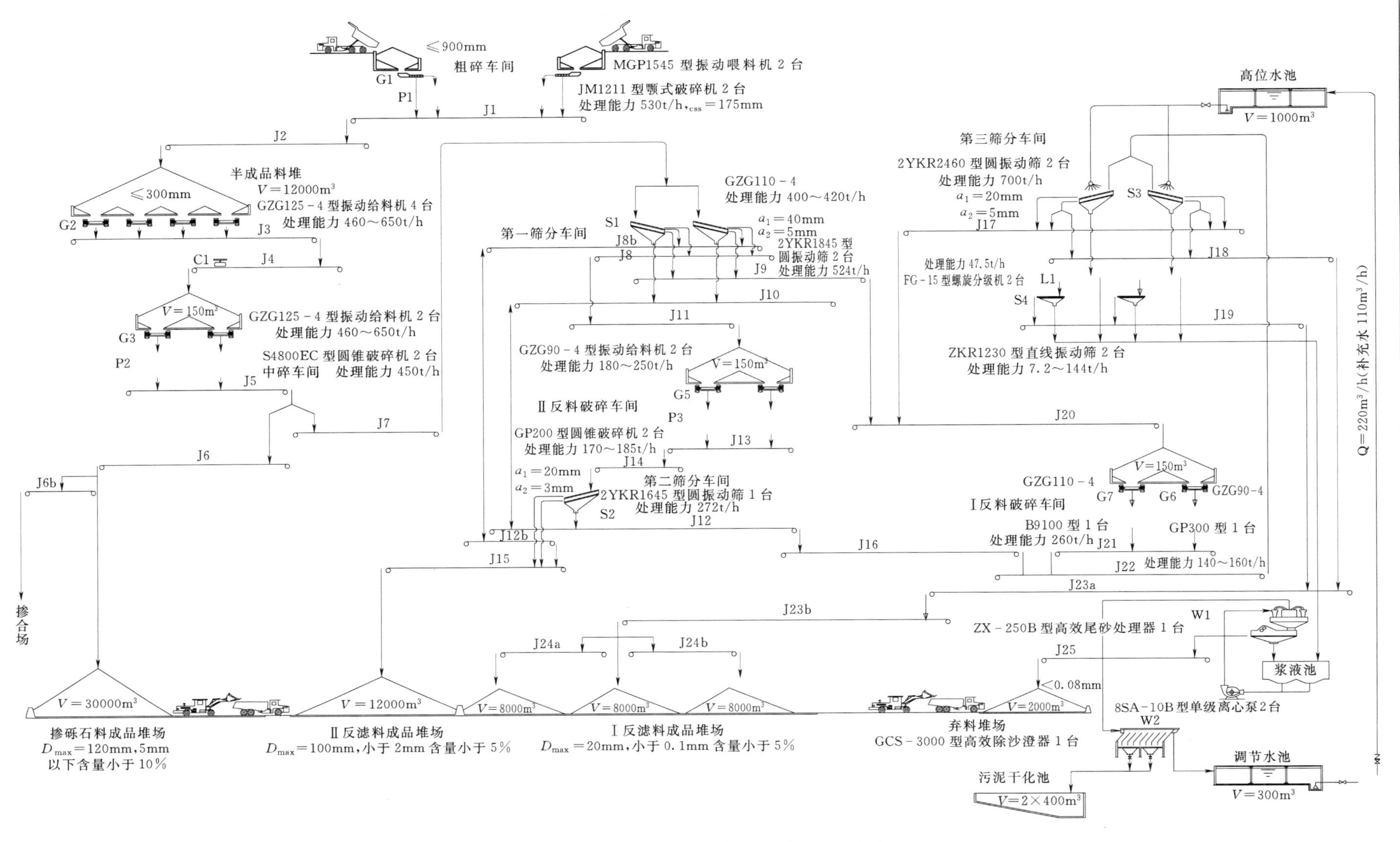

图 3 大坝反滤料及掺砾石料加工系统工艺形象流程

3 结论

糯扎渡水电站大坝是采用心墙堆石坝，坝体基本剖面为中央直立心墙形式，即中央为砾质土直心墙，心墙两侧为反滤层，反滤层以外为堆石体坝壳。此种类型的大坝在我国是第一次修建，因而生产心墙各种石料的加工系统也是第一次设计。从生产出来的各种石料的试验结果来看，此石料加工系统完全满足大坝所需石料的级配要求和大坝填筑的强度要求，对今后国内建同类大坝，设计同类的石料加工系统具有一定的参考价值。

检验与试验及新材料应用

聚丙烯纤维和氧化镁双掺技术在洪家渡水电站面板混凝土中的应用

朱自先

【摘　要】：洪家渡水电站面板堆石坝属200m级高面板坝，面板混凝土的防裂技术是一个重要的研究课题，结合国内外混凝土面板施工的经验，本工程采用聚丙烯纤维和氧化镁双掺技术取得了较好的效果。

【关键词】：洪家渡面板堆石坝　面板混凝土　施工混凝土配合比设计　聚丙烯纤维混凝土　轻烧氧化镁　补偿收缩

引言

洪家渡电站位于贵州省黔西县与织金县交界的乌江北源六冲河上，是我国实施“西部大开发”战略的龙头工程。电站装机600MW，大坝属混凝土面板堆石坝，坝高179.5m，为国内在建的同类型坝中第一高坝。大坝面板属长宽比较大的混凝土薄板结构，斜长约298m，分三期浇筑，最大长度129m，厚度0.30～0.91m。这种超大的薄板结构，防裂、止裂是一个技术难题。在注重坝体填筑施工质量，减少坝体变形的同时，如何从原材料及混凝土配合比方面使混凝土面板不裂或少裂，以及在产生裂缝以后，如何有效阻止裂缝的发展，是面板混凝土配合比设计所要考虑的重点内容。

针对国内已建面板堆石坝的面板均存在不同程度的裂缝，洪家渡大坝面板混凝土配合比设计的基本思路是在满足设计要求的强度、耐久性及良好的施工和易性的前提下，重点考虑其抗渗防裂问题。经过大量的试验论证之后，采用了在混凝土中掺加聚丙烯纤维和轻烧氧化镁的方法。试验结果表明，掺加聚丙烯纤维可以有效提高混凝土的极限拉伸值，使混凝土具有较高的拉压比，降低弹性模量，从而增强其适应变形的能力，并在混凝土初裂以后，提高混凝土的断裂韧度，使混凝土具备一定的止裂能力；掺加轻烧氧化镁可以有效补偿混凝土收缩，减少混凝土干缩变形和线膨胀系数，从而使混凝土具有不裂或少裂的特性。这两项技术措施的采用有效地改善了洪家渡电站大坝面板的抗裂性能，取得了良好的效果。已完工的一期面板到目前为止仅发现10条小于0.2mm的细微裂缝，大大低于同类坝型的水平。聚丙烯纤维和轻烧氧化镁双掺技术的应用，发挥了明显的作用。

1　聚丙烯纤维混凝土

聚丙烯纤维是由丙烯聚合物或共聚物制成的烯烃类纤维，密度为0.9g/cm^3，强度高，为中性材料。把聚丙烯纤维掺入混凝土中，能显著改善混凝土的变形性能（包括极限拉伸率、弹性模量、弯曲韧性、干缩等），提高混凝土防裂抗冲刷能力，在水电工程的钢筋混凝土面板、地下工程的锚喷支护及抗磨蚀要求高的水工建筑物等方面有广阔的应用前景。20世纪70年代，英国西部海岸工程曾在砌筑防波堤的混凝土块体中掺入剁碎的聚丙烯纤维；进入80年代后，美国、英国、德国、日本等国家对聚丙烯纤维混凝土进行了大量的研究，取得了一系列有价值的成果。近年来，应用纤维作为混凝土掺和料已被世界上60多个国家所接受，其应用领域涉及公路路面、机场跑道、桥梁、隧道、港口、码头、水工建筑物及工业与民用建筑等混凝土工程。

我国聚丙烯纤维混凝土的研究和应用起步较晚，90年代中期以来，在我国广东、山东、上海、河北等省市的公路、桥梁工程中进行了应用，取得了一些成功的经验。但目前在水电工程中的应用还处于探索阶段。

2　外掺轻烧氧化镁微膨胀混凝土

近几年来，用外掺轻烧氧化镁微膨胀混凝土的延期膨胀性能来补偿混凝土的温度应力，是混凝土防裂筑坝技术之一。其优点是简化温控措施，降低工程造价，有效地防止基础混凝土裂缝。1989 年在浙江石塘水电站进行机口外掺试验块的浇筑。此后，福建水口水电站、广东青溪水电站大坝基础混凝土以及贵州东风水电站大坝基础深槽混凝土都采用了此项技术，并取得了良好的技术经济效益。

3　洪家渡面板混凝土施工配合比的确定

3.1　原材料的选用

原材料的选用如下：

（1）水泥：选用贵州水泥厂生产的乌江牌 P. O42.5 水泥。

（2）粉煤灰：凯里火电厂生产的Ⅰ级灰。

（3）骨料：骨料为洪家渡水电站砂石系统生产的灰岩人工砂石料。碎石热膨胀系数小，粒形规整、清洁、坚硬。砂子颗粒级配符合Ⅰ区山砂，级配和石粉含量均满足 C30 以上混凝土要求，其细度模数为 2.50，其中粒径小于 0.16mm 的占 15.1%。

（4）外加剂：采用山西黄河化工有限公司生产的“红浪牌”UNF－2C 高效减水剂、AE 引气剂。

（5）拌合用水：拌合用水为洪家渡工地生产用水。

（6）氧化镁：海城市东方滑镁公司生产，其物理化学指标见表 1。

表 1　　MgO 物理化学指标

MgO	细度（180 目）	活性指标	L0SS	CaO	SiO_2	SO_3
91.83	2.66	235	2.14	1.01	0.56	0.56

（7）聚丙烯纤维：四川华神化学建材有限公司生产的“好亦特”聚丙烯微纤维，物理化学指标见表 2。

表 2　　聚丙烯纤维的物理化学指标

密度 /$(g \cdot cm^{-3})$	熔点 /℃	燃点 /℃	导热性	碱阻抗	抗拉强度 /MPa	杨氏弹模 /MPa	纤维长度 /mm	吸水性
0.9～1.0	155～165	≥550	低	碱防护	≥500	3500	19	表面吸水

3.2　配合比参数确定

配合比参数确定如下：

（1）设计要求：C_{28}30，抗渗≥W12，抗冻≥F100。

结合工地施工水平，混凝土配制强度应不小于 38.0MPa。根据原材料品质及前期试验成果，确定水灰比为 0.40，用 123kg/m^3、132kg/m^3、140kg/m^3、145kg/m^{3}4 个用水量进行复核试拌，坍落度控制在 70～90mm；含气量控制在 4.0%～5.0%；砂率根据现场取样试验结果在 36%左右合理调整；中小石比例为 50：50；减水剂掺量根据坍落度进行调整；引气剂掺量按 4.0%～5.0%的含气量确定（前期试验表明：含气量 0.5h 损失在 1.0%左右，为使运输到仓面后的含气量控制在设计要求的 4.0%～5.0%，室内试拌时按 5.0%～6.0%进行控制）。

（2）氧化镁掺量：从贵州水泥厂的水泥化学分析表明，乌江 P. O42.5 水泥中 MgO 的含量在 2.0%左右，选择 MgO 掺量为 3.4%，这样在掺用 25%的粉煤灰的情况下，胶材总量中的 MgO 总含量控制在5.0%以内，满足国家标准要求；在水泥中掺3.4%的MgO进行水泥净浆压蒸试验，安定性合格，说明3.4%的掺量是安全的。

（3）聚丙烯纤维掺量：根据掺量分别为0.7kg/m^3、0.9kg/m^3、1.10kg/m^{3}的室内试拌成果来看，上述不同掺量对混凝土的力学性能没有明显的影响规律，混凝土抗压、抗拉强度、抗压弹模以及极限拉伸值等指标均接近，其中抗压强度与基准混凝土（同配比不掺聚丙烯纤维混凝土）接近，属同一强度等级，其余指标均略高于基准混凝土。抗渗、抗冻性能也均能达到设计要求。因此，根据厂家建议以及考虑工程成本因素，选择掺量为0.9kg/m^3。

3.3 室内试拌成果

根据以上配合比参数进行的室内试拌成果见表3、表4。

从表4试拌成果可以看出，由于加入了聚丙烯纤维和氧化镁，混凝土拌合物的黏性特别强，坍落度损失很快，试拌时温度为18℃，坍落度损失前0.5h在50%左右，后0.5h为25%左右。和不掺纤维和MgO的同配比混凝土相比，用水量要增加10kg以上，因而胶凝材料用量要增加20kg以上。

表3　室内试拌配合比

编号	水胶比	砂率/%	材料用量/(kg·m^{-3})						聚丙烯纤维	外加剂掺量/%		
			水	水泥	粉煤灰	砂	小石	中石		MgO	减水剂	引气剂
1	0.40	36.0	123	231	77	203	506	758	0.9	3.4	1.00	0.005
2	0.40	36.0	132	247	83	698	620	620	0.9	3.4	1.00	0.003
3	0.40	35.5	140	262	88	678	616	616	0.9	3.4	0.75	0.004
4	0.40	35.0	145	272	91	662	615	615	0.9	3.4	0.75	0.004

表4　室内试拌成果

编号	含气量/%	历时坍落度（mm）/损失率			抗压强度/MPa		渗标号	抗冻标号
		0	0.5h	1.0h	7d	28d		
1	5.0	55	20/60%	/	24.9	36.5	>W12	>F100
2	5.7	82	40/51%	30/63%	28.4	43.0	>W12	>F100
3	5.7	85	45/47%	34/60%	36.2	43.6	>W12	>F100
4	6.0	118	50/58%	35/70%	37.8	45.5	>W12	>F100

从试拌成果看，配比2、3较其他配比更能满足施工设计要求且技术经济合理，确定为施工配合比。

3.4 施工配合比

根据室内试拌的成果，提出施工配比见表5。

表5　面板混凝土施工配合比

编号	设计强度	设计坍落度/cm	设计含气量/%	粉煤灰掺量/%	砂率/%	水灰比	外加剂掺量/%		MgO外掺/%
							UNF-2C减水剂	AE引气剂	
配比1	C30	7～9	4～5	25	36	0.4	1.0	0.003	3.4
配比2	C30	7～9	4～5	25	35.5	0.4	0.75	0.004	3.4

每方混凝土各材料用量

编号	水	水泥	粉煤灰	砂子	小石	中石	聚丙烯纤维	UNF-2C减水剂	AE引气剂	MgO
配比1	132	247	83	698	620	620	0.9	3.3	0.0099	11.2
配比2	140	262	88	678	616	616	0.9	2.625	0.014	11.9

4 施工质量控制

4.1 投料程序

聚丙烯纤维和氧化镁的加入，保障拌和均匀，是质量控制的关键。为此特别规定了投料程序：先加入细颗粒料（砂子和水泥、粉煤灰、聚丙烯纤维、MgO）投入并确保干拌30～60s，然后加水（包括减水剂、引气剂）和石子进行拌和90～120s。先干拌的目的是为了防止纤维结团，保证纤维和氧化镁的分布均匀，后加石子主要是为了避免MgO对石子的包裹，同时也能提高拌和效率。拌合系统所用搅拌设备为强制式拌合机。

4.2 坍落度控制

虽然面板是选择在冬季施工，阴天气温在5℃左右，混凝土拌和物坍落度损失仍然特别快，半小时坍落度损失40%以上，晴天超过60%。并且由于纤维的影响，拌和物黏滞性很强，若坍落度低于40mm，虽能满足溜送施工要求，但机口和运输设备出料非常困难，给施工造成很大不便。而滑模施工工艺要求又不允许有太大的坍落度，必须在机口和仓面对拌和物坍落度实施对比控制，并根据损失情况及时调整机口坍落度。

4.3 含气量控制

试验表明，与不掺引气剂的混凝土相比，每增加1%的含气量，保持水泥用量不变时，混凝土28d抗压强度下降2.0%～3.0%，保持水灰比不变时，混凝土28d抗压强度下降4.0%～6.0%。因此，必须严格控制引气剂掺量，使混凝土拌和物含气量既满足耐久性要求，又不致因含量过大而使混凝土出现低强。

4.4 浇筑

采用无轨滑模进行浇筑，用软轴振捣器在距滑模前缘20cm以外振捣，严禁振捣器深入滑模内部，以防将滑模托起或造成滑模后部已成型的混凝土鼓出。滑模过后应及时抹面，并在2小时后进行二次摸面。

4.5 养护

采用云南亚西泰克模板有限公司生产养护密封剂（Cure and Seal 12% E）养护，这在我国面板混凝土施工中首次使用。养护密封剂具有对喷淋后的混凝土表面养护和密封作用：①能防止混凝土内部水分蒸发，利用其内部水分，对混凝土进行养护，防止混凝土产生裂缝；②防紫外线辐射，能有效地保护面板混凝土中的聚丙烯纤维。混凝土表面完成养护密封剂的喷淋后，立即盖上塑料薄膜，接近初凝时，覆盖湿麻袋片保温。

5 质量评价

洪家渡电站大坝一期面板共抽取抗压试样118组，28d抗压强度平均值（m_{fcu}）为37.9MPa，最大值（$f_{cu,max}$）为43.3MPa，最小值（$f_{cu,min}$）为30.1MPa，标准差（σ）为2.07MPa，保证率（P）为99.9%，不低于设计强度值的百分率（P_s）为100%；另抽取抗渗、抗冻试样各2组，检测结果均达到设计要求。从外观检查情况来看，面板表面平整、光滑，截止本书完稿为止，仅发现小于0.2mm的细微裂缝10条，且无贯穿性裂缝，与同类坝型相比，单位面积上的裂缝数量较少，裂缝宽度较小。

说明面板施工质量良好，聚丙烯纤维和MgO的应用是成功的。

6 结语

（1）聚丙烯纤维和氧化镁在洪家渡电站大坝一期面板混凝土中的应用情况表明，聚丙烯纤维和氧化镁的使用，对增强混凝土的断裂韧度，补偿混凝土自身体积收缩，从而避免或减少由于混凝土自身收缩变形而产生的裂缝，效果是明显的。

（2）由于掺有25%的粉煤灰，后期强度储备较大，90d强度达50MPa。实际工程中面板混凝土浇筑后并不会立即投入使用，因此可否考虑在结构受力许可的前提下，利用混凝土的长龄期（60d或90d）的强度，放大水胶比，进一步降低胶凝材料的用量，降低工程成本。

（3）虽然洪家渡电站发生的裂缝数量较少，通过对观测资料进行分析，认为导致面板发生裂缝的主要原因是由于混凝土本身干缩变形所引起。说明在3.4%掺量下，氧化镁的膨胀量还不足以补偿混凝土的收缩。是否可以突破规范界限，有待进一步试验研究。

三峡五级船闸混凝土温度控制措施效果分析

胡文利　李虎章

【摘　要】：三峡船闸工程结构复杂，且运行要求高，因而对混凝土的施工质量要求更加严格，防止裂缝的出现是控制混凝土施工质量的主要指标之一。为保证船闸混凝土浇筑满足温控要求，采取了一系列的温控措施，并取得了较好的效果。

【关键词】：船闸　裂缝　温度控制

1　工程简介

三峡船闸土建工程包括主体混凝土工程及上下航道混凝土工程，其中主体混凝土工程包括闸首和闸室混凝土。闸首混凝土分为底板和边墙，底板为厚度5m的板式结构，最大结构块为19m×30m，均位于强基础约束区；边墙为重力式结构，最大结构块为20m×30m。闸室混凝土分为底板混凝土和边墙混凝土，底板为厚度5.3～10.2m的板式结构，最大结构块为24m×30m；一闸室边墙为混合式结构，其中▽129.8～▽160高程为薄壁衬砌墙结构，上部为重力墙结构；二闸室边墙均为薄壁衬砌墙结构；薄壁衬砌墙最大高度61m，标准块长度为12m，厚度1.5m。上航道的进水箱涵为涵洞式结构（单洞、双洞均有），单洞结构块为12m×9m，双洞为14.5m×12m。下航道泄水箱涵均为双洞结构，标准块体为15m×23.7m。

为确保永久船闸的结构混凝土的施工质量和运行安全，对混凝土的施工做了严格的温度控制设计。

2　温度控制标准

2.1　设计允许最高温度

设计根据块体在基础约束区内允许温差和块体混凝土在不同季节允许的内外温差综合考虑确定了结构块体最高允许温度。

2.2　填塘和陡坡混凝土温度控制标准

设计要求：挡水坝段的底部衬砌墙、填塘以及陡坡段混凝土，除按照基础强约束区控制允许最高温度外，还应埋设冷却水管并进行通水冷却，混凝土内部温度达到基岩温度（18～20℃）后才能继续浇筑上部结构混凝土。

3　主要温度控制措施

3.1　优化混凝土配合比

在满足混凝土设计强度、抗冻、抗渗等技术指标的前提下，通过优化混凝土的配合比，掺加一级粉煤灰和高效缓凝减水剂，尽量降低水泥用量，同时选用低水化热水泥，减少混凝土的水化热绝对温升值。

3.2　采用预冷混凝土

由于船闸的施工工期短，高温季节也要浇筑混凝土，所以温度控制就更加严格。基础约束区除在

12 月至次年 2 月可在自然条件下拌和混凝土之外，其他月份浇筑的混凝土均采用预冷混凝土，严格控制出机口的混凝土温度不大于 7℃。

3.3 浇筑预冷混凝土的温控措施

在浇筑预冷混凝土时，还采取了以下综合温控措施：

（1）混凝土运输车辆设置遮阳篷。

（2）缩短运输时间和混凝土的周转次数，缩短混凝土入仓前的等待时间。

（3）保证混凝土的浇筑强度。

（4）仓面喷雾，形成小的低温气候。

（5）仓面覆盖保温被。

（6）安排小仓施工，且尽量避开高温时段开仓，争取在气温较低的时间内浇筑完毕。

3.4 埋设冷却水管初期通冷却水降温

按照设计的要求，对有温控要求的部位及填塘陡坡部位均埋设了冷却水管，闸室衬砌墙施工时也增加埋设了冷却水管，并按照要求，在混凝土收仓 12h 后即进行初期通水，通水的温度 10～15℃，流量不小于 18～25L/min，混凝土内部降温的速度控制在<1/d℃。初期通水削减了混凝土内部的温升峰值，使混凝土内部的最高温度满足了设计的要求。闸室衬砌墙进行初期通水后的温度计实测温升曲线见图 1。

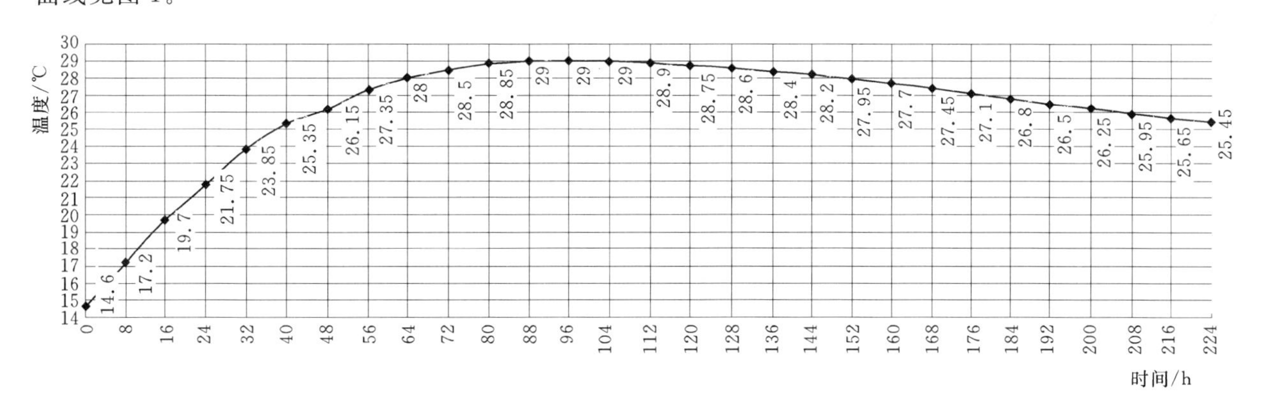

图 1　混凝土内部温升曲线

3.5 中期通水降低混凝土内外温差

为降低结构混凝土的内外温差，预防混凝土出现温度裂缝，每年的 9 月初即开始对当年 5—8 月份施工的大体积混凝土，10 月初对当年 4 月和 9 月浇筑的大体积混凝土，11 月初对当年 10 月浇筑的大体积混凝土进行中期通水。

3.6 混凝土的养护

新浇混凝土采用长流水养护，有条件的则采用浸水养护。

低温季节采用了混凝土表面覆盖 EPE 保温被的方法以降低混凝土的内外温差，减少了混凝土表面温度裂缝的发生，防止了深层裂缝。

4 温控措施效果评估

通过采取综合温控措施，三峡船闸混凝土的最高温度均控制在设计允许值范围内。

（1）通过控制混凝土原材料的温度和利用冰的融解热吸收水泥水化热，可有效地控制出机口温度，试验表明，骨料的温度降低 1℃，出机口的温度可降低 0.6℃左右，而每方混凝土加 10kg 的冰，可降低出机口温度 1℃。

（2）仓面喷雾形成的小气候气温比周围环境气温低6℃左右；而采用遮阳篷可降低混凝土的温度回升2～4℃。

（3）仓面覆盖EPE保温被可以降低混凝土浇筑温度3～5℃。

（4）初期通水可削减大体积混凝土内部温升峰值2～3℃，对于衬砌墙而言，其效果更加明显，实测值表明削减温升峰值在5～6℃，再经过中期通水，一般到10月份，夏季浇筑的大体积混凝土内部温度可降至21～25℃，达到设计要求。

5 结束语

到目前为止，经过多次调查，船闸混凝土未发现危害性裂缝。

实践证明三峡船闸混凝土施工中采取的各项综合温控措施对防止混凝土裂缝起到了良好的控制效果。

盘石头面板堆石坝大型碾压试验

宁占金　王永兴

【摘　要】：盘石头水库面板堆石坝填筑前进行了大型碾压试验，复核设计压实标准，确定各区筑坝材料的填筑参数，供坝体施工采用。本文介绍了碾压试验过程、结果，对试验设备配置、工艺方法作了说明，可为同类工程参考。

【关键词】：盘石头　面板堆石坝　筑坝材料　碾压试验　施工参数

1　工程概况

盘石头水库位于河南省鹤壁市西南约15km卫河支流淇河上，是以防洪、工业及城市生活用水为主，兼有灌溉、发电和养殖综合效益的大型水库工程，总库容为6.08亿m^3。主要建筑物有混凝土面板堆石坝、两条泄洪洞、非常溢洪道、引水洞、发电厂房等。面板堆石坝设计最大坝高102.2m，填筑总量548万m^3，是河南省已建在建面同类工程中规模最大的。

2　坝体填筑设计指标

大坝共分为5个填筑区，从上游至下游依次为垫层料区、过渡料区、灰岩主堆石区、次堆石区及下游堆石区。坝体材料设计指标见表1。

表1　坝体填筑料主要设计指标

项　目	垫层料	过渡料	灰岩主堆石料	页岩次堆石料	灰岩次堆石料	砂卵石
最大粒径/mm	80	300	600	400	800	—
设计干容重/$(t \cdot m^{-3})$	2.25	2.20	2.15	2.15	2.10	2.20
设计填筑厚度/(cm)	40	40	80	40	80	80

3　大坝碾压试验

坝体填筑前进行了筑坝材料大型碾压试验，其目的为：复核筑坝材料的设计指标；确定铺料厚度、碾压遍数、加水量等施工参数；选择施工机械，完善施工工艺。

设计对铺料厚度有明确规定，因此试验的主要内容是在不同碾压遍数、加水量条件下进行压实效果的试验分析，选择最佳加水量和碾压遍数进行复核试验，确定大坝填筑施工参数。

3.1　试验场地及规模

试验场地位于大坝下游较宽阔的河床砂卵石覆盖层上，面积为50m×100m，平整洒水后用18t振动碾碾压6遍，使干密度达到2.20t/m^3以上。场地四周预留回转车道，四角浇筑混凝土觇标用于测量观测，填筑区及其周边放样布点，测量基础面高程，便于评价填筑层相应的压实沉降。试验场共分7个场区，共完成6种填料的水平碾压试验21大场，总填筑量6024m^3（压实方）。场地平面及断面布置与坝体断面设计相似，见图1。

3.2　试验用填筑材料

垫层料由砂石料系统按设计级配加工；过渡料、灰岩主堆石料及下游灰岩堆石料前期取自花尖脑

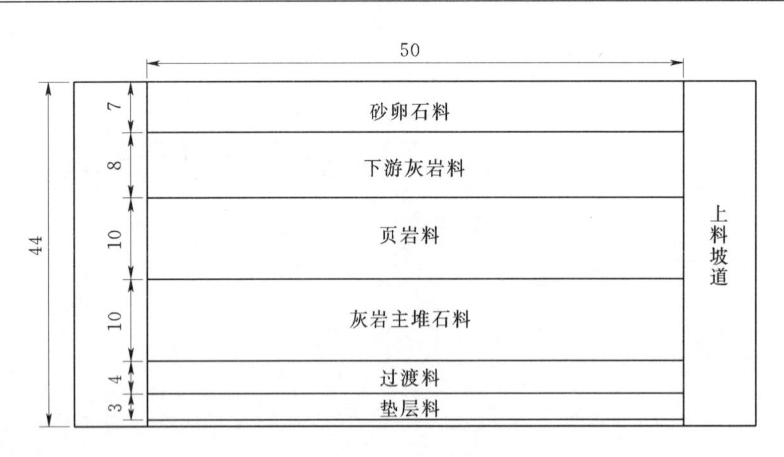

图1　碾压试验场平面图（单位：m）

料场爆破试验合格料，后期取自溢洪道开挖爆破灰岩料；页岩料取自上游存料场的导流洞洞挖料；砂卵石料用坝基河床开挖料；各种料使用前均经级配试验合格。

3.3　试验用主要设备

有挖掘、运输、推平、碾压等机械，与拟定施工方案相同。其中 BW202AD 10.5t 振动碾用于垫层料、过渡料碾压，YZT 18t 振动碾用于其他筑坝料。

3.4　试验场次、参数组合

6 种筑坝料按不同的加水量、铺料厚度、碾压遍数进行试验，场次及参数组合见表 2。

表2　碾压试验场次、参数组合

填料区	试验场次	料　源	铺料厚/mm	加水量/%	模拟	碾压机械
垫层料	4场	砂石料系统	40	不加水、10%、5%	冬、夏	BW202AD 10.5t 自行碾
过渡料	4场	主料场	40	不加水、10%	冬、夏	
灰岩主堆料	3场	主料场、溢洪道	80	不加水、15%	冬、夏	ZT18 18t 拖式碾
页岩次堆料	4场	导流洞洞挖料	40、60	不加水、10%	冬、夏	
灰岩次堆料	3场	主料场、溢洪道	80、120	不加水、15%	冬、夏	
砂卵石料	3场	坝基开挖料	80	不加水、10%	冬、夏	

3.5　碾压试验工艺

碾压试验完全模拟实际施工中的铺料、洒水、碾压、观测及试验检测等工序进行。堆石料采用进占法铺填，垫层料、过渡料采用后退法卸料。垫层料在砂石系统按拟定加水量均匀洒水，闷料 2～3d 后使用，其余填料按拟定的加水量用供水设施在铺层表面均匀洒水。碾压采用先静压后振动的方法，按前进、后退全振错距法进行。前进错距后退不错，前进、后退一个来回按两遍计，行车速度控制在 2～2.5km/h。

3.6　现场检测试验方法

每场试验均在不同的碾压遍数下进行相应的沉降量、干密度、级配检测。沉降量观测用全站仪，干密度试验用圆形试坑灌水法，级配分析采用全样筛分。密度试验用取样环直径和塑料薄膜规格见表 3。

表3　密度试验用套环及塑料薄膜规格

填料类别	垫层料	过渡料	灰岩主堆石料	页岩料	下游灰岩堆石料	砂卵石料
套环直径/mm	500	1000	1800	1000	1800	1000
薄膜厚度/mm	0.04	0.08	0.08	0.08	0.08	0.08

4 碾压试验成果

基础试验中碾压遍数—干密度曲线、碾压遍数—沉降率曲线见图2，各区料碾压沉降量与干密度有良好的相关关系，即：干密度和沉降率在前期增加较多，当碾压到一定遍数后增量变小并趋于稳定。

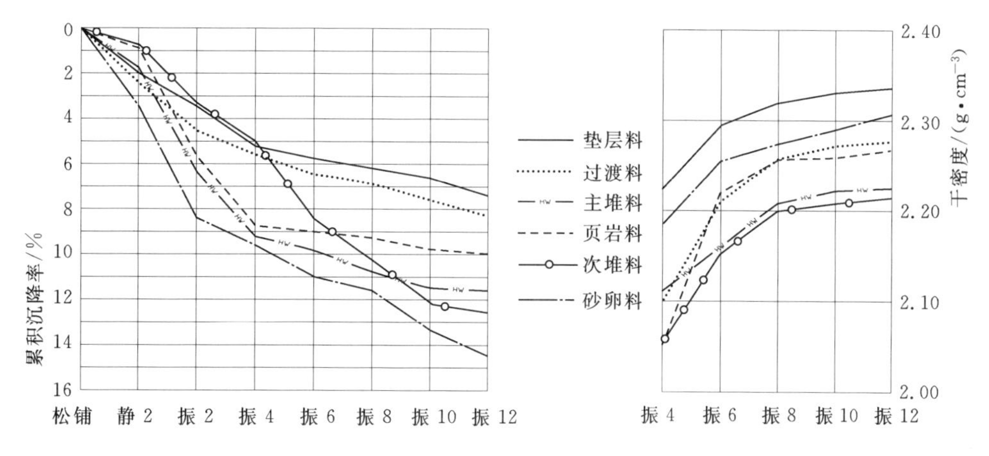

图2 碾压遍数、沉降量、干密度关系

同时考虑干密度和沉降率的变化趋势，确定大坝填筑施工参数见表4。以“双指标”确定施工参数经复核试验，能够达到设计要求。

表4 碾压试验确定的大坝填筑标准与施工参数

料类	干密度 /(g·cm^{-3})	孔隙率 /%	层厚 /cm	碾压机械 /t	加水量 /%	碾压遍数	实测干密度 /(g·cm^{-3})
灰岩垫层料	2.25	17.9	40	10.5	6	8	2.31
灰岩过渡料	2.20	19.7	40	10.5	10	8	2.26
灰岩主堆石料	2.15	21.5	80	18	15	8	2.22
页岩堆石料	2.20	20.0	60	18	10	8	2.25
下游灰岩堆石料	2.10	23.4	80	18	15	8	2.20
砂卵石料	2.10	19.7	80	18	10	6	2.28

试验表明，坝体填筑料各项设计指标合理可行，采用的施工工艺和机械能够满足坝体填筑需要。

在堆石坝填筑施工中应注意下述事项：垫层料填筑施工不能现场加水，应按适当加水量在生产时加水闷料使用；堆石料加水应在碾压前进行，使填料充分湿润软化，利于压实；为保证坝体各填筑区的设计体型，坝体上游30m条带填筑顺序为主堆料、过渡料、垫层料；碾压设备一定要保证其性能，施工中不得低于碾压试验确定的设备标准。

5 结语

盘石头面板堆石坝填筑采用了本次碾压试验确定的施工参数，并将页岩料设计干密度提高为2.20g/cm^3，取消砂卵石区，其余填料设计指标不变。大坝于2002年4月开始填筑，2005年8月坝体填筑全部完成。施工中铺料层厚、加水量、碾压遍数均与碾压试验推荐值一致，且使用了更大功率的振动碾（18t、25t），各区料实测干密度均大于设计值及碾压试验值，坝体施工质量良好。

水布垭水电站面板堆石坝填筑检测方法试验应用

郑庆举　唐儒敏　岑中山

【摘　要】：国内目前在面板堆石坝压实密度检测方法除挖坑注水法外，相继应用了压实计法、稳态面波仪法、附加质量法等各种快速、无损检测方法。检测结果的准确度及可靠性成为比较这几种检测方法优缺点的重要条件。

【关键词】：水布垭水电站面板堆石坝　填筑检测方法　试验应用

1　概述

清江水布垭水电站混凝土面板堆石坝最大坝高 233m，坝顶高程 409m，坝轴线长 660m，坝顶宽度 12m。

大坝上游坝坡 1∶1.4，下游平均坝坡 1∶1.4。坝体填料分 7 个主要填筑区，从上游至下游分别为盖重区（IB）、粉细砂铺盖区（IA）、垫层区（AⅡ）、过渡区（AⅢ）、主堆石区（ⅢB）、次堆石区（CⅢ）和下游堆石区（DⅢ），大坝填筑量包括上游铺盖区在内共 1563.74 万 m^3。

水布垭面板堆石坝为世界级的高面板堆石坝，填筑料品种及料源情况复杂，填筑工程量巨大。高锋时段月平均填筑强度 45 万 m^3，高峰强度 58 万 m^3，如何更有效地控制好大坝填筑质量，加块填筑进度至关重要。传统的挖坑注水法虽然直观可信，但费时、费力，严重影响施工进度，而且测点少，难以对质量进行全面监控，因此拟在传统的挖坑注水法的基础上，采用快速、准确、实时的检测方法，以满足大坝填筑质量控制和施工进度的要求。

目前，国内在面板堆石坝压实密度检测方法除挖坑注水法外，相继应用了压实计法、稳态面波仪法、附加质量法等各种快速、无损检测方法。检测结果的准确度及可靠性成为比较这几种检测方法优缺点的重要条件。为此，在水布垭面板堆石坝堆石体压实密度试验检测方法中，进行了大坝堆石体不同填料、不同碾压遍数的附加质量法、面波仪法、宝马压实计法及传统挖坑注水法的试验比较研究，以求得各种检测方法的相关性，比较各种方法的检测精度，选择一种准确、适宜的检测方法，从而达到更有成效地控制大坝填筑质量的目的。

2　大坝填筑质量检测

2.1　设计技术要求

水布垭大坝填筑料的压实标准及压实参数分别见表 1、表 2。

表 1　　水布垭大坝填筑料压实标准

项目＼分区	AⅡ	AⅢ	BⅢ	DⅢ
最大粒径/mm	80	300	800	1200
＜5mm 粒径含量	35～50	20～30	4～19	
＜0.1mm 粒径含量	4～7	＜5	＜5	≤5
干密度/(g·cm^{-3})	2.25	2.20	2.18	2.15
渗透系数/(cm·s^{-1})	10^{-2}～10^{-4}	10^{0}～10^{-2}	＞10^{0}	＞10^{0}

表 2　　水布垭大坝填筑料的碾压工参数表

项目＼分区	AⅡ	AⅢ	BⅢ	DⅢ
压实层厚/mm	40	40	80	120
碾压机具	18t 自行碾	18t 自行碾	25t 自行碾	25t 自行碾
碾压遍数	8	8	8	8
洒水量/%	适量	10	15	15

注　洒水量为堆石的体积比。

2.2 质量检测

2.2.1 施工参数控制

施工参数的控制是面板堆石坝质量双控的重要环节，对此施工单位及监理单位都采取了一些措施，结合大坝填筑 GPS 实时检测系统在水布垭面板堆石坝的应用，对大坝填筑层厚、碾压边数、振动碾行走速度及堆石料压实率进行重点监测。

2.2.1.1 层厚

施工过程中对层厚的控制主要以两岸坡设置层厚标志，中部设置移动层厚控制诱导标志，根据摊铺实际状况，现场质检人员用钢卷尺跟踪量测，加强监控。重点加强摊铺过程的控制，在碾压前完成超径石的处理，提高铺料及压实层面的平整度。

2.2.1.2 填料加水

按设计坝料加水方案，加水站加水量为总加水量的 70%，坝面为 30%，但在实际施工中，发现加水站的加水大部分在料车流失，而在坝面加水量明显不足，使加水总量远未达到设计要求，影响压实效果。根据这一情况，后期对坝料洒水进行了调整，加水站的加水以使填料充分湿润为度，约占 30%～40%，同时加大坝面洒水量，如洒水与碾压间隔时间较长，在碾压前还须补充洒水。

2.2.1.3 坝料碾压

碾压遍数及行车速度应满足技术要求及符合规范要求。振动碾的激振力应定期率定，保证碾压过程中达到设计要求。对周边及岸坡结合部位采用液压夯板及小型振动碾压实。

2.2.2 坝料检测方法

2.2.2.1 挖坑注水法

该法按要求在坝面某点挖一试坑，将坑内料物逐一标重，再以注水求出坑的体积，即得填料密度。它通俗易懂，简单易行，应用广泛。这是国内传统的检测压实料的可靠的、最基本的方法，也是校验其他检测方法的主要手段。但操作麻烦，取样时用工多，耗时长，难以有效配合施工进度，且测点较少，代表性欠佳。

2.2.2.2 附加质量法

堆石体密度检测附加质量法，以堆石体等效为单自由度线性弹性体系，用附加质量的方法求堆石体的参振质量 m_0；其次，令 m_0 的动能等于地面以下一定深度以内的堆石体连续介质振动的积分，从而导出堆石体密度的解析式；最后，通过测定动刚度 K、参振质量 m_0，测定堆石体弹性纵波波长 λ，或通过 K—P 关系，求得堆石体密度 P。

该法具有快速、准确、实时的特点，适用于不同粒径组成的堆石体，给大坝施工提供了一种重要的检测手段，它不仅在施工过程中对施工质量进行实时检测，以控制填筑施工质量，同时快速、高抽样率的检测数据，可以给建成后的大坝建立密度数据库，并建立大坝三维密度分布图形。从填料质量控制及大坝安全运行角度看，该法有一定的应用意义。

附加质量法，原本是用来对复合地基承载力进行检测的方法，现在把这种方法扩展用于检测粗粒料的密度，它的缺点是测出的密度可能是几层铺料的平均密度，而不一定是被检测层的密度。

2.2.2.3 稳态面波法

稳态面波法基本原理：当地层受到某种扰动以后，振动就在地层中传播形成波动，这种波动有体波和面波之分，体波分为横波和纵波。面波主要在地层表面传播，波的传播速度与地层的密度、强度等物理力学参数有密切的关系。稳态面波法首先通过稳态激振，测量在铺层厚度内面波的波速，并通过现场试验建立面波 V 与密度 ρ 的相关方程，通过现场挖坑检测得到碾压后堆石面料的面波波速后，就可以从相关方程计算出堆石料的密度等物理力学参数。

稳定面波法首先通过稳态激振，测量在铺层厚度内面波的波速，建立波速与被测点处干密度的相关方程，确定各测点的干密度，本方法根据铺层厚度选择激振频率，能保证所测密度完全代表该铺层的密度，这是该方法的突出优点。

2.2.2.4 宝马压实计法基本原理

将振动碾的振动波形进行频谱分析，将其中二次谐波频率对应的加速度值与振动波形中的基频对应的加速度值作为衡量压实密度的标准，通过对比试验，建立这种比值与压实密度的对应关系，从而求得压实密度。

该法结合施工碾压，方便、快捷，边碾压、边测试，通过频谱分析，可以看出哪个部位压实差，密度偏低等情况，适时补压，保证压实质量。

3 试验检测结果

在坝料碾压试验中及其大坝填筑施工过程中，以挖坑注水法为基础，开展大坝堆石体不同填料、不同碾压遍数的密度附加质量法、面波法、宝马压实计法的检测方法的对比试验研究，试验结果分述如下。

3.1 附加质量法

附加质量法与挖坑注水法不同碾压遍数、不同洒水量的检测成果见表3。

表3 附加质量法测试与坑测法结果对比表

碾压遍数 / 洒水结量果	6				8			
	附加质量法 /(g·cm⁻³)	坑测法 /(g·cm⁻³)	绝对误差 /(g·cm⁻³)	相对误差 /%	附加质量法 /(g·cm⁻³)	坑测法 /(g·cm⁻³)	绝对误差 /(g·cm⁻³)	相对误差 /%
0	2.163	2.245	0.082	3.7	2.196	2.194	−0.002	−0.1
5	2.167	2.235	0.068	3.0	2.228	2.228	0.001	0.1
10	2.131	2.133	0.002	0.1	2.252	2.252	0	0

由上表可见：随着碾压遍数的增加，各测点密度增加，当碾压6遍，部分测点已达设计要求，8遍可达到或超过设计要求。与试坑法比较，相对误差在1%以内的占70%，在1%～3%的占19%，大于3%的约占10%，误差大的情况可能与填料粒径大或架空有关。

3.2 面波仪法

该仪器在水布垭面板堆石坝111B料碾压8遍后的坝面上共作10组检测试验，其中3组面波波速数据是与挖坑法处于同一点位置检测得到。先用面波仪测出波速，再挖坑测其干密度，将 P_a 与 V_R 值进行回归计算，确定相关方程中的系数 $a=1.58505$，$b=0.00278$，测得成果见表4，再将此10组全部测试数据代入此方程可得出检测成果见表5。

表4 面波仪法检测成果对比表

测试日期	面波检测数据 $V_R/(m \cdot s^{-1})$	同期挖坑取样干密度值 $P_d/(g \cdot cm^{-3})$	压实干密度设计值 $P_d/(g \cdot cm^{-3})$	回归方程
2003.3.6	244.0	2.27	2.18	$P_d=1.58505+0.00278x$
2003.3.11	226.8	2.20	2.18	
2003.3.12	214.3	2.19	2.18	

表 5　　面波仪法检测成果表

测试日期	实测面波波速 $X/(m \cdot s^{-1})$	检测干密度值 $P_d/(g \cdot cm^{-3})$	压实干密度设计值 $P_d/(g \cdot cm^{-3})$
2003.3.6	215.0	2.18	2.18
2003.3.6	210.0	2.17	2.18
2003.3.6	224.0	2.21	2.18
2003.3.11	224.5	2.21	2.18
2003.3.11	226.8	2.22	2.18
2003.3.12	214.3	2.18	2.18
2003.3.13	217.0	2.19	2.18
2003.3.15	228.6	2.22	2.18
2003.3.16	186.7	2.10	2.18
2003.3.17	183.3	2.09	2.18

从水布垭大坝所测部分成果来看，采用面波仪检测干密度的方法是可行的，且速度快，检测效果较佳，结合挖坑法检测结果，可以控制施工填筑层的质量。

3.3 宝马压实计法

震动辗边碾压边打印的频谱分析结果见图 1，该图是以能量指标 OmeiG 表示的频谱分析图。图中 A、B 点为密实度较高的地方，而 C、D 点则为密度较低的地方。密度较高的区域接受的能量较低，而密度较低的区域接受的能量较高。根据示图所走轨迹，便知道哪里偏松散，可及时补压。

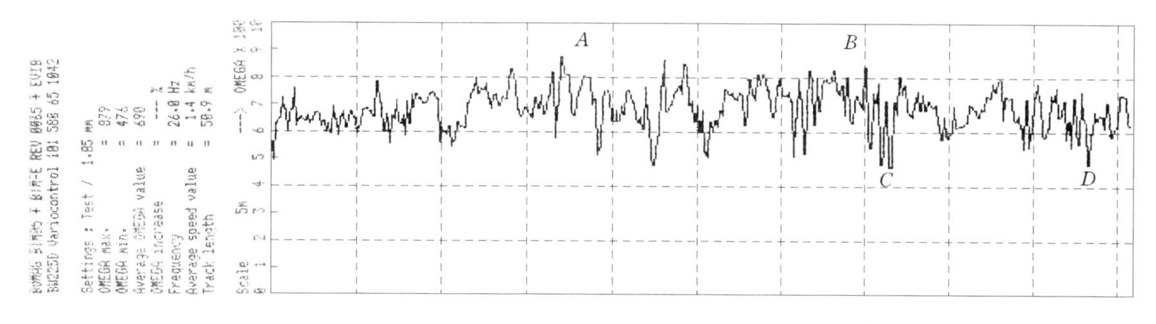

图 1　压实计打印的频谱分析结果

4　结语

(1) 通过以上几种检测方法的初步对比试验，附加质量法，面波仪法等对粗粒料填筑压实检测基本可行，检测误差大部分在允许范围内，且上述几种检测方法，检测速度快，工作量小，坝面测点多，具有代表性，为监控大坝填筑质量提供了较好的手段。

(2) 进一步采取措施，使挖坑注水法取样更加规范化，提高作为参照物的质量与精度。下阶段，在前段成果的基础上，进行必要的复核试验。

(3) 附加质量法检测的密度是否就代表这一填筑压实层的密度，难以把握；而面波仪法可根据铺层厚度，选择激振频率，保证所测密度代表该铺层的密度。要加重对面波仪的试验研究。

大花水水电站双曲拱坝碾压混凝土配合比试验及施工质量控制

叶晓培　张千里

【摘　要】：施工质量的控制是水电工程施工中的重点，大花水水电站拦河大坝为碾压混凝土抛物线双曲拱坝＋左岸重力墩。拱坝高134.50m，拱坝和重力墩结构复杂，坝身孔洞多，是目前国内在建的最高碾压混凝土双曲拱坝。本文介绍其碾压混凝土的配合比试验及质量控制情况。

【关键词】：大花水水电站　碾压混凝土双曲拱坝　配合比试验　质量控制

1　工程概况

大坝为抛物线双曲拱坝＋左岸重力墩。双曲拱坝坝顶高程873.00m，坝底高程738.50m，最大坝高134.50m。坝顶宽7.00m，坝底宽23.00～25.00m（拱冠～拱端），宽高比0.186。最大中心角81.5289°，最小中心角59.4404°，中曲面拱冠处最大曲率半径110.50m，最小曲率半径50.00m，坝顶轴线弧长198.43m。拱冠梁最大倒悬度为1∶0.11，坝身最大倒悬度为1∶0.139。坝体呈不对称布置。拱坝坝体混凝土约29万m^3。坝体大体积混凝土为C20三级配碾压混凝土，坝体上游面采用二级配碾压混凝土自身防渗。坝身式进水口布置于左岸重力墩体上，进口底板830.00m高程，引水系统由引渠段、坝身进水口段、坝后明管段、隧洞段、调压井、竖井钢管段及水平岔管段等组成。

2　工程特点

混凝土双曲拱坝技术含量高、场地狭小、受地形、地质、水文和气象等多方面影响因素制约，大坝的施工程序与施工进度必须采用合理的方法、高效的施工设备、严密的施工计划、有效的使用劳动力、材料、设备和资金，才能确保工程质量，提高大坝工程建设的经济效益和社会效益。大坝施工各种因素之间、各系统之间相互制约，彼此交织，构成了一个复杂的系统。同时，大坝施工进度与大坝导流方式、导流程序密切相关，并受施工方法及施工环境等因素的影响，给大坝的施工组织带来困难。

3　混凝土配合比试验

根据大花水水电站的设计技术要求，大花水水电站不同工程部位的碾压混凝土设计技术指标见表1。

3.1　混凝土原材料

（1）水泥。大花水水电站在碾压混凝土施工选用的水泥为贵州水泥厂生产的“乌江”P·O42.5和贵阳水泥有限责任公司生产的“金刚”P·O42.5两种水泥，其质量均比较稳定。

（2）粉煤灰。大花水水电站大坝混凝土掺合料选用贵州省凯里电厂生产的优质Ⅱ级粉煤灰，经检测，凯里电厂粉煤灰除需水比（96.2%）略高于《水工混凝土掺用粉煤灰技术规范》（DL/T 5055—1996）中Ⅰ级灰标准（≤95%）外，其余各项指标均达到Ⅰ级灰标准，综合评定为优质Ⅱ级粉煤灰或三峡工程中称之的准Ⅰ级粉煤灰。其物理性能检测成果列于表2。

表 1　　大花水水电站碾压混凝土材料特性指标要求

工程部位	强度等级	级配	抗渗等级	抗冻等级	抗拉强度/MPa	抗压弹模/GPa	容重/(kg·m^{-3})	28(90)d极限拉伸值($\times10^{-4}$)
迎水面防渗	$C_{90}20$	二	W8	F100	≥2.2	<30	≥2400	≥75
坝体内部	$C_{90}20$	三	W6	F50	≥2.2	<30	≥2400	≥75
重力坝内部	$C_{90}15$	三	W6	F50	≥2.2	<30	≥2400	≥70

表 2　　粉煤灰品质检验成果表

检测项目	比重	细度/%	需水比/%	烧失量/%	SO_3/%	含水量/%	强度比/%	评定等级
检测值	2.34	10.6	96.2	4.5	0.90	0.27	78.5	Ⅱ级
评定标准	—	≤12	≤95	≤5	≤3	≤1	—	Ⅰ级
		≤20	≤105	≤8				Ⅱ级
		≤45	≤115	≤15				Ⅲ级

(3)外加剂。由于大花水工程设计要求高且坝体结构复杂,因而选择外加剂时首先要具备较高的减水率,同时又要能改善碾压混凝土的粘聚性、可碾性和弹塑性,增加抗骨料分离能力。经试验检验后,本工程采用四川晶华化工有限责任公司生产的QH-R20高效缓凝减水剂及浙江龙游外加剂厂生产的ZB-1G引气剂,其品质检测结果见表3、表4。

表 3　　QH-R20高效缓凝减水剂品质检验结果表

名称	掺量/%	减水率/%	含气量/%	泌水率比/%	凝结时间/min		抗压强度比/%		
					初凝	终凝	3d	7d	28d
QH-R20	0.8	17.6	2.7	31.2	+305	+197	153	143	—
DL/T 5100—1999		≥15	≤3.0	≤100	+120~+240	+120~+240	≥125	≥125	≥120

表 4　　ZB-1G引气剂品质检验结果表

名称	掺量/%	减水率/%	含气量/%	泌水率比/%	凝结时间/min		抗压强度比/%		
					初凝	终凝	3d	7d	28d
ZB-1G	0.1	6	4.9	59	+2	+18	90	90	—
DL/T 5100—1999		≥6	4.5~5.5	≤70	−90~+120	−90~+120	≥90	≥90	≥85

(4)砂石料。本工程所用骨料选用坝址下游二桥人工砂石料场生产,经本工程的半干法砂石系统加工而成。砂细度模数平均为2.7,石粉含量平均为17%;粗骨料粒形好,组合组配空隙率小。

3.2 混凝土配合比的选定

大花水水电站在坝体碾压混凝土施工过程中,根据设计要求和原材料情况,按照设计要求的混凝土强度、抗渗等指标,并考虑一定的保证率系数,先后经过两种水泥品种,二级配和三级配两种级配的配合比试验,试验检测了几个配合比,结果见表5。

表 5　　碾压混凝土配合比试验成果

水泥品种	工程部位	设计标号	外掺物/%			级配	水胶比	S/%	单位材料用量/(kg·m^{-3})				
			QH-R20	ZB-1G	F				W	C	F	S	G
乌江 P·O42.5	迎水面防渗	$C_{90}20$	0.8	0.1	50	2	0.5	37	92	92	92	799	1377
	坝体内部	$C_{90}20$	0.8	0.1	50	3	0.5	33	79	79	79	733	1505
	重力坝内部	$C_{90}15$	0.8	0.1	60	3	0.55	34	82	60	89	754	1480

续表

水泥品种	工程部位	设计标号	外掺物/%			级配	水胶比	S/%	单位材料用量/(kg·m⁻³)				
			QH-R20	ZB-1G	F				W	C	F	S	G
金刚 P·O42.5	迎水面防渗	$C_{90}20$	0.8	0.1	50	2	0.5	37	95	95	95	793	1366
	坝体内部	$C_{90}20$	0.8	0.1	50	3	0.5	33	83	83	83	726	1491
	重力坝内部	$C_{90}15$	0.8	0.1	60	3	0.55	34	86	62	94	748	1467

3.3 碾压混凝土试验检测成果

根据选取的混凝土进行性能试验，其各项力学性能试验成果见表6、表7中。

表6　“乌江”P·O42.5水泥配合比力学性能成果

标号级配	级配	抗压强度/MPa			劈裂强度/MPa		轴拉强度/MPa		极限拉伸(×10⁴)		弹性模量/GPa		干缩(×10⁻⁶)		
		7d	28d	90d	28d	90d	28d	90d	28d	90d	28d	90d	7d	28d	90d
$C_{90}20$	二	15.0	24.2	31.2	1.83	2.60	2.24	3.42	0.72	0.90	33	40	-0.670	-1.447	-1.903
$C_{90}20$	三	15.4	22.7	32.5	1.91	2.57	2.17	3.35	0.66	0.88	29	39	-0.612	-1.524	-2.000
$C_{90}15$	三	11.1	17.1	25.7	1.36	1.79	1.70	2.48	0.61	0.75	26	37	-1.262	-2.650	-3.136
* $C_{90}20$	二	14.3	22.2	32.6	1.88	2.44	2.25	3.23	0.75	0.96	29	36	-1.282	-2.670	-3.097
** $C_{90}20$	三	15.4	23.3	35.9	2.03	2.60	2.13	3.04	0.78	0.97	30	38	-1.320	-2.689	-3.117

注　表中带“*”的为改性混凝土，加浆量为体积的7%，带“**”的为改性混凝土，加浆量为体积的6%。

表7　“金刚”P·O42.5水泥配合比力学性能成果

标号级配	级配	抗压强度/MPa			劈裂强度/MPa		轴拉强度/MPa		极限拉伸(×10⁴)		弹性模量/GPa		干缩(×10⁻⁶)		
		7d	28d	90d	28d	90d	28d	90d	28d	90d	28d	90d	7d	28d	90d
$C_{90}20$	二	14.7	21.3	31.7	1.87	2.46	2.10	3.13	0.67	0.88	31	38	-1.146	-2.155	-2.670
$C_{90}20$	三	16.1	25.6	33.9	2.13	2.61	2.43	3.40	0.67	0.91	32	40	-1.078	-1.893	-2.416
$C_{90}15$	三	9.5	16.0	21.6	1.35	2.11	1.64	2.73	0.62	0.75	26	30	-0.796	-1.709	-1.942
* $C_{90}20$	二	12.8	21.8	30.3	1.81	2.43	2.09	2.88	0.67	0.85	28	36	-1.214	-2.058	-2.388
** $C_{90}20$	三	12.5	19.7	28.7	1.55	2.24	2.17	2.94	0.77	0.87	31	35	-0.101	-1.913	-2.243

注　表中带“*”的为改性混凝土，加浆量为体积的7%，带“**”的为改性混凝土，加浆量为体积的6%。

试验资料表明，施工中所设计的配合比合理的，从强度等指标来看，完全满足设计要求。

混凝土的极限拉伸和弹性模量是水工混凝土的重要特性，极限拉伸大小直接显示了混凝土的抗裂能力，从提高混凝土的抗裂能力考虑，要求混凝土的极限拉伸大一些，弹性模量要小一些。改性混凝土与对应的碾压混凝土干缩相差很小，有利于两种混凝土之间的良好结合。

4　施工质量的检测与控制

拱坝的碾压混凝土大部分试验在现场试验室完成，配合比设计通过严谨周密的室内试验，确定混凝土配合比参数，使配制的混凝土在满足施工所要求的工作性、强度、抗冻性、耐久性、抗渗性及层面抗剪断要求的前提下，尽量减少胶凝材料（水泥和粉煤灰）用量。

4.1 原材料质量检测及控制

碾压混凝土所使用的材料，进场及拌和时均须进行质量检验。检验项目按表8、表9进行。若骨料的质量检测结果发生异常或波动较大时，应加强以下方面的检测与控制：加密检测砂含水率，将砂含水率控制在6%以内；加密检测砂细度模数、石粉含量，当细度模数变化超过0.2、石粉含量大于22%时调整配合比参数；加密检测石子超逊径。

表8　碾压混凝土原材料进场质量检测表

名称	检测项目	取样地点	抽样次数
水泥	细度、相对密度、安定性、凝结时间、烧失量、标号、标准稠度	罐车	200～400t或每一批号一次
粉煤灰	比重、浇失量、细度、需水比、含水量、SO_3	罐车	200～400t一次
砂	全分析	储料仓	每批一次
大石、中石、小石	全分析	储料仓	每批一次
外加剂	比重、pH值、表面张力凝结时间、减水率、强度比	仓库	每批进场一次

表9　原材料及拌和物检测项目表

名称	检测项目	取样地点	工作量
水泥	安定性、标号	拌和楼	每天1次
粉煤灰	细度、烧失量、需水量	拌和楼	每天1次
外加剂	相对密度	拌和楼	每班1次
配制液	相对密度、配制情况	外加剂池	每池1次
砂	细度、石粉含量、含石量	拌合楼	每班1次
	表面含水率	拌合楼	每2～4h1次
	相对密度、含泥量	拌合楼	必要时进行
大石、中石、小石	小石表面含水率	拌合楼	每2～4h1次
	超逊径	成品储料仓	每班1～2次
碾压混凝土拌和物	V_c值	机口或车上	2小时一次
	容重、含气量	机口或车上	每班1～2次
	拌和物均匀性	拌和楼	每周1次
	配料称量偏差（各种材料）	拌和楼	每班2～4次
	实测水灰比	拌和楼	每班2～4次
温度测试	水温	拌和用水	每班1次
	气温	拌和楼室外	每班1次
	混凝土出机温度	机口	每班1次

所有原材料必须符合设计与规范要求，水泥、粉煤灰、外加剂等都必须有出厂合格证和有关技术指标或试验参数。试验室根据规范要求对所有的原材料进行抽样检查。不合格的原材料严禁使用。

4.2 混凝土现场质量检测与控制

4.2.1 碾压混凝土原材料及拌合质量的检测与控制

（1）根据原材料和混凝土施工配合比，按相应部位的施工通知单签发混凝土施工配料单，在碾压混凝土生产开始之前，通过检验称码以检查衡器的精度，以后在生产过程中每月检验衡器精度，配料称量允许偏差按10表的规定。

表10　配料称量检验标准

材料名称	水	水泥、粉煤灰	粗骨料、细骨料	外加剂
允许偏差	1%	1%	2%	1%

（2）按相应规范要求以及经批准的质量控制计划，在材料仓库对原材料抽样检验。在出机口、浇

筑点对混凝土（含砂浆）实施跟班取样检测，检测项目有：拌和物均匀性、V_c 值、含气量、温度，碾压混凝土拌合质量检测在拌和楼机口随机进行，检测项目和频率按表 11 的规定，大体积混凝土，设计龄期 28d 的每 300～500m^3 成型试件 3 个，不足 300m^3，至少每班成型试件 3 个；设计龄期为 90d 的每 1000m^3 成型试件 3 个。

表 11　　碾压混凝土的检测项目和频率

检测项目	检测频率	检测目的
拌和时间	每班一次	检测拌和物时间
V_c 值	每 2h 一次（气候条件变化较大时适当增加检验次数）	检测碾压混凝土的可碾性，控制工作度变化
拌和物的均匀性	每班一次；在配合比或拌和工艺改变、机具投产或检修后等情况下分别另检测一次	调整拌和时间，检测拌和物均匀性
拌和物含气量	使用引气剂时，每班 1～2 次	调整外加剂量
出机口混凝土温度	每 2～4h 一次	温控要求
水胶比	每班一次	检测拌和物质量
拌和物外观	每 2h 一次	检测拌和物均匀性

4.2.2　碾压混凝土现场质量检测与控制

碾压混凝土现场质量检测项目和标准按表 12 的规定。

混凝土运输过程中转料及卸料的最大自由下落高度控制在 1.5m 以内。运输过程中不允许有骨料分离、漏浆、严重泌水、干燥以及 V_c 值或坍落度产生过大变化，运输设施设防雨、遮阳措施，因故停歇过久，已经初凝的混凝土作废料处理。

表 12　　碾压混凝土铺筑现场检测项目和标准

检测项目	检测频率	控制标准
V_c 值	每 2h 一次	现场允许 V_c 值由现场碾压试
抗压强度	相当于机口取样数量的 5%～10%	
压实容重	每铺筑 100～200m^2 层面至少有 1 个检测点，每一铺筑层仓面应有 3 个以上检测点	相对压实密度≥98.5%
骨料分离情况	全过程控制	不允许出现骨料集中现象
两个碾压层间隔时间	全过程控制	由试验确定不同气温条件下的层间允许间隔时间，并按其判定
混凝土加水拌和至碾压完毕时间	全过程控制	小于 2.0h
浇筑温度	2～4h 一次	

4.3　及时检测控制

加强入仓碾压混凝土的 V_c 值检测，以保证碾压混凝土的可碾性和密实性；严格控制掺引气剂的碾压混凝土中的含气量，其变化范围控制为±1%；碾压混凝土铺筑时，按规范规定进行检测，每 2～4h 检测一次碾压混凝土入仓温度和浇筑温度；仓面每铺筑 100～200m^2 碾压混凝土至少有一个检测点，每层有 3 个以上检测点，测试在压实后 10min 内进行；钻孔取样是评定碾压混凝土质量的综合方法，钻孔在碾压混凝土铺筑后 3 个月进行，钻孔的位置及数量根据现场施工情况确定。

4.4　温度监测及控制

采用埋设在混凝土中的电阻式温度计或热电耦测量混凝土浇筑温度和内部温度。

高温天气严格控制碾压混凝土的入仓温度，并随时检查碾压混凝土的入仓温度，使碾压混凝土的入仓温度不大于设计要求温度。专人控制喷雾的范围，保证碾压混凝土的湿润和仓面气温。设专人控制混凝土入仓时间和覆盖时间，使碾压混凝土在初凝前施工完毕。

4.5 碾压混凝土层间结合控制

防止混凝土表面失水，影响层间结合；卸料时分多点卸料，减少料堆高度，减轻骨料分离，同时辅以人工对骨料集中的地方进行处理；在配合比设计上，采用有显著缓凝作用的外加剂，以使混凝土的初凝时间延长，保证碾压混凝土能在初凝之前完成上一层碾压混凝土的施工，确保仓面碾压混凝土的覆盖时间不大于混凝土初凝时间；根据碾压混凝土实验成果选定合适的 V_c 值；当气温过高，阳光辐射以及风速较大时，采用覆盖彩条编织布和喷雾的措施防止混凝土表面失水、缩短初凝时间等影响层间结合强度；如局部有失水发白现象，在覆盖上层碾压砼之前，铺洒一层水泥掺合料净浆。

4.6 加强仓面管理

严格按项目法管理，科学、合理地组织碾压混凝土施工；入碾压混凝土施工仓面的人员要将鞋子上黏着的泥污洗干净，禁止向仓内抛投杂物；在雨天施工特别注重防雨措施的落实，组建专门的防雨队伍去实施。

4.7 养护及保护

大坝建筑物下部块体尺寸大、施工期暴露面多，环境气温变化大，夏季高温历时长，春季、冬季气温骤降频繁，在施工过程中，降低混凝土浇筑温度和减少胶凝材料水化热温升，严格控制混凝土浇筑温度和最高温度不超过设计允许最高温度要求，并加强混凝土表面保温和降低混凝土内部温升，预防混凝土产生裂缝。

为防止基础贯穿裂缝、减少表面裂缝，基础约束区混凝土、表孔等重要结构部位，在设计规定的间歇期内连续均匀上升，不出现薄层长间歇；为利于混凝土浇筑块的散热，上下层浇筑间歇时间为5～10d。在高温季节，有条件部位可采用表面流水冷却的方法进行散热；大坝暴露面较大，对于基础约束区、上下游面及其他重要结构部位，除按上述进行高温季节温度控制外，还应加强表面保温工作，特别是寒潮的袭击。以减少内外温差，降低混凝土表面温度梯度，避免出现坝体混凝土表面裂缝。

重点加强基础约束区、上游面及其他重要结构部位的表面保护，尤其是加强防止寒潮的冲击。

经计算分析和参考其他工程实践经验，在低温季节减少混凝土表层温度梯度和内外温差，保持混凝土表面湿度；在高温季节，防止外界高温热量的倒灌。外表面保护的材料初选用泡沫塑料板。

当坝址气温骤降时，必须做好大坝混凝土的表面保护工作，以减少内外温差，降低混凝土表面温度梯度，避免出现坝体混凝土表面裂缝。

4.7.1 混凝土养护

混凝土浇筑完毕终凝后再开始进行洒水养护。低温季节采取洒水养护，高温季节采取流水养护或喷雾养护。养护期28d以上，水平施工层面养护至浇筑上一层混凝土为止。

4.7.2 表面保护

当日平均气温低于3℃时或气温骤降时（日平均气温在2～3d内连续下降6℃以上），坝面及仓面（特别是上游坝面）用保温被覆盖，同时避免在傍晚和夜间拆模，适当延长拆模时间，所有孔、洞及廊道等入口处设帘以防受到冷气的袭击。

对于永久暴露面，低温季节浇筑的混凝土，浇完拆模后立即采取悬挂或覆盖保温被的方式进行保温；当日平均气温在2～3d内连续下降超过（含等于）6℃时，28d龄期内混凝土表面（顶、侧面）采取覆盖泡沫塑料板保温被的办法进行表面保温保护；水平施工缝上的保温被在冲毛、放样、立模扎筋等准备工作完成后覆盖待浇筑上层混凝土时方许揭开，且暴露时间不超过12h；气温骤降期间，将适当推迟拆模时间，尤其避免在傍晚气温下降时拆模。

4.8 提高施工质量管理，增强混凝土抗裂能力

加强施工管理，提高施工工艺，改善混凝土性能，提高混凝土抗裂能力。加强对各项原材料的质量控制，按规定检验，不合格材料严禁使用；提高混凝土的均匀性，密实性，控制大体积混凝土 C_V 值满足设计要求；保证混凝土浇筑强度，合理安排施工工序，尽量做到短间歇、连续均衡上升；建立健全各项管理制度，加强对裂缝的观测和监测。

5 结束语

大花水水电站碾压混凝土拱坝自开工以来，浇筑碾压混凝土 91526.24m^3，常态混凝土 7623.41m^3，改性混凝土 8110.71m^3，目前吊物井混凝土浇筑至 766m，集水井混凝土浇筑至 781m 高程，拱坝已浇筑至 790m 高程。从已浇筑的混凝土来看，不同部位的混凝土采用的配合比是满足设计要求的。现场施工过程中，采用的质量管理措施，对大坝碾压混凝土施工质量起到了控制作用。

试验资料和以往的管理经验表明，只要混凝土配合比设计合理，依靠其自身防渗挡水是完全没有问题的，筑坝的关键在于施工现场的质量管理和程序控制，要采取积极、主动的态度消除渗漏隐患，如卸料、平仓过程中的粗骨料集中，将直接影响到混凝土的密实度和层间结合，必须彻底分散。

硅粉混凝土与HF高强耐磨粉煤灰混凝土的应用

李晓红

【摘　要】：在水利水电工程施工中，溢洪道、泄洪洞等承受高速水流冲磨部位，多采用抗冲磨混凝土，其中硅粉和HF抗冲磨剂应用广泛。对硅粉混凝土与HF高强耐磨粉煤灰混凝土的抗压、抗冲磨、干缩性、耐久性等性能进行了分析。从工程实例看，HF高强耐磨粉煤灰混凝土不仅具有较高的抗冲磨性，同时具有良好的施工性和经济性，易于振捣密实，易于出浆和收光抹面，并可作为性能优良、泵送阻力小的泵送混凝土，在较小的用水量条件下，很容易配制成自流混凝土，施工单位一般均乐于使用这种混凝土。

【关键词】：硅粉　HF　抗冲磨剂　混凝土　性能比较

1　概述

具有较高的抗挟沙水流冲磨能力的混凝土称为抗冲耐磨混凝土。混凝土的抗冲耐磨能力与抗压强度、抗折强度没有明显的对应关系，两种混凝土的抗压强度相同，但使用的原材料不同，两者的抗冲磨强度可能相差几倍。因此目前把抗冲耐磨混凝土作为一种特殊混凝土加以研究。水电工程溢洪道、泄洪洞等承受高速水流冲磨，提高混凝土抗冲耐磨性能尤为重要，在工程中采用优质的抗冲耐磨材料是高速水流防蚀的重要措施。

2　抗冲耐磨材料的分析

目前国内应用较多的抗冲耐磨材料有硅粉、铁钢砂、铁矿石骨料、纤维、HF抗冲磨剂等，而在水利水电工程中，硅粉和HF抗冲磨剂应用最为广泛，在许多工程中得到成功应用。这里重点分析硅粉和HF抗冲耐磨剂的材料性能。

2.1　硅粉

硅粉是冶炼硅铁合金或工业硅时的副产品，平均粒径0.1μm左右，密度为2.2～2.5g/cm^3，其主要成分为无定型二氧化硅。其颗粒为极细小的球形微粒，比表面积达20m^2/g，具有很高的活性。试验研究表明：硅粉掺入混凝土中，可显著改善水泥石的孔隙结构，使大于320A的有害孔显著减少，可使水泥石中力学性能较弱的Ca（OH）$_2$晶体减少、C—S—H凝胶体增多；同时也可改善水泥石与骨料的界面结构，增强了水泥石与骨料的界面黏结力，从而提高混凝土的各项力学性能。硅粉混凝土具有早强、耐久性好、抗冲磨强度高等优点。新拌的硅粉混凝土黏性高、坍落度小，拌和物不易产生离析，硬化后早期强度提高快，抗冻、抗渗性好，抗化学腐蚀能力强，抗冲耐磨性能高。硅粉加入混凝土中，混凝土的黏性较大，给混凝土施工带来影响，硅粉混凝土的早期干缩较大，如果早期养护措施不当，容易产生裂缝。

2.2　HF抗冲耐磨剂

HF抗冲耐磨剂是一种与粉煤灰共掺，以提高混凝土抗冲磨性能的专用耐磨剂。HF抗冲耐磨剂掺入混凝土中后，可有效激发粉煤灰的活性。HF混凝土在和易性方面，由于粉煤灰的微集料效应，使粉煤灰混凝土的抗剪力显著减小，在外力作用下，易产生流动，因此，在施工方面混凝土易于振捣密实出浆和收光抹面。

3 抗冲耐磨混凝土原材料选择

（1）水泥。混凝土的物理力学性能与抗冲耐磨性能与使用的水泥品种及水泥标号有密切的关系。一般选用C_3S含量较高的硅酸盐水泥或普通硅酸盐水泥。

（2）砂石骨料。不同骨料配制的抗磨蚀混凝土，其抗冲磨强度相差甚大。应选用质地坚硬、石英颗粒含量高、清洁、级配良好的中砂。较大粒径的粗骨料可以减少水泥用量，有利于提高混凝土的抗冲耐磨强度，但粗骨料最大粒径不宜超过40mm。

（3）外加剂。须掺用高效减水剂，以降低水泥用量，减少水化热温升，简化温控措施，降低工程成本，加快施工进度，改善施工工艺，改善混凝土施工性能，提高混凝土耐久性。

（4）粉煤灰。在不降低抗磨蚀性能的前提下，可采用Ⅰ级粉煤灰，最大掺量为胶凝材料总量的25%。

4 抗冲耐磨混凝土的特性

4.1 抗压及抗冲耐磨性能

由表1看出，HF高强粉煤灰混凝土与硅粉混凝土28d及90d抗压强度相当，28d抗磨强度低于硅粉混凝土5%～12%，而90d抗磨强度增加12%～17%。因此，设计使用年限较长的抗冲耐磨部位，采用HF粉煤灰混凝土较硅粉混凝土更优，见表1。

表1　不同粗骨料混凝土相对抗冲磨强度

骨料名称	抗冲磨强度比	骨料名称	抗冲磨强度比
石灰岩	1.00	黑云母、石英、闪长岩	2.33
花岗岩	1.73	辉绿岩、铸岩	3.04

4.2 干缩性

由表2看出，硅粉混凝土干缩率尤其是早期干缩率较普通高标号混凝土大得多，其3d干缩率为普通混凝土的2倍多，这是硅粉混凝土在施工中容易产生干缩裂缝的主要原因，裂缝的产生直接影响其整体强度，而HF高强耐磨粉煤灰砂浆的干缩率还略小于普通高标号砂浆，相比而言，粉煤灰砂浆不易产生干缩裂缝，整体强度易于保证。

表2　硅粉混凝土与HF高强耐磨粉煤灰混凝土比较

材料名称	水泥用量/(kg·m^{-3})	掺和料/%	抗压强度/MPa		28d		90d	
			28d	90d	抗磨强度/(h·m^2·kg^{-1})	增长率/%	抗磨强度/(h·m^2·kg^{-1})	增长率/%
HF高强粉煤灰凝土	680	粉煤灰15	79.1	89.9	1.78	100	2.71	100
硅粉混凝土	700	硅粉15	90.1	90.5	1.81	105	2.38	88
HF高强耐磨粉煤灰砂浆	680	粉煤灰15	89.3	99.2	3.38	88	3.8	100
硅粉砂浆	700	硅粉15	89.9	102	2.71	100	3.17（180d）	83

4.3 耐久性

HF高强耐磨粉煤灰混凝土具有良好的抗冻、抗渗、抗空蚀、抗硫酸盐侵蚀及抗碳化性能，其耐久性指标与硅粉混凝土相当，见表3。

表3　几种水泥砂浆与混凝土干缩率比较

材料名称	水泥用量/(kg·m^{-3})	水灰比	抗压强度/MPa	干缩率（×10^{-6}）					
				3d	7d	14d	28d	60d	90d
普通混凝土	388	0.4	56.3	43.92	94.43	153.71	223.26	287.67	314.02
	440	0.35	62.5	57.44	111.93	179.67	255.51	371.88	385.86
硅粉混凝土	337.5+37.5（硅粉）	0.4	58.7	99.10	172.32	251.44	320.95	339.44	385.29
	374+66（硅粉）	0.35	73.6	113.67	199.46	262.5	323.27	404.03	
普通砂浆	782	0.261		363	840	894	113B		
HF粉煤灰砂浆	680+102（粉煤灰）	0.261		338	557	731	1106		
硅粉砂浆	680+102（硅粉）	0.261		423	644	910	1163		

5　工程应用

在盘石头水库泄洪洞施工中，对NFS硅粉混凝土和HF耐磨混凝土进行了试验研究。

5.1　原材料

水泥采用河南省豫鹤水泥有限公司“同力牌”P·R42.5水泥，粉煤灰为鹤壁电厂Ⅱ级灰，粗细骨料分别为当地灰岩碎石和邢台天然河砂，先后选用南京产“硅粉抗磨蚀剂NFS”和兰州产“HF耐磨外加剂”进行试验。

5.2　NFS硅粉混凝土配合比试验

试验结果表明，C40、C60常态抗磨蚀混凝土与C40常态普通混凝土相比，28d强度分别提高49%、61%，抗冲磨强度分别提高32%、106%，抗空蚀强度分别提高335%、461%；C40、C60泵送抗磨蚀混凝土与C40泵送普通混凝土相比，28d强度分别提高39%、73%，抗冲磨强度分别提高47%、150%，抗空蚀强度分别提高98%、380%；与不掺粉煤灰抗磨蚀混凝土相比，掺15%粉煤灰（等量取代水泥）的抗磨蚀混凝土28d和90d抗压强度均增加10%以上，抗冲磨强度略有增加。表4和表5分别表示出了NFS硅粉混凝土的优化配合比和物理力学性能。

表4　NFS硅粉抗磨蚀混凝土优化配合比

混凝土种类	设计标号	水泥用量/(kg·m^{-3})	NFS剂/%	砂率/%	用水量/(kg·m^{-3})	水灰比	水胶比	坍落度/cm
常态	C60	382	16	35	124	0.325	0.280	13.0
	C40	293	14	39	127	0.433	0.380	8.2
泵送	C60	442	16	42	140	0.317	0.273	17.1
	C40	336	14	44	146	0.434	0.381	18.4

表5　NFS抗磨蚀混凝土物理力学性能

混凝土种类	设计标号	28d抗压强度/MPa	抗压弹性模量/万MPa	轴心抗压强度/MPa	28d干缩率/%	28d抗冲磨强度/(h·m^2·kg^{-1})	28d抗空蚀强度/(h·m^2·kg^{-1})
常态	C60	70.9	4.81	68.1	182.0	7.93	74.60
	C40	65.4	4.71	59.0	193.2	5.07	57.80
泵送	C60	77.6	4.61	78.7	238.4	9.83	65.64
	C40	62.5	4.16	61.9	211.4	5.79	27.14

5.3 HF抗磨蚀混凝土配合比试验

在泵送施工要求下进行了C40HF、C50HF耐磨混凝土配合比试验，其28d配制强度分别为47.4MPa、58.2MPa，HF外加剂掺量为2.2%～2.6%，掺粉煤灰等量取代水泥。试验确定的泵送混凝土配合比见表6。

表6 HF耐磨混凝土优化配合比

设计标号	水泥用量/(kg·m^{-3})	粉煤灰/(kg·m^{-3})	HF剂/%	砂率/%	用水量/(kg·m^{-3})	水胶比	坍落度/cm
C50	360	65	2.6	35	150	0.345	17～19
C40	300	55	2.6	36	150	0.413	17～19

5.4 施工配合比的确定

NFS硅粉混凝土与HF混凝土物理力学性能均能满足设计指标，拌和物性能满足泵送施工要求。抗冲磨试验表明，在胶凝材料基本相同的条件下，硅粉混凝土、HF混凝土28d抗磨强度分别比普通混凝土提高82%、73%。考虑到HF混凝土后期抗磨强度增长速度会大于硅粉混凝土，可以达到与硅粉混凝土相当的抗磨强度，而NFS硅粉混凝土中抗磨剂掺量大（16%），拌和系统需改造，成本较高，其拌和物呈粘稠状，在相同坍落度下流动性较小，给施工带来不便。所以确定以C40HF泵送混凝土作为抗冲耐磨混凝土的施工配合比。

5.5 混凝土质量检查结果

经过对2号泄洪洞C40HF混凝土拌和机口及浇筑现场取样试验表明：混凝土强度合格，抗冻、抗渗试验均超过设计C40D150S6的指标，混凝土的抗冲磨度比普通混凝土高56%。经检查未发现混凝土塑性开裂和干缩裂缝。

6 结语

（1）硅粉的颗料极细，加入混凝土中，可使混凝土具有良好的粘聚性和保水性，不易产生离析，几乎不泌水，但硅粉混凝土黏性大、流动性较差，振捣困难，不易出浆，且几乎不泌水，收光、抹面难度较大。混凝土容易出现表面凹凸不平及龟裂。施工单位一般对使用硅粉混凝土有些抵制。

（2）HF高强耐磨粉煤灰混凝土黏聚性与保水性介于硅粉混凝土与普通混凝土之间，既克服了硅粉混凝土黏聚性太大不泌水的缺点，又改善了普通混凝土黏聚性差易泌水的性能，因此在施工方面粉煤灰混凝土表现出了较大的优越性，易于振捣密实，易于出浆和收光抹面，并可作为性能优良、泵送阻力小的泵送混凝土，在较小的用水量条件下，很容易配制成自流混凝土。鉴于此，从目前工程应用情况看施工单位一般均乐于使用这种混凝土。

构皮滩水电站水垫塘抗冲耐磨混凝土浇筑及混凝土品种替换研究

邓有富　吴晓光

【摘　要】：构皮滩水电站下游消能设施水垫塘面层采用C50抗冲耐磨混凝土进行施工，该混凝土黏性大，坍落度损失快，浇筑困难。在长时间的浇筑过程中，总结出了本文两种有效的混凝土浇筑方法。在施工成本允许的前提下，可采用滑框倒模进行面层混凝土的施工，以消除质量缺陷。同时可以考虑添加HF抗冲磨外加剂进行混凝土的替换。在坍落度损失大的问题上，笔者推荐使用添加X404高效减水剂的混凝土进行施工。

【关键词】：水垫塘　抗冲耐磨混凝土　浇筑方法　滑框倒模

1　工程概述

构皮滩水电站位于贵州省余庆县构皮滩镇上游1.5km的乌江上，上游距乌江渡水电站137km，下游距河口涪陵455km，工程开发的主要任务是发电，兼顾航运、防洪及其他综合利用。水库总库容64.51亿m^3，调节库容31.45亿m^3，正常蓄水位630m。电站装机容量3000MW，保证出力751.8MW，年发电量96.67亿kW·h，是贵州省和乌江干流最大的水电电源点。

构皮滩水电站大坝下游采用水垫塘消能，水垫塘净长约303m，底宽70m，断面形式为复式梯形断面，采用平底板封闭抽排方案。水垫塘底板高程EL412，两岸边坡浇筑高程为EL497.5。水垫塘底板以及EL430下边墙面层采用C50抗冲耐磨混凝土施工。左右岸EL430以下边墙混凝土斜坡坡比为1∶0.33，厚为3m，内部2.5m为常态C25混凝土，面层0.5m为C50抗冲耐磨混凝土，边墙布置2m×2m结构锚筋，面层为20cm×20cm的面层钢筋，且边墙锚筋与面层钢筋牢固连接，因此该结构内部钢筋、锚筋以及拉筋错综复杂，施工难度较大。C25与C50分界处采用机编钢筋网相隔，既可有效分隔两种混凝土，又可增加两种混凝土的咬合，避免分隔处由于两种混凝土的性能差异而造成的裂缝。在浇筑过程中，由于混凝土塌落度小，塌落度损失快，黏度大，给浇筑工作带来了较大的困难。经过长时间的施工摸索，我们总结出了一系列行之有效的浇筑方案。

2　C50抗冲耐磨混凝土性能

水垫塘工程使用的抗冲耐磨混凝土内没有掺加任何抗冲耐磨外加剂，是单纯地依靠增加混凝土的强度来提高混凝土自身的抗冲耐磨性。虽然混凝土强度的提高能够增加抗冲耐磨性，但这种抗冲耐磨性增加是相当有限的，且当强度增加到一定程度时，抗冲耐磨性增加度将会降低甚至不会增加，水垫塘面层施工的混凝土恰恰是利用本身的强度增加提高了混凝土的抗冲耐磨性。

为了对抗冲耐磨混凝土的性能有一个清醒的认识，以便更好地指导施工生产，在混凝土浇筑之前进行了抗冲耐磨混凝土拌和物性能试验，汇总表见表1。

从上述试验成果中可以看到，该种混凝土水胶比较小，坍落度损失大，在1h内坍落度损失在65%～80%之间，由于混凝土运距为2km，再加上垂直运输所占用的时间，如此快的塌落度损失给混凝土的运输带来了较大的难度。同时由于该混凝土黏性大，通过溜槽入仓困难，再加上仓内结构复杂，人员活动不灵便等因素，在初期浇筑过程中竟然出现了混凝土无法入仓，浇筑不能持续等问题，通过长时间的浇筑摸索，我们采取了以下方法进行混凝土的浇筑，并取得了初步的成功。

表 1　　抗冲耐磨混凝土拌和物性能试验成果汇总表

水泥品种	水胶比	掺合料	砂率
三峡 42.5	0.3	凯里Ⅰ级灰	34%

混凝土材料用量/(kg·m⁻³)				
水	水泥	混合材	砂	石
120	360	40	646	1272

试验编号	减水剂	引气剂	检验结果							
			初始坍落度/mm	初始含气量/%	坍落度经时损失/%			含气量经时损失/%		
					30min	60min	90min	30min	60min	90min
B-1	JM-Ⅱ，0.6%	FS，1.5/万	16	3.2	—	—	—	—	—	—
B-2	JM-PCA，0.6%	FS，1.5/万	120	2.1	91.7	95.8	100	0	0	0
B-3	JM-Ⅱ，0.8%	FS，1.5/万	40	4.9	67.5	98.0	100	0	0	0

3　水垫塘塘 EL430 以下 C50 混凝土浇筑方法

3.1　施工准备

（1）测量准备。在浇筑混凝土前，测量人员要在模板上精确画出两种混凝土的分界线，以便控制混凝土的品种，布置机编钢筋网的位置。

（2）模板准备。本部位的混凝土施工，模板采用悬臂模板的拼装模板拆除后进行拼装，模板规格为 1.2m×0.6m 和 1.2m×0.15m，侧模采用普通钢模板拼装，规格为 1.5m×0.3m 与 1.5m×0.1m。

（3）材料准备。两种混凝土的分界处采用机编钢筋网相隔，既可满足混凝土的厚度，又可加强两种混凝土的咬合作用。

（4）隐形拉筋的准备。为了避免普通拉筋外露部分的处理对面层产生破坏，使用 Φ20 圆钢车丝后连接拉筋，浇筑完毕后进行拆除，并将拉筋孔抹平，以保证面层的光洁平整度，由于该拉筋拆除后不外露，因此，称之为隐形拉筋。

（5）水平运输。混凝土水平运距约为 2km，采用 8T 自卸车运输混凝土，自卸车厢后焊接密闭不漏浆的挡板，运输过程中避免急停、急转等影响混凝土质量的操作。C50 混凝土采用车前悬挂红色旗子进行识别，避免混料。

（6）垂直入仓手段。在浇筑过程中，可采用以下两种垂直入仓方式进行混凝土的施工。

1）在 EL430 马道搭设溜通，汽车直接将混凝土运至集料斗后溜入混凝土施工仓面内。

2）在仓内以及利用模板已有的围拎搭设钢管架，牢固固定集料斗，集料斗下接适当长度的溜槽。集料斗的位置应控制在钢丝隔网之内，便于混凝土入仓。浇筑时，采用塔机或履带吊进行入仓，将 C50 混凝土通过集料斗以及溜槽运送至钢丝隔网之内，C25 混凝土通过塔机或履带吊绕过集料斗，从内侧将混凝土运送至仓内。

3.2　混凝土浇筑

（1）模板施工。左右岸边墙面层模板采用 1.2m×0.6m 和 1.2m×0.15m 配合进行组立，隐形拉筋杆安装在 1.2m×0.15m 的模板上。模板用拉筋以及围拎、卡扣牢固固定，在施工前，必须由测量人员将位置校正准确后才能施工。

（2）钢筋施工。根据图纸的要求，水垫塘边墙结构锚筋应与面层钢筋牢固连接，在绑扎钢筋时应保证保护层的厚度和钢筋的牢固绑扎。

（3）机编钢丝网施工。机编钢筋网是分隔两种混凝土的重要施工手段，由于钢筋网两侧要承担混凝土的侧压力，须对钢筋网机型牢固的固定。根据现场施工情况，钢筋网分层布置，在浇筑上一层混凝土之前将本层钢筋网连接牢固后进行混凝土的入仓、振捣施工，具体的施工方法为：

在浇筑混凝土之前，将机编钢筋网加工成60cm高的网片，利用仓面内的锚筋、拉筋牢固固定在混凝土分界位置（尤其钢筋网片的四角应加固固定，避免跑位而造成混凝土的混仓），上层暂时不用的钢筋网可以实现穿入锚筋或拉筋上的方法或后期剪口布置，剪口位置用扎丝人工编制等方法进行施工。钢筋网片制作好后，带两边下料高度一致后进行混凝土的振捣，循环往复，直至本仓混凝土浇筑完毕。

（4）混凝土入仓。混凝土水平运距约为2km，采用8t自卸车进行水平运输，每辆自卸车必须配备遮阳防雨设施，车厢后焊接密闭不漏浆的挡板，混凝土运输时避免突然加速、减速，急转等对混凝土的质量存在损害的操作。C50混凝土采用车前悬挂红色旗子进行识别，避免混料。

垂直运输采用如下方式进行：

1）在EL427马道搭设溜筒，汽车直接将混凝土运至集料斗后溜入混凝土施工仓面内。由于边墙均为条带型浇筑，该方法的优点是只需搭设一次溜筒即可进行整个条带的混凝土浇筑，不必反复搭设溜筒，缺点是当两种混凝土同时浇筑时，必须反复移动溜筒的下料口位置，以便能够分离混凝土，增大了仓内的人工用量，可以用皮溜筒的形式接到溜筒出料口处，便于移动。需要注意的是，该种混凝土使用的溜筒必须做成矩形，以减小溜筒壁对混凝土的束缚，方形与圆形的溜筒经过反复浇筑试验，均是不可行的。该方法浇筑示意图见图1。

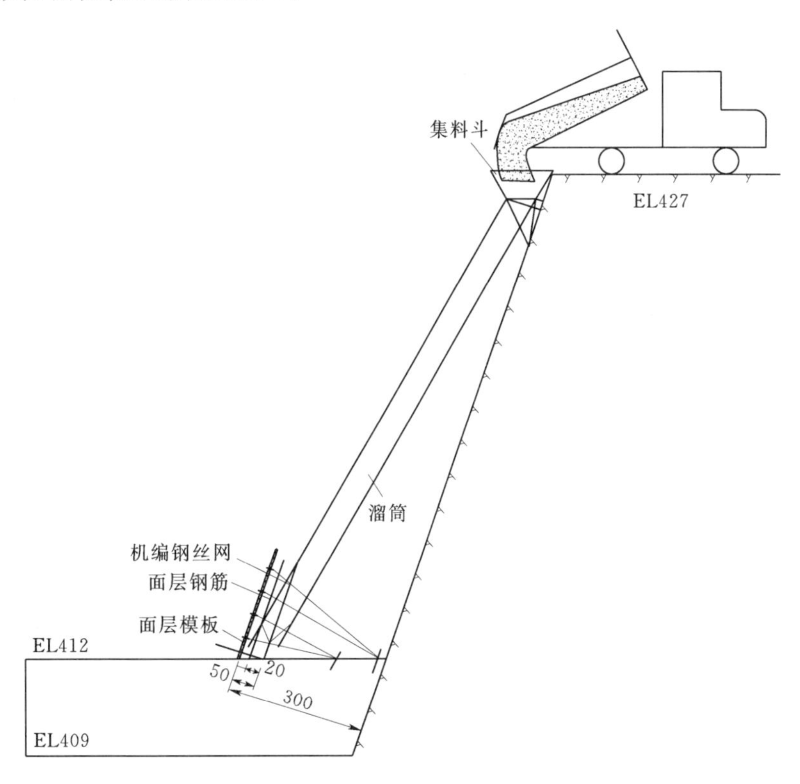

图1　边墙抗冲耐磨混凝土垂直入仓方式一

2）在仓内以及利用模板已有的围拎搭设钢管架，牢固固定集料斗，集料斗下接适当长度的溜槽。集料斗的位置应控制在钢丝隔网之内，便于混凝土入仓。浇筑时，采用塔机或履带吊进行入仓，将C50混凝土通过集料斗以及溜槽运送至钢丝隔网之内，C25混凝土通过塔机或履带吊绕过集料斗，从内侧将混凝土运送至仓内。该方法的优点是C25、C50分仓清楚，能够直接用垂直入仓设备将混凝土运送到仓号内，缺点是搭设一次集料斗只能进行一仓混凝土的浇筑，浇筑下一仓时需要再次搭设集料斗，同时会有部分钢管埋在混凝土中，造成浪费。该方法浇筑示意图见图2。

根据反复施工总结出的经验，使用第二种方法较第一种方法简便易行，浇筑速度快，备仓也并不

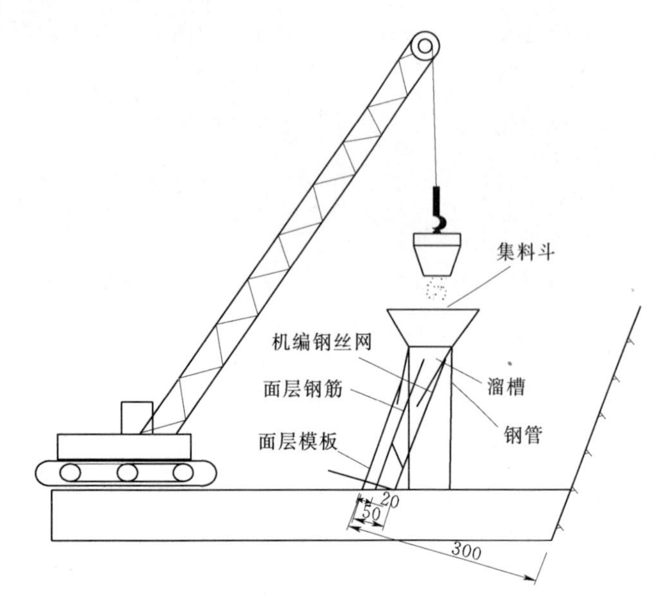

图2 抗冲耐磨混凝土垂直入仓方式二

麻烦，因此推荐使用第二种方法进行混凝土浇筑。

（5）混凝土浇筑。C50混凝土浇筑除要满足常态混凝土的浇筑规范要求外，还因其特性对混凝土的浇筑有着特殊的要求。

1）表层抗冲耐磨混凝土浇筑时，严禁在运输途中和仓面加水。

2）表层抗冲耐磨混凝土和下层结构混凝土一起浇筑时，应严防品种错乱。

3）混凝土不得在大、中雨中浇筑，小雨中浇筑应搭设防雨棚，未磨面或刚磨面的混凝土可用塑料布覆盖防雨，严防雨水流入新浇混凝土内。

根据上述要求，在准备工作准备完毕后，即可进行混凝土的浇筑施工。根据本部位的仓号特点，拟采用0.4m分层浇筑，混凝土入仓先进行C25的混凝土堆积，然后进行C50混凝土的入仓，待两侧同时达到0.4cm后，振捣施工。C25仓内可采用130或100型振动棒进行混凝土施工，C50仓内拟采用50或70软轴振动棒进行振捣，C50仓号内模板边缘位置加强振捣，先用100型振捣棒进行振捣后，再利用50或70型振捣棒进行复振，振捣时用人工木锤在模板外部进行敲打，以最大限度地将气泡排出。

（6）混凝土的养护。设计对混凝土掩护以及表面的保护的要求为：混凝土浇筑磨面结束后立即采用喷雾方式养护，以防止由于早期失水过快产生塑性裂缝，根据混凝土表面终凝情况，在收仓4～8h即可铺设麻袋养护，养护期不少于28d；为防止施工过程中人为损坏已完建的抗冲耐磨混凝土表面，和防止寒潮冲击产生裂缝，在养护28d后，仍需用竹板和保温被进行严格的表面保护。

依据设计对抗冲耐磨混凝土的养护要求，在混凝土浇筑之前每个混凝土作业队伍配备专门人员对混凝土进行养护和表面的保护，并配置两台高压冲毛机，待混凝土浇筑结束后即刻对混凝土表面采取喷雾方式养护。根据混凝土表面终凝情况，在收仓4～8h即可铺设麻袋养护，并在其上部布置多孔水管，通水后使水长期流过混凝土表面，取保养护期内混凝土的表面湿润，养护期为28d。

4 混凝土性能及施工方法的改进

虽然经过长时间抗冲耐磨混凝土浇筑实践摸索，运用上述方法可以顺利进行抗冲耐磨混凝土的浇筑，并已经运用到大规模混凝土浇筑当中去。但是上述方法始终不能克服浇筑时间长、人工和物资浪费严重等缺点。笔者认为可以采用以下几种方法进行混凝土性能以及施工方法的改进。

4.1 混凝土模板工艺的改进

目前抗冲耐磨混凝土浇筑施工的模板主要是拼装模板，浇筑完毕后表面的气泡、错台、挂帘等质量缺陷较为突出，尤其是表面气泡，受到混凝土本身FS引气剂的影响，在整个面层普遍存在，成为了抗冲耐磨混凝土表面质量缺陷最为严重的部分。为了消除表面质量缺陷，在施工成本允许的前提下，可采用以下模板的改进方法进行施工。

采用滑框倒模进行面层混凝土的施工。滑框倒模是采用滑模的原理，添加液压支撑系统进行直立边墙或大坡度边墙施工的一种模板形式。该模板可以实现连续滑升、连续浇筑，同时控制好滑升时间，可以进行混凝土面层的抹面工作，不但节省了备仓时间，极大地提高了混凝土的浇筑速度，而且可以控制混凝土面层质量，有效地消除了混凝土表面质量缺陷。该模板在三峡船闸直立边墙浇筑的过程中有过成功的应用，是一种较为理想的模板形式。

4.2 利用用 HF 混凝土替代 C50 混凝土

水垫塘施工的抗冲耐磨混凝土内没有掺加任何抗冲耐磨外加剂，是利用混凝土强度的提高来提高混凝土的抗冲耐磨性。进行混凝土性能设计时也可考虑采用添加抗冲耐磨外加剂的方法提高混凝土的抗冲耐磨性。传统的抗冲耐磨外加剂硅粉浇筑的混凝土表面裂缝较多，不能满足水垫塘高速水流长期冲刷的工况，因此从各方面综合考虑，采用 HF 混凝土替代现有的 C50 抗冲耐磨混凝土能够起到较好的效果。

HF 高强耐磨粉煤灰混凝土与硅粉混凝土的抗冲耐磨性能相当，并具有价格低、和易性好、施工方便、不易产生裂缝等特点，在许多工程中已成功地取代了硅粉混凝土。至今已在 50 几个工程（含大峡、刘家峡、尼那水电站等大中型工程）中推广使用，使用效果良好。其机理是采用 HF 外加剂激发粉煤灰的活性，使胶凝材料的水化产物致密、坚硬，并使自身强度和胶结力显致提高，达到提高混凝土的抗压强度、抗磨强度及耐久性能。

图 3 是四川省水利设计院针对紫坪铺工程进行的几种混凝土的对比优选试验结果，由图 3 可看出，HF 混凝土的抗磨性能高于 5%硅粉掺量的硅粉混凝土，相当或高于 10%硅粉掺量的硅粉混凝土，高于聚丙烯纤维混凝土，远高于普通混凝土。

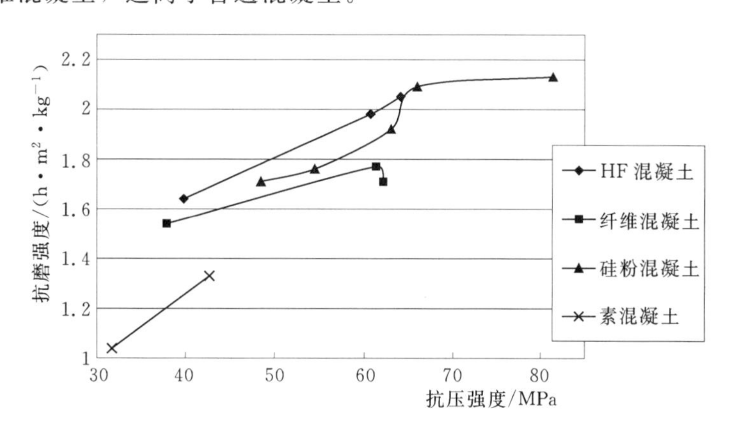

图 3 混凝土抗压强度与抗磨强度关系

HF 混凝土成本低，混凝土和易性良好，表面裂缝较少，是较为理想的抗冲耐磨混凝土，在较多工程中已经成功替换了原有的高强抗冲耐磨混凝土（如盘石头水库泄洪洞混凝土）。

4.3 利用 X404 高效减水剂替换 C50 混凝土中的的 JM－Ⅱ 减水剂

目前 C50 抗冲耐磨混凝土掺加的为 JM－Ⅱ 减水剂，从混凝土的性能上看，该混凝土黏度大，坍落度损失快，不能很好地满足浇筑施工的要求。在三峡工程泄洪深孔中成功应用的 X404 高效减水剂可以解决本问题。

X404 是一种新型的第 3 代高效缓凝减水剂，具有高减水率、低坍落度损失、低泌水的特点，其减水率可达到 30%以上。它与传统的萘系或蜜胺系减水剂不同，是完全不含甲醛的磺酸根的丙烯酸共聚高分子外加剂。它不含氯离子，不会造成钢筋的腐蚀。

掺 X404 减水剂混凝土的坍落度损失较小，1h 坍落度损失为 23.3%（见表 2）。X404 减水剂还有一个显著特点是混凝土可触变性较好，过一定时间后再搅拌，工作性恢复如初，这有利于大体积混凝土施工，有效地解决了 C50 高强抗冲耐磨混凝土坍落度损失较快的问题。

表 2　　混凝土坍落度损失试验结果

强度等级	初始坍落度/mm	坍落度损失率/%			备　注
		30min	60min	120min	
C40	150	14.7	23.3	43.3	温度 28℃、相对湿度 82%

5 结束语

国内外已建工程采用不同方法途径来提高混凝土抗磨性能，要从设计指标、工程实际、施工条件、成本等方面综合考虑，选择合适的抗冲耐磨混凝土材料。抗冲耐磨混凝土是特殊混凝土，其配合比需经大量深入试验确定。

乌江构皮滩水电站水垫塘工程采用的抗冲耐磨混凝土能够很好地满足设计要求，却给混凝土的施工带来了较大的困难。由于该混凝土只是利用高强来提高抗冲耐磨性，因此笔者认为抗冲耐磨混凝土应适当掺加抗冲耐磨外加剂，以提高混凝土的施工性能。同时在薄层混凝土中采用两种不同标号的混凝土，且两种混凝土比例较为悬殊并不可取，应在设计时充分考虑水化热及施工成本的前提下，尽量采用同标号混凝土进行施工，或平衡混凝土施工比例。

RCC 大坝变态混凝土试验研究

秦国逊　康进辉　唐安生

【摘　要】：碾压混凝土工程迎水面防渗，以及碾压混凝土与岩体、廊道的结合部位等均采用变态混凝土，已是当今碾压混凝土工程普遍采用的施工技术，结合大花水工程，从变态混凝土配合比设计入手，进行了变态混凝土性能试验研究，试验成果成功应用于该工程中。大花水碾压混凝土拱坝的变态混凝土施工，采取设立独立制浆系统、流量计量装置、仓面与制浆站之间配备信号灯，对骨料集中部位进行处理后，挖两道深 0.1～0.15m、宽 0.2m 的沟槽后注入净浆，采用手持大功率振捣器将碾压混凝土和浆液的混合物振捣密实，与碾压混凝土施工同步上升等工艺措施。通过优化施工组织设计和有效的质量控制手段，保证了工程实体表面光滑，结构致密，胶结情况良好，各项质量指标达到设计要求，取得了变态混凝土研究试验成果的预期效果。

【关键词】：变态混凝土　浆液　配合比　试验研究　碾压混凝土坝

1　工程概况

大花水电站拦河大坝为抛物线双曲拱坝，左岸加设重力墩。双曲拱坝坝顶高程 873.00m，坝底高程 738.50m，最大坝高 134.50m。坝顶宽 7.00m，坝底厚 25.00m，厚高比仅 0.171，属薄壁拱坝，碾压混凝土方量约 60 万 m^3，常态混凝土方量约 20 万 m^3，坝体上游面采用二级配变态碾压混凝土自身防渗，下游面、岩体、廊道的结合部位等采用 3 级配变态碾压混凝土。

2　变态混凝土指标

大花水电站变态混凝土性能要求见表 1。

表 1　大花水电站变态混凝土设计指标

工程部位	强度等级	级配	抗渗等级	抗冻等级	抗拉强度 /MPa	抗压弹模 /GPa	容重 /($kg \cdot m^{-3}$)	28 (90) d 极限拉伸值 ($\times 10^{-6}$)
迎水面防渗	$C_{90}20$	二	W8	F100	≥2.2	<32	≥2400	≥75
下游坝面、拱端	$C_{90}20$	三	W6	F100	≥2.2	<30	≥2400	≥75

3　原材料性能

3.1　水泥

试验拟选用的水泥为贵州水泥厂和贵阳水泥有限责任公司生产的 P.O42.5 级，水泥的相关成分及性能见表 2、表 3。

表 2　水泥化学检验成果　%

水泥厂家	SiO_2	CaO	MgO	Fe_2O_3	Al_2O_3	SO_3	Loss
贵州水泥厂	21.35	57.38	2.25	8.85	3.53	2.41	0.98
贵阳水泥公司	20.75	62.22	2.13	5.91	4.20	1.15	1.07

表 3　　水泥物理力学性能检测成果

检测项目	密度/(g·cm^{-3})	细度/%	凝结时间/(h：min)		安定性	标稠用水量/%	抗折强度/MPa		抗压强度/MPa	
			初凝	终凝			3d	28d	3d	28d
GB175—1999		≤10	>45	≤10.00	合格		≥3.5	≥6.5	≥16.0	≥42.5
标准要求										
贵阳水泥公司	3.08	1.6	5：21	6：26	合格	27.8	5.0	8.3	24.0	53.4
贵州水泥厂	3.13	2.8	4：02	4：52	合格	25.0	5.4	8.7	29.8	50.3

表 2、表 3 的试验成果表明：两种水泥均满足现行规范要求，氧化镁含量较高，有利于提高混凝土的抗裂性能，综合各项指标和碾压混凝土配合比情况，变态混凝土配合比试验选用贵州水泥厂生产的乌江牌 P. O42.5 级水泥，该品牌水泥在天生桥一级和洪家渡等工程得到成功应用。

3.2　粉煤灰

根据大坝碾压混凝土咨询专家组的建议，采用贵州省安顺电厂生产的粉煤灰，其物理性能检测成果列于表 4。

表 4　　粉煤灰性能指标成果

检测项目	比重/(t·m^{-3})	细度/%	需水比/%	烧失量/%	SO_3/%	含水量/%	强度比/%
检测值	2.47	13.1	90	5.5	0.90	0.1	78.5

表 4 的试验成果表明，安顺电厂生产的粉煤灰属于优质级粉煤灰。

3.3　外加剂

为保持与碾压混凝土使用的外加剂一致，变态混凝土浆液仍使用 QH－R20 缓凝高效减水剂和 ZB－1G 松香聚合物粉状引气剂。用乌江牌 P. O42.5 的水泥进行外加剂性能试验，成果见表 5。

表 5　　外加剂品质检验成果

检 测 项 目		掺量/%	减水率/%	含气量/%	泌水率比/%	凝结时间差/min		抗压强度比/%		
						初凝	终凝	3d	7d	18d
高效缓凝减水剂检测值	DL/T 5100—1999 要求		≥15	<3.0	≤100	+120～+240	+120～+240	≥125	≥125	≥120
		0.6	18.0	2.3	34.7	+170	+160	130	129	125
引气剂检测值	DL/T 5100—1999 要求		≥6	4.5～5.5	≤70	−90～+120	−90～+120	≥90	≥90	≥85
		0.007	6	4.9	59	+2	+18	90	90	86

表 5 表明外加剂性能满足《水工混凝土外加剂技术规程》(DLT 5100—1999) 的要求，与乌江牌 P. O42.5 有较好的适应性。

4　变态混凝土配合比设计

4.1　净浆配合比设计

4.1.1　净浆配制强度

根据《水工混凝土配合比设计规程》(DLT 5144—2001) 的要求，求得在 85%的强度保证率下，净浆的 90d 配制强度为 24.2MPa。

4.1.2 净浆水胶比确定

按水工混凝土配合比设计规程DLT5330—2005中常态混凝土水胶比计算方法，当粉煤灰掺量大于40%时，回归系数A取0.278、B取0.214，求得净浆水胶比为0.49。为满足净浆水胶比在低于碾压混凝土水胶比0.03的技术要求及与碾压混凝土水胶比相同，净浆水胶比分别取0.47、0.50进行净浆配合比计算。

4.1.3 净浆配合比计算

按绝对体积法计算净浆各种材料用量，不掺引气剂时，浆液的含气量取4.5%，掺引气剂时，含气量取5.5%，配合比材料用量及浆液性能结果见表6、表7。

表6　净浆配合比

配合比号	水胶比	设计指标	外加物/%			材料用量/(kg·m⁻³)			设计容重/(kg·m⁻³)
			粉煤灰	QH-R20	ZB-1G	水	水泥	粉煤灰	
1	0.47	$C_{90}20$	50	0.8	0	538	572	572	1682
2	0.47	$C_{90}20$	50	0.8	0.03	533	567	567	1667
3	0.50	$C_{90}20$	50	0.8	0.03	547	547	547	1641

表7　变态混凝土净浆试验成果

配合比号	水胶比	外加物/%			浆液比重/(kg·m⁻³)	浆液黏度/s	容重/(kg·m⁻³)	抗压强度/MPa	
		粉煤灰	QH-R20	ZB-1G				28d	90d
1	0.47	50	0.8	0	1701	182	1670	22.6	32.6
2	0.47	50	0.8	0.03	1683	179	1675	22.5	31.6
3	0.50	50	0.8	0.03	1677	144	1675	19.6	28.9

从表7的试验成果可知，净浆水胶比相同时，掺入引气剂后，浆液的粘度减少，说明流动性变好，浆液比重减少，28d、90d抗压强度降低；在粉煤灰、减水剂及引气剂掺量相同时，随水胶比的增加，浆液流动性变好，浆液比重减少，28d、90d抗压强度也随之降低，浆体的容重变化不大。

4.1.4 变态混凝土加浆量选择试验

为了选择合适的变态混凝土加浆量，采用3号浆液配合比对$C_{90}20$二、三级配碾压混凝土（配合比见表8）变态成坍落度为20～30mm、含气量3.5%左右的常态混凝土，进行不同体积加浆量选择试验。室内试验是将在拌和机拌好的碾压混凝土倒出后，加入不同体积净浆，进行人工翻拌3遍后，测试变态混凝土含气量和坍落度，对其中加浆量6%成型试件，进行混凝土性能试验，结果列于表9、表10。

综合分析表9、表10的试验成果后，变态混凝土净浆的加入量定为5%～7%（体积掺量），均能满足变态混凝土的技术要求和施工工艺。净浆中掺入引气剂，不同加浆量对碾压混凝土变态后的混凝土含气量变化在1%以内。根据大花水工程实际，减少净浆配制的环节，选取1号净浆配合比作为施工配合比，二级配变态混凝土的加浆量定为7%，三级配改性混凝土的加浆量定为6%。

表8　碾压混凝土配合比

强度等级	水胶比	砂率/%	石子级配	粉煤灰掺量/%	减水剂掺量/%	引气剂掺量/%	材料用量/(kg·m⁻³)				
							水	水泥	粉煤灰	砂	石子
$C_{90}20$	0.50	37	三	50	0.7	0.10	92	92	92	799	1377
$C_{90}20$	0.50	33	三	50	0.7	0.10	79	79	79	733	1505

注　表中二级配的石子比例为中石：小石=60：40；三级配的石子比例为大石：中石：小石=40：30：30。

表 9　　变态混凝土拌和物不同加浆量试验成果

水胶比	外加物/%			碾压混凝土			变态混凝土		
	粉煤灰	QH-R20	ZB-1G	级配	V_c 值/s	含气量/%	加浆量/%	含气量/%	坍落度/mm
0.50	50	0.8	0.03	二	5.3	3.0	4	2.9	0
							6	3.5	10
							8	3.8	31
0.50	50	0.8	0.03	三	6.3	2.9	4	3.7	0
							6	3.6	25
							8	3.6	40

表 10　　变态混凝土性能试验成果

强度等级	水胶比	石子级配	加浆量/%	抗压强度/MPa			劈拉强度/MPa		轴拉强度/MPa	
				7d	28d	90d	28d	90d	28d	90d
$C_{90}20$	0.50	二	6	14.3	22.2	32.6	1.88	2.44	2.25	3.23
$C_{90}20$	0.50	三	6	15.4	23.3	35.9	2.03	2.60	2.13	3.04

极限拉伸（$\times10^{-6}$）		弹性模量/GPa		抗冻标号	抗渗等级	干缩性能（$\times10^{-6}$）				
28d	90d	28d	90d			3d	7d	14d	28d	90d
75	96	29	36	>F100	>W8	-0.893	-1.282	-1.932	-2.670	-3.097
78	97	30	38	>F100	>W8	-0.922	-1.320	-1.883	-2.689	-3.117

4.2　变态混凝土配合比

综合以上的试验成果，变态混凝土的组成及配合比见表 11。

表 11　　变态混凝土组成及配合比

混凝土种类	体积掺量/%	水胶比	砂率/%	级配	粉煤灰掺量/%	减水剂掺量/%	引气剂掺量/%	材料用量/（kg·m⁻³）				
								水	水泥	粉煤灰	砂	石子
碾压混凝土	93	0.50	37	二	50	0.7	0.10	85.6	85.5	85.5	743	1280
	94	0.50	33	三	50	0.7	0.10	74.3	74.3	74.3	689	1415
净浆	7	0.47				0.8		37.7	40.0	40.0		
	6	0.47				0.8		32.3	34.3	34.3		
变态混凝土	100	0.49	37	二	50	0.73	0.068	123.3	125.5	125.5	743	1280
	100	0.49		三	50	0.73	0.068	106.6	108.6	689	1415	1415

5　变态混凝土应用效果

大花水碾压混凝土拱坝的变态混凝土施工，采取设置独立制浆系统、流量计量装置、仓面与制浆站之间配备信号灯，对骨料集中部位进行处理后，挖两道深 0.1～0.15m、宽 0.2m 的沟槽后注入净浆，采用手持大功率振捣器将碾压混凝土和浆液的混合物振捣密实，与碾压混凝土施工同步上升等工艺措施。净浆配制严格按配料单进行配料的同时，加强了净浆比重检测、变态混凝土的抽样及变态与碾压混凝土过渡区的容重检测等质量控制手段。

5.1　改性混凝土检测成果

5.1.1　净浆质量检测

在 2005 年 1—12 月施工过程中，对净浆比重进行了检测，经统计，净浆比重最大值为 1.86，最小值为1.65，平均值达到1.71，基本在配合比设计的1.65～1.75的范围内，净浆强度平均值为24.0MPa，达到了净浆配制强度，满足改性混凝土对净浆质量的要求。

5.1.2 过渡区现场压实度检测

在施工当中，对改性混凝土和碾压混凝土过渡区进行压实度检测，共检测压实容重1035次，其中最大值为2582kg/m³，最小值2412kg/m³，平均值达到2468kg/m³，压实度平均值达到101.3%（技术要求压实容重不小于2400kg/m³，压实度不小于98%）。

5.1.3 变态混凝土力学性能检测

施工过程中，在上游面和下游面的改性混凝土共抽取6批样本进行混凝土性能试验，其结果见表12、表13。

表12　变态混凝土抗压强度检测成果

工程部位	龄期/d	抗压强度/MPa		
		最大值	最小值	平均值
上游面防渗	7	11.2	9.9	10.6
	28	26.4	24.2	25.3
	90	29.8	27.6	28.7
下游面拱端	7	11.1	10.1	10.6
	28	26.0	23.8	24.9
	90	28.7	27.1	27.9

表13　变态混凝土性能检测成果

工程部位	级配	90d等级		抗拉强度/MPa		抗压弹模/GPa		极限拉伸值（$\times10^{-6}$）	
		抗渗	抗冻	28d	90d	28d	90d	28d	90d
上游面防渗	二	W8	100	1.32	2.29	29.8	34.5	79	122
下游面拱端	三	W6	100	1.29	2.34	30.5	34.8	81	130

5.2 效果评价

大花水RCC拱坝变态混凝土，通过优化施工组织设计和有效的质量控制手段，保证了工程实体表面光滑，结构致密，胶结情况良好，各项质量指标达到设计要求，取得了变态混凝土研究试验成果的预期效果。

6 结论

（1）变态混凝土净浆的水胶比宜比碾压混凝土水胶比低0.03～0.05，其粉煤灰掺量不宜大于碾压混凝土的掺量。

（2）变态混凝土净浆的加入量宜控制在5%～7%（体积掺量），具体加入量以满足变态混凝土坍落度20～30mm要求为标准，通过试验确定。

（3）变态混凝土净浆中不掺加引气剂，也能保证变态混凝土含气量的要求。

（4）为减少变态混凝土收缩，提高防裂性能，考虑在净浆中用轻烧氧化镁代替部分粉煤灰，对变态混凝土性能进行深入研究。

糯扎渡水电站围堰防渗墙生产性试验施工

蒙 毅 梁龙群 张细闯 刘 琪

【摘 要】：糯扎渡水电站围堰防渗墙生产性试验施工在上游围堰左坝肩防渗墙轴线642m高程平台进行的，分试SF1和SF2两个槽孔施工，分段作业，依次成墙。介绍了其生产性试验的目的、过程及质量控制情况，并对试验成果进行分析，认为本工程防渗墙各项质量指标均满足要求，防渗墙设计合理。提出了确保主题防渗墙施工进度及围堰整体防渗效果的建议。

【关键词】：防渗墙 试验 造孔 清孔换浆 混凝土浇筑

1 概述

糯扎渡水电站工程属Ⅰ等大（1）型工程，永久性主要水工建筑物为一级建筑物。工程以发电为主兼有防洪、灌溉、养殖和旅游等综合利用效益，水库具有多年调节性能。该工程由心墙堆石坝、左岸溢洪道、左岸泄洪隧洞、右岸泄洪隧洞、左岸地下式引水发电系统及导流工程等建筑物组成。水库库容为237.03×10^8m^3，电站装机容量5850MW（9×650MW）。

水电站围堰设计挡水标准为50年一遇洪水，设计流量17400m^3/s，1号～4号导流洞下泄流量16828.37m^3/s，水库水位653.661m，挡水时段为2008年6月～2010年5月。2010年1～2月下游围堰拆除。

上游围堰为与坝体结合的土石围堰，堰顶高程656m，围堰顶宽15m，堰顶长293m。624m高程以下上游面坡度为1∶1.5，624m高程以上上游面坡度为1∶3，下游面坡度为1∶2，最大堰高约74m，防渗墙最大深度48.50m，厚度0.80m，成墙面积4561.14m^2；下游围堰堰顶高程625.00m，围堰顶宽12m，堰顶长204m，下部坡度为1∶1.5，上部为1∶1.8，最大堰高36m。防渗墙最大深度40.0m，厚度0.80m，成墙面积3102.02m^2。围堰上部采用土工膜心墙防渗，下部及堰基采用混凝土防渗墙防渗。

防渗墙在开始施工前要求先进行生产性试验，试验施工在上游围堰左岸肩防渗墙轴线624m高程平台进行施工，试验部位桩号0+106.98m～0+116.78m，试验施工的轴线长度为9.8m。其中一期槽孔（试SF1）长度6.8m，二期槽孔（试SF2）长度3.8m。2007年8月15日开工至9月13日结束，共成墙面积177.39m^2。

2 工程地质条件

左岸有3～6m厚的坡积物、崩塌堆积物分布，成分为块石、碎石夹粉土，其下伏全风化花岗岩的底界垂直深度一般在10m左右，强风化花岗岩的底界垂直深度一般在20～30m之间。

右岸边坡表层一般分布有厚度1～2m的坡积物，多为碎石质粉土，结构松散，下伏花岗岩风化轻微，全风化岩体分布高程620m以上，厚度小于10m，强风化岩体底界垂直深度0～20m。

河床主流线附近冲积层厚度为8～9m，向两侧逐渐变薄，并且具有二元结构。第①类为中细砂层，分布于河床表部，一般厚度2～3m，向两侧其厚度略有增加；第②类为卵砾石、块石、孤石层，该层厚度大且稳定，一般在6～7m左右，中等密实，属强透水层。下伏花岗岩多呈弱风化下部、微风化～新鲜，岩石坚硬，岩体完整。断层有F5、F24、F12等，出露于堰基以下较大深度，且断层规模不大。

3 生产性试验的目的

生产性试验的目的如下：

（1）进行防渗墙成槽的造孔施工试验，以确定该工程的造孔、成槽施工工效，合理布置生产施工设备，保证工程进度和质量。

（2）固壁泥浆性能试验，检验当地黏土材料造浆的性能情况，以指导防渗墙工程施工。

（3）混凝土配比试验，确定符合工程施工质量要求的混凝土配合比。

（4）确定预灌方案及采用预灌后的成槽施工工效。

4 试验施工准备

4.1 施工设备选择

CZ—30 冲击钻机具有地层适应性强、钻具重量大、钻进效率高等特点；BH—12 型半导杆液压抓斗生产厂家为意大利土力公司，主机为奔驰发动机，液压抓体可旋转型，该抓斗具有闭斗压力30MPa 抓取能力强，导杆可旋转，对施工场地适应性强，有纠偏装置，发动机维修频率低，保证率高等特点；泥浆净化机采用 ZX－200 型；接头管采用 YJB－800 液压拔管机；岩芯取芯采用重庆机械厂生产的 XY－2 地质钻机，以上设备适合本工程使用。

4.2 施工导墙及施工平台浇筑

导向槽是在地层表面沿地下连继防渗墙轴线方向设置的临时构筑物。导向槽起着标定防渗墙位置、成槽导向、锁固槽口；保持泥浆液面；槽孔上部孔壁保护、外部荷载支撑的作用。导向槽的稳定是混凝土防渗墙安全施工的关键。本试验槽段导向槽两侧墙体采用混凝土结构，“梯”形断面，现浇C20 混凝土构筑，槽内净宽 100cm，墙高 1600cm，顶面高于施工场地 10cm 以阻止地表水流入。倒渣平台表面浇筑厚 10cm 的素混凝土。泥浆沟采用浆砌石结构，砂浆抹面。施工平台总宽度 15.0m。

5 试验施工及过程质量控制

5.1 施工程序

围堰混凝土防渗墙施工按槽段划分。分两期施工，首先施工一期槽，再施工二期槽。分段作业，依次成墙。同一槽内，先钻主孔，后抓副孔。

5.2 试验槽孔划分

试验分 2 个槽孔施工，其中试 SF_1 槽孔采用三钻两抓的成槽工艺，按 5 个孔布置，3 主孔，2 个副孔，副孔由抓斗抓取。试 SF_2 槽孔采用二钻一抓成槽，主孔 0.8m，副孔 2.2m，见图 1。考虑到抓斗施工的局限性，对施工中遇到的特殊情况及基岩部分仍要采用冲击钻成槽。

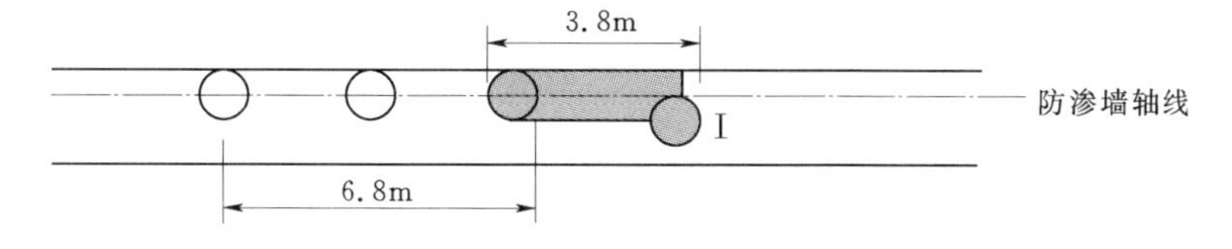

图 1　防渗墙施工试验槽孔划分布置示意图

5.3 施工工序

施工工序如下：

施工准备→主孔钻进→主孔终孔→副孔劈打→打小墙→修孔壁→槽孔验收→清孔→清孔验收→混

凝土浇筑→质量验收。在施工过程中，均有“三检”人员跟班和监理旁站，严格按工序质量标准进行控制。

5.4 造孔

防渗墙造孔主孔采用 CZ－30 冲击钻机钻孔，副孔采用 BH－12 抓斗抓取；采用 XY－2 型岩心钻机钻孔取芯；孔壁采用膨润土和黏土混合泥浆护壁；采用在槽孔周边预灌水泥膨润土泥浆处理防止塌孔；槽段连接采用“接管法”的施工工艺。

槽孔施工时，由地质工程师依据现有地质资料和现场施工采用抽筒抽取岩样进行鉴定，确定岩石界面。然后根据设计要求嵌入基岩的深度和确定的岩面高程确定终孔深度。施工机组按已确定深度钻至终孔时，由质检人员和现场监理工程师进行终孔验收。为确保墙体达到入岩标准，取岩碴鉴定时，规定其标准为：所取岩碴母岩成分达到 50%。为提高可靠性，在规定了基岩面确定后，每 20cm 深度取一个岩样复鉴，以避免误判。在本次试验施工中，为更准确的判断岩面深度，按现场监理要求，取岩样分析同时分别在试 SF_1－1、试 SF_1－3、试 SF_2－1、试 SF_2－3 部位用岩芯钻钻孔取芯进行岩性判定。岩性鉴定成果见表 1。

防渗墙孔槽宽度要求不小于 80cm，主孔的终孔深度要求进入弱风化岩层不小于 50cm，副孔的深度按照相邻的两个主孔深度确定，为较浅的主孔深度再加上两相邻主孔孔深差的 2/3。孔斜要求不大于 0.4%，有孤石等特殊地层不大于 0.6%。为保证钻孔的偏斜符合规范要求的标准，钻孔施工由有经验的技术工人负责操作。同时，在施工过程中，加强钻孔偏斜的检查工作，当发现钻孔偏斜有超过标准的趋势时，放慢施工速度，控制钻孔偏斜不超过要求的标准。钻孔偏斜采用重锤法测量检查；孔深检查采用钢丝测绳直接测量；槽孔宽度检查采用测量钻头直径结合测量钻孔偏斜的方法进行检查。经质检人员和监理工程师对试 SF_1 检测 5 个孔、试 SF_2 检测 3 个孔，检测成果均满足要求，具体检测成果见表 2、表 3。

表 1　　岩性鉴定成果表

槽孔	单孔号	取样号	孔深/m	高程/m	岩样描述
试 SF_1	1－1	1	9.5	614.5	强风化与弱风化交界面，含少量花岗岩碎块
		2	10.0	614.0	弱上花岗岩，含弱上花岗岩碎块 90%，棱角分明
		3	10.5	613.5	弱上花岗岩，含弱上花岗岩碎块 100%，棱角分明
	1－3	1	9.8	614.2	强风化与弱风化交界面，含少量花岗岩碎块
		2	12.0	612.0	弱上花岗岩，含弱上花岗岩碎块 90%，棱角分明
		3	13.0	611.0	弱上花岗岩，含弱上花岗岩碎块 100%，棱角分明
试 SF_2	2－1	1	11.5	612.5	强风化岩，岩芯呈浅黄色，砂土状
		2	18.0	606.0	见弱风化上部花岗岩，岩芯呈柱状
		3	19.0	605.0	弱风化上部花岗岩，岩芯呈长柱状
	2－3	1	14.0	610.0	强风化岩，岩芯呈浅黄色，砂土状
		2	20.0	604.0	见弱风化上部花岗岩，岩芯呈柱状
		3	21.0	603.0	弱风化上部花岗岩，岩芯呈长柱状

表 2　　试 SF_1 造孔检测成果表

单孔号	1	2	3	4	5
孔深/m	10.68	12.93	13.25	17.18	19.25
嵌入基岩深度/m	1.18	2.18	1.25	2.18	1.25
孔径宽度/cm	81	81	81	82	82
最大孔斜/%	0.17	0.17	0.11	0.21	0.27

表 3　　试 SF_2 造孔检测成果表

单孔号	1	2	3	备注
孔深/m	19.25	20.48	21.15	
嵌入基岩深度/m	1.25	1.48	1.15	
孔径宽度/cm	81	80.5	81	
最大孔斜/%	0.18	0.18	0.16	

5.5 墙段接头连接

槽段间接头连接采用“接头管法”施工工艺，在一期槽段混凝土浇筑前，将直径 800cm 接头管置入接头孔位置，待混凝土浇筑完毕达到一定强度后，用 YJB－800 自动液压拔管机拔出接头管形成接头孔。该工艺提高了防渗墙接头孔施工工效，大幅度降低了施工成本，且施工质量可靠。

5.6 清孔换浆

槽孔验收合格后进行清孔换浆。清孔换浆采用泵吸反循环法，用一台 6BS 型砂石泵和空压机气举抽吸孔底泥浆，经排碴管至 ZX－200 型泥浆净化机处理后使泥浆流回槽孔内，并用空心冲击钻头进行冲击扰动，以使沉碴悬浮。在清孔的同时，不断地向槽内补充新鲜泥浆，以改善槽孔内泥浆的性能，补充新浆的数量以槽内泥浆各项性能指标符合设计标准为止（膨润土及混合泥浆配合比见表 4，现场泥浆性能指标控制标准见表 5）。若槽内泥浆浓稠、槽内泥沙沉积较多时，采用泵吸反循环与抽筒法配合的方式进行清孔。清孔换浆后 1h，应满足孔底淤积厚度不大于 10cm；泥浆密度不大于 $1.25g/cm^3$；泥浆黏度不大于 40s；泥浆含砂量不大于 10%的标准。

表 4　　新制膨润土及混合泥浆配合比

材料名称	水/L	膨润土/kg	黏土/kg	食用碱/kg	备注
膨润土浆	960	80	—	2～3	
混合泥浆	839～841	20	346～340	2～3	

注　施工中所采用的配合比，根据实际情况进行适当调整。

表 5　　现场泥浆性能指标控制标准

使用部位	密度/$(g\cdot cm^{-3})$	马氏漏斗黏度/s	pH 值	含砂量/%	备注
新制泥浆	1.05～1.20	>28	7～11	—	
槽内泥浆	≤1.3	30～50	8～11	—	
清孔换浆	≤1.25	≤40	8～11	≤10	

二期槽孔在清孔换浆结束之前，用多极刷子钻头清除二期槽孔端头混凝土孔壁上的泥皮。接头刷洗的结束标准为：刷子钻头基本不带泥屑，孔底淤积不再增加。清孔换浆 1h 后，经现场质检员和监理工程师分别进行了泥浆取样检验，检验结果均满足要求。具体见表 6。

表 6　　泥浆取样检验成果表

槽孔	取样次数	泥浆密度/$(g\cdot cm^{-3})$	黏度/s	含砂量/%	孔底淤积最大厚度/cm
试 SF_1	1	1.17	32.3	2.0	3.0
试 SF_2	1	1.10	35.0	2.5	5.0
检测仪器		比重计	马氏漏斗	含砂量器	测饼

5.7 灌浆预埋管埋设

为加快帷幕灌浆施工进度，保证帷幕灌浆质量，按设计要求墙下帷幕灌浆墙体钻孔部分采用下设预埋管的方法施工。预埋灌浆管采用Φ110mm的钢管，并用Φ16mm的钢筋做桁架加固，3.8m槽孔下设2套预埋管，6.8m槽孔下设4套预埋管。

5.8 混凝土浇筑及质量控制

清孔换浆结束后4h内进行混凝土浇筑。防渗墙混凝土标号为C20，其配合比见表7。混凝土采用拌和楼拌制，采用6m^{3}混凝土搅拌车运输。浇筑采用泥浆下直升导管法的施工工艺。

表7　　混凝土配合比（1m^3）

材料名称	水	水泥	粉煤灰	砂	小石	减水剂（JM-Ⅱ）	引气剂（FS）
掺加量/kg	185	259	111	965	786	2.035	0.0148

（1）开浇：混凝土浇筑导管采用快速丝扣连接的直径Φ219mm的钢管，导管接头设有悬挂设施；

导管使用前做了调直检查、压水试验、圆度检验、磨损度检验和焊接检验；在每根导管开浇前，导管内放置略小于导管内径的皮球作为隔离体，隔离泥浆与混凝土砂浆。开浇时，具有足够数量的混凝土，保证了导管口被埋住的深度不小于50cm。开浇时先进行孔底高程最低部位的导管的混凝土灌注工作。

（2）浇筑过程的控制：浇筑时随时测量混凝土顶面位置，并现场及时绘制浇筑图，以指导导管的拆卸工作。当浇筑方量与计划中的混凝土顶面位置偏差较大时，及时分析，找出问题所在，及时处理；浇筑时，导管的埋深控制在1.0～6.0m之间；终浇前2m，计划混凝土的拌制方量，增加混凝土面测量次数，控制混凝土的终浇高程。

（3）现场控制的混凝土性能指标。初凝时间：不小于6h；终凝时间：不大于24h；槽孔口坍落度：18～24cm；扩散度：34～40cm。经现场取样进行混凝土坍落度和扩散度检验，指标满足要求，具体见表8。

表8　　现场检验混凝土性能指标

单元	混凝土坍落度/cm	混凝土扩散度/cm	备注
试SF_1	20	36	
试SF_2	21	35	

5.9 特殊情况处理

5.9.1 强漏失地层预灌处理

在试验施工中，由于该地段为强漏失地层，采用预灌浓膨润土水泥浆的方法堵塞渗漏通道，防止防渗墙施工时槽内泥浆大量漏失造成的成槽困难。试验开始时预灌试验只在试SF_1槽孔进行施工，试SF_2槽孔在未预灌的情况下采用抓斗施工时，出现了大的塌孔漏浆事故，为保证施工安全停止施工，并对试SF_2槽孔也进行预灌处理。

（1）预灌孔位布置：试验部位共计14个孔，预灌孔孔距1.5m，排距1.5m，以防渗墙轴线对称布置两排孔。

（2）施工参数：①钻孔施工采用XY-2型岩心钻机钻孔，钻孔直径为75mm，灌浆泵采用3SNS泥浆泵，浆液搅拌采用自制1m^{3}灌浆搅拌机搅拌，自上而下孔口封闭纯压灌浆。②灌浆浆液采用水泥膨润土浆液（预灌浓浆浆液配比见表9）。③灌浆压力：根据孔内的注浆量情况，灌浆压力采用0～0.5MPa。当吃浆量大时，采用小压力；当吃浆量小时，采用较高的压力。④结束标准：当孔内浆液灌注量超过1000kg/m时或当灌浆压力达到0.5MPa时，结束灌浆（预灌孔完成工程量统计见表10）。

表 9　　预灌浓浆浆液配比表（$1m^3$）

浆液类型	水泥/kg	膨润土/kg	水/kg	外加剂/kg	密度/($g \cdot cm^{-3}$)
水泥膨润土浆	357.3	357.3	714.6	0～7	1.40～1.42

表 10　　预灌孔完成工程量统计表

灌浆段次	灌浆孔数	灌浆长度/m	水泥/kg	膨润土/kg	CMC/kg
37 段	14 个孔	185.0	79750.0	79750.0	1595.0

5.9.2 漏浆、塌孔处理

试验施工初始时试 SF_2 槽孔未进行预灌浓浆处理，在主孔 SF_2-1、SF_2-3 的施工中，基岩面以上塌孔漏浆比较严重，采用回填黏土钻进处理，槽孔采用投锯末、水泥、膨润土、石渣和稻草末等堵漏材料处理，并用冲击钻挤实钻进，确保了孔壁、槽壁安全。本槽孔施工中共用了堵漏材料黏土 $200m^3$、水泥 6t、膨润土 10t、石渣 $30m^3$、漏失泥浆约 $300m^3$。

5.9.3 孔内大孤石的处理

试 SF_2 槽孔施工时，抓斗在抓取副孔 SF_2-2 的施工中在孔深约 4.0 遇到直径约 2.5～2.8m 的一孤石无法取出，采用 XY－2 地质钻机进行了小孔径钻孔爆破处理。

5.9.4 孔底落淤处理

为了保证换浆结束 1h 后孔底落淤积厚度小于 10cm，保证混凝土与基岩的有效连接。施工时将胶凝材料（如水泥和膨润土等）系于钻头底部，放至底部后进行钻打，经过一定的时间，胶凝材料把细砂胶结在一起，用抽砂筒进行抽砂，使细砂成分被抽出，达到了清淤要求。

6 施工成果分析

6.1 混凝土取样试验成果

混凝土浇筑时，试验人员均在现场取样装模，养护 28d 后进行抗压强度和抗渗试验，试验各项指标均满足要求。试验成果见表 11。

表 11　　混凝土取样试验成果表

槽孔	试件编号	抗压强度/MPa	抗渗等级
试 SF_1	0709061035	27.3	试验加至规定压力 0.9MPa 时，在 8h 内所有试件中没有一个表面渗水。抗压等级：≥W8。
试 SF_2	0709151622－1	27.7	
	0709141111B	34.3	
	0709151622	26.9	

6.2 检查孔注水试验成果

施工结束 28d 后，由监理工程师指定，在试 SF_1 单元布置了一孔进行取芯注水试验。芯样抽取了 3 个试件进行抗压试验，试验成果见表 12；注水试验进行了 3 段，成果见表 13。岩芯采取率达到 95%以上，岩芯完整。试验各项指标均满足要求。

表 12　　试件抗压强度表

试件	试件 1	试件 2	试件 3	强度代表值
抗压强度/MPa	21.6	26.0	20.8	20.8

表 13　　注水试验成果表

孔段	1 段（0～5m）	2 段（5～10m）	3 段（10～15m）	平均值
渗透系数	1.6×10^{-8}	0.69×10^{-8}	0.9×10^{-8}	1.06×10^{-8}

6.3 外观质量

成墙后，进行了开挖质量检查，从外观上看，墙面平整、无蜂窝麻面，接头连接完整，无夹层，质量满足要求。具体见图 1 和图 2。

图 1 试 F_1 墙体

图 2 试 F_1 和试 F_2 槽段接头

6.4 施工工效分析

施工工效分析如下：

（1）试 SF_1 槽孔施工，按监理要求提前对试 SF_1 槽孔进行预灌膨润土水泥浓浆处理，冲击钻施工试 SF_1-1、试 SF_1-3、SF_1-5 主孔时，施工顺利，未出现任何异常现象，抓斗施工副孔试 SF_1-2、试 SF_1-4 也未出现塌孔漏浆事故，施工非常顺利。根据试验数据统计，该槽孔冲击钻造孔平均工效为 2.28m^2/d，抓斗平均工效为 42.7m^2/d。

（2）试 SF_2 槽孔施工时，开始未进行预灌膨润土水泥处理，进行在主孔 SF_2-1、SF_2-3 的施工中，基岩面以上塌孔漏浆比较严重，在进行了 3 次回填处理，在基岩面以下的施工中，相对比较稳定，两个主孔终孔后，抓斗在抓取副孔 SF_2-2 的施工中，在孔深 4.0m 左右出现了较大的塌孔漏浆现象。采用了防塌堵漏措施处理。根据试验数据统计，该槽孔冲击钻造孔工效 1.63m^2/d，抓斗平均工效为 22.8m^2/d。

综上所述，试 SF_1 槽孔施工和试 SF_2 槽孔施工工效比较：预灌后冲击钻造孔平均工效为 2.28m^2/d，抓斗平均工效为 42.7m^2/d；预灌前冲击钻造孔工效 1.63m^2/d，抓斗平均工效为 22.8m^2/d。通过预灌浓浆处理后成槽工效大大提高。整个试验槽段平均工效为冲击钻造孔平均工效为 1.955m^2/d，抓斗平均工效为 32.75m^2/d。

7 结论及建议

结论及建议如下：

（1）通过试验，防渗墙各项质量指标均满足要求，验证了本工程防渗墙设计的合理性。

（2）为保证主体防渗墙施工进度，应严格控制好防渗墙施工轴线范围内的填料质量，建议在围堰填筑施工中严格控制坝Ⅱ料质量，做好填料石块粒径和级别控制（石块粒径不大于 20cm），合理使用风化土料，以减少大面积施工时的漏浆量，确保围堰填筑部分能采用抓斗施工，提高成墙工效，加快施工进度。

（3）通过对试 F_1 槽段预灌膨润土水泥浓浆后和试 F_2 槽段预灌膨润土水泥浓浆前钻进工效比较，进行预灌处理后的槽孔，冲击钻施工工效大大提高，更主要的是提高了抓斗的利用率，对于本工程而言，只有最大可能发挥抓斗的工效，工期才能保证。故进行预灌处理是十分必要的，建议河道部分预灌处理深度 25m 以上，确保抓斗施工到预灌深度。

(4) 根据勘探资料，河床内有约 20m 厚度的坡积物、崩塌堆积物及河床冲积层，该地层中有一定量的大块孤石、结构较为松散，预计在该地层施工时护壁泥浆将漏失非常严重，施工工效也较低。

所以要做好防漏浆材料的储备。材料包括黏土、水泥、块石、砂、膨润土和锯末等。

(5) 根据试验段的工效，结合本工程上下游防渗墙工程量的情况，按控制直线工期河道最深处槽孔孔深 50m 考虑，抓斗施工副孔深度 20m 计算，防渗墙施工工期需要 86d 时间；如果按抓斗能施工 25m 深度计算，防渗墙施工工期需要 75d 时间。考虑到上游围堰防渗墙 32 个槽孔，下游围堰防渗墙 23 个槽孔，按 75d 防渗墙施工工期综合计算，预计投入冲击钻机 42 台套，抓斗 2 台，接头管 2 台套，其中上游 24 台套，下游 18 台套，抓斗上、下游各 1 台，接头管各 1 台套。

(6) 根据以往的施工经验，防渗墙底部与基岩的接触段是最薄弱的部位，也是围堰渗水的主要通道，加之本工程有几条顺河道方向的断层分布，对围堰防渗墙底部全部进行帷幕灌浆处理是必要的，确保围堰整体的防渗效果。

三级配送泵混凝土在糯扎渡水电站大坝心墙垫层混凝土工程中的应用

唐儒敏　方德扬　宁占金

【摘　要】：本文主要根据工程现有的原材料，结合三级配混凝土输送泵性能特点，合理选择混凝土入仓方式，有效地克服了施工场地条件、结构特性和施工进度等因素的制约，简化了温控措施，确保了工程质量，降低了工程成本，加快了工程进度。

【关键词】：糯扎渡水电站　三级配混凝土　泵送　应用

1　工程概况

糯扎渡水电站位于云南省思茅市和澜沧县交界处的澜沧江下游干流上，是澜沧江中下游河段8个梯级规划的第五级，工程以发电为主兼有防洪、灌溉、养殖和旅游等其他综合利用的枢纽工程。

电站装机容量9×650＝5850MW，枢纽由心墙堆石坝、左岸溢洪道、左岸泄洪隧洞、右岸泄洪隧洞、左岸地下式引水发电系统及导流工程等建筑物组成。

2　大坝心墙垫层混凝土概况

大坝心墙垫层混凝土主要包括心墙堆石坝基础混凝土垫层和灌浆廊道混凝土两部分。心墙堆石坝基础混凝土垫层分布于灌浆廊道上下游及左右岸坡，顺水流方向最大宽度132.2m，设置6条纵缝，划分为7个浇筑块，最大块长20m。桩号坝0＋000～坝0＋386.300混凝土垫层厚度1.8m，桩号坝0＋386.300～坝0＋393.897，混凝土垫层厚度1.8～3.0m，桩号坝0＋386.300～坝0＋393.897，混凝土垫层厚度1.8～3.0m；灌浆廊道分水平廊道和斜面廊道，水平段混凝土浇筑分3层，第一层1.5m厚；第二层形成廊道，厚4.0m；第三层1.8m。斜坡段分两层，第一层1.5m厚；第二层形成廊道及封顶，垂直于斜坡面厚5.8～7.0m。主要工程量为垫层混凝土151696m^3，廊道混凝土42988m^3。

3　大坝心墙垫层混凝土施工特点和难点

大坝心墙区垫层混凝土施工主要特点：心墙施工面积大、约7.4万m^2；施工干扰大、心墙垫层及廊道混凝土施工和心墙填筑施工存在施工干扰，特别是大坝河床段高程560.0～570.0m区较小范围内，布置有垫层混凝土、灌浆廊道、混凝土防渗墙等混凝土结构，施工干扰大，相互影响大；混凝土温控要求高、质量要求高。

大坝心墙区垫层混凝土施工难点：温控要求高，混凝土浇筑温度不大于19℃，混凝土允许最高温度不大于38℃；防止垫层混凝土产生裂缝难度大，心墙混凝土垫层是心墙和基础的连接构件，不允许产生裂缝，而垫层混凝土面积大，受基础约束大的薄板结构，极易产生裂缝。

4　大坝心墙垫层混凝土技术性能要求

大坝基础垫层和灌浆廊道混凝土技术性能指标为$C_{90}25$、$W_{90}8$、$F_{90}100$，掺入聚丙烯微纤维（掺量0.9～1.5kg/m^3），掺合料为Ⅰ级粉煤灰；混凝土浇筑温度不大于19℃，混凝土允许最高温度不大于38℃。

5 大坝心墙垫层混凝土入仓方式选择

根据大坝心墙区垫层混凝土施工场地条件、结构特性和施工进度等要求，心墙区混凝土须采用合理入仓方式才能满足工程质量和进度要求。传统的门机或塔吊布料存在着布料速度慢、布料半径小、安装周期长、成本高和布料存在盲区等缺陷，因此泵送入仓成为首选，又因二级配泵送混凝土因胶凝材料过大容易导致浇筑结构产生温度裂缝而不能满足大坝心墙区垫层混凝土防裂要求，结合三一重工股份有限公司研制生产的HBT120A三级配混凝土输送泵性能特点，决定大坝心墙区垫层混凝土入仓方式以三级配混凝土输送泵为主。三级配混凝土输送泵是采取封闭式管道输送而非敞开式，且布料速度是传统布料方式的3倍以上，大大缩短了砼料与环境的热交换时间，混凝土料入仓时的温度较传统方式布料可下降2～3℃，同时可降低混凝土中胶凝材料用量，简化混凝土温控措施，降低费用，加快工程进度，节省了降温成本，有效保证大坝的施工质量。

6 三级配混凝土输送泵简介

构造：HBT120A三级配混凝土输送泵为斜置式闸板阀混凝土拖泵，主要由液压系统、泵送系统、动力系统、搅拌系统、水泵清洗系统及润滑系统等部分组成。

主要技术性能参数：HBT120A型三级配混凝土输送泵主要技术性能参数见表1。

表1 HBT120A型三级配混凝土泵技术参数

技术参数	HBT120A-1410D	技术参数	HBT120A-1410D
整机质量/kg	12000	输送缸直径×行程/mm	ϕ280×1400
外型尺寸/mm	7845×2330×2750	主油泵排量/(mL·r^{-1})	190×2
理论混凝土输送量/(m^3/h)	121	柴油机功率/kW	161×2
理论混凝土输送压力/MPa	10.5	输送管径/mm	205
混凝土骨料最大粒径/mm	80	料斗容积/m^3	0.9
混凝土坍塌度/mm	100～230	理论最大输送距离/m（205mm管）	水平250+垂直100

工作原理：斜置式闸板阀混凝土拖泵是由电动机或柴油机带动液压泵产生压力油驱动主油缸带动两个混凝土输送缸内的活塞产生交替往复运动。再由滑阀与主油缸之间的有序动作，使得混凝土不断从料斗吸入输送缸并通过输送管送到施工现场。

7 现场施工条件

大坝心墙区垫层混凝土泵送水平距离最大60～70m，垂直高差最大15～20m；混凝土运输方式为6m^3搅拌车运输，运输距离约1000m，运输时间约5min。搅拌车运输的三级配混凝土和易性较好，骨料基本不分离，坍落度损失较小，30min内基本无损失，混凝土输送泵在正常工况下即可满足施工要求。

8 三级配泵送混凝土原材料及施工配合比

8.1 原材料

（1）水泥：思茅建峰水泥有限公司生产的42.5级普通硅酸盐水泥，品质检验合格。

（2）粉煤灰：云南宣威发电有限公司生产的Ⅰ级粉煤灰，品质检验合格。

（3）细骨料：火烧寨砂石系统（本电站的一个独立标段）生产的花岗岩人工砂，细度模数2.61，石粉含量15.4%。

(4) 粗骨料：火烧寨砂石系统生产的花岗岩人工骨料，大石最大粒径为80mm。

(5) 外加剂：浙江龙游ZB-1A萘系类缓凝高效减水剂，掺量0.6%；引气剂为江苏博特JM-2000引气剂，掺量0.004%；

(6) 微纤维：深圳市维特耐工程材料有限公司生产的WK-2型聚丙烯微纤维。直径30.5μm，长度19mm，抗拉强度695MPa、纤维杨氏弹性模量5055MPa、纤维断裂伸长率23%。

(7) 拌合水：取自澜沧江，检验结果符合施工用水要求。

8.2 配合比

为了尽可能地降低混凝土单位用水量，结合工程选用的原材料，对混凝土配合比进行了优化试验，确定了大坝心墙区垫层混凝土施工配合比基本参数，配合比见表2。

表2 大坝心墙区垫层混凝土施工配合比

编号	设计坍落度/mm	掺合料掺量/%	水灰比	砂率/%	ZB-1A	JM-2000(×10⁻⁴)	用量/(kg·m⁻³)									
							水	水泥	粉煤灰	砂	小石	中石	大石	纤维	减水剂	引气剂
ANC36	140～160	30	0.47	38.0	0.55%	0.3	141	210	90	712	465	349	349	0.9	1.650	0.009

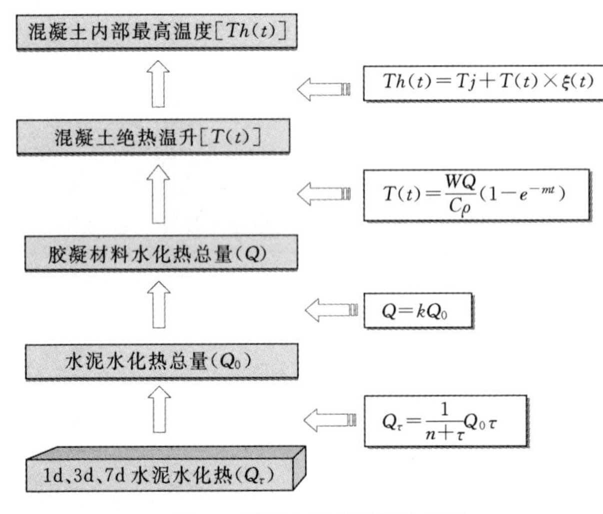

图1 混凝土温升计算流程图

8.3 温升理论计算

(1) 温升理论计算方法。温控混凝土温升计算方法，参照《大体积混凝土施工技术规范》中的相关内容进行。计算流程见图1。

(2) 计算结果。建峰42.5级普通硅酸盐水泥1d、3d和7d水化热分别为：142kJ/kg、221kJ/kg和269kJ/kg，据此计算出的大坝心墙区垫层三级配泵送混凝土绝热温升-历时理论计算结果及内部最高温度-历时变化曲线见图2和图3。计算结果表明，大坝心墙区垫层三级配泵送混凝土理论温升满足设计温控要求。

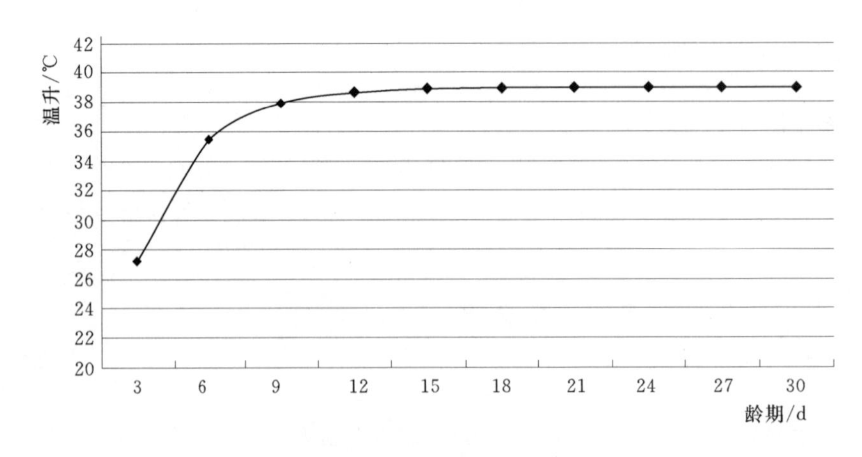

图2 混凝土绝热温升过程曲线

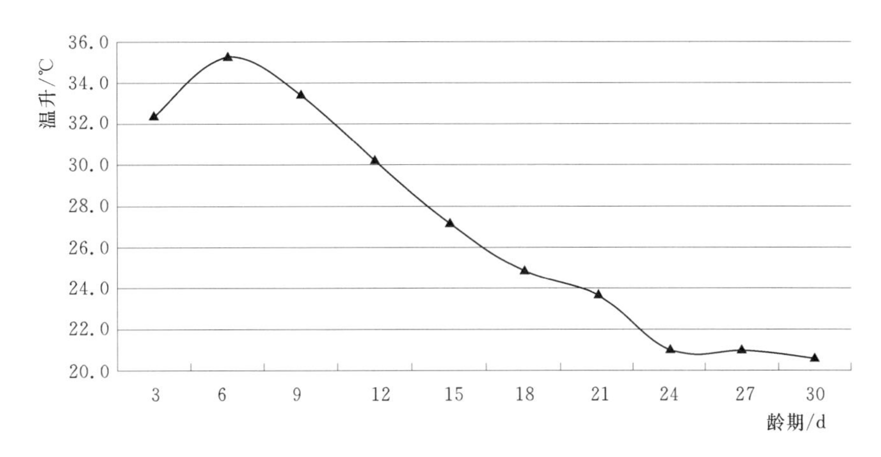

图 3　混凝土内部最高温度-历时变化曲线（浇筑层厚为 1.5m）

9　混凝土温升现场监测结果

混凝土内部温升监测采用的是电子测温计，监测结果表明，混凝土内部最高温升符合设计要求，监测结果见表 3。

表 3　　**混凝土温升现场监测结果**

测点编号：1992　　位置：垫层 1 号仓					
物理量计算公式：$T=5\times(R_i-R_0)$				出厂编号：RGZD1992	
型号：NZWD-G3/3MPa		灵敏度系数 $K=5$		安装时间：2008-10-15	
序号	观测日期	观测时间	电阻和（R_t）	温度/℃	备注
1	2008-10-15	16：22	51.97	26.85	安装前
2	2008-10-16	9：05	49.87	16.35	埋设前
3	2008-10-16	10：00	49.87	16.35	埋设时
4	2008-10-16	11：05	50.00	17.00	埋设后
5	2008-10-16	15：17	50.46	19.30	1 号仓面浇完
6	2008-10-16	16：30	50.72	20.60	
7	2008-10-16	20：28	52.48	29.40	
8	2008-10-17	1：50	52.74	30.70	
9	2008-10-17	5：55	53.17	32.85	
10	2008-10-17	9：34	53.60	35.00	
11	2008-10-17	11：30	53.70	35.50	
12	2008-10-17	15：10	53.92	36.60	
13	2008-10-17	17：40	53.99	36.95	
14	2008-10-17	22：28	54.17	37.85	
15	2008-10-18	2：15	54.26	38.30	
16	2008-10-18	7：50	54.29	38.45	
17	2008-10-18	9：55	54.28	38.40	
18	2008-10-18	16：00	54.26	38.30	
19	2008-10-19	9：52	54.16	37.80	
20	2008-10-19	14：40	54.09	37.45	

10 结论

从2008年10月至2008年12月底，大坝心墙区垫层混凝土共完成混凝土浇筑近20000m^3，硬化混凝土未出现裂缝，其他性能指标均符合设计要求。工程实践表明，糯扎渡大坝心墙垫层混凝土采用三级配泵送混凝土，有效地克服了场地条件、结构特性和施工进度等因素的制约，简化了温控措施，确保了工程质量，降低工程成本，采用三级配泵送混凝土，与同条件二级配混凝土相比，胶凝材料用量减少30kg/m^3。三级配泵送混凝土在国内水利水电行业属于一项新技术，新理念，应大力推广。

三级配泵送混凝土骨料级配试验研究

李晓红　黄宗营

【摘　要】：由于三级配泵送混凝土粗骨料粒径大、分级多，在相同配比条件下，优良的粗骨料级配可显著地改善其施工性能以及硬化后的力学耐久性。本文利用经典的级配理论，计算分析比选了三级配泵送混凝土的粗骨料组合比。通过试验对比，选取了适合三级配泵送混凝土的最优粗骨料组合比。研究结果表明，在相同水泥用量条件下，最优粗骨料组合比混凝土抗压强度能提高20%以上。

【关键词】：骨料级配　大坝混凝土　骨料粒径

1　概述

糯扎渡水电站大坝为掺砾石土心墙堆石坝，最大坝高261.5m，在目前在建和已建的同类坝型中属亚洲第一、世界第三的高坝。针对本项目工程大坝心墙区垫层混凝土浇注的特殊性和施工难度，引进了先进的三级配混凝土泵，并对三级配泵送温控混凝土进行了全面系统的试验研究。在同水胶比情况下，三级配泵送混凝土比二级配泵送混凝土节约胶凝材料，有效降低了混凝土的温升，从而可减少温差收缩，保证了施工质量。泵送混凝土必须保证输送泵对拌合物的和易性要求，才能使混凝土拌合物在输送管道中输送畅通，不堵管。泵送混凝土堵管的主要原因是输送管中骨料集中后形成的堆积体的直径等于输送管的直径，在输送压力小于骨料之间的摩擦力时，就会造成堵管。在泵送混凝土中，一般认为，当三颗粗骨料在同一截面卡紧时，易使混凝土阻塞管道。该工程中所采用的原材料均来自于施工现场，骨料的级配分布、石粉的含量、水泥的品质等均将对三级配泵送混凝土的实施带来较大的挑战，如何在经济条件下，通过骨料级配的优化，实现胶凝材料最小用量。

2　粗骨料级配选择

2.1　选择原则

粗骨料级配对混凝土性能产生重要影响，当采用级配优良的粗骨料配制混凝土时，可以用较少的用水量和水泥用量拌和出流动性强，和易性好的混合料，浇筑成型后，获得密实均匀、强度高的混凝土。一般来说，混凝土配比设计过程中，粗骨料级配确定需考虑到以下3个方面。

2.1.1　尽可能采用最优级配

最优级配即单位用水量及相应的水泥用量最少的级配。对于大坝混凝土而言，由于体积庞大，每立方米少用1kg水泥，整个大坝就可以节约大量水泥，经济效益十分可观。在技术层面上，由于单位用水量和水泥用量少，可以显著降低水化热和体积干缩，大大提高混凝土耐久性和体积稳定性，不易开裂。

2.1.2　满足施工要求

配制的混凝土应有良好的和易性，不易离析和泌水，尤其对三级配泵送混凝土，泵送性能十分关键。试验室内选择的最优级配，应经现场施工的检验，使同时满足施工要求。

2.1.3　降低骨料市场成本

采用卵石，应考虑其天然级配，尽量减少弃料；也要考虑各级骨料能均衡供应，防止出现某分级骨料供不应求而影响施工。当然，兼顾天然级配可降低骨料生产成本，但可能要多选用水泥，这时就要权衡利弊得失，选定粗骨料级配。

采用人工骨料（大多数大坝工程采用的），应考虑破碎机的生产级配，尽量降低破碎能耗。好在破碎机的生产级配，大粒径含量较多，与最优级配接近；而且人工骨料生产系统一般可灵活掌握，其产品能满足任何级配的需求，不会存在弃料和某分级骨料供不应求的问题。

总之，选择粗骨料级配需兼顾这 3 个方面。对于三级配泵送混凝土，尤以满足施工性能要求。

2.2 粗骨料最佳级配理论比选

20 世纪初，富勒（W. B. Fuller）等美国学者经过大量试验工作，依靠筛分试验结果，提出最大密度的理想级配曲线。富勒级配理论依据是将混凝土材料的骨料颗粒，按粒度大小，有规则地组合排列粗细搭配，成为密度最大，空隙最小的混合物。富勒的理想级配曲线是：细骨料以下的颗粒级配以抛物线表示，其方程为：

$$P=100\sqrt{\frac{D}{D_{max}}} \tag{1}$$

式中 P——骨料通过筛孔 D 骨料的质量百分比；

D——分级粒径；

D_{max}——骨料最大粒径。

采用此法设计的混凝土，强度高、抗渗性好、水泥节约。

堆积理论认为，在达到理想紧密堆积的状态时，不同粒径粗细骨料相互掺混，只有一种状态是最紧密堆积的。Andreasen 提出了一种基于连续尺寸分布颗粒的堆积理论，并由 Dinger 和 Funk 引入最小颗粒粒径概念，不同粒径颗粒通过量的累积百分数的理论分布可用 Dinger-Funk 方程表示：

$$\frac{C_{PFT}}{100}=\frac{D^n-D_{min}^n}{D_{max}^n-D_{min}^n} \tag{2}$$

式中 D——颗粒的粒径；

C_{PFT}——粒径不大于 D 颗粒的量累积百分数；

D_{min}——骨料中最小粒径；

D_{max}——骨料的最大粒径；

n——分布模数，取 0.30～0.60。

当不同密度的碎石混合后，表征碎石特征尺寸的筛孔孔径形成一种分布，这个分布函数是一种数学分形。由此导致其不同粒径之间的级配情况也为分形。集料的分形级配形式可用式（3）表示：

$$P(D)=\frac{x^{3-D}-x_{min}^{3-D}}{x_{max}^{3-D}-x_{min}^{3-D}} \tag{3}$$

式中 $P(D)$ ——筛孔孔径为 D 时骨料的通过率；

x——骨料粒径分布维数。

2.2.1 富勒（Fuller）级配确定粗骨料组合比

通常认为，为了使混凝土可以产生最优化的结构密度和强度，常采用富勒（Fuller）曲线来确定各粒径骨料颗粒的比例。根据富勒（Fuller）级配曲线方程式［公式（1）］，可以得到小于某粒径粗骨料的质量百分比（见表 1）。

表 1　小于某粒径骨料的质量百分比

D/mm	80	60	40	20	5
D/D_{max}	1.00	0.75	0.50	0.25	0.0625
P 为通过筛孔 D 的骨料质量百分数	100	86.6	70.7	50	25

由表 1 可以推算出，粗骨料的最佳级配（40～80mm）：（20～40mm）：（5～20mm）＝3.9：

2.8∶3.3。

2.2.2 Andreasen 方程确定粗骨料组合比

Andreasen 是经典的连续堆积理论的倡导者，以统计类似为基础提出了连续分布粒径的堆积模型：

$$U(D)=100\left(\frac{D}{D_{\max}}\right)^{q} \tag{4}$$

式中 $U(D)$ ——累计筛下百分数；

D——当前骨料颗粒粒径，单位 mm；

$D_{\max}$——骨料的最大粒径，单位 mm；

q——fuller 指数。

Andreasen 认为，各种分布空隙率随方程中分布模数 q 的减小而下降，当 $q=1/2\sim1/3$ 时空隙率最小，而当 q 小于 1/3 是没有意义的。比较式（1）和式（4）可知，当 $q=1/2$ 时，Andreasen 方程即为 Fuller 级配方程。表 2 给出了 $q=1/2$ 和 $q=1/3$ 时小于各粒径的骨料质量百分数，从表中可以计算出在 $q=1/2$ 时，大石（40～80mm）∶中石（20～40mm）∶小石（5～20mm）≈3.9∶2.8∶3.3；$q=1/3$ 时，大石（40～80mm）∶中石（20～40mm）∶小石（5～20mm）≈3.5∶2.7∶3.8。从中可见：随着 fuller 指数的变化，中石的比例变化很小，主要是大石与小石之间的含量的变化，说明到一定程度以后，大石和小石的比例对级配的影响较大。

表 2　基于 Andreasen 方程小于某粒径骨料质量百分数

D/mm	80	60	40	20	5
$U(D)(q=1/2)$	100	86.6	70.7	50	25
$U(D)(q=1/2)$	100	90.8	79.4	63	39.7

2.2.3 Dinger-Funk 方程确定粗骨料组合比

采用 Dinger-Funk 方程建立的骨料级配模型，得出一种最紧密堆积状态：根据方程式（3）建立基于不同分布模数的级配曲线。其小于某粒径粗骨料的质量百分比见表 3。

表 3　基于 Dinger-Funk 方程小于某粒径骨料的质量分数

骨料粒径 D /mm	P ($n=0.30$)	P ($n=0.35$)	P ($n=0.40$)	P ($n=0.45$)	P ($n=0.50$)	P ($n=0.55$)	P ($n=0.60$)
80	1.0	1.0	1.0	1.0	1.0	1.0	1.0
60	0.85	0.84	0.84	0.83	0.82	0.81	0.80
40	0.67	0.65	0.64	0.62	0.61	0.59	0.58
20	0.40	0.38	0.36	0.35	0.33	0.32	0.30
5	0	0	0	0	0	0	0

由表 3 可以推算出在分布模数 $n=0.3$ 时，大石（40～80mm）∶中石（20～40mm）∶小石(5～20mm）≈3.3∶2.7∶4.0；分布模数 $n=0.4$ 时，大石（40～80mm）∶中石（20～40mm）∶小石（5～20mm）≈3.6∶2.7∶3.6；分布模数 $n=0.5$ 时，大石（40～80mm）∶中石（20～40mm）∶小石（5～20mm）≈3.9∶2.8∶3.3；分布模数 $n=0.6$ 时，大石（40～80mm）∶中石（20～40mm）∶小石（5～20mm）≈4.2∶2.8∶3.0。从中可见：随着分布模数的变化，中石的比例几乎不变，主要的变化体现在大石与小石的含量上。

2.2.4 最紧密粗骨料组合比

比较方程式（2）和方程式（3）可以发现 Dinger-Funk 方程和分形特征方程结构是一致的，只是在形式上指数 n 和 $3-D$ 的不同，而且分形特征方程给出了指数的具体意义，即分形维数 D 的不同反映了骨料颗粒的复杂程度的不同。图1给出了基于分形特征方程的最紧密堆积曲线范围。

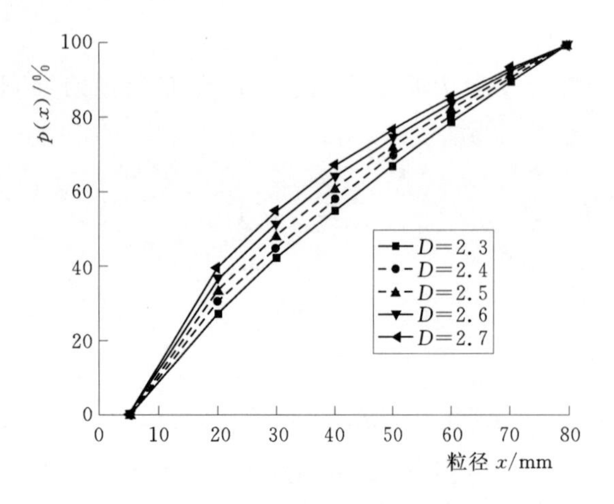

图1　分形特征方程紧密堆积曲线范围

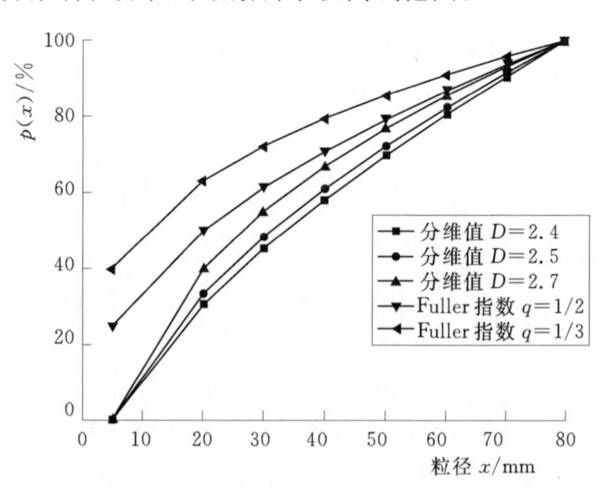

图2　Andreasen方程和分形特征方程紧密堆积曲线

从图2中看出，实现最紧密级配曲线应该落在fuller指数$q=1/3$级配曲线和分维值$D=2.4$级配曲线之间，由此可以计算出最紧密粗骨料组合比范围：大石的比例范围落在3.3～4.2之间，中石的比例范围落在2.7～2.8之间，小石的比例范围落在3.0～4.0之间。

3　试验

3.1　试验原材料

水泥选用思茅建峰水泥有限公司生产的42.5级普通硅酸盐水泥；粉煤灰选用云南宣威发电有限公司生产的Ⅰ级粉煤灰；外加剂选用浙江龙游ZB-1A萘系类缓凝高效减水剂；引气剂为江苏博特JM-2000引气剂；骨料选用火烧寨砂石系统生产的花岗岩人工砂石骨料，其物理性能见表4和表5。

表4　人工砂物理性能

项目	细度模数	饱和面干密度/(kg·m^{-3})	饱和面干吸水率/%	石粉含量/%
人工砂	2.61	2680	1.0	15.4

表5　人工粗骨料物理性能

级配	压碎指标/%	超径/%	逊径/%	饱和面干密度/(kg·m^{-3})	饱和面干吸水率/%
5～20mm	8.3	2	5	2630	0.7
20～40mm		1	3	2620	0.5
40～80mm		1	6	2600	0.2

3.2　粗骨料级配试验

参照《水工混凝土配比设计规程》(DL/T 5330—2005)，将不同级配粗骨料按比例组合，分别测试其振实容重和振实空隙率，并与理论计算结果进行比较。不同级配粗骨料振实容重测试结果见表6。

3.3　混凝土性能试验

本项目以配制C25三级配泵送混凝土为主要研究目标，坍落度控制在120～180mm，在多次试验配制的基础上，提出混凝土配合比见表7。

表 6　　不同粒径骨料组合容重试验

混凝土级配	级配百分比/%			骨料震实容重/(kg·m^{-3})	振实空隙率/%	粗骨料组合比(理论分析)
	5～20	20～40	40～80			
三级配	30	35	35	1800	31	小石比例范围 3.0～4.0 中石比例范围 2.7～2.8 大石比例范围 3.3～4.2
	30	30	40	1780	32	
	25	30	45	1820	30	
	37	21	42	1770	32	
	25	25	50	1760	33	

表 7　　三级配泵送混凝土拌和物配合比

编号	水胶比	砂率/%	混凝土用量/(kg·m^{-3})								
			水	水泥	粉煤灰	砂	小石	中石	大石	减水剂	引气剂
1	0.47	38	139	222	74	709	347	405	405	2.727	0.0182
2	0.47	38	139	222	74	709	347	347	462	2.727	0.0182
3	0.47	38	139	222	74	709	289	347	520	2.727	0.0182
4	0.47	38	139	222	74	709	428	243	485	2.727	0.0182
5	0.47	38	139	222	74	709	289	289	578	2.727	0.0182

3.3.1　混凝土拌合物工作性

表 8 给出了不同粗骨料组合比的混凝土拌和物工作性描述。从表中可以看出，编号 2 和 3 组的混凝土拌和物工作性较好。对比表 6 和表 8 可以看出：小石的试验结果在理论分析结果范围内的有第一组、第二组、第三组、第四组；大石的试验结果比例在理论分析结果范围内的有第一组、第二组、第四组；中石的试验结果比较接近理论分析结果范围的有第二组、第三组、第五组。很显然，在五组试验中，第二组和第三组试验结果最接近理论分析的结果，为五组试验中较佳的粗骨料组合比。对比表 8 中混凝土拌和物工作性测试结果，也可发现：第二组拌和物坍落度最大，和易性最佳，无离析、泌水现象，且具有较佳的黏聚性，见图 3（a）。第一组尽管坍落度也较大，但保水性一般；第三组尽管坍落度一般，但其和易性较好，无离析、泌水现象，且砂浆较富裕，见图 3（b）。因此，从试验结果（以紧密堆积密度较大、用水量较小时的级配为选择依据）看，试验测试数据与理论模型分析相一致，第二组为最佳组合。当然，第二组试验的粗骨料组合比还不是理论上最优的粗骨料组合比，可以通过适当减少中石的含量，稍稍调整大石与小石的含量以达到更加优化的粗骨料组合比。

表 8　　不同骨料组合的混凝土拌合物工作性测试结果

编号	骨料组合比						拌和物工作性				
	2～20mm		20～40mm		40～80mm		坍落度/mm	含砂情况	保水性	黏聚性	和易性描述
	百分比/%	重量	百分比/%	重量	百分比/%	重量					
1	30	347	35	405	35	405	138	好	一般	好	砂浆较富
2	30	347	30	347	40	462	142	好	好	好	富余、面光
3	25	289	30	347	45	520	128	好	较好	好	砂浆较富
4	37	428	21	243	42	486	134	较好	一般	一般	砂浆稍欠
5	25	289	25	289	50	578	130	较好	好	好	砂浆无富余

3.3.2　混凝土力学性能和耐久性

表 9 给出了不同骨料组合比的混凝土力学性能和耐久性测试结果。从表中测试数据看，小石：

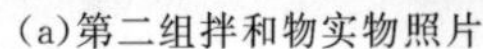
(a)第二组拌和物实物照片

(b)第三组拌和物实物照片

图 3　不同骨料组合拌和物实物照片

中石：大石组合比为 3：3：4，其各项性能最佳。对比 28d 抗压强度，性能最好的第二组为 32.3MPa，而性能较差的第四组，28d 抗压强度只有 26.8MPa，可见，对于相同配比的三级配泵送混凝土，骨料组合比不一样，28d 抗压强度可提高 20%左右，若是维持相同坍落度的话，可以降低单位水泥用量 10kg。此外，耐久性也有一定的提高。

表 9　　不同粗骨料组合比混凝土力学耐久性

编号	抗压强度/MPa		28d 抗拉强度/MPa	28d 抗渗	200 次抗冻循环后质量损失/%
	28d	90d			
1	30.0	36.5	2.20	>W8	4.2
2	32.3	43.1	2.25	>W8	3.9
3	29.7	37.3	2.18	>W8	4.3
4	26.8	33.5	2.10	>W8	4.8
5	28.5	37.0	2.15	>W8	4.4

表中的力学耐久性能测试结果与理论计算的结果比较吻合，第二组骨料组合比最优，在相同混凝土配比下，其骨料堆积最为密实，形成的结构最密实，因此强度最高。

4　结语

按照富勒（Fuller）级配曲线，三级配混凝土粗骨料的最佳级配（40～80mm）：（20～40mm）：（5～20mm）为 3.9：2.8：3.3；通过 Andreasen 和 Dinger-Funk 方程理论，计算出三级配混凝土中最紧密粗骨料组合比范围：大石的比例范围落在 3.3～4.2 之间，中石的比例范围落在 2.7～2.8 之间，小石的比例范围落在 3.0～4.0 之间；不同骨料组合比混凝土性能实验与理论计算结果一致，即小石：中石：大石为 3：3：4 时，配制的三级配混凝土性能较佳，在相同配比条件下，其强度较其他骨料组合比提高了 20%左右。利用此粗骨料级配制备的三级配泵送混凝土，和易性较好，无离析、泌水现象，且砂浆较富裕，泵送过程无堵管现象。

防渗墙配合比设计在苗尾水电站工程中的应用

刘志阳 唐安生

【摘 要】：本文结合苗尾水电站工程建设，在骨料部分指标不能满足规范要求的情况下，以C20防渗墙混凝土配合比设计为研究对象。通过合理掺加粉煤灰、减水剂和引气剂等措施，使混凝土同时满足抗渗性能高和抗变形能力高的要求。研究给出了防渗墙混凝土施工的最佳施工配合比，并提出了适合本工程渗透系数和破坏比降的关系。

【关键词】：防渗墙 配合比设计

1 概述

苗尾水电站位于云南省大理州云龙县旧州镇境内的澜沧江河段上，属Ⅰ等工程，永久性主要水工建筑物为1级建筑物，次要建筑物为3级建筑物。电站上游围堰堰体1316.00m高程以上采用土工膜心墙防渗，1316.00m高程以下堰体及基础采用C20混凝土防渗墙防渗，墙厚0.8m，最大墙深约38.0m，防渗墙下接帷幕灌浆至10Lu界线；电站下游围堰1311.50m高程以上采用土工膜心墙防渗，1311.50m高程以下堰体及基础采用混凝土防渗墙防渗，防渗墙厚0.8m，最大墙深36.5m，防渗墙下接帷幕灌浆至30Lu线。

普通混凝土是刚性墙体材料，在地下工程应用中主要是对强度和抗渗性能要求较高的地下连续墙工程。防渗墙混土的主要性能指标是抗渗指标，高抗渗必须要求小的水灰比，而小的水灰比势必影响混凝土的和易性，同时也要考虑混凝土的变形能力。为了解决上述问题，须在防渗墙混凝土配制过程中采取一些特殊的措施，如掺加粉煤灰、引气剂、缓凝减水剂等。

2 混凝土配合比设计

混凝土配合比设计的总体思路为采用一级配，在混凝土中掺入高性能缓凝型减水剂、高效引气剂和粉煤灰；采用较小的水灰比和较低的水泥用量，在满足设计、施工等技术要求的前提下，努力降低混凝土成本，同时解决混凝土抗渗、耐久性等问题，以体现混凝土配合比的科学性和经济性。

2.1 规范规定

根据《水电水利工程混凝土防渗墙施工规范》（DL/T 5199—2004）的规定，普通混凝土的胶凝材料用量不小于350kg/m^3；水胶比不大于0.65，砂率不小于40%，混凝土的质量检查除强度指标外，必须检查抗渗指标，而对弹性模量不作硬性规定。

2.2 设计要求

设计要求见表1。

表1 设计的技术要求

龄期/d	抗压强度/MPa	骨料最大粒径/mm	坍落度/mm	扩散度/mm	1h坍落度/mm	抗渗等级	密度/(kg·m^{-3})	初凝时间/h	终凝时间/h	28d渗透系数/(cm·s^{-1})	28d破坏比降	水泥强度等级
28	≥20	≤40	180～220	340～400	≥150	≥W8	≥2100	≥6	≤24	≤10^{-7}	≥200	≥42.5

2.3 试验用原材料

试验用原材料如下：

（1）胶凝材料：水泥用三江牌 P.O42.5 水泥，检测指标满足《通用硅酸盐水泥》（GB 175—2007）要求，检测结果见表 2；掺合料用曲靖Ⅱ级粉煤灰，检测指标均满足《水工混凝土掺用粉煤灰技术规范》（DL/T5055－2007）要求，检测结果见表 3。

表 2　　水泥检测结果

试验项目	标准稠度/%	比表面积/($m^2 \cdot kg^{-1}$)	安定性	凝结时间/min		抗压强度/MPa		抗折强度/MPa	
				初凝	终凝	3d	28d	3d	28d
标准要求	—	≥300	合格	≥45	≤600	≥17.0	≥42.5	≥3.5	≥6.5
实测值	25.6	340	合格	168	243	23.6	48.9	4.8	8.2
备注	检测依据 GB 175—2007、GB/T 17671—1999、GB/T 1346—2011								

表 3　　粉煤灰检测结果

试验项目	标准规定值			试验结果
	Ⅰ级	Ⅱ级	Ⅲ级	
含水率/%	≤1.0	≤1.0	≤1.0	0.8
烧失量/%	≤5.0	≤8.0	≤15.0	6.1
细度/%	≤12.0	≤25.0	≤45.0	18.6
需水量比/%	≤95	≤105	≤115	98
备注	检测依据《水工混凝土掺用粉煤灰技术规范》（DL/T 5055—2007）			

（2）骨料：细骨料为人工砂，除细度模数（3.08）外，其余指标均满足《水工混凝土施工规范》（DL/T 5144—2001）的要求；粗骨料为粒径 5～20mm 的小石，除超径含量（21%）外，其余指标均满足《水工混凝土施工规范》（DL/T 5144—2001）的要求。

（3）高性能缓凝型减水剂、高效引气剂：江苏博特新材料建设有限公司生产，所检指标均满足《混凝土外加剂》（GB 8076—2008）要求。

（4）水：属饮用水，与施工使用水为同一水源。

2.4 防渗墙混凝土配合比参数的确定

依据《水工混凝土配合比设计规程》（DL/T 5330—2005），混凝土配制强度公式为：

$$f_{CU,O}=f_{CU,k}+t\sigma$$

式中　t——$t=1.645$；

σ——σ 取值如下：当混凝土强度等级 C20～C25 时，σ 取 4.0。

故 C20 混凝土配制强度为 $20+1.645\times4.0=26.6$MPa。

根据其他工程防渗墙配合比设计经验资料，研究分析用于本工程的其他混凝土施工配合比设计参数，同时考虑人工砂的细度模数偏高及小石的超径含量超标等因素，用假定容重法设计，水灰比选择 0.30、0.35、0.40、0.45 的组合，用水量选择 170kg/m；砂率选择 60%，粉煤灰掺量选择 30%，高性能缓凝型减水剂掺量选择 0.8%，高效引气剂掺量选择 0.015%（用水稀释成浓度为 1%溶液）。

2.5 混凝土试验

混凝土试拌试验数据统计见表 4。

表 4　　混凝土试拌试验结果统计

水灰比	扩散度 /mm	实测坍落度 /mm	含气量 /%	密度 /(kg·m⁻³)	凝结时间/h		1h后坍落度 /mm	搅拌时间 /s	黏聚性	析水情况
					初凝	终凝				
0.30	390	220	8.0	2286	9.8	16.4	213	120	好	无
0.35	385	225	9.0	2267	10.3	16.8	218			
0.40	410	228	8.2	2272	10.4	17.5	230			
0.45	555	240	9.5	2263	10.7	17.6	235			

2.5.1　混凝土强度及抗渗性能检测

混凝土强度及抗渗性能检测见表5，28d水灰比及强度关系见图1，由图1可知，混凝土其配制强度为26.6MPa时，对应的水灰比为0.353，实际取值为0.35。

表 5　　混凝土强度及抗渗性能检测结果

试验结果	7d				28d			
水灰比	0.30	0.35	0.40	0.45	0.30	0.35	0.40	0.45
强度/MPa	21.6	19.5	12.2	9.1	33.2	27.9	19.6	14.0
抗渗性能	—	—	—	—	—	>W8	>W8	—

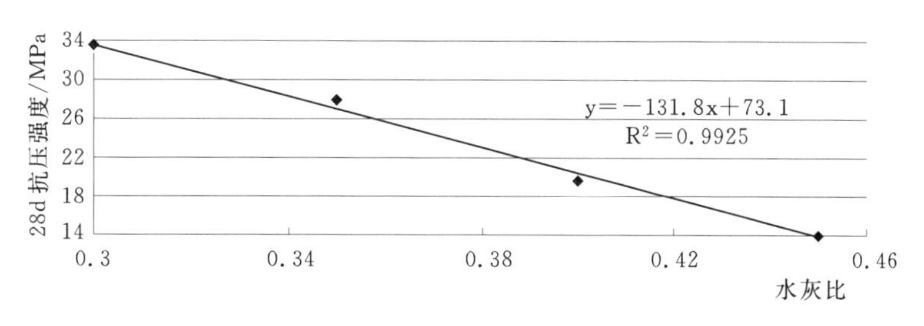

图1　28d抗压强度与水灰比关系曲线

2.5.2　防渗墙混凝土配合比调整与确定

由表2和表3可以看出，用0.35水灰比拌制的混凝土各项性能指标均能满足防渗墙的设计指标及要求。用0.35水灰比拌制的混凝土表观密度实测值与计算值之差（−1.4%）不超过计算值的±2%，故水灰比为0.35的配合比维持不变，推荐施工配合比见表6。

表 6　　推荐施工配合比

水灰比	配合比 胶材：砂：小石：减水剂：引气剂	设计坍落度 /mm	含气量 /%	粉煤灰掺量 /%	砂率 /%	每立方混凝土材料用量/(kg·m⁻³)						
						水	水泥	粉煤灰	砂	小石	减水剂	引气剂
0.35	1：2.03：1.35：0.008：0.00015	180～220	7.0～11.0	30	60	170	340	146	986	658	3.890	0.0729

3　施工中混凝土质量检测及分析

施工中共检测混凝土抗压强度108组，其中出机口取样检测93组，现场取样检测15组，抗渗性能共检测23组，其中出机口取样检测17组，现场取样检测6组，其余性能指标均满足设计要求，检测结果及统计分析见表7、表8。

表 7　　施工混凝土强度及抗渗指标检测结果

强度等级	检测组数	抗压强度指标/MPa			标准差 /σ	保证率 /%	抗渗性能			备注
		最大值	最小值	平均值			检测组数	设计	实测	
C20	108	34.1	22.5	27.9	2.95	99.1	23	≥W8	>W8	—

表 8　　施工混凝土其他指标检测结果

项目	扩散度/mm	含气量/%		密度/(kg·m⁻³)	坍落度/mm		凝结时间/h（出机口）		黏聚性	析水情况
	出机口	出机口	现场	出机口	出机口	现场	初凝	终凝		
检测组数	64	78	21	13	82	16	42	42	好	无
最大值	430	10.6	10.1	2291	240	228	13.2	17.9		
最小值	350	8.6	7.8	2264	188	186	9.1	15.6		
平均值	380	8.9	8.7	2279	215	208	10.8	17.2		
合格率/%	100	100	100	100	100	100	100	100		

4　渗透系数和水力梯度的确定

4.1　渗透系数

依据《水工混凝土试验规程》（DL/T 5150—2001）的试验方法，从出机口抽检12组试样用于相对抗渗性试验，在0.8MPa水压下持续24h，试样的渗透系数 K_r 统计分析见表9，可以看出，混凝土的渗透系数均小于设计值。

表 9　　渗透系数检测结果

项　目	平均渗水高度 D_m/cm	渗透系数 K_r /(cm·s⁻¹)	备　　注
最大值	6.7	9.5×10^{-10}	混凝土的吸水率 a 取0.03，恒压时间 T 为24h，水压力 H 为0.8MPa，渗透系数设计值 1×10^{-7}cm/s
最小值	2.1	9.4×10^{-11}	
平均值	5.2	5.8×10^{-10}	
合格率/%	—	100	

4.2　水力梯度

假设混凝土抗渗性能试件在0.8MPa水压下持续8h以上，混凝土试件出现渗水，那么其渗水高度为15cm，其水力梯度为 $0.8\times10200\div15=544$。从防渗墙最大深度为38.0m、墙厚为0.8m来看，其水力梯度为47.5，设计的配合比是可行的。

5　结语

在本工程机制砂和人工碎石个别指标始终不能满足规范要求的情况下，通过合理掺加外加剂和粉煤灰，所研究的混凝土施工配合比能够满足设计及施工要求。由于设计既提出了混凝土的抗渗等级要求，又提出了渗透系数和破坏比降，通过试验结果分析及工程经验判断，能够满足本工程所要求的抗渗等级，就能满足本工程所要求的渗透系数和破坏比降。

经营与管理

龙滩水电站右岸岸坡和导流洞施工合同的管理

王保龙　樊　洪

【摘　要】：本文简述了施工合同管理的定义、特点及要求之后，对龙滩水电站右岸岸坡和导流洞施工合同管理在施工管理、变更处理、签证及财务管理等方面进行了介绍。

【关键词】：管理　施工合同　龙滩水电站　右岸岸坡　导流洞

1　引言

施工合同管理成败与否，同工程建设成效的好坏有着密切的联系。在目前工程建设市场逐步完善制度、规范，建筑市场发育、整合，国内工程建设各方行为在某些方面依然缺乏有力的监督、约束的背景下，研究施工合同管理是必要的，也是十分迫切的，特别是对承包商而言。

本文简述龙滩水电站右岸岸坡和导流洞（以下简称龙滩水电站Ⅱ标）的施工合同管理。

2　施工合同管理定义、特点及要求

施工合同管理的定义有广义、狭义之分，广义指投标邀请、投标、中标通知、合同签订谈判、合同签订以及履行、后评估等全过程的管理，狭义是指施工合同履行阶段以及合同履行结束后评估的过程管理。本文论述的施工合同管理限定在它的狭义定义范围内的施工管理、内业管理等方面。

施工合同的管理也就是项目管理，作为现代项目控制的三要素措施、信息及反馈也就贯穿其中，同时现代项目管理的基本特点，即控制网络化、管理制度化和运行程序化也覆盖了它的全部。另外，“环链”结构形象地体现了施工合同管理的特点。环者，无始终，全周期运行；链者，接口顺畅的程序规则。施工合同管理的全部行为、信息处理都归附于这一结构，在施工合同管理整个生命期中没有开始，也没有结束，且不断流动和变化。

“三分技术、七分管理、十二分的基础数据”这句话形象地描述了施工合同管理的基本要求，由此也就延伸出这样的经营理念：经济与技术相结合，现场施工管理和内业管理相结合，不同部门不同专业间紧密沟通。

承包商施工合同管理依赖于这样一个原则，即由科学化管理支撑的格式语言化、操作程序化、强效机制及管理的规范化、科学化。其基本内容是：格式化语言便于沟通联系，涉及各类签证、施工组织设计、各类报表和台账，它可以借助贯标要求，结合具体工程进行设计，在合同履行伊始就应完成。程序化操作包括项目内部各部门、各专业、内外业以及协议各方如业主、设计、监理、供应商、分包商等之间的信息流通程序及接口。强效机制包括互促、互动协商机制，快速反应配合机制，最大责任约束机制和最小时限处理机制。规范化管理是依托合同文件、合同对合同执行过程中产生的各类信息资料的处理在合同各方间处理的原则，它的时效性很强。科学化的管理主要体现在现场的资源调配利用，内业的信息收集、整理分析及反馈等方面，它依托于科学的管理模式及先进的处理手段。

3　施工管理

施工管理是施工合同管理中的急先锋，尖刀兵。施工进度的控制直接影响着合同责任的履行，影响着业主对整个工程建设进度计划的安排，影响着承包商自己的信用、声誉。它是合同各方的关注焦点之一，在目前市场管理体制下也会被提到政治高度。

龙滩水电站Ⅱ标，由于业主提供前期条件和图纸滞后、导流洞洞内塌方、航道塌方、岸坡大滑塌，以及承包商的某些因素，除前提航道工期基本满足合同要求外，岸坡、导流洞工期均严重滞后。

再加上大量的设计更改及新增项目，更是加剧了工期的紧迫性。在这种情况下，承包商急业主之所急，为工程着想，从大局出发，主要采取了以下几项措施，挽回了工期损失，导流洞如期参加截流，岸坡如期开挖到位，同后续标段衔接顺畅。

（1）向各级管理人员和全体干战职工大力宣传龙滩水电站Ⅱ标在2003年截流中的重要意义，明确面临形势的紧迫性、任务的艰巨性，统一思想，统一认识，为完成施工生产任务在组织上、思想上提供了有力保证。

（2）积极和所有参建单位与咨询专家一道，共同努力，确定龙滩水电站Ⅱ标关键施工方案和技术措施，为完成施工生产任务在技术指导和措施上提供了科学保证。

（3）充分调动各种力量，合理配置资源，增大投入，增加关键施工设备，制定切实可行的措施并保证不折不扣得到落实，确保人尽其才，物尽其用，为施工生产任务的完成在资源上提供切实保障。

（4）加大组织协调、后勤保障力度，杜绝各部门出现组织管理不得力、接口不顺畅、流转不快捷的现象，严格管理层的职责权限，做到任务明确、职责清晰、权限合理，为施工生产任务的完成在管理上提供一流的服务。

（5）严格按照合同规定、设计和技术规范的要求进行施工，在施工中体现最优的施工工艺，合理安排施工顺序，加强岗前培训，提高并保证作业层的技术素质，使设计意图和目的在工艺中得到最佳体现。

（6）工程施工需要的所有材料、各种试验，严格按照合同的规定和监理工程师的要求进行采购、试验，充分发挥试验室的作用，认真做好各类材质检验和各类试验，按合同要求重视各项生产性工艺试验工作（尤其是钻爆试验），提出确保施工质量的施工工艺和施工参数，为完成施工生产任务，确保施工质量在材料、试验方面提供科学依据。

（7）健全和完善质保体系，加强“三检制”的贯彻落实，强化施工过程中各个环节、各道工序质量检查，对各道工序严格实施“三检”制度，规范检验、记录、签字程序，上一道工序不合格不得进入下一道工序，为合格完成施工生产任务提供高标准的质量监督检查保证。

（8）充分发挥安全生产委员会及其执行机构的组织、实施和监督作用，树立“安全第一、预防为主”“安全就是进度”“安全就是质量”的思想，制定相应的制度和措施，及时解决安全生产存在的问题。

（9）认真做好文明生产和环境保护，提高施工现场环境标准要求，材料堆放规矩，标识清晰，外露的管线布设平顺，及时清理工作面等，为施工生产第一线干战职工创造良好的工作环境。

（10）定期召开例会，根据需要召开专题会，突出重点、狠抓关键，按节点工期采取激励机制，及时解决施工中出现的问题，确保关键线路工期。

由于采取了上述10项措施，承包商不但遏止了施工前期由于工期滞后招致的各种非议，在龙滩水电站工地再次展示了武警水电雄师的风采、展示了武警水电雄师的磅礴气势，为大坝工程的顺利施工，电站提前发电做出了不可磨灭的贡献。

4 内业管理

施工合同中的内业管理，实际上就是履行合同管理的指导、督导和监督作用，它涉及的范围很广，包括制度、措施的制定，物资材料采购、设备运行控制以及技术、经济等合同中规定的全部责任和义务，这里侧重其中的几个方面。

在龙滩水电站Ⅱ标的施工合同管理中，主要有以下几个特点。

4.1 变更处理

受设计阶段和深度的限制，以及现场条件与气候条件的影响，工程实施过程中不可避免地出现对工作内容、技术要求和工程项量等方面在一定程度的改变。它是一种事先约定的符合性的补充或完善，与变更合同或变更工程有本质区别。工程在实施内容、工作范围、技术要求和现场实际条件等方面的改变，必然导致承包人施工工期及成本随之改变，是承包人在投标阶段不能善意、周全考量的，业主理应以公平、诚信给予合理补偿，这是变更的基本概念。

在龙滩水电站Ⅱ标施工过程中，出现了一些大的变更。导流洞的重大变更主要有：开挖及衬砌断面由圆形变为城门洞型，洞身进口底板高程下降5m，出口底板高程下降1.65m，取消了预应力锚索；出口明渠底板调整为反坡，底板末端变为左短右长流线型结构；永久堵头段增加了帷幕灌浆；度汛形式改变。右岸岸坡工程的重大变更主要有：边坡（航0＋18～0＋130，高程450～330）因塌方开挖支护进行了修改；整个岸坡增加759束预应力锚索，且布置型式与招标阶段不同；增加长度30～40m钢筋桩296根；增加一条排水洞，取消交通洞施工。航道工程重大变更主要有：由于塌方增加745束预应力锚索；增加216根30～40m钢筋桩；增加1条排水洞。

经统计、分析，上述变更主要有以下特点：工程量增加幅度大，开挖增加了13%，锚杆增加了28.51%，预应力锚索实际增加了140.8%，喷混凝土增加了30.8%，混凝土浇筑增加了10%，排水孔增加了23.3%，新增加钢筋桩537根。改变了施工程序和工艺，特别是岸坡施工开挖与支护间的关系，由合同规定的支护滞后开挖一级马道改为支护完成之后才准予下级边坡开挖。变更频繁，严重打乱了施工进度计划和资源配置。改变了深层支护的布置，由原合同明确的马道上1.5m布置改为满坡面布置。

针对上述变更特点以及合同要求，采取了以下几种处理方式：

经过磋商、沟通，签订补充协议；与原合同规定出入不大的变更，采用原合同规定进行处理；变化比较大，或者是新增项目，结合技术、工艺要求以及施工实际情况和工期要求，重新编制施工组织设计，重新定价；对难以计量而价格不确定性的变更工作的实施，采用计日工予以处理；当工作量较大时，还应考虑利润补偿。采用上述方法，已发生的变更大部分得到了处理，但由于变更量大，内业处理受到周边环境和管理人变动的影响，仍然有相当一部分变更没能及时处理，给后期的竣工结算工作带来了很大困难。

在变更处理文件的资料搜集和编制方面，坚持依据合法充分、论证清晰明了、数据准确真实。这就要求对在合同履行中发生的一切情况真实记录下来，施工中的所有行为得到了监理、设计和业主的确认，以取得立项的合法依据。另外，对产生的信息管理采取科学化和系统化，为施工、管理、经营提供基本的条件。业务工作不扎实，编制的变更处理文件不够简约、精当、明了，在给对方设置障碍的同时也给自己带来不便。还要避免几个变更事项一起出现在一份变更处理文件中，应当一事一论述，一份变更处理文件就涉及一项变更事项，一定要把它分析透、说明白，这也是变更采取单项处理原则的体现。

4.2 计划措施编制

计划和措施是控制、指导施工的重要文件，它的编制方法以及包括的内容虽然有一般的要求，但不同合同要求有其特殊性，目前流行的是采用P3软件编制计划，施工组织设计采用图文表结合的方式。

龙滩水电站Ⅱ标工程进度计划编制采取P3软件和文字叙述相结合的形式，把要求的上月计划执行情况、合同各方面执行情况、下一步施工重点、进度要求以及内业资料管理要求和合同结算、变更处理情况全部反映出来，在合同工程顺利完成的过程中起到了检查、督导和规范的作用。

通过龙滩水电站Ⅱ标计划的编制，可以认识到计划编制和资源配置有着极为重要的关联，执行中现场的管理是关键。对施工措施、机械设备性能以及工期要求的了解，结合经济因素是计划编制必须要考虑的，各施工项目间的空间关系、时间关系以及相关资料的利用也是编制计划时无法忽略的。

4.3 签证及支付工程量签证

龙滩水电站Ⅱ标在签证方面，没有进行统一的要求，对具体格式以及签证单包含的内容也没有明确要求，致使在具体签证过程中，出现了内容不全、书写工具不一、纸张大小不一、同一部位的量出现在不同的签证上，给后续的整理、汇总、审核、确认等程序带来不必要的困难。

另外，签证涉及的单位代表就一个人，如施工单位作业层、监理单位现场监理人员等，没有管理层签字，致使出现签证单作为证据不力的现象。

完善验收签证手续也不能忽视。龙滩水电站Ⅱ标在某些项目上，就出现有施工项目完工而没有进行验收、签证，给它的合同处理带来不必要的麻烦，甚至是无偿提供服务的损失。

结合以往的经验，建议签证采取统一格式，可与合同各方充分协商后确定下来，按照工程量清单编号和变更依据进行编号，一量一签证，对每一施工项目各个环节都要进行必要的步骤和资料的确认。

4.4 财务管理

财务管理在合同管理中的作用是显而易见的。一方面为合同履行提供必要的资金，另一方面执行债权债务。

具体到龙滩水电站Ⅱ标，财务管理有以下 4 个特点：

（1）及时回收工程进度款，及时拨付施工单位。

（2）保持与经营管理部门的密切联系，掌握债权债务的全部情况。

（3）设法筹措资金，缓解由于合同处理滞后给施工带来资金严重不足的情况。

（4）配合经营管理部门，加强对施工所用材料、水电及设备运转情况的采购、管理、运行及监督。

5 结论

结合龙滩水电站Ⅱ标施工合同的管理特点及一般合同管理要求，施工合同管理就是要“坚持两个结合、一个沟通，适应三分技术、七分管理和十二分基础数据”的特点，构架和运行由科学化管理支撑的格式语言化、操作程序化、强效机制及管理的规范化、科学化的这一系统。

水电施工企业项目成本管理初探

黄相荣

【摘　要】：本文通过对我国目前水电施工企业项目成本管理中存在问题的分析，重点探讨了针对这些问题的应对措施，提出了个人的初步见解。

【关键词】：水电施工　项目　成本　管理

1　概述

近年来，水电工程施工市场竞争日益激烈，特别是由于市场竞争机制不够完善，国有水电施工企业僧多粥少，加上水电施工战线上的“民营企业”、“个体企业”的不断增加，市场竞争就更加激烈。为了拿到一项工程施工任务，企业不得不在投标过程中采取“压价”、“低利”甚至“微利”、“无利”来参加竞标，致使招投标工程价格偏低，企业经济效益下滑，甚至严重危及施工企业的生存和发展。为此，项目成本管理已成为施工企业加强经营管理，提高经济效益的主体。

2　目前项目成本管理中存在的主要问题

2.1　对项目成本管理认识上存在的误区

工程项目成本管理是一个全员全过程的管理，目标成本要通过项目施工生产组织和实施过程来实现。项目成本管理的主体是施工组织和直接生产人员，而不只是财务管理人员。长期以来，有些项目经理一提到成本管理就想到这是财务部门管的事情，简单地将项目成本管理的责任归于项目成本管理主管或财务人员，其结果是技术人员只负责技术和工程质量，工程施工组织人员只负责施工生产和工程进度，材料管理人员只负责材料的采购和点验、发放。表面上看起来分工明确、职责清晰，实际则是生产和成本管理脱节。如果生产组织人员为了赶工期而盲目增加施工人员和设备的投入，必然会导致窝工现象的发生而浪费人工费；如果技术人员现场数据不精确，必然会导致材料二次倒运费的增加，材料采购费用的增大；如果技术人员为了保证工程质量，采用保守的技术措施，必然会增大整个项目的所有成本，财务管理只是成本的事后管理。由此可见，财务人员是成本管理的组织者之一，而不是成本管理的主体，不走出这个认识上的误区，就难以搞好工程项目的成本管理。

2.2　项目成本控制缺乏可操作的依据

成本的控制要依据一定的标准来进行。工程项目作为水电施工企业的产品，由于其结构、规模和施工环境各不相同，各工程成本之间缺乏可比性。因而，如何针对每个特定的水电施工工程项目制定出可操作的工程成本控制依据（目标成本）是十分关键的。水电施工工程项目成本管理与一般产品成本管理的根本区别在于它的目标成本管理是一次性行为，它管理的对象只有一个工程项目，随着这个工程的完工而结束其使命。不管该工程项目的目标成本是否能实现，仅在此一举，再无回旋余地，足见作为水电施工工程成本控制依据的目标成本的制定是复杂而重要的。但很多水电施工企业对于工程目标成本的制定过于简单化和表面化，有些施工企业只是简单地按照经验工程成本降低率确定一个目标成本，而忽略了该工程的现场环境、施工条件以及工期的要求，工程项目部内部又将这一目标成本按照工程成本的构成，即人工费、材料费、施工机械费、其他直接费及间接费用等按同比例套算下来，而不管这些成本项目到底有多大的利润空间。在项目成本管理措施方面，只有简单的规章制度，具体由谁去做，怎样做，做到什么程度都没有提及，都是一些空洞的理论性规定，执行很难有效果。这样的目标成本由于没有和实际施工程序结合起来，可操作性差，起不到控制作用，更无法分析出成本差异产生的原因。因为各工程项目之间没有可比性，结果到下一个工程项目照样如此，使目标成本永远停留在目标上。

2.3 权、责、利相结合的奖励机制不健全

坚持权责利相结合的原则，奖罚分明，是促进水电施工企业项目成本管理工作健康发展的动力，是实施低成本战略的重要武器。目前有些水电施工企业因为各部门、每个岗位责权利不相对应，以至于无法考核其优劣，致使出现了干多干少一个样，干好干坏一个样的被动局面；即使兑现了也是受奖的不公，受罚的不服。特别是有些水电施工企业长期以来受“大锅饭”思想的影响，对本该受重奖的人员施以重奖，又怕别人眼红，所以“意思”一下就算了；对于本该受处罚的人员，碍于情面批评一下了事，达不到预定的效果。这种只安排工作而不考核其工作效果，或者只奖不罚，奖罚不到位的做法，不仅会挫伤有关人员的积极性，而且会给今后的成本管理工作带来不可估量的损失。因为职工所关心的是企业执行“权责利相结合”原则是否有力度，领导的讲话是否算数，企业制定的制度是否兑现。

3 如何有效降低水电施工企业的项目成本

3.1 项目成本管理必须贯穿项目施工的全过程

3.1.1 项目成本管理在投标报价阶段的作用

在投标报价阶段，项目成本管理工作主要是通过编制施工预算，为最终确定投标价格提供依据。根据施工现场的踏勘情况，生产技术部门提出施工技术措施、施工组织方案和设备配备规模；人事部门合理安排人员结构和规模；结合招标文件规定的材料供应方式（甲方供应到现场或指定采购地）确定施工中各种消耗材料（构件）价格；根据工程所在地与现驻地距离及需要调遣的人员和设备数量计算出动员和遣散费用；财务部门根据项目部管理人员的数量、交通工具及检验工具等配备情况计算出现场管理费用；最后根据招标文件规定的工期要求，按上述各方案计算出工程的总体施工费用预算，即完成工程图纸规定内容的直接花费，称之为施工预算。然后根据招标文件规定的营业税金计取比例和方式确定工程应交税金，再加上投标费用（购标书、差旅费和公关费用等）、预计发生的交工后保修服务费（保修期内发生的维修费和保修期满后的预留保修费清算、银行撤销账户等的差旅费）等费用构成了施工企业承揽该项工程的全部直接支出，称之为工程预算成本，并依此可作为投标的最低报价。

如果以前有施工条件、结构相似的工程，可用其实际成本资料以单价方式分析得出需要预测的工程项目的预算成本。

预算成本的计算有两种方法：

（1）正算法，也称可能发生的成本，即根据施工生产程序预测实际生产中可能发生的成本。前面介绍的计算方法就是正算法。

（2）倒算法，以施工图预算为基本数据扣除部分取费项目后的预算值。不管是招标还是议标工程，施工企业都要根据招议标文件提供的图纸、预算取费项目和相关费率计算出施工图总预算。然后扣除其中的间接费（企业管理费和财务费用）、计划利润、劳动保险费、定额编制测定费等取费项目后即可得到该工程的预算成本。

将正算法和倒算法计算出的预算成本进行对照比较，不难发现，管理水平较高或费用较低的施工企业用正算法计算出的预算成本一般要小于倒算法的预算成本；管理水平较低或费用较高的施工企业则相反。施工企业通过这种比较，结合自身的投标经验，可合理确定投标报价。

预算成本的计算为企业投标提供了可靠的依据，既有利于在竞争中取胜，又避免了以过低价格中标，为企业取得合理赢利奠定了基础。

当然，在工程的具体实施中，从目前国内的所有项目结算来看，工程变更索赔和工程其他索赔是水电施工企业项目取得较好经济效益的重要因素之一。

3.1.2 项目成本管理在施工准备阶段的作用

在工程项目中标签订承包合同至开工之前，企业首先应选派政治思想好、现场管理经验丰富、技术业务能力强的项目经理和选配组建项目部，同时应对工程项目进行初评审，确定项目部的目标责任成本；该项工作由分管经营管理工作的领导或总会计师、总经济师主持，相关职能处室参加。初评审主要内容包括完成工程项目生产要素的投入，工期、质量、安全目标、成本和效益目标等。对工程规模大、工期较长的工程项目，在实施过程中间进行项目再评审。再评审一般按年度进行，每年一次。再评审的主要目的是检验初评审确定的目标执行情况，以及初评审中的一些不确定因素，根据工程项目实施的实际情况进行修正初评审的目标，使其与实际情况相符合，并确定新的目标。特殊情况下，企业可对工程项目实施中变化较大的工程项目进行专项评审，认真分析对工程项目产生影响的各方面因素、分析项目部执行合同过程中存在的问题，找出影响项目按预定目标实施所产生的管理原因，帮助项目部纠正偏差，确保评审目标的实现。

企业项目责任目标成本分析，主要对工程项目承包合同价款进行分析，确定目标成本。通过对承包合同主要工程项目和单价进行分解测定，包括人员工资和人工费的分解、材料主要供货方式和价格比较、机械费用分析、现场经费、间接费、利润及税金分析等，确定正常情况下项目的制造成本、应上交企业主管部门的管理费和财务费用指标，正常情况下的制造成本为项目部的可控成本，即目标成本，为最终企业与项目部签订《项目管理目标责任书》提供依据。

项目部应根据《项目管理目标责任书》编制项目责任成本预算，严格成本控制。

（1）根据图纸和技术资料对施工技术措施、施工组织程序、作业组织形式、机械设备的选型、人力资源调配等进行认真分析研究，以优化施工方案，合理配置生产要素，为编制科学合理、可行的责任预算创造条件。

（2）在对当地劳动定额、材料（构件）消耗定额、工程机械定额等进行全面调查的基础上，详细确定劳动定员、机械运行及材料供应定额。同时，经过反复比较制定出物料、机械单价控制表，结合现场施工条件计算出各分部分项工程的责任预算。

（3）以分部分项工程实物量为基础，按照部门、施工队和班组的分工进行分解，形成各部门、施工队和班组的责任成本，为以后的成本控制做好准备。

项目目标责任成本和责任预算的编制，必须遵循客观经济规律，对将要实施的工程项目做出科学的预测。编制之前，要仔细、详实地搜集、分析当地的市场行情和供应条件等资料，以确保目标责任成本和责任预算的准确性和可行性。

首先，将计取的间接费用、计划利润、定额编制测定费、应上交的费用等项目从中标额中减掉；按国家现行规定工程税金一般在工程所在地交纳，在确定预算成本中的税金时，先看向业主收取的税金够不够交纳，如果超过或不够时，要按实际应交数予以调整；现场经费中的临时设施费根据实际需要进行调整，先将从业主方收取的金额减掉，再根据施工现场的实际情况由项目部提出该项费用计划，经企业（或分公司）审批后作为预算成本的组成部分。

工程项目预算成本＝中标额（预计结算收入）－间接费用－计划利润－定额编制测定费＋实际税金大于计取税金的差额－实际税金小于计取税金的差额－临时设施费＋经审批的临时设施费开支计划数－应上交的管理费。

3.1.3 项目成本管理在施工过程中的作用

施工过程中的成本管理主要指成本控制和分析。

（1）材料费控制：材料费控制分为价格和数量两个方面。首先要把好进货关，对用量较大的材料应采取招标的办法，通过货比三家把价格降下来，或者直接从厂家进货，减少中间环节，节约材料差价；其次是零星的材料要尽量利用供应商竞争的条件实行代储代销式管理，用多少结算多少，减少库存积压，以免造成损失；实行限额领料和配比发料，严格避免材料浪费。

(2) 人工费控制：对各台班组实行工资包干制度，按照事先确定的工日单价乘以台班组完成实物工作量的工日数作为班组工资，多劳多得，杜绝了出工不出力的现象；培养、配备一专多能的技术工人，合理调节各工序人数松紧情况，既加快工程进度，又节约人工费用。

(3) 施工机械费控制：切实加强设备的维护与保养，提高设备的利用率和完好率；对确需租用外部机械的，要做好工序衔接，提高利用率，促使其满负荷运转，对于按完成工作量结算的外部设备，要做好原始记录，计量精确。

(4) 非生产费用控制：要压缩非生产人员，在保证工作的前提下，实行一人多岗，满负荷工作；采取指标控制、费用包干、一支笔审批等方法，最大限度地节约非生产开支。

项目的财务人员要按月做好成本原始资料的收集和整理工作，正确计算月度工程成本，同时要按照责任预算考核要求，按分部分项工程分析实际成本与预算成本的差异。要找出产生差异的原因，并及时反馈到工程管理部门，采取积极的防范措施纠正偏差，以防止对后续施工造成不利影响或质量损失；对盈亏比例异常的现象，要特别引起重视，及时准确查清原因；对于由于采用新技术、新工艺提高施工进度，节约费用的应及时推广；对于以牺牲工程质量、偷工减料降低费用的应及时纠正。

3.1.4 项目成本管理在工程结算阶段的作用

施工企业按照图纸要求完成施工并经业主验收后，进入工程结算阶段，直到该工程项目的所有款项收回结束。在结算之前，工程财务人员要计算出各分部分项工程的直接成本并与预算成本对比，以发现是否存在中标额（预算）外需要业主签认的费用，如因业主原因导致的停工损失、场地狭窄而发生的材料倒运费、设计变更的费用增加等。

一般来说，工程最终结算额＝中标价格（施工图预算）＋现场签证费用。在向业主提出最终结算额前，预算人员必须与财务人员进行认真全面的核对，互相补正以免漏项，确保取得足额结算收入。在工程保修期内，项目部应根据实际工程质量，合理预计可能发生的维修费用，并作出保修计划，以此作为保修费用的控制依据。根据实际情况，项目部可委派专人或由就近施工的人员代管，尽量节约开支。

3.2 责权利相统一的目标责任成本管理体系的建立健全

3.2.1 分清管理层次，明确考核指标

由于施工企业的规模大小不同，管理层次的多少亦各不相同。较小的企业一般实行企业对工程项目的垂直管理，即企业直接管理工程项目经理部；较大些的企业大多实行分公司对工程项目的垂直管理。规模较小的企业除对公司管理机关费用实施控制外，对工程项目的成本管理应分为两个层次：

(1) 公司对项目经理的管理。

(2) 项目经理对所属部门、施工队和班组的管理。

规模较大的企业除对公司机关管理费用实施控制和分公司对工程项目成本管理的两个层次外，还要考虑对分公司的管理层次。一般情况下，公司对分公司下达经济指标，分公司再向各工程项目部下达指标，项目部向施工队和班组下达指标。但有时也会出现两个或两个以上分公司共同参与的大型工程项目，在这种情况下，就出现了项目部和分公司管理的交叉问题，要以工程项目为管理主线，即公司直接对项目进行管理。向工程项目部下达经济指标，就应同时调整对分公司下达的经济指标，即分清施工管理成果的归属，否则就会造成管理层次不清，权责利不相对应，影响工程项目部或分公司的积极性。施工企业应根据当年的具体情况，适时地调整自己的管理层次以明确责任，形成层次分明的成本中心，通过各层次的管理活动，形成实现公司成本目标的保证体系。

分清层次后，还应明确各层次的考核指标，即逐级下达任务。要本着“先进合理”的原则，实行

成本倒算，所下达的指标必须在相应各层次可控制的范围，各层次通过努力能够实现的目标。指标下达后，应赋予各级成本中心充分的权利，上级对其正常管理工作不应干涉，以保证各级成本中心能发挥其主观能动作用。对各级成本中心的奖罚比例政策要掌握在确实足以调动管理者的积极性的程度，起到奖优罚劣、多劳多得、职工与企业双赢的作用。最后，应将上述内容通过内部经济合同的形式加以确定，逐级签约，落实到人头。

3.2.2 适时考核，奖罚到位

责权利明确之后，为了调动各责任者的积极性，还要与成本分析结合，做到分阶段考核。考核时间的选择方法有两种：一种是按日历时间分月度、季度和竣工考核；另一种是按分部分项工程的形象进度，即各分部分项工程结束、总体工程竣工考核。企业应结合管理特点对工程项目考核的时间设定方法作出规定，期间费用的考核应以日历期间划分。

按时间分阶段考核，可根据分析期末成本报表内容进行考核，考核时不能局限于报表上的数据，要结合成本分析资料和施工生产及成本管理的实际情况做出正确评价，以对下一阶段工作起到纠偏、鼓励的作用。待工程完全结束后，应及时对责任者进行最终考核，对分阶段考核出现的偏差，多退少补。

在考核的基础上应及时兑现，突出刚性。首先，要强调奖罚兑现的及时性，决不能延期兑现；其次，要突出政策的刚性原则，该奖多少或罚多少，应不折不扣地执行合同规定。

4 结语

总之、施工企业项目成本管理的主体是工程项目部，因为工程项目是施工企业效益的源头。不管施工企业的规模、管理层次如何，完善企业责权利相结合的目标责任成本的重点和难点是如何处理好对项目部的责权利关系，这是施工企业成本管理的重中之重。

水利水电工程施工投标与实施阶段的风险防范

范双柱　万　文　覃　建

【摘　要】：现代水利水电施工项目由于具有规模大、结构复杂、施工时间长、参与合作商多、与环境接口复杂等特点，使得施工项目在实施过程中的风险发生概率越来越高。在工程项目实施及运行过程中，受事先不能确定因素（如合同、社会、自然和不可抗力等诸方面）的干扰，造成了工程项目施工工期延长、成本增加等问题，导致经济效益的流失，甚至出现亏损。因此，对工程项目中的风险进行深入的辨识和有效的防范就显得格外重要。

【关键词】：风险　辨识　防范

1　工程项目风险的辨识

水利水电工程建设项目是复杂的开放系统。因此，风险的产生是全方位的、动态的，具有一定的相对性和不确定性。从风险产生的阶段来进行分析和分类，是目前大多数承包商优先采用的方法。

1.1　投标阶段的风险

（1）业主带来的风险。工程项目的顺利实施自始至终离不开承包商与业主的紧密合作，有的业主实力较弱，融资能力低，相应地施工风险也就加大；有的业主虽有一定实力，但信誉较差，与这样的业主合作，防范风险就更加重要；有的业主利用虚假工程信息虚假发包，招摇撞骗，骗取保证金。因此，正确选择一个实力强、信誉好的业主是规避施工风险的一个重要手段。

（2）投标观念带来的风险。目前，我国水电工程项目投标竞争很大程度上取决于价格的竞争。由于竞争的日趋激烈，有的施工企业在投标中，不管工程投资多少、规模大小、施工难易等因素，到处撒网，四面出击。为了中标，竞相压低投标报价，对成本、利润缺乏科学的分析和预测，甚至有的企业饥不择食，抱着“只要能中标”的观念，把获利的希望寄托在日后的变更索赔上；还有一些资金不到位、手续不齐全，且需垫资的项目等，承包商的利益更是无法保证。

（3）施工合同带来的风险。当前水电施工市场存在的许多问题，如工程质量问题、拖欠工程款问题、材料价差问题等，都与施工合同条款有着密切的关系。许多业主利用施工企业急于揽到工程任务的迫切心理，在签订合同时附加某些不平等条款，致使施工企业在承接工程初期就处于非常不利的地位，甚至落入合同陷阱。合同是承包商一切风险的源头，如果合同“先天不足”，势必会造成工程项目实施中的被动。

1.2　施工阶段的风险

（1）工期拖延风险。在施工过程中，由于业主修改变更和设计错误、出图计划延期；承包商协调能力不强、分包商施工能力差、供应商供货延期等原因都会致使项目不能按合同要求按时完工，从而带来一定程度的风险。

（2）技术质量风险。在施工过程中，由于承包商管理不力、业主和供应商的原材料、构配件质量不符合要求，或在施工项目中采用的技术不成熟、采用新技术、新设备、新工艺时未掌握要点致使项目产生技术质量问题。

（3）安全事故风险。由于单位管理及施工人员的过失行为给施工项目带来的损失，如发生重大的人身伤亡事故、机械设备事故、火灾事故等；由于自然界不可抗力的原因，如洪水、暴风雨、高温严寒、雪灾、滑坡及塌方等一系列自然灾害而导致财产毁损或造成人员伤亡的风险，以及由此产生其他费用的损失。

（4）项目资源风险。承包商在项目管理中，因缺少主要关键的技术骨干人员、高级技术工人和配置合理的操作劳务工人而影响工程的顺利展开；不能及时调配大型机械设备、周转材料和建筑物的各类原材料；业主的预付款、工程款和材料款等难以根据施工合同及时到位等，以上项目各类管理、人力、材料和资金资源失控，影响项目按期、按质、按要求顺利进行而造成的损失。

2 工程项目风险的防范

2.1 全面剖析投标阶段的风险因素，从源头上有效防范

在投标立项时，要仔细分析业主的经济状况、融资能力及管理能力，业主其他项目中的工程款落实情况和支付信誉；在编标报价阶段，要熟悉招标文件，做好现场勘查，在单价和总价中考虑一定的市场等风险因素；在订立合同阶段，对于过分苛刻的合同条款提出书面修改要求，即使不能修改也应作为合同的一部分，以减少合同风险。

（1）力争可获得补偿的合同条款。承包商在投标过程中，要反复深入研究招标文件，仔细勘查施工现场，要尽可能发展探索可能的索赔机会并埋下伏笔。这类情况承包商在向业主质疑和进行合同谈判、询标时，可进行技术性处理，使自己处于有利地位。

（2）谨慎报出合理单价。在单价闭口合同中报工程量单价时，要特别注意单价包含的内容、范围及完成单价内容的全部工序及其施工工艺，且要根据实物量可能调整的幅度，采用不平衡单价的报价方法；在总价闭口合同中，要注意其变更条款的清晰，合情、合法谨慎报好工程量单价；在对必须报低价竞争的项目，要注明材料品牌规格和型号，如以后业主要采用新的材料品牌规格，则可以重新报单价。

（3）明确合同内容和工作界面。在商签合同过程中，承包商要逐一仔细斟酌合同条款，划清各方责任，明确承包内容，尤其要对业主有意转嫁风险和开脱责任的条款特别注意。如：合同中不列索赔条款；拖期付款无时限，无利息；没有预付款的规定；没有调价公式；业主对不可预见的工程施工条件不承担责任等。如果这些问题在签订合同协议书时不谈判清楚，承包商将冒很大的经济风险。

2.2 强势展开项目实施阶段风险防范，在过程中有效掌控

（1）进行项目评估，提高合同的风险管理。工程项目评估以经济风险评估为主，同时涉及进度、质量、安全、资源配置、文明施工及环境保护等方面的风险评估。工程合同既是项目管理的法律文件，也是项目全面风险管理的主要依据，工程项目评估必须以合同为依据抓好3个业务环节：①通过项目初评估初步明确经营目标、指标，制定落实经营指标的保证措施和规避风险的措施；②通过项目中间评估进行成本分析，分阶段的对项目风险进行分析并提出防范措施；③通过项目终评估总结项目管理中风险的防范经验，从而提高合同风险的管理水平。

（2）通过变更索赔，将风险转化为利润。一般情况下，风险和利润是相互伴生的。工程索赔事件的发生通常贯穿于项目实施的全过程，其涉及范围相当广泛，例如工程量变化、设计修改、加速施工、自然条件变化或非承包商原因引起的施工条件的变化和工期延误等。这虽然是影响工程顺利进行的一种风险和障碍，但同时其也潜在隐藏着一定的利益。实践证明，如果善于进行施工索赔，其索赔金额往往大于相应投标报价中的利润部分。因此，成功地进行索赔不仅是降低风险的有效手段之一，同时也是项目利润的增长点。

（3）采取工程分包，适当进行风险转移。工程分包是指承包商将风险有意识地转移给与其有相互经济利益关系的合作商，是由另一方承担风险的处置手段。其主要形式有：工程分包、工序分包、劳务分包、材料供应合同及租赁合同等。通过风险转移的处置手段，风险本身并没有减少，只是风险承

担者发生了变化。签订分包合同时要注意对分包方的考察，包括资质、信誉和经济实力等，以便顺利完成相应的分包任务，否则分包将引发更大的风险。在某些情况下进行商业保险，即签订保险合同也是风险转移的重要方式之一。

（4）强化企业管理，增强抗险能力。工程项目作为企业效益的源头，既是管理的出发点也是管理的落脚点。企业管理水平的高低，直接反映在抵御风险能力的大小。有效的管理机制，全面完善的管理制度，是强化企业管理、提高管理水平的重要手段之一。一个管理先进的企业，不仅能够有效地抵御风险，而且还能减小风险造成的损失。

3 结束语

随着我国建筑市场不断发展，各承包商之间竞争日趋激烈，施工项目风险的不确定因素也日益增多，项目在投标、实施过程中将会面临更多、更大的风险，这些都要求承包商务必提高自身对施工项目风险的辨识与防范能力，实现项目风险成功化解、转移和消除。总之，按期、优质完成施工任务是减少风险的前提，加强工程项目风险的辨识和采取相应的防范措施是为了赢得合理利润的有效手段之一。

当好应急救援“国家队”与加强部队经营管理的探讨

黄相荣　张久俊

【摘　要】：武警水电部队是一支以“军事化的组织形式，企业化的管理运作”从事工程施工的技术部队，2009年7月纳入国家应急救援体系。本文从如何处理好履行应急救援“国家队”职责和部队不吃“皇粮”加强经营管理的关系入手，分析了存在的矛盾问题及其产生原因，提出了解决的办法措施。

【关键词】：应急救援　经营管理　矛盾问题　应对措施

近年来，武警水电一总队多次参与了抗击冰雪灾害、特大地震、抗旱救灾、抗洪抢险等应急救援的急难险重任务，特别是2009年7月纳入国家应急救援体系后，部队的职责定位为“经济主战场上的建设力量，抗击自然灾害的骨干力量，维护社会稳定的支援力量，遂行战时保障的突击力量”，随着职能使命任务的拓展，更多地参与到了各种抢险救灾行动中，成为名副其实的应急救援“国家队”。但在实际工作中也遇到了各种各样的矛盾和问题，严重制擎参与应急救援的灵活性，首当其冲的是应急救援的“无偿性”与部队经营管理的冲突，也成为施工项目工期滞后甚至引起法律纠纷的导火索。

1　矛盾问题

1.1　经费保障压力大

近年来，部队工资津贴不断增加，经费来源单一，部队的工资津贴主要靠完成施工产值来获取，产值规模虽然增长较快，但行业竞争激烈，工程成本增加，利润空间有限。由于应急救援力量建设需要高投入，参与应急救援行动则是高消耗、高成本支出，而地方财政补偿少，多数是无偿支援，长此以往，部队难以为继。据统计数据，总队近两年在西南、西北和北京及周边地区，共出动兵力近4000人次、车辆（设备）2000多台次，投入经费2000多万元，完成舟曲特大泥石流、云南糯扎渡抗旱救灾、四川汉源S306隧道塌方和万工乡山体滑坡等应急救援任务50余次，各类费用支出挤占了部队的经营利润，经费保障压力加大。

1.2　常态施工与紧急救援的矛盾突出

总队每年必须完成30多亿元施工产值，才能满足合同工期目标，任务非常繁重。但近几年自然灾害频发，部队应急救援行动也越来越多。这种高密度、频繁调动兵力装备，无疑会影响工程进度和经济效益。如果是参加施工工区的救援行动，那么业主基本同意，否则，无法达成业主的谅解，部队将面临工期滞后、违约赔偿等问题，这对部队的成本、信誉等方面造成很大的伤害。

1.3　装备成本与经营管理不相适应

长期以来，部队配置的是挖掘机、装载机、推土机、自卸车和潜孔钻等常规的基础建设设备，在应急救援行动中发挥了巨大的作用。但像举高车、破拆车、救生器材和防毒防化器具等具备特种功能的装备，在水电部队还是零配置，个人防护装备就更少了，为满足应急救援的需要，部队投入很大一部分的经费用以更新改造装备。2010年，投入200多万元，储备了军需、抢险、卫勤保障三大类共计1700多件（套）物资、器材和机具，之后又投入2000多万元，对现有装备进行技术鉴定、故障修复和功能升级改造。

1.4 人工成本比重大

水电部队是一支自主经营、自负盈亏的人民军队，部队官兵的工资津贴来源于完成施工生产产值。参加应急救援行动往往需要抽调大量的管理人员和熟练的技术士官，依照以往经验来看，业主对此有很大意见，一方面工期紧、人员少，相对来说生产效益就会下降；另一方面官兵参加应急救援后勤补给也是十分重头的一块，形成叠加效应，导致经费支出运行困难。

2 主要原因

2.1 体制不匹配

（1）近年来，国家市场经济日趋繁荣，市场经济大潮下竞争更加激烈，部队往往需要压低合同单价以确保中标工程，采取“压价”“低利”甚至“微利”“让利”来参加竞标，导致招投标工程价格偏低，经济效益下滑，进一步压缩了利润空间。

（2）部队走市场“不吃皇粮”，各项费用包括应急救援费用自然而然地在成本利润中扣除，在部队现代化建设越来越活跃、官兵福利待遇越来越高的情况下，部队各类成本支出加大，收益却不能立竿见影，相互制约“短板”影响显而易见。

2.2 人才队伍短缺

当前，部队经营管理人才来源匮乏，地方大学生接收数量太少，导致来源渠道不畅，作为成本管理最重要组织者的财务人员很少，既懂经营又懂得管理的人更是少之又少。应急救援的紧急性，对抢险的工程量、需求量包括成本运行、资金投入的评估几乎没有，很多时候往往会盲目地增加救援人员和设备投入，导致发生浪费、窝工现象。

2.3 建设成本增大

（1）为做好应急救援建设工作，部队近几年通过资源整合、项目锻炼等方式建起了多种专业化的技术队伍，满足了应急救援的多项需要，但随着项目部完工后的任务转移、编制整合，往往需要打散重建，期间耗费大量的财力物力。

（2）这几年的正规化建设及营区政治环境建设等各类建设力度空前，部队经济压力很大。

（3）机械装备巨大，特别是一些特种救援设备，往往需要投入大量的财力去购买，但部分单位为确保能够及时拉得出、打得赢，往往藏着掖着，不敢用、不多用，甚至沦为摆设，导致成本浪费。

3 应对措施

近几年，武警水电部队在完成应急救援“国家队”的急难险重任务和部队经营管理中存在以上分析的不少问题，但在国家大灾大难和重大突发事件面前，部队充分利用点多、线长、面广，组织纪律严、机械化程度高、就近用兵快的优势，沉着应对，快速反应，及时到位，迅速展开，发挥了不可替代的作用。今后还应重点抓好以下工作：

3.1 积极探索保障模式

着眼任务需求，按照“军地结合、内外一体”的原则，积极探索创新保障模式。在经费保障上，以自我保障为主，向施工生产、投资经营、盘活资源多渠道要效益，不断增收节支，提高自我保障能力；拓宽保障渠道，加强沟通协调，在完成重点工程建设和重大抢险救援行动中，赢得国家和地方政府、行业主管部门的大力支持。在装备保障上，尝试财政统筹专用装备、部队自筹通用装备、依法征用或有偿租用社会闲置装备的保障方式，逐步走开多渠道筹资、多条腿走路、多元化发展的路子。例如一总队与广西柳工集团建立了应急救援战略合作伙伴关系，全国各地代理商可优先保障我部应急救援装备需求。在其他保障上，完善应急指挥调度、兵力装备和地理信息等数据库建设，制定通信、机要、运输、军需、卫勤等机动保障预案，任务紧急投入大时，可就地就近征调、租用地方设备和人员，为部队快速机动提供了行动依据。

3.2 实施人才培育战略

（1）加大财会人员选拔培育力度，采取集体培训、远程教育、鼓励参加自学考试、职称考试、走出去等各种形式不断丰富知识，开阔视野，提升财务人员的素质能力，为适应应急救援任务做好工作和技术保障。

（2）加强专业技术队伍建设。制定专业技术分队培训计划，广泛开展岗位练兵、专业培训、考核鉴定、技能比武活动，选送政治过硬、素质优秀的干部参加集训，培养应急救援专业技能和指挥人才。

（3）从内部挖掘潜力，针对近年来大学生来源少，专业对口少的情况，从部队生长学员、国防生、地方生中选拔一部分人参加专业技术培训，同时还可以从直招士官和优秀士官中选取业务骨干进行重点培养，以满足人才短缺的需要，培养一批既懂经营又善管理的人才队伍，切实变“短板”为“强项”。

3.3 集中招标采购装备物资

（1）紧紧围绕“着眼履行职责使命，提高综合保障能力，推进现代后勤建设”的思路，有针对性地搞好遂行多样化任务后勤保障能力建设，根据应急后勤建设规划，完善输送、食宿、经费、卫勤、物资装备等保障预案和人员搜救、大坝除险、隧道排险等保障方案。

（2）注重装备配套，重点购置一批精良的抢险施工装备，搞好人装结合，提升应急救援装备实力，按照“抓大放小、重心下移、项目为主、就地融资”的原则，重点把握装备的“供、管、用、养、修、算”6个环节，逐步实现装备结构合理、管理有序、效益明显的目标。

（3）实行物资筹供严格按权限审批、按计划采购，防止物资大量库存、囤积资金，积极推行“零库存”管理，强化物资集中招标采购，扩大物资集中采购的规模和范围，落实“采购月报表”制度，加强对各类物资采购的管理监督。

3.4 注重经营思维创新

（1）解决业主要求的工期冲突，部队参与应急救援演练，要及时做好业主方的汇报工作，争取业主的理解和支持，要向业主说明部队参加应急救援是一件利国利民的大事，也是为参建工程争得荣誉创造品牌的过程。同时抽调精干力量，调整细化工期，落实施工任务到人头，使业主放心监理满意，保证工期目标按时实现。

（2）建立健全资金结算中心。建立总队资金结算中心，把冗余资金统筹收集起来，要突出重点，保障重点，优先保工资保生活，体现好上级首长的决心意图。建立和完善应急救援资金预算编制、审批、监督、考核的全面预算控制体系，重点探索平时与战时、分散施工与远程抢险、快速机动与任务转换等问题，及时总结经验教训，切实提高应急救援能力。

（3）严格管控非生产性开支，坚持从宏观大局上掌控，从细微处着手，不断挖掘非生产性费用开支的控制点和盲点，把非生产性开支管控住。对参加应急救援的人工费、差旅费和临时设施费加强监督、控制，防止不必要的浪费，有效地控制经费支出。

3.5 加强警地协调合作

（1）加强与地方政府的沟通协调，按照“双重领导、平战结合”的原则，全力建设一支精干高效、装备优良、战斗力强的综合应急救援队伍，归口地方应急救援指挥部统一指挥、统一协调，力争把应急救援装备、训练等建设和工作经费纳入地方单独财政预算，成为应急物资调拨和紧急配送对象，实现应急救援动态储备，保证战时需要。近年来广西壮族自治区计划投入近亿元，利用3年时间完成应急救援体系全面建设，部队要积极工作，力争取得地方政府部门的支持。

（2）加强与业务部门的合作共赢，按照“资源共享、优势互补、联动协作”的原则，与地方业务部门建立健全应急救援联勤、联训、联战工作机制，不定期召开联席会议，组织应急救援联合训练、演练，完善预警联动机制和应急救援现场工作机制。例如2010年，总队以警勤中队为基础，抽调62名官兵与自治区地震局携手共建“地震灾害紧急救援队”。

（3）加强与应急救灾指挥部中心联系联动，应急救援行动时，要提前与当地抢险救灾指挥部加强联系协调，及时开展前期联动，摸清基本情况，采取实地察看等形式，对当地抢险救灾基础设施（包括住宿营房设施）、装备配备（包括交通工具、现场处置装备、基本防护装备和特种防护装备）、群防群治力量和人员保障（包括人员配备和人身保障）等情况进行全面调查，及时掌握翔实的第一手材料，做好经费预算评估，及时调拨资金，确保人员资金及时到位，为开展应急救援工作进一步理清思路，达到组织指挥统一、综合协调有力、联动机制规范、经费保障高效的目的。

4 结语

作为应急救援的“国家队”，必须遵守以下几点：

（1）必须视人民利益高于一切，时刻听从党的召唤，才能在应急救援中胸怀大局，不讲价钱，不打折扣，体现部队的性质宗旨。

（2）必须坚持战斗力标准，走“精兵、精装、精训”的强警之路，才能真正把“国家队”建好，保证关键时刻稳操胜券、不辱使命。

（3）必须加强战备工作，练在平时，苦练精兵，才能确保部队在关键时刻拉得出、冲得上、打得赢。

（4）加强成本费用的灵活运用，多方筹措资金，完善应急救援经费预算制，力争投入少办大事。

（5）充分利用部队加强经营管理、提高经济效益的成果，促进应急救援“国家队”的建设。

（6）多方争取国家财政支持。

抢险技术

把准战略走势　强化战术重点　确保部队随时能打胜仗

——对水电部队建设发展战略及履行职能实践的思考

范天印

【摘　要】：武警水电部队在职能任务调整转型的新阶段，各级领导的战略思维必须以党和国家大局为出发点和归宿，以推动强军实践为目标，以能打胜仗为核心，遵循时代特征，适应高科技的发展，考虑现实的、潜在的安全威胁及战略文化的传承，准确把握水电部队建设的战略走势及业已形成的战术成果，关注并强化战略筹划和战术重点研究，加快转变战斗力生成模式，确保部队随时能打胜仗。

【关键词】：水电部队　战略走势　战术成果　打胜仗

党的十八大以来，习主席在多个重要场合和重要会议上反复强调，要积极推动军事战略指导创新发展。习主席如此重视军事战略指导，原因在于军事战略的科学准确是最大的胜算。军事战略通常包括战略目的、战略方针、战略力量和战略措施。无论是战略调整，还是战术、策略运用，其最终结果都取决于战略主体（决策者或指挥员）的战略思维。水电部队在职能任务调整转型的新阶段，各级领导的战略思维必须以党和国家大局为出发点和归宿，以推动强军实践为目标，以能打胜仗为核心，遵循时代特征，适应高科技的发展，考虑现实的、潜在的安全威胁及战略文化的传承，把准战略走势，强化战术重点，加快转变战斗力生成模式。

1　水电部队建设发展的战略走势及履行职能的实践历程

（1）水电部队各时期的战略调整及启示。水电部队组建以来，主要经历了4个阶段：

第1阶段（1966—1984年），水电部队的战略转变是基于国家建设需要，综合考虑职工队伍的突出矛盾而进行的。在战略决策上，实现了由工人体制向兵役体制的转变。

第2阶段（1985—1998年），适应国家体制转型的形势要求，转入武警序列，履行“参加国家经济建设和维护社会稳定”的双重职责使命，实现了由计划经济的指令性任务向市场经济的自负盈亏转变。

第3阶段（1999—2009年），部队划归武警总部统一领导，水电部队全面走向市场，继续实行“自负盈亏”的保障方式。战略定位为：“经济主战场上的建设力量，抗击自然灾害的骨干力量，维护社会稳定的支援力量，遂行战时保障的突击力量。”这一时期，领导体制实现了由地方业务部门领导为主向武警部队统一领导为主的转变，职能任务实现了拓展。

第4阶段（2009年7月1日至今），水电部队正式纳入国家应急救援力量体系，成为应急救援“国家队”。主要是按照“国家队”建设标准要求，实现“三个转变”，即中心任务由施工生产向抢险救援转变，保障方式由自我保障向中央财政保障转变，领导方式由武警总部统一领导向武警总部和水利部双重领导转变。这一战略调整，翻开了水电部队应急救援的新篇章。

水电部队的发展史，实际上也是战略转变的过程。新中国成立之初，国家从治水办电维护社会稳定的战略高度组建了水电部队；改革开放时期，按照邓小平同志提出的“集中精力搞经济”的国家战略，水电部队适应市场经济建设新形势，为国家经济建设做出了突出的贡献；2009年以来，中央充分分析国内、国际形势，从战略高度赋予了水电部队抢险救援和抢修抢建的任务。

（2）水电部队履行职能的实践历程。水电部队组建以来，坚持发挥“平战结合、能工能战”的体制优势，出色地完成了国家赋予的能源建设和重大应急救援任务，发挥了关键作用，积淀了累累成果。

第1阶段，水电部队隶属于基建工程兵，受国家建委和基建工程兵整编办公室领导，为满足经济建设需要，发挥部队集团优势，承建了四川映秀湾水电站、河北潘家口水库和引滦入唐工程等，多项技术应用获得国家科技进步奖；被国家经委、全国总工会授予“全国先进施工企业”。这一时期，战术手段逐步由“扁担、箩筐、手推车”的人力密集型向半机械化施工过渡。这一时期，水电部队被誉为“金奖之师”。

第2阶段，水电部队转隶武警部队，为开发边远、艰苦、敏感地区的水利资源，引进和开创水利水电行业高新技术，承担了多项国家指令性工程，创下了世界水电建设史上最高的高边坡，建起了当时世界第二的高坝，创造了当时海拔最高、蓄水量最大、隧洞最长、水头最高的水电站。这一时期，水电部队拥有先进的机械装备，技术性能、工作效率达到世界先进水平，广泛运用新技术、新材料、新工艺，成为水电建设的主力军，被誉为“水电铁军”。

第3阶段，水电部队划归武警总部统一领导，服务于国家经济建设需要，发挥部队技术优势，全面走向市场，突出“四种力量”建设。通过参与以五大跨世纪工程为代表的工程建设，开展关键性施工技术科技攻关，获得科技进步奖26项，鲁班奖、詹天佑奖、国际里程碑奖等质量奖13项，专利6项。新技术新工艺的研发与应用，体现了水电部队的专业技术优势。这一时期，水电部队被誉为“雄师劲旅”。

第4阶段，水电部队正式纳入国家应急救援力量体系，中心任务由施工生产向应急救援转变。适应遂行多样化任务能力要求，以“人才、信息化、技术、装备”为重点，加快系统、单元、模块要素的建设，加强快速反应、快速投送和快速处置训练演练，部队基于信息系统的应急救援能力得到了有效的提升。

从4个阶段的履职历程来看，体现出了由粗放施工向精细施工的转变；由人海战术向信息化条件下多种装备协同战术的转变；从常态条件下的施工工法向极限条件下的应急救援技战法的转变。水电部队不同时期的战术运用，符合不同阶段的战略转变，虽然员额逐渐减少，但战术成果更加丰富，作战能力更加强大，部队建设发展的基础更加厚实。

2 现阶段战略筹划需重点关注的几个问题

建设崭新的水电部队，需要对部队的战略目的、战略方针、战略力量和战略措施有一个全新的认识和谋划。水电部队的战略目的是建成一支听党指挥、能打胜仗、作风优良的应急救援专业化“国家队”，这也是战略行动要达到的预期结果；战略方针是国务院、中央军委关于水电部队调整转型的有关文件精神，也是指导军事行动的纲领和制定战略计划的基本依据；战略力量是以国家财政保障为基础的政治力、战斗力，是打胜仗的基础力量、中坚力量和骨干力量；战略措施是为提升部队遂行任务能力，实现“国家队”建设目标，在政治、军事、技术、后勤和决策指挥等方面所采取的方法和步骤，这也是为准备作战和进行作战而实行的战略保障。

水电部队要实现“能打仗、打胜仗”的建设目标，必须充分考虑部队职能任务、国家战略形势和自然灾害的特点规律，保持战略清醒，增强战略定力，守住战略底线，科学制定战略规划，把握抢险和抢修、抢建等战术重点，不断提升核心军事能力，切实发挥好不可替代的作用。

（1）认清新的职责使命。水电部队的职责使命主要包括以下3项：①水利水电设施应急排险、抢修抢建和管护任务；②国家指令性特殊工程建设任务；③维稳、处突任务。从任务范围看，以抢险救援为中心，同时涉及内卫部队、机动师的部分职能，充分显示了水电部队不可替代的地位作用。从灾害来源和处置对象看，自然灾害、恐怖袭击和战争是带来灾害的“危险源”；江河堤防、水库、水电站、变电站、输电线路等水利水电设施是“危险点”。在“危险源”对“危险点”造成损毁的情况下，处置方式主要是应急排险和抢修抢建。

（2）面临的新情况、新要求。

1）灾情多样多发。我国是世界上自然灾害最严重的国家之一。主要有4个特点：①种类多样，灾次频发。据统计，平均每年洪涝灾害5.8次，台风登陆7次，较大的崩塌、滑坡、泥石流每年近百次，远远高于世界平均频次。②分布广泛，灾情严重。70%以上的城市、半数以上的人口，分布在气象、地震、地质、海洋等自然灾害严重的地区。平均每年约有1/5的国内生产总值增长率因自然灾害损失而抵消。③区域差异，特征明显。历时近10年的自然灾害风险研究成果《中国自然灾害风险地图集》显示，全国风险等级呈现出“东部高于中部、中部高于西部”的格局。④灾害连发，风险叠加。自然灾害发生后，常常会诱发一连串次生灾害，这种现象被称为灾害连发或灾害链。大灾后，次生灾害频发，增加了应急抢险的难度和风险。

2）流域变迁造成灾害区域变化。随着气候变暖和人类活动范围扩大，各流域水文灾害也随之变化。气候变暖改变了中国降水分布格局，呈现出“南涝北旱”的分布态势。近年来，随着人类活动范围的日趋扩大和改造自然能力的增强，直接或间接地影响着洪涝灾害的形成和发展。特别是东北低湿地开垦和长江中下游围湖造田建垸，造成大量湖泊调洪能力下降，东北松花江、嫩江和长江中下游洪灾危害不断上升。

3）水利工程设施的安全隐患。新中国成立以来，我国大兴水利水电开发，水利水电设施既改善了人民的生产、生活条件，也带来了不容忽视的安全风险问题。①小、危水库众多。中国在20世纪50—70年代就成为世界上水库数量最多的国家。受当时技术、能力的制约，小型水库普遍存在标准偏低、质量不高等问题，大多存在坝体渗水等安全隐患。②西部梯级电站多位于地震带上。我国水库大坝多位于地震高烈度地区，距活断层较近。人口较密集的城镇和居民点大都分布在河谷两岸，若有一个大坝发生溃决，后果不堪设想。③面临恐怖袭击和战争威胁。古今中外，水库大坝一直是军事打击的主要目标，也是恐怖分子袭击破坏的主要对象。④对生态环境产生影响。修建大、中型水库及灌溉工程后，将对降雨、气温、水文、地质造成影响。库内泥石流、滑坡等地质灾害概率增加，从而带来一系列的生态环境问题。

近些年，极端气候和自然灾害频发，流域变迁造成灾害区域变化，水利水电工程建设带来了安全风险和潜在威胁。因此，部队遂行抢险和抢修抢建任务将成为常态。灾情瞬息万变，对部队的应急能力提出了更高的要求。首先，必须在快速知情和风险预警上掌握先机。应急抢险和抢修抢建是与自然灾害进行强对抗的军事行动，要打主动仗，情报信息是关键。从灾情侦测到险情排除，要通过便携式卫星通信系统、无人机侦测系统、地理信息测绘系统，实现灾情侦察全方位、部队动中通联、灾情现场感知，确保在灾情处置阶段一有险情能及时预警，为部队提供抢险的安全保障。其次，必须在快速处置与强制性标准上主动作为。救灾现场就是战场，时间就是生命。由于抢险作战对象的特殊性，在应急抢险实战中，必须突破强制性技术条款。当相关技术条款在宜与不宜、应与不应、可能与不可能之间时，通过措施手段使其具备实现条件，是现场处置的难能可贵之处。如堤坝遭遇超标洪水，坝顶加高方案的确定就要左右权衡，在确保施工安全的前提下，是坝体培厚加高抵御洪峰还是适度加高赢得泄、蓄工况时间，或是溃决前延长时间，尽量降低损失等，都需要指挥员综合现场态势和技术手段快速临机决策。最后，必须在智能装备与风险替代上有所保障。抢险救援是对抗性很强的军事行为，官兵往往置身于危险境地从事高风险作业。这就要求要通过开发小型化、智能化新型装备，采取定点投送、实时监测、智能分析、远程处置等手段减少人员与危险源的直接接触，从根本上降低风险，确保官兵安全抢险。

（3）水电部队建设和履行职能实践的启示。

1）科学的战术、战法是抢险成功的法宝。水电部队近年来顺利处置一个又一个险情，正是因地制宜，综合运用“挡、截、封、导、疏、固、泄、堵”等战术战法的结果。具体战术战法的应用，涉及水文、气象、资源、环境、技术、保障等，应考虑各风险叠加的最不利因素，通过水力学、结构力学、材料力学等专业技术演算，拿出最佳排险方案。在抢险过程中，不仅要考虑多种战术的综合运用，还要考虑“打点、打线、打面”作战方向的有力协同。具体来讲，打“点”主要是针对灾情范围较小、方向单一、保障容易，便于集中力量处置的作战行动；打“线”主要是针对灾情范围较大、沿线狭长、保障较难，强调合理布局处置力量，尽量避免短板效应的作战行动；打“面”主要是针对灾情范围广、多种险情交织、保障困难，要求科学指挥、多点出击、有效协同处置力量的作战行动。

2）快速高效的保障力量是抢险成功的保证。保到位就是保胜利。现代战争是信息化条件下的各种资源的消耗战，需要保障的范围更大，要素更多。应急抢险对水电部队来说就是一场与洪水、与自然灾害的战争，应急保障必须及时、全方位的快速到位，否则就不可能赢得胜利。要坚持“三快”原则，即：知情快、到位快、处置快。“知情快”就是灾害信息知道的快，并随时掌握灾情的各项变化信息，以便选择正确的抢险战术战法。因此，必须建立及时顺畅的情报预警机制，拓宽情报信息获取渠道，做到警地共享、实时传递，保证在第一时间内准确获取深层次、预警性的情报信息，全面掌握灾情和其他相关情报，及时提供决策依据。“到位快”就是抢险资源要快速到达灾害现场。人员投送上，坚持科学抽组，就近用兵，灵活运用空运、摩托化机动等方式，快速机动到位。物资投送上，确定多地就近筹措、多线前送的灵活保障方式，保证快捷持续供应。装备投送上，一方面按照装随人动、多线开进、同步抵达的目标要求，在最短时间内进入救援现场；另一方面，启动警地协作机制，按照一线部队装备增援需求，多方筹措，多路投送，及时提供，及时到位。“处置快”就是灾情能在最短或限定的时间内得到有效的控制或消除。例如决口险情，越早封堵，灾害损失就会降低越多。有的抗洪抢险，就必须在最大洪峰到来之前对危险堤坝进行加高加固，或完成应急泄洪通道的开挖，否则抢险就失去了应有的意义。这都对处置速度提出了很高的要求。

3）把握好“应急期”是抢险成功的关键。“应急期”就是灾情发生后实施抢险的最佳时限。如果险情得不到及时、有效地控制，损失就不可避免地产生或扩大，所以抢险必须把握好“应急期”。不同的险情，“应急期”也不尽相同。如地震灾害中的生命搜救，“应急期”为黄金72h，超过这个时间，伤员的存活率极小。抗洪抢险，“应急期”就是最大洪峰到达前的这段时间。同一类别的灾害，因地质、地形、交通等因素影响，“应急期”也会不同。但不论何种险情，“应急期”都不宜延长。一旦超出“应急期”，灾害后果将难以估计，即使最终险情得到控制和消除，但是抢险效果将大打折扣，特别是抢险的社会效果，有的甚至会转为负面。

4）提升体系能力的重点要素。①加强力量建设。主要从基本系统、作战单元和力量模块3个层面推进：基本系统，主要是解决好包括灾情侦测、指挥控制、抢险技术、装备保障、政治工作和后勤保障系统等在内的一系列问题。作战单元，主要包括基本指挥所、前进指挥所、灾情侦测组、专家技术组、机动通信组、政治工作组和后勤保障组等7个单元的建设。力量模块，主要包括“人员、装备、器材、战备、指挥、训练、技术和教育”8个要素。如果将体系比喻为“树”，系统则为“干”、单元则为“枝”、模块则为“叶”，都是提升信息化条件下应急救援能力的重要支撑，是应急力量建设的主体。要加强各系统、各单元和全要素模块的整合，优化数据库建设，突出抓好人装结合和技术、战术的融合训练，确保部队随时拉得出、上得去。②搞好战法储备。要加强对水灾、风灾、雪灾和震灾等自然灾害特点规律的研究，按照一种威胁多个设想、一项任务多套预案、一种情况多种处置的要求，构想险恶环境，考虑复杂局面，大力开展战法研究和储备，依托营区、工程、实战“三个练兵”和成功抢险经验，及时总结创新，积累战法经验，组织部队实战化演练，以适应复杂环境对战斗力的要求。③优化指挥决策。指挥打仗，时间就是生命。遂行多样化任务大多事发突然，准备时间短或没有准备时间，要求指挥机关必须快速反应、高效运转、讲究效率。要落实快反机制，遇有情况迅速响应，按照指挥编成快速展开工作，做到任务部署快、命令下达快、信息传递快、应急决策快，有效指挥控制行动，最大程度的预防和减少灾害险情造成的损害。④突出机动能力。抢险的关键是速战速决，以最短的时间、最小的投入，应对最复杂、最困难的局面，做到快速反应、快速到位、快速处置。机动和处置时间要充分考虑“应急期”和“扁平化指挥”的问题，选择最优的机动路线、最佳的处置方案、最合理的保障方式和最灵活的指挥方式，最终实现安全高效的处置。⑤拓展保障方式。坚持“以我为主”，按照战略布局，覆盖多区域，以驻地和练兵前置兵力为基点，区分应急抢险任务类型，根据交通实际，科学设置主战力量、支援力量、增援力量，形成互为主次、互为支撑，能够快速抽组、迅速驰援、联合作战的格局。善于“为我所用”，充分发挥军警民资源融合保障的优势。⑥坚持信息主导。加强“三网一系统”的建设与应用，突出研究极限条件下的通信保障手段的运用，建立完善抢险资料信息库，运用网络信息系统聚合作战力量、作战要素和作战资源，加快构建技术先进、功能兼容、安全可靠的实时指挥系统，实现部队一开进就能达到“动中通”，人一到位就能完成专用网组建，实现人到网成，真正提高基于信息系统的抢险救援体系能力。

3　确保随时能打胜仗需攻克的难题

（1）要解决好打胜仗的基础性难题。

1）要准确把握打仗的基本条件。自然灾害永远存在，抢险和准备抢险将是水电部队打仗的常态。打仗的基本条件可归纳为“八个要素”。①人是决定因素。因为人具有能动性，能够把客观条件有机地结合起来。②装备是支撑因素。应急救援装备的配备，是遂行任务能力的根本基础与重要标志。没有专业的装备支撑，抢险救灾就得不到有效保障。③器材是保障因素，是抢险突击和攻坚力量的组成部分，也是各种技术借助不同手段在抢险中发挥不同作用的重要表现形式。④战备是关键因素，是应对可能发生的突发事件而在平时进行的准备和戒备，要做到时刻战备、全员战备、有能力战备。⑤指挥是保证因素，指挥员是部队打胜仗的关键所在，“智、信、仁、勇、严”是其必备条件。⑥训练是中心因素。转变战斗力生成模式，提高核心军事能力，靠的就是以训练为抓手。⑦技术是制约因素，专业技术水平的高低对能力的发挥起着重要作用。要提高部队战斗力，必须在提高官兵的专业技术水平上下工夫。⑧教育是动力因素。“战以气为主，气勇则胜，气衰则败。”要通过教育，培养部队“敢打仗、能打仗、打胜仗”的战斗作风。这八个要素是打仗的基本条件，针对不同的灾情和任务规模，科学整合各要素，完善预案方案，这既是快速反应的要求，也是战备建设的要求。

2）要有奇胜思想和科学指挥。孙子曰：“凡战者，以正合，以奇胜。……战势不过奇正，奇正之变，不可胜穷也。水因地而制流，兵因敌而制胜。故兵无常势，水无常形。”意思就是要在实力的基础上凭借战略战术的变化取得时间、空间上的相对优势，实力是基础，而战略战术的合理利用则是发挥实力、夺取胜利的关键。抢险救援打的既是装备实力，也是指挥能力，只有科学的指挥，才能有力、有序、安全、高效地打胜仗。这要求指挥员具备观察能力、判断能力、决断能力、应变能力和指挥能力，特别是应对危机，要树立牢固的危机管理意识，运用好“躲、侧、转、接、快”等战术，驾驭危机，转化危机。

3）要有先备而战的思想。先备而战的思想告诉我们，计要先谋、虑要早决，不能打“舍命仗”和“糊涂仗”。在现代军事斗争中，只有以谋为本，才能从容应对、进退有度。水电部队遂行应急救援任务，事关人民群众生命财产安全，信息传播快，社会关注多，政治影响大，对有备而战提出了更高的要求。

（2）要解决好打胜仗的保障性难题。从部队遂行的应急抢险任务来看，灾害事发突然、损毁严重，抢险地域环境恶劣、条件复杂，给保障带来很大困难。①应急性突出，保障时效强。部队应急抢险行动大都是临危受命，形势非常紧迫。要求部队迅速变平时正常保障为战时应急保障，迅即反应、快速机动，综合运用直达保障、依托已有的设施保障等方法，形成应急供、运、医、修等一条龙保障链，强化应急应变。②多样性突出，保障特需多。突如其来的自然灾害不仅仅是单一的危机，有可能导致多项危机并发。要针对任务多样复杂的实际，适应部队人员分散、行动特殊的需要，以应急需求为牵引，突出急需、特需，采取自我保障与警地保障、集中保障与分散保障、定点保障与伴随保障相结合等方式，重点配齐急需特需的主战装备、保障装备和辅助装备。③制约性突出，保障难度大。险情发生后，往往交通、电力、通信中断，给部队机动和指挥带来不利因素，各项保障组织实施要求高、难度大。要采取以我为主、与供应商联合、与协作厂联合的一体化保障方式，加快“储备网”“供应网”“输送网”的建设，及时搞好定点辐射性保障、机动伴随保障、远程信息保障及空中垂直保障等，确保抢险现场各项保障的及时到位。④经常性突出，保障常态化难。水电部队要结合辖区实际，搞好调查，充分掌握后勤保障所需物资、器材数量及生产、分布状况。要把可能担负的保障任务、可供利用的保障资源、面临的现实困难和问题等搞清楚、解决好。要预先准备，增加重点区域部队应急物资储备数量。要讲求效益，寓警于民，警民融合，推进保障常态化。

(3) 要解决好打胜仗的关键性难题。就是要以提升专业能力来强化核心军事能力，形成“拳头力量”。水电部队核心军事能力最根本的就是专业能力的提升。①提高专业技术能力。要以作战标准搞训练，依托工程练兵、营区练兵、实战练兵，抓好开挖、浇筑、钻灌、钻爆等专业训练，利用科研院所、高等院校以及社会各方面技术资源，做好应急救援领域技术项目的科技攻关，不断巩固和拓展专业技术能力，使遂行任务能力与施工生产能力同时生成、同步提高，确保在险情前能充分发挥专业优势，以强兵救强险，一招制胜。②提高快速投送能力。快速投送是展开救援行动的先决条件和第一要素。为争取主动或者形成有利态势，必须综合运用铁路、公路、水路、航空等运输方式，对兵力、装备和物资实施远程、立体、快速投送。因此，要注重加强人装投送训练，完善投送机制，建好协同保障资源库，科学灵活指挥，争取缩短任务转换时间和机动准备时间。③提高远程指挥能力。要以部队现有技术平台和数据标准为支撑，整合各类指挥控制要素，构建以指挥中心为固定指挥平台，以综合指挥车、综合通信车为机动指挥平台，具备灾情侦察、预警探测、辅助决策和综合保障等多功能的一体化指挥控制平台。形成以信息系统为主导、以现场态势信息为支撑、以行动策划为核心、以力量协同为重点的远程指挥能力，实现重点区域视频保障、全区域音频覆盖。

在调整转型中加强现代化抢险救援专业部队建设

范天印

【摘　要】：建设现代化的国家抢险救援专业部队是武警水电部队的目标。实现这一目标，转变观念是前提，提升能力是核心，打牢基础是关键，强化保障是基础。

【关键词】：抢险救援专业部队　武警水电部队　部队建设

建设一支听党指挥、能打胜仗、作风优良的现代化的国家抢险救援专业部队，是武警党委和领导着眼武警水电部队发展大势提出的建设目标。对此，武警水电部队应明确发展方向、使命任务和建设标准，在调整转型实践中不断提升部队全面建设水平。

1　建设现代化的国家抢险救援专业部队，转变观念是前提

全面建设、全面过硬是部队建设的基本要求，也是建设现代化的国家抢险救援专业部队的应有之义。从目前的情况来看，市场经济的烙印使武警水电部队部分官兵的工程情结、市场情结依然较浓，全面建设的观念还没有真正树牢。为此，一是要在清醒认识武警水电部队建设发展现状中找准差距。随着调整转型的深入推进，武警水电部队已进入思想波动期、任务加重期和问题凸显期。尽管我们的各项任务完成出色，部队保持了平稳发展的良好态势，但是也要清醒地认识到，思想观念与形势发展的要求不相适应、能力素质与使命任务的要求不相适应、制度机制与转型发展的要求不相适应、基层建设相对薄弱与全面建设的要求不相适应的问题依然突出。这就要求我们必须坚持以解决问题为导向，主动破解难题，抓好工作落实。二是要在深化学习中强化全面建设思想。只有重视学习、提高素质，才能担当部队建设的重任。要学深悟透上级关于调整转型的一系列决策指示，切实树牢全面建设思想，把握推进全面建设的特点规律。既要抓好转型期内的具体工作，又要着眼长远搞好应急救援专业力量建设；既要重视人员装备的配备，又要注重在人装结合发挥最大效益上下工夫；既要注重完成好依然繁重的施工生产任务，又要结合实际创新和改进教管训保的方式方法，做到建设目标和实现路径的内在统一，实现系统筹划、整体推进、协调发展。三是要在更新观念中厘清全面建设思路。具备与国家队要求相符的战斗精神、战斗能力、战斗作风是实现建设目标的基本要求。因而，在建设目标上，要确立战斗队的观念，实现由完成一般施工任务向完成国家赋予的重大应急救援任务和军事性工程转变，努力建设应急救援“国家队”；在工作指导上，要确立正规化建设的观念，实现由分散、随意的抓建向依法抓建转变，努力提高部队正规化管理水平；在部队建设上，要树立政治建队和全面建设的观念，实现由单一的重视施工生产向加强全面建设转变，积极推进部队的全面建设发展。四是要在转型实践中提升全面建设标准。我们抓工作不能仅仅盯着转型本身和当前的具体任务，而应注重长远长效，做到内容上不搞单项冒尖，力求全面落实；方法上不搞零打碎敲，力求系统建设；指导上不搞顾此失彼，力求协调发展。着力在任务与建设、硬件与软件两手抓两手硬上下工夫，切实把正规化建设与管理的理念、标准渗透到应急救援、项目练兵、营房建设等全领域全过程，注重增强官兵军政素质、身心素质、专业技能和文化素养，从根本上提高部队的建设质量和层次。

2　建设现代化的国家抢险救援专业部队，提升能力是核心

围绕“能打仗、打胜仗”的目标加强能力建设，加快转变战斗力生成模式，突出专业技术特色，

是建设现代化的国家抢险救援专业部队的核心所在。要紧紧围绕信息化建设、人才培养、装备管理、专业技术研究及军事训练等重点工作，逐个攻关，逐项突破。

（1）要在建强力量上下工夫。按照建设基于信息系统的应急救援体系能力要求，加速推进救援基本体系、支队作战单元、中队力量模块的建设。一要建强应急中队。对已建成并通过验收的重点建设中队要全员、全装固化好，按照一种编制多种任务、一种任务多种力量、一种力量多种用途的要求，不断地锤炼、巩固和拓展业已形成的能力。高标准完成指挥部对中队力量建设模块的试点工作，总结形成建、管、训、用、保的统一规范和标准，并以此为参照，借助落实编制的契机，有计划分步骤地将所有中队分 3 个批次建设完成。二要探索科学的组训模式。首先，把创新训练内容作为前提，营区练兵重在专业技术理论知识的学习、模拟环境下的战法训练、指挥程序的演练以及共同科目训练等，工程练兵重在专业技能专训、要素集成演练、人装融合训练、实兵实装联合演练等，实战练兵重在指挥、战法、协同、保障的融合，努力使训练与部队现状、装备配备和任务需要相融合。其次，把创新训练方法作为关键，积极探索营区练兵的模拟化、网络化、基地化训练手段，加强以工程项目部为管理机构、大队为组织实体、中队为执行力量的工程练兵研究，抓好实战练兵对预案想定、战法战术、要素融合、组织指挥程序的检验。最后，把创新训练机制作为保证，分类别建立全员全程考评机制，积极开展多种形式的比武竞赛活动，将争先创优意识贯穿全过程。三要树牢战备观念。要树立当兵打仗、带兵打仗、练兵打仗的战备意识，做到头脑里时时有任务、眼睛里永远有险情、肩膀上时刻有责任、胸怀中始终有激情。按照“箭在弦上，引而待发”的要求落实常态化战备工作。尤其是在目前极端天气时有出现、发生大的自然灾害概率增大的情况下，要以全方位、全天候、全要素做好应急准备为标准，进一步修改完善各级各类预案，加强部队机动编组、输送组织、梯队编成、装载卸载以及机动中情况处置等指挥性训练和检验性演练。

（2）要在重点和难点问题上求突破。坚持抓重点带全局，从紧前任务入手，找准能力建设的突破口和切入点。一要紧盯信息化建设。各级要加快完善任务区域水文、地质、交通、气候和通信等基本数据库，分类别推进工程技术、抢险战法、人装配备、政工器材、后勤保障等作战数据库建设；努力构建“动中通”指挥平台，实现各级指挥机构、参战部（分）队对应急救援行动现场的同步感知，增强指挥决策的实时性和有效性。二要紧盯人才队伍建设。以指技合一指挥人才、信息技术专业人才、装备操作和维护人才、高层次科技创新人才、特种专业人才培养为重点，按照岗位、资质、学历相匹配的要求，制定人才培养总体规划、阶段目标、人才分项培养实施计划和考核标准，把个人的成长融入强警目标之中，拓展人才培养渠道，拓宽入口，打通出口；要优化干部队伍结构，确保干部队伍编配相符，结构布局科学合理；要通过建立完善选拔、培训、使用和管理等相关机制，保留好士官骨干。三要紧盯装备建设。按照平战兼容、重在抢险、逐步完善的要求，立足自身实际形成基本的装备体系，立足前沿补充高精尖的特种装备，并通过项目和实战的演练，实现人装的有机结合。依托社会资源，完善物资装备保障体系，探索研究小型化、智能化、便携式抢险装备，以满足遂行任务的需要；搞好爱装管装教育，“像管人一样管装备”，加强装备的日常维护，落实管理责任制，提高装备的完好率和配套率。

（3）要在突出特色和创新上做文章。在长期施工实践中形成的专业技术优势，是武警水电部队发挥应急救援国家队作用的根本保证。一是要以“打仗”的姿态干好在建工程。无论是施工组织设计还是日、周、月任务的安排，无论是施工的组织实施还是现场的设置，都要让战场的氛围充分体现在施工过程之中，并以此辐射所有工作。所有项目都要高效率地实现节点目标，高质量地建设优质工程，高标准地创建一流品牌。二是要按实战的要求研究战法。立足高、难、险和多路同时展开等复杂条件下应急抢险技术、被战争损毁水利水电设施抢险技术等应急技术的研究，形成难以替代的能力优势；建立长效激励机制，鼓励干部报考部队需要的职业资格证，下决心保留和提高现有资质水平。三是要依托工程构建现代科学的组训平台。工程练兵是巩固和提高武警水电部队核心军事能力的关键所在，工程项目部建设既要全面贯彻“三从两严”的训练总要求，又要突出信息化主导和核心能力的锤炼，还要融入战场化建设的要求和兵力前置、预置的目的，更要将考量的指标从经济效益转变到练兵实效上来。要切实找准“按行规干”和履行职责使命的结合点，进一步完善管理模式，积极探索工程项目部与大队在施工组织、任务分配和管理层级上的职责关系。

3 建设现代化的国家抢险救援专业部队，打牢基础是关键

基层是部队全部工作和战斗力的基础。基层建设搞不好，一切工作都无从谈起。为此，要按照《军队基层建设纲要》的标准和要求，把“抓基层、打基础”作为基层建设的经常性工作来抓，确保基层建设正规有序、全面发展，为部队转型发展打牢坚实基础。

（1）始终坚持工作重心在基层。转型期部队的各项任务繁重，管理难度增大，安全风险很高，更应强化固本强基思想，树立大抓基层的鲜明导向。一要下基层摸实情。只有了解情况到一线、督促检查到一线、服务保障到一线、解决问题到一线，才能把基层官兵关心的事、基层建设难办的事摸清搞透，才能深化对基层建设的认识和思考。领导机关应树立“机关就是服务”的观念，自觉把基层满意不满意、官兵高兴不高兴作为开展和评估工作的重要标准；常查工作之误，切实以基层为镜子，运用检讨式、反思式方法检查和修正工作中的偏差；常想基层之难，切实站在基层的角度换位思考，多想基层的困难，尽力做好排忧解难、雪中送炭的实事。二要帮基层强能力。应按照水电指挥部和总队的重点抓支队、依靠支队抓基层、基层按纲抓落实的思路，把气力使在帮助“一线指挥部”发挥作用、帮助“一线战斗堡垒”提高能力、帮助“一线带兵人”增强素质、帮助基层抓好“四个基本”建设上，不断增强按纲抓建能力。要结合当前施工中队、应急救援中队、警消勤务中队和驻训备勤中队等各类型中队的实际，对建设标准、教育训练、管理模式和考核评估办法进行系统分析，改进领导方式和指导手段。应以人为本，切实尊重基层官兵主体地位，利用有效的激励机制，激发官兵的内在动力，增强创造力。领导机关应利用部队完成抢险救援、“三个练兵”、回撤归建等任务时机，给基层面对面地传经验、手把手地教方法，不断提高基层自我建设、自我发展的能力。三要接地气防空转。抓基层的成效不是看开了多少会，发了多少文件，订了多少措施，下了多少工作组，关键是看在解决基层建设问题上下了多大工夫。检验领导机关工作的主要标尺是基层建设状况。领导机关安排部署工作要早，领导重视到位；工作统筹要细，方案制定到位；工作机构要精，人员配备到位；氛围营造要浓，思想发动到位；发现问题要准，学习调研到位；解决问题要快，水平能力到位；分类指导要实，工作推进到位；工作程序要全，督促检查到位。

（2）始终坚持反复抓落实。基层建设的动态性、系统性，决定了抓建设不能一蹴而就，一劳永逸，必须反复抓、抓反复。一要端正思想抓落实。以对党的事业高度负责、对部队事业高度负责、对全体官兵高度负责和经得起历史检验的责任感，月月打基础，天天抓落实，用细功把容易粗疏的工作做扎实，用狠劲把容易松散的工作做严密，用韧劲把容易反复的工作做彻底。二要突出重点抓落实。经常性工作的范围广、内容多，平均使劲、一线平推，哪项工作也做不好。要善于统筹协调，分清轻重缓急，搞好计划安排，在围绕中心、深化转型、突出重点、固强补弱上反复下工夫。要对安排部署的工作坚持跟踪问效，做到有检查考核、有总结讲评，不抓出成效决不撒手，不争创一流决不收兵。三要盯着问题抓落实。牢固树立“发现问题是水平、解决问题是能力、掩盖问题是渎职、害怕问题是无能”的思想导向，倡导查找问题、分析问题、解决问题的“问题工作法”，始终盯着薄弱环节、薄弱部位抓工作，力争解决一个问题就有新收获，就上一个新台阶。

（3）始终守住安全底线。安全是保底工程，安全打胜仗是我们一以贯之的理念，在任何时候都容不得半点放松。一要依法从严治警。以武警部队正规化达标检查验收为契机，扎实抓规范，重点抓养成，全面促统一，推动部队正规化管理向更高水平迈进。严格落实部队管理制度，用制度规范官兵言行；严格落实安全责任，区分层次，按级负责，一级抓一级，逐级抓落实；严格执行纪律，领导干部要敢于较真碰硬，不怕得罪人，从严查纠各类违纪问题，确保事故苗头有人抓，违纪行为有人管，异常情况有人报。二要落实安全教育。要认真开展军人职责、条令法规、安全常识、安全规定等基础性

教育，扎实抓好以形势任务、现实问题等为主要内容的经常性教育，打牢官兵防事故、保安全的思想根基。三要加强安全防范。深入分析安全形势，严密组织安全隐患排查，切实把不安全、不稳定因素消灭在萌芽状态。要始终把人、车、枪、弹、酒、密等作为安全管控重点，把政治性问题、施工作业和抢险事故、自然灾害侵袭、爆材事故、经济纠纷和防恐怖袭击作为安全防范重点，切实把安全工作组织领导制度、风险评估预警制度、隐患排查制度、情况报告制度、检查讲评制度及奖惩激励制度落实、落地。

4 建设现代化的国家抢险救援专业部队，强化保障是支撑

提高后勤保障质量效益，关系到部队调整转型是否顺利。各级要切实把应急后勤保障、债权债务清理、固定营房建设等工作抓紧、抓牢、抓出成效。一要加强现代后勤建设。紧紧围绕保障完成多样化任务、服务现代化建设及向信息化转型3项任务，进一步完善一体化保障体系，拓展社会化保障方式，完善信息化保障手段，强化基础配套设施建设，提高后勤科学化管理水平，使资源统筹向战斗力聚焦，推进后勤保障力生成模式的转变。二要提升应急保障能力。武警水电部队应急救援保障发展不均衡、物资不配套、保障不精细的问题比较突出。因此，应按照行动计划多方案、组织指挥多手段、保障内容多要素、兵力投送多方式的要求，整合保障资源，储足战备物资，配强装备器材，加强训练演练，做到关键时刻拉得出、用得上、保得了，应拓宽保障渠道，与地方建立联保联供机制，加强沟通对接、联演联训，实现联保联供机制协议化、常态化，做到平时应急、战时应战。三要确保经费的高效使用。面对武警水电部队应急力量和基建营房建设资金投入大，经费保障压力日渐凸显的实际，应坚持开源与节流并举，搞好“上接口”和“外接口”，积极争取项目经费和抢险经费；牢固树立“预算是法”的概念，严格预算审批开支，坚持党委理财，严格财经纪律，强化审计监督，进一步规范重大经济活动运行秩序。四要加快推进基建营房建设。整合力量，主动靠前，尽快拿到全部“净地”，在掌握政策依据、梳理关系流程的基础上，按时间节点全力推进。立项、预算、招投标、工程监理、审计监督都要按规程和制度办理。五要深化债权债务清理。加强组织领导，采取重点审计、交叉审核等办法，彻底清偿清收，重点防止收尾、完工项目和撤编单位失管、失控的现象，按时限要求完成债务削减的目标。

着眼履行职责使命要求 推进水电部队司令机关建设转型发展

范天印

【摘 要】：推进水电部队调整转型，司令机关肩负着重要任务。各级在推动司令部工作转型过程中，应坚持把思想政治建设作为推进司令机关建设转型的前提，把应急力量建设作为推进司令机关建设转型的核心，把指挥手段建设作为推进司令机关建设转型的重点，把制度机制完善作为推进司令机关建设转型的保证，着力破解调整转型中的重点、难点问题，尽快引领部队适应新的职能。

【关键词】：司令机关建设 水电部队 转型发展

水电部队调整转型，从施工现场走向应急救援战场，是新时期水电部队转型发展的重大任务。

如何建设一支“听党指挥、能打胜仗、作风优良”的现代化国家抢险救援专业部队，是强军目标与水电部队实际相结合的转化，是部队一切工作的统领。部队要转型，机关要先行。水电部队各级司令机关作为协助各级党委、首长领导军事建设、指挥军事行动的领率机关，在实现强军目标和调整转型中具有特殊的地位作用，只有率先实现自身转型，才能引领和带动部队建设转型。

1 坚持把思想政治建设作为推进司令机关建设转型的前提

思想政治建设是部队根本性建设。司令机关在调整转型期必须时刻保持清醒头脑，正确判断是非，牢牢把握建设转型的正确方向。

（1）要始终确保政治可靠。着眼政治抓军事、围绕政治抓转型，应成为司令机关建设转型的根本指导思想。司令机关干部要积极适应建设现代化国家抢险救援专业部队的要求，自觉用党的新思想、新理论和习主席有关论述统一思想，增强全面完成调整转型任务的紧迫感，坚持从政治和战略的高度思考谋划军事建设，始终保持头脑清醒、态度鲜明、行动坚决。要不断强化大局意识，加强政策法规宣讲，正确对待编制调整、干部分流等利益关系调整，确保政令、军令畅通。

（2）要强化作风纪律养成。作风优良是实现强军目标的重要保证。随着武警水电部队职能任务的不断拓展，“随时抢险、经常抢险”将成为一种常态，而作风养成绝非一日之功，要靠制度规范、行为约束，日积月累、长期养成。为此，司令机关要积极适应建设现代化国家抢险救援专业部队的要求，严格执行条令条例和规章制度，强化严谨细致、精益求精的工作态度和工作标准；积极适应部队调整转型的要求，培养雷厉风行、快捷高效的工作作风；积极适应应急救援行动突然、处置高危的特点，培养临战不乱、临危不惧、从容不迫的过硬心理素质。

（3）要转变工作指导方式。目前，部队中心工作由应急救援和施工生产同为中心逐步向以应急救援为中心过渡，部署由高度分散逐步走向相对集中，这些新情况的出现，要求司令机关必须转变工作指导方式，加强工作的针对性、有效性和时效性。要树牢任务牵引理念，依托工程项目练兵，着眼担负的抢险、抢修、抢建等救援任务，不断探索、研究、更新训法战法。要着眼整体实施普遍指导，坚持将部队建设的客观要求、基本规律与调整转型阶段性要求相结合。要着眼经常实施跟踪指导，坚持了解情况到一线、检查指导到一线、解决问题到一线、服务保障到一线。要着眼重点实施专项指导，坚持“典型引路”，集智攻关、重点突破，避免重复建设、少走弯路。

2 坚持把应急力量建设作为推进司令机关建设转型的核心

力量建设是贯彻落实“能打胜仗”要求、有效履行职责使命的基本支撑，也是衡量司令机关建设转型成效的根本标准。

（1）要紧盯信息化建设。水电部队各级司令机关应针对信息基础设施欠账较多的实际，尽快拟制信息化建设规划，加快以“三网一系统”为重点的信息基础设施建设，完善“动中通”指挥系统，实现各级指挥机构、参战部（分）队对应急救援行动现场的同步感知。突出自身特色，完善任务区域水文、地质、交通、气候等基本数据库，分类别推进工程技术、抢险战法、人装配备、政工器材及后勤保障等作战数据库建设，为转变战斗力生成模式提供条件。

（2）要加强人才队伍建设。水电部队各级司令机关要牢固树立抓人才就是抓战斗力的理念，切实把人才建设作为战略性、基础性的工程紧抓不放。要以指技合一指挥人才、信息技术专业人才、装备操作和维护人才、高层次科技创新人才、特种专业人才培养为重点，按照岗位、资质、学历相匹配的要求，拟制符合司令机关实际，成龙配套、上下衔接的人才培养计划。要着力优化参谋队伍结构，按新编制配齐配强作训、警务、通信等科、股、室人员，形成任职年龄梯次配备、知识能力优势互补、整体素质全面优良的参谋群体，最大限度发挥人才效益。

（3）要推进装备体系建设。按照“平战兼容、重在抢险、逐步完善”的要求，在最大限度整合现有资源的基础上，拓宽保障渠道，采取按编配发、自筹自购、共建共用、预征预储等方式，充实完善施工生产、应急救援等装备体系。要搞好主战、保障、辅助三大类装备的有机结合，力求实现不同类型装备功能互补、同一类型装备形成系列，发挥推、挖、装、碾、吊等主战装备主战效能，挖掘保障装备的支撑保障作用，体现专业优势。搞好爱装管装教育，加强装备的日常维护，落实管理责任制，确保装备始终处于良好状态，以适应部队天天练兵、随时抢险的需要。

3 坚持把指挥手段建设作为推进司令机关建设转型的重点

组织指挥部队军事行动，是司令机关的主要职能之一。应急救援行动突然、处置高危的特点，迫切要求司令机关提高应急指挥效能。

（1）要健全应急指挥机制。认真贯彻落实《中国人民武装警察部队处置突发事件规定》和《抢险救灾专业力量使用指导意见》，建立健全应急响应机制，细化启动不同级别应急响应的基本流程、具体工作内容和要求，完善各类组织机构和方案预案，确保平时层次领导到战时扁平指挥关系转换顺畅。规范完善内部垂直指挥程序，以驻地和练兵前置兵力为基点，区分应急抢险任务类型，遵循就近用兵的原则，形成“属地应急，区域联动，快速增援”的力量梯次辐射体系。

（2）要提高远程指挥能力。加快“三网一系统”的建设，整合各类指挥控制要素，构建以指挥中心为固定指挥平台，以综合指挥车、综合通信车为机动指挥平台，具备灾情侦察、预警探测、辅助决策和综合保障等多功能的一体化控制平台。建立贯通各级指挥机构和一线作战单兵的指挥信息链路，形成以信息系统为主导、以现场态势信息为支撑、以行动策划为核心、以力量协同为重点的远程指挥能力。建立灾情侦测预警平台，完善同地方防汛、地震、气象、水文、地质等部门信息互联互通渠道，保证在第一时间获取预警性、内幕性和动态性信息，为科学拟制抢险救援方案、实现安全快速处置提供可靠的信息支持。

（3）要抓好应急指挥训练。充分利用信息技术，积极开展首长机关全要素系统训练。拓展训练内容，加强计算机网络、信息技术等基础理论的学习，抓好通信装备、指挥信息系统的操作训练，打牢系统训练基础。运用信息系统聚合作战力量、作战要素和作战资源，完善基本数据库和作战数据库的建设。以首长机关战术作业和指挥所演习为载体，按照单级多要素、多级单要素和多级多要素的层次，依托指挥中心组织灾情侦测、通信保障、指挥控制等要素的指挥编组训练，不断提高首长机关复杂条件下指挥控制部队的能力。

4　坚持把制度机制完善作为推进司令机关建设转型的保证

工作制度机制是司令机关一切活动的行为规范。当前，水电部队军事工作内容发生了根本性变化，司令机关编制也做了调整，迫切需要重新定位职责，明确任务，建立正规的工作秩序。

（1）要理顺工作职能。把工作重心放在“调整职能、理顺关系、优化结构、提高效能”上，以《中国人民武装警察部队司令部条例》为依据，按照新编制，对业务部门进行定位，尤其是要将撤并部门的职责优化合并，确保任务不缺项、职责不重叠。要紧紧围绕应急救援这个中心，突出组织指挥军事行动这个重点，建立部队战备训练、信息化建设工程管理等相关制度，使装备管理、信息化建设等新职责和重点工作运行机制更加完善，任务更加清晰，可操作性更强，形成与加快建设现代化国家应急救援专业部队相适应的新型组织模式和制度机制。

（2）要规范战备秩序。要牢固树立居安思危、常备不懈的战备观念，做到时刻战备、全员战备、有能力战备，坚持把“不经战前演练、不经人员和装备补充直接投入战斗”作为战备建设方向，在提高环节效率和战备转换速度上下功夫。依据《中国人民武装警察部队战备工作规定》和《中国人民武装警察部队基层分队战备工作细则》，进一步健全战备体系，完善战备设施，立足应对最复杂、最困难的局面，按照不同方向、不同规模、不同地域及不同作战对象的要求，认真修订完善各类战备预案及资源抽组方案，始终保持“箭在弦上、引而待发”的戒备状态。

（3）要健全工作机制。完善日常管理机制，认真贯彻条令条例和有关规定，建立健全学习、训练、管理和司令部建设等方面的制度规定，规范机关办公秩序、公文处理、会议制度和办事程序。完善对外协调机制，建立与驻地党委、政府及武警内卫部队的协调联系机制，积极加入驻地应急力量建设体系，定期召开警地联席会议，定期走访交流，确保沟通协调顺畅、支持保障有力。完善理论研究机制，要把理论学习和学术研究作为司令机关建设的基础工作来抓，凡创新中的重大问题、重点项目，都要先从理论上搞清楚、论证好，定期确立研究课题，定期组织集体研讨，定期组织专家论证，广泛开展“学、研、练、考、评”活动，不断提高司令机关的战略思维、辅助决策、指挥协调能力。

唐家山堰塞湖成功排险综述

李虎章　刘松林

【摘　要】：唐家山堰塞湖的成功排险，彰显了科技救灾的绝对优势，突出了专业化、多兵种军队的攻坚优势，表现了党中央国务院的坚强领导，展示了中华民族的新时代精神。

【关键词】：唐家山堰塞湖　武警水电部队　专业化排险　科技救灾

1　概况

唐家山堰塞湖位于北川县城上游6km处。“5·12”汶川地震造成的唐家山滑坡堰塞体，将湔江拦腰截断形成了堰塞湖，上游集水面积约3550km^2，其最大蓄水量约3.2亿m^3。

该湖虽与北川县城近在咫尺，但因地震造成的多处桥梁垮塌、路段被毁和沿河规模不等的堰塞体，致使陆路、水路不通，又加之地处深山峡谷、气候多变，直升机飞行难度大，唐家山堰塞体简直成了孤岛，其风险程度高、处置难度大。

截至5月21日，堰塞湖的水位为711.0m高程，蓄水量约7250万m^3，上下游水头差为42.0m。蓄水位还在不断地上升，随着汛期的到来，来水流量正在逐渐加大，堰塞体的安全隐患越来越严重，数百万人的生命、财产安全受到极大的威胁。一旦溃决，灾难是巨大的，损失是不可估量的。

党中央、国务院、中央军委非常重视唐家山堰塞湖的排险工作，前国务院总理温家宝多次进行实地察看，并做出了重要指示，要求主动处理、尽早处理、确保安全。

2008年5月19日，武警水电部队千余名官兵在北川县紧急集结完毕，在地方政府的领导下，在兄弟部队和有关业务部门的大力支持协作下，自5月26日正式开始实施工程措施，昼夜连续奋战，完成了难度最大的“低”方案，并且还将其过水控制高程降低了2m，泄流槽于6月7日7时08分开始过流，随着6月10日15时15分最大泄流洪峰安全通过绵阳城区，标志着唐家山堰塞湖的排险取得了决定性的胜利。

2　地质条件

唐家山堰塞体是右岸山体在地震力的作用下，沿构造发育的特定结构面，自右岸向左岸整体发生滑坡坍塌形成的。其物质组成主要是强风化和弱风化寒武系下统清平组灰黑色硅质岩、砂质灰岩以及碎石土、壤土覆盖层等。

堰塞体长803.4m、宽611.8m、高82.6～124.4m、体积约2037.0万m^3。其表面的起伏差较大，最低点为右侧水塘部位，塘底高程为743.0m；最高点为左侧高包部位，高程为791.9m；下游坡脚部位河床高程为669.0m。总体上左高右低，中线偏右部位为一较连续的低洼槽，其自然泄流控制高程为752.0m。低洼槽两侧较平缓开阔，右侧为形成堰塞体的滑坡台地，左侧为滑坡堆积体，低洼槽中间及上游段的表层大都为碎石土和壤土，水塘部位为淤泥，下游段为结构较致密的解体状、层状结构的硅质岩。

3　排险方案

3.1　方案制定

国务院抗震救灾前方指挥部（简称前指）根据气象短期预报，做出了“开辟空中通道”、实施

“工程排险和转移避险相结合”的果断决策，要求6月5日前完成排险。

武警水电部队会同前指水利组专家，按照“安全、科学、快速”的原则，制定了“采用工程措施开槽引流，利用过流冲刷逐渐降低扩槽，以降低水位、减少库容、避免瞬间溃坝”的排险方案。

根据堰塞体的地形、地质特点，决定沿右侧低洼槽的走势，开挖一条泄流槽。按照槽底泄流的控制高程，制定了“高、中、低”（即：747.0m、745.0m、742.0m）3个方案。

工程措施开槽，以“机械法”为主攻方案，如果因气候条件影响，设备不能实施空运，则以“爆破法”作为备用方案。

3.2 开槽泄流机理

开槽泄流机理如下：

（1）泄流能力。

$$Q=\frac{B}{n}R^{5/3}J^{1/2} \tag{1}$$

从公式（1）不难看出，在糙率系数 n、水面宽 B 和槽底坡降 J 不变的情况下，流量 Q 与水力半径 R 是高次方的关系，也就是说，水深的增加对泄流槽的泄流能力影响最大。

（2）泄流槽冲刷。按照部位和性质可分为槽底刷深、槽体展宽和槽体淘蚀。

1）槽底刷深：泄流时，槽底刷深是必然的。由于在泄流槽部位（下游出口段除外），大都为碎石土和壤土，其结构较松散。根据窄深河槽的泄洪机理分析，在洪水演进过程中，随着水位的上涨、水深的增加，作用在槽底的水流功率增大，槽底推移质的输送强度增加，槽底被不断刷深，在最大洪峰时，水深达到最大，作用在槽底的水流功率最大，槽底推移质的输送强度也最大。

同时还应注意到泄流槽的纵向比降对水流动能的影响，比降大，推移质运动强度就提高，对槽底的刷深速度就快。

2）槽体展宽：泄流槽两侧边坡受水流的冲刷作用，会发生坍塌导致横向展宽，这与两侧边坡材料的休止角有关。

3）槽体淘蚀：由于泄流槽的组成物质是不均匀的，其下游坡脚在过流后不久，就会因局部的冲蚀而随即发生淘蚀坍塌，随着下泄流量的逐渐加大，淘蚀的规模和速度，也会逐渐地加大且向上游方向发展。

3.3 泄流槽设计

综合以上分析，为确保排险期安全和泄流安全，在断面体形和纵向比降的设计上，重点要把握：①充分利用泄流的槽底刷深作用，进一步降底扩槽，提高泄流的能力；②控制泄流槽的刷深速度，并注意避免因泄流槽两侧边坡的“横向展宽”效应，产生瞬时大体积的边坡坍塌，可能造成槽体堵塞发生漫顶；③控制坡脚淘蚀坍塌的发展速度，避免因淘蚀坍塌速度过快、规模过大，导致瞬间决口或溃坝；④泄流槽下游出口段解体状、较致密结构的岩体，对泄流槽的刷深和淘蚀速度起着关键的控制作用。

（1）断面形式：泄流槽采用梯形断面，边坡坡度按1∶1.5控制，低方案的槽底宽度为13.0m（“高、中”方案据此反推）。

（2）走向及比降：为尽量减少工程量并确保泄流通畅，泄流槽的走向原则上沿低洼槽的走势布置，进口引渠段应开阔、引流顺畅，中间泄槽段应平直，利用较开阔的水塘，调整流态后与出口泄槽段转弯连接，主槽底纵向比降采用0.006。出口连接段，由推土机出渣形成顺坡与原河道自然连接，根据设备的爬坡性能，该段纵向比降可陡于0.15。

4 排险实施

4.1 排险目标

在确保安全的前提下，以最短的时间，尽量实现泄流槽的“低”方案，尽快过水泄流，降低蓄水位，减少蓄水量。

4.2 现场布置

营地及施工附属设施布置在堰塞体顶的左侧台地上（见图 1）。从现场踏勘的情况分析，尽管两岸山体不同程度的存在裂缝、岩石滑落等现象，但堰塞体已经对两岸山体形成了护脚支撑，起到了一定的保护作用，认为再次出现大规模滑坡、坍塌的可能性不大。

图 1　泄流槽施工平面布置

4.3 工作面布置

规划原则：工作面尽量最多，设备能力配置最强，在最短的时间内，以最高的开挖强度，实现“低”方案的目标。

根据现场的地形、地貌和地质条件特点，工作面沿槽纵向分为 5 段：进口引渠段、中间泄槽段（分两段：山包段和水塘段）、出口泄槽段和出口连接段。

4.4 施工方案

由于堰塞体表面起伏差较大，滑坡松散体、水塘淤泥陷车严重，不适合自卸车出渣。因此，开挖出渣主要采用反铲组合倒渣与推土机组合铲运为主，局部辅助自卸车出渣的方式。

（1）进口引渠段：主要采用推土机组合铲运。

（2）中间泄槽段：山包段采用反铲组合立体倒渣贴右侧边坡与推土机组合铲运相结合；水塘段主要为反铲组合立体倒渣贴右侧边坡。

（3）出口泄槽段：反铲平面组合倒渣、推土机组合铲运与自卸车出渣相结合。

（4）出口连接段：结合挖槽出渣，由推土机顺势修坡。

4.5 主要设备和人员、物资进场

4.5.1 设备配置及进场

米格-26 直升机的吊运能力为 17t，考虑到山区安全飞行等因素，设备选型不大于 15t。主要设备投入：斗容为 0.5～0.6m^3 的反铲 14 台，功率为 60～100kW 的推土机 26 台，载重为 15t 的自卸车 4 台。

直升机集中吊运的转运场，设置在北川擂鼓镇。

4.5.2 人员、物资进场

现场的水利专家、指挥人员及排险官兵多达千余人，另有若干名官兵作为保障预备队，在绵阳待命。人员、物资主要采用军用（黑鹰及米格-17）直升机运输，因天气原因停飞时，则采用人工背运徒步进场，累计转运物资约100余t。

4.6 主要工程任务和施工强度指标

4.6.1 主要工程任务

泄流槽完工的形象面貌为：泄流槽全长475m，进口引渠段槽底高程为738.5m，槽底宽度35m，综合边坡1∶2；中间泄槽段槽底控制高程为739～740m，槽底宽度7～12m，综合边坡1∶1.5；出口泄槽段槽底控制高程为739m，槽底宽10m，边坡为1∶1.35，共完成土石方开挖16.85万m^3。

4.6.2 主要施工强度指标

土石方开挖：日均强度为1.7万m^3/d，日最大强度为3.25万m^3/d。

4.7 安全保障

军队、部委、科研院（所）及地方等有关专业部门，及时全面地提供了对堰塞湖险情监测、预报及信息交流的方案、手段及资料，确保了决策的科学性，保障了排险的安全性。

（1）抢险期间，对堰塞体两岸山体的稳定、下游渗流情况、堰前蓄水位等实施了人工不间断监测。

（2）卫星遥感影像技术、航拍数字遥感影像地图技术等，及时提供了直观分析的地理信息，并对险情进行了实时监控。

（3）MWAVE宽带无线监控系统和自动水情测报系统。在无人状态下，实时将唐家山堰塞湖及上下游的监控数据和视频传给绵阳指挥中心，为及时掌握堰塞湖的险情提出决策，提供了实时的科学依据。

（4）海事卫星电话、短波自适应电台、小型无线通信基站等通信手段，综合保障了排险的联络畅通。

5 泄流过程

从泄流槽泄流的现场实际情况（见图2），和对实测泄流参数的过程变化资料统计分析（见图3），可以看出：

图2 泄流槽高峰泄流情况

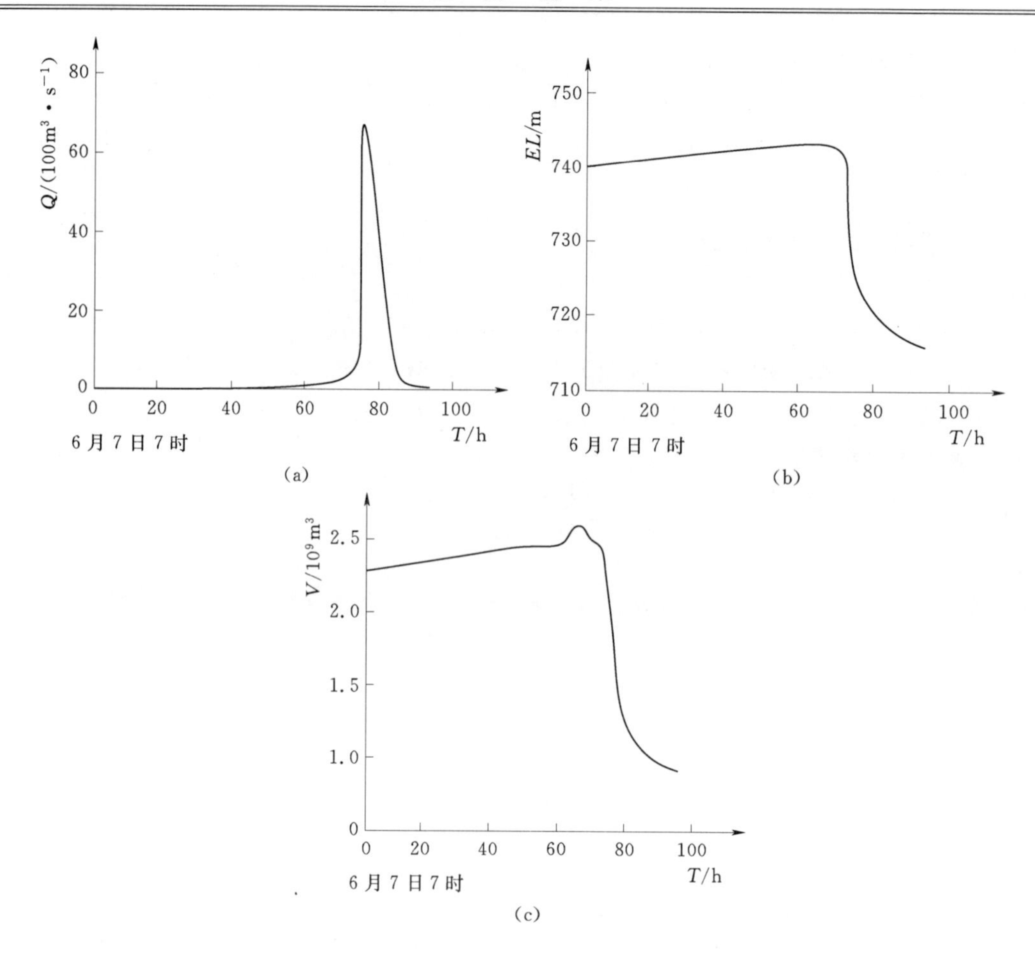

图3 泄流槽泄流过程

(a) 泄流量过程曲线；(b) 堰前水位过程曲线；(c) 蓄水量过程曲线

(1) 分析泄流量过程曲线，6月7日7时至10日1时30分，历时66.5h，泄流量Q由0增大到100m^3/s，时段长，变幅小，泄流平缓；10日1时30分～11时，泄流量Q就从100m^3/s陡升到最大泄流量Q_{max}6680m^3/s，共历时9.5h，在此时段内没有出现决口现象，更没有发生溃坝，这足以说明整个泄流过程是安全的；最大泄流洪峰在4h后（当日15时15分）安全地通过了绵阳城区，标志着排险工作取得了决定性的胜利，说明排险是成功的。

(2) 分析堰前水位及蓄水量曲线，6月7日7时～10日1时30分，堰前水位及蓄水量逐渐达到了峰值，是堰塞湖涨水过程，说明下泄流量小于入库流量；10日1时30分后，堰前水位及蓄水量陡降，是堰塞湖泄水过程，说明下泄流量大于入库流量，这与泄流量的变化过程是相吻合的。

(3) 从现场观察到的泄流槽过流冲刷情况，以及实测的泄流流速、槽内水深等参数的变化过程来看：6月10日的泄流过程变化幅度最大，特征最明显，自堰前水位回落时（10日1时30分）开始，下泄流量在加大，流速在提高，槽内水深在增加，泄流槽被刷深、展宽和淘蚀的最快，几乎都是在同一时间（10日11时）达到了峰值。泄流量达到峰值时，流速达到4.7m/s以上，槽内水深11m，槽底被刷深了15m，槽宽由几十米急剧增加到145m。此后，泄流量马上消减，流速、水深也随即降低，槽底继续被刷深，只是刷深的速度在减弱，这也与泄流槽的泄流机理是一致的。

6 结语

唐家山堰塞湖险情的成功排除，创造了世界上处理大型堰塞湖的奇迹。

(1) 党中央国务院的坚强领导，全面弘扬了“以人为本、执政为民”的执政理念。

(2) 中央、军队、地方举国通力协作的良性互动，充分展示了中华民族的新时代精神。

（3）军队的快速反应、多兵种的协同配合和专业化部队的攻坚优势，忠实履行了党和人民赋予军队在新世纪、新阶段的历史使命。

（4）专业的科学技术、先进的科技成果和科学决策的关键支撑，特别彰显了科技救灾的绝对优势。

唐家山堰塞湖抢险工程的后勤保障

姚文利

【摘　要】：武警水电第一总队奉命参加唐家山堰塞湖抢险，在多军兵种协同作战中作为工程后勤保障的重要成员单位，在自然条件极其恶劣的情况下，以保施工、保生活为重点，以有力的后勤保障为圆满完成抢险任务奠定了坚实的基础。本文主要论述5月26日—5月31日期间，水电第一总队对设备和油料、食品和卫生防疫方面在堰体上的后勤保障工作，顺利开挖导流槽，提前5天超额完成了水利部专家组制定的最高泄流方案。

【关键词】：唐家山　堰塞湖　抢险　后勤保障

1　概述

5·12汶川大地震后，由于岷江右岸的北川县唐家山山体滑坡堵塞河道，使唐家山上游的河道形成巨大的堰塞湖，堰塞体长约800m，宽约600m，高为70～120m不等，以山体的覆盖土层和河床底部的淤泥为主，整体较为松散，随时都会因溃坝给下游的人民生命财产造成巨大损失。

水利部专家组决定顺沟开槽，即在右岸堰塞体原始地面向下开挖一个导流槽，长度约400m，当上游水位上升至导流槽底部时，湖水经导流槽泄流到下游，并在泄流中冲刷导流槽，使导流槽不断加宽、加深，从而引排堰塞湖水减少上游库容。

由于堰塞湖水位不断上升，几天之内库容就达2.2亿m^3，堰塞湖险情极大，党中央、国务院、中央军委十分关注，国家防总、四川省政府高度重视，把抢险任务交给武警水电部队。接到命令后，部队迅速集结，调集人员设备，奋战6天6夜，于5月31日22：00时，提前5天超额完成任务。

2　超前谋划制订方案

接受任务后，部队立即着手摸清有关情况。通过与前线指挥部取得联系并了解到，唐家山堰塞湖位于北川县城西北方向约10km的崇山峻岭之间，由于受地震的影响，交通、通信完全中断，唐家山堰体已与外界隔绝，生产、生活物资运达工地有两种途径，一种是用人力，从北川的任家坪收费站徒步翻越两座高山，每人可背负15kg左右，单程用时8h左右，每人每天只能往返一次；另一种是空运，从北川县擂鼓镇用直升机运至堰体上的临时停机坪。大型设备和器具进场只有通过大型直升机空运。同时，仔细研究了水利部专家组对导流槽施工制定的3套方案：最低方案为下挖5m，开挖方量5万m^3；中间方案为下挖7m，开挖方量7万m^3；最高方案为下挖10m，开挖方量10万m^3。部队分别按3套方案编制了后勤保障子方案，为更好地保护下游人民的生命财产，重点优化了相应的后勤保障最高方案。

3　贴近实际合理供给

为加快工程进度，提早排除险情，部队与空军、陆航团联合行动，根据空运能力，尽量采用空运方式实现设备物资和人员快速进场。根据水利部专家组方案和施工环境，特别是对外交通情况，面对设备、油料、人员和食品都需要及时进场的实际，而直升机的飞行对天气情况特别敏感，特别是大型直升机，只有气流平稳、能见度高的天气状况才能安全飞行，另外在崇山峻岭之间飞行航线狭窄，只能单机飞行，经部队分析决定：在如此紧急的情况下，如此巨大的抢险工程，设备是快速完成任务的重要手段之一，必须抓住晴好天气运送设备，如空运能力不足时，油料、食品由战士背送，操作手徒步进场。因此部队对设备物资和人员进场做了统筹规划，制定了运输原则：一是目前全球最大的直升机米-26主要用于运送设备和油料，军用直升机主要用于运送人员和食品；二是进场顺序首先是设备和油料，其次是操作手，最后是食品。基于这一原则，唐家山堰塞湖抢险工程后勤保障分为3个阶段：第一阶段为重点保设备；第二阶段为重点保生产物资；第三阶段为重点保生活物资。

在保设备阶段中，根据抢险工程的实际情况对推、挖、装、运设备合理配置。由于堰塞体上松散体较多，运距最大为200m，重点配置反铲、推土机，其次是自卸车。在抢险工程中主要运进的设备为反铲14台、推土机26台、自卸车4台。

在保生产物资阶段中，供应量最大的是柴油，主要采用油罐集中加油，高峰期日用量达17t。利用晴好天气，请求大型直升机空运油罐，集中2d时间紧急运进了63t柴油，达到工程总量的92%；不足部分用小型直升机空运桶装油补充。因此，抢险过程中油料保证充足。

在保生活物资阶段中，重点保帐篷、被褥、蚊香、矿泉水和干粮。当地夏季炎热，官兵完全暴露在烈日下作业，人体蒸发量大，需要大量补水，而堰体上下游水体已被污染，工地没有可供饮用和使用的洁净水源，供给以含水量高的方便食品和饮用水为主，以保证官兵有强壮的体魄。此外，教育部队遵守抢险生活纪律，杜绝浪费，坚持越是条件艰苦越要严格管理部队，不允许用矿泉水洗脸、洗澡、洗手、刷牙，每天每人定量领用，在供给极其有限的条件下，还储备了3天的食品，为全面完成抢险任务做好了生活上的库存保障。

4 组建机构明确分工

唐家山堰塞湖抢险工程，时间紧、任务重、交通严重中断。因此，后勤保障极其重要，部队立即成立了后勤保障组，下设3个小组，即设备物资组，主要跟踪设备配置情况，设备使用修理情况，保养和油料供应情况，柴油、汽油和炸药等危险品的管理；生活物资组，主要是上报生产物资计划，物资到工地的搬运、清点、登记发放、保管；医疗和卫生防疫组，每天对营地和施工区消毒、对患者进行诊治。

由于分工详细、分负其责，后勤保障有条不紊，井然有序，极大地推动了一线的施工抢险工作。

5 联络沟通协同作战

强烈的地震，使得北川对外交通变得异常困难，唐家山堰体更是几乎与外界隔绝，要实现设备、生活物资快速进场，只有依靠空运。部队积极与绵阳救灾指挥部联络，与空军、陆航团沟通，请求空运。根据空运能力，结合施工实际，部队调集了既符合施工需要又能由直升机吊运的净重均为15t以下推挖装运设备，编制运输计划，及时与空军、陆航团沟通，保证设备快速就位，充分发挥多兵种协同作战的优势，产生了巨大的兵团效力。

6 做好表率搞好服务

搞好后勤保障要积极主动向前靠，跟进施工一线，充分发挥参谋助手作用，及时准确掌握工程需要和生活需求，诸如加油管够不够，吊具还差哪些，每个帐篷有蚊香没有等，正是树立后勤保障无小事的思想，把工作做细，竭力为官兵服务，才能为前方抢险提供有力的保证；抢险中，后勤干部身体力行，从始至终做到最后一个吃饭，分发的物品最少，干活最多，真正做到后勤争先不落后，实现了打仗就是打后勤，后勤工作为打赢抢险攻坚战提供了有力的保障。

7 结束语

唐家山堰塞湖抢险工程中共运进食品 12.5t，矿泉水 16.68t，油料 69t，帐篷 45 顶，炸药 10.160t，铅丝笼 4000 只，设备 45 台套，运送兵员 800 人，在极其紧张、高度危险的情况下圆满完成了后勤保障任务。

唐家山堰塞湖排险设备保障方案

陈同俭　范双柱

【摘　要】：四川汶川地震形成的唐家山堰塞湖采用开挖泄流槽的处理方案，为了保障泄流槽的顺利开挖，参加排险的广大指战员从设备的集结、检修试车、吊运捆扎及施工组合等多方面进行了详细的研究策划，保障了堰塞湖排险设备的顺利吊运，为堰塞湖的成功排险奠定了基础。

【关键词】：唐家山堰塞湖　排险　设备保障

1　概况

1.1　堰塞湖的基本情况

2008年5月12日，四川汶川发生里氏8.0级地震，震中烈度达到11度，给人民的生命财产造成了巨大损失，同时在地震灾区造成了大小34个堰塞湖，其中位于距离北川县城约6km的唐家山堰塞湖，是规模最大、危险度最高、最难处置的堰塞湖。该堰塞湖坝顶最低高程750.2m，坝高82.8～124.4m，坝体顺河长约803.4m，横向宽约611.8m，顶部面积约30万m^2，表层主要由山坡风化土组成。方量约2037万m^3，坝上游集雨面积约3550km^2，堰塞湖形成库容约2亿m^3。

1.2　堰塞湖的处理方案

由于当时湔江流量较大（约720万m^3/d），堰塞湖水位每天上涨约2.3m，5月25日水位距离堰塞湖顶部的最低处还有约30m的距离，只给抢险工作留出10d左右的时间，情况非常危急。经过多方案比较，抢险指挥部决定采用在堰塞湖顶部开挖泄流槽的方案。在开挖过程中，根据实际情况，最终开挖体型为长475m、顶宽50m、底宽8m、深13m，上游底部高程740.0m，下游底部高程739.0m，上游平缓段泄流槽纵坡为0.6%，下游陡坡段纵坡分别为24%和16%，实际开挖方量达到13.55万m^3。

1.3　设备的运输方案

由于到达唐家山堰塞湖的道路因沿线山体滑坡被毁，无法短期修复，推土机、挖掘机等重型机械无法开到坝顶，且堰塞湖有随时溃坝的危险。因此，抢险指挥部决定采用米格-26直升机吊运设备到堰塞湖上开挖泄流槽的设备运输方案。

2　设备集结

2.1　设备集结

唐家山堰塞湖排险任务重、时间紧，依靠内部调整及新购设备等措施，在短期内集结大型机械设备113台（其中：推土机35台，挖掘机52台，装载机18台，自卸车19台，炊事车3台，液压钻机4台）。

2.2　集结场地的规划

集结场地必须满足设备的停放、检修、试车以及直升机吊运要求。由于设备数量庞大，且要满足直升机吊运要求。为此，经抗震救灾指挥部协调，在距离堰塞湖约6km擂鼓镇的空旷地带开辟了一个长约300m，宽约50m的设备集结点，作为设备停放、检修、试车和直升机吊运场地。

3 设备组运

3.1 起吊设备

为了能够完成吊装大型设备的任务，起吊设备选用了目前世界上装载量最大的米格-26直升机[最大载重量20t，最大平飞速度295km/h，正常巡航速度255km/h，实用升限4600m，悬停高度1000～1800m，航程800km]。因唐家山堰塞湖地处高山峡谷，地形险要，且天气变化无常，为了调运安全，要求调运的设备重量不得大于15t。

3.2 施工设备的选型

根据最初施工方案的要求，开挖强度达到1万m^3/d，需配置0.5m^3斗容挖掘机13台和功率130kW推土机16台。由于泄流槽开挖工程强度大，所需设备数量多，为了满足泄流槽的开挖和直升机的吊运要求，需在集结的113台设备中短时间挑选性能好、施工效率高且重量必须小于15t（实际吊运设备最重为13.9t）的设备，任务非常艰巨，为了确保设备的吊运，需进行大量的检修、试车工作。为保障泄流槽开挖顺利完成，最终吊运至唐家山堰塞湖上的大型设备达到了51台（套），主要为推土机SD13和挖掘机PC130、ZX120（见表1）。

表1 堰塞湖抢险主要施工设备 单位：台

序号	设备名称	数量
1	0.6方反铲挖掘机	19
2	130马力推土机	26
3	10t自卸车	4
4	D^S12钻机	2
合计		51

3.3 设备的检修

为了保证吊运到堰塞湖上的设备性能优良，在吊运前对设备进行了严格的检修，按照“清洁、调整、紧固、防腐、润滑”的十字作业法做好设备的检修保养，并严格按照设备的操作规程进行试车，确保坝上设备完好率和利用率达到双百。否则，吊到堰塞湖上的设备一旦在泄流槽开挖中发生故障，将严重影响施工的进度。

3.4 设备吊运

3.4.1 钢丝绳的选择

大型机械设备的吊运开始使用6×1924.5mm钢丝绳作为起吊用的钢丝绳，在吊运一个架次后检查发现钢丝绳中有6根钢丝断裂（规范要求断12根钢丝报废）。因飞机在吊运过程中，将遭受不稳定气流和调运设备晃动等不利因素带来影响，吊运过程危险性很高，为了确保安全，改用6×3724.0mm钢丝绳作为起吊用的钢丝绳。

3.4.2 试吊

为了确保直升机吊运的安全，每种型号的设备在正式吊运前均采用20t汽车吊对设备进行试吊，确定吊点后做上标记，从而保障了直升机吊运时对设备的快速绑扎和安全吊运。

3.4.3 设备的捆扎

直升机吊运设备时悬停高度约50m，因吊运设备主要为履带设备，为了防止因在吊运过程中履带发生转动而导致重大事故，经多方案比较，决定采用钢丝绳直接从台车梁下穿过的方法。穿绳由10

名战士同时在前后进行，钢丝绳从台车梁下穿过并固定好后，与米格-26直升机从空中吊下的2条钢丝绳分别锁定。

3.4.4 设备的吊运

吊运时，直升机先缓慢上升，待钢丝绳受力均匀后再吊离地面。吊运途中主要的危险是气流的突然变化和沿途的高压电缆，因此须清除起吊和降落点附近的高压电缆。堰塞湖上的设备吊落点由事先进入的先头部队进行平整，保证设备的平稳着地。

4 技术保障措施

为了保证吊运到的设备发挥出最大的效率，技术人员对堰塞湖上的设备进行了详细的施工组合，泄流槽出口部位和地势较开阔部位采用3台自卸车配合2台挖掘机施工的组合方法，因泄流槽宽度有限，泄流槽主体开挖主要采用了以1台推土机配合1台挖掘机的施工组合方法，从而保证了设备开挖施工的最优组合。

5 结语

设备的有力保障是唐家山堰塞湖成功排险的重要因素之一。完成类似的抢险任务，在设备保障问题上，以下几点值得注意：①紧急情况下设备的集结，一要平时有准备，二要依靠地方政府；②少故障，便于操作，保证设备24h作业的要求，有条件时抢险设备一定要尽量使用全液压设备；③设备操作手一定要熟练，要做到一专多能；④采用米格-26直升机在高海拔地区短时间内吊运大批重型设备，在设备吊运组织上必须严密，安全应放在首要位置；⑤柴油、机油等消耗品尽量采取小桶或小件分装的方式，以便使用。

卡马水库成功排险综合评析

李虎章

【摘 要】：在卡马水库排险过程中，在地方政府的坚强领导和大力支持下，武警水电部队发扬专业化的攻坚优势，科学组织、精心施工，利用先进的技术和装备，发挥科技排险的优势，成功地排除了水库险情。

【关键词】：卡马水库　病险水库　武警水电部队　科技排险

1 基本情况

卡马水库位于广西壮族自治区罗城仫佬族自治县怀群镇境内的龙江东小江怀群河支流卡马河上，坝址距怀群镇 3km。卡马河发源于高山峡谷中，由东北向西南流，属山区小河流，主河道总长 15.3km，河流比降 25.1‰，坝址以上集雨面积 52.3km²。它是一座具有灌溉、养殖、发电等多功能综合效益的小（1）型水利工程，总库容 930 万 m³。主要建筑物有混凝土面板干砌石重力坝、溢洪道、坝内放空洞及坝后式发电站。大坝为斜墙混凝土面板干砌石重力坝，上游坝坡 1∶0.65，下游坝坡 1∶0.55，坝顶高程为 224.8m，最大坝高 38.7m，坝顶宽度 4.6m，坝长 250.3m。溢洪道进口宽度为73.1m，出口宽度 26.5m，平直段长 61.3m，底板高程为 218.0m；泄槽斜坡段坡度为 $i=0.273$，斜坡段长 89.7m，尾部为挑流消能。水库始建于 20 世纪 50 年代，在 20 世纪 70 年代进行了扩建，2007 年鉴定为病险库后，2008 年底开始进行除险加固处理。2009 年 6 月底受上游库区强降雨影响，水库水位急剧上涨，6 月 29 日发现放空洞漏水，7 月 2 日 14 点 45 分，库水位超过 218.0m，溢洪道开始自流泄洪，7 月 3 日 20 点 30 分左右，放空洞大坝下游明管段发生坍塌，同时放空洞上方 212.8m 马道以上至坝顶的坝后坡长约 20.0m、高约 12.0m、深度约 1.5m 处发生塌落，放空洞出水口被封堵，漏水以潜流的方式在大坝下游坡脚范围内涌出下泄，观察人员还发现坝顶有明显的震感。此时，库水位高达 220.0m，库容约 785.0 万 m³，一旦溃坝，直接威胁着下游 1.5 万余群众生命财产的安全。险情发生后，地方政府对下游群众采取了紧急转移疏散的措施。党中央国务院对此也高度重视，前国务院总理温家宝、前国务院副总理回良玉作了重要批示，切实做好卡马水库的抢险工作，确保群众生命财产的安全。2009 年 7 月 3 日，武警水电第一总队 150 余名官兵在卡马水库紧急集结完毕，在地方政府的坚强领导、人民群众的大力支持和驻军各部队的有力配合下，自 7 月 4 日正式开始实施“右岸坝体先行开槽泄流，配合左岸溢洪道开挖泄流槽”的工程措施。经昼夜连续奋战，7 月 9 日，右岸泄流槽按计划开挖至 211.0m 高程，同时库水位降至 211.0m 的安全水位，库容约 355.0 万 m³，标志着卡马水库的排险取得了阶段性的胜利；7 月 14 日，水库水位降至 201.5m，库容约 93.4 万 m³，卡马水库的险情基本解除；7 月 15 日凌晨 4 点，左岸溢洪道泄流槽开挖到 206.0m 高程的全部完成，卡马水库排险取得圆满成功。

2 坝址区地形、地貌及地质条件

卡马屯的民房紧邻大坝的右岸坝肩，最近距离不到 5m，大坝下游右岸坡属古滑坡体，已被当地政府列入安全监控范围。开敞式溢洪道紧邻大坝布置在左岸，并把大坝左右截断，溢洪道左侧是近 20.0m 高的几乎未经支护的陡直山体，从剥离溢洪道混凝土护底后的岩性来看，属灰岩地层，溶沟、溶槽、溶洞、断层和裂隙较发育。连接左右岸的唯一通道就是大坝下游河床的过水路面，已被洪水淹没。

3 排险方案

3.1 方案的确定

武警水电部队会同水利部、珠江水利委员会以及地方政府有关部门组成的专家组，综合考虑了现场的实际条件、险情和可能会出现的洪水频率，经过反复研究论证，认为：①必须采取开槽泄流的工程措施；②左岸溢洪道泄流槽的泄流量必须达到50年一遇的洪峰标准；③抓紧铺设坝下游临时通道的涵管，尽快为左岸溢洪道泄流槽开挖施工设备进场提供必要条件；④当务之急必须采取主动措施，在大坝右岸合适的位置先行开槽，尽快泄流，以降低库水位、减少库容、降低溃坝风险。要求右岸泄流槽2天内（7月5日）实现泄流，左岸泄流槽开挖在7月15日前完成。

3.2 右岸坝体泄流槽

3.2.1 泄流槽位置的选定

在距离大坝右岸约50m处呈弧线连接处，坝内为回水区，水流缓慢，流速较小。坝外为一坡地，距坝顶约6.0m左右，有利于开挖道路的布置，方便设备的进退场和人员的安全疏散。自坡地沿下游坝脚至河道是一较平缓的陡坡，经疏通并采取一定的防护措施后，可控制自由泄流，一则可以避免泄流直接冲刷坝脚，二则可以尽量降低泄流对右岸古滑坡体的冲刷。因此，根据右岸坝头位置的地形特点，最后确定在距离右岸约50m处开挖泄流槽。

3.2.2 泄流槽参数的选定

右岸大坝开槽泄流的标准初步确定为右岸大坝泄流槽要逐层开挖达到13.8m，将库水位控制在211.0m高程（相应库容约355.0万m^3）。泄流槽参照宽顶堰自由出流公式估算：

$$Q=\varepsilon mB2gH3/20 \quad (1)$$

式中 B——堰口过水宽度；

ε——侧向收缩系数，可以从收缩系数ε曲线差得为0.93；

m——流量系数，采用锐缘进口、缺口下游面为斜坡的经验公式$m=0.34+0.014-P_1/H0.89+2.24P_1/H$，当$P_1/H>4.0$时，$m=0.34$；

H——缺口底坎以上的上游水头。

综合考虑尽量减少下泄水流对泄流槽两侧大坝堆石体、下游坝脚及右岸古滑坡体的冲刷，应尽量控制下泄水流速度，确定把槽内水深控制在0.5～1.0m，下泄流量控制在3～10m^3/s之间。由上述初步推算出，泄流槽底部宽度应选择在7.0～15.0m范围，综合考虑施工等因素，最终确定右岸泄流槽为梯形，槽顶宽为30.0m，槽底宽为10.0m，槽底长为21.2m，槽深为13.8m。

3.3 左岸溢洪道泄流槽

3.3.1 泄流槽位置的选定

溢洪道的右侧与大坝连接，进水口前端高度为2m的浆砌石挡墙，顶部高程为220.0m，长度为79.1m；溢洪道的平直段轴线长为61.3m，宽度为79.1～26.5m，坡度$i=0.012$；斜槽段长83.4m，宽度为26.5～17.1m，坡度为$i=0.273$。根据左岸溢洪道的地貌、地形以及地质特点，放空洞上方212.8m马道以上至坝顶的坝后坡发生塌落的位置，在距离溢洪道约50.0m的右侧，为大坝薄弱部位；溢洪道的左侧是约20.0m高的、几乎未经支护的陡直山体；溢洪道部位的地质条件复杂，溶沟、溶槽、溶洞、断层和裂隙较发育。据此，开槽位置应满足：①施工时要确保大坝不发生安全事故；②溢洪道泄流槽设计不仅要满足本次泄流，而且需综合考虑今年汛期大坝的安全，要有足够的泄流量，保证2010年汛期卡马水库低水位运行；③施工期间、施工完成后，人员、设备的安全撤离。因此，决定以溢洪道的中心线作为泄流槽的开槽中心线。

3.3.2 泄流槽参数的选定

根据溃坝对库区下游的影响程度，要求库容控制在 300 万 m^3 以下，并且尽可能的降低。据此，溢洪道泄流槽的最大泄流量应满足 50 年一遇的洪峰 $Q=344m^3/s$ 的标准（右岸泄流槽、发电洞以及渗漏因素作为泄流安全储备）。

同样参照宽顶堰自由出流公式（1）估算，即 $Q=\varepsilon mB2gH3/20$，为方便施工布置，最大限度的发挥开挖设备的效率，初步确定左岸溢洪道泄流槽的槽底宽度为 10.0m；ε 为侧向收缩系数，可以从收缩系数 ε 曲线差得为 0.93；m 为流量系数，当 $0<P_1/H<3.0$ 时，采用锐缘进口、缺口下游面垂直的经验公式：

$$m=0.32+0.013-P_1/H0.46+0.75P_1/H \quad (2)$$

式中　P_1——堰顶至库底水深约为 11.0m；

　　H——缺口底坎以上的上游水头。

由上述综合考虑施工等因素，最终确定溢洪道泄流槽为梯形，槽顶宽 13.0m，槽底宽 10.0m，槽深 12.0m，沿溢洪道中心线布置，槽长 110.0m。

4 排险实施

4.1 排险目标

排险目标如下：①确保排险施工安全；②确保排险不形成次生灾害；③在控制泄流的前提下，用最短的时间实现右岸大坝泄流槽逐层开挖至 211.0m 高程；④用最快的速度完成左岸溢洪道泄流槽的开挖。

4.2 右岸坝体泄流槽开挖

4.2.1 开挖规划

开挖规划如下：①大坝上部堆石体部分采用反铲直接开挖，下部岩石部分采用梯级爆破开挖；②为满足控制泄流的要求，上游混凝土面板部分待坝体挖至库水位以下 1.0m 时，再采用破碎锤逐层开挖；③泄流槽泄流后，为方便设备布置连续施工，满足干场作业的要求，泄流槽分左右两个区域交替下挖；④开挖出渣采用反铲接力的方式，弃料堆放在大坝下游的坝脚处，形成防冲体；⑤坝后泄水槽就地形条件，应顺坡、平顺布置，尽量注意避开对下游坝脚和右岸古滑坡体的冲刷，跌水处采用特大石护底，并准备适当的砂袋，随时对冲刷的部位进行压脚、护坡和护底。

4.2.2 开挖爆破措施

为尽量减小开挖爆破对坝体和民房的震动影响，确保大坝、民房和人员的安全，采取以下措施：①槽体岩石开挖，采用松动控制的爆破技术，开挖梯级高度为 5.0m；②槽两侧边坡采用预裂爆破技术进行减震；③控制爆破最大单响药量不大于 50kg；④爆破飞石控制在 50.0m 范围，人员警戒范围为 100.0m。

4.2.3 大坝开槽及泄流控制情况

7 月 4 日 15 点正式开始进行泄流槽的开挖和下游泄水槽的疏通防护，7 月 5 日 17 点开挖到 219.5m 高程，并实施了首次开槽的爆破作业，此时库水位为 218.25m，出渣采取分区开挖的方式，以达到控制泄流的目的。泄水过程中，随时对泄流情况进行监测，并安排专人对下游泄水槽的冲刷情况进行不间断的巡查，确保泄流安全。

①泄流槽 7 月 5 日 17：30 开始泄流，槽底高程约 217.0m，槽内水深 1.0m，过水宽度约 3m；②随着水位的下降，对泄流槽逐渐加宽、加深，以保持泄流槽 0.5～1.0m 的水深，控制泄水流量和流速，防止对下游泄水槽的冲刷；③7 月 6 日 20 点监测到槽内最大流量为 $14.5m^3/s$，在泄流槽进口处采取了回填大块石的限流措施后，泄流量控制到了 $10m^3/s$ 以内；④7 月 9 日开挖至 211.0m 高程，当天 23 点库水位降至 211.0m，泄流槽停止泄流。

4.2.4 开挖投入的主要设备及主要工程量

右岸大坝泄流槽开挖共投入设备7台（套），其中反铲（CAT360、CAT320C、PC360、PC220）各1台，液压潜孔钻（ROC-D7）2台，液压破碎锤1台。泄流槽石方开挖5100m^3，土石方倒运12000m^3，排水沟防护300m。

4.3 左岸溢洪道泄流槽开挖

4.3.1 开挖规划

开挖规划如下：①在下游河道铺设混凝土两排预制涵管，行车轮距部位上铺砂袋，形成跨河通道；②在溢洪道左侧山体开挖形成进入泄流槽开挖工作面的施工通道；③出渣方式按照“就近、方便、快速”的原则，采取反铲倒渣、推土机推渣、自卸车运渣等综合方式，弃渣就近在溢洪道下游挑流坎以下和上游库内；④综合考虑了上游库水位、排险时间、施工工艺顺序、施工速度、爆破安全及设备布置等因素，确定了“分两层、三区、自下游向上游推进”的规划原则，即：开挖梯段按6.0m一层（共分两层），先上层、后下层，每层按照“一区出渣、二区装药、三区造孔（三区兼临时挡水坎用）”的工序要求，分3个区安排工作面，为方便出渣以及设备避炮撤场，开挖顺序自下游向上游推进。

4.3.2 开挖爆破措施

为尽量减小开挖爆破对右岸坝体、左岸陡峭山体的震动影响，确保施工安全采取以下措施：①泄流槽两侧采用预裂爆破技术进行减震，考虑到尽量缩短开挖施工各工序的时间，最大发挥各工序的效率，预裂爆破采用“分区、分层”的方式，即槽长方向分两区、槽深方向分两层；②主爆区采用梯段控制爆破，根据以往类似爆破拆除的经验，控制最大单响药量不大于100kg；③主爆区靠近预裂边线设置缓冲孔爆破；④爆破飞石距离控制在100.0m以内，人员警戒范围控制在150.0m。

4.3.3 溢洪道开槽情况

溢洪道开槽的情况如下：①进场后迅速组织开槽的现场布置和准备工作；②2009年7月6日大坝下游临时过河涵桥具备通车条件后，随即开始了左岸溢洪道泄流槽的开挖施工；③由于右岸坝体泄流槽的先期开挖泄流，保证了溢洪道泄流槽一直保持在干场作业；④7月9日完成了泄流槽上层5.0m的开挖；⑤7月15日凌晨4点完成了泄流槽下层7.0m的开挖。

4.3.4 开挖投入的主要设备及主要工程量

溢洪道泄流槽开挖共投入设备20台（套），其中推土机2台，反铲（CAT360、CAT320C、PC360、PC220）各1台，液压潜孔钻（ROC-D7）4台，25t自卸车5台，2.5t农用车5台。修路及道路维护2400m，大坝下游临时过河涵桥1座，溢洪道泄流槽石方开挖15000m^3。

4.4 采用的爆破参数

根据现场的实际条件，确定预裂孔、爆破孔造孔均采用液压潜孔钻，孔径均为90.0cm，采用当地的乳化炸药。

4.4.1 预裂爆破

预裂爆破孔距为0.9～1.0m，孔深超钻1.0m，炸药采用乳化炸药，药卷直径32mm，不耦合间隔装药结构，不耦合系数为2.8，线装药量为300～350g/m，底部加倍，采用竹片固定药卷，孔口用黄土堵塞，长度为1.0～1.5m，导爆索联网，电雷管起爆。

4.4.2 梯段爆破

主爆孔孔距2.5m，排距3.0m，孔深超钻1.0m，炸药采用乳化炸药，药卷直径70mm，不耦合连续装药结构，不耦合系数为1.28，孔口用黄土堵塞，长度为1.0～1.5m。缓冲孔距预裂孔1.5m，孔距2.0m，孔深超钻1.0m，炸药采用乳化炸药，药卷直径70mm，不耦合间隔装药结构，不耦合系数为1.28，装药量为主爆孔药量的1/2，孔口用黄土堵塞，长度为2.0～2.5m。掏槽孔布置在泄流槽中轴线位置，距主爆孔2.5m，孔距2.5m，超钻深度为1.0m，装药量及结构与主爆孔相同。起爆顺序为先掏槽孔、再主爆孔、后缓冲孔，采用导爆索联网，电雷管起爆方式。

4.5 生活及物资保障

当地政府征用了卡马屯居民的部分住房，做为抢险人员的临时住所，并组织当地居民为抢险人员提供食物等生活用品；排险用的油料、炸药等主要物资，由地方政府的有关业务部门按计划负责组织供应；同时，组织了驻军、公安、民兵预备役作为后备队，负责对除险现场的警戒和泄水槽、岸坡、坝脚等重点部位防冲护工作的实施。

5 排险效果

从7月2—15日短短10余天的艰苦奋战，顺利完成了泄流槽的开挖，实现了排险方案的预定目标，成功地排除了险情。

(1) 7月9日右岸坝体泄流槽开挖至211.0m高程，当日23点库水位降至211.0m（相应库容为355.0万m^3），在整个泄流的过程中，坝体泄流槽、下游泄水槽、下游坝脚等部位没有发生冲刷、淘蚀，古滑坡体安全稳定。这标志着排险工作取得了阶段性胜利，经过风险性分析，广西壮族自治区政府10日决定，组织除紧邻坝下游3个村庄外的转移疏散群众首批返回家园。

(2) 7月13日溢洪道泄流槽开挖的最后一炮，意味着险情排除取得了决定性的胜利，最后一批避险群众全部返回家园。

(3) 7月15日凌晨4点，溢洪道泄流槽按要求全部开挖完成，达到了排险预期目的；当日17点，水库水位降至199.33m，相应库容为59.7万m^3，大坝处于安全状态。

6 结语

卡马水库排险的案例为今后类似险情的排除积累了可借鉴的成功经验：①党中央国务院的高度重视、人民军队的无私奉献、地方政府的坚强领导、人民群众的大力支持，是取得排险胜利的有力保障；②专家组严谨的科学态度、务实的工作作风，为制订“右岸坝体先行开槽泄流，配合左岸溢洪道开挖泄流槽”正确的排险方案提供了有利的支撑；③武警水电部队精湛的施工技术、优良的机械装备、专业化的攻坚优势，是取得排险决定性胜利的保证。

汉源县万工泥石流抢险中的几点做法

郭 锋 刘 钊 邓 潇

【摘 要】：武警水电四支队瀑布沟项目部奉命参加万工泥石流抢险，在自然条件极其恶劣的情况下，以保施工为重点，在有力的后勤保障条件下，合理配置人力资源，发扬武警水电兵特别能吃苦，特别能战斗、特别能奉献的战斗精神，为圆满完成抢险任务奠定了坚实的基础。7月29日至8月10日期间，参战官兵顺利开挖排洪槽，提前5天超额完成了万工泥石流的抢险任务。

【关键词】：万工 泥石流 抢险 总结

1 概述

7月27日凌晨5时许，因连日持续暴雨暴晴天气，汉源县万工乡双合村一组万工集镇后背山（小地名二蛮山）突发滑坡，滑坡长1.6km，高620m，滑坡体约120万m^3，造成20人失踪，92户（涉及391人）房屋倒塌，329户947人房屋受到影响，当地紧急安全转移受灾群众1500人。为防止再次降雨引起的次生灾害对万工集镇造成更大的经济损失，武警水电第一总队瀑布沟工程项目部向地方政府主动请缨第一时间奔赴抢险现场。在参加抢险各方的积极协调和大力配合下，共同克服了重重困难，于8月9日完成了第一阶段的抢险任务：①开挖排洪槽并进行排洪槽首部对冲段钢筋石笼防护；②集镇后缘堆积体横向截水沟开挖及其堆积体彩条布防护；③集镇后缘截水沟及集镇左侧泥石流排导槽疏浚；④集镇后缘水流引排及沉砂池施工以及抢险施工道路修建等工作。8月10日，汉源县农村移民安置指挥部组织参加抢险各方到抢险现场对该抢险工程进行了验收，并召开了完工验收专题会。

2 抢险总布置

2.1 施工道路修建

按照抢险指挥部的要求，于7月29日9时开始组织2台1.6m^3反铲进场进行施工道路的修筑，2台ZL50装载机进行弃碴场的场平工作。至13时反铲直接进入滑坡堆积体区进行排洪通道的开挖，施工道路修建暂停施工。8月1日下午至4日又组织1台1.6m反铲进行抢险进场施工道路的修筑，以满足排洪通道对冲段钢筋石笼运输作业需要。

2.2 成立现场临时抢险指挥部

根据抢险工作的需要，成立了汉源县政府、国电大渡河公司、长委监理、成勘院设计和武警水电部队为一体的抢险指挥协调领导机构，项目部主任陈水富任领导机构副组长。

同时项目部相应成立了“武警水电部队万工‘7·27自然灾害’应急抢险指挥部”，由项目部主任陈水富任组长，各科室负责人为主要成员。并明确分工如下：其中办公室对口地方政府和国电公司，第一时间传达相关指示；工程科对口成勘院设计和长委监理并对抢险做总体布置；物资科对口供电站和国电物资处确保抢险用电、抢险用油及相关后勤物资保障；调度室对口指挥部现场管理人员；质安科负责现场抢险安全排查及警示工作。

2.3 钢筋加工制作厂布置

7月30日，因抢险工作紧急，现场无钢筋加工制作用三相电源，钢筋笼加工仓库只能临时设置在S306线顺风顺道工程钢筋加工场，将钢筋笼加工成半成品后，人工辅助5T自卸汽车倒运至万工收费站（运距6.5km）。8月2日中午，汉源县电力公司组织人员勘察现场确定三相电源安装实施方案，8月3日18时整个抢险工作具备三相电源，可以进行钢筋笼制作、安装和加固条件。经抢险指挥部指令，为最大限度降低钢筋笼施工成本，加快钢筋笼施工进度，武警水电第一总队充分利用收费站的有利条件，在万工收费站右侧空地设置了钢筋加工制作场，有效地缩短了钢筋加工的时间。

2.4 施工临时用电布设

7月29日项目部物资科配合县电力公司职工完成了夜间施工照明的选线、布线及照明设施的安装工作。为满足钢筋笼加工制作和安装需要，8月3日下午18时完成了钢筋加工场及施工现场三相电源的架设和布设工作。

2.5 抢险生活用水

因滑坡将整个万工集镇的生活饮用水系统全破坏，为保证抢险期间施工人员的生活用水，通过项目部协调，抢险指挥部特安排一辆小型消防水车专门进行万工抢险期间生活用水的供应工作。

2.6 抢险医疗后勤保障

由于抢险期间天气炎热、人体水分流失大，易中暑，为确保抢险期间，所有抢险人员的人身安全，项目部安排专人现场派发防暑降温药品，同时配合县防疫站做好防疫工作，整个抢险过程，项目部武警官兵无一例病情。

2.7 社会舆论保障

项目部办公室派专人与地方电视台、报社相关人员加强联系，请他们到现场来了解抢险现场第一手资料，加大抢险现场的正面宣传力度，消除7·27滑坡对地方群众造成的恐惧心理，及时有效的给地方群众传达抢险信息。项目部抢险工作得到了地方政府、社会群众的高度赞扬，积极有效的展示了武警水电部队的良好社会形象。

3 主要抢险项目施工方法

3.1 排洪槽开挖施工及钢筋石笼防护施工

3.1.1 排洪槽开挖施工

排洪槽开挖施工采用11台反铲进行接力开挖翻甩，形成设计要求的排洪通道，排洪槽开挖最大底宽为25m，最小底宽为10m。为保证抢险设备的连续作业和施工期间安全，每台设备配置两名技术熟练有经验的机械操作手，并给每台设备配置相应的安全施工调度员进行全程施工，以保证设备的连续安全运行，加快抢险施工进度。在排洪槽开挖成型后的边坡采用反铲斗铲进行反复拍打压实，确保有效的排洪断面。

3.1.2 钢筋石笼防护施工

按照国电、监理和设计的要求：在排导槽首部水流对冲段，采用铺填钢筋石笼护坡；钢筋石笼尺寸：2m×1m×1m（长×高×宽），主筋为Φ22钢筋，箍筋为Φ12钢筋，钢筋间距为0.25m。钢筋石笼嵌入槽底0.5m。钢筋石笼安装就位后应相互串联焊接成整体，串联钢筋采用Φ12钢筋，每排钢筋石笼串联焊接三道。

本抢险工程施工受现场地形地貌条件的限制，开挖施工设备的油料补给、大量的施工材料和设备、钢筋石笼搬运等必须采用ZL50D装载机经新修建的施工道路从S306线装运至排洪通道出口左下角平台，（每次装载机只能装运两个钢筋笼或1桶油），钢筋石笼再采用大量人工搬运至排洪槽首部进行安装填筑施工；其装载机水平运距为2.0km，垂直运输距离为200m，坡度为10%；人工二次搬运钢筋石笼水平运距为300m，垂直运输距离为74m，坡度为28%。

与此同时，钢筋石笼回填石料短缺，只能采用反铲辅助大量人工从堆积体内挑拣、收集石料用于钢筋石笼的回填料；人工二次搬运石料水平运距为100m，垂直运输距离为20m，坡度为30%。

钢筋石笼运至排洪渠下口后需人工转运至排洪渠上口，水平运距290m；垂直运距74m；平均坡度为28%。

3.2 横向截水沟开挖及彩条布覆盖施工

受国电、县指挥部、设计方指示，在万工集镇后开挖形成截水沟，并在截水沟沟底、沟壁及截水沟下方堆积体铺设彩条布，确保雨水流经彩条布时不下渗。以减少再次强降雨后堆积体滑坡对万工集镇的二次威胁和损坏。截水沟开挖于7月30日11：00—16：00安排3台反铲行走至截水沟施工作业面进行开挖施工。由于截水沟处于松散堆积体上，须采取边开挖翻甩堆积体石渣边进行水沟边坡拍打压实的施工方法，才能确保水沟的成型；翻甩施工采用两台反铲接力进行。并采用人工铺设彩条布，彩条布采用人工辅助反铲挖土压实边角接头。

3.3 泥石流排导槽和集镇后侧截水沟疏浚施工

按照县（农村）指挥部、国电援建项目部、设计和监理方等各方现场指令和要求，现场指令武警水电第一总队立即组织对集镇后侧被大量泥石流充填淤塞的排水沟的疏浚，集镇后侧截水沟采用大量人工进行清理，并辅助小反铲进行清理疏浚施工。

集镇左侧的泥石流排导槽因被大量的泥石流淤积，并在局部形成淤塞体，按照设计要求，采用反铲进行了开挖疏浚施工。

4 抢险施工资源配置投入情况

4.1 施工机械及物资保障设备资源配置

按照抢险指挥部要求，配置了以下施工机械和物资保障设备进行了“武警水电部队万工‘7·27自然灾害’”应急减灾抢险施工，保证了抢险任务的顺利完成。见表1为机械及物资配置表。

表1 机械及物资配置表

序号	设备资源名称及型号	单位	数量
1	反铲1.6m^3	台	6
2	反铲1.4m^3	台	5
3	装载机3.0m^3	台	2
4	小反铲0.3m^3	台	1
5	后勤保障车	台	3
6	抢险指挥车	台	2
7	5T自卸汽车	台	1
8	钢筋弯曲机	台	1
9	钢筋切断机	台	1
10	交流电焊机	台	2
11	30kW柴油发电机	台	1
12	消防水车	台	1
13	10t油罐车	台	1
14	彩条布	捆	190

4.2 抢险人员及后勤保障资源配置

本次抢险配置了以下抢险人员及后勤保障资源，见表2满足了本次抢险施工的需要，保证了抢险工作的顺利进行。

表2 人员配置表

单位：名

序号	设备资源名称及型号	数量
1	抢险指挥协调人员	12
2	抢险管理人员	23
3	安全监测、巡视人员	15
4	抢险人员	116
5	后勤保障人员	18
6	医护人员	4

5 工程抢险期间安全保障措施

5.1 设立应急抢险气象信息快速反应措施

抢险期间，成立了县气象站、农安指挥部和抢险施工单位为一体的快速气象信息反馈与共享机制，通过电话告知方式将气象信息及时快速准确地传达至一线抢险施工人员，有效及时地保障了抢险施工期间设备、人员的安全撤离，确保在施工期间的人员和设备安全。

5.2 成立24h安全监测、巡视和应急撤离措施

抢险期间成立了专业的滑坡体变形安全监测队，负责抢险期间24h的安全监测任务，同时辅助施工期间的专职安全巡视确保了施工期间抢险人员、设备的安全。并进行了安全紧急避险交底和责任到人的规避措施，夜间安排领导值班制度，组织人员设备进行安全撤离转移。

5.3 公安交通和医疗等部门进行交通管制，做好防疫工作

安排县防疫站、公安、交通等部门做好万工集镇的交通管制和灾后的防疫工作。因施工区域掩埋了大量的牲畜和20名遇难人员，做好抢险期间的消毒防疫工作非常重要。因此，在整个抢险期间安排专人进行防疫消毒工作，确保大灾之后无大疫。

5.4 设置安全警示、警告及安全隔离标识、标志

在集镇入口处设置花杆进行交通管制，进出集镇车辆、人员必须进行登记。施工区域设置安全隔离警示线，设置安全警示警告标示标牌，施工机械设备设置安全警示标志，“一机一人”的安全管理。确保了抢险施工期间的安全，整个抢险期间未有任何安全事故发生。

混凝土工程施工应急抢险技术应用

蒋廷军　李晓红

【摘　要】：沙沱水电站工程下闸蓄水后，为确保导流底孔闸门度汛安全以及溢流表孔泄洪时消边池达到设计运行工况，需在工程下闸后、表孔泄流前有限的6天时间内完成两个导流底孔的一期封堵、消力池尾坎原预留导流缺口的混凝土施工。混凝土施工工序多、时间紧、任务重，在技术、管理方面作为应急抢险工程练兵任务进行了组织实施，并顺利完成了施工任务，为应急抢险任务中的混凝土施工提供了工程实战经验。

【关键词】：混凝土施工　导流底孔封堵　消力池尾坎　应急抢险

1　任务背景

沙沱水电站位于贵州省沿河县，枢纽由碾压混凝土重力坝、坝身溢流表孔、左岸引水坝段、坝后厂房及右岸垂直升船机等建筑物组成。工程施工导流方式为分期导流，在河床修筑纵向混凝土围堰后，前期选用左岸明渠导流，中、后期采用在坝体上预留导流底孔、缺口导流。

两个导流底孔分别布置在11号、12号溢流坝段，断面尺寸均为10m×12m（宽×高），底板高程287.000m，下游出口接消力池底板。消力池尾坎设计顶高程295.500m，为满足导流底孔导流要求，前期尾坎浇筑至291.000m高程，预留宽度为72m的过流缺口。根据工程总体计划，工程于汛前下闸蓄水，为确保导流底孔闸门安全度汛，需在底孔下闸后、溢流表孔泄流前完成导流底孔的一期封堵，封堵长度为闸门后7m，单孔混凝土量840m^3，共1680m^3，封堵混凝土为C25二级配泵送混凝土，剩余部分在枯期组织实施。为确保表孔泄洪时消力池的运行安全，达到设计运行工况的水垫深度，需在底孔下闸后、溢流表孔泄流前完成消力池尾坎预留导流缺口的混凝土施工，混凝土量1640m^3，为C20二级配钢筋混凝土。按设计下闸蓄水时的水情计算，底孔下闸后至溢流表孔泄流的时间为6天左右，且在下闸后还需完成消力池内5.2万m^{3}的抽排水及工作面的清理、凿毛，插筋施工等工作，混凝土施工工序多、时间紧、任务重，因此在技术方面、现场组织管理方面作为应急抢险任务来组织实施，达到工程练兵的目的。导流底孔封堵及消力池尾坎混凝土结构见图1。

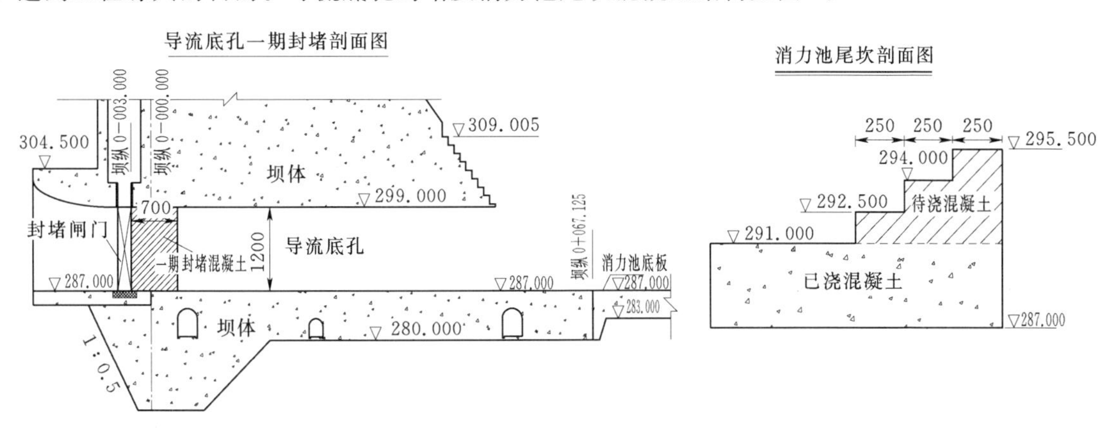

图1　导流底孔封堵及消力池尾坎混凝土结构图

2 混凝土施工应急抢险准备工作

2.1 技术方案准备

根据现场施工条件，在导流底孔下闸前，完成水、电管路布置及消力池的抽排水措施，制订导流底孔一期封堵及消力池尾坎混凝土施工方案。

2.1.1 导流底孔一期封堵混凝土施工方案

1. 施工准备工作

在导流底孔下闸蓄水以后，先将消力池中的水抽干，并利用消力池内纵向混凝土围堰拆除的渣体形成进入消力池底板的临时施工道路，同时水、电管路架设至工作面。

2. 仓面准备工作

（1）老混凝土面凿毛。首先进行封堵段老混凝土面的凿毛工作，使用电锤或手钎进行凿毛，凿毛深度1～2cm，露出新鲜混凝土面，两侧边墙凿毛需搭钢管脚手架，凿毛完成后使用高压风水枪冲洗干净。

（2）插筋施工。按设计要求的间排距布置插筋，采用小型空压机与手风钻孔施工，与老混凝土面凿毛工作同时进行。

（3）模板安装。封堵混凝土模板面采用人工安装木模板，方木作为围柃，外侧用Φ48钢管脚手架进行支撑（1m×1m×1m），以便于交通及混凝土的连续浇筑施工。第一层模板时，在侧墙和底板上打设插筋，将模板围柃加固在插筋上，围柃中间的支撑，通过底板上的插筋加固。模板随着混凝土浇筑上升逐步安装。

3. 混凝土生产及运输

封堵所需的混凝土由左岸$3m^3$混凝土拌和站生产。

混凝土全部采用$9m^3$混凝土搅拌运输车运输，运输路线：$3m^3$拌和站→1号公路→沙沱大桥→10号施工道路→消力池下游临时施工道路→消力池底板→混凝土泵车。

4. 混凝土入仓及浇筑

混凝土浇筑采用混凝土泵车泵送入仓，泵车安置在导流底孔内封堵工作面下游侧，尽量缩短泵送距离。在浇筑过程中，及时振捣并适当控制混凝土的下料速度，监控模板的支撑，必要时要补充加固。

由于库区水位的抬高，底孔闸门周边可能会有渗漏水，在混凝土浇筑过程中，在闸门与孔壁转角安装半圆管截水，将水引至浇筑区以外。

5. 混凝土施工工期及强度分析

施工工期：1d完成抽排水，2d完成老混凝土面凿毛、插筋和第一层模板安装等仓面准备工作，2d完成混凝土浇筑施工。

混凝土施工强度：仓面混凝土泵车的小时强度约为$40m^3/h$，每天按20h计算，天入仓强度为$40\times20=800m^3/d$，2个底孔堵头段工程量$1680m^3$，则浇筑时间为2d，可确保在允许的6d时间内完成一期封堵混凝土的施工。

2.1.2 消力池尾坎预留缺口混凝土施工方案

1. 施工准备工作

在导流底孔下闸后，利用消力池内纵向混凝土围堰拆除的渣体在尾坎下游侧填筑形成施工平台，同时水、电管路架设至工作面。

2. 仓面准备工作

首先采用液压冲击锤对尾坎预留缺口结构混凝土上的原保护混凝土进行凿除清理后，使用电锤或手钎圣老混凝土面进行凿毛，并将原锚固钢筋、止水铜片进行清理及校正、修复，仓面用高压风水枪冲洗干净。

3. 模板安装

尾坎混凝土模板主要采用钢模板，汽车吊进行吊装。

4. 钢筋制安

(1) 钢筋制作。钢筋按施工图纸的要求，提前在钢筋场进行加工制作，为了防止运输时造成混乱和便于安装，每一型号的钢筋捆绑牢固并挂牌明示。

(2) 钢筋安装。钢筋按施工图中所示位置安装，混凝土保护层、搭接接头及钢筋机械连接满足相关规范要求。

5. 混凝土施工

(1) 分层、分块。

1) 分层：预留缺口混凝土按设计结构缝分 4 块浇筑，相邻块号之间用沥青杉木板隔缝。

2) 分块：预留缺口混凝土为钢筋混凝土台阶结构，按其结构需分层浇筑，共分 2 层施工，第 1 层高度 1.5m，第 2 层高度 3.0m。

(2) 混凝土生产及运输。混凝土由左岸 $3m^3$ 拌和站生产，采用 25t 自卸运输车运输，运输路线：拌和站→1 号公路→沙沱大桥→10 号施工道路→消力池下游临时施工道路→工作面。

(3) 混凝土入仓。混凝土采用 16m 液压长臂反铲挖运入仓。

(4) 混凝土浇筑。浇筑采用台阶法施工，在浇筑过程中，及时振捣并适当控制混凝土的下料速度，监控模板的支撑，必要时要补充加固。

6. 混凝土施工工期及强度分析

(1) 施工工期：4 个块号第一层备仓工作平行作业，混凝土浇筑流水作业。2d 完成原保护混凝土的凿除、老混凝土面凿毛、插筋及钢筋安装、第一层模板安装等仓面准备工作，浇筑从右至左进行，2d 完成 4 个仓号的第一层混凝土浇筑施工。第 1 个块号浇筑完成后立即进行第二层的备仓工作，4 号块浇筑完成后，1 号块第二层备仓完成开始浇筑，2 号、3 号、4 号块备仓、浇筑依次进行，6d 时间全部完成。

(2) 混凝土施工强度：尾坎预留缺口 4 个块号混凝土量 $1620m^3$，浇筑时间 4d，浇筑强度为 $405m^3/d$，混凝土生产、运输、入仓均满足强度要求。

2.2 施工资源准备

2.2.1 人力资源准备

根据下闸后导流底孔一期封堵及消力池尾坎混凝土施工时间、施工强度要求，成立 3 个施工分队，1 队负责混凝土生产、运输，2 队、3 队分别承担导流底孔一期封堵及消力池尾坎混凝土施工，各队主要工种提前配置到位。

2.2.2 机械设备、物资准备

根据下闸后导流底孔一期封堵及消力池尾坎混凝土施工方案，在下闸前，提前配置到位的设备主要有：混凝土运输罐车 6 台、自卸汽车 6 台，混凝土入仓汽车泵 2 台、反铲 2 台，模板吊装 16t 汽车吊 2 台。提前准备的物资材料：混凝土原材料、钢筋、模板等。混凝土生产、运输、泵送设备做好应急措施，联系当地商品混凝土公司，在非常情况下购买商品混凝土。

2.3 施工组织管理准备

为保证在下闸后有限的时间内完成导流底孔一期封堵及消力池尾坎混凝土施工，成立现场施工应急抢险指挥所，负责总体组织实施，指挥所下设技术组，负责现场施工技术，后勤保障组负责设备、物资材料，现场指挥员负责具体指挥、协调工作。施工组织机构见图 2。

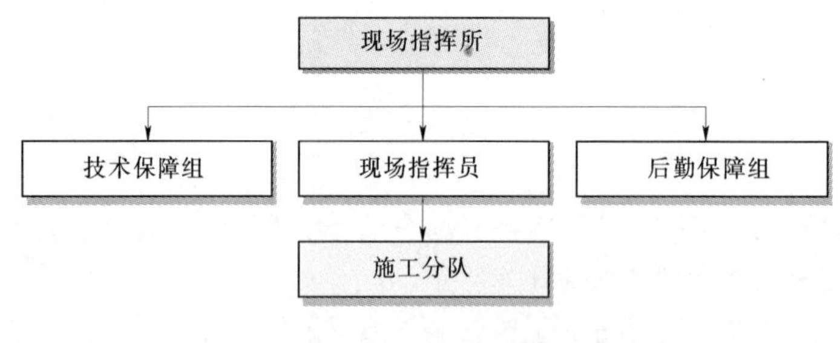

图 2　施工组织机构图

3　应急预案

导流底孔下闸后，水库开始蓄水，上游库水位在逐步上升，为确保下闸后导流底孔一期封堵及消力池尾坎混凝土施工的人员、设备安全，制定应急预案、建立预警机制。

(1) 水情预报。导流底孔下闸后，根据工程水情中心水情信息，现场指挥所安排专人负责收集水情预报和测报工作。

(2) 应急预案启动。根据水情预报入库流量、上游库水位可能超过溢流堰顶，表孔需泄流时，立即启动应急预案。

(3) 表孔泄流时应急预案。根据水情预报，当上游库水位可能超过溢流堰顶，表孔需泄流时，由现场指挥所组织实施应急预案。

在决定撤离后，立即组织施工机械及施工人员按制定的路线撤离至安全区域，对于工作面内的空压机、电源控制柜、电缆线等零星材料和工器具，组织人员迅速进行清理、撤离至安全位置，已安装的钢筋、模板等材料尽量采取加固措施，确保人员和机械设备安全。

(4) 撤离信号的准备。撤离前 10 分钟，利用指挥车警报器作为撤离信号，在施工区来回巡逻，发出警报，通知和引导施工人员及机械设备从事先安排好的撤离路线迅速撤离。

4　混凝土施工的组织实施及应急抢险管理

4.1　组织实施

2013 年 4 月 20 日上午 9 点，导流底孔成功下闸，立即组织消力池的抽排水、临时施工道路填筑、水电管路架设工作，现场指挥所按制定技术方案组织实施导流底孔一期封堵及消力池尾坎混凝土的抢险施工。

(1) 4 月 21 日上午进入导流底孔施工工作面，进行老混凝土面凿毛、插筋、第一层模板安装等仓面准备工作，4 月 23 日上午 10 点开始混凝土浇筑施工，25 日上午 11 点一期封堵混凝土浇筑完成，浇筑泵送混凝土 1680m^3，在计划时间内完成了底孔一期封堵抢险工程施工。

(2) 4 月 20 日下午进入尾坎工作面开始原保护混凝土的凿除、老混凝土面凿毛、插筋及钢筋安装、第一层模板安装等仓面准备工作，4 月 23 日下午 4 点右侧 1 号块第一层开仓浇筑，4 月 24 日早上 3 点浇筑完成，开始第二层的备仓工作，其余 3 个仓号浇筑、备仓相继进行，4 月 25 日下午 2 点第 4 个块号的第一层混凝土浇筑完成。4 月 26 日上午 8 点右侧 1 号块第二层开仓浇筑，2 日、3 日、4 日块第二层依次进行浇筑，27 日早上 5 点第 4 个块号第二层浇筑完成，共浇筑混凝土 1620m^3，基本控制在计划时间内完成了尾坎钢筋混凝土工程的抢险施工。

4.2　应急抢险管理

(1) 建立导流底孔一期封堵及消力池尾坎混凝土施工现场应急抢险指挥所，负责总体组织实施。

(2) 在混凝土施工过程中，技术保障组技术人员对仓面处理、钢筋安装、模板组立、混凝土运输、入仓、浇筑等每个施工环节，进行精心的施工管理，现场发现的技术问题快速、及时处理或调整，确保设计技术方案得到了有效实施、确保了施工按计划顺利进行。

5 结语

通过对导流底孔一期封堵及消力池尾坎混凝土施工抢险效果分析，总结如下：

（1）混凝土施工抢险方案科学、合理，在工程施工抢险中，如何在保证工程施工质量的基础上，制定科学、合理、快速的施工方案，是实施抢险施工的关键。

（2）组织严密，快速响应，在抢险施工中，时间就是生命，时间就是效益，混凝土抢险施工中工序多，严密的组织是方案执行的保证，各工序环节的衔接做到了快速响应，确保了整个混凝土施工抢险方案的有效性和时效性。

（3）导流底孔一期封堵及消力池尾坎混凝土施工任务重、工期紧，作为一项应急抢险任务进行组织施工，在有限的时间内完成了水工建筑结构混凝土的施工任务，确保了工程下闸后汛期闸门的运行安全及表孔安全泄洪，同时在混凝土施工抢险技术、组织指挥方面为应急抢险积累了工程实战经验。

应急救援中堆积体防渗堵漏快速施工技术探索

郭　锋　乔荣梅

【摘　要】：2011年6月18日大渡河水位急剧上涨（高程约596m），由武警水电第一总队承建的枕头坝水电站导流明渠纵向围堰背水坡面高程590m附近出现渗水情况（最大渗流量达30L/s），对堰体稳定性构成极大的威胁。为确保明渠施工安全，对围堰采取了混凝土防渗墙、防渗控制性灌浆、背水坡面压脚护坡以及迎水面土工膜防渗等几种方式进行抢险加固并取得了明显成效。

【关键词】：枕头坝水电站　纵向围堰　防渗　控制性灌浆

1　工程概况

枕头坝一级水电站为大渡河干流水电梯级规划的第十九个梯级，位于四川省乐山市金口河区。坝址处控制流域面积73057km²，多年平均流量1360m³/s。正常蓄水位高程624m，坝顶总长341.50m，最大坝高86m，电站装机容量720MW。

由于左岸坝肩开挖施工S306省道改线束窄河道，特别是突遇超标洪水，导致导流明渠纵向围堰防渗墙与度汛加高堆积体结合部出现渗漏，危及明渠内施工的人员和设备安全。为快速堵漏，采用一种比较轻便的上海产G系螺杆泵，在水泥浆内掺入稻草、锯末和沙，收到了很好的效果。对武警水电第一总队纳入应急救援体系后在如何应对危坝垮塌堆积体的临时防渗等积累了经验。

2　方案设定

考虑到围堰渗漏点集中在X0＋80m～X0＋138m段背水坡面高程590m，而X0＋138m～X0＋113m段进行了防渗墙施工，因此在X0＋113m～X0＋80m段进行防渗控制性灌浆。

平行于原防渗墙轴线梅花形布置两排孔：孔距1m、排距0.8m，每排分三序逐渐加密，先施工背水排Ⅰ序、Ⅱ序孔，再施工迎水排Ⅰ序、Ⅱ序孔，Ⅲ序孔作为加强和补充根据现场吸浆情况定，布置图见图1、图2。

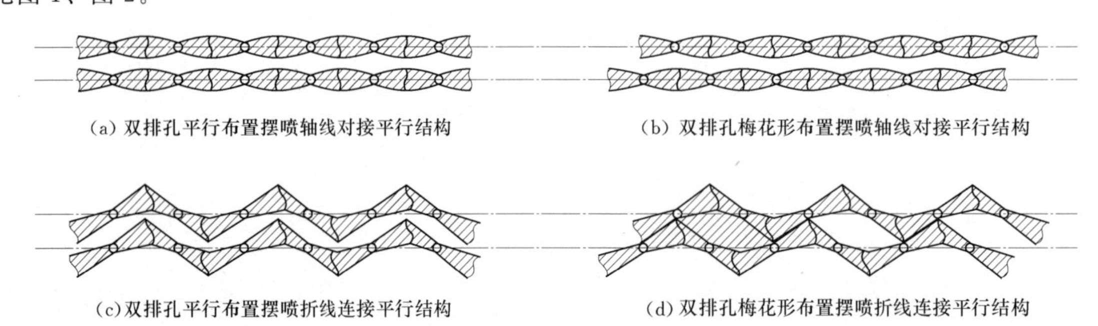

(a) 双排孔平行布置摆喷轴线对接平行结构　(b) 双排孔梅花形布置摆喷轴线对接平行结构

(c) 双排孔平行布置摆喷折线连接平行结构　(d) 双排孔梅花形布置摆喷折线连接平行结构

图1　双排孔平行布置图

Ⅰ序、Ⅱ序孔深为10.5m，Ⅲ序孔深为7.5m，接原防渗墙顶部（高程590.5m）。由于堰体为砂卵石堆积体，故采用纯压式灌浆，段长为1.5m，自下而上拔一段套管灌注一段，Ⅰ序孔每段以4T为结束标准，Ⅱ序孔每段以2T为结束标准，各序孔均以0.5∶1浆液开灌。

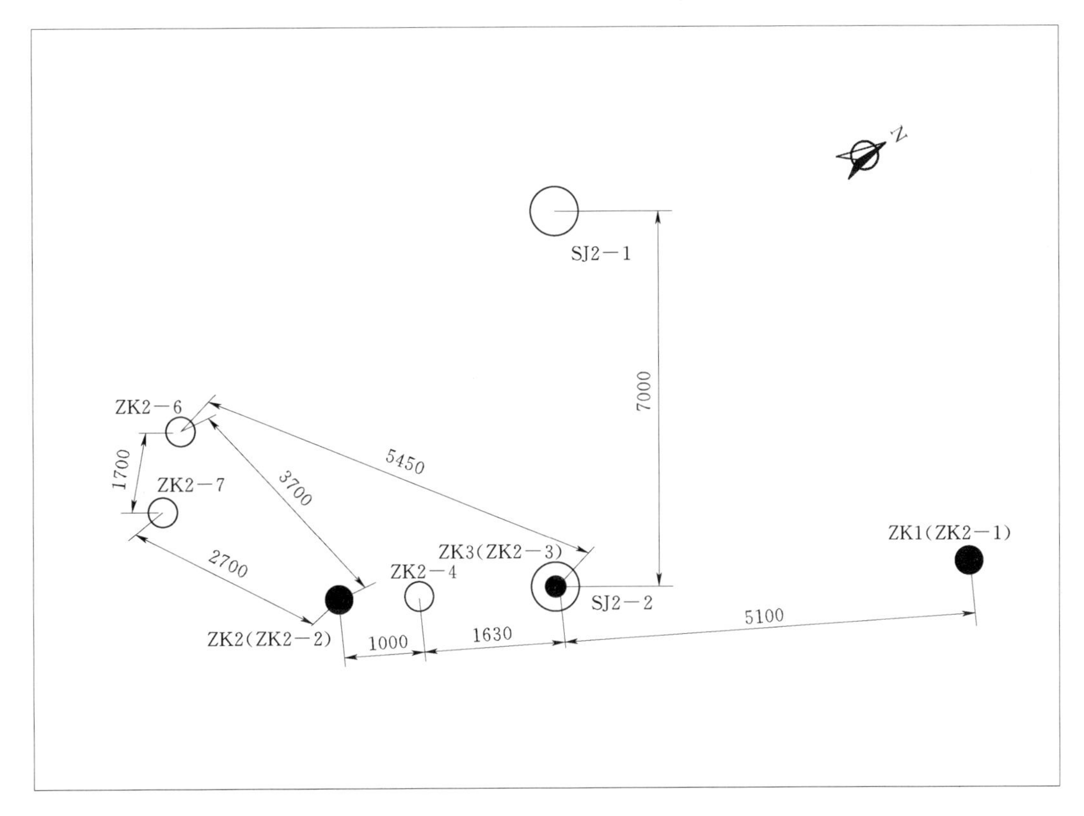

图 2　孔位布置平面图

3　设备选配和灌浆材料选用

3.1　钻孔设备

由于堰体为砂卵石堆积体，普通造孔方式提钻后马上塌孔无法成形，因此选用 351 钻机跟管钻进的方式，此种方法钻孔效率较高（10.5m 的孔耗时约 1.5h），而且套管可兼做灌浆管，拔一段灌一段，能够保证每个段次灌注均匀饱满。

3.2　灌浆设备

800L 高速搅拌桶、普通双叶搅拌缸、螺杆泵、60t 液压拔罐机。螺杆泵是此次防渗堵漏的关键设备，选用上海开立泵阀有限公司生产的 G 系螺杆泵，该泵具有重量轻、结构简单、维修方便、流量平稳、可输送黏稠度极高的含有纤维物和固体颗粒的液体。通过此次施工证明该泵特别适用于这种砂卵石堆积体的防渗堵漏灌浆。

3.3　灌浆材料选用

普通 P.O42.5 硅酸盐水泥、稻草、锯末、河沙、水玻璃，外加剂视吸浆量大小酌情加配，无渗水时最好不加水玻璃。

4　现场施工情况

综合分析 40 个孔 420m 的灌浆情况，累计耗灰约 410T，每序孔的灌浆呈现以下特点：

（1）背水排的Ⅰ序孔吸浆较大，必须多加稻草、锯末、沙，而且必须要控制灌浆量，每段 4T 即可结束，灌太多浆液可能沿大的裂隙窜的很远，费时又费材料且效果并不好，可以待凝等下一序孔施工时再来补充和加强。

（2）背水排的Ⅱ序孔大部分吸浆仍较大，但也有部分孔吸浆量明显减小，很快孔口就会返浆，对于吸浆大的灌注 2T 即可结束，等下排施工时再来补充和加强，对于返浆的孔关闭阀门 5min 后若仍返浆也可结束。

（3）迎水排的Ⅰ序孔由于排距只有 80cm 所以大部分孔吸浆量明显减小，吸浆大的控制灌注 4T 就结束，返浆的孔关闭阀门 5min 后若仍返浆也可结束。

（4）迎水排的Ⅱ序孔大部分孔吸浆量已经很小，部分孔只能用纯浆灌注，若加稻草等外加剂基本上就不吸浆，对仍然吸浆的孔灌注 2T 就结束，吸浆量小的用纯浆液将小的裂隙填充后开始返浆就可结束。

（5）背水排的Ⅲ序孔绝大部分已不吸浆，采取降低水泥浆浓度，尽量填充小的裂隙，保证无大的渗漏通道，同时也是对前期施工的孔的检查和补充，若发现大的吸浆的孔及时补灌。

5 取得的经验和注意事项

（1）比较熟练地掌握了螺杆泵在砂卵石堆积体的防渗堵漏中的使用和操作。

（2）对在砂卵石堆积体的灌浆规律，特别在控制压力、流量、浆液浓度、外加剂配比、灌注量大小上获得了第一手的资料。控制性灌浆的关键是控制压力和流量，施工的目的是为堵住大的集中渗漏。

（3）对应急条件下特别在病坝险坝的抢险堵漏中施工人员设备如何科学合理的配置积累了经验。

6 注意事项

（1）螺杆泵对于直径超过 0.2cm 固体颗粒可灌性较差，若加沙太多而且搅拌不均匀很容易堵泵，最好使用颗粒较细的河沙，稻草长度不宜超过 10cm。

（2）一台螺杆泵配置一台 800L 的高速搅拌缸在前期灌注吸浆较大的Ⅰ序孔时，由于螺杆泵的排量可达到 200L/min，所以经常出现浆液供不上的情况，一台泵最好配置两台 800L 的高速搅拌缸。

（3）由于灌浆是采用自下而上灌一段拔一段的方式，所以灌一个孔就要有一台拔管机来配合，如果工期要求紧，就要同时配置多台拔管机，所以如何在孔内埋设预埋管以减少拔管机的配置缩短灌浆时间还要因具体情况而定。

（4）351 钻机跟管钻进深度超过 20m 效能就降低，若要进行深孔防渗，建议使用其他性能更好的钻孔设备。

（5）排距、孔距以 2m 为宜，孔序分两序基本可满足防止大的集中渗漏的要求，在最后加密孔施工时由于孔内吸浆量减少，套管内浆液流不下去所以要特别注意堵管，不吸浆时要及时拔管。

纵向混凝土围堰爆破拆除应急抢险技术

蒋廷军　刘美山

【摘　要】：沙沱水电站纵向混凝土围堰Ⅱ区位于坝后消边池底板上，为确保工程下闸后溢流表孔泄洪时消边池达到设计运行工况，混凝土围堰Ⅱ区需在工程下闸后的6d时间内爆破拆除并清理完成。围堰处于永久混凝土建筑物上，爆破难度和风险极大，工期紧、拆除量大，爆破控制技术要求高。本文就沙沱水电站纵向混凝土围堰Ⅱ区爆破拆除作为应急抢险技术进行了分析研究，并得到了成功实施，为类似应急抢险爆破工程提供了实战经验。

【关键词】：纵向混凝土围堰　控制爆破　应急抢险

1　任务背景

沙沱水电站位于贵州省沿河县，枢纽由碾压混凝土重力坝、坝身溢流表孔、左岸引水坝段、坝后厂房及右岸垂直升船机等建筑物组成。工程施工导流方式为分期导流，在河床修筑纵向混凝土围堰后，前期选用左岸明渠导流，中、后期采用在坝体上预留导流底孔、缺口导流。

纵向混凝土围堰从上游往下游分Ⅰ区、Ⅱ区、Ⅲ区，Ⅱ区前期做子堰挡水施工右岸坝体及右侧消力池，右岸坝体及消力池形成后在消力池底板上修筑Ⅱ区纵向混凝土围堰，下游与Ⅲ区相接、上游与坝体相接，利用右岸坝体上预留导流底孔、缺口导流，施工左岸。导流底孔下闸前拆除完成纵向围堰Ⅲ区及Ⅱ区水面以上部分，其中Ⅱ区围堰长126.4m，堰顶高程303.00～306.9m，底部为消力池底板及消力池尾坎，高程为287.0m，上游接溢流坝溢流台阶面，拆除高度0～19m，爆破拆除总方量1.4万m^3。

根据工程总体计划，在工程下闸蓄水前完成了Ⅲ区及Ⅱ区水面（295.00m高程）以上的拆除，由于导流需要，Ⅱ区295.00m高程以下部分需在工程下闸蓄水后的6d内爆破拆除并清理完成，以确保溢流表孔泄洪安全。爆破拆除体典型断面下部3m为台体、上部5m为梯形，底宽15.32m，顶宽6.69m，拆除工程量为10216m^3，爆破拆除难度大、工期紧，因此在技术方面、现场组织管理方面作为应急抢险任务来组织实施，达到工程练兵的目的。拆除体结构见图1。

2　混凝土围堰Ⅱ区爆破拆除难点

（1）爆破难度大，堰体右侧消力池有4.0m深的水，底部为消力池护坦，上游接坝体溢流台阶面，下游接消力池尾坎，均为与永久建筑结构混凝土层面结合，爆破拆除不能损伤建筑物结构。

（2）近区混凝土的爆破安全控制，爆破区距厂房右边墙49.5m、距4号机组中心75.73m、距消力池右边墙85.5m、距上游帷幕线61.63m，高差14.5m，爆破振动控制要求高，且需要尽量避免飞石或滚石破坏周边建筑物。

（3）钻孔控制难度大，与尾坎台阶面及坝体溢流台阶面结构混凝土的围堰底部斜面预裂孔精确度要求高，钻孔控制困难。

（4）一次爆破工程量大，拆除方量1万多m^3，按工期要求在下闸后需一次性爆破拆除完成。

（5）工期紧，纵向混凝土围堰Ⅱ区能否在工程下闸后6d内拆除完成关系到本工程的泄洪安全。

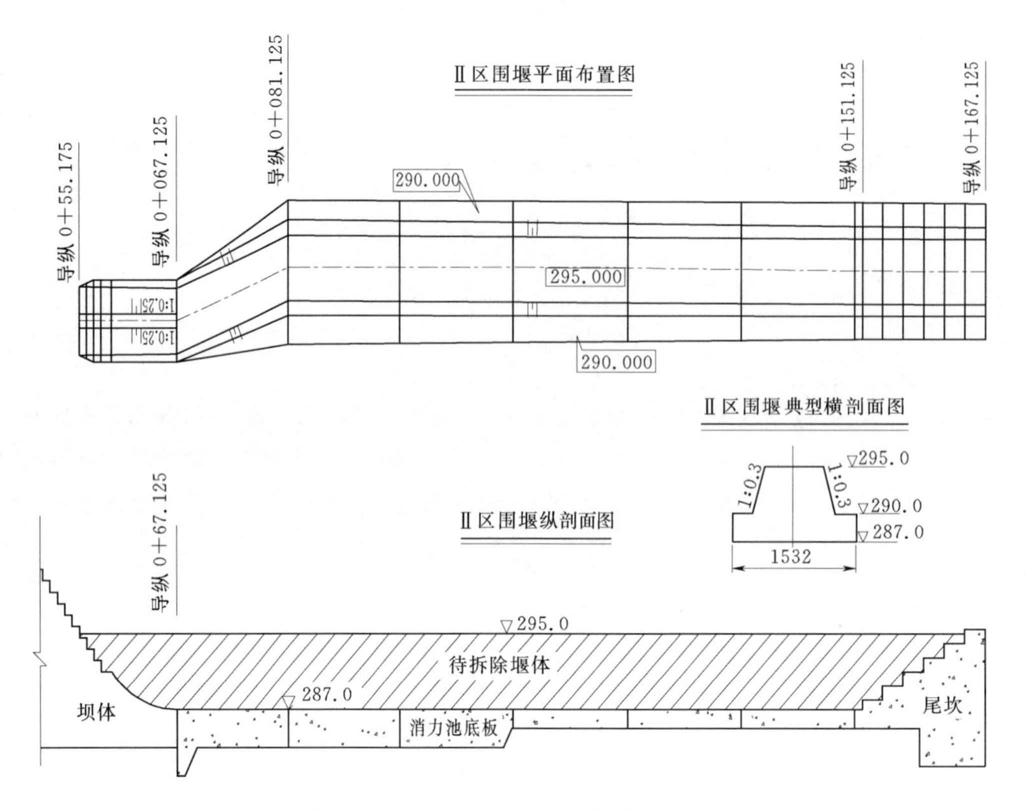

图 1　Ⅱ区纵向混凝土围堰拆除体结构图

3　混凝土围堰Ⅱ区爆破拆除方案选择

根据纵向混凝土围堰Ⅱ区的工程特点，结合施工实际条件，爆破拆除方案总体上分二期，在工程下闸蓄水前分段分块拆除水面（295m 高程）以上部分，下闸后在有限的时间内拆除完 295m 高程以下部分，结构混凝土以上预留 0.5～1.0m 厚保护层，采用液压冲击锤拆除，以减少对下部结构混凝土的影响。围堰底部和周边采用预裂爆破，主体采用钻水平孔或直孔，在爆破炸药单耗选取中，以松动为主，一次爆破至拆除高程的爆破方案。

堰体主爆孔有两种可选方案如下：

（1）方案一：堰顶直孔方案，从顶部钻孔，炮孔为垂直孔或小角度斜孔，其优点是不用搭设脚手架；缺点是爆渣会大量向围堰左右两侧飞散，对消力池护坦的影响比较大，对周围保护物的威胁也比较大，由于上部为梯形结构，需要钻部分斜孔，精度不易控制。

（2）方案二：水平孔方案，在围堰左侧搭设脚手架，在脚手架上钻水平孔，其缺点是需要搭设脚手架，且脚手架的拆除会对起爆网路、工期均有影响；优点是爆破能量为上抬作用，爆渣先向上运动而后自由落体，大部分会作用在围堰上，对消力池护坦及周围建筑物的安全有利。

综合分析，纵向围堰Ⅱ区台体 290.0m 高程以上主爆孔采用在顶部钻垂直孔或小角度斜孔，下部台体设一排水平方爆孔一排预裂孔，底部预留保护层的方案。在工程下闸蓄水前完成主爆孔钻孔及预裂钻孔，预裂钻孔及水平主爆孔在左侧消力池内施工，结构混凝土上面预留 0.5m 厚保护层。

4　爆破设计

4.1　爆破参数设计

4.1.1　主爆爆破参数

主爆爆破参数如下：

（1）钻孔直径 D：拆除体采用 YQ－100B 宣化钻钻孔，钻孔直径 $D=90$mm。

（2）炮孔间排距：290～295m 高程部分顶部四排竖直孔，两侧孔距两侧临空面 1.33m，中间两排排距 2m，两侧孔与中间相邻孔排距 1.31m；间距均为 2.5m；290m 以下台体结构水平主爆孔一排，间距 2m，距 290m 高程台体面 1.3m，距预裂孔 1.2m。

（3）孔深 L：孔深根据炮孔所在位置的堰体厚度决定，竖直孔孔底距水平主爆孔 0.75m，水平主爆孔孔底距临空面 1.0m。

（4）炸药：药径 70mm 的 2 号岩石乳化炸药。

（5）孔口堵塞长度：孔口堵塞段采用袋装砂或黄泥，靠厂房侧一排竖直主爆孔堵塞长度 2.5m，靠右岸侧一排竖直主爆孔堵塞长度 1.5m，中间两排竖直主爆孔堵塞长度 2m。

（6）炸药单耗 K'：爆破为露天大体积混凝土爆破，混凝土强度和硬度相当于中硬岩石，考虑到整体松动爆破的要求，炮孔选择相同的单耗，单耗取 $K'=0.6\sim0.7\text{kg/m}^3$，根据前期在Ⅲ区分段分块爆破拆除时的生产性爆破试验，炸药单耗取 0.67kg/m^3。

4.1.2 预裂爆破参数

预裂孔的爆破参数如下：

（1）钻孔设备：YQ－100B 宣化钻；

（2）钻孔：直径 90mm、间距 0.8m，距消力池底板 0.5m，孔底距临空面 0.75m。

（3）炸药：药径 32mm 的 2 号岩石乳化炸药。

（4）线装药密度：$ql=500$g/m，孔底 2m 处装药 2000g。

（5）孔口堵塞长度：2m。

（6）装药结构：把每米装药量形成药卷，绑在竹片上，药卷与药卷之间用双导爆索连接，绑好的竹片和药卷一起插入炮孔，使药卷位于炮孔中央位置，插到炮孔底部，堵塞不能造成药卷被压向孔底或者在炮孔内弯曲的现象。钻孔布置及装药结构见图 2、图 3。

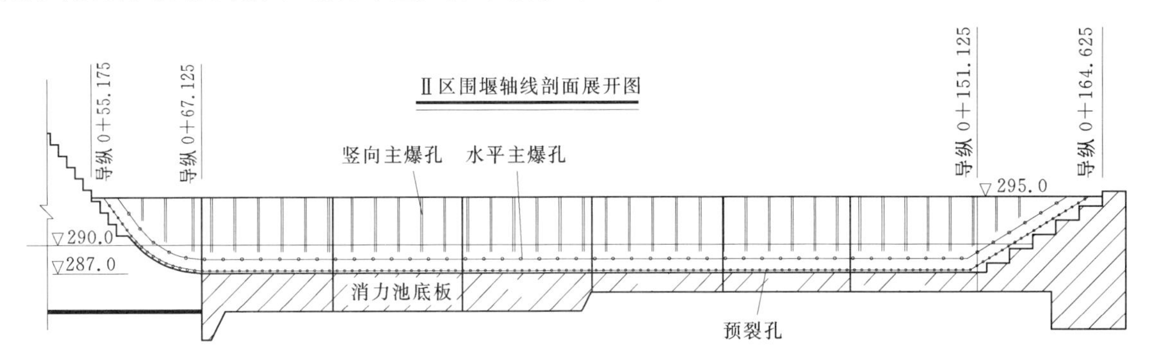

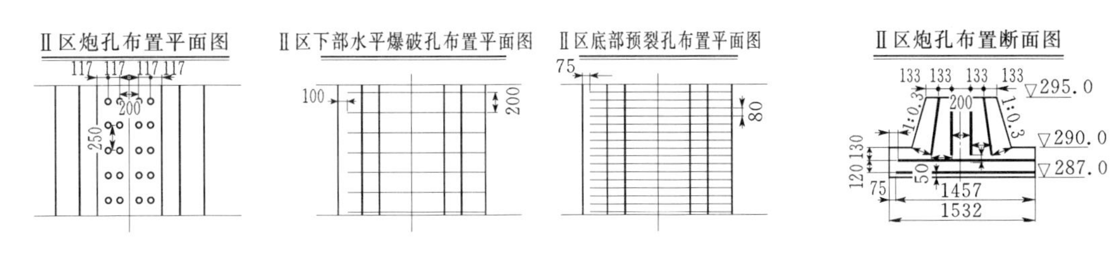

图 2 爆破钻孔布置图

4.1.3 药量计算

炮孔装药量计算如下：

（1）单孔装药量：

$$Q=K'aWH \text{ 或 } Q=K'abH$$

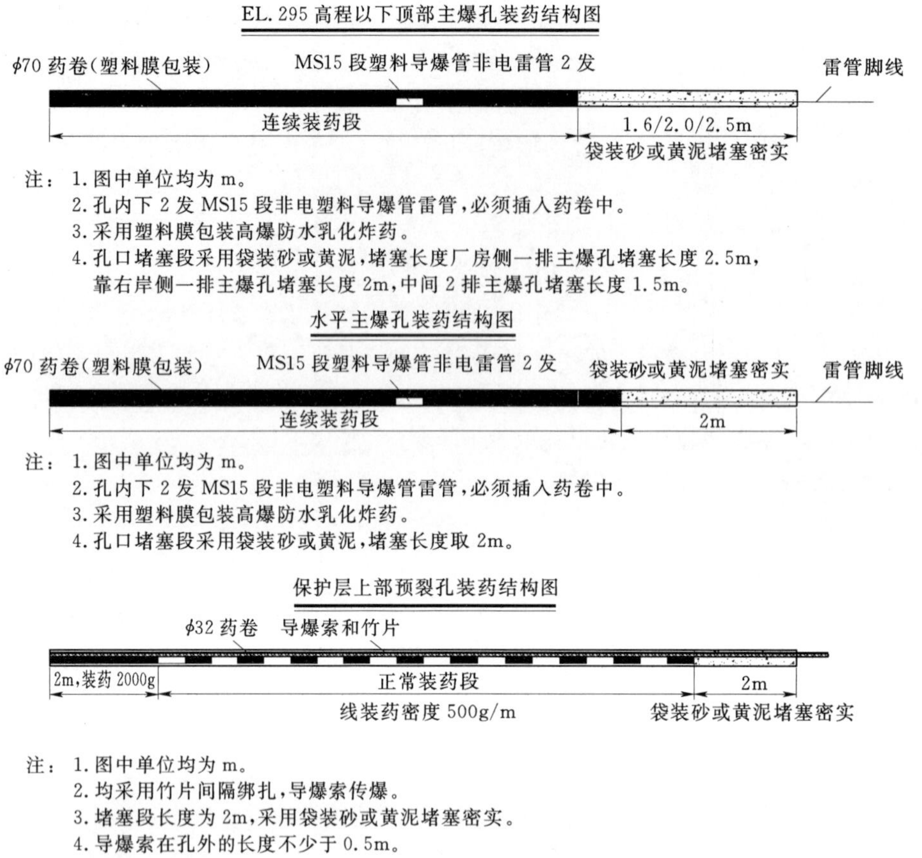

EL.295高程以下顶部主爆孔装药结构图
ϕ70药卷(塑料膜包装)
MS15段塑料导爆管非电雷管2发
雷管脚线
连续装药段
1.6/2.0/2.5m
袋装砂或黄泥堵塞密实
注：1.图中单位均为m。
2.孔内下2发MS15段非电塑料导爆管雷管，必须插入药卷中。
3.采用塑料膜包装高爆防水乳化炸药。
4.孔口堵塞段采用袋装砂或黄泥，堵塞长度厂房侧一排主爆孔堵塞长度2.5m，靠右岸侧一排主爆孔堵塞长度2m，中间2排主爆孔堵塞长度1.5m。
水平主爆孔装药结构图
ϕ70药卷(塑料膜包装)
MS15段塑料导爆管非电雷管2发
袋装砂或黄泥堵塞密实
雷管脚线
连续装药段
2m
注：1.图中单位均为m。
2.孔内下2发MS15段非电塑料导爆管雷管，必须插入药卷中。
3.采用塑料膜包装高爆防水乳化炸药。
4.孔口堵塞段采用袋装砂或黄泥，堵塞长度取2m。
保护层上部预裂孔装药结构图
ϕ32药卷
导爆索和竹片
2m，装药2000g
正常装药段
2m
线装药密度500g/m
袋装砂或黄泥堵塞密实
注：1.图中单位均为m。
2.均采用竹片间隔绑扎，导爆索传爆。
3.堵塞段长度为2m，采用袋装砂或黄泥堵塞密实。
4.导爆索在孔外的长度不少于0.5m。

图3　爆破装药结构示意图

式中　Q——单孔装药量，kg；

K'——单位用药量，kg/m^3；

a——孔距，m；

W——最小抵抗线，m；

H——装药长度，m；

b——排距，m。

（2）预裂孔用药量计算：

$$Q_{光}=q_{光}\cdot L$$

式中　$Q_{光}$——预裂孔单孔装药量，kg；

$q_{光}$——预裂孔线装药密度，kg/m；

L——预裂孔装药长度，m。

4.2　爆破安全论证及安全监测设计

4.2.1　爆破安全论证

1. 爆破震动安全判断依据

据纵向混凝土围堰拆除爆破控制的重点是震动控制，爆破震动监测以厂房、机组、大坝、帷幕为主要监测对象，爆破震动安全判据采用《水工建筑物岩石基础开挖工程施工技术规范》（DL/5389—2007）中的安全判据。安全振速指标见表1～表3。

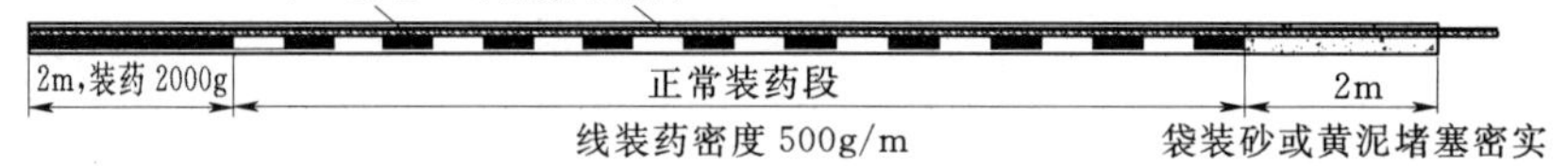

表 1 机电设备及仪器的爆破震动安全允许标准 单位：cm/s

序号	保护对象类型	安全允许振速	备注
1	水电站及发电厂中心控制室设备	0.9	运行中
		2.5	停机
2	计算机等电子仪器	2	运行中
		5	停机

表 2 新浇大体积混凝土的爆破震动安全允许标准 单位：cm/s

序号	龄期/d	安全允许振速/cm · s^{-1}
1	初凝～3	2.0～3.0
2	3～7	3.0～7.0
3	7～28	7.0～12.0

注 1. 非挡水新浇大体积混凝土的安全允许振速，可根据本表给出的上限值选取。
2. 控制点位于距爆区最近的新浇大体积混凝土基础上。

表 3 灌浆区与锚喷支护的爆破震动安全允许标准 单位：cm/s

序号	部位	龄期/d			备注
		1～3	3～7	7～28	
1	灌浆区	—	0.5～2.0	2.0～5.0	3d 内不能受震
2	预应力锚索（锚杆）	1.0～2.0	2.0～5.0	5.0～10.0	锚杆孔口附近、锚墩
3	喷射混凝土	1.0～2.0	2.0～5.0	5.0～10.0	爆区最近喷射混凝土上

注 地质缺陷部位一般应进行临时支护后再进行爆破，或适当降低控制标准值。

2. 爆破试验

前期在纵向围堰Ⅲ区分段分块爆破拆除时进行生产性爆破试验，爆破试验采用质点振动实时监测法，并对爆破的危害效应如冲击波、地震波、飞石等加以控制与防护，对冲击波、地震波等不良影响的参数进行测定，分析与研究这些参数的变化与爆破振动衰减规律，确定在不同地质、地形条件下的数学表达式中的 K 和 α 的数值，预报爆炸源在一定药量和同距离条件下，建（构）筑物所遭受破坏与不被破坏的状态，从而控制最大段药量及爆破方式，使最大爆破振动速度控制在允许的范围内，确保监测范围内建（构）筑物的安全。

分析监测成果时，以质点振动速度为主，振动持续时间、振动频率、位移和加速度等为辅。

爆破质点振动速度主要与爆破单响药量、爆破方式以及爆源距有关，传播规律符合萨道夫斯基公式，该公式可以用下式来表示：

$$V=K\left(\frac{\sqrt[3]{Q}}{R}\right)^{\alpha}\left(\frac{\sqrt[3]{Q}}{H}\right)^{\beta} \tag{1}$$

式中 V——质点振动速度，cm/s；

Q——最大单响药量，集中起爆时，取总药量，分段延时起爆时，采用最大一段装药量，kg；

R——监测点与爆破区的距离，或药量分布的几何中心至监测点的距离，m；

H——监测点与爆源的高差，m；

K、α——与场地地质条件、岩体特性、爆破条件，以及爆破区与观测点相对位置等有关的常数；

β——高差影响指数。

根据生产性爆破试验实测数据进行回归，获取式中的 K、α、β 值，用以指导本次爆破，确保爆破范围内建（构）筑物的安全。

4.2.2 爆破安全监测设计

纵向混凝土围堰拆除爆破控制的重点是震动控制，为评估爆破对大坝、厂房、消力池和大坝帷幕灌浆区等保护物的影响，需要进行爆破震动监测。爆破时候，在4号机组、12号坝段、上游帷幕为主要监测对象上布置爆破震动监测测点，监测采用中科院成都分院生产的TC—3850USB型爆破震动记录仪，该仪器专为地震波震动信号记录分析设计的高性能便携式仪器，直接与振动速度传感器相连，一次可自动触发记录8个震动事件、日期及采集时刻，与电脑相连直接读出震动信号，并对其进行分析处理。

测点布置在保护物基础部位，每个测点测试3个方向的质点振动速度，分别是水平径向、水平切向和垂直径向。爆破安全监测后，将实测成果与爆破安全控制标准相比较，判断保护物的安全，爆破前后对保护物进行巡视检查，采用照相、摄像等手段采集资料，爆破前后对比分析，结合爆破安全监测评估保护物的安全。

4.3 起爆网路设计和爆破器材选择

起爆网路是爆破成败的关键，因此在起爆网路设计和施工中，必须保证能按设计的起爆顺序、起爆时间安全准爆，且要求网路标准化和规格化，有利于施工中联接与操作。本次爆破采用普通非电塑料导爆管起爆系统。

4.3.1 网路设计

（1）起爆网络的单段药量满足振动的安全要求。根据周围建筑物允许振速，由生产性爆破试验及爆破振动速度公式反算允许单段药量，单段药量按单孔单响起爆满足安全要求。

（2）在单段药量严格控制的情况下，同一排相邻孔尽量不出现重段和串段现象。

（3）整个网络传爆雷管全部传爆，或者绝大部分已经传爆，第一响的炮孔才能起爆。

（4）万一同排炮孔发生重段或串段，最大单段药量产生的振动速度值不超过10cm/s的校核标准。

（5）合理安排起爆顺序，为减小爆破冲击力对坝体和消力池尾坎的影响，采用从中部向上、下游的起爆方式。

4.3.2 雷管时差选择

1. 孔间传爆雷管的选择

在单段药量严格控制的情况下，同一排相邻段不能出现重段和串段现象的。当同排接力雷管延期时间小于起爆雷管误差时，则有可能出现重段，甚至出现同一排设计先爆孔迟后于相邻设计后爆孔起爆的情况。

选择：MS2做段间雷管，局部采用MS3段进行间隔。

2. 排间传爆雷管的选择

在考虑起爆雷管延时误差的情况下，必须保证前后排相邻孔不能出现重段和串段现象，杜绝前排孔滞后或同时于后排相邻孔起爆。因此排间雷管的延时误差应尽可能小于孔间雷管的延时。根据孔间选择MS3段，局部采用MS2段的情况。

选择：MS5段做排间雷管。

3. 起爆雷管的选择

为防止由于先爆炮孔产生的爆破飞石破坏起爆网路，对于孔内雷管的延期时间必须保证在首个炮孔爆破时，接力起爆雷管已经完全传爆或者绝大多数已经起爆。这就要求起爆雷管的延时尽可能长些，但延时长的高段别雷管其延时误差也大，为达到排间相邻孔不串段、重段，同一排相邻的孔间尽可能不重段的目的，高段别雷管的延时误差不能超过排间接力传爆雷管的延时值，对单段药量要求特别严格的爆破，高段别雷管的延时误差不能超过同一排孔间的接力雷管延时值。排间雷管选择MS5，段间雷管选择MS3，综合考虑，孔内延时雷管选择MS13段。

选择：MS13段做孔内延时雷管。

围堰垂直主爆孔孔内下MS13段非电雷管，每孔2发；水平主爆孔孔内下MS14段雷管，每孔2

发。顶部垂直孔2孔一响，水平爆破孔单孔单响。爆破孔段间接力雷管采用MS3段，单侧用MS2段间隔，排间接力雷管采用MS5段。

预裂孔孔内不下雷管，采用双导爆索绑扎竹片下药，预裂孔7孔一响，预裂孔段间采用MS3段，单侧采用MS2段间隔。

4.3.3 起爆方案

为缩短起爆网路的孔外接力雷管的传爆时间、降低爆破振动、改善爆破效果，采用临空面中间开口，爆渣向开口部位抛掷、尽量避免爆渣向左右两侧抛掷。因此开口位置选择在Ⅱ区围堰中部，开口位置首先起爆，而后顺序向上、下游传爆。

Ⅱ区混凝土围堰高程295m以下爆破网路见图4。

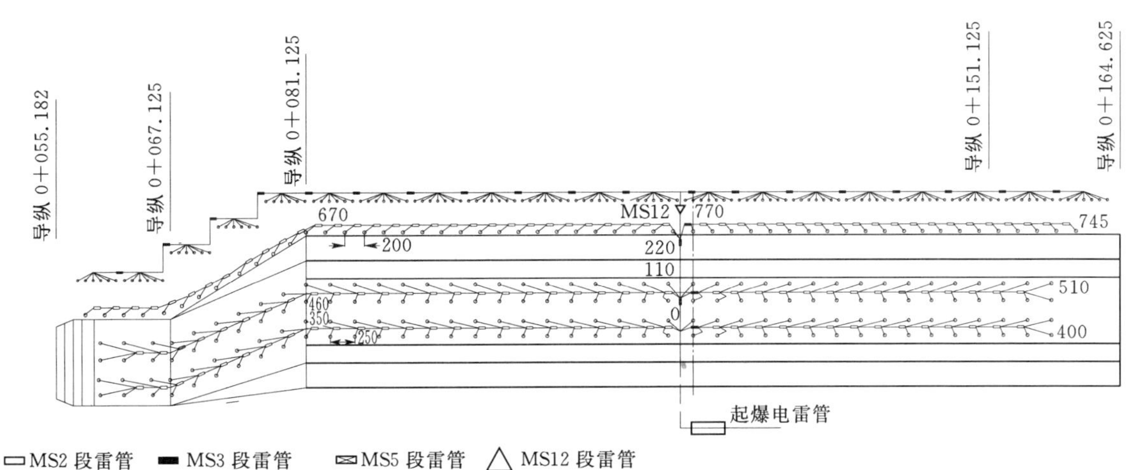

图4　Ⅱ区混凝土围堰高程295m以下爆破网路图

4.3.4 网路连接和保护

起爆网路的防护是爆破成败的一个很重要环节，首先严格联网制度，由经培训的爆破人员联网，主管技术工程师负责网路的检查，所有接力雷管必须保护，接力雷管采用覆盖保护。

联网过程检查，在联网中设专人随后检查，检查雷管段数是否正确、捆扎是否牢固及是否有偏联。联网后分排检查，由主管技术工程师两人一组进行。总检查，联网防护全部完成后，由专门技术人员从头到尾进行检查，重点检查是否防护牢固及是否漏接。

4.3.5 爆破器材选择

1. 炸药选择及防水处理

本次拆除属于半水下爆破，由于水压的存在，普通岩石炸药爆破有可能不完全，也就是说炸药的能量可能得不到充分作用，为获得最佳爆破效果，选择与被爆的介质声阻抗相近的高密度炸药炸药。

药卷采用乳化炸药，乳化炸药具有抗水（3d）、抗压（$3kg/cm^2$）性能，起爆（起爆8号雷管感度）传爆（连续传爆25m）性能好。

对选择的炸药厂家进行相应的5d抗水性能试验、抗压试验，现场做炸药、雷管的浸水殉爆试验、导爆索抗水试验。

2. 其他爆破器材选择

导爆索采用防水型导爆索，同时进行相应的5d抗水性能试验。

纵向混凝土Ⅱ区围堰高程295.00m以下爆破拆除爆材见表4。

表 4　纵向混凝土Ⅱ区围堰 296.0m 高程以下爆破拆除爆材表

器材名称	型号	单位	数量	备注
炸药	ϕ32 乳化炸药	kg	1040	
	ϕ70 乳化炸药	kg	4800	
雷管	MS2 段	发	280	5m 脚线
	MS3 段	发	50	5m 脚线
	MS5 段	发	4	5m 脚线
	MS12 段	发	2	5m 脚线
	MS15 段	发	450	9m 脚线
	电雷管	发	1	起爆
导爆索		m	4000	
竹片		m	1954	
胶布	防水胶布	卷	500	

4.3　爆破安全防护设计

为保证大坝、厂房、消力池和大坝帷幕灌浆区等保护物的安全，除了在爆破设计上充分考虑减震外，还应对周围的保护物进行安全防护。

围堰爆破时，由于爆破体和周围保护物之间距离较近。因此，需要严防爆破飞石对周围保护物的破坏。爆破防护分主动防护和被动防护，主动防护就是对爆破体本身进行防护，被动防护就是在保护物上面覆盖保护层进行防护。

（1）主动防护：

1）严格控制装药量和堵塞长度及质量，加强孔口的堵塞，严谨不堵塞或堵塞不牢的爆破。

2）设置合理的最大单段药量，通过对保护物的爆破安全控制标准的分析，提出合理的最大单段药量，通过控制单段药量达到控制爆破有害效应的目的。

3）严格联网，起爆网络的防护是爆破成败的一个很重要环节，由专人联网，主管技术工程师负责网络的检查，接力雷管包裹保护固定在围堰上面。

（2）被动防护：

1）混凝土围堰左侧消力池底板上铺设 1m 厚土石渣作为保护，右侧靠河水进行保护。

2）对爆区表面进行覆盖。

3）将人员和可移动设备撤至安全地带，无误后方可起爆。

4）在有水的部位，对水下网路做好防护工作，防止水对起爆网路的损坏。

5　施工方法及应急抢险管理

5.1　施工方法

（1）采用 YQ－100B 宣化钻钻机造垂直孔、预裂孔，$20m^3$ 移动式电动空压机供风。

（2）爆破后，组织 6 台反铲、15 台自卸汽车将混凝土围堰爆渣装运至弃渣场。

（3）预裂爆破以下部分采用液压冲击锤处理后装运。

5.2　应急抢险管理

（1）建立纵向混凝土围堰爆破拆除现场应急抢险指挥所，负责总体组织实施。

（2）在爆破施工过程中，技术人员对布孔、钻孔、验孔、装药、堵塞、网路联接、安全防护等每个施工环节，进行精心的施工管理，确保爆破设计方案得到完全实施。

（3）在挖装、运输过程中，合理配置资源、合理布置工作面，现场指挥所负责设专人组织实施。

6 爆破效果

（1）纵向混凝土围堰Ⅱ区实施爆破后，混凝土碎块基本原地坍塌，个别飞石控制在40m防护控制范围内。

（2）在12号坝段、帷幕廊道、厂房、4号机组及尾坎布置的爆破监测点平面图见图5，监测成果见表5。

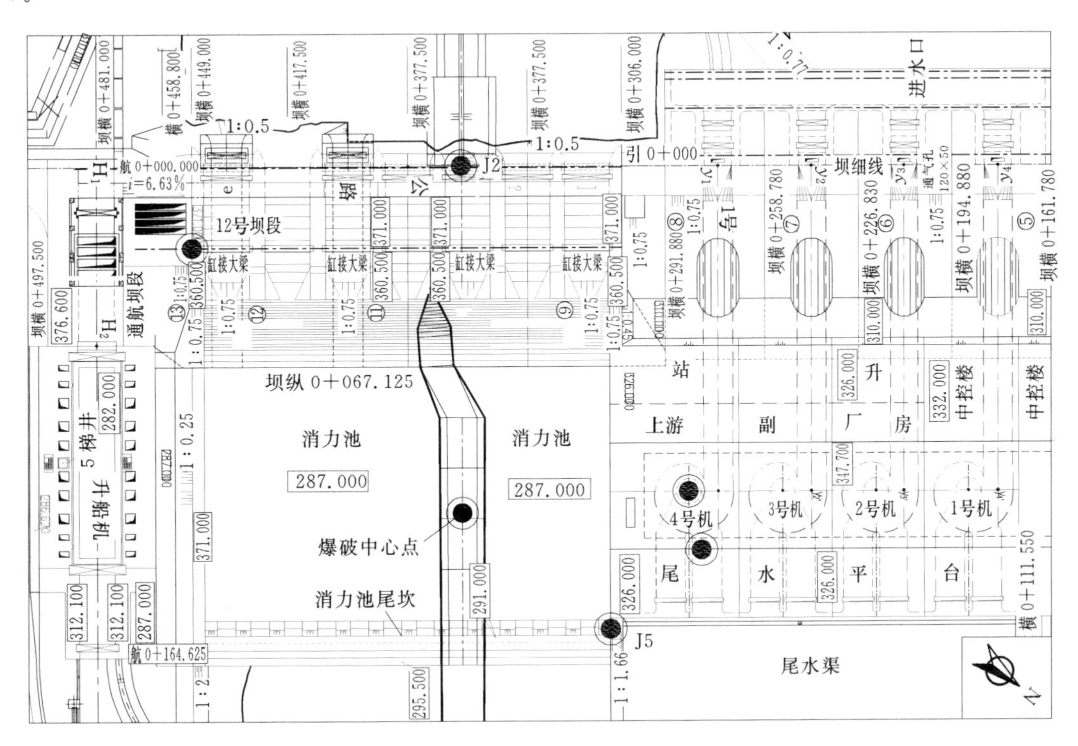

图5 爆破监测点平面布置图

表5 纵向混凝土围堰Ⅱ区爆破振动监测成果表

<table>
<tr><th rowspan="2">监测部位编号</th><th rowspan="2">爆破点中心坐标及高程/m</th><th colspan="2">炸药量/kg</th><th rowspan="2">孔数/个</th><th rowspan="2">测点距爆破点距离/m</th><th colspan="3">振动速度/(cm·s^{-1})</th><th rowspan="2">合成速度/(cm·s^{-1})</th><th rowspan="2">振动主频/Hz</th><th rowspan="2">振动时间/s</th><th rowspan="2">备注</th></tr>
<tr><th>最大单响药量</th><th>总量</th><th>垂直</th><th>水平切向</th><th>水平径向</th></tr>
<tr><td>J1</td><td rowspan="5">R6：X：359.249 Y：109.125 H：295.00</td><td rowspan="5">48</td><td rowspan="5">5800</td><td rowspan="5">179</td><td>126.13</td><td>0.052</td><td>0.066</td><td>0.098</td><td>0.098</td><td>10.376</td><td>1.566</td><td>12号坝段</td></tr>
<tr><td>J2</td><td>109.94</td><td>0.152</td><td>0.132</td><td>0.161</td><td>0.190</td><td>69.580</td><td>1.232</td><td>帷幕</td></tr>
<tr><td>J3</td><td>80.41</td><td>2.204</td><td>0.487</td><td>2.557</td><td>2.750</td><td>55.542</td><td>1.116</td><td>厂房</td></tr>
<tr><td>J4</td><td>75.73</td><td>0.992</td><td>1.763</td><td>1.706</td><td>1.870</td><td>29.296</td><td>1.232</td><td>4号机组</td></tr>
<tr><td>J5</td><td>62.23</td><td>2.165</td><td>1.736</td><td>3.051</td><td>3.238</td><td>54.931</td><td>1.163</td><td>尾坎</td></tr>
</table>

根据爆破监测点监测分析，其中4号机组及厂房监测最大合成速度为1.870cm/s，振动主频为55Hz，12号坝段、尾坎及帷幕廊道监测最大合成速度为3.238cm/s，振动主频为55Hz，根据爆破震动安全允许标准其振动速度未超安全允许标准，爆破过程未对建筑物产生破坏影响。

（3）爆破后预裂缝面清晰、明显，达到了设计预裂效果。

（4）爆破后，消力池护坦表面、尾坎、坝体溢流面等大坝永久混凝土建筑物完好，爆破达到了设计要求的效果。

7 结语

通过对消力池内纵向混凝土围堰拆除爆破效果分析，总结如下：

（1）混凝土围堰爆破震动、飞石控制成功，表明确定的混凝土围堰爆破拆除程序、爆破方案及设计爆破参数是正确的。

（2）爆破安全防护设计是合理的。

（3）在永久结构建筑物上进行爆破拆除，在精确控制爆破技术方面积累了成功的经验。

（4）混凝土围堰爆破、挖装、运输难度大、工期紧，作为一项应急抢险任务进行组织实施，爆破后，组织挖装运设备，用4d时间完成了爆破及渣体装运至消力池以外的任务，确保了工程下闸后表孔安全泄洪，同时在爆破技术、装运设备配置、组织指挥方面为应急抢险提供了工程实战的经验。

谈应急抢险工程的检验试验工作

唐儒敏

1 引言

应急抢险是对因自然因素（超标准洪水、冰凌、地震等）或人为因素（设计不周、施工不良、管理不善及战争破坏等）造成工程出现险情后，针对可能发生的重大事故或灾难，采取工程手段进行除险处置的行动。比如：堤、坝溃决险情的处置，山体滑坡塌方的防治，泥石流封堵河道的疏通以及堰塞湖的控制泄流等。要求抢险行动要在最短的时间，采取最有效的措施，取得最显著的效果，达到控制和消除事故险情，以确保生命及环境安全并尽量减少财产损失。

由于险情具有突发性、区域性和时效性等的特点，应急抢险方案的制定不同于常规施工，没有相应的合同约定，没有严格的技术要求，更没有可遵循的规范标准。从目前抢险的实践案例来看，抢险方案一般均由抢险联合指挥部（以下简称联指）的专家组研究提出，最后由联指批准实施。

应急抢险的检验试验工作更是如此，只能在执行联指批准的方案基础上，参照以往类似工程经验来判断、确定各项参数、指标，处置过程的质量也只能参照常规施工的检验试验工作经验进行指导、控制，对于抢险所用的原材料，按照因地制宜就地或就近的原则进行选取，没有时间和条件对原材料的性能去检验验证。本文就以混凝土应用为例，对应急抢险工程检验试验工作谈几点看法。

2 主要作用

应急抢险的检验试验工作，在提高工程质量、降低工程造价、推进施工技术进步等方面的目的性，相对来讲就不是主要的了，关键作用在于：能为应急抢险提供及时的技术支持，尽快地为处置险情所需材料的基本性能、储量、位置等，做出积极的主观判断，并提出相应的使用意见和建议，指导应急抢险工作能在险情出现后的第一时间，尽快地将抢险混凝土投入使用，并能在最短的时间内达到迅速控制或最终消除险情的目的。应急抢险的检验试验工作具有经验类比性、功能安全性、方便快捷性、效果显著性等的特点。

3 主要原则

混凝土具有强度高、可塑性能优异、成本低廉以及原材料储量大、分布广、易于开采等特点，也属于抢险工程中比较常用的材料。在指导应急抢险工作中，由于受应急抢险工作突发性、区域性、时效性的限制，只能借助常规检验试验工作的一般常识和经验，在充分考虑发生险情工程所处的地理区域、环境条件、险情规模、抢险手段等影响因素的前提下，确定抢险混凝土以及原材料的种类和参数指标。

3.1 控制险情的功能性原则

抢险用混凝土种类的确定，须依据的主要条件如下：①险情工程的类型（水利水电工程、桥梁工程、道路工程、机场工程等）及对险情所处的地域（深山、平原、城市、乡村以及沿海地区等）的现场踏勘情况；②对建筑物险情发生的位置（水上、水下、洞内、洞外等）的判断情况；③满足除险措施（加高、加固、截排、堵漏、封堵、修补等）的要求；④参照类似工程的经验参数。

抢险用混凝土的种类，主要有：①常态类混凝土（包括：普通常态混凝土、泵送混凝土、干硬性混凝土、半干硬性混凝土、塑性混凝土、流动性混凝土、高流态混凝土、抛石混凝土、自密实混凝土以及水下混凝土等）；②碾压类混凝土（包括：普通碾压混凝土、胶凝天然砂砾石类碾压混凝土）；③有机胶结类混凝土；④无机聚合物混凝土等。

3.2 抢险保障的方便性原则

人、料、机是应急抢险的三大要素，其中：材料是抢险的重要物资，必须满足连续供应和高强度使用的要求。

混凝土的主要原材料（除外加剂外）砂石骨料、胶凝材料（包括掺合料）、水都属于大用量的材料，要按照就地取材、就近取材、满足供应的原则选用。砂石骨料：①优先选用筛分好的天然成品料或人工砂石骨料；②可以选用剔除特大石的砂卵石混合料；③还可以在工程建设期间弃料场堆存的岩石开挖混合料中选用；④选定料场，利用梯段挤压爆破技术一次性开采具有一定级配的开挖混合料；⑤天然河砂与山砂，当属首选，在沿海地区，关键时期也可选用海砂。胶凝材料：①（袋装或散装的普通硅酸盐、矿渣、粉煤灰等）水泥；②（袋装或散装的Ⅰ级、Ⅱ级、Ⅲ级）粉煤灰；③（袋装或散装的）矿渣等掺合料。

3.3 排除险情的时效性原则

排除险情的时效性，就是突出“早和快”，及时提出混凝土的配合比，是指导抢险尽早投入实质性工作的关键环节。常规施工中，混凝土配合比通过检验试验提交的时间周期较长，一般不少于4周，即便是采用快速试验推荐，也得至少需要1周，显然，这种工作程序不适合应急抢险的需要。

抢险用混凝土配合比的关键性指标是和易性，必须满足抢险设备（运输、输送、浇筑）的性能，可以参照类似工程经验，在同品质混凝土的基础上适当提高一个强度等级，通过试拌后确定。

拌制混凝土原材料的掺加，根据抢险实践经验，由于受现场实际条件的限制，采用容器体积法较衡器重量法，方法更简单、操作更便捷、作业更快速，因此，混凝土的配合比应以体积比的方式提出。

3.4 抢险工艺的熟练性原则

抢险是一个多群体联合实施的作业方式，专业的差异性很大，要在极短的时间内，组成一个团体共同作业，这就要求抢险的工艺要尽量简单、工序环节要尽量少、操作方法要易于及时并能熟练的掌握、要适和大兵团、机械化作业。

碾压混凝土是一种干硬性贫水泥的混凝土，使用水泥、掺和料、水、外加剂、砂石骨料拌制成无塌落度的干硬性混凝土，采用常用的运输及铺筑设备，用振动碾分层压实。碾压混凝土既具有强度高、防渗性能好、本体可以溢流等特点，又具有作业程序简单、效率高、速度快的优点。

抛石混凝土，就是将块石或者卵石使用机械或者人工的方式抛入已浇注的混凝土中，混凝土可随时将石块沉降路径中造成的空缺填充密实。方法简便，可采用通用设备或人工进行大规模作业，具有效率高、速度快等优点。

土工模袋混凝土是由上下两层土工织物制作而成的大面积连续袋状材料，袋内充填混凝土或水泥砂浆，凝固后形成整体混凝土板。模袋上下两层之间用一定长度的尼龙绳拉接，用以控制填充时的厚度，混凝土可在现场采用泵送浇注，模袋混凝土适用于水上、水下护坡。具有工序简单、操作便捷、作业连续等优点。

4 介绍一种抢修抢建的新型混凝土材料

特聚牌无机聚合物胶凝材料是由某航天科技创新研究院近期历时6年研制而成的一种新型胶凝材料，其作用机理是以铝硅酸盐类矿物为主要原料经碱激发聚合反应，制备出以硅氧四面体和铝氧四面体为基本骨架的具有非晶态和准晶态特征的无机材料。

特聚牌无机聚合物胶凝材料可满足抢修抢建快速施工的要求，其主要用于道路、机场、桥梁、水利设施等混凝土结构的快速使用，其3d抗折强度不低于5.5MPa。该产品使用方法可参考普通水泥，并且施工机具可完全采用水泥混凝土的常用设备拌制。其配合比大致为：每立方米混凝土加入混合好的无机聚合物材料450～500kg，砂石材料按普通水泥混凝土配比量添加，先预拌20～30s，然后加拌合水搅拌90s，建议水胶比为0.26～0.38，新拌混凝土的施工应迅速，从加水搅拌到最后抹面的时间应控制在20min。该产品分为A、B双组分，两组分需按一定的比例配合使用。使用方法可采用两种方式：①将A料与B料均匀混合后使用；②将A料先制成一定浓度的水溶液后使用。

特聚牌无机聚合物混凝土的主要特点：①早期强度高，抢修4h抗折强度可达3.5MPa以上，施工后40min可开放行人交通，1h可开放轻型车交通，2h可开放重型车交通，4h可满足飞机起降；②耐久性优异。抗渗等级达到P20，抗冻等级高于F300，满足严寒地区混凝土抗冻要求，耐磨性能比快凝早强水泥和有机树脂类砂浆提高25%以上；③适应性强。无机聚合物混凝土对骨料的要求较宽泛，可实现就地取材，对于抢险救灾应用而言，可以有效地提高施工效率；④施工性好。胶凝材料易于储存，凝结时间可控，和易性好，养护时间短，施工速度快，与现有普通混凝土施工机械兼容；⑤经济性好，抢修用混凝土比同类快凝产品的混凝土单方材料成本低10%以上，是有机树脂砂浆的1/2左右。

5 结语

（1）检验试验工作，受应急抢险的时间和工作条件、环境、程序等因素的制约影响较大，但在应急抢险中，发挥的科学指导和控制作用，是不可替代的。

（2）研究探索建立抢险检验试验工作与常规检验试验工作相关联系，对科学地指导应急抢险，具有重要的现实意义。

（3）研究探索应急抢险检验试验工作的快捷工作程序、实用工器具、快速检测方法、科学评价手段，对指导应急抢险的工作实践，具有重要的实用意义。

大坝决口封堵抢险技术理论探讨

王 璟 李 桢 韩春影

【摘 要】：以观音岩水电站大坝决口封堵抢险为例，根据决口的断面尺寸、上游流量和泄水建筑物的泄水曲线，通过河道截流模型计算，得出决口上下游落差、决口平均流速、单宽功率等水力学参数，再进一步得出决口封堵所需特殊材料的半径、重量及数量，以便为封堵抢险提供可靠依据，从而更科学地统筹组织封堵抢险。

【关键词】：观音岩水电站 大坝 决口封堵 抢险

1 引言

大坝决口封堵关系到下游人民生命财产的安全，而且时间紧迫，要想紧密部署、科学安排必须以技术理论为依据，因此决口的流速、单宽流量、上下游落差和抛投块体的重量等水力学指标至关重要。以观音岩大坝决口封堵抢险为例，根据决口的断面尺寸、上游流量和泄水建筑物的泄水曲线，通过河道截流模型计算，得出决口上下游落差、决口平均流速、单宽功率等水力学参数，再进一步得出决口封堵所需特殊材料的半径、重量及数量，为封堵抢险提供可靠依据，使指挥者能科学统筹组织封堵抢险活动。

2 决口封堵前确定的边界条件及假定

决口断面尺寸：决口底部宽度 b、决口轴线方向两侧坡度 S、决口底板高程。决口封堵后泄水建筑物的流量曲线：泄水建筑物的上游水位 H 上与泄流量 Q_d 关系曲线。

假定 $b=30$m，$S=1$，上游流量 $Q=799\text{m}^3/\text{s}$（图 1），决口底板高程 1020.00m，堤坝坝顶高程 1035.00m，决口顶宽 $B=60$m，并分成Ⅰ区、Ⅱ区、Ⅲ区 3 个区。泄水建筑物假定为导流底孔，其泄流曲线见图 2。根据 $Q=799\text{m}^3/\text{s}$ 和导流底孔泄流曲线，可以查出堤坝决口封堵后上游水位高程为 1033.75m。

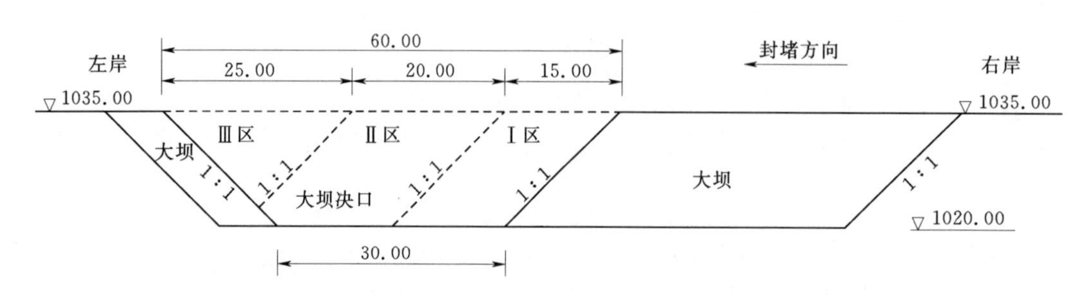

图 1 决口断面（单位：m）

3 求解决口进占不同宽度时的上游水位 H 上与决口泄流量 Q_g 关系曲线

决口封堵过程中，主要通过导流底孔和决口泄流，决口水力学计算主要考虑导流底孔泄流量、决口泄流量。假定决口泄流为非淹没流，其计算公式如下：

$$Q=Q_d+Q_g,Q_g=mB_{cp} \qquad (1)$$

式中　Q——上游流量；

Q_d——导流底孔泄流量；

Q_g——决口泄流量；

m——决口流量系数；

B_{cp}——决口平均水面宽度，有 $B_{cp}=Sh_k+b$，其中 b 为决口底宽，h_k 为临界水深；

H——决口上游水深。

Q_g 与 h_k 均为未知，需通过试算：当口门为梯形过水断面时，由 $Q_g^2/g=W_k^3/B_k$

试算得 h_k 其中 B_k 为临界水深 h_k 时相应的口门过水断面宽度，W_k 为临界水深 h_k 时相应的口门过水断面面积；当口门为三角形过水断面时，临界水深由 $h_k=(2Q_g^2/gS^2)^{0.2}$ 求得。应用上述计算公式进行试算，根据试算结果可绘制综合泄水曲线见图 2。

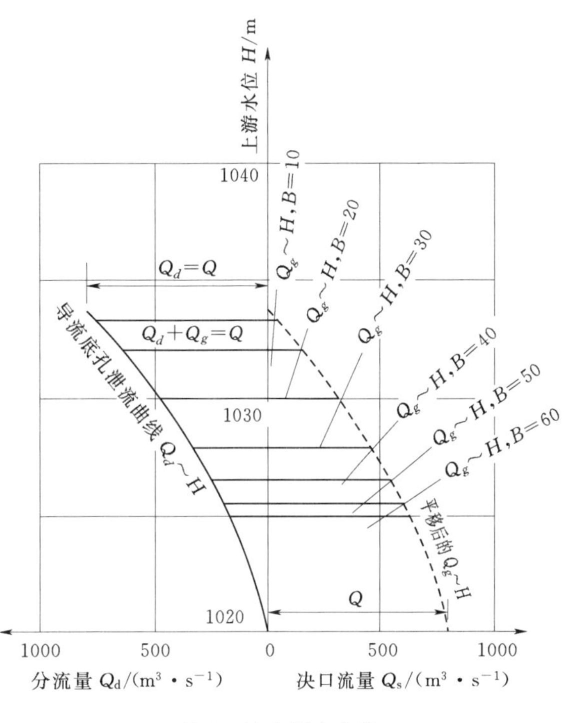

图 2　综合泄水曲线

4　技术理论成果

根据上述计算结果，应用相应的计算公式，可得到决口封堵过程中不同决口宽度时的各水力参数，即：截流落差、决口流速、决口单宽流量、决口单宽功率等，并由此确定截流材料的粒径大小及不同种类材料所需量（表 1）。

表 1　大坝决口水力学指标（上游流量 799m³/g）

决口分布	Ⅰ区				Ⅱ区				Ⅲ区				
决口宽度	60	55	50	45	40	35	30	25	20	15	10	5	0
上游水位 H_s/m	1025.58	1026.01	1026.54	1027.16	1027.88	1028.88	1029.92	1031.13	1032.12	1032.9	1033.45	1033.73	1033.75
导流底孔分流量 Q_d/(m³·s⁻¹)	196.58	220.18	248.5	288.11	341.87	402.94	485.81	577.94	660.74	728.35	775.24	797.3	799
决口过流量 Q_g/(m³·s⁻¹)	602.42	578.82	550.5	510.89	457.13	396.06	313.19	221.06	138.26	70.65	23.76	1.7	0
决口底高程/m	1020	1020	1020	1020	1020	1020	1020	1022.5	1025	1027.5	1030	1032.5	1035
决口水深/m	5.58	6.01	6.54	7.16	7.88	8.88	9.92	8.63	7.12	5.4	3.45	1.23	0
决口平均水面宽/m	33.44	28.6	23.97	19.42	15.05	10.9	7.3	6.35	5.3	4.1	2.7	0.91	0
决口平面单宽流量/(m²·s⁻¹)	18.01	20.24	22.97	26.31	30.37	36.34	42.90	34.81	26.09	17.23	8.80	1.87	0.00
决口平均流速 v/(m·s⁻¹)	3.23	3.37	3.51	3.67	3.85	4.09	4.32	4.03	3.66	3.19	2.55	1.52	0.00
决口上下游落差/m	3.68	4.11	4.64	5.26	5.98	6.98	8.02	9.23	10.22	12.90	13.45	13.73	13.75
决口水流单宽功率 N/(kW·m⁻¹)	663.0	831.8	1065.6	1383.8	1816.4	2536.2	3440.8	3213.2	2666.1	2222.9	1183.6	256.5	0.00
抛投块体引化粒径 d/m	1.17	1.27	1.38	1.51	1.66	1.87	2.09	1.82	1.50	1.14	0.73	0.26	0.00
抛投块体重量/t	2.16	2.78	3.57	4.69	6.25	8.94	12.46	8.20	4.61	2.01	0.52	0.02	0.00
决口流态	自由出流												
决口形式	梯形决口							三角形决口					

5　成果分析

通过成果分析，在上游流量 $Q=799\text{m}^3/\text{s}$ 时，决口封堵后上游水位为 1033.75m，决口进占 30m

时，决口达到最大平均流速为4.32m/s，最大平均单宽流量为42.9m^3/(s·m)，最大平均单宽功率为3440.8kW/m[344.08(t·m)/(s·m)]，最大抛投块体重量为12.46t。根据成果可进一步算出堤坝决口封堵所需特殊材料的种类及数量，为大坝决口封堵抢险科学准确指挥部署提供可靠依据。大坝决口封堵抢险仅是初步的技术理论探讨，还有许多需要完善之处，望各界同仁提出宝贵意见。